桩 基 手 册

张雁　刘金波　主编

中国建筑工业出版社

图书在版编目（CIP）数据

桩基手册/张雁，刘金波主编．—北京：中国建筑工业
出版社，2009
ISBN 978-7-112-11505-1

Ⅰ．桩…　Ⅱ．①张…②刘…　Ⅲ．桩基础-技术手册
Ⅳ．TU473.1-62

中国版本图书馆 CIP 数据核字（2009）第 192269 号

　　本手册共分 8 篇 33 章，其中第一篇主要从总体上介绍我国近十五年桩基的最新进展，帮助读者从总体上了解我国桩基础的发展。第二篇桩基工程理论，主要介绍国内外桩基础理论方面的研究情况。第三篇桩基工程勘察与设计，介绍桩基工程勘察要点、设计原则、概念设计、变刚度调平设计、动力机器桩基础设计、桩基础的抗震设计以及目前常用的桩基设计软件。第四篇特殊桩基设计，主要包括近几年应用较多的组合桩、超长桩、灌注桩后注浆、筒桩、槽壁桩，以及桩在公路、铁路上的应用。第五篇桩基施工，介绍了各种施工工艺，特别指出各种工艺的施工控制要点，便于指导施工和监理工程师监理。第六篇桩基检测，介绍了目前常用的桩的检测和监测方法。第七篇港口工程桩基技术规定，介绍了港口工程桩基础的设计和施工技术要点；第八篇主要介绍了铁路工程钢筋混凝土桩板结构技术规定。

　　本手册体现了桩基础的最新发展，适合设计、施工、监理及高校和相关科研单位技术人员使用。

*　　*　　*

责任编辑：王　梅　咸大庆
责任设计：赵明霞
责任校对：陈　波　关　健

桩　基　手　册

张雁　刘金波　主编

*

中国建筑工业出版社出版、发行（北京西郊百万庄）
各地新华书店、建筑书店经销
北京红光制版公司制版
北京中科印刷有限公司印刷

*

开本：787×1092 毫米　1/16　印张：62¾　字数：1566 千字
2009 年 11 月第一版　　2014 年 1 月第四次印刷
定价：**138.00** 元
ISBN 978-7-112-11505-1
（18754）

《桩基手册》编写委员会

前　言

近十几年来，随着我国大规模的基本建设，桩基础在工业与民用建筑、港口、铁路和公路等工程的基础工程中，得到了广泛的应用，积累了丰富的经验，涌现出许多新的桩型、新的设计理论、新的施工工艺及新的检测方法。奥运工程、上海世博会工程、青藏铁路工程、大型跨江跨海桥梁工程等，都在桩基设计、施工、检测等方面遇到了很多新的挑战，我们的工程技术人员利用自己的知识和智慧成功地解决了这些难题，极大地促进了我国桩基设计、施工和检测水平的提高。中国土木工程学会基于当前桩基发展的形势需要，及时组织了建设、交通、铁道等行业内一批参与重大工程建设一线的中、青年专家精心编写了本手册。本书以一线工程技术人员为对象，同时兼顾部分科技人员更高的需求，以解决设计施工中的实际问题为主要目的，包含系统的理论部分及新的进展内容。基本理论部分简明扼要，突出新的进展，重要的设计方法配合典型实例进行介绍。工程设计与施工部分内容既联系新的《建筑桩基技术规范》（JGJ 94—2008），但又不限于新规范内容，同时对一些具有前瞻性的新内容及今后可能会遇到的与桩基设计施工有关的内容也在本书中进行了介绍。本书的特点主要有以下几个方面：可操作性——体现手册实用特点；新型性——体现时效；全面性——体现内容的完整；广泛性——体现指导作用；协调性——体现与规范、标准的原则一致；协作性——体现集体合作；开放性——体现国外先进的技术内容。

本手册共分八篇，其中第一篇主要从总体上介绍我国近十几年桩基的最新进展，帮助读者从总体上了解我国桩基础的发展。第二篇桩基工程理论，主要介绍国内外桩基础理论方面的研究情况。第三篇桩基工程勘察与设计，主要介绍桩基工程勘察要点、设计原则、概念设计、变刚度调平设计、动力机器桩基础设计、桩基础的抗震设计以及目前常用的桩基设计软件。第四篇特殊桩基设计，包括近几年出现的组合桩、超长桩、灌注桩后注浆、筒桩、槽壁桩，以及桩在公路、铁路上的应用。第五篇桩基施工，介绍了各种施工工艺，特别指出各种工艺的施工控制要点，便于指导施工和监理工程师监理。第六篇桩基检测与监测，介绍目前常用的桩的检测和监测方法。第七篇港口工程桩基技术规定，介绍了港口工程桩基础设计和施工技术规定。第八篇铁路工程钢筋混凝土桩板结构技术规定，专门介绍近几年在铁路工程大量应用的桩板结构新技术的技术规定。本书全文由张雁、刘金波修改、审定。

本手册体现了桩基础的最新发展，适合设计、施工、监理及高校和相关科研单位技术人员使用。

目　　录

第三篇　桩基工程勘察与设计

第四篇　特殊桩基设计

第五篇 桩 基 施 工

第六篇　桩　基　检　测

第七篇　港口工程桩基技术规定

第八篇　铁路工程钢筋混凝土桩板结构技术规定

第一篇 概　论

第一章 桩基概述及最新进展

桩基是既古老而又常见的基础形式，桩的作用是利用本身远大于土的刚度将上部结构的荷载传递到桩周及桩端较坚硬、压缩性小的土或岩石中，达到减小沉降、使建（构）筑物满足正常的使用功能及抗震等要求。由于桩基具有承载力高、稳定性好、沉降及差异沉降小、沉降稳定快、抗震性能好以及能适应各种复杂地质条件等特点而得到广泛使用。桩基础除了在一般工业与民用建筑中主要用于承受竖向抗压荷载外，还在桥梁、港口、公路、船坞、近海钻采平台、高耸及高重建（构）筑物、支挡结构以及抗震工程中用于承受侧向风力、波浪力、土压力、地震力、车辆制动力等水平力及竖向抗拔荷载等。据不完全统计，全国每年桩的使用超过 100 万根以上。

随着经济建设与城市化的高速发展，桩基工程无论在理论研究、施工技术、设计方法上，还是在质量检测与环境控制方面都有了长足的发展。

第一节 桩的基本分类及划分目的

目前桩的分类主要从桩的直径、桩身截面形状、桩身材料、受力状态、成桩方法、成桩对地基土的影响等几方面划分。

一、按桩直径划分

按直径大小划分为小直径桩（$d \leqslant 250\text{mm}$）、中等直径桩（$250\text{mm} < d < 800\text{mm}$）、大直径桩（$d \geqslant 800\text{mm}$）三类。

按桩径划分的目的主要是因为桩径的大小对桩的承载性状具有明显影响。如大直径钻（挖、冲）孔桩在成孔过程中，由于孔壁的松弛变形会导致侧阻力降低，其降低效应随桩径的增大而增大。同时，由于成桩过程使桩端土卸载回弹，桩端压缩层厚度随桩径增大而增加，导致桩端阻力则随桩径增大而减小，承载力降低。

二、按几何特征划分

为提高桩的承载力以及满足使用的要求，桩可采用不同的截面形式和桩体形状，常用桩的截面主要是圆形和方形，为增加桩身的比表面积（桩侧表面积与体积之比），在一定条件下可采用圆环、三角、十字、Y、H 等形式。

柱状桩体为目前的常用形式，另外，在一定条件下可采用楔形、螺旋形、糖葫芦、扩底等形状。

按几何特征划分的目的是在可能的情况下，尽可能提高桩的承载力。如在实际工程

编写人：张雁（中国土木工程学会）

中，对于摩擦型桩，在施工及运输条件允许的情况下，尽可能采用比表面积大的截面形式，如采用梅花状截面的灌注桩、预制的三角形空心桩；对于端承型桩，宜采用桩端截面较大的桩体，如扩底桩等。

三、按受力状态划分

桩按受力状态分为竖向抗压桩、竖向抗拔桩、水平受荷桩和复合受荷桩。

1. 竖向抗压桩

竖向抗压桩是主要承受竖向荷载的桩，该桩应进行桩身材料强度计算，桩的承载力计算，必要时还需计算桩基沉降，验算软弱下卧层的承载力以及负摩阻力产生的下拽荷载。根据荷载传递特征，可分为摩擦桩、端承摩擦桩、摩擦端承桩及端承桩四类。

摩擦桩：竖向极限荷载作用下，桩顶荷载全部或绝大部分由桩侧阻力承担，桩端阻力小到可以忽略的程度。

端承摩擦桩：竖向极限荷载作用下，桩端阻力分担荷载的比例较大，但一般不大于30%的桩。

摩擦端承桩：竖向极限荷载作用下，桩顶荷载主要由桩端阻力承担，桩侧阻力分担的比例一般不超过30%。

端承桩：竖向极限荷载作用下，桩顶荷载的全部或绝大部分由端阻力承担，桩侧阻力小到可以忽略的程度。

2. 竖向抗拔桩

主要承受竖向抗拔荷载的桩，应进行桩身材料强度和抗裂计算以及抗拔承载力计算，并应特别注意耐久性问题。

3. 水平受荷桩

主要承受水平荷载的桩，应进行桩身抗剪强度和抗弯及裂缝计算。

4. 复合受荷桩

承受竖向、水平荷载均较大的桩，应按竖向抗压桩及水平受荷桩的要求进行验算。

桩作为混凝土或钢构件，对其按受力状态进行划分的目的是，根据不同受力状态确定计算内容，满足不同的构造要求，采用不同的配筋模式等，特别是钢筋混凝土灌注桩。

四、按桩身材料划分

按桩身材料分为混凝土桩、钢桩和组合材料桩。

1. 混凝土材料桩

混凝土材料桩分为现场灌注混凝土桩和预制混凝土桩，是目前应用最广泛的桩。预制混凝土桩桩身材料强度高，其中预应力管桩桩身材料强度可达到C80。预制混凝土桩可在现场制作，或在工厂直接生产。

灌注桩适用于任何地层，可灵活调整桩长、桩径，是目前主要使用的桩型。

2. 钢桩

钢桩可根据承载力要求，减小挤土效应而灵活调整截面。它具有抗冲击性能强、接桩方便、施工质量稳定等特点。但由于造价高，使用量很小，目前常用的有开口或敞口管桩、H型钢桩或其他异型钢桩。

3. 组合桩

桩身是由两种或两种以上材料组成的桩，一般结合材料强度和地质条件，是为降低造价、发挥材料特性而组合成的桩。近年在天津、上海等地研发的搅拌劲芯（性）桩为典型的组合桩，即在水泥土搅拌桩中插入钢筋混凝土预制桩，应用在一些多层建筑物中取得很好的效果。

五、按成桩方法划分

根据成桩方法可分为打入桩、灌注桩和静压桩。

1. 打入桩：通过锤击、振动等方式将预制桩沉入地层至设计要求标高形成的桩。

2. 灌注桩：通过钻、冲、挖或沉入套管至设计标高后，灌注混凝土形成的桩。

3. 静压桩：将预制桩采用无噪声的机械压入至设计标高形成的桩。

六、按成桩工艺对地基土的影响划分

不同成桩方法对周围土层的扰动和排挤程度，将直接影响桩的承载力、成桩质量及周围环境。根据成桩对土层的影响可分为挤土桩、部分挤土桩和非挤土桩三类。

1. 挤土桩：在成桩过程中造成大量挤土，使桩周围土体受到严重扰动，土的工程性质有很大改变的桩，主要有沉管灌注桩、沉管夯（挤）扩灌注桩、打入（静压）预制桩、闭口预应力混凝土管桩和闭口钢管桩。挤土成桩过程引起的挤土效应主要是地面隆起和土体侧移，导致对周围环境有较大影响；对灌注桩还可能造成断桩、缩径等质量事故；对预制桩可能会造成桩的侧移、倾斜、上抬、甚至断桩等质量事故，但在松散土和非饱和填土中则会起到加密、提高承载力的作用。

2. 部分挤土桩：在成桩过程中，引起部分挤土效应，桩周围土体受到一定程度的扰动。这类桩主要有长螺旋压灌灌注桩、冲孔灌注桩、钻孔挤扩灌注桩、搅拌劲芯（性）桩、预钻孔打入（静压）预制桩、打入（静压）式敞口钢管、敞口预应力混凝土管桩和 H 型钢桩。

3. 非挤土桩：采用钻孔、挖孔将与桩体积相同的土体排出，对周围土体基本没有扰动而形成的桩。包括干作业法钻（挖）孔灌注桩、泥浆护壁法钻（挖）孔灌注桩、套管护壁法钻（挖）孔灌注桩。

此划分的目的是根据成桩工艺对地基土的影响，确定合理的布桩中心距及成桩顺序。一般说，挤土桩的中心距应大于非挤土桩。

第二节 各种桩型的适用条件及选用原则

随着工程建设中桩基础被大量的使用，为了提高桩的承载力、充分利用土与桩材的承载能力、提高各种复杂土层及复杂环境条件的成桩效率、降低成桩对环境的影响、使得基础及上部结构受力性能更好等因素，桩型与成桩技术得到快速发展，一批新桩型与成桩技术已在工程中得到大量使用。常用桩型与成桩技术见表 1-2-1。

桩型的选用应考虑以下几方面的因素：

1. 桩基础是为上部结构服务的，需要满足上部结构对承载力和变形的要求，因此，桩型的选用应考虑建筑结构类型、荷载性质、桩的使用功能；

成桩工艺选择参考表

表 1-2-1

| 桩类 | | 桩径 | | 桩长(m) | 穿越土层 | | | | | | 黄土 | | 中间有硬夹层 | 中间有砂夹层 | 中间有砾砂夹层 | 桩端进入持力层 | | | | 地下水位 | | 对环境影响 | | 孔底有无挤密 |
		桩身(mm)	扩底端(mm)		一般黏性土及其填土	淤泥和淤泥质土	粉土	砂土	碎石土	季节性冻土膨胀土	非自重湿陷性黄土	自重湿陷性黄土				硬黏性土	密实砂土	碎石土	软质岩石和风化岩石	以上	以下	振动和噪声	排浆	
非挤土成桩法 · 干作业法	长螺旋钻孔灌注桩	300~600	—	≤12	○	×	○	△	×	○	△	×	×	△	×	○	○	×	×	×	×	无	无	无
	短螺旋钻孔灌注桩	300~800	—	≤8	○	×	○	△	×	○	△	×	×	×	×	○	○	×	×	×	×	无	无	无
	钻孔扩底灌注桩	300~400	800~1200	≤5	○	×	○	△	×	○	○	△	×	△	×	○	○	×	×	○	×	无	无	无
	机动洛阳铲成孔灌注桩	300~500	—	≤20	○	×	△	×	×	○	△	×	×	×	×	○	○	×	×	×	×	无	无	无
	人工挖孔扩底灌注桩	1000~2000	1600~3000	≤30	○	△	△	×	×	○	○	○	△	△	×	○	○	○	△	○	△	无	无	无
非挤土成桩法 · 泥浆护壁法	潜水钻成孔灌注桩	500~800	—	≤50	○	△	△	△	×	△	○	○	○	○	△	○	○	△	△	○	○	无	有	无
	反循环钻成孔灌注桩	600~1200	—	≤50	○	○	○	○	△	○	○	○	○	○	○	○	○	○	○	○	○	无	有	无
	回旋钻成孔灌注桩	600~1200	—	≤50	○	○	○	○	△	○	○	○	○	○	○	○	○	○	○	○	○	无	有	无
非挤土成桩法 · 套管法	机挖异型灌注桩	400~600	—	≤12	○	△	○	△	×	○	△	△	○	△	△	○	○	△	△	○	○	无	有	无
	钻孔扩底灌注桩	600~1200	1000~1600	≤20	○	△	○	○	×	○	○	○	○	○	○	○	○	△	△	△	○	无	有	无
	贝诺旋成孔灌注桩	800~1600	—	≤50	○	○	○	○	○	○	○	○	○	○	○	○	○	○	○	○	○	无	无	无
	短螺旋钻孔灌注桩	300~800	—	≤12	○	△	○	△	×	○	△	×	△	△	△	○	○	△	△	○	○	无	无	无
部分挤土灌注桩	冲击成孔灌注桩	600~1200	—	≤50	○	△	△	○	△	○	○	○	○	△	△	○	○	△	△	○	○	有	有	有
	钻孔压注成型灌注桩	300~1000	—	≤30	○	△	△	△	×	○	○	○	○	○	○	○	○	△	△	○	△	无	无	无
	组合桩	≤600	—	≤30	○	○	○	○	○	○	○	○	○	○	○	○	○	○	○	○	○	有	无	无
	预钻孔打入式预制桩	≤500	—	≤30	○	○	△	△	×	○	△	×	△	△	△	○	○	△	△	○	○	有	无	有

续表

桩类		桩身(mm)	扩底端(mm)	桩长(m)	一般黏性土及其填土	淤泥和淤泥质土	粉质土	砂土	碎石土	季节性冻土膨胀土	非自重湿陷性黄土	自重湿陷性黄土	中间有硬夹层	中间有砂夹层	中间有碎石砂夹层	硬黏性土	密实砂土碎石土	软质岩石和风化岩石	地下水位以上	地下水位以下	振动和噪声	排浆	孔底有无挤密
	混凝土（预应力）管桩 混凝土管桩	≤600	—	≤50	○	○	○	△	×	△	○	△	△	△	△	○	○	△	○	○	有	无	有
	H型钢桩	规格	—	≤50	○	○	○	○	○	△	×	×	○	○	○	○	○	○	○	○	有	无	无
	敞口钢管桩	600~900	—	≤50	○	○	○	○	△	△	×	○	○	○	○	△	○	○	○	○	有	有	有
部分挤土灌注桩	平底大头灌注桩	350~400	450×450 ~500×500	≤15	○	○	△	×	×	△	○	△	△	△	△	○	○	○	○	○	有	无	有
	沉管灌注同步桩	≤400	—	≤20	○	○	○	△	×	○	○	○	×	△	△	△	×	×	○	○	有	无	有
	夯压成型灌注桩	325、377	450~700	≤20	○	○	○	△	△	○	○	○	×	△	○	△	○	×	○	○	有	无	有
	干振灌注桩	350	—	≤10	○	○	○	△	△	○	○	○	×	△	△	△	△	×	×	○	有	无	无
	爆扩灌注桩	≤350	≤600	≤12	○	×	○	△	△	○	○	○	×	△	△	○	○	×	×	○	有	无	有
	弗兰克桩	≤600	≤600	≤20	○	○	○	△	△	△	○	△	△	△	△	○	○	△	×	○	有	无	有
预制桩	打入实心混凝土预制桩 闭口钢管桩、混凝土灌注桩	≤500×500 ≤600	—	≤50	○	○	○	△	×	△	○	△	△	△	△	○	△	△	○	○	有	无	有
	静压桩	100×100	—	≤40	○	○	○	△	×	△	○	△	△	△	△	○	○	△	○	○	无	无	有

注：表中符号○表示较合适；△表示有可能采用；×表示不宜采用。

2. 桩是置于土中的混凝土或钢构件，应考虑场地的地质条件，如要穿越的土层、可选用的桩端持力层土类、地下水位、是否有腐蚀性等；

3. 另外还需考虑施工设备、施工环境、施工经验、制桩材料供应等条件。

桩型选择的最终目的是选择经济合理、安全适用、施工方便、环保的桩型和成桩工艺。

第三节　近年研发的新桩型、新的施工工艺及特点

近年来，一些新的桩型和施工工艺得到了推广，其共同特点是提高承载力、降低造价，其中有代表性的有以下几种：

一、灌注桩后注浆技术

灌注桩后注浆技术（Cast-in-place Pile Post Grouting，简写 PPG）是灌注桩的辅助工法。该技术旨在灌注桩成桩后若干时间，通过预设装置，在桩底桩侧实施后注浆固化沉渣（虚土）和泥皮，改善桩土结合状态，并加固桩底和桩周一定范围的土体，以大幅提高桩的承载力，增强桩的质量稳定性，减小桩基沉降。灌注桩后注浆技术还可用于地下连续墙的沉渣（虚土）加固。灌注桩后注浆技术一般可分为桩底后注浆（可使桩端承载力及桩端附近侧摩阻力得到明显提高）、桩底桩侧后注浆（可使桩端承载力及桩侧注浆范围附近侧摩阻力得到明显提高）及桩侧后注浆（主要用于提高抗拔承载力）。该项技术及相关设计计算方法已被纳入《建筑桩基技术规范》（JGJ 94—2008），具体内容可参见本书第十九章。

灌注桩后注浆技术具有以下几方面特点：

（1）承载力提高幅度大，根据中国建筑科学研究院地基基础研究所提供的资料，相同条件下，注浆前后承载力可提高 40%～120%。图 1-3-1 为注浆前后桩的 Q-s 曲线。

（2）应用范围广，灌注桩后注浆技术可用于各类钻、挖、冲孔灌注桩及地下连续墙的

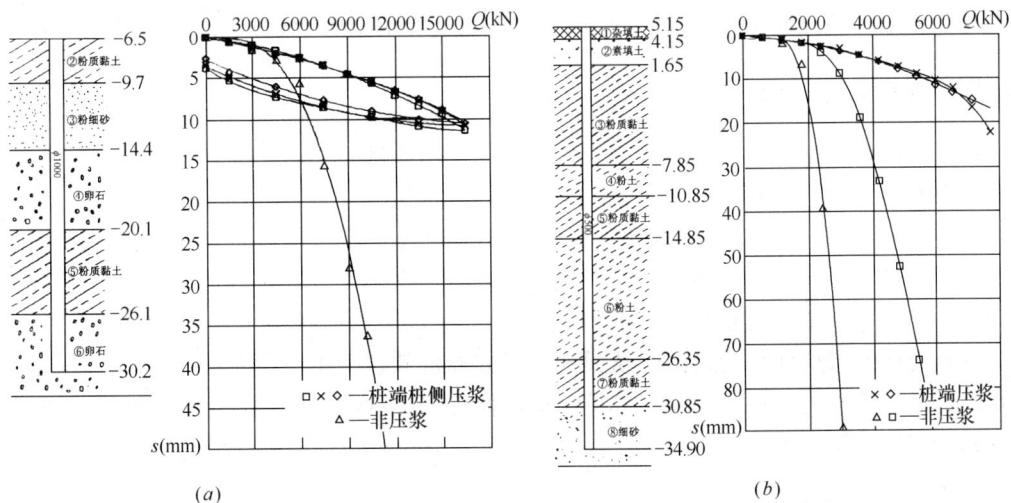

(a) 　　　　　　　　　　　　　　(b)

图 1-3-1　注浆前后承载力的对比图

（a）注浆前；（b）注浆后

沉渣（虚土）处理。目前北至黑龙江、南至广东都有后注浆的成功应用实例。

（3）注浆时间不受限制，中国建筑科学研究院地基基础研究所在天津曾有成桩一年以后成功实施注浆的工程实例。

二、长螺旋压灌灌注桩

长螺旋钻孔压灌桩成桩技术是近几年开发并使用较广的一种新工艺，适用于长度不超过 30m 的桩基工程。它采用长螺旋钻机钻孔，至设计深度后提钻，同时通过钻杆中心导管灌注混凝土，混凝土灌注完成后，借助于插筋器和振动锤将钢筋笼插入混凝土桩中，完成桩的施工。此施工技术具有以下特点：

（1）施工速度快，由于成孔、成桩由一机一次完成，大大提高施工速度，以北京地区为例，桩径 500mm，桩长 15m 左右，每小时可成桩 3～4 根。

（2）环保，该施工工艺泥浆排放少，施工场地文明环保。

（3）不受地下水位的限制，桩身混凝土密实，桩身混凝土质量更有保证等特点。

该项技术已被纳入《建筑桩基技术规范》（JGJ 94—2008），具体内容可参见本书第二十三章第一节。

三、挤扩支盘桩（DX桩）

挤扩支盘灌注桩是近几年得到开发且使用较广的一种新技术，它采用支盘设备，在先由普通钻机成的等截面钻孔内，在适宜土层中挤扩成承力盘及分支，从而形成竹节形桩。一般在某一设计断面上挤 1 次形成一个支，挤 6～8 次形成一个盘。在支、盘挤成空腔同时也把周围的土挤密。

挤扩支盘灌注桩由桩身、底盘、中盘、上盘及数个分支所组成。由经过挤密的周围土体与腔内灌注的钢筋混凝土桩身、支盘紧密地结合为一体，发挥了桩土共同承力的作用，从而使桩承载力得到提高。

经测算，承力盘的面积约为主桩载面的 4～7 倍，如把各盘和各分支的面积加起来，其总和约为主桩截面的 10～20 倍。具体内容可参见本书第十六章、第二十四章第一节。

四、搅拌劲芯（性）桩

根据不同的组合方式，可以在同一桩身截面上由不同材料进行组合或沿桩长在不同段分别采用不同材料的组合形成组合桩；此外，还可采用刚性桩与半刚性桩、半刚性桩与散体柔性桩、刚性桩与散体柔性桩间隔布置，组成平面上的二元组合桩型复合地基，当采用三种或三种以上不同刚度、强度、材料的加固体时，则称为多元复合地基。在二元或多元组合桩型复合地基中，各桩体仍是传统的桩型。不管采取何种组合，均是以发挥各自优势，达到处理效果最佳化为目的，从而提高工程经济效益。本书所介绍的组合桩主要是已得到广泛应用的水泥土桩与混凝土芯桩组成的搅拌劲芯（性）桩组合桩。具体内容可参见本书第十四章、第二十六章。

五、大直径筒桩

大直径现浇混凝土薄壁筒桩是在沉管灌注桩的基础上加以改进发展而成的一种新桩

型，也称薄壳沉管灌注桩。采用振动沉模、现场浇筑混凝土的一次性成桩技术，一般采用环形桩尖。就目前沉桩能力及其性状而言，大直径筒桩适用于饱和软土、一般黏土、粉土中。大直径筒桩的外直径为 $\phi 800 \sim \phi 1500$mm，壁厚 t 为 $100 \sim 250$mm，桩体全部采用现浇的素混凝土或钢筋混凝土一次成型完成。

这项技术在我国东南沿海软弱黏性土地区得到初步应用，已应用于海堤工程、交通道路工程等，特点是快速成桩、单桩竖向承载力不高但抗水平力相对较高。具体内容可参见本书第十五章、第二十四章第二节。

六、预应力竹节管桩

预应力竹节管桩是在普通管桩基础上发展起来的一种新桩型，最先在日本使用。是在普通管桩桩身上每隔一定距离设置一个凸出的混凝土肋环，用于增加侧表面积并增大侧阻力。施工方法同普通管桩一样，采用打入或压入式，主要差别在于填砂和焊接钢翼板（采用钢翼板情况下）。竹节状预应力管桩适用于软土地层。具体内容可参见本书第二十四章第四节。

七、预制空心方桩

离心成型的先张法预应力混凝土空心方桩（以下简称空心方桩）是一种近年得到开发应用的新桩型，截面形状内圆外方，见图 1-3-2。其截面形状类似于普通混凝土方桩和预应力混凝土管桩，并且具有这两种桩型的特点和优点，其生产工艺更接近于管桩。桩身混凝土强度等级不低于 C60，桩身截面配筋率不小于 0.35%，并要求具有 3.0MPa 以上的有效预压应力，以保证打桩时桩身混凝土一般不会出现横向裂缝。

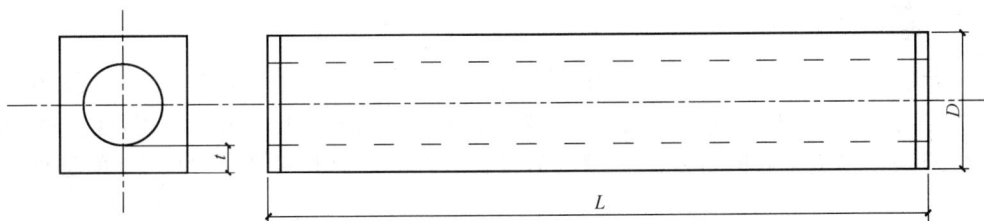

图 1-3-2　空心方桩示意图

空心方桩比管桩有三点优越性：

（1）传统的非离心法生产的预制普通混凝土桩多为方形，空心方桩沿袭了这个传统，外截面为方形比圆形更适宜堆放。在产品标准中规定，外边长为 $450 \sim 600$mm 的空心方桩堆放层数 $\leqslant 6$，实际外边长 450mm 的空心方桩堆放至 7 层也没有问题，只是要考虑到吊装取用的方便，堆放层数不宜过高。而管桩堆放层数过高的话，容易发生滚落伤人等安全事故，每年国内管桩厂都有类似事件发生。另外，方形截面比圆形截面更有利于接桩施工。

（2）在相同横截面积的实体形状中，圆周长最小；相同外周长时，空心方桩一般比管桩横截面积减少 12%～18%。对于以侧摩阻力为主的摩擦桩和端承摩擦桩的桩型，空心方桩占有优势。

（3）相同的横截面积，空心方桩比管桩的截面抵抗矩大，一般比管桩截面抵抗矩增加7%～16%。该项技术在《建筑桩基技术规范》（JGJ 94—2008）中作了相关规定。

八、咬合桩

钻孔咬合桩技术通过近几年在国内的开发应用，已成为一项较成熟的用于支护及隔水帷幕工程的新技术。采用全套管钻机钻孔施工，在桩与桩之间形成相互咬合排列的一种基坑支护结构，为便于切割，桩的排列方式一般为素混凝土桩（A桩）和钢筋混凝土桩（B桩）间隔布置。施工时先施工A桩后施工B桩，A桩混凝土采用超缓凝混凝土，要求必须在A桩混凝土初凝之前完成B桩的施工。B桩施工时采用全套管钻机切割掉相邻A桩相交部分的混凝土，实现咬合而形成钢筋混凝土"桩墙"。经过大量的工程实践，钻孔咬合桩技术已在地铁、道路下穿线、高层建筑物等城市建（构）筑物的深基坑工程中得到广泛推广，特别适用于有淤泥、流砂和地下水富集等不良条件的地层。

钻孔咬合桩与普通钻孔排桩相比，具有良好的截水性能，不需辅助截水及桩间挡土措施；与地下连续墙功能基本相同，但配筋率较低、施工灵活、无需泥浆护壁、施工搭接缝的防渗控制往往更加容易，抗渗效果更强。具体内容可参见本书第二十四章第三节。

九、槽壁桩

采用地下连续墙成墙工艺形成矩形截面桩作为建（构）筑物的基础，承受上部结构荷载，这种基础形式一般简称为槽壁桩基础。与常规桩基础相比，槽壁桩基础具有竖向承载力高、刚度大、可根据墙体布置灵活调整基础水平刚度、传力简单等特点，受到工程界越来越多的关注与应用。具体内容可参见本书第十八章。

十、超长桩

随着超高层建筑和大跨度桥梁建设的发展，基底荷载越来越大，对基桩承载力和变形提出了更高的要求，桩基向大直径、超长桩方向发展。大直径超长桩的应用，给桩基理论这一传统课题提出了新的挑战。一般认为桩长$L \geqslant 50m$且长径比$L/D \geqslant 50$的桩称为超长桩。

由于超长桩桩身长、长径比大，导致桩土刚度相对较小，直接影响其受力特性，表现出明显不同于常规桩的承载特性。其中超长桩最主要的承载特性表现为桩身压缩量明显，占桩的沉降总量比例较大。在高应力水平下，桩身塑性压缩量较大，不能将其作为弹性杆件进行计算。超长桩的沉降计算，除要计算桩端力及桩侧摩阻力传递到桩端引起的桩端沉降外，还要充分考虑到桩身压缩变形量。由于超长桩桩身压缩量明显，导致上部土层的侧摩阻力出现侧阻软化现象，桩身下部侧阻存在不能充分发挥现象，并且超长桩的端阻力发挥有明显的滞后性。因此超长桩的设计与施工都不同于常规桩，其极限承载力往往由桩顶变形和桩身强度来控制。具体内容可参见本书第十二章。

第四节　桩基理论与设计方法的最新进展

随着工程建设中桩基础被大量的使用，新桩型与新的成桩技术的不断出现与工程应用以及计算机技术的应用，桩基理论与设计方法得到了快速发展，特别在桩的承载性能（尤其是超大超长直径桩、新型桩、抗拔桩）、桩的耐久性、桩基沉降控制理论与方法、建（构）筑物与桩的共同工作等方面取得了许多具有突破性的成果，并得到了大量工程例证。

一、变刚度调平设计

由于上部结构荷载非均匀分布、荷载传递的场效应造成荷载水平内大外小等原因，使得基础变形不均匀，造成基础自身及上部结构产生次应力等不利效应，从而，增加基础及上部结构不必要的经济浪费，甚至影响建筑物的正常使用和安全。变刚度调平设计就是以调整桩土支承刚度分布为主线，根据荷载、地质特征和上部结构布局，考虑相互作用效应，采取增强与弱化结合，减沉与增沉结合，整体协调，使差异沉降减到最小，沉降趋于均匀，基础或承台内力和上部结构次应力显著降低。其中最有效的方式是借助于不同的布桩方式，使桩端土的受荷水平趋于均匀，沉降均匀。

从理论上讲，变刚度调平设计一般有局部增强（或局部弱化）、变桩距、变桩径、局部增加桩长四种模式，如图 1-4-1 所示。

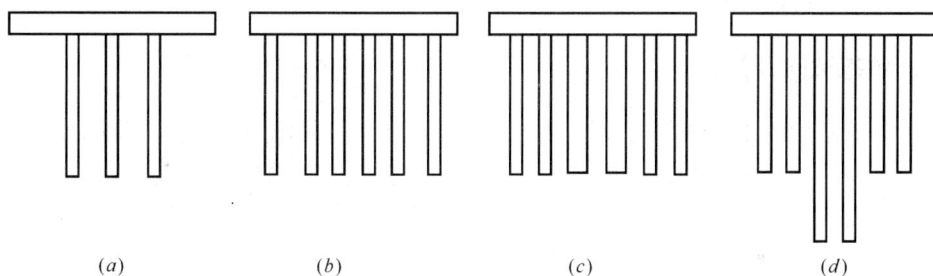

图 1-4-1　变刚度调平设计的模式
（a）局部增强；（b）变桩距；（c）变桩径；（d）局部增加桩长

以上 4 种模式中，以局部增加桩长模式最有效。原因是桩基础的沉降，特别是群桩基础沉降，主要是桩基影响范围内土的变形，为使沉降趋于均匀，应使桩基影响范围内的土，特别是桩端土的受荷水平接近，这样才能使沉降趋于均匀。而在荷载集度高的部位将桩局部加长，可使荷载扩散范围加大，降低桩端土受荷水平，因此变刚度调平设计最有效的方法就是增加桩长，特别是摩擦型桩。当有地震作用时，由于建筑边、角桩的荷载增大效应，必须进行考虑地震作用下的共同作用计算，确定是否满足抗震计算要求。具体内容可参见本书第八章。

《建筑桩基技术规范》（JGJ 94—2008）对桩基础的变刚度调平设计进行了如下规定：

（1）对于主裙楼连体建筑，当高层主体采用桩基时，裙房（含纯地下室）的地基或桩基刚度宜相对弱化，可采用天然地基、复合地基、疏桩或短桩基础。

（2）对于框架—核心筒结构高层建筑桩基，应强化核心筒区域桩基刚度（如适当增加桩长、桩径、桩数、采用后注浆等措施），相对弱化核心筒外围桩基刚度（采用复合桩基，视地层条件减小桩长）。

（3）对于框架—核心筒结构高层建筑天然地基承载力满足要求的情况下，宜于核心筒区域局部设置增强刚度、减小沉降的摩擦型桩。

（4）对于大体量筒仓、储罐的摩擦型桩基，宜按内强外弱原则布桩。

（5）对上述按变刚度调平设计的桩基，宜进行上部结构—承台—桩—土共同工作分析。

二、减沉复合疏桩基础

软土地区的多层单栋建筑，天然地基承载力基本满足设计要求的情况下，往往沉降过大、沉降时间过长，甚至影响建筑物的正常使用。为减小沉降，上海、天津、浙江等软土地区在承台下设置少量的摩擦型桩，形成由桩—土共同承担荷载的复合疏桩基础，实践证明可有效地减小沉降。减沉复合疏桩基础的本质就是利用桩的刚度远大于土的刚度，将上部荷载传至更深、更好的土层，减小基底附加压力，从而降低基础沉降量。

减沉复合疏桩基础的设计应遵循以下原则，一是桩和桩间土在受荷变形过程中始终确保两者共同分担荷载，因此单桩承载力宜控制在较小范围，具体设计中桩的横截面尺寸一般宜选择 $\phi 200 \sim \phi 400$（或 $200 \times 200 \sim 300 \times 300$），二是桩应穿越上部软土层，桩端支承于相对较硬土层，达到减小沉降的目的；三是桩距 $S_a > 5 \sim 6d$，以确保桩间土的荷载分担比足够大，即承台效应系数 $\eta_c > 0.6$。

三、桩基沉降计算

由于群桩基础的受力性状与单桩明显不同，在竖向荷载作用下，其沉降的变形性状主要由群桩几何尺寸（如桩间距、桩长、桩数、桩基础宽度与桩长的比值等）、成桩工艺、桩基施工与流程、土的类别与性质、土层剖面的变化、荷载的大小、荷载的持续时间以及承台设置方式等决定。桩基础的沉降主要由桩间土的压缩和桩端下卧层的压缩组成。这两种变形所占群桩的沉降的比例与土质条件、桩距大小、荷载水平、成桩工艺（挤土桩与非挤土桩）以及承台的设置方式（高、低承台）等因素有密切关系。以往在工程中，桩基的沉降计算方法大多都只考虑桩端下卧层的压缩，并加以修正得出群桩沉降量。通过近几年大量的工程实践与科学研究，在桩基的沉降计算中，考虑桩距大小、成桩工艺（挤土桩与非挤土桩）以及承台的设置方式（高、低承台）等因素的研究取得了一批成果，这些成果在新修订的《建筑桩基技术规范》（JGJ 94—2008）中得到反映。

（1）对于桩中心距不大于 6 倍桩径的桩基，桩的沉降计算应考虑施工工艺的影响

图 1-4-2 (a)、(b)、(c) 为根据收集到的上海、天津、温州地区预制桩和灌注桩基础沉降观测资料共计 110 份，分析得到的实测最终沉降量与桩长关系散点图，反映出一个共同规律：即预制桩基础的最终沉降量显著大于灌注桩基础的最终沉降量，桩长愈小，其差异愈大。这一现象反映出预制桩因挤土沉桩产生桩土上涌导致沉降增大的负面效应。《建筑桩基技术规范》（JGJ 94—2008）将预制桩基础因考虑桩距、桩长、沉桩速率与流程诸因素、以及是否复打、复压、引孔沉桩、后注浆灌注桩等影响的研究成果纳入了新修订的规范中。

（2）单桩、单排桩、疏桩基础基础沉降计算

工程实际中，采用单柱单桩或单排桩、桩距大于 $6d$ 的疏桩基础较多。由于单桩、单排桩、疏桩桩基沉降计算深度相对于常规群桩要小得多，同时，这类桩基其桩间土的压缩变形、桩自身的弹性压缩量占桩基总沉降的比例较大，并随着桩长、桩距等的增加而增

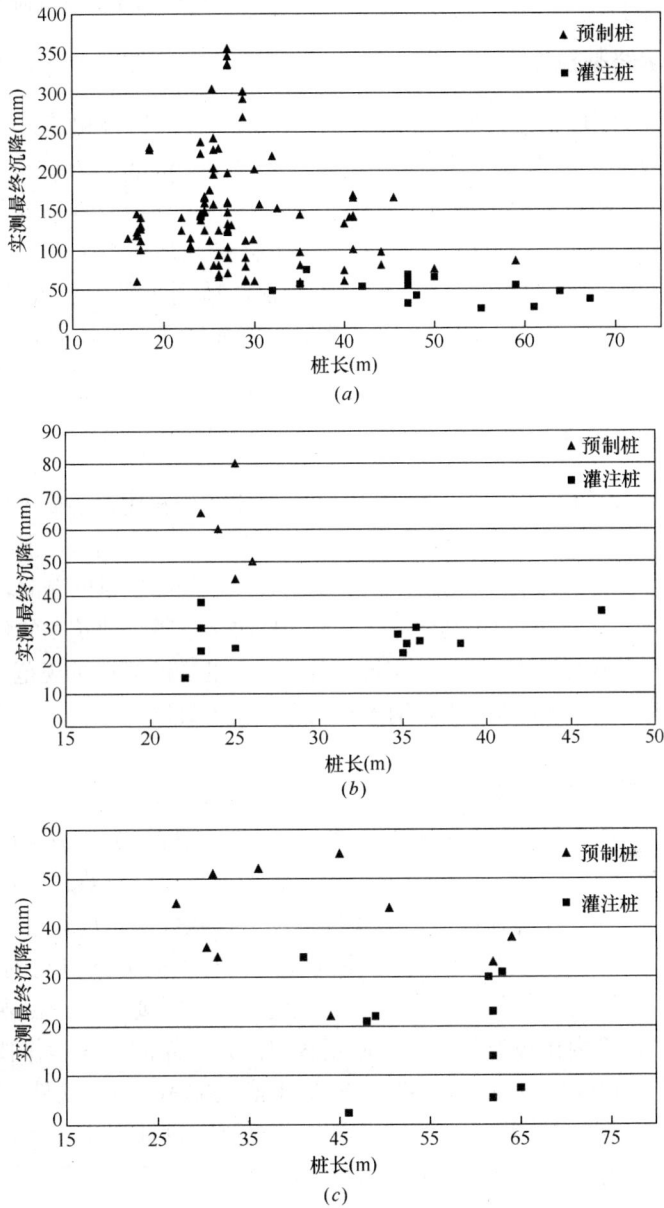

图 1-4-2 预制桩基础与灌注桩基础实测沉降量与桩长关系

(a) 上海地区；(b) 天津地区；(c) 温州地区

大，因而单桩、单排桩、疏桩桩基沉降计算不能简单应用等效作用分层总和法，需要另行给出沉降计算方法。《建筑桩基技术规范》（JGJ 94—2008）将单桩、单排桩、疏桩桩基沉降计算研究成果纳入了新修订的规范中。

（3）减沉复合疏桩基础的沉降计算

从减沉复合疏桩基础设计概念分析可知，减沉复合疏桩基础的沉降特性与常规桩基明显不同，即桩的刺入（塑性变形）变形量可能占有较大比例，承台土反力对沉降的作用将更加显著。因此减沉复合疏桩基础的沉降计算不能简单采用常规桩基沉降计算方法。《建筑桩基技术规范》（JGJ 94—2008）给出了减沉复合疏桩基础的具体沉降计算方法。

四、桩网支承路基技术

在软弱地基设置刚性桩或半刚性桩，并铺设由土工合成材料和碎石（或砂砾）组成加筋网垫形成的桩网支承路基（geosynthetics reinforced and pile supported embankment，GRPS），也称桩网结构路基技术，是近年来研究开发的一项广泛应用于铁路、公路路基、机场跑道和水利堤坝等工程的新技术。这种技术与桩支承路基相比，增大了桩的间距，且无需在路基两侧打斜桩，简化了施工，降低了造价，适用于硬土层或基岩上有深厚软土层、施工期较紧及总沉降和不均匀沉降要求严格等路基处理。具体内容可参见本书第二十二章。

五、桩基工程的耐久性

桩基础是结构工程的重要组成部分，和地上混凝土结构相比，混凝土桩所处的环境条件差，施工时混凝土质量不易保证，因此更容易出现耐久性问题。同时，混凝土桩出现耐久性问题一般不会被发现，只有当工程出现由于桩基耐久性引起的质量问题时，才会被发现。而桩基混凝土出现耐久性质量问题很难修复，其耐久性决定了整个建筑物的耐久性。因此，混凝土桩的耐久性对建筑物的安全具有决定性的作用。《建筑桩基技术规范》（JGJ 94—2008）首次将混凝土桩耐久性的相关研究成果纳入规范并作出了具体规定。

六、桩基工程通用设计软件

由于桩基础工程的大量使用、结构形式的日趋复杂、桩基分析方法的发展，使得桩基设计任务和工作量大大增加，采用传统的手工计算来进行设计已难以适应大量桩基设计任务的要求，因而在桩基设计工作中迫切需要桩基础设计软件来帮助设计人员尽快确定合理的桩基方案。为了缩短桩基设计周期，方便设计人员对不同方案进行对比分析以优化设计，有效减少设计人员的工作量，更好的满足桩基设计的需要，相继出现了一些桩基础设计通用软件。全国范围内比较有代表性和应用较多的是依靠同济大学作技术支持的同济启明星 PILE 系列软件和依靠中国建筑科学研究院作依托的 JCCAD 软件（PKPM 系列软件的基础分析部分）。这些软件基本能满足当前各类规范与设计要求。启明星 PILE 系列软件和 JCCAD 软件功能与计算结果分析应用介绍可参见本书第十一章。

第二篇 | 桩基工程理论

第二章　竖向抗压桩的承载力与变形

了解单桩和群桩在竖向荷载作用下的受力性状特性是进行桩基研究、设计及复杂问题处理的基础。虽然桩基在不同地质条件下有各种桩型、不同规格及多种施工方式，其受力性状也各不相同，但有一点是共同的，都是基于在桩顶作用的竖向荷载，经桩身通过桩侧土和桩端土向下传递荷载。通过研究桩身应力和位移的变化规律来反映桩的承载力和变形性状。

第一节　单桩在竖向荷载下的受力性状

一、桩土体系的荷载传递

（一）荷载传递机理及影响因素

当竖向荷载逐步施加于桩顶，桩身混凝土受到压缩而产生相对于土的向下位移或位移趋势时，桩侧土抵抗桩侧表面向下位移的向上摩阻力，即正摩阻力，此时桩顶荷载通过桩侧表面的桩侧摩阻力传递到桩周土层中去，致使桩身轴力和桩身压缩变形随深度递减。当桩顶荷载较小时，桩身混凝土的压缩也在桩的上部，桩侧上部土的摩阻力得到逐步发挥，此时桩身中下部桩土相对位移较小或很小，其桩摩阻力发挥很小或尚未开始发挥作用。

随着桩顶荷载增加，桩身压缩量和桩土相对位移量逐渐增大，桩侧下部土层的摩阻力随之逐步发挥出来，桩底土层也因桩端受力被压缩而逐渐产生桩端阻力；当荷载进一步增大，桩顶传递到桩端的力也逐渐增大，桩端土层的压缩也逐渐增大，而桩端土层压缩和桩身压缩量加大了桩土相对位移，从而使桩侧摩阻力进一步发挥出来。由于黏性土桩土相对极限位移一般只有 6～12mm，砂性土为 8～15mm，所以当桩土界面相对位移大于桩土极限位移后，桩身上部土的侧阻就发挥到最大值并出现滑移（此时上部桩侧土的抗剪强度由峰值强度一般出现跌落为残余强度），此时桩身下部土的侧阻进一步得到发挥，桩端阻力亦慢慢增大。当桩端持力层产生破坏时，桩顶位移急剧增大，且往往承载力降低，此时表明桩已破坏。从上面的描述可以看出桩顶在竖向荷载作用下的传递规律是：

1. 桩侧摩阻力是自上而下逐渐发挥的，而且不同深度土层的桩侧摩阻力是异步发挥的。

2. 当桩土相对位移大于各种土性的极限位移后，桩土之间要产生滑移，滑移后其抗剪强度往往将由峰值强度跌落为残余强度，亦即滑移部分的桩侧土产生软化。

3. 桩端阻力和桩侧阻力是异步发挥的。只有当桩身轴力传递到桩端并对桩端土产生

编写人：张忠苗（浙江大学建筑工程学院）　杨敏（同济大学土木工程学院）

压缩时才会产生桩端阻力，而且一般情况下（当桩端土较坚硬时），桩端阻力随着桩端位移的增大而增大。

桩荷载传递受以下因素影响：

1. 单桩竖向极限承载力与桩顶应力水平；
2. 桩侧土的单位极限侧阻力 q_{su} 和单位极限端阻力 q_{pu}；
3. 桩长径比；
4. 桩端土与桩侧土的刚度比；
5. 桩侧表面的粗糙度以及桩端形状等诸因素。

设计中应掌握各种桩的桩土体系荷载传递规律，根据上部结构的荷载特点、场地各土层的分布与性质，合理选择桩型、桩径、桩长、桩端持力层、单桩竖向承载力特征值，合理布桩，在确保长久安全的前提下充分发挥桩土体系的力学性能，做到既经济合理又施工方便快速。

（二）荷载传递方程

可以用荷载传递法来描述上述荷载传递过程：把桩沿桩长方向离散成若干单元，假定桩土无相对滑移，桩身是线弹性的，桩体中任意一点的位移只与该点的桩侧摩阻力有关，用独立的线性或非线性弹簧来模拟土体与桩体单元之间的相互作用。

桩身位移 $s(z)$ 和桩身荷载 $Q(z)$ 随深度递减，桩侧摩阻力 $q_s(z)$ 自上而下逐步发挥。桩侧摩阻力 $q_s(z)$ 发挥值与桩土相对位移量有关，如图 2-1-1 所示。

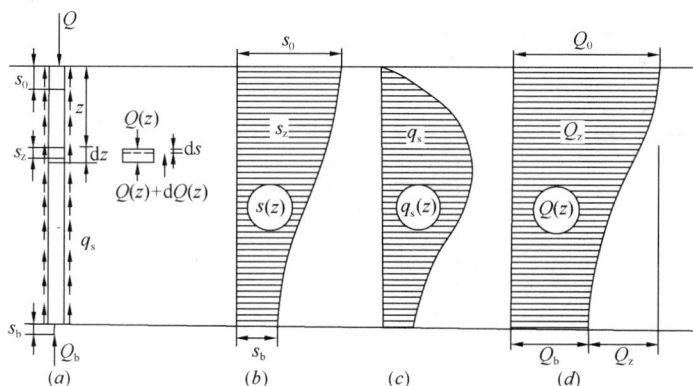

图 2-1-1　桩土体系的荷载传递

取深度 z 处的微小桩段 dz，由力的平衡条件(图 2-1-1(a))可得：

$$q_s(z) \cdot U \cdot dz + Q(z) + dQ(z) = Q(z)$$

由此得

$$q_s(z) = -\frac{1}{U} \cdot \frac{dQ(z)}{dz} \tag{2-1-1}$$

由桩身压缩变形 $ds(z)$ 与轴力 $Q(z)$ 之间关系得：

$$ds(z) = -Q(z)\frac{dz}{AE_p}$$

可得 z 断面荷载

$$Q(z) = -AE_p\frac{ds(z)}{dz}$$

即

$$Q(z) = Q_0 - U\int_0^z q_s(z)\mathrm{d}z \tag{2-1-2}$$

z 断面沉降

$$s(z) = s_0 - \frac{1}{E_pA}\int_0^z Q(z)\mathrm{d}z \tag{2-1-3}$$

式中　A——桩身横截面面积；

　　　E_p——桩身弹性模量；

　　　U——桩身周长。

　　式（2-1-1）、式（2-1-2）、式（2-1-3）分别表示于图 2-1-1 (c)，(d)，(b) 中。将式（2-1-2）代入式（2-1-1）可得：

$$q_s(z) = \frac{AE_p}{U}\cdot\frac{\mathrm{d}^2 s(z)}{\mathrm{d}z^2} \tag{2-1-4}$$

　　式（2-1-4）是进行桩土体系荷载传递分析计算的基本微分方程。

　　不同的 $q_s(z)$-s 关系可以得到不同的荷载传递函数。常见的荷载传递曲线有线弹性的、弹塑性的、双曲线的及侧阻软化形式等。

（三）单桩破坏模式

　　单桩破坏模式大致有以下 4 种：

　　（1）桩身材料破坏

　　由于地基土提供的承载力超过桩身材料强度所能承受的荷载，桩先于土发生曲折（嵌入坚实基岩的端承桩等，如图 2-1-2 (a) 所示）或超长摩擦桩桩顶压屈破坏（超长薄壁钢管桩或 H 型钢桩等）。其 Q-s 曲线有明显的转折点，即破坏特征点。

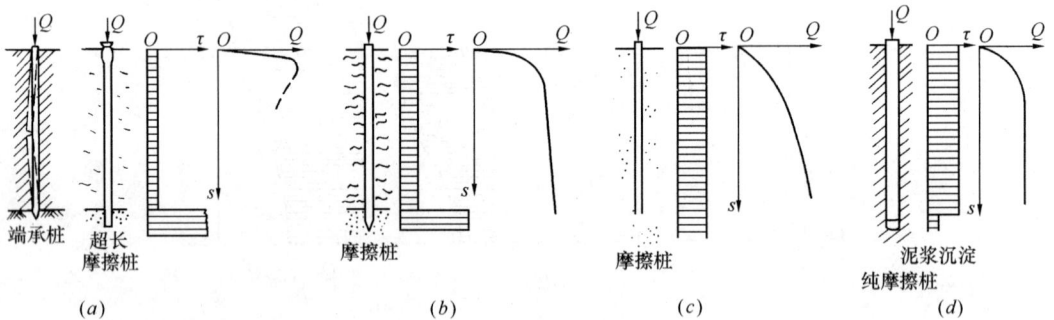

图 2-1-2　桩的破坏模式

(a) 桩身材料破坏；(b) 整体剪切破坏；(c) 刺入剪切破坏；(d) 沿桩身侧面纯剪切破坏

　　（2）桩端土整体剪切破坏

　　桩穿越软弱层进入较硬持力层，当桩端压力超过持力层极限荷载时，桩端土中将形成完整的剪切滑动面，土体向上挤出而破坏。其 Q-s 曲线有明显的转折点（图 2-1-2b），一般为摩擦桩及端承摩擦桩的典型破坏模式。

　　（3）刺入剪切破坏

　　在匀质土层中的摩擦型桩，其 Q-s 曲线没有明显的转折点，桩沿桩侧及桩端发生剪切与刺入破坏（图 2-1-2c）。

（4）桩侧纯剪切破坏

对于孔底沉淤较厚的钻（冲）孔灌注桩，其桩端几乎不能提供反力，桩沿桩侧面发生纯剪切破坏（图 2-1-2d）。

二、桩侧阻力性状

桩基在竖向荷载作用下，桩身混凝土产生压缩，桩侧土抵抗向下位移而在桩土界面产生向上的摩擦阻力称为桩侧摩阻力。

桩侧极限摩阻力是指桩土界面全部桩侧土体发挥到极限所对应的摩阻力。由于桩侧土摩阻力是自上而下逐渐发挥的，因此桩侧极限摩阻力很大程度上取决于中下部土层的摩阻力发挥。桩侧极限摩阻力实质上是全部桩侧土所能稳定承受的最大摩阻力（峰值阻力）。

由于黏性土桩土极限位移一般只有 6～12mm，砂性土为 8～15mm，所以当桩土界面相对位移大于桩土极限位移后，桩身上部土的侧阻已发挥到最大值并出现滑移，此时桩身下部土的侧阻进一步得到发挥，桩端阻力随着桩端土压缩量的增大亦慢慢增大。

影响单桩桩侧阻力发挥的因素主要包括以下几个方面：桩侧土的力学性质、发挥桩侧阻力所需位移、桩径 d、桩土界面性质、桩端土性质、桩长 L、桩侧土厚度及各层中的 q_{sik} 值、桩土相对位移量、加荷速率、作用时间、桩顶荷载水平、桩侧土的松弛、桩侧土的软化等。

1. 桩侧土的力学性质

桩侧土的性质是影响桩侧阻力最直接的决定因素。一般说来，桩周土的强度越高，相应的桩侧阻力就越大。由于桩侧阻力属于摩擦性质，是通过桩周上的剪切变形来传递的，因而它与土的剪变模量密切相关。超压密黏性土的应变软化及密实砂土的剪胀、高结构性黄土，使得侧阻力随位移增大而减小，出现软化现象；在正常固结以及轻微超压密黏性土中，由于土的固结硬化，侧阻力会随位移增大而增大，松砂中由于剪缩也会产生同样的结果。

2. 发挥桩侧阻力所需位移

按照传统经验，发挥极限侧阻所需位移与桩径大小、桩长、施工工艺与质量、土类、土性及分布等有关。对于加工软化型土（如密实砂、粉土、高结构性黄土等）所需位移值较小，且 q_s 达最大值后又随位移的增大而有所减小；对于加工硬化型土（如非密实砂、粉土、粉质黏土等）所需位移值更大，且极限特征点不明显。发挥桩侧阻力所需桩顶相对位移趋于定值的结论，是 Whitaker（1966）、Reese（1969）等根据少量桩的试验结果得出的。随着近年来大直径灌注桩应用的不断增多，对大直径桩承载性状的认识逐步深化。就桩侧阻力的发挥性状而言，大量测试结果表明，发挥极限侧阻所需桩顶相对位移并非定值，与桩径大小、施工工艺、土层性质与分布位置有关。

3. 桩径的影响

侧摩阻力与桩的侧表面积（πDL）有关。按照规范，大直径桩的桩侧阻力按下式计算：

$$Q_{sk} = u\Sigma\psi_{si}q_{sik}l_{si} \tag{2-1-5}$$

式中　ψ_s——大直径桩桩侧阻力尺寸效应折减系数；对于黏性土和粉土有 $\psi_s = \left(\dfrac{0.8}{D}\right)^{\frac{1}{5}}$；

$$\text{对于砂土和碎石土有 } \psi_s = \left(\frac{0.8}{D}\right)^{\frac{1}{3}}。$$

　　D——桩直径（m）。

Masakiro Koike 等通过试验研究发现，非黏性土中的桩侧阻力存在着明显的尺寸效应，这种尺寸效应源于钻、挖孔时侧壁土的应力松弛。桩径越大、桩周土层的黏聚力越小，侧阻降低的就越明显。

4. 桩土界面性质的影响

桩-土界面特征就是埋设于土中的桩与桩周土接触面的形态特性。对于预制桩和钢桩，桩-土界面特性主要取决于桩表面的粗糙程度及挤密效果，所以出现了孔壁粗糙的竹节预制桩；对于各种类型的灌注桩，桩-土界面特征一般表现为孔壁的粗糙程度，而这与桩周土层的性质和施工工艺有关。

从各种规范中关于桩侧阻力的取值标准可以看出，在桩周土条件相同的时候，不同施工工艺形成的桩具有不同的侧阻力值，这主要是由于不同施工工艺对桩-土界面的影响方式和影响程度不同。

对于打入桩，当桩侧土松散时，沉桩过程中会对桩周土体造成挤密，侧阻较高；对于泥浆护壁的钻孔灌注桩，施工过程中会使桩周土体受到扰动、孔壁应力释放，另外，采用泥浆护壁成孔，且泥浆过稠时，在桩身表面将形成"泥皮"，此时，剪切滑裂面将发生于紧贴于桩身的"泥皮"内，导致桩侧阻力显著降低。一般考虑钻孔桩泥皮的修正系数为 $\lambda_s = 0.6 \sim 0.8$。

对于各种类型的预制桩，桩-土界面特征取决于桩表面的粗糙程度及挤密效果，这与制桩工艺有关，一般比较光滑；对于各种类型的灌注桩，桩-土界面特征取决于成孔时机具对孔壁的扰动等因素，一般比较粗糙，并且不规则。

5. 桩端土性质

大量试验资料发现桩端条件不仅对桩端阻力，同时对桩侧阻力的发挥有着直接的影响。在同样的桩侧土条件下，桩端持力层强度高的桩，其桩侧阻力特别是桩端附近的侧阻力要比桩端持力层强度低的桩高，即桩端持力层强度越高，桩端阻力越大，桩端沉降越小，桩侧摩阻力就越高，反之亦然。另外，钻孔桩由于施工工艺的影响，经常在桩端存在部分沉渣，或者在持力层较差时，桩端土的弱化将会导致极限侧阻力的降低。因此，一般要求灌注混凝土前孔底沉渣厚度小于 50mm。

6. 桩顶荷载水平

每层土桩侧摩阻力的发挥与桩顶荷载水平直接相关，在桩荷载水平较低时，通常桩顶上层土的摩阻力得到发挥；到桩顶荷载水平较高时，桩顶下层乃至桩端处桩周土摩阻力才得到发挥，上部土层有可能产生桩土滑移（要视桩土相对位移而定）；随着荷载进一步提高，桩端附近土摩阻力及桩端阻力得到发挥，所以桩顶荷载水平是决定侧阻与端阻相对比例关系的主要因素之一。

7. 加荷速率及时间效应

对于打入桩，在淤泥质土和黏土中，通常快速压桩瞬时阻力较小，其后随着土体固结桩侧阻力会增大较多；在砂土中，快速压桩由于应力集中瞬时摩擦加大，侧阻也大，其后砂土容易松弛。时间效应包含土的固结及泥皮固结问题。软土中预制桩承载力是随着龄期增加逐渐增大的。

8. 松弛效应对侧阻的影响

非挤土桩（钻孔、挖孔灌注桩）在成孔过程中由于孔壁侧向应力解除，出现侧向松弛变形。孔壁土的松弛效应导致土体强度削弱，桩侧阻力随之降低。

桩侧阻力的降低幅度与土性、有无护壁、孔径大小等诸多因素有关。对于干作业钻、挖孔桩，无护壁条件下，孔壁土处于自由状态，土产生向心径向位移，浇注混凝土后，径向位移虽有所恢复，但侧阻力仍有所降低。

对于无黏聚性的砂土、碎石类土中的大直径钻、挖孔桩，其成桩松弛效应对侧阻力的削弱影响是不容忽略的。

在泥浆护壁条件下，孔壁处于泥浆侧压平衡状态，侧向变形受到制约，松弛效应较小，但桩身质量和侧阻力受泥浆稠度、混凝土浇灌等因素的影响而变化较大。张忠苗（2006）曾对桩侧泥皮土与桩间土的性状差异进行了对比研究，见表 2-1-1、表 2-1-2。从表中可以看出，泥浆护壁钻孔灌注桩桩侧泥皮土相对于桩间土具有含水量高、压缩性大、抗剪强度低的特点。

泥皮土与桩间土土工参数对比（一）　　　　　表 2-1-1

土样名称	天然含水量 w（%）	天然重度（kN/m³）	土粒相对密度 d_s	饱和度 S_r（%）	孔隙比 e_0	液限 w_L（%）	塑限 w_P（%）	塑性指数 I_P	液性指数 I_L
淤泥质桩侧泥皮土	69.4	15.4	2.75	99	1.964	58.5	29.7	28.8	1.38
淤泥质桩间土	61.3	16.1	2.75	97	1.7	52.6	27.3	25.3	1.34
黏土桩侧泥皮土	38.4	17.7	2.71	97	1.076	43.9	23.9	20.0	0.72
黏土桩间土	33.2	18	2.73	92	0.98	40.8	22.7	18.1	0.58
砂质粉土桩侧泥皮土	30.4	18.6	2.7	93	0.832				
砂质粉土桩间土	28.8	18.6	2.7	89	0.798				

泥皮土与桩间土土工参数对比（二）　　　　　表 2-1-2

土样名称	压缩系数 a_{1-2}（MPa⁻¹）	压缩模量 E_s（MPa）	直剪试验 内摩擦角（°）	直剪试验 黏聚力（kPa）	垂直压力下孔隙比垂直压力 P（kPa） 50	100	200	400
淤泥质桩侧泥皮土	2.08	1.42	1.5	6	1.85	1.693	1.485	1.268
淤泥质桩间土	1.79	1.51	2	7	1.542	1.402	1.223	1.037
黏土桩侧泥皮土	0.69	3.01	4	14	1.02	0.982	0.913	0.81
黏土桩间土	0.5	3.96	5	18	0.911	0.877	0.827	0.761
砂质粉土桩侧泥皮土	0.13	14	28	12	0.82	0.81	0.797	0.779
砂质粉土桩间土	0.12	15.3	30	17	0.791	0.783	0.774	0.761

9. 桩侧阻力的软化效应

对于桩长较长的泥浆护壁钻孔灌注桩，当桩侧摩阻力达到峰值后，其值随着上部荷载的增加（桩土相对位移的增大）而逐渐降低，最后达到并维持一个残余强度。将这种桩侧摩阻力超过峰值进入残余值的现象定义为桩侧摩阻力的软化效应。

图 2-1-3 中 Q-s 曲线为杭州余杭某大厦静载荷试验结果，试桩桩径 ϕ1000mm，桩长 52.5m，根据地质报告计算的桩侧极限摩阻力为 6000kN，静载荷试验时，加载到 4000kN，桩顶即发生较大的沉降，达 100mm，随后在卸载过程中，桩顶沉降仍持续增加，即桩顶承载力随沉降增加出现跌落。

桩侧摩阻力在达到极限值后，随着加荷产生的沉降的增大，其值出现下降的现象，即桩侧土层的侧阻发挥存在临界值问题。对超长桩，因为承受更大的荷载，桩顶的沉降量较大，这种现象更为普遍。当桩长达到 60m 或者更长时，这个临界值对桩承载力的影响更为敏感。众多的超长桩静荷载试验实测结果表明，这种现象比较普遍。

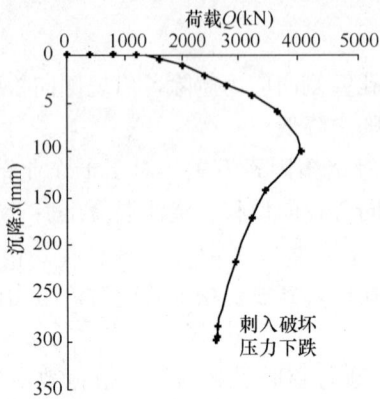

图 2-1-3 典型桩侧土摩阻力
软化 Q-s 曲线

由于各个土层的临界位移值不同，各层土侧摩阻力出现软化时的桩顶位移量（即桩土相对位移）也不同，即各层土侧摩阻力的软化并不是同步的，因此桩顶位移的大小直接影响侧摩阻力的发挥程度，也影响着承载力。尤其对超长桩，由于其桩身压缩量占桩顶沉降的比例较大，在下部沉降还较小的情况下，桩顶沉降已经比较大。由于桩上部已经发生较大的沉降，表现为较大的桩土相对位移，因而引起侧阻的软化。

因此，在桩基设计时，特别是摩擦型桩基设计时，承载力的确定应考虑桩侧摩阻力软化带来的影响。大直径超长桩的侧阻软化会降低单桩的承载力，因此要采取措施加以解决，通常可以采用桩端（侧）后注浆的方法，有着较好的效果。

桩侧摩阻力软化的机理主要包括土体的材料软化、结构软化特性、荷载水平及加载过程中桩侧土体单元的应力状态、桩土界面摩擦性状以及桩身几何参数和压缩特性、桩顶荷载水平等几个方面的因素。

10. 桩侧阻力的挤土效应

不同的成桩工艺会使桩周土体中应力、应变场发生不同变化，从而导致桩侧阻力的相应变化。这种变化又与土的类别、性质，特别是土的灵敏度、密实度、饱和度密切相关。图 2-1-4 (a)、(b)、(c) 分别表示成桩前、挤土桩和非挤土桩桩周土的侧向应力状态，以及侧向与竖向变形状态。

挤土桩（打入、振入、压入式预制桩、沉管灌注桩）成桩过程产生的挤土作用，使桩周土扰动重塑、侧向压应力增加。对于非饱和土，由于土受挤而增密，土愈松散，黏性愈低，其增密幅度愈大。对于饱和黏性土，由于瞬时排水固结效应不显著，体积压缩变形小，引起超孔隙水压力，土体产生横向位移和竖向隆起或沉陷。

（1）砂土中侧阻力的挤土效应

松散砂土中的挤土桩，成桩过程使桩周土因侧向挤压而趋于密实，导致桩侧阻力增高。对于桩群，特别是满堂布置的桩群，桩周土的挤密效应更为显著。密实砂土中，沉桩挤土效应使密砂松散、孔压膨胀、侧摩阻力降低。

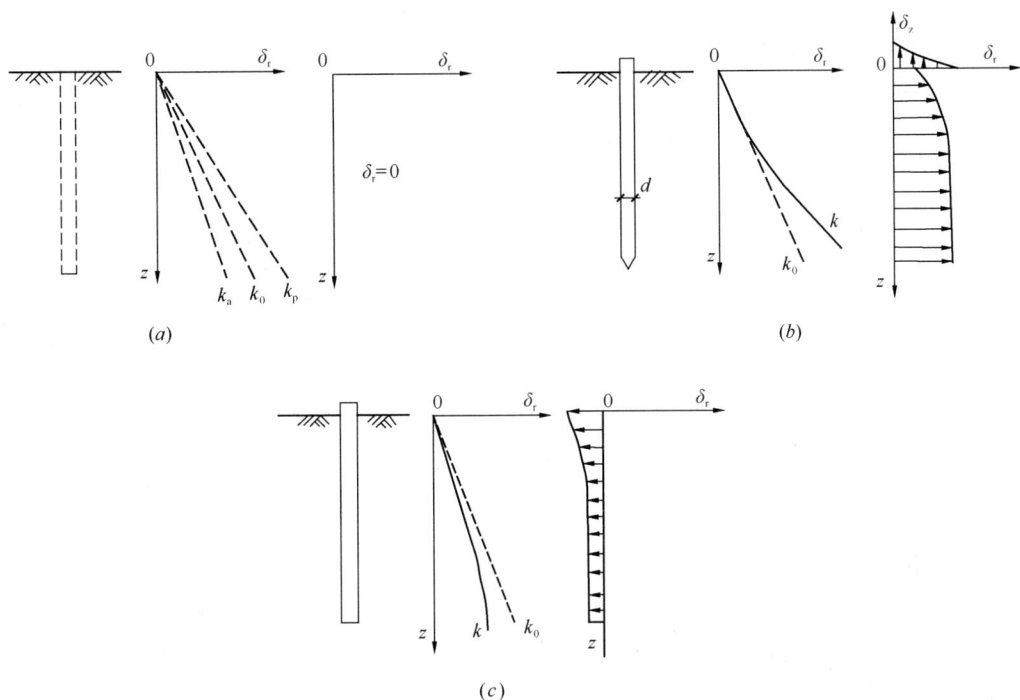

图 2-1-4　桩周土的应力及变形

(a) 静止土压力状态（k_0, k_a, k_p 为静止、主动、被动土压力系数）；(b) 挤土桩 $k > k_0$；

(c) 非挤土桩，$k < k_0$（δ_r, δ_z 为土的侧向、竖向位移）

（2）饱和黏性土中的成桩挤土效应

饱和黏性土中的挤土桩，成桩过程使桩侧土受到挤压、扰动、重塑，产生超孔隙水压力。随后出现孔压消散、再固结和触变恢复，导致侧阻力产生显著的时间效应，即随着时间的增加逐渐提高。

11. 侧阻发挥的时间效应

桩侧摩阻力受桩身周围的有效应力条件控制。饱和黏性土中的挤土桩，在成桩过程中使桩侧土受到挤压、扰动和重塑，产生超孔隙水压力，故成桩时桩侧向有效应力减小，桩侧摩阻力明显降低。超孔隙水压力沿径向随时间逐渐消散，桩侧摩阻力则随时间逐渐增长。

三、桩端阻力性状

桩端阻力是指桩顶荷载通过桩身和桩侧土传递到桩端土所承受的力。

桩端阻力根据地质资料的计算公式为

$$Q_{pu} = \psi_p \pi \frac{D^2}{4} q_{pu} \tag{2-1-6}$$

式中　ψ_p——端阻尺寸效应系数；

　　　q_{pu}——桩端持力层单位端承力。

影响单桩桩端阻力的主要因素有：桩穿过土层及持力层的特性、桩的成桩方法、入土深度进入持力层深度、桩的尺寸、加荷速率、桩端距下卧软弱层的距离等。

1. 桩端持力层的影响

桩端持力层的类别与性质直接影响桩端阻力的大小和沉降量。低压缩性、高强度的砂、砾、岩层是理想的具有高端阻力的持力层，特别是桩端进入砂、砾层中的挤土桩，可获得很高的端阻力。高压缩性、低强度的软土几乎不能提供桩端阻力，并导致桩发生突进型破坏，桩的沉降量和沉降的时间效应显著增加。

不同的土在桩端以下的破坏模式并不一样。对松砂或软黏土，出现刺入剪切破坏；对密实砂或硬黏土，出现整体或局部剪切破坏。

2. 桩截面尺寸的影响

桩端阻力与桩端面积直接相关，但随着桩端截面积尺寸的增大，桩端阻力的发挥度变小，硬土层中桩端阻力具有尺寸效应。

Menzenbaeh（1961）根据 88 根压桩资料统计，得出桩端阻力尺寸效应系数 ϕ_{pa} 为：

$$\phi_{pa} = 1/\left[1 + 1 \times 10^{-5} \left(\overline{q_c}\right)^{1.3} \cdot A\right] \tag{2-1-7}$$

式中 $\overline{q_c}$——桩尖以下，$1d \sim 3.75d$ 范围内的静力触探锥尖阻力 q_c 平均值（MPa）；

      A——桩的截面积（cm²）。

Menzenbaeh 由统计结果得出了两点结论，即：

（1）对于软土（$\overline{q_c} \leqslant 1$MPa），尺寸效应并不显著，在工程上可以不必考虑。

（2）对于硬土层，如中密—密实砂土（$\overline{q_c} \geqslant 10$MPa），尺寸效应明显，值得注意。

3. 成桩效应的影响

桩端阻力的成桩效应随土性、成桩工艺而异。

对于非挤土桩，成桩过程中桩端土不产生挤密，而是出现扰动、虚土或沉渣，因而使端阻力降低。

对于挤土桩，成桩过程中松散的桩端土受到挤密，使端阻力提高。对于黏性土与非黏性土、饱和与非饱和状态、松散与密实状态，其挤土效应差别较大，如松散的非黏性土挤密效果最佳；密实或饱和黏性土的挤密效果较小，有时可能起反作用。因此，不同土层端阻力的成桩效应相差也较大。

对于泥浆护壁钻孔灌注桩，由于成桩施工方法不当，易使桩底产生沉渣，当沉渣达到一定厚度时，会导致桩的端阻力大幅下降。

4. 端阻力的临界深度

桩端阻力随桩入土深度按特定规律变化。当桩端进入均匀土层或穿过软土层进入持力层时，开始时桩端阻力随深度基本上呈线性增大；当达到一定深度后，桩端阻力基本恒定；深度继续增加，桩端阻力增大很小，见图 2-1-5。图中恒定的桩端阻力称为桩端阻力稳值 q_{pl}，恒定桩端阻力的起点深度称为该桩端阻力的临界深度 h_{cp}。

根据模型和原型试验结果，端阻临界深度和端阻稳值具有

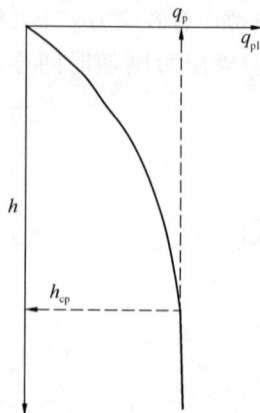

图 2-1-5 端阻临界深度示意

如下特性:

(1)端阻临界深度 h_{cp} 和端阻稳值 q_{pl} 均随砂持力层相对密实度 D_r 的增大而增大,所以,端阻临界深度随端阻稳值增大而增大。

(2)端阻临界深度受覆盖压力区(包括持力层上覆土层自重和地面荷载)影响而随端阻稳值呈不同关系变化,见图 2-1-6。从图中可以看出:

①当 $p_0 = 0$ 时,h_{cp} 随 q_{pl} 的增大而线性增大;

②当 $p_0 > 0$ 时,h_{cp} 与 q_{pl} 呈非线性关系,p_0 愈大,其增大率愈小;

③在 q_{pl} 一定的条件下,h_{cp} 随 p_0 增大而减小,即随上覆土层厚度增加而减小。

(3)端阻临界深度 h_{cp} 随桩径 d 的增大而增大。

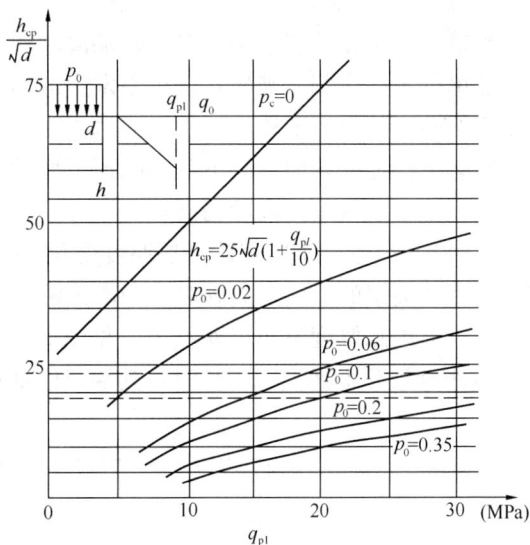

图 2-1-6 临界深度,端阻稳值及覆盖压力的关系(h_{cp},d 的单位为 cm)

(4)端阻稳值 q_{pl} 的大小仅与持力层砂的相对密实度 D_r 有关,而与桩的尺寸无关。由图 2-1-7 可以看出,同一相对密实度 D_r 砂土中,不同截面尺寸的桩,其端阻稳值 q_{pl} 基本相等。

(5)端阻稳值与覆盖层厚度无关。图 2-1-8 所示为均匀砂和上松下密双层砂中的端阻曲线。均匀砂($D_r = 0.7$)中的贯入曲线 1 与双层砂(上层 $D_r = 0.2$,下层 $D_r = 0.7$)中的贯入曲线 2 相比,其线型大体相同,端阻稳值也大体相等。

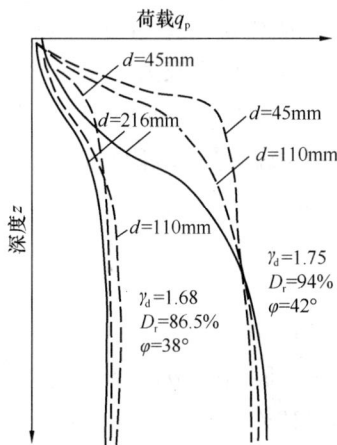

图 2-1-7 端阻稳值与砂土的相对密度和桩径的关系

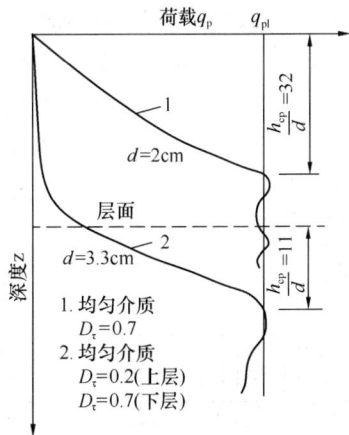

图 2-1-8 均匀与双层砂中端阻的变化

端阻稳值的临界深度一般是在砂土层中得到的,也就是桩入砂土层的最大入土深度。

达到该深度后，相同桩径下桩端阻力不随桩入持力层深度的增加而增大。

5. 端阻的临界厚度

当桩端下存在软弱下卧层时，桩端离软弱下卧层的顶板必须要有一定的距离，这样才能保证单桩不产生刺入破坏，群桩不发生冲切破坏。我们定义要能保证持力层桩端力能正常发挥的桩端面与下部软土顶板面的最小距离为端阻的"临界厚度"t_c，也就是说，设计的时候必须保证桩端面与软下卧层的顶板面的临界厚度，才能使持力层的端承力得到正常发挥，不至于发生刺入或冲切破坏。

图 2-1-9 表示软土中密砂夹层厚度变化及桩端进入夹层深度变化对端阻的影响。当桩端进入密砂夹层的深度及离软卧层距离足够大时，其端阻力可达到密砂中的端阻稳值 q_{pl}，这时要求夹层总厚度不小于 $h_{cp}+t_c$，见图 2-1-9 中的④。反之，当桩端进入夹层的深度 $h<h_{cp}$ 或距软层顶面距离 $t_p<t_c$ 时，其端阻值都将减小，如图 2-1-9 中的①，②，③所示。

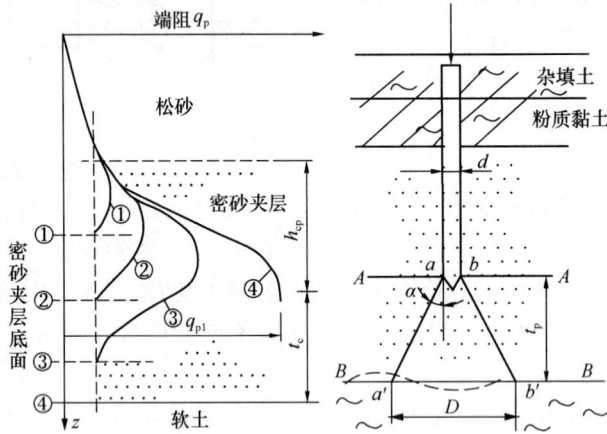

图 2-1-9 端阻随桩入密砂深度及离软卧层距离的变化

软下卧层对端阻产生影响的机理，是由于桩端应力沿扩散角 α（α 角是砂土相对密实度 D_r 的函数，受软卧层强度和压缩性的影响，其值范围为 $10° \sim 20°$，对于砂层下有很软土层时，可取 $\alpha=10°$）向下扩散至软卧层顶面，引起软卧层出现较大压缩变形，桩端连同扩散锥体一起向下位移，从而降低了端阻力，见图 2-1-10。若桩端荷载超过该端阻极限值，软卧层将出现更大的压缩和挤出，导致冲剪破坏。

临界厚度 t_c 主要随砂的相对密实度 D_r 和桩径 d 的增大而加大。

对于松砂，$t_c \approx 1.5d$；

    密砂，$t_c=(5 \sim 10)d$；

    砾砂，$t_c \approx 12d$。

硬黏性土，$h_{cp} \approx t_c \approx 7d$。

根据以上端阻的深度效应分析可见，以夹于软层中的硬层作桩端持力层时，为充分发挥端阻，要根据夹层厚度，综合考虑桩端进入持力层的深度和桩端下

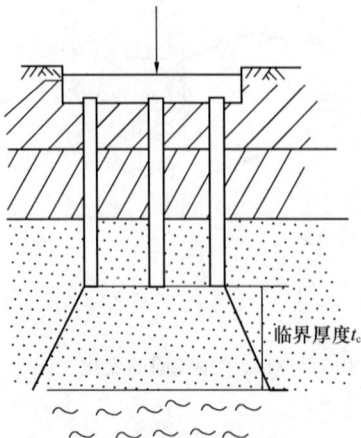

图 2-1-10 软卧层对端阻的影响

硬层的厚度，不可只顾一个方面而导致端阻力降低。

四、单桩竖向极限承载力计算

（一）单桩竖向极限承载力的概念

单桩竖向极限承载力 Q_u 为桩土体系在竖向荷载作用下所能长期稳定承受的最大荷载，亦即单桩静载试验时桩顶能稳定承受的最大试验荷载。它反映了桩身材料、桩侧土与桩端土性状、施工方法的综合指标。

单桩竖向破坏承载力 Q_p 是指单桩竖向静载试验时，桩发生破坏时桩顶的最大试验荷载，它比单桩竖向极限承载力高一级荷载。单桩的破坏方式有桩土破坏和桩身混凝土破坏两种。

《建筑桩基技术规范》中对单桩竖向极限承载力的确定做了下列规定：

1. 一般情况下，单桩竖向极限承载力应通过单桩静载试验确定，试验按《建筑基桩检测技术规范》执行；

2. 对于大直径端承型桩，也可通过深层平板（平板直径应与孔径一致）载荷试验确定极限端阻力；

3. 对于嵌岩桩，可通过直径为 0.3m 岩基平板载荷试验确定极限端阻力标准值，也可通过直径为 0.3m 嵌岩短墩载荷试验确定极限侧阻力标准值和极限端阻力标准值；

4. 桩侧极限侧阻力标准值和极限端阻力标准值宜通过埋设桩身轴力测试元件由静载试验确定，并通过测试结果建立极限侧阻力标准值和极限端阻力标准值与土层物理指标、岩石饱和单轴抗压强度以及与静力触探等土的原位测试指标间的经验关系，以经验参数法确定单桩竖向极限承载力。

设计采用的单桩竖向极限承载力应符合下列规定：设计等级为甲级的建筑桩基，应通过静载试验确定；设计等级为乙级的建筑桩基，当地质条件简单时，可参照地质条件相同的试桩资料，结合静力触探等原位测试和经验参数综合确定，其余均应通过单桩静载试验确定；设计等级为丙级的建筑桩基，可根据原位测试和经验参数确定。

（二）单桩竖向极限承载力的计算方法

单桩竖向极限承载力计算方法一般有四类：静载试验法、经典经验公式法、原位测试法和规范法，其各自的特点见表 2-1-3。

表 2-1-3

单桩竖向极限承载力的计算方法

计算方法	特　　　点
静载试验法	静载试验是传统的，也是最可靠的确定承载力的方法。它不仅可确定桩的极限承载力，而且通过埋设各类测试元件可获得荷载传递、桩侧阻力、桩端阻力、荷载-沉降关系等诸多资料。
经典经验公式法	根据桩侧阻力、桩端阻力的破坏机理，按照静力学原理，采用土的强度参数，分别对桩侧阻力和桩端阻力进行计算。由于计算模式、强度参数与实际的某些差异，计算结果的可靠性受到限制，往往只用于一般工程初步设计阶段，或与其他方法综合比较确定承载力。

计算方法	特　　　点
原位测试法	对地基土进行原位测试，利用桩的静载试验与原位测试参数间的经验关系，确定桩的侧阻力和端阻力。常用的原位测试法有下列几种：静力触探法（CPT）、标准贯入试验法（SPT）、十字板剪切试验法（VST）等。
规范法	根据静力试桩结果与桩侧、桩端土层的物理性指标进行统计分析，建立桩侧阻力、桩端阻力与物理性指标间的经验关系，利用这种关系预估单桩承载力。这种经验法简便而经济，但由于各地区间土的变异性大，加之成桩质量有一定变异性，因此，经验法预估承载力的可靠性相对较低，一般只适于初步设计阶段和一般工程，或与其他方法综合比较确定承载力。地基规范法和桩基规范法具体用于某地区时，应结合地区经验来综合确定，因为我国幅员辽阔，各地地质条件不一致。

这里主要介绍桩基规范中单桩极限承载力的经验公式法。

1. 按桩侧土和桩端土指标确定单桩竖向极限承载力

根据地质资料，单桩极限承载力 Q_u 由总极限侧阻力 Q_{su} 和总极限端阻力 Q_{pu} 组成，若忽略二者间的相互影响，可表示为：

$$Q_u = Q_{su} + Q_{pu} = u_i \Sigma l_i q_{sui} + A_p q_{pu} \qquad (2\text{-}1\text{-}8)$$

式中　l_i、u_i——桩周第 i 层土厚度和相应的桩身周长；

　　　　A_p——桩端底面积；

q_{sui}、q_{pu}——第 i 层土的极限侧阻力和持力层极限端阻力。

Q_u、q_{sui}、q_{pu} 的确定通常采用下列几种方法。

2. 根据桩身混凝土强度确定单桩抗压承载力值

（1）桩身混凝土强度应满足桩的承载力设计要求，根据《建筑地基基础设计规范》第 8.5.9 条、《建筑桩基技术规范》第 5.8.2 条规定（不考虑钢筋时），按下式估算荷载效应基本组合下单桩桩顶轴向压力设计值 N：

$$N = \psi_c f_c A_p \qquad (2\text{-}1\text{-}9)$$

式中　f_c——桩身混凝土轴心抗压强度设计值（kPa）（表 2-1-4）；

　　　　ψ_c——工作条件系数，《建筑地基基础设计规范》灌注桩取 0.6～0.7；基桩成桩工艺系数，《建筑桩基技术规范》灌注桩一般取 0.7～0.8，具体取值规定可参见上述规范；

　　　　A_p——桩身混凝土截面面积。

混凝土抗压强度设计值 f_c 与标准值 f_{ck}（kPa）　　　　　　　表 2-1-4

强度种类	混凝土强度等级												
	C15	C20	C25	C30	C35	C40	C45	C50	C55	C60	C65	C70	C75	C80
f_{ck}	10.0	13.4	16.7	20.1	23.4	26.8	29.6	32.4	35.5	38.5	41.5	44.5	47.4	50.2
f_c	7.2	9.6	11.9	14.3	16.7	19.1	21.1	23.1	25.3	27.5	29.7	31.8	33.8	35.9

（2）考虑桩身混凝土强度和主筋抗压强度，确定荷载效应基本组合下单桩桩顶轴向压力设计值 N（桩基规范）：

$$N = \psi_c f_c A_{ps} + \beta f_y A_s \tag{2-1-10}$$

式中　f_c——桩身混凝土轴心抗压强度设计值（kPa）；

　　　A_{ps}——扣除主筋截面积后的桩身混凝土截面积；

　　　A_s——钢筋主筋截面积之和；

　　　β——钢筋发挥系数，$\beta=0.9$；

　　　f_y——钢筋的抗压强度设计值，见表 2-1-5；

　　　ψ_c——基桩成桩工艺系数，《建筑桩基技术规范》灌注桩一般取 $0.7\sim0.8$。

普通钢筋抗压强度设计值 f_y 与标准值 f_{yk}　　　　表 2-1-5

种　　类	f_y （MPa）	f_{yk} （MPa）
一级钢	210	235
二级钢	300	335
三级钢	360	400

（3）根据荷载效应基本组合下单桩桩顶轴向压力设计值 N 确定桩身受压承载力极限值：

《建筑桩基技术规范》条文解释 5.8 节第 4 款根据大量静载试桩统计资料先算基桩设计值再来估算试桩抗压极限承载力 Q_u 方法为：

$$Q_u = \frac{2N}{1.35} \tag{2-1-11}$$

式中 N 由式（2-1-10）计算。

设计时必须根据上部结构传递到单桩桩顶的荷载和地质资料来设计桩径和桩身混凝土强度。

3. 大直径桩单桩极限承载力标准值

根据土的物理指标与承载力参数之间的经验关系，确定大直径桩单桩极限承载力标准值时，宜按下式计算：

$$Q_{uk} = Q_{sk} + Q_{pk} = u\Sigma\psi_{si}q_{sik}l_{si} + \psi_p q_{pk} A_p \tag{2-1-12}$$

式中　q_{sik}——桩侧第 i 层土极限侧阻力标准值，如当地无经验值时，可按下表 2-1-6 取值，对于扩底桩变截面以上 $2d$ 长度范围不计侧阻力；

　　　q_{pk}——桩径为 800mm 的极限桩端阻力，对于干作业挖孔（清底干净）可采用深层载荷板试验确定；当不能进行深层载荷板试验时，可按表 2-1-6 取值；

　　　ψ_{si}、ψ_p——大直径桩侧阻、端阻尺寸效应系数，按表 2-1-7 取值；

　　　u——桩身周长，当人工挖孔桩桩周护壁为振捣密实的混凝土时，桩身周长可按护壁外直径计算。

干作业挖孔桩（清底干净，$d=800$mm）**极限端阻力 q_{pk}**（kPa） 表 2-1-6

土 名 称			状 态		
黏 性 土			$0.25<I_L\leqslant0.75$	$0<I_L\leqslant0.25$	$I_L\leqslant0$
			$800\sim1800$	$1800\sim2400$	$2400\sim3000$
粉 土			$0.75\leqslant e\leqslant0.9$	$e<0.75$	
			$1000\sim1500$	$1500\sim2000$	
砂土碎石类土			稍 密	中 密	密 实
	粉 砂		$500\sim700$	$800\sim1100$	$1200\sim2000$
	细 砂		$700\sim1100$	$1200\sim1800$	$2000\sim2500$
	中 砂		$1000\sim2000$	$2200\sim3200$	$3500\sim5000$
	粗 砂		$1200\sim2200$	$2500\sim3500$	$4000\sim5500$
	砾 砂		$1400\sim2400$	$2600\sim4000$	$5000\sim7000$
	圆砾、角砾		$1600\sim3000$	$3200\sim5000$	$6000\sim9000$
	卵石、碎石		$2000\sim3000$	$3300\sim5000$	$7000\sim11000$

注：1. q_{pk} 取值宜考虑桩端持力层土的状态及桩进入持力层的深度效应，当进入持力层深度 h_b 为：$h_b<d$，$d\leqslant h_b$ $\leqslant4d$，$h_b>4d$ 时，q_{pk} 可分别取低值、中值、较高值。

2. 砂土密实度可根据标贯击数判定，$N\leqslant10$ 为松散，$10<N\leqslant15$ 为稍密，$15<N\leqslant30$ 为中密，$N>30$ 为密实。

3. 当桩的长径比 $l/d\leqslant8$ 时，q_{pk} 宜取较低值。

4. 当对沉降要求不严时，可适当提高 q_{pk} 值。

大直径灌注桩桩侧、桩端阻力尺寸效应系数 ψ_{si}、ψ_p 表 2-1-7

土类型	黏性土、粉土	砂土、碎石类土
ψ_{si}	$(0.8/d)^{1/5}$	$(0.8/d)^{1/3}$
ψ_p	$(0.8/d)^{1/4}$	$(0.8/d)^{1/3}$

对于人工挖孔灌注桩，当其为嵌岩短桩时，只计算其端阻值，其他情况则桩侧阻与桩端阻都要进行计算。

4. 钢管桩承载力

当根据土的物理指标与承载力参数之间的经验关系确定钢管桩单桩竖向极限承载力标准值时，可按下式计算：

$$Q_{uk}=Q_{sk}+Q_{pk}=u\Sigma q_{sik}l_i+\lambda_p q_{pk}\cdot A_p \qquad (2\text{-}1\text{-}13)$$

当 $h_b/d_s<5$ 时， $\lambda_p=0.16h_b/d_s$

当 $h_b/d_s\geqslant5$ 时， $\lambda_p=0.8 \qquad (2\text{-}1\text{-}14)$

式中 q_{sik}、q_{pk}——取与混凝土预制桩相同值；

λ_p——桩端闭塞效应系数，对于闭口钢管桩 $\lambda_p=1$，对于敞口钢管桩按式 (2-1-14) 取值；

h_b——桩端进入持力层深度；

d_s——钢管桩外径。

对于带隔板的半敞口钢管桩，以等效直径 d_e 代替 d_s 确定 λ_p：$d_e = d_s/\sqrt{n}$，其中 n 为桩端隔板分割数，如图 2-1-11 所示。

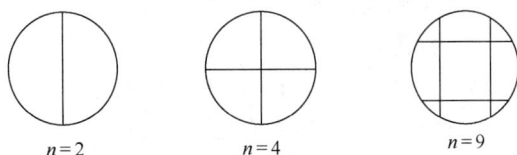

$n=2$　　$n=4$　　$n=9$

图 2-1-11　隔板分割

5. 预应力管桩承载力

当根据土的物理指标与承载力参数之间的经验关系确定敞口预应力混凝土管桩单桩竖向极限承载力标准值时，可按下式计算：

$$Q_{uk} = Q_{sk} + Q_{pk} = u\Sigma q_{sik}l_i + q_{pk}(A_p + \lambda_p A_{p1}) \tag{2-1-15}$$

当 $h_b/d_1 < 5$ 时，　　　　　$\lambda_p = 0.16 h_b/d_1$ 　　　　　(2-1-16)

当 $h_b/d_1 \geqslant 5$ 时，　　　　　$\lambda_p = 0.8$ 　　　　　(2-1-17)

式中　q_{sik}、q_{pk}——取与混凝土预制桩相同值；

　　　d、d_1——管桩外径和内径；

　　　A_p、A_{p1}——管桩桩端净面积和敞口面积：$A_p = \frac{\pi}{4}(d^2 - d_1^2)$，$A_{p1} = \frac{\pi}{4}d_1^2$；

　　　λ_p——桩端闭塞效应系数，按式（2-1-16）、式（2-1-17）确定。

6. 嵌岩短桩单桩竖向极限承载力

当桩端嵌入完整及较完整的硬质岩中时，根据《建筑地基基础设计规范》（GB 50007—2002），可按下式估算单桩竖向承载力极限值：

$$Q_u = q_{pu}A_p \tag{2-1-18}$$

$$R_a = Q_u/2 \tag{2-1-19}$$

式中　q_{pu}——桩端岩石承载力极限值；

　　　A_p——桩身截面积；

　　　R_a——单桩竖向承载力特征值。

嵌岩灌注桩桩端以下三倍桩径范围内应无软弱夹层、断裂破碎带和洞穴分布，并应在桩底应力扩散范围内无岩体临空面。

桩端岩石承载力极限值 q_{pu}，当桩端无沉渣时，应根据岩石饱和无侧限单轴抗压强度标准值确定，或用岩基载荷试验确定，实验装置见图2-1-12。

试验采用圆形刚性承压板，直径为 300mm。当岩石埋藏深度较大时，可采用钢筋混凝土桩，但桩周需采取措施以消除桩身与土之间的摩擦力。

测量系统的初始稳定读数观测：加压前，每隔10min读数一次，连续三次读数不变可开始试验。

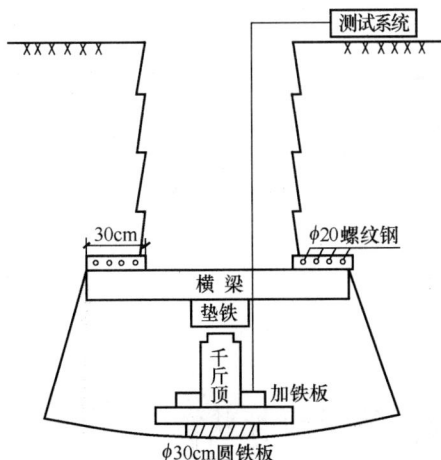

图 2-1-12　人工挖孔桩桩底基岩静载试验

加载方式：单循环加载，荷载逐级递增直到破坏，然后分级卸载。

荷载分级：第一级加载值为预估设计荷载的 1/5，以后每级为 1/10。

沉降量测读：加载后立即读数，以后每 10min 读数一次。

稳定标准：连续三次读数之差均不大于 0.01mm。

终止加载条件：当出现下述现象之一时，即可终止加载：（1）沉降量读数不断变化，在 24 小时内，沉降速率有增大的趋势；（2）压力加不上或勉强加上而不能保持稳定。若限于加载能力，荷载也应增到不少于设计要求的两倍。

卸载观测：每级卸载为加载时的两倍，如为奇数，第一级可为三倍。每级卸载后，隔 10min 测读一次，测读三次后可卸下一级荷载。全部卸载后，当测读到半小时回弹量小于 0.01mm 时，即认为稳定。

岩石地基承载力特征值的确定：（1）对应于 P-s 曲线上起始直线段的终点为比例界限，符合终止加载条件的前一级荷载为极限荷载，将极限荷载除以安全系数 3，所得值与对应于比例界限的荷载相比较，取小值；（2）每个场地载荷试验的数量不应少于 3 个，取最小值作为岩石地基承载力特征值；（3）岩石地基承载力不进行深宽修正。

嵌岩灌注桩承载力往往比较高，必须同时验算桩身混凝土强度所能提供的单桩承载力，两者双控。嵌岩桩单桩竖向极限承载力特征值应按 Q_u 与 Q'_u 中的小值选取。

7. 桩周有液化土层时的单桩极限承载力标准值

对于桩身周围有液化土层的低承台桩基，当承台底面上下分别有厚度不小于 1.5m、1.0m 的非液化土或非软弱土层时，土层液化对单桩极限承载力的影响可用液化土层极限侧阻力乘以土层液化折减系数来计算单桩极限承载力标准值。土层液化折减系数 ψ_l 按表 2-1-8 确定（《建筑桩基技术规范》（JGJ 94—2008））。

<table>
<tr><td colspan="4">土层液化折减系数ψ_l</td><td>表 2-1-8</td></tr>
<tr><td>序号</td><td>$\lambda_N = N/N_{cr}$</td><td colspan="2">自地面算起的液化土层深度 d_l（m）</td><td>ψ_l</td></tr>
<tr><td rowspan="2">1</td><td rowspan="2">$\lambda_N \leqslant 0.6$</td><td colspan="2">$d_l \leqslant 10$</td><td>0</td></tr>
<tr><td colspan="2">$10 < d_l \leqslant 20$</td><td>1/3</td></tr>
<tr><td rowspan="2">2</td><td rowspan="2">$0.6 < \lambda_N \leqslant 0.8$</td><td colspan="2">$d_l \leqslant 10$</td><td>1/3</td></tr>
<tr><td colspan="2">$10 < d_l \leqslant 20$</td><td>2/3</td></tr>
<tr><td rowspan="2">3</td><td rowspan="2">$0.8 < \lambda_N \leqslant 1.0$</td><td colspan="2">$d_l \leqslant 10$</td><td>2/3</td></tr>
<tr><td colspan="2">$10 < d_l \leqslant 20$</td><td>1.0</td></tr>
</table>

注：1. N 为饱和土标贯击数实测值；N_{cr} 为液化判别标贯击数临界值；λ_N 为土层液化指数；

2. 对于挤土桩，当桩距小于 $4d$，且桩的排数不少于 5 排，总桩数不少于 25 根时，土层液化系数可按表列值提高一挡取值；桩间土标贯击数达到 N_{cr} 时，取 $\psi_l = 1$。

当承台底非液化土层厚度小于以上规定时，土层液化折减系数取 0。

第二节 群桩在竖向荷载下的受力性状

一、群桩受力性状

在低承台群桩基础中，作用于承台上的荷载实际上往往是由桩和地基土共同承担的。群桩、承台、地基土三者之间相互作用产生群桩效应。

1. 群桩受力机理

对于低承台式的高层建筑桩基而言，在建造初期，荷载一般是经由桩土界面（包括桩身侧面与桩底面）和承台底面两条路径传递给地基土的。但在长期荷载下，荷载传递的路径则与多种因素有关，如桩周土的压缩性、持力层的刚度、应力历史与荷载水平等，大体上有两类基本模式：

第一是桩、承台共同分担，即荷载经由桩体界面和承台底面两条路径传递给地基土，使桩产生足够的刺入变形，保持承台底面与土接触的摩擦桩基就属于这种模式。

研究表明，桩-土-承台共同作用有如下一些特点：

（1）承台如果向土传递压力，有使桩侧摩阻力增大的增强作用；

（2）承台的存在有使桩的上部侧阻发挥减少（桩土相对位移减小）的削弱作用；

（3）承台与桩有阻止桩间土向侧向挤出的遮拦作用；

（4）刚性承台迫使桩同步下沉，桩的受力如同刚性基础底面接触压力的分布，承台外边缘桩承受的压力大于位于内部的桩。

（5）桩-土-承台共同作用还包含着时间因素（如固结、蠕变以及触变等效应）的问题。

第二是桩群独立承担，即荷载仅由桩体界面传递给地基土。

2. 群桩效应

由多根桩通过承台联成一体所构成的群桩基础，与单桩相比，在竖向荷载作用下，不仅桩直接承受荷载，而且在一定条件下桩间土也可能通过承台底面参与承载；同时各个桩之间通过桩间土产生相互影响；来自桩和承台的竖向力最终在桩端平面形成了应力的叠加，从而使桩端平面的应力水平大大超过单桩，应力扩散的范围也远大于单桩，这些方面影响的综合结果就是使群桩的工作性状与单桩有很大的差别。这种桩-土-承台共同作用的结果称为群桩效应。

群桩效应主要表现在以下几方面：群桩的侧阻力、群桩的端阻力、承台土反力、桩顶荷载分布、群桩沉降及其随荷载的变化、群桩的破坏模式等。

制约群桩效应的主要因素：一是群桩自身的几何特征，包括承台的设置方式（高或低承台）、桩距、桩长及桩长与承台宽度比、桩的排列形式、桩数；二是桩侧与桩端的土性、土层分布和成桩工艺（挤土或非挤土）等。

群桩效应可通过群桩效应系数 η 反映，群桩效应系数 η 定义为：

$$\eta = \frac{\text{群桩中基桩的平均极限承载力}}{\text{单桩极限承载力}} = \frac{Q_{ug}}{Q_u} \tag{2-2-1}$$

1）摩擦型桩的群桩效应系数

由摩擦桩组成的群桩，在竖向荷载作用下，其桩顶荷载的大部分通过桩侧阻力传递到桩侧和桩端土层中，其余部分由桩端承受。由于桩端的贯入变形和桩身的弹性压缩，对于低承台群桩，承台底也产生一定土反力，分担一部分荷载，因而使得承台底面土、桩间土、桩端土都参与工作，形成承台、桩、土相互影响共同作用，群桩的工作性状趋于复杂。桩群中任一根基桩的工作性状明显不同于独立单桩，群桩承载力将不等于各单桩承载力之和，其群桩效应系数 η 可能小于 1，也可能大于 1，群桩沉降也明显地超过单桩。这些现象就是承台、桩、土相互作用的群桩效应所致。

2）端承型桩的群桩效应系数

由端承桩组成的群桩基础，通过承台分配于各桩桩顶的竖向荷载，其大部分由桩身直接传递到桩端。由于桩侧阻力分担的荷载份额较小，因此桩侧剪应力的相互影响和传递到桩端平面的应力重叠效应较小。此外，桩端持力层比较刚硬，桩的单独贯入变形较小，承台底土反力较小，承台底地基土分担荷载的作用可忽略不计。因此，端承型群桩中基桩的性状与独立单桩相近，群桩相当于单桩的简单集合，桩与桩的相互作用、承台与土的相互作用，都小到可忽略不计。端承型群桩的承载力可近似取为各单桩承载力之和，即群桩效应系数 η 可近似取为 1。

$$\eta = \frac{P_u}{nQ_u} \approx 1 \qquad (2\text{-}2\text{-}2)$$

式中　P_u，Q_u——群桩和单桩的极限承载力；

　　　　n——群桩中的桩数。

由于端承型群桩的桩端持力层刚度大，因此其沉降也不致因桩端应力的重叠效应而显著增大，一般无需计算沉降。

当桩端硬持力层下存在软卧层时，则需附加验算以下内容：单桩对软下卧层的冲剪；群桩对软下卧层的整体冲剪；群桩的沉降，特别是软下卧层的附加沉降。

中国建筑科学研究院地基所刘金砺等曾经对粉土中钻孔单桩、群桩做了模型试验，试验参数及所确定的群桩承载力效应系数见表 2-2-1 和表 2-2-2；图 2-2-1 表示 3×3 高、低承台群桩的承载力效应系数与桩距的关系。

双　桩　效　应
表 2-2-1

桩组编号	试验序号	桩径 d (mm)	桩长比 l/d	桩距比 S_a/d	承台设置	极限荷载（kN）		双桩效应 η	备　注
						双　桩	对比单桩		
D-1	4	125	18	3	低	160	54	1.48	
D-2	48	125	18	3	低	188	54	1.74	
D-3	73	125	18	3	低	130			浸水饱和
D-4	3	170	18	3	低	248	87	1.43	
D-5	49	170	18	3	低	348	87	*2.0	
D-6	71	170	18	3	低	193			浸水饱和
D-7	21	250	18	3	高	542	188	1.44	
D-8	17	250	18	3	低	632	188	1.68	
D-9	72	250	18	3	低	490			浸水饱和
D-11	60	250	18	2	低	450	188	1.20	
D-12	61	250	18	4	低	540	188	1.44	
D-13	32	250	18	5	低	780	188	1.99	
D-14	31	250	18	6	低	780	188	2.07	
D-15	58	250	8	3	低	280	91	1.54	
D-16	57	250	13	3	低	510	122	2.09	
D-17	56	250	23	3	低	660	284	1.16	

桩组编号	试验序号	桩径 d (mm)	桩长比 l/d	桩距比 S_a/d	承台设置	极限荷载 (kN)		双桩效应 η	备　注
						双　桩	对比单桩		
D-18	29	330	18	3	低	＊＊1010	331	1.53	
D-19	74	330	18	3	低	780			浸水饱和
D-20	14	330	14	3	低	890	270	1.16	

注：＊D-5 双桩由于试验前桩侧受到起重机预压，承载力偏高。

＊＊D-18 双桩由于埋设桩侧土压力盒，孔底虚土较多，桩端阻力偏低，其极限荷载为修正值。

群　桩　效　应　　　　表 2-2-2

桩组编号	试验序号	桩径 d (mm)	桩长径比 l/d	桩距桩径比 S_a/d	桩数 n	承台设置	极限荷载 (kN)		群桩效率 η
							群　桩	对比单桩	
G-1	59	125	18	3	3×3	低	490	47	1.16
G-3	19	170	18	3	3×3	低	1080	87	1.28
G-4	22	170	18	3	3×3	低	910	87	1.16
G-5	23	250	18	3	3×3	低	2560	188	1.51
G-6	37	330	18	3	3×3	低	＊3960	331	1.33
G-7	26	250	8	3	3×3	低	1340	91	1.61
G-8	50	250	13	3	3×3	低	1880	122	1.69
G-9	27	250	23	3	3×3	低	2950	284	1.45
G-11	69	330	14	3	3×3	低	3100	276	1.25
G-12	33	250	18	2	3×3	低	2040	188	1.21
G-13	70	250	18	4	3×3	低	2470	188	1.46
G-14	38	250	18	6	3×3	低	3780	188	2.23
G-14	47	250	18	6	3×3	低	4250	188	2.26（复压）
G-15	30	250	18	2	3×3	高	1770	188	1.05
G-16	24	250	18	3	3×3	高	2300	188	1.36
G-17	64	250	18	4	3×3	高	1740	188	1.03
G-18	18	250	18	6	3×3	高	1494	188	0.88
G-19	16	250	18	3	4×1	低	1120	188	1.49
G-20	13	250	18	3	4×2	低	2100	188	1.40
G-21	10	250	18	3	4×3	低	＊＊2130	188	1.21
G-22	15	250	18	3	4×4	低	3500	188	1.19
G-23	51	250	18	3	2×2	低	1210	188	1.60
G-24	55	250	18	3	6×1	低	1590	188	1.41

注：＊G-6 群桩因埋设桩侧土压力盒，孔底虚土多，使桩端阻力偏低，其极限荷载系修正值。

＊＊G-21 群桩因试验前试坑浸水，承载力偏低，其极限荷载为根据浸水对比试验修正而得。

从上述表和图可以看出：

1）表中所列 42 组粉土中不同桩径、桩长、桩距、排列和桩数的高低承台群桩（9 桩）的效应系数 η 均大于 1（$S_a = 6d$ 的高承台群桩 G-18 组试验除外）。这是加工硬化型粉土中桩群-土相互作用出现侧阻的"沉降硬化"所致。

2）从图 2-2-1 可以看出，粉土中当桩距 $S_a < 4d$ 时，无论高、低承台，群桩效应系数 η 峰值均出现在 $S_a = 3d$ 时。这一点同前述群桩侧阻，端阻峰值出现于 $S_a = 3d$ 是相对应的。

3）对于粉土低承台群桩，当 $S_a > 4d$ 时，η 随 S_a 增大而增大；$S_a = 6d$ 时，η 高达 2.23。这说明大桩距群桩其承台分担荷载的比例是很大的，但该比例将随桩长的增大而降低。

图 2-2-2 表明，按传统的 Converse-Labarre 公式和 Seiler-Keeney 公式计算的群桩效应比实测值小很多。

4）张忠苗等对桩侧土为淤泥质土，桩端土为粉砂，桩长径比 $L/d = 50$ 的不同桩间距（$2d$、$3d$、$4d$、$5d$）的 4 桩承台（承台面积相同，承台底土为淤泥质土）的模型试验表明，其群桩效应系数随着桩间距的增大而增大。当桩间距从 $2d$ 增大到 $5d$ 时，群桩效应系数相应的从 0.88 增大到 1.03（图 2-2-2）。

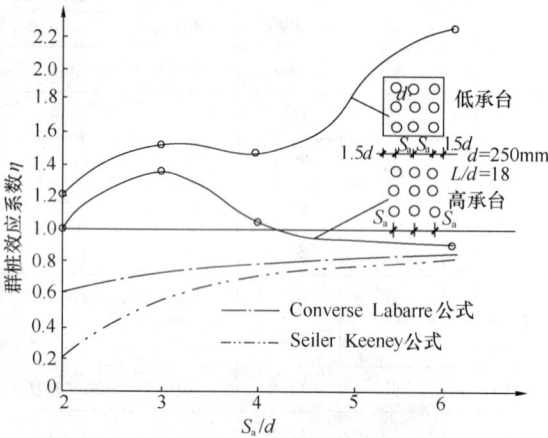

图 2-2-1 粉土群桩效应系数 η 与
桩距 S_a 的关系（刘金砺）

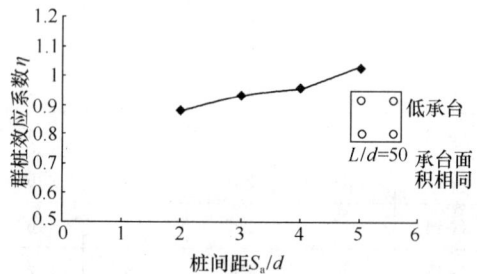

图 2-2-2 软土中群桩效应系数 η 与
桩距 S_a 的关系（张忠苗等）

3. 群桩效应的桩顶荷载分布

由于承台、桩群、土相互作用效应会导致群桩基础各桩的桩顶荷载分布不均。一般说来，角桩的荷载最大，边桩次之，中心桩最小。图 2-2-3 为某工程钢管桩的静载荷试桩成果，桩长 75m，桩径 ϕ750mm，管桩壁厚 14mm。

荷载分布的不均匀度随承台刚度的增大、桩距的减小、可压缩性土层厚度的增大、土的黏聚力的提高而增大。桩顶荷载的分布在一定程度上还受成桩工艺的影响，对于挤土桩，由于沉桩过程中土的均匀性受到破坏，已沉入桩被后沉桩挤动和抬起，因而沉桩顺序对桩顶荷载分布有一定影响。如由外向里沉桩，其荷载分布的不均匀度可适当减小，但沉桩挤土效应显著，沉桩难度更大。

图 2-2-4 为粉土中桩径 $d=250$mm、桩长 $L=18d$、桩数 $n=3\times3$、桩距 $S_a/d=3$ 和 6 的柱下独立钻孔群桩基础实测各桩桩顶荷载比 $Q_i/\overline{Q}$ $[\overline{Q}=(P-P_c)/9$，P 为总荷载，P_c 为承台分担的荷载$]$ 随桩顶平均荷载 $\overline{Q}$ 的变化情况，并给出了采用 Poulos 和 Davis（1980）基于线弹性理论导出的解的计算结果（刘金砺，1984）。从中看出：

（1）桩距为 $3d$ 时，无论高、低承台，实测各桩荷载相差不大，总趋势是中心桩略小，角、边桩略大；而按弹性理论分析结果，高、低承台中心桩只分别承受平均桩顶荷载的 21%、18%；角桩则承受平均桩顶荷载的 138%、148%。

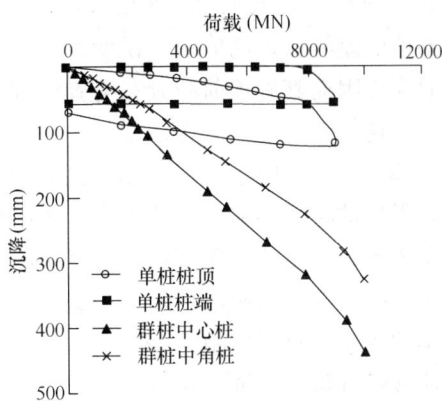

图 2-2-3　单桩和群桩的 P-s 曲线

由于在界限桩距为 $3d$ 条件下，中心桩的侧阻力因桩群、土相互作用出现"沉降硬化"现象的提高量大于角、边桩，补偿了一部分由于相邻影响而降低的承载力，从而使桩顶荷载分布差异值减小。

（2）桩距为 $6d$ 时，实测各桩桩顶荷载差异较大，高承台中心桩只承受平均桩顶荷载

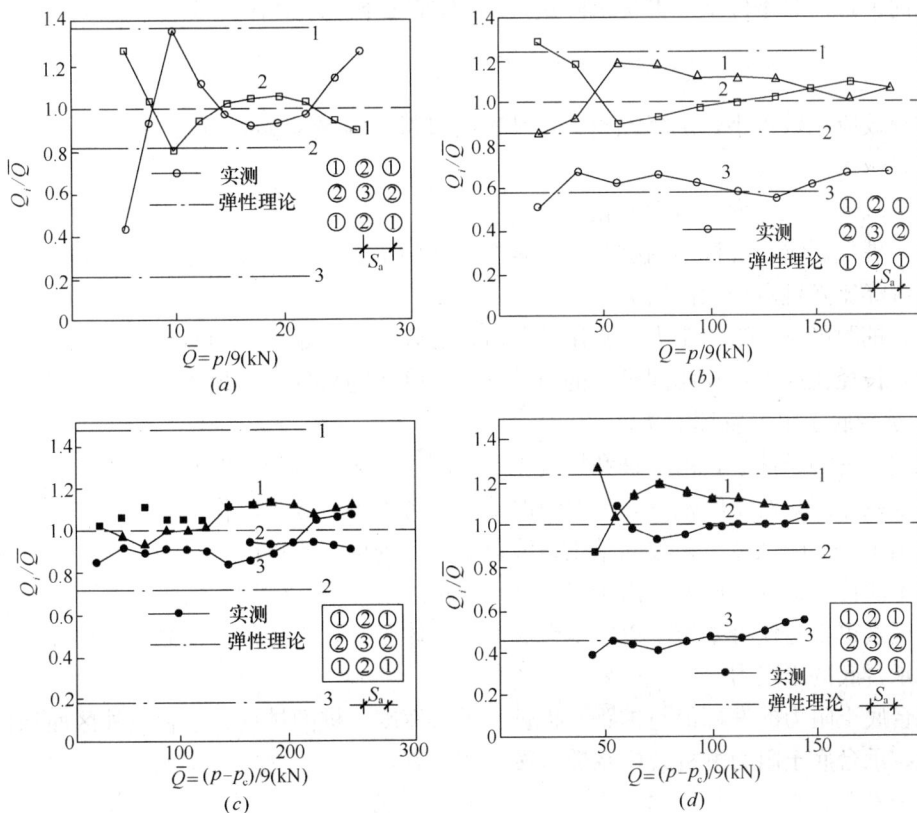

图 2-2-4　群桩桩顶荷载分配比 $Q_i/\overline{Q}$ 随桩距、荷载的变化及其与弹性理论解比较

$d=250$mm，$L/d=18$，P—总荷载，P_c—承台底土反力和

（a）$S_a/d=3$ 高桩台；（b）$S_a/d=3$ 低桩台；（c）$S_a/d=6$ 高桩台；（d）$S_a/d=6$ 低桩台

的 $50\%\sim65\%$，低承台只承受 $40\%\sim55\%$，与弹性理论分析结果大体相近；但角、边桩实测值的差异较理论值小。说明在大桩距条件下基本不显示桩群、土相互作用对侧阻的增强效应，因而其桩顶荷载分布与弹性理论解接近；承台贴地（低承台）使各桩的荷载差异增大，这与弹性理论分析结果是一致的。

（3）群桩在较小荷载下和达到极限荷载后，出现桩顶荷载的重分布；在达到极限荷载后，无论桩距大小和高、低承台，中心桩荷载都趋于增大，说明不同位置的基桩其侧阻力的发挥不是同步的，角桩由于桩、土间（桩与外围土）的相对位移比中心桩大，侧阻的发挥先于中心桩。因而出现随着荷载增大，中心桩分担的荷载增大，而角桩分担的荷载相对减小的现象。对于桩距为 $3d$ 的群桩则由于桩群、土相互作用的增强效应，最终出现中心桩荷载超过角、边桩的现象。

由上述试验结果可知，对于非密实的具有加工硬化特性的非密实粉土、砂土中的柱下独立群桩基础，在验算基桩承载力时，计算承台抗冲切、抗剪切、抗弯承载力时，可忽略桩顶荷载分布的不均，按传统的线性分布假定考虑。

4. 群桩效应沉降比

在常用桩距条件下，由于相邻桩应力的重叠导致桩端平面以下应力水平提高和压缩层加深，因而使群桩的沉降量和延续时间往往大于单桩。桩基沉降的群桩效应，可用每根桩承担相同桩顶荷载条件下，群桩沉降量 s_G 与单桩沉降量 s_1 之比，即沉降比 R_s 来度量：

$$R_s = \frac{s_G}{s_1} \tag{2-2-3}$$

群桩效应系数越小，沉降比越大，则表明群桩效应越明显，群桩的极限承载力越低，群桩沉降越大。

群桩沉降比随下列因素而变化：

（1）桩数影响：群桩中的桩数是影响沉降比的主要因素。在常用桩距和非条形排列条件下，沉降比随桩数增加而增大。

（2）桩距影响：当桩距大于常用桩距时，沉降比随桩距增大而减小。

（3）长径比影响：在相同桩长的情况下，沉降比随桩的长径比 L/d 增大而增大。

5. 承台底土阻力发挥的条件

在端承桩的条件下，由于桩和桩端土层的刚度远大于桩间土的刚度，不可能发挥承台底土的承载作用；对于摩擦桩，一般情况下可以考虑承台底土的作用，但如果桩间土是软土、回填土、湿陷性黄土、欠固结土、液化土等，则桩间土可能下沉而使承台与土之间脱开，就不能传递荷载。此外，由于降低地下水位、动力荷载作用、挤土桩施工引起土面的抬高等因素也都会使桩基施工以后承台底面和土体脱开，不能传递荷载，因而在设计时不能考虑承台底的土阻力。

承台底土阻力的发挥值与桩距、桩长、承台宽度、桩的排列、承台内外区面积比等因素有关。承台底土阻力群桩效应系数可按下式计算：

$$\eta_c = \eta_c^i \frac{A_c^i}{A_c} + \eta_c^e \frac{A_c^e}{A_c} \tag{2-2-4}$$

式中　A_c^i、A_c^e——承台内区（即外围桩边包络区的面积）、外区的净面积，则承台底总面积为 $A_c = A_c^i + A_c^e$；

η_c^i、η_c^e——承台内、外区土阻力群桩效应系数，按表 2-2-3 选用。

承台内、外区土阻力群桩效应系数 　　　　　　表 2-2-3

S_a/d B_c/l	η_c^i				η_c^e			
	3	4	5	6	3	4	5	6
≤0.20	0.11	0.14	0.18	0.21				
0.40	0.15	0.20	0.25	0.30				
0.60	0.19	0.25	0.31	0.37	0.63	0.75	0.88	1.00
0.80	0.21	0.29	0.36	0.43				
≥1.00	0.24	0.32	0.40	0.48				

6. 承台土反力与桩、土变形的关系

桩顶受竖向荷载而向下位移时，桩土间的摩阻力带动桩周土产生竖向剪切位移。现采用 Randolph 等（1978）建议的均匀土层中剪切变形传递模型来描述桩周土的竖向位移，离桩中心任一点 r 处的竖向位移为

$$W = \frac{q_s d}{2G} \int \frac{dr}{r} = \frac{1+\mu_s}{E_0} q_s d \ln \frac{nd}{r} \tag{2-2-5}$$

由式（2-2-5）可看出，桩周土的位移随土的泊松比 μ_s、桩侧阻力 q_s、桩径 d、土的变形范围参数 n（随土的抗拉强度、荷载水平提高而增大，$n=8\sim15$）的增大而增大，随土的弹性模量 E_0、位移点与桩中心距离 r 的增大而减小。对于群桩，桩间土的竖向位移除随上述因素而变化外，还因邻桩影响增加而增大，桩距愈小，相邻影响愈大。承台土反力的发生是由于桩顶平面桩间土的竖向位移小于桩顶位移产生接触压缩变形所致。因此承台土反力与桩、土变形密切相关，并随下列因素而变化：

（1）承台底土的压缩性愈低，强度愈高，承台上反力愈大；

（2）桩距愈大，承台土反力愈大，承台外缘（外区）土反力大于桩群内部（内区）；

（3）承台土反力随着荷载水平提高，桩端贯入变形增大，桩、土界面出现滑移而提高；

（4）桩愈短，桩长与承台宽度比愈小，桩侧阻力发挥值愈低，承台土反力相应提高。

图 2-2-5 为粉土中群桩承台内、外区平均正反力随桩基沉降的变化（刘金砺等，1987）。从中看出，承台外区土反力与沉降关系 $\sigma_c^{ex}\text{-}s$ 同平板试验的 $P\text{-}s$ 曲线接近，说明承台外区受桩的影响较

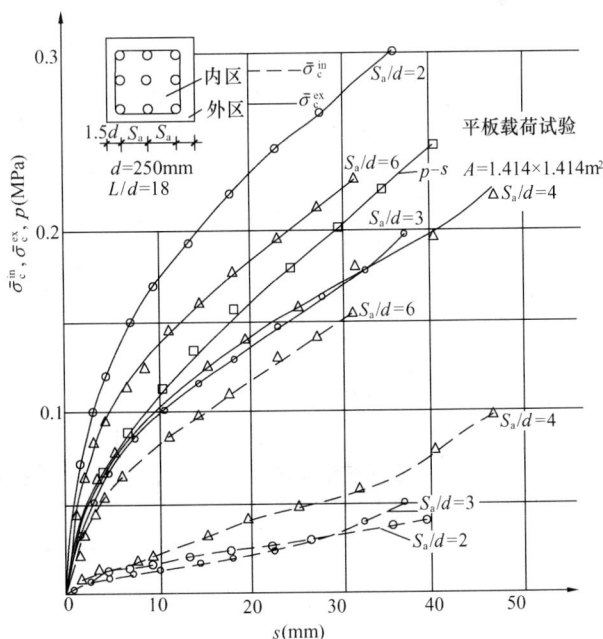

图 2-2-5　承台内、外区土反力-沉降

小；承台内区土反力与沉降关系 σ_c^{in}-s 与外区 σ_c^{ex}-s 明显不同，前者在桩侧阻力达极限值以前呈拟线性关系，侧阻达极限后，出现反弯。对于大桩距 $S_a=6d$，其承台内、外区土反力-沉降曲线差异不大。

上述试验结果反映了桩、土变形对承台土反力的影响。

7. 承台土反力的分布特征

1）非饱和粉土中群桩的承台土反力

图 2-2-6 为非饱和粉土中柱下独立桩基不同桩距承台土反力分布图。从中看出：

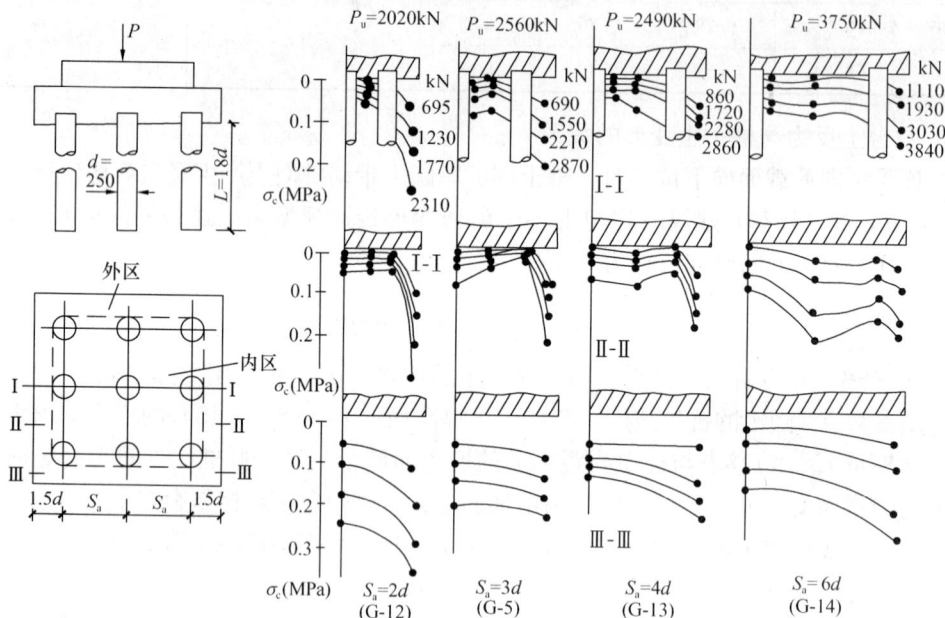

图 2-2-6　粉土中不同桩距承台土反力分布

（1）承台土反力分布的总体特征是承台外缘大，桩群内部小，呈马鞍形或抛物形。

（2）土反力分布不随荷载增加而明显变化，桩群内部（内区）土反力总的来说比较均匀。

（3）承台内区土反力随桩距增大而增大，外区土反力受桩距影响相对较小；承台内、外区土反力的差异随桩距增大而增大。由表 2-2-4 看出，当桩距由 $2d$ 增至 $6d$ 时，外、内区平均土反力比 $\bar{\sigma}_c^{ex}/\bar{\sigma}_c^{in}$，在 1/2 极限荷载下由 9.8 降至 1.7；在极限荷载下由 8.1 降至 1.5。承台外、内区分担荷载比 p_c^{ex}/p_c^{in} 随桩距增大而明显减小，在 1/2 极限荷载下由 13.5 降至 0.60。这是由于 $\bar{\sigma}_c^{ex}/\bar{\sigma}_c^{in}$、$A_c^{ex}/A_c^{in}$ 均随桩距增大而减小所致（A_c^{ex}、A_c^{in} 分别为承台外、内区有效面积）。

不同桩距群桩（$L=18d$，$n=3\times3$）承台外、内区土反力　　表 2-2-4

桩距 S_a	$2d$		$3d$		$4d$		$6d$	
荷载 p（kN）	$p_u/2$	p_u	$p_u/2$	p_u	$p_u/2$	p_u	$p_u/2$	p_u
	1010	2020	1280	2560	1245	2490	1875	3750
外区 $\bar{\sigma}_c^{ex}$（MPa）	0.148	0.298	0.082	0.173	0.088	0.182	0.111	0.225

续表

桩距 S_a	2d		3d		4d		6d	
内区 $\bar{\sigma}_c^{in}$（MPa）	0.015	0.037	0.011	0.037	0.019	0.055	0.064	0.147
$\bar{\sigma}_c^{ex}/\bar{\sigma}_c^{in}$	9.8	8.1	7.5	4.7	4.6	3.3	1.7	1.5
A_c^{ex}/A_c^{in}	1.34		0.76		0.54		0.35	
p_c^{ex}/p_c^{in}	13.5	11.2	5.93	3.71	2.03	1.78	0.60	0.53

2）饱和软土中群桩的承台土反力

图 2-2-7 为饱和软土中柱下独立桩基不同桩距的承台及平板基础土反力分布图。从中看出，承台土反力分布图形与粉土中群桩是相似的，但对于常规桩距（3～4d），其内、外区土反力差异更大。平板基础的土反力分布图形明显不同于带桩的承台，其内、外差异较小。这说明桩群对于承台土反力的影响是显著的。

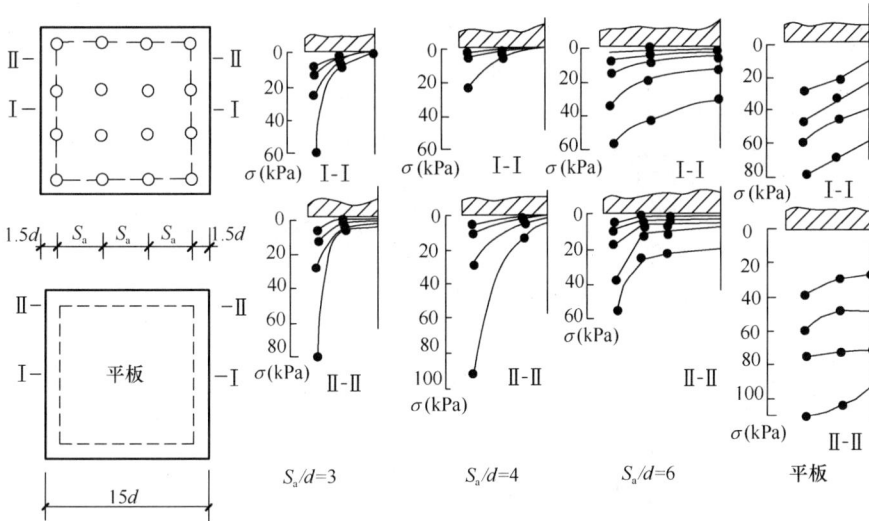

图 2-2-7　饱和软土中不同桩距承台及平板基础土反力分布

3）承台底土的强度和密实度与承台土反力的关系

要注意承台底垫层的做法，承台底垫层强度和密实度的不同对承台土的反力影响很大，为了使承台土的反力能得到发挥，要尽可能提高承台底土层垫层的强度和密实度。普通的抛石垫层由于孔隙很大，承台底土的阻力发挥较小；如果采用碎石、瓜子片、砂、水泥混合的路基级配垫层，则在相同条件下承台底土阻力更易发挥。

8. 承台荷载分担比影响因素

桩基承台分担荷载的比率随承台底土性、桩侧与桩端土性、桩径与桩长、桩距与排列、承台内、外区的面积比、施工工艺等诸多因素而变化。根据现有试验与工程实测资料，承台分担荷载比率可由零变动至 60%～70%。

图 2-2-8 为非饱和粉土中的钻孔群桩的几何参数对承台分担荷载比的影响以及承台分担荷载 P_c/P 随荷载水平 P/P_u 的变化关系（其中 P_c 为承台底分担荷载量；P 为外加荷载；P_u 为群桩极限荷载）。从中可看出：

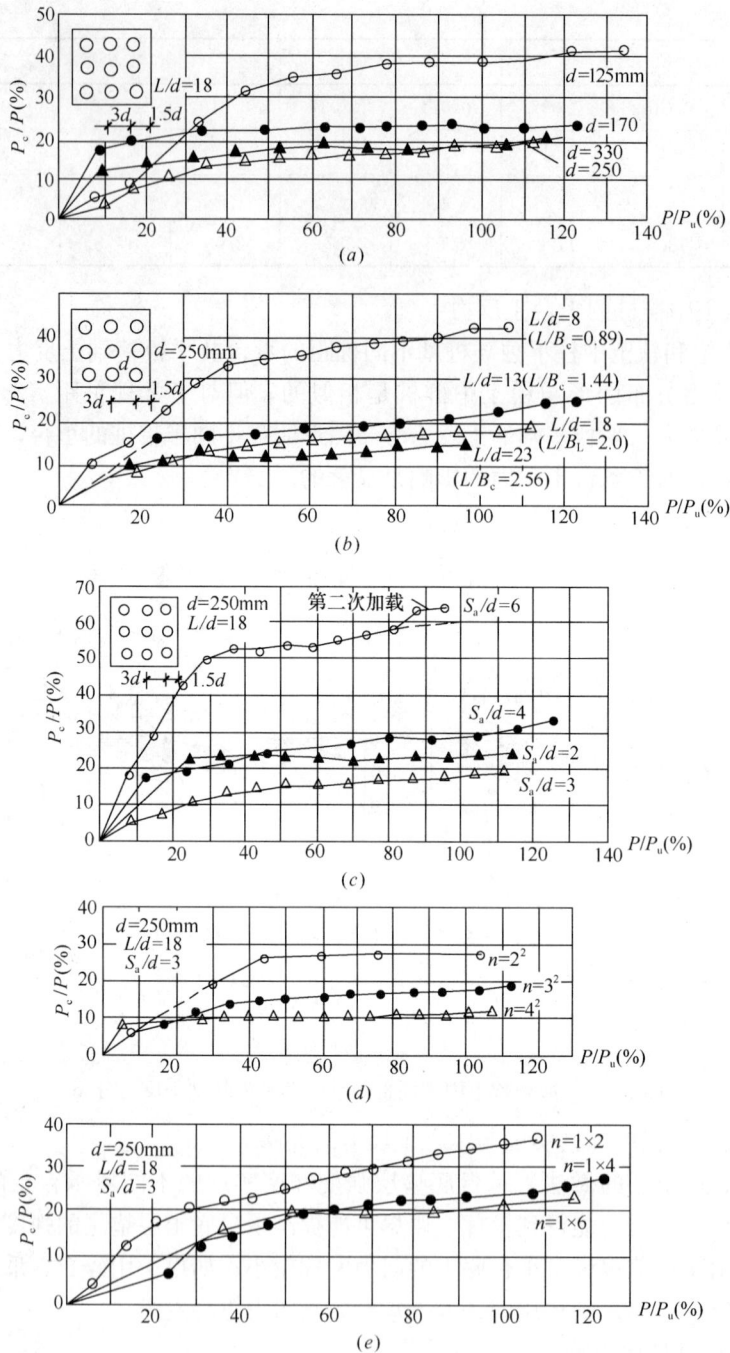

图 2-2-8　承台荷载分担比随荷载水平（P/P_u）的变化

(a) 不同桩径；(b) 不同桩长；(c) 不同桩距；(d) 方形排列；(e) 条形排列

（1）桩径过小（$d \leqslant 125\text{mm}$）时，P_c/P 异常增大（图 2-2-8 (a)），这说明粉土中模型比例过小的群桩可能使模拟失真；

（2）P_c/P 随桩长减小而增大（图 2-2-8 (b)），当桩长小于承台宽度（$L/B_c < 1$），P_c/P 异常增大，其极限荷载下的分担比 P_c/P_u 达 42%；

（3）P_c/P 随桩距增大而增大（图 2-2-8（c）），当桩距增至 $6d$ 时，P_c/P_u 显著增大（达 65%）；

（4）条形排列群桩比方形排列的承台分担荷载比大（图 2-2-8（d）、（e））。这主要是由于前者的承台外、内区面积之比较后者大。此外，对于相同排列，P_c/P 随桩数增加而减小，当桩数增加到一定数量时这种现象趋于不明显，这也是由于外、内区面积比的变幅趋于减小所致；

（5）P_c/P 随荷载水平的提高有以下变化特征：当荷载水平较低时（$P/P_u=20\%\sim30\%$），P_c/P 随荷载增加而增长较快。一般情况下，当 $P/P_u=50\%\sim60\%$ 时，P_c/P 随荷载增长率减小。当荷载超过极限值时（$P/P_u>100\%$），桩端贯入变形加大，P_c/P 再度增长。

当承台底面以下不存在湿陷性土、可液化土、高灵敏度软土、新填土、欠固结土，并且不承受经常出现的动力荷载和循环荷载时，可考虑承台分担荷载的作用。承台分担荷载极限值可按下式计算：

$$P_{cu} = \eta_c f_{ck} A_c \tag{2-2-6}$$

式中　η_c——承台土反力群桩效应系数，可按式（2-2-4）确定；

　　　f_{ck}——承台底地基土极限承载力标准值；

　　　A_c——承台有效底面积。

9. 四桩承台中不同桩距群桩效应的离心实验

群桩在受竖向荷载时的群桩效应以及承载特性，可采用离心模型试验进行研究，张忠苗和南京水科院课题组对桩距分别为 $2d$、$3d$、$4d$ 和 $5d$ 的 4 组 4 桩低承台群桩进行了试验研究。离心试验模型桩桩位布置见图 2-2-9。

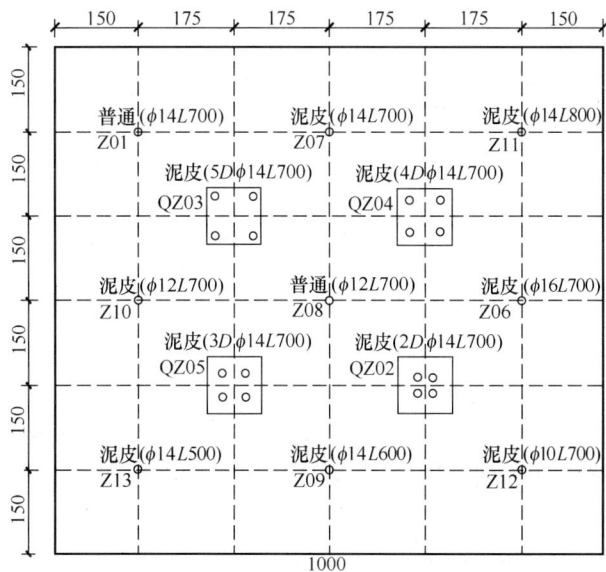

图 2-2-9　离心试验模型桩桩位布置图（mm）

模型地基土层的主要性质见表 2-2-5，单桩与群桩离心试验桩参数见表 2-2-6。

离心实验模型地基土层的主要性质   表 2-2-5

土 名	厚度（cm）	含水量 w（%）	密度 ρ（g/cm³）	压缩系数（MPa^{-1}）
淤泥质黏土	65	36.5	1.64	1.81
粉 砂	25	18.5	2.05	

四桩承台中单桩与群桩离心试验桩参数   表 2-2-6

单 桩						群 桩			
编 号	桩 径（mm）	桩 长（mm）	编 号	桩 径（mm）	桩 长（mm）	编 号	桩 径（mm）	桩 长（mm）	桩 距（nD）
Z08	12	700	Z06	16	700	QZ02	14	700	2
			Z10	12	700	QZ05	14	700	3
			Z12	10	700				
Z01	14	700	Z11	14	800	QZ04	14	700	4
			Z07	14	700				
			Z09	14	600	QZ03	14	700	5
			Z13	14	500				

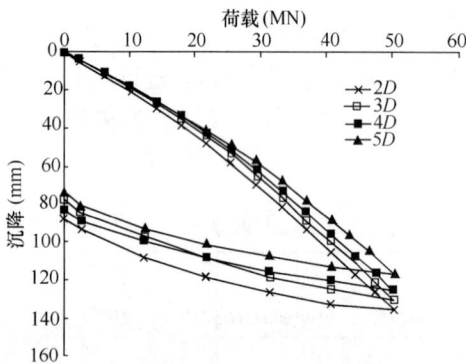

图 2-2-10 不同桩距群桩荷载和沉降关系曲线

通过离心模型试验结果分析，得到了以下一些结论。

1）群桩效应系数

由离心模型试验结果分析群桩的效应系数有以下几个特点：

（1）不同桩距低承台群桩的荷载-沉降曲线线型相近，且无明显破坏特征点，$Q\text{-}s$ 表现为渐进破坏模式，如图 2-2-10 所示。这主要是由于随着沉降的增加，承台底分担的荷载比例越来越大，加之承台－桩群－土的相互作用导致侧阻、端阻的发挥滞后所致。

（2）群桩极限承载力随桩距的增大而增大，不过加载前期承载力增大效果并不明显，这主要是因为桩基在加荷初期，荷载主要由桩的上部侧阻所承担，桩与桩之间的侧阻相互影响较小；随着荷载的增加，桩侧阻不断往下发展，侧阻所引起的应力叠加会越来越明显，其中桩距越小的群桩，应力叠加越严重，桩周土体变形越大，其相应的极限承载力也就越小。

（3）由于群桩没有明显的陡降点，故按规范取桩顶沉降为 60mm 时荷载为极限荷载，根据上述方法确定的群桩极限承载力及对应的沉降列于表 2-2-7。

四桩承台中不同桩距群桩极限承载力   表 2-2-7

群桩桩距	2 倍桩径	3 倍桩径	4 倍桩径	5 倍桩径
桩径（mm）	1400	1400	1400	1400
桩长（m）	70	70	70	70

群桩桩距	2 倍桩径	3 倍桩径	4 倍桩径	5 倍桩径
极限承载力（MN）	26.1	27.7	28.6	30.8
沉降（mm）	60	60	60	60

群桩极限承载力随桩距的增大而增大表明群桩效应系数也随着桩距的增加而增大。

（4）由于试验时单桩试验和群桩试验的地基土一致，故可取与群桩相同桩径、桩长的有泥皮单桩与之相比较，则各桩基的群桩效应如表 2-2-8 所示。

四桩承台中不同桩距群桩效应系数表　　　　　　　　表 2-2-8

群桩类型	桩间距 2D 的群桩	桩间距 3D 的群桩	桩间距 4D 的群桩	桩间距 5D 的群桩
群桩极限承载力（MN）	26.1	27.7	28.6	30.8
单桩极限承载力（MN）	7.446	7.446	7.446	7.446
群桩效应系数 η	0.88	0.93	0.96	1.03

由上表可知，对于处于软土地基中的低承台钻孔群桩，桩间距为 2D 时的群桩效应系数 η 为 0.88，桩间距为 3D 时的群桩效应系数 η 为 0.93，桩间距为 4D 时的群桩效应系数 η 为 0.96，桩间距为 5D 时的群桩效应系数 η 为 1.03。

试验表明，摩擦型桩群桩效应系数为 0.88～1.03，与刘金砺（1991）试验结果基本一致。同时随着桩间距的增大，群桩效应系数不断增大，因此在实际设计过程中，适当的增大桩间距能使得群桩的承载力得以充分的发挥。

2）群桩效应中桩端阻的变化

由离心模型试验结果分析群桩效应中端阻的变化有以下几个特点：

（1）群桩桩身轴力随深度的增加而递减，即使在低荷载水平作用下，其轴力也是自上而下递减的，这说明桩侧摩阻力是自上而下发挥的。

（2）极限荷载下不同桩距的群桩桩身轴力变化相似：都是上部轴力变化小，中下部变化较大，如图 2-2-11。同时随桩距的增大，桩身承担的荷载也越大，即随着桩距的增加，单桩承受更大的上部荷载。分析上述群桩的桩端承

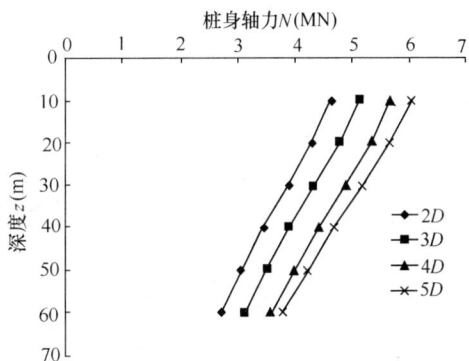

图 2-2-11　极限荷载下不同桩距
桩身轴力沿深度的变化

载力，其大致占极限承载力的 70% 左右，这比单桩的桩端承载力所占比例要高。这表明，群桩效应的影响使得桩侧阻承载力下降，端阻承载力提高。

（3）群桩的端阻力不仅与桩端持力层强度与变形性质有关，而且因承台、邻桩的相互作用而变化。端阻力主要受以下因素的影响：

a. 桩距影响

一般情况下，端阻力随桩距减小而增大，这是由于邻桩的桩侧剪应力在桩端平面上重叠，导致桩端平面的主应力差减小，以及桩端土的侧向变形受到邻桩逆向变形的制约而减

小所致。

持力土层性质和成桩工艺的不同，桩距对端阻力的影响程度也不同。在相同成桩工艺条件下，群桩端阻力受桩距的影响，黏性土较非黏性土大、密实土较非密实土大。就成桩工艺而言，非饱和土与非黏性土中的挤土桩，其群桩端阻力因挤土效应而提高，提高幅度随桩距增大而减小。

b. 承台影响

对于低承台，当桩长与承台宽度比 $L/B_c \leqslant 2$ 时，承台土反力传递到桩端平面使主应力差（$\sigma_1 - \sigma_3$）减小，承台还具有限制桩土相对位移、减小桩端贯入变形的作用，从而导致桩端阻力提高，这一点从高低承台群桩的对比试验中表现得很明显。承台底地基土愈软，承台效应愈小。

3）群桩效应中桩侧阻力的变化

由离心模型试验结果分析群桩效应中桩侧阻力的变化有以下几个特点：

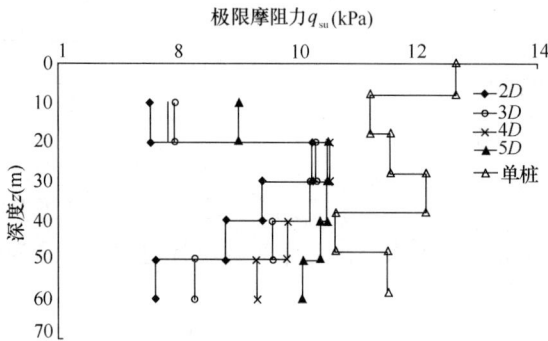

图 2-2-12 极限荷载作用下单桩与群桩中
某一根桩侧摩阻力沿深度分布曲线

（1）极限荷载水平下单桩与群桩侧摩阻力

图 2-2-12 为在极限荷载水平下单桩与群桩桩侧摩阻力沿桩身分布的曲线图，从图中可以看出，群桩中任一根桩的侧阻发挥性状都不同于单桩，其侧阻发挥值小于单桩。其原因是桩间土竖向位移受相邻桩影响而增大，使得相同上部沉降下群桩中桩土相对位移要小于单桩，从而使侧阻发挥小于单桩。不过随着桩距的增加，群桩效应系数逐渐增大，极限侧阻值也跟着增大，其工作性状逐渐接近于单桩。

从图中还可以看出，群桩上部的侧阻发挥远小于单桩的侧阻值，这是因为试验中模型为低承台，承台的存在限制了群桩上部的桩土相对位移，从而对桩侧摩阻力起了削弱作用。

（2）群桩中桩侧摩阻力随深度的变化

群桩中各桩桩身摩阻力是自上而下逐渐发展的，与单桩侧阻发挥相似。不过群桩中各桩桩身中部的侧阻最大，上部侧阻则明显小于下部桩身的侧阻，且没有出现软化现象，同时桩下部侧阻值随着桩距的不断增大而增大。这是因为在加载的过程中，桩间土在承台的限制下随桩同步沉降，虽然上部土层中桩沉降量最大，但由于承台的限制，使得上部土层压缩量也很大，桩土相对位移发展缓慢，侧阻很难发挥；而桩身下部一方面由于应力叠加效应，另一方面由于埋深较深，当桩顶荷载水平不高时，桩端沉降量较小，桩土相对位移小于桩身中部，相对应的侧阻也比中部小得多。不过随着桩距的不断增加，侧阻的相互影响减弱，使得桩下部的侧阻随荷载的增加比中上部发挥更加迅速，如图 2-2-13。

（3）群桩中桩侧摩阻力随承台荷载的变化

在荷载水平超过群桩极限荷载的情况下，桩侧摩阻力仍然有持续的发展。分析原因，

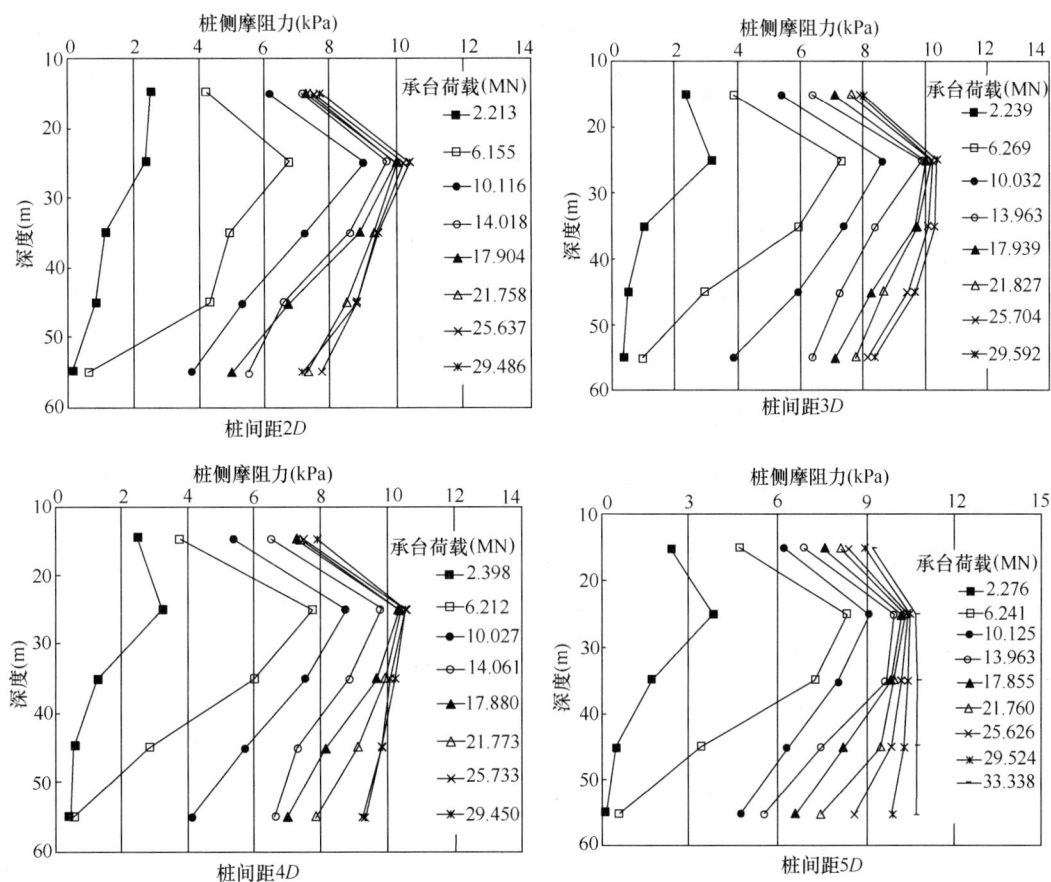

图 2-2-13　群桩中某一根桩侧摩阻力随深度的变化

一方面是由于桩的挤入使地基土有所挤密，桩间土应力水平提高，桩侧摩阻增加；另一方面是由于承台的影响，使承台底的土在沉降过程中，有比较大的压缩，因而桩身表面的土压力也持续发展，使摩阻力增加；此外，由于承台的作用，限制了桩土相对位移的发展，有可能在沉降已经很大的情况下，桩土相对位移还没有达到使桩身摩阻完全发挥的地步。在这方面，桩上部侧阻受影响最大，其侧阻极限值为桩身中部极限值的 75％ 左右，且随荷载的增加而不断增加，并没有出现如单桩的软化现象。比较各桩距的群桩侧阻极限值还可以看出，大桩距群桩高于小桩距群桩，即群桩平均侧阻的最大发挥值随桩距增大而提高，如图 2-2-14。

二、群桩的极限承载力计算

如前所述，端承型群桩的承台、桩、土相互作用小到可忽略不计，因而其极限承载力可取各单桩极限承载力之和。

摩擦型群桩极限承载力的计算需考虑承台、桩、土相互作用特点，根据群桩的破坏模式建立起相应的计算模式，这样才能使计算结果符合实际。群桩极限承载力的计算按其计算模式和计算所用参数大体分为以下几种方法：

（1）以单桩极限承载力为参数的承台效应系数法（《建筑桩基技术规范》规定的方法）；

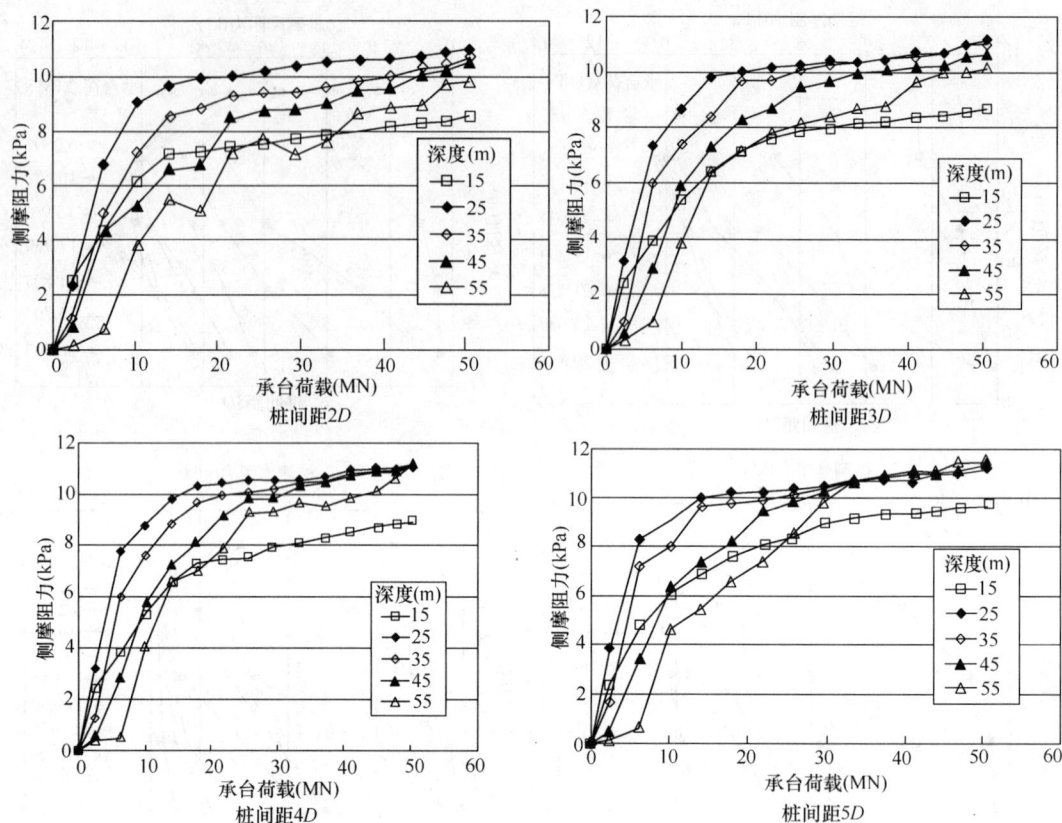

图 2-2-14　群桩中某一根桩侧摩阻力随承台荷载的变化

（2）以土强度为参数的极限平衡理论计算法；

（3）以桩侧阻力、端阻力为参数的经验计算法。

（一）群桩的破坏模式

群桩的极限承载力是根据群桩破坏模式来确定其计算模式的。破坏模式的判定失当，往往引起计算结果出入很大。分析群桩的破坏模式应涉及到两个方面，即群桩侧阻的破坏和端阻的破坏。

1. 群桩侧阻的破坏

传统的破坏模式划分方法是将群桩的破坏划分为：桩土整体破坏和非整体破坏。

整体破坏是指桩、土形成整体，如同实体基础那样承载和变形，桩侧阻力的破坏面发生于桩群外围（图 2-2-15a）。

非整体破坏是指各桩的桩、土间产生相对位移，各桩的侧阻力剪切破坏发生于各桩桩周土体中或桩土界面（硬土）（图 2-2-15b）。这种破坏模式的分析实际上仅是桩侧阻力破坏模式的划分。

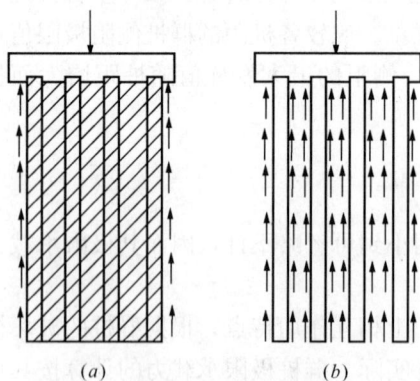

图 2-2-15　群桩侧阻力的破坏模式
(a) 整体破坏；(b) 非整体破坏

影响群桩侧阻破坏模式的因素主要有：土性、桩距、承台设置方式、承台刚度、上部结构形式、成桩工艺等。

对于砂土、粉土、非饱和松散黏性土中的挤土型（打入、压入桩）群桩，在较小桩距（$S_a < 3d$）条件下，群桩侧阻一般呈整体破坏。

对于无挤土效应的钻孔群桩，一般呈非整体破坏。

对于低承台群桩，由于承台限制了桩土的相对位移，因此在其他条件相同的情况下，低承台较高承台更容易形成桩土的整体破坏。

对于呈非整体破坏的群桩误判为整体破坏，会导致总侧阻力计算偏低（桩数较少时除外），总端阻力计算偏高。其总承载力，当桩端持力层较好且桩不很长时，则会计算偏高，趋于不安全。

2. 群桩端阻的破坏

单桩端阻力的破坏分为整体剪切破坏、局部剪切破坏、刺入剪切破坏三种破坏模式。对于群桩端阻的破坏也包括这三种模式，不过，群桩端阻的破坏与侧阻的破坏模式有关，在侧阻呈桩土整体破坏的情况下，桩端演变成底面积与桩群投影面积相等的单独实体墩基（图 2-2-16 (a)）。由于基底面积大，埋深大，一般不发生整体剪切破坏。只有当桩很短且持力层为密实土层时才可能出现整体剪切破坏（图 2-2-16 (b)）。

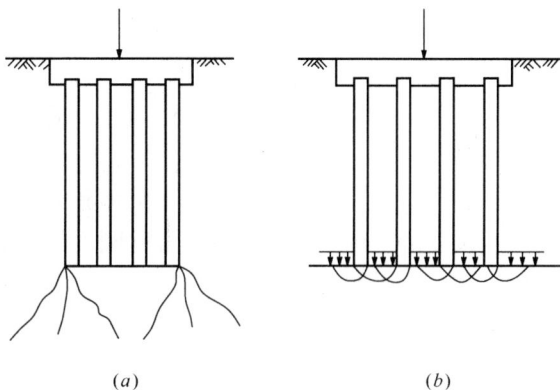

图 2-2-16 群桩端阻的破坏模式

当群桩侧阻呈单独破坏时，各桩端阻的破坏与单桩相似，但因桩侧剪应力的重叠效应、相邻桩桩端土逆向变形的制约效应和承台的增强效应而使破坏承载力提高（图 2-2-16 (b)）。

当桩端持力层的厚度有限，且其下为软弱下卧层时，群桩承载力还受控于软弱下卧层的承载力。可能的破坏模式有：1）群桩中基桩的冲剪破坏；2）群桩整体的冲剪破坏，如图 2-2-17 所示。

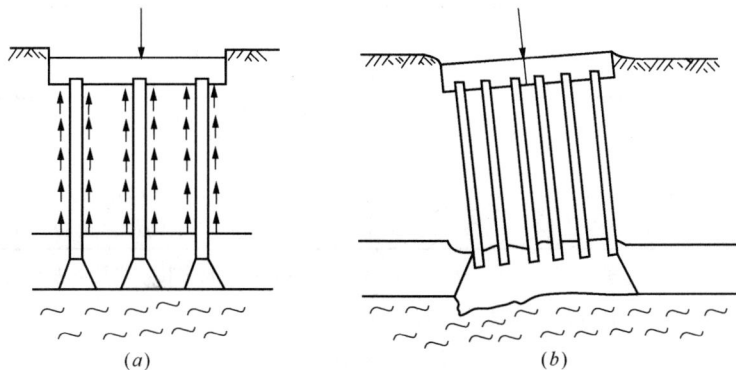

图 2-2-17 群桩破坏模式
(a) 基桩冲剪破坏；(b) 群桩整体冲剪破坏

（二）以单桩极限承载力为参数的群桩效应系数法

以单桩极限承载力为已知参数，根据群桩效应系数计算群桩极限承载力，是一种沿用很久的传统简单方法。

《建筑地基基础设计规范》中规定，单桩竖向承载力特征值 R_a 应按下式确定：

$$R_a = \frac{1}{k}Q_{uk} \tag{2-2-7}$$

式中　Q_{uk}——单桩竖向极限承载力标准值；

　　　　k——安全系数，取 $k=2$。

对于端承型桩基、桩数少于 4 根的摩擦型柱下独立桩基或由于地层土性、使用条件等因素不宜考虑承台效应时，基桩竖向承载力特征值取单桩竖向承载力特征值，$R=R_a$。

对于符合下列条件之一的摩擦型桩基，宜考虑承台效应确定其复合基桩的竖向承载力特征值：

（1）上部结构整体刚度较好、体型简单的建（构）筑物（如独立剪力墙结构、钢筋混凝土筒仓等）；

（2）差异变形适应性较强的排架结构和柔性构筑物；

（3）按变刚度调平原则设计的桩基刚度相对弱化区；

（4）软土地区的减沉复合疏桩基础。

考虑承台效应的复合基桩竖向承载力特征值可按下式确定：

$$R = R_a + \eta_c f_{ak} A_c \tag{2-2-8}$$

式中　η_c——承台效应系数，可按表 2-2-9 取值；

　　　f_{ak}——承台下 1/2 承台宽度且不超过 5m 深度范围内，各层土的地基承载力特征值按厚度加权的平均值；

　　　A_c——计算基桩所对应的承台底净面积：$A_c=(A-nA_p)/n$，A 为承台计算域面积；A_p 为桩截面面积；对于柱下独立桩基，A 为全承台面积；对于桩筏基础，A 为柱、墙筏板的 1/2 跨距和悬臂边 2.5 倍筏板厚度所围成的面积；桩集中布置于墙下的桩筏基础，取墙两边各 1/2 跨距围成的面积，按条基计算 η_c。

承台效应系数 η_c 　　　　　　　　　　　　　　　　　　表 2-2-9

B_c/l ＼ S_a/d	3	4	5	6	＞6
≤0.4	0.06～0.08	0.14～0.17	0.22～0.26	0.32～0.38	
0.4～0.8	0.08～0.10	0.17～0.20	0.26～0.30	0.38～0.44	0.5～0.8
＞0.8	0.10～0.12	0.20～0.22	0.30～0.34	0.44～0.50	
单排桩条形承台	0.15～0.18	0.25～0.30	0.38～0.45	0.50～0.60	

注：1. 表中 S_a/d 为桩中心距与桩径之比；B_c/l 为承台宽度与有效桩长之比。当计算基桩为非正方形排列时，$S_a=\sqrt{\dfrac{A}{n}}$，A 为计算域承台面积，n 为总桩数。

　　2. 对于桩布置于墙下的箱、筏承台，η_c 可按单排桩条基取值。

　　3. 对于单排桩条形承台，当承台宽度小于 $1.5d$ 时，η_c 按非条形承台取值。

　　4. 对于采用后注浆灌注桩的承台，η_c 宜取低值。

　　5. 对于饱和黏性土中的挤土桩基、软土地基上的桩基承台，η_c 宜取低值的 0.8 倍。

当承台底为可液化土、湿陷性土、高灵敏度软土、欠固结土、新填土时，沉桩引起超孔隙水压力和土体隆起时，不考虑承台效应，取 $\eta_c = 0$。

（三）以土强度为参数的极限平衡理论法

前面提及群桩侧阻力的破坏分为桩、土整体破坏和非整体破坏（各桩单桩破坏）；群桩端阻力的破坏，可能呈整体剪切、局部剪切、刺入剪切（冲剪）三种破坏模式。下面根据侧阻、端阻的破坏模式分述群桩极限承载力的极限平衡理论计算法。

1. 低承台侧阻呈桩、土整体破坏

对于小桩距（$S_a \leq 3d$）挤土型低承台群桩，其侧阻一般呈桩、土整体破坏，即侧阻力的剪切破裂面发生于桩群、土形成的实体基础的外围侧表面（图 2-2-18）。因此，群桩的极限承载力计算可视群桩为"等代墩基"或实体深基础，取式（2-2-9）和式（2-2-11）的较小值。

一种模式是群桩极限承载力为等代墩基总侧阻与总端阻之和（图 2-2-18 (a)）：

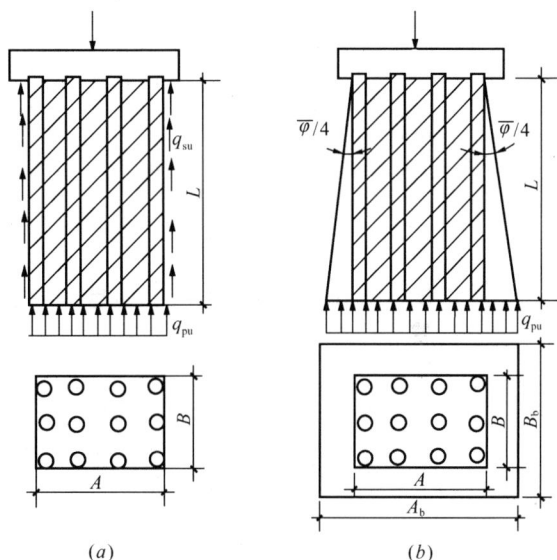

图 2-2-18 侧阻呈桩、土整体破坏的计算模式

$$P_u = P_{su} + P_{pu} = 2(A + B)\Sigma l_i q_{sui} + AB q_{pu} \tag{2-2-9}$$

另一模式是假定等代墩基或实体深基外围侧阻传递的荷载呈面 $\varphi/4$ 扩散分布于基底，该基底面积为（图 2-2-18 (b)）：

$$F_e = A_b B_b = \left(A + 2L\tan\frac{\overline{\varphi}}{4}\right)\left(B + 2L\tan\frac{\overline{\varphi}}{4}\right) \tag{2-2-10}$$

相应的群桩极限承载力为：

$$P_u = F_e q_{pu} \tag{2-2-11}$$

式中　　q_{sui}——桩侧第 i 层土的极限侧阻力；

　　　　q_{pu}——等代墩基底面单位面积桩端土地基极限承载力；

A、B、L——等代墩基底面的长度、宽度和桩长（图 2-2-18）；

　　　　$\overline{\varphi}$——桩侧各土层内摩擦角的加权平均值。

单位面积极限侧阻 q_{su} 的计算可采用单桩的极限侧阻力土强度参数计算法（α 法、β 法或 γ 法）；就我国目前工程习惯而言，经验参数法使用较普遍，因而也可采用这两种方法计算结果比较取值。

单位面积桩端土极限承载力 p_{pu} 的计算，主要可以依据地质报告估算、经典理论计算以及现场试验来确定。

1）地质报告估算

可由工程地质报告中提供的桩端持力层土的单位面积极限承载力考虑深度修正后估

算 p_{pu}。

2）经典理论计算极限端阻力 q_{pu}

对于桩端持力土层较密实、桩长不长（等代墩基的相对埋深较小）、或密实持力层上覆盖软土层的情况，可按整体剪切破坏模式计算。等代墩基基底极限承载力可采用太沙基的浅基极限平衡理论公式计算。考虑到桩、土形成的等代墩基基底是非光滑的，故采用粗糙基底公式。极限端阻力表达式为：

条形基底 $\qquad q_{pa} = cN_c + \gamma_1 h N_q + 0.5\gamma_2 B N_r \qquad (2\text{-}2\text{-}12)$

方形基底 $\qquad q_{pu} = 1.3cN_c + \gamma_1 h N_q + 0.4\gamma_2 B N_r \qquad (2\text{-}2\text{-}13)$

圆形基底 $\qquad q_{pu} = 1.3cN_{c_1} + \gamma_1 h N_q + 0.6\gamma_2 D N_r \qquad (2\text{-}2\text{-}14)$

式中 $\quad N_c$，N_q，N_r——反映土黏聚力 c、边载 q、滑动区土自重影响的承载力系数，均

为内摩擦角 φ 的函数，由 φ 值查图 2-2-19 确定；

γ_1，γ_2——基底以上土和基底以下基宽深度范围内土的有效重度；

D，B，h——基底直径、宽度和埋深。

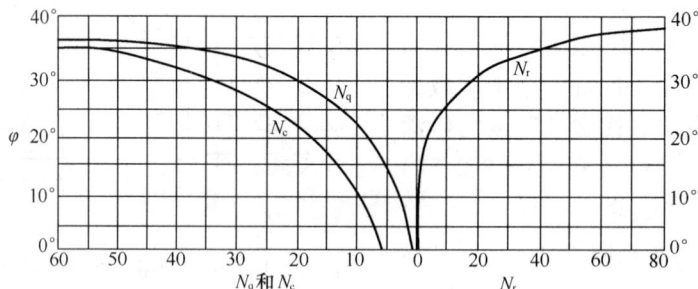

图 2-2-19 承载力系数

在群桩基础承受偏心、倾斜荷载情况下，可采用 Hansen（1970）或 Vesic（1970）公式计算等代墩基的地基极限承载力。

对于桩端持力层为非密实土层的小桩距挤土型群桩，虽然侧阻呈桩、土整体破坏而类似于墩基，但墩底地基由于土的体积压缩影响一般不致出现整体剪切破坏，而是呈局部剪切、刺入剪切破坏，尤以后者多见。但关于局部剪切破坏的理论计算公式迄今还未能建立起来，作为两种近似，Terzaghi 建议对土的强度参数 c、φ 值进行折减以计算非整体剪切破坏条件下的极限承载力，取

$$c' = \frac{2}{3}c$$

$$\varphi' = \tan^{-1}\left(\frac{2}{3}\tan\varphi\right) \qquad (2\text{-}2\text{-}15)$$

计算公式与整体剪切破坏相同。

由上述等代墩基极限端阻力计算公式看出，等代墩基宽度 B 对 q_{pu} 的影响增量与 B 呈线性关系，当 B 很大时与实际不符，因此参照有关规范经验的规定，当 $B>6m$ 时，按 6m 计算。另外，埋深 h 影响也显示深度效应，可近似按单桩处理。按此法计算的群桩极限承载力值一般偏高，因此其安全系数一般取 2.5～3。

3）现场基岩试验法

对于人工挖孔桩，可采用现场桩端基岩试验来确定桩端基岩的单位面积极限端阻标准值。

2. 高承台侧阻呈桩土非整体破坏

对于非挤土型群桩，其侧阻多呈各桩单独破坏，即侧阻力的剪切破裂面发生于各基桩的桩、土界面或近桩表面的土体中。这种侧阻非整体破坏模式还可能发生于饱和土中不同桩距的挤土型高承台群桩。

对于侧阻呈非整体破坏的群桩，其极限承载力的计算，若忽略群桩效应，包括忽略承台分担荷载的作用，可表示为下式：

$$P_u = P_{su} + P_{pu} = nU\Sigma L_i q_{sui} + nA_p q_{pu} \tag{2-2-16}$$

式中　　n——群桩中的桩数；

　　　　U——桩的周长；

　　　　L_i——桩侧第 i 层土厚度；

　　　　A_p——桩端面积。

由于侧阻呈各桩单独破坏，其端阻也类似于独立单桩随持力层土性、入土深度、上覆土层性质等不同而呈整体剪切、局部剪切、刺入剪切破坏。因此极限侧阻 q_{su} 和极限端阻 q_{pu} 可参照单桩所述方法计算。

（四）以侧阻力、端阻力为参数的经验计算法

在具备单桩极限侧阻力、极限端阻力的情况下，群桩极限承载力可采用上述极限平衡理论法相似的模式，按侧阻破坏模式分为两类。

1. 侧阻呈桩、土整体破坏

群桩极限承载力的计算基本表达式与式（2-2-16）相同。计算所需单桩极限侧阻 q_{su}、极限端阻 q_{pu} 的确定，可根据具体条件、工程的重要性通过单桩原型试验法、土的原位测试法、经验法确定。

2. 侧阻呈桩、土非整体破坏

群桩极限承载力计算的基本表达式与式（2-2-16）相同，计算所需 q_{su}、q_{pu} 的确定同上。

当试验单桩的地质、几何尺寸、成桩工艺等与工程桩一致时，则可按下式确定群桩极限承载力：

$$P_u = nQ_u \tag{2-2-17}$$

式中　　Q_u——单桩的极限承载力。

按式（2-2-16）或式（2-2-17）计算侧阻非整体破坏情况下的群桩极限承载力的简单模式，忽略了承台、桩、土相互作用产生的群桩效应，在某些情况下，其计算值会显著低于实际承载力。如非密实粉土、砂土中的常规桩距（3~4）d 群桩基础，其侧阻力由于沉降硬化而比独立单桩有大幅度增长，对于低承台群桩，其承台分担荷载的作用也较可观，因此，其群桩极限承载力比计算值高得多。对于饱和黏性土中的群桩，按上述模式计算，其计算值一般接近于实际承载力。

第三节　桩基负摩阻力

一、桩基负摩阻力的定义

桩基的负摩阻力是指由于桩周欠固结土的固结等原因导致桩侧土体下沉且土体沉降量大于桩的沉降时，桩侧土体将对桩产生与桩位移方向一致即向下的摩阻力。负摩阻力将对桩产生一个下曳荷载，相当于在桩顶荷载之外，又附加一个分布于桩侧表面的荷载。负摩阻力作用的结果是使桩身轴力不在桩顶最大，而是在中性点处最大，如图 2-3-1。

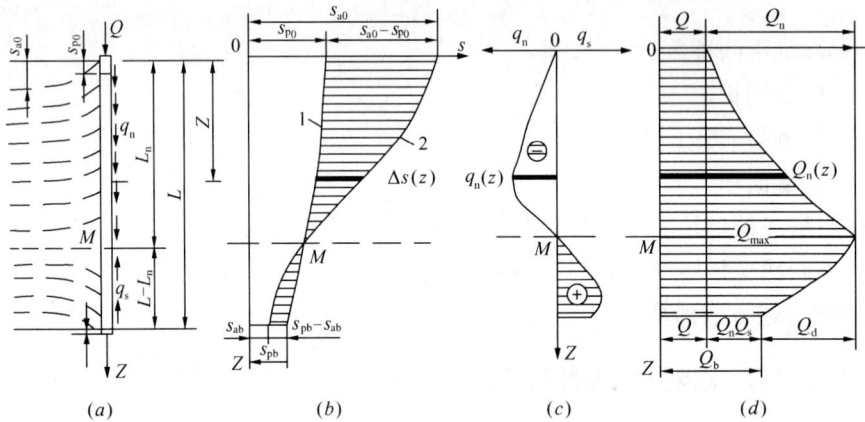

图 2-3-1　负摩阻力分析原理图

（a）桩及桩周土受力、沉降示意；（b）各断面深度的桩、土沉降及相对位移；

（c）摩阻力分布及中性点（M）；（d）桩身轴力

1—桩身各断面的沉降 s_p；2—各深度桩周土的沉降 s_s；

Q_n—负摩阻力产生的轴力，即下拉力；Q_b—端阻力

中性点是指，对于某一特定深度 l_n 的桩断面：在该断面以上，桩周土的下沉量大于桩本身的下沉量，桩承受负摩阻力；在该断面以下，桩身的下沉量大于桩周土，桩承受正摩阻力。因此，该点（桩断面）就是正负摩阻力的分界点。在该断面，桩土位移相等、摩阻力为零、桩身轴力最大，这三个特点，均可以判定中性点，如图 2-3-1 所示。

一般影响中性点深度的主要因素包括：

1. 桩底持力层刚度。持力层越硬，中性点深度越深，相反持力层越软，则中性点深度越浅。所以在同样的条件下，端承桩的 l_n 大于摩擦桩。

2. 桩周土的压缩性和应力历史。桩周土越软、欠固结度越高、湿陷性越强、相对于桩的沉降越大，则中性点亦越深；而且，在桩、土沉降稳定之前，中性点的深度 l_n 也是变动着的。

3. 桩周土层上的外荷载。一般地面堆载越大或抽水使地表下沉越多，那么中性点 l_n 越深。

4. 桩的长径比。一般桩的长径比越小，则 l_n 越大。

《建筑桩基技术规范》中规定了中性点位置的确定方法：中性点深度 l_n 应按桩周土层沉降与桩沉降相等的条件计算确定，也可参照表 2-3-1 确定。

中性点深度 l_n　　　　　　　　　　　　表 2-3-1

持力层性质	黏性土、粉土	中密以上砂	砾石、卵石	基　岩
中性点深度比 l_n/l_0	0.5～0.6	0.7～0.8	0.9	1.0

注：1. l_n、l_0——分别为自桩顶算起的中性点深度和桩周软弱土层下限深度；

　　2. 桩穿越自重湿陷黄土层时，l_n 按表列增大 10%（持力层为基岩除外）；

　　3. 当桩周土层固结与桩基固结沉降同时完成时，取 $l_n=0$；

　　4. 当桩周土层计算沉降量小于 20mm 时，l_n 应按表列值乘以 0.4～0.8 折减。

另一种确定中性点深度 l_n 的方法是按工程桩的工作性状类别来推估的，多半带有经验性质，如表 2-3-2 所示。

经验法确定中性点深度　　　　　　　　表 2-3-2

桩基承载类型	中性点深度比 l_n/l_0
摩擦桩	0.7～0.8
摩擦端承桩	0.8～0.9
支承在一般砂或砂砾层中的端承桩	0.85～0.95
支承在岩层或坚硬土层上的端承桩	1.0

二、负摩阻力发生条件

桩基负摩阻力影响的主要后果是增加桩内轴向荷载，从而使桩轴向压缩量增加，并且在摩擦桩情况下也可能引起桩的沉降有较大的增加。对于低承台群桩承台底下土沉降可使承台底部和土之间形成脱空的间隙，这样就把承台的全部重量及其上荷载转移到桩身上。负摩阻力产生的原因很多，主要有下列几种情况：

1. 位于桩周的欠固结软黏土或新近填土在其自重作用下产生新的固结；

2. 桩侧为自重湿陷性黄土、冻土层或粉土、细砂土，当发生湿陷、冻土融化或砂土液化后也会对桩产生负摩擦力；

3. 由于抽取地下水或深基坑开挖降水等原因引起地下水位全面降低，致使土的有效应力增加，产生大面积的地面沉降；

4. 桩侧表面土层因大面积地面堆载引起沉降带来的负摩阻力；

5. 周边打桩后挤土作用或灵敏度较高的饱水黏性土，受打桩等施工扰动（振动、挤压、推移）影响使原来房屋桩侧土结构被破坏，随后这部分桩间土的固结引起土相对于桩体的下沉；

6. 一些地区的吹填土，在打桩后出现固结现象，带来的负摩阻力；

7. 长期交通荷载引起的沉降。

三、负摩阻力的计算

影响负摩阻力的因素很多，例如桩侧与桩端土的性质、土层的应力历史、地面堆载的大小与范围、地下降水的深度与范围、桩顶荷载施加时间与发生负摩阻力时间之间的关系、桩的类型和成桩工艺等。要精确地计算负摩阻力是十分困难的，国内外大都采用近似的经验公式估算。根据实测结果分析，认为采用有效应力法比较符合实际。《建筑桩基技术规范》中规定桩侧负摩阻力及其引起的下拉荷载，当无实测资料时可按下列规定计算。

中性点以上单桩桩周第 i 层土负摩阻力标准值可按下列公式计算：

$$q_{si}^{n} = \xi_{ni}\sigma_{i}' \tag{2-3-1}$$

当填土、自重湿陷性黄土湿陷、欠固结土层产生固结和地下水降低时：$\sigma_i' = \sigma_{\gamma i}'$

当地面分布大面积荷载时：$\sigma_i' = p + \sigma_{\gamma i}'$

$$\sigma_{\gamma i} = \sum_{e=1}^{i-1} \gamma_e \Delta z_e + \frac{1}{2}\gamma_i \Delta z_i \tag{2-3-2}$$

式中　q_{si}^{n}——第 i 层土桩侧平均负摩阻力；当按式（2-3-1）计算值大于正摩阻力值时，取正摩阻力值进行设计；

ξ_{ni}——桩周第 i 层土负摩阻力系数，可按表 2-3-3 取值；

$\sigma_{\gamma i}'$——由土自重引起的桩周第 i 层土平均竖向有效应力；桩群外围桩自地面算起，桩群内部桩自承台底算起；

σ_i'——桩周第 i 层土平均竖向有效应力；

γ_i、γ_e——分别为第 i 层土层和其上第 e 土层重度，地下水位以下取浮重度；

Δz_k、Δz_i——第 k 层土、第 e 土的厚度；

p——地面均布荷载。

负摩阻力系数 ξ_n　　　　　　　　　　　　　　　　　　表 2-3-3

土　类	ξ_n	土　类	ξ_n
饱和软土	0.15～0.25	砂　土	0.35～0.50
黏性土、粉土	0.25～0.40	自重湿陷性黄土	0.20～0.35

注：1. 在同一类土中，对于挤土桩，取表中较大值，对于非挤土桩，取表中较小值。

　　2. 填土按其组成取表中同类土的较大值。

桩单位面积负摩阻力 q_{si}^{n} 值也可利用一些土的室内试验或原位测试成果根据经验确定。

对黏性土，可以用无侧限抗压强度的一半作为 q_{si}^{n}，也可以用静力触探试验所获得的双桥探头锥尖阻力 q_c 或单桥探头比贯入阻力 p_s 估算 q_{si}^{n}：

$$q_{si}^{n} = \frac{q_c}{10} \text{ 或 } q_{si}^{n} \approx \frac{p_s}{10}(\text{kPa})$$

对砂土地基，单位负摩阻力 q_{si}^{n} 可由 q_c 推算：

粉砂　　　　　　　　　　$q_{si}^{n} = \dfrac{q_c}{150}(\text{kN/m}^2)$

紧砂　　　　　　　　　　$q_{si}^{n} = \dfrac{q_c}{200}(\text{kN/m}^2)$

松砂　　　　　　　　　　$q_{si}^{n} = \dfrac{q_c}{400}(\text{kN/m}^2)$

另外还可用实测的标准贯入击数 N 值按下式估算：

对黏性土，
$$q_{si}^{n} = \frac{N'}{2} + 1$$

对砂土，
$$q_{si}^{n} = \frac{N'}{5} + 3$$

式中 N'——经钻杆长度修正的平均标准贯入试验击数。

四、单桩负摩阻力的时间效应

单桩的负摩阻力存在明显的时间效应，主要表现以下几个方面：

1. 负摩阻力的产生和发展取决于桩周土固结完成所需时间，固结土层愈厚，渗透性愈低，负摩阻力达到其峰值所需时间愈长。

2. 负摩阻力的产生和发展与桩身沉降完成的时间有关。当桩的沉降先于固结土层固结完成的时间，则负摩阻力达峰值后就稳定不变，如端承桩；当桩的沉降迟于桩周土沉降的完成，则负摩阻力达峰值后又会有所降低，如有的摩擦桩桩端土层蠕变性较强者，就会呈现这种特征，不过较为少见。

3. 中性点位置也存在着时间效应。一般来说，中性点的位置大多是逐步降低的，即中性点的深度是逐步增加的。无论桩的轴向压力还是下拉荷载都是随着桩周土固结过程不断增加的，例如，实测资料表明，自重湿陷性黄土的湿陷过程中，以砂卵石为持力层的桩负摩阻力值及中性点的深度都逐步增长。即使是摩擦桩，上述特征仍然明显。

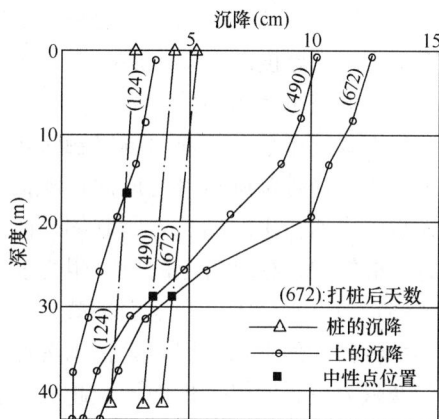

图 2-3-2 桩、土沉降及中性点位置随时间的变化

图 2-3-2 表示某工程实测一根试桩的负摩阻力时间效应的概况。限于测试条件只测得桩、土下沉位移及中性点位置随时间的变化。

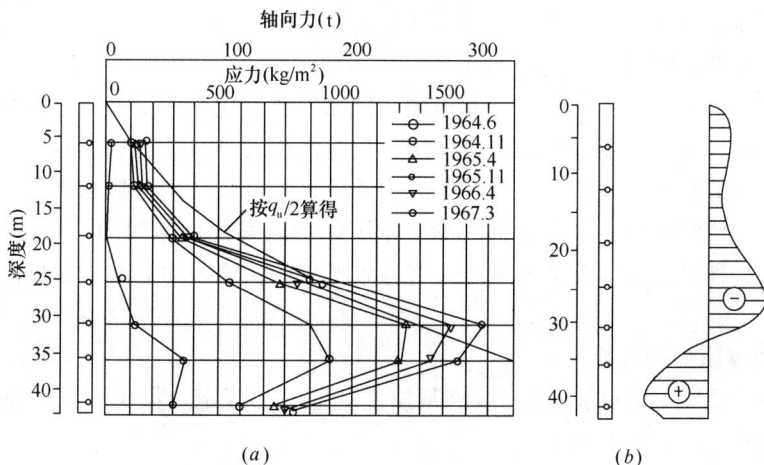

(a)   (b)

图 2-3-3 钢管桩负摩阻力的实测结果

(a) 桩身轴力随着时间的变化过程；(b) 最终的负摩阻力分布图

图 2-3-3 中负摩阻力的发生和发展经历着一个缓慢的时间过程，中性点的深度也同样经历着一个变动的过程，这是由桩周软黏土的固结沉降特性决定的。通常情况下，负摩阻力在成桩初期增长较快，而达到稳定值（最大值）却很慢；固结土越厚，该时间过程越长；摩擦桩又比端承桩稳定得慢。由图 2-3-3（a）可看出，负摩阻力在第一年就发挥了80％，可是达到稳定值却经历了三年多时间。

五、群桩的负摩阻力

1. 群桩负摩阻力的影响因素

影响群桩负摩阻力的因素主要包括承台底土层的欠固结程度、欠固结土层的厚度、地下水位、群桩承台的高低、群桩中桩的间距等因素。

（1）承台底土层的欠固结程度和厚度

承台底土层的欠固结程度越高，土层本身的沉降量就越大，群桩负摩阻力就越显著。欠固结土层的厚度越大，土层本身的沉降量就越大，群桩负摩阻力就越显著。

（2）群桩承台的高低

当桩基础中承台与地面不接触时，高桩台的负摩阻力单纯是由各桩与土的相对沉降关系决定的。当桩基础承台与地面接触甚至承台底深入地面以下时，低桩台的负摩阻力的发挥受承台底面与土间的压力所制约。刚性承台强迫所有基桩同步下沉，一旦作用有负摩阻力时，群桩中每根基桩上的负摩阻力发挥程度就不相同。

（3）地下水位下降和地面堆载

承台底的地下水位因附近抽水等原因下降越多，一般土层本身的沉降量也越大，群桩的负摩阻力也越明显。地面堆载越大，群桩负摩阻力越大。

（4）群桩中桩的间距

群桩中桩的间距十分关键。如果桩间距较大，群桩中各桩的表面所分担的影响面积（即负载面积）也较大，由此各桩侧表面单位面积所分担的土体重量大于单桩的负摩阻力极限值，不发生群桩效应。如果桩间距较小，则各桩侧表面单位面积所分担的土体重量可能小于单桩的负摩阻力极限值，则会导致群桩的负摩阻力降低。桩数愈多，桩间距愈小，群桩效应愈明显。

（5）影响群桩负摩阻力的其他因素

影响群桩负摩阻力的其他因素还有很多，例如砂土液化、冻土融化、软黏土触变软化等条件，对群桩内外的各个基桩都会起作用，只是作用大小有些区别。若产生的条件是属于群桩外围堆载引起的负摩阻力，则除了周边的桩外侧真正产生经典意义上的负摩阻力以外，群桩中间部位的基桩会因周边桩的遮拦作用而难以发挥负摩阻力。群桩的桩数愈多，桩间距愈小，这种遮拦作用就愈明显。最终导致群桩的负摩阻力总和大幅度降低，群桩效应更为明显。

2. 群桩负摩阻力的计算

对于群桩负摩阻力的计算，《建筑桩基技术规范》中规定：群桩中任一基桩的下拉荷载标准值可按式（2-3-3）计算：

$$Q_g^n = \eta_n \cdot u \sum_{i=1}^{n} q_{si}^n l_i \qquad (2\text{-}3\text{-}3)$$

式中　　n——中性点以上土层数；

　　　　l_i——中性点以上各土层的厚度；

　　　　η_n——负摩阻力群桩效应系数，按式（2-3-4）确定：

$$\eta_n = s_{ax} \cdot s_{ay} / \left[\pi d \left(\frac{q_s^n}{\gamma_m'} + \frac{d}{4} \right) \right] \tag{2-3-4}$$

式中　　s_{ax}、s_{ay}——分别为纵横向桩的中心距；

　　　　q_s^n——中性点以上桩周土层厚度加权平均负摩阻力标准值；

　　　　γ_m'——中性点以上桩周土层厚度加权平均重度（地下水位以下取浮重度）。

　　注：对于单桩基础或按式（2-3-4）计算群桩基础的 $\eta_n > 1$ 时，取 $\eta_n = 1$。

六、消减桩负摩阻力的措施

根据对桩负摩阻力的分析结果，可以采取有针对性的措施来减小负摩阻力的不利作用：

1. 承台底的欠固结土层处理

当欠固结土层厚度不大时可以考虑人工挖除，并替换好土，以减少土体本身的沉降。

当欠固结土层厚度较大时或无法挖除时，可以对欠固结土层（如新填土地基）采用强夯挤淤、土层注浆等措施，使承台底土在打桩前或打桩后快速固结，以消除负摩阻力。

2. 在桩基设计时，考虑桩负摩阻力后，单桩竖向承载力设计值要折减，并注意单桩轴力的最大点不再在桩顶，而是在中性点位置，所以，桩身混凝土强度和配筋要增大，并验算中性点位置强度。

3. 考虑负摩阻力后，承台底部地基的承载力不能考虑，而且贴地的低承台由于地基土的本身沉降有可能转变成高承台。

4. 套管保护桩法

即在中性点以上桩段的外面罩上一段尺寸较桩身大的套管，使这段桩身不致受到土的负摩阻力作用。该法能显著降低下拉荷载，但会增加施工工作量。

5. 桩身表面涂层法

即在中性点以上的桩侧表面涂上涂料，一般用特种的沥青。当土与桩发生相对位移出现负摩阻力时，涂层便会产生剪应变而降低作用于桩表面的负摩阻力，这是目前被认为降低负摩阻力最有效的方法。

6. 预钻孔法

此法既适用于打入桩又适用于钻孔灌注桩。对于不适于采用涂层法的地质条件，可先在桩位处钻进成孔，再插入预制桩，在计算中性点以下的桩段宜用桩锤打入以确保桩的承载力，中性点以上的钻孔孔腔与插入的预制桩之间灌入膨润土泥浆，用以减少桩负摩阻力。

7. 考虑负摩阻力后，要在设计时增强桩基础的整体刚度，以避免不均匀沉降。

由于欠固结填土、堆载等引起的桩负摩阻力不但增加了下拉荷载，而且可能使房屋基础梁与地基土脱开，从而引起过大沉降或不均匀沉降，所以设计时应事先考虑。

第四节 单桩的沉降计算

一、单桩沉降计算理论

众所周知，桩基的沉降估算是桩基设计中最主要的内容之一。在过去漫长的时间里，人们为了精确计算和预测桩基的沉降，曾进行过大量的研究，提出一系列计算沉降的方法。但由于地下桩基础的复杂性和地基土的非均匀性，桩基沉降的计算理论还有待成熟。

对于一柱一桩的情况，单桩的沉降计算就是一个实际的工程问题。另一方面，某些群桩的沉降计算方法，是以单桩沉降为基础，通过经验关系或迭加的原理而得到。故对桩基沉降计算，有必要先分析单桩的沉降。

在竖向工作荷载作用下的单桩沉降由以下两部分组成：

1. 桩身混凝土自身的弹塑性压缩 s_s；

2. 桩端以下土体所产生的桩端沉降 s_b；

单桩桩顶沉降 s_0 可表达为：

$$s_0 = s_s + s_b \tag{2-4-1}$$

桩身的压缩通常可把桩身混凝土视作弹性材料，用弹性理论进行计算。

桩端以下土体的压缩包括：土的主固结变形和次固结变形以及钻孔桩有桩端沉渣压缩等。除了土体的固结变形外，有时桩端还可能发生刺入变形（土体发生塑性变形）。对固结变形可用土力学中的固结理论进行计算，固结变形产生的沉降，是随时间而发展的，具有时间效应的特征。当桩端以下土体的压缩与荷载关系近似为直线关系时，也可以把土体视作线弹性介质，运用弹性理论进行近似计算。对刺入变形目前还研究不够，无法很好预测。目前一般假定桩端位移和桩端力成线性关系。另外，钻孔桩桩端沉渣也会产生压缩变形。

在工程上可根据荷载特点、土层条件、桩的类型来选择合适的桩基沉降计算模式及相应的计算参数。沉降计算是否符合实际，在很大程度上取决于计算参数是否正确。

目前单桩沉降的计算方法主要有以下几种：

(1) 弹性理论法；

(2) 荷载传递法；

(3) 剪切位移法；

(4) 分层总和法（建筑桩基技术规范方法）；

(5) 简化方法（我国路桥规范简化计算法）；

(6) 数值计算法。

其中 (1)，(2)，(3) 为理论方法；(4)，(5) 为规范经验方法；(6) 为数值建模方法。

对于各种单桩沉降计算方法，由于其假设条件和原理的不同，也表现出各自不同的特点。现将各种方法中对桩模型、土模型的假设条件及桩土相互作用模型比较列于表 2-4-1。

单桩沉降计算方法比较　　　　　　　　　　　　　　　表 2-4-1

单桩沉降计算方法	桩	土	桩土相互作用	优　缺　点
弹性理论法	弹性	弹性的连续介质包括均质土和分层土两种	满足力的平衡，位移协调	弹性理论法的优点是考虑了土体的连续性，具有比较完善的理论基础，已形成比较完善的体系。基于分层土的弹性理论方法优于均匀土的 Mindlin 基本解方法，能精确考虑土的成层性。但该方法尚不能考虑土体的非线性特性
荷载传递法	弹性或弹塑性	根据具体的传递曲线，一般为非线性，非连续介质	满足力的平衡，位移协调；若侧阻存在最后的恒值，则可出现桩土滑移	荷载传递法的优点是能较好地反映桩土间的非线性和地基的成层性，而且计算简单，便于工程应用。但该方法没有考虑土的连续性，无法直接应用到群桩分析
剪切位移法	弹　性	沿桩径向的连续介质	满足力的平衡，位移协调	剪切位移法可以给出桩周土体的位移变化场，通过叠加方法可以考虑群桩的共同作用，较有限元法和弹性理论法简单。但其假定桩土之间没有相对位移，桩侧土体上下层之间没有相互作用，这些与实际工程的工作特性并不相符
路桥桩基简化方法	弹性，考虑桩身压缩	只考虑桩端土压缩，不考虑桩侧土，且土为弹性	满足力的平衡，位移协调	简化方法的优点是计算简便，在工程精度要求范围内可以比较准确估计单桩沉降，但由于受具体工程条件限制，经验公式具有局限性，不能普遍采用
分层总和法	刚性，不考虑桩身压缩	只考虑桩端土压缩，不考虑桩侧土，且土为弹性	满足力的平衡，位移协调	分层总和法的优点是计算简便，在工程精度要求范围内可以比较准确估计单桩沉降，沉降计算中附加应力采用土体表面作用力的 Boussinesq 解，与实际情况有差异
数值计算法	弹性或弹塑性	弹塑性的连续介质	满足力的平衡，位移协调或允许滑移产生	通过建立模型，可以考虑桩土滑移的发生等其他理论方法不能考虑的情况，但一般模型中桩土的假定情况与实际情况不能完全相同

下面几节将对各种方法进行详细介绍。

二、弹性理论法

(一) 弹性理论法的基本原理

弹性理论计算方法用于桩基的应力和变形是 20 世纪 60 年代初期提出来的，Poulos、Davis 和 Mattes 等人做了大量的工作。他们的基本思路是：为了对桩土性状做系统化的分析，首先将实际问题予以理想化，并使它成为数学上容易处理的模型。当对这个简单模型的数学性状获得经验之后，就可以把这个理想化模型不断地加以改进，使之更加趋近于实际问题。Poulos 等人所考虑的最简单问题是均质的、各向同性的半无限弹性体中的单个摩擦桩，从这个基本点出发，对问题的理想化加以改进。由于土体多为层状分布，Poulos 弹性理论法对于均质各向同性土体中桩基分析是严密的，但对于分层土体只能近似处理，如通过模量平均值方法等，但这些处理措施的效果有时并不理想。为了解决层状土中桩基分析问题，可通过传递矩阵方法并利用 Hankel 变换，根据多层弹性半空间轴对称问题的解析解来对层状土体进行弹性理论法分析。

Poulos 对单根摩擦桩的分析，是把桩当做在地面处受有轴向荷载 P ，桩长为 L ，桩身直径为 D ，桩底直径为 D_b 的一根圆柱，为了便于分析，假设桩侧摩阻力为沿桩身均匀分布的摩擦应力 q ，桩端阻力为在桩底均匀分布的垂直应力 P_b （图 2-4-1）。

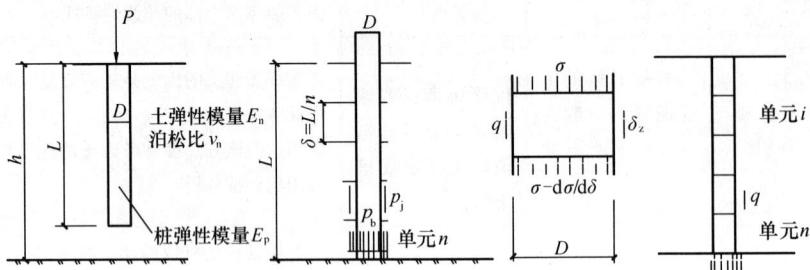

图 2-4-1 摩擦桩分析示意图

分析中，假定桩侧面为完全粗糙，桩底面为完全光滑，并认为土是理想的、均质的、各向同性的弹性半空间，其杨氏模量为 E_s，泊松比为 ν_s，他们都不因桩的存在而改变。如果桩-土界面条件为弹性的，且不发生滑动，则桩和其邻接土的位移必然相等。

层状土的弹性分析方法与上述假设基本相同，除了土体的均质性假定，由于土体成层分布，因此各层均有不同的杨氏模量 E_{si} 和泊松比 ν_{si}，i 表示某一层土体的序号。

（二）弹性理论法的研究

D'Appolonia（1963）用 Mindlin 解系统研究了桩基础的沉降，并对下卧层是基岩的情况进行了修正，最早提出了弹性理论法。

Poulos（1968a，1968b，1969）从弹性理论中的 Mindlin 公式出发，系统地导出了单桩和群桩的计算理论以及表格。

Butterfield（1971）认为 Poulos 的假设，比如桩端光滑、桩端阻力均布、忽略桩侧径向力等假定，影响了计算的精度，因此他对桩单元进行了细分，考虑了不同径向距离处桩端阻力不一致的情况，并引入桩侧径向力，采用虚构应力函数的方法求解，计算表明，径向力对竖向位移影响以及竖向力对径向位移的影响都比较小。

费勤发（1984）基于 Mindlin 应力解，提出用分层总和法来形成地基的柔度矩阵，这样能方便地考虑不同的土层分布。

杨敏（1992）采用边界积分法，分析层状地基中桩基沉降问题，基于 Mindlin 应力解，引入一个沉降调整系数进行修正，从而适用于分析各种非均匀土。

金波（1997）基于轴对称弹性力学基本方程，采用 Hankel 变换，利用传递矩阵方法得出层状地基在内部轴对称荷载作用下的位移解，建立了层状地基中单桩沉降的计算方法。

艾智勇，杨敏（1999）提出了广义 Mindlin 方法进行分层土中单桩和群桩的弹性分析。

吕凡任（2004）提出了考虑桩土相对位移的"广义弹性理论法"，从而可以考虑桩周土的塑性，并将其应用于斜桩分析。

王伟（2006）将 Randolph 模型中桩身位移与桩端位移的函数关系简化为一多项式，并与 Poulos 积分方程中土体柔度系数矩阵结合，提出了一种竖向受荷单桩弹性分析的改进计算方法，从而避免了为集成桩身柔度矩阵而进行的差分运算。

（三）弹性理论法的假设条件

弹性理论法假定土为均质的、连续的、各向同性的弹性半空间体，土体性质不因桩体的存在而变化。采用弹性半空间体内集中荷载作用下的 Mindlin 解计算土体位移，由桩体位移和土体位移协调条件建立平衡方程，从而求解桩体位移和应力。

分层土弹性理论法假定地基土为连续、各向同性的层状弹性半空间体，荷载为轴对称分布，土体的性质不因桩的存在而改变。采用分层土弹性半空间体内环形分布或圆形分布的单位荷载作用下位移积分值来计算土体位移，由桩体位移和土体位移协调条件建立平衡方程，从而求解桩体位移和应力。

（四）均匀土弹性理论法本构关系的建立与求解

考虑图 2-4-1 中的典型桩单元 i，由于桩单元 j 上的侧摩擦力 p_j 使桩单元 i 处桩周土产生的竖向位移 ρ_{ij}^s 可表示为：

$$\rho_{ij}^s = \frac{D}{E_s} I_{ij} p_j \tag{2-4-2}$$

式中　I_{ij}——单元 j 的剪应力 $p_j=1$ 时，在单元 i 处产生的土的竖向位移系数。

由所有的 n 个单元应力和桩端应力使单元 i 处土产生竖向位移为：

$$\rho_i^s = \frac{D}{E_s} \sum_{j=1}^n I_{ij} p_j + \frac{D}{E_s} I_{ib} p_b \tag{2-4-3}$$

式中　I_{ib}——桩端应力 $p_b=1$ 时，在单元 i 处产生的土的竖向位移系数。

对于其他的单元和桩端可以写出类似的表达式，于是，桩所有单元的土位移可用矩阵的形式表示为：

$$\{\rho^s\} = \frac{D}{E_s} [I_s] \{p\} \tag{2-4-4}$$

式中　$\{\rho^s\}$——土的竖向位移矢量；

　　　$\{p\}$——桩侧剪应力和桩端应力矢量；

　　　$[I_s]$——土位移系数的方阵，由下式给出：

$$[I_s] = \begin{bmatrix} I_{11} & I_{12} & \cdots & I_{1n} & I_{1b} \\ I_{21} & I_{22} & \cdots & I_{2n} & I_{2b} \\ \cdots & \cdots & \cdots & \cdots & \cdots \\ I_{n1} & I_{n2} & \cdots & I_{nn} & I_{nb} \\ I_{b1} & I_{b2} & \cdots & I_{bn} & I_{bb} \end{bmatrix} \tag{2-4-5}$$

式中 $[I_s]$ 中各元素表示半空间体内单位点荷载产生的位移，可以由 Mindlin 方程的数值积分求得。

根据位移协调原理，若桩土间没有相对位移，则桩土界面相邻的位移相等，即：

$$\{\rho^p\} = \{\rho^s\} \qquad\qquad (2\text{-}4\text{-}6)$$

式中 $\{\rho^p\}$——桩的位移矢量。

若考虑桩是不可压缩的，则上式中的位移矢量是常量，等于桩顶沉降。根据静力平衡条件及式（2-4-4）和式（2-4-6），联立解之即可求得 n 个单元的桩周均布应力 p_j、桩端均布应力 p_b 以及桩顶沉降 s。Mattes 和 Poulos 在计算各单元的位移时，还考虑了桩的轴向压缩。

综上所述，弹性理论方法概念清楚、运用灵活。但受其假设的限制，与很多工程情况不符，且土性参数难以确定，计算量很大，故在实际工程应用中较少，但其适用于程序开发。

（五）分层土弹性理论法本构关系的建立与求解

（1）分层土弹性理论

文献［24］从空间轴对称问题的平衡方程、物理方程和几何方程出发，结合 Hankel 积分变化，得出了分层土地基中联系地表处（$z=0$）与任意深度 z 处的位移变量和应力变量关系矩阵，即传递矩阵。轴对称空间中某点的位移变量和应力变量写成向量的形式为 $G(r,z) = [u(r,z), w(r,z), \tau_{zr}(r,z), \sigma_z(r,z)]^T$，分别表示分层土中半径 r，深度 z 处的径向位移、竖向位移、剪切应力和竖向应力。通过零阶和一阶 Hankel 变换，存在如下矩阵关系，

$$\widetilde{G}(\xi,z) = \Phi(\xi,z)_{4\times 4} \widetilde{G}(\xi,0) \qquad\qquad (2\text{-}4\text{-}7)$$

式中，"～"表示 Hankel 变换，ξ 为变换参数，$\Phi(\xi,z)_{4\times 4}$ 为传递矩阵，矩阵中各元素如下：

$$\Phi(\xi,z)_{4\times 4} = \begin{bmatrix} \Phi_{11} & \Phi_{12} & \Phi_{13} & \Phi_{14} \\ \Phi_{21} & \Phi_{22} & \Phi_{23} & \Phi_{24} \\ \Phi_{31} & \Phi_{32} & \Phi_{33} & \Phi_{34} \\ \Phi_{41} & \Phi_{42} & \Phi_{43} & \Phi_{44} \end{bmatrix} \qquad\qquad (2\text{-}4\text{-}8)$$

式中，$\Phi_{11} = ch\xi z + \dfrac{\xi z}{2(1-\nu)} sh\xi z$，$\Phi_{12} = \dfrac{1}{2(1-\nu)}[(1-2\nu)sh\xi z + \xi z ch\xi z]$，

$\Phi_{13} = \dfrac{1+\nu}{2(1-\nu)E\xi}[(3-4\nu)sh\xi z + \xi z ch\xi z]$，$\Phi_{14} = \dfrac{1+\nu}{2(1-\nu)E} z sh\xi z$，

$\Phi_{21} = \dfrac{1}{2(1-\nu)}[(1-2\nu)sh\xi z - \xi z ch\xi z]$，$\Phi_{22} = ch\xi z - \dfrac{\xi z}{2(1-\nu)} sh\xi z$，$\Phi_{23} = -\Phi_{14}$，

$\Phi_{24} = \dfrac{1+\nu}{2(1-\nu)E\xi}[(3-4\nu)sh\xi z - \xi z ch\xi z]$，$\Phi_{31} = \dfrac{E\xi}{2(1-\nu^2)}(sh\xi z + \xi z ch\xi z)$，

$\Phi_{32} = \dfrac{E\xi}{2(1-\nu^2)} \xi z sh\xi z$，$\Phi_{33} = -\Phi_{22}$，$\Phi_{34} = \dfrac{-1}{2(1-\nu)}[(1-2\nu)sh\xi z - \xi z ch\xi z]$，

$\Phi_{41} = -\Phi_{32}$，$\Phi_{42} = \dfrac{E\xi}{2(1-\nu^2)}(sh\xi z - \xi z ch\xi z)$，$\Phi_{43} = \dfrac{-1}{2(1-\nu)}[(1-2\nu)sh\xi z + \xi z ch\xi z]$，$\Phi_{44} = ch\xi z - \dfrac{\xi z}{2(1-\nu)} sh\xi z$。

对于 N 层土组成的地基，如图 2-4-2 所示，把式（2-4-8）应用于每层土中，荷载作

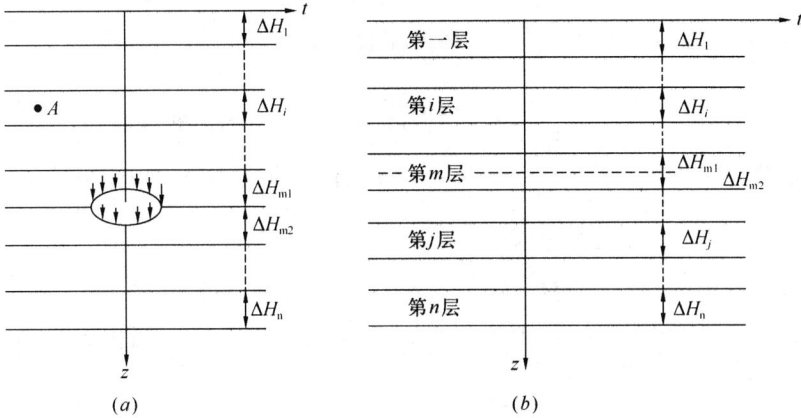

图 2-4-2　土层分布示意图

用面也作为分界面，因为应力产生了突变，存在如下关系式[25]，

$$
\left.
\begin{aligned}
\widetilde{G}(\xi, H_1^-) &= \Phi(\xi, \Delta H_1)\, \widetilde{G}(\xi, 0) \\
&\vdots \\
\widetilde{G}(\xi, H_{m1}^-) &= \Phi(\xi, \Delta H_{m1})\, \widetilde{G}(\xi, H_{m-1}^+) \\
\widetilde{G}(\xi, H_m^-) &= \Phi(\xi, \Delta H_{m2})\, \widetilde{G}(\xi, H_{m1}^+) \\
&\vdots \\
\widetilde{G}(\xi, H_n^-) &= \Phi(\xi, \Delta H_n)\, \widetilde{G}(\xi, H_{n-1}^+)
\end{aligned}
\right\}
\tag{2-4-9}
$$

式中，$\Delta H_{m1} = H_{m1} - H_{m-1}$，$\Delta H_{m2} = H_m - H_{m1}$，$H_{m1}$ 为荷载作用面至地表的距离。式（2-4-9）为位移和应力向量由上而下进行传递的表达式。

由于 $\Phi^{-1}(\xi, z)_{4\times 4} = \Phi(\xi, -z)_{4\times 4}$，因此根据第 N 层的位移和应力向量，通过传递矩阵，可以由下而上进行传递求解。

$$
\left.
\begin{aligned}
\widetilde{G}(\xi, 0) &= \Phi(\xi, -\Delta H_1)\, \widetilde{G}(\xi, H_1^-) \\
&\vdots \\
\widetilde{G}(\xi, H_{m-1}^+) &= \Phi(\xi, -\Delta H_{m1})\, \widetilde{G}(\xi, H_{m1}^-) \\
\widetilde{G}(\xi, H_{m1}^+) &= \Phi(\xi, -\Delta H_{m2})\, \widetilde{G}(\xi, H_m^-) \\
&\vdots \\
\widetilde{G}(\xi, H_{n-1}^+) &= \Phi(\xi, -\Delta H_n)\, \widetilde{G}(\xi, H_n^-)
\end{aligned}
\right\}
\tag{2-4-10}
$$

在土体性质不同的分解面上存在如下关系，

$$
\widetilde{G}(\xi, H_k^+) = \widetilde{G}(\xi, H_k^-)
\tag{2-4-11}
$$

在荷载作用分解面上存在如下关系，

$$
\widetilde{G}(\xi, H_{m1}^+) = \widetilde{G}(\xi, H_{m1}^-) - \{p\}_{4\times 1}
\tag{2-4-12}
$$

$$
式中，\{p\} = \begin{Bmatrix} 0 \\ 0 \\ 0 \\ P \end{Bmatrix}，P = \begin{cases} \dfrac{1}{2\pi} & 集中荷载 \\[3mm] \dfrac{J_0(\xi r_0)}{2\pi} & 环形荷载。\\[3mm] \dfrac{J_1(\xi r_0)}{\pi r_0 \xi} & 圆形荷载 \end{cases}
$$

对于荷载作用平面以上第 i 层土体深度 z 处的位移和应力分量可由下式得出，

$$
\widetilde{G}(\xi,z) = [a_{ij}]_{4\times4}\, \widetilde{G}(\xi,0) \tag{2-4-13}
$$

式中，$[a_{ij}]_{4\times4} = \widetilde{G}(\xi,z-H_{i-1})\,\widetilde{G}(\xi,\Delta H_{i-1})\cdots\widetilde{G}(\xi,\Delta H_1)$。

对于荷载作用平面以下第 i 层土体深度 z 处的位移和应力分量可由下式得出，

$$
\widetilde{G}(\xi,z) = [b_{ij}]_{4\times4}\, \widetilde{G}(\xi,H_n) \tag{2-4-14}
$$

式中，$[b_{ij}]_{4\times4} = \widetilde{G}(\xi,z-H_i)\,\widetilde{G}(\xi,-\Delta H_{i+1})\cdots\widetilde{G}(\xi,-\Delta H_n)$

边界条件包括两类，一类是固定边界条件，一类是弹性边界条件。对于固定边界条件，

$$
\widetilde{u}(\xi,H_n) = \widetilde{w}(\xi,H_n) = 0 \tag{2-4-15}
$$

根据式 (2-4-12) 和式 (2-4-13) 得出，

$$
\widetilde{G}(\xi,H_n^-) = [f_{ij}]_{4\times4}\, \widetilde{G}(\xi,0) - [S_{ij}]_{4\times4}\{p\}_{4\times1} \tag{2-4-16}
$$

式中，$[f_{ij}]_{4\times4} = \widetilde{G}(\xi,\Delta H_n)\,\widetilde{G}(\xi,\Delta H_{n-1})\cdots\widetilde{G}(\xi,\Delta H_1)$，$[s_{ij}]_{4\times4} = \widetilde{G}(\xi,\Delta H_n)\,\widetilde{G}(\xi,\Delta H_{n-1})\cdots\widetilde{G}(\xi,\Delta H_{m2})$。

由于地表应力为已知，因此式 (2-4-16) 右边仅有 2 个未知量 $\widetilde{u}(\xi,0)$ 和 $\widetilde{w}(\xi,0)$，只需要利用 2 个方程便可以求解。而式 (2-4-15) 提供了 2 个关系式，从而可以得出[15]，

$$
\widetilde{u}(\xi,0) = \frac{1}{2\pi}\frac{f_{22}s_{14} - f_{12}f_{24}}{f_{12}f_{21} + f_{11}f_{22}} \tag{2-4-17}
$$

$$
\widetilde{w}(\xi,0) = \frac{1}{2\pi}\frac{f_{21}s_{14} - f_{11}f_{24}}{f_{12}f_{21} - f_{11}f_{22}} \tag{2-4-18}
$$

对于桩侧摩阻力模拟，取桩半径 r_0，侧摩阻力简化为沿半径圆环分布的线荷载，线荷载合力为单位荷载，通过积分运算和 Hankel 反演，半径 r 深度 z 处土体在桩侧摩阻力作用下的竖向位移为[27]，

$$
w(r,z) = \frac{1}{2\pi}\int_0^\infty \xi\left[a_{21}\frac{f_{22}s_{14} - f_{12}f_{24}}{f_{12}f_{21} + f_{11}f_{22}} + a_{22}\frac{f_{21}s_{14} - f_{11}f_{24}}{f_{12}f_{21} - f_{11}f_{22}}\right]J_0(\xi r_0)J_0(\xi r)\mathrm{d}\xi \tag{2-4-19}
$$

对于桩端荷载，简化为均匀分布的圆形面荷载，半径 r 深度 z 处土体在桩端荷载作用下的竖向位移为，

$$
w(r,z) = \frac{1}{\pi r_0}\int_0^\infty \xi\left[a_{21}\frac{f_{22}s_{14} - f_{12}f_{24}}{f_{12}f_{21} + f_{11}f_{22}} + a_{22}\frac{f_{21}s_{14} - f_{11}f_{24}}{f_{12}f_{21} - f_{11}f_{22}}\right]J_1(\xi r_0)J_0(\xi r)\mathrm{d}\xi \tag{2-4-20}
$$

式 (2-4-19) 和式 (2-4-20) 的积分项中含有 $\mathrm{e}^{\xi\Delta H_i}$ 的乘积项，当 ξ 增大时，这些项将

迅速增大，直接进行数值积分较困难，可采用文献［26］推荐的处理方法来进行积分运算。

（2）土体的位移方程

沿桩身分布的桩侧摩阻力可用均匀分布在桩各单元圆周上的线荷载来代替，对于任意的土单元 i，其在土单元 j 作用力下的竖向位移可表达为，

$$\rho_{sij} = I_{ij} p_j \tag{2-4-21}$$

式中 I_{ij} 为 j 单元作用单位作用力时，对 i 单元的竖向位移影响系数，由式（2-4-19）给出。

桩端阻力可用均匀分布的圆形面荷载来代替，对于任意的土单元 i，其在桩端荷载作用力下的竖向位移可表达为，

$$\rho_{sib} = I_{ib} p_b \tag{2-4-22}$$

式中，I_{ib} 为桩底作用单位均布力时，对 i 单元的竖向位移影响系数，由式（2-4-20）给出。

全部 n 个单元的桩侧及桩底阻力对 i 单元处土的总位移为，

$$\rho_{si} = \sum_{j=1}^{n} I_{ij} p_j + I_{ib} p_b \tag{2-4-23}$$

同样对于桩底也可以写出类似的表达式。所有的单元对桩底土产生的位移为，

$$\rho_{sb} = \sum_{j=1}^{n} I_{bj} p_j + I_{bb} p_b \tag{2-4-24}$$

式中，I_{bj} 为 j 单元作用单位作用力时，对桩底的位移影响系数。

从而土体的位移方程可方便地写出，

$$\{\rho_s\}_{(n+1)\times 1} = [I_s]_{(n+1)(n+1)} \{p\}_{(n+1)\times 1} \tag{2-4-25}$$

式中　　$\{\rho_s\}$——土体的位移矩阵；

　　　　$\{p\}$——桩侧、桩端阻力荷载列阵；

　　　　$[I_s]$——为土体竖向位移柔度矩阵。

（3）桩身位移方程

Poulos 在分析桩身的过程中，采用了等间距的差分格式，这要求桩身的分段长度必须相等。而分层土中土层厚度一般不同，难以采用长度相等的单元，为此采用矩阵位移方法进行求解。对于第 i 个桩单元的刚度矩阵为，

$$[K_p]_i = \frac{E_p A_i}{\Delta l_i} \begin{bmatrix} 1 & -1 \\ -1 & 1 \end{bmatrix} \tag{2-4-26}$$

该单元的两个节点分别为第 i 节点和第 $i+1$ 个节点，这两个节点至桩顶的距离分别为 l_i 和 l_{i+1}，单元长度为 $\Delta l_i = l_{i+1} - l_i$，$E_p$ 为桩的弹性模量，A_i 为该单元的桩身横截面积。

桩顶作用外荷载 P_0 时，根据有限单元法的基本原理，对整根桩可以得出如下的节点力和位移的方程组，

$$[K_p]\{\rho_p\} = \{P_t\} - \{p\} \tag{2-4-27}$$

式中　　$\{P_t\}$——外荷载列向量，$\{P_t\} = \{P_0, 0, \cdots, 0\}^T$；

$\{p\}$——桩节点集中摩阻力列向量，包括桩端阻力，$\{p\} = \{p_1, p_2, \cdots p_n, p_b\}^T$；

$\{\rho_p\}$——桩段各节点的位移列向量，$\{\rho_p\} = \{\rho_1, \rho_2, \cdots, \rho_n, \rho_b\}^T$。

（4）单桩分析的位移法方程

根据桩与桩侧土之间的变形协调条件，可得如下的方程组，

$$\{\rho_p\} = \{\rho_s\} = \{\rho\} \tag{2-4-28}$$

由土体的位移方程（式（2-4-25））可得，

$$\{p\} = [I_s]^{-1}\{\rho_s\} = [K_s]\{\rho\} \tag{2-4-29}$$

式中，$[K_s]$ 为土体刚度矩阵，将式（2-4-29）代入式（2-4-27）可得，

$$([K_p] + [K_s])\{\rho\} = \{p\} \tag{2-4-30}$$

该式即为求解单桩的位移法方程。求出桩身位移后，根据式（2-4-29）或式（2-4-25）求得桩侧摩阻力和桩端阻力大小。

三、荷载传递法

（一）荷载传递法的基本原理

荷载传递法是目前应用最为广泛的简化方法，该方法的基本思想是把桩划分为许多弹性单元，每一单元与土体之间用非线性弹簧联系（图2-4-3（a）），以模拟桩-土间的荷载传递关系。桩端处土也用非线性弹簧与桩端联系，这些非线性弹簧的应力—应变关系，即表示桩侧摩阻力 τ（或桩端抗力 σ）与剪切位移 S 间的关系，这一关系一般就称作为传递函数。

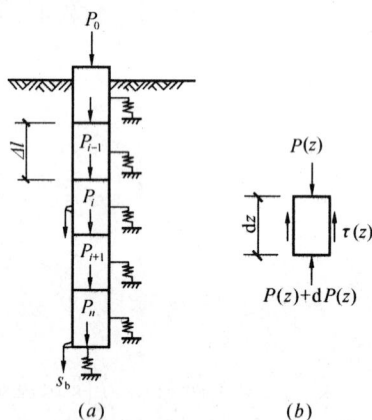

荷载传递法的关键在于建立一种真实反映桩土界面侧摩阻力和剪切位移的传递函数（即 $\tau(z) - S(z)$ 函数）。传递函数的建立一般有两种途径：一是通过现场测量拟合；二是根据一定的经验及机理分析，探求具有广泛适用性的理论传递函数。目前主要应用后者来确定荷载传递函数。

图 2-4-3　桩的计算模式

（二）荷载传递法的研究

Kezdi（1957）以指数函数作为传递函数对刚性桩进行了分析，对柔性桩，采用了级数法求解。

佐腾悟（1965）提出了线弹性全塑性传递函数，并在公式中考虑了多层地基和桩出露地面的情况。

Vijayvergiya（1977）采用抛物线为传递函数。

考虑到桩周土体在受荷过程中的非线性，Gardner（1975）、Kraft（1981）分别提出了两种表达形式不同的双曲线形式的传递函数。

潘时声（1993）根据实际工程地质勘测报告提供的桩侧土极限摩阻力和桩端土极限阻力，也提出了一种双曲线函数来模拟传递函数。

陈龙珠（1994）采用双折线硬化模型，分析了桩周和桩底土特性参数对荷载-沉降曲线形状的影响。

王旭东（1994）对 Kraft 的函数进行了修正，引入了一个控制性状的参数 M_f。

陈明中（2000）用三折线模型作为传递函数，考虑了土体强度随深度增长的特性，推导了单桩荷载-沉降关系的近似解析解。

Guo（2001）提出了一种弹脆塑性模型，以考虑桩周土体的软化性状，这也是三折线模型中的一种。

辛公锋、喻君、张忠苗等（2003）也提出了一个考虑桩侧土软化的三折线模型。

刘杰（2003，2004）则针对侧阻软化情况，用矩阵传递法推导了单桩在均质土和成层土中荷载沉降关系的解析解。

赵明华等人（2005）提出了一个侧阻统一三折线模型，能够考虑侧阻的非线性弹塑性，理想弹塑性以及侧阻软化情况，并用于单桩承载力研究。

（三）荷载传递法的假设条件

荷载传递法把桩沿桩长方向离散成若干单元，假定桩体中任意一点的位移只与该点的桩侧摩阻力有关，用独立的线性或非线性弹簧来模拟土体与桩体单元之间的相互作用。该方法是由 Seed（1957）提出的。

（四）荷载传递法本构关系的建立

为了推导传递函数法的基本微分方程，首先根据桩上任一单元体的静力平衡条件得到（图 2-4-3（b））：

$$\frac{\mathrm{d}P(z)}{\mathrm{d}z} = -U\tau(z) \qquad (2\text{-}4\text{-}31)$$

式中 U——桩截面周长。

桩单元体产生的弹性压缩 $\mathrm{d}s$ 为：

$$\mathrm{d}s = -\frac{P(z)\mathrm{d}z}{A_p E_p} \qquad (2\text{-}4\text{-}32)$$

或

$$\frac{\mathrm{d}s}{\mathrm{d}z} = -\frac{P(z)}{A_p E_p} \qquad (2\text{-}4\text{-}33)$$

式中 A_p、E_p——桩的截面积及弹性模量。

将式（2-4-32）求导，并把式（2-4-31）代入得

$$\frac{\mathrm{d}^2 s}{\mathrm{d}z^2} = \frac{U}{A_p E_p}\tau(z) \qquad (2\text{-}4\text{-}34)$$

式（2-4-34）就是传递函数法的基本微分方程，它的求解取决于传递函数 $\tau(z)\text{-}s$ 的形式。

常见的荷载传递函数形式如图 2-4-4 所示。

目前荷载传递法的求解有三种方法：解析法（analytical method），变形协调法（deformation compatibility method）和矩阵位移法（matrix displacement method）。

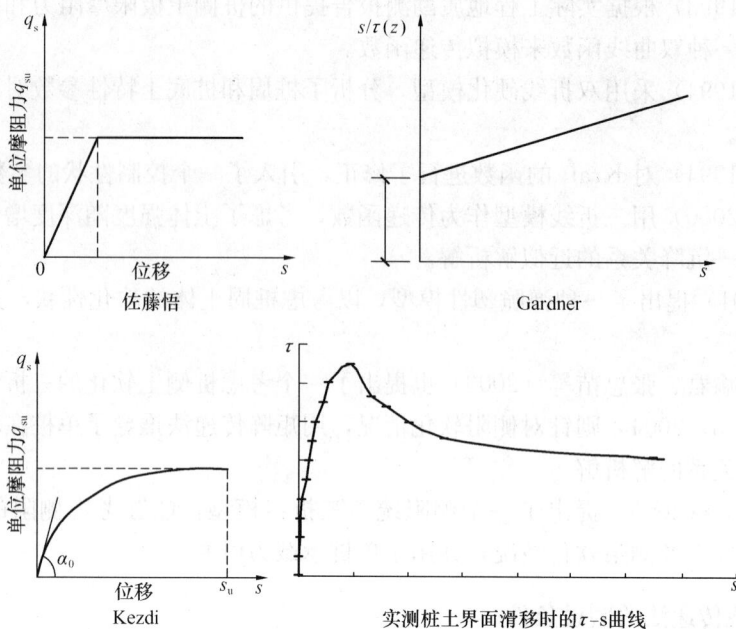

图 2-4-4　传递函数的几种形式

解析法由 Kezdi（1957）、佐滕悟（1965）等提出，把传递函数简化假定为某种曲线方程，然后直接求解。Coyle（1966）提出了迭代求解的位移协调法，曹汉志（1986）提出了桩尖位移等值法，这两种变形协调方法可以很方便地考虑土体的分层性和非线性，因此应用比较广泛。矩阵位移法（费勤发，1983）实质上是杆件系统的有限单元法。

（五）利用实测传递函数的位移协调计算

荷载传递法的位移协调法解法（Seed 和 Reese，1957）是应用实测的传递函数来计算

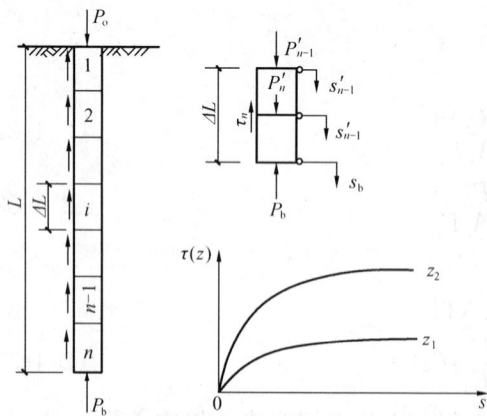

图 2-4-5　位移协调法

p-s 曲线，因此不能直接求解微分方程（2-4-34）。这时可采用位移协调法求解，将桩划分成许多单元体，考虑每个单元的内力与位移协调关系，求解桩的荷载传递及沉降量，其计算步骤如下：

（1）已知桩长 L、桩截面积 A_p、桩弹性模量 E_p，以及实测的桩侧传递函数曲线，如图 2-4-5 所示。

（2）将桩分成 n 个单元，每单元长 ΔL $=L/n$，见图 2-4-5，n 的大小取决于要求的计算精度，D'Appolonia 和 Thurman（1965）指出，当 $n=10$ 时一般可满足实用要求。

（3）先假定桩端处单元 n 底面产生位移 S_b，从实测桩端处的传递函数曲线中求得相应于 S_b 时的桩侧摩阻力 τ_b 值。Seed 和 Reese（1957）建议桩端处桩的轴向力 P_b 值，可用一般虚拟的桩长 ΔL_p 的摩阻力来表示，即

$$P_b = U\Delta L_p \tau_b \tag{2-4-35}$$

式中　ΔL_p——虚拟的桩端换算长度。

上述计算 P_b 的公式是很粗略的，ΔL_p 的确定也较困难。因此，Coyle 和 Reese（1966）建议 P_b 按 Skempton 的地基承载力公式计算，Gardner（1975）建议 P_b 可按 Mindlin 公式计算，也可用 $P_b = k_b A_b s_b$（k_b 和 A_b 为桩端处的地基反力系数和桩截面积）。

（4）假定第 n 单元桩中点截面处的位移为 s_n'（一般可假定 s_n' 等于或略大于 s_b），然后从实测的传递函数（τs）曲线上，求得相应于 s_n' 时的桩侧摩阻力 τ_n 值。

（5）求第 n 单元桩顶面处轴向力 $P_{n-1} = P_b + \tau_n U\Delta L$。

（6）求第 n 单元桩中央截面处桩的位移 $s_n' = s_b + \Delta$，式中 Δ 为第 n 单元下半段桩的弹性压缩量，即 $\Delta = \dfrac{1}{4}(P_b + P_n')\dfrac{\Delta L}{A_p E_p}$，$P_n'$ 为第 n 单元桩中央截面处桩的轴向力，见图 2-4-5，即 $P_n' = \dfrac{1}{2}(P_b + P_{n-1})$。

（7）校核求得的 s_n' 值与假定值是否相符，若不符则重新假定 s_n' 值，直到计算值与假定值一致为止。由此求得 P_b、P_{n-1}、s_n' 和 τ_n 值。

（8）再向上推移一个单元桩段，按上述步骤计算第 $n-1$ 单元桩，求得 P_{n-2}、s_{n-1}' 及 τ_{n-1} 值。依此逐个向上推移，直到桩顶第一单元，即可求桩顶荷载 P_0 及相应的桩顶沉降量 S_0 值。

（9）重新假定不同的桩端位移，重复上述（4）至（8）步骤，求得一系列相应的 $P(z)$ 分布图，及相应的 $\tau(z)$-z 分布图，最后还可得到桩的 P_0-s_0 曲线。

四、剪切位移法

（一）剪切位移法的基本原理

剪切位移法是假定受荷桩身周围土体以承受剪切变形为主，桩土之间没有相对位移，将桩土视为理想的同心圆柱体，剪应力传递引起周围土体沉降，由此得到桩土体系的受力和变形的一种方法。

Cooke（1974）通过在摩擦桩周用水平测斜计量测桩周土体的竖向位移，发现在一定的半径范围内土体的竖向位移分布呈漏斗状的曲线。当桩顶荷载小于 30% 极限荷载时，大部分桩侧摩阻力由桩周土以剪应力沿径向向外传递，传到桩尖的力很小，桩尖以下土的固结变形是很小的，故桩端沉降 s_b 是不大的。据此 Cooke 认为评定单独摩擦桩的沉降时，可以假设沉降只与桩侧土的剪切变形有关。

图 2-4-6 所示为单桩周围土体剪切变形的模式，在桩土体系中任一高程平面，分析沿桩侧的环形单元 ABCD，桩受荷前 ABCD 位于水平面位置，桩受荷发生沉降后，单元 ABCD 随之

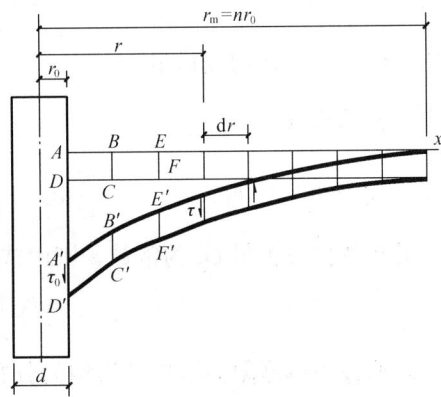

图 2-4-6　剪切变形传递法桩身荷载传递模型

发生位移，并发生剪切变形，成为 $A'B'C'D'$，并将剪应力传递给邻近单元 $B'E'C'F'$，这个传递过程连续地沿径向往外传递，传递到 x 点距桩中心轴为 $r_m = nr_0$ 处，在 x 点处剪应变已很小可忽略不计。假设所发生的剪应变为弹性性质，即剪应力与剪应变成正比关系。

(二) 剪切位移法的研究

Rondolph（1978）进一步发展了该方法，使之可以考虑可压缩性桩，并且可以考虑桩长范围内轴向位移和荷载分布情况，并将单桩解析解推广至群桩。

Kraft（1981）考虑了土体的非线性性状，将 Rondolph 的单桩解推广至土体非线性情况。

Chow（1986）将 Kraft 的解推广至群桩分析。

王启铜（1991）将 Rondolph 的单桩解从均质地基推广到成层地基，并考虑了桩端扩大的情况。

宰金珉（1993，1996）将剪切位移法推广到塑性阶段，从而得到桩周土非线性位移场解析解表达式。在该基础上，与层状介质的有限层法和结构的有限元法联合运用，给出群桩与土和承台非线性共同作用分析的半解析半数值方法。

剪切位移法可以给出桩周土体的位移变化场，因此通过叠加方法可以考虑群桩的共同作用，这较有限元法和弹性理论法简单。但假定桩土之间没有相对位移，桩侧土体上下层之间没有相互作用，这些与实际工程桩工作特性并不相符。

(三) 剪切位移法的假设条件

假定桩本身的压缩很小可忽略不计，受荷桩身周围土体以承受剪切变形为主，桩土之间没有相对位移，将桩土视为理想的同心圆柱体，剪应力传递引起周围土体沉降。

(四) 剪切位移法本构关系的建立与求解

根据上述剪应力传递概念，可求得距桩轴 r 处土单元的剪应变为 $\gamma = \dfrac{\mathrm{d}s}{\mathrm{d}r}$，其剪应力 τ 为：

$$\tau = G_s \gamma = G_s \frac{\mathrm{d}s}{\mathrm{d}r} \tag{2-4-36}$$

式中 G_s——土的剪变模量。

根据平衡条件知

$$\tau = \tau_0 \frac{r_0}{r} \tag{2-4-37}$$

由式（2-4-36）得，

$$\mathrm{d}s = \frac{\tau}{G_s} \mathrm{d}r = \frac{\tau_0 r_0}{G_s} \frac{\mathrm{d}r}{r} \tag{2-4-38}$$

若土的剪变模量 G_s 为常数，则由式（2-4-38）可得桩侧沉降 s_s 的计算公式为：

$$s_s = \frac{\tau_0 r_0}{G_s} \int_{r_0}^{r_m} \frac{\mathrm{d}r}{r} = \frac{\tau_0 r_0}{G_s} \ln\left(\frac{r_m}{r_0}\right) \tag{2-4-39}$$

若假设桩侧摩阻力沿桩身为均匀分布，则桩顶荷载 $P_0 = 2\pi r_0 L \tau_0$，土的弹性模量 $E_s = 2G_s(1+v_s)$。当取土的泊松比 $v_s = 0.5$ 时，则 $E_s = 3G_s$，代入式（2-4-39）得桩顶沉降量 s_0 的计算公式：

$$s_0 = \frac{3}{2\pi} \frac{P_0}{LE_s} \ln\left(\frac{r_m}{r_0}\right) = \frac{P_0}{LE_s} I \tag{2-4-40}$$

其中
$$I = \frac{3}{2\pi} \ln\left(\frac{r_m}{r_0}\right) \tag{2-4-41}$$

Cooke 通过试验认为，一般当 $r_m = nr_0 > 20r_0$ 后，土的剪应变已很小可略去不计，因此，可将桩的影响半径 r_m 定为 $20r_0$。

Randolph 和 Wroth（1978）提出桩的影响半径 $r_m = 2.5L\rho(1-\upsilon_s)$，其中 ρ 为不均匀系数，表示桩入土深度 $1/2$ 处和桩端处土的剪变模量的比值，即 $\rho = \dfrac{G_s(l/2)}{G_s(l)}$。因此，对均匀土，$\rho = 1$，对 Gibson 土，$\rho = 0.5$。在上述确定影响半径的两种经验方法中，Cooke 提出 r_m 只与桩径有关，比较简单，而 Randolph 等提出 r_m 与桩长及土层性质有关，比较合理。

上述 Cooke 提出的单桩沉降计算公式（2-4-39）和式（2-4-40），由于忽略了桩端处的荷载传递作用，因此对短桩误差较大。Randolph 等提出将桩端作为刚性墩，按弹性力学方法计算桩端沉降量 s_b，即

$$s_b = \frac{P_b(1-\gamma_s)}{4r_0 G_s} \eta \tag{2-4-42}$$

式中　η——桩入土深度影响系数，一般 $\eta = 0.85 \sim 1.0$。

对于刚性桩，则根据 $P_0 = P_s + P_b$ 及 $s_0 = s_s + s_b$ 的条件，由式（2-4-39）及（2-4-42）可得

$$P_0 = P_s + P_b = \frac{2\pi L G_s}{\ln\left(\dfrac{r_m}{r_0}\right)} s_s + \frac{4r_0 G_s}{(1-\gamma_s)\eta} s_b \tag{2-4-43}$$

$$s_0 = s_s + s_b = \frac{P_0}{G_s r_0 \left[\dfrac{2\pi L}{r_0 \ln\left(\dfrac{r_m}{r_0}\right)} + \dfrac{4}{(1-\gamma_s)\eta}\right]} \tag{2-4-44}$$

五、路桥桩基简化方法

根据当地的特定地质条件和桩长、桩型、荷载等，经过对工程实测资料的统计分析可得出估算单桩沉降的经验公式。由于受具体工程条件限制，经验公式虽然具有局限性，不能普遍采用，但经验法在当地很有用处，可以比较准确估计单桩沉降，并对其他地区亦可做比较与参考。

将桩视为承受压力的杆件，其桩顶沉降 s_0 由桩端沉降 s_b 与桩身压缩量 s_s 组成，且侧阻与端阻对 s_b、s_s 均有影响。根据简化方法的不同和考虑角度的不同，有不同的单桩沉降简化计算方法。下式是我国《铁路桥涵设计规范》（TBJ 2—85）和《公路桥涵地基与基础设计规范》（JTJ 024—85）中计算单桩沉降 s_0 的公式。

$$s_0 = s_s + s_b = \Delta \frac{PL}{E_p A_p} + \frac{P}{C_0 A_0} \tag{2-4-45}$$

式中　P——桩顶竖向荷载；

　　L——桩长；

E_p、A_p——分别为桩弹性模量和桩截面面积；

A_0——自地面（或桩顶）以 $\phi/4$ 角扩散至桩端平面处的扩散面积；

Δ——桩侧摩阻力分布系数，对打入式或振动式沉桩的摩擦桩，$\Delta = 2/3$，对钻（挖）孔灌注摩擦桩，$\Delta = 1/2$；

C_0——桩端处土的竖向地基系数，当桩长 $L \leqslant 10\mathrm{m}$ 时，取 $C_0 = 10m_0$；当 $L > 10\mathrm{m}$ 时，取 $C_0 = Lm_0$，其中 m_0 为随深度变化的比例系数，根据桩端土的类型从表 2-4-2 查取。

土的 m_0 值   表 2-4-2

土 的 名 称	土的 m_0 值（kN/m^4）
流塑黏性土，$I_L > 1$，淤泥	1000～2000
软塑黏性土，$1 > I_L > 0.5$，粉砂	2000～4000
硬塑黏性土，$0.5 > I_L > 0$，细砂、中砂	4000～6000
半干硬性的黏性土，粗砂	6000～10000
砾砂，角砾土，碎石土，卵石土	10000～20000

六、单桩沉降计算的分层总和法

单桩沉降分层总和法计算公式如下：

$$s = \sum_{i=1}^{n} \frac{\sigma_{zi} \cdot \Delta Z_i}{E_{si}} \qquad (2\text{-}4\text{-}46)$$

假设单桩的沉降主要由桩端以下土层的压缩组成，桩侧摩阻力以 $\dfrac{\overline{\phi}}{4}$ 扩散角向下扩散，扩散到桩端平面处用一等代的扩展基础代替，扩展基础的计算面积为 A_e（图 2-4-7）。

$$A_e = \frac{\pi}{4}\left(d + 2l\tan\frac{\overline{\phi}}{4}\right)^2 \qquad (2\text{-}4\text{-}47)$$

式中 $\overline{\phi}$——桩侧各层土内摩擦角的加权平均值。

在扩展基础底面的附加压力 σ_0 为：

$$\sigma_0 = \frac{F + G}{A_e} - \overline{\gamma} \cdot l \qquad (2\text{-}4\text{-}48)$$

式中 F——桩顶设计荷载；

G——桩土自重；

$\overline{\gamma}$——桩底平面以上各层土有效重度的加权平均值；

l——桩的入土深度。

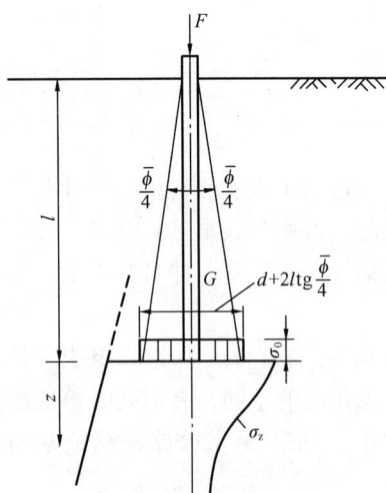

图 2-4-7 单桩沉降的分层总和法简图

在扩展基础底面以下土中的附加应力 σ_z 分布可以根据基础底面附加应力 σ_0，并用 Boussinesq 解查规范附加应力系数表确定，也可按 Mindlin 解确定。压缩层计算深度可按附加应力为20%自重应力确定（对软土可按10%确定)。

七、单桩的数值分析法

目前应用较为广泛和成熟的数值分析方法主要包括有限元法、边界元法和有限条分法。

(一) 单桩的有限元法

有限元法从理论上可以通过在计算中引入一系列土体本构模型,同时考虑影响桩承载变形性能的诸多因素,如土的非均质性、非线性、固结时间效应、动力效应以及桩的后续加载过程等,采用有限元还可以方便地分析桩-土-基础的共同作用性状,因此在桩基分析中得到了一定的应用 (Desai, 1974; Ottaviani, 1975; Jardine et al. 1986; Trochani, 1991; 陈晶, 2006)。用有限元法分析桩基础(包括单桩和群桩)的工作机理,并以它作为原则指导实际工程以及探索和校核工程中的实用计算简化方法,有着重要的意义。随着有限元理论的成熟和计算机硬件的发展,开发了众多的商业通用有限元软件,如ABAQUS, ANSYS, MARC, ADINA, PLAXIS 等。

(二) 边界元法

边界元法亦称积分方程法,即把区域问题转化为边界问题求解的一种离散方法,即将筏板地基中的桩进行离散化分析。Banerjee (1969, 1976, 1978)、Butterfield (1970, 1971)、Wolf (1983) 先后用边界元法对单桩和群桩进行了分析。

单纯的边界元法假设桩土界面位移协调,没有考虑桩土界面土的屈服滑移,与实际工程有一定差距。Sinha (1996) 提出了一种完整的边界元法,把桩离散用边界元法分析,用薄板有限元法分析筏板,土被假定为均质弹性体,引入了土的滑移现象,以分析土体的膨胀或固结效应。目前边界元法由于计算难度大,应用不广。

(三) 有限条分法

有限条分法首先用于分析上部结构,并取得成功。Cheung (1976) 首先提出将有限条分法用于单桩分析,以分析层状地基中单桩的特性。随后 Guo (1987) 将有限条分法发展成为无限层法,分析了层状地基中的桩基础,能更有效地求解层状地基中桩与土体的相互作用。王文、顾晓鲁 (1998) 进一步以三维非线性棱柱单元模拟土体,将桩土地基分割成一系列横截面为封闭或单边敞开的有界和无界棱柱单元,利用分块迭代法求解桩-土-筏体系。目前有限条分法在工程应用不广。

(四) 差分法

差分法在桩基工程中的应用主要集中在 FLAC2D 和 FLAC3D 软件的使用,该软件利用连续介质中的快速拉格朗日显式差值算法,收敛能力强。Poulos (2001) 运用 FLAC2D 和 FLAC3D 对桩筏基础进行了二维和三维分析[28],认为分析时存在两个困难,一个是接触面单元刚度的确定,另一个是计算的时间问题,特别是对于大规模群桩基础。

第五节 群桩的沉降计算

一、群桩沉降计算理论

群桩基础的沉降及其受力性状同单桩明显不同，由桩群、土和承台组成的群桩，在竖向荷载作用下，其沉降的变形性状是桩、承台、地基土之间相互影响的结果。

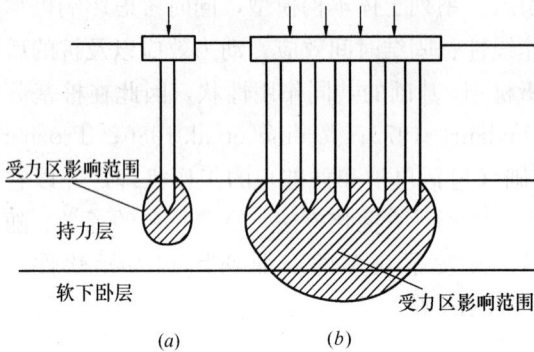

图 2-5-1 单桩与群桩下压缩层厚对比
(a) 单桩；(b) 群桩

群桩沉降是一个非常复杂的问题，涉及到众多因素，一般说来，可能包括群桩几何尺寸（如桩间距、桩长、桩数、桩基础宽度与桩长的比值等）、成桩工艺、桩基施工与流程、土的类别与性质、土层剖面的变化、荷载的大小、荷载的持续时间以及承台设置方式等。对于影响沉降的主要因素，单桩与群桩两者也不相同，前者主要受桩侧摩阻力影响，而后者（群桩）的沉降在很大程度上与桩端以下土层的压缩性有关。如图 2-5-1 所示，持力层下有软下卧层时，单桩试验承载力和变形能满足设计要求，但群桩沉降就不一定能满足设计要求，需要验算。

群桩沉降主要由桩身混凝土的压缩和桩端下卧层的压缩组成。这两种变形所占群桩的沉降的比例同土质条件、桩距大小、荷载水平、成桩工艺（挤土桩与非挤土桩）以及承台的设置方式（高、低承台）等因素有密切关系。

目前在工程中的沉降计算方法大多都只考虑桩端下卧层的压缩，并加以修正得出群桩沉降量。

当前的群桩沉降方法主要有等代墩基（实体深基础）法、明德林-盖得斯法、建筑地基基础设计规范法、浙江大学修正地基基础设计规范法、建筑桩基技术规范方法等，各种方法的假定条件及优缺点见表 2-5-1。

群桩沉降计算方法模型比较 表 2-5-1

群桩沉降计算方法	假 定 条 件	优 点	缺 点
等代墩基法	（1）不考虑桩间土压缩变形对桩基沉降的影响，即假定实体基础底面在桩端平面处； （2）如果考虑侧面摩阻力的扩散作用，则按 $\varphi/4$ 角度向下扩散； （3）桩端以下地基土的附加应力按 Boussinesq 解确定	计算方法简便	没有考虑桩间土的压缩变形，计算桩端以下地基土中的附加应力时，采用 Boussinesq 解，这与工程中桩基础埋深较大的实际情况不甚符合

群桩沉降计算方法	假 定 条 件	优 点	缺 点
明 德 林-盖得斯法	(1) 假定承台是柔性的； (2) 桩群中各桩承受的荷载相等； (3) 桩端平面以下土中的附加应力按明德林—盖得斯解分布； (4) 各层土的压缩量按分层总和法计算	由于盖得斯应力解比布西奈斯克解更符合桩基础的实际，因此按明德林—盖得斯法计算桩基沉降较为合理	计算过程较为复杂，需计算机程序进行
建筑地基基础设计规范法	(1) 实体基础底面在桩端平面处，只计算桩端以下地基土的压缩变形，不考虑桩间土对桩基沉降的影响； (2) 桩端以下地基土中的附加应力采用 Boussinesq 解； (3) 考虑侧向摩阻力的扩散作用，通过沉降经验系数修正	考虑应力扩散作用，计算简单明了	未考虑桩间土的压缩变形，不能反映桩距、桩数等因素的变化对桩端平面以下地基土中的附加应力的影响，计算厚度较大，计算结果有可能偏大
考虑桩身压缩的沉降计算方法	(1) 考虑桩身压缩，用弹性理论计算压缩量 s_s。 (2) 实体基础底面在桩端平面处，只计算桩端以下地基土的压缩变形 s_b； (3) 根据端承桩、摩擦桩和桩端平面下有软下卧层三种情况分别考虑不同的应力扩散方法和计算压缩层深度	考虑了桩身压缩量，根据端承桩、摩擦桩和桩端平面下有软下卧层三种情况分别考虑不同的应力扩散方法和计算压缩层深度，明确了承台计算面积范围。计算实际操作性强，方法合理	计算桩端以下地基土中的附加应力时，采用 Boussinesq 解，没有采用 Mindlin 解，需要数值方法进一步研究
建筑桩基规范法	(1) 不考虑桩基侧面应力的扩散作用； (2) 将承台视作直接作用在桩端平面，即实体基础的尺寸等同于承台尺寸，且作用在实体基础底面的附加应力也取为承台底的附加应力； (3) 引入了等效沉降系数来修正附加应力	在计算附加应力时考虑了桩距、桩径、桩长等因素，能够综合反映桩基工作性能；引入了等效沉降系数来修正附加应力，使得附加应力更加趋于 Mindlin 解；计算简单方便	没有考虑桩间土的压缩变形，直接将承台底部的附加应力当作桩端附加应力，导致压缩层厚度取值变大，最终计算结果有可能偏大

二、弹性理论法

根据第四节第二部分单桩的弹性理论法分析，在单桩分析的基础上，通过弹性理论中的叠加原理，进而推广到群桩分析中。群桩中各桩与单桩的不同在于群桩中各桩存在相互影响，也即群桩中单桩沉降不仅与该桩所受的荷载有关，而且与群桩中其他各桩在荷载作用下的变形有关系。

群桩的沉降计算原理与单桩相同，均采用 Mindlin 基本解进行，考虑到处理问题的不同，可以分为两大类，一类是 Poulos 相互作用系数法，另一类是直接求解的矩阵位移法。第一类方法更加直观，意义明确，计算量较小，并且可以通过图表等辅助进行计算；第二种方法对于大规模群桩计算需要求解大型矩阵，必须借助于计算机技术，通过编制程序进行。

通过第四节第二部分的分析可以得出，不论是均匀土体的弹性理论法还是分层土的弹性理论法，二者只是基本解的选取上存在不同，也即桩侧和桩端荷载下引起土体位移计算方法不同，但无论是土体柔度矩阵还是桩身刚度矩阵的形成，以及最终的求解过程都是相同的。群桩分析的基础是单桩分析，只是考虑到了群桩之间的相互作用影响而已。因此无论是相互作用系数方法还是矩阵位移方法都可以适用于均匀土或分层土的弹性理论分析，故在以下分析中不单独列出说明。

（一）相互作用系数法

1. 两根桩沉降分析

对于土体中单位荷载作用下的两根相同的桩，分别为桩 i 和桩 j，在单位荷载作用下桩 i 产生的沉降为 ρ_{11}，同时桩 j 在单位荷载下产生的沉降为 ρ_{22}。根据 Mindlin 弹性基本解，桩 i 在单位荷载作用下通过相互作用会使得桩 j 也产生附加沉降，沉降量为 ρ_{21}，同理，桩 j 在单位荷载下通过相互作用会使得桩 i 产生附加沉降 ρ_{12}。通过叠加原理，在单位荷载作用下的两根桩，桩 i 产生的沉降为 $\rho_{11}+\rho_{12}$，桩 j 产生的荷载为 $\rho_{21}+\rho_{22}$。当两根桩桩顶荷载不同时，两根桩的沉降可以由下式表示，

$$\begin{Bmatrix} w_1 \\ w_2 \end{Bmatrix} = \begin{bmatrix} \rho_{11} & \rho_{12} \\ \rho_{21} & \rho_{22} \end{bmatrix} \begin{Bmatrix} P_1 \\ P_2 \end{Bmatrix} \tag{2-5-1}$$

式中　w_1、w_2——桩 i、桩 j 的桩顶位移；

　　　P_1、P_2——桩 i、桩 j 的桩顶荷载。

Poulos 对于相互作用系数的定义如下：

$$\alpha_{ij} = \frac{\text{第 } j \text{ 桩单位荷载对第 } i \text{ 桩所产生的附加沉降}}{\text{第 } i \text{ 桩单位荷载作用下所产生的沉降}} = \frac{\rho_{12}}{\rho_{11}} = \frac{\rho_{21}}{\rho_{22}} \tag{2-5-2}$$

若群桩中的单桩在单位荷载下的沉降为 ρ，则式 (2-5-1) 可表示为，

$$\begin{Bmatrix} w_1 \\ w_2 \end{Bmatrix} = \rho \begin{bmatrix} \alpha_{11} & \alpha_{12} \\ \alpha_{21} & \alpha_{22} \end{bmatrix} \begin{Bmatrix} P_1 \\ P_2 \end{Bmatrix} \tag{2-5-3}$$

式中，$\alpha_{11}=\alpha_{22}=1$。

通过式 (2-5-3)，两根桩组成的群桩沉降可以通过单桩单位荷载下的沉降和相互作用系数并结合桩顶荷载来求得，也即单桩单位荷载下的沉降乘以相互作用系数矩阵组成了群桩的柔度矩阵。

2. 群桩分析

对于由 m 根桩组成的群桩基础，根据第四节第二部分单桩的弹性理论分析方法，计算单位荷载作用下单桩 i 的桩侧摩阻力分布，根据式 (2-4-4) 求得桩顶沉降 ρ_{ii}。在已求得的桩侧摩阻力分布下，运用 Mindlin 基本解的积分运算求得桩 i 的侧摩阻力对于其他桩沉降的影响，即求得第 i 桩引起的其他各桩的附加位移 ρ_{ji}（$j=1, 2, \cdots, m$，且 $j \neq i$），从而可求的位移的相互影响系数 α_{ji}（$j=1, 2, \cdots, m$）。由于群桩中各桩的几何位置往往具有一定的对称性，对于由相同桩组成的群桩可以采用对称性来减少计算量，依次对群桩中的 m 根桩分别进行上述运算，形成群桩的相互作用系数矩阵 $[\alpha]_{m \times m}$。

群桩中的各桩位移和桩顶荷载存在如下关系：

$$[w]_{m\times 1} = \rho[\alpha]_{m\times m}[P]_{m\times 1} \qquad (2\text{-}5\text{-}4)$$

式中　$[w]_{m\times 1}$——群桩桩顶位移；

$\qquad\quad \rho$——单位荷载作用下单桩位移；

$\qquad\quad [P]_{m\times 1}$——桩顶荷载。

群桩分析时仅考虑桩-土-桩相互作用，不考虑承台或底板下土体的作用。当桩顶承台为无限刚性时，各桩桩顶位移相等，但群桩中各桩桩顶反力不同；当桩顶承台为无限柔性时，各桩荷载与外荷载作用的位置和大小直接相关，在均布荷载作用下，各桩桩顶荷载相同，但桩顶位移不相等。

对于无限柔性承台，可以根据外荷载的分布情况直接计算出 $[P]_{m\times 1}$，然后根据式 (2-5-4) 进行矩阵运算直接求得桩顶位移 $[w]_{m\times 1}$。

对于无限刚性承台，存在如下关系，即 $w_1 = w_2 = \cdots w_m = w$，由于 w 值大小未知，而式（2-5-4）就包含 m 个关系式，需要补充一个关系式方能求解。由于所有桩顶荷载之和等于外荷载 $P_\text{总}$，即

$$\sum_{i=1}^{m} P_i = P_\text{总} \qquad (2\text{-}5\text{-}5)$$

根据式（2-5-4）和式（2-5-5），即满足关系式和未知数个数相同，可求得无限刚性承台下群桩的位移 w 和各桩的桩顶荷载 P_i。

（二）矩阵位移法

对于由相同的 m 根桩组成的群桩，将每根桩划分为 n 个单元，则每根桩共有 $n+1$ 个桩身位移与桩端位移变量，同样对应的侧摩阻力和端阻力变量共 $n+1$ 个，则类似于单根桩的方程式（2-5-4），可得土的位移方程为：

$$\{\rho^s\}_{m(n+1)\times 1} = [IG]_{m(n+1)\times m(n+1)} \{p\}_{m(n+1)\times 1} \qquad (2\text{-}5\text{-}6)$$

式中　$\{\rho^s\}$——群桩全部单元对应的 $m\times(n+1)$ 个土体竖向位移向量，包含桩端位移向量；

$\qquad\quad \{p\}$——$m\times(n+1)$ 个桩单元的桩侧摩阻力和桩端应力向量；

$\qquad\quad [IG]$——土体位移柔度系数的 $m\times(n+1)$ 阶方阵。

$$[IG]=\begin{bmatrix}
I_{11} & I_{12} & \cdots & I_{1n} & I_{1b} & \cdots & I_{1,m(n-1)+1} & I_{1,m(n-1)+2} & \cdots & I_{1,mn} & I_{1,mb} \\
I_{21} & I_{22} & \cdots & I_{2n} & I_{2b} & \cdots & I_{2,m(n-1)+1} & I_{2,m(n-1)+2} & \cdots & I_{2,mn} & I_{2,mb} \\
\vdots & \vdots & & \vdots & \vdots & & \vdots & \vdots & & \vdots & \vdots \\
I_{n1} & I_{n2} & \cdots & I_{nn} & I_{nb} & \cdots & I_{n,m(n-1)+1} & I_{n,m(n-1)+2} & \cdots & I_{n,mn} & I_{n,mb} \\
I_{b1} & I_{b2} & \cdots & I_{bn} & I_{bb} & \cdots & I_{b,m(n-1)+1} & I_{b,m(n-1)+2} & \cdots & I_{b,mn} & I_{b,mb} \\
\vdots & \vdots & & \vdots & \vdots & & \vdots & \vdots & & \vdots & \vdots \\
I_{(m-1)n+1,1} & I_{(m-1)n+1,2} & \cdots & I_{(m-1)n+1,n} & I_{(m-1)n+1,b} & \cdots & I_{(m-1)n+1,m(n-1)+1} & I_{(m-1)n+1,m(n-1)+2} & \cdots & I_{(m-1)n+1,mn} & I_{(m-1)n+1,mb} \\
I_{(m-1)n+2,1} & I_{(m-1)n+2,2} & \cdots & I_{(m-1)n+2,n} & I_{(m-1)n+2,b} & \cdots & I_{(m-1)n+2,m(n-1)+1} & I_{(m-1)n+2,m(n-1)+2} & \cdots & I_{(m-1)n+2,mn} & I_{(m-1)n+2,mb} \\
\vdots & \vdots & & \vdots & \vdots & & \vdots & \vdots & & \vdots & \vdots \\
I_{mn,1} & I_{mn,2} & \cdots & I_{mn,n} & I_{mn,b} & \cdots & I_{mn,m(n-1)+1} & I_{mn,m(n-1)+2} & \cdots & I_{mn,mn} & I_{mn,mb} \\
I_{mb,1} & I_{mb,2} & \cdots & I_{mb,n} & I_{mb,b} & \cdots & I_{mb,m(n-1)+1} & I_{mb,m(n-1)+2} & \cdots & I_{mb,mn} & I_{mb,mb}
\end{bmatrix}_{m(n+1)\times m(n+1)}$$

$$(2\text{-}5\text{-}7)$$

均质土群桩柔度系数求解根据式（2-4-5），由 Mindlin 基本解进行桩侧和桩端面积积

分求解。分层土群桩柔度系数求解根据式（2-4-19）和式（2-4-20）来求解。

根据矩阵运算法则，式（2-5-6）可转化为，

$$[K_s]_{m(n+1)\times m(n+1)} \{\rho^s\}_{m(n+1)\times 1} = \{p\}_{m(n+1)\times 1} \tag{2-5-8}$$

式中，$[K_s]_{m(n+1)\times m(n+1)} = [IG]^{-1}_{m(n+1)\times m(n+1)}$。

根据单桩的桩身刚度矩阵，即式（2-4-26），可以求得群桩的桩身刚度矩阵关系式如下，

$$[K_P]_{m(n+1)\times m(n+1)} \{\rho^P\}_{m(n+1)\times 1} = \{Y\}_{m(n+1)\times 1} - \{p\}_{m(n+1)\times 1} \tag{2-5-9}$$

式中，$\{\rho^P\}$ 为桩身位移列向量；$\{Y\}_{(n+1)\times 1} = \{P_{t1}, 0, \cdots, 0, P_{t2}, 0, \cdots, 0, \cdots, P_{tm}, 0, \cdots, 0\}^T_{m(n+1)\times 1}$，为群桩桩顶荷载列向量；$[K_P]$ 为群桩桩身刚度矩阵，根据式（2-4-26）进行叠加计算，表达式如下，

$$[K_P] = \begin{bmatrix} \dfrac{E_p A_1}{\Delta l_1} & -\dfrac{E_p A_1}{\Delta l_1} & & & & & & 0 \\ -\dfrac{E_p A_1}{\Delta l_1} & \dfrac{E_p A_1}{\Delta l_1} + \dfrac{E_p A_2}{\Delta l_2} & -\dfrac{E_p A_2}{\Delta l_2} & & & & \\ & -\dfrac{E_p A_2}{\Delta l_2} & \dfrac{E_p A_2}{\Delta l_2} + \dfrac{E_p A_3}{\Delta l_3} & -\dfrac{E_p A_3}{\Delta l_3} & & & \\ & & -\dfrac{E_p A_3}{\Delta l_3} & \ddots & -\dfrac{E_p A_{n-2}}{\Delta l_{n-2}} & & \\ & & & -\dfrac{E_p A_{n-2}}{\Delta l_{n-2}} & \dfrac{E_p A_{n-2}}{\Delta l_{n-2}} + \dfrac{E_p A_{n-1}}{\Delta l_{n-1}} & -\dfrac{E_p A_{n-1}}{\Delta l_{n-1}} & \\ & 0 & & & -\dfrac{E_p A_{n-1}}{\Delta l_{n-1}} & \dfrac{E_p A_{n-1}}{\Delta l_{n-1}} + \dfrac{E_p A_n}{\Delta l_n} & -\dfrac{E_p A_n}{\Delta l_n} \\ & & & & & -\dfrac{E_p A_n}{\Delta l_n} & \dfrac{E_p A_n}{\Delta l_n} \end{bmatrix} \tag{2-5-10}$$

根据桩土位移协调条件，由于群桩中桩身位移等于相邻的土体位移大小，即 $\{\rho^P\}_{m(n+1)\times 1} = \{\rho^s\}_{m(n+1)\times 1} = \{\rho\}_{m(n+1)\times 1}$，从而根据式（2-5-8）和式（2-5-9）可得到，

$$([K_P]_{m(n+1)\times m(n+1)} + [K_s]_{m(n+1)\times m(n+1)})\{\rho\}_{m(n+1)\times 1} = \{Y\}_{m(n+1)\times 1} \tag{2-5-11}$$

对于无限柔性承台群桩桩基础，可以直接求得群桩中各桩桩顶荷载的大小，带入式（2-5-11）中可以求得群桩各桩节点的位移大小。

对于无限刚性承台群桩桩基础，群桩中各桩桩顶位移相等，即 $w_1 = w_2 = \cdots w_m = w$，补充荷载关系式（2-5-5），从而可以求得群桩的桩顶位移大小和各桩的桩顶荷载。

根据上述过程求得群桩中各桩桩身位移后，进而根据式（2-5-8）求得桩侧摩阻力和桩端阻力大小。

三、等代墩基法

限于桩基础沉降变形性状的研究水平，人们目前在研究能考虑众多复杂因素的桩基础沉降计算方法。等代墩基（实体深基础）模式计算桩基础沉降是在工程实践中最广泛应用的近似方法。该模式假定桩基础如同天然地基上的实体深基础一样，在计算沉降时，等代墩基面取在桩端平面，同时考虑群桩外围侧面的扩散作用。按浅基础沉降计算方法（分层总和法）进行估计，地基内的应力分布采用 Boussinesq 解。图 2-5-2 为我国工程中常用两种等代墩基法的计算图式。这两种图式假想实体基础底面都与桩端齐平，其差别在于不考

虑或考虑群桩外围侧面剪应力的扩散作用，但两者的共同特点是都不考虑桩间土压缩变形对沉降的影响。

在我国通常采用群桩桩顶外围按 $\varphi/4$ 向下扩散与假想实体基础底平面相交的面积作为实体基础的底面积 F，以考虑群桩外围侧面剪应力的扩散作用。对于矩形桩基础，这时 F 可表示为：

$$F = A \times B = \left(a + 2L\tan\frac{\varphi}{4}\right)\left(b + 2L\tan\frac{\varphi}{4}\right) \tag{2-5-12}$$

式中　a、b——群桩桩顶外围矩形面积的长度和宽度；

　　A、B——假想实体基础底面的长度和宽度；

　　　　L——桩长；

　　　　φ——群桩侧面土层内摩擦角的加权平均值。

对于图 2-5-2 所示的两种图式，可用下列公式计算桩基沉降量 s_G：

$$s_G = \psi_s B\sigma_0 \sum_{i=1}^{n} \frac{\delta_i - \delta_{i-1}}{E_{ci}} \tag{2-5-13}$$

式中　ψ_s——经验系数，应根据各地区的经验选择；

　　B——假想实体基础底面的宽度，如不计侧面剪应力扩散作用，取 $B=b$；

　　n——基底以下压缩层范围内的分层总数目，按地质剖面图将每一种土层分成若干分层，每一分层厚度不大于 $0.4B$；压缩层的厚度计算到附加应力等于自重应力的 20% 处，附加应力中应考虑相邻基础的影响；

　　δ_i——按 Boussinesq 解计算地基土附加应力时的沉降系数；

　　E_{ci}——各分层土的压缩模量，应取用自重应力变化到总应力时的模量值；

　　σ_0——假想实体基础底面处的附加应力，即 $\sigma_0 = \dfrac{N+G}{F} - \sigma_{c0}$；

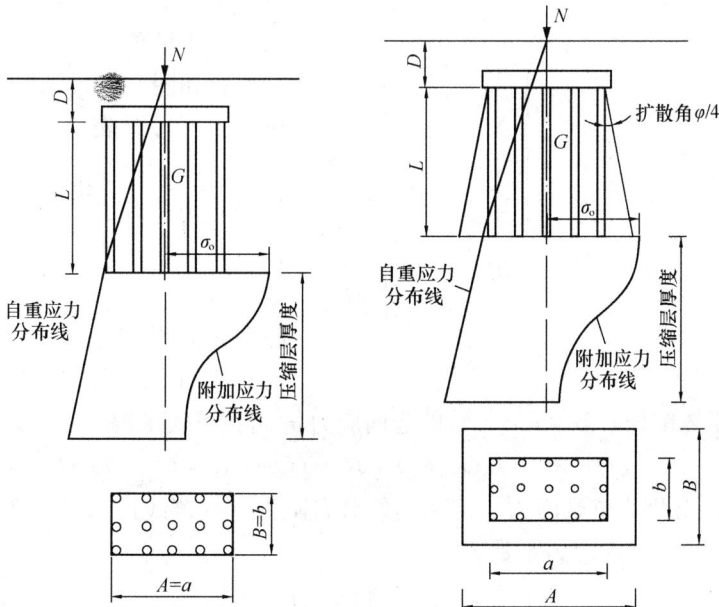

图 2-5-2　等代墩基法的计算示意图

N——作用在桩基础上的上部结构竖直荷载；

G——实体基础自重，包括承台自重和承台上土重以及承台底面至实体基础底面范围内的土重与桩重；

σ_{c0}——假想实体基底处的土自重应力。

$$s_{G} = \psi_{s} \sum_{i=1}^{n} \frac{\sigma_{zi}}{E_{ci}} H_{i} \tag{2-5-14}$$

这里 H_i 为第 i 分层的厚度，σ_{zi} 为基础底面传递给第 i 分层中心处的附加应力，其余符号同上。

从上述可以看出，在我国工程中采用等代墩基法计算桩基沉降有如下的特点：

(1) 不考虑桩间土压缩变形对桩基沉降的影响，即假想实体基础底面在桩端平面处；

(2) 如果考虑侧面摩阻力的扩散作用，则按 $\varphi/4$ 角度向下扩散；

(3) 桩端以下地基土的附加应力按 Boussinesq 解确定。

四、明德林-盖得斯法

Geddes 根据 Mindlin 提出的作用于半无限弹性体内任一点的集中力产生的应力解析解进行积分，导得了在单桩荷载作用下土体中所产生的应力公式。黄绍铭等则依据上述 Geddes 导得的单桩荷载作用下土体中竖向应力公式，采用我国工程界广泛采用的地基沉降分层总和法原理以及对桩身压缩量的计算，提出了单桩沉降简化计算方法，经过简化分析处理，单桩沉降量 s 可按下式计算：

$$s = s_{s} + s_{b} = \frac{\Delta QL}{E_{p}A_{p}} + \frac{Q}{E_{s}L} \tag{2-5-15}$$

式中 Δ——与桩侧阻力分布形式有关的系数，一般情况下 $\Delta = 1/2$；

E_s——桩端下地基土的压缩模量。

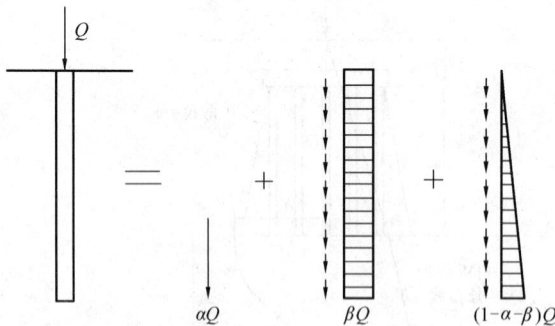

图 2-5-3 单桩荷载组成示意图

Geddes 在推导单桩荷载应力公式时，假定桩顶竖向荷载 Q 可在土中形成三种如图2-5-3所示的单桩荷载形式：以集中力形式表示的桩端阻力的荷载 $Q_b = \alpha Q$；沿深度均匀分布形式表示的桩侧阻力的荷载 $Q_u = \beta Q$ 和沿深度线性增长分布形式表示的桩侧阻力荷载 $Q_v = (1 - \alpha - \beta)Q$，$\alpha$ 和 β 分别为桩端阻力和桩侧均匀分布阻力分担桩顶竖向荷载的比例系数。在上述三种单桩荷载作用下，土体中任一点（r，z）的竖向应力 σ_z 可按下式求解：

$$\sigma_{z} = \sigma_{zb} + \sigma_{zu} + \sigma_{zv} = (Q_{b}/L^{2}) \cdot I_{b} + (Q_{u}/L^{2}) \cdot I_{u} + (Q_{v}/L^{2}) \cdot I_{v} \tag{2-5-16}$$

式中 I_b、I_u 和 I_v 分别为桩端阻力、桩侧均匀分布阻力和桩侧线性增长分布阻力荷载作用下在土体中任一点的竖向应力系数。

$$I_{b} = \frac{1}{8\pi(1-\mu)} \left\{ -\frac{(1-2\mu)(m-1)}{A^{3}} + \frac{(1-2\mu)(m-1)}{B^{3}} - \frac{3(m-1)^{3}}{A^{5}} \right.$$

$$-\frac{3(3-4\mu)m(m+1)^2-3(m+1)(5m-1)}{B^5}-\frac{30m(m+1)^3}{B^7}\Big\} \tag{2-5-17}$$

$$I_{\mathrm{u}}=\frac{1}{8\pi(1-\mu)}\Big\{\frac{2(2-\mu)}{A}+\frac{2(2-\mu)+2(1-2\mu)\dfrac{m}{n}\Big(\dfrac{m}{n}+\dfrac{1}{n}\Big)}{B}-\frac{2(1-2\mu)\Big(\dfrac{m}{n}\Big)^2}{F}$$

$$+\frac{n^2}{A^3}+\frac{4m^2-4(1+\mu)\Big(\dfrac{m}{n}\Big)^2m^2}{F^3}+\frac{4m(1+\mu)(m+1)\Big(\dfrac{m}{n}+\dfrac{1}{n}\Big)^2-(4m^2+n^2)}{B^3}$$

$$+\frac{6m^2\Big(\dfrac{m^4-n^4}{n^2}\Big)}{F^5}+\frac{6m\Big[mn^2-\dfrac{1}{n^2}(m+1)^5\Big]}{B^5}\Big\} \tag{2-5-18}$$

$$I_{\mathrm{v}}=\frac{1}{4\pi(1-\mu)}\Big\{-\frac{2(1-\mu)}{A}+\frac{2(2-\mu)(4m+1)-2(1-2\mu)\Big(\dfrac{m}{n}\Big)^2(m+1)}{B}+$$

$$-\frac{2(1-2\mu)\dfrac{m^3}{n^2}-8(2-\mu)m}{F}+\frac{mn^2+(m-1)^3}{A^3}+\frac{4\mu n^2m+4m^3-15n^2m}{B^3}$$

$$-\frac{2(5+2\mu)\Big(\dfrac{m}{n}\Big)^2(m+1)^3+(m+1)^3}{B^3}+\frac{2(7-2\mu)nn^2-6m^3+2(5+2\mu)\Big(\dfrac{m}{n}\Big)^2m^3}{F^3}$$

$$+\frac{6nn^2(n^2-m^2)+12\Big(\dfrac{m}{n}\Big)(m+1)^5}{B^5}-\frac{12\Big(\dfrac{m}{n}\Big)^2m^5+6nn^2(n^2-m^2)}{F^5}$$

$$-2(2-\mu)\ln\Big(\frac{A+m+1}{F+m}\times\frac{B+m+1}{F+m}\Big)\Big\} \tag{2-5-19}$$

式中 $n=r/l$；$m=z/l$；$F=m^2+n^2$；$A^2=n^2+(m-1)^2$；$B^2=n^2+(m+1)^2$。L、z 和 r 见图 2-5-4 所示几何尺寸，μ 为土的泊松比。

在计算群桩沉降时，将各根单桩在某点所产生的附加应力进行叠加，进而计算群桩产生的沉降。

采用 Mindlin-Geddes 法计算桩基沉降一般需要用计算机计算，在计算机已经普及的今天，计算的难度已经不是一个主要的问题，普及明德林—盖得斯法计算桩基沉降已具备了客观条件。

由于盖得斯应力解比布西奈斯克解更符合桩基础的实际，因此按明德林-盖得斯法计算桩基沉降较为合理。图 2-5-5 给出了 69 个工程分别按实体深基础法（图 2-5-5（a））和明德林—盖得斯法（图 2-5-5（b））计算的沉降与实测沉降的比较，图中纵坐标是实测沉降量，横坐标是计算沉降量，明德林—盖得斯法计算的结果分布于 45°线的两侧，表明

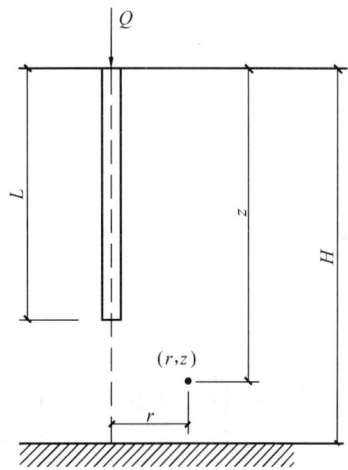

图 2-5-4 单桩荷载应力计算几何尺

从总体上两者是吻合的；而实体基础法的计算结果均偏离于 45°线，说明计算值普遍偏大。

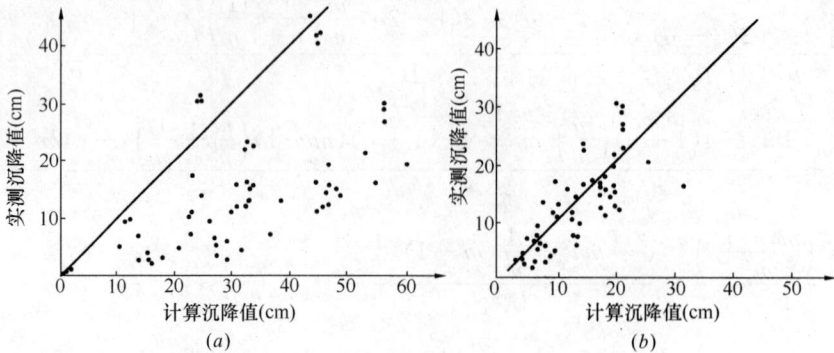

图 2-5-5 计算沉降量与实际沉降量的比较

（a）实体深基础法；（b）明德林-盖得斯法

五、建筑地基基础设计规范法

（一）地基规范计算方法的思路

地基基础设计规范采用的是传统桩基理论，在计算沉降时，假定实体深基础底面取在桩端平面处，只计算桩端以下地基土的压缩变形，不考虑桩间土对桩基沉降的影响。桩基础最终沉降量的计算采用单向压缩分层总和法。桩端以下地基土中的附加应力采用 Boussinesq 解，考虑侧向摩阻力的扩散作用，通过沉降经验系数修正。

（二）地基基础设计规范的计算公式

《建筑地基基础设计规范》（GB 50007—2002）中桩基础最终沉降量的计算采用单向压缩分层总和法理论公式为：

$$s = \psi_{\mathrm{p}} \sum_{j=1}^{m} \sum_{i=1}^{n_j} \frac{\sigma_{j,i} \Delta h_{j,i}}{E_{\mathrm{s}j,i}} \tag{2-5-20}$$

式中　s——桩基最终计算沉降量（mm）；

m——桩端平面以下压缩层范围内土层总数；

$E_{\mathrm{s}j,i}$——桩端平面下第 j 层土第 i 个分层在自重应力至自重应力加附加应力作用段的压缩模量（MPa）；

n_j——桩端平面下第 j 层土的计算分层数；

$\Delta h_{j,i}$——桩端平面下第 j 层土的第 i 个分层厚度（m）；

$\sigma_{j,i}$——桩端平面下第 j 层土第 i 个分层的竖向附加应力（kPa）；

ψ_{p}——桩基沉降计算经验系数，各地区应根据当地的工程实测资料统计对比确定，不具备条件时也可按表 2-5-2 选用。

实际计算中，按照实体深基础计算桩基础最终沉降量所用单向压缩分层总和法计算公式如下：

$$s = \psi_p \sum_{i=1}^{n} \frac{p_0}{E_{si}} (z_i \overline{\alpha}_i - z_{i-1} \overline{\alpha}_{i-1})$$

(2-5-21)

式中　z_i、z_{i-1}——桩端平面至第 i 层土、第 $i-1$ 层土底面的距离（m）；

　　　$\overline{\alpha}_i$、$\overline{\alpha}_{i-1}$——基础底面计算点按 Boussinesq 解至第 i 层土、第 $i-1$ 层土底面范围内平均附加应力系数，可按《建筑地基基础设计规范》（GB 50007—2002）附录 K 采用；

　　　E_{si}——基础底面下第 i 层土的压缩模量（MPa）；

　　　p_0——桩底平面处的附加压力（kPa），实体基础的支承面积可按图 2-5-6 计算。

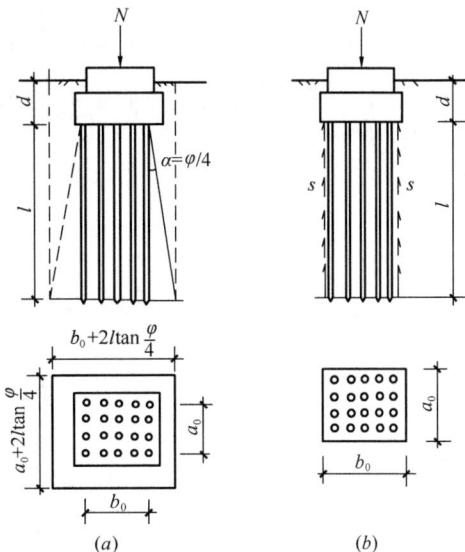

图 2-5-6　地基基础设计规范实体深基础的底面积

等代墩基法计算桩基沉降经验系数 ψ_p　　　　　　　　　　　　　　　　表 2-5-2

$\overline{E}_s$（MPa）	$\overline{E}_s < 15$	$15 \leqslant \overline{E}_s < 30$	$30 \leqslant \overline{E}_s < 40$
ψ_p	0.5	0.4	0.3

（三）地基基础设计规范中的平均附加应力系数计算

对于桩端平面以下附加应力的计算，一般有 Boussinesq 解和 Mindlin 解两种，式 (2-5-21) 是按 Boussinesq 解得到的沉降计算公式，注意 Boussinesq 解是集中力作用在桩端平面处的附加应力分布。

《建筑地基基础设计规范》（GB 50007—2002）附录 R 中也给出了桩端平面以下附加应力采用 Mindlin 解的分层总和法沉降计算公式，而 Mindlin 解是集中力作用在桩端平面以下土体内部的附加应力分布。

将各根桩在某点产生的附加应力，逐根叠加按下式计算：

$$\sigma_{j,i} = \sum_{k=1}^{n} (\sigma_{zp,k} + \sigma_{zs,k})$$

(2-5-22)

设 Q 为单桩在竖向荷载的准永久组合作用下的附加荷载，由桩端阻力 Q_p 和桩侧摩阻力 Q_s 共同承担，且 $Q_p = \alpha Q$，α 是桩端阻力比。桩的端阻力假定为集中力，桩侧摩阻力可假定为沿桩身均匀分布和沿桩身线性增长分布两种形式组成，其值分别为 βQ 和 $(1-\alpha-\beta)Q$，如图 2-5-3 所示。

第 k 根桩的端阻力在深度 z 处产生的应力：

$$\sigma_{zp,k} = \frac{\alpha Q}{l^2} I_{p,k}$$

(2-5-23)

第 k 根桩的侧摩阻力在深度 z 处产生的应力：

$$\sigma_{zs,k} = \frac{Q}{l^2}\left[\beta I_{s1,k} + (1-\alpha-\beta)I_{s2,k}\right] \tag{2-5-24}$$

对于一般摩擦型桩，可假定桩侧摩阻力全部是沿桩身线性增长的（即 $\beta=0$），则上式可简化为：

$$\sigma_{zs,k} = \frac{Q}{l^2}(1-\alpha)I_{s2,k} \tag{2-5-25}$$

式中　　　l——桩长（m）；

I_p，I_{s1}，I_{s2}——应力影响系数，这三个应力影响系数是 Geddes 根据 Mindlin 解推导得到的，亦即式（2-5-17）～式（2-5-19），可用于地基规范中计算。

将式（2-5-22）～式（2-5-25）代入式（2-5-20），得到单向压缩分层总和法按 Mindlin 解得到的桩基沉降计算公式：

$$s = \psi_p \frac{Q}{l^2}\sum_{j=1}^{m}\sum_{i=1}^{n_j}\frac{\Delta h_{j,i}}{E_{sj,i}}\sum_{k=1}^{n}\left[\alpha I_{p,k} + (1-\alpha)I_{s2,k}\right] \tag{2-5-26}$$

采用 Mindlin 公式计算桩基础最终沉降量时，竖向荷载准永久组合作用下附加荷载的桩端阻力比 α 和桩基沉降计算经验系数 ψ_p 应根据当地工程的实测资料统计确定。

在实际桩基础设计计算中，由于 Mindlin 解计算非常复杂，为了简化计算，《建筑地基基础设计规范》（GB 50007—2002）实际采用 Boussinesq 解，查附录 K 平均附加应力系数表来确定基础底面计算点至第 i 层土底面范围内平均附加应力系数 $\overline{\alpha}_i$，并用公式（2-5-21）来计算群桩沉降。

附录 K 中矩形面积上均布荷载作用下角点的平均附加应力系数 $\overline{\alpha}$ 部分值见表 2-5-3。

矩形面积上均布荷载作用下角点的平均附加应力系数 $\overline{\alpha}$ 表 2-5-3

z/b \ l/b	1.0	1.2	1.4	1.6	1.8	2.0	2.4	2.8	3.2	3.6	4.0	5.0	10.0
0.0	0.2500	0.2500	0.2500	0.2500	0.2500	0.2500	0.2500	0.2500	0.2500	0.2500	0.2500	0.2500	0.2500
0.2	0.2496	0.2497	0.2497	0.2498	0.2498	0.2498	0.2498	0.2498	0.2498	0.2498	0.2498	0.2498	0.2498
0.4	0.2474	0.2479	0.2481	0.2483	0.2483	0.2484	0.2485	0.2485	0.2485	0.2485	0.2485	0.2485	0.2485
0.6	0.2423	0.2437	0.2444	0.2448	0.2451	0.2452	0.2454	0.2455	0.2455	0.2455	0.2455	0.2455	0.2456
0.8	0.2346	0.2372	0.2387	0.2395	0.2400	0.2403	0.2407	0.2408	0.2409	0.2409	0.2410	0.2410	0.2410
1.0	0.2252	0.2291	0.2313	0.2326	0.2335	0.2340	0.2346	0.2349	0.2351	0.2352	0.2352	0.2353	0.2353
1.2	0.2149	0.2199	0.2229	0.2248	0.2260	0.2268	0.2278	0.2282	0.2285	0.2286	0.2287	0.2288	0.2289
1.4	0.2043	0.2102	0.2140	0.2164	0.2180	0.2191	0.2204	0.211	0.2215	0.2217	0.2218	0.2220	0.2221
1.6	0.1939	0.2006	0.2049	0.2079	0.2099	0.2113	0.2130	0.2138	0.2143	0.2146	0.2148	0.2150	0.2152
1.8	0.1840	0.1912	0.1960	0.1994	0.2018	0.2034	0.2055	0.2066	0.2073	0.2077	0.2079	0.2082	0.2084

注：表中 b——基础宽度（m）；l——基础长度（m）；z——计算点离基础底面垂直距离（m）。

（四）建筑地基基础规范法的特点

地基基础设计规范实体深基础法计算桩基沉降有三大特点：

（1）假想实体基础底面在桩端平面处，只计算桩端以下地基土的压缩变形，不考虑桩间土对桩基沉降的影响。

（2）实体深基础法在计算桩端以下地基土中的附加应力时，和浅基础一样，采用 Boussinesq 解，这与工程中桩基基础埋深较大的实际情况不甚符合。Boussinesq 解是竖向荷载作用在弹性半无限体表面时的理论解，用于计算桩端以下土体中的附加应力显然有点勉强；地基规范是通过沉降经验系数 ψ_p 对深度进行修正；虽然附录 R 中也给出了 Mindlin 解计算方法，但没有给出设计人员可以直接使用的计算表格。

（3）考虑墩基侧向摩阻力的扩散作用，按 $\varphi/4$ 角度向下扩散。

（4）地基规范沉降计算通过按实体深基础计算桩基沉降经验系数查表来修正计算结果。该方法把桩长部分看作一个没有变形的整体（等代墩基是刚性的），没有考虑桩身压缩的影响，无法考虑桩距、桩数等因素对桩间土压缩的影响，也不能考虑桩距、桩数等因素的变化对桩端平面以下地基土中的附加应力的影响，也就是说群桩基础中的桩数的变化丝毫不影响沉降计算的结果，因此该方法不适用于按变形控制桩基础的设计。

总之，由于荷载的不均匀性和地基土的不均匀性等原因，理论沉降计算值与实际沉降计算值尚有一定误差，要结合地区经验作出修正。

六、考虑桩身压缩的群桩沉降计算方法

规范的等代墩基法只计算桩端以下地基土的压缩变形，并未考虑桩身混凝土本身的压缩变形，浙江大学张忠苗课题组（2003）提出了一种考虑群桩桩身压缩量的群桩沉降计算方法。

群桩基础桩顶最终沉降量 s 为：

$$s = s_s + s_b = \frac{P_1 l}{EA} + \psi_p \sum_{j=1}^{m} \sum_{i=1}^{n_j} \frac{\sigma_{j,i} \Delta h_{j,i}}{E_{sj,i}} \qquad (2\text{-}5\text{-}27)$$

式中　s_s——群桩桩身弹性压缩变形量；

s_b——群桩桩端沉降量；

P_1——分配到单根的设计单桩竖向承载力特征值；

l——桩长；

E——桩体的弹性模量值；

A——桩截面积；

ψ_p——沉降经验系数，参考地基规范并用地区经验校正；

其他符号含义同前。

实际计算中，按照实体深基础计算桩基础最终沉降量所用单向压缩分层总和法计算公式如下：

$$s = \frac{P_1 l}{EA} + \psi_p \sum_{i=1}^{n} \frac{p_0}{E_{si}} (z_i \bar{\alpha}_i - z_{i-1} \bar{\alpha}_{i-1}) \qquad (2\text{-}5\text{-}28)$$

式中各符号意义同前。

桩身弹性压缩变形量 s_s 的计算按弹性理论计算，现举例计算如下：

取单桩桩径 $d = 1000\text{mm}$，设计单桩竖向承载力特征值 $N = P_1 = 5000\text{kN}$，则根据公式 $s_s = \dfrac{P_1 l}{EA}$ 可得不同混凝土强度、不同桩长的桩的弹性压缩变形量见表 2-5-4。

桩身混凝土弹性压缩量 s_s 的计算例表（mm）　　　　　表 2-5-4

桩身混凝土强度等级	桩　　长（m）						
	10	20	30	40	50	60	70
C20	2.50	5.00	7.49	9.99	12.49	14.99	17.48
C25	2.27	4.55	6.82	9.10	11.37	13.65	15.92
C30	2.12	4.25	6.37	8.49	10.62	12.74	14.86
C35	2.02	4.04	6.07	8.09	10.11	12.13	14.15
C40	1.96	3.92	5.88	7.84	9.80	11.76	13.72

群桩基础底面附加应力也采用等代墩基法计算，但具体沉降计算中作了如下处理：

1. 计算模式

(1) 当群桩为嵌入硬质岩成为完全端承且桩端下无软下卧层时，可不计算桩端平面以下的压缩，群桩基础沉降只计算桩身压缩；

(2) 当群桩为端承型桩时，可按图 2-5-7 (a) 模式计算，即不考虑应力扩散角，计算面积为承台面积；

(3) 当为摩擦型群桩和桩端下有软弱下卧层时，可按图 2-5-7 (b) 模式计算，即考虑承台应力扩散作用，按 $\varphi/4$ 向下扩散。

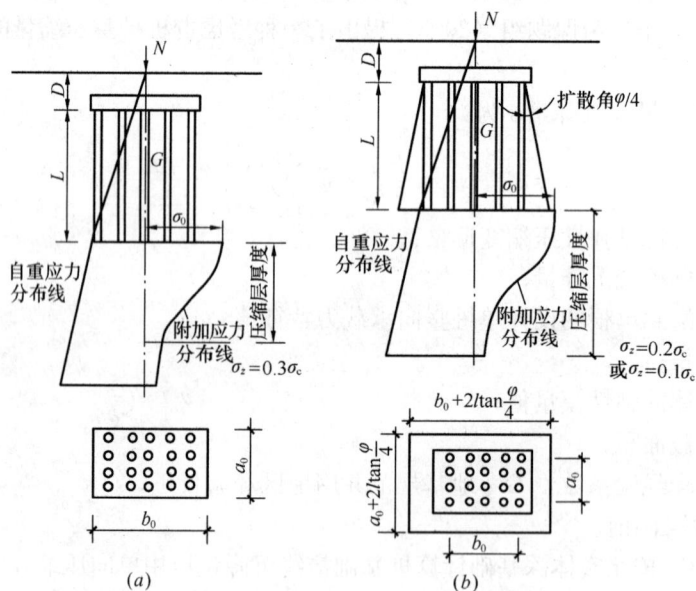

图 2-5-7　考虑桩身压缩的群桩沉降计算模式
(a) 端承型桩；(b) 摩擦型桩

2. 等代墩基面积计算

(1) 桩顶承台面积规定如下：当边桩外缘与承台边缘的距离小于 1m 时，取两者之间的实际距离计算承台面积，即如果桩外缘与承台边缘距离为 0.5m，则取 0.5m；

当边桩外缘与承台边缘的距离大于 1m 时，取两者间距为 1m 计算承台面积，即如果桩外缘与承台边缘距离为 1.5m，则取 1m。

（2）等代墩基面积计算是否进行应力扩散计算按第（1）点规定执行。

3. 压缩层计算深度

桩基础的最终沉降计算深度 z_n，按应力比法确定。

（1）端承型群桩由于桩端压缩小，所以 $\sigma_z = 0.3\sigma_c$

（2）摩擦型群桩由于桩端压缩较大，所以 $\sigma_z = 0.2\sigma_c$

（3）当桩端存在软弱下卧层时，由于桩端压缩大，所以 $\sigma_z = 0.1\sigma_c$

式中 σ_z——计算深度 z_n 处的附加应力；

      σ_c——土的自重应力。

这样处理的特点是概念明确，计算参数明确，易于操作，但桩基沉降经验系数有待于进一步积累。

七、建筑桩基技术规范方法

（一）建筑桩基技术规范计算思路

刘金砺、黄强等桩基规范法是以 Mindlin 位移公式为基础的方法，该法通过均质土中群桩沉降的 Mindlin 解与均布荷载下矩形基础沉降的 Boussinesq 解的比值（等效沉降系数 ψ_e）来修正实体基础的基底附加应力，然后利用分层总和法计算桩端以下土体的沉降。该法适用于桩距小于或等于 6 倍桩径的桩基。

（二）建筑桩基技术规范计算公式

《建筑桩基技术规范》中规定，对于桩中心距小于或等于 6 倍桩径的桩基，其最终沉降量计算可采用等效作用分层总和法。等效作用面位于桩端平面，等效作用面积为桩承台投影面积，等效作用附加应力近似取承台底平均附加压力。等效作用面以下的应力分布采用各向同性均质直线变形体理论。计算模式如图 2-5-8 所示，桩基最终沉降量可用角点法按下式计算：

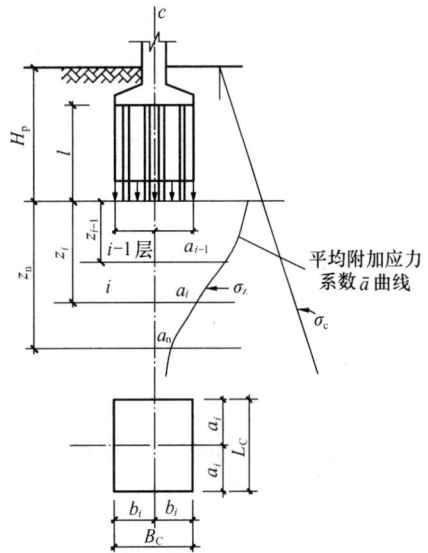

图 2-5-8 桩基沉降计算示意图

$$s = \psi \cdot \psi_e \cdot s' = \psi \cdot \psi_e \cdot \sum_{j=1}^{m} p_{0j} \sum_{i=1}^{n} \frac{z_{ij}\bar{\alpha}_{ij} - z_{(i-1)j}\bar{\alpha}_{(i-1)j}}{E_{si}} \tag{2-5-29}$$

式中 s——桩基最终沉降量（mm）；

       s'——按实体深基础分层总和法计算出的桩基沉降量（mm）；

       ψ——桩基沉降经验系数，当无当地可靠经验时可按表 2-5-5 确定；

       ψ_e——桩基等效沉降系数，按式（2-5-33）确定；

      m——角点法计算点对应的矩形荷载分块数；

p_{0j}——第 j 块矩形底面在荷载效应准永久组合下的附加压力（kPa）；

n——桩基沉降计算深度范围内所划分的土层数；

E_{si}——等效作用面以下第 i 层土的压缩模量（MPa），采用地基土在自重压力至自重压力加附加压力作用时的压缩模量；

z_{ij}、$z_{(i-1)j}$——桩端平面第 j 块荷载作用面至第 i 层土、第 $i-1$ 层土底面的距离（m）；

$\bar{\alpha}_{ij}$、$\bar{\alpha}_{(i-1)j}$——桩端平面第 j 块荷载计算点至第 i 层土、第 $i-1$ 层土底面深度范围内平均附加应力系数，可按《建筑桩基技术规范》附录 D 采用。

计算矩形桩基中点沉降时，桩基沉降计算式（2-5-29）可简化成下式：

$$s = \psi \cdot \psi_e \cdot s' = 4 \cdot \psi \cdot \psi_e \cdot p_0 \sum_{i=1}^{m} \frac{z_i \bar{\alpha}_i - z_{i-1} \bar{\alpha}_{i-1}}{E_{si}} \tag{2-5-30}$$

式中　p_0——在荷载效应准永久组合下承台底的平均附加压力；

$\bar{\alpha}_i$、$\bar{\alpha}_{i-1}$——平均附加压力系数，根据矩形长宽比 a/b 及深宽比 $\dfrac{z_i}{b} = \dfrac{2z_i}{B_c}$，$\dfrac{z_{i-1}}{b} = \dfrac{2z_{i-1}}{B_c}$ 查《建筑桩基技术规范》附录 D。

桩基沉降计算深度 z_n，按应力比法确定，即 z_n 处的附加应力 σ_z 与土的自重应力 σ_c 应符合下式要求：

$$\sigma_z \leqslant 0.2\sigma_c \tag{2-5-31}$$

$$\sigma_z = \sum_{j=1}^{m} a_j p_{0j} \tag{2-5-32}$$

式中附加应力系数 a_j 根据角点法划分的矩形长宽比及深宽比查附录 D。

桩基等效沉降系数 ψ_e 按下式简化计算：

$$\psi_e = C_0 + \frac{n_b - 1}{C_1(n_b - 1) + C_2} \tag{2-5-33}$$

$$n_b = \sqrt{n \cdot B_c / L_c} \tag{2-5-34}$$

式中　n_b——矩形布桩时的短边布桩数，当布桩不规则时可按式（2-5-34）近似计算，$n_b > 1$；当 $n_b < 1$ 时取 $n_b = 1$；

C_0、C_1、C_2——根据群桩距径比 s_a/d、长径比 l/d 及基础长宽比 L_c/B_c，由《建筑桩基技术规范》附录 E 确定；

L_c、B_c、n——分别为矩形承台的长、宽及总桩数。

当布桩不规则时，等效距径比可按下式近似计算：

圆形桩　　　　　　　$S_a/d = \sqrt{A}/(\sqrt{n} \cdot d)$

方形桩　　　　　　　$S_a/d = 0.886\sqrt{A}/(\sqrt{n} \cdot b)$

式中　A——桩基承台总面积；

b——方形桩截面边长。

当无当地经验时，桩基沉降计算经验系数 ψ 可按表 2-5-5 选用。

桩基沉降计算经验系数 ψ　　　　　　表 2-5-5

$\overline{E}_s$ （MPa）	$\leqslant 10$	15	20	35	$\geqslant 50$
ψ	1.2	0.9	0.65	0.5	0.4

注：1. $\overline{E}_s$ 为沉降计算深度范围内压缩模量的当量值，可按下式计算：$\overline{E}_s = \dfrac{\sum A_i}{\sum \dfrac{A_i}{E_{si}}}$，式中 A_i 为第 i 层土附加压力

系数沿土层厚度的积分值，可近似按分块面积计算。

　　2. ψ 可根据 $\overline{E}_s$ 内插取值。

　　对于采用后注浆施工工艺的灌注桩，桩基沉降经验系数应根据桩端持力土层类别，乘以 0.7（砂、砾、卵石）～0.8（黏性土、粉土）折减系数；饱和土中预制桩（不含复打、复压、引孔沉桩），应根据桩距、土质、沉桩速率和打桩顺序等因素乘以 1.3～1.8 的挤土效应系数，土的渗透性低，桩距小，桩数多，沉降速率快时取大值。

　　计算桩基沉降时，应考虑相邻基础的影响，采用叠加原理计算；桩基等效沉降系数可按独立基础计算。

　　当桩基形状不规则时，可采用等代矩形面积计算桩基等效沉降系数，等效矩形的长宽比可根据承台实际尺寸形状确定。

　　规范中桩基沉降经验系数 ψ 是收集了软土地区上海、天津，一般第四纪土地区北京、沈阳，黄土地区西安共计 150 份已建桩基工程的沉降观测资料，实测沉降与计算沉降之比 ψ 与沉降计算深度范围内压缩模量当量值 $\overline{E}_s$ 的关系如图 2-5-9 所示。根据该结果给出表 2-5-5 桩基沉降计算经验系数。

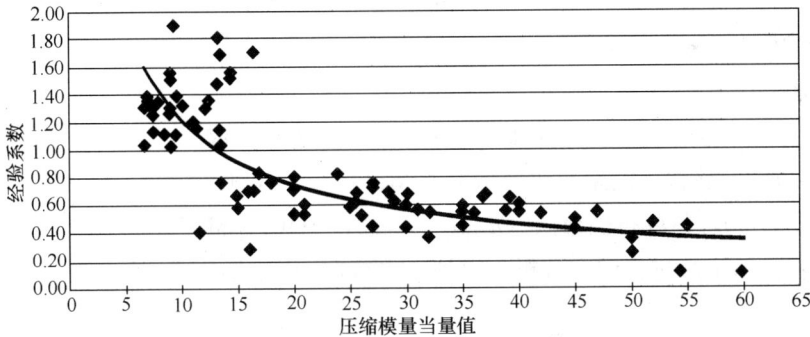

图 2-5-9　沉降经验系数 ψ 与压缩模量当量值 $\overline{E}_s$ 的关系

（三）桩基规范等效沉降系数 ψ_e 的由来

　　运用弹性半无限体内作用力的 Mindlin 位移解，基于桩、土位移协调条件，略去桩身弹性压缩，给出匀质土中不同距径比、长径比、桩数、基础长宽比条件下刚性承台群桩的沉降数值解：

$$w_m = \frac{\overline{Q}}{E_s d} \overline{w}_m \tag{2-5-35}$$

式中　$\overline{Q}$——群桩中各桩的平均荷载；

　　　E_s——均质土的压缩模量；

　　　d——桩径；

$\overline{w}_m$——Mindlin 解群桩沉降系数，随群桩的距径比、长径比、桩数、基础长宽比而变。

运用弹性半无限体表面均布荷载下的 Boussinesq 解，不计实体深基础侧阻力和应力扩散，求得实体深基础的沉降：

$$w_B = \frac{P}{aE_s}\overline{w}_B \tag{2-5-36}$$

式中

$$\overline{w}_B = \frac{1}{4\pi}\left[\ln\frac{\sqrt{1+m^2}+m}{\sqrt{1+m^2}-m} + m\ln\frac{\sqrt{1+m^2}+1}{\sqrt{1+m^2}-1}\right] \tag{2-5-37}$$

m——矩形基础上的长宽比，$m=a/b$；

P——矩形基础上的均布荷载之和。

由于数据过多，为便于分析应用，当 $m\leqslant 15$ 时，式（2-5-37）经统计分析后简化为

$$\overline{w}_B = (m+0.6336)/(1.951m+4.6275) \tag{2-5-38}$$

由此引起的误差在 2.1% 以内。

相同基础平面尺寸条件下，对于按不同几何参数刚性承台群桩 Mindlin 位移解沉降计算值 w_m 与不考虑群桩侧面剪应力和应力不扩散实体深基础 Boussinesq 解沉降计算值 w_B 二者之比为等效系数 ψ_e。按实体深基础 Boussinesq 解计算沉降 w_B，乘以等效系数 ψ_e，实质上纳入了按 Mindlin 位移解计算桩基础沉降时，附加应力及桩群几何参数的影响。

等效沉降系数

$$\psi_e = \frac{w_m}{w_B} = \frac{\dfrac{\overline{Q}}{E_s d}\overline{w}_m}{\dfrac{n_a n_b P \overline{w}_B}{aE_s}} = \frac{\overline{w}_m}{\overline{w}_B} \cdot \frac{a}{n_a n_b d} \tag{2-5-39}$$

式中 n_a、n_b——分别为矩形桩基础长边布桩数和短边布桩数。

为应用方便，将按不同距径比 $s_a/d=2$、3、4、5、6，长径比 $L/d=5$、10、15…100，总桩数 $n=4$…600，各种布桩形式（$n_a/n_b=1$，2，…10），桩基承台长宽比 L_c/B_c，对式（2-5-39）计算出的 ψ_e 进行回归分析，得到 ψ_e 的如下表达式：

$$\psi_e = C_0 + \frac{n_b-1}{C_1(n_b-1)+C_2} \tag{2-5-40}$$

其中 $n_b=\sqrt{n\cdot B_c/L_c}$；$C_0$、$C_1$、$C_2$ 为随群桩距径比 s_a/d、长径比 L/d 及基础长宽比 L_c/B_c，由《建筑桩基技术规范》附录 E 确定。

（四）建筑桩基技术规范中单桩、单排桩沉降计算分层总和法的应用

《建筑桩基技术规范》中规定，对于单桩、单排桩、桩中心距大于 6 倍桩径的疏桩基础的沉降计算应符合下列规定：

1. 当承台底地基土不分担荷载时，桩端平面以下地基中由基桩引起的附加应力，按考虑桩径影响的 Mindlin 解计算确定。将沉降计算点水平面影响范围内各基桩对应力计算点产生的附加应力叠加，采用单向压缩分层总和法计算土层的沉降，并计入桩身压缩 s_e。桩基的最终沉降量可按下列公式计算：

$$s = \psi \sum_{i=1}^{n} \frac{\sigma_{zi} \cdot \Delta Z_i}{E_{si}} + s_e \tag{2-5-41}$$

$$\sigma_{zi} = \sum_{j=1}^{m} \frac{Q_j}{L_j^2} [\alpha_j I_{p,ij} + (1 - \alpha_j) I_{s,ij}] \tag{2-5-42}$$

$$s_e = \xi_e \frac{Q_j L_j}{E_c A_{ps}} \tag{2-5-43}$$

2. 承台底地基土分担荷载的复合桩基。将承台底土压力对地基中某点产生的附加应力按 Boussinesq 解计算，与桩基产生的附加应力叠加，按式（2-5-42）、式（2-5-43）计算。其最终沉降量可按下列公式计算：

$$s = \psi \sum_{i=1}^{n} \frac{\sigma_{zi} + \sigma_{zci}}{E_{si}} \Delta z_i + s_e \tag{2-5-44}$$

$$\sigma_{zci} = \sum_{k=1}^{u} \alpha_{k,i} p_{c,k}$$

式中　m——以沉降计算点为圆心，0.6 倍桩长为半径的水平面影响范围内的基桩数；

n——沉降计算深度范围内土层的计算分层数，分层数应结合土层性质，分层厚度不应超过计算深度的 0.3 倍；

σ_{zi}——水平面影响范围内各基桩对应力计算点桩端平面以下第 i 层土 1/2 厚度处附加竖向应力之和，应力计算点应取与沉降计算点最近的桩中心点；

Δz_i——第 i 个计算土层厚度（m）；

E_{si}——第 i 个计算土层的压缩模量（MPa），采用土的自重应力至土的自重应力加附加应力作用时的压缩模量；

Q_j——第 j 桩在荷载效应准永久组合作用下（对于复合桩基应扣除承台底土分担荷载），桩顶的附加荷载（kN）；当地下室埋深超过 5m 时，取荷载效应准永久组合作用下的总荷载为考虑回弹再压缩的等代附加荷载；

L_j——第 j 桩桩长（m）；

A_{ps}——桩身截面面积；

α_j——第 j 桩桩端总阻力与桩顶荷载之比，近似取极限总端阻力与单桩极限承载力之比；

$I_{p,ij}$，$I_{s,ij}$——分别为第 j 桩的桩端阻力和桩侧阻力对计算轴线第 i 计算土层 1/2 厚度处的应力影响系数；

E_c——桩身混凝土的弹性模量。

$p_{c,k}$——第 k 块承台底均布压力，$p_{c,k} = \eta_{c,k} \cdot f_{ak}$，其中 $\eta_{c,k}$ 为第 k 块承台底板的承台效应系数，按表 2-5-6 确定；f_{ak} 为承台底地基承载力特征值；

$\alpha_{k,i}$——第 k 块承台底角点处，桩端平面以下第 i 计算土层 1/2 厚度处的附加应力系数，按《建筑桩基技术规范》附录 D 确定。

s_e——计算桩身压缩；

ξ_e——桩身压缩系数。端承型桩，取 $\xi_e = 1.0$；摩擦型桩，当 $l/d \leqslant 30$ 时，取 $\xi_e = 2/3$；$l/d \geqslant 50$ 时，取 $\xi_e = 1/2$；介于两者之间可线性插值；

ψ——沉降计算经验系数，无当地经验时，可取 1.0。

承台效应系数 η_c　　　　　　　　　　　　　表 2-5-6

B_c/l ＼ S_a/d	3	4	5	6	>6
≤0.4	0.06~0.08	0.14~0.17	0.22~0.26	0.32~0.38	0.5~0.8
0.4~0.8	0.08~0.10	0.17~0.20	0.26~0.30	0.38~0.44	
>0.8	0.10~0.12	0.20~0.22	0.30~0.34	0.44~0.50	
单排桩条形承台	0.15~0.18	0.25~0.30	0.38~0.45	0.50~0.60	

注：1. 表中 S_a/d 为桩中心距与桩径之比；B_c/l 为承台宽度与有效桩长之比。当计算基桩为非正方形排列时，

$$S_a = \sqrt{\frac{A}{n}}，A 为计算域承台面积，n 为总桩数；$$

2. 对于桩布置于墙下的箱、筏承台，η_c 可按单排桩条基取值。

3. 对于单排桩条形承台，当承台宽度小于 $1.5d$ 时，η_c 按非条形承台取值。

4. 对于采用后注浆灌注桩的承台，η_c 宜取低值。

5. 对于饱和黏性土中的挤土桩基、软土地基上的桩基承台，η_c 宜取低值的 0.8 倍。

3. 对于单桩、单排桩、疏桩基础及其复合桩基础的最终沉降计算深度 z_n，按应力比法确定。即 z_n 处由桩引起的附加应力 σ_z、由承台土压力引起的附加应力 σ_{zc} 与土的自重应力 σ_c 应符合下式要求：

$$\sigma_z + \sigma_{zc} = 0.2\sigma_c$$

（五）桩基规范法计算沉降的特点

桩基规范法具有以下特点：

1. 假想实体基础底面在桩端平面处，只计算桩端以下地基土的压缩变形，不考虑桩间土对桩基沉降的影响，实体深基础法计算桩端以下地基土中的附加应力按 Boussinesq 解。将承台视作直接作用在桩端平面，即实体基础的尺寸等同于承台尺寸，且作用在实体基础底面的附加应力也取为承台底的附加应力，不考虑桩间土对桩基沉降的影响。

2. 不同于地基规范的是，它引入了等效沉降系数 ψ_e（通过均质土中群桩沉降的 Mindlin 解 w_m 与均布荷载下矩形基础沉降的 Boussinesq 解 w_b 的比值）来修正附加应力，使得附加应力更加趋于 Mindlin 解，该系数反映了桩长径比、距径比、布桩方式及桩数等因素对地基中附加应力的影响。

3. 桩基规范法原理简单，计算方便，是工程实践中应用最为广泛的一种近似计算方法。这是一种半经验的计算方法，在计算沉降时，还必须用一个经验系数 ψ 来修正。这个沉降经验系数是基础沉降实测值和计算值的统计比值，它随实测值数量的增加而逐步趋于合理。尽管桩基规范法采用了沉降计算经验系数，相对来说较合理。但由于荷载的不均匀性和地基土的不均匀性，所以，计算预估沉降与现场实测沉降的精度仍有待于积累与提高。

（六）桩基规范关于减沉复合疏桩基础的沉降计算

对于复合疏桩基础而言，与常规桩基相比，其沉降性状有两个特点：一是桩的沉降发生塑性刺入的可能性大，在受荷变形过程中，桩、土分担荷载比随土体固结而使其在一定

范围变动，随固结变形逐渐完成而趋于稳定；二是桩间土体的压缩固结主要受承台压力作用，受桩、土相互作用影响居次。由于承台底平面桩、土的沉降是相等的，桩基的沉降既可通过计算桩的沉降，也可通过计算桩间土沉降实现。桩的沉降包含桩端平面以下的压缩和塑性刺入（忽略桩的弹性压缩），同时应考虑承台土反力对桩沉降的影响。桩间土的沉降包含承台底土的压缩和桩对土的影响。为了回避桩端塑性刺入这一难以计算的问题，桩基规范采取计算桩间土沉降的方法。

这里必须注意，减沉复合疏桩基础的前提是允许桩有一定的沉降，从而使桩底承台的土发挥作用，实质上是摩擦桩的一种计算方式。离心试验表明，当布桩桩间距从 $2d$ 扩大到 $5d$ 时，相应的群桩效应系数 η 从 0.88 增大到 1.03，亦即群桩发挥的效率提高了，从而可以节省部分桩基造价。但事实上，纯摩擦桩在各种不利荷载（如动荷载、风荷载、地震荷载以及人为的超载）作用下容易产生刺入破坏，所以减沉复合疏桩基础还是要选择较好的桩端持力层以控制沉降，否则容易产生过大沉降现象。另外，减沉复合疏桩基础一般只适用

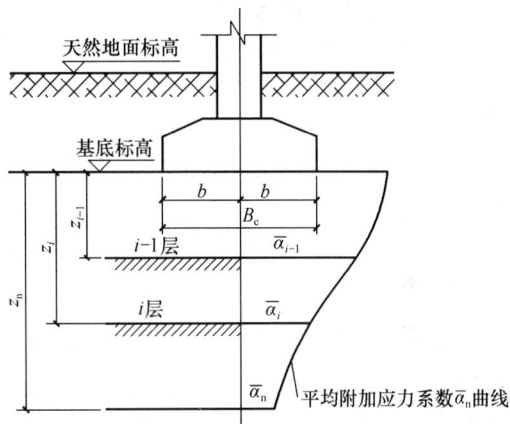

图 2-5-10　复合疏桩基础沉降计算的分层示意图

于有基础大底板的多层和小高层建筑，而不适用于高层和超高层建筑。还有，减少桩数要经过严密计算，不能过大的任意减桩，否则会产生桩基工程事故。

减沉复合疏桩基础中点沉降可按下列公式计算：

$$s = \psi(s_s + s_{sp}) \tag{2-5-45}$$

$$s_s = 4p_0 \sum_{i=1}^{m} \frac{z_i \bar{\alpha}_i - z_{(i-1)} \bar{\alpha}_{(i-1)}}{E_{si}} \tag{2-5-46}$$

$$s_{sp} = 280 \frac{\bar{q}_{su}}{\bar{E}_s} \cdot \frac{d}{(S_a/d)^2} \tag{2-5-47}$$

$$p_0 = \eta_p \frac{F - nR_a}{A_c} \tag{2-5-48}$$

式中　　s——桩基中心点沉降量；

s_s——由承台底地基上附加压力作用下产生的中点沉降（图 2-5-10）；

s_{sp}——由桩土相互作用产生的沉降；

p_0——按荷载效应准永久值组合计算的假想天然地基平均附加压力（kPa）；

E_{si}——承台底以下第 i 层上的压缩模量，应取自重压力至自重压力与附加压力段的模量值；

m——地基沉降计算深度范围内的土层数；沉降计算深度按 $\sigma_z = 0.1\sigma_c$ 确定；

$\bar{q}_{su}$、$\bar{E}_s$——桩身范围内按厚度加权的平均桩侧极限摩阻力、平均压缩模量；

d——桩身直径，当为方形桩时，$d = 1.27b$（b 为方形桩截面边长）；

S_a/d——等效距径比；

z_i，$z_{(i-1)}$——承台底至第 i 层、第 $i-1$ 层土底面的距离；

$\bar{\alpha}_i$、$\bar{\alpha}_{(i-1)}$——承台底至第 i 层、第 $i-1$ 层上层底范围内的角点平均附加应力系数；根据承台等效面积的计算公块矩形长宽比 a/b 及深宽比 $z_i/b=2z_i/B_c$，由《建筑桩基技术规范》附录 D 确定；其中承台等效宽度 $B_c=B\sqrt{A_c}/L$；B、L 为建筑物基础外缘平面的宽度和长度；

F——荷载效应准永值组合下，作用于承台底的总附加荷载（kN）；

η_p——基桩刺入变形影响系数；按桩端持力层土质确定，砂土为 1.0，粉土为 1.15，黏性土为 1.30。

ψ——沉降计算经验系数，无当地经验时，可取 1.0。

第六节 桩筏基础分析

一、综述

桩筏基础由群桩和筏板两部分组成，分析中通常分为桩土体系和筏板体系考虑，然后分别形成其刚度矩阵，在两部分组合成桩筏基础时将二者进行耦合。当桩土体系和筏板体系二者进行合并时，筏板下桩土体系的反力为桩筏体系的内力，但对于筏板体系而言，便成为筏板有限元分析的外荷载，所以二者可以分别采用相适宜的分析方法，最终进行刚度集成即可。桩筏基础分析中可以仅考虑桩和筏板两部分，不考虑筏板下土体的作用来进行简化分析，也可以考虑筏板下土体的作用，这样桩筏基础间的相互作用包括桩-土-板三者间的相互作用。

二、筏板分析

桩筏基础分析中筏板多采用 C_1 型连续的 Kirchhoff 薄板弯曲理论来进行分析，而采用 C_0 型连续的 Reissner-Mindlin 厚板理论进行分析的偏少。工程实际中筏板可能属于薄板范围，也可能出现在厚板范围内，判断属于厚板或薄板的标准甚多，最终 Horikoshi 进行了修正统一，但均局限于矩形或圆形等简单几何外形的地基板，所以实际中若盲目采用薄板理论或厚板理论进行分析，将缺乏理论选用的严谨性，而采用一种厚薄板通用分析方法进行分析是最合理的。

已有的研究表明，用厚板理论分析薄板时会出现剪切闭锁现象，无法分析薄板。为避免出现这类问题，众多从事有限元研究的学者提出了诸多厚板理论的改进方法，以使其能够用于薄板情形，包括缩减积分方法、选择性缩减积分法、代替剪应变方法、离散 Kirchhoff 方法、稳定性矩阵方法、混合插值法、自由作法等。这些方法在一些情况下解决了剪切闭锁现象，但不具备处理任意问题的通用性。有些学者放弃了板的理论，采用实体单元或者退化实体单元方法进行分析，但结果中弯矩和剪力需要通过应力进行再次求解，结点数量多且处理偏于麻烦。

在上述由厚板理论构造的厚板元过渡到厚-薄板元时遇到了难以克服的问题后，一些学者选择由薄板理论构造的薄板元过渡到薄-厚板元来构造厚薄板通用分析单元，这些方法是在薄板理论基础上引入了剪切应变，从而彻底克服了剪切闭锁现象。

目前桩筏基础分析中，筏板分析多采用有限单元方法，单元类型可选择三角形或矩形或四边形等不同类型，节点数量也可根据需要选取，但本质不变。由于三角形单元具有较强的网格形状适应性，网格自动划分较容易实现，属于工程中较常用的单元形式，文献 [19] 给出了三角形单元的厚薄板通用分析方法的实现过程，在此不再赘述。由于四边形单元形状适应性强，而且达到要求的计算精度所需的单元数量较少，可优先选用厚薄板通用四边形等参单元。这种类型的单元是基于 Timoshenko 厚梁理论和 Mindlin 板单元，采用转角场和剪应变场进行合理插值的方式提出的，现将该方法形成筏板刚度的有限元过程简述如下。

（一）单元剪应变场

厚薄板通用四边形单元每个结点含有三个自由度，即 $q_i = (w_i, \psi_{xi}, \psi_{yi})^{\mathrm{T}}$ ，$(i=1，2，3，4)$，分别表示单元中四个结点处的挠度和笛卡儿坐标系中两个方向的转角。

根据 Timoshenko 厚梁理论中挠度和切向转角的插值公式以及整体坐标系和单元各边局部坐标系间的转换关系式，可以得出四边形单元各边的横向剪应变与单元中结点自由度的关系式，

$$\{\gamma_s^*\}_{4\times1} = [\Gamma^*]_{4\times12} \{q\}^{\mathrm{e}}_{12\times1} \tag{2-6-1}$$

式中　$\gamma_s^* = d_i\gamma_{si}$，$(i=1，2，3，4)$，$d_i$——单元各边的长度；

γ_{si}——各边的横向剪应变；

$[\Gamma^*]$——转换关系矩阵；

$\{q\}^{\mathrm{e}}$——单元自由度列阵。

由于任意两条边相交于一结点，在该结点处将单元两边的横向剪应变投影到整体坐标系中，得到结点剪应变与各边剪应变之间的关系，

$$\{\gamma_{xi}\}_{4\times1} = [X_s]_{4\times4} \{\gamma_{si}^*\}_{4\times1}$$
$$\{\gamma_{yi}\}_{4\times1} = [Y_s]_{4\times4} \{\gamma_{si}^*\}_{4\times1} \tag{2-6-2}$$

式中　$\{\gamma_{xi}\}$ 和 $\{\gamma_{yi}\}$——单元结点的剪应变；

$[X_s]$ 和 $[Y_s]$——转换矩阵；其他符号意义同前。

根据结点处的剪应变，通过线性插值可以得到单元的剪切应变矩阵和剪应变场，

$$[B_s]_{2\times12} = \begin{bmatrix} [N_s][X_s][\Gamma^*] \\ [N_s][Y_s][\Gamma^*] \end{bmatrix} \tag{2-6-3}$$

$$\begin{Bmatrix} \gamma_x \\ \gamma_y \end{Bmatrix} = [B_s]\{q\}^{\mathrm{e}} \tag{2-6-4}$$

式中　γ_x 和 γ_y——单元内两个方向的剪应变场；

$[B_s]$——单元剪切应变矩阵；

$[N_s]_{1\times4}$——单元插值形函数，表达式如下，

$$N_i = \frac{(1+\xi_0)(1+\eta_0)}{4}，(i=1,2,3,4) \tag{2-6-5}$$

式中，$\xi_0 = \xi_i\xi$，$\eta_0 = \eta_i\eta$；ξ_i 和 η_i 为单元节点的局部坐标值；ξ 和 η 为局部坐标变量。

（二）单元转角场和曲率场

将单元中任意边连接的两个结点处的转角投影到边所在的局部坐标系中，假定各边的

法向转角沿边界线性分布，从而得到单元各边中点处的法向转角。根据 Timoshenko 厚梁理论和整体与局部坐标系的投影关系，可得到单元各边中点处的切向转角，然后将单元各边中点处局部坐标系下的法向和切向转角投影到整体坐标系中，得到如下关系式，

$$\{\widetilde{\psi}_x\} = [\alpha]\{q\}^e$$

$$\{\widetilde{\psi}_y\} = [\beta]\{q\}^e \tag{2-6-6}$$

式中，$\{\widetilde{\psi}_x\} = [\psi_{x5}, \psi_{x6}, \psi_{x7}, \psi_{x8}]^T$，$\{\widetilde{\psi}_y\} = [\psi_{y5}, \psi_{y6}, \psi_{y7}, \psi_{y8}]^T$，$\psi_{xi}$ 和 ψ_{yi}，$(i=5,6,7,8)$，分别为单元各边中点处两个方向的转角；$[\alpha]_{4\times12}$ 和 $[\beta]_{4\times12}$ 为转换关系矩阵。

将单元四个角点处的转角和上述各边中点处的转角进行 8 节点二次插值可得到单元内转角场，表达式为，

$$\psi_x = \sum_{i=1}^{8} N_i\psi_{xi}$$

$$\psi_y = \sum_{i=1}^{8} N_i\psi_{yi} \tag{2-6-7}$$

式中，ψ_x 和 ψ_y 为单元内任意点处两个方向的转角；N_i $(i=1, 2, \cdots, 8)$ 为插值形函数，

角点：
$$N_i = \frac{1}{4}(1+\xi_0)(1+\eta_0)(\xi_0+\eta_0-1), (i=1,2,3,4) \tag{2-6-8}$$

边中点：
$$N_i = \frac{1}{2}(1-\xi^2)(1+\eta_0), (\xi_i = 0) \tag{2-6-9}$$

$$N_i = \frac{1}{2}(1-\eta^2)(1+\xi_0), (\eta_i = 0)$$

单元曲率场和转角场存在如下关系，

$$\{\kappa\} = [\kappa_x, \kappa_y, 2\kappa_{xy}]^T = \left[-\frac{\partial\psi_x}{\partial x}, -\frac{\partial\psi_y}{\partial y}, -\left(\frac{\partial\psi_x}{\partial y}+\frac{\partial\psi_y}{\partial x}\right)\right]^T \tag{2-6-10}$$

式中　$\{\kappa\}$——包含单元两个方向的曲率和扭率的列阵。

根据式（2-6-11）可以得到单元的弯曲应变矩阵，即

$$[B_b]_{4\times12} = -([H_0]+[H_1][\alpha]+[H_2][\beta]) \tag{2-6-11}$$

式中，$[H_0]_{4\times12}$，$[H_1]_{4\times4}$ 和 $[H_2]_{4\times4}$ 是由以自然坐标表示的形函数对总体坐标的偏导数表述的矩阵，其他各符号意义同前。

（三）板的刚度矩阵

板单元刚度矩阵由单元的弯曲刚度矩阵和单元的剪切刚度矩阵两部分组成，即

$$[K]^e = [K_b]^e + [K_s]^e \tag{2-6-12}$$

式中　$[K]^e_{12\times12}$——单元刚度矩阵；

$[K_b]^e_{12\times12}$——单元的弯曲刚度矩阵；

$[K_s]^e_{12\times12}$——单元的剪切刚度矩阵。

其中单元的弯曲刚度矩阵的表达式为，

$$[K_b]^e = \iint_{A_e} [B_b]^T[D][B_b]dA \tag{2-6-13}$$

式中 A_e——代表单元面积；

$[B_b]$——弯曲应变矩阵；

$[D]_{3\times3}$——弯曲弹性刚度矩阵，

$$[D] = D_0 \begin{bmatrix} 1 & \mu & \\ \mu & 1 & \\ & & \dfrac{1-\mu}{2} \end{bmatrix}, D_0 = \frac{Eh^3}{12(1-\mu^2)} \tag{2-6-14}$$

式中 E——板的弹性模量；

h——板的厚度；

μ——板的泊松比。

剪切刚度矩阵的表达式为，

$$[K_s]^e = \iint_{A_e} [B_s]^T [C] [B_s] dA \tag{2-6-15}$$

式中 $[B_s]$——剪切应变矩阵；

$[C]_{2\times2}$——剪切弹性刚度矩阵，$[C] = \dfrac{Eh}{2.4(1+\mu)} \begin{bmatrix} 1 & 0 \\ 0 & 1 \end{bmatrix}$。

将单元刚度矩阵进行组装可得到板的整体刚度矩阵，以 $[K_R]$ 表示，

$$[K_R]\{w_r\} = \{P_{out}\} \tag{2-6-16}$$

式中 $\{w_r\}$——筏板各节点的位移；

$\{P_{out}\}$——集中力荷载、面荷载和线荷载的等效节点力矩阵。

三、桩基础分析

对于均匀土中群桩基础，采用式（2-5-11）进行分析来形成群桩刚度矩阵。对于分层土中群桩基础，采用式（2-4-30）形成群桩刚度矩阵。群桩刚度矩阵中包含了桩-土-桩相互作用的影响，群桩刚度矩阵也即筏板下桩土体系刚度矩阵。

$$[K_{ps}]_{m(n+1)\times m(n+1)} \{\rho\}_{m(n+1)\times1} = \{P_t\}_{m(n+1)\times1} \tag{2-6-17}$$

式中 $[K_{ps}]$——桩土体系刚度矩阵；

$\{\rho\}$——节点位移列阵；

$\{P_t\}$——桩顶荷载列阵。

传统桩基础中不考虑土体的荷载分担作用，上部结构荷载全部由桩体承担。这样群桩形成的桩土刚度矩阵可以和筏板有限元分析刚度矩阵进行刚度集成形成桩筏基础刚度矩阵。若需要考虑筏板下土体与土体的相互作用，文献［31］给出了一种考虑筏板下土体相互作用的分析方法，可参照执行。

四、桩筏基础刚度集成

将桩土体系和筏板二者进行合并，由于桩顶位移和桩顶处筏板节点位移相等，筏板下桩土体系的反力作为筏板有限元分析的外荷载，式（2-6-16）将变为，

$$[K_R]\{w_r\} = \{P_{out}\} - \{P_t\} \tag{2-6-18}$$

将筏板的横向位移与桩土体系的竖向位移相协调，引入群桩分析形成的桩土体系刚度

矩阵 $[K_{ps}]$，即式（2-6-17），可以得出，

$$([K_R]+[K_{ps}])\{w_r\} = \{P_{out}\} \qquad (2-6-19)$$

该式仅为说明表达式，不是矩阵运算式，因为 $[K_R]$ 和 $[K_{ps}]$ 两矩阵的维数不一定相同，二者叠加时仅将 $[K_{ps}]$ 叠加到对应的 $[K_R]$ 矩阵中与横向位移相互作用相关的项中。

求解方程式（2-6-19）可得到筏板各节点的位移（包含桩顶的位移），将求得的位移向量代入筏板的单元应力矩阵中可得各单元的高斯积分点处的弯矩和剪力大小，通过外插方法可求得各结点处的弯矩和剪力大小。根据求得的位移向量和桩土体系中的刚度矩阵 $[K_{ps}]$ 可以求得桩顶荷载大小。根据式（2-6-17）可以求得群桩各节点位移，然后根据式（2-5-8）求得各桩桩身侧摩阻力和端阻力分布情况。

第七节　桩筏基础优化分析

一、桩筏基础优化设计的概念

（一）桩筏基础优化问题的提出

随着我国经济建设的发展、建筑技术的进步和土地资源的合理开发利用的要求，高层建筑越来越多。随着高层建筑高度的增大，建筑物基础部分的造价在工程总造价中的比重也随着建筑高度在逐步增加。因此合理的地基基础设计不仅关系着建筑物的安全可靠，而且与建筑物的工程经济性密切相关。

根据弹性地基板或弹性地基梁理论，均布面荷载作用下的筏基或箱基呈现中间大、周边小的碟型沉降。高层建筑的结构类型主要包括框剪结构、框筒结构和筒中筒结构等，同时高层主体结构往往带有主裙一体的裙房，而且桩基布置基本采用等桩长、等桩距、等桩径的均匀布桩方式，由于上述结构形式的建筑物中上部结构荷载分布明显不均匀，更加剧了基础的碟型沉降分布，使得基础的差异沉降更加明显。基础的碟型沉降同时伴随着出现了基底反力和桩顶反力的马鞍形分布。这种分布形式一方面增大了基础的整体弯矩和剪力，使得基础底板配筋增加；同时由于桩顶反力的马鞍形分布，使得中间部位的基础底板抗冲切力增大，为了满足抗冲切要求势必增加底板的厚度；另一方面，由于上部结构-基础-桩基（地基）存在共同作用，基础的差异沉降使得上部结构产生次生应力，导致上部结构出现裂缝，降低了正常使用极限状态下的可靠度，严重的甚至产生结构破坏，影响到承载力能力极限状态。因此，在满足结构荷载承载力能力极限状态要求下，如何合理地布置桩基础来减小基础的差异沉降，成为高层建筑优化设计的目标。

桩筏基础的承载力可从仅考虑桩基作用，不考虑筏板下土体的作用，即桩筏基础承载力等于群桩的承载力；同时也可以考虑桩筏基础中筏板下土体的承担作用，这时桩筏基础的承载力为群桩承载力和地基土承担的荷载之和。任何情况下，桩筏基础必须满足上部结构或荷载对于承载力的要求，下面的桩基础和桩筏基础优化均需要满足该前提，不再单独列明。

（二）桩筏基础优化设计

桩筏基础的沉降包括整体沉降（平均沉降）和差异沉降。差异沉降是基础工程设计中一个比平均沉降更为关键的因素，如何布桩使差异沉降最小，是当前设计中需要很好解决的一个问题。相对而言，平均沉降产生的影响要小一些，而且可以通过预留沉降的措施来解决。为了控制基础的差异沉降，地基基础规范中采用控制平均沉降大小的方法来实现。尽管基础的平均沉降减小会使差异沉降减小，但是一般的基础均可以接受一定程度的平均沉降，而对于差异沉降较敏感。采取完全控制基础平均沉降的方法来控制差异沉降会使布桩数量增多，筏板厚度增大，从而造成很大的资源和资金浪费。较合理的方法应是控制基础的平均沉降在一个可接受的范围内，通过优化方法调整布桩数量、直径大小、长度和布桩位置以及筏板厚度等一系列设计优化变量，使得桩筏基础的差异沉降最小。

由此可见，桩筏基础优化设计的理论基础是桩土体系、桩筏基础或桩土体系—基础—上部结构的共同作用分析，优化的目的有两个：一个是在满足整体沉降的前提下尽可能减小基础的差异沉降，另一个是提高基础工程造价的经济性。

由于上部结构受到建筑使用功能的要求和制约，对其进行调整的难度较大，可行性不强，制约因素太多。而对桩土体系和基础部分进行调整是方便可行的，因此桩筏基础优化设计的主要对象是桩土体系和基础底板[22]。桩筏基础优化设计突破了地基基础等刚度均匀布置的传统作法，通过调整基础厚度分布、桩位布置、桩长和桩径等相关措施，使得基础刚度在基础平面上不再均匀分布，从而最大化减小基础的差异沉降。

由于在工程应用领域中研究问题的复杂性，传统的优化方法在工程优化问题中越来越举步维艰，而计算智能技术是解决这一问题比较好的工具，计算智能技术包括遗传算法、人工神经网络和 Fuzzy 逻辑与推理。

下面分别针对桩筏基础优化中经常涉及的桩长、桩位两个变量进行优化分析，其他变量的优化可以仿照执行。

二、桩长优化

传统的桩基础和桩筏基础中，各桩一般具有相同的长度，特别是在有抗震设计要求的时候。随着对桩基础认识的深入，相继在工程中出现了不等桩长的基础实例，如德国法兰克福的 Messe Turm Tower。发展至今，已包括长短桩复合地基和长短桩桩基础等基础类型。以前桩基础的桩长优化仅针对等桩长情形，优化得出的最优桩长为一个变量。而对于不同桩长组成的桩基础和桩筏基础的桩长优化尚未涉及，此时为一个多变量优化问题。

（一）桩筏基础分析模型

桩筏基础分析的关键是如何合理考虑桩-土-板的相互作用，其中桩-土，桩-桩两种相互作用分析可采用 Mindlin 基本解进行，板-土间的相互作用，可采用 Boussinesq 基本解计算。

桩筏基础分析的另一个关键是选择合理的板分析模型。单独采用薄板理论或厚板理论分析任意桩筏基础是不严谨的，因此采用厚薄板通用分析方法分析桩筏基础是必要的。基于 Timoshenko 厚梁理论和 Mindlin 板单元，采用转角场和剪应变场进行合理插值的方式，可以形成厚薄板通用有限元分析模型。

基于上述桩基础分析模型和厚薄板通用分析方法，可以得出包含任意桩长、任意筏板厚度和任意筏板几何形状的桩筏基础刚度表达式，

$$([k_{ps}] + [k_R])[w_t] = [p_t] \tag{2-7-1}$$

式中　　$[k_{ps}]$——桩土体系的刚度矩阵；

　　　　$[k_R]$——筏板的刚度矩阵；

　　　　$[w_t]$——基础底板节点的位移列阵；

　　　　$[p_t]$——基础底板节点的荷载列阵。

由于矩阵 $[k_{ps}]$ 和 $[k_R]$ 维数不同，所以式（2-7-1）仅为说明表达式，不是矩阵运算式，二者叠加时仅将 $[k_{ps}]$ 叠加到 $[k_R]$ 矩阵中与横向位移相互作用有关的项中。

（二）桩长优化分析模型

传统的桩筏基础优化一般将基础的总造价作为目标函数，但问题的本质往往是，给定基础的总造价，如何布置各桩的桩长以使基础的差异沉降最小，也即如何最充分地利用工程投资并保证基础的差异沉降最小化，其对应的方案也就是既满足差异沉降最小化，同时又使总造价最省的方案。对桩筏基础进行桩长的单变量优化时，基础的总造价一定，可以看作基础中桩长的总长度一定。从而可以得到如下的优化分析模型，

$$\underset{\chi^p}{Minimize}\,\Pi = \int_A \parallel \nabla\omega \parallel^2 dA \tag{2-7-2}$$

$$\text{Subject to} \quad a_i \leqslant x_i \leqslant b_i, (i=1,2,\cdots,np) \tag{2-7-3}$$

$$\sum_{i=1}^{np} x_i = L_p \tag{2-7-4}$$

式中　　　　　　　　Π——目标函数；

$\chi^p = (x_1, x_2, \cdots, x_{np})^T$——各桩长变量组成的优化向量；

　　　　　　　　A——桩筏基础中筏板的面积；

　　　　　　　　ω——代表筏板弯曲曲面的横向位移；

　　　　　　　　∇——二维坐标的梯度运算算子；

a_i 和 b_i （$i=1$，2，$\cdots$，np）——优化变量分布区间的上下限；

　　　　　　　　L_p——基础中的总桩长；

　　　　　　　　np——基础中总桩数。

为了更方便地计算 $\nabla\omega$ 值，取离散的计算点，采用下式计算，

$$\nabla\omega(i) = \max\left(\frac{|disp(i) - disp(j)|}{dist(i,j)}\right) \tag{2-7-5}$$

$$i = 1,2,\cdots,npoint; j = 1,2,\cdots,npoint$$

式中，i 代表第 i 计算点；disp (i) 表示第 i 个计算点处的沉降；dist (i, j) 表示计算点 i 和计算点 j 的距离；$npoint$ 为离散点总数。

桩筏基础中，筏板采用有限元分析，其网格大小相近，式（2-7-2）可以转化为下式，

$$\underset{\chi^p}{Minimize}\,\Pi = \sqrt{\frac{1}{npoint-1}\sum_{i=1}^{npoint}(disp(i) - \bar{\xi})^2} \tag{2-7-6}$$

$$\overline{\xi} = \frac{1}{npoint} \sum_{i=1}^{npoint} disp(i) \tag{2-7-7}$$

式中，$npoint$ 为筏板中有限元节点总数，其他符号意义同前。

（三）优化方法

随着计算机软硬件水平的提高和计算智能技术的发展，作为仿生过程学的遗传算法在优化分析领域得到了越来越多的应用。遗传算法是一种自适应全局最优化概率搜索算法，具有较强鲁棒性、隐含并行性和全局搜索特性，且不用求目标函数的梯度和海森矩阵（Hassein matrix），对于一些大型的复杂非线性系统表现出了比其他传统优化方法更加独特和优越的性能。

遗传算法也在逐步发展，借鉴了遗传策略（genetic strategy）的一些方法，并与之相互渗透。现在的遗传算法与遗传算法最初的形式（simple genetic algorithms）已截然不同。遗传算法分析的关键包括适应度函数的确定、遗传操作时选择的方法和遗传算子的设计。

1. 适应度函数的确定

适应度函数的选取至关重要，适应度函数设计不当会产生遗传算法中的欺骗问题。为了解决上述问题，一般都需要对适应度函数进行尺度变换。但采用基于排序的适应度分配方法可克服这种尺度问题，采用线性排序，个体适应度为：

$$Fit(Pos) = 2 - SP + \frac{2(SP-1)(Pos-1)}{N-1} \quad SP \in [1.0, 2.0] \tag{2-7-8}$$

式中　　$Fit(Pos)$——个体适应度大小；

$\qquad$ N——种群大小；

$\qquad$ Pos——个体在种群中的序位；

$\qquad$ SP——选择压力。

2. 选择方法

针对特定的遗传操作算子，采用轮盘赌选择方法和随机遍历抽样法进行选择。分析中采用 Michalewicz 基于线性排序的选择概率计算公式：

$$p_i = c(1-c)^{i-1} \tag{2-7-9}$$

式中　　i——个体排序的序号；

$\qquad$ c——排序第一的个体的选择概率。

3. 遗传算子

遗传算法中遗传操作包括基因重组（杂交或交叉）和变异。针对不同的问题可以设计不同的遗传操作算子。分析中采用 Michalewicz 定义的 7 个遗传算子。

（1）单变量均匀变异算子

对于种群中的某个个体，随机选择该个体中某个变量，以选中变量取值区间内的任意值来取代其当前值。

（2）全变量均匀变异算子

对于种群中的某个个体，依次对其包含的所有变量，以选中变量取值区间内的任意值来取代其当前值。

（3）边界变异算子

对于种群中的某个个体，随机选择该个体中某个变量，以选中变量取值区间的左值或右值来取代其当前值。

（4）非均匀变异算子

对于种群中的某个个体，随机选择该个体中某个变量，该变量变异前后的值存在如下关系：

$$x' = \begin{cases} x + \Delta(t, right - x) & flip() = 0 \\ x - \Delta(t, x - left) & flip() = 1 \end{cases} \tag{2-7-10}$$

式中　　x'——变量变异后的值；

x——变量变异前的原值；

t——进化的当前代数；

$right$——变量取值区间的右值；

$left$——变量取值区间的左值；

$flip(\ )$——随机产生 0 值或 1 值的函数；

$\Delta(t, y)$——函数值在 [0, y] 之间的函数，

$$\Delta(t, y) = y^* r^* \left(1 - \frac{t}{T}\right)^b$$

式中　r——区间 [0，1] 之间的随机数；

T——最大进化代数；

b——确定非均匀度的系统参数。

（5）算术杂交算子

种群中的两个个体进行算术杂交，杂交前后存在如下关系，

$$x'_1 = \alpha x_1 + (1 - \alpha) x_2$$
$$x'_2 = \alpha x_2 + (1 - \alpha) x_1 \tag{2-7-11}$$

式中　x'_1 和 x'_2——杂交后的两个个体；

x_1 和 x_2——杂交前的两个个体；

α—— [0，1] 之间的随机数。

（6）简单杂交算子

对于 q 个变量组成的个体，参与杂交运算的两个个体分别为 $x_1 = (x_1, x_2, \cdots, x_q)$ 和 $x_2 = (y_1, y_2, \cdots, y_q)$，若在第 $k(1 \leqslant k \leqslant q)$ 个变量处杂交，产生如下的两个后代：

$$x'_1 = (x_1, x_2, \cdots, x_k, y_{k+1}\alpha + x_{k+1}(1 - \alpha), \cdots, y_q\alpha + x_q(1 - \alpha))$$
$$x'_2 = (y_1, y_2, \cdots, y_k, x_{k+1}\alpha + y_{k+1}(1 - \alpha), \cdots, x_q\alpha + y_q(1 - \alpha)) \tag{2-7-12}$$

式中　x'_1 和 x'_2——杂交后产生的新个体；

α——[0，1] 之间控制新个体在可行域内且可获得最大可能信息交换的一个可变参量。

（7）启发式杂交算子

针对群体中两个个体 x_1 和 x_2，其中 x_2 不比 x_1 差，即对求最大值问题，$f(x_2) \geqslant f(x_1)$；对最小值问题，$f(x_2) \leqslant f(x_1)$。通过启发式杂交后产生如下个体：

$$x_3 = r(x_2 - x_1) + x_2 \tag{2-7-13}$$

式中　x_3——杂交后产生的新个体；

　　　r——[0，1] 之间的一个随机数。

(四) 优化分析过程

采用遗传算法，结合桩基础通用分析方法或者桩筏基础通用分析方法，进行桩基础或桩筏基础中桩长的优化分析，其步骤包括以下几步：

（1）根据承载力和平均沉降要求和等桩长桩基前提初步选定总桩长；

（2）根据初始化种群的方式，生成单一化或者随机化的初始种群；

（3）采用式（2-7-1）对种群中每一个个体进行分析，根据式（2-7-5）和（2-7-6）或式（2-7-7）得出对应的适应度大小；

（4）将种群个体根据适应度大小排序，此时按照降序排列；

（5）对种群中所有个体进行遗传算子操作，包括 7 种不同的操作；

（6）重新评价种群生成新个体的适应度，并按降序重新排列；

（7）重复步骤（5）和步骤（6），直至满足算法终止条件；

（8）重新选定一新的总桩长，重复步骤（1）－步骤（7）。

进化的终止条件可以采用最大进化代数，或采用以下适应度判别标准：

$$\frac{\Delta Fit_i}{Fit_0} \leqslant \varepsilon, (i = 1, 2, \cdots, N_G) \tag{2-7-14}$$

式中　ΔFit_i——第 i 代和第 $i-1$ 代种群中最优个体适应度的差值；

　　　Fit_0——初始种群种最优个体的适应度；

　　　ε——误差标准，可采用 10^{-3} 或 10^{-4}；

　　　N_G——进化的当前代数。

通过上述 8 个步骤，可以得出基于差异沉降最小条件下不同的总桩长对应的基础平均沉降和差异沉降大小，如图 2-7-1 所示。基础的平均沉降随总桩长增加而减小，当桩长超过某一限度后趋近于某一定值，而差异沉降（沉降最大值与最小值的差）基本上呈波浪状分布，整条曲线在某一定值附近波动（一般情况下均接近于 0 值）。由图 2-7-1 只要根据平均沉降的要求选择对应的总桩长，该总桩长下基础的差异沉降基本上同时可满足差异沉降最小化的要求。若此时差异沉降不满足要求，应通过调整基础的布桩数目、布桩位置或筏板厚度等变量来调整，通过调整桩长已无作用。

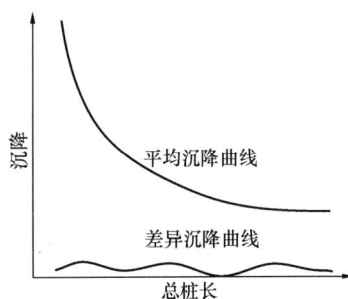

图 2-7-1　总桩长与沉降关系示意图

(五) 优化分析实例

为了演示桩筏基础桩长优化的过程，以均匀土体中由 3×3 群桩组成的桩筏基础为例进行说明。土体、桩、筏板和外荷载等参量特性见表 2-7-1，桩筏基础平面布置图见图 2-7-2。优化过程中桩长取值的上下限分别为 40m 和 5m，种群数为 120，最大进化代数控制为 150。

3×3桩筏基础计算参量表 表 2-7-1

	土　　体	桩	筏　　板
弹性模量（MPa）	20	30000	30000
泊松比	0.3	—	0.2
几何尺寸（m）	厚度 100	半径 0.50	厚度 0.5
外荷载	均匀分布面荷载，大小为 1.0MPa		

　　将传统的等桩长桩筏基础和优化后的桩筏基础进行了比较，随总桩长的变化，两基础的平均沉降和差异沉降分别如图 2-7-3 和图 2-7-4 所示。由图 2-7-3 可知，基础桩长优化前后其平均沉降差别较小，优化后的平均沉降略小于等桩长基础的沉降。不论是等桩长基础还是经过桩长优化后的基础，其平均沉降都随基础总桩长的增加而减小。由图 2-7-4 可知，优化后基础的差异沉降很小，而等桩长基础的差异沉降相比大得多。等桩长基础的差异沉降随总桩长增加而减小，而经过优化后基础差异沉降的变化不取决于总桩长，而是一个接近于 0 值的随机误差变量。

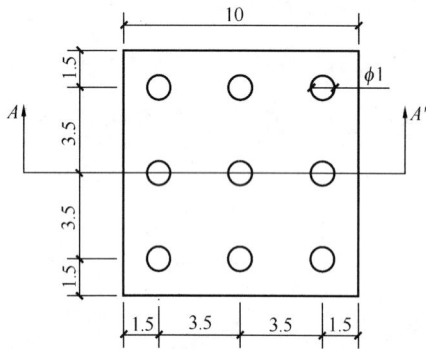

图 2-7-2　桩筏基础平面图（单位：m）

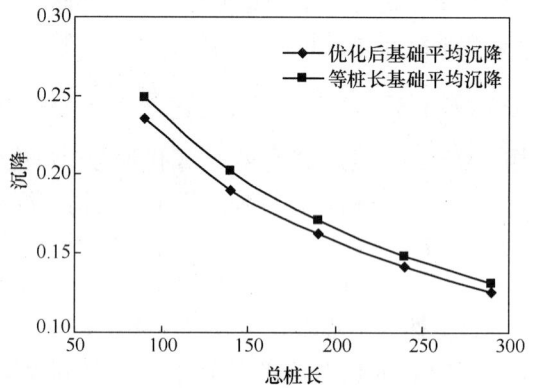

图 2-7-3　基础平均沉降与总桩长
关系图（单位：m）

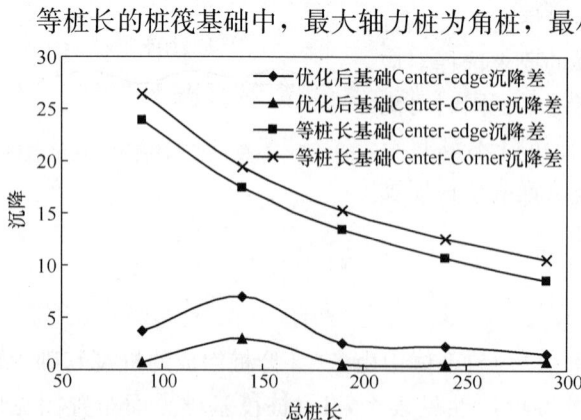

图 2-7-4　基础差异沉降与总桩长
关系图（单位：mm）

　　等桩长的桩筏基础中，最大轴力桩为角桩，最小轴力桩为中心桩；优化后，最大轴力桩为中心桩，最小轴力桩为角桩。随总桩长变化基础中各桩最大轴力与最小轴力比值系数的变化见图 2-7-5（a）。桩长优化后的基础由于各桩长度分布变化较大，桩顶最大轴力和最小轴力的比值随总桩长不同而变化较大，等桩长基础桩顶最大轴力和最小轴力的比值随总桩长增加而减小，但变化较平缓。随总桩长变化，等桩长桩筏基础和优化后桩筏基础的筏板分担总荷载的比例变化如图 2-7-5 (*b*) 所示,当总桩长增加,筏板分担的荷载减小,相同总桩长条件下优化后基础筏板分担的荷载略大于等桩长基础。

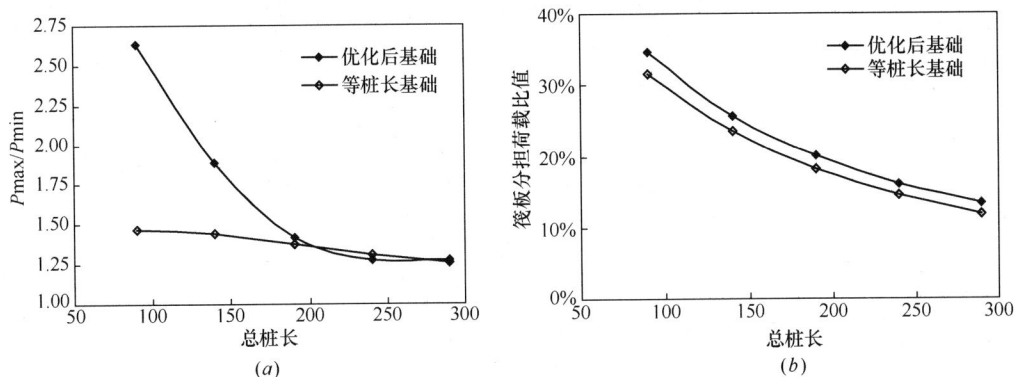

图 2-7-5　桩轴力与总桩长关系

(*a*) 轴力比的极值；(*b*) 筏板分担荷载

当要求基础的沉降不大于 15cm 时,由图 2-7-3 可得此时对应的总桩长约为 218m,采用桩长优化分析模型可得出此时各桩的桩长见图 2-7-6,优化过程中适应度与进化代数的关系曲线如图 2-7-7 所示。

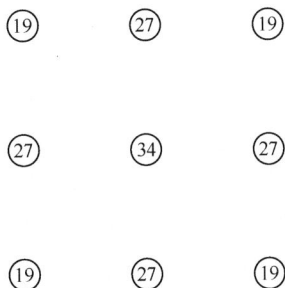

图 2-7-6　优化后的桩长 (单位：m)

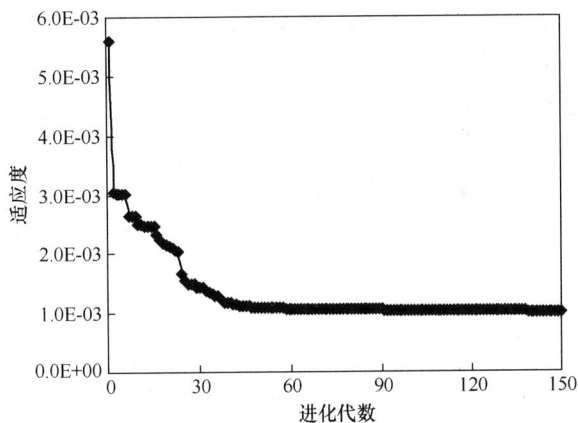

图 2-7-7　适应度随进化代数变化曲线

优化前后基础板的沉降等值线如图 2-7-8 所示,以图 2-7-2 中 A-A' 剖面为代表,优化前后基础的沉降见图 2-7-9。由图 2-7-8 和图 2-7-9,优化后基础的差异沉降明显减小,基础的平均沉降也减小。

三、桩位优化

桩筏基础中桩位置的优化是桩筏基础优化分析的主要组成部分之一,如何合理地布桩使基础的差异沉降最小,关系到整个工程的使用性能和工程造价两个方面,具有重要的研究意义。

Randolph (1994) 提出,仅在筏板中间约四分之一范围内布桩,可以使薄板条件下

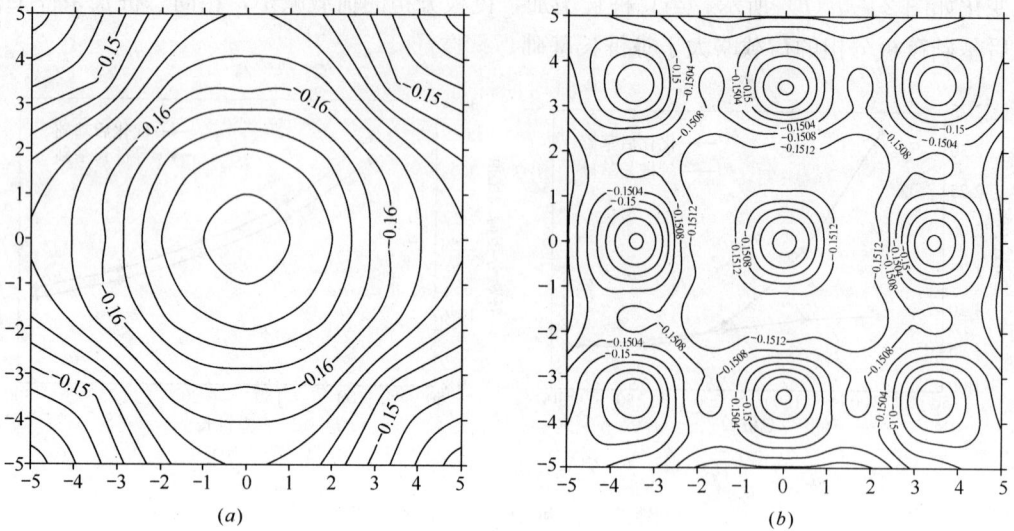

(a)　　　　　　　　　　　(b)

图 2-7-8　优化前后基础板的沉降（单位：mm）

(a) 优化前；(b) 优化后

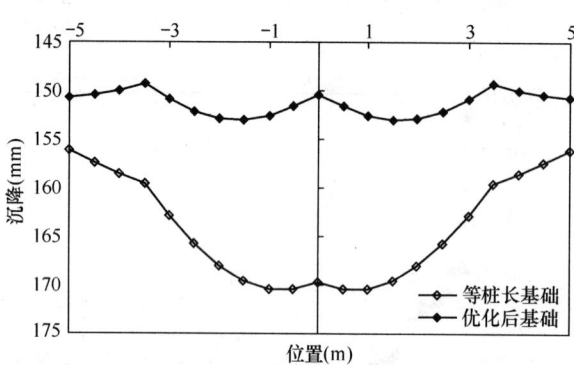

图 2-7-9　剖面 A-A′沉降

的桩筏基础差异沉降最小，此时平均沉降却略有增加。Horikoshi（1996）通过离心机模型试验验证了这一结论，Prakoso 通过数值分析也得出了类似的结论。而国内此方面的研究集中于方案比较和抽桩分析两个方面。

（一）优化分析模型

桩筏基础桩位优化的目的是在总桩数不变的情况下，也即基础总造价不变的情况下，如何优化桩的布局，使得基础的差异沉降最小。该优化化问题可采用下式表示：

$$\underset{\chi^p}{Minimize}\,\Pi = \int_A \left\| \nabla \omega \right\|^2 \mathrm{d}A \qquad (2\text{-}7\text{-}15)$$

Subject to　　$x_i = 0 \text{ or } 1,(i=1,2,\cdots,node)$

$$\sum_{i=1}^{node} x_i = NumPile$$

$$Dist(i,j) \geqslant dist,(i,j=1,2,\cdots,node)$$

式中　　　　　　　　Π——目标函数；

$node$——筏板中可作为桩位的总节点数；

$\chi^p = (x_1,x_2,\cdots,x_{node})^{\mathrm{T}}$，——代表各桩桩位的优化向量，在此采用了其表现值的表达

方式；

$\qquad A$——桩筏基础中筏板的面积；

$\qquad \omega$——代表筏板弯曲曲面的横向位移；

$\qquad \nabla$——二维坐标的梯度运算算子；

$\qquad NumPile$——基础中总桩数；

$\qquad Dist(i,j)$——节点 i 和节点 j 之间的距离；

$\qquad dist$——最小桩距的规定值。

由于桩筏基础中筏板采用有限元分析，考虑到有限元计算精度和网格划分特性，有限元网格大小相近，式（2-7-15）的目标函数表达式可以转化为下式表示：

$$\underset{\chi^p}{Minimize}\Pi = \sqrt{\frac{1}{npoint-1}\sum_{i=1}^{npoint}(disp(i)-\bar{\xi})^2} \qquad (2\text{-}7\text{-}16)$$

$$\bar{\xi} = \frac{1}{npoint}\sum_{i=1}^{npoint}disp(i)$$

式中　$npoint$——筏板中有限元节点总数；

$\qquad disp(i)$——表示节点 i 处的横向位移。

（二）优化分析方法

尽管遗传算法是一种自适应全局最优化概率搜索算法，具有较强鲁棒性、隐含并行性和全局搜索特性。但他没有固定的模式，正如 Michalewicz 指出的遗传算法不应有特定的遗传代码表达形式，不应有固定的遗传操作模式，而应该具体问题具体对待。由于桩筏基础分析的复杂性，为了更高效率地实现桩筏基础桩位优化分析，针对这一特定的问题，本文设计了特定的遗传编码方式和 6 个遗传算子来实现桩位优化设计。

1. 遗传编码

桩筏基础的桩位应该是在筏板范围内连续分布的变量，采用有限元分析筏板时，桩筏基础的桩顶应和板的节点相一致，这样在优化分析中，当桩位改变时，有限元网格势必要重新划分，而优化的过程是一个不断迭代收敛的过程，从而会出现筏板网格反复划分的过程，使得这一过程费时费力。

由此提出了如何简化上述分析过程，同时又能合理地反映桩位对桩筏基础特性影响的问题。桩筏基础中单个桩位的变化并不重要，重要的是群桩的整体布局。将筏板划分成适当大小的有限元网格，规定桩位仅在单元节点上变化，这样虽不能使桩位严格达到最优位置，但在精度和操作难度折衷的前提下是一个合理可行的方案。而且随着有限元划分网格密度的增大，问题求解的精度同时也在提高。

由于筏板悬挑长度的限制，扣除板节点中不能作为桩位的节点，将其他节点顺序编号，采用如图 2-7-10 所示的编码方式，板中可行的节点数目为 N；表现值为 1 说明该节点处设置桩，表现值为 0 说明该节点不设置桩；属性值表示节点中设置桩位的节点序号，$NumPile$ 表示桩筏基础中总桩数。优化中遗传算子操作的对象是图 2-7-10 中的属性值，而表现值与桩筏基础中桩位的确定相匹配，从而在属性值和表现值之间建立了一个一一对应的映射关系。

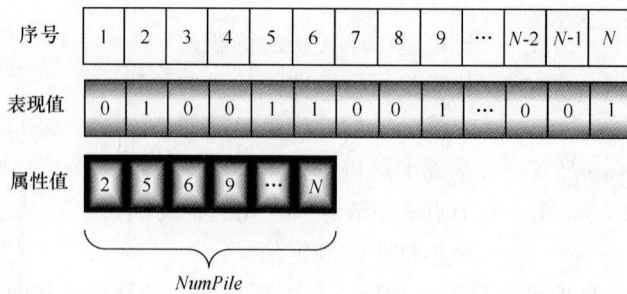

图 2-7-10　变量编码示意图

2. 遗传算子

遗传算法中遗传操作包括基因重组（杂交或交叉）和变异。针对桩筏基础中桩位的优化设计了 3 个杂交算子和 3 个变异算子，分别如下：

（1）点杂交算子

根据个体适应度大小的排列顺序，以概率方式选择种群中的两个个体，随机选择 $1-N$ 区间的任意整型变量 M，以 M 为分割点，将两个个体位于 M 点后的变量互换，产生新的两个个体。调整每个个体变量数总和为总桩数，然后由属性值映射到表现值，检查新产生的个体是否满足最小桩距的要求。若不满足，则进行调整直至满足条件为止。

（2）段杂交算子

根据个体适应度大小的排列顺序，以概率方式选择种群中的两个个体，随机选择 $1-N$ 区间的任意两个整型变量 M_1 和 M_2（其中 $M_1 < M_2$），将两个个体位于 M_1 和 M_2 之间的部分互换，产生新的两个个体。调整每个个体变量数总和为总桩数，然后由属性值映射到表现值，检查新产生的个体是否满足最小桩距的要求。若不满足，则进行调整直至满足条件为止。

（3）内选杂交算子

根据个体适应度大小的排列顺序，以概率方式选择种群中的两个个体，将两个个体的属性值放入杂交池内，以 50% 的概率随机选择二者包含的变量。调整杂交后变量数目为总桩数，再由属性值映射到表现值，进行桩距的检查和变量的调整。

（4）单变量均匀变异算子

随机选择种群中某一个体，再随机选中某一属性值变量，将该属性值对应的表现值设为 0，再随机选择其他表现值为 0 的某一变量，将其表现值设为 1，并修改其对应的属性值。同样需要进行最小桩距的检查，不需要调整总桩数。

（5）全变异算子

随机选择种群中的某一个体，针对该个体中所有的属性值，依次进行单变量均匀变异操作，然后进行最小桩距的检查，不需要调整总桩数。

（6）互换变异算子

随机选择种群中的某一个体，再随机选择该个体内的两个属性值，将二者的属性值进行交换即可，不需要检查桩距，也不需要调整总桩数。

该算子仅适用于包含不同桩长、不同桩径和不同桩体材料属性的桩筏基础桩位优化。对于桩体性质相同的群桩组成的桩筏基础进行桩位优化时，该算子不起作用。

（三）优化分析过程

采用上述改进的遗传算法并结合桩筏基础通用分析方法进行桩筏基础中桩位的优化分析，其步骤包括以下几步：

（1）设定遗传操作的基本控制参数；

（2）根据初始化种群的方式，生成单一化或者随机化的初始种群；

（3）采用式（2-7-1）对种群中每一个个体进行分析，根据式（2-7-15）和（2-7-16）得出对应的适应度大小；

（4）将种群个体根据适应度大小排序，此时按照降序排列；

（5）对种群中所有个体进行遗传算子操作，包括 5 种（群桩中各桩性质相同）或 6 种（群桩中包含性质不同的桩）不同的操作；

（6）重新评价种群生成新个体的适应度，并按降序重新排列；

（7）重复步骤（5）和步骤（6），直至满足算法终止条件；

进化的终止条件可以采用最大进化代数，或采用式（2-7-14）适应度判别标准。

（四）优化分析实例

为了演示桩筏基础桩位优化的过程，以均匀土体中由 5 桩组成的桩筏基础为例进行说明。土体、桩、筏板和外荷载特性见表 2-7-2。优化中种群大小为 100，最大进化代数控制为 50，最小桩距取 1.5m，采用单一化初始种群方式，初始桩位如图 2-7-11 所示。

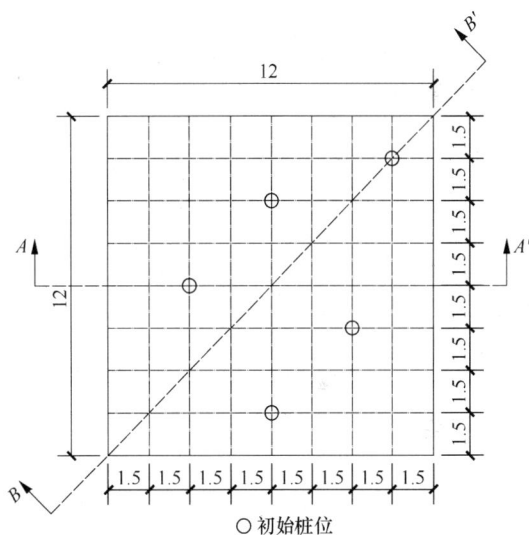

图 2-7-11 5 桩桩筏基础初始桩位图（单位：m）

5 桩桩筏基础计算参量表 表 2-7-2

	土　体	桩	筏　板
弹性模量（MPa）	20	30000	30000
泊松比	0.35	—	0.2
几何尺寸（m）	厚度 50	半径 0.25	厚度 0.5
外荷载	均匀分布面荷载，大小 0.3MPa		

将优化后的基础与 3×3 桩筏基础进行了比较，优化后的桩位和 3×3 桩筏基础的桩位如图 2-7-12 所示，以下比较分析中两种基础的其他条件均相同。优化过程中适应度的变化曲线见图 2-7-13，由图可知，迭代计算的收敛速度很快，不到 20 代即可达到最优结果。由图 2-7-12 所示，优化后群桩位于基础中心部位 1/4 范围内，这和 Randolph（1994）的结论一致。两种基础的沉降剖面图如图 2-7-14 所示，只要合理优化布桩位置，5 桩基础

的差异沉降远小于均匀布桩条件下 9 桩基础的差异沉降，但基础的整体沉降相比要大一些（5 桩基础平均沉降为 77mm，9 桩基础平均沉降为 65mm），这也和 Randolph（1994）的结论相吻合。

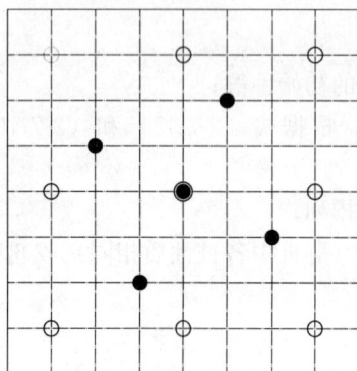

图 2-7-12 优化后桩位图

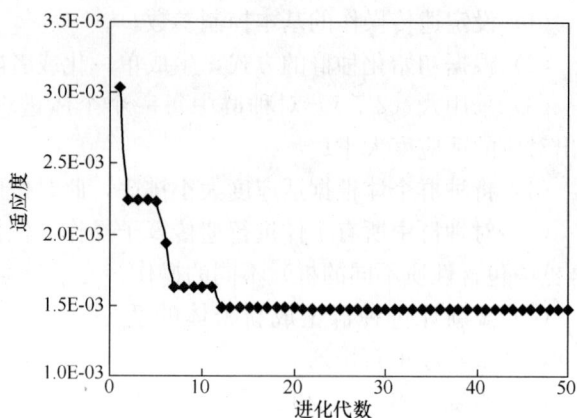

图 2-7-13 适应度随进化代数变化曲线

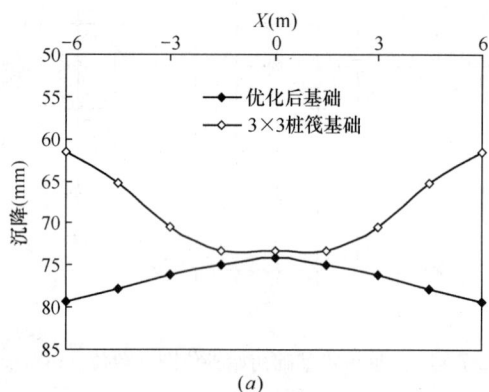

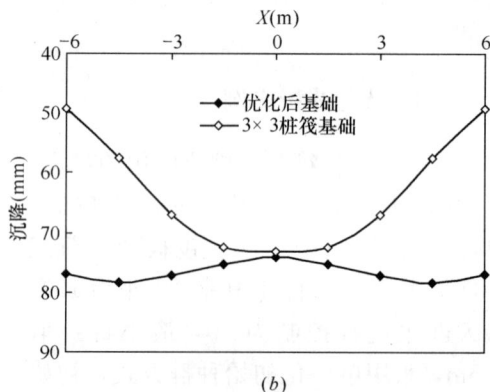

图 2-7-14 基础沉降剖面图

（a）A-A′剖面；（b）B-B′剖面

参 考 文 献

[1] 《桩基工程手册》编写委员会. 桩基工程手册 [M]. 北京：中国建筑工业出版社，1995.

[2] 建筑桩基技术规范（JGJ 94—2008）[S]. 北京：中国建筑工业出版社，2008.

[3] 刘金砺. 桩基础设计与计算 [M]. 北京：中国建筑工业出版社，1990.

[4] 张忠苗. 桩基工程学 [M]. 北京：中国建筑工业出版社，2007.

[5] 林天健，熊厚金，王利群. 桩基础设计指南 [M]. 北京：中国建筑工业出版社，1999.

[6] 黄绍铭，高大钊. 软土地基与地下工程 [M]. 北京：中国建筑工业出版社，2005.

[7] 建筑地基基础设计规范（GB 50007—2002）[S]. 北京：中国建筑工业出版社，2002.

[8] 张忠苗. 软土地基大直径桩受力性状与桩端注浆新技术 [M]. 杭州：浙江大学出版社，2001.

[9]　高大钊，赵春风，徐斌．桩基础的设计方法与施工技术［M］．北京：机械工业出版社，2002．

[10]　JTJ 024—85 公路桥涵地基与基础设计规范［M］．北京：人民交通出版社，1998．

[11]　史佩栋．实用桩基工程手册［M］．北京：中国建筑工业出版社，1999．

[12]　杨克己，等．实用桩基工程［M］．北京：人民交通出版社，2004．

[13]　刘利民，舒翔，熊巨华．桩基工程的理论进展与工程实践［M］．北京：中国建材工业出版社，2002．

[14]　王伟，杨敏．竖向荷载下桩筏基础通用分析方法［J］．岩土工程学报，2008，30（1）：106-111．

[15]　艾志勇，杨敏．广义 Mindlin 解在多层地基单桩分析中的应用［J］．土木工程学报，2001，34（2）：89-95．

[16]　Davis，E. H.，Poulos，H. G. The analysis of piled-raft systems［J］．Aust. Geomech. J. Australia，1972，G2（1）：21-27．

[17]　Butterfield，R.，Banerjee，P. K. The elastic analysis of compressible piles and pile groups［J］．Geotechnique，1971，21（1）：43-60．

[18]　R. D. Mindlin. Force at a point in the interior of a semi-infinite solid［J］．Physics，1936，7：195-202．

[19]　岑松，龙志飞．对转角场和剪应变场进行合理插值的厚板元［J］．工程力学，1998，15（3）：1-14．

[20]　岑松，龙志飞，龙驭球．对转角场和剪应变场进行合理插值的厚薄板通用四边形单元［J］．工程力学，1999，16（4）：1-15．

[21]　朱伯芳．有限单元法原理与应用［M］．北京：中国水利水电出版社，1998．

[22]　刘金砺，迟铃泉．桩土变形计算模型和变刚度调平设计［J］．岩土工程学报，2000，22（2）：151-157．

[23]　刘金砺．高层建筑地基基础概念设计的思考［J］．土木工程学报，2006，39（6）：100-105．

[24]　钟阳，王哲人，郭大智．求解多层弹性半空间轴对称问题的传递矩阵法［J］．土木工程学报，1992，25（6）：37-43．

[25]　金波，唐锦春，孙炳楠．层状地基轴对称问题的 Mindlin 解［J］．计算结构力学及其应用，1996，13（2）：187-192．

[26]　金波，唐锦春．用积分变换及边界积分方法求解多层地基的静力问题［J］．计算结构力学及其应用，1993，10（4）：424-432．

[27]　金波．层状地基中的单桩沉降分析［J］．岩土工程学报，1997，19（5）：35-42．

[28]　Poulos. H. G. Methods of analysis of piled raft foundations［R］．A report prepared on behalf of technical committee TC18 on piled foundations，2001．

[29]　K. Horikoshi，Randolph. M. F. A contribution to optimum design of piled rafts［J］．Geotechnique，1998，48（3）：301-317．

[30]　Prakoso. W. A，Kulhawy. F. H. Contribution to piled raft foundation design［J］．Journal of Geotechnical and Geoenvironmental Engineering，2001，127（1）：17-24．

[31]　R. Butterfield，P. K. Banerjee. The problem of pile group-pile cap interaction［J］．Geotechnique，1971，21（2）：135-142．

第三章　竖向抗拔桩的承载力与变形

承受竖向抗拔力的桩称为竖向抗拔桩。抗拔桩在城市的高层建筑地下室、输电线路、发射塔等高耸建筑及抗震工程等工程中得到越来越广泛的应用。因此，了解竖向抗拔桩的承载和变形性状对桩基抗拔力的设计十分重要。

第一节　抗拔桩的受力性状

一、抗拔桩的受力机理

从单桩抗拔静载试验的 U-δ 曲线（图 3-1-1）可以看出，当对桩顶施加向上的竖向上拔荷载时，桩身混凝土受到上拔荷载拉伸产生相对于土的向上位移，从而形成桩侧土抵抗桩侧表面向上位移的向下摩阻力。此时桩顶上拔荷载通过桩侧表面的桩侧摩阻力传递到桩周土层中去，致使桩身轴力和桩身拉伸变形随深度递减。当桩顶荷载较小时，桩身混凝土的拉伸也在桩的上部，桩侧上部土的向下摩阻力得到逐步发挥，此时在桩身中下部桩土相对位移很小处，其桩摩阻力尚未开始发挥作用。

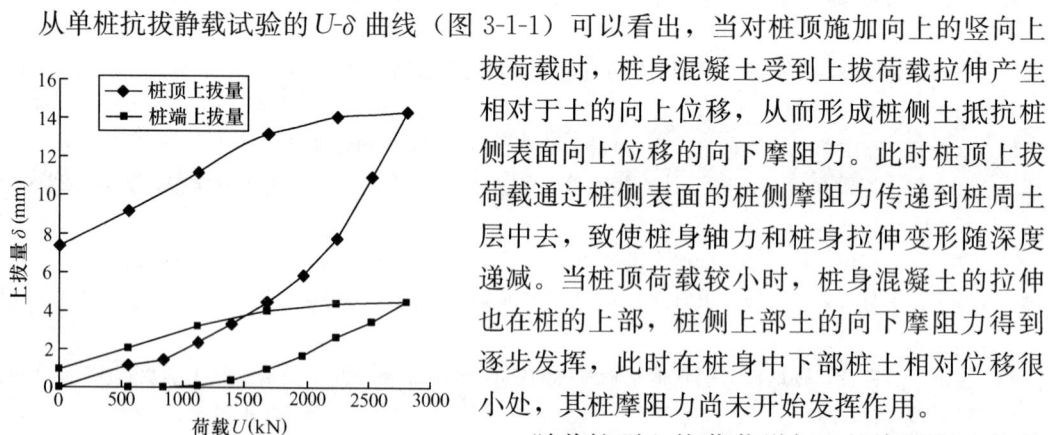

图 3-1-1　U-δ 曲线

随着桩顶上拔荷载增加，桩身混凝土拉伸量和桩土相对位移量逐渐增大，桩侧中下部土层的摩阻力随之逐步发挥出来；由于黏性土极限位移一般有 $6 \sim 12$mm，砂性土为 $8 \sim 15$mm，所以当长桩桩土界面相对位移大于桩土极限位移后，桩身上部土的侧阻已发挥到最大值并出现滑移（此时上部桩侧土的抗剪强度由峰值强度跌落为残余强度），此时桩身下部土的侧阻进一步得到发挥。随着上拔荷载的进一步增大，整根桩桩土界面滑移，桩顶上拔量突然增大，桩顶上拔力反而减少并稳定在残余强度，此时整根桩由于桩土界面滑移拔出而破坏（一般桩顶累计上拔量大于 50mm）。另外一种破坏情况是桩身混凝土或抗拉钢筋被拉断而破坏，此时桩顶上拔力残余值往往很小。

可见，桩侧土层的摩阻力是随着桩顶上拔荷载的增大，自上而下逐渐发挥的。当桩顶上拔量突然增大很快且上拔力突然下跌时，抗拔桩已处于破坏状态，定义单桩上拔破坏时的最大荷载为单桩的抗拔破坏承载力。而破坏之前的前一级荷载（亦即桩顶能稳定承受的上拔荷载）称之为单桩竖向抗拔极限承载力。也就是说，单桩竖向抗拔极限承载力是静载

编写人：张忠苗（浙江大学建筑工程学院）

试验时单桩桩顶所能稳定承受的最大上拔试验荷载。从上面的描述可以看出，桩顶在竖向荷载作用下的传递规律是：

1. 抗拔桩的侧阻发挥度与桩顶荷载水平及桩的自重有关。

2. 桩侧摩阻力是自上而下逐渐发挥的，而且不同深度土层的桩侧摩阻力是异步发挥的。

3. 当桩土相对位移大于土体的极限位移后，桩土之间要产生滑移，滑移后其抗剪强度将由峰值强度跌落为残余强度，亦即滑移部分的桩侧土抗拔摩阻力产生软化。

4. 抗拔桩是纯摩擦桩，即只考虑摩阻力作用，但桩自重对抗拔力有影响。

5. 单桩抗拔破坏有两种方式，一种是整根桩桩土界面滑移破坏而被拔出（桩土界面的粗糙度影响极限阻力），另一种是桩身混凝土（特别是上部混凝土）由于拉应力过大被拉断破坏。

6. 单桩竖向抗拔极限承载力是指抗拔静载试验时单桩桩顶所能稳定承受的最大抗拔试验荷载。

抗拔桩包括等截面抗拔桩和扩底抗拔桩，它们有着不同的受力特性和受力机理，下面将分别具体阐述。

二、抗拔桩的破坏形态

（一）等截面抗拔桩的破坏形态

抗拔桩的破坏形态与许多因素有关。对于等截面抗拔桩，破坏形态可以分为三个基本类型：

1. 沿桩—土侧壁界面剪破，如图 3-1-2（a）所示，这种破坏形态在工程实际中比较常见。

2. 与桩长等高的倒锥台剪破，如图 3-1-2（b）所示，软岩中的粗短灌注桩可能出现完整通长的倒锥体破坏，倒锥体的斜侧面也可呈现为曲面。

3. 复合剪切面剪破：即下部沿桩—土侧壁面剪破，上部为倒锥台剪破，如图 3-1-2（c）所示；或者为在桩底与桩身相切，沿一定曲面的破坏，如图 3-1-2（d）所示。复合剪切面常在硬黏土中的钻孔灌注桩中出现，而且往往桩的侧面不平滑，凹凸不平，黏土与桩黏结得很好。当倒锥体土重不足以破坏该界面上桩—土的黏着力时即可形成这种滑面。

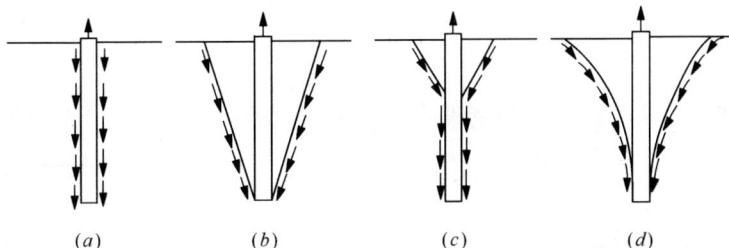

(a)　　　　(b)　　　　(c)　　　　(d)

图 3-1-2　等截面抗拔桩的破坏形态

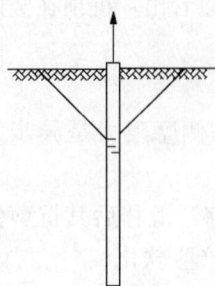

图 3-1-3 桩身
被拉断现象

当土质较好，桩—土界面上黏结又牢，而桩身配筋不足或非通长配筋时，也可能出现桩身被拉断的破坏现象，如图 3-1-3 所示。

沿着桩—土侧壁界面上发生土的圆柱形剪切破坏形式，在一定条件下也可能转化为混合剪切面滑动形式。

当刚施加上拔荷载时，沿着满足摩尔—库伦破坏条件的区域在土中出现间条状剪切面，如图 3-1-4（a）所示。每一剪切面空间上又呈倒锥形斜面。此时还没有较大的基础滑移运动。随着上拔力的增加，界面外土中出现一组略与界面平行的滑裂面，沿着基础产生较大滑移（图 3-1-4b）。这种滑移剪切最终发展成为桩基的连续滑移（图 3-1-4c），即沿圆柱形的滑移面破坏。但某些情况下，在连续滑移剪切破坏发生前，间条状剪切面也会直接导致基础破坏。这将产生混合式破坏面，即在靠近地面处呈一个锥形面，而下部为一个完整的圆柱形剪切面。

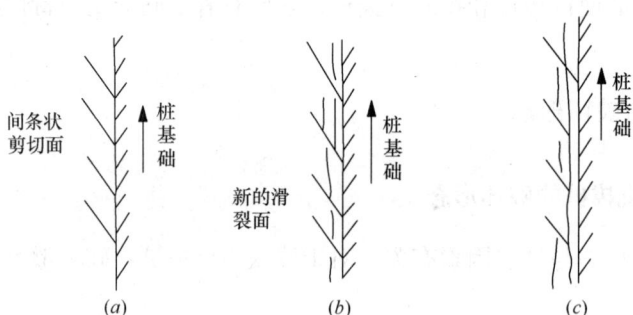

图 3-1-4 界面外土中剪切破坏面的发展过

（二）扩底抗拔桩的破坏形态

扩底桩在上拔荷载作用下的破坏机理最早可追述到 Majer（1955）的圆柱破裂面假设，即认为滑动破坏面是与表面或桩顶面垂直的圆柱面，破坏直径为扩大头直径，因此又叫摩擦圆柱法。Balla（1961）从被动土压力角度出发，认为滑动面为圆弧线，在桩端垂直于水平面，在地表（或破裂面顶端）与水平面夹角为 $\pi/4-\phi/2$（ϕ 为土体内摩擦角）。Mors（1959）认为滑动面为倒锥体，对于倒锥体与竖直面夹角，认为应根据设计需要而定，通常介于 $0\sim2\phi$ 之间。Meyerhof 和 Adams（1968）在假设圆柱破裂面的基础上，通过加一个竖直破裂面上土压力的标定上拔系

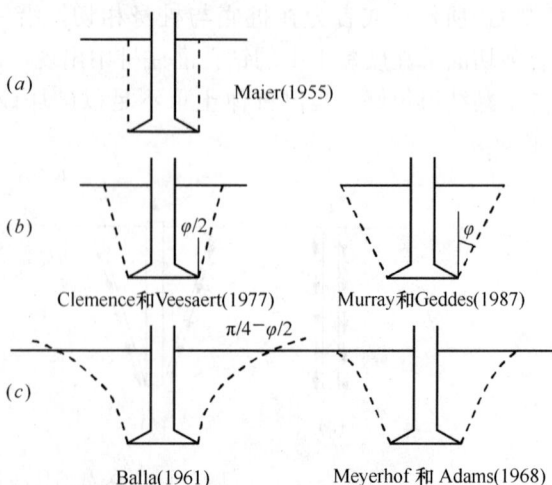

图 3-1-5 扩底抗拔桩的破裂面假设示意图

数 K_u 来模拟实际模型试验中观察到的金字塔形破裂面，并率先提出了深基础中的临界深度，在该临界深度以下，桩扩大头部分的抗拔承载力不可能有大的提高，所以在砂土和黏土中只有靠其他方法来有效地提高桩的抗拔承载力。Clemence 和 Veesaert（1977）根据倒锥形假设，建议破坏面与竖直面的夹角取为 $\phi/2$。Murray 和 Geddes（1987）则根据室内模型试验结果，也采用倒锥形假设，并认为破坏面与竖直面的夹角为 ϕ，上述破裂面假设示意图可参见图 3-1-5。

Ilamparuthia 和 Muthukrishnaiah（1999）分别对浅埋扩底锚桩和深埋扩底锚桩在密砂和松砂中做了模型试验，并从试验中得出浅埋扩底锚桩是从锚桩底到地表面的整体滑移破坏，而深埋扩底锚桩的破裂面是一个局部剪切滑移面，深埋扩底锚有一个影响范围，如图 3-1-6 所示。

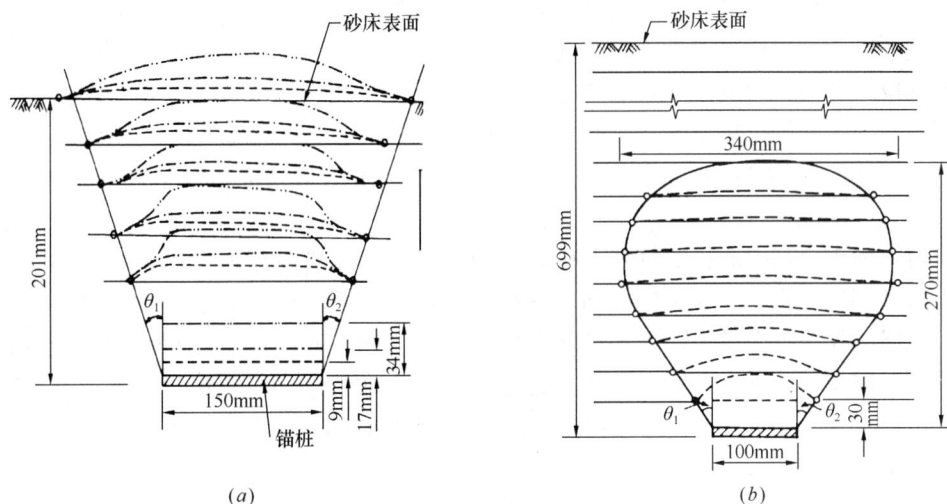

图 3-1-6 Ilamparuthia 等（1999）浅埋和深埋锚桩模型试验得到的整体和局部剪切滑移面
(a) 浅埋锚桩；(b) 深埋锚桩

在国内，对扩底抗拔桩破裂面的认识则又有些差异，扩底桩破坏形态与等截面桩不同，其扩大头的上移使地基土内产生各种形状的复合剪切破坏面。这种基础的地基破坏形态相当复杂，并随施工方法、基础埋深以及各层土的特性而变，基本的破坏形式如图 3-1-7所示。

当桩基础埋深不是很大时，虽然桩杆侧面滑移出现得较早，但是当扩大头上移导致地基剪切破坏后，原来的桩杆圆柱形剪切面不一定能保持图 3-1-7 中中段那种规则的形状，尤其是靠近扩大头的部位变得更加复杂，也可能演化成图 3-1-8 中的"圆柱形冲剪式剪切面"，最后可能在地面附近出现倒锥形剪切面，其后的变形发展过程就与等截面桩中的相似。

只有在硬黏土中，前述间条状剪切面才可能发展成为倒锥形的破坏面。如果扩大头埋深不大，桩杆较短，则可能仅出现圆柱形冲剪式剪切面或仅出现倒锥形剪切破坏面，也可能出现一个介于圆柱形和倒锥形之间的曲线滑动面（状如喇叭）。在计算抗拔承载力时，宜多设几种可能的破坏面，择其抗力最小者作为最危险滑动面。

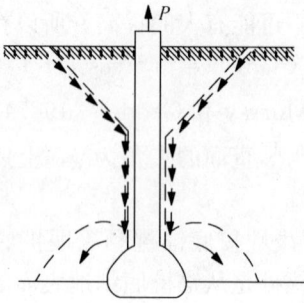

图 3-1-7 扩底桩上拔破坏形式

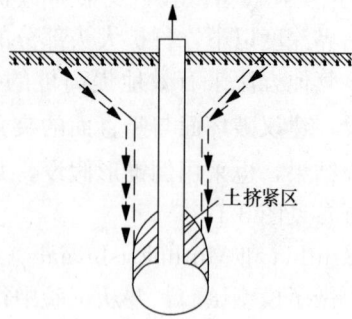

图 3-1-8 圆柱形冲剪式剪切面

土层埋藏条件对桩基上拔破坏形态影响极大。例如浅层有一定厚度的软土层，而扩大头又埋入下卧的硬土层（或砂土层）内一定深度处。这种设计的目的是保证扩底桩能具有较高的抗拔承载力。虽然如此，这种承载力只可能主要由下卧硬土层（或砂土层）的强度来发挥，而上覆的软土层至多只能起到压重作用。所以完整的滑动面就基本上限于下卧好土层内开展（图 3-1-9），而上面的软土层内不出现清晰的滑动面，而呈大变形位移（塑流）。

均匀软黏土地基中的扩底桩在上拔力作用下，软土介质内部不易出现明显的滑动面。扩大头的底部软土将与扩大头底面粘在一起向上运动，所留下的空间会由真空吸力作用将扩大头四周的软土吸引进来，填补可能产生的空隙（图 3-1-10）。与此同时，由于相当大的范围内土体在不同程度上被牵动而一起运动，较短的扩底桩周围地面会呈现一个浅平的凹陷圈，而在软土内部则始终不会出现空隙，一直到桩头快被拔出地面时才看得到扩大头与底下的土脱开。

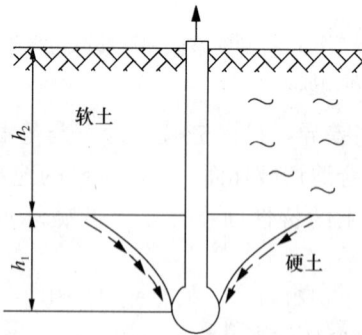

图 3-1-9 有上覆软土层时上拔破坏形态

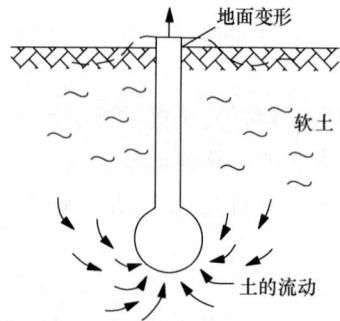

图 3-1-10 软土中扩底桩上拔破坏形态

三、抗拔桩承载力的确定

（一）等截面抗拔桩极限抗拔力的确定

（1）当无抗拔桩的试桩资料时，打入桩单桩抗拔承载力标准值可按地质报告中抗压极限侧摩阻力标准值乘以折减系数来确定，扣除单桩自身有效重量后：

$$U_{uk} = \Sigma \lambda_i q_{sik} u_i L_i \tag{3-1-1}$$

式中　U_{uk}——基桩抗拔极限承载力标准值；

　　　　u_i——破坏表面周长，对于等直径桩取 $u = \pi d$；

　　　　q_{sik}——桩侧表面第 i 层土的抗压极限侧阻力标准值；

　　　　λ_i——抗拔系数，一般取 0.5～0.8，与土性有关。

（2）对于钻孔灌注桩，单桩抗拔承载力可采用原水利电力部制定的《送电线路基础设计技术规定》（SDGJ 62—84）中的有关规定，单桩轴向上拔力 T_d 按下式计算：

$$K_1 T_d \leqslant \alpha_b U L \tau_p + Q_f \tag{3-1-2}$$

式中　K_1——与土抗力有关的基础上拔稳定设计安全系数，因杆塔类型及其功能而异；

　　　　α_b——桩土之间极限摩阻力的上拔折减系数，当无试桩资料且入土深度不小于 6.0m 时，$\alpha_b = 0.6 \sim 0.8$；当桩长 $L \leqslant 6m$ 时，$\alpha_b = 0.6$；$L \geqslant 20m$ 时，$L = 0.8$；

　　　　U——桩设计周长（m）；

　　　　L——自设计地面算起的桩入土深度（m）；

　　　　τ_p——桩周土与桩之间极限摩阻力的加权平均值；

　　　　Q_f——桩身有效重力。

（3）我国《公路桥涵设计规范》所提出的桩抗拔承载力公式是建立在经验及相关统计的基础之上的，对灌注桩所建议的公式为：

$$[P_1] = 0.3 U L \tau_p + W \tag{3-1-3}$$

式中　$[P_1]$——抗拔桩容许上拔荷载；

　　　　U、L——分别为桩周长及入土深度（m）；

　　　　W——桩自重；

　　　　τ_p——桩侧壁上的平均极限摩阻力。

（二）扩底抗拔桩极限抗拔力的确定

破坏形状与机理决定了计算方法的选择，不存在一种统一的、可以普遍适用的扩底桩抗拔承载力的计算公式。另外，构成桩上拔承载力的各部分的发挥具有不同步性。因此，下面主要针对最常见的一种上拔破坏模式展开讨论，如图 3-1-11 所示。

1. 基本计算公式

扩底桩的极限抗拔承载力 P_u 可视为由桩杆侧摩阻力 Q_s、扩底部分抗拔承载力 Q_B 和桩与倒锥形土体的有效自重 W_c 三部分所组成。

$$P_u = Q_s + Q_B + W_c \tag{3-1-4}$$

计算模式简图见图 3-1-11。应注意桩长是从地面算到扩大头中部（若其最大断面不在中部，则算到最大断面处），而 Q_s 的计算长度为从地面算到扩大头的顶面的深度。如属干硬裂隙土，则还应扣除桩杆靠近地面的 1.0m 范围内的侧壁摩阻力。

桩扩底部分的抗拔承载力可分两大不同性质的土类（黏性土和砂性土）分别求得：

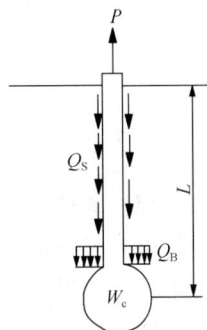

图 3-1-11　扩底抗拔桩承载力计算基本模式

（1）黏性土（按不排水状态考虑）

$$Q_B = \frac{\pi}{4}(d_B^2 - d_S^2)N_c \cdot \omega \cdot C_u \tag{3-1-5}$$

（2）砂性土（按排水状态考虑）

$$Q_B = \frac{\pi}{4}(d_B^2 - d_S^2)\bar{\sigma}_v \cdot N_q \tag{3-1-6}$$

式中　d_B——扩大头直径；

　　　d_S——桩杆直径；

　　　ω——扩底扰动引起的抗剪强度折减系数；

　N_c、N_q——均为承载力因素，按地基规范确定；

　　　C_u——不排水抗剪强度；

　　　$\bar{\sigma}_v$——有效上覆压力。

2. 摩擦圆柱法

该法的理论基础是：假定在桩上拔达破坏时，在桩底扩大头以上将出现一个直径等于扩大头最大直径的竖直圆柱形破坏土体。根据这种理论的桩的极限抗拔承载力计算公式为：

（1）黏性土（不排水状态下）

$$P_u = \pi d_B \sum_0^L C_u \Delta l + W_S + W_C \tag{3-1-7}$$

（2）砂性土（排水状态下）

$$P_u = \pi d_B \sum_0^L K\bar{\sigma}_v \mathrm{tg}\bar{\varphi}\Delta l + W_S + W_C \tag{3-1-8}$$

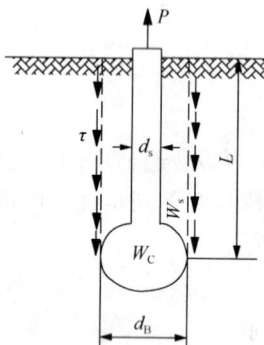

图 3-1-12　圆柱形滑动
面法计算模式

式中　W_S——包含在圆柱形滑动体内土的重量；

　　　$\bar{\varphi}$——土的有效内摩擦角；

　　　C_u——黏性土的不排水强度；

　　　K——土的侧压力系数；

　　　$\bar{\sigma}_v$——有效上覆压力。

其他符号见计算模式简图（图 3-1-12）。应注意，桩长应从地面算至扩大头水平投影面积最大的部位高程。

四、等截面桩与扩底桩荷载传递规律的差异

等截面桩与扩底桩在荷载传递规律上存在着差异：

1. 等截面桩受上拔荷载时，桩身拉应力开始产生在桩的顶部。随着桩顶向上位移的增加，桩身拉应力逐渐向下部扩展。当桩顶部位的桩—土相对滑移量达到某一定值（通常小于 6～10mm）时，该界面摩阻力已发挥出其极限值；但桩下部的侧摩阻力还没有充分发挥，随着荷载的增加，发生侧摩阻力峰值的桩土界面不断往下移动；当达到一定荷载水平时，桩下部侧摩阻力得到发挥引起抗拔力增加的速度等于桩上部由于过大位移而产生的总侧摩阻力的降低速度时，整个桩身侧壁总摩阻力也已经达到了峰值，其后桩的抗拔总阻力就将逐渐下降。桩土间表现为摩擦

阻力，土与土间表现为剪切应力。

2. 扩底桩与等截面桩不同。在基础上拔过程中，扩大头上移挤压土体，土对其反作用力（即上拔端阻力）一般也是随着上拔位移的增加而增大的。并且，即使当桩侧摩阻力已达到其峰值后，扩大头的抗拔阻力还要继续增长，直到桩上拔位移量达到相当大时（有时可达数百毫米），才可能因土体整体拉裂破坏或向上滑移而失去稳定。因此，扩大头抗拔阻力所担负的总上拔荷载中的百分比也是随着上拔位移量增大而逐渐增加的。桩接近破坏荷载时，扩大头阻力往往是决定因素。

3. 等截面桩荷载-位移曲线有明显的转折点，甚至有峰后强度降低的现象。与之相反，扩底桩的荷载-位移曲线，在相当大的上拔位移变幅内，上拔力可不断上升，除非桩周土体彻底滑移破坏。两种桩的上拔荷载-上拔位移量曲线形状区别见图 3-1-13。图中 4 号、5 号桩为等截面桩，1 号、2 号和 3 号桩为扩底桩。

4. 对于扩底桩，在扩大头顶部以上一段桩杆侧壁上，因扩大头的顶住而不能发挥出桩—土相对位移，从而使该段上侧摩阻力的发挥受到限制，设计

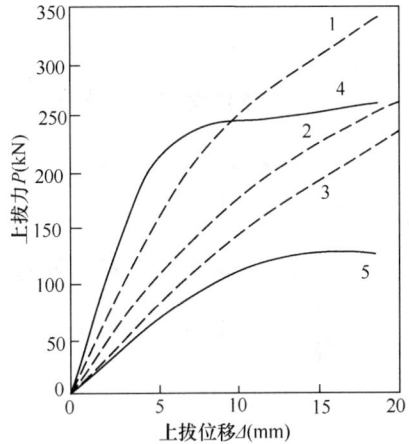

图 3-1-13　上拔荷载-位移曲

中通常忽略该段上的侧摩阻力。在一定的桩型条件下，扩大头的上移还带动相当大的范围内土体一起运动，促使地表面较早地出现一条或多条环向裂缝和浅部的桩—土脱开现象。设计中通常也不考虑桩杆侧面地表下 1.0m 范围内的桩—土界面摩阻力。

第二节　抗拔桩与抗压桩的受力性状异同

抗压桩和抗拔桩由于荷载作用机理的不同，在受力性状上有着一定的差异。

一、抗拔桩与抗压桩受力性状差异性

抗拔桩与抗压桩受力性状的差异主要包括以下几个方面：

1. 抗拔桩的摩阻力受力方向向下，抗压桩摩阻力受力方向向上。

2. 抗拔桩和抗压桩的受力特性与桩顶荷载水平有关，在小荷载情况下，U-δ 曲线和 Q-S 曲线均表现为缓变型，即位移随荷载的增加变化不大。不过在接近极限荷载时，抗压桩曲线变化明显；而抗拔桩变化较缓，确定其极限承载力，应考虑抗拔桩的 δ-$\lg t$ 曲线和 U-δ 曲线，并结合桩顶上拔量进行分析。

3. 在荷载较小时，抗拔桩和抗压桩的轴力变化均集中在桩身的上部，同时，轴力沿深度的变化也十分相似。但随着荷载的增加，抗压桩端部轴力逐渐变大，在极限荷载条件下，抗压桩常表现为端承摩擦桩或摩擦端承桩；而抗拔桩桩身下部轴力的变化明显大于抗压桩，端部轴力为零，表现为纯摩擦桩。

4. 抗拔桩和抗压桩的侧阻的发挥均为异步的过程，即侧阻都是从上到下逐渐发挥的，但抗压桩上部侧阻普遍比下部土层小，而抗拔桩桩身中部侧阻大，两端侧阻小；同时，抗

压桩端部侧阻随相对位移的增大，增加很快，而抗拔桩端部侧阻在达到一定值后，只出现很小的增幅。

5. 抗拔桩与抗压桩的配筋不同。抗拔桩桩身轴力主要是靠桩内配置的钢筋承担，混凝土裂缝宽度起控制作用，因而配筋量比较大，桩自身的变形占总的上拔量的份额较小。而抗压桩轴力主要靠桩的混凝土承担，桩身压缩量较大。

6. 抗拔桩桩身自重起到抗拔作用，抗压桩桩身自重起到压力作用。

7. 抗拔桩的极限侧阻约为抗压桩极限侧阻的 0.5～0.8 倍，与土性密切相关。

二、受力性状差异性的机理

抗拔桩没有端阻，其承载特性完全由侧阻所决定，因而分析抗拔桩、抗压桩侧阻的发挥机理是揭示它们受力性状差异性的关键。

(一) 桩周土应力状态对侧阻的影响

图 3-2-1 是桩周土体在桩基受荷时的应力状态示意图。无论是抗拔桩还是抗压桩，土

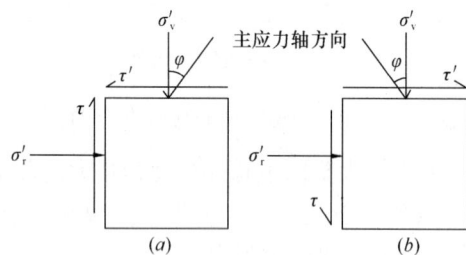

图 3-2-1　桩周土应力状态图
(a) 抗拔桩；(b) 抗压桩

体单元在受到剪切后，水平有效应力都不再是主应力，主应力的方向发生了旋转。剪应力越大，旋转角就越大。

水平有效应力 σ_r' 的变化取决于土的应力应变性能。室内三轴试验表明，一定密度的砂土，围压越小，剪胀越明显。当围压渐增到一定值时，砂土则表现为常体积；当围压再增大时，则表现为剪缩。对于一定密度的正常固结黏土，三轴剪切试验中都表现为剪缩，且围压越大，剪缩越明显。不过，无论是抗压桩还是抗拔桩，如果土体剪缩，水平有效应力将减小；反之，水平有效应力将增大。总之，桩周土体呈现何种体积变化性能，与土的密度、围压等有关，与桩基的受荷方向没有简单的对应关系，认为抗压桩桩周土受力与三轴压缩类似、抗拔桩桩周土受力与三轴拉伸类似的说法是不恰当的。

竖向有效应力 σ_v' 的变化与荷载的作用方向有关系，上拔荷载使竖向有效应力减小，下压荷载使竖向有效应力增加，这导致了抗压桩与抗拔桩桩周土体受力性状的差异。同时，抗拔试验时桩端土几乎没有抗拉性能，而抗压试验时桩端土具有良好的抗压性能以阻止桩土界面滑移，这也是两者性状差异之一。

(二) 桩端阻对侧阻的影响

传统观念认为，桩侧阻力与桩端阻力是各自独立、互不影响的，然而，大量模型试验和原位试验资料表明，桩端阻力与桩侧阻力之间具有相互作用，也就是说，存在某种程度的耦合。抗拔桩桩端土层由于没有端阻的影响，其应力状态必然与抗压桩有很大的区别。

在桩开始受荷时，抗拔桩与抗压桩沿桩身的侧摩阻力分布曲线相似，桩侧阻都是从桩上部开始发挥并逐渐往下传递的。随着荷载的不断增大，抗拔桩桩身上部和端部的侧阻几

乎没有变化，而桩身中部侧阻变化较大；抗压桩除桩上部侧阻达到极限外，中下部侧阻均快速增长。这说明，桩端阻力的发挥会对桩侧阻力产生影响，桩侧阻随着端阻的增大而有所提高，即端阻对侧阻存在增强效应。

对于端阻的增强效应，前人已做了大量的工作。试验资料表明，桩端土层强度越高，对桩侧阻力的增强效果就越明显。同时，Vesic 试验表明，在其他条件相同的情况下，桩越长，桩侧阻力的强化效应越明显。这说明，桩端阻对侧阻的强化作用还受到桩长的影响。

综合上面的论述，可以对端阻影响侧阻的机理作以下的分析：

1. 抗压桩

抗压桩端土体的变形和应力的变化见图
3-2-2。在荷载作用下，桩逐步向下移动，在桩端周围形成了两个性质不同的区域——塑变区和成拱区。由于成拱作用的原因，形成了桩端和桩端以上变形图形的不一致。成拱的形成加速了端部以上一段距离（0～5 倍桩径）内桩土相对位移的发展，同时由于上覆土的约束，使得成拱影响区内的土体水平应力增加。但端部成拱作用是桩端阻发挥后出现的，因而在荷载较小时，抗压桩端部侧阻较小，而在桩受荷接近承载力时，桩端部侧阻较桩上部侧阻明显增大了，并且桩端的成拱效应受土体强度的影响。

图 3-2-2　抗压桩端部应力状态图

在相同桩端位移的条件下，土体强度越高，成拱影响区内的应力水平就越高，从而增强效应就越明显。同时，一般来说，土体的强度随深度的增加而增加，因而桩侧阻的强化效应表现为随桩长的增加而增加。

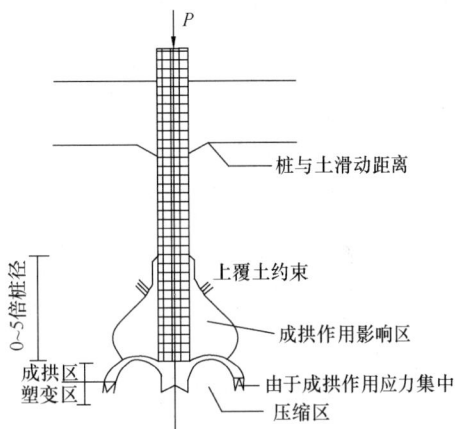

2. 抗拔桩

抗拔桩桩周土体的变形与应力变化如图 3-2-3 所示。图 3-2-4 为抗拔桩土颗粒模拟试验图。在荷载作用下，桩周土有向上滑动的趋势，桩端部由于桩身的上抬形成空穴。空穴

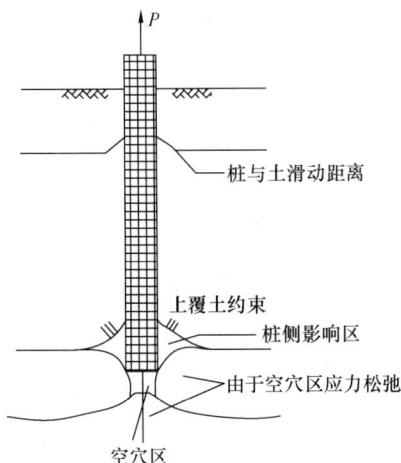

图 3-2-3　抗拔桩端部应力状态图

图 3-2-4　抗拔桩土颗粒模拟试验图

的出现使端部的土体应力发生了松弛。同时，端部以上一段距离内的土体由于有向上移动的趋势，再加上空穴的应力松弛的影响，其水平应力大幅度下降，从而使侧阻比上部土层的侧阻还要小。当然，由于空穴的形成是在抗拔力较大的时候出现的（即端部出现滑移时），因而加载初期，其侧阻沿桩身的分布图与抗压桩的相似，而在桩接近破坏时，抗拔桩端阻与抗压桩相差很大。

综合上述分析，对抗拔抗压桩受力性状的差异性归纳见表 3-2-1。

抗拔桩与抗压桩的异同 表 3-2-1

相同点	①抗拔桩和抗压桩的 U-δ 曲线和 Q-S 曲线均表现小荷载下弹性，中荷载下弹塑性； ②轴力变化集中在桩身上部，其沿深度的变化相似； ③侧阻的发挥均为异步的过程。
不同点	在大荷载作用下： ①抗压桩的 Q-S 曲线变化比抗拔桩 U-δ 曲线明显，抗压桩的极限承载力远大于抗拔桩； ②抗拔桩桩身下部轴力的变化比抗压桩的大很多，同时抗压桩端部轴力较大，常表现为端承摩擦桩，而抗拔桩为纯摩擦桩； ③抗压桩与抗拔桩侧阻作用力方向相反。抗压桩侧阻沿深度逐渐变大（软弱土层除外），而抗拔桩侧阻表现为"两头小，中间大"，还有抗压桩端部侧阻增加很快，而抗拔桩侧阻在达到一定值后，只出现很小增幅； ④抗拔桩与抗压桩的侧阻极限值不同，其比值 η 在 0.5～0.8 之间变化（桩端处除外），在具体设计时 η 值应按实测统计得出。

三、抗压摩阻力与抗拔摩阻力系数的取值

从上面的分析可知，由于桩基所受荷载方向的不同，引起了桩周土受力性状的变化，从而使抗拔桩与抗压桩的侧摩阻力发挥机理产生差异。抗压桩上部侧阻普遍比下部土层小（出现软弱土层除外），而抗拔桩桩身中部侧阻大，两端侧阻小；同时，抗压桩端部侧阻随相对位移的增大，增加很快，而抗拔桩端部侧阻在达到一定值后，只出现很小的增幅。相应地，侧阻值的大小也是不同的。由静载试验资料可知，抗拔桩与抗压桩在相同土层的条件下（除端部的侧阻外），侧阻极限值的比值 η 基本上在 0.5～0.8 之间变化，在具体设计时 η 值应按静载试验实测得到。

第三节 等截面抗拔单桩的变形计算

相对于竖向受压桩，对抗拔桩的研究还很粗浅，而且大部分都集中在抗拔桩的极限承载力上，对抗拔桩位移变形的研究相对而言更为不足。另一方面，在实际工程中，很多情况都是以最大允许变形量作为控制标准。所以，无论从理论研究，还是从实际工程需要来看，对抗拔桩位移变形的深入研究都是很有意义的。

目前，国内关于抗拔单桩变形的分析方法主要有以下几种：

（1）弹性理论法；

（2）荷载传递法；

（3）有限差分法。

一、弹性理论法

当前，国内对抗拔桩变形的研究主要为弹性变形分析。黄锋（1999）对砂土中的抗拔桩位移变形进行了分析，采用"套叠式"桩周土变形模式反映桩基荷载传递规律，推导出抗拔桩的弹性位移理论解，即：

$$w_{t} = \frac{P_{t}cth(\mu l)}{r_{0}^{2}\mu\lambda\pi G_{s}}$$ (3-3-1)

式中　P_{t}——上拔荷载；

　　　l——桩长；

　　　r_{0}——桩半径；

　　　μ——$\mu = \sqrt{2/(r_{0}^{2}\lambda\xi)}$，$\xi = \ln(r_{m}/r_{0})$，根据 Randolph 的研究 $r_{m} = 2.5(1-v_{s})l$；$\lambda = \frac{E_{P}}{G_{S}}$；

　　　G_{s}——土体的剪变模量。

为了考虑桩周土体的非均匀性，对砂土，围压与深度为线性关系，假定土体剪变模量与深度的关系为 $G_{s} = mz^{\alpha}$，$0 < \alpha < 1$。通过理论推导得到抗拔桩的无量纲公式，表示如下：

$$\frac{P_{t}}{w_{t}G_{s}r_{0}} = \frac{1}{\alpha+1}\pi\mu\lambda r_{0}th(\mu l)$$ (3-3-2)

二、荷载传递法

荷载传递法自 Seed 和 Reese（1957）提出至今已经有 50 多年的历史了。随着理论和实践的发展，荷载传递函数在桩基工程中的应用越来越广泛。荷载传递分析方法基本上不受土类型的影响，可适用于砂土和黏土。同时可以方便考虑土的非均匀性和非线性。荷载传递法的关键在于选择能反映实际工程中桩-土共同作用机理的荷载传递函数，也就是通常所说的 t-z 曲线。Colye 和 Reese（1966）指出荷载传递法计算得到的荷载位移曲线通常可以很好地模拟实际工程中的试桩曲线，分析结果的正确性完全取决于引用的 t-z 曲线正确性。

（一）荷载传递函数

（1）弹塑性荷载传递函数

佐藤悟（1965）提出了弹塑性荷载传递函数，可用下式表示：

$$\tau_{z} = \tau_{max}\frac{w(z)}{w_{max}} \qquad w(z) \leqslant w_{max}$$ (3-3-3)

$$\tau_{z} = \tau_{max} \qquad w(z) > w_{max}$$ (3-3-4)

（2）抛物线荷载传递函数

Vijayvergiya（1977）根据其试桩记录，提出适用于砂土和黏性土的抛物线荷载传递曲线，该荷载函数表达式如下：

$$f_{z} = f_{max}\left(2\sqrt{\frac{w(z)}{w_{max}}} - \frac{w(z)}{w_{max}}\right) \quad w(z) < w_{max}$$ (3-3-5)

$$f_z = f_{\max} \qquad\qquad w(z) \geqslant w_{\max} \tag{3-3-6}$$

　　抛物线荷载传递曲线可以较好地分析土的非线性对桩顶变形的影响，然而该方法有一定的局限性。由式（3-3-5）和（3-3-6）可以看出，荷载传递函数主要取决于土的最大剪应力 $f_{\max}$ 和屈服位移 $w_{\max}$。土体屈服位移相对于土的最大剪应力而言，比较难准确预测，通常通过实测试验结果或根据载荷试验数据反分析确定。

　　（3）理论荷载传递函数

　　Kraft（1981）在弹性理论的基础上，通过修正弹性理论结果来拟和试桩曲线，得到理论荷载传递曲线表达式如下：

$$w(z) = \frac{\tau_z r_0}{G_i} \ln\left(\frac{\dfrac{r_{\mathrm{m}}}{r_0} - \psi}{1 - \psi}\right) \tag{3-3-7}$$

式中　$\psi = \dfrac{\tau_z R_{\mathrm{f}}}{\tau_{\max}}$，$R_{\mathrm{f}}$ 为双曲线拟和系数。

　　（4）双曲线荷载传递函数

　　Castelli 根据实测试桩试验结果提出双曲线荷载传递函数，该函数可以由下式表示：

$$\tau_z = \frac{w(z)}{a + bw(z)} \tag{3-3-8}$$

$$a = \frac{1}{K_{si}} = \frac{r_0 \ln\left(\dfrac{r_{\mathrm{m}}}{r_0}\right)}{G_{si}} \tag{3-3-9}$$

$$b = \frac{1}{\tau_{\mathrm{ult}}} \tag{3-3-10}$$

式中　a 和 b——双曲线的参数；

　　　　r_{m}——桩的影响半径，Randolph 指出，$r_{\mathrm{m}} = 2.5\rho L(1 - v_{\mathrm{s}})$；

　　　　r_0——桩的半径；

　　K_{si}，G_{si}——桩侧土的初始切线刚度和剪切模量；

　　　　τ_{ult}——土的极限剪应力。

（二）理论推导

　　荷载传递法通常采用变形协调法计算基桩的变形。常规的变形协调法通常是假定桩底有一微小位移，然后根据桩-土界面的 t-z 曲线，通过迭代的方法得到桩顶单元的荷载和位移。然而，该方法用于抗拔桩需要作一些修正。对于较长的抗拔桩而言，当荷载较小时，桩的变形只发生到桩身的一定深度，而没有传递到桩底。尤其对于桩底嵌岩的抗拔桩，在荷载较小时，使用常规变形协调法预测的结果将与实测结果出入较大。本文采用修正变形协调法预测抗拔桩非线性变形。该方法假定桩顶有一较小的位移，使用二分法调整桩顶位移，然后根据桩身的轴向变形和桩侧变形的协调关系，逐段向下推出各单元的轴力和桩侧阻力，直到桩侧的总剪切阻力等于假定桩顶荷载为止。此外，常规变形协调法常忽视桩的弹性变形对桩侧剪应力的影响，本文提出的修正变形协调法将考虑桩的弹性变形对桩侧剪应力的影响，具体步骤如下：

　　（1）见图 3-3-1，将桩分成 n 个单元，每个单元长度可相等或不等。

（2）桩顶上拔荷载为 P，并且假定一个较小的桩顶位移 w_t，因此单元 1 的顶部荷载为：

$$P_{t1} = P \qquad (3\text{-}3\text{-}11)$$

单元 1 的顶部位移为

$$w_{t1} = w_t \qquad (3\text{-}3\text{-}12)$$

（3）假定单元 1 的平均拉力为 P_{t1}，由此可以预估单元 1 的初始弹性变形为：

$$e_1 = \frac{P_{t1}\Delta L}{AE} \qquad (3\text{-}3\text{-}13)$$

式中　A——桩的横截面面积；

　　　E——桩的弹性模量；

　　　ΔL——每个单元的长度。

（4）单元 1 的中点位移为

图 3-3-1　抗拔桩分析模型示意图

$$w_{1c} = w_{t1} - (e_1/2) \qquad (3\text{-}3\text{-}14)$$

（5）考虑土体的非线性，可根据工程实际情况选定合适的荷载传递函数，将单元 1 的中点位移代入相应的荷载传递函数中，从而得到单元 1 的桩侧剪应力 τ_1；

（6）当确定桩侧剪应力后，单元 1 总的摩阻力为：

$$T_1 = 2\pi R_0 \Delta L \tau_1 \qquad (3\text{-}3\text{-}15)$$

式中　R_0——桩的半径。

（7）单元 1 的底部荷载为：

$$P_{b1} = P_{t1} - T_1 \qquad (3\text{-}3\text{-}16)$$

（8）单元 1 的平均拉力为

$$P_1 = (P_{t1} + P_{b1})/2 \qquad (3\text{-}3\text{-}17)$$

由此，单元 1 的修正弹性变形为：

$$e_1' = \frac{P_1\Delta L}{EA} \qquad (3\text{-}3\text{-}18)$$

（9）比较单元 1 的假定弹性变形 e_1 和修正弹性变形 e_1'，如果两者的差值大于限定值（可取为 1×10^{-6}），则假定 $e_1 = e_1'$，重复步骤（4）～（8），直到两者的差值小于限定值。

（10）单元 1 的底部位移为：

$$w_{b1} = w_{t1} - e_1' \qquad (3\text{-}3\text{-}19)$$

（11）单元 2 的顶部荷载和位移等于单元 1 的底部荷载和位移

$$P_{t2} = P_{b1} \qquad (3\text{-}3\text{-}20)$$

$$w_{t2} = w_{b1} \qquad (3\text{-}3\text{-}21)$$

（12）重复步骤（3）～（10），可以得到单元 2 的底部位移和拉力。依次类推，计算桩上各单元位移和拉力。中止条件为计算到桩端单元或者某个单元顶部的位移为一指定极小值（可取为 1×10^{-6}）。

（13）桩侧剪力承担的总荷载为 $T = T_1 + T_2 + T_3 + \cdots + T_k \quad k \leqslant n$ （3-3-22）

（14）再假定一个较大的桩顶位移 w_t'（如 $w_t' = d$），重复步骤（2）～（13），得到另一个桩侧剪力承担的总荷载 T'。

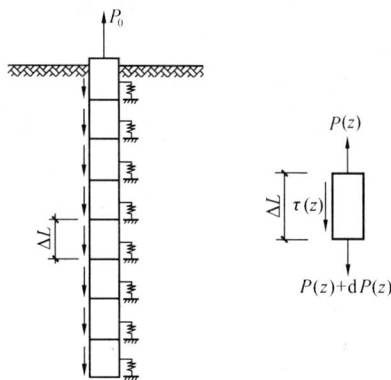

（15）桩顶的平均位移为：

$$w_t^{mean} = (w_t + w'_t)/2 \tag{3-3-23}$$

重复步骤（2）～（13），得到桩侧剪力承担的总荷载 T^{mean}。

（16）如果 T^{mean} 与假定桩顶荷载 P 的差值在限定值以内，则 T^{mean} 即为桩在上拔力 P 下的位移，计算中止。如果两者的差值超过限定值，若（$T^{mean}-P$）（$T-P$）<0，则 $w'_t = w_t^{mean}$，反之，则 $w_t = w_t^{mean}$。重复步骤（2）～（15），直至 T^{mean} 与假定桩顶荷载 P 的差值小于限定值。

（17）对应不同荷载水平，重复（2）～（16）步，得到相应的抗拔桩位移。由此可以得到抗拔桩的荷载-位移曲线。

（三）实例验证

上海新梅莘苑地下车库位于上海市闵行区莘庄镇内，地下车库由于无上部荷载，采用抗拔桩基处理，进行了基桩竖向抗拔静载荷试验。该工程基桩采用预制混凝土方桩，锤击法施工，混凝土强度等级为 C30，桩的弹性模量为 $E_P = 3 \times 10^4$ MPa。桩的截面尺寸为 250mm×250mm。试桩的桩长为 20m，设计单桩竖向抗拔极限承载力标准值为 275kN。根据规范要求，对地下车库的三个试桩（编号分别为 21♯，84♯，148♯）进行了竖向抗拔静载荷试验。由于三个抗拔桩的实测结果都比较接近，因此本节只计算 84♯ 试桩在上拔荷载下的响应。

工程所在的土层主要由饱和的黏性土、砂性土组成。试验场地各土层物理力学性质详见参考文献 [4]。根据各土层厚度得到土的物理力学指标的加权平均值。桩侧土的平均容重为 $\gamma = 17.5$kN/m³，平均内摩擦角为 $\varphi = 17.1°$。桩侧土体主要为黏性土，因此土的侧压力系数可采用静止土压力系数。各土层的压缩模量加权平均，再根据桩周土体的压缩模量与弹性模量的换算关系，计算得到弹性模量 $E_s = 8.9$MPa，土的泊松比 $v_s = 0.4$。然后利用式（3-3-9）和（3-3-10）得到桩侧土的双曲线荷载函数参数 a 和参数 b。

由图 3-3-2 可以看出，弹性解在上拔荷载在 100kN 以内时，和实测值比较接近，在荷载较大时，抗拔桩的弹性解和实测值相差很大。这说明使用弹性理论计算桩的变形只能在上拔荷载很小的情况下才能适用，因此有很大的局限性。

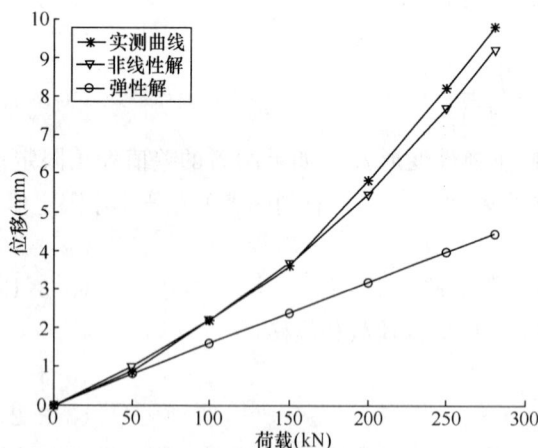

图 3-3-2　抗拔桩实测值和计算值的比较

由图 3-3-2 还可以看出，当荷载传递函数采用双曲线函数时，利用变形协调法预测得到的抗拔桩荷载—位移曲线和实测曲线非常接近。这说明只要合理的确定双曲线函数参数，利用变形协调法可以较好地预测抗拔桩变形。通过充分利用试验场地中各土层的物理力学参数，选定合理的经验公式得到符合工程情况的双曲线参数。相对于通过反分析方法确定荷载函数参数，使用经验方法确定荷载函数参数有着更为实用的工程应用价值。

三、有限差分法

对于实际工程中的分层土体，特别是桩土之间出现塑性滑移时，弹性解不能给出抗拔桩的准确分析，更不能提供抗拔桩的抗拔强度，因此有必要发展抗拔桩的弹塑性解答。不过，对于考虑桩土塑性滑移和土体分层条件下，很难得到弹塑性封闭解。本节给出抗拔桩的弹塑性差分求解方法，假定桩侧土体满足理想弹塑性关系，桩的离散如图 3-3-3 所示。

（一）理论推导

根据桩身微单元的轴向平衡和荷载变形关系，可推导得到轴向抗拔桩的变形控制方程：

$$\frac{\mathrm{d}^2 w}{\mathrm{d}z^2} = \frac{k_s w}{AE} \qquad (3\text{-}3\text{-}24)$$

式中　A——桩截面面积；

　　　E——桩的弹性模量；

　　　k_s——竖向弹簧系数（F/L^2）。

采用 Taylor 级数展开桩的轴向变形函数 w，可以得到 $z = z_{m+1}$ 和 z_{m-1} 深度处的变形 w_{m+1} 和 w_{m-1} 如下：

$$w_{m+1} = w_m + h\frac{\partial w}{\partial z} + \frac{h^2}{2!}\frac{\partial^2 w}{\partial z^2} + \frac{h^3}{3!}\frac{\partial^3 w}{\partial z^3} + \cdots \qquad (3\text{-}3\text{-}25)$$

$$w_{m-1} = w_m - h\frac{\partial w}{\partial z} + \frac{h^2}{2!}\frac{\partial^2 w}{\partial z^2} - \frac{h^3}{3!}\frac{\partial^3 w}{\partial z^3} + \cdots \qquad (3\text{-}3\text{-}26)$$

式中 h 为选定的桩身增量长度。如果忽略上式中的高次项（3 次以上），可以得到一次和二次导数中心差分的近似结果：

$$\frac{\partial w}{\partial z} \approx \frac{w_{m+1} - w_{m-1}}{2h} \qquad (3\text{-}3\text{-}27)$$

$$\frac{\partial^2 w}{\partial z^2} \approx \frac{w_{m+1} - 2w_m + w_{m-1}}{h^2} \qquad (3\text{-}3\text{-}28)$$

将式（3-3-28）代入式（3-3-24）可得

$$\frac{w_{m+1} - 2w_m + w_{m-1}}{h^2} = \frac{k_m w}{AE} \qquad (3\text{-}3\text{-}29.\,m)$$

式中　k_m——m 点处的地基反力模量 k_s 值。

$$\frac{w_{m+1} - w_{m-1}}{2h} = \frac{P_m}{AE} （变形方程） \qquad (3\text{-}3\text{-}30.\,m)$$

式中　P_m——截面轴力。

式（3-3-29.m）可表达为

$$w_{m+1} - 2w_m + w_{m-1} = \alpha_m + \beta_m w_m \qquad (3\text{-}3\text{-}31.\,m)$$

在弹性条件下：

$$\alpha_m = 0 \qquad (3\text{-}3\text{-}32.\,m)$$

$$\beta_m = (h^2/AE)k_m \qquad (3\text{-}3\text{-}33.\,m)$$

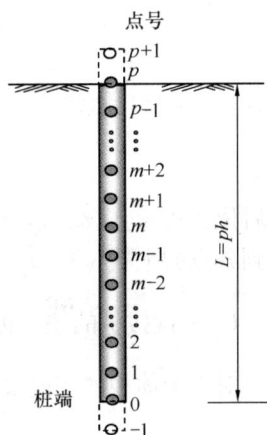

图 3-3-3　抗拔桩的离散

在塑性条件下：

$$\alpha_m = (h^2/AE)f_{u(m)} \qquad (3\text{-}3\text{-}34.\text{m})$$

$$\beta_m = 0 \qquad (3\text{-}3\text{-}35.\text{m})$$

如果桩长为有限长度 L，并假定桩端处截面轴力为常数 P_b（不考虑桩端下负压作用时，$P_b=0$；否则 $P_b>0$），则桩端处存在如下关系：

$$\frac{w_1 - w_{-1}}{2h} = \frac{P_b}{AE} \qquad (3\text{-}3\text{-}29.0)$$

$$w_1 - 2w_0 + w_{-1} = \alpha_0 + \beta_0 w_0 \qquad (3\text{-}3\text{-}31.0)$$

由式（3-3-29.0）和（3-3-31.0）约掉 w_{-1}，得：

$$w_0 = A_0 + B_0 w_1 \qquad (3\text{-}3\text{-}36.0)$$

式中 $\quad A_0 = -(\alpha_0 + \pi_T P_b)/(2+\beta_0); B_0 = 2/(2+\beta_0); \pi_T = 2h/AE$

进一步由式（3-3-36.0）和（3-3-31.1）得

$$w_1 = A_1 + B_1 w_2 \qquad (3\text{-}3\text{-}36.1)$$

式中 $\quad A_1 = (A_0 - \alpha_1)/(2+\beta_1 - B_0); B_1 = 1/(2+\beta_1 - B_0)$

同样，由式（3-3-36.1）和（3-3-31.2）可得：

$$w_2 = A_2 + B_2 w_3 \qquad (3\text{-}3\text{-}36.2)$$

式中 $\quad A_2 = (A_1 - \alpha_2)/(2+\beta_2 - B_1); B_2 = 1/(2+\beta_2 - B_1)$

按上述方法，依次由式（3-3-36.1））和（3-3-31.m）可得 $m(2 < m < p)$ 点处的上拔位移 w_m：

$$w_m = A_m + B_m w_{m+1} \qquad (3\text{-}3\text{-}36.\text{m})$$

式中 $\quad A_m = (A_{m-1} - \alpha_m)/(2+\beta_m - B_{m-1}); B_m = 1/(2+\beta_m - B_{m-1})$

因此在桩顶 p 和 $p-1$ 点处，有

$$w_p = A_p + B_p w_{p+1} \qquad (3\text{-}3\text{-}36.\text{p})$$

$$w_{p-1} = A_{p-1} + B_{p-1} w_p \qquad (3\text{-}3\text{-}36.\text{p-1})$$

根据边界条件，在桩顶处有如下关系：

$$\frac{w_{p+1} - w_{p-1}}{2h} = \frac{\Sigma Q_{T(p)}}{AE} \qquad (3\text{-}3\text{-}29.\text{p})$$

式中 $\quad Q_{T(p)}$ ——桩顶受到的总轴向拉力。因此，由式（3-3-29.p）、（3-3-36.p-1）和（3-3-31.p）得：

$$w_{p+1} = (\pi_T \Sigma Q_{T(p)} + A_{p-1} + A_p B_{p-1})/(1 - B_p B_{p-1}) \qquad (3\text{-}3\text{-}37)$$

将式（3-3-37）回代到式（3-3-36.p）可得：

$$w_p = A_p + \frac{B_p}{(1 - B_p B_{p-1})}(\pi_T \Sigma Q_{T(p)} + A_{p-1} + A_p B_{p-1}) \qquad (3\text{-}3\text{-}38)$$

然后依次将 w_p，w_{p-1}，$\cdots$，w_1 回代到式（3-3-36.p-1），（3-3-36.p-2），$\cdots$，（3-3-36.0）得到各点的上拔位移 w_{p-1}，$\cdots$，w_0。

（二）抗拔桩的统一极限侧阻

对于土体中的竖向抗拔桩，极限侧阻可以采用如下统一表达式：

$$f_s = N_c \left(\alpha_s + \frac{\sigma_v'}{\overline{S}_u}\right)^n \overline{S}_u = \alpha \overline{S}_u（黏土） \qquad (3\text{-}3\text{-}39a)$$

$$f_s = N_c \left(\alpha_s + \frac{\sigma'_v}{p_a} \right)^n \sigma'_v = \beta \sigma'_v \text{（砂土）} \tag{3-3-39b}$$

式中　$\overline{S}_u$——黏性土层的平均不排水剪强度；

$\quad\quad p_a$——大气压力；

$\quad\quad \sigma'_v$——有效上覆压力，$\sigma'_v = \gamma_s x$；

$\quad\quad N_c$——极限侧阻系数；

$\quad\quad \alpha_s$——反映地面处侧阻大小的参数，对于砂土，一般情况下 $\alpha_s = 0$；对于黏土，一般情况下 $\alpha_s = 0 \sim 0.5$。

值得说明的是，对于 $c\text{-}\varphi$ 黏性土，每一深度处的不排水剪强度 S_u 可由下式近似确定：

$$S_u = c + \sigma_h \tan \phi \tag{3-3-40}$$

式中　σ_h——研究点处的水平应力（$= K_0 \sigma'_v$，K_0 为静止土压力系数）。

式（3-3-39）中的参数 N_c，α_s 和 n 可通过抗拔桩的实测荷载—变形关系反分析得到，也可参照抗压桩极限侧阻初步确定。表 3-3-1 给出了部分文献报道的黏性土中抗压桩的上述三参数值，对于抗拔桩，N_c 值可降低 $50\% \sim 90\%$。

部分文献报道的统一极限侧阻参数　　　　表 3-3-1

文　献	表　达　式	N_c	α_s	n
Randolph & Murphy (1985)，API (1993)	$f_{s1} = 0.5 \sqrt{S_u \sigma'_{v0}}$ $f_{s2} = 0.5 S_u^{0.75} \sigma'^{0.25}_{v0}$ $f_s = \max(f_{s1}, f_{s2})$	0.5 0.5	0 0	0.5 0.25
Kolk & Van der Velde (1996)	$f_s = 0.55 s_u^{0.7} \sigma'^{0.3}_{v0} \times \left(\dfrac{40}{L/d} \right)^{0.2}$	$0.55 \left(\dfrac{40}{L/d} \right)^{0.2}$	0	0.3

由式（3-3-39），通过积分可得到单一土层中抗拔桩的极限承载力 P_{ult}：

$$P_{ult} = \frac{N_c \pi d \overline{S}_u}{\gamma_s (1+n)} \left[\left(\alpha_s + \frac{\gamma_s L}{\overline{S}_u} \right)^{1+n} - \alpha_s^{1+n} \right] \text{（黏性土）} \tag{3-3-41a}$$

或

$$P_{ult} = \frac{N_c \pi d p_a^2}{\gamma_s (1+n)(2+n)} \left[\alpha_s^{2+n} + \left(\alpha_s + \frac{\gamma_s L}{p_a} \right)^{1+n} \left(\frac{\gamma_s n L}{p_a} + \frac{\gamma_s L}{p_a} - \alpha_s \right) \right] \text{（无黏性土）}$$

$$\tag{3-3-41b}$$

对于分层土体，可通过计算每层土体贡献的极限承载力，然后求和得到抗拔桩的总极限承载力。

（三）差分法计算步骤

在求解之前，需要输入如下桩与土体参数：

（1）桩参数：桩长 L，桩径 d，荷载大小与离地面高度，每点处桩身截面刚度 $A_m E_m$（截面积 A_m，弹性模量 E_m）；

（2）土体参数：地基反力模量 k_m，n，α_s 和 N_c（可分别输入每层土的上述三参数，也可输入桩嵌入深度内所有土体三参数的等效值）。

采用上述输入的参数，按下述步骤确定桩的性状：

(1) 假定沿桩的埋置深度内每一点土体处于弹性状态，即在任一点 m 处，$\alpha_m = 0$ 和 $\beta_m = h^2 k_m / A_m E_m$；并确定每一深度处土体屈服位移 $w_{u(m)} (= p_{u(m)}/k_m)$，其中 $p_{u(m)} = \pi d f_{s(m)}$。

(2) 根据式 (3-3-36.m) 确定地面下每一点的计算系数 A，B；

(3) 由式 (3-3-37) 分别计算地面上第一个点（或虚拟点）的上拔位移 w_{p+1}；

(4) 根据式 (3-3-38) 和 (3-3-36.m)，依次回代计算桩身各点处的上拔位移 w_p，w_{p-1}，$\cdots$，w_0，并比较每一点的变形 w_m 与该点处的屈服变形 $w_{u(m)}$ 如下：

a. 如果 $w_m \leqslant w_{u(m)}$，继续计算下一点的变形；

b. 如果 $w_m > w_{u(m)}$，该点 α_m 替换为 $h^2 k_m w_{u(m)}/A_m E_m$ 和 $\beta_m = 0$，并继续计算下一点的变形；

(5) 采用修正后的 α_m 和 β_m 值，重复步骤 (2) 到 (4)，直到下一个循环后 α_m 和 β_m 值不再发生变化，迭代过程终止；

(6) 得到桩身每一点的变形 w_m，然后按式 (3-3-24.m) 计算每一点处的轴力；

(7) 重复步骤 (2) ～ (6)，计算下一级荷载作用下桩身上拔位移和轴力。需要指出的是，随着荷载的增加，可以直接采用上一级荷载作用下的 α_m 和 β_m 值作为初值进行迭代计算。

(四) 实例分析

文献 [5] 采用土工渗水力模型试验仪进行的 3 个抗拔桩（分别称为桩 1，2 和 3）模型试验。原型桩尺寸见图 3-3-4，桩的弹性模量 $E_p = 1.1 \times 10^5 \, \text{MPa}$。桩周土体重度 $\gamma_s = 15.4 \, \text{kN/m}^3$，土体剪变模量 $G_s = 0.22 z^{0.47} \, \text{MPa}$，假定泊松比 $\nu_s = 0.2$。采用本文方法，可直接由实测的桩顶荷载-变形曲线反分析得到桩长深度内的平均剪切模量。对于砂土中的抗拔桩，可假定 $P_0 = 0$ 和 $\alpha_s = 0$。由于 n 对桩顶位移影响较小，可假定为 0.25。通过比较分析，对于桩 1、2 和 3，当 $N_c = 0.43$，$G_s = 0.5 \, \text{MPa}$（桩 1）；$N_c = 0.11$，$G_s = 0.8 \, \text{MPa}$（桩 2）和 $N_c = 0.2$，$G_s = 0.55 \, \text{MPa}$（桩 3）时，采用弹塑性方法得到的桩顶变形和极限承载力与试验结果十分吻合（图 3-3-4），而弹性解只能准确

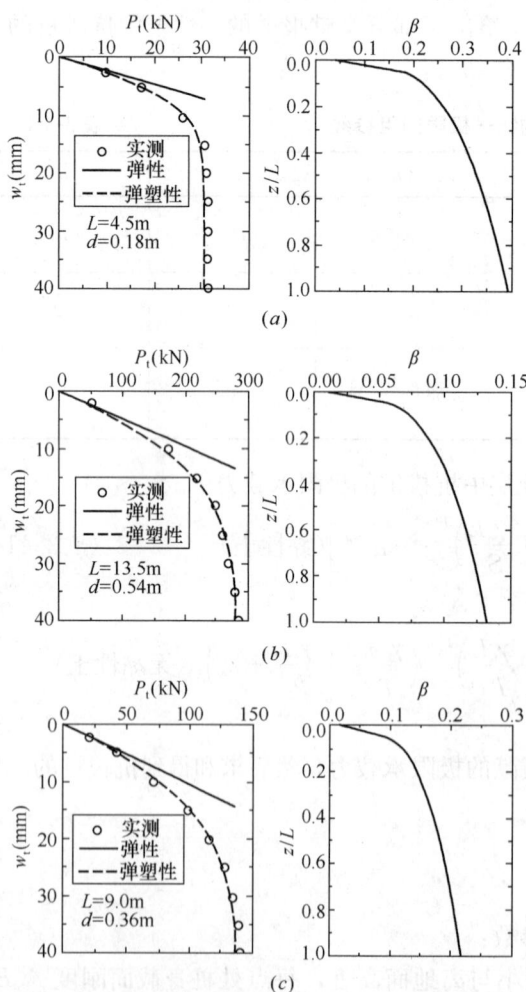

图 3-3-4 抗拔桩的实测变形和理论计算值比较

(a) 桩 1 的桩顶位移和 β 值；(b) 桩 2 的桩顶位移和 β 值；

(c) 桩 3 的桩顶位移和 β 值

预测较低荷载水平下的桩基变形，不能确定极限承载力。相应的极限侧阻系数 β 沿深度变化也示于图 3-3-4 中，桩长范围内 β 平均值分别约为 0.31（桩 1），0.11（桩 2）和 0.17（桩 3）。上述三个模型桩分析结果表明：①桩长越长，G_s 平均值越大，这是由于砂土剪变模量随深度增长的缘故；②桩长越长，N_c 值或 β 平均值越小，这可能与土样制备引起土体不均匀、相对密实度不同以及土工渗水力模型尺寸效应等有关，但具体原因待定。

第四节　扩底抗拔桩的变形计算

目前，国内外对扩底抗拔桩的研究成果较少，且大多限于扩底抗拔桩的极限承载力方面。而工程实践对桩基的允许变形要求较严，不是单纯地以承载力作为控制标准。因此，从理论研究及工程实践需要来看，对扩底抗拔桩的变形进行深入的研究具有重要的实际应用价值。

一、弹性理论法

本节中桩侧土体假定为弹性体，桩端扩大头假定为等效弹簧，具体可见图 3-4-1。

建立土体单元的竖直方向平衡方程为：

$$\frac{\partial}{\partial r}(r\tau) + r\frac{\partial \sigma_z}{\partial z} = 0 \qquad (3\text{-}4\text{-}1)$$

式中　τ——桩侧剪应力；

σ_z——竖直方向的应力。

图 3-4-1　扩底抗拔桩
变形分析简化模型

当抗拔桩加载时，剪应力的变化要远大于竖向应力的变化，因此，式（3-4-1）可简化为：

$$\frac{\partial}{\partial r}(r\tau) \approx 0 \qquad (3\text{-}4\text{-}2)$$

假定桩侧（$r=r_0$）的剪应力为 τ_0，将式（3-4-2）积分可以得到：

$$\tau = \frac{\tau_0 r_0}{r} \qquad (3\text{-}4\text{-}3)$$

桩侧剪应变由下式确定：

$$\gamma = \frac{\tau}{G} = \frac{\partial u}{\partial z} + \frac{\partial w}{\partial r} \qquad (3\text{-}4\text{-}4)$$

抗拔桩主要变形为竖向变形，因此忽略上式第一项，积分得：

$$w_s = \frac{\tau_0 r_0}{G}\int_{r_0}^{\infty}\frac{\mathrm{d}r}{r} \qquad (3\text{-}4\text{-}5)$$

已知上式积分公式发散，Randolph 引入影响半径 r_m，则上式积分可得：

$$w_s = \frac{\tau_0 r_0}{G}\ln\left(\frac{r_m}{r_0}\right) = \xi\frac{\tau_0 r_0}{G} \qquad (3\text{-}4\text{-}6)$$

以上已经推导出桩侧剪应力和桩侧土位移之间的关系式，下面将推导扩底桩的桩端阻力和土的位移之间的关系。承压桩的桩端荷载和土位移的关系是通过假定弹性半空间体上作用一个圆形刚性压块推导出来的，具体表达式如下：

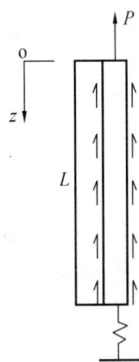

$$w_b = \frac{P_b(1 - v_b)}{4G_b r_0} \tag{3-4-7}$$

式中 G_b，v_b——桩端处土的剪变模量和泊松比；

$\qquad P_b$——桩端荷载；

$\qquad r_0$——桩的半径。

在上拔荷载作用下，扩底桩的扩大头对土体产生挤压。将桩端扩大头投影到平面上，上述传荷方式可简化为一刚性圆环对土体产生挤压。圆环的内半径为桩的半径 r_0，外半径为扩大头半径 r_b。半无限弹性体在圆环均布荷载下的变形，需要进行一系列的积分运算。为了简化计算，本节将半无限弹性体在圆环均布荷载下的变形简化为一个半径为 r_b 的大圆荷载下的变形减去一个半径为 r_0 的小圆荷载下的变形。由弹性理论易知，在弹性半空间体表面作用圆形均布荷载下，圆中心点的位移为：

$$w_{yc} = \frac{2(1 - v_s^2)qr}{E} \tag{3-4-8}$$

式中 E，v_s——弹性半空间体的弹性模量和泊松比；

$\qquad q$——均布荷载的压强；

$\qquad r$——圆的半径。

由式（3-4-8）和以上分析，可以方便地推导出圆环的中心处位移为：

$$w_{hc} = \frac{2(1 - v_s^2)q(r_b - r_0)}{E_b} \tag{3-4-9}$$

桩端均布荷载 q 和桩端集中荷载 P_b 可用下式表示：

$$q = \frac{P_b}{A_b} = \frac{P_b}{\pi(r_b^2 - r_0^2)} \tag{3-4-10}$$

将式（3-4-10）代入式（3-4-9）可得：

$$w_{hc} = \frac{2(1 - v_s^2)P_b}{\pi E_b(r_b + r_0)} = \frac{P_b(1 - v_s)}{\pi G_b(r_b + r_0)} \tag{3-4-11}$$

式（3-4-8）为圆形分布荷载下中心处的竖向位移。通过系数 $\pi/4$ 乘以均匀受荷圆柱端中心位移来近似估计桩端刚性的影响。该系数是在半无限体表面上一个刚性圆柱的表面位移与相应的均匀受荷圆的中心位移的比值。同理，为了考虑扩底桩桩端刚性的影响，将式（3-4-11）乘以系数 $\pi/4$，可以得到：

$$w_b = \frac{P_b(1 - v_s)}{4G_b(r_b + r_0)} \tag{3-4-12}$$

式（3-4-12）给出了抗拔扩底桩桩端荷载与土体位移的关系式，可以看出，其表达式与竖向受压桩公式（3-4-8）非常相似，仅在分母中 r_0 变化为 $r_b + r_0$。

对于完全刚性桩，桩侧剪应力随深度为常数，可由下式表示：

$$w_s = \xi \frac{\tau_0 r_0}{G} = \frac{\xi P_s}{2\pi l G} \tag{3-4-13}$$

式中 l——桩长；

$\qquad P_s$——桩侧总摩阻力。

存在 $w_t = w_b = w_s$，$P_t = P_b + P_s$，为了分析的方便，将以上式子无量纲化可得：

$$\frac{P_t}{Gr_0 w_t} = \frac{P_b}{Gr_0 w_b} + \frac{P_s}{Gr_0 w_s} = \frac{4}{\eta(1 - v_s)} + \frac{2\pi}{\xi}\frac{l}{r_0} \tag{3-4-14}$$

式中 $\eta = \dfrac{r_0}{r_0 + r_b}$。

当抗拔桩为有限刚度的桩时，桩侧剪应力和位移随深度而变化，可用下式表示：

$$w(z) = \xi \frac{\tau_0(z) r_0}{G_s} \tag{3-4-15}$$

假定抗拔桩为弹性体，在任意深度 z 处桩的应变为：

$$\frac{\mathrm{d}w(z)}{\mathrm{d}z} = \frac{-P(z)}{\pi r_0^2 E_p} = \frac{-P(z)}{\pi r_0^2 \lambda G_s} \tag{3-4-16}$$

式中 E_p 为桩的弹性模量；$\lambda = E_p / G_s$。

根据桩单元的力平衡方程，可得：

$$\frac{\mathrm{d}P(z)}{\mathrm{d}z} = -2\pi r_0 \tau_0(z) \tag{3-4-17}$$

将式（3-4-16）代入式（3-4-17），可得：

$$\frac{\mathrm{d}^2 w(z)}{\mathrm{d}z^2} = \frac{-1}{\pi r_0^2 \lambda G_s} \frac{\mathrm{d}P(z)}{\mathrm{d}z} = \frac{2}{r_0 \lambda G_s} \tau_0(z) \tag{3-4-18}$$

由式（3-4-18）和式（3-4-15），可得：

$$\frac{\mathrm{d}^2 w(z)}{\mathrm{d}z^2} = \frac{2}{r_0^2 \xi \lambda} w(z) \tag{3-4-19}$$

解此微分方程得：

$$w(z) = A e^{uz} + B e^{-uz} \tag{3-4-20}$$

式中 $(ul)^2 = \dfrac{2}{\xi \lambda}\left(\dfrac{l}{r_0}\right)^2$。

根据以下两个边界条件，可以得到系数 A 和 B：

$$w(l) = \frac{P_b(1 - v_s)}{4 r_0 G_s} \eta \tag{3-4-21}$$

$$\left(\frac{\mathrm{d}w}{\mathrm{d}z}\right)_{z=l} = \frac{-P_b}{\pi r_0^2 \lambda G_s} \tag{3-4-22}$$

根据系数 A 和 B，可以得到位移为：

$$w(z) = \frac{P_b}{r_0 G_s}\left\{\left[\frac{\eta(1-v_s)}{4}\cosh\left[u(l-z)\right] + \frac{1}{\pi r_0 \lambda u}\sinh\left[u(l-z)\right]\right\} \tag{3-4-23}$$

将式（3-4-23）代入式（3-4-16）可以得到桩轴力为：

$$P(z) = P_b \pi r_0 \lambda u\left\{\left[\frac{\eta(1-v_s)}{4}\sinh\left[u(l-z)\right] + \frac{1}{\pi r_0 \lambda u}\cosh\left[u(l-z)\right]\right\} \tag{3-4-24}$$

通过以上分析，可以得到有限刚度扩底抗拔桩的无量纲 $P_t / G_s r_0 w_t$ 形式，具体表示为：

$$\frac{P_t}{G_s r_0 w_t} = \frac{\zeta \lambda \pi r_0 u \sinh(ul) + \cosh(ul)}{\zeta \cosh(ul) + \dfrac{\sinh(ul)}{\pi r_0 \lambda u}} \tag{3-4-25}$$

式中 $\zeta = \dfrac{\eta(1 - v_s)}{4}$。

二、弹塑性理论法

当上拔荷载较小时，桩侧土体主要处于弹性状态，桩和土没有发生相对滑动，由上节的弹性变形解析式可以得到较好的预测结果。当上拔荷载较大时，桩侧土体由弹性状态过渡到塑性状态，塑性区由桩顶向桩端延伸，此时使用弹性理论预测扩底抗拔桩的变形将产生一些误差。本节在弹性理论分析方法的基础上推导了扩底抗拔桩的弹塑性解析公式，从而使得扩底抗拔桩变形的理论预测值更为合理。

（一）基本假定

为了进行扩底抗拔桩弹塑性变形的解析分析，提出了如下几个基本假定：

（1）桩体在承载过程中呈线弹性性状，不考虑桩身开裂对抗拔桩弹性模量的影响。

（2）桩侧土 t-z 曲线为理想弹塑性模型，桩侧土的极限摩阻力随深度成幂函数变化。

（3）桩端扩大头简化为作用在桩端荷载传递弹簧，桩端反力与位移的关系采用弹性模型，不考虑桩端土的非线性对扩底抗拔桩变形的影响。

（4）桩侧土的剪变模量为常数。

关于本节的第（3）个假定，在工作荷载作用下，扩底抗拔桩的扩大头处的位移一般比较小，而且国内外关于扩底抗拔桩的桩端反力和位移的非线性关系的研究尚无文献报道，因此，为了简化分析，假定桩端反力和位移为弹性关系是应该是合理的。关于第（4）个假定，对于匀质土体，假定桩侧土的剪变模量为常数是合理的。对于正常固结土体，土体的剪变模量一般随深度而线性增长。研究表明根据桩侧土体模量的平均值计算得到桩顶的变形值和土体模量线性增长计算得到的桩顶变形值比较接近。这说明第（4）个假定是合理的。

（二）理论推导

当桩顶荷载较小时，桩侧土体主要处于弹性状态。当荷载逐渐增大时，桩侧土逐渐进入塑性状态。土体塑性区一般从地面处开始，在某级荷载水平下，可能发展到一定的深度，称为塑性滑移深度 L_1，可以用下式表达：

$$L_1 = \mu L \tag{3-4-26}$$

式中 μ——滑动系数，μ 在 0 和 1 之间。

桩侧土体极限摩阻力随深度成幂函数变化，即：

$$\tau_f = mz^n \tag{3-4-27}$$

在 L_1 深度以上，土体摩阻力全部达到了极限摩阻 $\tau_f(z)$，而在 L_1 深度以下，土体仍处于弹性状态。由此可以将桩分成上下两段，即 L_1 深度以上的桩段为塑性区，以下的桩段为弹性区。桩身位于 L_1 深度处的变形为 w_e，该处桩的轴力 P_e 可以理解为使长为 $L-L_1$ 的抗拔桩产生弹性变形为 w_e 的桩顶荷载。该处位移和轴力可以由式（3-4-15）和（3-4-25）推导得到：

$$w_e = \xi \frac{\tau_f(z_p)r_0}{G_s} = \xi \frac{mz_p^n r_0}{G_s} \tag{3-4-28}$$

$$P_e = \frac{w_e G_s r(\zeta \lambda \pi r_0 u \sinh(uL_2) + \cosh(uL_2))}{\zeta \cosh(uL_2) + \dfrac{\sinh(uL_2)}{\pi r_0 \lambda u}} \tag{3-4-29}$$

式中 $L_2 = L - L_1$。

桩身塑性段任意深度 z 的轴力和位移可以表示如下：

$$P(z) = P_e + \int_z^{L_1} \pi d(mz^n) dz = P_e + \pi dm \frac{(L_1^{n+1} - z^{n+1})}{n+1} \qquad (3\text{-}4\text{-}30)$$

$$w(z) = w_e + \frac{1}{E_p A_p} \int_z^{L_1} P(z) dz$$

$$= w_e + \frac{P_e(L_1 - z)}{E_p A_p} + \frac{\pi dm}{E_p A_p} \frac{z^{n+2} - (n+2)L_1^{n+1}z + (n+1)L_1^{n+2}}{(n+1)(n+2)} \qquad (3\text{-}4\text{-}31)$$

由式（3-4-29），（3-4-30）和 3-4-31 推导桩顶轴力和位移为：

$$P_t = P_e + \frac{\pi dm L_1^{n+1}}{n+1} = \frac{w_e G_s r(\zeta \lambda \pi r_0 u \sinh(uL_2) + \cosh(uL_2))}{\zeta \cosh(uL_2) + \frac{\sinh(uL_2)}{\pi r_0 \lambda u}}$$

$$+ \frac{\pi dm L_1^{n+1}}{n+1} \qquad (3\text{-}4\text{-}32)$$

$$w_t = w_e + \frac{P_e L_1}{E_p A_p} + \frac{\pi dm}{E_p A_p} \frac{L_1^{n+2}}{n+2}$$

$$= w_e \left[1 + \frac{G_s r L_1}{E_p A_p} \frac{\zeta \lambda \pi r_0 u \sinh(uL_2) + \cosh(uL_2)}{\zeta \cosh(uL_2) + \frac{\sinh(uL_2)}{\pi r_0 \lambda u}} \right] + \frac{\pi dm}{E_p A_p} \frac{L_1^{n+2}}{n+2} \qquad (3\text{-}4\text{-}33)$$

（三）计算步骤

抗拔桩弹塑性变形的计算步骤如下：

（1）对于任意指定滑动系数 μ，可以由式（3-4-32）和（3-4-33）得到桩顶的荷载和位移。如果给定一系列的滑动系数 μ，就可以得到完整的扩底抗拔桩荷载-位移曲线。

（2）对于给定荷载，抗拔桩的滑动系数 μ 可以由式（3-4-32）得到。由于该方程是个非线性方程，可以用二分法得到方程的解。然后将所得到的滑动系数代入到公式（3-4-33）得到桩顶位移。

（3）本节不但推导了完全弹塑性条件下抗拔桩的荷载－位移曲线，还可以由式（3-4-30）和（3-4-31）得到各级荷载下桩身轴力和位移的关系。

（四）实例分析

张尚根等人在试验室内做了 6 根扩底桩的抗拔试验。桩身长 1.9m，半径为 0.05m，扩大头尺寸分别为 300mm 和 250mm。模型桩弹性模量 $E_p = 3.98 \times 10^4$ MPa。本节假定土体的抗剪强度随深度成线性增长，即幂函数指数 $n=1$。根据模型桩荷载-变形曲线，通过反分析得到：扩大头直径为 300mm 的抗拔桩，桩侧砂土剪变模量为 5MPa，极限摩阻力增量 $m=48$kN/m^2；扩大头直径为 250mm 的抗拔桩，桩侧砂土剪变模量为 9MPa，极限摩阻力增量 $m=58$kN/m^2。

本文采用上节的弹性理论方法计算扩底抗拔桩的弹性变形。由图 3-4-2 和图 3-4-3 可知，当荷载较小时，弹性理论解和实测变形值是非常接近的，这说明在荷载较小时本文提出的弹性变形解析公式可以较好地预测抗拔桩的变形。当荷载较大时，桩侧土体塑性区不断扩大，弹性理论解和实测变形值偏差较大，弹性理论解通常过于保守。

通过给定一系列的滑动系数 μ，然后由式（3-4-32）和式（3-4-33）计算得到抗拔桩的弹塑性荷载-位移曲线。由图 3-4-2 和图 3-4-3 可以看到，弹塑性解析公式得到的抗拔桩理论荷载-变形曲线和模型实验的实测值基本吻合。这说明本文的弹塑性解析公式可以合理地预测扩底桩的变形。在上拔荷载接近扩底桩的极限承载力时，本文的解析公式得到的理论变形值小于实测变形值。这是因为在荷载很大时，扩底抗拔桩的扩大头产生较大的变形，此时桩端抗力和位移表现为明显的非线性，本文假定桩端抗力和位移关系为弹性，从而造成理论变形值和实测值差异较大。

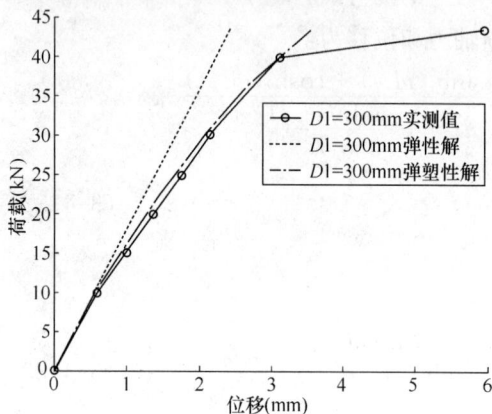

图 3-4-2　扩底桩（$D1=300$mm）实测值和理论解的比较

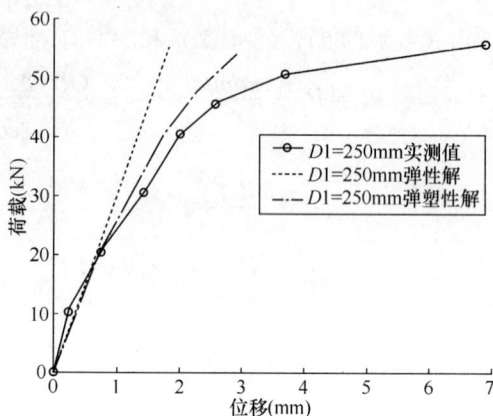

图 3-4-3　扩底桩（$D1=250$mm）实测值和理论解的比较

三、荷载传递法

变形协调法是分析竖向荷载作用下桩体非线性变形的有力工具，已在承压桩变形分析中得到了广泛应用。然而常规变形协调法假定桩端发生微小位移，然后根据桩-土界面的 t-z 曲线，通过迭代的方法得到桩顶单元的荷载和位移。对于荷载较小且桩长较大的扩底抗拔桩而言，桩的变形可能只传递到桩身的一定深度，而没有传递到桩底，即桩端扩大头没有发挥效用。因此使用常规变形协调法在荷载较小时，预测的结果将与实测结果出入较大。为了弥补常规变形协调法的局限性，本节使用二分法调整桩顶位移，逐段向下推出各单元的轴力和桩侧阻力。采用双曲线荷载传递函数模拟桩侧土的非线性。本节推导了桩端扩大头反力和位移的弹性关系，并在此基础上利用双曲线函数模拟桩端反力和位移之间的非线性关系。

（一）理论推导

本节将采用双曲线函数作为扩底抗拔桩桩侧土的荷载传递函数。Kondner 根据实测试桩试验结果提出了双曲线荷载传递函数。该函数可以由下式表示：

$$\tau_z = \frac{w(z)}{a_i + b_i w(z)} \tag{3-4-34}$$

$$a_i = \frac{1}{K_i} = \frac{r_0 \ln\left(\dfrac{r_m}{r_0}\right)}{G_i} \tag{3-4-35}$$

$$b_i = \frac{1}{\tau_{i\max}} \tag{3-4-36}$$

式中　K_i——土层 i 的初始刚度；

r_0——桩的半径；

G_i——土层 i 的剪变模量；

τ_{imax}——土层 i 的极限侧阻力；

r_m——剪应力的影响半径，由 Randolph 的研究成果，$r_m = 2.5L\rho(1-v_s)$，其中 L 为桩的长度，v_s 为土的泊松比，ρ 为非均质参数。

本节采用双曲线函数模拟桩端扩大头阻力与位移的非线性关系：

$$P_b = \frac{w_b}{a' + b'w_b} \tag{3-4-37}$$

$$a' = \frac{1}{k_b} = \frac{1-v_b}{4G_b(r_b+r_0)} \tag{3-4-38}$$

$$b' = \frac{1}{P_{bf}} \tag{3-4-39}$$

式中　P_{bf}——桩端极限阻力。

上节提出的扩底抗拔桩弹性解析解是将桩端扩大头处的反力简化为作用在桩端的集中力。实际上桩端扩大头除了受到土体阻力外，扩大头表面也会受到侧摩阻力的影响。尤其是当桩端嵌岩时，由于扩底而引起的桩侧剪应力的增长就更不能忽略了，并且桩端扩大头的形状也会对抗拔承载力造成影响。

本文的修正变形协调法将桩划分为若干个单元，通过二分法调整桩顶位移，然后根据桩身轴向变形和桩侧土变形的协调关系，逐段向下推出各单元的轴力和桩侧阻力，直到抗拔桩的总阻力等于桩顶荷载为止。本文采用双曲线函数模拟桩侧和桩端反力和位移的非线性关系。由于桩端扩大头的高度通常不大，为了简化分析，本节将扩大头作为一个单元进行分析。

（1）如图 3-4-4 所示，可将扩底抗拔桩划分为 n 个单元，最后一个单元为扩底抗拔桩的扩大头。

（2）桩顶上拔荷载为 P，假定一个较小的桩顶位移 w_t，因此单元 1 的顶部荷载为

$$P_{t1} = P \tag{3-4-40}$$

单元 1 的顶部位移为

$$w_{t1} = w_t \tag{3-4-41}$$

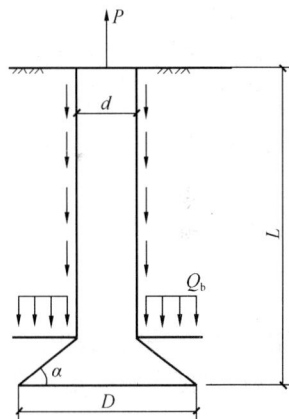

图 3-4-4　扩底抗拔桩
分析模型示意图

（3）假定单元 1 的平均拉力为 P_{t1}，由此可以预估单元 1 的初始弹性变形为：

$$e_1 = \frac{P_{t1}\Delta L}{AE} \tag{3-4-42}$$

式中　A——桩的横截面面积；

　　　E——桩的弹性模量；

　　　ΔL——每个单元的长度。

（4）单元 1 的中点位移为

$$w_{c1} = w_{t1} - (e_1/2) \tag{3-4-43}$$

(5) 将单元 1 的中点位移代入式（3-4-34），从而得到单元 1 的桩侧剪应力 τ_1；

(6) 当确定桩侧剪应力后，单元 1 总的摩阻力为：

$$T_1 = 2\pi R_0 \Delta L \tau_1 \tag{3-4-44}$$

式中　R_0——扩底桩等截面部分桩身的半径。

(7) 单元 1 的底部荷载为：

$$P_{b1} = P_{t1} - T_1 \tag{3-4-45}$$

(8) 单元 1 的平均拉力为

$$P_1 = (P_{t1} + P_{b1})/2 \tag{3-4-46}$$

由此，单元 1 的修正弹性变形为：

$$e_1' = \frac{P_1 \Delta L}{EA} \tag{3-4-47}$$

(9) 比较单元 1 的假定弹性变形 e_1 和修正弹性变形 e_1'，如果两者的差值大于限定值（可取为 1×10^{-6}），则假定 $e_1 = e_1'$，重复步骤（4）～（8），直到两者的差值小于限定值。

(10) 单元 1 的底部位移为：

$$w_{b1} = w_{t1} - e_1' \tag{3-4-48}$$

(11) 单元 2 的顶部荷载和位移等于单元 1 的底部荷载和位移

$$P_{t2} = P_{b1} \tag{3-4-49}$$

$$w_{t2} = w_{b1} \tag{3-4-50}$$

(12) 重复步骤（3）～（10），可以得到单元 2 的底部位移和拉力。依次类推，计算桩上各单元位移和拉力。中止条件为计算到桩端单元或者某个单元顶部的位移为一指定极小值（可取为 1×10^{-6} m）。

(13) 如果单元 n 的顶部位移大于指定极小值，说明桩端扩大头开始发挥承载效用。预估单元 n 的初始弹性变形为：

$$e_n = \frac{P_{tn} \Delta L_n}{EA_n} \tag{3-4-51}$$

式中　A_n——扩大头单元 n 的平均横截面面积。

(14) 扩大头单元 n 的中点位移和底部位移分别为：

$$w_{cn} = w_{tn} - (e_n/2) \tag{3-4-52}$$

$$w_b = w_{tn} - e_n \tag{3-4-53}$$

(15) 将扩大头单元 n 的中点位移代入式（3-4-34），从而得到扩大头单元 n 的桩侧剪应力 τ_n。由式（3-4-54）计算得到单元 n 的侧面积，进而得到总的摩阻力 T_n。

$$S_n = \frac{1}{2}\pi(D+d)f \tag{3-4-54}$$

式中　S_n——扩大头的侧面积；

　　d、D——桩的直径和扩大头直径；

　　f——表示扩大头单元母线长，可以由扩大端的坡角 a 来确定。

将单元 n 的底部位移代入式（3-4-37），从而得到桩端扩大头的反力 Q_b。单元 n 的底部荷载为：

$$P_{bn} = P_{tn} - T_n - Q_b \tag{3-4-55}$$

(16) 单元 n 的平均拉力为

$$P_n = (P_{tn} + P_{bn})/2 \tag{3-4-56}$$

由此，单元 n 的修正弹性变形为：

$$e'_n = \frac{P_n \Delta L_n}{EA} \tag{3-4-57}$$

(17) 比较单元 n 的假定弹性变形和修正弹性变形，如果两者的差值大于限定值，则假定 $e_n = e'_n$，重复步骤 (14) ～ (16)，直到两者的差值小于限定值。

(18) 单元 n 的底部位移为：

$$w_{bn} = w_{tn} - e'_n \tag{3-4-58}$$

(19) 当 $k < n$ 时，桩侧土承担的总荷载为 $T = T_1 + T_2 + \cdots + T_k$，当 $k = n$ 时，桩侧和桩端承担荷载为 $T = T_1 + T_2 + \cdots + T_n + Q_b$。

(20) 再假定一个较大的桩顶位移 w'_t（如 $w'_t = d$），重复步骤 (2) ～ (19)，得到另一个总荷载 T'。

(21) 桩顶的平均位移为：

$$w_t^{mean} = (w_t + w'_t)/2 \tag{3-4-59}$$

重复步骤 (2) ～ (19)，得到抗拔桩阻力承担的总荷载 T^{mean}。

(22) 如果 T^{mean} 与假定桩顶荷载 P 的差值在限定值以内，则 w_t^{mean} 即为桩在上拔力 P 下的位移，计算中止。如果两者的差值超过限定值，如果 $(T^{mean} - P)(T - P) < 0$，则 $w'_t = w_t^{mean}$，反之，则 $w_t = w_t^{mean}$。重复步骤 (2) ～ (21)，直至 T^{mean} 与桩顶荷载 P 的差值小于限定值。

(23) 对应不同荷载水平，重复 (2) ～ (22)，得到相应的抗拔桩位移，由此可以得到扩底抗拔桩的荷载-位移曲线。

(二) 实例分析

上海 500kV 地下变电站基坑开挖深度达 38m，根据勘察报告，该工程底板承受的水头高度达 33m，整个工程承受的上拔力标准值达 4220000kN。该工程共进行了 3 个扩底抗拔桩的静载荷试验，3 个扩底抗拔桩的编号为 T1～T3。考虑到地下结构施工完成后，工程桩的实际标高为 -33.5m。为了模拟工程桩的实际情况，扩底桩均采用双套管法施工，通过双套管将扩底桩从地面至 -33.5m 部分桩身与土体分离，即采用套管将开挖段的桩身和土体分离，不考虑该范围内土的侧摩阻力对抗拔桩变形的影响，从而较为准确地确定本工程中抗拔桩都是采用钻孔灌注桩。本文根据桩身实测轴力计算套管内桩身的弹性变形，然后加上有效桩长的顶部变形，即为扩底桩在桩顶荷载作用下的桩顶位移。

扩底桩有效桩长为 48.6m，桩径为 0.8m。扩底直径为 1.5m，扩大头倾角为 76.9°，桩身混凝土强度代表值为 42.8MPa，弹性模量代表值为 3.5×10^4 MPa。考虑到抗拔桩中钢筋笼的存在，将扩底抗拔桩的弹性模量取为 4×10^4 MPa。杨敏在分析上海地区 68 根试桩试验结果的基础上，提出上海软土地区土的弹性模量是压缩模量 E_{1-2} 的 2.5～3.5 倍。文献 [4] 提供了试验场地各层土的压缩模量 E_{1-2}，各层土的弹性模量取为该层土压缩模量的 3.5 倍，并假定各土层泊松比为 0.4。桩侧荷载传递函数采用双曲线函数，各土层的

双曲线函数参数 a 可由式（3-4-35）确定，参数 b 为桩侧土体最大剪应力 τ_{max} 的倒数。本工程通过埋设应力传感器得到不同上拔荷载下桩侧摩阻力值。为了使理论分析结果更符合实际工程情况，本文采用对应于最大上拔力 8000kN 时各抗拔桩的实测桩侧摩阻力作为桩侧的最大剪应力。各土层的弹性模量和双曲线函数参数可见表 3-4-1。本文根据式（3-4-38）和（3-4-39）和反分析方法得到桩端双曲线函数参数为：$a' = 6.8 \times 10^{-8}$ m³/N，$b' = 2.1 \times 10^{-7}$ (1/N)。

当桩和土的参数确定后，就可以使用上节提出的分析方法预测扩底抗拔桩的变形。为了便于比较扩底抗拔桩非线性和弹性变形理论解的差异，可以加权平均土体弹性模量，利用式（3-4-25）预测扩底抗拔桩的弹性变形。由图 3-4-5～图 3-4-7 可知：当上拔荷载较小时，扩底抗拔桩的弹性变形值与实测值是比较接近的。由图 3-4-5～图 3-4-7 还可以看到，使用修正变形协调法可以较好地预测扩底抗拔桩的变形值，理论预测结果和实测值是很接近的。在荷载较小时，本文的理论变形值都略大于实测值，这可能是因为软黏土在小应变条件下刚度很大，而随着荷载增大刚度迅速减少的缘故。T1 和 T2 扩底桩在荷载较大时非线性变形值和理论值十分接近。与 T1 和 T2 扩底桩不同，T3 扩底桩实测值比理论值要小一些，但相差不大。可能的原因是不同试桩所处的地质条件存在较大差异。

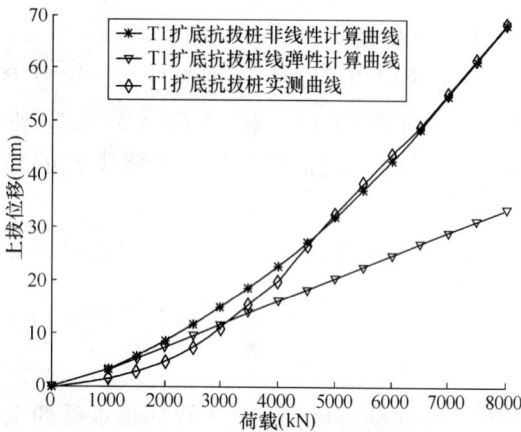

图 3-4-5　T1 扩底抗拔桩实测和
理论荷载位移曲线

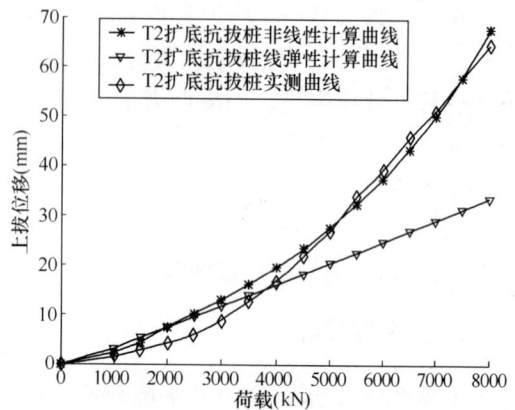

图 3-4-6　T2 扩底抗拔桩实测和
理论荷载位移曲线

王卫东等人采用有限元软件 MARC 预测了 T1～T3 扩底抗拔桩的桩顶变形，其有限元模型将单桩抗拔有限元分析简化为轴对称问题，桩与桩周土采用四节点等参实体单元。桩身采用线弹性模型，土体的本构模型采用 Mohr-Coulomb 理想弹塑性模型。由图 3-4-8 可知，有限元软件 MARC 的理论预测结果和本文分析方法的预测结果规律性基本相同。对于 T1～T3 扩底抗拔桩，在荷载不大时，两个方法的预测结果均大于实测结果；在荷载较大时，对于 T1～T2 扩底抗拔桩，理论结果和实测结果十分接近，而对于 T3 扩底抗拔桩，理论变形结果要大于实测变形结果。有限元软件预测结果和本文的分析方法比较类似，这说明修正变形协调法可以较好地预测扩底抗拔桩非线性变形。同时该分析方法计算简单，避免了有限元软件需要建模的麻烦，因此有很好的实际应用价值。

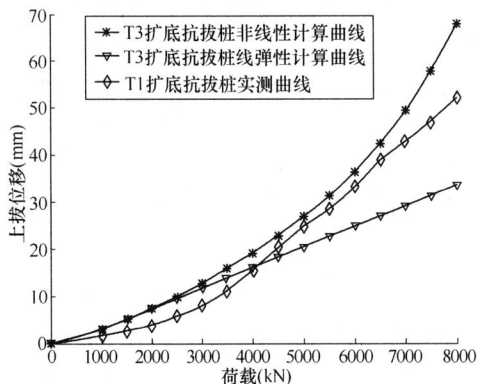

图 3-4-7　T3 扩底抗拔桩实测和
理论荷载位移曲线

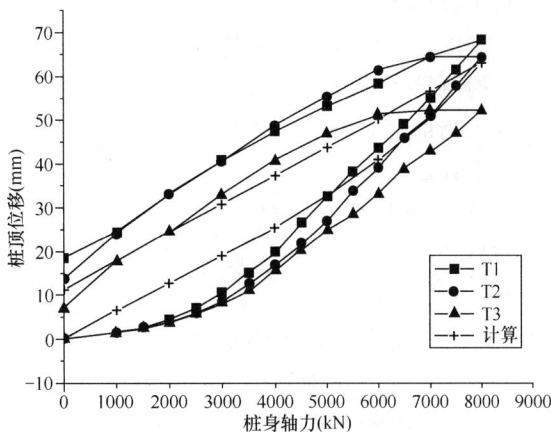

图 3-4-8　扩底桩实测曲线与理论曲线比较

各土层的弹性模量和双曲线函数参数　　　　　　　　　　表 3-4-1

土层	埋深（m）	土层弹性模量（MPa）	实测桩侧摩阻力（kPa）			双曲线函数参数					
						T1 桩		T2 桩		T3 桩	
			T1 桩	T2 桩	T3 桩	a (10^{-7}m³/N)	b (m²/kN)	a (10^{-7}m³/N)	b (m²/kN)	a (10^{-7}m³/N)	b (m²/kN)
⑦₁	33.5～37.5	35.4	57	52	66	1.65	0.0175	1.65	0.0175	1.65	0.0175
⑦₂	37.5～46.0	54.5	67	56	73	1.07	0.0149	1.07	0.0179	1.07	0.0137
⑧₁	46.0～60.0	12.9	40	40	41	4.52	0.025	4.52	0.025	4.52	0.0244
⑧₂	60.0～73.0	16.3	51	58	42	3.58	0.0196	3.58	0.0172	3.58	0.0238
⑧₃	73.0～77.0	16.3	69	61	53	3.58	0.0145	3.58	0.0164	3.58	0.0189
⑨₁	77.0～85.0	53.3	90	92	95	1.09	0.0111	1.09	0.0109	1.09	0.0105

第五节　抗拔群桩的承载力和变形计算

一、抗拔群桩的承载力计算

相对于单桩的抗拔承载力研究而言，国内外对群桩抗拔承载力的理论研究相当有限。这主要是因为对群桩进行现场载荷试验是十分困难的。实际工程中，抗拔基础大部分都是群桩基础，因此研究抗拔群桩的承载力有着十分重要的实际工程价值。本节给出 5 种预测抗拔群桩承载力的分析方法，具体表述如下：

（一）规范方法

根据《建筑桩基技术规范》，群桩基础及其基桩的抗拔极限承载力标准值应按下列规定确定：

对于设计等级为甲级和乙级建筑桩基，基桩的抗拔极限承载力应通过现场单桩上拔静载荷试验确定。单桩上拔静载荷试验及抗拔极限承载力标准值取值可按现行行业标准《建筑基桩检测技术规范》（JGJ 106—2003）进行；

如无当地经验时，群桩基础及设计等级为丙级建筑桩基，基桩的抗拔极限承载力标准值可按下列规定计算：

1. 单桩或群桩呈非整体破坏

基桩的抗拔极限承载力标准值可按下式计算：

$$U_k = \Sigma \lambda_i q_{sik} u_i l_i \qquad (3\text{-}5\text{-}1)$$

式中　U_k——基桩抗拔极限承载力标准值；

　　　u_i——破坏表面周长，对于等直径桩取 $u = \pi d$；对于扩底桩按表 3-5-1 取值；

　　　q_{sik}——桩侧表面第 i 层土的抗压极限侧阻力标准值；

　　　λ_i——抗拔系数，按表 3-5-2 取值。

扩底桩破坏表面周长 u_i 表 3-5-1

自桩底起算的长度 l_i	$\leqslant (4 \sim 10)d$	$> (4 \sim 10)d$
u_i	πD	πd

注：D 为桩端直径，d 为桩身直径。

抗拔系数 λ_i 表 3-5-2

土　类	λ 值	土　类	λ 值
砂　土	0.50～0.70	黏性土、粉土	0.70～0.80

注：桩长 l 与桩径 d 之比小于 20 时，λ 取小值。

2. 群桩呈整体破坏

基桩的抗拔极限承载力标准值可按下式计算：

$$U_{gk} = \frac{1}{n} u_l \Sigma \lambda_i q_{sik} l_i \qquad (3\text{-}5\text{-}2)$$

式中　u_l——桩群外围周长。

（二）Tomlinson 法

Tomlinson（1994）指出，对于砂性土中的群桩抗拔承载力，可以用图 3-5-1 所示的破坏土体有效重量来确定，土体破坏面假定从桩端开始以 1：4 的坡度向上延伸直至与土体表面相交。为了简化计算，土体中桩的重量假定等于土的重量。该方法不考虑实体基础侧面摩阻力对抗拔承载力的影响，因此 Tomlinson 将该方法中的安全系数定为 1 是合理的。Tomlinson 还指出该方法得到的群桩抗拔承载力不能大于群桩中各单桩承载力之和除以适当的安全系数的值。如果单桩的抗拔承载力是由抗拔载荷试验得到的，安全系数建议取为 2；如果抗拔承载力是由经验公式得到的，安全系数建议取为 3。

对于黏性土中的群桩，Tomlinson 建议群桩抗拔承载力为如图 3-5-2 所示的土体的不排水抗剪强度和桩、承台和土体的有效重量之和，可以用下式表示：

$$Q_{ug} = 2D(B+Z)c_u + W_g \qquad (3\text{-}5\text{-}3)$$

式中　D——桩的长度；

B——群桩基础宽度；

Z——群桩基础长度；

c_u——桩深度范围内不排水抗剪强度加权平均值；

W_g——包括承台重量的桩-土实体的有效重量。

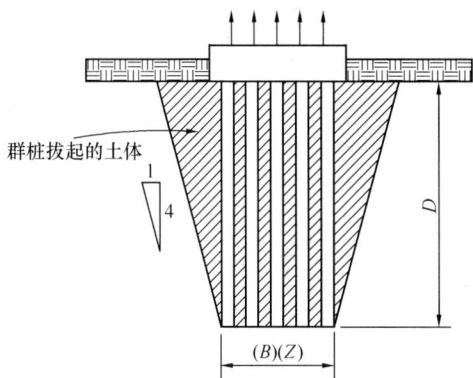

图 3-5-1　砂性土中抗拔群桩失效图　　　图 3-5-2　黏性土中抗拔群桩失效图

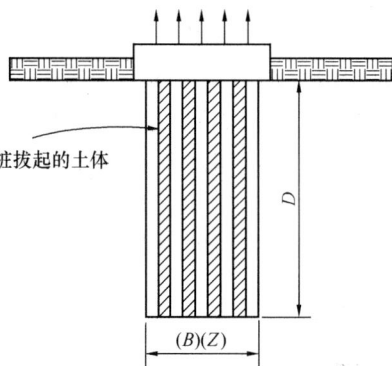

Tomlinson 提出，对于群桩施工中可能产生土体软化的情况，安全系数可以取为 2。对于长期承受上拔荷载的群桩基础，安全系数可取为 2.5～3。类似于砂性土，Tomlinson 提出该方法得到的群桩抗拔承载力不能大于群桩中各单桩承载力之和除以适当的安全系数的值。如果单桩的抗拔承载力是由抗拔载荷试验得到，安全系数建议取为 2；如果抗拔承载力是由经验公式得到，安全系数建议取为 3。

(三) Patra 法

Nihar Ranjan Patra（2003）提出预测群桩抗拔承载力的分析方法。该方法认为群桩抗拔承载力由三部分组成：桩和桩之间土的中心部分；边缘部分桩的一半；桩、承台和土的重量。如图 3-5-3 所示的 2×2 群桩，矩形 lqrx 代表中心部分，rst、wvx 代表边缘部分。

图 3-5-3　抗拔群桩示意图

群桩基础的中心部分可以看作一个实体墩基础，其抗拔承载力可以用下式表示：

$$Q_{uc} = \gamma L^2 [k(a+b)] \tag{3-5-4}$$

式中　a 和 b——群桩基础的长度和宽度；

γ——土的重度；

L——桩长；

k——等效墩的土压力系数。

Patra 假定土压力系数 k 可以由下式计算：

$$k = (1 - \sin\phi)\tan\delta / \tan\varphi \tag{3-5-5}$$

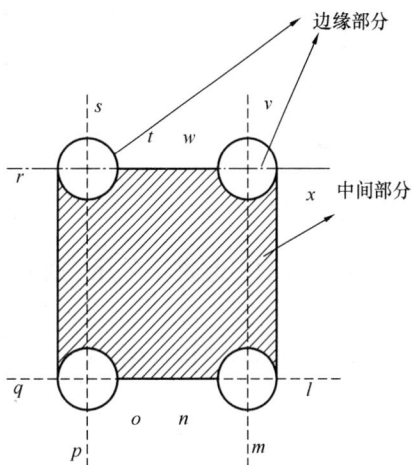

式中 δ——桩-土界面摩擦角；

φ——土体的内摩擦角。

边缘部分的抗拔承载力（如图 3-5-3 中的 rst 和 wvx）可以看作是边桩的一半承担的荷载，由此可以得到以下公式：

$$Q_{ue} = n(\pi d)A_1\gamma L^2 \tag{3-5-6}$$

式中 n——边缘部分桩数的一半。

群桩总抗拔承载力可以表示为：

$$Q_{ug} = Q_{uc} + Q_{ue} + W_q \tag{3-5-7}$$

对于图 3-5-3 中的 2×2 群桩，群桩承载力可以表示为：

$$Q_{ug} = \gamma L^2 [k(a+b) + 2A_1\pi d] + W_q \tag{3-5-8}$$

式中 W_q——桩、桩帽以及桩间土的总重量。

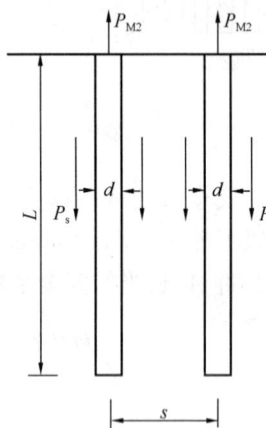

图 3-5-4 两个桩相互
作用示意图

（四）理论分析法

抗拔群桩承载力分析方法大部分是经验方法，理论方法研究较少。经验分析方法通常没有考虑桩-桩相互作用对抗拔群桩承载力的影响。群桩基础在受到上拔力作用时，桩-桩之间的相互作用会导致桩侧摩阻力的折减。本节将采用 Mindlin 理论分析桩-桩相互作用对群桩抗拔承载力的影响，在此基础上推导预测抗拔群桩承载力的解析公式。本节首先分析两个桩的群桩效率系数，然后将研究结果推广到群桩抗拔承载力理论分析中。

（1）两个桩的群桩效率系数

如图 3-5-4 所示，两根桩长为 L，桩径为 d，桩间距为 s。桩-桩之间的相互作用假定可以用 Mindlin 理论进行分析。将每根桩都划分为 n 个单元，每个单元的长度为 L/n。桩 2 上的单元 j 的剪应力引起桩 1 单元 i 的剪应力增量为：

$$\Delta\tau_{ij} = I_{ij}p_j \tag{3-5-9}$$

其中 I_{ij} 为无量纲影响系数，根据 Mindlin 解可写为：

$$I_{ij} = \frac{dLs}{8n(1-v_s)}\left[\frac{1-2v_s}{R_1^3} - \frac{1-2v_s}{R_2^3} + \frac{3(z_i-z_j)^2}{R_1^5}\right.$$
$$\left. + \frac{3(3-4v_s)z_i(z_i+z_j) - 3z_j(3z_i+z_j)}{R_2^5} + \frac{30z_iz_j(z_i+z_j)}{R_2^7}\right] \tag{3-5-10}$$

式中 L——桩的长度；

d——桩直径；

n——单元数；

z_i，z_j——i 单元和 j 单元的竖向坐标；$R_1 = \sqrt{s^2+(z_i-z_j)^2}$ ；$R_2 = \sqrt{s^2+(z_i+z_j)^2}$ 。

桩 2 所有单元对 i 单元产生的附加剪应力为：

$$\Delta\tau_i = \sum_{j=1}^{n}\Delta\tau_{ij} = \sum_{j=1}^{n}I_{ij}p_j \tag{3-5-11}$$

当抗拔桩达到极限状态时，桩的侧摩阻力 p_i 和附加剪应力 $\Delta\tau_i$ 之和应该等于桩侧极限摩阻力 τ_{ui}，可用下式表示：

$$p_i + \Delta\tau_i = \tau_{ui} \tag{3-5-12}$$

对于单元 $1 \sim n$，将式（3-5-11）代入式（3-5-12）得：

$$([U] + [I])\{p\} = \{\tau_u\} \tag{3-5-13}$$

式中　　$[U]$——单位矩阵；

$\qquad\ [I]$——影响系数矩阵；

$\qquad\ \{\tau_u\}$——桩-土界面极限摩阻力向量。

根据式（3-5-13），桩侧剪应力为：

$$\{p\} = ([U] + [I])^{-1}\{\tau_u\} \tag{3-5-14}$$

当两个桩同时受到上拔力时，每个桩的抗拔承载力为：

$$P_{u2} = \frac{\pi d L}{n} \sum_{j=1}^{n} p_j \tag{3-5-15}$$

不考虑桩-桩相互作用时，单桩的极限承载力为：

$$P_{u1} = \frac{\pi d L}{n} \sum_{j=1}^{n} \tau_{uj} \tag{3-5-16}$$

两个桩的群桩效率系数可以用下式定义：

$$\eta_2 = \frac{P_{u2}}{P_{u1}} \tag{3-5-17}$$

通过以上理论研究，得到预测 2 个抗拔桩的群桩效率系数解析公式。图 3-5-5 给出了群桩效率系数随桩长径比和距径比的变化规律。群桩效率系数随桩径比的增大而减少，例如对于桩间距为 3 倍桩径时，长径比为 10 的群桩效率系数为 0.89，而长径比为 100 的群桩效率系数为 0.86。群桩效率系数还随桩的距径比的增长而增大，例如对于长径比为 10 的抗拔群桩，当桩的距径比为 3 时，群桩效率系数为 0.89，而当桩的距径比为 8 时，群桩效率系数为 0.97。本节研究两个桩组成的抗拔群桩极限承载力，由于桩数很少，桩-桩相互作用对群桩效率的影响不是非常显著。

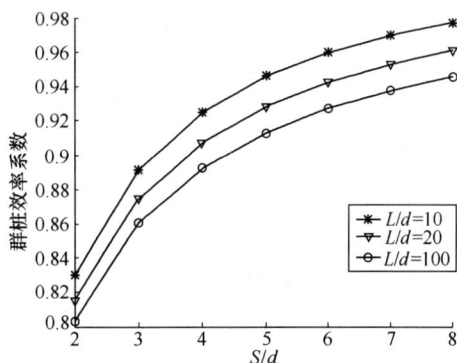

图 3-5-5　2 个桩的群桩效率系数与桩的长径比、距径比之间的关系

（2）多个桩的群桩效率系数

上节分析了 2 个桩的群桩效率系数，对于桩数大于 2 个的群桩效率系数由于桩-桩相互影响不同而使得问题复杂化。为了简化分析，Madhav（1987）引入折减系数 R_α，用于表示相邻桩的存在导致该桩极限承载力的折减。两个桩的群桩折减系数 R_α 可以用以下公式表示：

$$R_\alpha = \frac{P_{u1}}{P_{u2}} - 1.0 \tag{3-5-18}$$

由式（3-5-17）和式（3-5-18）可以得到群桩效率系数和折减系数之间关系：

$$\eta_2 = 1/(1+R_a) \tag{3-5-19}$$

将式（3-5-19）中两个的群桩效率系数和折减系数的关系可以推广到多个桩的群桩基础。群桩中任意一个桩 i 的群桩效率系数可以由以下公式表示：

$$\eta_i = 1/\sum_{j=1}^{n} R_a(s_{ij}) \tag{3-5-20}$$

式中 s_{ij} 表示 i 桩和 j 桩之间的距离；当 $i=j$ 时，$R_a(s_{ij})=1$；当 $i \neq j$ 时，$R_a(s_{ij})$ 可以由（3-5-18）计算得到。

多个桩的整体群桩效率系数可以由下式得到：

$$\eta_g = \sum_{i=1}^{n} \eta_i/n \tag{3-5-21}$$

（五）回归公式法

采用上节的边界元法预测群桩承载力时，需要对桩进行划分单元，桩数较多时将耗费大量机时，而且该方法需要借助计算机预测抗拔群桩极限承载力，不利于该方法在实际工程的广泛应用。

本节将在边界元法的基础上提出预测抗拔群桩承载力的回归公式，从而使得抗拔群桩承载力的计算变得十分简单。通过假定不同的桩长径比、桩数、桩距，采用边界元法计算各个群桩效率系数的理论值。在分析群桩效率系数和抗拔群桩的桩数、桩径、桩间距之间关系的基础上，通过回归分析方法得到抗拔群桩承载力的回归公式。该回归公式可表示为：

$$\eta = 1 - 0.82\frac{\tan^{-1}(d/s)\big[(n-1)m+(m-1)n\big]}{mn} \tag{3-5-22}$$

式中 m——群桩基础每行的桩数；

n——群桩基础每列的桩数；

d——桩的直径；

s——桩间距。

（六）实例分析

（1）与 Patra 模型试验结果的比较

Patra 通过砂土中桩筏基础的模型试验来研究抗拔群桩的承载力。模型槽的平面尺寸为 $0.914\text{m} \times 0.762\text{m}$，深度为 0.914m。模型槽中的土为均匀干砂，砂粒的土粒相对密度为 2.64，均匀系数为 1.6。砂土的单位重度为 16.4kN/m^3，内摩擦角 $\varphi=37°$。桩-土界面摩擦角 $\delta=31°$。砂土的泊松比假定为 0.4。模型桩为铝合金管。桩的外直径为 19mm，壁厚 0.81mm。模型单桩实测抗拔承载力为 35N。

为了评价群桩抗拔承载力不同分析方法的优劣，本节将对 Patra 法、边界元法、回归公式法和 Meyerhof 法的预测结果进行比较，各分析方法预测结果见表 3-5-3。

由表 3-5-3 可以看出，4 种抗拔群桩承载力分析方法的预测结果与实测结果相差最大的是 Meyerhof 法，Patra 法相对较好，边界元法和回归公式法的预测结果最好。Patra 法预测结果大部分大于实测值。这说明使用该方法预测抗拔承载力时需要引入适当的安全系数。

由表 3-5-3 还可以看出，回归公式法可以较好地预测群桩抗拔承载力，而且相对于其他的方法要简单得多。该方法只需要手算就可以得到群桩抗拔承载力，具有很好的工程应用前景。

群桩承载力各分析方法预测值和 Patra 模型试验结果的比较　　表 3-5-3

群桩类型	桩间距	Meyerhof 法	Patra 法	边界元法	回归公式法	实测值
2×1	3d	78	63	62	61	45
	4.5d	105	71	65	64	55
	6d	120	80	67	65	65
3×1	3d	113	86	87	87	80
	4.5d	150	106	94	92	110
	6d	200	126	98	96	125
2×2	3d	113	120	105	103	120
	4.5d	159	150	117	115	135
	6d	214	180	125	121	150
3×2	3d	157	150	143	145	150
	4.5d	205	200	167	166	170
	6d	322	260	181	177	180

注：表中预测结果按四舍五入取整数

（2）与 Siddamal 模型试验结果的比较

Siddamal（1989）通过模型试验得到长径比分别为 7、20 和 40，群桩规模为 1×1、1×2 和 2×2 的群桩抗拔承载力实测值。抗拔桩的直径为 20mm。干砂的重度 $\gamma=16.1\mathrm{kN/m^3}$，砂土的内摩擦角 $\varphi=40.5°$，桩-土界面摩擦角 $\delta=23°$。长径比为 7、20 和 40 单桩的抗拔承载力实测值为 21.69N、114.51N 和 441.63N。本例将 Patra 法、边界元法、回归公式法的预测结果和实测结果进行比较，详见表 3-5-4。

由表 3-5-4 可以看出：长径比为 7 和 20 时，三种方法都能得到较好的预测结果。然而对于长径比为 40 的群桩基础，Patra 法的预测结果和实测结果相差较大，该方法的预测结果比实测结果要小 30% 以上。对于长径比为 40 的群桩，边界元法和回归公式法的预测结果和实测结果非常接近。说明这两种方法适合对不同长径比的群桩基础进行抗拔承载力分析。

群桩承载力各分析方法预测值和 Siddamal 模型试验结果的比较　　表 3-5-4

群桩类型	桩间距	长径比	Patra 法	边界元法	回归公式法	实测值
2×1 群桩	2d	7	31.8	36.6	35.1	34.9
	4d	7	34.1	40.7	39.0	40.5
	6d	7	38.0	42.2	40.4	41.4

群桩类型	桩间距	长径比	Patra 法	边界元法	回归公式法	实测值
2×1 群桩	2d	20	160.0	186.7	185.5	166.3
	4d	20	183.6	207.8	206.0	176.0
	6d	20	204.3	215.8	213.5	186.3
2×1 群桩	2d	40	427.6	719.6	715.4	795.3
	4d	40	510.0	793.1	794.5	846.0
	6d	40	600.0	823.9	823.5	866.1
2×2 群桩	2d	7	39.5	58.4	53.8	44.7
	4d	7	54.7	74.6	69.3	49.0
2×2 群桩	2d	20	323.2	284.9	283.9	282.7
	4d	20	370.0	360.4	366.0	320.0
2×2 群桩	2d	40	784.3	1091.0	1094.9	1102.8
	4d	40	989.5	1354.4	1411.7	1211.6

二、抗拔群桩的变形计算

目前，群桩沉降分析中运用最广泛的方法是等效墩法。等效墩法最大的优点是分析方法简单，易于为工程人员理解和掌握。对于竖向受压群桩基础，等效墩法是将群桩基础简化为一个实体基础，采用分层总和法分析群桩的沉降。不同于竖向受压群桩，抗拔群桩的桩底土对群桩的变形影响很小，不能用分层总和法分析群桩的抗拔位移。对于抗拔群桩，群桩的桩侧摩阻力对群桩的变形影响很大。因此本文可以只考虑桩侧摩阻力对群桩变形的影响。

本节将抗拔群桩等效为一个墩，采用双曲线函数来模拟等效墩墩侧与土的相互作用。在抗拔单桩变形的研究基础上，采用等效墩法分析群桩的抗拔变形。等效墩法将群桩基础理想化为单一的墩基础，从而大大简化了抗拔群桩的变形分析。为了研究土的非线性对抗拔桩位移的影响，本文根据荷载传递原理，利用双曲线函数来模拟桩-土界面的非线性。使用变形协调法来分析抗拔单桩的变形。

(一) 等效墩分析方法

根据 Randolph 的建议，等效墩的直径可用下式表示：

$$D_{eq} = 2\sqrt{A_g/\pi} \tag{3-5-23}$$

式中 A_g——群桩的外边界所占的面积。

等效墩实际上是群桩和土的复合体，因此等效墩的弹性模量要小于桩的弹性模量。根据复合地基原理，等效墩的弹性模量可以用式（3-5-24）表示：

$$E_{eq} = mE_p + (1-m)E_s \tag{3-5-24}$$

式中 E_p——桩的弹性模量；

E_s——土的弹性模量；

m——置换率，$m=A_p/A_g$，A_p 为群桩中桩的面积的总和。

（二）等效墩法分析群桩的弹性变形

目前，抗拔单桩的弹性变形已有成熟的研究成果。抗拔单桩的桩顶弹性变形可由式（3-3-1）计算得到。等效墩法是将群桩基础等效为一个单独的墩基础，利用式（3-5-23）和式（3-5-24）计算墩的等效直径和等效弹性模量，就可以用式（3-3-1）计算群桩的弹性变形。孙晓立（2007）采用变分法预测抗拔群桩的弹性变形，并取得了较为理想的结果。为了比较等效墩法预测群桩弹性变形的能力，本节将两个理论方法的结果进行了对比。

为了便于比较，本文对上拔荷载假定为 1MN，桩的长径比为 25，分别对 3×3 和 9×9 群桩进行计算群桩的变形。桩土相对刚度比（E_P/G_S）分别取为 10000、1000 和 300。从图 3-5-6 和图 3-5-7 可以看出，当桩的刚度比大于 1000 时，等效墩法预测群桩变形值和变分法的预测结果还是相当接近的。等效墩的预测结果略小于变分法的预测结果。这可能是因为等效墩法没有考虑群桩间相互作用对群桩变形的影响。当桩的刚度较小时，等效墩法预测的弹性变形与变分法结果相差较大，如图 3-5-6 所示，当桩的刚度比为 300 时，等效墩法和变分法的预测结果相差较大。一般来说，抗拔桩由于要考虑桩体抗裂，刚度都比较大，因此采用等效墩法预测抗拔群桩的弹性变形是适合的。等效墩的分析结果还受桩数的影响。由图 3-5-6 和图 3-5-7 可以看出：当桩的数量越大时，等效墩的预测效果越好。9×9 群桩的等效墩解和变分法解非常接近。

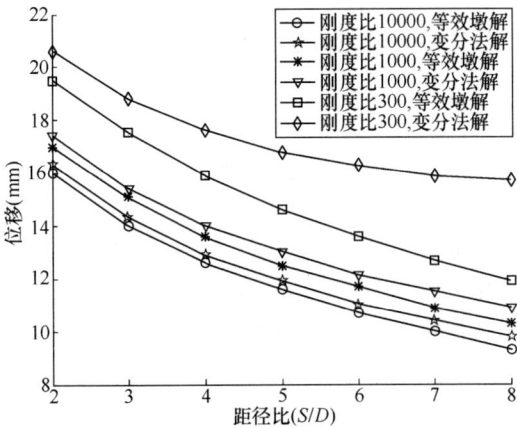

图 3-5-6 3×3 群桩等效墩法和变分法结果对比

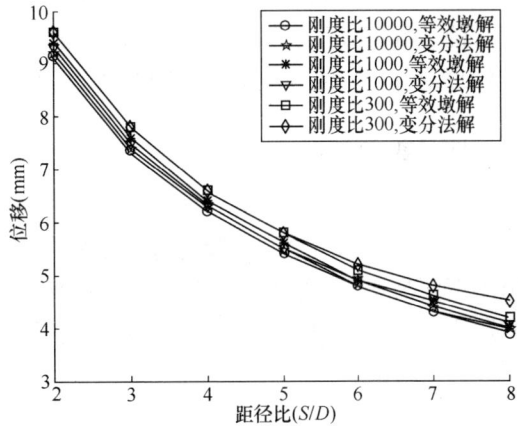

图 3-5-7 9×9 群桩等效墩法和变分法结果对比

（三）等效墩法分析群桩的非线性变形

在上拔荷载较大时，抗拔群桩的变形表现为非线性，研究抗拔群桩的非线性变形有着很大的理论和实际意义。等效墩法将群桩简化单一的墩基础，因此可以用第三节介绍的抗拔单桩非线性变形的理论方法分析群桩变形。使用式（3-5-23）和式（3-5-24）计算墩的等效直径和等效弹性模量。等效墩和墩侧土的相互作用可采用双曲线函数来模拟，具体可见式（3-3-8）。由式（3-3-8）可以看出，要得到合理的双曲线函数，关键在于准确地预测两个双曲线参数 a 和 b。a 实际上是等效墩的柔度。由图 3-5-6 和图 3-5-7 可以看出，等效墩的刚度要大于实际上群桩的刚度，即等效墩的柔度要小于实际群桩的柔度。在研究大量理论数据的基础上，本节提出以下经验公式对等效墩的柔度进行修正，具体表达式如下：

$$a_{eq} = \frac{1}{K_Z} = \frac{r_{eq}\ln\left(\frac{r_m}{r_{eq}}\right)}{G_Z} \tag{3-5-25}$$

$$a'_{eq} = a_{eq}\left(\frac{D_{eq}}{d}\right)^n \tag{3-5-26}$$

式中　r_{eq}——等效墩半径；

　　a_{eq}——未修正的双曲线系数；

　　a'_{eq}——修正后的双曲线系数。

　　n——经验系数，一般可取为 0.1。

双曲线荷载函数参数 b 实际上等效墩极限侧摩阻力的倒数。因此要准确确定参数 b 关键在于确定等效墩的墩侧极限摩阻力。本文用两种方法来确定等效墩墩侧极限摩阻力。

(1) 当可以得到试桩荷载-位移曲线时，就可以通过变形协调法反分析得到单桩的桩侧极限摩阻力，同时假定等效墩的墩侧极限摩阻力等于单桩的极限摩阻力。

(2) 当群桩的极限抗拔力已知时，就可以用下式确定墩侧平均极限侧摩阻力 τ_{max}。

$$\tau_{max} = \frac{P_u}{\pi D_{eq} L} \tag{3-5-27}$$

式中　P_u——群桩抗拔承载力；

　　L——桩长。

确定群桩极限抗拔力 P_u 的方法大部分是经验方法，理论方法研究较少。可以采用上节的理论分析方法预测群桩极限抗拔力 P_u。

(四) 实例分析

B. A. McCabe（2006）通过现场群桩载荷试验给出了淤泥质黏土中抗压群桩和抗拔群桩的承载力实测结果。试验场地土层分布情况为：最上层土层为含砂的填土，厚度为 1m。填土下面为 0.5m 的砂质淤泥土。砂质淤泥土下面土层为 1.7~9m 稍微超固结的软质淤泥质黏土，该土层为试验场地的主要土层。地下水为季节性变化，地下水位于地表面下 1.0~1.5m。

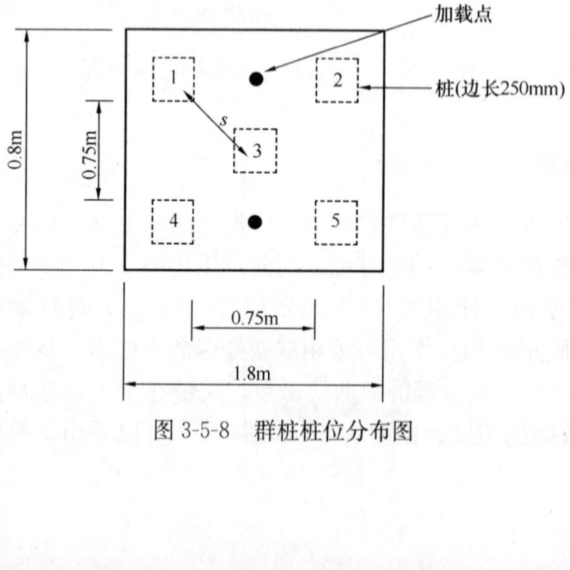

图 3-5-8　群桩桩位分布图

试验群桩由 5 根桩组成，桩为预制混凝土方桩，每个桩都包含 4 根直径为 16mm 高强钢筋，混凝土抗压强度为 50MPa。桩长为 6m，边长为 250mm。中心桩与角桩中点的间距为 2.8±0.1 倍的桩边长。在本文中取中心桩与角桩间距离为 700mm。群桩的桩位布置见图 3-5-8。采用落高为 0.45m 的 5 吨液压打击锤将桩打入土中。实际工程中除了上层填土外，其他土层可以只靠锤本身的重量就可以将桩压入到预定的土层。

由于桩的混凝土抗压强度为 50MPa，桩的弹性模量可取为 50GPa。B. A. McCabe 将试验场地土层假定为单一土层，并通过 PIGLET 程序反分析得土的剪切模量为 3.5MPa。承台为边长为 1.8m，厚度为 10mm 的钢板。为了简化分析，本例题中将承台看作是完全刚性的。

等效墩和墩侧土的相互作用采用双曲线函数来模拟，双曲线函数参数 a 可以用式（3-5-25）～式（3-5-26）确定。通过分析，参数 a 为 $7.52 \times 10^{-7} \mathrm{m^3/N}$。本文假定等效墩墩侧极限摩阻力等于单桩桩侧极限摩阻力，因此需要知道单桩的桩侧极限摩阻力。可以用变形协调法预测单桩理论荷载-位移曲线，并使该曲线尽量逼近单桩的实测荷载位移曲线。反分析结果可见图 3-5-9。通过反分析可以得到单桩的双曲线参数 $b = 6.65 \times 10^{-5} \mathrm{m^2/N}$，该值即为等效墩的参数 b。当双曲线函数的参数 a 和 b 确定后，可以利用修正变形协调法预测等效墩的非线性变形。

B. A. McCabe 通过传感器对中心桩和角桩的荷载和变形进行了监测，监测结果表明，上拔荷载作用时中心桩和角桩的反力相差较小。图 3-5-10 给出了中心桩和角桩的实测荷载-位移曲线。文献［4］没有给出上拔荷载作用下筏板的变形结果。为了方便比较，本文将群桩上拔总荷载（Q）除以桩数得到各桩受到的平均上拔荷载（q）。本文将总荷载（Q）对应的筏板理论位移和图 3-5-10 中荷载（q）对应的桩筏基础中心桩与角桩实测位移值进行了比较。

由图 3-5-10 可以看出，等效墩法预测的非线性荷载-位移曲线和实测荷载-位移曲线较为接近。这说明该方法能够合理地估算抗拔群桩的非线性变形。同时，根据本文介绍的理论预测等效墩的弹性变形。由图 3-5-10 可以看出，当荷载小于极限荷载的一半时，弹性理论变形结果和实测结果相当接近；随着荷载的进一步加大，弹性理论结果和实测结果的差别将逐渐增大。

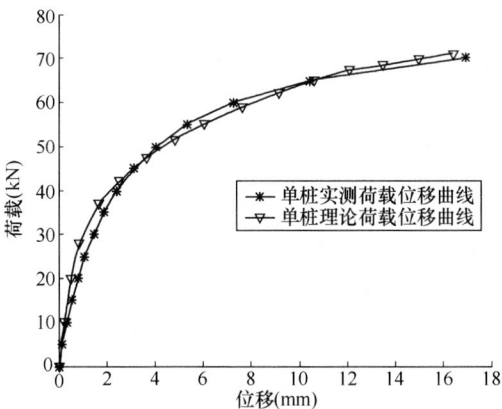

图 3-5-9　单桩荷载-变形理论曲线
和实测曲线比较

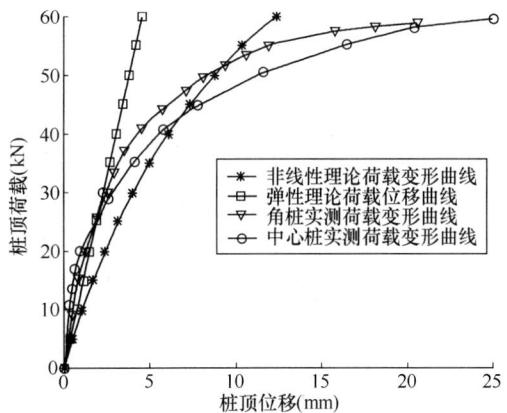

图 3-5-10　理论荷载-位移曲线和
实测荷载-位移曲线的比较

参 考 文 献

［1］　杨克己等．实用桩基工程［M］．北京：人民交通出版社，2004.

[2] 史佩栋. 实用桩基工程手册 [M]. 北京：中国建筑工业出版社，1999.

[3] 张忠苗. 桩基工程学 [M]. 北京：中国建筑工业出版社，2007.

[4] 孙晓立. 抗拔桩承载力和变形计算方法研究 [D]. 上海：同济大学，2007.

[5] 黄峰，李广信，吕禾. 砂土中抗拔桩位移变形的分析 [J]. 土木工程学报，1999，32（1）：31-36.

[6] 孙晓立，杨敏，朱碧堂. 使用修正变分法分析抗拔单桩和群桩的变形，[J]. 岩土工程学报，2007，29（4）：549-553.

[7] 杨克己，等. 抗拔桩的破坏机理和承载力的研究 [J]. 海洋工程，1989，7（2）.

[8] 《桩基工程手册》编写委员会. 桩基工程手册 [M]. 北京：中国建筑工业出版社，1995.

[9] 建筑桩基技术规范（JGJ 94—2008）[S]. 北京：中国建筑工业出版社，2008.

[10] 公路桥涵地基与基础设计规范（JTJ 024—85）[S]. 北京：人民交通出版社，1998.

[11] 林天健，熊厚金，王利群. 桩基础设计指南 [M]. 北京：中国建筑工业出版社，1999.

[12] 建筑地基基础设计规范（GB 50007—2002）[S]. 北京：中国建筑工业出版社，2002.

[13] 刘利民，舒翔，熊巨华. 桩基工程的理论进展与工程实践 [M]. 北京：中国建材工业出版社，2002.

[14] 高大钊，赵春风，徐斌. 桩基础的设计方法与施工技术 [M]. 北京：机械工业出版社，2002.

[15] 张忠苗. 软土地基大直径桩受力性状与桩端注浆新技术 [M]. 杭州：浙江大学出版社，2001.

[16] 刘金砺. 桩基础设计与计算 [M]. 北京：中国建筑工业出版社，1990.

[17] 刘金砺. 桩基工程技术 [M]. 北京：中国建材工业出版社，1996.

[18] B. A. McCabe，B. M. Lehane. Behavior of axially loaded pile group driven in clayey silt [J]. Journal of Geotechnical and Geoenvironmental Engineering，2006，132（3）：401-410.

[19] B. C. Chattopadhyay，P. J. Pise. Uplift capacity of piles in sand [J]. Journal of Geotechnical Engineering，1986，112（9）：888-903.

[20] Siddamal U. V. Behaviour of pile groups under uplift loads [J]. M. Tech. Thesis，IIT，Kharagpur，India，1989.

第四章 受水平荷载作用桩的承载力与变形

承受水平力的桩称为水平受荷桩或抗水平力桩。水平受荷桩在城市的高层建筑、输电线路、发射塔等高耸建筑、港口码头工程、桥梁工程、滑坡抗滑桩工程、抗震工程等工程中得到越来越广泛的应用。因此，了解水平受荷桩的受力性状对桩基抗水平力的设计十分重要。

第一节 水平荷载作用下单桩的受力性状

一、水平荷载下单桩的受力性状

(一) 水平荷载下单桩的受力性状

单桩从承担水平荷载开始到破坏，水平力 H 与水平位移 Y 曲线一般可认为是三个阶段（图 4-1-1）：

第一阶段为直线变形阶段。桩在一定的水平荷载范围内，经受任一级水平荷载的反复作用时，桩身变位逐渐趋于某一稳定值；卸荷后，变形绝大部分可以恢复，桩土处于弹性状态。对应于该阶段终点的荷载称为临界荷载 H_{cr}。

第二阶段为弹塑性变形阶段。当水平荷载超过临界荷载 H_{cr} 后，在相同的增量荷载条件下，桩的水平位移增量比前一级明显增大；而且在同一级荷载下，桩的水平位移随着加荷循环次数的增加而逐渐增大，而每次循环引起的位移增量仍呈减小的趋势。对应于该阶段终点的荷载为极限荷载 H_u。

第三阶段为破坏阶段。当水平荷载大于极限荷载后，桩的水平位移和位移曲线曲率突然增大，连续加荷情况或同一级荷载的每次循环都使位移增量加大。同时桩周土出现裂缝，明显破坏。这从水平力 H 与位移梯度 $\Delta Y_0/\Delta H$ 曲线中更易确定。

实际上，由于土的非线性，即使在水平荷载较小、水平位移不大的情况下，第一阶段也不完全是直线。对于水平承载力分别由桩身强度控制的桩和由地基强度控制的桩，桩的荷载-位移曲线也存在差别。前者达极限荷载后，桩顶水平位移很快增大，在荷载-位移曲线上有明显拐点。后者由于土体受桩的挤压逐步进入塑性状态，在出现被动破裂面之前，塑性区是逐步发展的，因此荷载-位移曲线上拐点一般不明显。

(二) 影响桩抗水平力的因素

影响桩抗水平力的因素主要有桩径、桩的入土深度、桩身的刚度、地基土的刚度（特

编写人：张忠苗（浙江大学建筑工程学院）

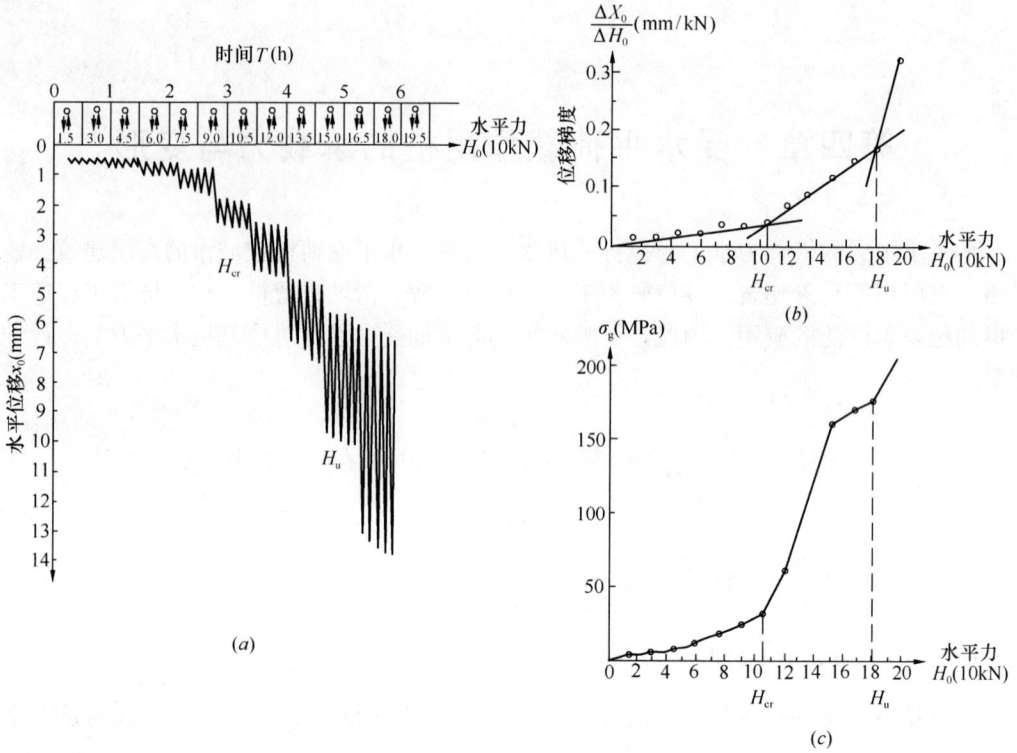

图 4-1-1　单桩水平静载试验成果曲线

(a) H_0-t-x_0 曲线；(b) H_0-$\Delta x_0/\Delta H_0$ 曲线；(c) H_0-σ_g 曲线

别是表层地基土的刚度）、打桩方式等，按照桩径、桩入土深度和桩土刚度比通常分为下列两种情况：

1. 桩径较大、桩的入土深度较小、土质较差时，桩的抗弯刚度大大超过地基刚度，桩的相对刚度较大。在水平力的作用下，桩身如刚体一样围绕桩轴上某点转动（图 4-1-2a）；若桩顶嵌固，桩与桩台将呈刚体平移（图 4-1-3a）。此时可将桩视为刚性桩，其水平承载力一般由桩侧土的强度控制。当桩径大时，同时要考虑桩底土偏心受压时的承载力。

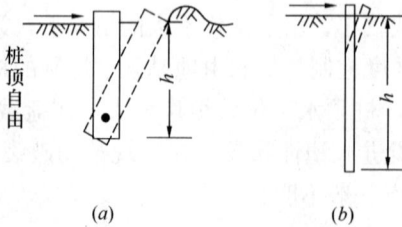

图 4-1-2　桩顶自由时的桩身变形和位移　　图 4-1-3　桩顶嵌固时的桩身变形和位移

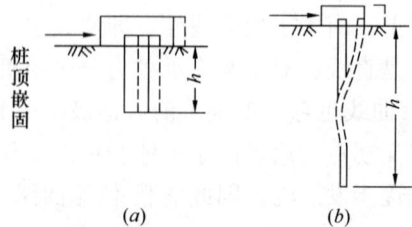

2. 桩径较小、桩的入土深度较大、地基较密实时，桩的抗弯刚度与地基刚度相比，一般柔性较大，桩的相对刚度较小，桩犹如竖放在地基中的弹性地基梁一样工作。在水平

荷载及两侧土压力的作用下，桩的变形呈波状曲线，并沿着桩长向深处逐渐消失（图 4-1-2b）；若桩顶嵌固，位移情况与桩顶自由时类似，但桩顶端部轴线保持竖直，桩与承台也呈刚性平移（图 4-1-3b′）。此时将桩视为弹性桩，其水平承载力由桩身材料的抗弯强度和侧向土抗力所控制。根据桩底边界条件的不同，弹性桩又有中长桩和长桩之分。中长桩的计算与桩底的支承情况有密切关系；长桩有足够的入土深度，桩底均按固定端考虑，其计算与桩底的支承情况无关。

二、单桩的水平承载力的确定

受水平荷载的一般建筑物和水平荷载较小的高大建筑物单桩基础和群桩中基桩应满足：

$$H_{ik} \leqslant R_h \tag{4-1-1}$$

式中　H_{ik}——在荷载效应标准组合下，作用于基桩 i 桩顶处的水平力；

　　　R_h——单桩基础或群桩中基桩的水平承载力特征值，单桩基础 $R_h = R_a$。

《建筑基桩检测技术规范》（JGJ 106—2003）对单桩水平承载力特征值作了规范，单位工程同一条件下的单桩水平承载力特征值的确定应符合下列规定：

1. 单桩水平承载力特征值应通过现场水平静载试验确定。

2. 当水平承载力按桩身强度控制时，取水平临界荷载统计值为单桩水平承载力特征值。

3. 当桩受长期水平荷载作用且不允许开裂时，取水平临界荷载统计值的 0.8 倍作为单桩水平承载力特征值。

另外，当水平承载力按设计要求的水平允许位移控制时，可取设计要求的水平允许位移对应的水平荷载作为单桩水平承载力特征值，但应满足有关规范抗裂设计的要求。

第二节　水平荷载作用下群桩的受力性状

一、水平荷载作用下群桩的受力性状

对于抗水平力群桩基础，其群桩效应受到桩距、桩数、桩长、桩径等参数的影响。张忠苗题组通过有限元模拟得到了如下一些水平荷载作用下群桩的受力性状规律。

（一）桩长对群桩位移场的影响

不同桩长、不同桩数抗水平力群桩桩顶位移如图 4-2-1 所示，相应的群桩效应影响系数见图 4-2-2，不同桩长、不同距径比抗水平力群桩桩顶位移见图 4-2-3，相应的群桩效应影响系数见图 4-2-4。

由图 4-2-1～图 4-2-4 可以发现，随着桩长的增加，抗水平力桩的水平位移不断减少，同时减少的幅度有所减小，逐渐趋于平缓，计算模型的桩底约束条件为简支，因此大约在 $30d$ 附近桩长对位移减小影响已经不大。

总体上看，不同桩数群桩的位移值都随着桩长的增加而增长，但是同一桩长对于不同桩数的位移值来说是不同的（图 4-2-1）。桩数的增加，群桩桩顶位移也有所增长，在相同

的距径比情况下，桩数越多，位移越大，其原因是桩数越多，群桩效应对位移的影响也就越大。由图 4-2-2 可以看出，不同桩数的群桩效应系数是不同的，桩数越多，群桩效应也就越大。同时，可以看到，在长径比为 30 处为群桩效应最为明显的桩长。

不同长径比的群桩的位移值随着桩长的增加而增长，由前面的分析可知，随着距径比的增大，群桩效应也相应的减少，如图 4-2-3，图 4-2-4 所示。当距径比等于 8 时，可以发现，长径比对水平位移的影响就可以忽略不计。同时，在不同距径比的群桩中也能发现长径比为 30 是群桩效应最为明显的桩长。

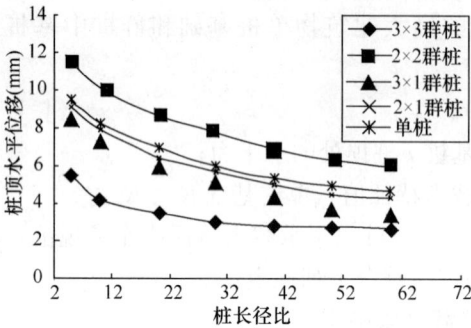

图 4-2-1　不同桩数群桩长径比-桩顶位移曲线

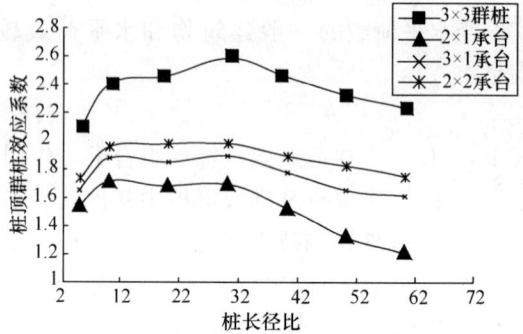

图 4-2-2　不同桩数群桩长径比-群桩效应曲线

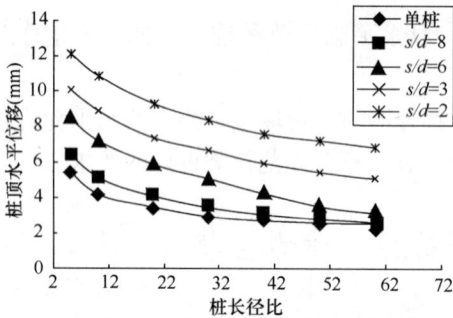

图 4-2-3　不同距径比群桩长径比-桩顶位移曲线

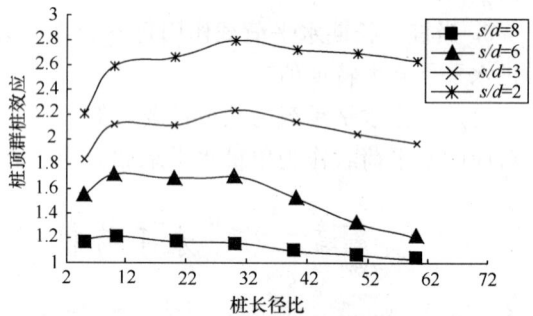

图 4-2-4　不同距径比群桩长径比-群桩效应曲线

（二）桩径对群桩位移场的影响

当设计水平荷载一定的时候，桩径越大，则所需桩数越少，同时桩顶位移也将越小，但是桩径的增大同时也带来成本的提高，桩径-位移曲线和桩径-群桩效应曲线分别如图 4-2-5 和图 4-2-6 所示。

由图 4-2-5 可以发现，随着桩径的增加，群桩的位移显著地下降，桩径越大，群桩的水平位移越小。当桩径大于 1.5m 时，群桩的水平位移下降幅度有所减小，因此增加桩径是减少群桩水平位移的有效方法。

由图 4-2-6 可以发现，尽管随着桩径的增大，位移场的群桩效应系数缓慢增加，但是总体上，桩径增长时位移场群桩效应几乎不变，因此桩径的增大对群桩效应的影响可以忽略不计，在抗水平力群桩设计中，可以不计桩径变化对位移场的影响。

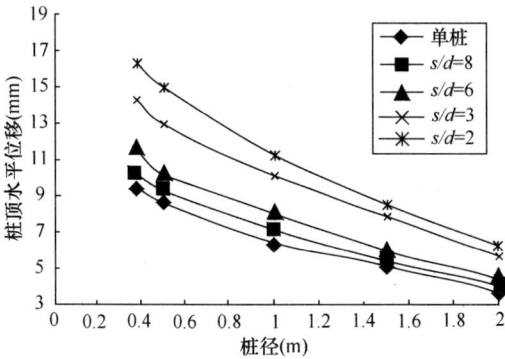

图 4-2-5　桩径-桩顶水平位移曲线　　　　图 4-2-6　群桩位移效应-桩顶水平位移曲线

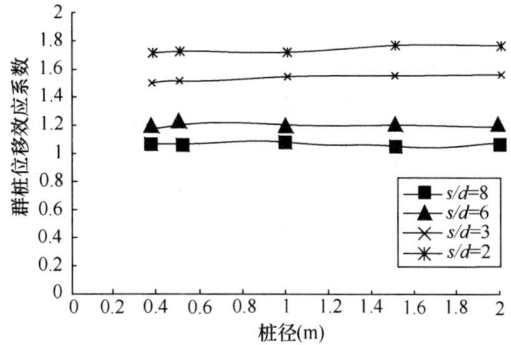

（三）桩距对群桩水平位移的影响

桩距的变化直接影响到群桩的变形和承载力的大小，对群桩的经济性和可靠性有很大的关系。固定桩径 $d=1\mathrm{m}$，通过改变桩距 s 来调节 s/d 的值。图 4-2-7 为 2 桩（2×1）、3 桩（3×1）、4 桩（2×2）、9 桩（3×3）群桩基础在平均每根桩受 10kN 的作用下，不同桩距时群桩水平位移变位图。s 分别取 $1.5d$，$2d$，$3d$，$4d$，$6d$，$8d$，$10d$，$12d$。

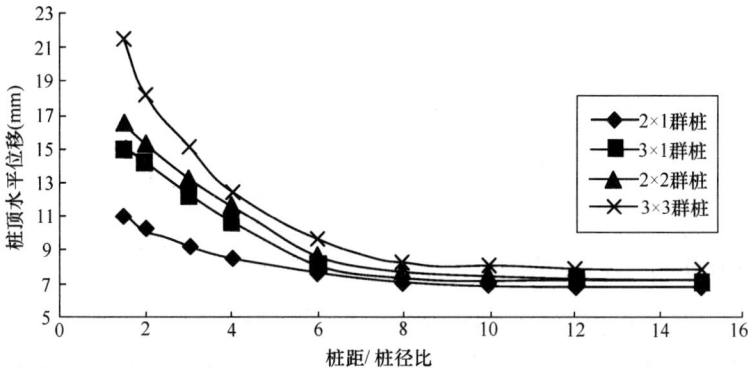

图 4-2-7　距径比对群桩位移场的影响

在相同荷载，即群桩中每根桩平均受荷与单桩受荷相同的情况下，群桩的水平位移（对应 $N\times P$，N 为桩数）与单桩的水平位移之比值作为考察位移场群桩效应大小的依据。群桩基础水平位移与单桩水平位移值比值越大，群桩效应对位移场的影响就越显著；群桩基础水平位移与单桩位移比值越小，群桩效应对位移场的影响就越小，当比值为 1 时，可视为无群桩效应。计算中 s 取 $2d$，$3d$，$5d$，$8d$，$10d$，$14d$（图 4-2-8）。

由图 4-2-7、图 4-2-8 可以看出，随着桩距的增大，群桩的水平位移随之减少，桩数越多，群桩效应对位移场的影响也就越大。由桩顶水平位移及影响效应图可以看出，当桩距接近或大于 8 倍的桩径时，随着桩距的减少，群桩的位移迅速增大，其位移效应指数也相应增大。当桩距接近或大于 8 倍桩径时，群桩的位移曲线变化平缓，群桩的性状也已经接近单桩，再加大桩距对减少群桩的位移已经没有效果。这说明，当群桩桩距小于 8 倍桩径时，要考虑群桩效应，当群桩桩距大于 8 倍桩径时，可近似地按单桩来处理，8 倍桩径作

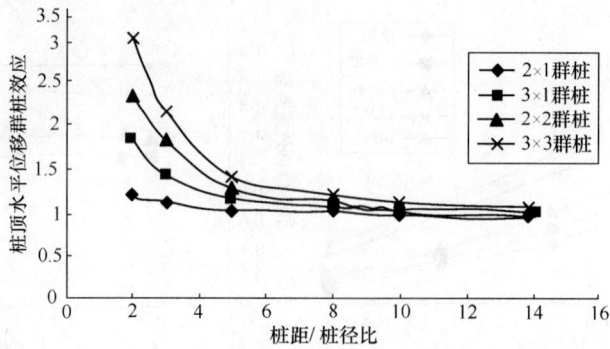

图 4-2-8 距径比对群桩位移效应发挥的影响

为临界桩距是合理的。在实际设计中，桩数越多，距离越近，设计时考虑的群桩效应就越大。有限元模拟可以得到群桩设计时折减系数如表 4-2-1 所示。

群桩效应折减系数 表 4-2-1

桩数 桩距/桩径	2×1	3×1	2×2	3×3
2	0.77	0.52	0.42	0.31
3	0.90	0.65	0.51	0.43
5	0.92	0.81	0.744	0.66
8	0.95	0.87	0.83	0.78
10	0.96	0.92	0.89	0.84
14	0.98	0.96	0.92	0.88

（四）桩数对群桩位移场的影响

桩数对群桩的影响也相当大，同时桩数的合理选择是决定群桩基础经济可行性的一个非常重要的因素，在其他条件一定的情况下，抗水平力群桩基础的桩数越多，其承载力也相应的越大，但同时费用也越多。

模拟群桩抗水平力基础在桩数变化时，群桩位移场受到的影响，平均每根桩的受力为150kN，计算的桩数分别为 2，3，4，6，9 根，距径比分别取 2，3，6，8，得到桩数-桩顶位移曲线如图 4-2-9 所示，将群桩桩顶位移除以单桩位移得到桩数-位移效应曲线如图4-2-10所示。

从图 4-2-7、图 4-2-8 就可以看出，在每根桩受力都相等的情况下，桩距相同时，桩数越多，群桩桩顶位移越大，其位移群桩效应也越显著。从图 4-2-9、图 4-2-10 可以更明显地看出，桩数越多，群桩的位移越大，群桩的位移效应也越明显；当桩距越小时，群桩位移受到桩数影响比较明显，随着桩数的增长，其位移值及位移效应指标随着大幅度增长；但是当桩距接近 8 倍桩径时，桩数增加对群桩桩顶水平位移及位移效应指标的影响就相当小。这从另一个方面说明了距径比 8 作为是否考虑抗水平力群桩位移效应的合理性。

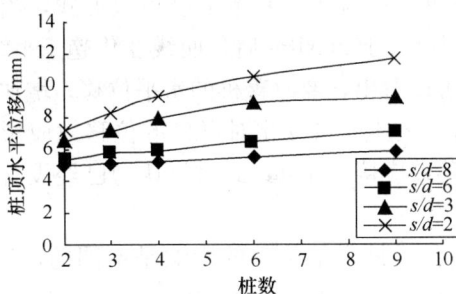

图 4-2-9　桩数-桩顶水平位移曲线

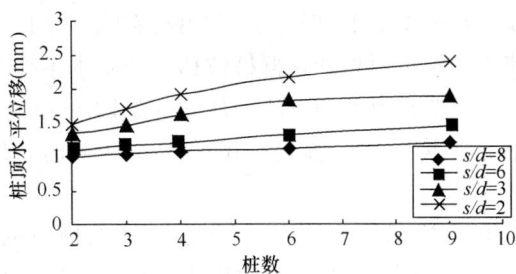

图 4-2-10　桩数-桩顶水平位移效应曲线

（五）土体模量的影响

土体模量是影响桩基水平位移最重要的因素之一，随着土体模量的增大，桩的水平位移也将减小。图 4-2-11、图 4-2-12 分别是土体模量-群桩位移曲线，土体模量-群桩效应曲线。

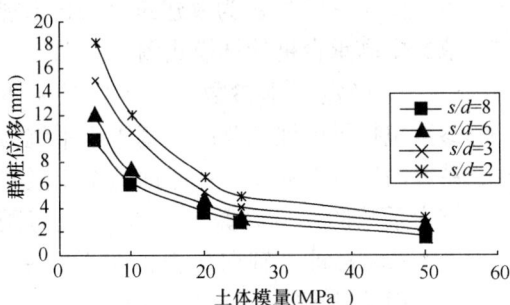

图 4-2-11　土体模量-群桩位移曲线

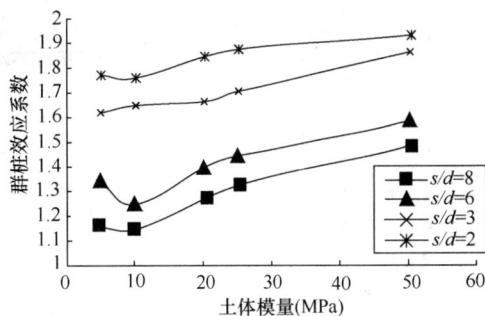

图 4-2-12　土体模量-群桩位移效应曲线

不同深度土体模量对群桩抗水平力的影响程度不同，图 4-2-13 是不同深度土体模量-群桩位移曲线。

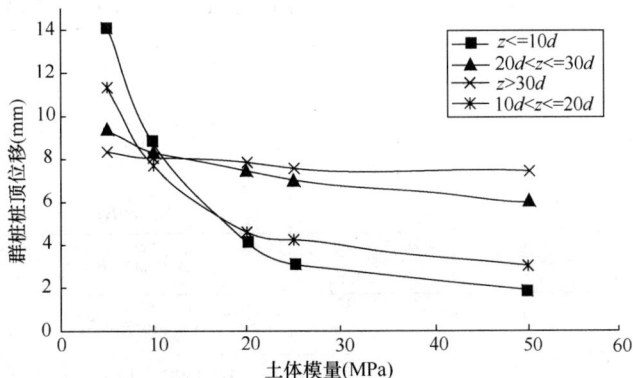

图 4-2-13　不同深度土体模量-群桩位移效应曲线

由图 4-2-11 可知，随着土体模量的增大，群桩位移减小，基本上呈指数形式，当土体模量小于 25MPa 时，曲线为陡降型；当土体模量大于 25MPa 后，曲线变化趋于平缓，即使土体模量再增加，群桩位移已经基本不变。可以看出，要改善桩的水平位移，增加土体模量是非常有效的方法。从图 4-2-12 可以看出，土体模量变化对群桩的位移效应影响较小，基本上可以忽略。当距径比大于 8 时，位移效应接近于 1，此时可认为已经没有位移效应。

由图 4-2-13 可知，不同深度土体的模量的变化对桩水平位移的影响是不同的，$10D$ 范围内的桩侧土模量变化对桩水平位移的影响最大，$10D \sim 20D$ 范围内的土体模量变化对桩水平位移的影响次之，桩底下部的土体模量的变化对桩水平位移的影响就相当有限了。因此，可以看出，要减少桩水平位移量主要要改善桩长范围，特别是桩上部的土体的模量。

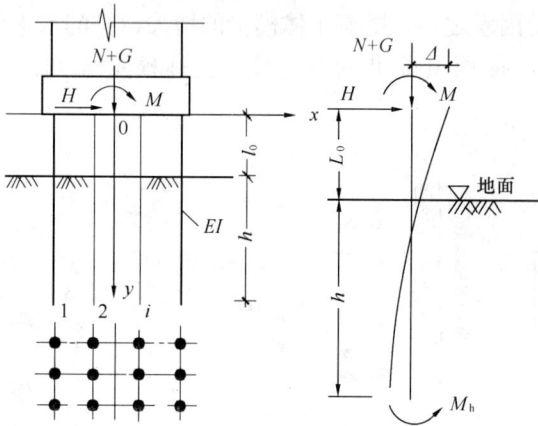

图 4-2-14　高承台桩计算模式图

二、群桩水平承载力的确定

(一) 高承台群桩基础

图 4-2-14 所示为《建筑桩基技术规范》中高承台桩计算模式图。

1. 确定基本参数。所确定的基本参数包括承台埋深范围地基土水平抗力系数的比例系数 m、桩底面地基土竖向抗力系数的比例系数 m_0、桩身抗弯刚度 EI、α、桩身轴向压力传布系数 ξ_N、桩底面地基土竖向抗力系数 C_0。

2. 求单位力作用于桩身地面处，桩身在该处产生的变位（表 4-2-2）。

表 4-2-2

$H_0 = 1$ 作用时	水平位移 $(F^{-1} \times L)$	$h \leqslant \dfrac{2.5}{\alpha}$	$\delta_{HH} = \dfrac{1}{\alpha^3 EI} \times \dfrac{(B_3 D_4 - B_4 D_3) + K_h (B_2 D_4 - B_4 D_2)}{(A_3 B_4 - A_4 B_3) + K_h (A_2 B_4 - A_4 B_2)}$
		$h > \dfrac{2.5}{\alpha}$	$\delta_{HH} = \dfrac{1}{\alpha^3 EI} \times A_i$
	转角 (F^{-1})	$h \leqslant \dfrac{2.5}{\alpha}$	$\delta_{MH} = \dfrac{1}{\alpha^2 EI} \times \dfrac{(A_3 D_4 - A_4 D_3) + K_h (A_2 D_4 - A_4 D_2)}{(A_3 B_4 - A_4 B_3) + K_h (A_2 B_4 - A_4 B_2)}$
		$h > \dfrac{2.5}{\alpha}$	$\delta_{MH} = \dfrac{1}{\alpha^2 EI} \times B_i$
$M_0 = 1$ 作用时	水平位移 (F^{-1})	$h \leqslant \dfrac{2.5}{\alpha}$	$\delta_{HM} = \delta_{MH}$
		$h > \dfrac{2.5}{\alpha}$	$\delta_{HM} = \delta_{MH}$
	转角 $(F^{-1} \times L^{-1})$	$h \leqslant \dfrac{2.5}{\alpha}$	$\delta_{MM} = \dfrac{1}{\alpha EI} \times \dfrac{(A_3 C_4 - A_4 C_3) + K_h (A_2 C_4 - A_4 C_2)}{(A_3 B_4 - A_4 B_3) + K_h (A_2 B_4 - A_4 B_2)}$
		$h > \dfrac{2.5}{\alpha}$	$\delta_{MM} = \dfrac{1}{\alpha EI} \times C_i$

3. 求单位力作用于桩顶时，桩顶产生的变位（表 4-2-3）。

表 **4-2-3**

$H_i=1$ 作用时	水平位移 $(F^{-1}\times L)$	$\delta'_{HH}=\dfrac{l_0^3}{3EI}+\delta_{MM}l_0^2+2\delta_{MH}l_0+\delta_{HH}$
	转角 (F^{-1})	$\delta'_{MH}=\dfrac{l_0^2}{2EI}+\delta_{MM}l_0+\delta_{MH}$
$M_i=1$ 作用时	水平位移 (F^{-1})	$\delta'_{HM}=\delta'_{MH}$
	转角 $(F^{-1}\times L^{-1})$	$\delta'_{MM}=\dfrac{l_0}{EI}+\delta_{MM}$

4. 求桩顶发生单位变位时，桩顶引起的内力（表 4-2-4）。

表 **4-2-4**

发生竖直位移时	竖向反力 $(F\times L^{-1})$	$\rho_{NN}=\dfrac{1}{\dfrac{l_0+\xi_N h}{EA}+\dfrac{1}{C_0 A_0}}$
发生水平位移时	水平反力 $(F\times L^{-1})$	$\rho_{HH}=\dfrac{\delta'_{MM}}{\delta'_{HH}\delta'_{MM}-\delta'^2_{MH}}$
	反弯矩 (F)	$\rho_{MH}=\dfrac{\delta'_{MH}}{\delta'_{HH}\delta'_{MM}-\delta'^2_{MH}}$
发生单位转角时	水平反力 (F)	$\rho_{HM}=\rho_{MH}$
	反弯矩 $(F\times L)$	$\rho_{MM}=\dfrac{\delta'_{HH}}{\delta'_{HH}\delta'_{MM}-\delta'^2_{MH}}$

5. 求承台发生单位变位时，所有桩顶引起的反力和（表 4-2-5）。

表 **4-2-5**

单位竖直位移时	竖向反力 $(F\times L^{-1})$	$\gamma_{VV}=n\rho_{NN}$	
单位水平位移时	水平反力 $(F\times L^{-1})$	$\gamma_{UU}=n\rho_{HH}$	n——基桩数
	反弯矩 (F)	$\gamma_{\beta U}=-n\rho_{MH}$	x_i——坐标原点至各桩的距离
单位转角时	水平反力 (F)	$\gamma_{U\beta}=\gamma_{\beta U}$	K_i——第 i 排桩的根数
	反弯矩 $(F\times L)$	$\gamma_{\beta\beta}=n\rho_{MM}+\rho_{HH}\sum K_i x_i^2$	

6. 求承台变位（表 4-2-6）。

表 4-2-6

竖直位移（L）	$V = \dfrac{N+G}{\gamma_{VV}}$
水平位移（L）	$U = \dfrac{\gamma_{\beta\beta} H - \gamma_{U\beta} M}{\gamma_{UU}\gamma_{\beta\beta} - \gamma_{U\beta}^2}$
转角（弧度）	$\beta = \dfrac{\gamma_{UU} M - \gamma_{U\beta} H}{\gamma_{UU}\gamma_{\beta\beta} - \gamma_{U\beta}^2}$

7. 求任一基桩桩顶内力（表 4-2-7）。

表 4-2-7

竖向力（F）	$N_i = (V + \beta x_i)\,\rho_{NN}$
水平力（F）	$H_i = U\rho_{HH} - \beta\rho_{HM} = \dfrac{H}{n}$
弯矩（F×L）	$M_i = \beta\rho_{MM} - U\rho_{MH}$

8. 求地面处桩身截面上的内力（表 4-2-8）。

表 4-2-8

水平力（F）	$H_0 = H_i$
弯矩（F×L）	$M_0 = M_i + H_i l_0$

9. 求地面处桩身的变位（表 4-2-9）。

表 4-2-9

水平位移（L）	$x_0 = H_0 \delta_{HH} + M_0 \delta_{HM}$
弯矩（F×L）	$\varphi_0 = -(H_0 \delta_{MH} + M_0 \delta_{MM})$

10. 求地面下任一深度桩身截面内力（表 4-2-10）。

表 4-2-10

弯矩（F×L）	$M_y = \alpha^2 EI\left(x_0 A_3 + \dfrac{\varphi_0}{\alpha} B_3 + \dfrac{M_0}{\alpha^2 EI} C_3 + \dfrac{H_0}{\alpha^3 EI} D_3 \right)$
水平力（F）	$H_y = \alpha^3 EI\left(x_0 A_4 + \dfrac{\varphi_0}{\alpha} B_4 + \dfrac{M_0}{\alpha^2 EI} C_4 + \dfrac{H_0}{\alpha^3 EI} D_4 \right)$

11. 求桩身最大弯矩及其位置（表 4-2-11）。

表 4-2-11

最大弯矩位置（L）	由 $\dfrac{\alpha M_0}{H_0} = C_1$ 查表《建筑桩基技术规范》c.0.3-5 得相应的 αy，$y_{Mmax} = \dfrac{\alpha y}{\alpha}$
最大弯矩（F×L）	$M_{max} = M_0 C_1$

（二）低承台群桩基础

低承台群桩基础（不含水平力垂直于单排桩基纵向轴线和力矩较大的情况）的基桩水平承载力特征值应考虑由承台、桩群、土相互作用产生的群桩效应，可按下式确定：

$$R_h = \eta_h R_{ha} \tag{4-2-1}$$

1. 桩距 $S_a < 6d$ 的常规桩基

$$\eta_h = \eta_i \eta_r + \eta_l \tag{4-2-2}$$

$$\eta_i = \dfrac{\left(\dfrac{s_a}{d}\right)^{0.015 n_2 + 0.45}}{0.15 n_1 + 0.10 n_2 + 1.9} \tag{4-2-3}$$

$$\eta_l = \frac{m\chi_{oa}B_c'h_c^2}{2n_1n_2R_{ha}} \tag{4-2-4}$$

$$\chi_{oa} = \frac{R_{ha}v_x}{\alpha^3 EI} \tag{4-2-5}$$

2. 桩距 $S_a \geqslant 6d$ 的复合桩基

$$\eta_h = \eta_i\eta_r + \eta_l + \eta_b \tag{4-2-6}$$

$$\eta_b = \frac{\mu \cdot P_c}{n_1 \cdot n_2 \cdot R_h} \tag{4-2-7}$$

式中　R_{ha}——群桩基础的复合基桩水平承载力特征值；

　　　R_h——单桩水平承载力特征值；

　　　η_h——群桩效应综合系数；

　　　η_i——桩的相互影响效应系数；

　　　η_r——桩顶约束效应系数，按表 4-2-12 取值；

　　　η_l——承台侧向土抗力效应系数，当承台侧面为可液化土时，取 $\eta_l=0$；

　　　η_b——承台底摩阻效应系数；

　　s_a/d——沿水平荷载方向的距径比；

　n_1、n_2——分别为沿水平荷载方向与垂直于水平荷载方向每排桩中的桩数；

　　　m——承台侧面土水平抗力系数的比例系数；

　　χ_{oa}——桩顶（承台）的水平位移允许值，当以位移控制时，可取 $\chi_{oa}=10mm$（对水平位移敏感的结构物取 $\chi_{oa}=6mm$）；当以桩身强度控制（低配筋率灌注桩）时，可近似按式（4-2-10）确定；

　　　B_c'——承台受侧向土抗一边的计算宽度，$B_c'=B_c+1$（m），B_c 为承台宽度；

　　　h_c——承台高度；

　　　μ——承台底与基土间的摩擦系数，可按表 4-2-13 取值；

　　　P_c——承台底地基土分担的竖向荷载标准值，$P_c = \eta_c \cdot f_{ak} \cdot A_c$。

桩顶约束效应系数 η_r　　　　　　　　　表 4-2-12

换算深度 αh	2.4	2.6	2.8	3.0	3.5	$\geqslant 4.0$
位移控制	2.58	2.34	2.20	2.13	2.07	2.05
强度控制	1.44	1.57	1.71	1.82	2.00	2.07

注：$\alpha = \sqrt[5]{\dfrac{mb_0}{EI}}$，$h$ 为桩的入土深度。

承台底与基土间的摩擦系数 μ　　　　　　　表 4-2-13

土 的 类 别		摩擦系数 μ	土的类别	摩擦系数 μ
黏性土	可　塑	0.25~0.30	中砂、粗砂、砾砂	0.40~0.50
	硬　塑	0.30~0.35	碎石土	0.40~0.60
	坚　硬	0.35~0.45	软质岩石	0.40~0.60
粉　土	密实、中密（稍湿）	0.30~0.40	表面粗糙的硬质岩石	0.65~0.75

第三节　水平荷载作用下单桩变形的理论计算

20世纪60年代初期，管桩和大直径钻孔桩开始应用，这些桩多为竖直，不但长度较长，而且具有较大的抗弯刚度，所以考虑桩的水平承载力势在必行，这时由不少学者研究发展了水平承载桩的作用机理和分析计算的多种方法，并积累了一些水平静载试桩的资料。当时铁路和公路桥梁设计首先采用了 m 法、c 法，港工桩基规范也采用了 m 法和张有龄法。

目前，水平承载桩的计算方法根据地基的不同状态，主要可分为：极限地基反力法、极限平衡法、弹性地基反力法（m 法）、$p\text{-}y$ 曲线法以及数值计算方法等。各种方法的特点及适用范围见表4-3-1。

单桩水平承载桩的计算方法特点及适用范围　　　　　　　表 4-3-1

计算方法	特　　　点
极限地基反力法	该方法是按照土的极限静力平衡来求桩的水平承载力，假定桩为刚性，不考虑桩身变形，根据土体的性质预先设定一种地基反力形式，仅为深度的函数。作用于桩的外力同土的极限平衡可有多种地基反力分布假定，如抛物线形、三角形等。该方法在求解极限阻力的同时可求得桩中的最大弯矩
弹性地基反力法（m 法）	假定桩埋置于各向同性半无限弹性体中，各向土为弹性体，用梁的弯曲理论来求桩的水平抗力。弹性理论法的不足是不能通过计算得出桩在地面以下的位移、转角、弯矩，土压力等值的确定也比较困难
$p\text{-}y$ 曲线法	基本思想就是沿桩深度方向将桩周土应力应变关系用一组曲线来表示，即 $p\text{-}y$ 曲线。在某深度 z 处，桩的横向位移 y 与单位桩长土反力合力之间存在一定的对应关系。从理论上讲，$p\text{-}y$ 曲线法是一种比较理想的方法，配合数值解法，可以计算桩内力及位移，当桩身变形较大时，这种方法与地基反力系数法相比有更大的优越性

一、极限地基反力法（极限平衡法）

极限地基反力法适合研究刚性短桩。埋在土体中的桩，当桩长相对较长时，在桩顶的水平荷载作用下，桩身上部位移较大，而桩身下部位移和内力都很小，可以忽略不计；而当桩长相对较短时，沿桩全长的位移和内力都不可以忽略不计。前者称为长桩或柔性长桩，后者称为短桩或刚性短桩。如图4-3-1所示。

极限地基反力法，就是假定桩为刚性，不考虑桩身变形，根据土体的性质预先设定一种地基反力形式，仅为深度的函数，如图4-3-2所示。

这些深度函数与桩的位移无关，根据力、力矩平衡，可直接求解桩身剪力、弯矩以及土体反力分布形式。图中 p 为桩侧土压力，L 为桩长，z 为深度，K_p 为被动土压力系数，γ 为土的重度，c_u 为黏性土不排

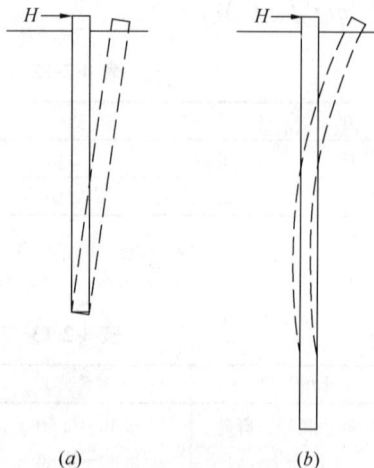

图 4-3-1　长桩、短桩示意图
(a) 短桩；(b) 长桩

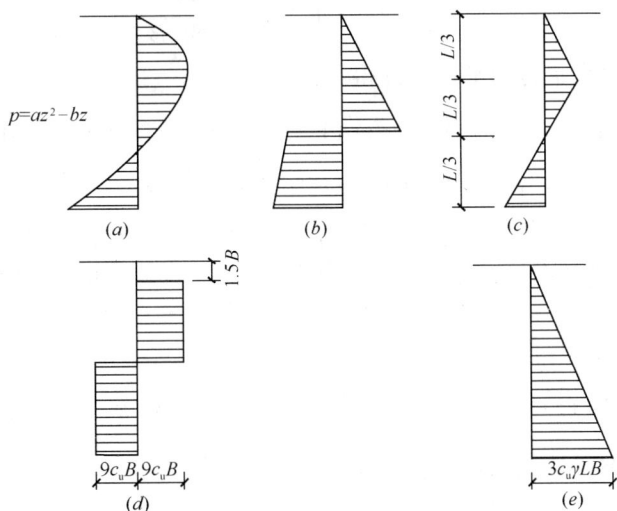

图 4-3-2 短桩横向土压力分布形式

水抗剪强度，B 为计算桩宽。

　　Broms（1964）对于黏性土中的短桩，提出图 4-3-2（d）所示的反力分布形式，以黏土不排水剪强度 c_u 的 9 倍作为极限承载力。对于无黏性土中的短桩，Broms（1964）提出图 4-3-2（e）所示的反力分布形式，取朗肯被动土压力的 3 倍作为极限承载力。

　　极限反力法不考虑桩土变形特性，适用于刚性桩即短桩，不适用于其他情况下的桩结构物的研究。因此，这里只介绍 Broms 法（短桩）。

（一）黏性土地基的情况

　　对黏性土中的桩顶加水平荷载时，桩身产生水平位移，如图 4-3-3（a）所示。由于地面附近的土体受桩的挤压而破坏，地基土向上方隆起，使水平地基反力减小。水平地基反力的分布见图 4-3-3（b）。为简化问题，忽略地表面以下 $1.5B$（B 为桩宽）深度内土的作用，在 $1.5B$ 深度以下假定水平地基反力为常数，其值为 $9c_uB$，其中 c_u 为不排水抗剪强度，如图 4-3-3（c）所示。

　　设土中产生最大弯矩的深度为 $1.5B+f$，根据弯矩与剪力之间的微分关系，此深度出现剪力为零，即 $Q=-H_u+9c_uBf=0$，由此得

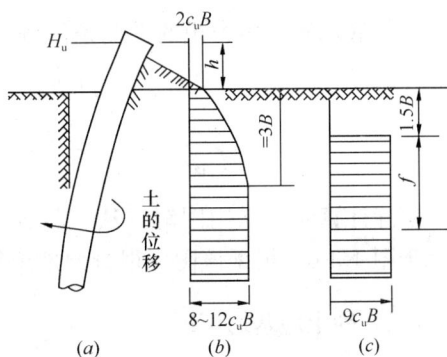

$$f = \frac{H_u}{9c_uB} \qquad (4\text{-}3\text{-}1)$$

式中　H_u——极限水平承载力。

　　1. 桩头自由的短桩（图 4-3-4）

　　假定在桩的全长范围内水平地基反力均为常数（转动点上下的水平地基反力方向相反）。由水平力的平衡条件得：

$$H_u - 9c_uB(l-1.5B) + 2 \times 9c_uBx = 0$$

图 4-3-3　黏性土中桩的水平地基反力分布
（a）桩的位移；（b）水平地基反力分布；
（c）设计用的水平地基反力分布

$$x = \frac{1}{2}(1 - 1.5B) - \frac{H_u}{18c_u B} \tag{4-3-2}$$

对桩底求矩，由水平力的平衡条件得：

$$H_u(l + h) - \frac{1}{2}(9c_u B)(1 - 1.5B)^2 + (9c_u B)x^2 = 0 \tag{4-3-3}$$

将式（4-3-2）代入式（4-3-3），解得

$$H_u = 9c_u B^2 \left\{ \sqrt{4\left(\frac{h}{B}\right)^2 + 2\left(\frac{l}{B}\right)^2 + 4\left(\frac{h}{B}\right) \times \left(\frac{l}{B}\right) + 4.5} - \left[2\left(\frac{h}{B}\right) + \left(\frac{l}{B}\right) + 1.5\right] \right\}$$

$$\tag{4-3-4}$$

最大弯矩 M_{max} 为

$$M_{max} = H_u(h + 1.5B + f) - \frac{1}{2}(9c_u B)f^2 = H_u(h + 1.5B + 0.5f) \tag{4-3-5}$$

2. 桩头转动受到约束的短桩（图4-3-5）

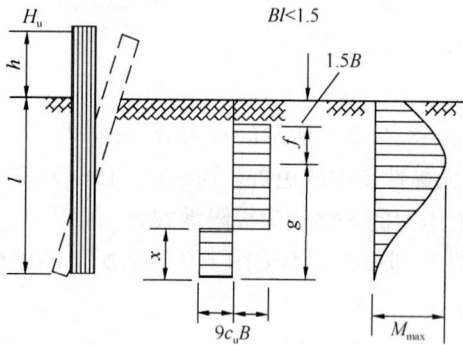

图 4-3-4 黏性土地基中桩头自由的情况　　图 4-3-5 黏性土地基中桩头转动受到约束的桩

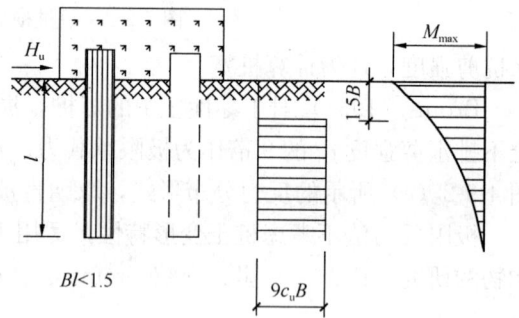

假定桩发生平行移动，并在桩全长范围内产生相同的水平地基反力 $9c_u B$，桩头产生最大弯矩 M_{max}。由水平力的平衡条件得：

$$H_u - 9c_u B(l - 1.5B) = 0$$

$$H_u = 9c_u B(l - 1.5B) = 9c_u B^2 \left(\frac{l}{B} - 1.5\right) \tag{4-3-6}$$

对桩底求矩，由力矩的平衡条件得：

$$M_{max} - H_u l + \frac{1}{2}(9c_u B)(l - 1.5B)^2 = 0$$

$$M_{max} = H_u\left(\frac{1}{2} + \frac{3}{4}B\right) = 4.5c_u B^3\left[\left(\frac{l}{B}\right)^2 - 2.25\right] \tag{4-3-7}$$

实际计算时可采用图解方法。将式（4-3-4）和式（4-3-6）中 $H_u/c_u B^2 - l/B$ 的关系表示于图4-3-6，根据该图可很方便地求得 H_u。

（二）砂土地基的情况

对砂土中的桩顶施加水平力，试验表明，从地表面开始向下，水平地基反力由零呈线性增大，其值相当于朗肯土压力 K_p 的 3 倍，故地表面以下深度为 x 处的水平地基反力 P 是：

$$P = 3K_p \gamma x$$
$$K_p = \frac{1+\sin\varphi}{1-\sin\varphi} = \tan^2\left(45° + \frac{\varphi}{2}\right) \tag{4-3-8}$$

式中　φ——土的内摩擦角；

　　　γ——土的重度。

设土中最大弯矩处的深度为 f，该处的剪力为零，即 $Q = H_u - \frac{1}{2} \cdot 3K_p\gamma Bf^2 = 0$，由此得

$$f = \sqrt{\frac{2H_u}{3K_p\gamma B}} \tag{4-3-9}$$

1. 桩头自由的短桩（图 4-3-7）

假定桩全长范围内的地基都屈服，桩尖的水平位移和桩头水平位移方向相反。将桩尖附近的水平地基反力用集中力 P_B 代替，并对桩底求矩，根据力矩的平衡条件得

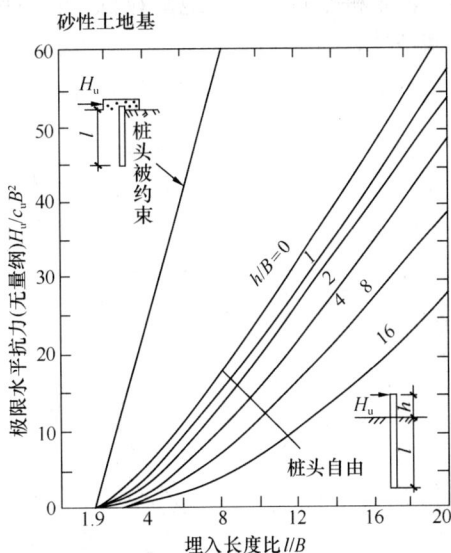

砂性土地基

图 4-3-6　黏性土地基中短桩的水平抗力

$$H_u(h+l) = \frac{1}{2} \cdot \frac{1}{3} \cdot 3K_p\gamma Bl^3$$

故

$$H_u = \frac{K_p\gamma Bl^2}{2\left(1+\dfrac{h}{l}\right)} \tag{4-3-10}$$

将式（4-3-10）代入式（4-3-9），得

$$f = \frac{l}{\sqrt{3\left(1+\dfrac{h}{l}\right)}} \tag{4-3-11}$$

桩身最大弯矩 M_{max} 为

$$M_{max} = H_u(h+f) - \frac{1}{3}H_uf \tag{4-3-12}$$

将式（4-3-11）代入式（4-3-12），得

$$M_{max} = H_u\left(h + \frac{0.385l}{\sqrt{1+h/l}}\right) \tag{4-3-13}$$

2. 桩头转动受到约束的短桩（图 4-3-8）

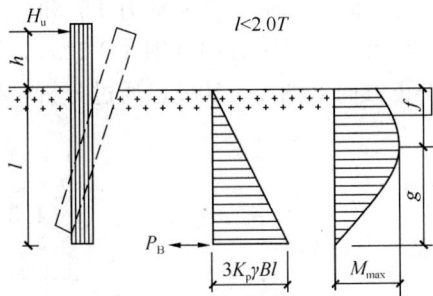

图 4-3-7　砂土地基中桩头自由的情况

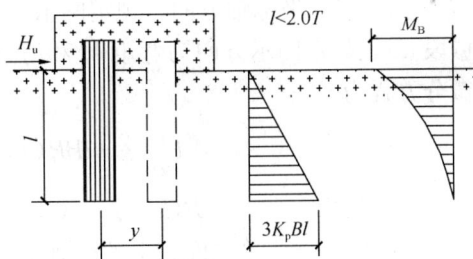

图 4-3-8　砂土地基中桩头转动受到约束的短桩

假定桩平行移动，地基在桩全长范围内均屈服，在桩头产生最大弯矩。根据水平力的平衡条件，得

$$H_u - \frac{1}{2} \cdot 3K_p \gamma B l^2 = 0$$

$$H_u = \frac{3}{2} K_p \gamma B l^2 \tag{4-3-14}$$

砂性土地基

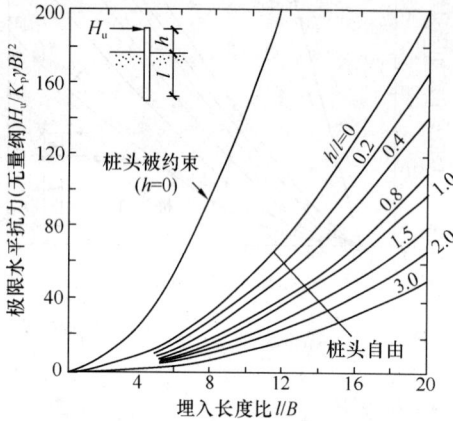

图 4-3-9　砂性土地基中短桩的水平抗力

根据桩底的力矩平衡条件，得

$$M_{max} + \frac{1}{2} \cdot \frac{1}{3} \cdot 3K_p \gamma B l^3 - H_u l = 0$$

$$M_{max} = K_p \gamma B l^3 \tag{4-3-15}$$

实际计算时可利用图解法。将式（4-3-10）和式（4-3-14）中的 $H_u/K_p \gamma B l^2 - l/B$ 的关系表示于图 4-3-9，根据该图可求得砂质土中刚性短桩的极限水平力 H_u。

当水平荷载小于上述极限抗力的 1/2 时，无论是桩还是地基（包括黏性土地基和砂性土地基），都不会产生局部屈服，此时地表面的水平位移 y_0 可由表 4-3-2 中的公式求得。

荷载小于极限水平抗力一半时的地面水平位移　　　　　　　表 4-3-2

土　性	桩　　头	地面有水平位移 y_0
黏性土	自由（$\beta l < 1.5$）	$\dfrac{4H}{k_h BL}\left(1 + 1.5\dfrac{h}{l}\right)$
	转动受约束（$\beta l < 0.5$）	$\dfrac{H}{k_h Bl}$
砂　土	自由（$l < 2T$）	$\dfrac{18H}{2mBl^2}\left(1 + \dfrac{4}{3}\dfrac{h}{l}\right)$
	转动受约束（$l < 2T$）	$\dfrac{H}{mBl^2}$　（$h=0$）

注：表中 k_h 为随深度不变的水平地基系数，m 为水平地基系数随深度线性增加的比例系数。

二、弹性地基反力法（m 法）

弹性地基反力法，假定土为弹性体，用梁的弯曲理论来求桩的水平抗力。假定竖直桩全部埋入土中，在断面主平面内，地表面桩顶处作用垂直桩轴线的水平力 H_0 和外力矩 M_0。选坐标原点和坐标轴方向，规定图示方向为 H_0 和 M_0 的正方向（图 4-3-10a），在桩上取微段 dx，规定图示方向为弯矩 M 和剪力 V 的正方向（图 4-3-10b）。通过分析，导得弯曲微分方程为

$$\left.\begin{aligned}
EI\frac{d^4 y}{dx^4} + BP(x, y) &= 0 \\
P(x, y) = (a + mx^i)y^n &= k(x)y^n
\end{aligned}\right\} \tag{4-3-16}$$

式中　$P(x, y)$——单位面积上的桩侧土抗力；

y——水平方向；

x——地面以下深度；

B——桩的宽度或桩径；

a、m、i、n——待定常数或指数。

n 的取值与桩身侧向位移的大小有关。根据 n 的取值可将弹性地基反力法分为线弹性地基反力法（$n=1$）和非线弹性地基反力法（$n\neq1$）。

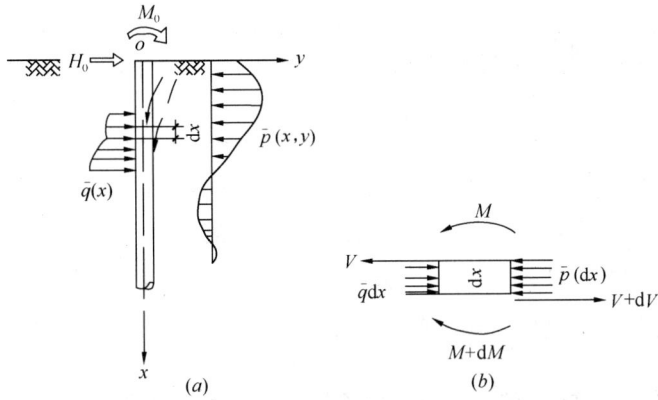

图 4-3-10　土中部分桩的坐标系与力的正方向

弹性地基反力法分类　　　　　　　　　　　　　　　　表 4-3-3

地基反力分布	方　法	图　形
线弹性地基反力法		
$P=k_h y$　常数法		
$P=mxy$　m 法		
$P=cx^{1/2}y$　c 值法		
$P=(x)\,y=mx^{0.5}y$　k 法		
非线弹性地基反力法	综合刚度原理和双参数法	

	地基反力分布	方 法	图 形
非线弹性地基反力法	$P=k_s xy^{0.5}$	久保法	
	$P=k_c y^{0.5}$	林—宫岛法	

目前国内外一般规定桩在地面的允许水平位移为 0.6～1.0cm。在这样的水平位移值时，桩身任一点的土抗力与桩身侧向位移之间可近似视为线性关系，取 $n=1$，此时为线弹性地基反力法。为简化计算，一般指定 $k(x)$ 中的两个参数，成为单一参数。由于指定的参数不同，也就有了常用的张有龄法（常数法）、m 法、c 法、k 法，见表 4-3-3。

（1）张有龄法（$m=0$）

这种方法假设 k_h 为与深度无关的一个常数。将此关系式代入（4-3-16），则桩的基本微分方程有其理论解。适当地确定 k_h 值后，它的数学处理比较简单，故其应用较广。日本、美国及我国台湾地区应用广泛。

（2）m 法（$m=1$）

这种方法假设 $k(x)=k_h z$，其中 k_h 一般写成 m，表示是与地基性质有关的系数。该方法的基本微分方程的精确求解有困难，故往往采用一些数学近似的手段求解，并作出便利的计算图表查用。m 法在我国、欧美、前苏联应用较广。

（3）c 法（$m\neq 0$，1）

对地基反力系数沿深度 z 变化规律还有其他不同的描述，如在上段取 $m=1/2$，下段取 $m=0$，这便是人们熟悉的 c 法，该方法在我国公路部门应用广泛。

这里我们主要介绍 m 法。

1. 基本假定

线性地基反力法假设地基为服从虎克定律的弹性体，在处理时不考虑土的连续性，简单的数学关系很难正确表达出土的复杂性。因此，此法有很大的近似性，仅在小荷载和小位移时候比较适合应用。

2. 计算公式

通常采用罗威（Rowe）的幂级数解法。将 $p(x、y)=mxy$ 代入式（4-3-16），得

$$EI\frac{d^4 y}{dx^4}+Bmxy=0 \tag{4-3-17}$$

已知 $[y]_{x=0}=y_0$，$\left[\dfrac{dy}{dx}\right]_{x=0}=\varphi_0$

$$\left[EI\frac{d^2 y}{dx^2}\right]_{x=0}=M_0，\left[EI\frac{d^3 y}{dx^3}\right]_{x=0}=Q_0$$

并设式（4-3-17）的解为一幂级数：

$$y = \sum_{i=0}^{\infty} a_i x^i \qquad (4\text{-}3\text{-}18)$$

式中 a_i 为待定常数。对式（4-3-18）求 1 至 4 阶导数，并代入式（4-3-17），经推导可得

$$\left.\begin{aligned}
y &= y_0 A_1(ax) + \frac{\varphi_0}{a} B_1(ax) + \frac{M_0}{a^2 EI} C_1(ax) + \frac{Q_0}{a^3 EI} D_1(ax) \\
\frac{\varphi}{a} &= y_0 A_2(ax) + \frac{\varphi_0}{a} B_2(ax) + \frac{M_0}{a^2 EI} C_2(ax) + \frac{Q_0}{a^3 EI} D_2(ax) \\
\frac{M}{a^2 EI} &= y_0 A_3(ax) + \frac{\varphi_0}{a} B_3(ax) + \frac{M_0}{a^2 EI} C_3(ax) + \frac{Q_0}{a^3 EI} D_3(ax) \\
\frac{Q}{a^3 EI} &= y_0 A_4(ax) + \frac{\varphi_0}{a} B_4(ax) + \frac{M_0}{a^2 EI} C_4(ax) + \frac{Q_0}{a^3 EI} D_4(ax)
\end{aligned}\right\} \qquad (4\text{-}3\text{-}19)$$

并可导得桩顶仅作用单位水平力 $H_0 = 1$ 时，地面处桩的水平位移 δ_{QQ} 和转角 δ_{MQ}，桩顶作用单位力矩 $M_0 = 1$ 时桩身地面处的水下位移 δ_{QM} 和转角 δ_{MM}，如图 4-3-11 所示。对于桩埋置于非岩石地基中的情况：

$$\left.\begin{aligned}
\delta_{QQ} &= \frac{1}{a^3 EI} \frac{(B_3 D_4 - B_4 D_3) + K_h(B_2 D_4 - B_4 D_2)}{(A_3 B_4 - A_4 B_3) + K_h(A_2 B_4 - A_4 B_2)} \\
\delta_{MQ} &= \frac{1}{a^2 EI} \frac{(A_3 D_4 - A_4 D_3) + K_h(A_2 D_4 - A_4 D_2)}{(A_3 B_4 - A_4 B_3) + K_h(A_2 B_4 - A_4 B_2)} \\
\delta_{QM} &= \frac{1}{a^2 EI} \frac{(B_3 C_4 - B_4 C_3) + K_h(B_2 C_4 - B_4 C_2)}{(A_3 B_4 - A_4 B_3) + K_h(A_2 B_4 - A_4 B_2)} \\
\delta_{MM} &= \frac{1}{a EI} \frac{(A_3 C_4 - A_4 C_3) + K_h(A_2 C_4 - A_4 C_2)}{(A_3 B_4 - A_4 B_3) + K_h(A_2 B_4 - A_4 B_2)}
\end{aligned}\right\} \qquad (4\text{-}3\text{-}20)$$

对于嵌固于岩石的桩，同样可导得

$$\left.\begin{aligned}
\delta_{QQ} &= \frac{1}{a^3 EI} \cdot \frac{B_2 D_1 - B_1 D_2}{A_2 B_1 - A_1 B_2} \\
\delta_{MQ} &= \frac{1}{a^2 EI} \cdot \frac{A_2 D_1 - A_1 D_2}{A_2 B_1 - A_1 B_2} \\
\delta_{QM} &= \frac{1}{a^2 EI} \cdot \frac{B_2 C_1 - B_1 C_2}{A_2 B_1 - A_1 B_2} \\
\delta_{MM} &= \frac{1}{a EI} \cdot \frac{A_2 C_1 - A_1 C_2}{A_2 B_1 - A_1 B_2}
\end{aligned}\right\} \qquad (4\text{-}3\text{-}21)$$

式中的 A_1、B_1、C_1、D_1、A_2、$B_2 \cdots C_4$、D_4 等系数，以及 $B_3 D_4 - B_4 D_3$、$B_2 D_4 - B_4 D_2$、$\cdots$、$A_3 B_4 - A_4 B_3$、$A_2 B_4 - A_4 B_2$ 等值均可查《桥梁桩基础的分析和设计》附表二；$K_h = C_0 / \alpha E \cdot I_0 / I$，其中 C_0 为桩底土的竖向地基系数，I_0 为桩底全面积对截面重心的惯性矩，I 为桩的平均截面惯性矩，$\alpha = 1/T = \sqrt[5]{mb_0/EI}$，式中 b_0 为桩侧土抗力的计算宽度，当桩的直径 D 或宽度 B 大于 1m 时，矩形桩的 $b_0 = B + 1$，圆形桩的 $b_0 = 0.9 \times (D + 1)$；当桩的直径 D 或宽度 B 小于 1m 时，矩形桩的 $b_0 = 1.5B + 0.5$，圆形桩的 $b_0 = 0.9 \times (1.5D + 0.5)$；其他符号意义同前。

当 H_0、M_0 已知时，即可求得地面处的水平位移 y_0 和转角 φ_0：

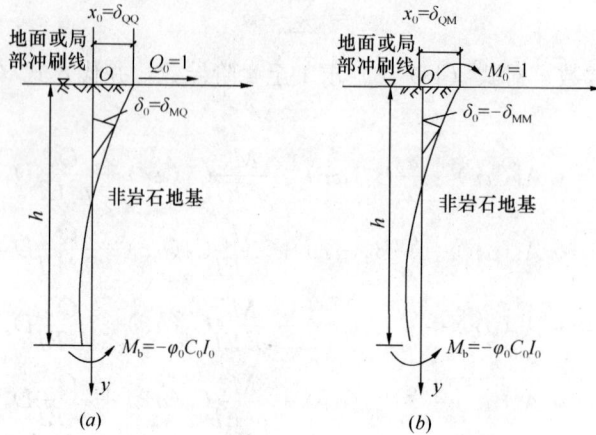

图 4-3-11 δ_{QQ}、δ_{QM}、δ_{MQ}、δ_{MM} 示意图

$$\left.\begin{aligned} y_0 &= H_0\delta_{QQ} + M_0\delta_{QM} \\ \varphi_0 &= -(H_0\delta_{MQ} + M_0\delta_{MM}) \end{aligned}\right\} \qquad (4\text{-}3\text{-}22)$$

然后根据式（4-3-19）求得地面下任意深度 x 处桩身的侧向位移 y、转角 φ、桩身截面上的弯矩 M 和剪力 Q。

3. 无量纲计算法

对于弹性长桩，桩底的边界条件是弯矩为零，剪力为零。而桩顶或泥面的边界条件可分为下列三种情况。

1）桩顶可自由转动（图 4-3-12）

在水平力 H_0 和力矩 $M_0 = H_0h$ 作用下，桩身

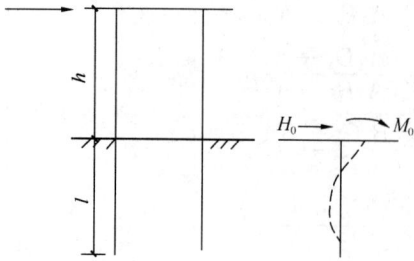

图 4-3-12 桩顶可自由转动情况

水平位移和弯矩可按下式计算：

$$\left.\begin{aligned} y &= \frac{H_0 T^3}{EI}A_y + \frac{M_0 T^2}{EI}B_y \\ M &= H_0 T A_m + M_0 B_m \end{aligned}\right\} \qquad (4\text{-}3\text{-}23)$$

桩身最大弯矩的位置 x_m、最大弯矩可按下式计算：

$$\left.\begin{aligned} x_m &= \bar{h}T \\ M_{max} &= M_0 C_2 \ \text{或} \ M_{max} = H_0 T D_2 \end{aligned}\right\} \qquad (4\text{-}3\text{-}24)$$

式中 A_y、B_y、A_m、B_m——分别为位移和弯矩的无量纲系数（表 4-3-4）；

$\bar{h}$——换算深度，根据 $C_1 = \dfrac{M_0}{H_0 T}$ 或 $D_1 = \dfrac{H_0 T}{M_0}$ 等由表 4-3-4 中查得；

C_2、D_2——无量纲系数，根据最大弯矩位置 x_m 的换算深度 $\bar{h} = x_m/T$ 由表 4-3-4 中查得。

2）桩顶固定而不能转动（图 4-3-13）

当桩顶固定时，桩顶转角为零$\left(\text{即 } \varphi = \dfrac{dy}{dx} = 0\right)$：

$$\varphi = A_\varphi \frac{H_0 T^2}{EI} + B_\varphi \frac{M_0 T}{EI} = 0$$

则 $\dfrac{M_0}{H_0 T} = -\dfrac{A_\varphi}{B_\varphi} = -0.93$，式（4-3-23）可改为

$$\left. \begin{aligned} y &= (A_y - 0.93 B_y) \frac{H_0 T^3}{EI} \\ M &= (A_m - 0.93 B_m) H_0 T \end{aligned} \right\} \tag{4-3-25}$$

式中　A_φ、B_φ——转角的无量纲系数（表 4-3-4）。

3）桩顶受约束而不能完全自由转动（图 4-3-14）

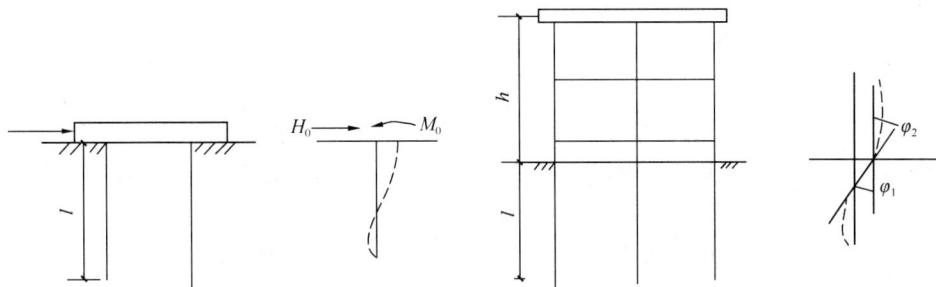

图 4-3-13　桩顶固定而不能转动情况　　　图 4-3-14　桩顶受约束而不能完全自由转动情况

在水平力 H_0 作用下考虑上部结构与地基的协调作用：

$$\varphi_2 = \varphi_1 \tag{4-3-26}$$

式中　φ_2——上部结构在泥面处的转角；

φ_1——桩在泥面处的转角。

根据式（4-3-26）通过反复迭代，可推求出桩身水平位移和弯矩。

m 法计算用无量纲系数表　　　　　　　　　　表 4-3-4

换算深度 $\bar{h}$ （Z/T）	A_y	B_y	A_m	B_m	A_φ	B_φ	C_1	D_1	C_2	D_2
0.0	2.44	1.621	0	1	−1.621	−1.751	∞	0	1	∞
0.1	2.279	1.451	0.100	1	−1.616	−1.651	131.252	0.008	1.001	131.318
0.2	2.118	1.291	0.197	0.998	−1.601	−1.551	34.186	0.029	1.004	34.317
0.3	1.959	1.141	0.290	0.994	−1.577	−1.451	15.544	0.064	1.012	15.738
0.4	1.803	1.001	0.377	0.986	−1.543	−1.352	8.781	0.114	1.029	9.037
0.5	1.650	0.870	0.458	0.975	−1.502	−1.254	5.539	0.181	1.057	5.856
0.6	1.503	0.750	0.529	0.959	−1.452	−1.157	3.710	0.270	1.101	4.138
0.7	1.360	0.639	0.592	0.938	−1.396	−1.062	2.566	0.390	1.169	2.999
0.8	1.224	0.537	0.646	0.931	−1.334	−0.970	1.791	0.558	1.274	2.282
0.9	1.094	0.445	0.689	0.884	−1.267	−0.880	1.238	0.808	1.441	1.784
1.0	0.970	0.361	0.723	0.851	−1.196	−0.793	0.824	1.213	1.728	1.424
1.1	0.854	0.286	0.747	0.841	−1.123	−0.710	0.503	1.988	2.299	1.157
1.2	0.746	0.219	0.762	0.774	−1.047	−0.630	−0.246	4.071	3.876	0.952
1.3	0.645	0.160	0.768	0.732	−0.971	−0.555	0.034	29.58	23.438	0.792

换算深度 $\bar{h}$ (Z/T)	A_y	B_y	A_m	B_m	A_φ	B_φ	C_1	D_1	C_2	D_2
1.4	0.552	0.108	0.765	0.687	−0.894	−0.484	−0.145	−6.906	−4.596	0.666
1.6	0.388	0.024	0.737	0.594	−0.743	−0.356	−0.434	−2.305	1.128	0.480
1.8	0.254	−0.036	0.685	0.499	−0.601	−0.247	−0.665	−1.503	−0.530	0.353
2.0	0.147	−0.076	0.614	0.407	−0.471	−0.156	−0.865	−1.156	−0.304	0.263
3.0	−0.087	−0.095	0.193	0.076	0.070	0.063	−1.893	−0.528	−0.026	0.049
4.0	−0.108	−0.015	0	0	−0.003	0.085	−0.045	−22.500	0.011	0

注：1. 本表适用于桩尖置于非岩石土中或置于岩石面上；

　　2. 本表仅适用于弹性长桩。

4. m 值的确定

m 值随着桩在地面处的水平变位增大而减小，一般通过水平荷载试验确定。

图 4-3-15 (a) 是两根钢筋混凝土桩的荷载结果，由图可以看到 m 值随着桩在地面处水平位移 y_0 增大时的变化情况，其曲线类似双曲线。

图 4-3-15 (b) 为代表性曲线，可分为Ⅰ（弹性）、Ⅱ（弹塑性）和Ⅲ（塑性）三个区段。

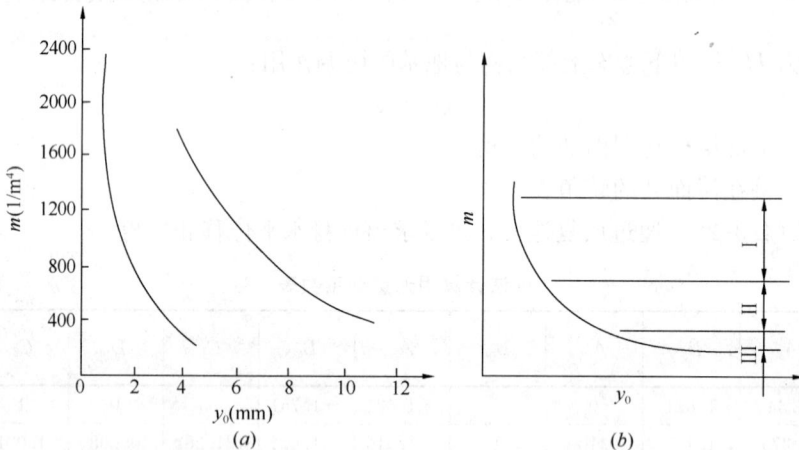

图 4-3-15　m-y_0 关系图

由图 4-3-15 (a) 可推论，在 $y_0 = 6$mm 左右时桩-土体系已进入塑性区段。大直径钢筋混凝土试桩一般均表现在这一限值范围，因此通常把 6mm 作为常用配筋率下的钢筋混凝土桩的水平位移限值。如果桩的配筋率比较高，测得的 m-y_0 曲线将有所不同，其水平位移限值可比规定得稍高些。参照国内外已有的经验，配筋率较高的钢筋混凝土桩的水平位移限值大致为 6～10mm。由横向荷载试验测定 m 值时，必须使桩在最大横向荷载作用下满足下列两个条件：a. 桩周土不致因桩的水平位移过大而丧失其对桩的固着作用，亦即在横向荷载下，桩长范围内的土大部分仍处于弹性工作状态；b. 在此横向荷载下，容许桩截面开裂，但裂缝宽度不应超出钢筋混凝土结构容许的开裂限度，且卸载后裂缝能闭合。

无试验资料时，m 值可按表 4-3-5 选用。

土 的 m 值

表 4-3-5

序号	地基土类别	预制桩、钢柱		灌 注 桩	
		m （MN/m^4）	相应单桩在地面 处水平位移（mm）	m （MN/m^4）	相应单桩在地面 处水平位移（mm）
1	淤泥、淤泥质土、饱和湿陷性黄土	2～4.5	10	2.5～6.0	6～12
2	流塑（$I_L>1.0$）、软塑（$0.75<I_L\leqslant1.0$）状黏性土，$e>0.9$ 粉土，松散粉细砂，松散、稍密填土	4.5～6.0	10	6～14	4～8
3	可塑（$0.25<I_L\leqslant0.75$）状黏性土，$e=0.7～0.9$ 粉土，湿陷性黄土，中密填土，稍密细砂	6.0～10.0	10	14～35	3～6
4	可塑（$0<I_L<0.25$）、坚硬（$I_L\leqslant0$）状黏性土，湿陷性黄土 $e<0.7$ 粉土，中密中粗砂，密实老填土	10～22	10	35～100	2～5
5	中密、密实的砾砂、碎石类土			100～300	1.5～3.0

注：当水平位移大于上表数值或灌注桩配筋率较高（>0.65%）时，m 值适当降低。

当地基土成层时，m 值采用地面以下 $1.8T$ 深度范围内各土层的 m 加权平均值。如地基土为 3 层时（图 4-3-16），则

$$m=\frac{m_1h_1^2+m_2(2h_1+h_2)h_2+m_3(2h_1+2h_2+h_3)h_3}{(1.8T)^2} \tag{4-3-27}$$

三、p-y 曲线法

（一）概述

p-y 曲线法，也称为复合地基反力系数法，该方法的基本思想就是沿桩深度方向将桩周土应力应变关系用一组曲线来表示，即 p-y 曲线，如图 4-3-17（a）所示。在某深度 z 处，桩的横向位移 y 与单位桩长土反力合力之间存在一定的对应关系，如图 4-3-17（b）所示。

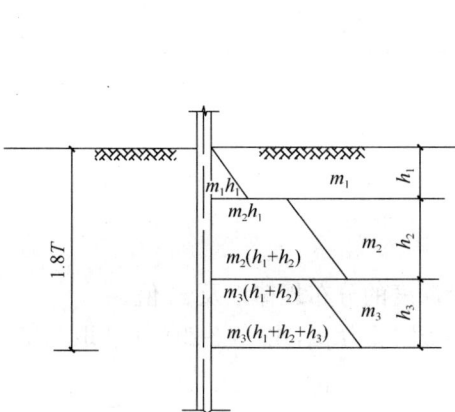

图 4-3-16　成层土 m 值的计算图

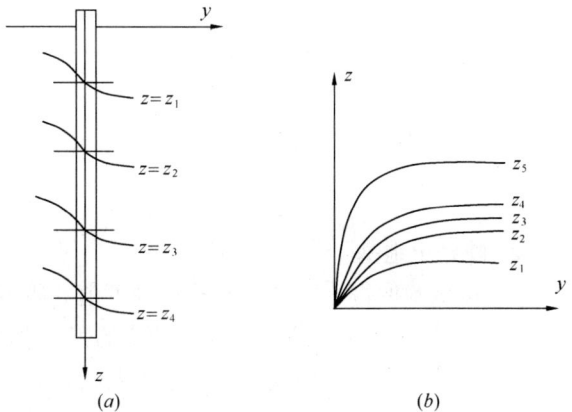

图 4-3-17　p-y 曲线

从理论上讲，p-y 曲线法是一种比较理想的方法，配合数值解法，可以计算桩内力及位移，当桩身变形较大时，这种方法与地基反力系数法相比有更大的优越性。

p-y 曲线法的关键在于确定土的应力应变关系，即确定一组 p-y 曲线。Matlock、Reese、Kooper 等根据原位试验和室内试验，提出了 p-y 曲线制作的一些方法，美国石油协会制定的"固定式海上采油站台设计施工技术规范"（API-RP2A）中采用了这些结果。

（二）p-y 曲线的确定

1. 软黏土地基

1) Matlock 根据现场试验资料提出，由室内试验取得土体不排水抗剪强度 C_u 沿深度分布规律，土体极限反力 p_u 按下面两式计算，并取其中小值；

$$p_u = 9c_u \tag{4-3-28}$$

$$p_u = \left(3 + \frac{\gamma z}{c_u} + \frac{Jz}{b}\right)c_u \tag{4-3-29}$$

式中　z——计算点深度；

γ——由地面到计算深度 z 处的土加权平均重度；

c_u——土的排水抗剪强度；

b——桩的边宽或直径；

J——试验系数，对软黏土 $J = 0.5$。

2) 计算土达到极限反力一半时的相应变形；

$$y_{50} = \rho \varepsilon_{50} d \tag{4-3-30}$$

式中　y_{50}——桩周土达极限水平土抗力之半时相应桩的侧向水平变形（mm）；

ρ——相关系数，一般取 2.5；

ε_{50}——三轴试验中最大主应力差一半时的应变值，对饱和度较大的软黏土也可取无侧限抗压强度一半时的应变值，当无试验资料时，ε_{50} 可按表 4-3-6 采用；

d——桩径或桩宽。

ε_{50} 值　　　　　　　　　　　　表 4-3-6

c_u (kPa)	ε_{50}	c_u (kPa)	ε_{50}
12~24	0.02	48~96	0.07
24~48	0.01		

3) 确定 p-y 曲线

由图 4-3-18 确定 p-y 关系式

$$\frac{p}{p_u} = 0.5\left(\frac{y}{y_{50}}\right)^{1/3} \tag{4-3-31}$$

2. 硬黏土地基

1) 按试验取得土的不排水抗剪强度值和重度沿深度的分布规律以及 ε_{50} 值。

2) 用式（4-3-28）、式（4-3-29）给出的较小值作为极限反力 p_u，式（4-3-29）中 J 取 0.25。

3) 计算土反力达到极限反力一半时的位移

$$y_{50} = \varepsilon_{50} b \tag{4-3-32}$$

4) p-y 曲线方程

当 $y \geqslant 16y_{50}$ 时，$\qquad\qquad p = p_{\mathrm{u}}$；

当 $y < 16y_{50}$ 时，$\qquad\qquad \dfrac{p}{p_{\mathrm{u}}} = 0.5\left(\dfrac{y}{y_{50}}\right)^{1/4}$ $\qquad\qquad$ (4-3-33)

硬黏土地基 $p\text{-}y$ 曲线如图 4-3-19 所示。

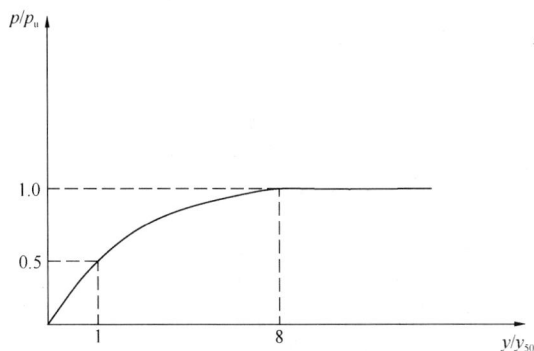

图 4-3-18　软黏土的 $p\text{-}y$ 曲线　　　　　图 4-3-19　硬黏土的 $p\text{-}y$ 曲线

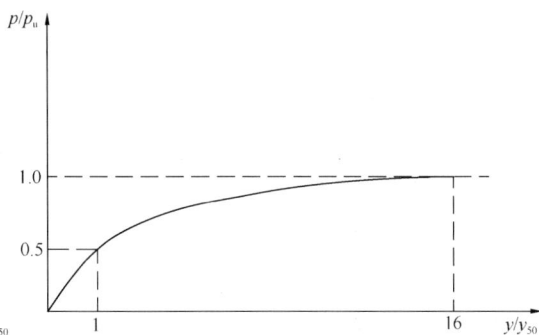

（三）桩的内力和变形计算

由于土的水平抗力 p 与桩的挠曲变形 y 一般为非线性关系，用解析法来求解桩的弯曲微分方程是困难的，可用下述的迭代法求得。

（四）$p\text{-}y$ 曲线法的计算参数对桩的弯矩和变形的影响

图 4-3-20 为 c_{u} 变化对 $M_{\max}$ 和 y_0 的影响，图 4-3-21 为砂土的 φ 角变化对 $M_{\max}$ 和 y_0 的影响。

可以看到，用 $p\text{-}y$ 曲线计算桩的弯矩和挠度时，对 y_0 和 $M_{\max}$ 的影响最大的是土的力学指标。用 $p\text{-}y$ 曲线法的计算结果能否与试桩实测值较好吻合，关键在于对黏性土不排水抗剪强度 c_{u}、极限主应力一半时的应变值 ε_{50}、砂性土的内摩擦角 φ 和相对密实度 D_{r} 等取值是否符合实际情况。因此在桩基工程中必须重视上述土工指标的勘探和试验工作，从而提高 $p\text{-}y$ 曲线法的设计精度。

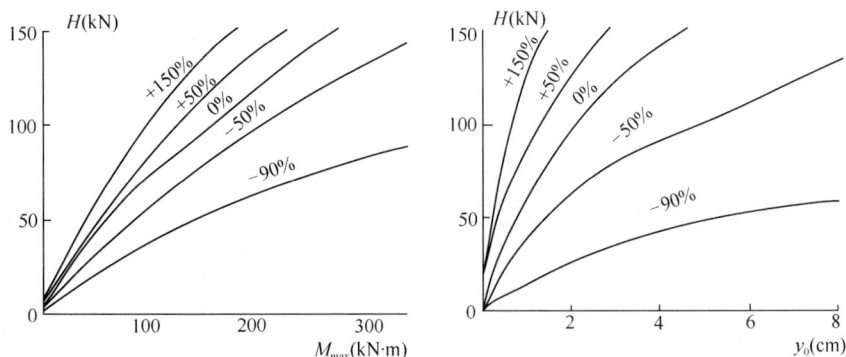

图 4-3-20　c_{u} 变化对 $M_{\max}$ 和 y_0 的影响

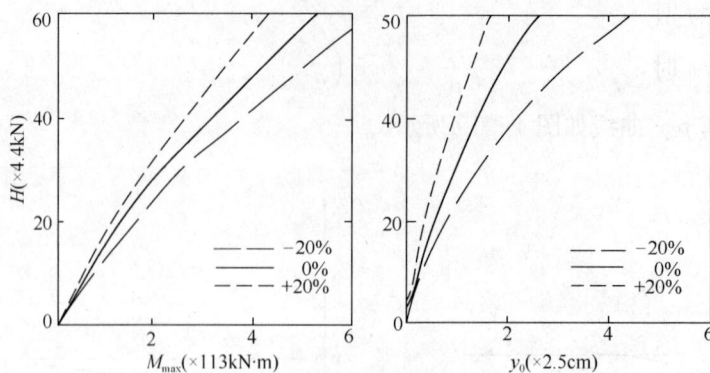

图 4-3-21 砂土的 φ 角变化对 M_{max} 和 y_0 的影响

第四节 水平荷载作用下群桩变形的理论计算

目前，水平荷载作用下群桩的计算分析方法主要有群桩效率法和群桩的 p-y 曲线法。此外，也可利用有限元法分析桩距、桩长、桩径、桩数、土质、荷载等对群桩效应的影响。

一、群桩效率法

1. 群桩水平承载力和单桩水平承载力与桩数之积的比值称为群桩效率。实际工程中，进行了单桩的试验后，就可根据实测单桩水平承载力和群桩效率很方便地计算群桩水平承载力 H_g：

$$H_g = mnH_0\eta_{sg} \tag{4-4-1}$$

式中 H_g、H_0——分别为群桩与单桩水平承载力；

m、n——分别为群桩纵向（荷载作用方向）和横向桩数；

η_{sg}——反映单桩与群桩关系的群桩效率。

群桩效率法的关键是要得到能反映单群关系的群桩效率，可按表 4-4-1 取值。

群桩效应折减系数 表 4-4-1

桩数 桩距/桩径	2×1	3×1	2×2	3×3
2	0.77	0.52	0.42	0.31
3	0.90	0.65	0.51	0.43
5	0.92	0.81	0.744	0.66
8	0.95	0.87	0.83	0.78
10	0.96	0.92	0.89	0.84
14	0.98	0.96	0.92	0.88

另外，群桩效率的确定还可以由试验导出经验公式，或根据弹性理论导出计算式，我

国杨克己在土体极限平衡状态下导出了如下的群桩效率计算式。

其假定土中应力按土的内摩擦角 φ 扩散，传到垂直于荷载平面的应力一般近似为抛物线分布，现简化为三角形分布（图 4-4-1）。在考虑应力重叠的影响时，假定群桩中的水平力均匀分配，且每根桩具有相同的水平承载力。

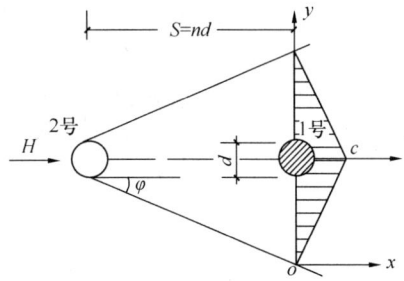

图 4-4-1　土中应力扩散和分布

2. 反映单桩与群桩关系的群桩效应 η_{sg}：

$$\eta_{sg} = K_1 K_2 K_3 K_6 + K_4 + K_5 \qquad (4\text{-}4\text{-}2)$$

式中　K_1——桩之间相互作用影响系数；

K_2——不均匀分配系数；

K_3——桩顶嵌固增长系数；

K_4——摩擦作用增长系数；

K_5——桩侧土抗力增长系数；

K_6——竖向荷载作用增长系数。

3. $K_1 \sim K_6$ 取值方法如下：

1）桩之间相互作用影响系数 K_1

$$K_1 = \frac{1}{1 + q^m + a + b} \qquad (4\text{-}4\text{-}3)$$

式中 q，a，b 取值参见图 4-4-2～图 4-4-4。图中 S 为桩距，D 为桩径，φ 为土的内摩擦角。

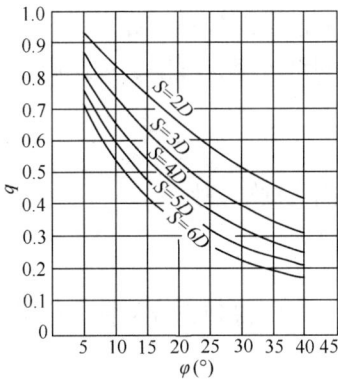

图 4-4-2　q 值计算图

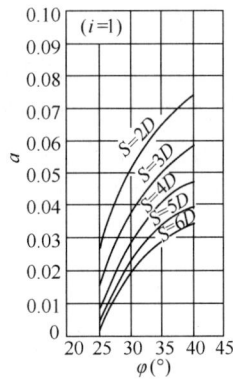

图 4-4-3　a 值计算图

2）不均匀分配系数 K_2

根据不同的水平地基系数分布规律、不同的桩数和 S/D，制备了 K_2 的计算图（图 4-4-5）。

3）桩顶嵌固增长系数 K_3

K_3 为桩顶嵌固时的单桩水平承载力与桩顶自由时的单桩水平承载力之比。为便于分析，仅考虑自由长度为零的行列式竖直群桩，并在地面位移相等的条件下求得 K_3（表 4-4-2）。

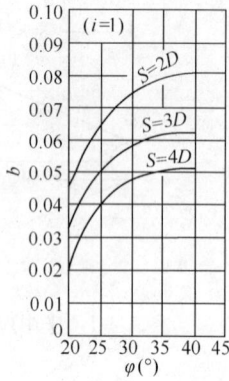

图 4-4-4 b 值计算图   图 4-4-5 K_2 值计算图

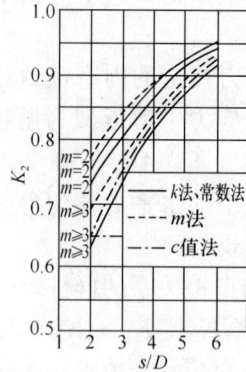

不同方法中 K_3 的取值   表 4-4-2

计算方法	常数法	m 法	k 法	c 值法
K_3	2.0	2.6	1.56	2.32

4) 摩擦作用增长系数 K_4

入土承台的底面和侧面与土壤之间有切向力作用,使群桩水平承载力提高 $\Delta H'_g$,故

$$K_4 = \frac{\Delta H'_g}{mnH_0} \tag{4-4-4}$$

对较软的土,剪切面一般发生在邻近承台表面的土内,此时切向力就是土的抗剪强度。对较硬的土,剪切面可能发生在承台与土的接触面上,此时切向力就是承台表面与土的摩擦力。为安全起见,可按上两种情况分别考虑,取较小值计算。

桩尖土层较好或基底下土体可能产生自重固结沉降、湿陷、震陷时,承台与土之间会脱空,不应再考虑承台底与土的摩擦力作用。

5) 桩侧土抗力作用增长系数 K_5

入土承台的侧土抗力使群桩水平承载力提高 $\Delta H''_g$,故

$$K_5 = \frac{\Delta H''_g}{mnH_0} \tag{4-4-5}$$

桩顶的容许水平位移一般较小,被动土压力不能得到充分发挥,故采用静止土压力计算,并略去主动土压力作用,得

$$\Delta H''_g = \frac{1}{2} K_0 \gamma B (z_1^2 - z_2^2) \tag{4-4-6}$$

式中 K_0——静止土压力系数;

γ——土的重度;

B——承台宽度;

z_1、z_2——分别为承台底面和顶面埋深。

6) 竖向荷载作用增长系数 K_6

竖向荷载的作用使桩基水平承载力提高,提高的原因与桩的破坏机理有关。

水平承载力由桩身强度控制时,竖向荷载产生的压应力可抵消一部分桩身受弯时产生

的拉应力，混凝土不易开裂，从而提高桩基水平承载力。北京桩基研究小组提出，用 $\dfrac{N}{rR_{\mathrm{f}}A}$（其中 r 为截面抵抗矩的塑性系数；R_{f} 为混凝土抗裂设计强度；A 为桩的截面积；N 为计算有竖向荷载时水平承载力提高的百分比）考虑土体可能分担部分竖向荷载，故

$$K_6 = 1 + \frac{N(1-\lambda)}{rR_{\mathrm{f}}A} \tag{4-4-7}$$

式中　λ——竖向荷载作用下，桩土共同作用时土体的分担系数。

　　桩身具有足够强度时，竖向荷载提高桩的水平承载能力有限，一般将它作为安全储备。

　　该计算方法在使用时受到下列条件的限制：（1）适用于自由长度近似为零的等间距行列式群桩；（2）当桩距较小时，群桩可能发生整体破坏，此时对计算式应慎重使用。

二、群桩的 p-y 曲线法

　　由上述分析群桩在水平力作用下的工作性状得知，群桩完全不同于单桩，一般在受荷方向桩排中的中后桩，在同等桩身变位条件下，所受到的土反力较前桩为小。一方面，其差值随桩距的加大而减少，如图 4-4-6 所示，当 $s/d \geq 8$ 时，前、后桩的 p-y 曲线基本相近；另一方面，其差值又随泥面下深度的加大而减少，如图 4-4-7 所示，桩在泥面下的深度 $x \geq 10d$（d 为桩径）时，前后桩的 p-y 曲线也基本相近。这也由在砂土中原型桩试验所证实。

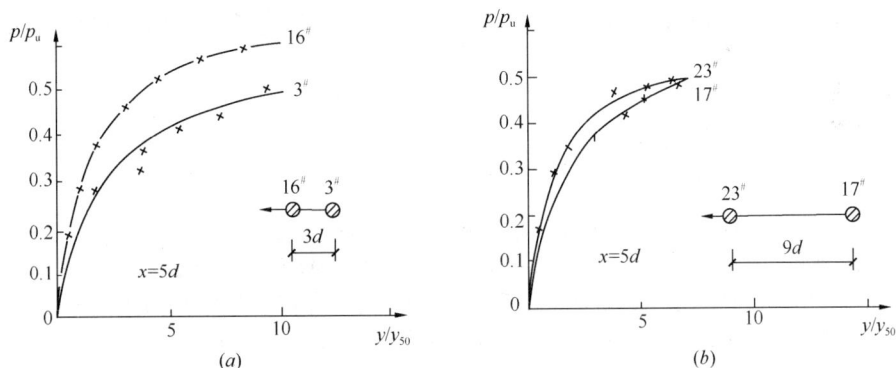

图 4-4-6　前桩对后桩的影响随桩距增加的变化
(a) p-y 曲线（$s=3d$）；(b) p-y 曲线（$s=9d$）

　　前桩所受到的土抗力，一般略等于或大于单桩，这是由于受荷方向桩排中的前桩水平位移与单桩相近，土抗力能充分发挥所致。设计时，群桩中的前桩若按单桩设计，工程上是偏于安全的。

　　我国港工桩基规范中提出了下述考虑方法：在水平力作用下，群桩中桩的中心距小于 8 倍桩径，桩的入土深度在小于 10 倍桩径以内的桩段，应考虑群桩效应。在非循环荷载作用下，距荷载作用点最远的桩按单桩计算，其余各桩应考虑群桩效应。其 p-y 曲线中的土抗力 p 在无试验资料时，对于黏性土可按下式计算土抗力的折减系数：

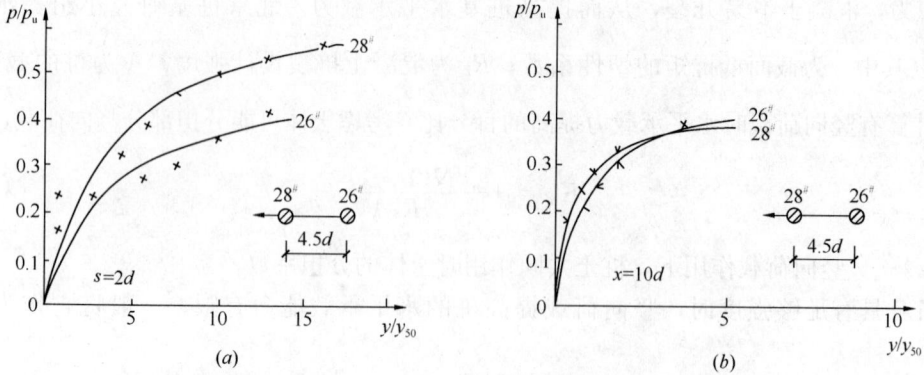

图 4-4-7　前桩对后桩的影响随深度增加的变化

(a) p-y 曲线（$x=2d$）；（b) p-y 曲线（$x=10d$）

$$\lambda_{\mathrm{h}} = \left(\frac{\dfrac{s}{d}-1}{7} \right)^{0.043\left(10-\frac{z}{d}\right)} \tag{4-4-8}$$

式中　λ_{h}——土抗力的折减系数；

　　　s——桩距；

　　　d——桩径；

　　　z——泥面下桩的任一深度。

　　通过式（4-4-8）土抗力折减系数修正后的 p-y 曲线计算的桩顶水平力和位移与现场试验实测的桩顶水平力和位移比较接近。

　　总之，群桩在水平荷载下的横向变形最好也能通过群桩承台水平静载试验确定。

参 考 文 献

[1]　史佩栋. 实用桩基工程手册 [M]. 北京：中国建筑工业出版社，1999.

[2]　杨克己，等. 实用桩基工程 [M]. 北京：人民交通出版社，2004.

[3]　张忠苗. 桩基工程学 [M]. 北京：中国建筑工业出版社，2007.

[4]　《桩基工程手册》编写委员会. 桩基工程手册 [M]. 北京：中国建筑工业出版社，1995.

[5]　韩理安，等. 水平承载桩的计算 [M]. 长沙：中南大学出版社，2004.

[6]　陈晓平. 基础工程设计与分析 [M]. 北京：中国建筑工业出版社，2005.

[7]　建筑桩基技术规范（JGJ 94—2008）. [S] 北京：中国建筑工业出版社，2008.

[8]　GB 50011—2001 建筑设计抗震规范 [S]. 北京：中国建筑工业出版社，2001.

[9]　JTJ 024—85 公路桥涵地基与基础设计规范 [S]. 北京：人民交通出版社，1998.

[10]　王靖涛，丁美英，李国成. 桩基础设计与检测 [M]. 武汉：华中科技大学出版社，2005.

[11]　林天健，熊厚金，王利群. 桩基础设计指南 [M]. 北京：中国建筑工业出版社，1999.

[12]　GB 50007—2002 建筑地基基础设计规范 [S]. 北京：中国建筑工业出版社，2002.

[13]　刘利民，舒翔，熊巨华. 桩基工程的理论进展与工程实践 [M]. 北京：中国建材工业出版社，2002.

[14]　高大钊，赵春风，徐斌. 桩基础的设计方法与施工技术 [M]. 北京：机械工业出版社，2002.

[15]　张忠苗. 软土地基大直径桩受力性状与桩端注浆新技术 [M]. 杭州：浙江大学出版社，2001.

[16]　刘金砺. 桩基础设计与计算 [M]. 北京：中国建筑工业出版社，1990.

第三篇 桩基工程勘察与设计

第五章　桩基工程勘察

第一节　桩基勘察目的与任务

在各类工程建设中采用桩基础，首先必须根据工程建设的特点和场地的条件做好岩土工程勘察工作。

桩基工程勘察的目的和任务主要包括以下几方面：

1. 查明场地各岩土层的性质、分布特征与变化规律

查明建筑场地各岩土层的基本性质（如：岩土类型、名称、岩土基本物理力学性质等）是岩土工程勘察的基本任务，对于桩基工程而言，它更是桩基设计与施工的基础。查清各岩土层的分布特征和变化规律有利于桩型的比较、软弱下卧层的变形验算及持力层选择。

2. 合理选择桩端持力层

桩端持力层指地层剖面中能对桩起主要支承作用的土（岩）层。无论何类桩型，都有合理选择桩端持力层的问题，即便是摩擦桩，亦有将桩端选择在桩侧阻力相对较大的地层上的问题。设计上除了要选择好持力层，要求勘察人员除按成因类型和岩性分层外，还要求细致地做好力学分层。当采用基岩作为桩持力层时，应查明岩性、构造、岩面变化、风化程度、碎石带、洞穴等。桩端持力层应根据地质条件、上部结构荷载特点和施工工艺并依据安全性、经济性来综合确定。在预制桩工程中，桩端持力层选择尤为重要，由于桩端持力层选择不合理或划分不准，而造成预制桩"截桩"或"接桩"的现象对工程影响极大。

3. 查明场地水文地质条件，评价地下水对桩基工程的影响

场地水文地质条件对桩基工程的影响，主要表现在地下水对桩基承载力、桩型选择、桩基施工工艺等方面的影响。地下水是否丰富、是否有承压水对桩基的施工影响很大，地下水水质情况对钢筋混凝土的腐蚀性需要进行综合评价，并在设计中采取相应措施。

4. 提供合理的桩侧阻力和桩端阻力标准值

桩侧阻力和桩端阻力是桩基设计的关键参数。目前，国内主要是根据土的状态（黏性土）和密度（砂土、碎石土）按有关规范（国家规范和地区性规范）查表确定，这些表格来源于大量桩的载荷试验和工程实践经验，是可信和合理的，但在实际选用中要注意避免过于机械化、简单化的倾向。理论和工程实践表明，桩侧阻力和桩端阻力不仅决定于土的状态和密度，还与桩的长径比 L/d、侧阻力与端阻力的发挥过程等方面有密切的关系，桩的嵌入深度、施工方法、残渣厚度对桩的侧阻力和端阻力的发挥亦有很大影响。岩土工

编写人：张炜　刘争宏（机械工业勘察设计研究院）　许丽萍（上海岩土工程勘察设计研究院有限公司）　张文华（深圳勘察测绘院有限公司）

师在提供桩侧摩阻力和桩端阻力标准值建议时应充分认识、考虑这些因素。设计和施工人员在使用时也要综合应用。

5. 提出桩型选择及沉桩可能性分析

桩基选择也是桩基勘察工作中的一项重要内容，桩型选择合理会给工程带来很大的经济效益和社会效益，且能保证质量并加快工程进度。桩基选择要在全面掌握场地岩土层分布、性质及建筑工程对桩基要求、施工能力及施工设备功能等方面后，经过细致、严谨和客观的论证才能得出。

在选择某种桩型的过程中，还要分析沉桩的可能性。当根据地质条件、土层情况和上部结构荷载特点选用了某层作为桩端持力层时，要进一步考虑桩是否能顺利地达到所选择的持力层。对于预制桩，当选择了下部适宜的持力层，若上部分布有比较厚且较密实的砂层时，必须充分研究和判断打入或压入桩的可能性。一般是根据土的标贯击数、静力触探比贯入阻力和已有地区经验进行判断，应充分估计和研究钻孔灌注桩钻进和水下浇灌混凝土过程中，有无缩颈和断桩的可能性。当上部土层有可液化的砂土层时一般应避免采用锤击式的夯扩灌注桩等桩型。

第二节　桩基勘察的基本要求

一、勘察等级与阶段

(一)岩土工程勘察等级

进行岩土工程勘察等级划分是进行工程勘察的第一步，也是布置勘察工作量的基础，对于桩基勘察也不例外。岩土工程勘察等级的划分是根据工程重要性、场地复杂程度及地基复杂程度三个方面确定的。对勘察工作量的布置，场地复杂程度的划分尤为重要。

1. 岩土工程重要性等级的划分

《岩土工程勘察规范》(GB 50021—2001)根据工程的规模和特征以及工程破坏或影响正常使用所产生的后果，将工程分为三个重要性等级，如表5-2-1所示。

<table>
<tr><td colspan="3" align="center">岩土工程重要性等级划分</td><td align="right">表 5-2-1</td></tr>
<tr><td align="center">岩土工程重要性等级</td><td align="center">工　程　性　质</td><td colspan="2" align="center">破坏后引起的后果</td></tr>
<tr><td align="center">一级工程</td><td align="center">重要工程</td><td colspan="2" align="center">很严重</td></tr>
<tr><td align="center">二级工程</td><td align="center">一般工程</td><td colspan="2" align="center">严　重</td></tr>
<tr><td align="center">三级工程</td><td align="center">次要工程</td><td colspan="2" align="center">不严重</td></tr>
</table>

从工程勘察的角度，岩土工程重要性等级划分主要考虑工程规模大小、特点以及由于岩土工程问题而造成破坏或影响正常使用时所引起后果的严重程度。由于涉及各行各业，涉及房屋建筑、地下洞室、线路、电厂等工业或民用建筑以及废弃物处理工程、核电工程等不同工程类型，因此很难作出一个统一具体的划分标准，但就住宅和一般公用建筑为例，30层以上可定为一级，7~30层可定为二级，6层及以下可定为三级。

2. 场地等级划分

《岩土工程勘察规范》（GB 50021—2001）规定，根据场地的复杂程度，可把场地分为三个等级，如表 5-2-2 所示。

场地的复杂程度分级　　　　　　　　　　　　　　　　　表 5-2-2

场地等级	特征条件	条件满足方式
一级场地 （复杂场地）	对建筑抗震危险的地段	满足其中 一条及以上者
	不良地质作用强烈发育	
	地质环境已经或可能受到强烈破坏	
	地形地貌复杂	
	有影响工程的多层地下水、岩溶裂隙水或其他复杂的水文地质条件，需专门研究的场地	
二级场地 （中等复杂场地）	对建筑抗震不利的地段	满足其中一条 及以上者
	不良地质作用一般发育	
	地质环境已经或可能受到一般破坏	
	地形地貌较复杂	
	基础位于地下水位以下的场地	
三级场地 （简单场地）	抗震设防烈度等于或小于 6 度，或对建筑抗震有利的地段	满足全部条件
	不良地质作用不发育	
	地质环境基本未受破坏	
	地形地貌简单	
	地下水对工程无影响	

表 5-2-2 中的"不良地质作用强烈发育"，是指存在泥石流、沟谷、崩塌、滑坡、土洞、塌陷、岸边冲刷、地下水强烈潜蚀等极不稳定的场地，这些不良地质作用直接威胁着工程安全；而"不良地质作用一般发育"是指虽有上述不良地质作用，但并不十分强烈，对工程安全影响不严重。"地质环境受到强烈破坏"是指人为因素引起的地下采空、地面沉降、地裂缝、化学污染、水位上升等因素已对工程安全或其正常使用构成直接威胁，如出现地下浅层采空、横跨地裂缝、地下水位上升以至发生沼泽化等情况；"地质环境受到一般破坏"是指虽有上述情况存在，但并不会直接影响到工程安全及正常使用。

3. 地基复杂程度划分

《岩土工程勘察规范》（GB 50021—2001）根据地基复杂程度，可按规定分为三个等级，见表 5-2-3。

地基（复杂程度）等级划分表　　　　　　　　　　　　　　　　表 5-2-3

场地等级	特征条件	条件满足方式
一级地基 （复杂地基）	岩土种类多，很不均匀，性质变化大，需特殊处理	满足其中一条 及以上者
	严重湿陷、膨胀、盐渍、污染的特殊性岩土，以及其他情况复杂，需作专门处理的岩土	
二级地基 （中等复杂地基）	岩土种类较多，不均匀，性质变化较大	满足其中一条 及以上者
	除一级地基中规定的其他特殊性岩土	
三级地基 （简单地基）	岩土种类单一，均匀，性质变化不大	满足全部条件
	无特殊性岩土	

表 5-2-3 中"严重湿陷、膨胀、盐渍、污染的特殊性岩土"是指自重湿陷性土、三级非自重湿陷性土、三级膨胀性土等。

需要补充说明的是，对于场地复杂程度及地基复杂程度的等级划分，应从第一级开始，向第二、三级推定，以最先满足者为准。此外场地复杂程度划分中的对建筑物抗震有利、不利和危险地段的区分标准，应按国家标准《建筑抗震设计规范》（GB 50011—2001）的有关规定执行。

4. 岩土工程勘察等级划分

在按照上述标准确定了工程的重要性等级、场地复杂程度等级以及地基复杂程度等级之后，就可以进行岩土工程勘察等级的划分了，具体划分标准见表 5-2-4。

岩土工程勘察等级划分表

表 5-2-4

岩土工程勘察等级	划　分　标　准
甲　　级	在工程重要性、场地复杂程度和地基复杂程度等级中，有一项或多项为一级
乙　　级	除勘察等级为甲级和丙级以外的勘察项目
丙　　级	工程重要性、场地复杂程度和地基复杂程度等级均为三级的

注：建筑在岩质地基上的一级工程，当场地复杂程度及地基复杂程度均为三级时，岩土工程勘察等级可定为乙级。

5. 其他规范规定的地基土复杂程度

除《岩土工程勘察规范》（GB 50021—2001）对场地和地基的复杂程度进行分级外，一些特殊土或行业的勘察规范结合特殊土或行业的特点也对地基土的复杂程度和勘测等级进行了划分。

1）《软土地区工程地质勘察规范》（JGJ 83—91）

《软土地区工程地质勘察规范》（JGJ 83—91）对建筑场地，按其工程地质的复杂程度划分为：

（1）简单场地：地形平坦，地貌单元单一，无暗塘暗沟，互层简单，土质均一，无不良地质现象，地下水对地基基础无不良影响。

（2）中等复杂场地：地形微起伏，地貌单元较单一，暗塘暗沟较少，交互层较复杂，土质变化较大，地基主要受力层内硬层和基岩面起伏较大，不良地质现象较发育，地下水对地基基础可能有不良影响。

（3）复杂场地：地形较起伏，地貌单元较多，暗塘暗沟较多，交互层复杂，土质变化大，地基主要受力层内硬层和基岩面起伏大，不良地质现象发育，存在液化和震陷、地下水对地基基础有不良影响。

在具体进行场地划分时，如有类别的过渡，则须以主要方面综合分析判定。

2）《湿陷性黄土地区建筑规范》（GB 50025—2004）

《湿陷性黄土地区建筑规范》（GB 50025—2004）规定，场地工程地质条件的复杂程度，可分为以下三类：

（1）简单场地：地形平缓，地貌、地层简单，场地湿陷类型单一，地基湿陷等级变化不大。

（2）中等复杂场地：地形起伏较大，地貌、地层较复杂，局部有不良地质现象发育，场地湿陷类型、地基湿陷等级变化较复杂。

（3）复杂场地：地形起伏很大，地貌、地层复杂，不良地质现象广泛发育，场地湿陷类型、地基湿陷等级分布复杂，地下水位变化幅度大或变化趋势不利。

3）《火力发电厂岩土工程勘测技术规程》（DL/T 5074—2006）

发电厂岩土工程勘测等级由工程等级、场地复杂程度等级综合确定。发电厂整体工程为一级工程，零星建筑物工程等级等同其建筑物安全等级，可按表5-2-5确定。

建筑场地的复杂程度，可分为三个等级：

（1）复杂场地。地形起伏大，地形坡度在8°以上，地貌单元在三个以上；地层层次多，且岩土性质变化大；地基土为不均匀的特殊性土，或地基变形计算深度内基岩面起伏大；地质构造复杂，不良地质作用发育；50年超越概率10%的地震动峰值加速度为0.40g，地震基本烈度为Ⅸ度。

（2）中等复杂场地。地形起伏较大，地形坡度在3°～8°之间，地貌单元较多，为2～3个；地层层次较多，岩土性质变化较大，地下水埋藏较浅，且对地基基础可能有不良影响；地基土为特殊性土，或地基变形计算深度内基岩面起伏较大，或场地内有可能发生地震液化的地层；地质构造较复杂，局部有不良地质作用；50年超越概率10%的地震动峰值加速度为0.10～0.30g，地震基本烈度为Ⅶ～Ⅷ度。

（3）简单场地。地形较平整，地形坡度在3°以内，地貌单一；地层结构简单，岩土性质均匀，非特殊性土；地质构造简单，无不良地质作用；地下水对地基基础无不良影响；50年超越概率10%的地震动峰值加速度小于0.10g，地震基本烈度小于Ⅶ度。

发电厂各类建（构）筑物应根据场地和地基失稳造成建（构）筑物破坏后果的严重性，按表5-2-5确定安全等级。

发电厂各类建（构）筑物安全等级　　　　　　　　表5-2-5

安全等级	破坏后果	建（构）筑物名称
一　级	很严重	主厂房（包括汽轮发电机基础，锅炉构架基础）主控制楼或网络控制楼、通信楼、220kV以上屋内配电装置楼、高度大于100m的烟囱、跨度大于30m的干煤棚及其他厂房建筑；冷却塔、空冷平台、山谷灰场一级灰坝、脱硫场地
二　级	严重	除一、三以外的其他生产建筑、辅助及附属建（构）筑物
三　级	不严重	机炉检修间、材料库、机车库、汽车库、材料库棚、推煤机库、警卫传达室、厂区围墙、自行车棚及临时建筑、平原灰场

发电厂岩土工程勘测等级可按以下条件划分：

甲级：一级工程，或为复杂场地。

乙级：除勘测等级为甲级和丙级以外的勘测项目。

丙级：三级工程，且为简单场地。

（二）岩土工程勘察阶段

勘察阶段的划分取决于不同设计阶段对工程勘察工作的不同要求。由于勘察的对象不同，设计对勘察工作的要求也不尽相同，因此勘察阶段的划分和所采用的规范也不尽相同。

勘察阶段的划分及采用的规范见表5-2-6。

勘察阶段的划分　　　　　　　　　　　　表 5-2-6

勘察对象	勘　察　阶　段				依据勘察规范
房屋建筑和构筑物	可行性研究勘察	初步勘察	详细勘察	施工勘察（不是固定阶段）	GB 50021—2001 JGJ 72—2004 JGJ 83—91 GBJ 112—87 GB 50025—2004
地下洞室	可行性研究勘察	初步勘察	详细勘察	施工勘察	GB 50021—2001
岸边工程	可行性研究勘察	初步设计阶段勘察	施工图设计阶段勘察		GB 50021—2001
管道工程	选线勘察	初步勘察	详细勘察		GB 50021—2001
架空线路工程		初步勘察	施工图设计勘察		GB 50021—2001
废弃物处理工程	可行性研究勘察	初步勘察	详细勘察		GB 50021—2001
核电厂	初步可行性研究勘察	可行性研究勘察	初步设计勘察	施工图设计勘察	工程建造勘察 / GB 50021—2001
边坡		初步勘察	详细勘察	施工勘察	GB 50021—2001
公路	可行性研究勘察 / 预可勘察	工可勘察	初步工程地质勘察	详细工程地质勘察	JTJ 064—98
铁路	踏勘	加深地质工作	初测	定测	补充定测 / TB 10012—2001
港口	可行性研究阶段勘察	初步设计阶段勘察	施工图设计阶段勘察	施工期中的勘察	JTJ 240—97
发电厂	初步可行性研究阶段勘测	可行性研究阶段勘测	初步设计阶段勘测	施工图设计阶段勘测	施工勘测 / DL/T 5074—2006
水利、水电	规划阶段工程地质勘察	可行性研究阶段工程地质勘察	初步设计阶段工程地质勘察	技施设计阶段工程地质勘察	GB 50287—99

　　虽然不同勘察对象的勘察阶段划分有所不同，但总体上可以归纳为四个阶段：可行性研究阶段、初勘（初步设计阶段勘察）、详勘（施工图设计阶段勘察）和施工勘察。当建（构）筑物性质和总平面已定，在场地面积不大、地质条件简单或有建设经验的地区进行小型工程的勘察时，可以适当合并勘察阶段，直接进行详细勘察。

　　桩基勘察工作主要在初勘、详勘、施工勘察进行。初勘主要为经济合理选择桩型、桩端持力层提供资料；详勘主要为桩基设计提供有关参数，经技术经济比较后提出桩型、桩端持力层、桩长、桩径的最佳方案，并根据室内试验和原位测试的到的岩土工程参数，结合地区经验提出桩的摩阻力和端阻力；并预估单桩极限承载力；施工勘察一般不是必须的勘察阶段，主要为桩基施工中可能出现或已经出现的问题进行勘察，尤其是当桩端持力层层面起伏较大时，往往需要进行施工勘察确定不同位置的桩长。

二、勘察工作量布置原则

总体而言，初勘勘探点宜采取"稀而深"的原则，即控制的平面范围宜广一些，勘察点数量可少一些，但地层情况应掌握全面，勘探点深度可以深一些。相对于初勘，详勘宜采取"密而浅"的原则，采用多种勘察手段，详细掌握不同平面位置持力层的深度及桩侧土性质。

（一）勘探点的平面布置

1. 初勘

初勘阶段可根据拟建场地的性状按网格状或梅花形布置勘探点，勘探线应垂直地貌单元、地质构造和地层界限布置；对高架道路、桥梁等线性工程可沿拟选轴线布置勘探孔。勘探孔间距随场地复杂程度而定，一般为 $50\sim200m$，在每个地貌单元均应布置勘探点，在地貌单元交接部位、地层变化较大和局部异常的地段，勘探点应予加密。具体可参照岩土工程勘察规范以及相关行业规范、地方规范规定布置。在此列出几种规范关于初勘阶段的勘探点间距规定。

1）一般房屋建筑和构筑物

对于一般房屋建筑和构筑物，勘探线、勘探点间距见表 5-2-7。

房屋建（构）筑物初勘勘探线、勘探点间距　　　　　　表 5-2-7

地基/场地复杂程度	勘探线间距（m）	勘探点间距（m）	依 据 规 范
一级（复杂）	50～100	30～50	《岩土工程勘察规范》（GB 50021—2001）
二级（中等复杂）	75～150	40～100	
三级（简单）	150～300	75～200	
简单场地		150～200	《软土地区工程地质勘察规范》（JGJ 83—91）
中等复杂场地		100～150	
复杂场地		50～100	
简单场地		120～200	《湿陷性黄土地区建筑规范》（GB 50025—2004）
中等复杂场地		80～120	
复杂场地		50～80	
复 杂	50～70	30～50	《火力发电厂岩土工程勘测技术规程》（DL/T 5074—2006）
中等复杂	70～150	50～100	
简 单	100～200	80～150	

注：表中《岩土工程勘察规范》的规定适用于土质地基。

2）港口工程

河港水工建筑物区域，勘探点应垂直岸向布置，勘探点间距在岸坡区应小于相邻的水、陆域。海港水工建筑物区域，勘探线应按平行于水工建筑长轴方向布置，但当建筑物位于岸坡明显地区时，勘探线、勘探点宜按河港水工建筑物的规定布置。根据工程类别、地质条件，可按表 5-2-8 布置勘探线、勘探点。

港口工程初步设计阶段勘察勘探线、勘探点间距 表 5-2-8

工程类别		地质条件	勘探线间距 （m）或条数	勘探点间距 （m）	依据规范
河港	水工建筑物区	山 区	70～100	≤30	《港口工程地质勘察规范》 （JTJ 240—97）
	陆域建筑物区			50～70	
	水工建筑物区	丘 陵	70～150	≤50	
	陆域建筑物区			50～100	
	水工建筑物区	平 原	100～200	≤70	
	陆域建筑物区			70～150	
海港	水工建筑物区	岩 基	≤50	≤50	
		岩土基	50～75	50～100	
		土 基	50～100	75～200	
	港池及锚地区	岩 基	50～100	50～100	
		土 基	200～500	200～500	
	航道区	岩 基	50～100	50～100	
		土 基	1～3 条	200～500	
	防波堤区	各类地基	1～3 条	100～300	
	陆域建筑物区	岩土基	50～150	75～150	
		土 基	100～200	100～200	

注：1. 应根据具体勘探要求、场地微地貌和地层变化、有无不良地质现象及对场地工程条件的研究程度等参照本
　　表综合确定间距数值。
　　2. 岩基——在工程影响深度内基岩上覆盖层甚薄或无覆盖层；
　　　岩土基——在工程影响深度内基岩上覆盖有一定厚度的土层、岩层和土层均可能作为持力层；
　　　土基——在工程影响深度内全为土层。

3）桥梁工程

《公路工程地质勘察规范》（JTJ 064—98）规定桥位初勘的钻探一般是沿桥轴线或在其两侧布置，原则上应布置在与工程地质有关的地点，同时考虑到地貌和构造单元。有条件时，可结合桥型方案的墩（台）位布置。钻孔数量参照表 5-2-9 确定，在桥位附近如有工程地质勘察资料可供参考、工程地质条件简单时，则可减少钻探工作量。

2. 详勘

详勘阶段应根据建（构）筑物的平面形状，在建（构）筑物或高架道路、桥梁等架空工程桩基承台的中心、角点或周边布置勘探孔。对独立柱基和条形基础，勘探点宜按柱列线和承重墙布设；当建筑物平面为矩形时宜按双排布设；为不规则形时，宜按突出部位角点和中心点布设；对桩-箱和桩-筏基础，宜按方格网布置；对沉井基础，宜按沉井周边和中心布置勘探点。

桥位钻孔数量 表 5-2-9

桥梁按 跨径分类	工程地质 条件简单	工程地质 条件复杂
中桥	2～3 个孔	3～4 个孔
大桥	3～5 个孔	5～7 个孔
特大桥	5～7 个孔	7～10 个孔

勘探孔间距如下：

1）对端承桩宜为 12～24m，相邻勘探孔揭露的持力层层面差宜控制在 1～2m 以内；

2）对摩擦桩宜为 20～35m，当地层条件复杂，影响成桩或设计有特殊要求时，应适

当加密；

　　3）复杂地基的一柱一桩工程，宜每柱布置勘探孔；

　　4）单栋高层建筑以及跨径≥100m 的桥梁主墩承台，或面积大于 400m² 的承台，勘探孔不应少于 4 个；

　　5）岩溶发育场地当以基岩作为桩端持力层时应按柱位布孔，同时应辅以各种有效的地球物理勘探手段，以查明拟建场地范围及有影响地段的各种岩溶洞隙和土洞的位置、规模、埋深、岩溶堆填物性状和地下水特征；

　　6）为节省工作量，对初勘中符合详勘阶段要求的勘探孔可以在详勘阶段予以引用。

　　鉴于桩基勘察在工程勘察中的重要地位，一些规范单独对桩基础的勘察进行了规定，几种规范关于详勘阶段的桩基勘察勘探点间距规定如下：

　　1）一般房屋建筑和构筑物

　　对于一般房屋建筑和构筑物，各规范关于勘探点间距的规定大致相当，见表 5-2-10。

房屋建（构）筑物桩基详细勘察勘探点间距规定　　　　　　表 5-2-10

规 范 名 称	勘探点间距（m）	加 密 原 则
《岩土工程勘察规范》（GB 50021—2001）	端承桩 12～24	相邻勘探点的持力层面高差不应超过 1～2m。
	摩擦桩 20～35	当地层条件复杂，影响成桩或设计有特殊要求时，勘探点应适当加密。
	复杂地基的一柱一桩工程，宜每柱设置勘探点。	
《建筑桩基技术规范》（JGJ 94—2008）	端承桩和嵌岩桩 12～24	当相邻两个勘探点揭露出的持力层层面坡度大于 10% 或持力层起伏较大、地层分布复杂时，应根据具体工程条件适当加密勘探点。
	摩擦桩 20～35	遇土层的性质或状态在水平方向分布变化较大，或存在有可能影响成桩的土层时，应适当加密。
	复杂地质条件下的柱下单桩基础应按桩列线布置勘探点，并宜每桩设一勘探点。	
《高层建筑岩土工程勘察规程》（JGJ 72—2004）	端承桩 12～24	在勘探过程中发现基岩中有断层破碎带，或桩端持力层为软、硬互层，或相邻勘探点所揭露桩端持力层层面坡度超过 10%，且单向倾伏时，钻孔应适当加密。
	摩擦桩 20～35	当相邻勘探点揭露的主要桩端持力层或软弱下卧层层位变化较大，影响到桩基方案选择时，应适当加密勘探点。
	荷载较大或复杂地基的一柱一桩工程，应每柱设置勘探点。	
《软土地区工程地质勘察规范》JGJ 83—91	≤30	当相邻勘探点揭露的持力层层面高差大于 2m，或土层性质变化较大时，宜适当加密，必要时尚应查明持力层厚度的变化。

　　注：《高层建筑岩土工程勘察规程》规定带有裙房或外扩地下室的高层建筑，布设勘探点时应与主楼一同考虑；桩基工程勘探点数量应视工程规模大小而定，勘察等级为甲级的单幢高层建筑勘探点数量不宜少于 5 个，乙级不宜少于 4 个，对于宽度大于 35m 的高层建筑，其中心应布置勘探点。

　　2）桥梁工程

　　《公路工程地质勘测规范》（JTJ 064—98）规定桥位详勘的钻孔一般应在基础轮廓线的周边或中心布置，如图 5-2-1 所示，当有不良地质或特殊土与基础密切相关，而又延伸至基础外围，需探明方可决定基础类型及尺寸时，可在轮廓线外围布孔。

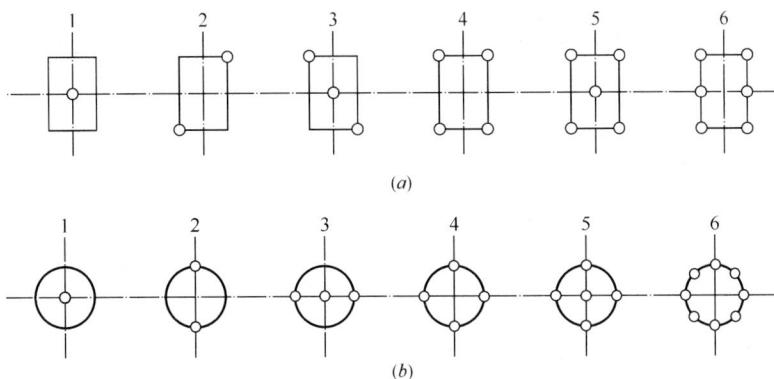

图 5-2-1 桥位勘察钻孔布置示意图

(a) 方形布置；(b) 圆形布置

钻孔数量视工程地质条件和基础类型确定。工程地质条件简单的桥位，每个墩台一般可布置 1 个钻孔，如桥跨小、桥墩多，应配合原位测试，宜采用隔墩（桩）布置钻孔。对跨径大的特大桥，基础形式为群桩深基础或沉井基础，工程地质条件又比较复杂，每个墩台除配合物探和原位测试外，还应按图 5-2-1 的 4、5、6 适当增加布孔，但一般应布置 2～3 个钻孔。

《铁路工程地质勘察规范》（TB 10012—2001）对大中桥、高桥和特大桥规定：勘探点的数量每个墩、台应有 1 个勘探点。当地层简单、地层层序有规律或覆盖层较薄，基岩面平缓，且岩性单一时，结合桥跨、基础类型等，勘探点可减少；地质条件复杂和岩溶发育地区，勘探点应增加。

3）码头工程

《港口工程地质勘察规范》（JTJ 240—97）对采用桩基的码头勘探线、勘探点布置规定如表 5-2-11 所示。

码头工程勘探线、勘探点布置（桩基部分）　　　　　表 5-2-11

工程类别	勘探线（点）布置方法	勘探线距或条数		勘探点距（m）		备　　注
		岩土层简单	岩土层复杂	岩土层简单	岩土层复杂	
高桩式码头	岩桩基长轴方向	1～2 条	2～3 条	30～50	15～25	后 方 承 台相同
桩基栈桥	沿栈桥中心线	1 条	1 条	30～50	15～25	
板桩式码头	按垂直码头长轴方向	50～75	30～50	10～20	10～20	一般板桩前沿 点 距 10m，后沿 20m

（二）勘探点的深度

1. 初勘

初勘阶段的勘探点深度一般按《岩土工程勘察规范》、地区及行业勘测规范进行布置，但应结合场地稳定性评价以及获得场地覆盖层厚度而在具有代表性的地段进行一定数量的深孔，以便为桩端持力层的选择提供资料，使得详勘阶段的桩基勘察更有针对性。深孔宜布置在荷载较大可能采用桩基础的地段，深孔深度宜不小于详勘阶段一般性钻孔的深度，当存在多个桩端持力层选择时，应进入最下一个桩端持力层不小于 3～5m。

2. 详勘

勘探孔分为一般性勘探孔和控制性勘探孔，桩基勘察的勘探孔深度应符合下列要求：

1）一般性勘探孔的深度应达到预计桩端以下 3～5 倍桩径，且不得小于 3m；对大直径桩，不得小于 5m；

2）控制性勘探孔深度应满足下卧层验算要求；对需验算沉降的桩基，应超过地基变形计算深度；控制性勘探孔宜占勘探孔总数的 1/3～1/2；对高层建筑，每栋至少应有 1 个控制性勘探孔；对甲级的建筑桩基，场地至少应布置 3 个控制性勘探孔，对乙级的建筑桩基，场地至少应布置 2 个控制性勘探孔；

3）钻至预计深度遇软弱层时，应予加深；在预计勘探孔深度内遇稳定坚实岩土时，可适当减少；

4）对嵌岩桩，应钻入预计嵌岩面以下不少于 3～5 倍桩径，并穿过溶洞、破碎带，到达稳定地层；

5）对可能有多种桩长方案时，应根据最长桩方案确定。

几种规范关于详勘阶段桩基勘察孔深度的规定如下：

1）一般房屋建筑和构筑物

《岩土工程勘察规范》（GB 50021—2001）对勘探孔的深度规定如下：

（1）一般性勘探孔的深度应达到预计桩长以下（3～5）d（d 为桩径），且不得小于 3m；对大直径桩，不得小于 5m；

（2）控制性勘探孔深度应满足下卧层验算要求；对需验算沉降的桩基，应超过地基变形计算深度；

（3）钻至预计深度遇软弱层时，应予加深；在预计勘探孔深度内遇稳定坚实岩土时，可适当减小；

（4）对嵌岩桩，应钻入预计嵌岩面以下（3～5）d，并穿过溶洞、破碎带、到达稳定地层；

（5）对可能有多种桩长方案时，应根据最长桩方案确定。

《建筑桩基技术规范》（JGJ 94—2008）有如下规定：

（1）布置 1/3～1/2 的勘探孔为控制性孔，对于设计等级为甲级的建筑桩基，至少应布置 3 个控制性孔；设计等级为乙级的建筑桩基，至少应布置 2 个控制性孔。控制性孔应穿透桩端平面以下压缩层厚度；一般性勘探孔应深入预计桩端平面以下 3～5 倍桩身设计直径，且不得小于 3m；对于大直径桩，不得小于 5m。

（2）嵌岩桩的控制性钻孔应深入预计桩端平面以下不小于 3～5 倍桩身设计直径，一般性钻孔应深入预计桩端平面以下不小于 1～3 倍桩身设计直径。当持力岩层较薄时，应有部分钻孔钻穿持力岩层。在岩溶、断层破碎带地区，应查明溶洞、溶沟、溶槽、石笋等的分布情况，钻孔应钻穿溶洞或断层破碎带进入稳定土层，进入深度应满足上述控制性钻孔和一般性钻孔的要求。

《高层建筑岩土工程勘察规程》（JGJ 72—2004）对端承型桩和摩擦型桩分别规定如下：

对于端承型桩，勘探孔的深度应符合下列规定：

（1）控制性勘探点不应少于勘探点总数的 1/3；

（2）当以可压缩地层（包括全风化和强风化岩）作为桩端持力层时，勘探孔深度应能满足沉降计算的要求，控制性勘探孔的深度应深入预计桩端持力层以下 5～10m 或（6～10）d（d 为桩身直径或方桩的换算直径，直径大的桩取小值，直径小的桩取大值），一般性勘探孔的深度应达到预计桩端下 3～5m 或（3～5）d；

（3）对一般岩质地基的嵌岩桩，勘探孔深度应钻入预计嵌岩面以下（1～3）d，对控制性勘探孔应钻入预计嵌岩面以下（3～5）d，对质量等级为 Ⅲ 级以上的岩体，可适当放宽；

（4）对花岗岩地区的嵌岩桩，一般性勘探孔深度应进入微风化岩 3～5m，控制性勘探孔应进入微风化岩 5～8m；

（5）对于岩溶、断层破碎带地区，勘探孔应穿过溶洞、或断层破碎带进入稳定地层，进入深度应满足 3d，并不小于 5m；

（6）具多韵律薄层状的沉积岩或变质岩，当基岩中强风化、中等风化、微风化岩呈互层出现时，对拟以微风化岩作为持力层的嵌岩桩，勘探孔进入微风化岩深度不应小于 5m。

对于摩擦型桩，勘探孔的深度应符合下列规定：

（1）控制性的勘探点应占勘探点总数的 1/3～1/2；

（2）一般性勘探孔的深度应进入预计桩端持力层或预计最大桩端入土深度以下不小于 3m；

（3）控制性勘探孔的深度应达群桩桩基（假想的实体基础）沉降计算深度以下 1～2m，群桩桩基沉降计算深度宜取桩端平面以下附加应力为上覆土有效自重压力 20% 的深度，或按桩端平面以下（1～1.5）b（b 为假想实体基础宽度）的深度考虑。

2）桥梁工程

《公路工程地质勘测规范》（JTJ 064—98）规定桥位深基础（沉井和桩基）在第四系覆盖层或基岩强风化层较深的地基及覆盖层较薄而风化层较浅的基岩地基，孔深均应钻入可能的持力层以下或桩尖以下 3～5m。

《铁路工程地质勘察规范》（TB 10012—2001）对大中桥、高桥、特大桥桩基勘探的要求如下：

（1）基础置于土层时，基础类型为桩基勘探深度按表 5-2-12 确定；

特大、大中桥桩基勘探深度　　　　　　　　　　　　　　表 5-2-12

土的名称	黏性土、粉土、粉砂、细砂		中砂、粗砂、砂砾、碎石类土	
	一般性钻孔	控制性钻孔	一般性钻孔	控制性钻孔
深度（m）	20～40	30～60	15～30	25～40

注：表列深度，自原地面或新开挖地面算起，已包括常见冲刷深度，如遇特殊情况，可酌情增加。

（2）在岩溶发育及地下采空地段，应钻至基底（桩端）以下完整基岩不小于 10m，在此深度内如遇溶洞，勘探深度应专门研究确定；

（3）基岩地段的勘探深度，当风化层不厚时，应穿透强风化带，钻至弱风化层（或微风化层）2～3m；当风化层很厚时，根据其风化程度，按相应的土层确定钻探深度；遇到第三纪以后多次喷发的火山岩时，钻孔应适当加深；当河床有大漂（块）石，则钻入基岩的深度应超过当地漂（块）石的最大粒径。

3）港口工程

《港口工程地质勘察规范》（JTJ 240—97）规定的桩基勘探深度见表 5-2-13。

港口工程桩基勘探深度表

表 5-2-13

地基基础类别	建筑物类型	勘探至桩尖以下深度（m）			
		一般黏性土	老黏性土	中密、密实砂土	中密、密实碎石土
桩　　基	水工建筑物	5～8	3～5	3～5	≤2
	陆域建筑物	3～5	3	2	1.5～2.0
大管桩	水工或陆域建筑物	桩径的3倍			
板　　桩		桩尖以下3～5			≤2

根据上述对详勘阶段桩基勘察的深度要求可以看出，进行桩基勘察首先应预估可能的桩长，然后确定一般性勘探点和控制性勘探点的深度。有了预估桩长，一般性勘探点的深度是容易确定的，但对土质地基中摩擦型桩的控制性勘探点深度的确定就不是那么直接，原则上控制性勘探孔深度应超过地基变形计算深度。为了直观确定适合勘探地区控制性勘探点的深度，有必要根据地区大致的地基土压缩模量建立类似表 5-2-14 的表格，这样控制性勘探点的深度可以直观地根据该表格确定。此外，对一般工业与民用建筑，在预估可能的桩长时必须掌握建筑结构类型、特点、层数、总高度、荷载及荷载效应组合、地下室层数、埋深等情况才能有效估计。

某地区桩基压缩层计算厚度

表 5-2-14

b (m)	L/b	h_z (m) / l (m)	桩基承台底面附加压力 p_0（kPa）			
			150	300	450	……
15	1	20	14	21	25	……
		40	11	17	20	……
		60	7	14	17	……
	3	20	20	29	35	……
		40	14	23	29	……
		60	9	19	25	……
	5	20	20	31	38	……
		40	14	26	32	……
		60	10	21	27	……
……	……	……	……	……	……	……
60	1	20	20	37	55	……
		40	27	48	58	……
		60	17	41	51	……
	3	20	43	68	83	……
		40	32	58	74	……
		60	26	51	67	……
	5	20	44	70	87	……
		40	33	59	77	……
		60	20	52	66	……

注：L、b 分别为基础长度、宽度，l 为预估桩长。

（三）勘探方法的原则

1. 钻探取样和原位测试

在岩土工程勘察中，钻孔是最广泛采用的一种勘探手段，可以鉴别划分土层，岩土取样。对于桩基勘察来说，取土的目的在于根据土（岩）性指标，按经验或理论公式推测桩侧阻力和桩端阻力，以及为估算桩基沉降提供资料。为此需要采取不扰动土式样进行土的常规物理力学性质试验，宜进行三轴剪切试验或无侧限试验；三轴剪切试验的受力条件应模拟工程的实际情况；对需估算沉降的桩基工程，应进行压缩试验，试验最大压力应大于上覆自重压力与附加压力之和。当桩端持力层为基岩时，应采取岩样进行饱和单轴抗压强度试验，必要时尚应进行软化试验；对软岩和极软岩，可进行天然湿度的单轴抗压强度试验。遇砂土、粉土、混合土、残积土、碎石土应通过标贯或钻探采取试样测定土的颗粒组成。

除了常规的钻探、取样外，应有静力触探和标贯试验等原位测试相配合，这些原位测试手段可以弥补钻孔在砂土和碎石土中不易取样的缺陷，同时也能有多种勘察手段更全面地对桩基进行评价（包括桩基设计参数和成桩可能性）。常用的原位测试手段及适用土层见表 5-2-15。

2. 地球物理勘探

除采用钻探取土和原位测试方法进行勘探外，还可以采用一些地球物理勘探方法查明基岩的埋深、溶洞的分布、基岩的风化层厚度等。

常用原位测试手段　　　　　表 5-2-15

土（岩）层	硬岩石	软岩石	碎石土（破碎岩）	砂　土	粉　土	黏性土	软　土
动力触探	×	△	○	○	△	△	×
标准贯入	×	△	△	○	○	○	△
静力触探	×	×	×	△	○	○	○
旁压试验	×	×	×	△	○	○	○
十字板剪切	×	×	×	×	△	○	○

注：○表示比较适合，△表示可能适合，×表示不适合。

第三节　桩基设计参数的勘察确定

一、桩基设计参数基本指标

桩基勘察的主要目的是根据拟建（构）筑物对承载力和变形要求，为桩基设计提供指标。岩土工程勘察评价主要内容包括：（1）桩型选择；（2）成桩可能性以及可能存在的问题；（3）桩端持力层选择；（4）可能桩长范围内各土层的桩端阻力和桩侧阻力；（5）计算预估桩长的单桩承载力特征值；（6）桩基沉降估算；（7）对于承受水平承载力的桩还要提供水平抗力系数的比例系数。

在勘察阶段，上述评价内容均要以地基土的地层划分为基础，同时要有各土层的常规物理力学性质指标（室内试验确定）和原位测试指标。提供桩侧阻力和桩端阻力时，以表 5-3-1 所列土层并结合当地经验（尤其是建设场地周围已有试桩资料）确定。

桩侧阻力和桩端阻力估计所需基本指标

表 5-3-1

依　据	所需土的指标	主要适用岩土层
常规物理性质指标	液性指数 I_L、孔隙比 e	粉土、黏性土
	含水比 $a_w = w/w_L$	红黏土
标准贯入试验	实测标准贯入击数 N	砂土、粉土、黏性土
静力触探	单桥探头的比贯入阻力 p_s	砂土、粉土、黏性土
	双桥探头的侧摩阻力 f_s，锥尖阻力 q_c	
动力触探	修正后的动力触探击数 $N_{63.5}$	碎石土、砂土
剪切试验指标	土的重度 γ、三轴不固结、不排水试验或直剪快剪测得的内聚力 c 和内摩擦角 φ_o	粉土、黏性土
十字板剪切试验	土的不排水剪切强度 c_u	饱和黏土
旁压试验	土的不排水剪切强度 c_u	饱和黏土
	极限压力 p_L 和初始压力 p_0	
无侧限抗压强度	无侧限抗压强度 q_u（$c_u = q_u/2$）	饱和黏土
单轴竖向抗压强度	抗压强度	岩　石

二、桩型及桩基持力层选择

（一）桩型选择

桩型的选择应根据建筑结构类型、荷载性质、桩的使用功能、穿越土层、桩端持力层土类、地下水位、施工设备、施工环境、施工经验、制桩材料供应条件等，选择经济合理、安全适用的桩型和成桩工艺。选择时可参考表 5-3-2。

混凝土预制桩、灌注桩和钢管桩的优缺点和适用条件如下：

1. 预制混凝土桩的特点和适用条件

混凝土预制桩包括钢筋混凝土桩和预应力钢筋混凝土桩。

预制桩的优点主要有：

1）桩的单位面积承载力高。预制桩属挤土桩，打入或压入地层时使松软地层挤密，从而使承载力提高。

2）桩身质量易于保证和检查。预制桩是在地面制造，故质量易于控制。

3）易于在水上施工。

4）桩身混凝土的密度大，抗腐蚀性能强。

5）施工工效高。预制桩的施工工序较灌注桩简单得多，工效也高。

其缺点主要有：

1）单价一般较灌注桩高。预制桩的配筋是抵抗搬运起吊和锤击时的应力设计的，远超过正常工作荷载的要求，配筋率相对高。如果要接长时，接头增加了钢的用量，因而成本增高。

2）锤击或振动法下沉的预制桩，施工噪音大，污染环境，不宜在城市使用；用静压法施工可消除噪声污染，但设备和环境条件的限制要多一些。

成桩工艺选择

表5-3-2

桩的类型		桩身(mm)	扩底端(mm)	桩长(m)	一般黏性土及淤泥和淤泥质土	粉土	砂土	碎石土	季节性冻土膨胀土	非自重湿陷性黄土	自重湿陷性黄土	中间有硬夹层	中间有砂夹层	中间有碎石夹层	硬黏性土	密实砂土	碎石土	软质岩石和风化岩石	地下水位以上	地下水位以下	振动和噪声	排浆	孔底有无挤密
非挤土成桩法 干作业法	长螺旋钻孔灌注桩	300~800	—	≤28	○	○	○	×	△	○	△	×	△	×	○	○	△	×	○	×	无	无	无
	短螺旋钻孔灌注桩	300~800	—	≤20	○	○	○	×	△	○	×	×	△	×	○	○	△	×	○	×	无	无	无
	钻孔扩底灌注桩	300~600	800~1200	≤30	○	○	△	×	×	×	×	△	△	△	○	○	△	×	○	×	无	无	无
	机动洛阳铲成孔灌注桩	300~500	—	≤20	○	△	×	×	×	△	△	△	△	△	△	○	△	×	△	×	无	无	无
	人工挖孔扩底灌注桩	800~2000	1600~3000	≤30	○	○	△	△	△	○	△	△	△	△	○	○	○	○	○	△	无	无	无
泥浆护壁法	潜水钻成孔灌注桩	500~800	—	≤50	○	○	○	○	△	△	△	○	○	△	○	○	△	△	○	○	无	有	无
	正(反)循环钻成孔灌注桩	600~1200	—	≤80	○	○	○	○	△	△	△	○	○	△	○	○	○	△	○	○	无	有	无
	旋挖成孔灌注桩	600~1200	—	≤60	○	○	○	△	△	△	△	○	○	△	○	○	○	△	○	○	无	有	无
	机挖异型灌注桩	400~600	—	≤20	○	○	△	△	△	△	△	△	△	△	△	△	△	△	△	△	无	有	无
	钻孔扩底灌注桩	600~1200	1000~1600	≤30	○	○	○	△	△	○	△	○	○	△	○	○	○	△	○	○	无	有	无
套管护壁法	贝诺托灌注桩	800~1600	—	≤50	○	○	○	○	△	△	△	○	○	○	○	○	○	△	○	○	无	无	无
部分挤土成桩法 灌注桩	短螺旋旋钻孔灌注桩	300~800	—	≤20	○	○	○	×	△	△	△	△	△	×	○	○	△	×	○	○	有	无	无
	冲击成孔灌注桩	600~1200	—	≤50	○	○	○	○	△	×	×	△	△	△	○	○	○	○	○	○	有	无	无
	长螺旋钻孔成孔压灌注桩	300~800	—	≤25	○	○	○	△	△	△	△	△	△	△	○	○	○	○	○	○	无	无	有
	钻孔挤扩多支盘桩	700~900	1200~1600	≤40	○	○	○	△	×	△	×	○	○	△	○	○	○	×	○	○	无	无	无
预制桩 预制法	预钻孔打入式预制桩	≤500	—	≤50	○	○	△	△	△	○	△	○	△	×	○	○	○	△	○	○	有	无	无
	静压混凝土(预应力混凝土)敞口管桩	≤800	—	≤60	○	○	△	×	×	×	×	△	△	△	○	△	△	×	○	○	无	无	有

续表

成桩分类	桩的类型	桩身规格 (mm)	扩底端 (mm)	桩长 (m)	一般黏性土及其他填土	淤泥和淤泥质土	粉土 砂土	碎石土	季节性冻土 膨胀土	非自重湿陷性黄土	自重湿陷性黄土	中间有硬夹层	中间有砂夹层	中间有碎石夹层	硬黏性土	密实砂性土 碎石土	软质岩石和风化岩石	地下水位以上	地下水位以下	振动和噪声	排浆	孔底挤密 有无
部分挤土成桩法（预制桩）	H型钢桩	规格	—	≤80	○	△	○	○	△	△	△	○	○	○	○	○	○	○	○	有	无	无
部分挤土成桩法（预制桩）	敞口钢管桩	600～900	—	≤80	○	○	○	△	△	△	△	○	○	○	○	○	○	○	○	有	无	有
部分挤土成桩法（挤土灌注桩）	振动沉管灌注桩	270～400	—	≤24	○	○	○	×	×	×	×	×	×	×	×	×	×	○	○	有	无	有
部分挤土成桩法（挤土灌注桩）	锤击沉管灌注桩	300～500	—	≤24	○	○	△	×	×	△	×	△	×	×	△	△	△	○	○	有	无	有
部分挤土成桩法（挤土灌注桩）	锤击振动沉管灌注桩	270～400	—	≤20	○	○	△	×	×	×	×	×	△	×	△	×	×	○	○	有	无	有
部分挤土成桩法（挤土灌注桩）	平底大头灌注桩	350～400	450×450～500×500	≤15	○	○	○	×	△	△	△	△	△	△	○	△	×	○	○	有	无	有
挤土成桩法（挤土灌注桩）	沉管灌注同步桩	≤400	—	≤20	○	○	△	×	△	△	×	×	×	×	△	△	×	○	○	有	无	有
挤土成桩法（挤土灌注桩）	内夯沉管灌注桩	325，377	460～700	≤25	○	○	△	△	△	△	△	×	×	×	△	△	△	○	○	有	无	有
挤土成桩法（挤土灌注桩）	干振灌注桩	350	—	≤10	○	×	△	×	△	△	×	×	×	×	△	×	×	×	×	有	无	无
挤土成桩法（挤土灌注桩）	爆扩灌注桩	≤350	≤1000	≤12	○	×	△	×	△	△	×	×	×	×	△	×	×	×	×	有	无	有
挤土成桩法（挤土灌注桩）	弗兰克桩	≤600	≤1000	≤20	○	○	△	△	△	△	△	△	△	△	△	△	△	○	○	有	无	有
挤土成桩法（挤土预制桩）	打入实心混凝土预制桩、混凝土管桩	≤500×500	—	≤60	○	○	△	△	△	△	△	△	△	△	○	○	△	○	○	有	无	有
挤土成桩法（挤土预制桩）	静压桩	1000	—	≤60	○	○	△	△	△	△	△	△	△	△	○	○	○	○	○	无	无	有

注：表中符号○表示比较合适；△表示可能采用；×表示不宜采用。

3）预制桩是挤土桩，群桩施工时将引起周围地面的隆起。桩间距设计或施工顺序不当时，可能使相邻已就位的桩上浮或倾斜。

4）受起吊设备能力的限制，单节预制桩的长度不能过程，一般为十余米，长桩时需接桩。桩的接头常形成桩身的薄弱环节，接桩后如果不能保证全桩长的垂直度，则将降低桩的承载力，甚至打入时造成断桩。

5）不易穿透较厚的坚硬地层。当坚硬地层下仍存在软弱层要求桩穿过时，则需辅以其他施工措施，如射水或预钻孔等。

6）桩长超过要求时，截桩较困难。

7）"上软下硬，软硬突变"的地区，即上部地层松软，而下部地层突变坚硬地层，采用预应力管桩时，由于上部土对桩的侧限弱，桩身稳定性差，需验算桩身材料强度。还应特别注意水平荷载下桩基础的整体安全。

2. 灌注桩的特点和适用条件

灌注桩的类型和施工方法非常繁多，各有其特点。与预制桩相比，其共同的优点如下：

1）可适用于各种地层。

2）桩长可随持力层起伏而改变，不需截桩，没有接头。

3）采用大直径钻孔或挖孔灌注桩时，单桩的承载力高。

4）可以施工的桩长长。

灌注桩的主要类型和特点分述如下：

1）沉管式灌注桩。沉管式灌注桩属于挤土桩，在沉管过程中将使周围地层挤密，引起地面隆起，造成噪声和振动污染。灌注混凝土过程中将外管（钢壳）留在地层中的类型，目前很少使用，一般采用将钢管拔出的工艺。这种类型的桩，其长度一般不超过20m，又可分以下三种类型：

（1）带桩靴沉管灌注桩。带桩靴即将钢管端部封闭，再打入土层。封底材料可用平钢板、预制铸铁或混凝土桩靴。封底与钢管可脱离，钢管拔出后，封底材料即留在土中。根据需要，也可以扩大端部尺寸以提高承载力。

（2）无桩靴沉管式灌注桩。将桩靴留在土中显然是不经济的。法克兰公司早在30年代就提出一种无桩靴的沉管式灌注桩，即法兰克（Franki）桩，至今仍在使用。这种桩系在钢管底部先灌注高约1.0m的砾石或干硬性混凝土，形成土塞。在管内用管形芯棒夯击土塞，带动套管沉至设计标高，然后将钢管拔起约20cm，用落锤将土塞挤入周围土层形成扩大的桩端。

（3）薄壳沉管灌注桩。将波纹薄金属管或预制混凝土壳形管，通过内部芯棒打入地层至设计标高，然后拔出芯棒，在壳内灌注混凝土，壳体不抽出。壳体可预制成管节，随桩长需要而增减，其截面有常截面和变截面。壳体留在地层中，可保证桩身混凝土的灌注质量和桩体的几何尺寸。但这类桩的直径不能过大，特别是采用金属壳体，将使造价增大。

在厚度大、灵敏度高的淤泥层中，一般情况下不宜采用沉管灌注桩，由于拔管速度、浇灌混凝土等难于掌握，常造成缩颈、断桩等工程事故。

2）钻孔灌注桩。利用各种钻机成孔，主要有下述类型：

（1）螺旋钻孔桩。利用长螺旋或短螺旋钻机成孔，不采取任何护壁措施。这种工艺基本没有振动和噪声的污染，且能贴近已有建筑物施工。由于不采取护壁措施，仅适用于无地下水的地层，且桩长有一定限度。螺旋钻孔机一般不能穿过卵石、砾石地层。

为使长螺旋钻孔桩能用于地下水位以下的土层，发展了一种工艺，即长螺旋钻孔压灌桩（CFA）。长螺旋钻头钻至设计标高后，将细石混凝土或砂浆通过螺旋钻的空心轴管和钻头开孔压入孔底，灌注过程中提升钻杆，混凝土由下而上填满钻孔形成桩体，在混凝土凝固前，用震动器将钢筋笼压入桩体。这种桩可避免孔底沉渣，避免孔壁坍塌，对于厚度大的砂层，可避免泥浆护壁形成的砂层对侧阻力的减小作用。当钢筋笼长度较大时（一般18m 以上），施工难度相对较大。

在无地下水，且桩尖持力层为黏性土时，可采用特制的扩孔器，将孔底扩大而形成扩底桩，使桩的承载力提高。

（2）泥浆护壁钻孔灌注桩。这类桩是在钻进过程中，用泥浆防止孔壁坍塌，并借泥浆的循环将孔内碎渣带出孔外。钻进方法有冲击和旋转两种。冲击钻进时，常用正循环法排出碎渣；旋转钻进时，则多用反循环法排渣，反循环法的清底效果较好。这种成孔工艺可以穿透任何类型的地层，且不用套管因而经济。其缺点是成孔的直径不规则，孔底易存有沉渣，影响桩的承载能力。钻孔灌注桩采用水下灌注混凝土法，工艺要求严格。

当土层具有良好直立性时，也可采用没有护壁措施的钻孔灌注桩，土屑通过钻头提出地面。

3）挖孔灌注桩。用人力挖土形成桩孔，在向下挖进的同时，将孔壁衬砌以保证施工安全。这种方法可形成大尺寸的桩。但一般仅用于地下水位以上的地层。并应特别注意工人在挖土时的安全。

3. 钢桩的类型特点和适用条件

工程常用的钢桩有钢板桩、型钢桩和钢管桩三大类。

1）钢板桩。钢板桩的形式甚多，两侧带不同形状的子母接口槽。第一根板桩就位后，第二根桩则顺着前一根桩的侧面槽口打入。这样，许多板桩可沿河岸或海岸组成一个整体的板桩墙。也可将一组钢板桩形成围堰，或作为基坑开挖的临时支档措施。钢板桩成本较高，但可多次使用，且较易打入各类地层，对地层的扰动及对临近建筑物的影响均较小，因而常被用作临时工程。

2）型钢桩。最常用的型钢桩的截面形状是 H 型和 I 型。前面介绍的钢板桩仅用于承受水平推力，不能作为基础桩用。H 型和 I 型钢则可用于承受垂直荷载或水平荷载。型钢桩贯入各类地层的能力较混凝土预制桩强。H 型钢桩的刚度大于一般钢板桩，但细长比较大时，仍易在打入时出现弯曲现象，弯曲超过一定限度时，就不能作为基础桩使用。

3）钢管桩。与其他类型的钢桩比较，钢管桩的贯入能力、抗弯曲的刚度、单桩承载力和接长焊接等方面都有明显的优越性。钢管桩打入地层时，其端部可敞开或封闭。端部开口时，易于打入，但端部承载力较封闭式为小。必要时钢管桩内可充填混凝土。钢管桩与混凝土桩比较，价格较高，抗腐蚀性能较差，须做表面防腐处理。

（二）桩端持力层选择

桩端持力层的选择总体上应根据建筑物特点，考虑以此为持力层建筑物变形满足要求、桩承载力满足要求且能正常布桩、施工能够实现，具体按以下考虑。

（1）挤土型桩的持力层选择一般考虑以下原则：

土（岩）性状良好，对黏性土宜为硬塑—坚硬状态；对砂土、碎石土宜为中密—密实状态；对于拟以粉土和粉、细砂作为持力层时，应考虑地震液化和打桩时的振动液化问题，若有液化可能性，不宜作为持力层。对于岩石，由于挤土型桩不可能穿透岩石的强风化层进入中风化，故一般只能以全风化或强风化层作为持力层，对于全风化层可作为坚硬土层来评价。

持力层应有一定厚度。由于桩端要进入持力层一定深度，对于黏性土、粉土，桩端全断面进入持力层深度不宜小于 $2d$（d 为桩身设计直径），对砂土不宜小于 $1.5d$，对碎石土不宜小于 $1.0d$。当持力层以下有软弱土时，桩端以下厚度不宜小于 $4d$，故持力层的总厚度不宜小于（5～6）d。

持力层层面坡度不宜变化太大，因层面坡度变化太大时，将会影响桩长变化大，造成"截桩"和"接桩"的施工困难。

桩端持力层以下最好没有软弱下卧层。

在岩溶地区，不宜采用以基岩作为预制桩的持力层，这主要是因为：①岩溶地区，溶沟、溶槽发育，基岩面起伏大，桩长短不齐，难于配桩。②岩溶地区，基岩表面较普遍存在软土层，而石灰岩表面在地质时期经地表水体溶蚀，形成溶沟、溶槽等喀斯特现象，往往没有强中风化过渡带，基岩坚硬，挤土型桩的桩尖不能进入岩体，造成桩体破坏、折断、滑移，工程实践表明，桩体破损率可达 30%～50%。

（2）非挤土型桩的持力层选择一般考虑以下原则：

主要以端阻力为主，承受桩顶荷载的冲、挖、钻孔灌注桩等非挤土桩，对持力层的强度、厚度要求相对较高，往往多以坚硬的砂砾层或强、中、微风化基岩作为持力层，同时要求成孔时桩底沉渣要清除干净。持力层选择的其他原则，如应有一定的厚度，持力层下无软弱下卧层等，与挤土桩的要求相同，但不太强调层面坡度的限制。

对于既不存在软弱土层也不存在坚硬土层的摩擦桩，可以按荷载和变形要求选择桩长。

（三）成桩可能性和成桩施工对环境的影响

1. 预制桩

1）预制桩沉桩可能性

预制桩沉桩可能性取决于沉桩方式、沉桩设备及沉桩阻力，影响沉桩阻力的主要因素有：地基土层性质及分布状况、桩型、桩径、桩长、沉桩过程中的间歇时间以及土层因先期沉桩被挤密程度等。

（1）锤击法沉桩

锤击法沉桩锤重选用可参考表 5-3-3。

（2）静压法沉桩

地基土不能太坚硬，当桩需穿越或进入中密或密实的厚层砂土或砂质粉土层时，采用静压法沉桩将十分困难。一般情况下，静压力为 800～2500kN 的压桩机适用于桩径或边长≤400mm，桩长≤30m 的桩基工程；静压力为 3500～6000kN 的压桩机适用于桩径或边长≤500mm，桩长≤40m 的桩基工程。

锤重选择表 表 5-3-3

锤 型		柴 油 锤 （t）						
		D25	D35	D45	D60	D72	D80	D100
锤的动力性能	冲击部分质量（t）	2.5	3.5	4.5	6.0	7.2	8.0	10.0
	总质量（t）	6.5	7.2	9.6	15.0	18.0	17.0	20.0
	冲击力（kN）	2000～2500	2500～4000	4000～5000	5000～7000	7000～10000	>10000	>12000
	常用冲程（m）	1.8～2.3						
	预制方桩、预应力管桩的边长或直径（mm）	350～400	400～450	450～500	500～550	550～600	600 以上	600 以上
	钢管桩直径（mm）	400		600	900	900～1000	900 以上	900 以上
持力层	黏性土粉土 一般进入深度（m）	1.5～2.5	2.0～3.0	2.5～3.5	3.0～4.0	3.0～5.0		
	黏性土粉土 静力触探比贯入阻力 p_s 平均值（MPa）	4	5	>5	>5	>5		
	砂土 一般进入深度（m）	0.5～1.5	1.0～2.0	1.5～2.5	2.0～3.0	2.5～3.5	4.0～5.0	5.0～6.0
	砂土 标准贯入击数 $N_{63.5}$（未修正）	20～30	30～40	40～45	45～50	50	>50	>50
锤的常用控制贯入度（cm/10 击）		2～3		3～5	4～8		5～10	7～12
设计单桩极限承载力（kN）		800～1600	2500～4000	3000～5000	5000～7000	7000～10000	>10000	>10000

注：1. 本表仅供选锤用；

2. 本表适用于桩端进入硬土层一定深度的长度为 20～60m 的钢筋混凝土预制桩及长度为 40～60m 的钢管桩。

沉桩过程中，桩身下部的桩侧摩阻力约占沉桩摩阻力的 50%～80%，沉桩过程中因接桩施工或其他原因而暂停沉桩将会明显增大后续沉桩阻力，桩侧摩阻力的增大值与间歇时间长短成正比，并与地基土层性质有关，应避免将桩尖停留在硬土层或砂性较重的土层中进行接桩施工，并应尽可能减少接桩时间。

（3）辅助沉桩法

为减少沉桩阻力或减轻对周围环境影响，在上述基本沉桩施工方法基础上，可选用下列一种或多种辅助沉桩法：

a. 预钻孔辅助沉桩法；

b. 冲水辅助沉桩法；

c. 振动辅助沉桩法；

d. 掘削辅助沉桩法；

e. 爆破辅助沉桩法。

2）预制桩施工对环境的影响

（1）噪声与振动：主要指锤击法或振动法沉桩施工。

（2）挤土：对挤土桩，在一般黏性土和密实砂土地基中，土体的侧向位移和隆起在沉桩区及邻近10～15倍桩径范围内常达到较大值，并随距离增大而逐渐减小，影响范围约为1倍桩长。对软土地基影响范围可达50m以外；在松散和中密的砂土中，较大的沉降影响区为沉桩区及邻近4～5倍桩径范围。

在大面积软土地区采用挤土型桩，必须考虑挤土效应对邻近建筑、管线、道路产生的不利影响。在大面积软土地区，先沉桩后开挖基坑时，应高度重视开挖基坑的土体侧压力造成桩基位移的影响。

为减少挤土对周围环境的影响，可根据情况选择以下措施：

a. 合理选择桩型，采用空心管桩、长桩等，减少桩的挤土率；

b. 采用掘削、水冲、预钻孔等辅助沉桩法，减少排土量；

c. 合理安排沉桩施工顺序、进度；

d. 采用先开挖基坑后沉桩工艺；

e. 采用降低地下水位或改善地基土排水特性，减小和加快消散沉桩引起的超静孔隙水压力；

f. 采用防渗防挤壁；

g. 设置防挤土槽或防挤孔。

2. 灌注桩

1）灌注桩的适用条件

各类灌注桩的适用条件及对环境影响见表5-3-2。对于持力层位于地下水位以下的挖孔桩，必须考虑施工中群桩桩孔抽水对周围邻近管线、道路、建筑物的影响。对场地的水文地质条件应作充分的论证，评价其可行性，将此作为挖孔桩取舍的首要条件。施工中应布置地下水观测井、回灌井和周围邻近建筑的沉降观测工作。

2）影响灌注桩成桩的主要地质因素

（1）地下障碍物、孤石等，钻进困难；

（2）松散砂、石地层，易塌孔；

（3）软土地层，易缩径、塌孔；

（4）承压水，易塌孔；

（5）浅层气，易塌孔，喷气时，危及安全；

（6）其他不良地质条件，如卵石层，破碎带、基岩裂隙、洞穴等。

三、桩的侧阻力与端阻力

提供桩的侧阻力和端阻力是桩基勘察评价的主要内容之一，在桩基勘察阶段一般根据土性指标和原位测试按经验确定。

（一）按土性状态取值

由于地区差异和行业特点，不同行业、不同地区规范所建议的桩侧阻力与端阻力取值并不完全一致，几种国内规范按土性指标确定的桩侧阻力和端阻力如下：

1.《建筑桩基技术规范》（JGJ 94—2008）

无地区经验时，桩的极限侧阻力标准值q_{sik}取值见表5-3-4，极限端阻力标准值q_{pk}见表5-3-5。

桩的极限侧阻力标准值 q_{sik} （kPa）

表 5-3-4

土的名称	土 的 状 态		混凝土预制桩	泥浆护壁钻 （冲）孔桩	干作业 钻孔桩
填 土	—		22～30	20～28	20～28
淤 泥	—		14～20	12～18	12～18
淤泥质土	—		22～30	20～28	20～28
黏性性	流 塑	$I_L>1.0$	24～40	21～38	21～38
	软 塑	$0.75<I_L\leqslant1$	40～55	38～53	38～53
	可 塑	$0.50<I_L\leqslant0.75$	55～70	53～68	53～66
	硬可塑	$0.25<I_L\leqslant0.50$	70～86	68～84	66～82
	硬 塑	$0<I_L\leqslant0.25$	86～98	84～96	82～94
	坚 硬	$I_L\leqslant0$	98～105	96～102	94～104
红黏土	$0.7<a_w\leqslant1$		13～32	12～30	12～30
	$0.5<a_w\leqslant0.7$		32～74	30～70	30～70
粉 土	稍 密	$e>0.9$	26～46	24～42	24～42
	中 密	$0.75\leqslant e\leqslant0.9$	46～66	42～62	42～62
	密 实	$e<0.75$	66～88	62～82	62～82
粉细砂	稍 密	$10<N\leqslant15$	24～48	22～46	22～46
	中 密	$15<N\leqslant30$	48～66	46～64	46～64
	密 实	$N>30$	66～88	64～86	64～86
中 砂	中 密	$15<N\leqslant30$	54～74	53～72	53～72
	密 实	$N>30$	74～95	72～94	72～94
粗 砂	中 密	$15<N\leqslant30$	74～95	74～95	76～98
	密 实	$N>30$	95～116	95～116	98～120
砾 砂	稍 密	$5<N_{63.5}\leqslant15$	70～110	50～90	60～100
	中密（密实）	$N_{63.5}>15$	116～138	116～130	112～130
圆砾、角砾	中密、密实	$N_{63.5}>10$	160～200	135～150	135～150
碎石、卵石	中密、密实	$N_{63.5}>10$	200～300	140～170	150～170
全风化软质岩	—	$30<N\leqslant50$	100～120	80～100	80～100
全风化硬质岩	—	$30<N\leqslant50$	140～160	120～140	120～150
强风化软质岩	—	$N_{63.5}>10$	160～240	140～200	140～220
强风化硬质岩	—	$N_{63.5}>10$	220～300	160～240	160～260

注：1. 对于尚未完成自重固结的填土和以生活垃圾为主的杂填土，不计算其侧阻力；

2. a_w 为含水比，$a_w=w/w_L$，w 为土的天然含水量，w_L 为土的液限；

3. N 为标准贯入击数；$N_{63.5}$ 为重型圆锥动力触探击数；

4. 全风化、强风化软质岩和全风化、强风化硬质岩系指其母岩分别为 $f_{rk}\leqslant15MPa$、$f_{rk}>30MPa$ 的岩石。

桩的极限端阻力标准值 q_{pk}（kPa）　　表 5-3-5

土名称	土的状态		混凝土预制桩桩长 l（m）				泥浆护壁钻（冲）孔桩桩长 l（m）				干作业钻孔桩桩长 l（m）		
			$l\leq9$	$9<l\leq16$	$16<l\leq30$	$l>30$	$5\leq l<10$	$10\leq l<15$	$15\leq l<30$	$30\leq l$	$5\leq l<10$	$10\leq l<15$	$15\leq l$
黏性土	软塑	$0.75<I_L\leq1$	210~850	650~1400	1200~1800	1300~1900	150~250	250~300	300~450	300~450	200~400	400~700	700~950
	可塑	$0.50<I_L\leq0.75$	850~1700	1400~2200	1900~2800	2300~3600	350~450	450~600	600~750	750~800	500~700	800~1100	1000~1600
	硬可塑	$0.25<I_L\leq0.50$	1500~2300	2300~3300	2700~3600	3600~4400	800~900	900~1000	1000~1200	1200~1400	850~1100	1500~1700	1700~1900
	硬塑	$0<I_L\leq0.25$	2500~3800	3800~5500	5500~6000	6000~6800	1100~1200	1200~1400	1400~1600	1600~1800	1600~1800	2200~2400	2600~2800
粉土	中密	$0.75\leq e\leq0.9$	950~1700	1400~2100	1900~2700	2500~3400	300~500	500~650	650~750	750~850	800~1200	1200~1400	1400~1600
	密实	$e<0.75$	1500~2600	2100~3000	2700~3600	3600~4400	650~900	750~950	900~1100	1100~1200	1200~1700	1400~1900	1600~2100
粉砂	稍密	$10<N\leq15$	1000~1600	1500~2300	1900~2700	2100~3000	350~500	450~600	600~700	650~750	500~950	1300~1600	1500~1700
	中密、密实	$N>15$	1400~2200	2100~3000	3000~4500	3800~5500	550~750	750~900	900~1100	1100~1200	900~1000	1700~1900	1700~1900
细砂	中密、密实	$N>15$	2500~4000	3600~5000	4400~6000	5300~7000	650~850	900~1200	1200~1500	1500~1800	1200~1600	2000~2400	2400~2700
中砂	中密、密实	$N>15$	4000~6000	5500~7000	6500~8000	7500~9000	850~1050	1100~1500	1500~1900	1900~2100	1800~2400	2800~3800	3600~4400
粗砂	中密、密实	$N>15$	5700~7500	7500~8500	8500~10000	9500~11000	1500~1800	2100~2400	2400~2600	2600~2800	2900~3600	4000~4600	4600~5200
砾砂	中密、密实	$N>15$	6000~9500		9000~10500		1400~2000		2000~3200		3500~5000		
圆砾、角砾	中密、密实	$N_{63.5}>10$	7000~10000		9500~11500		1800~2200		2200~3600		4000~5500		
碎石、卵石	中密、密实	$N_{63.5}>10$	8000~11000		10500~13000		2000~3000		3000~4000		4500~6500		
全风化软质岩		$30<N\leq50$	4000~6000				1000~1600				1200~2000		
全风化硬质岩		$30<N\leq50$	5000~8000				1200~2000				1400~2400		
强风化软质岩		$N_{63.5}>10$	6000~9000				1400~2200				1600~2600		
强风化硬质岩		$N_{63.5}>10$	7000~11000				1800~2800				2000~3000		

注：1. 砂土和碎石类土中桩的极限端阻力取值，宜综合考虑土的密度、桩端进入持力层的深度比 h_b/d，土愈密实，h_b/d 愈大，取值愈高。

2. 预制桩的岩石极限端阻力指桩端支承于中、微风化基岩表面或进入强风化岩、软质岩一定深度条件下极限端阻力。

3. 全风化、强风化软质岩和全风化、强风化硬质岩系指其母岩分别为 $f_{rk}\leq15MPa$、$f_{rk}>30MPa$ 的岩石。

估计大直径桩单桩极限承载力标准值时，需要采用桩径为 800mm 的极限端阻力标准值。对于桩径为 800mm 的清底干净的干作业桩，极限端阻力标准值 q_{pk} 见表 5-3-6。

干作业桩（清底干净，$D=800$mm）**极限端阻力标准值** q_{pk} （kPa）　　表 5-3-6

土　名　称		状　　　态		
黏　性　土		$0.25 < I_L \leqslant 0.75$	$0 < I_L \leqslant 0.25$	$I_L \leqslant 0$
		$800 \sim 1800$	$1800 \sim 2400$	$2400 \sim 3000$
粉　　　土		—	$0.75 < e \leqslant 0.90$	$e \leqslant 0.75$
		—	$1000 \sim 1500$	$1500 \sim 2000$
砂土、碎石类土		稍　密	中　密	密　实
	粉　砂	$500 \sim 700$	$800 \sim 1100$	$1200 \sim 2000$
	细　砂	$700 \sim 1100$	$1200 \sim 1800$	$2000 \sim 2500$
	中　砂	$1000 \sim 2000$	$2200 \sim 3200$	$3500 \sim 5000$
	粗　砂	$1200 \sim 2200$	$2500 \sim 3500$	$4000 \sim 5500$
	砾　砂	$1400 \sim 2400$	$2600 \sim 4000$	$5000 \sim 7000$
	角砾、圆砾	$1600 \sim 3000$	$3200 \sim 5000$	$6000 \sim 9000$
	碎石、卵石	$2000 \sim 3000$	$3300 \sim 5000$	$7000 \sim 11000$

注：1. 当桩进入持力层的深度 h_b 分别为 $h_b \leqslant D$，$D < h_b < 4D$，$h_b \geqslant 4D$ 时，q_{pk} 可分别取较低值、中值、高值。

　　2. 砂土密实度可根据标贯击数判定，$N \leqslant 10$ 为松散，$10 < N \leqslant 15$ 为稍密，$15 < N \leqslant 30$ 为中密，$N > 30$ 为密实。

　　3. 当桩的长径比 $l/d \leqslant 8$ 时，q_{pk} 宜取较低值。

　　4. 当对沉降要求不严时，q_{pk} 可取高值。

2.《港口工程桩基规范》（JTJ 254—98）

当无当地经验时，对预制混凝土挤土桩的极限侧阻力标准值 q_f 和极限端阻力标准值 q_R 可按表 5-3-7、表 5-3-8 取值。

预制混凝土挤土桩桩侧极限摩阻力标准值 q_f （kPa）　　表 5-3-7

土的名称	土的状态	土　层　深　度　（m）						
		$0 \sim 2$	$2 \sim 4$	$4 \sim 6$	$6 \sim 8$	$8 \sim 10$	$10 \sim 13$	$13 \sim 16$
淤　泥	$I_L > 1.0$	$2 \sim 4$	$4 \sim 6$	$6 \sim 8$	$8 \sim 10$	$10 \sim 12$	$12 \sim 14$	—
	$1.5 < e \leqslant 2.4$							
黏　土 $I_P > 17$	$I_L > 1.0$	$4 \sim 7$	$7 \sim 9$	$9 \sim 11$	$11 \sim 13$	$13 \sim 15$	$15 \sim 17$	$17 \sim 19$
	$0.75 < I_L \leqslant 1.0$	$11 \sim 14$	$14 \sim 17$	$17 \sim 20$	$20 \sim 23$	$23 \sim 26$	$26 \sim 29$	$29 \sim 32$
	$0.50 < I_L \leqslant 0.75$	$10 \sim 23$	$23 \sim 26$	$26 \sim 29$	$29 \sim 32$	$32 \sim 35$	$35 \sim 38$	$38 \sim 41$
	$0.25 < I_L \leqslant 0.50$	$27 \sim 31$	$31 \sim 35$	$35 \sim 39$	$39 \sim 43$	$43 \sim 47$	$47 \sim 51$	$51 \sim 55$
	$0 < I_L \leqslant 0.25$	$34 \sim 38$	$38 \sim 42$	$42 \sim 46$	$46 \sim 50$	$50 \sim 54$	$54 \sim 58$	$58 \sim 62$
粉质黏土 $10 < I_P \leqslant 17$	$I_L > 1.0$	$9 \sim 11$	$11 \sim 13$	$13 \sim 15$	$15 \sim 17$	$17 \sim 19$	$19 \sim 21$	$21 \sim 23$
	$0.75 < I_L \leqslant 1.0$	$20 \sim 22$	$22 \sim 24$	$24 \sim 26$	$26 \sim 28$	$28 \sim 30$	$30 \sim 32$	$32 \sim 34$
	$0.50 < I_L \leqslant 0.75$	$37 \sim 30$	$30 \sim 33$	$33 \sim 36$	$36 \sim 39$	$39 \sim 42$	$42 \sim 45$	$45 \sim 48$
	$0.25 < I_L \leqslant 0.50$	$35 \sim 39$	$39 \sim 43$	$43 \sim 47$	$47 \sim 51$	$51 \sim 55$	$55 \sim 59$	$59 \sim 63$
	$0 < I_L \leqslant 0.25$	$44 \sim 49$	$49 \sim 54$	$54 \sim 59$	$59 \sim 64$	$64 \sim 69$	$69 \sim 74$	$74 \sim 79$

土的名称	土的状态	土 层 深 度 （m）						
		0～2	2～4	4～6	6～8	8～10	10～13	13～16
粉　土 $0<I_P\leqslant10$	$0.75<I_L\leqslant1.0$	27～30	30～33	33～36	36～39	39～42	42～45	45～48
	$0.50<I_L\leqslant0.75$	35～39	39～43	43～47	47～51	51～55	55～59	59～63
	$0.25<I_L\leqslant5.0$	44～49	49～54	54～59	59～64	64～69	69～74	74～79
	$0<I_L\leqslant0.25$	54～60	60～66	66～72	72～78	78～84	84～90	90～96
粉　砂 细　砂	稍　密	35～39	39～43	43～47	47～51	51～55	55～59	59～63
	中　密	44～49	49～54	54～59	59～64	64～69	69～74	74～79
	密　实	54～60	60～66	66～72	72～78	78～84	84～90	90～96
中粗砂	$N>30$	60～70	70～75	75～81	81～90	90～99	99～107	107～115

土的名称	土的状态	土 层 深 度 （m）					
		16～19	19～22	22～26	26～30	30～35	35～40
淤泥	$I_L>1.0$	—	—	—	—	—	—
	$1.5<e\leqslant2.4$						
黏土 $I_P>17$	$I_L>1.0$	—	—	—	—	—	—
	$0.75<I_L\leqslant1.0$	32～34	34～36	36～38	38～40	40～42	42～44
	$0.50<I_L\leqslant0.75$	41～44	44～47	47～50	50～53	53～56	56～59
	$0.25<I_L\leqslant0.50$	55～59	59～63	63～67	67～71	71～75	75～79
	$0<I_L\leqslant0.25$	62～66	66～70	70～74	74～78	78～82	82～86
粉质黏土 $10<I_P\leqslant17$	$I_L>1.0$	—	—	—	—	—	—
	$0.75<I_L\leqslant1.0$	34～36	36～38	38～40	40～42	42～44	44～46
	$0.50<I_L\leqslant0.75$	48～51	51～54	54～57	57～60	60～63	63～66
	$0.25<I_L\leqslant0.50$	63～67	67～71	71～75	75～79	79～83	83～87
	$0<I_L\leqslant0.25$	79～84	84～89	89～94	94～99	99～104	104～109
粉　土 $0<I_P\leqslant10$	$0.75<I_L\leqslant1.0$	48～51	51～54	54～57	57～60	60～63	63～66
	$0.50<I_L\leqslant0.75$	63～67	67～71	71～75	75～79	79～83	83～87
	$0.25<I_L\leqslant5.0$	79～84	84～89	89～94	94～99	99～104	104～109
	$0<I_L\leqslant0.25$	96～102	102～108	108～114	114～120	120～126	126～132
粉　砂 细　砂	稍　密	63～67	67～71	71～75	75～79	79～83	83～87
	中　密	79～84	84～89	89～94	94～99	99～104	104～109
	密　实	96～102	102～108	108～114	114～120	120～126	126～132
中粗砂	$N>30$	115～123	123～130	130～137	137～144	144～150	150～156

注：I_P—土的塑性指数；I_L—土的液性指数；N—标准贯入试验击数；e—土的天然孔隙比。

预制混凝土挤土桩桩端极限阻力标准值 q_R（kPa） 　　　　表 5-3-8

土的名称	土的状态	土 层 深 度 　（m）						
		5～10	10～15	15～20	20～25	25～30	30～35	35～40
黏　土 $I_P>17$	$0.75<I_L\leqslant1.0$	100～300	300～500	500～700	700～900	900～1000	1100～1200	1200～1300
	$0.50<I_L\leqslant0.75$	300～500	500～700	700～950	950～1200	1200～1400	1400～1500	1500～1600
	$0.25<I_L\leqslant0.50$	500～700	700～950	950～1200	1200～1430	1430～1650	1650～1800	1800～1950
	$0<I_L\leqslant0.25$	700～970	970～1250	1200～1500	1500～1750	1750～2000	2000～2200	2200～2300

土的名称	土的状态	土 层 深 度 （m）						
		5～10	10～15	15～20	20～25	25～30	30～35	35～40
粉质黏土 $10<I_P≤17$	$0.75<I_L≤1.0$	200～500	500～790	790～1000	1000～1200	1200～1450	1450～1600	1600～1750
	$0.50<I_L≤0.75$	400～700	700～1050	1050～1400	1400～1750	1750～2050	2050～2200	2250～2400
	$0.25<I_L≤0.50$	600～1000	1000～1400	1400～1800	1800～2150	2150～2400	2400～2650	2650～2750
	$0<I_L≤0.25$	800～1300	1300～1800	1800～2300	2300～2650	2650～3000	3000～3200	3200～3350
粉　土 $0<I_P≤10$	$0.75<I_L≤1.0$	600～1000	1000～1400	1400～1800	1800～2150	2150～2400	2400～2650	2650～2750
	$0.50<I_L≤0.75$	800～1300	1300～1800	1800～2300	2300～2650	2650～3000	3000～3200	3200～3500
	$0.25<I_L≤0.50$	1000～1700	1700～2300	2300～2900	2900～3350	3350～3750	3750～4000	4000～4200
	$0<I_L≤0.25$	1500～2300	2300～3000	3000～3600	3600～4100	4100～4500	4500～4800	4800～5000
粉砂、细砂	稍　密	1000～1700	1700～2300	2300～2900	2900～3350	3350～3750	3750～4000	4000～4200
	中　密	1500～2300	2300～3000	3000～3600	3600～4100	4100～4500	4500～4800	4800～5000
	密　实	2000～3000	3000～3900	3900～4750	4750～5500	5500～6100	6100～6600	6600～7000
中粗砂	$N>30$	2400～3800	3800～5200	5200～6250	6250～7200	7200～8000	8000～8650	8650～9100

3.《铁路桥涵地基和基础设计规范》（TB 10002.5—2005）

1）打入、振动下沉和桩尖爆扩桩

打入、振动下沉和桩尖爆扩桩的桩侧极限摩阻力标准值可理解为 $α_i$（振动沉桩对各土层桩周摩阻力的影响系数，对于打入桩其值为 1.0）和 f_i（桩周土的极限摩擦阻力）的乘积，取值分别见表 5-3-9 和表 5-3-10；桩端极限阻力标准值可理解为表 5-3-11 的系数 λ 与 α（震动沉桩对桩底承压力的影响系数，表 5-3-9）及 R（桩尖土的极限承载力，表5-3-12）的乘积。

振动下沉桩系数 $α_i$、α 值　　　　　表 5-3-9

桩径或边宽	砂类土	粉　土	粉质黏土	黏　土
$d≤0.8m$	1.1	0.9	0.7	0.6
$0.8m<d≤2.0m$	1.0	0.9	0.7	0.6
$d>2.0m$	0.9	0.7	0.6	0.5

桩周土的极限摩阻力值 f_i（kPa）　　　　　表 5-3-10

土　类	状　态	极限摩阻力 f_i	土　类	状　态	极限摩阻力 f_i
黏性土	$1≤I_L≤1.5$	15～30	粉砂、细砂	稍　松	20～35
	$0.75≤I_L<1$	30～45		稍密、中密	35～65
	$0.5≤I_L<0.75$	45～60		密　实	65～80
	$0.25≤I_L<0.50$	60～75	中　砂	稍密、中密	55～75
	$0≤I_L<0.25$	75～85		密　实	75～90
	$I_L<0$	85～95	粗　砂	稍密、中密	70～90
粉　土	稍　密	20～35		密　实	90～105
	中　密	35～65			
	密　实	65～80			

系 数 λ　　　　　　　　　表 5-3-11

桩尖爆扩处土的种类 D_P/d	砂类土	粉　土	粉质黏土 $I_L=0.5$	黏　土 $I_L=0.5$
1.0	1.00	1.00	1.00	1.00
1.5	0.95	0.85	0.75	0.70
2.0	0.90	0.80	0.65	0.50
2.5	0.85	0.75	0.50	0.40
3.0	0.80	0.60	0.40	0.30

注：d 为桩身直径，D_P 为爆扩桩的爆扩体直径。

桩尖土的极限承载力 R（kPa）　　　　　　　　表 5-3-12

土　类	状　态	桩 尖 极 限 承 载 力		
黏 性 土	$1 \leqslant I_L$	1000		
	$0.65 \leqslant I_L < 1$	1600		
	$0.35 \leqslant I_L < 0.65$	2200		
	$I_L < 0.35$	3000		
		桩尖进入持力层的相对深度		
		$h'/d < 1$	$1 \leqslant h'/d < 4$	$4 \leqslant h'/d$
粉　土	中　密	1700	2000	2300
	密　实	2500	3000	3500
粉　砂	中　密	2500	3000	3500
	密　实	5000	6000	7000
细　砂	中　密	3000	3500	4000
	密　实	5500	6500	7500
中、粗砂	中　密	3500	4000	4500
	密　实	6000	7000	8000
圆砾土	中　密	4000	4500	5000
	密　实	7000	8000	9000

注：h' 为桩尖进入持力层的深度（不包括桩靴），d 为桩的直径或边长。

2）钻（挖）孔灌注桩

钻孔灌注桩桩周极限摩阻力 f_i 见表 5-3-13，桩端阻力极限值可理解为 2 倍的桩底地基土容许承载力 $[\sigma]$（表 5-3-14）乘上桩底支承力折减系数 m_0（钻孔灌注桩可按表 5-3-16 取值；挖孔灌注桩可根据具体情况确定，一般可取 $m_0 = 1.0$）。

钻孔灌注桩桩周极限摩阻力 f_i（kPa）　　　　　表 5-3-13

土 的 名 称	土性状态	极限摩阻力	土 的 名 称	土性状态	极限摩阻力
软　土		12～22	中　砂	中　密	45～70
黏性土	流　塑	20～35		密　实	70～90
	软　塑	35～55	粗砂、砾砂	中　密	70～90
	硬　塑	55～75		密　实	90～150
粉　土	中　密	30～55	圆砾土、角砾土	中　密	90～150
	密　实	55～70		密　实	150～220
粉砂、细砂	中　密	30～55	碎石土、卵石土	中　密	150～220
	密　实	55～70		密　实	220～420

注：漂石土、块石土极限摩阻力可采用 400～600kPa；挖孔灌注桩的极限摩阻力可参照本表采用。

桩底地基土容许承载力　　　　　　　　　　　表 5-3-14

埋深情况	计 算 方 法
$h \leqslant 4d$	$[\sigma] = \sigma_0 + k_2 \gamma_2 (h-3)$
$4d < h \leqslant 10d$	$[\sigma] = \sigma_0 + k_2 \gamma_2 (4d-3) + k_2' \gamma_2 (h-4d)$
$h > 10d$	$[\sigma] = \sigma_0 + k_2 \gamma_2 (4d-3) + k_2' \gamma_2 (6d)$

注：σ_0 为桩底土层的基本承载力（kPa）；d 为桩径或桩的宽度（m）；h 为桩底埋置深度（m）；γ_2 为桩底以上土的天然重度平均值（kN/m³），地下水水位以下透水层取浮重度，不透水层取饱和重度；k_2、k_2' 为深度修正系数，可按表 5-3-15 取值。

桩底地基土容许承载力深度修正系数　　　　　　　表 5-3-15

土的类别	黏性土			黄土		砂 类 土								碎石类土			
	Q₄的冲、洪积土	Q₃及其以前的冲、洪积土	残积土	粉土	新黄土	老黄土	粉砂		细砂		中砂		砾砂粗砂		碎石圆砾角砾		卵石	
	$I_L \geqslant 0.5$	$I_L < 0.5$						稍密中密	密实	稍密中密	密实	稍密中密	密实	稍密中密	密实	稍密中密	密实	稍密中密	密实
k_2	1.5	2.5	2.5	1.5	1.5	1.5		2	2.5	3	4	4	5.5	5	6	5	6	6	10
k_2'	1.0	1.0	1.0	0.75	1.0	1.0		1	1.25	1.5	2	2	2.75	2.5	3	2.5	3	3	5

注：1. 节理不发育或较发育的岩石不作深度修正，节理发育或很发育的岩石，k_2、k_2' 可按碎石类土的系数采用，但对已风化成砂、土状者，则按砂类土、黏性土的系数采用；
　　2. 稍松状态的砂类土和松散状态的碎石类土，k_2、k_2' 值可采用表列稍密、中密值的 50%；
　　3. 冻土的 k_2、k_2' 值取零。

钻孔灌注桩桩底支承力折减系数 m_0　　　　　　表 5-3-16

土质及清底情况	m_0		
	$5d < h \leqslant 10d$	$10d < h \leqslant 25d$	$25d < h \leqslant 50d$
土质较好，不易坍塌，清底良好	0.9～0.7	0.7～0.5	0.5～0.4
土质较差，易坍塌，清底稍差	0.7～0.5	0.5～0.4	0.4～0.3
土质差，难以清底	0.5～0.4	0.4～0.3	0.3～0.1

注：h 为地面线或局部冲刷线以下桩长，d 为桩的直径，均以米计。

3）支承于岩石层上的打入桩、振动下沉桩（包括管柱）

岩石层的桩端极限阻力为岩石单轴抗压强度 R 乘以系数 C，系数 C 在均质无裂缝岩石层取 0.90，有严重裂缝的、风化的或易软化的岩石层取 0.60。

4）支承于岩石层上与嵌入岩石层内的钻（挖）孔灌注桩及管桩

岩石层的桩端极限阻力和桩侧极限阻力分别由单轴抗压强度 R 乘以系数 C_1 和 C_2 确定，C_1、C_2 根据岩石层破碎程度和清底情况按表 5-3-17 取值。

系数 C_1、C_2　　　　　　　　　　　　　表 5-3-17

岩石层及清底情况	C_1	C_2	岩石层及清底情况	C_1	C_2
良　好	1.0	0.08	较　差	0.6	0.04
一　般	0.8	0.06			

注：当 $h \leqslant 0.5$m 时，C_1 乘以 0.7，C_2 取 0，h 为自新鲜岩石面（平均高程）算起的嵌入深度（m）。

4.《建筑地基基础设计规范》（GB 50007—2002）

桩端嵌入完整及较完整的硬质岩中，当桩端以下 3 倍桩径范围内无软弱夹层、破碎带和洞穴，桩底应力扩散范围内无岩体临空面，且桩端无沉渣时，桩端岩石极限承载力可取岩石饱和单轴抗压强度标准值的 0.2～1.0 倍，可根据岩石的完整程度、结构面间距、宽度、产状组合，结合地区经验确定，如无地区经验时，完整岩体取 1.0，较完整岩体取 0.4～1.0 倍，较破碎岩体取 0.2～0.4 倍。

（二）用原位测试参数估算

1. 按静力触探确定

1)《建筑桩基技术规范》（JGJ 94—2008）的计算方法

根据单桥探头静力触探资料确定混凝土预制桩桩侧阻力和桩端阻力，如无当地经验可按以下方法确定：

极限侧阻力标准值 q_{sik} 值应结合土工试验资料，依据土的类型、埋藏深度、排列次序，按图 5-3-1 折线取值；

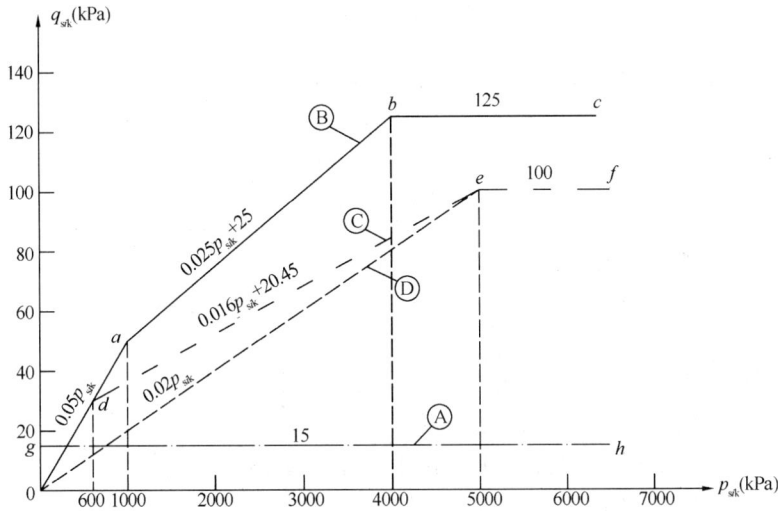

图 5-3-1　q_{sik}-p_{sk} 曲线

注：图 5-3-1 中，直线Ⓐ（线段 gh）适用于地表下 6m 范围内的土层；折线Ⓑ（线段 $oabc$）适用于粉土及砂土土层以上（或无粉土及砂土土层地区）的黏性上；折线Ⓒ（线段 $odef$）适用于粉土及砂土土层以下的黏性土；折线Ⓓ（线段 oef）适用于粉土、粉砂、细砂及中砂。

当桩端穿越粉土、粉砂、细砂及中砂层底面时，折线Ⓓ估算的 q_{sik} 值需乘以表 5-3-18 中系数 η_s 值；

系数 η_s 值　　　　　　　　　　　　　　　　　　　　表 5-3-18

p_{sk}/p_{sl}	$\leqslant 5$	7.5	$\geqslant 10$
η_s	1.00	0.50	0.33

注：1. p_{sk} 为桩端穿越的中密～密实砂土、粉土的比贯入阻力平均值；p_{sl} 为砂土、粉土的下卧软土层的比贯入阻力平均值；

2. 采用的单桥探头，圆锥底面积为 15cm²，底面带 7cm 高滑套，锥角 60°。

桩端阻力极限值为桩端附近的静力触探比贯入阻力标准值（平均值）p_{sk}乘上桩端阻力修正系数 α 值（表 5-3-19）。

桩端阻力修正系数 α 值   表 5-3-19

桩长（m）	$l<15$	$15\leqslant l<30$	$30<l\leqslant 60$
α	0.75	0.75～0.90	0.90

注：桩长 $15\leqslant h<30\text{m}$ 时，α 值按 l 值直线内插，l 为桩长（不包括桩尖高度）。

p_{sk}可按下式计算：

当 $p_{sk1}\leqslant p_{sk2}$ 时，

$$p_{sk}=\frac{1}{2}(p_{sk1}+\beta\cdot p_{sk2}) \tag{5-3-1}$$

当 $p_{sk1}>p_{sk2}$ 时，

$$p_{sk}=p_{sk2} \tag{5-3-2}$$

式中　p_{sk1}——桩端全截面以上 8 倍桩径范围内的比贯入阻力平均值；

p_{sk2}——桩端全截面以下 4 倍桩径范围内的比贯入阻力平均值，如桩端持力层为密实的砂土层，其比贯入阻力平均值 p_s 超过 20MPa 时，则需乘以表 5-3-20 中系数 C 予以折减后，再计算 p_{sk1} 及 p_{sk2} 值；

β——折减系数，按 p_{sk2}/p_{sk1} 值从表 5-3-21 选用。

系　数　C 表 5-3-20

p_{sk}（MPa）	20～30	35	>40
系数 C	5/6	2/3	1/2

折减系数 β 表 5-3-21

p_{sk2}/p_{sk1}	$\leqslant 5$	7.5	12.5	$\geqslant 15$
β	1	5/6	2/3	1/2

注：表 5-3-20、表 5-3-21 可内插取值。

根据双桥探头静力触探资料确定混凝土预制桩桩侧阻力和桩端阻力，对于黏性土、粉土和砂土，如无当地经验时可按以下方法确定：

极限侧阻力标准值 q_{sik}，对黏性土、粉土为 10.04 $(f_{si})^{0.45}$，对砂土为 5.05 $(f_{si})^{0.55}$，f_{si} 为第 i 层土的探头平均侧阻力（kPa）；

极限端阻力标准值 q_{pk}，对黏性土、粉土取 $\frac{2}{3}q_c$，饱和砂土取 $\frac{1}{2}q_c$，其中 q_c 为桩端平面上、下探头阻力，取桩端平面以上 $4d$（d 为桩的直径或边长）范围内按土层厚度的探头阻力加权平均值（kPa），然后再和桩端平面以下 $1d$ 范围内的探头阻力进行平均。

注：双桥探头的圆锥底面积为 15cm²，锥角 60°。摩擦套筒高 21.85cm，侧面积 300cm²。

2）《铁路工程地质原位测试规程》（TB 10018—2003）

根据双桥探头的测试参数确定桩基设计参数，和《建筑桩基技术规范》相类似，《铁路工程地质原位测试规程》建议的极限侧阻力值也是第 i 层土的触探侧阻平均值 $\overline{f}_{si}$ 乘以第 i 层土的极限摩阻力综合修正系数 β_i；极限端阻力值为桩底触探端阻计算值 q_{cp} 乘以桩尖土的极限承载力综合修正系数 α，只是对不同桩型和不同 $\overline{f}_{si}$ 和 q_{cp} 值，β_i 和 α 的取值有所区别，见表 5-3-22。

上述的 q_{cp} 计算方法为：

当桩底高程以上 $4d$（d 为桩径）范围内平均端阻 $\bar{q}_{cp1}$ 小于桩底高程以下 $4d$ 范围内平均端阻 $\bar{q}_{cp2}$ 时：

$$q_{cp} = (\bar{q}_{cp1} + \bar{q}_{cp2})/2 \qquad (5\text{-}3\text{-}3)$$

反之，则取

$$q_{cp} = \bar{q}_{cp2} \qquad (5\text{-}3\text{-}4)$$

β_i 和 α 取值　　　　　　　　　　　　　　　表 5-3-22

桩　　型	值别	取　　值	应　　用　　条　　件
打入混凝土桩	β_i	$5.067\,(\bar{f}_{si})^{-0.45}$	桩侧第 i 层土平均端阻 $\bar{q}_{ci} > 2000\mathrm{kPa}$，且相应的摩阻比 $\bar{f}_{si}/\bar{q}_{ci} \leqslant 0.014$
		$10.045\,(\bar{f}_{si})^{-0.55}$	$\bar{q}_{ci}$ 及 $\bar{f}_{si}$、$\bar{q}_{ci}$ 不能同时满足上述条件
	α	$3.975\,(q_{cp})^{-0.25}$	$\bar{q}_{cp2} > 2000\mathrm{kPa}$，且相应的摩阻比 $\bar{f}_{si}/\bar{q}_{ci} \leqslant 0.014$
		$12.064\,(q_{cp})^{-0.35}$	$\bar{q}_{ci}$ 及 $\bar{f}_{si}$、$\bar{q}_{ci}$ 不能同时满足上述条件
钻孔灌注桩	β_i	$18.24\,(\bar{f}_{si})^{-0.75}$	
	α	$130.53\,(q_{cp})^{-0.76}$	
沉管灌注桩	β_i	$4.14\,(\bar{f}_{si})^{-0.4}$	
	α	$1.65\,(q_{cp})^{-0.14}$	当桩底高程以下 $4d$ 范围内的摩阻比 R_f（%）$> 0.1013\,\bar{q}_{cp2} + 0.32$ 时
		$0.45\,(q_{cp})^{-0.09}$	当桩底高程以下 $4d$ 范围内的摩阻比 R_f（%）$\leqslant 0.1013\,\bar{q}_{cp2} + 0.32$ 时

2. 按标准贯入试验结果确定

1）Meyerhof 公式：

对打入桩

$$q_{pk} = 40N\frac{D_b}{D} \qquad (5\text{-}3\text{-}5)$$

$$q_{sk} = 2N \qquad (5\text{-}3\text{-}6)$$

对钻孔灌注桩

$$q_{pk} = 12N\frac{D_b}{D} \qquad (5\text{-}3\text{-}7)$$

$$q_{sk} = N \qquad (5\text{-}3\text{-}8)$$

式中　q_{pk}——极限端阻力标准值，适用于砂土（kPa），对粉性土按式（5-3-5）和（5-3-7）计算时，超过 300N 时取 300N；

　　　q_{sk}——桩周土侧阻力标准值（kPa）；

　　　N——经上覆有效超载修正后的标贯击数；

　　　D_b——桩端进入持力层深度（m），大于 10 倍桩径时，取 10 倍桩径；

　　　D——桩端直径（m）。

2）日本建筑基础构造设计标准中对于大直径钻孔灌注桩（直径≥1m）的桩端极限承载力按下式取值：

$$q_{pk} = 150N \tag{5-3-9}$$

式中 q_{pk}——极限端阻力标准值（kPa），适用于孔底经后压浆或其他方法对持力层进行修复处理的情况；

N——经杆长修正后的标贯击数，即杆长 $L \leqslant 20m$ 时，取实测击数；$L > 20m$ 时，修正系数取（1.06～0.003）L。$N > 50$ 时取 50。

日本道桥规范中规定当 $N \geqslant 30$ 时，q_{pk} 取 3000kPa。

3）《高层建筑岩土工程勘察规程》（JGJ 72—2004）提供了按标准贯入试验成果估算预制桩、预应力管桩和沉管灌注桩的极限侧阻力和端阻力（表 5-3-23 和表 5-3-24）。

极限侧阻力 q_{sis} 表 5-3-23

土的类别	土（岩）层平均标准贯入实测击数（击）	极限侧阻力 q_{sis}（kPa）	土的类别	土（岩）层平均标准贯入实测击数（击）	极限侧阻力 q_{sis}（kPa）
淤 泥	<1～3	10～16	粉细砂	15～30	60～90
淤泥质土	3～5	18～26		30～50	90～110
黏性土	5～10	20～30	中 砂	10～15	40～60
	10～15	30～50		15～30	60～90
	15～30	50～80		30～50	90～110
	30～50	80～100	粗 砂	15～30	70～90
粉 土	5～10	20～40		30～50	90～120
	10～15	40～60	砾砂（含卵石）	>30	110～140
	15～30	60～80	全风化岩	40～70	100～160
	30～50	80～100	强风化软质岩	>70	160～200
粉细砂	5～10	20～40	强风化硬质岩	>70	200～240
	10～15	40～60			

注：1. 表中数据对无经验的地区应先用试桩资料进行验证。

2. 表中数据应乘以桩侧阻力修正系数 β_s，其值当土层埋深 10m ≤ h ≤ 30m 时取 1.0；当土层埋深 h > 30m 时取 1.1～1.2。

极限端阻力 q_{ps}（kPa） 表 5-3-24

标准贯入实测击数（击） ＼ 桩入土深度（m）	70	50	40	30	20	10
15	9000	8200	7800	6000	4000	1800
20		8600	8200	6600	4400	2000
25	11000	9000	8600	7000	4800	2200
30		9400	9000	7400	5000	2400
>30		10000	9400	7800	6000	2600

注：1. 表中数据可以内插。

2. 表中数据对无经验的地区应先用试桩资料进行验证。

（三）负摩阻力

当桩穿过软弱土层、松散的厚层填土时，若桩周软弱土层产生自重固结，或大面积地面堆载，或场地地下水大量抽降，造成软土层下沉或黄土湿陷等，在桩身下沉量（包括桩身下沉和桩身压缩量之和）小于土层下沉量的部分（桩身上部）产生负摩擦力；在桩身下沉量的部分（桩身下部）仍为正摩擦力。正负摩擦力分界的位置（即摩擦力等于0的部位）称中性点。

1）中性点以上单桩桩周第 i 层土负摩阻力标准值，可按下列公式计算：

$$q_{si}^n = \xi_{ni}\sigma_i'　　　　　　　　　　　(5\text{-}3\text{-}10)$$

当填土、自重湿陷性黄土湿陷、欠固结土层产生固结和地下水降低时：$\sigma_i' = \sigma_{ri}'$

当地面有满布荷载时：

$$\sigma_i' = p + \sigma_{ri}'$$

$$\sigma_{ri}' = \sum_{e=1}^{i-1} \gamma_e \Delta z_e + \frac{1}{2}\gamma_i \Delta z_i$$

式中　q_{si}^n——第 i 层土桩侧负摩阻力标准值（kPa）；当计算值大于正摩阻力标准值时，取正摩阻力标准值；

ξ_{ni}——桩周第 i 层土负摩阻力系数，可按表5-3-25取值；

σ_{ri}'——由土自重引起的桩周第 i 层土平均竖向有效应力（kPa）；桩群外围桩自地面算起，桩群内部桩自承台底算起；

σ_i'——桩周第 i 层土平均竖向有效应力；

γ_i、γ_e——分别为第 i 计算土层和其上第 e 土层的重度，地下水位以下取浮重度（kN/m³）；

Δz_i、Δz_e——第 i 层土、第 e 层土的厚度（m）；

p——地面均布荷载（kPa）。

负摩阻力系数 ξ_n　　　　　　　　表 5-3-25

土　类	ξ_n	土　类	ξ_n
饱和软土	0.15～0.25	砂土	0.35～0.50
黏性土、粉土	0.25～0.40	自重湿陷性黄土	0.20～0.35

注：1. 在同一类土中，对于挤土桩，取表中较大值，对于非挤土桩，取表中较小值；

　　2. 填土按其组成取表中同类土的较大值。

2）中性点深度 l_n 应按桩周土层沉降与桩沉降相等的条件计算确定，也可参照表5-3-26确定。

中性点深度 l_n　　　　　　　　表 5-3-26

持力层性质	黏性土、粉土	中密以上砂土	砾石、卵石	基岩
中性点深度比 l_n/l_0	0.5～0.6	0.7～0.8	0.9	1.0

注：1. l_n、l_0——分别为自桩顶算起的中性点深度和桩周软弱土层下限深度；

　　2. 桩穿越自重湿陷性黄土层时，l_n 按表列值增大10%（持力层为基岩除外）；

　　3. 当桩周土层固结与桩基沉降同时完成时，取 $l_n = 0$；

　　4. 当桩周土计算沉降量小于20mm时，l_n 应按表中数值乘以 0.4～0.8 的折减。

(四) 液化土层影响

对于桩身周围有液化土层的低承台桩基，当承台底面上下分别有不小于1.5m、1.0m的非液化土或非软弱土时，可将液化土层极限侧阻力乘以土层液化折减系数计算单桩极限承载力标准值。土层液化折减系数 ψ_l 可按表5-3-27取值。

土层液化影响折减系数 ψ_l 表 5-3-27

$\lambda_N = \dfrac{N}{N_{cr}}$	自地面算起的液化土层深度 d_L（m）	ψ_l	$\lambda_N = \dfrac{N}{N_{cr}}$	自地面算起的液化土层深度 d_L（m）	ψ_l
$\lambda_N < 0.6$	$d_L \leqslant 10$	0	$0.8 \leqslant \lambda_N < 1.0$	$d_L \leqslant 10$	2/3
	$10 < d_L \leqslant 20$	1/3			
$0.6 \leqslant \lambda_N < 0.8$	$d_L \leqslant 10$	1/3		$10 < d_L \leqslant 20$	1.0
	$10 < d_L \leqslant 20$	2/3			

注：1. N 为饱和土标准贯击数实测值；N_{cr} 为液化判别标贯击数临界值；

　　2. 对挤土桩当桩距不大于 $4d$，且桩的排数不少于5排，总桩数不少于25根时，土层液化影响折减系数可按表列值提高一挡取值；桩间土标准贯入击数达到 N_{cr} 时，ψ_l 取 1.0。

当承台底面上下非液化土层厚度小于以上规定时，土层液化影响折减系数 ψ_l 取 0。

四、单桩承载力估算

(一) 单桩竖向承载力

单桩竖向承载力极限值一般可根据本节三确定的极限桩侧阻力 q_{sik} 和极限桩端阻力 q_{pk} 按式（5-3-11）计算。

$$R_k = u \sum q_{sik} l_i + q_{pk} A_P \qquad (5\text{-}3\text{-}11)$$

式中　R_k——单桩竖向承载力极限值（kN）；

　q_{sik}、q_{pk}——分别为第 i 层土的桩周极限侧阻力和桩端极限阻力（kPa）；

　　　　u——桩身周长；

　　　　l_i——桩穿越第 i 层土的厚度；

　　　　A_p——桩端面积。

但存在以下特殊情况：

1）桩径≥800mm 的大直径桩

$$R_k = u \sum \psi_{si} q_{sik} l_i + \psi_p q_{pk} A_P \qquad (5\text{-}3\text{-}12)$$

式中　ψ_{si}、ψ_p——大直径桩侧阻、端阻尺寸效应系数，按表5-3-28取值，式中 q_{pk} 按表5-3-6取值，q_{sik} 对于扩底桩变截面以上 $2d$ 长度范围不计侧阻力。

尺寸效应系数 ψ_{si}、ψ_p 表 5-3-28

土的类别	黏性土、粉土	砂土、碎石类土	土的类别	黏性土、粉土	砂土、碎石类土
ψ_{si}	$\left(\dfrac{0.8}{d}\right)^{1/5}$	$\left(\dfrac{0.8}{d}\right)^{1/3}$	ψ_p	$\left(\dfrac{0.8}{D}\right)^{1/4}$	$\left(\dfrac{0.8}{D}\right)^{1/3}$

注：表中 D 为桩端直径，d 为桩身直径。

2）钢管桩

$$R_k = u \sum q_{sik} l_i + \lambda_p q_{pk} A_P \tag{5-3-13}$$

式中　q_{sik}、q_{pk}——与混凝土预制桩取相同值；

　　　　λ_p——桩端土塞效应系数，对于闭口钢管桩 $\lambda_p = 1$，对于敞口钢管桩 λ_p 按下式取值；

　　　　　　　当 $h_b/d < 5$ 时，$\lambda_p = 0.16 h_b/d$

　　　　　　　当 $h_b/d \geqslant 5$ 时，$\lambda_p = 0.80$

　　　　h_b——桩端进入持力层深度（m）；

　　　　d——钢管桩外径（m）。

对于带隔板的半敞口钢管桩，应以等效直径 d_e 代替 d 确定 λ_p；$d_e = d/\sqrt{n}$，其中 n 为桩端隔板分割数。

3）混凝土空心桩

当根据土的物理指标与承载力参数之间的经验关系确定敞开预应力混凝土空心桩单桩竖向极限承载力标准值时，可按下列公式计算：

$$R_k = u \sum q_{sik} l_i + q_{pk}(A_j + \lambda_p A_{pl}) \tag{5-3-14}$$

式中　q_{sik}、q_{pk}——与混凝土预制桩取相同值；

　　　　A_j——空心桩桩端净面积；管桩：$A_j = \dfrac{\pi}{4}(d^2 - d_1^2)$；空心方桩：$A_j = b^2 - \dfrac{\pi}{4} d_1^2$；

　　　　A_{pl}——空心桩敞口面积：$A_{pl} = \dfrac{\pi}{4} d_1^2$；

　　　　λ_p——桩端土塞效应系数；当 $h_b/d < 5$ 时，$\lambda_p = 0.16 h_b/d$；当 $h_b/d \geqslant 5$ 时，$\lambda_p = 0.80$；

　　　　d、b、d_1——空心桩外径、边长、内径。

4）嵌岩桩

桩端置于完整、较完整基岩的嵌岩桩，单桩竖向极限承载力由桩周土总极限侧阻力和嵌岩段总极限阻力组成。当根据岩石单轴抗压强度确定单桩竖向极限承载力标准值时，可按下列公式计算：

$$R_k = u \sum q_{sik} l_i + \zeta_r f_{rk} A_P \tag{5-3-15}$$

式中　f_{rk}——岩石饱和单轴抗压强度标准值（kPa），黏土岩取天然湿度单轴抗压强度标准值；

　　　　ζ_r——桩嵌岩段侧阻和端阻综合系数，与嵌岩深径比 h_r/d、岩石软硬程度和成桩工艺有关，按表 5-3-29 取值；表中数值适应于泥浆护壁成桩，对于干作业成桩（清底干净）和泥浆护壁成桩后注浆，ζ_r 应取表 5-3-29 数值的 1.20 倍。

嵌岩段侧阻与端阻修正系数 ζ_r　　　　　　　　　表 5-3-29

嵌岩深径比 h_r/d	0	0.5	1.0	2.0	3.0	4.0	5.0	6.0	7.0	8.0
极软岩、软岩	0.60	0.80	0.95	1.18	1.35	1.48	1.57	1.63	1.66	1.70
较硬岩、坚硬岩	0.45	0.65	0.81	0.90	1.00	1.04	—	—	—	—

注：1. 极软岩、软岩指 $f_{rk} \leqslant 15$MPa，较硬岩、坚硬岩指 $f_{rk} > 30$MPa，介于二者之间可内插取值。

　　2. h_r 为桩身嵌岩深度，当岩面倾斜时，以坡下方嵌岩深度为准；当 h_r/d 为非表列值时，ζ_r 可内插取值。

5）后注浆灌注桩

在按符合后注浆技术实施规定进行施工的条件下，后压浆单桩极限承载力标准值可按下式估算：

$$R_k = u\sum q_{sjk}l_j + u\sum \beta_{si}q_{sik}l_{gi} + \beta_p q_{pk}A_p \tag{5-3-16}$$

式中　　l_j——后注浆非竖向增强段第 j 层土厚度；

l_{gi}——后注浆竖向增强段内第 i 层土厚度：对于泥浆护壁成孔灌注桩，当为单一桩端后注浆时，竖向增强段为桩端以上 12m；当为桩端、桩侧复式注浆时，竖向增强段为桩端以上 12m 及各桩侧注浆断面以上 12m，重叠部分应扣除；对于干作业灌注桩，竖向增强段为桩端以上、桩侧注浆断面上下各 6m；

q_{sik}、q_{sjk}、q_{pk}——分别为后注浆竖向增强段第 i 土层初始极限侧阻力标准值、非竖向增强段第 j 土层初始极限标准值、初始极限端阻力标准值；

β_{si}、β_p——分别为后注浆侧阻力、端阻力增强系数，无当地经验时，可按表 5-3-30 取值。对于桩径大于 800mm 的桩，应进行侧阻和端阻尺寸效应修正。

后注浆侧阻力增强系数 β_{si}、端阻力增强系数 β_p　　　　表 5-3-30

土层名称	淤泥 淤泥质黏土	黏性土 粉土	粉砂 细砂	中砂	粗砂 砾砂	砾石 卵石	全风化岩 强风化岩
β_{si}	1.2～1.3	1.4～1.8	1.6～2.0	1.7～2.1	2.0～2.5	2.4～3.0	1.4～1.8
β_p	—	2.2～2.5	2.4～2.8	2.6～3.0	3.0～3.5	3.2～4.0	2.0～2.4

注：干作业钻、挖孔桩，β_p 按表列值乘以小于 1.0 的折减系数。当桩端持力层为黏性土或粉土时，折减系数取 0.6；为砂土或碎石土时，取 0.8。

（二）桩基水平承载力

对于受水平荷载较大的、设计等级为甲级、乙级的建筑桩基，单桩水平承载力特征值应通过单桩水平静载试验确定（取单桩水平静载试验的临界荷载的 75% 为单桩水平承载力特征值）。当缺少单桩水平静载试验资料时，可按下列方法估算。

1）桩身配筋率小于 0.65% 的灌注桩：

$$R_{ha} = \frac{0.75\alpha\gamma_m f_t W_0}{\nu_m}(1.25 + 22\rho_g)\left(1 \pm \frac{\zeta_N N_k}{\gamma_m f_t A_n}\right) \tag{5-3-17}$$

式中　　α——桩的水平变形系数（m^{-1}），按式（5-3-21）取值；

R_{ha}——单桩水平承载力特征值，±号根据桩顶竖向力性质确定，压力取"+"，拉力取"-"；

γ_m——桩截面模量塑性系数，圆形截面 $\gamma_m = 2$，矩形截面 $\gamma_m = 1.75$；

f_t——桩身混凝土抗拉强度设计值（kPa）；

W_0——桩身换算截面受拉边缘的截面模量（kPa），圆形截面为：

$$W_0 = \frac{\pi d}{32}\left[d^2 + 2(\alpha_E - 1)\rho_g d_0^2\right] \tag{5-3-18}$$

方形截面为：

$$W_0 = \frac{b}{6}\left[b^2 + 2(\alpha_E - 1)\rho_g b_0^2\right] \tag{5-3-19}$$

其中 d 为桩直径（m），d_0 为扣除保护层的桩直径；b 为方形截面边长，b_0 为扣除保护层厚度的桩截面宽度；α_E 为钢筋弹性模量与混凝土弹性模量的比值；

ν_m——桩身最大弯矩系数，按表 5-3-31 取值，当单桩基础和单排桩基纵向轴线与水平力方向相垂直的情况，按桩顶铰接考虑；

ρ_g——桩身配筋率；

A_n——桩身换算截面积（m^2），圆形截面为：$A_n = \frac{\pi d^2}{4}\left[1 + (\alpha_E - 1)\rho_g\right]$；方形截面为：$A_n = b^2\left[1 + (\alpha_E - 1)\rho_g\right]$

ζ_N——桩顶竖向力影响系数，竖向压力取 $\zeta_N = 0.5$；竖向拉力取 $\zeta_N = 1.0$；

N_k——在荷载效应标准组合下桩顶的竖向力（kN）。

对于混凝土护壁的挖孔桩，计算单桩水平承载力时，其设计桩径取护壁内直径。

2）预制桩、钢桩及桩身配筋率不小于 0.65% 的灌注桩单桩水平承载力特征值：

$$R_{ha} = 0.75\frac{\alpha^3 EI}{\nu_x}\chi_{oa} \tag{5-3-20}$$

式中　EI——桩身抗弯刚度，对于钢筋混凝土桩，$EI = 0.85 E_c I_0$；其中 E_c 为混凝土弹性模量（kPa），I_0 为桩身换算截面惯性矩（m^4）：圆形截面，$I_0 = W_0 d_0/2$，矩形截面为 $I_0 = W_0 b_0/2$；

χ_{oa}——桩顶允许水平位移（mm）；

ν_x——桩顶水平位移系数，按表 5-3-31 取值，取值方法同 ν_m。

桩顶（身）最大弯矩系数 ν_m 和桩顶水平位移系数 ν_x　　　　表 5-3-31

桩顶约束情况	桩的换算埋深（ah）	ν_m	ν_x	桩顶约束情况	桩的换算埋深（ah）	ν_m	ν_x
铰接、自由	4.0	0.768	2.441	固接	4.0	0.926	0.940
	3.5	0.750	2.502		3.5	0.934	0.970
	3.0	0.703	2.727		3.0	0.967	1.028
	2.8	0.675	2.905		2.8	0.990	1.055
	2.6	0.639	3.163		2.6	1.018	1.079
	2.4	0.601	3.526		2.4	1.045	1.095

注：1. 连接（自由）的 ν_m 系桩身的最大弯矩系数，固接的 ν_m 系桩顶的最大弯矩系数；

　　2. 当 $ah > 4$ 时取 $ah = 4.0$。

桩的水平变形系数 α，可按式（5-3-21）确定。

$$\alpha = \sqrt[5]{\frac{mb_0}{EI}} \tag{5-3-21}$$

式中　b_0——桩身的计算宽度（m）；

圆形桩：当直径 $d \leqslant 1m$ 时，$b_0 = 0.9(1.5d + 0.5)$；

当直径 $d > 1m$ 时，$b_0 = 0.9(d + 1)$；

方形桩：当边宽 $b \leqslant 1$m 时，$b_0 = 1.5b + 0.5$；

当边宽 $b > 1$m 时，$b_0 = b + 1$；

m——桩侧土水平抗力系数的比例系数（kN/m⁴），可按表 5-3-32 取值。

地基土水平抗力系数的比例系数 m 值　　　　　　表 5-3-32

序号	地基土类别	预制桩、钢桩		灌 注 桩	
		m (MN/m⁴)	相应单桩在地面处水平位移 (mm)	m (MN/m⁴)	相应单桩在地面处水平位移 (mm)
1	淤泥；淤泥质土；饱和湿陷性黄土	2～4.5	10	2.5～6	6～12
2	流塑（$I_L > 1$）、软塑（$0.75 < I_L \leqslant 1$）状黏性土；$e > 0.9$ 粉土；松散粉细砂；松散、稍密填土	4.5～6	10	6～14	4～8
3	可塑（$0.25 < I_L \leqslant 0.75$）状黏性土、湿陷性黄土；$e = 0.75～0.9$ 粉土；中密填土；稍密细砂	6～10	10	14～35	3～6
4	硬塑（$0 < I_L \leqslant 0.25$）、坚硬（$I_L \leqslant 0$）状黏性土、湿陷性黄土；$e < 0.75$ 粉土；中密的中粗砂；密实老填土	10～22	10	35～100	2～5
5	中密、密实的砾砂、碎石土	—	—	100～300	1.5～3

注：1. 当桩顶水平位移大于表列数值或灌注桩配筋率较高（$\geqslant 0.65\%$）时，m 值应适当降低；当预制桩的水平向位移小于 10mm 时，m 值可适当提高。

2. 当水平荷载为长期或经常出现的荷载时，应将表列数值乘以 0.4 降低采用。

3. 当地基为可液化土层时，应将表列数值乘以表 5-3-27 系数 ψ_L。

3）验算永久荷载控制的桩基的水平承载力时，应将上述方法确定的单桩水平承载力特征值乘以调整系数 0.80；验算地震作用桩基的水平承载力时，宜将按上述方法确定的单桩水平承载力特征值乘以调整系数 1.25。

（三）桩的抗拔力

基桩的抗拔极限承载力标准值应通过单桩上拔静载试验确定，对一般性工程桩基，群桩基础及基桩的抗拔极限承载力标准值可按下列规定计算：

1）单桩或群桩呈非整体破坏时，基桩的抗拔极限承载力标准值可按下式计算：

$$T_{uk} = \sum \lambda_i q_{sik} u_i l_i \tag{5-3-22}$$

式中　T_{uk}——基桩抗拔极限承载力标准值（kN）；

u_i——桩身表面周长（m），对于等直径桩取 $u = \pi d$；对于扩底桩按表 5-3-33 取值；

q_{sik}——桩侧表面第 i 层土的抗压极限侧阻力标准值（kPa）；

λ_i——抗拔系数，按表 5-3-34 取值。

扩底桩破坏表面周长 u_i 表 5-3-33

自桩底起算的长度 l_i	$\leqslant (4\sim10) d$	$> (4\sim10) d$
u_i	πD	πd

注：D 为扩底直径，d 为桩身直径；l_i 对于软土取低值，对于卵石、砾石取高值；l_i 取值按内摩擦角增大而增加。

抗拔系数 λ　表 5-3-34

土　类	砂　土	黏性土、粉土
λ	$0.50\sim0.70$	$0.70\sim0.80$

注：桩长 l 与桩径 d 之比小于 20 时，λ 取小值。

2）群桩呈整体破坏时，基桩的抗拔极限承载力标准值可按下式计算：

$$T_{gk} = \frac{1}{n} u_l \sum \lambda_i q_{sik} l_i \tag{5-3-23}$$

式中　u_l——桩群外围周长（m）；

　　　n——桩数。

3）季节性冻土上轻型建筑的短桩基础，应按下式验算其抗冻拔稳定性：

$$\eta_f q_f u z_0 \leqslant T_{gk}/2 + N_G + G_{gp} \tag{5-3-24}$$

$$\eta_f q_f u z_0 \leqslant T_{uk}/2 + N_G + G_p \tag{5-3-25}$$

式中　η_f——冻深影响系数，按表 5-3-35 采用；

　　　q_f——切向冻胀力设计值（kPa），按表 5-3-36 采用；

　　　z_0——季节性冻土的标准冻深（m）；

　　　T_{gk}——标准冻深线以下群桩呈整体破坏时基桩抗拔极限承载力标准值（kN）；

　　　T_{uk}——标准冻深线以下单桩抗拔极限承载力标准值（kN）；

　　　N_G——基桩承受的桩承台底面以上建筑物自重、承台及其上土重标准值；

　　　G_{gp}——群桩基础所包围体积的桩土总自重除以总桩数，地下水位以下取浮重度；

　　　G_p——基桩自重，地下水位以下取浮重度，对于扩底桩按表 5-3-33 确定桩、土柱体周长，计算桩、土自重。

冻深影响系数 η_f 值　表 5-3-35

标准冻深（m）	$z_0 \leqslant 2.0$	$2.0 < z_0 \leqslant 3.0$	$z_0 > 3.0$
η_f	1.0	0.9	0.8

切向冻胀力 q_f（kPa）值表　表 5-3-36

冻胀性分类 土　类	弱冻胀	冻　胀	强冻胀	特强冻胀
黏性土、粉土	$30\sim60$	$60\sim80$	$80\sim120$	$120\sim150$
砂土、砾（碎）石（黏粒、粉粒含量＞15%）	<10	$20\sim30$	$40\sim80$	$90\sim200$

注：1. 表面粗糙的灌注桩，表中数值应乘以系数 1.1～1.3。

　　2. 本表不适用于含盐量大于 0.5% 的冻土。

4）膨胀土上轻型建筑的短桩基础，应按下列公式验算群桩基础呈整体破坏和非整体破坏的抗拔稳定性：

$$u \sum q_{ei} l_{ei} \leqslant T_{gk}/2 + N_G + G_{gp} \tag{5-3-26}$$

$$u\sum q_{ei}l_{ei} \leqslant T_{uk}/2 + N_G + G_p \qquad (5\text{-}3\text{-}27)$$

式中 T_{gk}——群桩呈整体破坏时，大气影响急剧层下稳定土层中基桩的抗拔极限承载力标准值（kN）；

$\quad\quad T_{uk}$——群桩呈非整体破坏时，大气影响急剧层下稳定土层中基桩的抗拔极限承载力标准值（kN）；

$\quad\quad q_{ei}$——大气影响急剧层中第 i 层土的极限胀切力（kPa），由现场浸水试验确定；

$\quad\quad l_{ei}$——大气影响急剧层中第 i 层土的厚度（m）。

五、桩基沉降计算参数

桩基沉降计算时，主要计算桩端以下土层的压缩变形，桩基勘察需要提供的桩基沉降计算参数，即地基土在自重应力至自重应力加附加应力时的压缩模量 E_{si}。

对于黏性土和粉土一般根据压缩试验得出天然状态及不同压力下的孔隙比统计计算得到，由于可能采用多种桩长方案，一般需要提供不同附加应力（100kPa、200kPa、300kPa······）下的压缩模量，可按下列步骤计算：

1）统计土层各压力下的孔隙比；

2）计算土层自重压力，通过内插得到自重压力下的孔隙比 e_{cz}；

3）通过内插得到自重压力加附加压力下的孔隙比 e_z；

4）按式（5-3-28）计算不同附加压力下的压缩模量 E_s。

$$E_s = \frac{1+e}{1000(e_{cz}-e_z)}p_z \qquad (5\text{-}3\text{-}28)$$

式中 E_s——自重应力至自重应力加附加应力段压缩模量（MPa）；

$\quad\quad e$——天然孔隙比；

$\quad\quad p_z$——附加压力。

对无法或难以采取不扰动土试样的填土、粉土、砂土和深部土层，可根据静力触探试验、标准贯入试验和旁压试样测试参数按表 5-3-37 的经验关系换算土的压缩模量 E_s 值。

土的压缩模量 E_s 与原位测试参数的经验关系　　　　　　　　表 5-3-37

原位测试方法	土 性	E_s（MPa）	适用深度	适用范围
静力触探试验	一般黏性土	$E_s = 3.3p_s + 3.2$ $E_s = 3.7q_c + 3.4$	15～70m	$0.8 \leqslant p_s \leqslant 5.0$（MPa） $0.7 \leqslant q_c \leqslant 4.0$（MPa）
	粉土及粉细砂	$E_s =（3～4）p_s$ $E_s =（3.4～4.4）q_c$	20～80m	$3.0 \leqslant p_s \leqslant 25.0$（MPa） $2.6 \leqslant q_c \leqslant 22.0$（MPa）
标准贯入试验	粉土及粉细砂	$E_s =（1～1.2）N$	<120m	$10 \leqslant N \leqslant 50$（击）
	中、粗砂	$E_s =（1.5～2）N$		$10 \leqslant N \leqslant 50$（击）
旁压试验	一般黏性土	$E_s =（0.7～1）E_m$	>10m	
	粉土	$E_s =（1.2～1.5）E_m$		
	粉细砂	$E_s =（2～2.5）E_m$		
	中、粗砂	$E_s =（3～4）E_m$		

注：表中经验公式仅适用于桩基，使用前应根据地区资料进行验证。

第四节　特殊土地区桩基勘察要点

一、软土地区

软土一般指天然含水量高（w 大于或接近液限）、孔隙比大（$e \geqslant 1$）、压缩性高（$a_{1-2} > 0.5\text{MPa}^{-1}$）、强度低、渗透性小的淤泥质黏性土及黏性土，主要分布于我国的沿海地区，如天津塘沽、浙江温州和宁波、上海等，内陆平原和山区也有局部分布。

（一）软土的基本性质

软土地基具有低强度、高压缩性、触变性、流变性、低渗透性等特殊的工程性质，充分认识、研究软土的工程特性，有利于正确评价桩基工程承载力与变形特征，规避工程建设风险，合理控制造价。

1) 低强度：软土的抗剪强度低，不排水抗剪强度一般小于 30kPa，当建（构）筑物的荷载大于地基极限承载力时，易发生地基失稳。

2) 高压缩性：软土的高压缩性，使得建（构）筑物的地基压缩变形量较大，过大的地基变形尤其是差异变形，易导致建（构）筑物倾斜、墙体开裂等。

3) 触变性：软土具有显著的触变特征，当软土受到扰动以后，其强度就会很快降低，软土的触变性大小用灵敏度 S_t 表示（S_t＝原状土抗剪强度/重塑土抗剪强度）。在灵敏度很高的土层中进行钻探取土或桩基施工，均要充分考虑其触变性的影响。

4) 流变性：软土的流变性在宏观上表现为软土的次固结变形，根据大量室内试验和原型沉降观测资料显示，地基压缩变形可分为瞬时变形、主固结变形和次固结变形。当基础压缩层范围内以高压缩性土为主时，次固结沉降时间可达数十年。

5) 低渗透性：软黏性土的渗透系数一般为 $10^{-6} \sim 10^{-8}\text{cm/s}$，加荷初期易产生很高的超孔隙压力，且消散慢，因此软黏性土地基沉降收敛时间很长。另外，由于软土沉积环境的变化，常夹薄层粉砂或粉土，使得其水平向渗透系数显著大于垂直向渗透系数。

（二）软土地区桩基勘察手段与方法

1. 勘察手段

由于软土呈流塑～软塑状，其钻探时宜采用薄壁取土器压入法采取土样，以减少对土体的扰动。原位测试是在土体基本不扰动的原位状态下，测定土体的物理力学参数，因而能较为准确地获取有关岩土参数。通常在软土地区采用的原位测试手段包括：静力触探、旁压试验、十字板剪切、扁铲侧胀等，遇粉性土、砂土时则宜采用标准贯入试验。其中静力触探与旁压试验成果，对软土地区桩基工程承载力与沉降分析评价具有很高的价值。

1) 静力触探

静力触探是目前在软土地区应用最为广泛的原位测试手段，一般可根据要求选用单桥、双桥、孔压等探头。根据测试 p_s 或 q_c 曲线，可进行土层划分、估算土的力学参数、选择桩基持力层、估算单桩极限承载力、判别沉桩可行性。因静力触探测试曲线连续，能直观显示土性变化，对查明非均质（夹层或互层）土等具有显著优势；另外与钻探手段相比，还具有勘察成本低、测试速度快的优势。具体工程勘察时，宜采用钻探、静探等综合手段查明地基土构成特征，并结合工程规模、性质等，确定静力触探孔占总勘探孔的比例。根据软土地区长期工程实践，进行静力触探测试时需要注意如下问题：

（1）静力触探探头是否完好，关系到静探测试成果的正确性。静探探头未按期率定，或短期内使用频率高且多数孔深较大时（进入密实砂层探头易磨损），未适当增加率定次数，则不能保证测试时探头的完好，易引起测试成果曲线异常，按异常的测试成果推荐岩土参数，会误导设计。

（2）孔斜问题。软土地区进行静力触探测试时，一般测试深度大，如上海地区目前最大贯入深度已达 100m，实施贯入深度较大的静探孔时，如未按要求安装测斜装置或未采用防斜措施（如导向护壁、分段贯入），则易发生孔斜问题。孔斜可导致深部土层尤其是重要的桩基持力层划分不准确。

2）旁压试验

旁压试验简称 PMT（Pressuremeter Test），包括预钻式、自钻式等。根据旁压试验测出旁压曲线特征值（初始压力 p_0，临塑压力 p_f，极限压力 p_L），可确定土的临塑压力和极限压力，评定地基土承载力；自钻式旁压试验可确定土的原位应力水平；旁压试验还可估算土的旁压模量 E_m、旁压剪切模量 G_m、侧向基床系数 K_m，估算软黏性土的不排水抗剪强度。

旁压试验成果在国外工程设计中已广泛应用。我国从 20 世纪 80 年代开始应用，目前根据收集上海地区数十项旁压试验资料，试验孔深一般在 50～60m，最大深度达 135m，根据旁压试验与 133 组静载荷试验分析比较，得出的根据旁压试验确定单桩竖向极限承载力的计算公式具有一定的普遍适用性。

现场进行旁压试验时应注意：在饱和软黏性土层中宜采用自钻式旁压仪，在试验前宜通过试钻确定最佳回转速率、冲洗液流量、切削器的距离等技术参数。预钻式旁压试验应保证成孔质量，用泥浆护壁，防止孔壁坍塌，钻孔直径与旁压器直径匹配。

2. 勘察工作量布置原则

在软土地区进行桩基工程勘察时，其勘探工作量的布置应根据现行技术标准、规范要求，结合工程性质及场地地基土条件综合确定。

1）勘探孔平面布置原则

（1）根据相关技术标准、规范要求，对软土地区纯摩擦（或以摩擦为主）桩，其勘察点间距宜为 20～35m；当土层条件复杂（主要是相邻孔的桩基持力层起伏大），影响到桩基设计或施工方案选择时，勘察点应适当加密。

（2）对高层建筑，勘察孔宜沿建筑物周边和角点布置；当宽度较大的建筑物，其中心宜布置勘探孔；带有裙房或外扩地下室时，勘探孔布置宜整体考虑。

（3）对工业厂房，勘探孔宜结合主要的柱列线布置；地坪如有大面积堆载且需要进行地基处理时，应布置必要的勘探孔。

（4）对桥梁、城市高架桥等，勘探孔应结合墩台位置布置勘察孔。

2）勘探孔深度确定原则：

勘探孔分为一般孔与控制孔，一般孔宜为桩端下 3～5m，重点查明桩端约 5 倍桩径范围的土层分布情况；控制性孔深度应满足变形计算要求。实际工程勘探孔深度确定时，应注意如下问题：

（1）首先应根据建（构）筑物荷载条件、设计对单桩承载力与变形控制的要求，结合场地地基土的条件，分析可能采用的桩基方案，初步判断可能采用的桩端最大入土深度；勘察阶段有时设计荷载、布桩方式、桩型均不明确，需要岩土工程师按地区同类经验判断。

（2）确定孔深时无论是一般孔还是控制孔，均要考虑满足可能采用的多方案比选要求，包括：

a. 可能采用的不同桩基持力层选择；

b. 可能采用的不同桩型比选，钻孔灌注桩一般比预制桩入土深度大；

c. 可能采用的布桩方式不同（如满堂桩、轴线桩、柱下承台布桩等），使得相同荷载条件下对单桩承载力的要求不同，即桩入土深度就不同；

d. 是否有大面积填土或堆载引发负摩阻问题，如有，则考虑桩基承载力折减后桩入土深度可能增加；或考虑减少负摩阻力改变持力层的选择等；

e. 基坑开挖深度大时，是否确保有合适的有效桩长，否则桩长过小，欠经济合理；

f. 桥梁水域区确定桩入土深度时，需要考虑设计使用周期内河流可能的冲刷等不利因素。

（三）软土地区桩基工程分析评价

1. 桩基工程分析评价前需要获取的基础性资料

1）充分了解工程特点、设计意图：包括建（构）筑物结构特点、荷载条件（荷载均匀性）、基础形式、变形及变形差控制标准、地坪标高、地坪堆载等。对软土地区而言，荷载分布的均匀性及变形控制指标是关键，如荷载差异大的高层与裙房采用统底板结构时，对差异沉降的控制较严格；少量特殊工程其设计提出的变形控制标准较规范更加严格，勘察前要充分了解，否则布置的勘察工作量与分析评价缺乏针对性，难以满足设计要求。

2）查明建设场地工程地质与水文地质条件：包括地形地貌、成因、地层分布均匀性、固结历史、物理力学参数（不同荷载条件下强度与变形特征）、地下水位与水质、天然气分布等；另外，要重视分析、预测外部环境变化对场地地基土条件性质的改变及对工程的不利影响。

3）重视收集了解当地的工程建筑经验、前期研究成果及类似地层组合的桩基承载力检测与沉降监测资料。岩土工程是半理论半经验的学科，由于土层变异性，使得任何一种理论计算方法都与实际边界条件有差异，导致计算结果与实测结果有差距，有时甚至差异很大，如软土地基桩基沉降计算值与实测值就有较大的差异。因此，收集当地的建筑经验尤其是典型工程的实测资料十分重要。

4）重视环境条件调查：包括对周边建（构）筑物基础形式、地下构筑物及地下管线的调查；并调查临近在建或拟建工程的施工工艺、与本工程的施工顺序等。周边环境条件有时与工程方案选择密切相关，如环境敏感区域，桩型通常选择非挤土的灌注桩。随着城市化建设发展，尤其在中心城区密集建筑群地区进行工程勘察时，要重视环境岩土问题。

2. 桩基工程分析评价

1）桩型选择

软土地区一般采用的桩型包括混凝土预制桩、灌注桩、钢管桩。钢管桩因价格昂贵，使用的工程很少。混凝土预制桩因其具有桩身质量易控制、每立方混凝土提供的承载力高、造价相对经济等诸多优点，当周边环境条件许可且沉桩可行时，一般首选预制桩方案（混凝土方桩或 PHC 管桩）。钻孔灌注桩在许多城市建筑密集区应用很广泛，主要考虑其无挤土效应与振动的不利影响。钻孔灌注桩的后注浆工艺，对减少孔底沉淤、控制桩基沉降有利，随着该工艺日趋成熟，使得大直径灌注桩得以广泛使用。由于软土地区土层的特殊性，沉管灌注桩、灌注扩底桩的应用受到限制。

2）桩基持力层选择

桩基持力层的比选时宜综合考虑多种因素，包括：

（1）桩基持力层的性质：持力层的土层性质是一个重要的因素，在现行相关的技术标准及规范中均有规定，如《建筑桩基技术规范》（JGJ 94—2008）规定：软土中的桩基宜选择中、低压缩性土层作为桩端持力层；上海市《地基基础设计规范》（DGJ 08—11—1999）规定：桩基宜选择压缩性较低的黏性土、粉性土、中密或密实的砂土作为持力层，不宜将桩端悬在淤泥质土层中。实际工程中，遇到巨厚的软土层（厚度 40~50m）时，也有选择深部可塑状的黏性土作为高层或桥梁桩基持力层的成功案例。

（2）在软土地区进行桩基持力层选择时，需要同时满足上部荷载对桩基承载力和容许变形的要求，且一般以变形为控制指标，即在许多情况下桩基承载力已经满足要求，但持力层下分布一定厚度的软土层，其最终沉降量偏大，不能满足要求，需要重新选择深部持力层。

（3）具体工程勘察时，应根据荷载条件、设计排桩对单桩承载力的要求、变形控制标准，结合地层分布特点进行多种方案的比选；在采用预制桩方案时，需考虑沉桩可行性，值得注意的是预制桩的沉桩设备与技术能力是不断发展的，需要岩土工程师动态了解其发展状况，否则给出的建议缺乏时效性。

3）单桩承载力估算

影响桩基承载力发挥的因素很多，包括桩基持力层选择、桩侧土层组合及其他非土性因素（如桩身质量等）。目前软土地区确定单桩承载力方法包括：根据土性条件查表确定承载力参数、根据静探与标贯成果估算等。考虑施工工艺与质量对单桩承载力的影响大，勘察报告应根据规范要求，建议进行一定数量的静载荷试验以最终确定单桩承载力。

上海软土地区推荐用静力触探成果预测承载力参数（如当黏性土 $p_s \leqslant 1000\text{kPa}$ 时，$f_s = p_s/20$（kPa）；当 $p_s > 1000\text{kPa}$ 时，$f_s = 0.025p_s + 25$（kPa）），其预测精度相对高。

在软土地区分析评价桩基承载力时要注意如下问题：

（1）承载力与时间的关系：摩擦桩承载力随时间增长的现象在软黏土中体现得尤为明显。根据不同土质、不同桩型、不同尺寸的桩承载力时效试验观测结果，得到单桩极限承载力比初始值增长约为 40~400%，达到稳定值所需要的时间由几十天到数百天不等。

（2）预制桩布桩过密、沉桩速率过快，易对土体产生显著扰动，软土的触变特性，导致土体强度急剧降低，土体强度的重新恢复则需要很长时间。过快的沉桩速率导致规范规定的间隙时间（28 天）后试桩结果所得的承载力显著小于计算值。岩土工程师宜根据土性条件，建议控制预制桩布桩密度和沉桩速率。

（3）灌注桩的承载力与施工质量密切相关，桩侧泥皮过厚、桩身夹泥或桩底沉淤过大均导致单桩承载力偏低。对大直径的灌注桩，桩身范围内有厚层粉土或砂土时，泥浆配比十分重要，如果不能严格确保施工质量，则实际工程中常出现静载荷试验确定的承载力显著小于按规范计算值。

（4）当场地涉及大面积堆土与地坪堆载或大面积降水时，有引发桩侧负摩阻力问题的可能。勘察时需要详细了解是否有大面积堆土或堆载、堆土的范围、厚度、时间、成分、土性均匀性及荷载的均匀性。注意可能发生的负摩阻力及其带来的不利影响。

4）桩基沉降量预测

影响桩基沉降的因素很多，包括荷载大小、加荷的速率、桩基持力层及压缩层深度范围内的土层性质、桩型、桩长、布桩面积系数、施工质量与施工流程等。影响桩基沉降量预测精度的因素主要包括计算方法中采用的应力分布模式、土层的压缩模量取值与实际的差异程度、选用的沉降计算修正系数是否合适等。此外，在软土地区沉桩速度和加荷速度对沉降的影响也值得关注（沉桩速度和加荷速度越快，沉降越大）。

桩基工程的沉降量分析方法包括等代墩基模式和弹性理论法等。目前技术标准或规范推荐半经验半理论的方法，如上海市工程建设规范《地基基础设计规范》（DGJ 08—11—1999）采用了以 Mindlin 应力公式为依据的单向压缩分层总和法并乘以相应经验系数公式计算地基沉降量。

一般情况下，勘察阶段建筑物荷载条件尚未完全明确，布桩方式与数量未确定，因此桩基沉降通常假定为实体深基础考虑。软土地区一般不考虑沿桩身的扩散（桩侧有厚度较大的粉土、砂土时除外）。

考虑土层性质复杂性及目前岩土力学的研究水平，任何理论的计算方法都难以给出合适的沉降计算方式，各地区根据大量工程的沉降观测资料进行统计分析，给出不同地层组合、不同桩长、不同荷载条件下的沉降计算修正系数，并通过不断积累、反复验证，以指导工程技术人员提高桩基沉降的预测精度，可以取得良好的效果。

此外，在软土地区桩基沉降分析中应注意以下问题：

（1）因勘察阶段通常荷载条件等不明确，勘察报告对沉降计算假定的边界条件应进行明确阐述，且假定的边界条件要与地区经验、类似工程具有相符性，防止误导设计；

（2）对荷载差异大或地层差异大等情况，应建议设计采取适当措施控制过大的差异沉降；当同一建（构）筑物位于不同地层单元时，应建议按变形协调的原则进行设计。工程实践中一般通过控制总沉降量来控制差异沉降。

（3）要考虑软土触变性对沉降的影响，避免发生密集群桩沉桩速率过快，使得软土受到显著扰动或桩接头脱开，桩基沉降明显增大的情况。

（4）要考虑软土流变特性对沉降的影响，当桩身压缩层内以黏性土为主时，其竣工时沉降量仅占总沉降量的 $20\%\sim30\%$，固结稳定的时间长达十年以上。

（5）要充分重视同类经验类比，合理确定沉降计算经验系数，以提高预测精度。

二、湿陷性黄土地区

黄土是第四纪堆积的，以粉土颗粒为主，富含碳酸盐，具有大孔性，黄色的陆相沉积物，一般包括了黄土和黄土状土。湿陷性黄土是黄土的一种，是指在一定压力下受水浸湿，土结构迅速破坏，并产生显著附加下沉的黄土。在地层层序上由一系列黄土和古土壤组合构成，典型古土壤呈棕红色块状结构，含钙质条纹和钙质结核。中国湿陷性黄土大部分分布在黄河中游地区，该区位于北纬 $34°\sim41°$，东经 $102°\sim114°$ 之间，西起乌鞘岭，东至太行山，北至长城附近，南达秦岭，除河流沟谷切割地段和突出的高山外，湿陷性黄土遍布本地区整个范围，面积达 27 万 km^2。

（一）湿陷性黄土的基本性质

湿陷性黄土具有湿陷性、结构性、欠压密性等性质。

1) 湿陷性：湿陷性黄土在自重或一定荷重的作用下受水浸湿后，土体结构迅速破坏而发生显著的附加下沉，可能导致桩身受到负摩阻力作用，严重的甚至引起其上的建筑物遭到破坏。湿陷性黄土的湿陷性用湿陷系数 δ_s（单位厚度的环刀试样，在一定压力下，下沉稳定后，试样浸水饱和所产生的附加下沉）进行表征。当湿陷系数 δ_s 值小于 0.015 时，应定为非湿陷性黄土；等于或大于 0.015 时，应定为湿陷性黄土。需要明确的是，将 0.015 作为判定黄土湿陷性的界限值，是根据我国黄土地区的工程实践经验人为确定的。一般认为全新世 Q_4 和晚更新世 Q_3 黄土以及大压力（超过 300kPa）下中更新世 Q_2 黄土才具有湿陷性。黄土湿陷性受下列物理性质的影响：

（1）孔隙比。孔隙比是影响黄土湿陷性的主要指标之一，天然黄土孔隙比 $0.85\sim1.24$，大多数在 $1.0\sim1.1$ 之间。西安地区的黄土当 $e<0.9$、兰州地区黄土当 $e<0.86$ 时，一般不具湿陷性或湿陷性很弱。

（2）天然含水量。黄土的天然含水量与湿陷性关系密切。三门峡地区当黄土 $w>23\%$、西安地区当黄土 $w>24\%$、兰州地区当黄土 $w>25\%$ 时，一般就不具有湿陷性。

（3）饱和度。饱和度越小，黄土的湿陷性越大。西安地区当 $S_r>70\%$ 时，只有 3% 左右的黄土具轻微湿陷性。当 $S_r>75\%$ 时，黄土已不具湿陷性。

（4）液限。决定黄土性质的另一个重要指标。当 $w_L>30\%$ 时，黄土的湿陷性一般较弱。

2) 结构性：湿陷性黄土在一定条件下具有保持土的原始基本单元结构形式不被破坏的能力。这是由于黄土在沉积过程中的物理化学因素促使颗粒相互接触处产生了固化联结键，这种固化联结键构成土骨架具有一定的结构强度，使得湿陷性黄土的应力应变关系和强度特性表现出与其他土类明显不同的特点。湿陷性黄土在其结构强度未被破坏或软化的压力范围内，表现出压缩性低、强度高的特点。但当结构性一旦遭受破坏时，其力学性质将呈现屈服、软化、湿陷等性状。

3) 欠压密性：湿陷性黄土由于特殊的地质环境条件，沉积过程一般比较缓慢，在此漫长过程中上覆压力增长速率始终比颗粒间固化键强度的增长速率要缓慢得多，使得黄土颗粒间保持着比较疏松的高孔隙度组构而未在上覆荷重作用下被固结压密，处在欠压密状态。

在低含水量情况下，黄土的结构性可以表现为较高的视先期固结压力，而使得超固结比 OCR 值常大于 1，一般可能达到 $2\sim3$。这种现象完全不同于表征土层应力历史和压密状态的超固结。湿陷性黄土实质上是欠压密土，而由于土的结构性所表现出来的超固结称为视超固结。

(二) 湿陷性黄土地区桩基勘察手段与方法

1. 勘察手段

湿陷性黄土地区常用的勘探点类型包括：探井、钻孔（包括取土钻孔、标贯孔、鉴别孔）、静力触探等。针对湿陷性黄土层的特殊性，探井和钻孔有特殊要求。

1) 探井

判断黄土场地的类型（自重湿陷性黄土场地和非自重湿陷性黄土场地）对桩基的侧阻力取值具有关键作用。由于在探井内能取得高质量的黄土土样，通常根据探井内土样进行的自重湿陷性试验，计算自重湿陷量计算值来判断黄土场地的类型，因此探井在湿陷性黄土地区的勘察中具有重要作用。

2) 取土钻孔

在钻孔中采取不扰动黄土土样同样具有严格要求，应采用螺旋（纹）钻头回转钻进，控制回次进尺的深度，并应根据土质情况，控制钻头的垂直进入速度和旋转速度，严禁向钻孔内注水。

取土宜使用带内衬的黄土薄壁取样器，对结构较松散的黄土，不宜使用无内衬的黄土薄壁取样器，其内径不宜小于120mm。清孔时，不应加压或少许加压，慢速钻进，使用薄壁取样器压入清孔；取样时，应用"压入法"取样，取样前应将取土器轻轻吊放至孔内预定深度处，然后匀速连续压入，中途不得停顿。在卸土过程中，不得敲打取土器；土样取出后，应检查土样质量，如发现土样受压、扰动、碎裂和变形等情况时，应将其废弃并重新采取土样。

3) 静力触探

有些黄土场地中，地基土中钙质结核富积成层，可能会影响静力触探的压入深度，当静力触探深度不能达到预定深度时，应辅以钻孔揭露预定深度范围内的地层。

2. 勘察工作的布置原则

湿陷性黄土地区桩基勘察勘探点的平面布置和深度与一般地区相同，但需要布置有探井，同时需要注意以下事项：

1) 在预估桩长布置勘探点深度时，需要注意在自重湿陷性黄土场地，湿陷性土层内的桩侧阻力是要取负摩阻力的。此外勘探点的深度必须穿透湿陷性黄土层的深度，且在陇西、陇东—陕北—晋西地区的自重湿陷性黄土场地（自基础底面算起）必须大于15m，其他地区的黄土场必须大于10m。在挖、填方厚度和面积较大时，尤其是挖方厚度大时，要注意调节孔深。

2) 在单独的甲、乙类建筑场地内，勘探点不应少于4个。采取不扰动土样和原位测试的勘探点不得少于全部勘探点的2/3，其中采取不扰动土样的勘探点不宜少于1/2。

3) 取土勘探点中，应有足够数量的探井，其数量应为取土勘探点总数的1/3~1/2，并不宜少于3个，平面上均匀分布。探井的深度宜穿透湿陷性黄土层。在探井中取样，竖向间距宜为1m。当探井深度不能达到桩基勘察需要达到的深度时，在同一位置，应同时布置钻孔或静力触探孔。

4) 根据土样自重湿陷系数计算出来的自重湿陷量计算值往往和实际存在一定差距，在有必要时，可以布置现场试坑浸水试验测量自重湿陷量和自重湿陷下限深度，准确判断场地的湿陷类型。

5) 自重湿陷系数、湿陷系数、湿陷起始压力的室内试验对湿陷性黄土场地都是需要测定的关键指标。在进行湿陷系数测定时，要注意浸水时的试验压力，不同基底压力和深度情况下的试验压力是不一样的，此外对压缩性较高的新近堆积黄土也有特殊要求。同时在挖填方厚度和面积较大时，要注意按挖填方以后的上覆土饱和自重压力进行试验测定自重湿陷系数。

（三）湿陷性黄土地区桩基工程分析评价

1. 分析评价基础资料

在进行湿陷性黄土地区桩基工程分析评价之前，除需要掌握一般的上部结构的相关设计参数、地层结构、水文条件、周边环境条件外，其特别之处在于要根据勘察结果评价场地的湿陷类型、地基湿陷等级和湿陷土层厚度。

1) 湿陷类型

根据《湿陷性黄土地区建筑规范》（GB 50025—2004），湿陷性黄土场地的湿陷类型，按自重湿陷量的实测值 Δ'_{zs} 或计算值 Δ_{zs} 判定，当自重湿陷量的实测值或计算值小于或等于 70mm 时，定为非自重湿陷性黄土场地；反之当其大于 70mm 时，应定为自重湿陷性黄土场地；当实测值和计算值出现矛盾时按实测值判定。

勘察时通常是根据室内试验测得的自重湿陷系数按式（5-4-1）计算自重湿陷量的计算值进行判定。

$$\Delta_{zs} = \beta_0 \sum_{i=1}^{n} \delta_{zsi} h_i \qquad (5\text{-}4\text{-}1)$$

式中　δ_{zsi}——第 i 层土的自重湿陷系数，通常采用探井内土样试验得到；

　　　h_i——第 i 层土的厚度（mm），按土样代表厚度确定；

　　　β_0——因地区土质而异的修正系数，在缺乏实测资料时，可按下列规定取值：(1) 陇西地区取 1.50；(2) 陇东—陕北—晋西地区取 1.20；(3) 关中地区取 0.90；(4) 其他地区取 0.50。

自重湿陷量的计算值，应自天然地面（当挖、填方的厚度和面积较大时，应自设计地面）算起，至其下非湿陷性黄土层的顶面止，其中自重湿陷系数 δ_{zsi} 值小于 0.015 的土层不累计。

2) 地基湿陷等级

根据《湿陷性黄土地区建筑规范》（GB 50025—2004），黄土地基湿陷等级通常根据场地湿陷类型和湿陷量的计算值 Δ_s，按表 5-4-1 确定。

湿陷性黄土地基的湿陷等级　　　　　　　　　　　　　表 5-4-1

湿陷类型 Δ_s（mm）	非自重湿陷性场地 $\Delta_{zs} \leqslant 70mm$	自重湿陷性场地	
		$70mm < \Delta_{zs} \leqslant 350mm$	$\Delta_{zs} > 350mm$
$\Delta_s \leqslant 300$	Ⅰ（轻微）	Ⅱ（中等）	—
$300 < \Delta_s \leqslant 700$	Ⅱ（中等）	*Ⅱ（中等）或Ⅲ（严重）	Ⅲ（严重）
$\Delta_s > 700$	Ⅱ（中等）	Ⅲ（严重）	Ⅳ（很严重）

* 当湿陷量的计算值 $\Delta_s > 600mm$、自重湿陷量的计算值 $\Delta_{zs} > 300mm$ 时，可判为Ⅲ级，其他情况可判为Ⅱ级。

湿陷量的计算值 Δ_s，应按下式计算：

$$\Delta_s = \sum_{i=1}^{n} \beta \delta_{si} h_i \tag{5-4-2}$$

式中　δ_{si}——第 i 层土的湿陷系数；

　　　h_i——第 i 层土的厚度（mm），按土样代表厚度确定；

　　　β——考虑基底下地基土的受水浸湿可能性和侧向挤出等因素的修正系数，在缺乏实测资料时，可按下列规定取值：（1）基底下 $0\sim5$m 深度内，取 1.50；（2）基底下 $5\sim10$m 深度内，取 1.00；基底下 10m 以下至非湿陷性黄土层顶面，在自重湿陷性黄土场地，可取工程所在地区的 β_0 值。

湿陷量的计算值 Δ_s 的计算深度，应自基础底面（如基础标高不确定时，自地面下 1.50m）算起；在非自重湿陷性黄土场地，累计至基底下 10m（或地基压缩层）深度止；在自重湿陷性黄土场地，累计至非湿陷黄土层的顶面止。其中湿陷系数 δ_s（10m 以下为 δ_{zs}）小于 0.015 的土层不累计。

2. 桩基工程分析评价

1）桩型选择

在湿陷性黄土地区的桩多为摩擦桩，主要桩型有：钻、挖孔（扩底）灌注桩、挤土成孔灌注桩、静压或打入的预制钢筋混凝土桩。选用桩型时，应根据工程要求、场地湿陷类型、地基湿陷等级、岩土工程地质条件、施工条件及场地周围环境等综合因素确定。近年来，陕西关中地区普遍采用锅锥钻、挖成孔的灌注桩施工工艺，获得较好的经济技术效果。在地基湿陷等级较高的自重湿陷性黄土场地，可采用干作业成孔（扩底）灌注桩，还可以充分利用黄土能够维持较大直立性边坡的特性，采用人工挖孔（扩底）灌注桩。在可能条件下，也可以应用预制桩（混凝土方桩或 PHC 管桩），尤其是桩端持力层为密实砂层等坚硬土层时，可以获得较高承载力。此外，由于自重湿陷性场地湿陷土层内桩侧阻力为负摩阻力，为避免因此而增加桩长，可在桩基施工前，采用素土或灰土挤密桩消除地基土湿陷性。

2）桩端持力层选择

湿陷性黄土场地采用桩基，桩端穿透湿陷性黄土层是最基本的要求。

《湿陷性黄土地区建筑规范》（GB 50025—2004）要求在非自重湿陷性黄土场地，桩端应支承在压缩性较低的非湿陷性黄土层中；在自重湿陷性黄土场地，桩端应支承在可靠的岩（或土）层中。

《建筑桩基技术规范》（JGJ 94—2008）规定基桩应穿透湿陷性黄土层，桩端应支撑在压缩性低的黏性土、粉土、中密和密实砂土及碎石类土层中。

3）湿陷性黄土层的侧阻力估计

在非自重湿陷性黄土场地，当自重湿陷量的计算值小于 70mm 时，单桩竖向承载力的计算应计入湿陷性黄土层内的桩长按饱和状态下的正侧阻力。具体做法一般是：

根据土层的孔隙比、土粒比重、液限和塑限按下式计算饱和状态下的液性指数后，按《建筑桩基技术规范》取值。

$$I_l = \frac{S_r e / D_r - w_p}{w_L - w_p} \tag{5-4-3}$$

式中　S_r——土的饱和度，可取 85%；

　　　e——土的孔隙比；

D_r——土粒比重；

w_L，w_P——分别为土的液限和塑限含水量，以小数计。

在自重湿陷性黄土场地，除不计湿陷性黄土层内的桩长按饱和状态下的正侧阻力外，尚应扣除桩侧负摩阻力，勘察时一般按表 5-4-2 取值。

桩侧平均负摩阻力特征值（kPa）   表 5-4-2

自重湿陷量的计算值（mm）	钻、挖孔灌注桩	预制桩	自重湿陷量的计算值（mm）	钻、挖孔灌注桩	预制桩
70～200	10	15	＞200	15	20

4）关于桩基沉降

天然状态下湿陷性黄土地区建筑采用桩基后的沉降量一般较小，西安地区一般小于 50mm。但现有试验研究表明，湿陷性黄土地区桩基在浸水作用下产生的附加沉降要大于天然状态下正常荷载作用下的沉降。

三、风化岩与残积土地区

岩石在风化营力作用下，其结构、成分和性质已产生不同程度的变异，应定名为风化岩；组织结构全部破坏，已风化成土状，而未经搬运残留在原地应定名为残积土。对于花岗岩类，一般按标准贯入试验划分，$N<30$ 为残积土，$30 \leqslant N < 50$ 为全风化，$N \geqslant 50$ 为强风化。花岗岩残积土的定名，根据其大于 2mm 颗粒含量（％）而分为砾质黏性土、砂质黏性土、黏性土，详见表 5-4-3。

花岗岩残积土分类   表 5-4-3

土的名称	＞2mm 颗粒含量（％）	对应的母岩	土的名称	＞2mm 颗粒含量（％）	对应的母岩
砾质黏性土	超过 20	中～粗粒花岗岩	黏性土	不含	煌斑岩、二长岩岩脉
砂质黏性土	不超过 20	细粒花岗岩			

（一）残积土的分带性

在我国北方，由于气候相对干燥而寒冷，物理风化占优势，土中固体物质颗粒的含量高一些，黏土矿物、游离氧化物和溶剂化膜的含量就低一些。在我国南方，气候潮湿而炎热，化学风化占优势，土中黏土矿物、游离氧化物和和溶剂化膜的含量较高，而固体物质颗粒尤其是容易分解的碎屑矿物颗粒含量较少。风化壳的厚度一般呈北方较薄、南方较厚的特点。

除气候条件外，基岩的成分也影响风化壳的特征。在华南地区，花岗岩风化剥蚀台地，在长期湿热气候环境中，台地表层红土化现象明显，局部氧化铁富集，褐红、褐黄、灰白等色呈网纹状（蠕虫状）展现，约含 30％石英砾。一般将该层称为花岗岩残积土的 A 层，该层一般厚 3～5m，状态上该段一般多为硬塑状，也可看做是残积土的硬壳；其下为构造残积层，长石矿物已风化成高岭土，石英矿物残留成石英角砾包含在高岭土中，随着深度的增加，风化程度逐渐减弱，强度也逐渐增强。风化壳的厚度一般 20～30m，最厚可达 100m。

在热带、亚热带气候的碳酸岩系地区，岩石风化成土及成土后经历水化、碳酸化、脱硅、富铁铝化等作用形成富铁的硅、铝酸盐为主要成分的红黏土型残积土。红黏土的分带一般上部坚硬、硬塑状态土体，向下逐步变软，过渡为可塑、软塑状土体。在我国红黏土分布最为集中的云贵高原厚度一般在 5～15m，最厚为 30m。

在云南风化玄武岩红土风化壳风化厚度很大，一般比红黏土厚数倍至十几倍，丘陵区厚数十米甚至上百米，强度上由土层至母岩具有渐变过渡的特征，由上至下逐渐增强。

根据其力学性质，可以根据土工实验的液性指数及标准贯入实验的锤击数，可将残积土分为上、中、下三带：即标贯修正击数 $N<4$ 击时，划分为软塑状残积土；$4 \leqslant N<15$ 击时，划分为可塑状残积土；$15 \leqslant N<30$ 击时划分为硬塑状残积土。

对于厚层花岗岩强风化带可根据表 5-4-4 分为上、中、下强风化带。

花岗岩强风化带分带　　　　　　　　　　　　表 5-4-4

分带依据 分带名称	实测标贯击数 N	重型动触击数 $N_{63.5}$	超重型动触击数 N_{120}	外　观
强风化上带	50～70	12～18	8～12	土　状
强风化中带	70～100	18～30	12～20	砂砾状
强风化下带	＞100	＞30	＞20	碎块状

注：重型、超重型动力触探击数应进行杆长校正。

(二) 风化岩残积土地区桩基勘察工作量的布置

勘察点的平面布设应符合现行《岩土工程勘察规范》(GB 50021—2001) 的要求，宜取 12～24m，且每项工程或大型项目的每个单位工程的勘探布点不宜少于 5 个。一般性勘探孔的深度应达到预计桩端下 3～5m，控制性勘探孔的深度应深入预计持力层以下 5～10m。

原位测试主要手段为标准贯入试验，一般在残积土层中每 2m 测试一次，在预计桩端持力层的土层约每 1m 测试一次。

对花岗岩残积土，应测定其中的细粒土的天然含水量 w_f，塑限 w_P，液限 w_L。

花岗岩残积土中细粒土的天然含水量、塑性指数 I_P 和液性指数 I_L 可按下列各式计算：

$$w_f = \frac{w - w_{0.5} 0.01 P_{0.5}}{1 - 0.01 P_{0.5}} \tag{5-4-4}$$

$$I_P = w_L - w_P \tag{5-4-5}$$

$$I_L = \frac{w_f - w_P}{I_P} \tag{5-4-6}$$

式中　w_f——花岗岩残积土中细粒土的天然含水量；

w——花岗岩残积土（包括粗、细粒土）的天然含水量（％）；

$w_{0.5}$——土中粒径大于和等于 0.5mm 颗粒的吸着水含量（％），无试验资料时取 5％；

$P_{0.5}$——土中粒径大于和等于 0.5mm 颗粒的质量含量（％）；

w_L——土中粒径小于 0.5mm 颗粒的液限（％）；

w_p——土中粒径小于 0.5mm 颗粒的塑限（％）。

风化岩和残积土的桩基勘察应重点查明下列内容：

1）母岩地质年代和岩石名称：不同时代、不同岩性风化岩和残积土工程性质差别很大。如花岗岩残积土颗粒成分具有"两头大，中间小"的特点，即颗粒成分中，粗颗粒（>2.0mm）的组分及细颗粒的组分（<0.075mm）的含量较多，而介于其中的颗粒成分则较少。这种独特的组分特征，使其既具有砂土的特征，亦具黏性土特征，同时也为小颗粒从大颗粒的孔隙中随地下水涌出及地下水潜蚀等提供可能。因此当动水压力过大时，容易产生管涌、流土等渗透变形现象。

2）岩脉和风化岩中球状风化体（孤石）的分布：节理破坏了岩石的连续性和完整性，增强了岩石的可透性，节理密集处往往是风化最强烈的，尤其是几组节理交汇的地方，几组方向的节理将岩石分割成多面体的小块，小岩块的边缘和隅角从多个方向受到温度及水溶液等因素的作用而最先破坏，久之，其棱角逐渐消失，变成球形。它是物理风化和化学风化联合作用的结果，但以化学风化起主要作用。花岗岩、闪长岩、辉长岩以及厚层砂岩等块状而均粒的岩石球状风化最为普遍。花岗岩风化带中球状风化体一般有如下特点：（1）岩性特征，长石以斜长石含量明显高于钾长石，强风化带中尚未风化的钾长石颗粒明显减小。（2）钻探中地层有明显的缺失，一般由残积土或全、强风化直接到微风化，缺失中等风化带。（3）风化球一般为水平的椭球体，其水平尺寸与厚度之比一般为 1~2 : 1，垂直厚度一般为 1~3m。

在风化球发育的地区，当采用打入式桩以风化岩及残积土作持力层时，应注意断桩或桩身倾斜。以基岩为持力层时应注意防止持力层误判。

3）岩土的均匀性、破碎带和软弱夹层的分布。在南方以泥质砂岩、粉砂质泥岩互层的红层风化岩中，由于岩性的差别造成软、硬互层。当以强风化岩层作桩端持力层时，应注意防止将残积土或全风化层中强风化岩作为强风化岩而过早收桩，致使桩基承载力不能满足设计要求，出现过大的沉降变形。同样当采用预应力管桩时由于夹层的存在易于产生断桩或桩身倾斜。

（三）花岗岩残积土地区桩基侧阻力及端阻力估计

根据花岗岩残积土的液性指数确定桩侧摩阻力特征值和桩端阻力特征值见表 5-4-5 和表 5-4-6。

花岗岩残积土中桩侧摩阻力特征值 q_{sa}（kPa）　　　　　　　表 5-4-5

土的名称	土的状态	q_{sa}	土的名称	土的状态	q_{sa}
砾质黏性土	$I_L \leqslant 0.25$	50~55	黏性土	$I_L \leqslant 0.25$	40~45
	$0.25 < I_L \leqslant 0.75$	40~50		$0.25 < I_L \leqslant 0.75$	30~40
	$I_L > 0.75$	30~35		$I_L > 0.75$	20~30
砂质黏性土	$I_L \leqslant 0.25$	45~50			
	$0.25 < I_L \leqslant 0.75$	35~45			
	$I_L > 0.75$	25~30			

注：1. 本表适用于打入式或静压式混凝土预制桩和沉管式灌注桩；

2. 对粘、挖、冲孔灌注桩宜取表中范围值的下限值；

3. I_L 为土的液性指数。

花岗岩残积土桩端阻力特征值 q_{pa}（kPa）　　　　表 5-4-6

土的名称	土的状态	桩的入土深度（m）		
		$l \leqslant 5$	$5 < l < 15$	$l \geqslant 15$
砾质黏性土	$I_L \leqslant 0.25$	2000～2200	2300～2500	2600～2800
	$0.25 < I_L \leqslant 0.75$	1200～1400	1800～2000	2100～2300
	$I_L > 0.75$	800～1000	1000～1300	1300～1500
砂质黏性土	$I_L \leqslant 0.25$	1800～2000	2100～2300	2500～2700
	$0.25 < I_L \leqslant 0.75$	1100～1300	1600～1800	1900～2100
	$I_L > 0.75$	800～900	1000～1100	1200～1300
黏性土	$I_L \leqslant 0.25$	1800～2000	2000～2200	2400～2600
	$0.25 < I_L \leqslant 0.75$	1000～1200	1500～1700	1800～2000
	$I_L > 0.75$	600～700	800～1000	1100～1200

注：1. 本表适用于打入式或静压式混凝土预制桩和沉管式灌注桩；

2. 对地下水位以上的钻、挖、冲孔灌注桩，可取表中范围值乘以 0.7 系数后取值；对地下水位以下钻、挖、冲孔灌注桩，可取表中范围值乘以 0.5 系数后取值；

3. I_L 为土的液性指数；

4. 桩尖进入持力层的深度为（1～3）d，根据桩径及地质条件选用；

5. 本表可采用内插法取值。

第六章 桩基设计原则

第一节 桩基设计原则

一、桩基设计总则

桩基设计的根本目的就是在上部建（构）筑物使用年限内满足其对承载力、变形和耐久性的要求。桩基设计原则是为达到上述目的所作的一些具体规定和设计指导思想，分为总则和细则。桩基设计总则包括以下几点：

（1）所有桩基础必须进行承载力计算，并满足承载力要求；

（2）桩基础按变形控制原则进行设计，应考虑桩基变形对结构安全和建筑正常使用的影响，满足相应的要求；

（3）桩基设计应综合考虑工程地质与水文条件、建筑物规模、体型与功能特征、上部结构形式、荷载特点及分布、桩基变形对结构的影响、周边环境条件、当地经验、经济、环保等因素进行设计。

桩基设计细则主要包括以下几点：

（1）桩基设计等级的划分；

（2）承载能力极限状态设计；

（3）正常使用极限状态设计；

（4）桩的选型原则；

（5）布桩原则；

（6）特殊条件下桩基设计原则等。

二、桩基设计等级的划分

1. 桩基设计等级划分目的

桩基设计前应先进行等级划分，目的是界定桩基设计的复杂程度、计算内容和应采取的相应技术措施。桩基设计等级是考虑建筑物规模、体型与功能特征、场地地质与环境的复杂程度，以及由于桩基问题可能造成建筑物破坏或影响正常使用的程度进行划分的。

2. 桩基设计等级的划分及设计控制要点

建筑桩基设计等级划分为甲、乙、丙三级，见表 6-1-1。

甲级建筑桩基可分为三类：

第一类考虑建筑物的重要性、高度、层数、荷载大小，包括表 6-1-1 中设计等级甲级的（1）、（2）条。其中重要的工业与民用建筑指对国民经济和人民生命财产有重大影响的

编写人：刘金波（中国建筑科学研究院地基所）

工程。将 30 层以上或高度超过 100m 的高层建筑和构筑物列为甲级，是考虑这类建筑物荷载大、重心高、风载和地震作用水平剪力大等特点。设计时应考虑基桩承载变幅大、布桩具有较大灵活性的桩型，基础埋置深度足够大，严格控制桩基的变形和稳定。

建筑桩基设计等级 表 6-1-1

设计等级	建筑类型
甲　级	(1) 重要的建筑 (2) 30 层以上或高度超过 100m 的高层建筑 (3) 体型复杂，层数相差超过 10 层的高低层（含纯地下室）连体建筑 (4) 20 层以上框架—核心筒结构及其他对差异沉降有特殊要求的建筑 (5) 场地和地基条件复杂的 7 层以上的一般建筑及坡地、岸边建筑 (6) 对相邻既有工程影响较大的建筑
乙　级	除甲级、丙级以外的工业与民用建筑物
丙　级	场地和地基条件简单、荷载分布均匀的 7 层及 7 层以下的民用建筑

第二类是考虑体型复杂对桩基础变形有特殊要求的建筑物，包括表 6-1-1 中设计等级甲级的 (3)、(4) 条。这类建筑物由于荷载与刚度分布极为不均，抵抗和适应差异变形的性能较差，或使用功能上对变形有特殊要求（如冷藏库、精密生产工艺的多层厂房、液面控制严格的贮液罐体、精密机床和透平设备基础等）的建（构）筑物桩基，须严格控制差异变形乃至沉降量。桩基设计中，首先，概念设计要遵循变刚度调平设计原则；其二，在概念设计的基础上要进行上部结构—承台—桩土的共同作用分析，计算沉降等值线、承台内力和配筋。

第三类是考虑场地地质情况和对相邻建筑影响，包括表 6-1-1 中设计等级甲级的 (5)、(6) 条。场地和地基条件复杂的一般建筑物，指场地处于岸边高坡、地基为半填半挖、基底置于岩石和土质地层、岩溶极为发育且岩面起伏很大、桩身范围有厚层自重湿陷性黄土或可液化土等情况。这种情况下首先应把握好桩基的概念设计，控制差异变形和整体稳定、考虑负摩阻力等至关重要。对相邻既有工程影响较大的建筑物，指在相邻既有工程的场地上建造新建筑物，包括基础跨越地铁、基础埋深大于紧邻的重要或高层建筑物等，此时如何确定桩基传递荷载和施工不致影响既有建筑物的安全成为设计施工应考虑的关键因素。

丙级建筑桩基的要素同时包含两方面，一是场地和地基条件简单，二是荷载分布较均匀、体型简单的七层及七层以下民用建筑及一般工业建筑。丙级桩基设计较简单，计算内容可视具体情况简略。

乙级建筑桩基，为甲级、丙级以外的建筑桩基，设计较甲级简单，计算内容应根据场地与地基条件、建筑物类型酌定。

三、承载能力极限状态设计

1. 承载力极限状态的设计表达式

承载能力极限状态是指桩基达到最大承载能力、整体失稳或发生不适于继续承载的变形。在具体设计中以单桩极限承载力 Q_{uk} 和综合安全系数 K 为桩基设计的基本参数，采用公式（6-1-1）或式（6-1-2）表达：

$$S_k \leqslant R(Q_{uk}, K) \tag{6-1-1}$$

或

$$S_k \leqslant R(q_{sik}, q_{pk}, a_k, k) \tag{6-1-2}$$

式中　S_k——上部结构荷载效应标准组合的作用效应；

　$R(\cdot)$——桩基础的抗力表达式；

　　K——综合安全系数，取 2；

　q_{sik}——极限侧阻力；

　q_{pk}——极限端阻力；

　a_k——桩的几何参数。

在桩身强度设计中，采用下式（6-1-3）极限状态表达式：

$$r_0 S \leqslant R(f_c, f_s, a_k, \psi_c) \tag{6-1-3}$$

式中　S——上部结构荷载效应基本组合的作用效应；

　r_0——结构重要性系数，对于安全等级为一级或设计使用年限为 100 年及以上的结构，不应小于 1.1，其余除临时性建筑外，不应小于 1.0，在抗震设计中不考虑结构重要性系数。

　$R(\cdot)$——桩身材料强度承载力表达式；

　f_c、f_s——桩身的混凝土、钢筋强度设计值；

　a_k——桩的几何参数；

　ψ_c——成桩工艺系数，主要考虑不同成桩工艺对桩身材料强度的影响。对于混凝土预制桩、预应力混凝土管桩 $\psi_c = 0.85$，主要考虑成桩后桩身常出现裂缝；对于干作业非挤土灌注桩（含机钻、挖、冲孔桩、人工挖孔桩）$\psi_c = 0.90$；对于泥浆护壁和套管护壁非挤土灌注桩、部分挤土灌注桩、挤土灌注桩 $\psi_c = 0.7 \sim 0.8$；软土地区挤土灌注桩 $\psi_c = 0.6$。对于泥浆护壁非挤土灌注桩应视地层土质取 ψ_c 值，对于易塌孔的流塑状软土松散粉土粉砂，ψ_c 宜取 0.7。

2. 承载能力极限状态设计的具体内容

承载能力极限状态设计包括承载能力计算和稳定性验算两方面。

1）桩的承载力计算及和上部荷载的对应关系

桩基的承载力计算包括竖向承载力和水平承载力，应根据桩基的使用功能和受力特征分别进行计算。桩承载力根据土的参数、土层分布、桩的几何尺寸进行计算。计算结果用桩的极限承载力标准值 Q_{uk} 和特征值 R_a 来表述。确定基础桩数时，传至承台底面的荷载效应 S_k 按上部结构荷载效应的标准组合，相应的抗力 R 应采用基桩或复合基桩承载力特征值。

2）桩身承载力和承台计算

桩身承载力计算包括以下几部分内容：

（1）上部结构荷载作用下，计算桩身材料强度满足设计要求；

（2）对于可能出现受压失稳的情况如高承台基桩、桩侧为可液化土、土的不排水抗剪强度小于 10kPa 土层中的细长桩应按《混凝土结构设计规范》（GB 50010—2001）进行桩身压屈验算；

（3）对于混凝土预制桩应按施工阶段吊装、运输和锤击作用分别进行桩身承载力验算；

（4）对于钢管桩应进行局部压屈验算。

承台计算包括承台截面高度、内力、配筋计算。

在确定承台高度、桩身截面、计算承台内力、确定配筋时，上部结构传来的荷载效应和相应的桩顶反力，应按承载能力极限状态下的荷载效应基本组合。

3）桩端平面下软弱下卧层承载力验算

以下两种情况同时存在时，应进行桩端平面下软弱下卧层承载力验算：

（1）桩距不超过 $6d$ 的群桩基础；

（2）当桩端平面以下存在低于桩端持力层承载力 $1/3$ 的软弱下卧层时。

进行软弱下卧层承载力验算时，软弱下卧层承载力只进行深度修正，且深度修正系数取 1，其对应的荷载效应为标准组合。

4）位于坡地、岸边的桩基应进行整体稳定性验算

对位于坡地、岸边的桩基应进行整体稳定性验算，其荷载效应采用标准组合。

5）抗浮、抗拔桩基抗拔承载力计算

对于抗浮、抗拔桩基，应进行基桩和群桩的抗拔承载力计算。抗拔承载力对应的荷载效应为水浮力减去上部结构永久荷载标准组合，可变荷载不参与上部结构荷载组合。

6）对于抗震设防区的桩基应按现行《建筑抗震设计规范》（GB 50011—2001）的规定进行抗震承载力验算。

四、正常使用极限状态设计

1. 正常使用极限状态设计定义及包括的内容

正常使用极限状态设计是指桩基达到建筑物正常使用所规定的变形限值或达到耐久性要求的某项限值，包括桩基变形、桩身裂缝、承台裂缝、桩基耐久性等几方面。

2. 桩基变形包括的内容及具体变形控制指标

桩基变形计算主要是沉降计算，当建筑物在荷载作用下产生过大的沉降、沉降差或倾斜时，影响正常的生产和生活秩序，降低建筑物使用年限，甚至危及人们的生命安全。桩基变形可用下列指标表示：

（1）沉降量：指桩基础不同位置的沉降值。

（2）沉降差：相邻点沉降量差值与对应距离的比值。

（3）整体倾斜：建筑物桩基础倾斜方向两端点的沉降差与其距离之比值。

（4）局部倾斜：墙下条形承台沿纵向某一长度范围内桩基础两点的沉降差与其距离的比值。

具体的变形控制指标见表 6-1-2，在具体计算中，桩基础的变形计算值不应大于表 6-1-2 的规定。表中未作规定的应根据上部结构对桩基变形的适应能力和使用要求确定。

3. 需进行桩基础变形计算的建筑物

按正常使用极限状态设计，以下建筑物需进行桩基础的变形计算：

（1）所有设计等级为甲级的非嵌岩桩和非深厚坚硬持力层的建筑桩基；

（2）设计等级为乙级的体形复杂、荷载分布不均匀或桩端平面以下存在软弱土层的建筑桩基；

建筑桩基沉降变形允许值 表 6-1-2

变　形　特　征	允　许　值	
砌体承重结构基础的局部倾斜	0.002	
各类建筑相邻柱（墙）基的沉降差		
（1）框架、框剪、框筒结构	$0.002l_0$	
（2）砌体填充的边排柱	$0.0007l_0$	
（3）当基础不均匀沉降时不产生附加应力的结构	$0.005l_0$	
单层排架结构（柱距为 6m）桩基的沉降量（mm）	120	
桥式吊车轨道的倾斜（按不调整轨道考虑）		
纵　　　向	0.004	
横　　　向	0.003	
多层和高层建筑的整体倾斜	$H_g \leqslant 24$	0.004
	$24 < H_g \leqslant 60$	0.003
	$60 < H_g \leqslant 100$	0.0025
	$H_g > 100$	0.002
高耸结构桩基的整体倾斜	$H_g \leqslant 20$	0.008
	$20 < H_g \leqslant 50$	0.006
	$50 < H_g \leqslant 100$	0.005
	$100 < H_g \leqslant 150$	0.004
	$150 < H_g \leqslant 200$	0.003
	$200 < H_g \leqslant 250$	0.002
高耸结构基础的沉降量（mm）	$H_g \leqslant 100$	350
	$100 < H_g \leqslant 200$	250
	$200 < H_g \leqslant 250$	150
体型简单的剪力墙结构高层建筑桩基最大沉降量（mm）	200	

　　注：l_0 为相邻柱（墙）之距离，H_g 为自室外地面算起的建筑物高度。

　　（3）对受水平荷载作用的建筑物和构筑物桩基，且对水平位移有严格限制时，应计算其水平位移；

　　（4）软土地基上的建筑物，当地基承载力满足要求时，为减小沉降可设置摩擦型疏桩，按桩、土、承台共同作用计算复合疏桩基础的沉降。

　　计算桩基变形时，传至承台底面的荷载效应应按正常使用极限状态下荷载效应的准永久组合，不应计入风荷载和地震作用，相应的限值为建筑物桩基变形允许值。

　　4. 不同结构体系变形控制指标

　　不同的结构体系变形控制指标不同，分别如下：

　　（1）对于砌体结构变形控制指标为局部倾斜和整体倾斜；

　　（2）对于剪力墙结构特别是高层剪力墙结构，变形控制指标主要是总沉降量和整体倾斜；

　　（3）对于框筒结构、框架剪力墙结构，变形控制指标主要是外柱和内部混凝土墙之间的差异沉降；

（4）对于主裙楼联体结构，变形控制指标主要是主裙楼之间的差异沉降和主楼的整体倾斜，特别注意裙楼对主楼倾斜的影响。

5. 有关耐久性的设计原则

有关桩基耐久性的设计遵循以下原则：

（1）桩基结构的耐久性应根据设计使用年限、现行国家标准《混凝土结构设计规范》（GB 50010—2001）的环境类别规定及水、土对钢、混凝土腐蚀性的评价进行设计。

（2）二类和三类环境中，设计使用年限为50年的桩基结构混凝土应符合表6-1-3的规定。

二类和三类环境桩基结构混凝土耐久性的基本要求　　表 6-1-3

环境类别		最大水灰比	最小水泥用量（kg/m³）	最低混凝土强度等级	最大氯离子含量（%）	最大碱含量
二	a	0.60	250	C25	0.3	3
	b	0.55	275	C30	0.2	3
三		0.50	300	C30	0.1	3

注：1. 氯离子含量系指其与水泥用量的百分率；

2. 预应力构件混凝土中最大氯离子含量为0.06%，最小水泥用量为300kg/m³；最低强度等级应按表中规定提高两个等级；

3. 当混凝土中加入活性掺合料或能提高耐久性的外加剂时，可适当降低最小水泥用量；

4. 当使用非碱活性骨料时，对混凝土中碱含量不作限制；

5. 当有可靠工程经验时，表6-1-3中最低混凝土强度等级可降低一个等级；

（3）桩身裂缝控制等级及最大裂缝宽度控制应根据环境类别和水、土介质腐蚀性等级按表6-1-4规定选用。

桩身的裂缝控制等级及最大裂缝宽度限值　　表 6-1-4

环 境 类 别		普通钢筋混凝土桩		预应力混凝土桩	
		裂缝控制等级	w_{lim}（mm）	裂缝控制等级	w_{lim}（mm）
二	a	三	0.2（0.3）	二	0
	b	三	0.2	二	0
三		三	0.2	一	0

注：1. 水、土为强、中腐蚀时，抗拔裂缝控制等级应提高一级；

2. 二 a 类环境中，位于稳定地下水位以下的基桩，其最大裂缝宽度限值可采用括弧中的数值。

（4）四类、五类环境桩基结构耐久性设计可按国家现行标准《港口工程混凝土结构设计规范》JTJ 267—98 和《工业建筑防腐蚀设计规范》（GB 50046—2008）等相关标准执行。

（5）对三、四、五类环境桩基结构，受力钢筋宜采用环氧树脂涂层带肋钢筋。

五、基桩选型原则

1. 桩型的划分

桩型一般根据其直径 d 大小、承载力性状、施工工艺对土的影响等方面进行划分。

2. 基桩选型应考虑的主要因素

桩基选型时,应考虑以下因素:

1) 建筑结构类型。

(1) 对于框筒、框剪结构桩基宜选择基桩尺寸和承载力可调性较大的桩型和工艺。

(2) 挤土沉管灌注桩用于饱和黏性土层时,应局限于多层住宅单排桩条基。

2) 荷载性质。

3) 桩的使用功能。

4) 地质条件。

5) 施工条件(施工设备、施工环境、施工经验、制桩材料供应、施工对周围环境的影响)。

6) 当地的经验。

7) 综合经济因素。

3. 桩基选型的一些误区

(1) 凡嵌岩桩必为端承桩

将嵌岩桩一律视为端承桩会导致将桩端嵌岩深度不必要地加大,施工周期延长,造价增加。

(2) 将挤土灌注桩应用于高层建筑

沉管挤土灌注桩无需排土排浆,造价低。20 世纪 80 年代曾风行于南方各省,由于设计施工对于这类桩的挤土效应认识不足,造成的事故极多,如某 28 层建筑,框剪结构,场地为饱和粉质黏土、粉土、黏土;采用 $\phi500$,$L=22m$,沉管灌注桩,梁板式筏形承台,桩距 $3.6d$,均匀满堂布桩,成桩过程出现明显地面隆起,建至 12 层底板即开裂,建成后梁板承台的主次梁及部分核心筒相连的框架梁开裂。最后采取加固措施,将梁板式承台主次梁两侧加焊钢板,梁与梁之间充填混凝土变为平板式筏形承台。

(3) 预制桩的质量稳定性高于灌注桩

近年来,由于沉管灌注桩事故频发,PHC 和 PC 管桩迅猛发展,取代沉管灌注桩。毋庸置疑,预应力管桩的质量稳定性优于沉管灌注桩,但是与钻、挖、冲孔灌注桩比则不然。首先,沉桩过程的挤土效应常常导致断桩(接头)、桩端上浮、增大沉降,以及对周边建筑物和市政设施造成破坏等;其次,预制桩不能穿透硬夹层,往往使得桩长过短,持力层不理想,导致沉降过大;其三,预制桩的桩径、桩长、单桩承载力可调范围小,不能或难于按变刚度调平原理优化设计。因此,预制桩的使用要因地、因工程对象制宜。

(4) 人工挖孔桩质量稳定可靠

人工挖孔桩在低水位非饱和土中成孔,可进行彻底清孔,可直观检查持力层,因此质量稳定性较高。但是,设计者对于高水位条件下采用人工挖孔桩的潜在隐患认识不足,有的采取边挖孔边抽水,将桩侧细颗粒淘走,引起地面下沉,甚至导致护壁整体滑脱,造成人身事故;还有的将相邻桩新灌注混凝土的水泥颗粒带走,造成离析;在流动性淤泥中实施强制性挖孔,引起大量淤泥发生侧向流动,导致土体滑移将桩体推歪、推断。

(5) 灌注桩不适当扩底

扩底桩用于持力层较好、桩较短的端承型灌注桩,可取得较好的技术经济效益。但是，若将扩底不适当应用，则可能走进误区。如：在单轴抗压强度高于桩身混凝土强度的基岩中扩底，是不必要的；在桩侧土层较好、桩长较大的情况下扩底，一则损失扩底端以上部分侧阻力，二则增加扩底费用，可能得失相当或失大于得；将扩底端放置于有软弱下卧层的薄硬土层上，既无增强效应，还可能留下后患。

六、基桩的布置原则

1. 布桩总的原则

布桩总的原则包括以下几点：

（1）宜使桩基础承载力合力点与竖向永久荷载合力作用点重合，并使基桩受水平力和力矩较大方向有较大截面模量；

（2）上部荷载在桩基础传力路径最短，以达到尽可能减小基础内力的目的；

（3）按变刚度调平设计，以减小差异沉降；

（4）主裙楼连体时，弱化裙楼布桩。

2. 不同结构体系的布桩原则

（1）砌体、剪力墙结构

对于砌体和剪力墙结构，宜采用墙下单排或双排布桩方案。

（2）框筒、框剪结构

对于框筒、框剪结构高层建筑桩基，应按荷载分布考虑相互影响，将桩相对集中布置于核心筒、剪力墙及柱下，采用适当增加桩长、采用后注浆等措施。相对弱化核心筒外围桩基刚度，并宜对后者按复合桩基设计。

（3）大体量筒仓、储罐

对于大体量筒仓、储罐的摩擦型桩基，宜按内强外弱原则布桩。

（4）框架结构

对于框架结构宜采用柱下单桩或柱下承台多桩方案。

（5）主裙楼连体建筑

对于主裙楼连体建筑，当高层主体采用桩基时，裙房的地基或桩基刚度宜相对弱化，可采用疏桩或短桩基础。

3. 合理桩间距的确定

1）合理桩间距考虑的因素

合理桩距应考虑以下几方面的因素：

（1）最小桩距适应成桩工艺特点，对于挤土桩要重视减小或消除挤土效应的不利影响，在饱和黏性土和中密以上的土层中，控制其最小桩距尤为重要；另一方面对于松散、稍密的非黏性土可利用成桩挤土效应提高群桩承载力。

（2）考虑桩距与群桩效应的关系，要避免因桩距过小而明显降低群桩承载力，这点对于黏性土侧阻力较为敏感，对于端承桩则不受此限制。桩距设计不合理可能招致工程事故，如挤土桩，因桩距过小可引起断桩、缩颈、上涌等事故频发。

2）基桩中心距的规定

桩的中心距宜符合表 6-1-5 的规定。对于大面积桩群，尤其是挤土桩，桩的最小中心距宜按表列值适当加大。

桩的最小中心距

表 6-1-5

土类与成桩工艺		排数不少于3排且桩数不少于9根的摩擦型桩基	其他情况
非挤土灌注桩		$3.0d$	$3.0d$
部分挤土桩		$3.5d$	$3.0d$
挤土灌注桩	非饱和土	$4.0d$	$3.5d$
	饱和软土	$4.5d$	$4.0d$
扩底钻、挖孔桩		$2D$ 或 $D+2.0$m（当 $D>2$m）	$1.5D$ 或 $D+1.5$m（当 $D>2$m）
沉管夯扩、钻孔挤扩	非饱和土	$2.2D$ 且 $4.0d$	$2.0D$ 且 $3.5d$
	饱和软土	$2.5D$ 且 $4.5d$	$2.2D$ 且 $4.0d$

注：1. d—圆桩直径或方桩边长，D—扩大端设计直径。

2. 当纵横向桩距不等时，其最小桩中心距应满足"其他情况"一栏的规定。

3. 当为端承桩时，非挤土灌注桩的"其他情况"一栏可减小至 $2.5d$。

七、特殊条件下桩基设计原则

特殊条件下桩基设计包括地质条件的特殊性、受力性质的特殊性和抗震设防区等几方面。

（一）特殊地质条件桩基设计原则

1. 软土地区桩基

1）软土地基的特点

软土是指天然孔隙比大于或等于 1.0，且天然含水量大于液限的细粒土。包括淤泥、淤泥质土、泥碳质土。软土具有以下工程特性：

（1）触变性：指原状土受到振动或扰动后，由于土体结构遭到破坏，强度会大幅度降低，易产生侧向滑动、沉降或基础下土体挤出等现象。

（2）流变性：软土在长期荷载作用下，除产生排水固结引起的变形外，还会发生缓慢而长期的压缩与剪切变形。其中压缩变形对建筑物地基沉降有较大的影响，剪切变形对斜坡、码头、堤岸和地基稳定不利。

（3）高压缩性：软土属于高压缩性土，压缩系数大。

（4）低强度：软土不排水抗剪强度一般小于 20kPa，地基承载力很低。

（5）透水性差：软土虽然含水量高，但透水性差，在外荷载作用下，地基中常出现较高的孔隙水压力，影响地基强度。

2）软土地基桩基设计原则

针对软土地基的上述特点，桩基设计中应按以下原则进行：

（1）在深厚软土中不宜采用大片密集有挤土效应的桩基；

（2）软土中的桩基宜选择中、低压缩性土层作为桩端持力层，目的是减少基桩的下刺入，即减小建筑物的沉降；

（3）桩周围软土因自重固结、场地填土、地面大面积堆载、降低地下水位、大面积挤土沉桩等原因而产生的沉降大于基桩的沉降时，应视具体工程情况考虑桩侧负摩阻力对基桩的影响；

（4）采用挤土桩时，应考虑挤土效应对成桩质量、对邻近建筑物、道路和地下管线等产生的影响，并采取包括消减孔压和挤土效应的技术措施；

（5）先成桩后开挖基坑时，必须考虑基坑挖土顺序和控制一次开挖深度，防止土体侧移对桩的影响。

2. 湿陷性黄土地区桩基

1）湿陷性黄土地基特点

湿陷性黄土是指这类黄土，在天然含水量条件下，一般都具有较高的承载力，但一旦受水浸湿，则土体结构破坏，承载能力急剧降低，顷刻之间发生湿陷。如果没有附加荷载作用下，地基土便自行湿陷，则称为自重湿陷黄土。如果在附加荷载作用下达到一定数值后土体才开始向下沉陷，则称为非自重湿陷黄土。

2）湿陷性黄土地区的桩基设计原则

（1）桩应穿透湿陷性黄土层，桩端应支承在压缩性低的黏性土、粉土、中密和密实砂土以及碎石类土层中。

（2）湿陷性黄土地基中的单桩极限承载力，应按下列规定确定：

①对于设计等级为甲级建筑桩基，应按现场浸水载荷试验并结合地区经验确定；

②对于设计等级为乙级建筑桩基，应参照地质条件相同的试桩资料，并结合饱和状态下的土性指标、经验参数公式估算结果综合确定；对于设计等级为丙级建筑桩基，可按饱和状态下的土性指标采用经验参数公式估算。

（3）重湿陷性黄土地基中的单桩极限承载力，应根据工程具体情况考虑负摩阻力的影响。

3. 季节性冻土和膨胀土

1）季节性冻土和膨胀土地基特点

冻土是指具有负温或零温度并含有冰的土。膨胀土是土中黏粒成分主要由亲水性矿物组成，同时具有显著的吸水膨胀和失水收缩两种变形特性的黏性土。此类地质条件下应主要考虑冻胀和膨胀对于基桩抗拔稳定性问题，避免冻胀或膨胀力作用下产生上拔变形，乃至因累积上拔变形而引起建筑物开裂。

2）季节性冻土和膨胀土地基中的桩基设计原则

（1）桩端进入冻深线或膨胀土的大气影响急剧层以下的深度应满足抗拔稳定性验算要求，且不得小于4倍桩径及1倍扩大端直径，最小深度应大于1.5m。

（2）为减小和消除冻胀或膨胀对建筑物桩基的作用，宜采用无挤土效应钻、挖孔（扩底）灌注桩。

（3）确定基桩竖向极限承载力时，除不计入冻胀、膨胀深度范围内桩侧阻力外，还应考虑地基土的冻胀、膨胀作用，验算桩基的抗拔稳定性和桩身受拉承载力。

（4）桩基受冻胀或膨胀作用的危害，可在冻胀或膨胀深度范围内，沿桩周及承台作隔冻、隔胀处理。

4. 岩溶地区的桩基

1）岩溶地区的地质特点

岩溶是可溶性岩石在水的溶蚀作用下，产生的各种地质作用、形态和现象的总称。主要具有基岩表面起伏大，溶沟、溶槽、溶洞往往较发育，无风化岩层覆盖等特点。

2）岩溶地区的桩基应按下列原则设计：

（1）如有溶洞或暗河且桩基不能穿过，应验算在附加荷载作用下溶洞顶板岩石的承载力，避免溶洞顶板坍塌，造成桩基突然下沉。

（2）在桩型选用上不宜采用管桩，而宜采用钻、冲孔桩。主要原因有以下几点：

①管桩一旦穿过覆盖层就立即接触到岩面，如果桩尖不发生滑移，那么贯入度就立即变得很小，桩身反弹特别厉害，管桩很快出现破坏现象，或桩尖变形、或桩头打碎、或桩身断裂，破坏率往往高达 30%～50%；

②桩尖接触岩面后，很容易沿倾斜的岩面滑移，有时桩身突然倾斜，断桩后可很快被发现；有时却慢慢地倾斜，到一定的时候桩身断裂，但不易被发现。如果覆盖层浅而软，桩身跑位相当明显，即使桩身不断裂，成桩的倾斜率大大超过规范的要求，也是不能使用；

③施工时桩长很难掌握，配桩相当困难。桩长参差不齐，相差悬殊是溶岩地区的普遍现象；

④桩尖只落在基岩面上，周围土体嵌固力很小，桩身稳定性差，有些桩的桩尖只有一部分落在岩面上，而另一部分却悬空着，桩的承载力难以得到保证。

（3）当单桩荷载较大，岩层埋深较浅时，宜采用嵌岩桩。当桩端岩面较为平整且上覆土层较厚时，嵌岩深度宜为 $0.2d$ 且不小于 $0.2m$；桩端岩面倾斜时，桩端应全截面嵌入基岩，最小嵌岩深度不宜小于 $0.4d$，且不宜小于 $0.5m$。

（4）当溶蚀极为发育，溶沟、溶槽、溶洞密布，岩面起伏很大，而上覆土层厚度较大时，考虑到嵌岩桩桩长变异性过大，嵌岩施工难以实施，可采用较小桩径、小桩距的后注浆非嵌岩摩擦型灌注桩，形成整体性和刚度很大的块体基础。

5. 坡地岸边桩基

1）坡地岸边地质特点

坡地岸边地质情况下最大的问题是滑坡失稳，一旦出现既影响自身建筑物的安全也会波及相邻建筑。

2）坡地岸边上的建筑桩基设计原则

坡地岸边上的建筑桩基确保其整体稳定性是关键，在设计中需遵循以下原则：

（1）建筑场地必须是稳定的，且必须是在建筑使用期限内保持稳定，包括在建筑荷载及地震作用下保持稳定。如有崩塌、滑坡等不良地质现象存在时，应按《建筑边坡工程技术规范》GB 50330—2002 进行整治，确保其稳定性；

（2）建筑物桩基与边坡应保持一定的水平距离；

（3）新建坡地、岸边建筑桩基工程应与建筑边坡工程统一规划，同步设计，合理确定施工顺序；

（4）不宜采用挤土桩。因为在坡地岸边地质情况下，采用挤土桩产生的挤土效应易造成边坡失稳；

（5）应控制建筑物总沉降量。如沉降量过大易造成基底土侧胀，影响边坡稳定；

（6）不得将桩支承于边坡潜在的滑动体上，桩端应进入潜在滑裂面以下足够深度的稳定岩土层内；

(7) 应验算最不利荷载效应组合下桩基的整体稳定性和基桩水平承载力；

(8) 基桩应沿桩身通长配筋。

(二) 抗震设防区桩基设计原则

1. 抗震设防区桩基础主要问题

对于处于抗震设防区的桩基础，其主要问题有两方面：

1) 地震对基桩产生附加荷载，其中边桩、角桩受地震荷载最大。它的产生是由于地震波使结构的基础产生水平振动，牵动上部结构做水平摆动产生惯性力，惯性力通过基础底板或桩基承台传给基桩。

2) 场地的滑坡和粉、砂土的液化。

2. 抗震设防区桩基应按下列原则设计：

1) 抗震设防区的桩基应进行抗震承载力验算，非液化土中低承台单桩抗震承载力特征值，可比非抗震设计时提高 25%。

2) 桩进入液化土层以下稳定土层的长度（不包括桩尖部分）应按计算确定；对于碎石土，砾、粗、中砂，密实粉土，坚硬黏性土尚不应小于 2~3 倍桩身直径；对其他非岩石类土尚不应小于 4~5 倍桩身直径。桩钢筋笼长不小于以上规定且箍筋加密。

3) 承台和地下室侧墙周围的回填土应采用具有良好压实性的素填土或灰土、级配砂石分层夯实。

4) 当承台周围为可液化土或地基承载力特征值小于 40kPa（或不排水抗剪强度小于 15kPa）的软土，且桩基水平承载力不满足计算要求时，可将承台外一定范围内的土进行加固。

5) 对于存在液化扩展地段，应考虑土流动对桩基的侧向作用。

(三) 特殊受力条件下桩基设计原则

1. 负摩阻力基桩

1) 负摩阻力的产生条件

负摩阻力的产生是由于桩侧土的竖向变形大于桩，对桩产生下拽力。以下几种情况可产生负摩阻力：

(1) 在软土地区由于地基土发生自重固结，或者在各种外来因素发生非自重固结沉降，对桩产生向下的摩擦力，桩的负摩擦作用便出现了。如降低地下水位，而使软土产生固结，对桩产生负摩擦。

(2) 在新近填土中，由于有些填土没有完成自重固结，也会对桩产生负摩擦。在湿陷性黄土地区，土遇水产生湿陷，使桩也受到较大的负摩擦力。

(3) 桩基础边有大面积堆载，使地基土产生固结沉降，也会对桩产生负摩擦。

2) 受负摩阻力桩基设计原则

(1) 对于填土建筑场地，宜先填土并保证填土的密实性，软土场地填土前应预设塑料排水板等措施，待填土地基沉降基本稳定后成桩；

(2) 对于地面大面积堆载的建筑物，应采取堆载一侧桩基外围设柔性或刚性排桩隔离处理措施，减少堆载引起的地面沉降对建筑物桩基的影响；

（3）对于自重湿陷性黄土地基，可采用强夯、挤密土桩等先行处理，消除上部或全部土的自重湿陷；对于欠固结土宜采取先期排水预压等；

（4）挤土沉桩，应采取消减超孔压、控制沉桩速率等措施；

（5）对桩身表面进行减阻处理，以减少负摩阻力；

2. 抗浮桩基

1）抗浮桩基的应用条件

近年来由于地下空间的大规模开发，地下建构筑物的抗浮是一普遍问题，如常见的裙房和地下车库等。抗浮有多种方式，包括地下室底板、顶板增加配重（如素混凝土或钢渣混凝土、上覆土）、设置抗浮桩、抗浮锚杆等。

2）抗浮桩基设计原则

对于抗浮桩基的设计，应根据场地勘察报告关于环境类别，水、土腐蚀性，建筑物地下结构防渗要求等具体情况按以下原则设计：

（1）应根据建筑具体特点综合确定抗浮设计方案；当主裙楼联体而裙楼存在抗浮问题时，在确定抗浮方案时应考虑变形协调问题；

（2）考虑地下水位变化的影响，一些地区现状地下水位低，但考虑抗浮设防水位高；

（3）应根据环境条件对钢筋的腐蚀、钢筋种类对腐蚀的敏感性和荷载作用时间等因素确定抗浮桩的裂缝控制等级；

（4）对于严格要求不出现裂缝的一级裂缝控制等级，需设置预应力筋；

（5）一般要求不出现裂缝的二级裂缝控制等级，可采用提高混凝土强度等级、控制基桩抗拔承载力取值，或采用预应力等措施，但配筋率应满足抗拔力要求；

（6）限制裂缝宽度不超过 0.2mm 的三级裂缝控制等级，应进行桩身裂缝宽度计算，确定混凝土强度等级、配筋率、是否采用预应力等；

（7）抗浮承载力要求较高时，可采用扩底、桩侧后注浆等技术措施；

（8）抗浮桩的布置应考虑结构形式、基础底板形式和厚度、柱距、荷载传递等进行优化布置，减小基础底板内力；

（9）对于抗浮桩承载力应进行单桩和群桩抗拔承载力计算。

第二节　桩基础的概念设计

一、桩基概念设计的定义及进行概念设计的必要性

1. 概念和桩基设计的关系

桩基础设计包括桩基方案的确定、具体计算、计算结果的分析和施工图完成四个步骤。其中前三步都和基本概念密不可分。桩基方案的确定需综合考虑上部结构形式、对基础变形的要求及适应能力、上部结构与地基基础的共同作用、地震因素、地质条件、地下水情况、拟建筑场地周围的环境条件、施工工艺、当地类似的工程的经验、建筑材料供应、经济等因素综合确定。这里牵涉上部结构的概念、地震荷载的概念、地质条件的概念、共同作用的概念、施工工艺的概念等。

具体计算是根据勘察报告提供的参数、上部结构荷载和刚度、基础设计参数等利用简化的数学模型采用手算或计算程序对桩基础的具体问题进行计算。这里牵涉采用哪一种数学模型和实际工程最接近，需要用概念进行判断。

计算结果的分析同样利用基本概念对计算结果进行合理的分析和判断，以进一步优化基础方案。从以上三方面的分析看出，桩基的设计和相关的正确的基本概念是密不可分的。

2. 桩基础的概念设计定义

所谓桩基的概念设计就是将土力学概念，力学的概念，岩土性质的基本概念，地质演化的科学规律，地下水的渗流概念，各种施工工艺的特点，各种结构体系的特点，桩、土与结构的共同作用，当地的经验，经济因素等综合应用到桩基方案的确定中，称为桩基础的概念设计。概念设计分以下几部分：

(1) 利用基本概念确定拟设计桩基础关键控制点；

(2) 利用基本概念进行桩的设计和布置；

(3) 利用基本概念对计算结果进行分析，进一步优化基础方案；

(4) 利用基本概念解决工程中的一些疑难问题。

3. 桩基础进行概念设计的必要性

桩基进行概念设计的必要性主要有以下几方面：

(1) 目前桩基础中最主要的控制指标——基础变形不能较准确计算

桩基础的变形对整个建筑物的安全至关重要，一旦出现问题很难处理，一些工程被迫拆毁，一些工程严重影响使用年限。这方面国内外的实例很多，如天津某工程，16 层，框筒结构，桩基础。建成后 4 年基础底板由于差异沉降过大，开裂。北京某工程，框筒结构，桩基础，基础底板厚度 2.5m，核心筒部分沉降是外框的 4.5 倍，出现较大的整体挠曲。虽然国内外特别是国内做了大量的研究、试验和计算分析，但目前国内相关规范还只能依靠各自的计算方法和对应的统计的经验系数对理论计算结果进行修正，如《建筑地基基础设计规范》（GB 50007—2002）建议的经验系数 0.30~0.50，新修订的《建筑桩基技术规范》建议的经验系数范围 0.40~1.2。不能准确计算的原因如下：

①桩、土、承台共同作用下，地基土中的应力 σ 传递、大小和分布均不能较准确计算。

②试验室测定的压缩模量 E_s 不能真实反映实际受力变形特性。

在和变形密切相关的两个主要参数应力 σ 和模量 E_s 均不能较准确确定的情况下，桩基础变形近似准确计算是不可能的。因此在考虑基础变形，基础变形对基础本身、上部结构的影响等问题时很大程度依赖于概念。

(2) 地基土变化多样，工程性质差异大且影响因素多

地基土是桩基础的载体，这是最基本的概念。但作为桩基础载体的地基土类别多样，工程性质各异，影响因素多，具体如下：

①受时间影响，表现在桩基础的沉降随时间增加；

②受施工工艺的影响，一些施工工艺能改善土的力学性质，一些施工工艺对土的结构造成破坏；

③受地下水影响。

（3）桩的施工工艺多，且一直有新桩型的研发，桩型的选用和新桩型的判断依赖于基本概念。

二、桩基承载力的概念

1. 桩承载力的本质

桩的承载力是桩基设计的最基本参数，包括竖向承载力和水平承载力。无论竖向承载力还是水平承载力，桩基承载力的本质是桩的承载力是由桩侧、桩端土提供的，其中基桩竖向承载力取决于桩侧、桩端土的性质，水平承载力取决于桩侧土的性质。这是有关桩承载力最基本的概念，是桩承载力的决定性因素。

2. 影响桩承载力的相关因素

桩基承载力除取决于桩端、桩侧土外，桩的承载力发挥与以下几方面的因素有关：

（1）桩身材料强度

桩的承载力必须满足桩身材料强度要求，包括在竖向静载、偏心荷载、水平荷载、地震荷载及其他荷载作用下，传递到桩顶荷载效应必须满足桩身材料强度的要求。从广义上说，桩身材料强度也包括由于施工因素造成的灌注桩缩颈、断桩，预制桩的开裂和抗拔桩钢筋的锈蚀原因造成的桩身材料强度不满足要求。

（2）桩的形状和截面形式

如上大下小的楔形桩、支（扩）盘桩的承载力明显高于等截面的桩。

（3）桩土的结合状态

桩土的结合状态好坏对桩的承载力具有很大的影响，很多情况下由于施工的原因造成桩土结合状态差，如由于泥浆的比重过大造成桩侧泥皮过厚，使桩身和桩侧土之间存在类似润滑剂的介质，桩身荷载因此不能有效的传递到桩侧土中，桩的承载力降幅较大，一些资料报告降幅可超过 40%。类似的情况如泥浆护壁钻孔灌注桩桩底沉渣对承载力也有很大的影响。研究还显示相同的地质条件下，水泥土桩的侧阻力明显高于钢筋混凝土灌注桩，很大程度上在于水泥土和土的结合状态要好于钢筋混凝土。近年来国内一些单位如中国建筑科学研究院地基所研究的水下干作业复合灌注桩（将水泥土桩和钢筋混凝土灌注桩结合在一起）及天津大学研发的劲芯搅拌桩——即在水泥土桩中置入钢筋混凝土预制桩等很好的利用了水泥土桩侧摩阻力高的优点，实测数据显示相同地质条件下、相同的桩径（水泥土桩的直径和普通钢筋混凝土桩直径相等）、相同桩长的情况下，承载力可提高 40%左右。

（4）施工工艺

不同的施工工艺对桩的承载力有一定的影响，一些是有利的一些是不利的，这主要取决施工工艺对桩侧、桩端土的影响，以及施工工艺本身存在的问题，如泥浆护壁钻孔灌注桩桩底沉渣和桩侧泥皮对承载力的影响。

（5）上部结构所允许的变形

3. 用基本概念对一些工程问题进行解释

利用有关承载力的一些基本概念，可从另一个角度解释有关桩承载力的一些现象。

1）大直径桩承载力的尺寸效应

所谓大直径桩的尺寸效应是指相同地质条件下，桩侧摩阻力和端阻力随桩径的增大而降低。

国内外的很多实测资料可以证明，尺寸效应表现出两方面的规律，一是桩径越大承载力降低的越多，二是粗颗粒土的降幅大于细颗粒土，如砂土、碎石类土承载力降幅大于黏性土和粉土。这一点在《建筑桩基技术规范》中有很好的反映（规范 5.3.6 条）。分析承载力降低的原因主要是桩直径越大，施工过程造成桩侧土的松弛越严重，桩侧土的松弛使桩侧一定范围土的性质发生改变，使侧摩阻力降低，最终造成承载力降低。相同桩径情况下，粗颗粒土的松弛效应大于细颗粒土，因此粗颗粒土的侧阻力降低幅度大。

2）桩筏基础桩反力呈马鞍形分布的解释

所谓桩筏基础桩反力呈马鞍形分布主要指高层建筑特别是荷载不均的框剪、框筒结构，其基础采用桩筏、桩箱基础，实测桩顶反力呈马鞍形分布，也就是在相同的桩设计参数下，靠近建筑物外侧的桩顶反力高，靠近内侧的桩顶反力低，桩顶反力的分布呈马鞍形，如图 6-2-1。

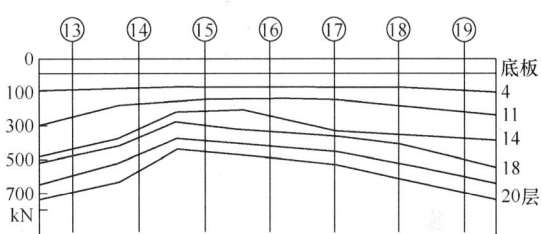

图 6-2-1　武汉某大厦桩箱基础桩反力测试结果

根据传统的荷载分布原则，荷载的分布是根据刚度分配的，基础中间部位桩的承载力低说明土对桩的支撑刚度降低，也就是桩侧、桩端土的刚度降低，原因是中间部位的桩间土要承受来自四周桩传来的荷载，而其承载能力是有一定限制的。换一种解释方法就是中间有限的桩间土不能同时给周围的桩提供所要求的承载力。而位置靠外侧的桩除依靠基础内侧的土提供承载力外，还能利用靠近基础外侧的土提供承载力，而靠近外侧的桩侧土受内部桩的影响小，能比基础内部的土提供更多的承载力，也就是靠近外侧的桩能承受较内部桩更大的荷载，也就是均匀布桩桩反力呈马鞍形分布的原因。桩作为钢筋混凝土构件其自身的刚度是不变的，因此一些文献中提到桩土刚度降低实际是桩侧、桩端土刚度的降低。

实测资料显示刚性桩复合地基（CFG 桩）桩顶反力分布也有类似的规律，形成的原因相似。

3）单桩承载力的时间效应

所谓单桩承载力的时间效应是指桩的承载力随时间变化，一般出现在挤土桩中，特别是预制桩。上海的一些资料显示，随着打桩后间歇时间的增加，承载力都有不同程度的增加，间歇一年后的单桩承载力可提高 30%～60%。造成此现象的原因是由于成桩过程的挤土效应造成桩侧土一定程度的破坏，被破坏的土提供给桩的承载力降低。但随着时间增加，桩侧土二次固结，土的指标提高，桩的承载力随之增加。这里需要注意单桩承载力的时间效应不是所有桩的承载力都随时间增加，一些桩的承载力随时间降低。国内一些工程在桩基验收合格后，经过几年建筑物出现不同程度的开裂，主要是桩的承载力随时间降低造成的。

4）提高桩承载力的方法

桩的承载力的提高方法可从改善桩侧桩端土性质、加强桩土结合等方面着手。

三、桩基础变形的概念

1. 桩基变形的基本概念

桩基变形的本质是桩侧、桩端土的变形，也就是上部结构荷载借助于桩基传递到所影响范围内土所发生的变形，这是桩基变形最基本的概念。

2. 利用桩基变形的基本概念对桩基变形特征的解释

桩基变形包括总沉降量、差异沉降、整体倾斜、局部倾斜，利用桩基变形的基本概念解释上述变形特征的原因：

（1）总沉降量

总沉降量的大小依赖于桩基荷载传递影响范围内土受力的水平，相同地质条件下，土受力的荷载水平越高，总沉降量越大。

（2）差异沉降

地质条件均匀的情况下，差异沉降的产生是由于桩基础范围内，不同区域土受力的荷载水平不一样，受荷载水平高的区域沉降量大，最终造成差异沉降的产生。

（3）倾斜、局部倾斜

倾斜、局部倾斜是由于建筑物一侧土受荷水平明显高于另一侧（也可能是一侧地基土的力学性质明显低于另一侧），使建筑物相对的两侧出现大的沉降差，出现倾斜。

事实上，桩基础的变刚度调平设计的本质，是通过调整桩长、桩径、桩间距、基础刚度等来改变桩基础影响范围内的土受力水平，使其尽可能均匀，达到减小差异沉降的目的。

3. 单桩基础变形的概念

1）单桩基础变形的组成

单桩基础受荷后，其沉降量由下述三部分组成：

（1）桩本身的弹性压缩。

对于普通的灌注桩，一般桩本身的弹性压缩量占总沉降量的比例很小，可忽略不计。但对于高强度预应力混凝土管桩，虽然其桩身材料强度比相对低标号混凝土高很多，如C80 混凝土的强度设计值 $f_c = 35.9$ N/mm^2，而 C30 混凝土的强度设计值 $f_c = 14.3$ N/mm^2，相差 2.51 倍。但对其压缩起重要作用的弹性模量并没有明显提高，如 C80 混凝土弹性模量 $E_c = 3.8 \times 10^4$ N/mm^2，C30 混凝土弹性模量 $E_c = 3.0 \times 10^4$ N/mm^2，二者只相差 1.27 倍。而相同外径情况下，普通灌注桩和预应力管桩的截面积相差很多，如600mm 直径壁厚90mm 预应力管桩，截面积比相同直径的普通灌注桩截面积将近减小一半。因此对承载力较高的独立承台管桩基础，应特别考虑桩身压缩对沉降的影响。

（2）由于桩侧摩阻力向下传递，引起桩端下土体压缩所产生的桩端沉降。

（3）由于桩端荷载引起的桩端下土体压缩所产生的桩端沉降及桩端贯入土体中的贯入沉降。

2）单桩基础的沉降影响因素

单桩基础的沉降与以下因素有关：

（1）承台的大小。相同的情况下，承台越大沉降越小。

（2）桩长。一般情况下，桩越长沉降越小。

（3）地质条件。地质条件越好，沉降越小。

4. 群桩基础变形的概念

1）群桩基础变形性状

群桩基础的沉降，特别是由摩擦桩与低承台组成的群桩，在荷载作用下，其沉降的变形性状是桩、承台、地基土之间相互影响的综合结果。除了群桩产生的应力重叠会影响侧摩阻力和端阻力外，由于承台与其下地基土的接触及接触应力的存在，使得桩、承台、地基土之间的相互作用趋于复杂。承台不仅限制了桩上部的桩土相对位移，从而使桩上部的侧摩阻力减小，而且还改变了荷载的传递过程，即随着外荷载的增大，侧摩阻力从桩中、下部开始逐步向上和向下发挥，群桩的变形是一个非常复杂的过程。

2）群桩基础变形的相关因素对变形的影响

群桩基础变形是一个非常复杂的问题，它涉及众多因素，包括群桩基础几何尺寸（桩间距、桩长、桩径、桩长径比、桩数、承台宽度和桩长比、承台高度）、成桩工艺、桩基施工与流程、土的类别与性质、上部结构形式、荷载水平与分布等等。以上相关因素对桩基变形的影响如下：

（1）在相同桩距情况下，群桩的沉降量随着桩数的增加（即随着群桩总荷载的增加）而增大。

（2）相同条件下，桩基距越大，沉降量越小。

（3）桩长与承台宽度比越大沉降越小。

（4）桩长径比越大沉降越小。

（5）饱和土或密实土中采用挤土桩比非挤土桩沉降量大。

（6）上部结构刚度和承台的刚度越大，桩基础的差异沉降越小。

5. 控制桩基变形的概念设计方法

了解桩基变形的本质和基本概念可以用来帮助进行桩基础变形的概念设计，具体可采用以下方法：

1）增加桩长

增加桩长是减小桩基沉降量的最有效的方法，特别是一些复杂、对变形敏感的建筑物。因为在相同荷载作用下，桩越长，荷载传递的范围越大，桩侧、桩端土受荷水平越低。

2）增加承台的面积

当与承台接触的土性质较好时，增加承台的面积能有效地减小总沉降量，特别是单桩基础。这里可用钉子做比喻，钉子没有钉帽或钉帽很小时，很容易被钉入木头内，但钉帽越大钉入木头越困难。

3）增加上部结构和承台的刚度

此方法能减小差异沉降，如剪力墙结构由于自身刚度大，基础出现差异沉降均较小。

4）采用变刚度调平设计

变刚度调平设计能有效地减小桩基础的差异沉降，其基本思路是以调整桩土支承刚度分布为主线，根据荷载、地质特征和上部结构布局，考虑相互作用效应，采取增强与弱化结合，减沉与增沉结合，刚柔并济，局部平衡，整体协调，实现差异沉降、承台（基础）内力和资源消耗的最小化，具体如下：

（1）根据建筑物体型、结构、荷载大小及分布和地质条件，选择桩基、复合桩基、刚性桩复合地基，合理布局，调整桩土支承刚度分布，使之与荷载匹配。

（2）为减小各区位应力场的相互重叠对核心区有效刚度的削弱，桩土支承体布局宜做到竖向错位或水平向拉开距离。采取长短桩结合、桩基与复合桩基结合、复合地基与天然地基结合以减小相互影响。

（3）对于主裙连体建筑，应按增强主体、弱化裙房的原则设计，裙房宜优先采用疏短桩基。

四、桩基施工的基本概念

1. 桩基施工重要性

桩基施工在桩基础工程中是非常重要的，很多桩基工程事故的发生则是由施工工艺选择不当或施工工艺的某个环节处理不当造成的。桩基施工对桩的承载力和变形都有影响。

（1）施工对承载力的影响

对桩承载力的影响本质是不同的施工工艺对桩侧、桩端土的影响。从新修订的《建筑桩基技术规范》可以看出这一点。新修订的桩基规范针对不同的施工工艺在相同的地质条件下给出了不同极限侧摩阻力和极限端阻力，见新桩基规范表 5.3.5-1 和表 5.3.5-2 以及新规范 5.5.11 条规定。

（2）施工对桩基变形的影响

根据资料统计，不同的施工工艺对桩基的变形有很大的影响。新修订的《建筑桩基技术规范》对此做了具体规定。"对于采用后注浆施工工艺的灌注桩，桩基沉降计算经验系数应根据桩端持力土层类别，乘以 0.7（砂、砾、卵石）～0.8（黏性土、粉土）折减系数。饱和土中采用预制桩（不含复打、复压、引孔沉桩）时，应根据桩距、土质、沉桩速率和顺序等因素，乘以 1.3～1.8 挤土效应系数，土的渗透性低，桩距小，桩数多，沉桩速率快时取大值"。从上述规定可看出桩基施工对变形的影响。

2. 不同施工工艺概念

根据不同施工工艺对对桩侧、桩端土的影响，分为挤土桩、部分挤土桩和非挤土桩。

（1）挤土桩

在成桩过程中，桩周围的土被压密或挤开，因而使周围土层受到严重扰动，土的原始结构被破坏，土的工程性质有很大改变。

对于液化土、松散的土，挤土桩对改善桩侧、桩端土的性质，提高桩的承载力是有帮助的。对于饱和土或密实土采用挤土桩由于对周围土层的破坏，会使承载力降低，桩基变形增大。

（2）部分挤土桩

在成桩过程中，桩周围的土仅受到轻微扰动，土的原始结构和工程性质变化不明显。部分挤土桩的承载力一般较非挤土桩高。

（3）非挤土桩

在成桩过程中，将与桩同体积的土挖出，因而桩周土较少受到扰动，但有应力松弛现象。由于桩侧土的应力松弛，造成非挤土桩承载力相对部分挤土桩低，桩径越大降低幅度越大。

3. 桩施工工艺的正确判断

目前有关桩的施工工艺很多，特别是新的施工工艺每年都有推出，如何正确判断不同施工工艺的好坏，关键在于施工对所在场地土桩侧、桩端土的影响，如桩的施工工艺可使桩侧、桩端土的性质提高则为好的施工工艺，否则为不好的施工工艺。

五、桩基础综合经济的概念

经济是桩基础设计需考虑的一个重要因素，就桩基础而言，其经济的概念应考虑以下几方面因素：

（1）桩基施工所需费用；

（2）采用桩基对应的基础、承台的费用；

（3）主裙楼联体设沉降后浇带的费用；

（4）其他一些相关费用。

第七章 桩 基 承 台

承台的作用是将上部结构的荷载传递给基桩，并起到一定的调解差异沉降的作用，因此承台需满足传递荷载所需的截面和配筋，并考虑由于不均匀沉降造成的承台内力的变化。

第一节 桩基承台的设计原则

一、承台的类型

（1）根据上部结构类型和桩基布置形式，承台可采用独立承台、条形承台、井格形承台和筏形承台等形式。环形承台一般可划归条形承台类（图 7-1-1）。

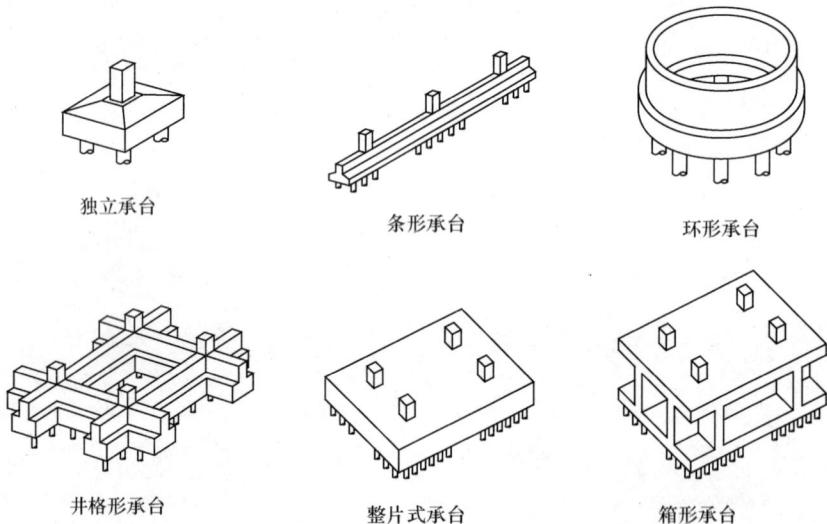

独立承台　　　　条形承台　　　　环形承台

井格形承台　　　　整片式承台　　　　箱形承台

图 7-1-1　承台的基本类型

（2）柱下一般选用独立承台，墙下一般选用条形承台或井格形承台，若柱距不大，柱荷载较大，柱下独立承台之间出现较大不均匀沉降时，也可将独立承台沿一个方向连接起来形成柱下条形承台，或在两个方向连接起来形成井格形承台。

（3）当上部结构荷载很大，若采用条形承台或井格形承台桩群布置不下时，可考虑选用筏形承台。根据上部结构类型的不同，筏形承台可分为平板式筏形，梁板式筏形和箱形式等几种形式。平板式筏形承台多用于上部为筒体结构，框筒结构和柱网均匀、柱距较小

编写人：王卫东　宋青君（华东建筑设计研究院有限公司）

的框架结构中，而梁板式筏形承台可用于上部为柱距较大的框架结构中，当必须设置地下室，同时上部结构荷载也很大时，则可考虑利用地下室形成箱形承台。

二、承台下的桩基布置

（1）承台下布桩的最基本要求就是要使桩群中各桩的桩顶荷载和桩顶沉降尽可能地均匀。为此，布桩时要使上部结构传来的长期作用荷载在承台底面的合力作用点应尽可能与该部分桩群的形心位置相重合，应当注意这时不仅要考虑整个建筑物下全部桩群的形心要与建筑物总荷载的合力作用点相重合，也要考虑建筑物中各相对独立部分下的桩群形心与相应上部结构荷载的合力作用点相重合。

（2）承台下一般应尽可能按最小桩距进行布桩，以使得承台下的桩基受力更为直接，且可尽量缩小承台的平面尺寸达到节约材料的目的。最小桩距的具体要求参见本章表7-2-1中的规定。但应注意，对于独立承台下的桩数一般不宜小于三根，在地基土对桩的支承力、桩身结构强度及施工质量有可靠保证的前提下，柱下独立承台也可采用一根或两根桩，墙下条形承台也可采用单排桩，但需按本节一所述的规定在承台之间设置必要的联系梁。

（3）墙下条形承台及井格形承台下宜均匀布桩，但在门窗下尽可能不布桩。柱下条形承台及井格形承台下的桩宜布置在与上部荷载作用相对应的位置下面，其中梁板式筏形和箱形式承台下的桩尚应考虑尽可能布置在梁板的纵横梁和箱形承台的内外隔墙下。

（4）在整个建筑物下，当桩基与天然地基混合布置时，设计时应予以特别注意。原则上讲，一般不宜在部分柱或墙下设置桩基，而在另一部分柱或墙则支撑在天然地基上。确定基础设计方案前，尤其是软土地基中，应进行详尽的沉降估算及分析，若估算的沉降差较大时，则不宜采用混合布置方案。但当必须采用桩基与天然地基混合布置方案时，则务必使桩基和天然地基之间的沉降差尽可能小，并对设置在桩基和天然地基上的结构构件之间应采用沉降缝断开或采取其他有效措施。

（5）当设置地下室，且地下水浮力大于上部结构荷载时，不适宜设置独立承台。宜采用筏形承台，且尽可能均匀布桩，以减少承台配筋。

三、承台的埋深

（1）承台的埋深应根据工程地质条件、建筑物使用要求、荷载性质以及桩的承载力要求等因素综合考虑。在满足桩基稳定的前提下承台宜浅埋，并尽可能埋在地下水位以上。这样能便于施工，在冻土地区能减少地基土冻胀对承台的影响，工程造价也能经济。但不得因埋深过浅造成水平荷载作用下产生过大的水平位移而影响其正常使用。特别是在软土地基中，当桩基设计需要承台侧面能承担部分水平荷载时，承台的埋深和侧面积都需满足所需土压力的要求。

（2）当承台必须埋在地下水位以下时，除了在施工时采取必要的降水措施外，如地下水对承台材料有侵蚀时应考虑采取必要的防止侵蚀措施。

（3）在冻深较大（标准冻深大于1m）地区，当承台下为弱冻胀、冻胀性土时，承台下应换填粗砂、中砂、炉渣等松散材料，厚度不宜小于30cm。当承台下为强冻胀性土时，

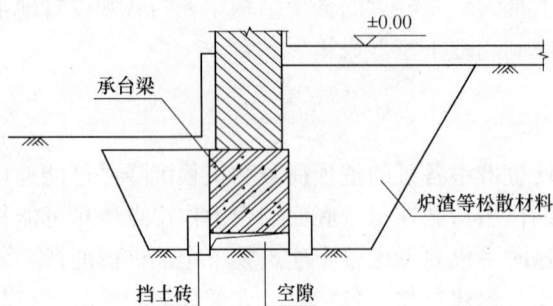

图 7-1-2　承台下地基冻胀处理

承台下应预留 10～15cm 空隙；或换填粗砂、中砂、炉渣等松散材料，并预留 5～10cm 空隙，承台四周应填以粗砂、中砂、炉渣等松散材料，或在承台侧表面涂沥青、包油毡作隔离层。处理结构参见图 7-1-2。在冻深较小（标准冻深等于和小于 1m）地区，承台底位于冻深线以上时，承台下宜换填粗砂、中砂、炉渣等松散材料，厚度一般不小于 10cm。

（4）对于膨胀土地基，可根据土的胀缩性、胀缩等级，采用上述类似措施进行承台的防膨胀处理。

第二节　桩基承台的构造

一、承台的材料要求

1. 混凝土

为保证承台有足够的抗冲切、抗弯、抗剪切和局部承压承载力，承台混凝土强度等级不应低于 C20。承台混凝土材料及其强度等级应符合结构混凝土耐久性的要求和抗渗要求。

承台底面钢筋的混凝土保护层厚度，当有混凝土垫层时，不应小于 50mm，无垫层时不应小于 70mm；此外尚不应小于桩头嵌入承台内的长度。承台构造钢筋的混凝土保护层厚度不宜小于 35mm。

2. 钢筋

承台受力钢筋应通长布置，不应长短相间或缩短后交叉布置。矩形承台板配筋按双向均匀布置，受力钢筋直径不宜小于 10mm，间距不应大于 200mm，同时不应小于 100mm。承台梁的纵向主钢筋直径不宜小于 12mm。架立钢筋直径不宜小于 10mm，箍筋直径不应小于 6mm。

二、承台的形式和基本尺寸

（一）承台的平面形式和基本尺寸

1. 对于独立承台和筏形承台，根据上部结构类型和布桩要求，可采用矩形、三角形、多边形和圆形等形式的现浇承台板；对于条形和井格形承台，一般采用现浇连续承台梁，当需防冻胀或基地土膨胀时，为便于承台梁设置防胀设施，也可采用预制承台梁。

2. 一般情况下，承台的平面尺寸是根据上部结构荷载分布和布桩要求确定的，为节省材料，应使承台的平面尺寸尽可能小，为此宜考虑尽可能按最小桩距要求布桩，表 7-2-1列出了最小桩中心距 S_{min} 的数据供设计时参考。

最小桩中心距 S_{min} 表 7-2-1

土类与成桩工艺		排数不少于 3 排且桩数不少于 9 根的摩擦型桩桩基	其 他 情 况
非挤土灌注桩		3.0d	3.0d
部分挤土桩		3.5d	3.0d
挤土桩	非饱和土	4.0d	3.5d
	饱和黏性土	4.5d	4.0d
钻、挖孔扩底桩		2D 或 D+2.0m（当 D>2m）	1.5D 或 D+1.5m（当 D>2m）
沉管夯扩、钻孔挤扩桩	非饱和土	2.2D 且 4.0d	2.0D 且 3.5d
	饱和黏性土	2.5D 且 4.5d	2.2D 且 4.0d

注：1. d—圆桩直径或方桩边长，D—扩大端设计直径。

2. 当纵横向桩距不相等时，其最小中心距应满足"其他情况"一栏的规定。

3. 当为端承桩时，非挤土灌注桩的"其他情况"一栏可减小至 2.5d。

3. 独立柱下桩基承台的最小宽度不应小于 500mm，边桩中心至承台边缘的距离不应小于桩的直径或边长，且桩的外边缘至承台边缘的距离不应小于 150mm。对于墙下条形承台梁，桩的外边缘至承台梁边缘的距离不应小于 75mm。承台的最小厚度不应小于 300mm。

高层建筑平板式和梁板式筏形承台的最小厚度不应小于 400mm。

（二）承台的剖面形式和基本尺寸

1. 现浇制柱下独立承台的剖面一般采用矩形等厚度板形式。为节省混凝土用量，独立承台也可采用台锥形式或台阶形剖面形式（图 7-2-1）。台锥形或台阶形实际就是在矩形剖面肩角部割坡或变阶而成，对于承台的厚度以及割坡的起点和坡角或变阶部位的尺寸均应满足本章 8.3 节承台结构计算中局部承压、抗冲切、抗弯和抗剪切承载力的计算要求。

承台板的厚度一般不宜小于 300mm。台锥形和台阶形承台的边缘厚度也不宜小

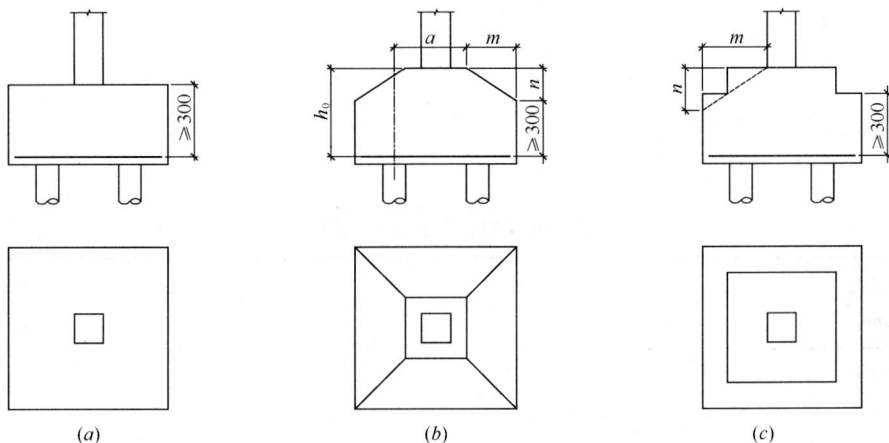

图 7-2-1 独立承台剖面

于 300mm。如图 7-2-1 （b） 所示台锥型承台，当 $a/h_0 > 1$ 时，侧面坡度宜满足 $n/m <$ 1/3；当 $a/h_0 < 1$ 时，侧面坡度宜满足 $n/m < 1/2$；如图 7-2-1 （c） 所示台阶形承台，每阶高度一般为 $300 \sim 500$mm，柱边与台阶形承台最上部两阶交界点连线的坡度宜满足 $n/m < 1/2$。

2. 如图 7-2-2 所示条形承台（或井格形承台）的剖面一般采用矩形或倒 T 形的截面形式，至于柱下条形承台（或井格形承台）则一般采用倒 T 形的截面形式。

条形承台也可采用割坡，侧面坡度宜满足 $n/m < 1/2$。

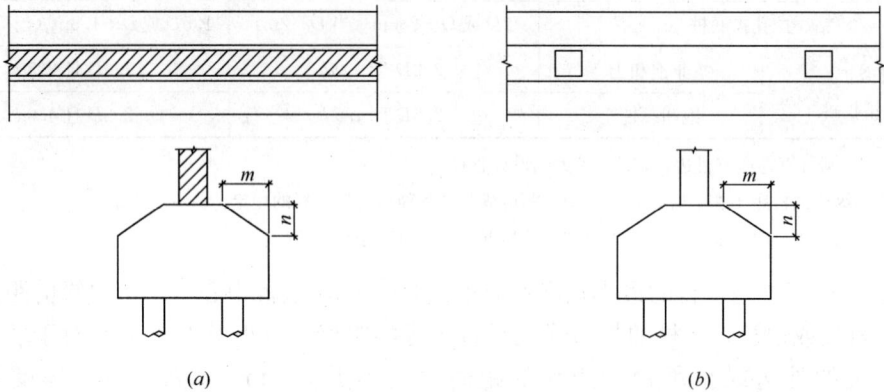

图 7-2-2 条形承台剖面

3. 对于筏形承台板，为了避免因抗冲切承载力不足而把板厚设计过大，可将桩顶扩大成倒锥台形（图 7-2-3a）类似无梁楼盖的构造形式，以提高其抗冲切能力。同样，在柱底不影响使用要求的条件下，也可将其扩大成正锥台形（图 7-2-3b）。

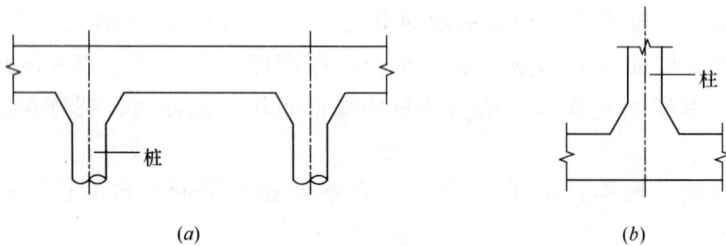

图 7-2-3 筏形承台剖面

4. 当上部结构为预制柱时，承台应做成杯口，如 7-2-4 所示，杯口承台的杯底有效高度 a_1 和杯壁厚度 t 可参照表 7-2-2 选用。

杯口承台的杯底和杯壁高度　　　　　　　　　　　　　　　表 7-2-2

桩断面长边尺寸（mm）	杯底有效高度 a（mm）	杯壁厚度 t（mm）	桩断面长边尺寸（mm）	杯底有效高度 a（mm）	杯壁厚度 t（mm）
$H < 500$	$\geqslant 250$	$150 \sim 200$	$1000 \leqslant h < 1500$	$\geqslant 300$	$\geqslant 350$
$500 \leqslant h < 800$	$\geqslant 300$	$\geqslant 200$	$1500 \leqslant h < 2000$	$\geqslant 400$	$\geqslant 400$
$800 \leqslant h < 1000$	$\geqslant 300$	$\geqslant 300$			

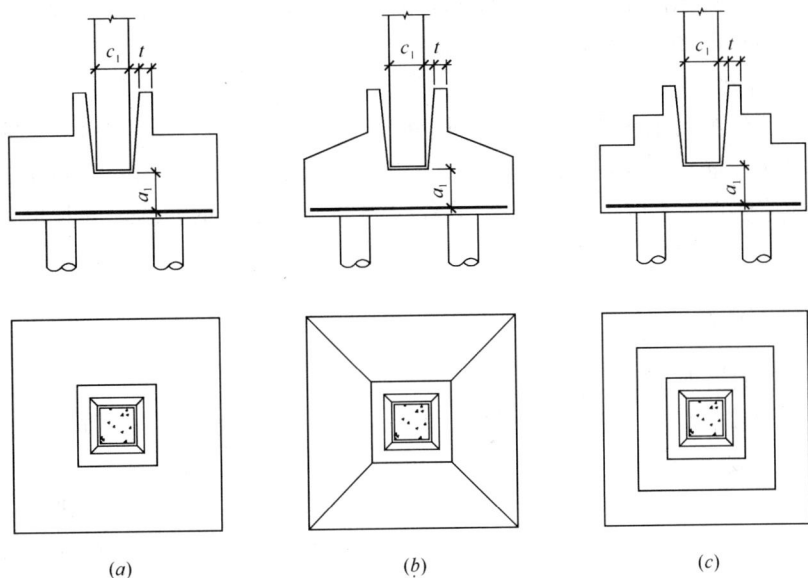

图 7-2-4　杯形承台剖面

三、承台钢筋的配置

1. 柱下独立桩基

承台纵向受力钢筋应通长配置（图 7-2-5a）。对四桩以上（含四桩）承台宜按双向均匀布置，对三桩的三角形承台应按三向板带均匀布置，且最里面的三根钢筋围成的三角形应在柱截面范围内（图 7-2-5b）。

纵向钢筋锚固长度自边桩内侧（当为圆桩时，应将其直径乘以 0.8 等效为方桩）算起，不应小于 $35d_g$（d_g 为钢筋直径）；当不满足时应将纵向钢筋向上弯折，此时水平段的长度不应小于 $25d_g$，弯折段长度不应小于 $10d_g$。柱下独立桩基承台的最小配筋率不应小于 0.15%。

柱下独立两桩承台，应按现行国家标准《混凝土结构设计规范》（GB 50010—2002）

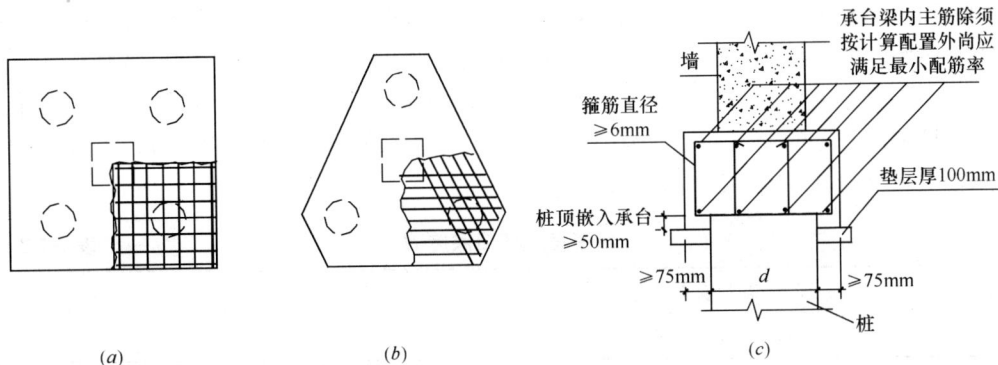

图 7-2-5　承台配筋示意

（a）矩形承台配筋；（b）三桩承台配筋；（c）墙下承台梁配筋图

中的深受弯构件配置纵向受拉钢筋、水平及竖向分布钢筋。承台纵向受力钢筋端部的锚固长度及构造应与柱下多桩承台的规定相同。

2. 条形承台梁

条形承台梁的纵向主筋应符合现行国家标准《混凝土结构设计规范》（GB 50010—2002）关于最小配筋率的规定（图 7-2-5c），主筋直径不应小于 12mm，架立筋直径不应小于 10mm，箍筋直径不应小于 6mm。承台梁端部纵向受力钢筋的锚固长度及构造同柱下多桩承台。

四、承台的连接

（一）承台与柱的连接

1. 承台与现浇柱的连接构造示意图如图 7-2-6 所示，现浇柱纵向钢筋伸入承台的锚固长度 l_{as} 可按下列要求采用。

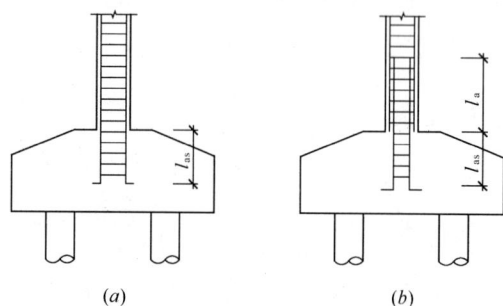

图 7-2-6 承台与现浇柱的连接
(a) 同时浇注；(b) 不同时浇注

（1）对于一柱一桩基础，柱与桩直接连接时，柱纵向主筋锚入桩身内长度不应小于 35 倍纵向主筋直径。

（2）对于多桩承台，柱纵向主筋锚入承台长度不应小于 35 倍纵向主筋直径；当承台高度不满足锚固要求时，竖向锚固长度不应小于 20 倍纵向主筋直径，并向柱轴线方向呈 90°弯折。

（3）当有抗震设防要求时，对于一、二级抗震等级的柱，纵向主筋锚固长度应乘以 1.15 的系数；对于三级抗震等级的柱，纵向主筋锚固长度应乘以 1.05 的系数。

（4）当现浇柱与承台不同时浇注时，承台内预留的插筋数目及直径应与柱内纵向主筋相同，插筋与柱内纵向主筋的最小搭接长度可根据《混凝土结构设计规范》（GB 50010—2002）的要求确定。

2. 杯形承台与预制柱的连接构造示意图如图 7-2-7 所示。

杯口内表面应尽量凿毛，柱子插入杯口后，柱与杯口之间的空隙应采用比承台混凝土强度高一级的细石混凝土密实填充，当填充混凝土强度达到承台混凝土设计强度的 70% 以上时，方可进行上部结构吊装。柱子插入杯口的深度 H_1，可参照表 7-2-3 选用。同时 H_1 应满足锚固长度的要求，一般为 20 倍柱子纵向主筋直径。此外尚需考虑吊装时柱子的稳定性，即 $H_1 \geqslant 0.05$ 柱长（吊装时柱长）。

柱子插入杯口深度 H_1 表 7-2-3

矩形或 I 字形柱				单肢管柱	双肢柱
$C_1 < 500$	$500 \leqslant C_1 < 800$	$800 \leqslant C_1 \leqslant 1000$	$C_1 > 1000$		
$H_1 = (1 \sim 1.2) C_1$	$H_1 = C_1$	$H_1 = 0.9 C_1$ $\geqslant 800$	$H_1 = 0.8 C_1$ $\geqslant 1000$	$H_1 = 1.5D$ $\geqslant 500$	$H_1 = (1/3 \sim 2/3) C_A$ $= (1.5 \sim 1.8) C_B$

注：C_1 为柱截面长边尺寸（mm）；D 为管柱外直径（mm）；C_A、C_B 为双肢柱整个截面长边和短边的尺寸（mm）。

(二) 承台与桩的连接

上部结构的荷载通过承台传递到桩顶，不同性质的荷载对承台与桩的连接有相应的不同要求：竖向下压荷载要求桩顶与承台底紧密接触；竖向上拔荷载要求桩顶与承台连接的抗拉强度不低于桩身抗拉强度；水平荷载要求桩顶与承台连接的抗剪切强度不低于桩身抗剪切强度，且桩与承台之间形成铰接或固接；弯矩荷载则要求桩顶与承台固结相连，若为铰接则不能将弯矩直接传递于桩顶，而只能借助承台的刚性将弯矩转变为拉、压荷载传给桩顶。由于实际桩基工程中，只承受竖向下压荷载的情况很少，因此一般需要将桩顶嵌入承台，具体要求为：

1. 桩嵌入承台内的长度对中等直径桩不宜小于 50mm；对大直径桩不宜小于 100mm。

2. 混凝土桩的桩顶纵向主筋应锚入承台内，其锚入长度不宜小于 35 倍纵向主筋直径。对于抗拔桩，桩顶纵向主筋的锚固长度应按现行国家标准《混凝土结构设计规范》(GB 50010—2002) 确定。当桩顶与承台连接构造满足上述构造的要求时，可视桩顶为固结进行计算。应当注意，实际桩基工程中很难从构造上使桩顶与承台形成铰接。

3. 对于大直径灌注桩，当采用一柱一桩时可设置承台或将桩与柱直接连接。

4. 钢桩桩顶与承台之间固接构造要求如图 7-2-8 所示

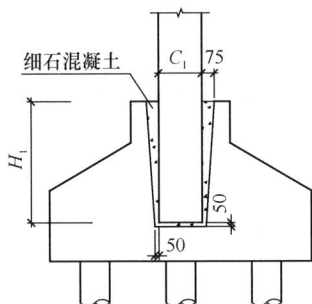

图 7-2-7 杯形承台与预制柱的连接

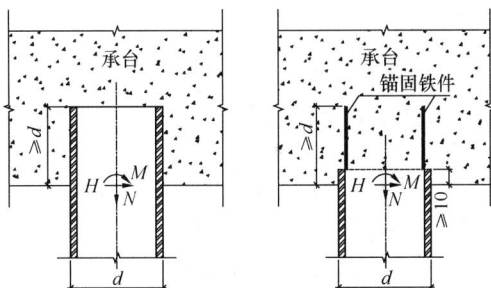

图 7-2-8 钢桩桩顶与承台的固接连接

5. 预应力混凝土管桩桩顶与承台之间的连接构造要求如图 7-2-9 所示

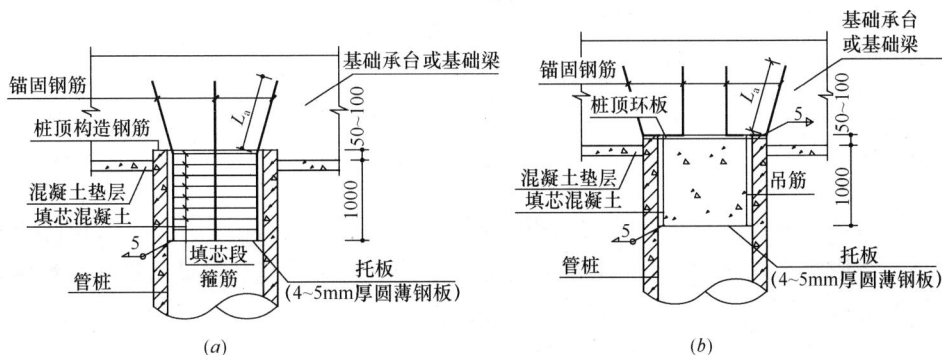

(a)　　　　　　　　　(b)

图 7-2-9 预应力混凝土管桩桩顶与承台的连接

(a) 截桩桩顶与承台连接详图；(b) 不截桩桩顶与承台连接详图

（三）承台与承台的连接

1. 桩身上部土层属可液化土层或土质很不均匀的地基上的柱下独立承台之间，以及柱下独立单桩承台之间，以及柱下独立单桩承台之间，应在纵横两个方向上设置连系梁。当桩与柱的截面直径之比大于 2 时，可不设联系梁。柱下独立双桩承台应在其短向、单排桩的条形承台应在垂直承台梁方向的适当部位设置连系梁。

2. 连系梁起传递水平荷载的作用，能增强桩基承台之间的共同作用。连系梁截面一般可按可能的最大水平压力确定，配筋则按可能的最大水平拉力确定。有抗震要求的桩基承台，连系梁所受水平荷载按桩基底最大水平剪力确定，或取桩基竖向静荷载的 1/10 估算。

3. 联系梁顶面宜与承台顶面位于同一标高。联系梁宽度不宜小于 250mm，其高度可取承台中心距的 1/10~1/15，但一般不超过承台的高度，且不宜小于 400mm。当承台之间设有钢筋混凝土基础梁时，可以利用基础梁兼起连系梁的作用。

4. 连系梁的混凝土强度等级应和承台相同。联系梁配筋应按计算确定，梁上下部配筋不宜小于 2 根直径 12mm 钢筋；位于同一轴线上的联系梁纵筋宜通长配置。

第三节 承台的设计计算

承台结构计算原则上应包括作用在承台上的荷载和承台下的桩顶反力计算以及承台结构的承载能力和正常使用状态计算二部分内容。

一、荷载及桩顶反力的计算

（一）作用在承台上的荷载

根据承台结构计算要求，作用在承台上的荷载应按表 7-3-1 分别计算确定：

作用在承台上的荷载   表 7-3-1

分　类	上部结构传至承台上的荷载			承台自重及覆土重
	竖向荷载	水平荷载	弯　矩	
设计值	F	V	M	D
标准值	F_K	V_K	M_K	D_K

应当指出，对承台进行承载能力状态（包括局部承压、抗冲切、抗剪切和抗弯承载力）和正常使用状态（包括变形和裂缝）计算时，应分别采用荷载设计值和标准值的最不利组合结果进行计算。

（二）作用在承台上的荷载与桩顶反力的关系

根据承台结构不同的计算用途，作用在承台上的总荷载及其相应的桩顶反力可分为三类，如表 7-3-2 表示。

作用在承台上的总荷载及桩顶反力　　　　　　　　表 7-3-2

用　途	抗弯承载力柱顶 局部承载力	抗冲切承载力抗剪承载力 柱下局部承压承载力	变形及裂缝
总荷载	F、V、M、D	F、V、M	F_k、V_k、M_k、D_k
桩顶反力	N_i	N_{ni}	N_{ki}

表中：N_i——i 桩顶反力设计值

N_{ni}——i 桩顶净压力设计值，即桩顶反力设计值中扣除承台自重及覆土重的剩余值；

N_{ki}——i 桩顶反力标准值。

（三）桩顶反力计算中采用的荷载

计算上述三种桩顶反力时，一般可采用桩身结构强度计算时的桩顶荷载简化的传统计算方法的公式（7-3-1）进行，这时应将承台上的荷载作用位置按静力等效原则移至承台底面桩群形心处，则

$$N_i = \frac{F+D}{n} + \frac{M_x y_i}{\sum\limits_n y_i^2} + \frac{M_y x_i}{\sum\limits_n x_i^2} \qquad (7\text{-}3\text{-}1a)$$

$$N_{ni} = \frac{F}{n} + \frac{M_x y_i}{\sum\limits_n y_i^2} + \frac{M_y x_i}{\sum\limits_n x_i^2} \qquad (7\text{-}3\text{-}1b)$$

$$N_{ki} = \frac{F_k+D_k}{n} + \frac{M_{kx} y_i}{\sum\limits_n y_i^2} + \frac{M_{ky} x_i}{\sum\limits_n x_i^2} \qquad (7\text{-}3\text{-}1c)$$

式中　n——总桩数

x_i、y_i——i 桩中心在纵横坐标轴上的位置，座标轴的原点位于桩群形心；

M_x、M_y——作用在承台底面，沿 x 轴方向和 y 轴方向的弯矩设计值；

M_{kx}、M_{ky}——作用在承台底面，沿 x 轴方向和 y 轴方向的弯矩标准值。

二、承台结构承载能力和正常使用状态计算

承台结构承载能力计算一般包括局部承压、抗冲切、抗剪切和抗弯四部分内容。承台结构正常使用状态计算，应包括变形和裂缝二部分内容。应当指出，这些内容和普通钢筋混凝土结构计算原则是基本一致的。

（一）局部承压承载力

当承台混凝土等级低于承台上的现浇柱或承台下的桩的混凝土等级时，应验算承台面与柱或桩交接处的局部承压承载力。当承台柱下部分不配置间接钢筋时，桩上部分一般只设置单片或双片钢筋网，因此可按《混凝土结构设计规范》（GB 50010—2002）中素混凝土结构局部受压承载力公式计算。当配置间接钢筋时，按《混凝土结构设计规范》（GB 50010—2002）中钢筋混凝土结构构件局部受压承载力公式计算。但考虑到工程中常用的柱或桩截面尺寸，以及承台与柱或桩交接处局部承压面积的一般情况，也可按蒋大骅提出

的将上述规范规定的公式简化后得到的以下局部承压承载力公式计算：

$$N \leqslant 2.5 f_c A_l \tag{7-3-2}$$

式中 N——柱轴力设计值，或桩顶反力设计值；

f_c——承台混凝土轴心抗压设计强度；

A_l——柱截面面积，或桩顶截面面积。

(二) 抗冲切承载力

承台结构冲切破坏主要考虑以下几种情况。一种是柱或承台变阶处对承台结构冲切，如图 7-3-1 所示；另一种是角桩对承台结构冲切，如图 7-3-2 所示；还有对于筏形承台，当隔墙（如箱形式承台中自身隔墙或平板筏形承台上的剪力墙）形成封闭的平面框时，如图 7-3-3 和图 7-3-4 所示，应考虑框内桩群对承台板的整体冲切，冲切破坏时，可假定沿柱（墙）底周边或桩顶周边以不大于 45°扩散线围成的锥体面上混凝土被破坏。由于桩基承台中一般只配置底部受拉钢筋，而不配置箍筋和弯起钢筋，纵向钢筋对承台的抗冲切承载力的增强作用较小，一般予以忽略，因此承台板抗冲切承载力统一可按下列公式进行

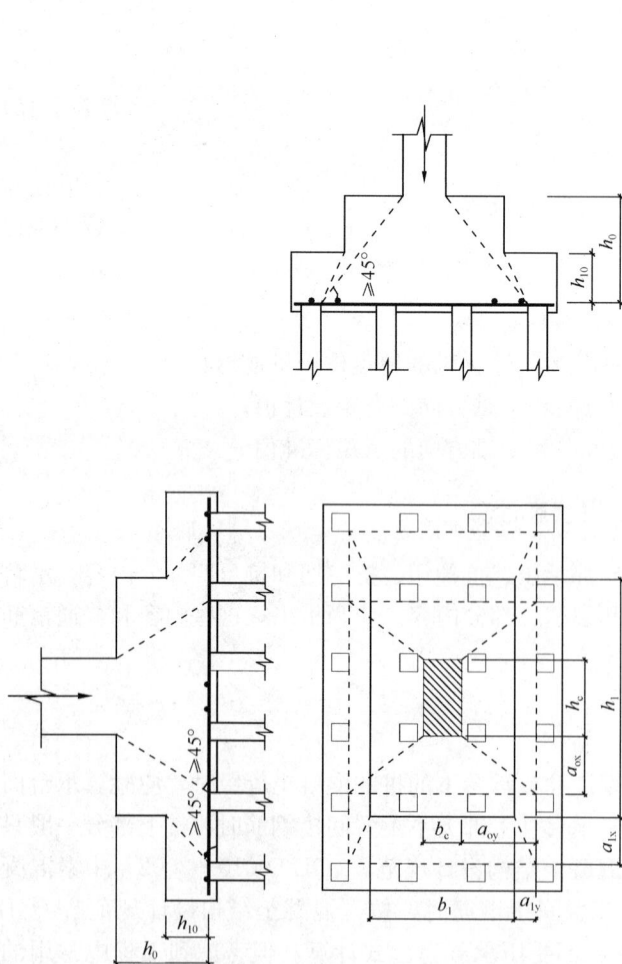

图 7-3-1 柱和承台变阶处对承台的冲切

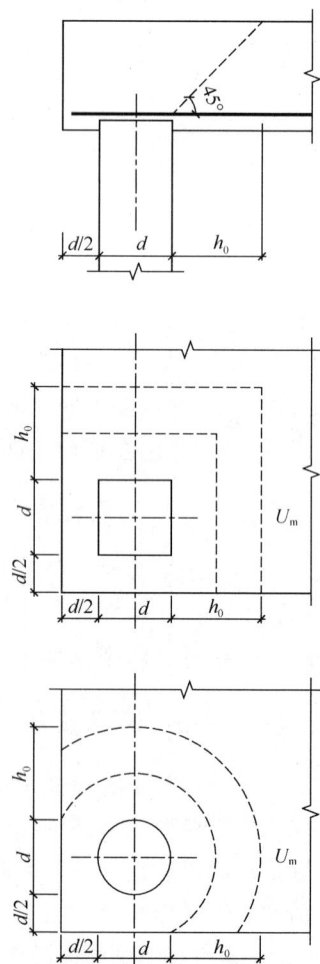

图 7-3-2 角桩对承台的冲切

估算：

$$F \leqslant 0.6 f_t u_m h_0 \qquad (7\text{-}3\text{-}3)$$

式中　F——冲切锥体外所有桩净反力设计值 N_{ni} 的总和，包括桩中心位于冲切锥体面边
界线上的桩反力；

　　　f_t——混凝土轴心抗拉设计强度；

　　　h_0——冲切破坏锥体有效强度；

　　　u_m——距柱（墙）底或桩顶周边 $h_0/2$ 处的冲切破坏椎体的周长，见图 7-3-1～
图7-3-2。

1. 桩基承台厚度应满足柱（墙）对承台的冲切和基桩对承台的冲切承载力要求。

2. 轴心竖向力作用下桩基承台受柱（墙）的冲切，可按下列规定计算：

1）冲切破坏锥体应采用自柱（墙）边或承台变阶处至相应桩顶边缘连线所构成的锥
体，锥体斜面与承台底面之夹角不应小于45°（图 7-3-1）。

2）受柱（墙）冲切承载力可按下列公式计算：

$$F_l \leqslant \beta_{hp} \beta_0 u_m f_t h_0 \qquad (7\text{-}3\text{-}4a)$$

$$F_l = F - \sum Q_i \qquad (7\text{-}3\text{-}4b)$$

$$\beta_0 = \frac{0.84}{\lambda + 0.2} \qquad (7\text{-}3\text{-}4c)$$

式中　F_l——不计承台及其上土重，在荷载效应基本组合下作用于冲切破坏锥体上的冲切
力设计值；

　　　f_t——承台混凝土抗拉强度设计值；

　　　β_{hp}——承台受冲切承载力截面高度影响系数，当 $h \leqslant 800\mathrm{mm}$ 时，β_{hp} 取 1.0，$h \geqslant$
$2000\mathrm{mm}$ 时，β_{hp} 取 0.9，其间按线性内插法取值；

　　　u_m——承台冲切破坏锥体一半有效高度处的周长；

　　　h_0——承台冲切破坏锥体的有效高度；

　　　β_0——柱（墙）冲切系数；

　　　λ——冲跨比，$\lambda = a_0/h_0$，a_0 为柱（墙）边或承台变阶处到桩边水平距离；当 $\lambda <$
0.25 时，取 $\lambda = 0.25$；当 $\lambda > 1.0$ 时，取 $\lambda = 1.0$；

　　　F——不计承台及其上土重，在荷载效应基本组合作用下柱（墙）底的竖向荷载设
计值；

　　　$\sum Q_i$——不计承台及其上土重，在荷载效应基本组合下冲切破坏锥体内各基桩或复合
基桩的反力设计值之和。

3）对于柱下矩形独立承台受柱冲切的承载力可按下列公式计算（图 7-3-1）

$$F_l \leqslant 2[\beta_{0x}(b_c + a_{0y}) + \beta_{0y}(h_c + a_{0x})]\beta_{hp} f_t h_0 \qquad (7\text{-}3\text{-}4d)$$

式中　β_{0x}、β_{0y}——由公式（7-3-4c）求得，$\lambda_{0x} = a_{0x}/h_0$，$\lambda_{0y} = a_{0y}/h_0$；$\lambda_{0x}$、$\lambda_{0y}$ 均应满足
$0.25 \sim 1.0$ 的要求；

　　　h_c、b_c——分别为 x、y 方向的柱截面的边长；

　　　a_{0x}、a_{0y}——分别为 x、y 方向柱边离最近桩边的水平距离。

4）对于柱下矩形独立阶形承台受上阶冲切的承载力可按下列公式计算（图 7-3-1）

$$F_l \leqslant 2[\beta_{1x}(b_1 + a_{1y}) + \beta_{1y}(h_1 + a_{1x})]\beta_{hp} f_t h_{10} \qquad (7\text{-}3\text{-}4e)$$

式中　β_{1x}、β_{1y}——由公式（7-3-4c）求得，$\lambda_{1x}=a_{1x}/h_{10}$，$\lambda_{1y}=a_{1y}/h_{10}$；$\lambda_{1x}$、$\lambda_{1y}$ 均应满足
　　　　 $0.25\sim1.0$ 的要求；

　　　　 h_1、b_1——分别为 x、y 方向承台上阶的边长；

　　　　 a_{1x}、a_{1y}——分别为 x、y 方向承台上阶边离最近桩边的水平距离。

　　对于圆柱及圆桩，计算时应将其截面换算成方柱及方桩，即取换算柱截面边长 $b_c=$ $0.8d_c$（d_c 为圆柱直径），换算桩截面边长 $b_p=0.8d$（d 为圆桩直径）。

　　对于柱下两桩承台，宜按深受弯构件（$l_0/h<5.0$，$l_0=1.15l_n$，l_n 为两桩净距）计算受弯、受剪承载力，不需要进行受冲切承载力计算。

　　3. 对位于柱（墙）冲切破坏锥体以外的基桩，可按下列规定计算承台受基桩冲切的承载力。

　　1）四桩以上（含四桩）承台受角桩冲切的承载力可按下列公式计算（图 7-3-3）：

$$N_l \leqslant [\beta_{1x}(c_2+a_{1y}/2)+\beta_{1y}(c_1+a_{1x}/2)]\beta_{hp}f_th_0 \tag{7-3-5a}$$

$$\beta_{1x}=\frac{0.56}{\lambda_{1x}+0.2} \tag{7-3-5b}$$

$$\beta_{1y}=\frac{0.56}{\lambda_{1y}+0.2} \tag{7-3-5c}$$

式中　N_l——不计承台及其上土重，在荷载效应基本组合作用下角桩（含复合基桩）反力设计值；

　　　 β_{1x}，β_{1y}——角桩冲切系数；

　　　 a_{1x}、a_{1y}——从承台底角桩顶内边缘引 45°冲切线与承台顶面相交点至角桩内边缘的水平距离；当柱（墙）边或承台变阶处位于该 45°线以内时，则取由柱（墙）边或承台变阶处与桩内边缘连线为冲切锥体的锥线（图 7-3-3）；

　　　 h_0——承台外边缘的有效高度；

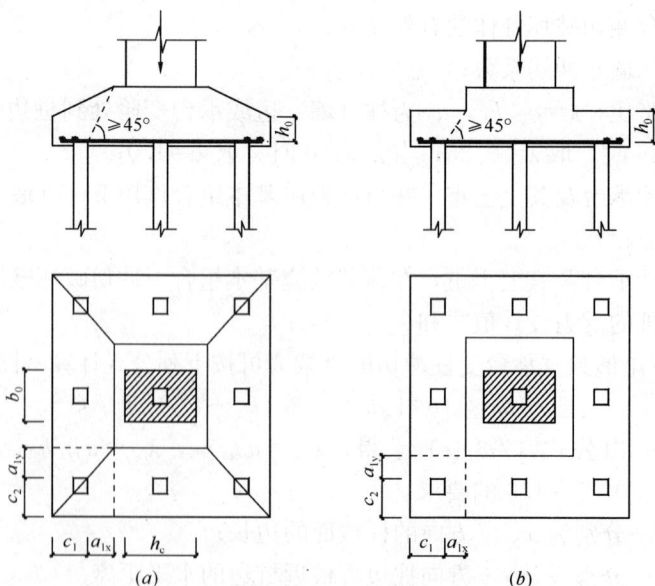

图 7-3-3　四桩以上（含四桩）承台角桩冲切计算示意

（a）锥形承台；（b）阶形承台

λ_{1x}、λ_{1y}——角桩冲跨比，$\lambda_{1x}=a_{1x}/h_0$，$\lambda_{1y}=a_{1y}/h_0$，其值均应满足 $0.25\sim1.0$ 的要求。

2）对于三桩三角形承台可按下列公式计算受角桩冲切的承载力（图 7-3-4）

底部角桩

$$N_l\leqslant\beta_{11}(2c_1+a_{11})\beta_{hp}\tan\frac{\theta_1}{2}f_t h_0 \quad (7\text{-}3\text{-}6a)$$

$$\beta_{11}=\frac{0.56}{\lambda_{11}+0.2} \quad\quad (7\text{-}3\text{-}6b)$$

顶部角桩

$$N_l\leqslant\beta_{12}(2c_2+a_{12})\beta_{hp}\tan\frac{\theta_2}{2}f_t h_0 \quad (7\text{-}3\text{-}6c)$$

$$\beta_{12}=\frac{0.56}{\lambda_{12}+0.2} \quad\quad (7\text{-}3\text{-}6d)$$

式中　λ_{11}、λ_{12}——角桩冲跨比，$\lambda_{11}=a_{11}/h_0$，$\lambda_{12}=a_{12}/h_0$，其值均应满足 $0.25\sim1.0$ 的要求；

a_{11}、a_{12}——从承台底角桩顶内边缘引 $45°$ 冲切

图 7-3-4　三桩三角形
承台角桩冲切计算示意

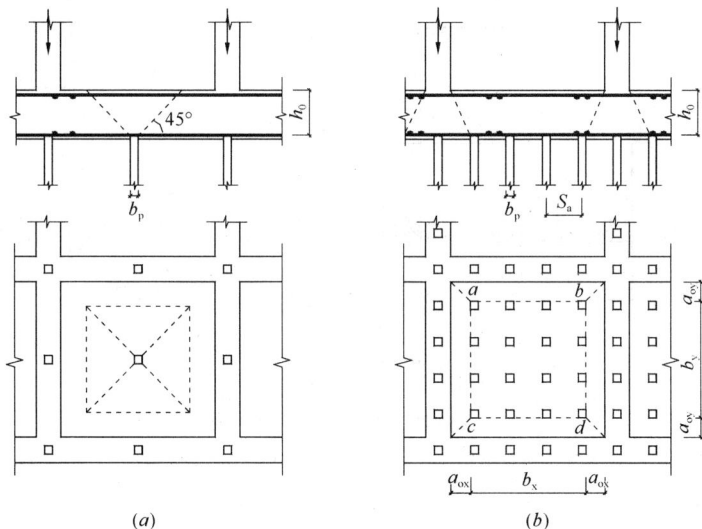

线与承台顶面相交点至角桩内边缘的水平距离；当柱（墙）边或承台变阶处位于该 $45°$ 线以内时，则取由柱（墙）边或承台变阶处与桩内边缘连线为冲切锥体的锥线。

3）对于箱形、筏形承台，可按下列公式计算承台受内部基桩的冲切承载力：

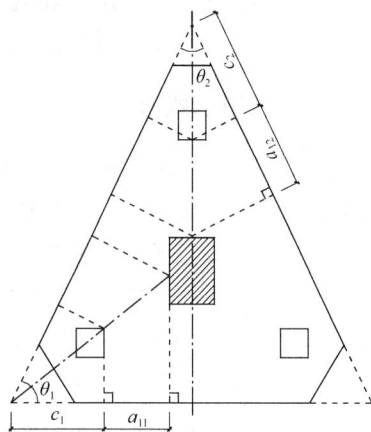

图 7-3-5　基桩对筏形承台的冲切和墙对筏形承台的冲切计算示意
（a）受基桩的冲切；（b）受桩群的冲切

（1）应按下式计算受基桩的冲切承载力（图 7-3-5a）
$$N_l\leqslant2.8(b_p+h_0)\beta_{hp}f_t h_0 \quad\quad (7\text{-}3\text{-}7a)$$

（2）应按下式计算受桩群的冲切承载力（图 7-3-5b）
$$\sum N_{li}\leqslant2\left[\beta_{0x}(b_y+a_{0y})+\beta_{0y}(b_x+a_{0x})\right]\beta_{hp}f_t h_0 \quad\quad (7\text{-}3\text{-}7b)$$

式中　β_{0x}、β_{0y}——由公式（7-3-5b）求得，其中 $\lambda_{0x}=a_{0x}/h_0$，$\lambda_{0y}=a_{0y}/h_0$，λ_{0x}、λ_{0y}均应满足 $0.25\sim1.0$ 的要求；

　　N_l、$\sum N_{li}$——不计承台和其上土重，在荷载效应基本组合下，基桩或复合基桩的净反力设计值、冲切锥体内各基桩或复合基桩反力设计值之和。

（三）抗弯承载力

桩基承台抗弯计算主要内容就是确定在外荷载及桩顶反力作用下承台结构内的弯矩，当弯矩确定后，便可按普通钢筋混凝土梁、板构件计算承台梁、板的配筋。

1. 柱下独立桩基承台板的正截面弯矩可按下列公式计算：

1）两桩条形承台和多桩矩形承台弯矩计算截面取在柱边和承台变阶处（图 7-3-6a，h_0为柱边承台有效高度），可按下列公式计算：

$$M_x = \sum N_i y_i \qquad (7\text{-}3\text{-}8a)$$
$$M_y = \sum N_i x_i \qquad (7\text{-}3\text{-}8b)$$

式中　M_x、M_y——分别为绕 X 轴和绕 Y 轴方向计算截面处的弯矩设计值；

　　x_i、y_i——垂直 Y 轴和 X 轴方向自桩轴线到相应计算截面的距离；

　　N_i——不计承台及其上土重，在荷载效应基本组合下的第 i 基桩或复合基桩竖向反力设计值。

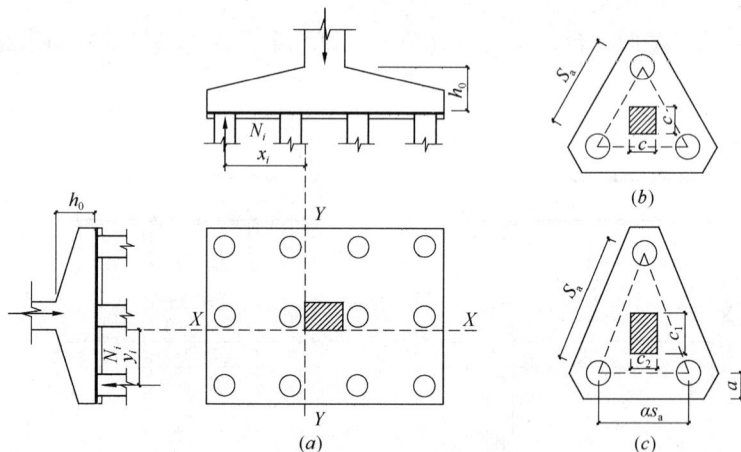

图 7-3-6　承台弯矩计算示意

（a）矩形多桩承台；（b）等边三桩承台；（c）等腰三桩承台

2）三桩承台

（1）等边三桩承台（图 7-3-6b）

$$M = \frac{N_{max}}{3}\left(S_a - \frac{\sqrt{3}}{4}c\right) \qquad (7\text{-}3\text{-}8c)$$

式中　M——通过承台形心至各边边缘正交截面范围内板带的弯矩设计值；

　　N_{max}——不计承台及其上土重，在荷载效应基本组合下三桩中最大基桩或复合基桩竖向反力设计值；

　　S_a——桩中心距；

c——方柱边长，圆柱时 $c=0.8d$（d 为圆柱直径）。

（2）等腰三桩承台（图 7-3-6c）

$$M_1 = \frac{N_{\max}}{3}\left(S_a - \frac{0.75}{\sqrt{4-\alpha^2}}c_1\right) \tag{7-3-8d}$$

$$M_2 = \frac{N_{\max}}{3}\left(\alpha S_a - \frac{0.75}{\sqrt{4-\alpha^2}}c_2\right) \tag{7-3-8e}$$

式中　M_1、M_2——分别为通过承台形心至两腰边缘和底边边缘正交截面范围内板带的弯
　　　　　　矩设计值；

　　　　S_a——长向桩中心距；

　　　　α——短向桩中心距与长向桩中心距之比，当 α 小于 0.5 时，应按变截面的
　　　　　　二桩承台设计；

　　　　c_1、c_2——分别为垂直于、平行于承台底边的柱截面边长。

2. 箱形承台和筏形承台的弯矩计算

1）箱形承台和筏形承台的弯矩宜考虑地基土层性质、基桩分布、承台和上部结构类型和刚度，按地基—桩—承台—上部结构共同作用原理分析计算；

2）对于箱形承台，当桩端持力层为基岩、密实的碎石类土、砂土且深厚均匀时；或当上部结构为剪力墙；或当上部结构为框架—核心筒结构且按变刚度调平原则布桩时，箱形承台底板可仅按局部弯矩作用进行计算；

3）对于筏形承台，当桩端持力层深厚坚硬、上部结构刚度较好，且柱荷载及柱间距的变化不超过 20% 时；或当上部结构为框架—核心筒结构且按变刚度调平原则布桩时，可仅按局部弯矩作用进行计算。

3. 柱下条形承台梁的弯矩可按下列规定计算：

1）一般可按弹性地基梁（地基计算模型应根据地基土层特性选取）进行分析计算。

将柱作为支座采用倒置连续梁或倒楼盖法计算承台梁或承台板的弯矩，当倒置连续梁或倒楼盖的支座竖向反力与实际上部结构柱的竖向荷载二者之间出入较大时，则应适当调整桩位并重复上述计算过程，当支座竖向反力与上部竖向荷载基本吻合，就可确定为最后计算弯矩。

2）当桩端持力层深厚坚硬且桩柱轴线不重合时，可视桩为不动铰支座，按连续梁计算。

可先将承台梁或承台板上的荷载按静力等效原则移至承台梁或承台板底面桩群形心处，并根据公式（7-3-9）求出桩顶反力 N_i，然后在确定承台梁或承台板的弯矩时可按下列方法计算：

（1）当桩基的沉降量较小且均匀时，可将单桩简化为一个弹簧，按支承与弹簧上的弹性梁或板来近似计算承台梁或承台板的弯矩，其中桩的弹簧常数可近似按下式

$$k = \frac{1}{\dfrac{\lambda L}{EA} + \dfrac{1}{c_0 A_0}} \tag{7-3-9}$$

式中　k——桩的弹簧常数；

　　　　λ——桩侧阻力分布形式系数，当桩侧阻力沿桩身均匀分布时，$\lambda=(1+\alpha')/2$；当

桩侧阻力沿桩身三角形分布时，$\lambda=(2+\alpha')/3$；当端承桩时，$\lambda=1$；其中 α' 为桩端极限阻力占桩的极限承载力的比例；

L——桩长

E——桩身弹性模量；

A——桩身截面积；

c_0——桩端地基土竖向抗力系数，$c_0=m_0L$，m_0 桩端地基土竖向抗力系数的比例系数；当 $L<10\mathrm{m}$ 时，以 $10\mathrm{m}$ 计。

A_0——桩侧阻力扩散至桩端平面所围成的圆面积，$A_0=\pi\left(\dfrac{d}{2}+L\tan\dfrac{\bar{\phi}}{4}\right)^2\leqslant\dfrac{\pi}{4}S_\mathrm{a}^2$，

当该面积超过以相邻桩端中心距 S_a 为直径的面积时，则 A_0 取后者，$\bar{\phi}$ 为桩端侧土内摩擦角加权平均值。

4. 墙下桩基承台梁的弯矩计算

主要问题是如何考虑墙体与承台梁的共同作用，即作用于承台梁上的有效竖向荷载的取值问题。实际工程中基于不同荷载分布假定常用的有以下三种不同的弯矩和剪力计算方法：

1）均布全荷载连续梁法：不考虑墙体与承台梁的共同作用，将墙体传下的荷载均布于承台梁上，以桩作为支座，按普通连续梁计算其弯矩和剪力；

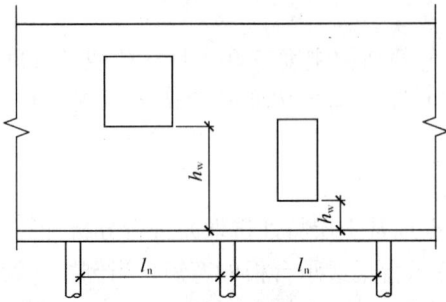

图 7-3-7　过梁荷载取值

2）过梁荷载取值法：按《砌体结构设计规范》（GB 50003—2001）中有关过梁荷载取值的规定确定连续承台梁的荷载（图 7-3-7）。

（1）对砖砌体，当过梁上的墙体高度 $h_\mathrm{w}\leqslant l_\mathrm{n}/3$（$l_\mathrm{n}$ 为过梁的净跨，即桩的净距）时，应按墙体的均布自重采用。当墙体高度 $h_\mathrm{w}\geqslant l_\mathrm{n}/3$ 时，应按高度为 $l_\mathrm{n}/3$ 墙体的均布自重采用；

（2）对混凝土砌块砌体，当过梁上的墙体高度 $h_\mathrm{w}\leqslant l_\mathrm{n}/2$ 时，应按墙体的均布自重采用。当墙体高度 $h_\mathrm{w}\geqslant l_\mathrm{n}/2$ 时，就按高度为 $l_\mathrm{n}/2$ 墙体的均布自重采用。

弯矩和剪力计算与连系梁法相同。

3）倒置弹性地基梁荷载取值（图 7-3-8）

墙下连续承台梁内力计算公式　　　　　　　　　　　　表 7-3-3

内　力	计算简图编号	内力计算公式	
支座弯距	(a)、(b)、(c)	$M=-p_0\dfrac{a_0^2}{12}\left(2-\dfrac{a_0}{L_\mathrm{c}}\right)$	$(7\text{-}3\text{-}10a)$
	(d)	$M=-q\dfrac{L_\mathrm{c}^2}{12}$	$(7\text{-}3\text{-}10b)$
跨中弯距	(a)、(c)	$M=p_0\dfrac{a_0^3}{12L_\mathrm{c}}$	$(7\text{-}3\text{-}10c)$
	(b)	$M=\dfrac{p_0}{12}\left[L_\mathrm{c}\left(6a_0-3L_\mathrm{c}+0.5\dfrac{L_\mathrm{c}^2}{a_0}\right)-a_0^2\left(4-\dfrac{a_0}{L_\mathrm{c}}\right)\right]$	$(7\text{-}3\text{-}10d)$
	(d)	$M=\dfrac{qL_\mathrm{c}^2}{24}$	$(7\text{-}3\text{-}10e)$

续表

内　力	计算简图编号	内力计算公式	
最大剪力	(a)、(b)、(c)	$Q=\dfrac{p_0 a_0}{2}$	$(7\text{-}3\text{-}10f)$
	(d)	$Q=\dfrac{qL}{2}$	$(7\text{-}3\text{-}10g)$

注：当连续承台梁少于 6 跨时，其支座与跨中弯距应按实际跨数和图 7-3-8 求计算公式。

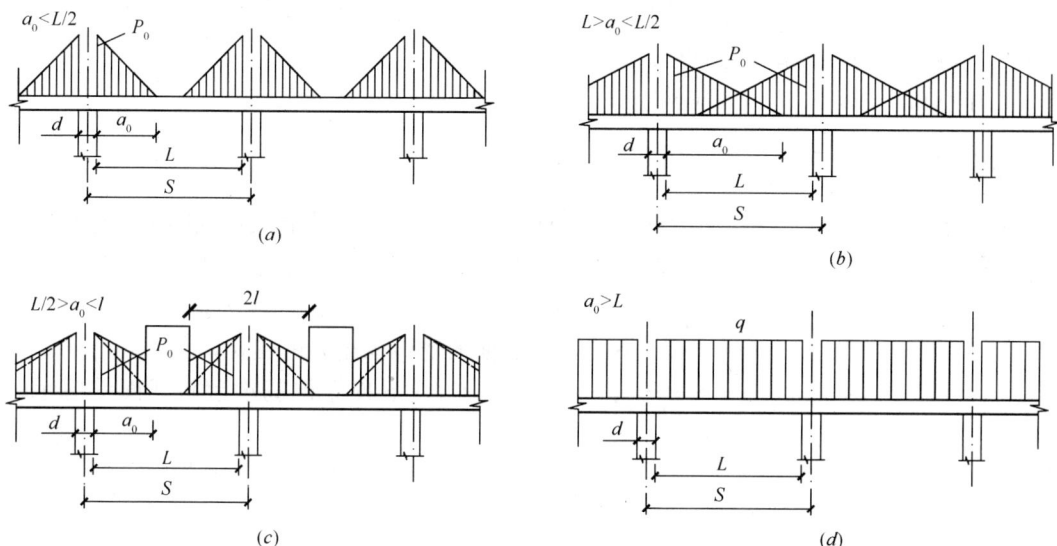

图 7-3-8　倒置弹性地基梁荷载取值

公式（7-3-10）中：

p_0——线荷载的最大值（kN/m），按下式确定：

$$p_0 = \frac{qL_c}{a_0} \qquad (7\text{-}3\text{-}10h)$$

a_0——自桩边算起的三角形荷载图形的底边长度，分别按下列公式确定：

中间跨
$$a_0 = 3.14 \sqrt[3]{\frac{E_n I}{E_k b_k}} \qquad (7\text{-}3\text{-}10i)$$

边跨
$$a_0 = 2.4 \sqrt[3]{\frac{E_n I}{E_k b_k}} \qquad (7\text{-}3\text{-}10j)$$

式中　L_c——计算跨度，$L_c=1.05L$；

　　　L——两相邻桩之间的净距；

　　　q——承台梁底面以上的均布荷载；

　　$E_n I$——承台梁的抗弯刚度；

　　　E_n——承台梁混凝土弹性模量；

　　　I——承台梁横截面的惯性矩；

　　　E_k——墙体的弹性模量；

　　　b_k——墙体的宽度。

当门窗口下布有桩，且承台梁顶面至门窗口的砌体高度小于门窗口的净宽时，则应按倒置的简支梁计算该段梁的弯距，即取门窗净宽的 1.05 倍为计算跨度，取门窗下桩顶荷载为计算集中荷载进行计算。

在以上三种计算方法中，不考虑墙体与承台梁协同工作的均布全荷载连系梁计算弯矩最大，偏于保守，一般不宜采用；过梁荷载取值法的计算弯矩最小，但它是在考虑墙体能充分发挥拱效应的假定下建立起来的，对砌体质量要求较高，可能存在不安全因素；倒置弹性地基梁法考虑了墙梁的协同工作。材料性质、门窗洞口等因素的影响，是较符合实际的，因此在一般情况下宜采用倒置弹性地基梁法计算。墙下承台梁的弯矩求出后，便可按普通钢筋混凝土构件计算抗弯钢筋。

对于承台上的砌体墙，尚应验算桩顶部位砌体的局部承压强度。

(四) 抗剪切承载力

柱（墙）下桩基承台，应分别对柱（墙）边、变阶处和桩边联线形成的贯通承台的斜截面的受剪承载力进行验算。当承台悬挑边有多排基桩形成多个斜截面时，应对每个斜截面的受剪承载力进行验算。

1. 柱下独立桩基承台斜截面受剪承载力计算

1）承台斜截面受剪承载力可按下列公式计算（图 7-3-9）

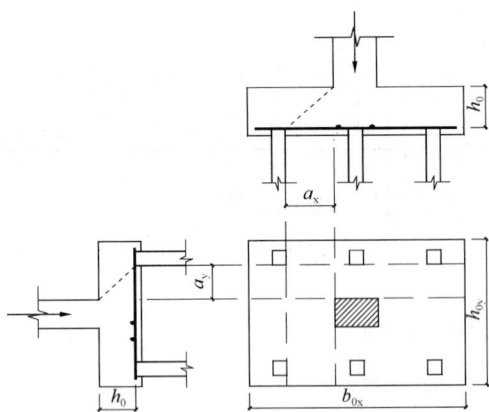

图 7-3-9　承台斜截面受剪计算示意

$$V \leqslant \beta_{hs} \alpha f_t b_0 h_0 \qquad (7\text{-}3\text{-}11a)$$

$$\alpha = \frac{1.75}{\lambda + 1} \qquad (7\text{-}3\text{-}11b)$$

$$\beta_{hs} = \left(\frac{800}{h_0}\right)^{1/4} \qquad (7\text{-}3\text{-}11c)$$

式中　V——不计承台及其上土自重，在荷载效应基本组合下，斜截面的最大剪力设计值；

f_t——混凝土轴心抗拉强度设计值；

b_0——承台计算截面处的计算宽度；

h_0——承台计算截面处的有效高度；

α——承台剪切系数，按公式（7-3-11b）确定；

λ——计算截面的剪跨比，$\lambda_x = a_x/h_0$，$\lambda_y = a_y/h_0$，此处，a_x，a_y 为柱边（墙边）或承台变阶处至 y、x 方向计算一排桩的桩边的水平距离，当 $\lambda < 0.25$ 时，取 $\lambda = 0.25$；当 $\lambda > 3$ 时，取 $\lambda = 3$；

β_{hs}——受剪切承载力截面高度影响系数；当 $h_0 < 800$mm 时，取 $h_0 = 800$mm；当 $h_0 > 2000$mm 时，取 $h_0 = 2000$mm；其间按线性内插法取值。

2）对于阶梯形承台应分别在变阶处（A_1-A_1，B_1-B_1）及柱边处（A_2-A_2，B_2-B_2）进行斜截面受剪承载力计算（图 7-3-10）。

计算变阶处截面 A_1-A_1，B_1-B_1 的斜截面受剪承载力时，其截面有效高度均为 h_{10}，截

面计算宽度分别为 b_{y1} 和 b_{x1}。

计算柱边截面 A_2-A_2，B_2-B_2 的斜截面受剪承载力时，其截面有效高度均为 $h_{10}+h_{20}$，截面计算宽度分别为：

对 A_2-A_2
$$b_{y0} = \frac{b_{y1} \cdot h_{10} + b_{y2} \cdot h_{20}}{h_{10} + h_{20}} \qquad (7\text{-}3\text{-}12a)$$

对 B_2-B_2
$$b_{x0} = \frac{b_{x1} \cdot h_{10} + b_{x2} \cdot h_{20}}{h_{10} + h_{20}} \qquad (7\text{-}3\text{-}12b)$$

3）对于锥形承台应对 A-A 及 B-B 两个截面进行受剪承载力计算（图 7-3-11），截面有效高度均为 h_0，截面的计算宽度分别为：

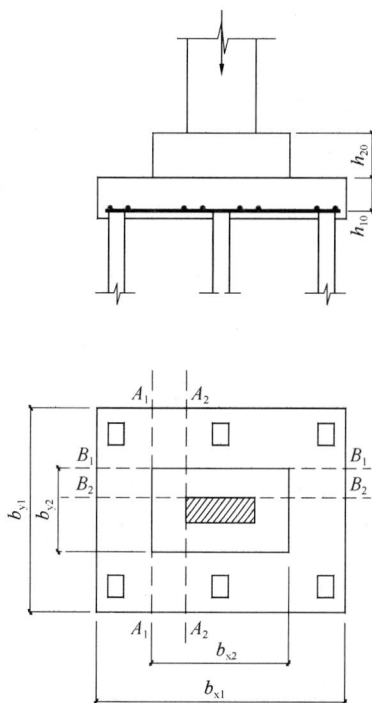

图 7-3-10　阶梯形承台斜截面受剪计算示意　　　图 7-3-11　锥形承台斜截面受剪计算示意

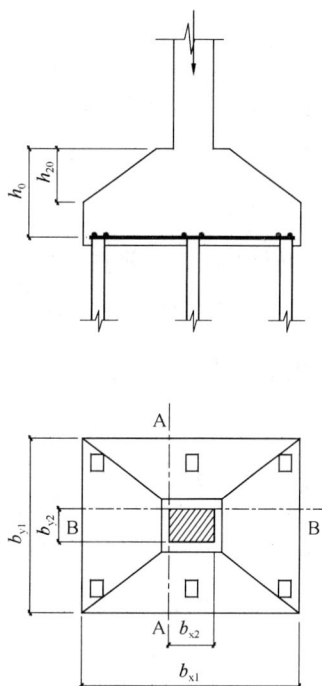

对 A-A
$$b_{y0} = \left[1 - 0.5 \frac{h_{20}}{h_0} \left(1 - \frac{b_{y2}}{b_{y1}} \right) \right] b_{y1} \qquad (7\text{-}3\text{-}12c)$$

对 B-B
$$b_{x0} = \left[1 - 0.5 \frac{h_{20}}{h_0} \left(1 - \frac{b_{x2}}{b_{x1}} \right) \right] b_{x1} \qquad (7\text{-}3\text{-}12d)$$

2. 梁板式筏形承台的梁的受剪承载力可按现行国家标准《混凝土结构设计规范》（GB 50010—2002）计算。

3. 砌体墙下条形承台梁配有箍筋，但未配弯起钢筋时，斜截面的受剪承载力可按下式计算：

$$V \leqslant 0.7 f_t b h_0 + 1.25 f_{yv} \frac{A_{sv}}{s} h_0 \qquad (7\text{-}3\text{-}13)$$

式中 V——不计承台及其上土自重，在荷载效应基本组合下，计算截面处的剪力设计值；

A_{sv}——配置在同一截面内箍筋各肢的全部截面面积；

s——沿计算斜截面方向箍筋的间距；

f_{yv}——箍筋抗拉强度设计值；

b——承台梁计算截面处的计算宽度；

h_0——承台梁计算截面处的有效高度。

4. 砌体墙下承台梁配有箍筋和弯起钢筋时，斜截面的受剪承载力可按下式计算：

$$V \leqslant 0.7f_t b h_0 + 1.25 f_y \frac{A_{sv}}{s} h_0 + 0.8 f_y A_{sb} \sin \alpha_s \qquad (7\text{-}3\text{-}14)$$

式中 A_{sb}——同一截面弯起钢筋的截面面积；

f_y——弯起钢筋的抗拉强度设计值；

α_s——斜截面上弯起钢筋与承台底面的夹角。

5. 柱下条形承台梁，当配有箍筋但未配弯起钢筋时，其斜截面的受剪承载力可按下式计算：

$$V \leqslant \frac{1.75}{\lambda + 1} f_t b h_0 + f_y \frac{A_{sv}}{s} h_0 \qquad (7\text{-}3\text{-}15)$$

式中 λ——计算截面的剪跨比，$\lambda = a/h_0$，a 为柱边至桩边的水平距离；当 $\lambda < 1.5$ 时，取 $\lambda = 1.5$；当 $\lambda > 3$ 时，取 $\lambda = 3$。

（五）正常使用状态计算

由于承台的厚度通常较大，故在一般情况下，承台的挠度很小，可不必进行挠度变形验算。关于裂缝计算问题，对于直接与土接触的钢筋混凝土承台，土中的水、少量的氧气和可能存在的氯化物对承台中的钢筋的锈蚀有着潜在危险，需要时，应验算并控制承台的最大裂缝宽度。计算方法参照《混凝土结构设计规范》（GB 50010—2002）。

第八章 变刚度调平设计

第一节 高层建筑地基基础传统设计剖析和国外动态

一、既有工程出现的问题

（一）天然地基上框筒结构箱筏基础碟形沉降明显

图 8-1-1 为北京中信国际大厦天然地基箱形基础竣工时（1984）和使用 4 年（1988）后相应的沉降等值线。该大厦高 104.1m，框筒结构；双层箱基，高 11.8m；地基为砂砾与黏性土交互层；1984 年建成至今 20 年（2004 年），最大沉降由 6.0cm 发展至 12.5cm，最大差异沉降 $\Delta s_{max} = 0.004L_o$，超过规范允许值 $[\Delta s_{max}] = 0.002L_o$（$L_o$ 为二测点距离）一倍，碟形沉降明显。这说明加大基础的抗弯刚度对于减小差异沉降的效果并不突出，但材料消耗相当可观。

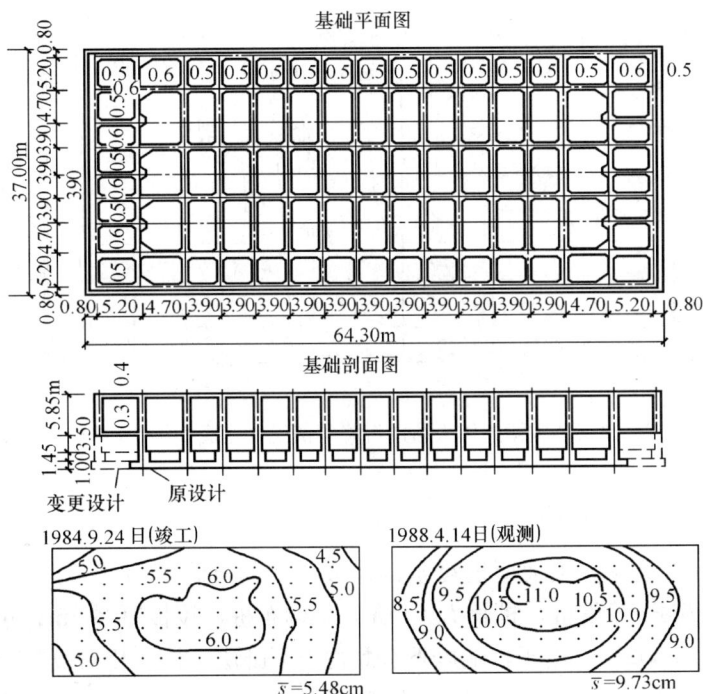

图 8-1-1 北京中信国际大厦箱基础沉降等值线（s 单位：cm）

编写人：高文生（中国建筑科学研究院地基所）

（二）带裙房高层建筑主裙连体沉降差超标

图 8-1-2 所示为北京某大厦建成 2 年沉降等值线。该大厦主楼高 156m，框架-核心筒结构，裙房地上 4 层，地下室主裙均为 3 层，置于同一箱形基础上，箱形基础高 4m，底板厚 0.8m。地基土层分层和性质与北京中信国际大厦类似，也存在黏性土下卧层。建成 2 年，沉降量 $s_{max}=10.2$cm，$s_{min}=1.72$cm。主裙之间差异沉降出现于与主楼相邻的裙房一侧第一跨内，达到 $\Delta s_{max}=0.0045L_0$（L_0 为两测点间距）；主楼范围，核心筒与外框架柱之间的差异沉降也达到 $\Delta s_{max}=0.004L_0$，总体上形成以核心筒为碟底的非对称碟形沉降。根据中信国际大厦沉降最终稳定延续达 20 年，因此本工程沉降和差异沉降将随时间而进一步发展。实际上建成初期箱基底板已开裂。

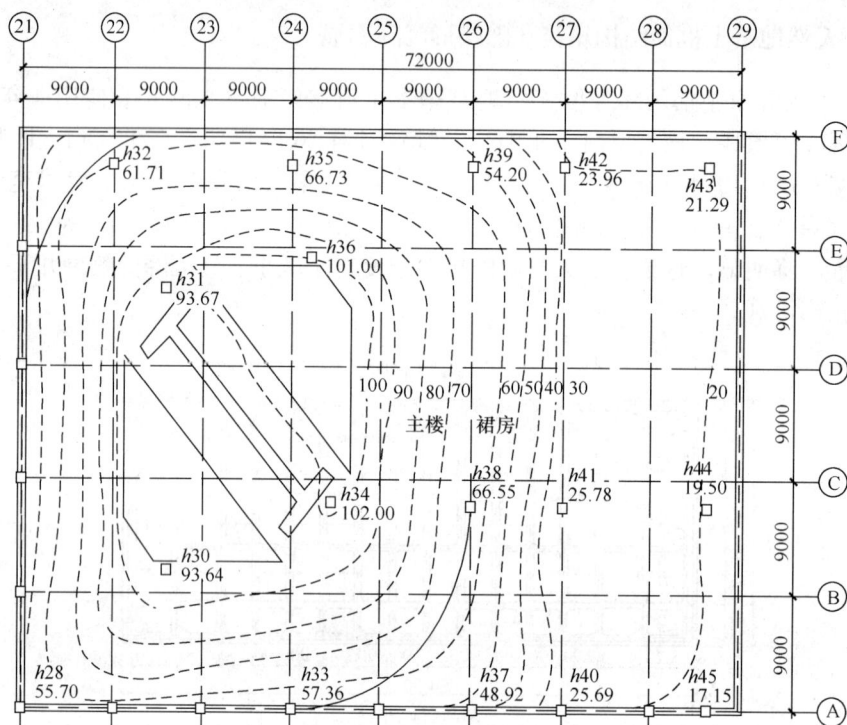

图 8-1-2　北京某主裙连体大厦的沉降等值线（建成 2 年，s 单位：mm）

（三）均匀布桩导致碟形沉降

图 8-1-3 所示为北京南银大厦桩筏基础建成一年的沉降等值线。该大厦高 113m，框筒结构；采用 $\phi400$PHC 管桩，桩长 $L=11$m，均匀布桩，筏板厚 2.5m；建成一年，最大差异沉降 $\Delta s_{max}=0.002L_0$。由于桩端以下有黏性土下卧层，桩长相对较短，预计最终最大沉降量将达 7.0cm 左右，Δs_{max} 将超过允许值。沉降分布与天然地基上箱基类似，呈明显碟形。

这说明设桩虽然提高了支承刚度，减小了沉降，但由于桩筏均匀布桩，导致均匀分布的支承刚度与非均匀分布的荷载不匹配，碟形沉降仍难避免。

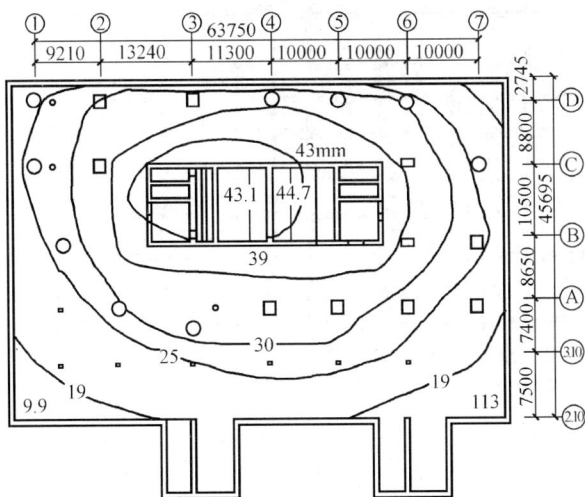

图 8-1-3　北京南银大厦均匀布桩桩筏基础沉降等值线（s：mm）

（四）挤土桩均匀密布导致筏板框架梁开裂

图 8-1-4 所示为昆明某大厦桩筏基础平面、布桩、裂缝示意。该大厦高 99.5m，地上 1～28 层（图 8-1-4a），地下 2 层，框剪结构；基础采用 $\phi500$ 沉管灌注桩，$L=22$m，桩距 $S_a=3.6d$；梁板式筏形承台，主梁 1.40m×2.30m，次梁 0.60m×2.18m；底板厚 0.60m，核心筒部位加厚至 1.00m；基底标高 −11.40m，基底以下土层为粉土、粉质黏土，桩端持力层为中等压缩性黏土层。工程建至 12 层时，基础底板出现局部开裂、渗漏；结构封顶时，底板大面积开裂，最终对承台实施加固，于梁侧加焊钢板、填充混凝土形成平板厚筏承台。

本工程采用均匀密布桩距 3.6d 的挤土灌注桩和施工质量失控是酿成事故的原因。首先，基桩抗力与不均匀荷载不匹配，导致差异沉降和筏板内力加大；其次是密集的沉管灌注桩的挤土效应导致断桩、缩颈、桩土上涌的可能性增大，而施工过程中未采取有效的质

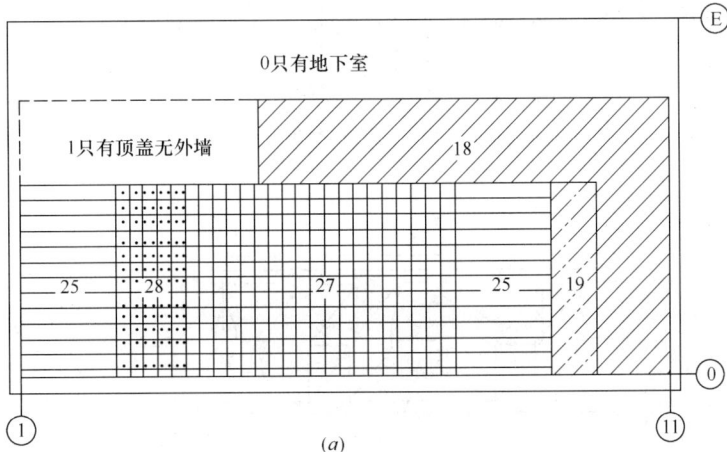

图 8-1-4　昆明某大厦桩筏基础布桩、裂缝示意（一）

（a）高低层平面范围

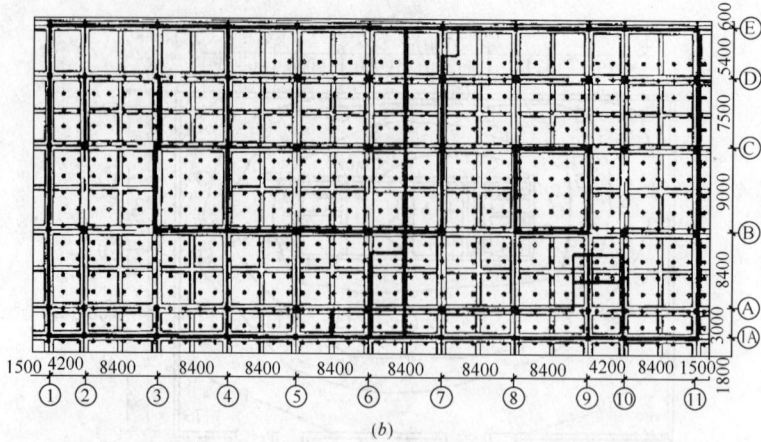

(b)

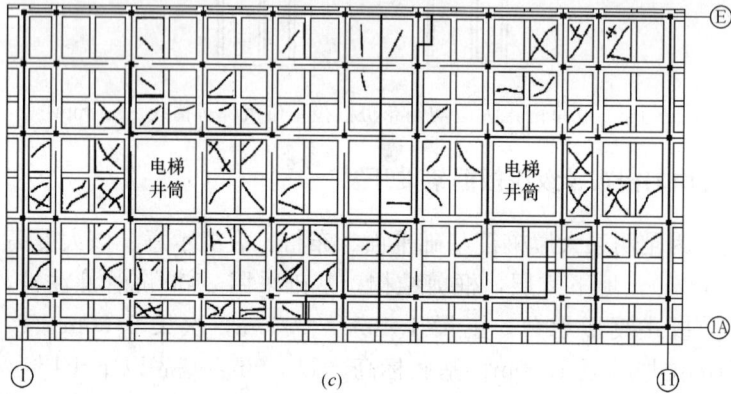

(c)

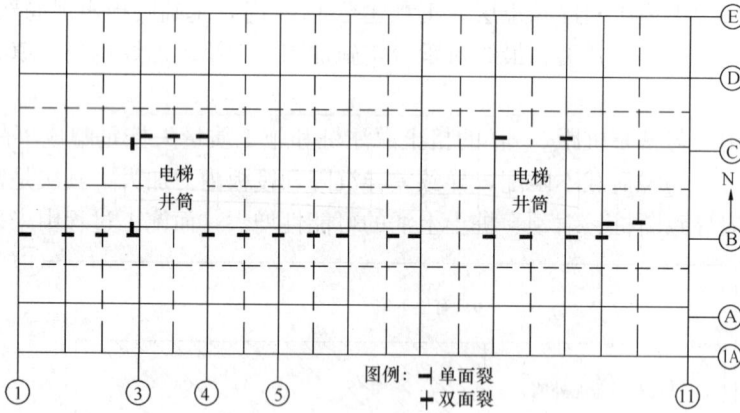

图例： ⊢ 单面裂
　　　 ✚ 双面裂

(d)

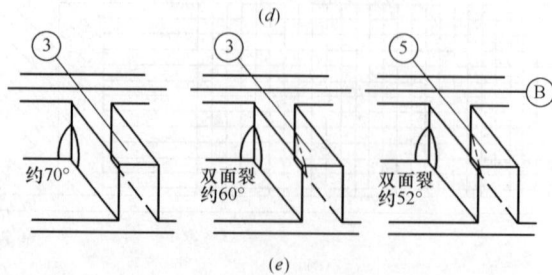

(e)

图 8-1-4　昆明某大厦桩筏基础布桩、裂缝示意（二）
(b) 基础桩位布置图；(c) 底板主要裂缝出现位置示意图；(d) 主次梁斜裂缝出现位置图；
(e) 主梁斜裂缝侧立面示意图

量控制、监测措施，基桩的质量问题加剧了均匀布桩引发的差异沉降和承台开裂。

从图 8-1-4（c）看出，底板裂缝多集中于荷载大的电梯井周围和框架梁与电梯井相连处，这是由于核心筒荷载与其下部桩群反力差形成的冲切力、剪切力所致。由图 8-1-4（d）看出，电梯井侧与基础Ⓑ轴线正交的主次梁端部出现起始于梁下部的斜裂缝和竖向裂缝，这是由于北侧桩群承载力不够引起的剪切和挠曲裂缝。

（五）均匀布桩导致桩土反力分布呈马鞍形

图 8-1-5、图 8-1-6 所示为武汉某大厦桩箱基础桩、土反力实测结果。该大厦为 22 层框剪结构，基桩为 $\phi500$PHC 管桩，$L=22$m，均匀布桩，桩距 3.3d，桩数 344 根，箱底面积 42.7m×24.7m，箱底土层为粉质黏土，桩端持力层为粗中砂。

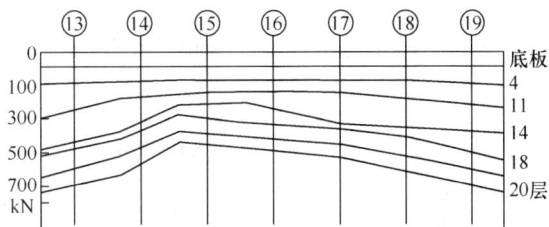

由图 8-1-5 看出，桩顶反力在底板自重作用下呈近似均匀分布，随结构刚度与荷载增加，外缘之增幅大于内部，最终发展为中、边桩反力比达 1∶1.7。图 8-1-6 所示桩间土反力发展为中、边部反力比 1∶1.4。两者均呈马鞍形分布。

图 8-1-5　武汉某大厦桩箱基础桩反力测试结果

这种马鞍形的反力分布必然加大承台的整体弯矩，而整体弯矩的加大不仅促使承台材料消耗增加，还将增大承台挠曲差异变形，并引发上部结构次应力。

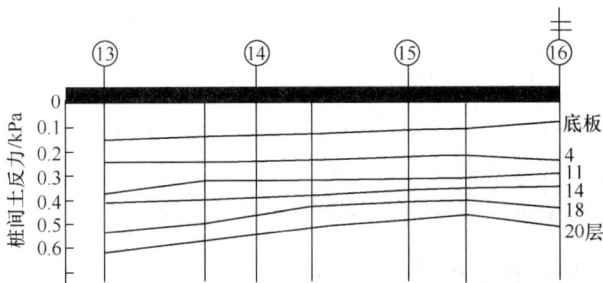

图 8-1-6　武汉某大厦桩箱基础土反力测试结果

（六）加大基础（承台）刚度既不经济且成效有限

1）碟形差异沉降仍不可避免

上述二个天然地基上高层建筑箱基工程均采用了增大基础刚度的作法以图克服荷载不均引起的差异沉降。中信国际大厦设计为 11.8m 高的双层箱基，图 8-1-2 北京某大厦采用 4m 高的箱基，但其实际碟形差异沉降仍超过允许值一倍以上。图 8-1-4 所示昆明某大厦桩筏基础的梁板式承台梁高达 2.3m，刚度不小，然而在基桩为均匀密布且存在严重质量缺陷的条件下，差异变形和承台开裂仍不可避免。

2）主裙差异沉降难以克服

图 8-1-3 所示主裙连体箱基尚未稳定的差异沉降达 0.0045L。底板出现裂缝。其主要原因

是主体的荷载和沉降很大，而裙房为超补偿状态，仅产生回弹再压缩变形，主裙差异沉降达 70mm 以上。基础和上部为框筒结构，刚度贡献有限，无法抵抗该差异变形及由此引起的次生内力，引起底部局部开裂，并由此释放局部次内力。这种结局也是客观的必然。

二、传统设计理念的盲区

上述实际工程出现的差异变形过大、基础和上部结构开裂等问题，是由于传统设计理念存在若干盲区所致。传统设计理念的盲区归纳起来有以下四方面：

(一) 设计中过分追求高层建筑基础利用天然地基

将箱基或厚筏应用于荷载与结构刚度极度不均的超高层框筒结构天然地基，由此导致基础的整体弯矩和挠曲变形过大，差异变形超标，甚至出现基础开裂。

(二) 桩筏设计中，忽视桩的选型应与结构形式、荷载大小相匹配的原则

将小承载力挤土桩用于大荷载高层建筑的情况，由此导致超规范密布大面积挤土桩，既不能有效减小差异沉降和承台内力，又极易引发成桩质量事故。

(三) 桩筏设计中，忽视合理利用复合桩基调整刚度分布减小差异沉降的作用

由于荷载分布不均，布桩必然稀密不一，承台分担荷载作用在疏桩区不予利用，必然导致该部分支承刚度偏高，既不利于调平，又不利于节材。

(四) 桩筏设计中对利用筏板刚度调整荷载、桩反力分布及减小差异沉降的期望值过高

筏板对调整荷载和桩反力、减小差异沉降可起到一定作用，但这是以高投入为代价，且效果不理想。上述中信国际大厦箱基为双层高 11.8m，北京某大厦箱基高 4m，北京南银大厦桩基筏板厚 2.5m，昆明某大厦梁板式承台梁高 2.3m，但差异沉降均超出规范允许值一倍以上。说明通过加大基础或承台刚度并不能有效克服差异沉降，而通过优化布桩，调整支承刚度分布，完全可以实现减小乃至消除差异沉降的目标。

三、国外有关高层建筑基础优化设计现状

(一) 天然地基筏基的优化设计

对于高层建筑筏基的设计，M. F. Randolph 提出在筏板中央区域布少量桩以减小差异沉降和降低筏板整体弯矩[1]。因此打破了传统的通过增大筏板厚度或于筏板范围满布桩以减小差异沉降和整体弯矩的方法。

具体作法是于筏板中部 20%～30% 面积内布桩分担总荷载的 40%～50%，其差异沉降可减至零。桩的承载力设计取值可取极限值的 80%。

(二) 桩土共同分担荷载的复合桩筏基础

对于桩筏基础，M. FvanImpe、F. Badelow、H. G. Poulos、R. Katzenbach. 等提出按桩土共同分担荷载的复合桩基（CPRF）理念优化设计。复合桩基的承载力为桩的总承载

力与筏板总承载力之和；并提出用桩筏系数 α_{pr}＝基桩总承载力／桩筏总承载力来度量基桩对桩筏承载力的贡献。作者认为按复合桩基设计可收到如下效益：

（1）发挥地基土的承载潜能，降低造价；

（2）可为减小差异沉降调整布桩；

（3）桩承载力可按接近于极限承载力取值，以发挥地基土的承载作用，分担一定比例荷载；

（4）可调整基础板厚。

上述作者介绍了如下二个优化设计案例：

案例1：澳大利亚昆土兰一30层共176套住宅的建筑，原设计采用纯桩基，共设140根 $\phi700$ 钻孔嵌岩桩，深40m。经优化改为123根 $\phi700$ 支承于硬土层深18m的长螺旋钻孔桩，筏板厚度800mm。由于按复合桩基设计，减少桩总长2767m。

案例2：澳大利亚昆土兰一23层住宅，带2层地下室，原设计437根 $\phi700$ 和 $\phi900$ 嵌岩桩，优化后改为186根 $\phi500$ 和46根 $\phi900$ 长螺旋钻孔桩，进入强风化岩，板厚450mm，核心筒区板厚800mm。

（三）调整桩长减小差异沉降

1988～1990年德国法兰克福会展中心是采用长短桩调整差异沉降和采用桩土共同分担荷载的早期代表性工程。该建筑高156m，框筒结构，若采用天然地基，沉降将达40～50cm，差异沉降将达15cm；若采用纯桩基，桩长、桩数多，耗资巨大。优化后，采用64根 $\phi1300mm$、桩长29～35m钻孔桩；由桩分担荷载60％，筏板分担40％；实测最大沉降14.4cm，差异沉降 $\Delta s_{max}=0.0017L_0$。最终沉降分布如图8-1-7所示。

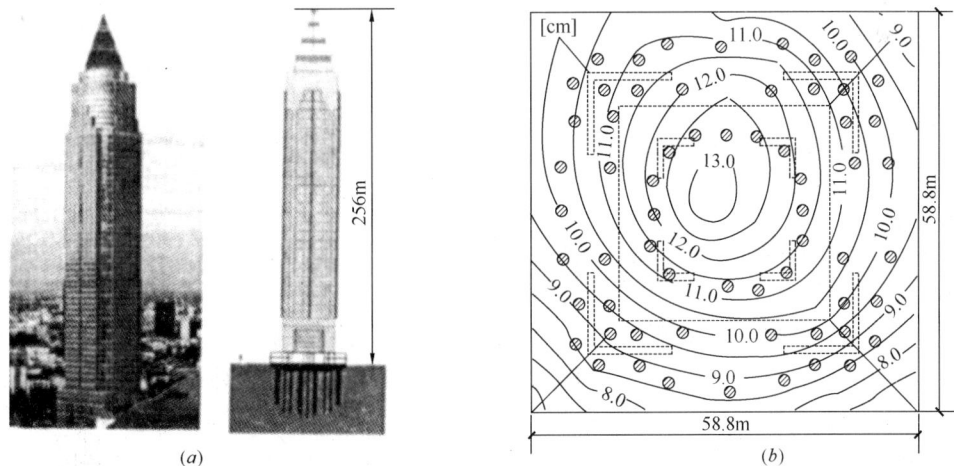

图 8-1-7 法兰克福会展中心桩筏基础
（a）工程全貌；（b）实测沉降

（四）共同作用分析

上部结构-基础（承台）-地基（桩土）的共同作用计算分析自20世纪60年代起在岩土工程界着手研究，其理论体系依托于经典的弹性理论，其数学方法借助于有限元数值分析。计算分析的目的是求得共同作用条件下沉降变形分布、桩土反力分布、基础（承台）内力分布，并据此检验沉降、差异沉降，确定基础配筋；对于概念设计不合理部分进行调整，达到设计优化和细化的目标。共同作用计算分析的核心是地基或桩土刚度的凝聚。凝聚于基底的桩土刚度矩阵是由柔度矩阵求逆而得，而柔度系数就是桩-桩、桩-土、土-桩、土-土相互作用系数，通常由 Mindlin 解求得。大量试验证明，按连续介质弹性理论求得的桩土相互作用系数远大于非连续非弹性介质土体的实测值，由此导致计算的沉降、桩土反力值和不均匀度远大于实测值。这样一来，使得共同作用分析的实际价值大大降低。对于这点，这一领域的权威学者 H. G. Ploulos 也有此共识。

我们根据大量的试验结果提出一个弹性理论桩土相互作用系数的修正模型，由此使计算分析与实测比较接近。

（五）发展趋势

国际高层建筑基础的发展趋势大体可以归纳为以下几个方面：

1）突破高层建筑基础设计的两种倾向：一是增大筏板厚度，提高抗挠曲刚度，以图减小差异沉降量的做法；二是桩筏基础采取满布桩，以图减小沉降量从而降低差异沉降的做法。

2）应将筏型承台-桩-土视为共同作用体系，建立起复合桩筏基础（CPRF）设计理念。

3）优化桩的布置，采取局部布桩、长短桩混布等模式。

4）在满足承载力和稳定性的前提下，不刻意追求桩端嵌岩。

5）对于摩擦型桩桩筏基础，主张将基桩承载力取值提高至极限值，有效发挥筏板下地基土的承载潜能。

第二节　变刚度调平设计概要

一、变刚度调平设计原理

高层建筑地基（桩土）作为上部结构-基础-地基（桩土）体系中的组成部分，其沉降受三者共同作用的制约。共同作用的总体平衡方程为：

$$([K]_{st} + [K]_F + [K]_{s(p,s)})\{U\} = \{F\}_{st} + \{F\}_F \tag{8-2-1}$$

式中 $[K_{st}]$ 为凝聚于基础（承台）顶面的上部结构刚度矩阵；$[K_F]$ 为凝聚于基础（承台）底面的基础（承台）刚度矩阵；$[K_{s(ps)}]$ 为凝聚于基底的地基土（桩土）支承刚度矩阵；$\{U\}$ 为基础（承台）底节点位移向量；$\{F_{st}\}$，$\{F_F\}$ 分别为凝聚于基底的上部结构、基础（承台）荷载向量。

显然，对于某一特定的上部结构、基础和地基，其刚度矩阵 $[K_{st}]$、$[K_F]$、$[K_s]$ 是确定的，相应的荷载、位移向量 $\{F_{st}\}$、$\{F_F\}$、$\{U\}$ 也随之确定。要使沉降趋于均匀，对于天然地基而言，唯有加大基础的刚度 $[K_F]$，但如前所述理论分析和工程实例表明，这样做的效果并不明显，对于非坚硬地基而荷载大而不均的情况是不可取的。因此，要使沉降趋于均匀，唯有依靠调整桩土支承刚度 $[K_{sp}]$，使之与荷载分布和相互作用效应匹配。这也是优化高层建筑地基基础设计、减少乃至消除差异沉降的有效、可行而又经济的途径。

二、影响差异沉降的因素

（一）荷载大小与分布

对于相同地质、基础尺寸和埋深条件，沉降量随荷载增大而增加，差异沉降随之增大。因此，对于高层建筑而言，其差异沉降问题较之多层建筑更为突出。

荷载分布的不均导致沉降分布不均，而且往往成为差异沉降发生的主因。

荷载的分布特征与高层建筑主体的结构型式及建筑体型有关，而且这两者是决定荷载分布的主要因素。体型的变化包含建筑主体的体型及主体与裙房相连形成主裙连体体型，而主裙连体是荷载差异最大的建筑体型。

建筑结构型式包含表 8-2-1 所列 6 种，其竖向荷载分布较均匀的是落地剪力墙体系，荷载分布最为不均的是框架-核心筒和筒中筒结构体系。后二者由于核心筒墙体密集，除其自重较大外还承受外围框架约 1/2 跨范围的楼盖荷载，因而荷载集度约为外围的 3~4 倍，成为这类建筑出现显著碟形沉降乃至基础开裂的基本因素。这也是我们设计应予关注的重点。

不同结构体系对基础差异沉降的影响　　　　　　　　　　　表 8-2-1

结构体系	竖向荷载特征	结构刚度特征	结构刚度对基础的贡献
框架	柱网均匀条件下，角边柱荷载小于内柱，电梯楼梯间荷载大	整体刚度小	结构刚度贡献小
框架-剪力墙	与框架结构类似	电梯楼梯间和剪力墙集中区刚度大	结构刚度贡献略大于框架
落地剪力墙（简称剪力墙）	线形荷载，较均匀，电梯楼梯间荷载集度约大 1 倍	整体刚度大	结构刚度对基础的贡献大
框支剪力墙	以柱集中荷载为主，电梯楼梯间荷载集度约大 1.5~2 倍	刚度比框架-剪力墙略大	结构刚度对基础的贡献大于框架-剪力墙
框架-核心筒	核心筒荷载集度为外围的 3~4 倍	核心筒刚度大，外围框架刚度小	结构刚度对基础的贡献较小
筒中筒	与框架-核心筒类似	内外筒刚度大，整体刚度小	结构刚度对基础的贡献略大于框筒结构

（二）上部结构刚度

上部结构刚度主要指结构的整体刚度，对制约差异沉降起到一定作用，也就是所谓对基础刚度的贡献。落地剪力墙体系（简称剪力墙结构）由于其刚度大且分布均匀连续，对基础刚度的贡献也最大。框架-核心筒（简称框筒）体系，虽然核心筒的刚度很大，但外围框架的刚度相对较小，因而对制约基础内外差异变形的刚度贡献不大。筒中筒结构体系，其外筒为密集框架（间距不大于 4m）构成，主要目的在于增强结构的抗侧力性能，适用于超高层建筑，对于基础的刚度贡献略大于框筒结构。

总的来说，如表 8-2-1 所列上部结构刚度对于制约基础差异沉降的贡献因结构型式而异，除剪力墙体系以外，其余结构体系对制约差异沉降的贡献以框筒、框剪结构最差。

（三）地基、桩基条件

对于天然地基上筏板基础，地基的均匀性是制约差异沉降的关键因素，地基土的压缩性是影响沉降量和差异沉降的主要因素。天然地基承载力满足建筑物荷载要求的条件下，沉降变形不见得满足要求，因而在这种情况下变形控制分析十分重要。桩基是高层建筑的主要基础形式，然而，不是采用桩基就能圆满解决差异沉降问题，第一章有关传统设计剖析中所举工程实例说明了这一点。桩基础优化设计是变刚度调平设计的核心内容，因为桩是调整支承刚度分布的灵活有效的竖向支承体。

（四）相互作用效应

承台-桩-土的相互作用效应导致：均布荷载下桩、土反力分布呈内小外大的马鞍形分布；基础应力场随面积增大而加深；群桩沉降随桩距减小和桩数增加而增大；基础或承台的沉降呈中部大外围小的碟形分布；相邻基础因相互影响而倾斜；核心筒不仅因荷载集度高而且因受外围框架区基础应力场的相互影响而导致沉降加大，等等。

三、变刚度调平设计原则

总体思路：以调整桩土支承刚度分布为主线，根据荷载、地质特征和上部结构布局，考虑相互作用效应，采取增强与弱化结合，减沉与增沉结合，刚柔并济，局部平衡，整体协调，实现差异沉降、承台（基础）内力和资源消耗的最小化。

1) 根据建筑物体型、结构、荷载和地质条件，选择桩基、复合桩基、刚性桩复合地基，合理布局，调整桩土支承刚度分布，使之与荷载匹配。对于荷载分布极度不均的框筒结构，核心筒区宜采用常规桩基，外框架区宜采用复合桩基；中低压缩性土地基，高度不超过60m的框筒结构、高度不超过100m的剪力墙结构可采用刚性桩复合地基或核心筒区局部刚性桩复合地基；并通过变化桩长、桩距调整刚度分布。

2) 为减小各区位应力场的相互重叠对核心区有效刚度的削弱，桩土支承体布局宜做到竖向错位或水平向拉开距离。采取长短桩结合、桩基与复合桩基结合、复合地基与天然地基结合以减小相互影响，优化刚度分布，如图8-2-1所示。

3) 考虑桩土的相互作用效应，支承刚度的调整宜采用强化指数进行控制。核心区强化指数宜为1.05～1.30，外框为二排柱者应大于一排柱，满堂布桩者应大于柱下和筒下布桩，内外桩长相同者应大于桩长不同、桩底竖向错位、水平间距较大的布局。外框区的弱化指数宜为0.95～0.85，增强指数越大，相应的弱化指数越小。在全筏总承载力特征值与总荷载标准值平衡的条件下，只需控制核心区强化指数，外框区弱化指数随之实现。

核心区强化指数 ξ_s 为核心区抗力比 λ_R^c 与荷载比 λ_F^c 之比：

$$\xi_s = \lambda_R^c / \lambda_F^c$$

$$\lambda_R^c = R_{ak}^c / R_{ak}$$

$$\lambda_F^c = F_k^c / F_k$$

其中，R_{ak}^c、R_{ak} 分别为核心区（核心筒及核心筒边至相邻框架柱跨距的1/2范围）的承载力特征值和全筏基承载力特征值；F_k^c、F_k 分别为核心区荷载标准值和全筏荷载标准值。当桩筏总承载力特征值与总荷载标准值相同时，核心区增强指数 ξ_s 即为核心区的抗力荷载比。

4) 对于主裙连体建筑，应按增强主体、弱化裙房的原则设计，裙房宜优先采用天然地基、疏短桩基；对于较坚硬地基，可采用改变基础形式加大基底压力、设置软垫等增沉措施。

5) 桩基的基桩选型和桩端持力层确定，应确保单桩承载力具有较大的调整空间。基桩宜集中布于柱、墙下，以降低承台内力，最大限度发挥承台底地基土分担荷载作用，减小柱下桩基与核心筒桩基的相互作用（图8-2-1）。

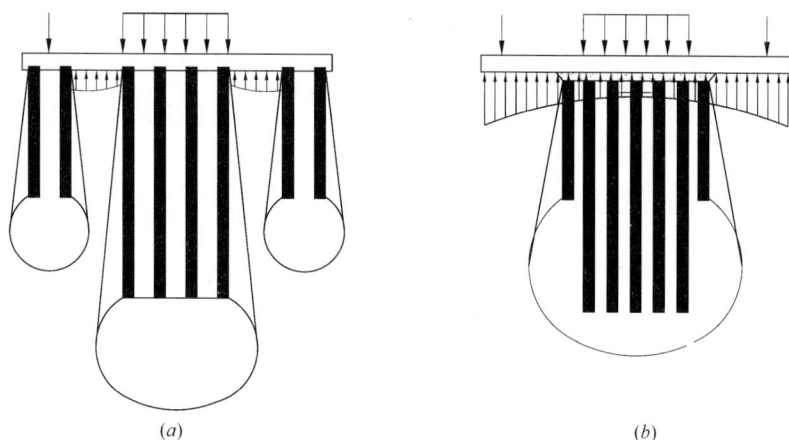

图 8-2-1　框筒结构变刚度优化模式

(*a*) 桩基；(*b*) 刚性桩复合地基

6) 宜在概念设计的基础上进行上部结构-基础（承台）-桩土的共同作用分析，优化细化设计；差异沉降控制宜严于规范值，以提高耐久性可靠度，延长建筑物正常使用寿命。

第三节　变刚度调平设计细则和工程应用

一、桩基变刚度设计细则

（一）框筒结构

核心筒和外框柱的基桩宜按集团式布置于核心筒和柱下，以减小承台内力和减小各部分的相邻影响。荷载高集度区的核心筒，桩数多桩距小，不考虑承台分担荷载效应。对于非软土地基，外框区应按复合桩基设计，既充分发挥承台分担荷载效应，减少用桩量，又可降低内外差异沉降。当存在 2 个以上桩端持力层时，宜加大核心筒桩长，减小外框区桩长，形成内外桩基应力场竖向错位，以减小相互影响，降低差异沉降。

以桩筏总承载力特征值与总荷载效应标准组合值平衡为前提，强化核心区，弱化外框区。核心区强化指数，对于核心区与外框区桩端平面竖向错位或外框区柱下桩数不超过 5 根时，宜取 1.05～1.15，外框架为一排柱取低值，二排柱取高值；对于桩端平面处在同一标高且柱下桩数超过 5 根时，核心区强化指数宜取 1.2～1.3，一排柱取低值。外框区弱化指数根据核心区强化指数越高、弱化指数越低的关系确定；或按总承载力特征值与总荷载标准值平衡，单独控制核心区强化指数，使外框区相应弱化。

对于框剪、框支剪力墙、筒中筒结构型式，可按照框筒结构变刚度调平原则布桩，对荷载集度高的电梯井、楼梯间予以强化，其强化指数按其荷载分布特征确定。

（二）剪力墙结构

剪力墙结构不仅整体刚度好，且荷载由墙体传递于基础，分布较均匀。对于荷载集度较高的电梯井和楼梯间应强化布桩。基桩宜布置于墙下，对于墙体交叉、转角处应予以布桩。当单桩承载力较小，按满堂布桩时，应适当强化内部弱化外围。

(三) 桩基承台设计

由于按前述变刚度调平原则优化布桩，各分区自身实现抗力与荷载平衡，促使承台所受冲切力、剪切力和整体弯矩降至最小，因而承台厚度可相应减小。按传统设计理念，桩筏基础的筏式承台往往采用与天然地基上筏式基础相同要求确定其最小板厚、梁高等。对变刚度调平设计的承台应按计算结果确定截面和配筋，其最小板厚和梁高对于柱下梁板式承台，梁的高跨比和平板式承台板的厚跨比，宜取 1/8（天然地基筏板最小厚度 1/6～3/4）；梁板式筏式承台的板厚与最大双向板格短边净跨之比不宜小于 1/16，且不小于 400mm；对于墙下平板式承台厚跨比不宜小于 1/20，且厚度不小于 400mm。筏板最小配筋率应符合规范要求。

筏式承台的选型，对于框筒结构，核心筒和柱下集团式布桩时，核心筒宜采用平板，外框区宜采用梁板式；对于剪力墙结构，宜采用平板式。承台配筋，在实施变刚度调平布桩时，可按局部弯矩计算确定。

(四) 共同作用分析与沉降计算

对于框筒结构宜进行上部结构 - 承台 - 桩土共同作用计算分析，据此确定沉降分布、桩土反力分布和承台内力。当计算差异沉降未达到最佳目标时，应重新调整布桩直至满意为止。

当不进行共同作用分析时，应按规范规定计算沉降，据此分析检验差异沉降等指标。变刚度调平设计中常见单柱单桩、单排桩、疏桩复合地基等各种情况，对其应按新颁《建筑桩基技术规范》（JGJ 94—2008）的相应规定计算沉降。

二、桩基变刚度调平设计工程应用

(一) 北京电视中心桩筏基础

1. 工程概况

北京电视中心工程位于北京市朝阳区建国门外大街 98 号，由综合业务大楼（高

度 236m，地上 28～41 层）、多功能演播中心（高度 48m，地上 9～11 层）、生活服务中心（高度 52m，地上 11 层）以及纯地下车库组成，均设地下 3 层局部地下 4 层的地下室，总用地面积约 3.6 万 m²，总建筑面积 18.3 万 m²。2003 年初开始建设，即将投入使用。

本工程属大底盘多塔建筑群，特别是综合业务大楼为超高层建筑，采用巨型框架结构体系，即整个结构由布置于建筑四角的四个巨型筒体柱（为垂直通道）和横跨于筒体柱间的巨型桁架式大梁（为房间）连接构成。四个筒体柱除自重外，还承受巨型桁架式大梁传递的整个上部结构荷载，荷载集中于四个角筒体柱下，荷载高度集中（图 8-3-1）。

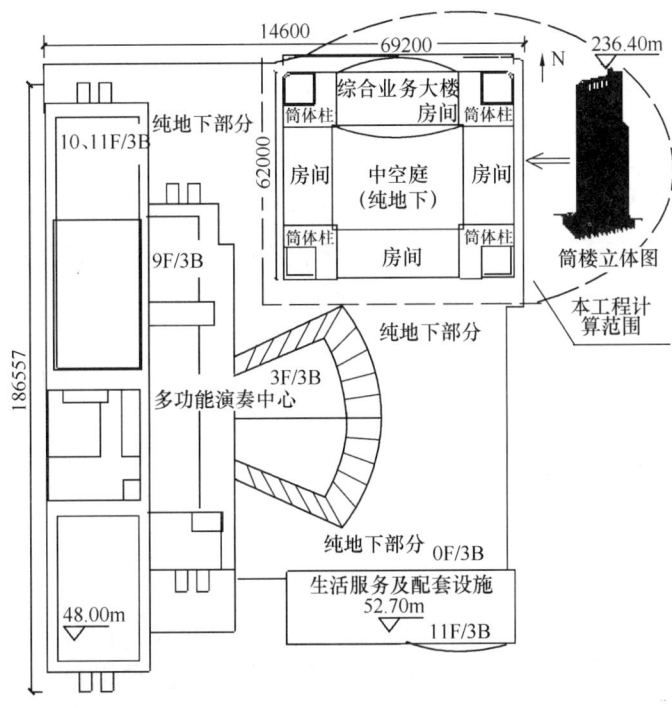

图 8-3-1　北京电视中心平面

设计单位为日本"日建"公司与北京市建筑设计研究院。主楼原方案上部结构与地下部分均为钢筋混凝土材料，因荷载问题，地上部分结构改用全钢结构，但最大筒体柱下荷载设计值达 1000kPa（按 400m²）。对此复杂高层建筑，不均匀沉降控制和局部地基承载力成为基础方案首要解决的问题。工程取消了沉降缝，但采用了沉降用后浇带，沉降计算和实测表明，取消沉降用后浇带是安全可行的。

本工程采用了两项中国建筑科学研究院地基所的先进技术，第一是考虑地基、基础和上部结构共同作用的变刚度基础调平设计；第二是灌注桩后注浆专利技术。通过这两项技术，将原设计的 50m 的桩长、3m 厚的筏板基础优化为 26m 的桩长、2m 厚的筏板基础，为业主节省资金达 900 余万元。此外基础施工还采用了压灌混凝土后插钢筋笼成桩技术的抗浮桩、无粘结预应力技术抗浮桩、钢筋笼主筋采用剥肋滚压直螺纹机械连接技术。

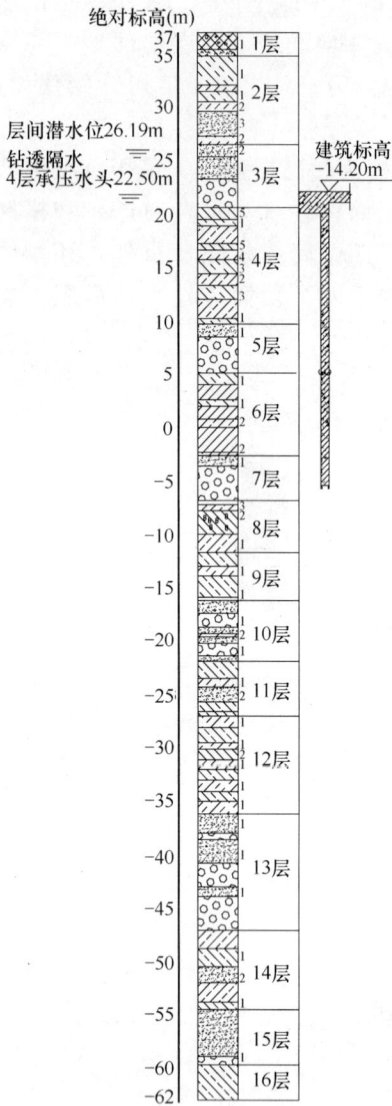

图 8-3-2 地质柱状图

2. 地质资料

该地区为永定河冲洪积扇中下部，地层为黏性土、粉土和砂卵石互层状态分布，拟建场区的覆盖层厚度（相当于第三纪基岩埋深）约 160m。根据北京市勘察设计研究院提交的岩土工程勘察报告，本次最大钻深 100m，地层柱状图如图 8-3-2 所示。

根据 2002 年 6~7 月勘察实测，层间潜水，静止水位标高 26.09~28.74m（埋深 7.60~10.80m），含水层为③大层圆砾卵石和砂土；第二层水为承压水，承压水头静止水位标高 20.18~23.80m（埋深 13.20~16.30m），含水层为⑤大层卵石圆砾和砂土；第三层水为承压水，水头标高为 17.20~19.50m（埋深 17.10~19.53m），含水层为⑦大层砂土和卵石圆砾。本次勘察未测到场区可能分布的台地潜水和上层滞水，但不能排除受季节和人为活动影响而产生的此层滞水。历史最高水位 1959 年，标高接近自然地面即 36.5m，近 3~5 年地下水位标高可达 34.50~34.20m（自西向东降低）。结构抗浮设计水位标高仍应进一步勘察确定以进行地下室的抗浮设计（周围部分建筑结构抗浮水位标高约 32.0~34.0m）。

本场地地下水对混凝土无腐蚀性，但在干湿交替环境条件下对钢筋有弱腐蚀性。地层具体如表 8-3-1 所示，第三层及以下土层物理力学参数见表 8-3-2。

3. 荷载分布

根据 PM 程序数据文件的荷载输入，经 PM 类似人工导荷，综合楼角筒各种组合值（包括底板自重荷载）如图 8-3-3 所示，其中 $1.2D+1.4L$（活载随层折减系数 0.7）如下：（a）角筒 1：398804kN，按 400m² 基础面积均值 997kPa；角筒 2：396606kN，按 400m² 基础面积均值 991kPa；角筒 3：337211kN，按 400m² 基础面积均值 843kPa；角筒 4：313776kN，按 400m² 基础面积均值 784kPa；（b）纯地下裙房部分：均值 120kPa。

场地地层情况 表 8-3-1

成因年代	大层序号	地层序号	岩性	层顶标高	压缩性	颜色	密度	湿度	稠度	强度
人工堆积层	1	①	黏质粉土、粉质黏土、填土	36.24~37.20	中高~低	黄褐~黄褐（暗）	中密~中下	湿	硬塑~可塑	中
		①₁	房渣土		中高	杂	中下	稍湿	—	中
		①₂	细砂填土		中高	黄褐	松散	稍湿	—	中

成因年代	大层序号	地层序号	岩性	层顶标高	压缩性	颜色	密度	湿度	稠度	强度
第四纪沉积层	2	②	砂质粉土、重粉质黏土	29.74～35.86	中高～中低	褐黄～褐褐（暗）	中密	湿～饱和	可塑～硬塑	中～较软
		②₁	黏质粉土-砂质粉土		中～低	褐黄	中上～中密	湿	硬塑	中～较硬
		②₂	砂质粉土		低	褐黄	中上	湿	硬塑	较硬
		②₃	粉砂		低	褐黄	中密	湿	—	
	3	③	圆砾-卵石，粒径不详，含细中砂25.5%	26.44～29.10	低	杂	稍密～中密	饱和	—	硬～较硬
		③₁	细砂-中砂		低	褐黄	密实	饱和	—	硬
		③₂	细砂-粉砂		低	褐黄	中上～密实	湿～饱和	—	较硬～硬
		③₃	黏质粉土-砂质粉土		低	褐黄	中上～中密	湿	硬塑～可塑	较硬～中
	4 基底主要持力层	④	粉质黏土、重粉质黏土	19.50～21.06	中低～低	褐黄～褐黄（暗）	中上～中密	湿～饱和	可塑	中～较硬
		④₁	粉质粉土、砂质粉土		低	褐黄	中上	湿～饱和	硬塑～可塑	较硬
		④₂	粉质黏土、重粉质黏土		中低～低	灰黄～灰～褐黄（暗）	中上～中密	湿～饱和	可塑～硬塑	中～较硬
		④₃	黏质粉土、粉质黏土		中低～低	灰黄～灰～褐黄（暗）	中上～中密	湿～饱和	可塑～硬塑	较硬～中
		④₄	砂质粉土、粉砂		低	褐黄	中上	饱和	硬塑	较硬
		④₅	黏土、重粉质黏土		中低～低	褐黄	中密	湿～饱和	硬塑	中
	5	⑤	卵石圆砾 $D_m=6cm$，$D_l=10$，$D_e=2～4$，含砂30%	9.21～10.96	低	杂	密实	饱和	—	硬
		⑤₁	细砂-中砂		低	褐黄	密实	饱和	—	硬
	6	⑥	黏土-重粉质黏土	4.06～6.00	中低～低	褐黄	中上～中密	湿～饱和	可塑	中～较硬
		⑥₁	黏质粉土		低	褐黄	中上	湿～饱和	可塑	较硬
		⑥₂	粉质黏土-黏质粉土		中低～低	褐黄	中上～中密	湿～饱和	可塑	中～较硬
	7	⑦	卵石圆砾 $D_m=8cm$，$D_l=10$，$D_e=2～5$，含砂35%	−2.92～−0.13	低	杂	中密	饱和	—	硬
		⑦₁	细砂-中砂		低	褐黄	密实	饱和	—	硬

成因年代	大层序号	地层序号	岩性	层顶标高	压缩性	颜色	密度	湿度	稠度	强度
第四纪沉积层	8	⑧	含有机质黏土-重粉质黏土	−7.50~−2.88	中低~低	灰~黄灰~灰黄	中密~中下	湿~饱和	可塑	较硬~中
		⑧₁	粉质黏土-黏质粉土		低	黄灰~灰~灰黄	中上	湿~饱和	可塑~硬塑	中~较硬
		⑧₂	粉质黏土-重粉质黏土		低	褐黄~褐黄（暗）	中上~中密	湿~饱和	可塑	中~较硬
		⑧₃	黏质粉土-砂质粉土		低	褐黄~褐黄（暗）	中上	湿~饱和	可塑~硬塑	较硬
	9	⑨	粉质黏土重粉质黏土	−12.71~−10.36	低	褐黄	密实	湿~饱和	可塑~硬塑	较硬~中
		⑨₁	黏质粉土-粉质黏土		低	褐黄~褐黄（暗）	中上	湿~饱和	硬塑~可塑	较硬
		⑨₂	黏土重粉质黏土		低	褐黄	密实	湿~饱和	可塑~硬塑	中
	10	⑩	细砂中砂		低	褐黄	密实	饱和	—	硬
		⑩₁	卵石圆砾 $D_l=10cm$，$D_m=8$，$D_e=2\sim4$，含砂25%	−17.39~−15.31	低	杂	密实	饱和	—	硬
		⑩₂	黏质粉土砂质粉土		低	褐黄	密实	湿~饱和	硬塑	较硬
	11	⑪	粉质黏土重粉质黏土	−21.70~−18.30	低	褐黄	中上	湿~饱和	可塑~硬塑	较硬~中
		⑪₁	黏质粉土砂质粉土		低	褐黄~褐黄（暗）	密实	湿~饱和	硬塑~可塑	较硬
		⑪₂	细砂粉砂		低	褐黄	密实	饱和	—	硬
		⑪₃	黏土重粉质黏土		低	褐黄	中上	湿~饱和	可塑	中~较硬

续表

成因年代	大层序号	地层序号	岩性	层顶标高	压缩性	颜色	密度	湿度	稠度	强度
第四纪沉积层	12	⑫	粉质黏土重粉质黏土	$-28.91\sim$ -26.38	低	褐黄	中上	湿~饱和	可塑~硬塑	较硬~中
		⑫₁	黏质粉土粉质黏土		低	褐黄	中上	湿~饱和	硬塑~可塑	较硬
		⑫₂	黏土重粉质黏土		低	褐黄	中上	湿~饱和	可塑~硬塑	较硬~中
		⑫₃	细砂粉砂		低	褐黄	密实	饱和	—	硬
	13	⑬	圆砾卵石含砂 $35\%\sim40\%$	$-36.61\sim$ -33.66	低	杂	密实	饱和	—	硬
		⑬₁	细砂中砂		低	褐黄	密实	饱和	—	硬
		⑬₂	粉质黏土		低	褐黄	中密	湿~饱和	硬塑	较硬
	14	⑭	粉质黏土重粉质黏土	$-46.14\sim$ -48.70	低	褐黄	中上	湿~饱和	可塑~硬塑	较硬
		⑭₁	粉质黏土黏质粉土		低	褐黄	中上	湿~饱和	硬塑~可塑	较硬
		⑭₂	粉砂细砂		低	褐黄	密实	饱和	—	硬
	15	⑮	细砂粉砂	-59.50 (未穿透)	低	褐黄	密实	饱和	—	硬
		⑮₁	圆砾含砂30%, $D_e=1\sim2cm$		低	杂	密实	饱和	—	硬
		⑮₂	粉质黏土重粉质黏土		低	褐黄~棕黄	中上	饱和	硬塑~可塑	较硬

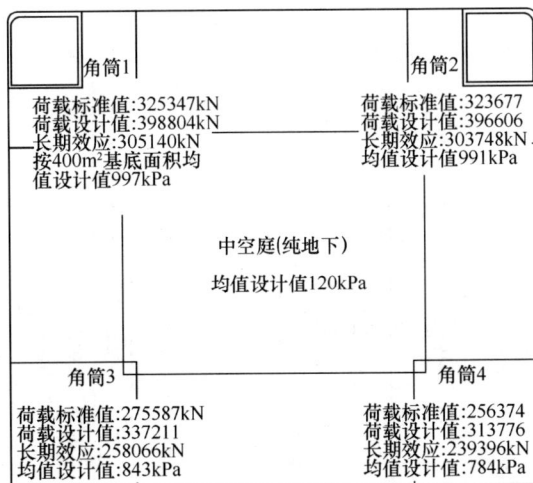

角筒1
荷载标准值:325347kN
荷载设计值:398804kN
长期效应:305140kN
按400m²基底面积均值设计值997kPa

角筒2
荷载标准值:323677
荷载设计值:396606
长期效应:303748kN
均值设计值991kPa

中空庭(纯地下)
均值设计值120kPa

角筒3
荷载标准值:275587kN
荷载设计值:337211
长期效应:258066kN
均值设计值:843kPa

角筒4
荷载标准值:256374
荷载设计值:313776
长期效应:239396kN
均值设计值:784kPa

图 8-3-3 综合楼荷载分布

第3层及以下土层物理力学参数表

表 8-3-2

压缩模量 MPa 为 E_s 各列（$P_z{\sim}p_z{+}100$ 至 $P_z{\sim}p_z{+}800$）的单位；③、⑤、⑦ 各层列出单一压缩模量值，列于 $P_z{\sim}p_z{+}400$ 列。

地层序号	含水量 (%)	重度 (kN/m³)	孔隙比 e	塑性指数 I_p	液性指数 I_L	E_s $P_z{\sim}p_z{+}100$	E_s $P_z{\sim}p_z{+}200$	E_s $P_z{\sim}p_z{+}300$	E_s $P_z{\sim}p_z{+}400$	E_s $P_z{\sim}p_z{+}600$	E_s $P_z{\sim}p_z{+}800$	标贯N $N_{63.5}$ 修正	重型动探 $N_{(63.5)}$	剪切波速 v_s (m/s)	黏聚力 c (MPa)	内摩擦角 φ (MPa)	地基承载力 f_{ka} (kPa)	桩侧阻力 q_{sk} (kPa)	桩端阻力 q_{pk} (kPa)
③									60				26	285~369	0	38	340		
③₁									40			56		276~285	0	32	300		
③₂									30			33		276~285	0	30	280		
③₃									20						20	30	240		
④	22.4	20.1	0.66	11.6	0.45	15.4	16.3	17.1	17.9	19.5	20.9	11		249~311	39	20.7	230	70	
④₁	20.2	20.6	0.57	7.7	0.11	29.5	31.4	33.1	35.1	38.4	41.2	35		284~365	27	29.6	260	75	
④₂	22.7	20.1	0.66	11.4	0.42	15.9	16.9	17.9	18.6	20.5	22.1			284~311	41	18.8	230	70	
④₃	22.1	20.2	0.64	9.8	0.38	21.9	22.9	23.9	25.1	26.3	28.3			263~311	36	23.5	240	70	
④₄	20.5	20.3	0.60	5.2	-0.17	63.7	65.6	69.1	73.4	75.0	80.0	31~36			22	33.8	300	80	
④₅	31.0	18.8	0.91	19.5	0.42	12.9	13.5	14.0	14.4	15.1	15.7			249~293	36~44	17.5~21.5	210	70	
⑤									95.0				30	437~466			420	140	2000
⑤₁									55.0			83		351~437			350	80	1200
⑥	32.2	18.7	0.94	18.5	0.48	15.8	16.5	17.0	17.7	18.2	19.0			316			230	70	
⑥₁	22.8	20.2	0.62	8.9	0.47	26.3	27.6	28.5	30.1	30.5	33.4			293~316			280	75	
⑥₂	25.4	19.5	0.76	11.8	0.51	17.2	18.1	18.7	19.7	21.4	22.8			293~316			250	70	
⑦									125			88	41	597			500	160	2200
⑦₁									65					597			380	80	1400
⑧	31.4	18.8	0.93	19.0	0.38	17.1	17.9	18.8	19.2	19.2				316			240	70	
⑧₁	21.6	20.1	0.65	12.8	0.36	20.3	21.5	22.5	23.2	23.3				316			260	70	
⑧₂	27.4	19.3	0.83	14.5	0.41	18.3	19.2	20.0	20.8	19.8							250	70	
⑧₃	23.5	20.1	0.67	8.1	0.36	34.3	36.2	37.2	37.4	38.7				316			300	70	
⑨	21.2	20.1	0.64	12.4	0.28	21.9	22.8	23.7	24.5	24.8				316~332			250	70	

续表

地层序号	含水量	重度	孔隙比 e	塑性指数 I_p	液性指数 I_L	E_s Pz~pz+100	E_s Pz~pz+200	E_s Pz~pz+300	E_s Pz~pz+400	E_s Pz~pz+600	E_s Pz~pz+800	标贯 $N_{63.5}$ 修正	重型动探 $N_{(63.5)}$	剪切波速 v_s	黏聚力 c	内摩擦角 φ	地基承载力 f_{ka}	桩侧阻力 q_{sk}	桩端阻力 q_{pk}
⑨₁	18.9	20.5	0.57	8.7	0.22	29.6	30.8	32.3	33.2	39.0				332			280	75	
⑨₂	34.3	18.4	0.99	20.6	0.36	14.0	17.7	15.5	15.8	17.3							230	70	
⑩								70				86	75~150	535~543				80	
⑩₁								140										140	
⑩₂	18.2~20.1	19.3~20.3	0.57~0.67	5.9~8.0	−0.37~−0.15	41	42	42.5	43									75	
⑪	23.2	19.8	0.71	11.4	0.46	24.8	25.5	26.1	26.1	24.9				347~417			260	75	
⑪₁	21.9	20.0	0.64	8.0	0.20	43.1	44.9	45.8	47.1	46.7				347~417			300	80	
⑪₂								70.0				79		464				75	
⑪₃	30.3	19.2	0.87	19.0	0.55	17.5	18.4	18.9	19.2	21.1				417~443			240	70	
⑫	23.4	19.8	0.70	12.7	0.33	22.6	23.1	23.7	24.7					417~443			260	75	
⑫₁	20.7	20.2	0.62	8.6	0.21	36.8	37.0	37.7	38.6					438			280	80	
⑫₂	28.7	18.9	0.86	18.1	0.32	19.6	20.2	20.8	21.6								250	75	
⑫₃								70				61						70	
⑬								160					60	608~648				160	2500
⑬₁								80						587				80	1800
⑬₂								25											
⑭	24.4	19.7	0.72	13.3	0.30	25.5	24.8							452~462					
⑭₁	20.4	20.4	0.60	10.1	0.11	44.3	46.3					93		452~462					
⑭₂								80						499					
⑮								85						523					
⑮₁								180						574					
⑮₂	22.3	20.6	0.61	13.7	0.19	38.7	39.5							458					

4. 基桩与筏板设计

经过试算确定筒体下底板厚度 2.0m，裙楼底板厚 1.0m，纯地下车库底板厚度 0.6m。底板混凝土强度等级 C35，主楼筏底基本置于绝对标高 20.00m，筏底持力层为④大层粉黏土，局部存在的③圆砾卵石层；桩底持力层选择⑦层卵石圆砾层，底层柱墙下布置直径 1.0m 桩，其静载试验 Q-s 曲线见图 8-3-4，其他基本布置为 0.8m 直径桩；纯地下车库范围布置 0.6m 抗浮桩，桩身混凝土强度等级 C35，能满足沉降和承载力要求，并有相对较好的经济效益。

基桩参数及沉降计算结果见表 8-3-3 和表 8-3-4。

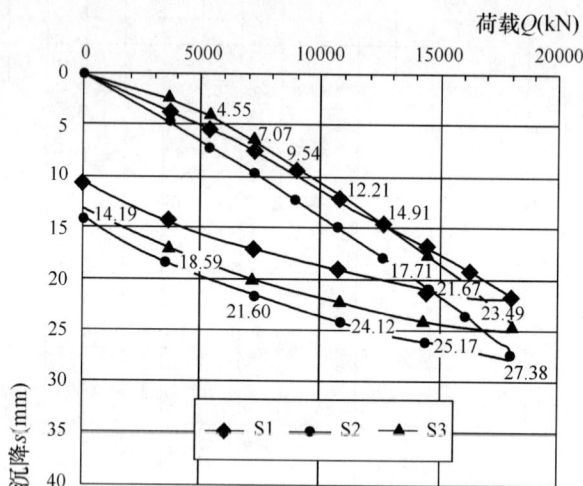

图 8-3-4　北京电视中心 ϕ1.0m 试桩静载试验 Q-s 曲线

基 桩 参 数　　　　　　　　　　　　　　　表 8-3-3

	综合业务楼	多功能演播中心	生活服务楼	裙楼	总桩数（根）	单桩极限承载力 Q_u（kN）	单桩承载力设计值 R（kN）
ϕ1.0m 直径抗压桩（根）	126	—	—	—	126	15000	9100
ϕ0.8m 直径抗压桩（根）	52	233	54	—	339	12000	7300
ϕ0.8m 直径抗浮桩（根）	46	28	—	—	74	5400	3270
ϕ0.6m 直径抗浮桩（根）	—	138	—	596	734	1200	730
ϕ0.6m 直径抗压桩（根）	—	28	—	—	28	4000	2400
总桩数（根）	224	427	54	596	1301		

沉降计算结果　　　　　　　　　　　　　　表 8-3-4

	s_{max}（mm）	s_{min}（mm）	$(\Delta/l)_{max}$‰	$(\Delta/l)_{max}$ 部位
角筒 1	45	30	1.6	角筒 1 西侧
角筒 2	45	34	1.25	角筒 2 西北侧
角筒 3	42	25	1.30	角筒 3 西北东北侧
角筒 4	40	26	1.27	角筒 4 西北侧
裙楼范围	46	14	1.8	综合业务楼与多功能演播中心间

5. 共同作用计算

考虑上部结构刚度和地基桩土刚度，经过共同作用计算，得到筏板沉降分布见图 8-3-5

~图 8-3-7，沉降计算结果如表 8-3-4；并得到底板内力，同时给出相应的配筋。（结构与底板均按弹性，因此通过计算单元高斯点数值修正部分由于应力集中造成的内力）。

经过变刚度调平优化设计，现方案较原方案节省投资约 950 万元。

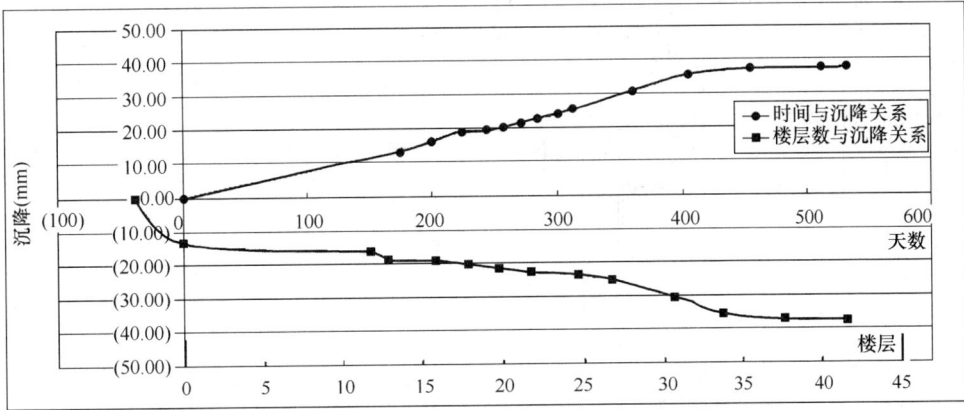

图 8-3-5 筏板沉降随时间、楼层的变化

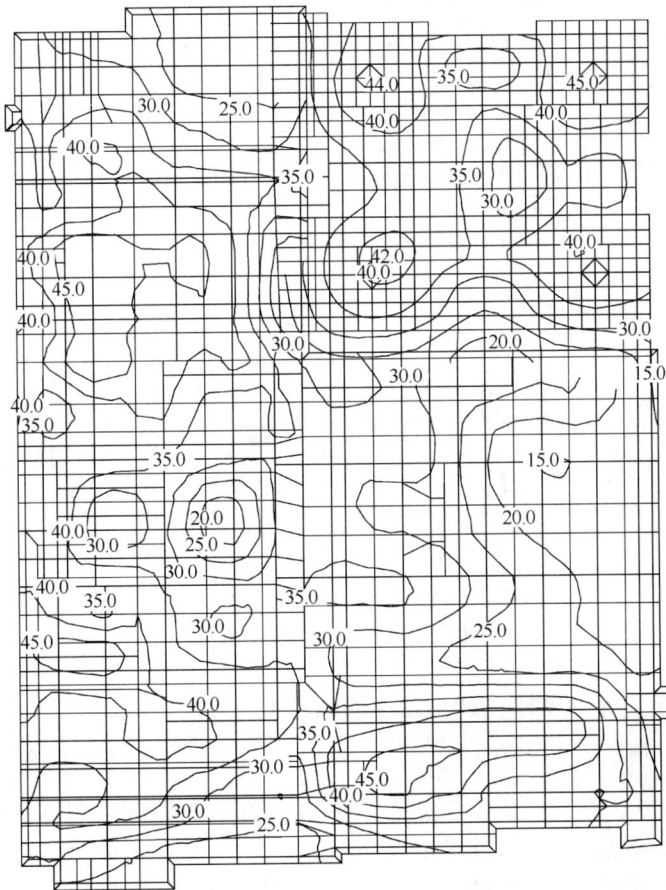

图 8-3-6 结构封顶沉降观测（mm）

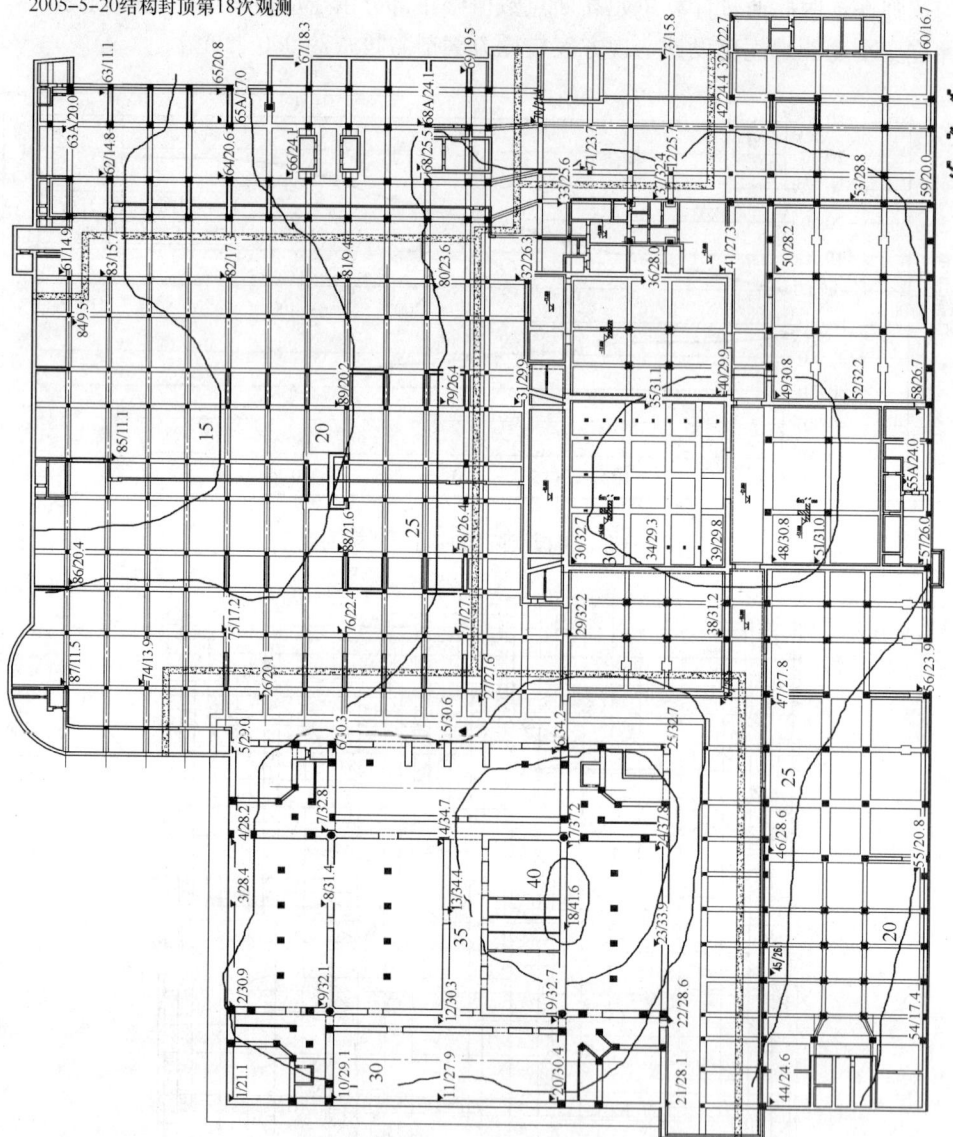

图 8-3-7　结构封顶筏板实测沉降（mm）

（注：实际建造时主楼西移 20m）

（二）刚性桩复合地基变刚度调平设计细则与工程应用

1. 框筒结构

中低压缩性地基，高度不超过 70m 的高层建筑框筒结构可采用刚性桩复合地基实施变刚度调平设计。当基底以下 30m 深度范围内存在二个以上较好桩端持力层时，宜加大核心区的桩长，否则按变桩距布桩，或于核心筒和外框柱下局部布桩模式调整支承刚度分布。当天然地基承载力满足外框区荷载要求时，可采用核心区局部增强处理实现调平。

以全筏刚性桩复合地基总承载力特征值与总荷载标准值平衡为前提，强化核心区，弱化外框区。核心区强化指数，对于内外长短桩错位和核心筒、外框柱局部增强的情况，宜取 $1.05\sim1.15$，外框为一排柱取低值，二排柱取高值；对于变桩距满布桩情况，核心区强化指数宜取 $1.2\sim1.3$，外框为一排柱取低值，二排柱取高值。

对于核心区局部增强，宜于核心筒外过渡区布 $1\sim2$ 排桩。对于抗震设防 8 度及以上地区，宜于桩顶 $2\sim3m$ 范围局部配筋。

对于高度不超过 70m 的框剪、框支剪力墙结构可参照框筒结构的设计原则，采用刚性桩复合地基实施变刚度调平设计。

2. 剪力墙结构

对于剪力墙结构宜按强化电梯井、楼梯间和中心部位的原则布桩。

3. 刚性桩复合地基变刚度调平设计案例——威海海悦大厦

1) 工程概况

威海海悦大厦位于威海文化西路和山大路交汇处。本工程由山东威海大屋房地产开发公司投资兴建，香港何显毅建筑事务所进行设计，烟台市勘测设计研究院进行常规勘察，山东省城乡建设勘察院进行补充勘查。

威海海悦大厦由主楼与裙楼组成，主裙楼连体。主楼建筑物地上 30 层，裙楼地上 4 层，地下 2 层，建筑高度 99.90m，外框内筒结构，平面呈矩形，整个建筑物东西长 142.5m，南北宽 44m，建筑面积约 12 万 m^2。拟采用筏基，刚性桩复合地基。建筑结构三维图见图 8-3-8。

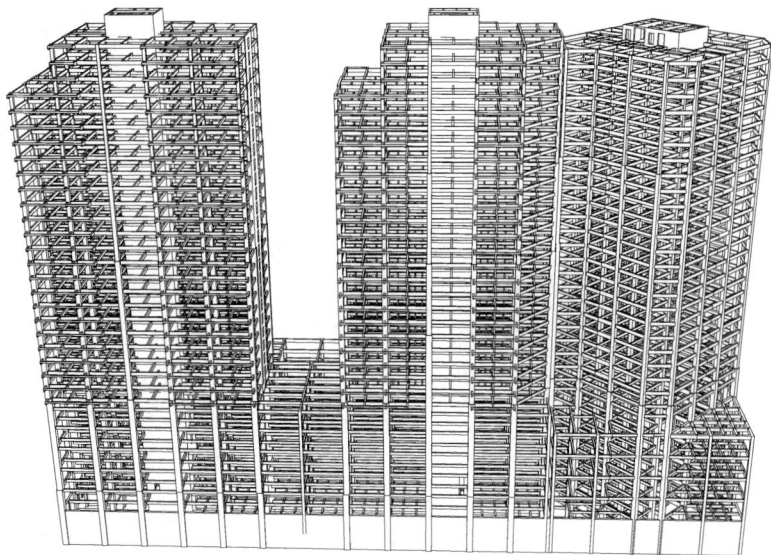

图 8-3-8 结构三维图

建筑物安全等级为一级。

建筑场地属 Ⅱ 类，抗震设防烈度为 7 度。

2) 设计依据

本设计依据《建筑桩基技术规范》（JGJ 94—94）、《混凝土结构设计规范》（GB 50010—2002）、《建筑地基基础设计规范》（GB 50007—2002）、《高层建筑混凝土结构技术规程》（JGJ 3—2002）、《建筑抗震设计规范》（GB 50011—2001）、《钢筋混凝土承台设计规程》（CECS88—97）、《惠友大厦岩土工程勘察报告》、《海悦国际大厦岩土工程勘察报告》、SATWE 及 PM 计算的恒荷载和满布荷载分布图、PKPM 整体计算模型、原设计桩基平面布置图。

3）拟建场地地质条件

勘察场地位于胶东半岛低山丘陵区，原地貌单元为滨海平原滩涂地，生长大量芦苇等植物，地势低洼，北部约 300m 为黄海，受海洋潮汐影响。现地形经人工后期改造相对较平坦，场地标高 3.08～3.59m。拟建场地在勘探深度范围内主要为第四系沼泽相、海相及洪冲积层，上覆填土层，下伏元古代斜长片麻岩。自上而下可划分为 9 个工程地质层：

①素填土：厚度 1.2～3.30m，层底标高 1.88～0.13m，分布不均，密实度与强度不均匀。

②淤泥质粉质黏土：厚度 0.5～2.30m，层底埋深为 2.7～3.70m，层底标高 −0.64～0.57m，流塑，富含有机质，混多量砂粒，局部夹细砂薄层。干强度中等。

③粉细砂：厚度 0.5～2.20m，层底埋深为 3.9～4.90m，层底标高 −1.90～−1.63m，松散、饱和，级配不好，含多量贝壳碎片，局部含较多黏性土。

④粉质黏土：厚度 1.1～3.80m，层底埋深为 5.8～8.30m，层底标高 −5.14～−2.63m，可塑～软塑，含少量有机质和 20%～40%砂粒，局部夹细粒土含量较高的粉细砂薄层。

⑤−1 细砂～粉质黏土：厚度 2.0～4.0m，层底埋深为 7.8～10.80m，层底标高 −4.63～−7.72m，东部局为细砂，混较多黏性土，向西土的成分渐变为粉质黏土混多量砂。细砂为中密、饱和，粉质黏土可塑～硬塑，干强度中等。本层土具超固结，中～低压缩性。

⑤细砂：厚度 9.0～10.90m，层底埋深为 18.5～19.10m，层底标高 −15.94～−15.33m，密实为主，局部中密，饱和。本层土具中～低压缩性。

⑥泥炭质黏土：厚度 0.7～1.5m，层底埋深 19.4～20.00m，层底标高 −16.84～−16.24m，可塑，干强度中等，中等压缩性。

⑦细砂：厚度 1.5～2.6m，层底埋深为 22.0～21.40m，层底标高 −18.84～−18.33m，中密为主，局部密实，饱和，混多量黏性土。本层土具中～低压缩性。

⑧−1 砂质粉质黏土：厚度 2.8～4.6m，层底埋深为 24.8～26.00m，层底标高 −22.93～−21.53m，可塑～硬塑，干强度中等。本层为超固结土，具中～低压缩性。

⑧粉质黏土：厚度 10.70m，层底埋深为 35.5m，层底标高 −32.23m，可塑～硬塑，干强度中等。本层为超固结土，具中～低压缩性。

⑨−1 残积土：厚度 2.50m，层底埋深为 38.0m，层底标高 −34.73m，硬塑。

⑨强风化斜长片麻岩：厚度超 13m，结构大部分破坏，风化成砂状、碎块状，标贯大于 50 击，属较硬岩。

该场地地下水位埋藏较浅，约 0.75～1.4m，水位标高 1.74～2.73m。地下水靠降水和地表渗流补给，水位年变化幅度 0.5～1.0m。地下水对混凝土无腐蚀，对钢筋有中等腐蚀。

场地地基土层性质见表 8-3-5。

场地地基土层性质 表 8-3-5

层 次	土层名称	压缩模量（MPa）	重度（kN/m³）	摩擦角（度）	黏聚力（kPa）
①	填土	10	20	15	0
②	淤泥质粉质黏土	4	19.1	2	5
③	粉细砂	6.5	19.5	15	0
④	粉质黏土	5	19.6	15	2
⑤-1	细砂	12	19.8	15	0
⑤	细砂	20	20	15	0
⑥	泥炭质黏土	4.5	15.9	2	5
⑦	细砂	16	19.8	15	0
⑧-1	砂质粉质黏土	11	20.1	15	2
⑧	粉质黏土	13	19.8	5	10
⑨-1	残积土	12	16.8	5	2
⑨	强风化斜长片麻岩	24	50	0	0

4）主要技术问题及优化方案

（1）主要技术问题

本工程为大底盘三塔楼结构型式，基础平面荷载分布很不均匀。由主楼与裙楼组成，主裙楼连体。主楼建筑物地上 30 层，裙楼地上 4 层，地下 2 层，建筑高度 99.90m，外框内筒结构，平面呈矩形，整个建筑物东西长 142.5m，南北宽 44m，建筑面积约 12 万 m²。核心筒与外围框架柱范围的荷载均压差很大，从而造成差异沉降。所以，控制主楼核心筒与外围框架之间的差异沉降，降低承台内力及上部结构次内力，增强结构耐久性，减少材料消耗，是本工程地基基础设计中应重点考虑的问题。

（2）刚度调平设计原则

首先，考虑上部结构的荷载与刚度分布特点和相互作用引起的应力场不均，实施变刚度布桩（视地质条件实施，变桩长、桩径、桩距）强化核心区，弱化核心区外围；其次，采用 JCCAD 的桩筏有限元分析程序进行上部结构-基础-地基的共同作用分析，调整布桩，使差异沉降趋于最小，由此确定筏板基础的板厚与配筋。

对于主楼裙房联体建筑，则按强化主体弱化裙房的原则设计，主体采用桩基或复合地基，裙房则应首选天然地基，其次为复合地基、疏短桩基。

（3）变刚度调平原则布桩

按强化核心筒桩基的支承刚度、相对弱化外围框架柱桩基支承刚度的总体思路，核心筒与外围框架柱的桩基础分别取不同桩长和持力层，相应的筏板形式与厚度也有区别：

①核心筒部分刚性桩桩长 22m，桩径 400mm，桩间距 1.6m 左右，单桩承载力特征值为 800kN，桩数为 182 根。

②柱下刚性桩桩长 19m，桩径 400mm，桩间距 1.6m 左右，单桩承载力特征值为 700kN，桩数为 451 根。其余部分均匀布桩，桩长 19m，桩径 400mm，桩间距 1.6m。

③主楼部分基础底板厚 1.6m，核心筒部分板厚 2.2m。

④裙房部分采用梁板式基础，梁尺寸是 800mm 宽，1400mm 高，板厚 0.5m。桩基础布置图，见图 8-3-9。

5）考虑上部结构、筏板、刚性桩、土共同作用的有限元计算

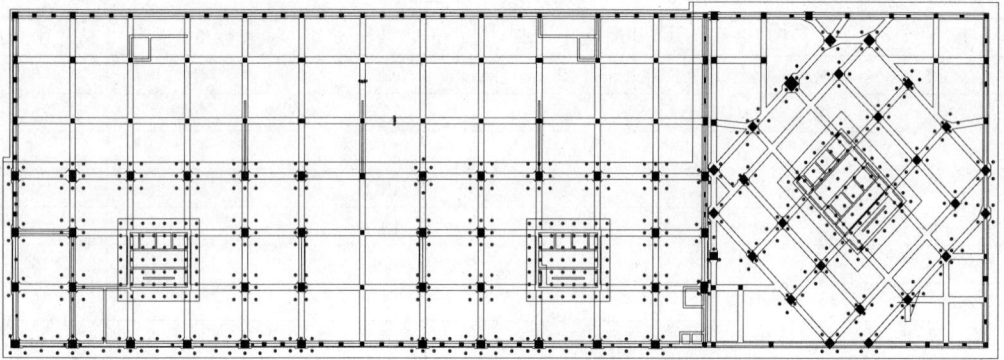

图 8-3-9 桩基础布置图

PKPM 软件是广泛使用的地基基础设计软件，在使用 SFS 进行本工程计算时，采用设计院提供的 PMCAD 的数据文件，其中包含上部结构几何及荷载信息（*.PM，工程名.*）、SATWE 计算结果的底层内力文件 WDCNL.SAT。

上部结构、地基及基础三者共同作用，计算定量化为设计提供可靠依据，可以应用于任意复杂结构的计算。由于考虑上部结构刚度贡献，将上部结构刚度凝聚到基础顶面进行共同作用计算，计算结果更加符合实际。

对于筏基及桩筏基础上下部共同作用计算方程可以下式表示：

$$([K]_{上部结构凝聚刚度} + [K]_{桩-土凝聚刚度} + [K]_{筏板刚度})\{\delta_{筏板位移}\} = \{P\}_{上部结构荷载} + \{P\}_{筏板荷载}$$

$$(8-3-1)$$

由于高层建筑筏板基础的厚度较大，采用了 MINDLIN 中厚板理论分析筏板。

在计算时用 SATWE 重算，目的是生成上部结构刚度文件，在桩筏计算时考虑上部结构共同作用。

（1）准永久组合下沉降计算

根据《建筑地基基础设计规范》（GB 50007—2002）桩筏基础沉降计算采用 SATWE 荷载准永久组合，总荷载（包括板重）1946710kN，通过 JCCAD 软件有限元计算，最大及最小沉降值分别为 46.0mm 和 15.0mm。沉降等值线图见图 8-3-10。

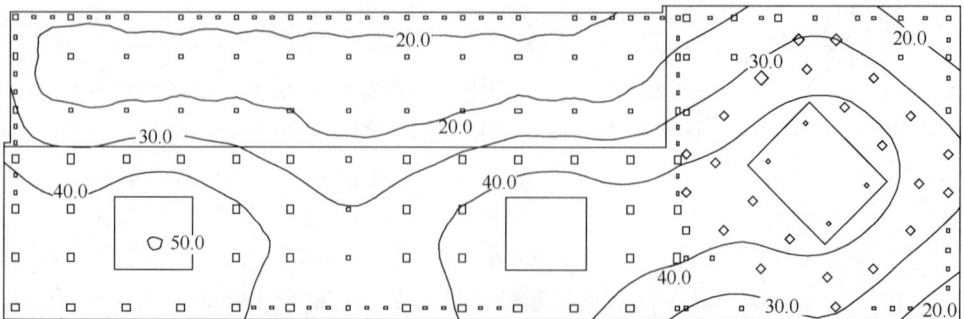

图 8-3-10 计算沉降等值线图

（2）复合地基承载力验算

主楼部分底板面积为 4648.97m²，主楼总荷载及基底反力均值见表 8-3-6，筏板下天然地基承载力特征值 270kPa，共有 633 根桩（其中 182 根桩承载力特征值 800kN，451 根桩承载力特征值 700kN），平均承载力特征值 728.75kN。桩面积 79.54m²，桩间土面积 4569.43m²，面积转换率 $m=0.0171$，桩间土承载力折减系数 $\beta=0.95$。

根据《建筑地基处理技术规范》（JGJ 79—2002），桩体试块抗压强度平均值应满足下式要求：$f_{cu} \geqslant 3\dfrac{R_a}{A_p} = 3 \times 800/0.1256 = 19107\text{kPa} = 19.1\text{MPa}$。取刚性桩桩体强度等级为 C30。

根据《建筑地基处理技术规范》（JGJ 79—2002），刚性桩复合地基承载力特征值：

$$f_{spk} = m\frac{R_a}{A_p} + \beta(1-m)f_{sk}$$

$$= 0.0171 \times 728.75/0.12566 + 0.95 \times (1-0.0171) \times 270 = 351.28\text{kPa}$$

基底埋深 8.70m，水头距地表 0.70m，基底以上土平均重度 10.3kN/m³，深度修正后刚性复合地基承载力特征值为

$$f_{sp} = f_{spk} + \eta_d\gamma_m(d-0.5) = 351.28 + 10.3 \times (8.7-0.5) = 435.74\text{kPa}$$

从表 8-3-6 基底反力均值可以得出刚性复合地基承载力满足要求。

SATWE 荷载各标准组合的主楼总荷载及基底反力均值　　表 8-3-6

SATWE 荷载标准组合	主楼总荷载（包括板重）（kN）	基底反力均值（kPa）	SATWE 荷载标准组合	主楼总荷载（包括板重）（kN）	基底反力均值（kPa）
1.00×恒＋1.00×活	1776202.250	382.02	1.00×恒－1.00×风 x	1622742.500	349.05
1.00×恒＋1.00×风 x	1623798.375	349.28	1.00×恒－1.00×风 y	1626436.750	349.85
1.00×恒＋1.00×风 y	1620104.250	348.48	其他标准组合略		

（3）标准组合下刚性桩及土反力分析

根据《建筑地基基础设计规范》（GB 50007—2002）及《建筑地基处理技术规范》（JGJ 79—2002）有关规定，刚性桩反力计算及校核采用 SATWE 荷载各标准组合。SATWE 荷载各标准组合的总荷载见表 8-3-7，刚性桩筏基础在 SATWE 荷载各标准组合下刚性桩反力及土反力由 JCCAD 有限元计算得出。

SATWE 荷载各标准组合的总荷载及桩土反力　　表 8-3-7

SATWE 荷载标准组合	总荷载（包括板重）（kN）	单桩反力总和（kN）	土反力均值（kPa）
1.00×恒＋1.00×活	2034621.000	444837.562	242.25
1.00×恒＋1.00×风 x	1858764.875	406135.500	221.35
1.00×恒＋1.00×风 y	1858932.375	403533.406	221.77
1.00×恒－1.00×风 x	1858833.250	406587.844	221.29
1.00×恒－1.00×风 y	1858666.000	409189.656	220.87
其他标准组合略			

底板面积为 6642.17m²，桩面积 79.54m²，桩间土面积 6562.63m²。单桩反力总和及土反力均值见表 8-3-7。

单桩承载力特征值总和为 461300kN，从中可以得出桩承载力满足要求。

筏板下天然地基承载力特征值 270kPa，桩间土承载力折减系数 $\beta=0.95$。基底埋深 8.70m，水头距地表 0.70m，基底以上土平均重度 10.3kN/m³，深度修正后桩间土地基承载力特征值为

$$f_a = f_{ak} + \eta_d\gamma_m(d-0.5) = 270 \times 0.95 + 10.3 \times (8.7-0.5) = 340.96\text{kPa}$$

可以得出桩间土地基承载力满足要求。

6) 沉降实测

由于主楼部分与裙房部分荷载相差大且采用不同的基础，主裙楼之间设后浇带，沉降观测很有必要。建筑物沉降观测应测定建筑物基础的沉降量、沉降差及沉降速率并计算基础整体倾斜、底层柱（墙）的相对差异沉降。

沉降观测点的布置点位选设在下列位置：

（1）建筑物的四角、沿外墙壁每 10～15m 处及每隔 1～2 根柱基上。

（2）主楼部分与裙房部分相邻处。

（3）主体结构的核心筒部分四角及部分内柱。

沉降观测的周期和观测时间，可按下列要求确定：

建筑物施工阶段的观测，应随施工进度及时进行。在基础底板完工后开始观测。每建一层观测一次。施工过程中如暂时停工，在停工时及重新开工时应各观测一次。停工期间，可每隔 2～3 月观测一次。建筑物使用阶段的观测次数，在第一年观测 3～4 次，第二年观测 2～3 次，第 3 年后每年 1 次，直至稳定为止。

该工程共布 3 个水准基准点，分别位于西门山大路花坛、北门文化西路花坛及旅游房地产办公楼体。大厦共设 25 个沉降观测点（其中部分遭到严重破坏），此工程采用拓普康 AT-G2 型自动安平水准仪和铟瓦水准标尺，按二等水准实施。

实测沉降分布（图 8-3-11）与计算分布总体相近，实测数值较小。

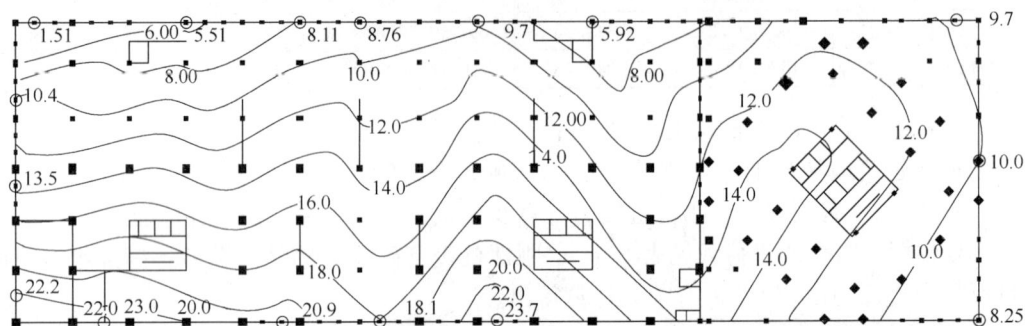

图 8-3-11 实测沉降

三、主裙连体建筑的变刚度调平设计细则与工程实例

（一）主裙连体建筑差异沉降分析

1）基坑底回弹再压缩对于减小差异沉降的效应

由于高层建筑基础埋深都在 5m 以上，裙房基础一般与主体埋深相等，因而基坑开挖面积往往很大，导致基坑地基土受坑边约束少而大面积回弹。工程建成后地下室和裙房仍处在补偿或超补偿状态，但在荷载不大的条件下回弹再压缩就会发生。这部分回弹再压缩对于减小主裙差异沉降是一种有利效应。设主裙回弹再压缩沉降为 s_1，主体附加荷载引起的沉降为 s_2，主体总沉降为 $s_主 = s_1 + s_2$，裙房沉降 $s_裙 = s_1$，主裙差异沉降为 $\Delta s = s_主 - s_裙 = (s_1 + s_2) - s_1 = s_2$。这说明主裙差异沉降量即主体建筑在附加荷载下的沉降量。主体附加荷载为主体总荷载与基底平面土自重荷载之差，基础埋深愈大，附加荷载愈小，由附加应力引起的沉降也愈小，主裙差异沉降也就愈小。许多高层建筑荷载虽很大，但由于埋深

很大，实际沉降和差异沉降却不大，而且沉降大部分发生于前期地下室至地上 1～5 层建造期。这清楚地说明，基坑回弹再压缩是导致高层建筑主裙差异沉降减小的有利效应。

2）主裙均为天然地基主裙连体差异沉降实例

案例：北京北化东四环项目西区，$1^\#$～$5^\#$ 公寓为主裙连体建筑，平面尺寸为 $103.35\mathrm{m}\times138.6\mathrm{m}$。主体为 5 栋 17～18 层，裙房为地上 2 层及纯地下室，主裙房地下室均为地下 2 层，主裙之间设置沉降后浇带。公寓楼为框筒结构，裙房及地下室为框架结构，均采用天然地基上梁板式筏形基础，梁高 1000mm，板厚 800mm；埋深为 8.80～9.10m（±0.00 算起）。基础持力层为粉质黏土、重粉质黏土③层，$f_{ak}=160\mathrm{kPa}$。高层公寓基底换填级配砂石 1.10m，$f_{ak}=230\mathrm{kPa}$，$E_S=30\mathrm{MPa}$。其下依次为砂质粉土、黏质粉土③$_1$ 层，总厚度为 1.50m，$E_S=23\mathrm{MPa}$；细中砂④$_1$ 层，厚度 7.40m，$f_{ak}=300\mathrm{kPa}$，$E_S=40\mathrm{MPa}$；粉质黏土⑤层，厚度 5.70m，$f_{ak}=250\mathrm{kPa}$，$E_S=38\mathrm{MPa}$。按共同作用分析所得沉降分布及实测沉降（沉降已相对稳定）分布如图 8-3-12。

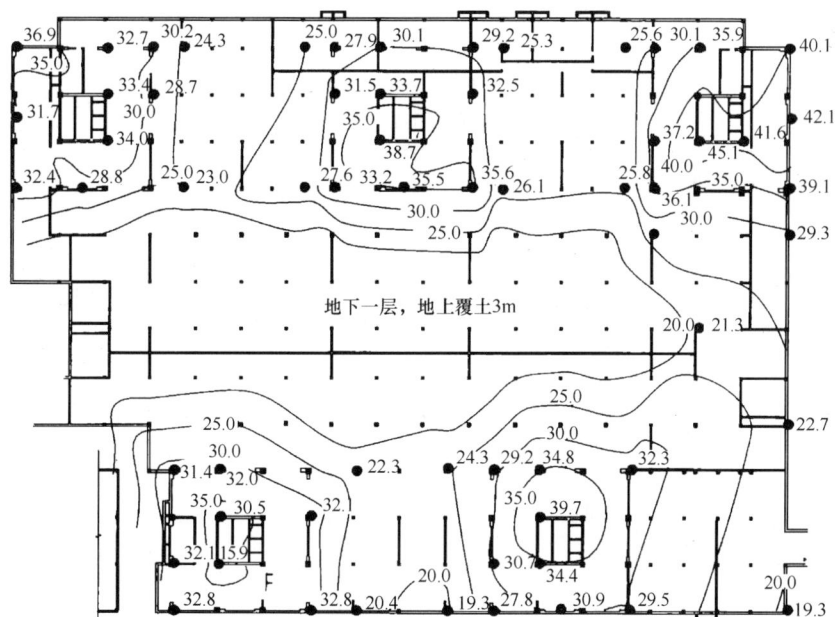

图 8-3-12　基础平面及实测沉降

由图 8-3-12 看出：高层主体最大沉降为 40mm，纯地下室最小沉降为 20mm，主裙相对差异沉降 $\Delta s/L_0=0.0007$，小于规范允许值 $[\Delta s]=0.002L_0$。

本工程基础埋深约 8m，开挖卸荷约为 $8\times18.5=148\mathrm{kPa}$；裙房为地上 2 层地下 2 层，其荷载均压约为 $4\times16+1.0\times25=89\mathrm{kPa}$，附加压力仅为 $-59\mathrm{kPa}$；公寓楼荷载均压约为 $18\times15+1.0\times25=145\mathrm{kPa}$，附加压力仅为 77kPa。基底以下土层压缩模量为 23～40MPa，由附加压力引起的沉降较小。按实测：回弹再压缩 $s_1=20～25\mathrm{mm}$，附加压力引起的沉降为 $s_2=15～20\mathrm{mm}$，故差异沉降小于规范允许值 $0.002L_0$。

（二）主裙连体建筑沉降后浇带效应评估

1）主裙建筑均为天然地基情况

工程实例 1 北化东四环项目西区和实例 2 北化东四环项目南区均为天然地筏形基础，主裙之间设置沉降后浇带。实例 1 基础埋深约 8.0m，实例 2 基础埋深约 14m，均为大底盘主裙连体。二工程地质条件类似，基础面积前者为 103.35m×138.6m，后者为 180.15m×62.85m。主裙沉降如表 8-3-8 所示。

主裙连体基础差异沉降　　　　　　　　　　表 8-3-8

项次	工程名称	主楼		裙房		埋深	基坑面积（m²）	沉降后浇带	主裙差异沉降	
		高度（m）地上/地下（层）	基础形式	高度（m）地上/地下（层）	基础形式				s_{max}	$\Delta s/L_0$
1	北化东四环项目西区	70 18/2	天然地基筏板	10 2/2	天然地基筏板	8.0	139×104	设	42	0.0012
2	北化东四环项目南区	60 14/3	天然地基筏板	34 4/3	天然地基筏板	14.0	180×63	设	38	0.0014
3	北京电视中心综合楼	239 44/3	桩筏	0 0/3	$\phi600L=12m$ 抗浮桩筏板	15.0	186×135	设	45	0.0018
4	长青大厦	99.6 26/3	桩筏	20 4/3	天然地基筏板	13.5	152×144	未设	45	0.0015
5	皂君庙电信大厦	80 18/3	桩筏	0 0/2~3	天然地基筏板	12.5	90×50	未设	35	0.0012
6	佳美风尚	99.8 28/3	桩筏	30 6/3	$\phi600L=9m$ 抗浮桩筏板	16.0	260×75	设	30	0.00027
7	悠乐汇	99.15 28/4	桩筏	25 4/4	$\phi600L=9m$ 抗浮桩筏板	17.6	180×48	设	27	0.00025
8	万豪世纪	9128 34/3	桩筏	25 5/3	天然地基筏板	18.2	159×143	设	40	0.0003
9	威海海怡大厦	99.9 30/2	刚性桩复合地基	20 4/2	天然地基筏板	11.0	142×44	设	24	0.0004

注：表中 $\Delta s/L_0$，Δs 为测点差异沉降，L_0 为测点距离。从二工程实测沉降可看出，裙房最小沉降随基础埋深增大而增大，相应的相对差异沉降 $\Delta s/L_0$ 则随埋深增大而减小，也就是回弹再压缩量随埋深而增大。

2）主楼为桩筏，裙房为天然地基或筏板带抗浮短桩的情况

从表 8-3-8 中看出，3～9 项工程均为大底盘主裙连体建筑，埋深大于 10m，差异沉降大，未设沉降后浇带的 4、5 项工程与其他设置沉降后浇带的工程各项条件和差异沉降类似。

由此可见，当基础埋深超过 10m，主楼高度不超过 100m 的桩基与裙房为天然地基或设疏短桩基（桩长〈12m）筏板基础相连时，由于基坑回弹再压缩量不小于 2cm，主楼在附加压力下的沉降约为 2cm，故可不设置沉降后浇带。

第九章 桩基抗震设计

第一节 桩基的震害

一、桩基的典型震害

根据地震宏观调查，桩基的抗震效果及震害程度与建筑物的结构类型、基础埋深、土性及其分布以及作用于桩基上的荷载性质等密切相关。以水平荷载和水平地震作用为主的高承台桩基，震害程度比较严重；以竖向荷载为主的一般建筑的低承台桩基，不仅桩自身的震害很小，对上部建筑也具有较好的抗震效果。

桩基的震害资料与建筑物的上部结构相比相对较少，这主要是由于桩基的震害破坏难以直观地表现出来，往往是根据上部结构的破坏特征间接地反映或推测，这些震害特征有时难以从理论上得到确切的验证。近20多年来，我国采用震后桩基开挖和地下监测技术（如孔内照相、测斜技术、动力测桩等）等手段，使桩基的震害资料逐渐得到丰富。桩基的震害可分为下列类型：

1. 非液化土中的桩基震害

（1）桩顶部震害

如果桩周是刚度相对比较均匀的土层，桩的震害多在桩头、桩与承台的连接处为多，破坏形式多以上部结构惯性力造成的弯曲裂缝、剪坏、压坏、拔脱为主。

（2）刚度相差大的土中的桩的软硬界面处的破坏

如果桩周是分层土且相邻土层的刚度相差较大，则软硬土层界面处弯矩与剪力均很大，可导致桩身产生弯、剪破坏，而一般计算水平荷载下桩身弯距的m法或常数法却不能反映这种情况，这类方法往往是采用分层土的平均土性指标进行计算的。

此外，当桩顶嵌固时，桩头及桩-承台连接部位仍是危险部位。

（3）软土中的桩基震陷

如桩身埋在厚层软土中，地震时软土因触变摩阻力下降，使桩基产生刺入式震陷，如1985年墨西哥城地震时一座16层高的大厦下的桩基产生3～4m的震陷。该工程桩打入软土层中，该软土为火山灰沉积，不仅厚度大，压缩性与含水量也很高，其震陷原因为桩基摩阻力下降及上部倾覆力矩增加。

在我国1976年唐山地震时天津市的桩基也曾产生数毫米至1cm左右的震陷，这是因为天津市的软土性质比墨西哥城的软土好，厚度亦只几米，故震陷量不大。

（4）平时受较大水平静荷载的桩

如挡土墙下的桩或土坡上的桩，因地震时土压力增大而承受到较大的侧压力而产生破

编写人：徐建（中国机械工业集团公司）　白玲（机械工业第六设计研究院）

坏。桩基附近若有较大地面荷载，地震时土侧向挤压桩身而破坏。

2. 液化土中的桩基震害

（1）液化而无侧向扩展情况

1）建筑周围喷水冒砂，土面下沉使桩承台与土脱空。

液化层界面与桩顶处常有弯剪裂缝，桩基无水平位移，但在荷载或土不均匀时可产生不均匀沉降，在土及荷载都比较均匀时则产生均匀沉降，因液化土的减震作用，上部结构一般破坏较轻。

2）桩长不足，悬在液化土中造成桩基下沉或是由于桩伸入非液化下卧层的长度不足，桩基失效。

3）液化地基上的地面荷载在土液化时其地基失稳，挤推附近的桩，使桩折断。

（2）有侧向扩展的液化土中桩基震害

在此情况下桩基承受的地震作用除与无侧向扩展情况类似外，还要承受液化土与非液化土覆土层滑移时的巨大推力，从而产生水平永久位移与不均匀沉降；桩头与液化层界面处因弯、剪作用很强而形成塑性铰或折裂。高大建筑下的桩基因建筑重心水平位移而产生较大的附加弯矩，使一侧的桩受拉，从而出现塑性铰。

二、桩基的震害经验

（1）桩基本身即使在地震中受到损伤、折断或剪错位，造成的后果是建筑物的沉降、开裂、倾斜、水平位移等，但造成房屋倒塌者极少，有的房屋可以在震后继续使用若干年。

（2）目前常用的桩顶-承台连接方式不能视作完全固接，桩顶弯矩仍然很大，因此抗震计算中桩顶的抗拉、弯、剪的能力应得到保证。

（3）由于桩顶部位受力大，为使承台旁填土能分担部分水平力与限制基础的转动，承台旁回填土的干重度应达到 $16kN/m^3$ 以上，必要时应以级配砂石或灰土代替不合格的过湿黏性土回填。

（4）常用的水平荷载下桩身内力分析的常数法或 m 法用于求算均质土或刚度相差不多的多层土中的桩基误差不大，也被多数国家的抗震设计规范所采用。但这种方法需将多层土的侧向刚度折换成平均刚度，抹煞了多层土的特点。当相邻土层刚度相差较大时，在土层界面处会出现相当大的弯矩和剪力，其值比桩顶处最大弯矩与剪力值相差不多，比常数法或 m 法计算结果大很多。因此采用常数法或 m 法计算液化土或软硬土土层界面桩基计算是偏于不安全的，这种情况下，比较能反映该类实际状况是地震时程反应分析法。

第二节   桩基抗震的基本要求

一、桩基的选型

1. 非液化土层中

在地基土中不存在软弱土层和液化土层时，桩基的选型等同于非抗震地区；可根据土质情况、施工可行性、经济合理性等因素综合确定。

2. 液化土层中

对于无滑移地基上的低承台桩基，当地基土存在软弱土或液化土层时，桩基的选型宜遵守下列规定：

（1）宜优先采用钢筋混凝土或预应力混凝土预制桩（以下简称预制桩）、挤土型或部分挤土型钢筋混凝土灌注桩，也可选用非挤土型钢筋混凝土灌注桩，当技术经济合理时，也可采用钢管桩。

（2）优先采用长桩（长桩指桩长不小于 $4/\alpha$ 的桩，α 为 m 法的桩长变形系数，它与地质条件、桩身截面、桩身混凝土强度等级及桩身周边土层的液化程度有关，$4/\alpha$ 对应的桩长对一般预制桩取 20，灌注桩取 $17\sim10$ 之间，硬土取小值，软土取大值，大桩径取小值，小桩径取大值），桩身进入液化土层以下稳定土层的深度（不包括桩尖部分）应按承载力计算确定，对于碎石土、砾砂、粗砂、中砂、密实粉土、坚硬黏性土尚不应小于 $(3\sim5)d$。

（3）应采用竖直桩，当竖直桩不能满足抗震要求且施工条件允许时，可以在适当部位布置少量斜桩，如边坡地段或单层厂房柱间支撑桩基承台的两端。

（4）同一结构单元中，桩的类型宜相同，不宜部分采用端承桩，另一部分采用摩擦桩；不宜部分采用扩底桩，另一部分采用不扩底桩；不宜部分采用预制桩，另一部分采用灌注桩。

（5）同一结构单元中，桩的材料、截面、桩顶标高和长度宜相同，当桩的长度不同时，桩端宜支撑在同一土层或抗震性能基本相同的土层上。

二、桩基的布置

（1）作用于承台的水平作用力合力宜通过群桩平面中心。

（2）在不设置基础连系梁的方向，独立承台不宜采用单桩，条形承台不宜采用单排桩，位于 8 度以下（含 8 度）地区，当柱间距较大，设双向基础钢筋混凝土系梁有困难时，一柱一桩承台的桩与柱截面直径比不得小于 2，刚度比不得小于 16，当承台上下分别存在厚度小于 1.5m、1.0m 的非液化或非软弱土层时，$7\sim9$ 度地区可不设单桩承台。

（3）建筑物重心宜与群桩承载力的合力点重合，在基桩承受水平力和力矩较大的方向应有较大的抗弯截面模量。

第三节　桩基抗震的计算方法

一、桩基不验算抗震承载力的范围

1. 承受以竖向荷载为主的低承台桩基，当满足下列条件之一时，桩顶作用效应计算可不考虑地震作用，但应满足桩基抗震构造要求：

（1）不位于斜坡或地震时可能导致滑移地裂的地段；

（2）7 度和 8 度时同时满足下列条件：

①桩端和桩身周围无液化土层；

②承台周围不存在软弱土层或液化土层；

③桩顶作用效应标准组合计算，地震作用效应不起控制作用（如：风的水平作用大于地震作用的建筑）。

2. 6度和7度同时满足下列条件的，可不进行地震作用下桩顶水平抗震承载力的验算，但应满足桩基抗震构造要求：

（1）桩端和桩身周围无液化土层；

（2）承台周围不存在软弱土层或液化土层；

（3）以承受竖向荷载为主的低承台桩基。

二、非液化地基上竖向抗震承载力验算

1. 验算表达式

（1）轴心竖向力作用下：

$$N_{Eh} \leqslant 1.25R \tag{9-3-1}$$

（2）偏心竖向力作用下，除满足式（9-3-1）外，尚应满足：

$$N_{Ehmax} \leqslant 1.5R \tag{9-3-2}$$

式中　N_{Eh}——地震效应和荷载效应标准组合下，基桩或复合基桩的平均竖向力；

N_{Ehmax}——地震效应和荷载效应标准组合下，基桩或复合基桩的最大竖向力，当为"+"值时基桩受压，当为"-"值时，基桩受拉；

　　R——基桩或复合基桩竖向承载力特征值。

2. 基桩竖向力 N_{Eh}、N_{Ehmax} 的确定：

（1）轴心荷载作用下：

$$N_{Eh} = \frac{F+G}{n} \tag{9-3-3}$$

（2）偏心荷载作用下：

$$N_{Ehmax} = \frac{F+G}{n} \pm \frac{M_x Y_{max}}{\sum Y_i^2} \pm \frac{M_y X_{max}}{\sum X_i^2} \tag{9-3-4}$$

式中　　　F——地震效应和荷载效应标准组合下，上部结构作用于桩顶的竖向力；

　　　　　G——承台（基础）自重及其上的土重；

M_x、M_y——地震效应和荷载效应标准组合下，绕桩群重心 X、Y 轴的力矩；

　　　　　n——桩数；

X_{max}、Y_{max}——边缘单桩距 X、Y 轴的最大距离；

$\sum X_i^2$、$\sum Y_i^2$——各柱距 X、Y 轴距离的平方和。

3. 基桩竖向承载力特征值 R 的确定：

（1）对于端承桩，承台下桩数少于4根的摩擦型桩，由于地层土性及使用条件等因素不宜考虑承台效应时：

$$R = R_a = \frac{1}{K} Q_{uk} \tag{9-3-5}$$

式中　R_a——单桩竖向承载力特征值；

　　　Q_{uk}——单桩竖向极限承载力标准值；

　　　K——安全系数，可取 2。

（2）对于符合下列条件之一的摩擦型桩：

①上部结构整体刚度较好，体型简单的建（构）筑物；

②对差异沉降适应性较强的排架结构和柔性构筑物；

③按变刚度调平原则设计的桩基刚度相对弱化区；

④软土地基的减沉复合疏桩基础。

宜考虑承台效应，并按下式确定复合基桩的竖向承载力特征值：

$$R = R_a + \frac{\zeta_a}{1.25} \eta_c f_{ak} A_c \tag{9-3-6}$$

式中 η_c——承台效应系数，可按表 9-3-1 取值，当承台底为可液化土、湿陷性土、高灵敏度软土、欠固结土、新填土时、沉桩引起孔隙超水压力和土体隆起时，不考虑承台效应，取 $\eta_c = 0$；

f_{ak}——承台下 1/2 承台宽度且不超过 5m 深度范围内地基承载力特征值的加权平均值；

A_c——计算基桩所对应的承台底净面积，$A_c = (A - nA_{ps}) / n$，A_{ps} 为桩身截面面积，A 为承台计算面积，对于柱下独立承台，A 为承台总面积；对于桩筏基础，A 为柱、墙筏板约 1/2 跨距和悬臂边 2.5 倍筏板厚度所围成的面积，桩集中于单片墙下的桩筏基础，取墙两边各 1/2 跨距围成的面积，按条形基础计算 η_c；

ζ_a——地基抗震承载力调整系数，应按现行《建筑抗震设计规范》（GB 50011—2001）采用。

承台效应系数 η_c 表 9-3-1

B_c/L \ S_a/d	3	4	5	6	>6
≤0.4	0.12～0.14	0.18～0.21	0.25～0.29	0.32～0.38	
0.4～0.8	0.14～0.16	0.21～0.24	0.29～0.33	0.38～0.44	0.5～0.8
>0.8	0.16～0.18	0.24～0.26	0.33～0.37	0.44～0.5	
单排桩条形承台	0.2～0.3	0.3～0.4	0.4～0.5	0.5～0.6	

注：1. 表中 S_a/d 为桩中心距与桩径之比，B_c/L 为承台宽度与桩长之比，当计算桩基为非正方形排列时，$S_a = \sqrt{A/n}$；

2. 对于桩布置于墙下的箱、筏承台，η_c 可按单排桩条基取值；

3. 对于单排桩条基，当承台宽度小 1.5d 时，η_c 按非条基取值；

4. 对于采用后注浆灌注桩的承台，η_c 宜配低值；

5. 对于饱和黏性土中的挤土桩，软土地基上的桩基承台，η_c 取低值的 0.8 倍。

（3）符合下列条件之一的桩基，当桩同土层产生的沉降超过基桩的沉降时，计算单桩竖向承载力特征值可不考虑承台下土的共同作用，但应考虑桩侧负摩阻力的不利影响，负摩阻力的计算按《建筑桩基技术规范》（JGJ 94—94）确定：

①桩穿越较厚松散填土、自重湿陷性黄土、欠固结土、液化土层，进入相对硬土层时；

②桩周存在软弱土层，邻近桩侧地面承受局部较大的长期荷载或地面大面积堆载（包括填土）时；

③由于降低地下水位，使桩周土有增大效应，并产生显著压缩沉降时。

4. 当 N_{Ehmax} 为负值，出现向上拔力时，应按《建筑桩基技术规范》（JGJ 94—94）进行桩基抗拔抗震承载力验算，此时仅将规范中的抗拔极限承载力提高 1.25 倍，其他参数不再调整。

5. 对于桩距小于和等于 $6d$ 的群桩基础，除承载力满足要求外，还应进行深基础沉降变形验算。

三、非液化地基上的桩基水平抗震承载力验算

1. 非液化地基上的桩基水平抗震承载力，按下式验算：

$$H_{Eki} \leqslant 1.25R_h \tag{9-3-7}$$

式中　H_{Eki}——地震效应与荷载标准组合下，作用于基桩桩顶的水平力；

　　　R_h——单桩或群桩中基桩的水平承载力特征值。

2. 桩身所受总水平力 H_E 的确定

验算基桩所受水平力 H_{Eki}，必须首先确定承台下桩基所受总水平力 H_E 的大小，可按式（9-3-8）、式（9-3-9）计算，取二者较大值：

（1）可考虑承台（箱基、地下室）正侧面的主体抗力；

（2）一般不考虑承台底面和旁侧面与土的摩擦力；

$$H_{Ek} = F_E - E_p \tag{9-3-8}$$

$$H_{Ek} = F_E \frac{0.2h_b}{d_f^{1/4}} \tag{9-3-9}$$

式中　H_{Ek}——地震效应与荷载效应标准组合下，桩身所受总水平地震作用；

　　　F_E——地震效应与荷载效应标准组合下，承台所受总水平地震作用；

　　　E_p——承台（箱基、地下室）正侧面的土体水平抗力，一般取被动土压力的 1/3（此时土的内摩擦角 7 度、8 度、9 度分别宜减小 1 度、2 度、4 度）；

　　　h_b——建筑物地上部分高度；

　　　d_f——建筑物基础埋深。

注：在公式（9-3-9）中，计算假定承受水平地震作用的因素有桩、前方的被动土抗力、侧面土的摩擦力三部分，土性质为标贯值 $N=10\sim20$，q（单轴压强）为 $0.5\sim1.0kg/cm^2$（黏土），土的摩阻力与水平位移成以下弹塑性关系，位移不小于 1cm 时呈线性变化，当位移大于 1cm 时，抗力保持不变，公式中 H_{Ek} 取值控制在 $(0.3\sim0.9)$ F_E 之间。

3. 基桩所受水平地震作用 H_{Ehi} 的确定：

（1）当各桩径（边长）相同时，由各桩平均承受水平地震作用：

$$H_{Ehi} = H_{EK}/n \tag{9-3-10}$$

式中　n——同一承台下桩数。

（2）当各桩径（边长）不同时，按截面刚度分配水平地震作用：

$$H_{Ehi} = \frac{E_i I_i}{\sum E_i I_i} H_{EK} \tag{9-3-11}$$

式中　$E_i I_i$——第 i 根桩桩身的截面刚度；

　　　$\sum E_i I_i$——各根桩桩身截面刚度之和。

4. 单桩或群桩基础水平抗力特征值 R_h 的确定

（1）单桩基础：$\qquad\qquad R_h = R_{ha}$ （9-3-12）

（2）群桩基础：$\qquad\qquad R_h = \eta_h R_{ha}$ （9-3-13）

式中 R_{ha}——单桩水平承载力特征值，按《建筑桩基技术规范》（JGJ 94—94）确定；

η_h——群桩效应综合系数，按《建筑桩基技术规范》（JGJ 94—94）确定。

注：当桩基竖向承载力设计时若考虑了桩土共同工作，桩基水平承载力设计时也应考虑承台底与地基土的摩阻力。

四、液化地基土的桩基

1. 对于桩身周围有液化土层的低承台桩基，当承台上下分别有厚度大于 1.5m、1.0m 的非液化土或软弱土层时，可按下列二种情况分别进行桩基的抗震验算，并按不利情况进行设计：

（1）桩承受全部地震作用：桩承载力计算与非液化中的桩基相同，但液化土层中的桩周摩阻力及水平抗力均应乘以液化折减系数 ψ_L，ψ_L 值见表 9-3-2。

土层液化折减系数 表 9-3-2

序 号	实际标贯锤击数 临界标贯锤击数	自地面算起的液化土层 埋深 d_L（m）	折减系数 ψ_L
1	$\lambda_N \leqslant 0.6$	$\sum d_L \leqslant 10$ $10 < d_L \leqslant 20$	0 1/3
2	$\lambda_N > 0.6 \sim 0.8$	$\sum d_L \leqslant 10$ $10 < d_L \leqslant 20$	1/3 2/3
3	$\lambda_N > 0.8 \sim 1.0$	$\sum d_L \leqslant 10$ $10 < d_L \leqslant 20$	2/3 1

（2）桩承受部分地震作用：地震作用按水平地震影响系数最大值的 10% 采用，此时桩顶地震作用效应 M、V、N 效应均除以比例系数 $K = \left(\dfrac{T_g}{T}\right)^{0.9} / 0.1 \alpha_{max}$ 之后，再进行抗震承载力验算，而此时对应的桩抗震承载力应扣除液化土层中的全部摩阻力及桩承台下 2m 深度范围内非液化土的桩周摩阻力。

2. 当承台底面非液化土层厚度小于 1.0m 时，土层液化折减系数按 λ_N 降低一档取用。

3. 对于打入式预制桩或其他挤土桩，当平均桩距为 2.5～4 倍桩径且桩数不少于 5×5 时，可计入打桩对土的加密作用及桩身对液化土变形限制的有利影响。当打桩后桩间土的标准贯入锤击数值达到不液化的要求时，单桩承载力可不折减，但对桩尖持力层进行强度校核时，桩群外侧的应力扩散角应取为零，打桩后桩间土的标准贯入锤击数宜由试验确定，也可按式（9-3-14）计算：

$$N_L = N_P + 100\rho(1 - e^{0.3N_P})$$ （9-3-14）

式中 N_L——打桩后的标准贯入锤击数；

N_P——打桩前的标准贯入锤击数；

ρ——打入式预制桩的面积置换率 $\rho = d^2 / t^2$；

d——桩直径；

t——桩的平均间距。

4. 计算液化土中桩基的水平抗力时，应符合下列要求：

（1）当承台底面以上为液化土层时，不考虑承台正侧面土体的被动土压力及承台底面与地基土之间的摩阻力；

（2）当承台底面以上为非液化土、而承台底面以下存在液化土时，只考虑承台正侧面土的被动土压力，不考虑承台底面与地基土之间的摩阻力；

（3）当桩顶以下 2（$d+1$）米深度范围内有液化土夹层时，水平抗力系数的比例系数综合计算值，应乘以液化折减系数 ψ_L。

5. 当桩身穿越可液化土或不排水抗剪强度小于 10kPa 的软弱土层的基桩，应按《建筑桩基技术规范》（JGJ 94—94）的要求考虑压曲影响。

五、设计实例

【例 9-1】 液化土中的桩基

某 19 层高层建筑，其箱基底面荷载及埋深等情况见表 9-3-3 和表 9-3-4，抗震设防烈度为 8 度。埋深−6m，地下水位−2.5m。地基特性见表 9-3-3 及图 9-3-2。打入式预制桩桩基的平面布置见图 9-3-1，试校核其抗震是否满足要求。

按地基规范的土的摩擦力   表 9-3-3

土 层	深度（m）	计算厚度（m）	摩阻力 f（kPa）	桩尖承载力（kPa）	说 明
填土	9.7	—	—	—	
粉土（液化）	14.4	4.7	25	—	
中砂（液化）	18	3.6	30	—	18m 以上，$f=3$
密实中砂	19	1.0	35	2700	18m 以下，$f=3.5$

已 知 设 计 数 据   表 9-3-4

项 目		风荷载组合（W）	地震荷载组合（E）
箱底内力	N（kN）	223800	223800
	Q（kN）	1640	13460
	M（kN·m）	168030	755270
箱基面积 F		864m^2	
箱基面惯性矩		$I_x=66509$m^4，$I_y=66307$m^2	
箱基埋深		6m	
结构基本自振周期（S）		1.18s（x 向），1.1s（y 向）	
场地类别		Ⅲ类	

【解】

1. 单桩容许承载力

用 0.35m×0.35m 的预制方型钢筋混凝土桩，桩长 13.0m，埋深 19m（超过液化层

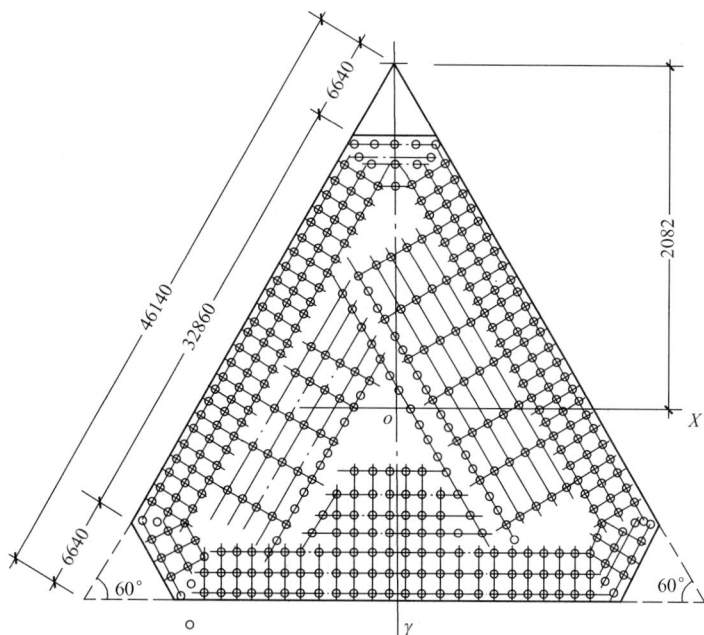

图 9-3-1　群桩布置情况

1.0m）。由试桩得 $P_a=1100\text{kN}$。

由于试桩比实际工程的桩高出 6m，所以除去上部 6m 高的桩侧摩擦力后，工程桩液化前的实际静垂直承载力特征值为（填土的摩阻力按 20kN/m^2）；

$$[P_a] = 1100 - (4 \times 0.35 \times 6) \times 20$$
$$= 1100 - 168 = 932\text{kN}$$

计算中采用：$[P_a]=900\text{kN/根}$

液化土的摩擦力计算值为：

$$F = 0.35 \times 4 \times [(4.7 \times 25) + (3.6 \times 30)] = 253\text{kN}$$

2. 验算该基础是否符合有挤土效应的多桩基础的条件

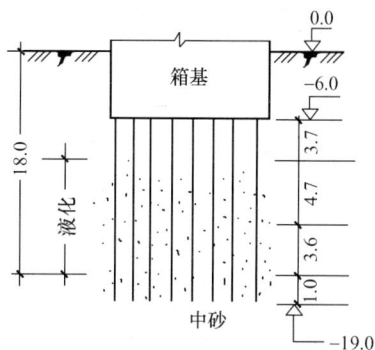

图 9-3-2　地基土分层情况

按照《建筑桩基技术规范》（JGJ 94—94），对于挤土桩数超过 5×5，平均桩距小于 4 倍桩径的多桩基础，可以考虑桩间土受挤密的影响，将桩间土视为不液化土层，桩基视作应力扩散角为零的刚性墩基进行验算。现检查本例是否符合上述要求。

（1）本例为打入桩，属挤土桩，桩的平均间距 t 由总桩数及基础面积求出：

$$t^2 = \frac{A}{379} = \frac{864}{379} = 2.28\text{m}^2$$

$$t = 1.5\text{m} > 4D = 4 \times 0.35 = 1.4\text{m}$$

平均间距稍大于规范规定的 $4D$。

（2）现在按桩挤土后估算的桩间土的 N 值检查。若原土地的标贯值 N 为 12，标贯深度 13.85m，则临界标贯为 20.35。桩的置换率 F_v 为：

$$F_V = \frac{D^2}{t^2} = \frac{0.35 \times 0.35}{2.28} = 0.0537$$

可得挤土后的桩间土标贯值 $N=17$，小于 $N_{cr}=20.37$。不符合挤土后的液化的条件，除非在打桩后由多点实测标贯证实已超过临界标贯值或增加总桩数，否则不宜按多桩基础的非液化桩间土校核。因此以下应按无挤土效应的液化土中桩基校核。

3. 单桩的抗震竖向承载力

抗震时单桩抗震承载力特征值可较静载时提高 25%。群桩效应系数为简化及安全计，暂按 1.0 考虑（对粉土及砂土，群桩效应系数多大于 1）。

4. 桩的布置与几何特征

考虑到地震作用下倾覆力矩的作用，桩的布置外密内稀，以更好地抵抗弯矩。此外，桩要尽可能布置在箱基有剪力墙的部位，避免将桩布置在底板中间区域。

令 x、y 轴穿过桩平面几何中心，因桩的布置基本对称，故桩的几何中心与箱基平面几何中心重合，最远的桩距 x 轴的距为 20.82m，其他桩的几何特性见表 9-3-5 及表 9-3-6。

桩对 x 轴的几何特性　　　　　　　　　　　　　　表 9-3-5

桩数 n	y_i (m)	y_i^2	ny_i^2	桩数 n	y_i (m)	y_i^2	ny_i^2
5	20.65	426.42	2132.10	1	12.40	153.76	153.76
5	19.30	372.49	1862.45	1	12.20	148.84	148.84
2	18.35	336.72	673.44	2	12.15	147.62	295.24

注：此表只列出部分桩的特性，其他桩的计算与之类似，为压缩篇幅未列入。

桩对 y 轴的几何特性　　　　　　　　　　　　　　表 9-3-6

桩数 n	x_i (m)	x_i^2	nx_i^2	桩数 n	x_i (m)	x_i^2	nx_i^2
2	5.70	32.49	64.98	1	1.20	1.44	1.44
2	7.60	57.76	115.52	2	10.00	100.00	200.00
1	3.20	10.24	10.24	1	3.25	10.56	10.56

桩的平面布置如图 9-3-1，实标桩数为 379 根。

由表 9-3-5 及表 9-3-6 的计算结果

$$\sum y_i^2 = 33573.76 \text{m}^2, \quad \sum x_i^2 = 33056.8 \text{m}^2$$

5. 桩基竖向承载力抗震验算

按《建筑桩基技术规范》（JGJ 94—94）当承台底面上下分别有厚度不小于 1.5m 及 1.0m 的非液化土或软弱土时可按满足最大地震作用时和 $0.1\alpha_{max}$ 地震作用时的要求验算，此处承台底面上、下有较厚的非液化填土，可认为满足《建筑桩基技术规范》（JGJ 94—94）要求。

（1）考虑最大地震作用时的验算

①首先需对液化土层进行其摩阻力的折减。按 8 度区，地下水位 -2.5m，标贯深度 -13.85m，求算液化临界标贯 N_{cr}：

$$N_{cr} = 10 \times [0.9 + 0.1 \times (13.85 - 2.5)] = 20.35$$

实测标贯平均值为 12。

②求抗液化安全系数 λ_L：

液化层顶面$-9.7m<10m$，且

$$\lambda_L = \frac{N}{N_{cr}} = \frac{12}{20.35} = 0.56 < 0.6$$

折减系数 $\psi_l = 0.33$，即液化层的摩阻力仅能按液化前的 1/3 计算。

③液化折减后的单桩极限承载力特征值 $[R_a]_L$：应扣去 2/3 的液化层的摩阻力，即

$$[R_a]_l = [R_a] - F(1-\psi_l) = 900 - 253 \times 0.67 = 730.5 \text{kN}$$

④桩的承载力考虑抗震时可提高 25%，故有

$$[R_a]_{边} = 1.25 \times 730.5 = 913.1 \approx 913 \text{kN}$$

⑤边桩竖向承载力的抗震验算

对最边排桩其承载力尚可再提高 20%，故边桩的抗震承载力为：

$$[R]_{这} = 1.20 \times 913 = 1095.6 \text{kN}$$

边桩的最大轴向力标准值 $Q_{max} = 1058.9 \text{kN} < [R]_{边} = 1095.6 \text{KN}$，满足要求。

⑥桩下端竖向平均压力的校核

地震作用下的基底压力为 223800kN（表 11.3.2），此值与主要荷载组合风荷载组合时是相同的。因此必然满足要求，不必再验算。

（2）考虑部分地震作用时的桩基竖向承载力验算

此时应扣去液化层及承台下 2m 范围内的桩周摩擦力，按最大水平地震影响系数的 10% 考虑地震作用。

场地为Ⅲ类，结构自振周期为 1.1～1.2s。按反应谱曲线，$0.1\alpha_{max}$ 时的地震影响系数与 $T=1.1s$ 时的地震影响系数之比 K 为：

$$K = \frac{\left(\frac{T_g}{T}\right)^{0.9} \alpha_{max}}{0.1\alpha_{max}} = \frac{\left(\frac{0.4}{1.1}\right)^{0.9}}{0.1} = 3.987$$

按 $0.1\alpha_{max}$ 地震作用时，基底地震弯矩较设计值小 K 倍，即：

$$M_{0.1} = 255270 \text{kN} \cdot \text{m}/3.978 = 189433 \text{kN} \cdot \text{m}$$

此时边桩上的作用力

$$N_{max} = \frac{223800}{379} + \frac{189433 \times 20.82}{33573.76} = 590 + 117.5 = 707.5 \text{kN}$$

桩的竖向抗震承载力中应扣除液化层的全部摩阻力及 2m 厚的填土摩阻力，应有：

$$1.25 \times \{[R_a] - 253 - 20 \times 2(0.35 \times 4)\} = 1.25 \times (900 - 253 - 56) = 709 \text{kN}$$

$$1.2 \times 1.25\{[R_a] - 253 - 20 \times 2 \times 0.35 \times 4\} = 886 \text{kN} > 707.5 \text{kN}$$

6. 桩的抗剪校核

按 m 法计算，抗剪的危险截面是在桩顶。需按考虑全部地震作用与部分地震作用二种情况校核。

（1）考虑全部地震作用时的校核

按地震作用组合，最大剪力为 13460kN。抗剪力为桩与基础旁土的抗力。

箱基侧壁的水平土抗力按静止土压力计算（此压力一般略小于 1/3 朗金被动土压，故

偏于安全），埋深 6m，静止土压力系数取 0.4，侧壁宽 39m。由此算得箱侧总静止土压力：$E=4270$kN。

379 根桩的抗水平荷载能力，由荷载试验求得，每桩的容许水平荷载为 30kN/根（此时桩顶位移为 1cm）。由于桩的水平荷载试验是在开挖基坑前进行的，应考虑在除去基坑深度 6m 后，桩的水平荷载试验值要不要修正。由于基底以下的填土厚度还有 3.7m，大于求取 m 平均值的深度（2D+1）=2.7m，即影响桩的侧向刚度的土层仍为填土，液化层对桩的侧向刚度影响不大，故桩的静水平承载力设计特征值按 30kN/根计，不作修正。

379 桩根的总水平抗力 T 为：

$$T=379\times1.25\times30=14212\text{kN}$$

桩基总水平抗力：

$$E+T=4270+14212\text{kN}=18482\text{kN}>Q=13460\text{kN}，满足要求。$$

（2）考虑部分地表作用

假设此时地震剪力比全部地震作用时小 K 倍：

$$Q_{0.1}=\frac{Q}{K}=\frac{13460}{3.987}=3376\text{kN}$$

但此时的单桩的横向承载力较难估计，因为填土层受液化喷冒及水流沿桩身上涌的影响受到削弱，不好估计，考虑到箱基外墙侧的填土的抗力受影响较小，可以全部利用，故而有：

$$E=4270\text{kN}>Q_{0.1}=3376\text{kN}，满足要求。$$

7. 桩顶弯矩验算

桩头嵌固于箱基内，在地震水平力的作用下，固端弯矩为：

$$M=H_0\beta_m/\alpha$$

$$H_0=\frac{13460-4270}{379}=24.2\text{ 根}$$

$$\alpha=\frac{mb_0}{EI}$$

式中 m 值由桩顶以下 2（d+1）=2×1.35=2.7m 深度内的土（填土）决定。

取 $m=4.5\text{MH/m}^4$，$\beta_m=0.928$

$$b_0=1.5b+0.5=1.5\times0.35+0.5=1.02\text{m}\approx1\text{m}$$

$$EI=(2.8\times10^7)\frac{(0.35)^4}{12}=35000\text{kN}\cdot\text{m}^2$$

$$\alpha=\left[\frac{4500\times1}{3.5\times10^4}\right]^{1/5}=0.1285^{1/5}=0.663\text{m}^{-1}$$

$$M=24.2\times0.928/0.663=33.87\text{kN}\cdot\text{m}$$

8. 桩身的抗弯危险断面除桩顶外，还有软硬土层交界处，但因为用平均 m 值计算难以反映，因而只能采用构造配筋以加强界面附近的桩身，为此本例中应令桩顶至液化层面以下 1m（约三倍桩径）处的纵向筋及箍筋均与桩顶相同。

第四节 桩基抗震的构造要求

一、非液化地基上的桩基

1. 预制桩

（1）混凝土强度等级不应低于 C30，预应力混凝土的预制桩中混凝土的强度等级不低于 C40、承台不低于 C25，有地下水时不低于 C30。

（2）混凝土桩纵向钢筋配筋率：锤击时不宜小于 0.8%，静压时不宜小于 0.6%，主筋直径不宜小于 $\phi 14$。

（3）打入式桩桩顶 $4\sim5d$ 范围内箍筋应加密，间距不大于 100mm，直径 $\geqslant\phi6$，并应设置钢筋网片，由于挤土效应，当地基土存在截桩可能性时，应适当调整箍筋加密范围。

（4）桩的拼接：6 度、7 度时可采用硫磺胶泥接头，8 度、9 度时应采用钢板焊接接头，在接头上下 600mm 范围内箍筋应按桩顶要求加密。

2. 灌注桩

（1）混凝土强度等级不应低于 C25。

（2）纵向钢筋配筋率可取 0.65%～0.2%（小桩应取高值，大桩应取低值），对于受水平荷载较大的桩，抗拔桩和嵌岩端承桩宜按计算确定，且不小于上述规定。

（3）纵向钢筋长度：对于摩擦型桩，配筋长度不应小于 2/3 桩长，并不小于 $4/\alpha$（对于硬土一般取 7～10 倍桩径，中硬土 10～15 倍桩径，软土 15～20 倍桩径，其中小桩径取大值，大桩径取小值，另加 $35d$ 的锚固长度）。当遇下列情况之一时应通长配筋。

①当桩长小于 $4/\alpha$ 时；

②有抗滑、抗拔要求时；

③端承桩；

④直径不小于 $\phi800$ 的桩，在承台底面 $4/\alpha$ 以下，纵向配筋可减少 50% 伸至桩底，但不少于 8 根。

（4）箍筋应采用直径为 $\phi6\sim\phi10$、间距 200～300mm 的螺旋式箍筋，桩顶 $3d$ 范围内箍筋间距不大于 100mm，当钢筋笼长度超过 4m 时，应每隔 2m 左右设一道直径为 $\phi12\sim\phi18$ 的焊接加劲箍筋。

3. 桩与承台的连接构造

（1）大直径桩顶嵌入承台内不小于 100mm，中小直径桩不小于 50mm。

（2）桩的纵向钢筋锚入承台不宜小于 35 倍纵向主筋直径，对于抗拔桩，桩顶主筋的锚固长度按《混凝土结构设计规范》（GB 50010—2002）确定。

（3）对于直径不小于 $\phi800$ 的灌注桩，当采用一柱一桩时，可设置柱帽或将桩与柱直接连接。

4. 柱与承台的连接构造

（1）当柱的抗震等级为一、二级时，锚固长度不小于 $41d$，抗震等级为三、四级时，锚固长度不小于 $37d$。

（2）承台和地下室侧墙周围的回填土应采用灰土，配砂石、压实性较好的素土分层夯实，轻型击实系数不宜小于 0.94，或采用混凝土灌注。

二、液化地基上的桩基

1. 预制桩的接头位置应避开液化土层界面。

2. 灌注桩纵向钢筋长度应穿过可液化土层或软弱土层，进入稳定土层的深度应按计算确定，对于碎石土、砾，粗、中砂，密实粉土，坚硬黏性土不应小于 $3\sim5d$。

3. 箍筋除在桩顶 $5d$ 范围内加密外，液化土层范围内箍筋应加密，并延深至稳定土层面以下 $3d$ 范围。

4. 当承台底面标高上下存在液化土层或软弱土层时，或桩基水平载力不满足计算要求时，可将承台每侧 1/2 承台边长范围的土进行加固，处理深度不浅于承台下 2m。

5. 液化地基中不设一柱一桩承台。

6. 当不能进行地基抗液化处理时，应将承台作为质点，按高承台桩基进行抗震验算。

三、基础连系梁

1. 设置条件

（1）有抗滑移要求或严重不均匀地基上的桩基。

（2）7～9 度时，承台下存在未经处理的液化土、软土或新近填土时的桩基。

（3）非液化十中单桩或单排桩基。

2. 连系梁的布置

（1）一般情况下应双向布置。

（2）单层厂房一般可仅沿纵向柱列布置，另一方向桩数不应小于 2 根，当只能设单桩或单排桩时，桩截面刚度应大于柱截面刚度 16 倍。

（3）采用单排桩的条形承台，横向基础系梁每隔 2～3 个柱距设置一道。

3. 连系梁的设计

（1）混凝土强度等级宜与承台相同。

（2）基础系梁截面高度可取承台中心距约 1/10～1/15，且不应小于 400mm，梁截面宽度不应小于 250mm，且不应小于截面高度的 1/2。

（3）梁顶宜与承台顶面位于同一标高。

（4）梁内纵向钢筋应由计算确定，基础系梁承受的轴向力设计值可取承台竖向压力设计值的 1/10，承载力抗震调整系数应取 0.85。

（5）单层厂房柱间支撑下的桩基承台抗滑承载力不满足要求需通过基础系梁将水平剪力传递给相邻桩基时，基础系梁承受的轴向力不应小于下柱柱间支撑水平剪力设计值的 1/4。

（6）采用基础梁代替基础系梁时，基础梁应采用现浇或装配整体式接头。

（7）基础系梁的纵向钢筋应通长配置。

第十章　动力机器桩基基础设计

第一节　概　　述

　　动力机器桩基基础设计，除了满足承载力要求外，还要满足动力特性的要求。基础的动力特性要使机器运转时的振动尽量减小，直到对周围环境不产生不良影响。这就要求设计者不仅要详细了解机器的特性，包括机器的工作转速、扰力值、作用方向和位置等资料，还要比较准确地估算基础的动力特性指标，包括基础的固有频率、阻尼等。动力机器桩基基础的动力特性，是一个十分复杂的问题。在动荷载作用下，桩和土两者共同作用时的状态，很难用简单的模型进行估算。我国和国际上众多学者对此进行了长期的试验研究，取得了一定的成果，已应用到实际工作中。

一、动力机器桩基基础的动力特性

　　动力机器基础的振动，不仅会影响机器的使用寿命，也会影响其正常运行，同时基础的振动通过波在土中的传播会影响其他相邻的设备和建筑物的基础，影响仪器仪表的正常工作、操作人员的工作和身体健康等。要使基础的振动控制在能保证机器正常运转、不干扰周围环境的范围内，首先要使基础的固有频率远离机器的工作频率，如果无法做到，则可以采用加大基础阻尼的办法加以解决；其次是要求基础具有足够的质量，这些都属于基础动力特性的范畴，包括桩基刚度、阻尼和参加振动的质量等桩基主要动力参数。

二、桩基主要动力参数

　　（一）桩基刚度：桩基刚度是指桩在土中单位变位所需要的力，是计算桩基的固有频率和桩基振动位移时的必要动力参数。桩基刚度按其作用方向可分为：竖向刚度（抗压刚度）、水平向刚度（抗剪刚度）、回转向刚度（抗弯刚度）、扭转向刚度（抗扭刚度）。

　　（二）桩基阻尼：阻尼是影响动力机器基础动态反应的重要参数，特别是当机器的工作频率与基础的固有频率之比在 $0.75\sim1.25$ 的范围（即共振区）时，阻尼对基础的振动幅值起到主要控制作用。在计算中阻尼采用黏滞阻尼系数 C 和临界阻尼系数 C_c 之比的阻尼比 ξ 表示。

　　（三）桩基参加振动的质量：桩基除了承台质量外还要考虑桩和桩间土参加振动的质量。

编写人：徐建（中国机械工业集团公司）　　刘纯康（中国中元国际工程公司）

第二节　动力机器桩基基础的设计要求

1. 桩基基础（桩基承台）底面地基的静压力设计值应符合下列规定：

$$p \leqslant \alpha_f \cdot f \tag{10-2-1}$$

式中　p——桩台底面地基的静压力设计值（kPa）；

　　　f——桩基承载力设计值（kPa）；

　　　α_f——桩基承载力的动力折减系数。

桩基承载力的动力折减系数，对于旋转式机器基础可取 0.8；其他机器基础可取 1.0；对于锻锤基础应按下式计算：

$$\alpha_f = \frac{1}{1 + \beta \dfrac{a}{g}} \tag{10-2-2}$$

式中　a——锻锤基础的振动加速度（m/s²）；

　　　g——重力加速度（m/s²）；

　　　β——桩尖土层承载力的动力折减系数。

桩尖土层承载力的动力折减系数，可根据桩尖土层的类别按国家标准《动力机器基础设计规范》（GB 50040—96）有关规定分类：

一类土 $\beta=1.0$；

二类土 $\beta=1.3$；

三类土 $\beta=2.0$；

四类土 $\beta=3.0$。

2. 动力机器基础的最大振动线位移、速度或加速度应满足下列各式的要求：

$$A_f \leqslant [A] \tag{10-2-3}$$

$$V_f \leqslant [V] \tag{10-2-4}$$

$$a_f \leqslant [a] \tag{10-2-5}$$

式中　A_f——计算的基础最大振动线位移；

　　　V_f——计算的基础最大振动速度；

　　　a_f——计算的基础最大振动加速度；

　　$[A]$——基础的允许振动线位移，可按《动力机器基础设计规范》（GB 50040—96）确定；

　　$[V]$——基础的允许振动速度，可按《动力机器基础设计规范》（GB 50040—96）确定；

　　$[a]$——基础的允许振动加速度，可按《动力机器基础设计规范》（GB 50040—96）确定。

必须说明的是：《动力机器基础设计规范》（GB 50040—96）中规定的各类机器基础允许振动值，是保证厂房和机器自身的正常使用，并没有考虑对相邻的精密设备、仪器仪表和操作人员的振动影响，如果机器基础附近具有精密设备、仪器仪表或需要长时间在机器附近操作的人员，则要根据精密设备、仪器仪表或人员的允许振动值和离机器的距离来确定机器基础的允许振动值。

对于其他的设计要求，可参照《动力机器基础设计规范》（GB 50040—96）有关规定。

第三节　桩基动力参数的计算

桩基动力参数的计算，国内外有不少方法，我国研究人员对此进行了长期的试验研究工作，现将已付诸实际应用的计算方法介绍如下。

一、按《动力机器基础设计规范》（GB 50040—96）计算桩基动力参数的方法

（一）桩基刚度

1. 桩基竖向抗压刚度

《动力机器基础设计规范》（GB 50040—96）中桩基抗压刚度的计算模型，是将桩侧摩擦刚度和桩尖抗压刚度并联组成。其计算公式如下：

$$K_{pz} = n_p k_{pz} \tag{10-3-1}$$

$$k_{pz} = \sum C_{p\tau} A_{p\tau} + C_{pz} A_p \tag{10-3-2}$$

式中　K_{pz}——桩基竖向抗压刚度（kN/m）；

　　　k_{pz}——单桩的竖向抗压刚度（kN/m）；

　　　n_p——桩数；

　　　$C_{p\tau}$——桩周各层土的当量抗剪刚度系数（kN/m³）；

　　　$A_{p\tau}$——各层土中的桩周表面积（m²）；

　　　C_{pz}——桩尖土的当量抗压刚度系数（kN/m³）；

　　　A_p——桩的截面积（m²）。

对于预制桩或打入式灌注桩，当桩的间距为 4～5 倍桩截面的直径或边长时，桩周各层土的当量抗剪刚度系数 $C_{p\tau}$ 和桩尖土的当量抗压刚度系数 C_{pz} 值，可按表 10-3-1 和表 10-3-2采用。

桩周土的当量抗剪刚度系数 $C_{p\tau}$（kN/m³）　　　　　　　表 10-3-1

土的名称	土的状态	当量抗剪刚度系数 $C_{p\tau}$
淤　泥	饱　和	6000～7000
淤泥质土	天然含水量 45%～50%	8000
黏性土、粉土	软　塑	7000～10000
	可　塑	10000～15000
	硬　塑	15000～25000
粉砂、细砂	稍密～中密	10000～15000
中砂、粗砂、砾砂	稍密～中密	20000～25000
圆砾、卵石	稍　密	15000～20000
	中　密	20000～30000

桩尖土的当量抗压刚度系数 C_{pz} （kN/m³） 表 10-3-2

土的名称	土的状态	桩尖入土深度（m）	当量抗压刚度系数 C_{pz}
黏性土、粉土	软塑、可塑	10～20	500000～800000
	软塑、可塑	20～30	800000～1300000
	硬塑	20～30	1300000～1600000
粉砂、细砂	中密、密实	20～30	1000000～1300000
中砂、粗砂、砾砂、圆砾、卵石	中密	7～15	1000000～1300000
	密实	7～15	1300000～2000000
页岩	中等风化		1500000～20000000

2. 桩基抗剪和抗扭刚度

预制桩或打入式灌注桩桩基的抗剪刚度和抗扭刚度，可按下列规定采用：

1）桩基抗剪刚度和抗扭刚度可采用相应的天然地基抗剪刚度和抗扭刚度的 1.4 倍，即：

$$K_{px} = 1.4K_x \tag{10-3-3}$$
$$K_x = 0.7C_zA \tag{10-3-4}$$
$$K_{p\psi} = 1.4K_\psi \tag{10-3-5}$$
$$K_\psi = 1.05C_zI_z \tag{10-3-6}$$

式中 K_{px}——桩基抗剪刚度（kN/m）；

K_x——天然地基抗剪刚度（kN/m）；

$K_{p\psi}$——桩基抗扭刚度（kN·m）；

K_ψ——天然地基抗扭刚度（kN·m）；

C_z——天然地基的抗压刚度系数（kN/m³），可按表 10-3-3 选用；

A——桩基承台的底面积（m²）；当桩基承台的底面积小于 20m² 时，表 10-3-3 中

的天然地基的抗压刚度系数 C_z 值乘以底面积修正系数 $\sqrt[3]{\dfrac{20}{A}}$；

I_z——桩基承台底面通过其形心轴的极惯性矩（m⁴）。

天然地基的抗压刚度系数 C_z 可按表 10-3-3 选用。

天然地基的抗压刚度系数 C_z 值 （kN/m³） 表 10-3-3

地基承载力的标准值 f_k（kPa）	土 的 名 称		
	黏性土	粉 土	砂 土
300	66000	59000	52000
250	55000	49000	44000
200	45000	40000	36000
150	35000	31000	28000
100	25000	22000	18000
80	18000	16000	

2）当采用端承桩或桩上部土层的地基承载力的标准值 f_k 大于或等于 200kPa 时，桩基抗剪刚度和抗扭刚度不应大于相应的天然地基抗剪刚度和抗扭刚度。

3）当计入桩基承台埋深和刚性地面作用时，桩基抗剪刚度可按下式计算：

$$K'_{px} = K_x(0.4 + \alpha_{x\varphi}\alpha_1) \tag{10-3-7}$$

$$\alpha_{x\varphi} = (1 + 1.2\delta_b)^2 \tag{10-3-8}$$

$$\alpha_1 = 1.0 \sim 1.4 \tag{10-3-9}$$

$$\delta_b = \frac{h_t}{\sqrt{A}} \tag{10-3-10}$$

式中 K'_{px}——桩基承台埋深和刚性地面对桩基刚度提高作用后的桩基抗剪刚度（kN/m）；

$\alpha_{x\varphi}$——基础埋深作用对地基抗剪、抗弯、抗扭刚度的提高系数；

δ_b——基础埋深比，当 δ_b 大于 0.6 时，应取 0.6；

h_t——基础埋置深度（m）；

α_1——基础与刚性地面相连时，地基抗剪、抗弯、抗扭刚度的提高系数 1～1.4；对于软弱地基土可取 1.4；其他地基土的提高系数可适当减小。

4）当计入桩基承台埋深和刚性地面作用时，桩基抗扭刚度可按下式计算：

$$K'_{p\psi} = K_\psi(0.4 + \alpha_{x\varphi}\alpha_1) \tag{10-3-11}$$

式中 $K'_{p\psi}$——桩基承台埋深和刚性地面对桩基刚度提高作用后的桩基抗扭刚度（kN/m）。

5）斜桩的抗剪刚度应按下列规定确定：

（1）当桩的斜度大于 1:6，其间距为 4～5 倍桩截面的直径或边长时，斜桩的当量抗剪刚度可采用相应的天然地基抗剪刚度的 1.6 倍；

（2）当计入桩基承台埋深和刚性地面作用时，斜桩的抗剪刚度可按下式计算：

$$K'_{px} = K_x(0.6 + \alpha_{x\varphi}\alpha_1) \tag{10-3-12}$$

3. 桩基抗弯刚度

预制桩或打入式灌注桩桩基的抗弯刚度，可按下式计算：

$$K_{p\varphi} = k_{pz}\sum_{i=1}^{n} r_i^2 \tag{10-3-13}$$

式中 $K_{p\varphi}$——桩基抗弯刚度（kN·m）；

r_i——第 i 根桩的轴线至桩基承台底面形心回转轴的距离（m）。

（二）桩基阻尼比

预制桩或打入式灌注桩桩基的阻尼比，可按下列规定计算：

1. 桩基竖向阻尼比按下列公式计算：

1）桩基承台底下为黏性土：

$$\zeta_{pz} = \frac{0.2}{\sqrt{\overline{m}}} \tag{10-3-14}$$

$$\overline{m} = \frac{m}{\rho A \sqrt{A}} \tag{10-3-15}$$

式中 ζ_{pz}——桩基竖向阻尼比；

$\overline{m}$——基组（包括桩基承台和桩基承台上的机器、附属设备、填土的总称）的质量比；

ρ——地基土的密度（t/m³）。

2）桩基承台底下为砂土、粉土：

$$\zeta_{pz} = \frac{0.14}{\sqrt{m}} \qquad\qquad (10\text{-}3\text{-}16)$$

3）端承桩：

$$\zeta_{pz} = \frac{0.10}{\sqrt{m}} \qquad\qquad (10\text{-}3\text{-}17)$$

4）当桩基承台底与地基土脱空时，其竖向阻尼比可取端承桩的竖向阻尼比。

2. 桩基水平回转向、扭转向阻尼比可按下列规定计算：

$$\zeta_{px\varphi1} = 0.5\zeta_{pz} \qquad\qquad (10\text{-}3\text{-}18)$$

$$\zeta_{px\varphi2} = \zeta_{px\varphi1} \qquad\qquad (10\text{-}3\text{-}19)$$

$$\zeta_{p\psi} = \zeta_{px\varphi1} \qquad\qquad (10\text{-}3\text{-}20)$$

式中 $\zeta_{px\varphi1}$——桩基水平回转耦合振动第一振型阻尼比；

$\zeta_{px\varphi2}$——桩基水平回转耦合振动第二振型阻尼比；

$\zeta_{p\psi}$——桩基扭转向阻尼比。

3. 计算桩基阻尼比时，可计入桩基承台埋深对阻尼比的提高作用，提高后的桩基竖向、水平回转向和扭转向阻尼比可按下列规定计算：

1）摩擦桩：

$$\zeta'_{pz} = \zeta_{pz}(1 + 0.8\delta_b) \qquad\qquad (10\text{-}3\text{-}21)$$

$$\zeta'_{px\varphi1} = \zeta_{px\varphi1}(1 + 1.6\delta_b) \qquad\qquad (10\text{-}3\text{-}22)$$

$$\zeta'_{px\varphi2} = \zeta'_{px\varphi1} \qquad\qquad (10\text{-}3\text{-}23)$$

$$\zeta'_{p\psi} = \zeta'_{px\varphi1} \qquad\qquad (10\text{-}3\text{-}24)$$

2）端承桩：

$$\zeta'_{pz} = \zeta_{pz}(1 + \delta_b) \qquad\qquad (10\text{-}3\text{-}25)$$

$$\zeta'_{px\varphi1} = \zeta_{px\varphi1}(1 + 1.4\delta_b) \qquad\qquad (10\text{-}3\text{-}26)$$

$$\zeta'_{px\varphi2} = \zeta'_{px\varphi1} \qquad\qquad (10\text{-}3\text{-}27)$$

$$\zeta'_{p\psi} = \zeta'_{px\varphi1} \qquad\qquad (10\text{-}3\text{-}28)$$

式中 ζ'_{pz}——桩基承台埋深对阻尼比的提高作用后的桩基竖向阻尼比；

$\zeta'_{px\varphi1}$——桩基承台埋深对阻尼比的提高作用后的桩基水平回转耦合振动第一振型阻尼比；

$\zeta'_{px\varphi2}$——桩基承台埋深对阻尼比的提高作用后的桩基水平回转耦合振动第二振型阻尼比；

$\zeta'_{p\psi}$——桩基承台埋深对阻尼比的提高作用后的桩基扭转向阻尼比。

（三）桩基参加振动的质量

计算预制桩或打入式灌注桩桩基的固有频率和振动线位移时，其竖向、水平向总质量以及基组的总转动惯量应按下列公式计算：

$$m_{sz} = m + m_0 \qquad\qquad (10\text{-}3\text{-}29)$$

$$m_{sx} = m + 0.4m_0 \qquad\qquad (10\text{-}3\text{-}30)$$

$$m_0 = \rho \cdot l_t \cdot b \cdot d \tag{10-3-31}$$

$$J' = J\left(1 + \frac{0.4m_0}{m}\right) \tag{10-3-32}$$

式中　m_{sz}——桩基竖向总质量（t）；

$\qquad m_{sx}$——桩基水平向总质量（t）；

$\qquad m_0$——竖向振动时，桩和桩间土参加振动的当量质量（t）；

$\qquad l_t$——桩的折算长度：当桩尖入土深度$\leqslant$10m时，取$l_t = 1.8$m；当桩尖入土深度$\geqslant$15m时，取$l_t = 2.4$m；桩尖入土深度10～15m之间时，可采用插入法求l_t；

$\qquad b$——桩基承台底面的宽度（m）；

$\qquad d$——桩基承台底面的长度（m）；

$\qquad J'$——基组通过其重心轴（x、y、z）的总转动惯量（t·m²）；

$\qquad J$——基组通过其重心轴（x、y、z）的转动惯量（t·m²）。

二、考虑桩本身特性的桩基刚度计算

《动力机器基础设计规范》（GB 50040—96）中的桩基刚度计算方法，经过多年的实际使用考验，基本上可满足设计要求，但按着《动力机器基础设计规范》（GB 50040—96）计算桩基刚度时，未考虑桩本身的特性，包括桩的截面形状、材料及其弹性影响，因此在有些情况下桩基刚度计算值与实测值相差较多，考虑桩本身特性后，桩基的刚度可按下列方法计算：

（一）桩基竖向抗压刚度

1. 桩的计算模型：

桩竖向振动的基本假定是：

1）桩是垂直的、弹性的；

2）桩周表面与土紧密接触；

3）桩周土是由无限薄层组成的线弹性体。

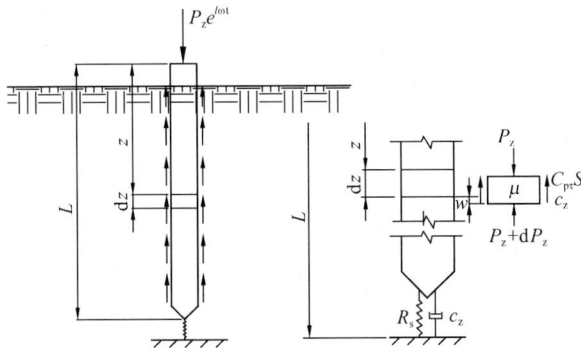

图 10-3-1　桩的计算模型

由图 10-3-1 可列出桩竖向振动的运动方程式为：

$$\mu \frac{\partial^2 w(z,t)}{\partial t^2} + c_z \frac{\partial w(z,t)}{\partial t} + C_{p\tau} S \cdot w(z,t) - E_p A_p \frac{\partial^2 w(z,t)}{\partial^2 z} = 0 \quad (10\text{-}3\text{-}33)$$

式中　　μ——桩单位长度的质量；

c_z——桩周土层的黏滞阻尼系数；

$C_{p\tau}$——桩周土层的抗剪刚度系数；

S——桩截面的周长；

E_p——桩的弹性模量；

A_p——桩的截面积；

$w\,(z,\,t)$——桩的竖向振动位移幅值。

公式（10-3-33）的通解为：

$$\left\{ \begin{array}{c} w(z) \\[2mm] \dfrac{\mathrm{d}w(z)}{\mathrm{d}z} \end{array} \right\} = \begin{bmatrix} \mathrm{e}^{\frac{\lambda}{L} \cdot z} & \mathrm{e}^{-\frac{\lambda}{L} \cdot z} \\[2mm] \dfrac{\lambda}{L} \mathrm{e}^{\frac{\lambda}{L} \cdot z} & -\mathrm{e}^{-\frac{\lambda}{L} \cdot z} \end{bmatrix} \left\{ \begin{array}{c} B \\[4mm] C \end{array} \right\} \qquad (10\text{-}3\text{-}34)$$

$$\lambda = L \sqrt{\frac{C_{p\tau} S - \mu \omega^2 + ic_z \omega}{E_p A_p}} \qquad (10\text{-}3\text{-}35)$$

公式（10-3-34）中积分常数 B、C 可利用边界条件求得，即：

桩顶　$z=0$；$P_z = P_0$

桩尖　$z=L$；$P_z = P_L = (k_s + ic_1 \omega) w_{(L)}$

$$= (k_s + ic_1 \omega)(B\mathrm{e}^\lambda + C\mathrm{e}^{-\lambda})$$

$$P_0 = -E_p A_p \left(\frac{\mathrm{d}w(z)}{\mathrm{d}z} \right)_{z=0} = -E_p A_p \frac{\lambda}{L}(B - C) \qquad (10\text{-}3\text{-}36)$$

$$P_L = -E_p A_p \left(\frac{\mathrm{d}w(z)}{\mathrm{d}z} \right)_{z=L} = -E_p A_p \frac{\lambda}{L}(B\mathrm{e}^\lambda + C\mathrm{e}^{-\lambda}) \qquad (10\text{-}3\text{-}37)$$

由式（10-3-36）、式（10-3-37）二式解得：

$$B = \frac{P_0 (\lambda - \beta) \mathrm{e}^{-\lambda}}{2k_p \lambda (\lambda \cdot \sinh\lambda + \beta \cdot \cosh\lambda)}$$

$$C = \frac{P_0 (\lambda + \beta) \mathrm{e}^{\lambda}}{2k_p \lambda (\lambda \cdot \sinh\lambda + \beta \cdot \cosh\lambda)}$$

$$k_p = \frac{E_p A_p}{L}$$

$$\beta = \frac{k_s + ic_1 \omega}{k_p}$$

桩顶的振动位移幅值为：

$$w_{(0)} = C + B = \frac{P_0}{\lambda k_p} \cdot \frac{\beta \cdot \tanh\lambda + \lambda}{\lambda \cdot \tanh\lambda + \beta}$$

桩土体系的动刚度为：

$$k_p^{\mathrm{d}} = \frac{P_0}{w_{(0)}} = \lambda k_p \cdot \frac{\lambda \cdot tanh\lambda + \beta}{\beta \cdot tanh\lambda + \lambda} \qquad (10\text{-}3\text{-}38)$$

当 $\omega = 0$ 时，$k_p^{\mathrm{d}} = k_p^{\mathrm{st}}$，桩的静刚度为：

$$k_{\rm p}^{\rm st} = \lambda' \cdot k_{\rm p} \cdot \frac{\lambda' \cdot \tanh\lambda' + \beta'}{\beta' \cdot \tanh\lambda + \lambda'} \tag{10-3-39}$$

$$\lambda' = L\left(\frac{C_{\rm p\tau}S}{E_{\rm p}A_{\rm p}}\right)^{\frac{1}{2}} = \left(\frac{k_{\tau}}{k_{\rm p}}\right)^{\frac{1}{2}}$$

$$k_{\rm p} = \frac{E_{\rm p}A_{\rm p}}{L}$$

$$\beta' = \frac{k_{\rm s}}{k_{\rm p}}$$

式中　k_{τ}——桩与桩周土之间的抗剪刚度；

$\qquad k_{\rm s}$——桩尖处地基土的抗压刚度；

$\qquad k_{\rm p}$——桩本身的抗压刚度；

$\qquad L$——桩长。

2. 对桩基竖向抗压刚度计算公式（10-3-39）的几点说明

1）从桩基竖向抗压刚度计算公式（10-3-39）来看，在一般情况下，桩基竖向抗压刚度随着桩长的增加而增加，但并不是线性增加。桩越长其竖向抗压刚度的增加越缓慢，到了一定长度后，其竖向抗压刚度不再随桩长的增加而增加，这就反映了桩的弹性影响。

2）当公式（10-3-39）中的 $\lambda' \geqslant 2$，即 $k_{\tau} \geqslant 4k_{\rm p}$ 时，$\tanh\lambda' \approx 1$，此时公式（10-3-39）中的 $\frac{\lambda'\tanh\lambda' + \beta'}{\beta'\tanh\lambda' + \lambda'} \approx 1$，则 $k_{\rm p}^{\rm st} \approx \lambda' k_{\rm p} \approx \sqrt{k_{\tau}k_{\rm p}} \approx \sqrt{E_{\rm p}A_{\rm p}C_{\rm p\tau}S}$，这说明桩与桩周土之间的抗剪刚度大于 4 倍的桩本身的抗压刚度时，桩基竖向抗压刚度为常数。即：当桩长 $L \geqslant 2\sqrt{\dfrac{E_{\rm p}A_{\rm p}}{C_{\rm p\tau}S}}$ 时，桩基竖向抗压刚度不再随桩长的增加而增加。从现场实测资料也表明上述桩长与桩基竖向抗压刚度之间的关系是符合实际情况的，如上海金山工程现场桩基振动测试中，截面和材料相同的桩，桩长分别为：10m，21m，34m；而实测的竖向抗压刚度分别为 635000kN/m，820000kN/m，824000kN/m。

3）当桩尖处地基土的抗压刚度 $k_{\rm s} < \sqrt{k_{\tau}k_{\rm p}}$ 时，桩的竖向抗压刚度随着桩长的增加而增加。当桩尖处地基土的抗压刚度 $k_{\rm s} \approx \sqrt{k_{\tau}k_{\rm p}}$ 时，桩的竖向抗压刚度为常数，当桩尖处地基土的抗压刚度 $k_{\rm s} \gg \sqrt{k_{\tau}k_{\rm p}}$ 时，则与上述情况相反，桩的竖向抗压刚度随着桩长的增加而减小。即在桩截面相同的条件下，短桩的抗压刚度比长桩要大。桩尖位于岩层上的支承桩，短桩的抗压刚度比长桩要大。

4）当桩尖处于岩石上时，$k_{\tau} \approx 0$；$k_{\rm s} \to \infty$，此时，公式（10-3-39）为不定式，可求得极值为：

$$k_{\rm p}^{\rm st}\Big|_{\lambda' \to 0} = k_{\rm p}\frac{d(\lambda'^2\tanh\lambda' + \lambda'\beta')}{d(\beta'\tanh\lambda' + \lambda')} = k_{\rm p}\frac{2\lambda'\tanh\lambda' + \lambda'^2 \cdot \dfrac{1}{\cosh^2\lambda'} + \beta'}{\beta' \cdot \dfrac{1}{\cosh^2\lambda'} + 1}$$

$$= k_{\rm p}\frac{\beta'}{\beta' + 1} = \frac{k_{\rm s} \cdot k_{\rm p}}{k_{\rm s} + k_{\rm p}}；当\ k_{\rm s} \to \infty\ 时，k_p^{\rm st} = k_{\rm p}$$

此时，桩的竖向抗压刚度随着桩长的增加而减小。

上述说明桩基竖向抗压刚度计算公式（10-3-39）是反映了桩本身的特性，特别是其弹性影响，也弥补了《动力机器基础设计规范》（GB 50040—96）的不足。

3. 桩基竖向抗压刚度的计算

桩基竖向抗压刚度计算公式（10-3-39）从理论和实际上都是合理的，但要变为简单而实用的工具还需要有符合实际的参数，如 k_τ、k_s 等取值方法供设计人员选用。根据大量室内外的实测数据，经过统计分析，提出了计算 k_τ 和 k_s 的地基土抗剪刚度系数 $C_{p\tau}$ 和抗压刚度系数 C_{pz} 值。为了便于计算和与《动力机器基础设计规范》相衔接，将计算公式（10-3-39）作如下换算：

$$k_{st} = \lambda' k_p \frac{\lambda' \tanh\lambda' + \beta'}{\beta' \tanh\lambda' + \lambda'} = \varepsilon(k_\tau + k_s) \tag{10-3-40}$$

$$\varepsilon = \frac{\tanh\left(\frac{b}{c+1}\right)^{\frac{1}{2}} + c\left(\frac{b}{c+1}\right)^{\frac{1}{2}}}{bc\tanh\left(\frac{b}{c+1}\right)^{\frac{1}{2}} + [b(c+1)]^{\frac{1}{2}}} \tag{10-3-41}$$

式中　$b = \dfrac{k_\tau + k_s}{k_p}$；$c = \dfrac{k_s}{k_\tau}$；$k_p = \dfrac{E_p A_p}{L}$

公式（10-3-41）的桩基刚度计算公式与《动力机器基础设计规范》（GB 50040—96）基本一致，所不同的是公式（10-3-40）中多了个系数"ε"，这系数就是考虑了桩本身的弹性影响因素。

现将桩基竖向刚度的计算方法介绍如下：

预制桩或打入式灌注桩桩基的抗压刚度可按下列公式计算：

$$K_{pz} = n_p k_{pz} \tag{10-3-42}$$

$$k_{pz} = \varepsilon(k_\tau + k_s) \tag{10-3-43}$$

$$k_\tau = \sum C_{p\tau} A_{p\tau} \tag{10-3-44}$$

$$k_s = C_{pz} A'_{pz} \tag{10-3-45}$$

$$\varepsilon = \frac{\tanh\left(\frac{b}{c+1}\right)^{\frac{1}{2}} + c\left(\frac{b}{c+1}\right)^{\frac{1}{2}}}{bc\tanh\left(\frac{b}{c+1}\right)^{\frac{1}{2}} + [b(c+1)]^{\frac{1}{2}}} \tag{10-3-46}$$

$$b = \frac{k_\tau + k_s}{k_p} \tag{10-3-47}$$

$$c = \frac{k_s}{k_\tau} \tag{10-3-48}$$

$$k_p = \frac{E_p A_p}{L} \tag{10-3-49}$$

式中　K_{pz}——桩基竖向抗压刚度（kN/m）；

　　　k_{pz}——单桩的竖向抗压刚度（kN/m）；

　　　n_p——桩数；

　　　$C_{p\tau}$——桩周各层土的当量抗剪刚度系数（kN/m³），当桩的间距为 4～5 倍桩截面的直径或边长时，桩周各层土的当量抗剪刚度系数 $C_{p\tau}$ 可按表 10-3-4 选用；

　　　$A_{p\tau}$——各层土中的桩周表面积（m²）；

C_{pz}——桩尖土的当量抗压刚度系数（kN/m³），可按表 10-3-5 选用；

A'_{pz}——桩尖土的当量受压面积（m²），可取桩基承台底面积除以桩数所得的面积。

桩周土的当量抗剪刚度系数 C_{pr}（kN/m³）　　　　表 10-3-4

桩周土的承载力标准值 f_k（kN/m²）	C_{pr}（kN/m³）	桩周土的承载力标准值 f_k（kN/m²）	C_{pr}（kN/m³）
$200 \leqslant f_k \leqslant 250$	60000～80000	$100 \leqslant f_k \leqslant 150$	35000～40000
$150 \leqslant f_k \leqslant 200$	40000～60000	$70 \leqslant f_k \leqslant 100$	30000～35000

桩尖土的当量抗压刚度系数（kN/m³）　　　　表 10-3-5

土的名称	土的状态	桩尖入土深度（m）	当量抗剪刚度系数 C_{pz}
黏性土	软塑、可塑	10～20	60000～100000
		20～30	100000～150000
	硬塑	10～20	110000～180000
		20～30	180000～300000
粉细砂	中密	10～20	60000～100000
		20～30	100000～150000
	密实	10～20	120000～200000
		20～30	200000～300000
中、粗砂；砾砂；圆砾；卵石	中密	10～20	100000～150000
	密实	10～20	150000～280000
岩石	中等风化		～300000

注：公式（10-3-42）、式（10-3-43）为计算四根及四根以上的群桩桩基竖向抗压刚度，若要换算成单桩的竖向抗压刚度时，可将公式（10-3-43）的计算结果乘以 1.4；若要换算成两根桩桩基的竖向抗压刚度时，可将公式（10-3-43）的计算结果乘以 1.2。然后代入公式（10-3-42），求得两根桩桩基的竖向抗压刚度。

4. 计算与实测对比

采用公式（10-3-42）～式（10-3-49）和表 10-3-4、表 10-3-5 中的 C_{pr}、C_{pz} 值对以往现场实测的桩基竖向抗压刚度进行对比，详见表 10-3-6。

桩基竖向抗压刚度实测值与计算值对比　　　　表 10-3-6

地点	桩截面积 桩台底面积	桩数 桩长	桩周 土类别	桩尖 土类别	实测桩基刚度（kN/m）	计算桩基刚度（kN/m）	实测 计算
上海 金山	0.45m×0.45m 3.2m×1.6m	2根 $L=34$m	淤泥	粉细砂	1648000	1248000×1.2 =1497600	1.100
	0.45m×0.45m 3.2m×1.6m	2根 $L=21$m	淤泥	硬土层	1640000	1226000×1.2 =1471200	1.115
	0.45m×0.45m 3.2m×1.6m	2根 $L=10$m	淤泥	硬土层	1270000	1050000×1.2 =1260000	1.008

地点	桩截面积 桩台底面积	桩数 桩长	桩周 土类别	桩尖 土类别	实测桩基刚度 （kN/m）	计算桩基刚度 （kN/m）	实测 计算
上海 金山	0.45m×0.45m 3.2m×4.8m	6根 $L=28$m	淤泥	粉细砂	4026000	3770000	1.068
合肥	0.35m×0.35m 3.2m×3.2m	4根 $L=11$m	黏土	风化砂岩	2430000	2429000	1.000
大庆	0.35m×0.35m 3.2m×3.2m	4根 $L=15$m	黏土 $f_k=150\rightarrow$ 200kPa	黏土 $f_k=260$kPa	2360000	2222000	1.062
南京	0.4m×0.4m 3.2m×3.2m	4根 $L=11$m	亚黏土 黏土	硬黏土	2762760	2590000	1.067
抚顺	0.35m×0.35m 3.2m×3.2m	4根 $L=10$m	亚黏土	强风化岩	1588000	1680700	0.944
大连	0.35m×0.35m 3.4m×2.4m	6根 $L=7$m	密实炉 渣填土 f_k $=150$kPa	硬泥质 和灰岩 C_{pz} $=500000$kN/m³	3138000	2916000	1.076
裕溪口	$\phi0.55$m 内径0.29m 5.5m×3.3m	6根 $L=20$m	亚黏土 淤泥	淤泥 $f_k=8$kPa	3408000	3190000	1.068
北汽	$\phi0.4$m 3.2m×3.2m	4根 $L=8$m	亚黏土 粉细砂	粗砂 卵石	2034000	1992000	1.021
北工院	$\phi0.4$m 9.8m×5.6m	28根 $L=8$m	亚黏土	粗砂 卵石	11788300	12047600	0.978

从表10-3-6可以看出，用公式（10-3-42）～式（10-3-49）和表10-3-4，表10-3-5中的 $C_{p\tau}$、C_{pz} 值计算桩基竖向抗压刚度是可行的，特别对支承桩和较长的摩擦桩，用此方法计算较为接近实际。

（二）桩基的水平向抗剪刚度

《动力机器基础设计规范》（GB 50040—96）中规定：桩基的水平向抗剪刚度可采用相应的天然地基抗剪刚度的1.4倍，这同样没有考虑桩本身的特性，包括桩的截面形状、材料及桩和土相互作用等因素，这并不十分合理，经过长期的试验研究，现对桩基的水平向抗剪刚度，提出较为合理和实用的计算方法。

1. 桩的计算模型：其基本假定除了把桩看作是竖向埋在土内无限长的地基梁以外，其他均与桩基竖向抗压刚度的基本假定相同。受水平力 H 作用后桩产生弯曲变形，见图10-3-2，其微分方程式为：

$$E_p I_p \frac{\mathrm{d}^4 x}{\mathrm{d}z^4} + \overline{E}_s \cdot x = 0 \tag{10-3-50}$$

$$\frac{\mathrm{d}^4 x}{\mathrm{d}z^4} + \frac{\overline{E_s}}{E_p I_p} x = 0$$

$$\frac{\mathrm{d}^4 x}{\mathrm{d}z^4} + 4\beta^4 x = 0 \qquad (10\text{-}3\text{-}51)$$

$$\beta = \sqrt[4]{\frac{\overline{E_s}}{4E_p I_p}} = \sqrt{\frac{E_s b}{4E_p I_p}}$$

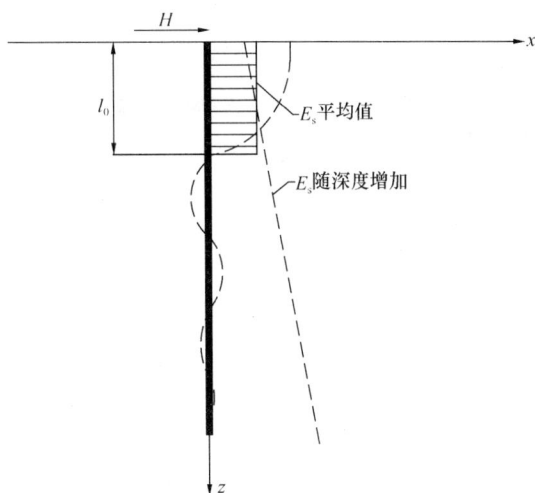

式中　E_s——地基土的压缩模量，随土的深度而变化，在 $z = l_0$ 深度范围内取其平均值（kN/m^3）；

　　　b——桩的宽度或直径（m）。

公式（10-3-51）的解为：$x = \mathrm{e}^{\beta z}(A\sin\beta z + B\cos\beta z) + \mathrm{e}^{-\beta z}(C\sin\beta z + D\cos\beta z)$ 当 $z \to \infty$ 时，$x = 0$；则 $A = 0$，$B = 0$

$$x = \mathrm{e}^{-\beta z}(C\sin\beta z + D\cos\beta z) \qquad (10\text{-}3\text{-}52)$$

当桩顶固定时：$z = 0, M(0) = M_0, Q = -H; \varphi = 0$

$$\varphi = E_p I_p \frac{\mathrm{d}x}{\mathrm{d}z} = E_p I_p \beta\, \mathrm{e}^{-\beta z}\left[(C-D)\cos\beta z - (C+D)\sin\beta z\right] = 0$$

则 $C = D$

$$Q = E_p I_p \frac{\mathrm{d}^3 x}{\mathrm{d}z^3} = 4E_p I_p D\beta^3 \mathrm{e}^{-\beta z}\cos\beta z = -H$$

$$D = -\frac{H}{4E_p I_p \beta^3}$$

代入公式（10-52）得：

$$x = -\frac{H}{4E_p I_p \beta^3}\mathrm{e}^{-\beta z}(\sin\beta z + \cos\beta z) \qquad (10\text{-}3\text{-}53)$$

$$z = 0 \text{ 时}, x = -\frac{H}{4E_p I_p \beta^3} \qquad (10\text{-}3\text{-}54)$$

桩位于第一反弯点时：$l = l_0$；$x = 0$；由式（10-3-54）得：

$$\sin\beta z = -\cos\beta z; \beta z = \frac{3}{4}\pi; z = l_0 = \frac{3\pi}{4\beta}$$

单根桩的抗剪刚度：$k_{px} = \dfrac{H}{x_{(z=0)}} = \dfrac{H}{\dfrac{H}{4E_p I_p \beta^3}} = 4E_p I_p \beta^3 \qquad (10\text{-}3\text{-}55)$

2. 桩基抗剪刚度的计算

整个桩基的抗剪刚度是由桩本身的抗剪刚度和桩台下地基土的抗剪刚度并联组成，可由下式表示：

$$K_{px} = n_p k_{px} + K_x = n_p \cdot 4E_p I_p \beta^3 + K_x \qquad (10\text{-}3\text{-}56)$$

$$\beta = \sqrt[4]{\frac{\overline{E_s}}{4E_p I_p}} = \sqrt{\frac{E_s b}{4E_p I_p}}$$

图 10-3-2　桩在水平向扰力作用下的计算模型

式中　K_x——天然地基抗剪刚度，可按公式（10-3-4）和表（10.3.3）计算。

　　　　E_s——地基土的反力模量，可按表10-3-7选用。

桩周土的平均压缩模量 E_s 值（kN/m³）　　　　　　表 10-3-7

桩周土的承载力标准值 f_k（kN/m²）	E_s（kN/m³）	桩周土的承载力标准值 f_k（kN/m²）	E_s（kN/m³）
$200 \leqslant f_k \leqslant 250$	$92000 \sim 112000$	$100 \leqslant f_k \leqslant 150$	$52000 \sim 72000$
$150 \leqslant f_k \leqslant 200$	$72000 \sim 92000$	$70 \leqslant f_k \leqslant 100$	$40000 \sim 52000$

注：公式（10-3-55）为计算四根及四根以上的群桩桩基水平向单根桩的抗剪刚度，若要换算成单桩桩基的水平向抗剪刚度时，可将公式（10-3-55）的计算结果乘以1.4，然后代入公式（10-3-56），求得单桩桩基的水平向抗剪刚度。若要换算成两根桩桩基的水平向抗剪刚度时，可将公式（10-3-55）的计算结果乘以1.2。然后代入公式（10-3-56），求得两根桩桩基的水平向抗剪刚度。

3. 计算与实测对比

采用公式（10-3-55）～式（10-3-56）和表10-3-7中的 E_s 值（kN/m³）值对以往现场实测的桩基水平向抗剪刚度进行对比，详见表10-3-8。

桩基水平向抗剪刚度实测值与计算值对比　　　　　　表 10-3-8

地点	桩截面积 桩台底面积	桩数 桩长	桩周 土类别	桩尖 土类别	实测桩基抗剪刚度（kN/m）	计算桩基抗剪刚度（kN/m）	实测 计算
上海 金山	0.45m×0.45m 1.6m×1.6m	1根 $L-28m$	淤泥	粉细砂	142320	138120	1.030
	0.45m×0.45m 3.2m×1.6m	2根 $L=34m$	淤泥	粉细砂	201500	227720	0.885
	0.45m×0.45m 3.2m×3.2m	4根 $L=28m$	淤泥	粉细砂	414500	370680	1.118
	0.45m×0.45m 3.2m×4.8m	6根 $L=28m$	淤泥	粉细砂	537600	522000	1.085
永乐店	0.35m×0.35m 9.0m×7.0m	48根 $L=13m$	黄土状亚黏土 $f_k=120\rightarrow 140kPa$	砾石	3650000	3256380	1.121
大庆	0.35m×0.35m 1.6m×3.2m	2根 $L=15m$	黏土 $f_k=150\rightarrow 200kPa$	黏土 $f_k=260kPa$	391800	350500	1.158
南京	0.4m×0.4m 3.0m×1.5m	2根 $L=11m$	亚黏土 黏土	硬黏土	339070	342400	0.990
抚顺	0.35m×0.35m 1.6m×3.2m	2根 $L=9.5m$	亚黏土	强风化岩	231000	225600	1.020
	0.35m×0.35m 3.2m×3.2m	4根 $L=10m$	亚黏土	强风化岩	434000	365000	1.190

续表

地点	桩截面积 桩台底面积	桩数 桩长	桩周 土类别	桩尖 土类别	实测桩基抗剪 刚度（kN/m）	计算桩基抗剪 刚度（kN/m）	实测 计算
大连	$\phi 0.47m$ 3.4m×2.4m	4 根 $L=5.4m$	密实炉 渣填土 $f_k=150kPa$	硬泥质和 灰岩 C_{pz} $=500000kN/m^3$ 桩尖锚入灰岩	234000	213000	1.099
裕溪口	$\phi 0.55m$ 内径 0.29m 5.5m×3.3m	6 根 $L=20m$	亚黏土 淤泥	淤泥 $f_k=8kPa$	592540	549200	1.079
北汽	$\phi 0.4m$ 内径 0.20m 3.2m×3.2m	2 根 $L=8m$	亚黏土 粉细砂	粗砂 卵石	389000	377500	1.030

第四节 计 算 实 例

$5t$ 自由锻锤桩基设计

一、设计资料

（一）$5t$ 自由锻锤

1. 锤头落下部分质量：$m_0=5t$
2. 落下部分最大行程：$H=1.728m$
3. 锤头冲击速度：$v=8.8m/s$
4. 砧座重：$W_p=680kN$
5. 机架重：$W_q=850kN$。

（二）地质条件：地基为软—可塑亚黏土 $f_k=100kPa$

（三）基础竖向容许振动线位移 $[A_z]=400×10^{-6}m$；

竖向容许振动加速度 $[a] \leqslant 0.45g$

二、混凝土基础尺寸的确定

按机器轮廓尺寸及其构造要求所确定的基础尺寸如图10-4-1所示。

采用C30混凝土预制桩，尺寸为：0.4m×0.4m×18.5m；共30根；桩的入土深度为18m。

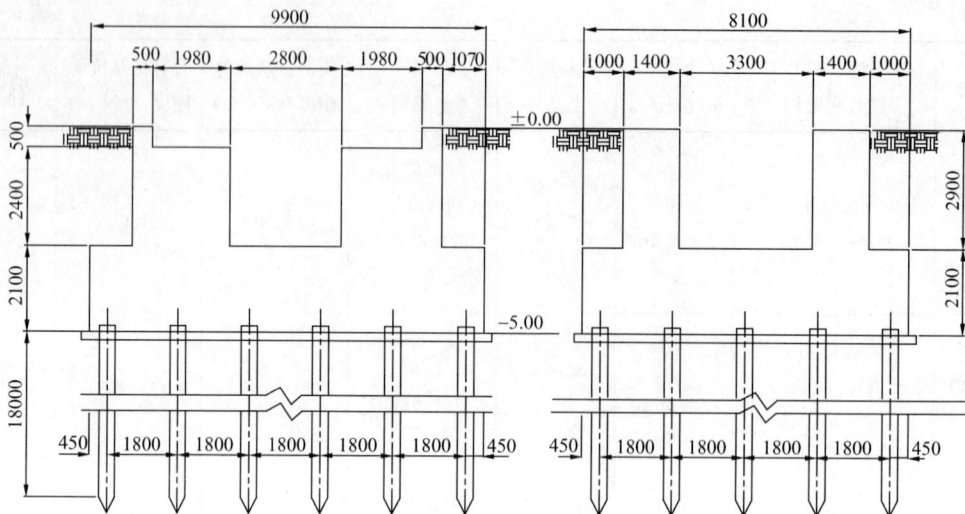

图 10-4-1 5t 锤桩基外形尺寸

三、桩基动力计算

(一) 桩基刚度计算：按《动力机器基础设计规范》计算

1. 单桩抗压刚度：由公式（10-3-2）和表 10-3-1、表 10-3-2 得：
$$k_{pz} = 11000 \times 4 \times 0.4 \times 18 + 0.4 \times 0.4 \times 1000000 = 476800 \text{kN/m}$$

2. 桩基总抗压刚度；由公式（10-3-1）得：
$$K_{pz} = 30 \times 444800 = 14.3 \times 10^6 \text{kN/m}$$

(二) 桩基总重

1. 混凝土基础重：$W_1 = 6600 \text{kN}$
2. 基础上填土重：$W_2 = 1700 \text{kN}$
3. 参加振动的桩和桩间土重：由公式（10-3-31）得
$$W_3 = \rho \cdot l_t \cdot b \cdot d = 9.9 \times 8.1 \times 2.4 \times 18 = 3460 \text{kN}$$
4. 砧座及机架重：$W_4 = 680 + 850 = 1530 \text{kN}$
5. 桩基总重：$\sum W = 6600 + 1700 + 3460 + 1530 = 13290 \text{kN}$

(三) 锤基竖向振动线位移，按《动力机器基础设计规范》（GB 50040—96）中公式 (8.1.14-1) 计算

$$A_z = k_A \frac{\psi_e V_0 W_0}{\sqrt{K_z W}} = 1.0 \times \frac{0.4 \times 8.8 \times 5 \times 9.81}{\sqrt{14.3 \times 10^6 \times 13290}} = 3.96 \times 10^{-4} \text{m} < 0.4 \text{mm}$$

(四) 锤基竖向圆频率和振动加速度，按《动力机器基础设计规范》（GB 50040—96）中公式 (8.1.14-2)、(8.1.14-3) 计算

圆频率：$\omega_{nz}^2 = k_\lambda^2 \times \dfrac{K_{pz} \cdot g}{W} = 1.0 \times \dfrac{14.3 \times 10^6 \cdot g}{13290} = 1076g$

振动加速度：$a = A_z \cdot \omega_{nz}^2 = 3.96 \times 10^{-4} \times 1076g = 0.426g < 0.45g$
满足设计要求。

四、桩基静力计算

(一) 单桩容许承载力

760kN

(二) 地基承载力的动力折减系数 α，由公式（10-2-2）得

$$\alpha = \frac{1}{1 + \beta \dfrac{a}{g}} = \frac{1}{1 + 3 \cdot \dfrac{0.426g}{g}} = 0.439$$

(三) 振动荷载作用下桩基的容许承载力

$$0.439 \times 30 \times 760 = 10009 \text{kN}$$

(四) 桩基上的总荷载

$$W_1 + W_2 + W_4 = 6600 + 1700 + 1530 = 9830 \text{kN} < 10009 \text{kN}$$

满足设计要求。

第十一章　常用桩基础设计分析软件

桩基设计分析软件的应用需在了解掌握前面介绍的桩荷载传递的基本原理、了解各种桩型的特点并在了解软件的一些假设的基础上正确应用。对于软件的计算结果需用基本概念、基本理论进行分析，特别是一些复杂工程。

第一节　桩基设计软件的必要性

自从 20 世纪 90 年代后期至今，随着我国高层建筑、桥梁、码头和地下空间开发等大型基础建设项目的实施，各种形式的桩基础在土木工程各领域得到了大量应用。伴随着桩基础工程的大量建设，桩基设计任务和工作量大大增加，同时随着桩基研究分析方法的发展使得桩基沉降计算复杂程度增加，使得采用传统的手工计算来进行设计逐渐变得难以适应大量桩基设计任务的要求，因而在桩基设计工作中迫切需要桩基础设计软件来帮助设计人员尽快确定合理的桩基方案。为了更好的满足桩基设计的这种需要，相继出现了一些桩基础设计软件，全国范围内比较有代表性和应用最广泛的是依靠同济大学作技术支持的同济启明星 PILE 系列软件和依靠中国建筑科学研究院作依托的 JCCAD 软件（PKPM 系列软件的基础分析部分）。

桩基础设计软件的出现是桩基工程设计发展的必然产物，并随着今后桩基工程的发展必将成为桩基设计过程中一个不可或缺的组成部分。具体原因如下：

（1）基础平面形式的复杂性

随着社会进步和经济发展，人们的生活水平不断得以提高，作为建筑物不仅需要满足居住条件等基本要求，同时要从建筑美学的角度满足人类更高精神层次的要求，从而使得建筑物的布置形式逐步多样化，这样势必导致建筑物基础的平面形式相应多样化，因此采用人为将基础分割成简单的规则形式来进行手工计算将变得越来越困难。

（2）单位工程桩基数量的增多

随着人口的增多和土体资源的有限性这一矛盾的日益尖锐，以及区域性商业中心和标志性建筑的日益增多，高层和超高层建筑不断涌现，由于这些建筑荷载很大，所以需要布置较多数量的桩基，若要完成包含大量桩基的群桩计算工作使得人工计算手段变得举步维艰。

（3）基础形式的复杂性

基础形式的确定需要综合权衡上部结构荷载分布、基础施工的方便性和基础造价的经济性，因此实际中基础形式往往呈现出多样化，如上翻梁板基础、下翻梁板基础、承台梁

编写人：杨敏（同济大学土木工程学院）　朱春明（中国建筑科学研究院建筑工程软件研究所）　张俊峰（同济大学土木工程学院）

基础、承台板基础以及变厚度大底板基础等形式，对于这些复杂的基础形式，往往需要有限元方法来求解，因此必须借助桩基础设计软件才能实现其分析。

（4）桩土体系相互作用的复杂性需要

高层建筑下的桩基数量众多，而且为达到建筑效果桩位布置不尽规则，有时主楼裙房通过大底板直接相连，基础下面布置的桩型较多。采用Mindlin-Geddes应力解的单向压缩分层总和法基本成为规范中桩基分析的主要方法，等代实体深基础方法应用范围大幅度缩减，但是前者计算量大，采用传统的手工计算已难以满足工程设计工作的要求，因此迫切需要相关工程软件来帮助工程师解决设计计算分析任务。

（5）桩基方案优化和设计周期的需要

工程在既定投资的前提下，尽早的交付使用能使其经济效益最大化。尽早的完成设计使工程尽快施工方能满足这一要求。设计过程中合理的设计方案需要多次调整优化，若要在尽可能短的时间内得到设计方案的调整结果离不开桩基础设计软件。通过桩基础设计软件，可以大大缩短桩基设计的周期，同时方便了设计人员对不同方案进行对比分析。

（6）有效减少设计工作量

桩基设计软件具备的一些功能可有效减少设计人员的工作量，除了大大降低设计人员的手工计算量外，同时实现了部分设计工作的自动化，如根据地基梁轴线自动绘制条形基础、桩位的自动布置、基础自动配筋和计算书的自动生成功能等，从而大大方便了设计工作。

（7）其他功能

桩基础设计软件除了国家规范中规定的基本分析方法外，同时提供了其他相关桩基分析方法，这些方法也是桩基领域内有一定应用价值的方法，对同一工程问题，采用不同方法进行对比分析，不仅可以加深设计人员对问题的认识深度，同时有利于得出更合理的设计方案。

第二节　PILE桩基系列软件的功能和特点介绍

一、同济启明星PILE桩基系列软件的发展沿革

同济启明星PILE桩基系列分析软件依靠20世纪90年代同济大学在桩基础和桩基础-上部结构共同作用相关研究成果基础上，结合国家规范有关参编人员努力的基础上，是我国最早研制开发成功并投入商业化运作的桩基础设计软件。

随着桩基工程实际的发展和需要，同时密切跟踪桩基础研究方法的进展情况，结合相关规范的修改调整，以及工程设计人员实际应用中的要求和计算机软硬件水平的更新换代，PILE桩基系列分析软件历经十多年的发展，从最开始到现在已经出现了多个版本，目前最新的版本是PILE2008，不同版本产生的时间、所具有的功能和进行的改进情况等如表11-2-1所示。

同济启明星PILE桩基系列计算分析软件历经十多年的更新发展，不仅具备了强大的桩基础分析功能，而且可以分析多种形式的基础，并且各功能逐步趋于完善。PILE软件首先提供了国家规范和地方规范的各种桩基分析方法，包括国家地基基础设计规范、国家桩基础规范和地方规范，如上海市地基基础设计规范等。更重要的是该软件不局限于规范

方法，同时持续不断地总结吸收同济大学在桩基础研究领域的重大研究成果，提供了桩基研究领域一些比较成熟、具有较强代表性和实用功能的桩基分析方法和研究成果，供用户选择使用，如图 11-2-1 所示。

PILE 桩基系列软件的发展过程表　　　　　　　　　　　　　表 11-2-1

序号	版本号	软　件　功　能	时　间
1	SCPF1.0	实体深基础沉降计算功能（包括规范方法和同济改进实体深基础方法）、自动绘制桩数～沉降曲线，推出减少沉降桩基础设计计算功能	1997 年
2	SCPF2.0	增加了异型基础的桩基础的群桩相互作用分析功能	1998 年
3	SCPF3.0	增加了与其他结构软件的荷载接口功能，增加了基础设计的偏心校核和基础强度分析功能	1999 年
4	PILE2000	增加了沉降控制复合桩基的分析功能，添加独立承台基础形式，并提供条带内力计算结果，同时软件界面全面更新，用户友好程度大幅提高	2000 年
5	PILE2000V03	增加了浅基础分析功能	2001 年
6	PILE2005	增加了桩基与基础筏板共同作用分析功能，实现网格自动划分，基础板采用薄板计算方法，实现基础设计的基础内力计算功能	2005 年
7	PILE2006	增加调平优化设计功能，基础板采用厚薄板通用协调元的分析方法	2006 年
8	PILE2008	增加了弹性地基分析方法，实现了大底板多塔楼基础分析功能，完善了核心筒、剪力墙、杜和桩对基础的冲切计算功能，基础内力计算功能大幅提高，增强了基础的自动配筋功能，完成分层土群桩位移解功能模块，完成由单桩静载荷试桩结果推求群桩沉降计算的功能模块	2008 年

除了可以按照规范方法进行桩基础设计外，有利于软件的使用人员对桩基工程进行更高层次的计算分析和更深层次的探讨，非常有助于提高设计人员在桩基领域的技术水平和理论水平。由于该软件功能具有很高层次的桩基研究水平，它也可以用来进行桩基科研分

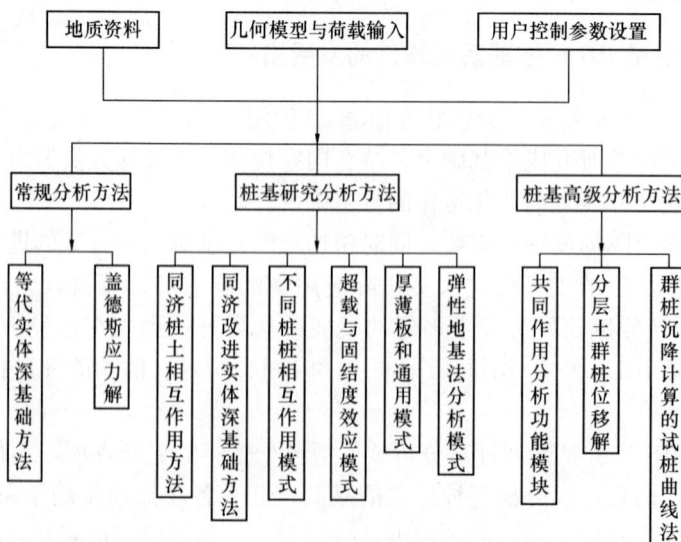

图 11-2-1　软件中包含的桩基计算分析方法

析，提供了一个与各种桩基研究分析方法比较的平台和基准，同时也给用户提供了一个计算分析总结桩基特性规律的强大工具。由于该软件融合了设计、研究、计算、图形显示等综合功能，不仅包含了设计功能，同时在桩基工程实践和桩基研究领域建立了一座联系桥梁，因此它为桩基咨询业务工作提供了一个强有力的工具。

二、软件分析的桩基础类型

1. 地基基础类型

PILE软件可以进行分析的地基基础类型参见表11-2-2，基础类型的选项如图11-2-2（a）所示。

PILE桩基软件分析的地基基础类型列表　　　　　　　　　　　　　表11-2-2

序　号	地基基础类型	具　体　形　式
1	浅基础	独立承台、条形基础、筏板基础、肋梁板基础
2	沉降控制 复合桩基	桩基与条形基础、筏板基础、肋梁板基础组成的复合桩基
3	桩基础	桩基承台、桩基条形基础、桩筏基础、桩基肋梁板基础

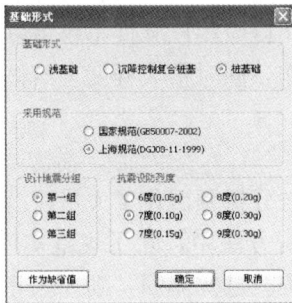 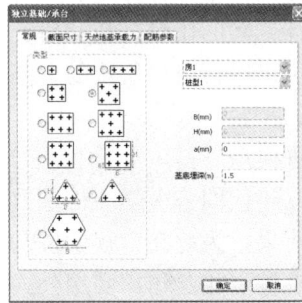

(a)　　　　　　　　　　　　　　　　　(b)

图11-2-2　软件基础类型图

（a）基础形式；（b）承台类型

在该软件中，承台基础分析中提供了常用的1桩～9桩承台类型，如图11-2-2（b）所示。还可进行超过9桩的基础承台的设计。条形基础包括了锥形截面和阶梯形截面的条基。筏板可以包括等厚度和不等厚度筏板。肋梁板基础包括上翻肋梁板和下翻肋梁板基础两类。软件同时可以分析上述基础类型中布置有结构柱或墙的情况。

2. 桩基类型

软件中可分析的桩型包括预制钢筋混凝土方桩、空心方桩、预制管桩、预制八角桩、预制三角桩、挖孔灌注桩、沉管灌注桩、钻孔灌注桩和钢管桩等多种常用的桩型，同时提供了不同桩身混凝土等级或桩身钢材型号的选项，以及桩体预应力大小的选项来供用户根据工程实际选择使用，如图11-2-3所

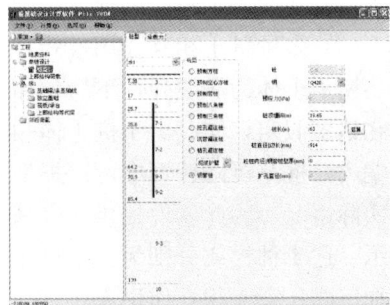

图11-2-3　桩基本参数图

示。在参数输入的过程中动态实时地显示桩基参数调整后的结果，达到比较友好的动态化和可视化效果。

三、桩基础计算分析模型和特点

1. 规范方法

PILE 软件提供了国家规范和地方规范可供用户选择使用，包括国家地基基础设计规范、国家桩基础规范和地方规范，如上海市地基基础设计规范等。国家和地区规范中桩基沉降计算方法包括等代实体深基础方法和基于 Mindlin-Geddes 应力解的单向压缩分层总和法。与等代实体深基础方法对应的理论参见本书第二篇第二章第五节的第三部分，Mindlin-Geddes 应力解的单向压缩分层总和法应力解参见本书第二篇第二章第五节的第四部分。而国家地基基础设计规范方法和国家建筑桩基技术规范的相应方法分别参见本书第二篇第二章第五节的第五部分和第七部分。

2. 桩基研究分析方法

PILE 桩基础系列软件不仅仅提供各桩基规范中给出的桩基础分析方法，而且根据国内外桩基础研究发展情况，实时总结吸收一些具有一定科学研究深度、且较为成熟并具有较强实用价值的先进桩基计算方法，软件中提供的这些分析方法和处理措施能大大方便用户进行桩基础设计方案的比较分析和研究，从而使得应用该软件不仅可以实现常规的桩基设计工作，而且可以进行更高层次的桩基咨询工作，同时很大程度上给桩基研究工作提供了一个比较分析的平台。

（1）同济改进模型

在 20 世纪 90 年代同济大学在桩基共同作用与分析领域作了大量前沿研究课题并取得了一些重要研究成果，为此在常规的桩基沉降分析方法中，除了规范实体深基础方法外，软件中提供了同济桩土相互作用实用公式法和同济改进实体深基础方法等两个方法供选择使用，如图 11-2-4 所示。

（2）基础板的合理模拟

超高层建筑往往基础底板较厚，采用薄板理论进行分析会忽略横向剪切变形的影响。若单一采用厚板理论，采用厚板理论分析薄板基础时会出现剪切闭锁现象。实际工程中基础板平面形式复杂，而且目前对于薄板和厚板的划分标准尚不统一，因此使得实际中难以合理判断是否属于薄板还是厚板范畴，而采用厚薄板通用分析模型较合理。前期版本的软件中提供了薄板计算分析功能，新版本的软件中提供了厚薄板通用计算方法，从而对各种基础形式均达到了较高的计算精度。

（3）多种桩土相互作用模式

由于土体为非线弹性不均匀体，采用适用于均匀弹性体的 Mindlin 解答计算桩基沉降存在诸多假定，同时由于桩土体相互作用的复杂性使得利用弹性解答计算的沉降值较实测值偏大。桩基沉降计算中可以根据工程经验调整桩土体相互作用的强弱来使计算值更加逼近实际情况，为此软件提供了 4 种桩基相互作用计算模式供用户选择使用，如图 11-2-5 所示。这 4 种模式分别为：①桩-桩完全相互作用，即群桩中每根桩对其他所有桩都产生附加沉降；②无相互作用模式，即不考虑群桩之间的相互作用；③相邻桩相互作用模式，即只考虑群桩中某根桩直接相邻的周边桩相互作用，不考虑非相邻桩的相互作用；④设定相互作用影响范围，即根据用户输入的相互作用影响范围，只考虑群桩中某根桩设定范围内其他桩基的相互作用。

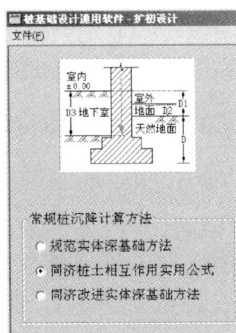

图 11-2-4　软件中同济改进模型

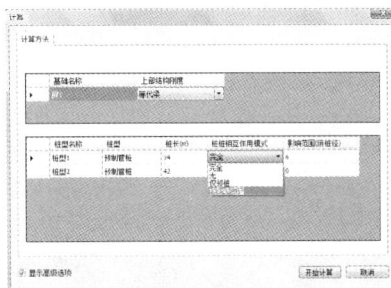

图 11-2-5　不同的桩桩相互作用模式

（4）多种桩基分析模块

除了常规桩基分析模块外，提供了弹性地基法有限元分析模块和共同作用有限元分析模块。前者对桩土通过带有刚度的弹簧来模拟，后者根据应力分布和共同作用来计算。弹性地基法有限元分析模块包括四个菜单组，分别是承载力验算、沉降分析、内力分析和基础结构设计，如图 11-2-6 所示。

共同作用有限元模块可以考虑独立承台加隔水底板、地梁加筏板、纯筏板等形式，基础底板可以是不等厚的，基底埋深可以不同。如果需要对与共同作用相关的参数进行设置或调节，可以在计算时设置，如图 11-2-7 所示。

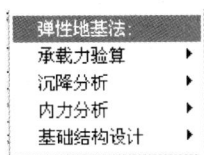

（a）

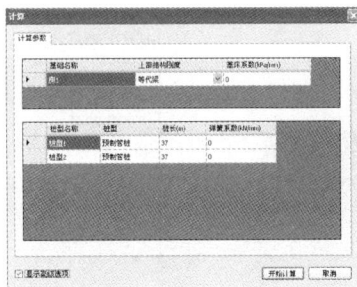

（b）

图 11-2-6　弹性地基法有限元分析模块
（a）功能菜单；（b）计算参数设置

图 11-2-7　共同作用
有限元分析模块

共同作用有限元分析模块主要解决以下问题：

◇ 基础承台/底板内力大小和分布，为优化基础设计提供参考。

◇ 基础沉降大小和分布，可以看到基础的整个沉降趋势，便于控制和减少基础不均匀沉降程度和差异沉降程度。

◇ 桩顶反力分布，方便对基础进行分析。

◇ 承台/筒体/柱等抗冲切验算，必要时可调整基础承台厚度。

◇ 配筋计算，可自动计算配筋，也可根据定义的弯矩进行配筋计算。

◇ 地基梁计算可以考虑地基梁的刚度对底板的影响。

◇ 可以考虑上部结构等代梁的影响。

（5）考虑上部结构刚度的影响

实际工程中的桩基以上部结构、基础和桩土体三者整体的形式存在，因此该体系中不仅存在桩土体相互作用，而且存在桩土体与基础板相互作用，同时也存在地基基础与上部

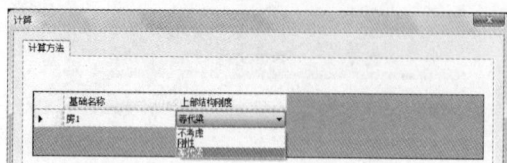

图 11-2-8 上部结构刚度处理方式

结构相互作用。为了更合理的反映工程建设中和建成后的建筑物沉降性状，软件中提供了 3 种处理方式，如图 11-2-8 所示，它们分别是：①桩基础分析中可以不考虑上部结构的影响；②采用倒楼盖法，上部结构起刚性支座的作用；③采用等代梁刚度来近似模拟上部结构刚度的影响。通过上述不同处理方法结合前一部分各分析模块计算分析可得出整个建筑物的沉降分布情况。

（6）多建筑物整体分析和临近超载影响

工程实际中经常出现多个基础之间距离较近，存在桩基相互影响的情况。PILE 软件提供了多个基础同时分析的功能，根据工程实际位置一起来建立桩基分析模型，可以实现多个基础相互作用分析，如图 11-2-9 所示。从图 11-2-9 中还可以看出，软件可以简便的实现新桩型的添加功能。因此对于由多个承台组成的基础、主楼筏板裙房承台的基础和多主楼与裙房基础可以方便进行同时计算，基础板不同部位可以设置不同厚度，由于采用了厚薄板通用分析方法使得计算结果与实际相符。

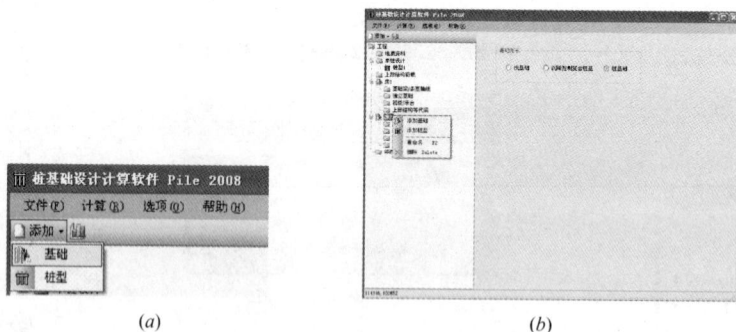

（a）

（b）

图 11-2-9 添加多个建筑物基础
（a）方式一；（b）方式二

实际工程中还经常遇到建筑物附近有堆载的情况，采用该软件可以进行周边堆载对建筑物桩基沉降的影响分析。同时在软件中提供了考虑堆载固结度的影响，该固结度参数主要是反应周边堆载相对于桩基础设置的时间关系，如图 11-2-10 所示。根据堆载已产生固结度的大小来计算堆载对建筑物桩基引起的附加沉降大小。

3. 分层土群桩位移解功能模块

工程勘察和实践表明工程中地基土多以层状形式分布，而且相邻土层有时土性差别较

大。目前，无论是国家地基基础设计规范，
还是上海市地基基础设计规范均采用基于
Mindlin-Geddes应力解的单向压缩分层总和
法来计算群桩基础沉降。而Mindlin-Geddes
应力解从严格的理论意义上讲是适用于均匀
弹性体的解答，将其应用于非均匀土体中存
在一定的近似，而且对于不同土层特性和桩
基特性这种近似的误差程度是不同的。根据
分层土中地基和单桩的相关研究成果，在采
用模量加权平均处理后再按照均匀土理论进

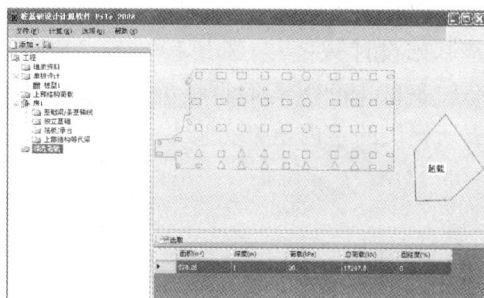

图11-2-10　堆载与固结度的作用

行分析时，对于上软下硬的地层计算误差是可以接受的，但对于上硬下软或者软夹层的地
层分布形式时，计算误差很大。因此迫切需要一种既可以完全反应分层土特性又能合理考
虑桩土相互作用的计算模型和方法。

为此采用分层土地基理论和分层土桩基分析方法通过Hankel变换和积分运算建立了
分层土群桩位移解分析功能模块，如图11-2-11所示。从而实现了分层土桩基的严格理论
意义上的完全精确分析，必将加深工程设计人员对于实际土层条件下桩基的变形性状和变
形分布规律的认识，同时可通过应用规范分析方法和该先进的桩基研究分析方法的对比分
析来提高设计水平。这一功能也可较好地满足更高层次的桩基咨询工作的需要，因为它能
够给出更严密更准确的桩基分析结论。同时该功能也可以满足桩基研究领域的相关需要，
因为该方法就目前桩基研究水平应属于高级研究成果，不仅可以用于对相关研究方法的比
较验证，而且对总结一些分层土桩基沉降的规律等大有帮助。

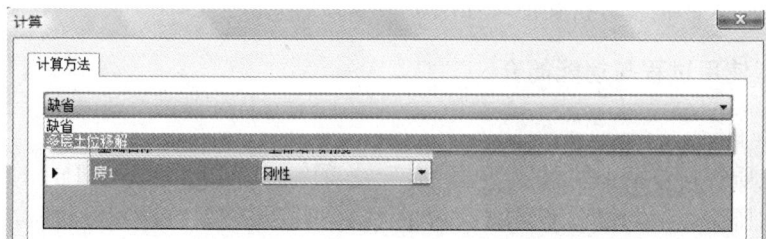

图11-2-11　分层土群桩位移解功能

4. 试桩曲线法功能模块

工程实践表明，群桩基础沉降与桩基实际特性、施工方法和实际土层状况等密切相
关。各国地基设计规范都强调在桩基工程现场要进行一定数量的单桩静载荷试验。桩
型不同、施工方法不同或地点不同，单桩静载荷试验（Q-s）曲线都是不同的，例如
DX桩等异形桩、Y型桩、扩底桩、是否后注浆处理以及管桩是否设置桩靴，甚至于管
桩施工是采用静压还是采用锤击等不同方法在软黏土地基中都会表现出显著不同的荷
载位移关系。可以说，试桩曲线在一定程度上直接反映了桩基实际特性、施工方法和
实际土层状况等因素的影响。因此，以单桩静载荷试验曲线为基础结合桩土相互作用
理论推算群桩基础的沉降显然比完全依赖地基勘察提供的土性指标计算群桩基础沉降
的方法要合理和可信。

我国有关桩基设计的各种相关规范，如《建筑桩基基础规范》（JGJ 94—94）、《建筑地基基础设计规范》（GB 50007—2002）以及地方规范如《上海市地基基础设计规范》（DGJ 08-11-1999）等，群桩沉降计算所采用的方法都是直接应用并依赖于工程地质勘察报告所提供的室内土工实验参数，如压缩模量 E_s 值，并要求根据地区经验对计算结果乘以沉降经验系数。尽管在工程现场进行了一定数量的单桩静载荷试验，但在计算群桩基础沉降时对单桩试验结果却不作任何的参考应用。试桩仅仅提供单桩承载力值，这也往往造成不少工程师对试桩工作重视不够，许多试桩在变形还不足够大、甚至于变形还不到 1 厘米的情况下就结束试验，致使试桩工作在一定程度上成为一项校核承载力的工作。显然，就目前来说试桩结果还没有能够得到充分的应用，在群桩沉降计算中如能恰当地考虑单桩静载荷试验结果不仅在方法上应更加合理可信，在相当程度上也将会促使工程师更加重视单桩试验工作。

以现场单桩静载荷试验结果（试桩曲线和加卸载记录）为基础，结合桩土相互作用理论，提出了根据单桩试桩（Q-s）曲线进行群桩基础沉降计算的试桩曲线法。该方法利用最可能准确反映所在工程桩土相互作用的试桩资料，采用分层土弹性位移解合理反映分层土中桩桩相互作用，并且该方法对于土体变形参数的敏感性大为降低，上述特性使得该

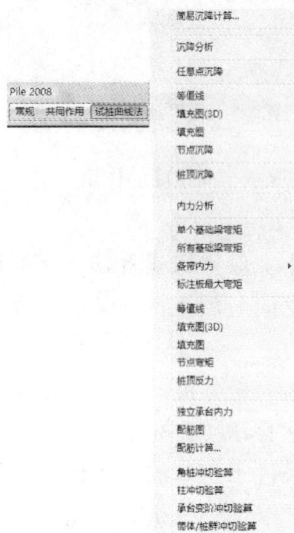

图 11-2-12　试桩曲线法功能模块

方法在计算桩基沉降时更合理准确，计算结果逼近实测值的稳定性更强。PILE 桩基软件中实现了这一强大的桩基分析功能，如图 11-2-12 所示。

四、典型使用过程与功能简介

1. 地质资料

输入的地质资料包括土层编号，土层名称，重度，100kPa 和 200kPa 压力下对应的压缩模量，平均压缩模量，每个土层的 $e\sim p$ 曲线，极限桩侧、桩端摩阻力标准值，单桥静力触探试验的比贯入阻力，双桥静力触探试验的侧阻力和端阻力标准值，各土层的黏聚力和内摩擦角，地基承载力特征值，各土层的黏粒含量，液限，塑限，含水量，密度和比重大小等。上述这些参量根据各分析功能要求输入，不需要完全填写。同时也提供了根据各勘探孔资料进行输入的功能，钻孔的位置即可以通过 X 和 Y 坐标来确定的，又可通过在图形文件中"点取坐标"来自动获得。最后可通过查看功能来检查输入的土层是否与实际情况相符。具体情况如图 11-2-13 所示。

2. 单桩设计

单桩设计是桩基础设计的重要环节，主要包括桩的类型选择、桩长和持力层的确定、桩的承载力计算（包括抗拔和承压桩两类）等。桩基的几何参数和桩材以及桩型可由图 11-2-3 来确定。提供了多种桩基承载力计算方式，如图 11-2-14 所示，包括静载荷试验、侧摩阻力和端阻力、静力触探参数、自定义等几种方式。计算完成后可以显示单桩抗压承载力详细计算结果，包括计算时所采用的各层土的参数以及使用的系数，还可以给出各个

(a)　　　　　　　　　　　　(b)

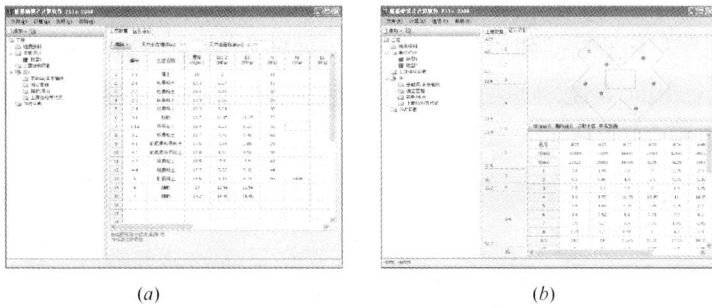

图 11-2-13　地质资料输入
(a) 一般输入；(b) 钻孔资料输入

钻孔对应的单桩竖向承载力，如图 11-2-15 所示。同时也提供了单桩抗震承载力计算和抗拔承载力计算功能。

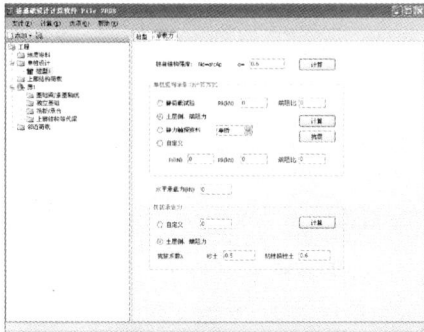

图 11-2-14　单桩承载力计算　　　　图 11-2-15　单桩承载力计算结果

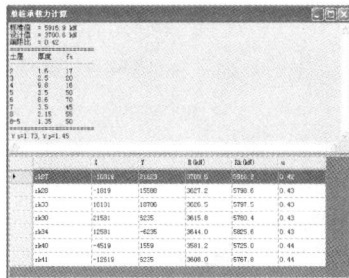

3. 扩初设计功能

扩初设计是根据上部结构荷载、基础尺寸、基础埋深以及土层分布情况，快速建立桩基设计总体参数，确定桩基础的沉降量，压缩层厚度的预估，桩长、桩数量的选择和优化等，如图 11-2-16 所示。

根据桩基研究理论，桩基础可有效减小基础沉降大小，一般随着桩基础下布置桩数的增加，基础沉降在逐步减小，但当桩数增加到一定程度后，再增加桩数使得减小的沉降值非常有限，如图 11-2-17 所示。因此对于选定的桩型和桩长，根据沉降-桩数曲线和沉降设计要求值可得到某一桩数，在达到该数量值后基础沉降基本趋向稳定。如果此时沉降仍不能满足设计要求，应考虑调整桩长等变量后再作沉降与桩数关系曲线分析。

4. 荷载导入与添加

为了方便荷载的添加，减少荷载输入的工作量，提供了与广泛使用的结构计算分析软件 PKPM 结构荷载图与广厦结构荷载图的接口功能，根据上述 2 个软件的柱墙荷载图可以进行

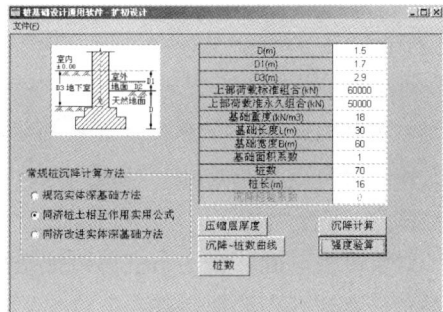

图 11-2-16　扩初设计

荷载自动识别。与此同时，软件中也提供了荷载手动添加功能，例如均布荷载的施加、柱荷载（方柱和圆柱）和墙荷载的绘制添加功能，如图 11-2-18 所示。同时可以提供准永久荷载、基本组合、标准组合、地震标注组合和地震基本组合等荷载组合之间的比例系数，可以方便地进行不同组合之间的换算。也可以通过点击鼠标右键来查询荷载属性，如图 11-2-19 所示，并可以像 EXCEL 表格一样编辑荷载属性，同时软件中提供的数据刷可以方便地修改和添加荷载属性。

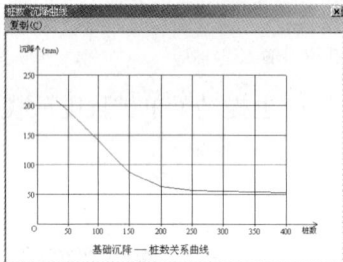

图 11-2-17　沉降量与桩数的关系

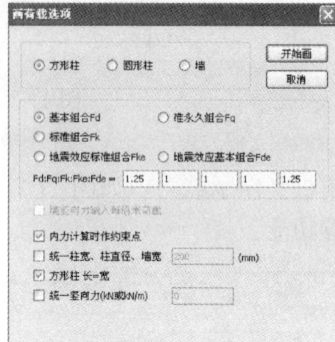

图 11-2-18　荷载绘制添加

5. 自动布桩功能

在桩基设计中，桩位的选择和布置需要反复多次调整，这是因为布桩时除了要满足整个基础平面关系的要求——三心合一，即基础形心、荷载重心、桩群形心尽可能重合（软件中提供了偏心计算和三心位置标注功能，分别如图 11-2-20 和图 11-2-21 所示），同时还要满足桩基强度和变形的要求。该项功能使软件可以根据桩数和上部荷载的分布完成筏板基础或条形基础桩位的自动布置，为用户进行桩基工程设计带来了更大的便利。

图 11-2-19　荷载属性调整

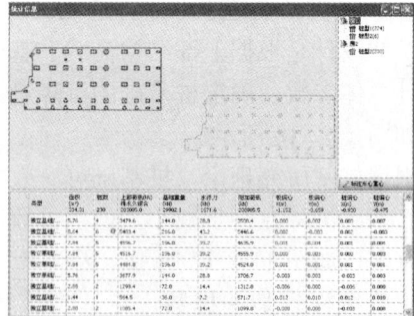

图 11-2-20　基础偏心分析结果

对于条形基础，在定义好条基轴线并选定桩型后软件将根据荷载分布自动沿轴线布桩。用户也可以在此基础上对桩的位置进行移动，对桩数进行增加（拷贝复制功能）和减少（删除功能）。

对于筏板基础，自动布桩可以按照满堂桩（方阵形式排列）形式布置，也可以选择梅花形布桩方式。在选择基础筏板边界后，根据提示输入行间距和列间距，或者选择梅花型桩数，软件将在整个筏板自动布置桩。同样的在此基础上可对桩的位置进行移动调整，也可通过拷贝增加桩数。

软件中可自动完成重叠桩检查，另外可标记出不满足规范桩距要求的桩位置。

6. 计算结果表现形式的多样化

计算结果主要包括桩顶荷载大小、沉降和基础内力（包括弯矩、剪力）。桩顶荷载直接在各桩桩位处给出，沉降可选择在各桩桩位处通过文字形式给出，也可以以二维等值线形式给出（图11-2-22），还可以选择以二维云图的形式给出

图 11-2-21 基础三心位置标注

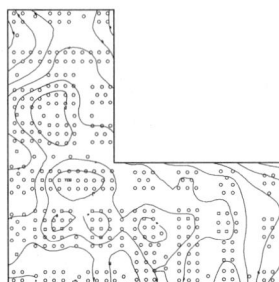

（图11-2-23），还可以通过软件中的三维动态观察器查看沉降的三维立体分布情况，如图11-2-24所示。通过上述不同表现手法使得沉降结果的呈现形式更加直观、更富有感染力。沉降的最大值会在其位置处自动标出，需要指出给出的沉降计算结果中包括桩顶沉降和基础板节点处沉降两部分。对于基础内力（弯矩和剪力）结果的呈现方式与上述类似，不再赘述。

图 11-2-22 沉降等值线

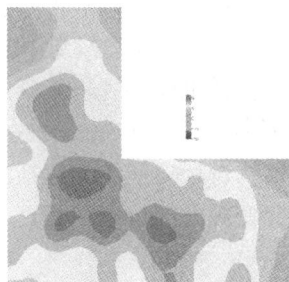

图 11-2-23 沉降二维云图

7. 承载力验算

承载力验算菜单包括竖向承载力验算、地震验算和水平承载力验算三个子菜单。竖向承载力验算包括承台（条基、筏板）和桩的竖向抗压承载力和抗拔承载力验算。如图11-2-25所示，该界面在上半部显示出基础范围内所有基础平面和桩位，下半部为桩详细承载力验算信息列表。

图 11-2-24 沉降三维立体分布图

图 11-2-25 桩基础承载力验算

用鼠标双击上半部平面图中任意位置的桩，下面表格光标就自动跳到该桩详细情况列表所在的一行。同样的当选定表格中某一行时，对应的桩位会在上半区域内突出显示。表

格中各行显示所属桩的坐标位置、桩型、承受的荷载、承载力以及荷载与承载力比值。根据桩顶荷载与承载力比值的不同，软件将用不同颜色标注桩顶荷载大小。不同颜色代表不同含义：①绿色标注表示该桩分担的荷载小于 1.0 倍单桩承载力特征值（设计值）；②黄色标注表示该桩荷载大于 1.0 倍但小于 1.2 倍单桩承载力特征值（设计值）；③红色标注表示该桩分担的荷载大于 1.2 倍单桩承载力特征值（设计值）。

8. 可实现桩基调平优化设计

高层建筑的差异沉降是导致基础内力和上部结构次应力增大、基础弯矩增大、结构出现裂缝的重要因素。因此，国家地基基础规范中对差异沉降都有一个具体的控制标准。变刚度调平设计的基本思路是：基础的差异沉降与上部结构、基础、桩土的相对刚度等因素密切相关，根据共同作用分析得到的沉降等值线分布情况，设计中通过调整上部结构、基础、桩土的刚度分布来调整沉降等值线分布，使差异沉降值和其变化梯度减至最小，基础弯矩值尽量减小。调整桩土相对刚度分布，是变刚度调平设计基本原则。利用 PILE 桩基软件中的共同作用分析功能，可以实现桩基础的变刚度调平优化设计。软件的共同作用分析中充分考虑了上部结构、基础和桩基的相互影响，并可以自动绘制等值线图形，软件中的设置选项可以方便得进行桩基参数和桩位的调整，根据第二篇第二章第7节第4部分中变刚度调平设计的步骤可以实现桩基础的调平优化设计。

9. 基础结构计算功能

软件中基础结构设计功能主要包括独立承台、条基的弯矩计算、基础配筋、桩的冲切验算、筒体、承台变截面的抗冲切验算和立杆的冲切验算等。该菜单组包括的子菜单如图 11-2-26 所示。

独立承台的结构配筋主要根据两个方向的弯矩大小来确定，多承台基础内力计算结果如图 11-2-27（a）所示。界面上半部分承台和下半部分的表格具有一一对应的关系，二者相互关联，动态显示。条基只有一个方向的弯矩，对于包含 2 个采用条基基础形式的建筑物，其内力计算结果如图 11-2-27（b）所示的形式给出。基础自动配筋计算的结果如图 11-2-28 所示。

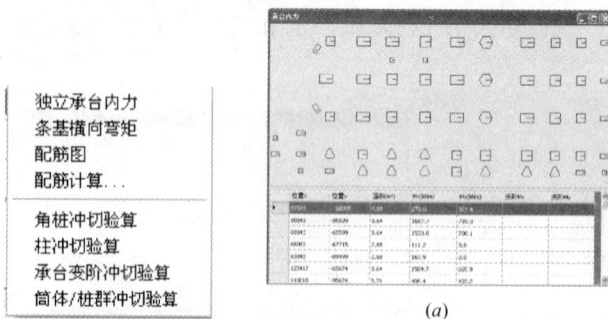

独立承台内力
条基横向弯矩
配筋图
配筋计算...

角桩冲切验算
柱冲切验算
承台变阶冲切验算
筒体/桩群冲切验算

(a)　　　　　　　　　　　(b)

图 11-2-26　基础
结构设计菜单项

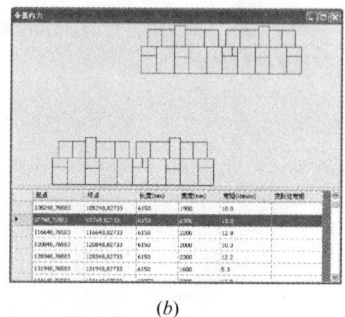

图 11-2-27　基础内力计算结果
（a）多承台基础；（b）条形基础

10. 功能强大的工具项

在基础设计时经常需要绘制条基的轴线、基础外轮廓线和工程桩的布置，还需要对一些设计参数进行重复性的修改和校核等工作，为了方便快速实现基础定义，在

PILE2008 中，主要的工具包括数据刷、查看土层剖面、删除基础边界、改变块插入点、检查无用荷载、检查无用桩、检查基础画图偏差、检查结构画图偏差等，如图 11-2-29 所示。这些工具项的使用将大大提高设计效率，并能够提高设计计算的准确性，减少错误的发生概率。

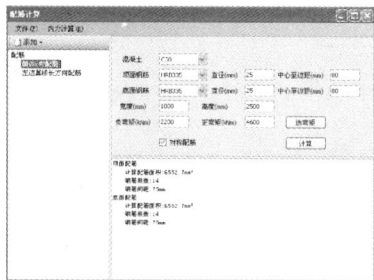

图 11-2-28　基础自动配筋

图 11-2-29　工具项菜单

数据刷类似于 word 里面格式刷工具，可对上部荷载、等代梁、邻近荷载、筏板、承台、条基、桩的基本设计参数进行快速给定。格式刷所代表的特性可以从图 11-2-30 中的各多选框选取，然后可以进行批量处理，大大提高了处理速度。

11. 较强的人机交互功能

PILE 软件中涉及的所有图形操作均在 AUTOCAD 软件中进行，该软件在建筑工程领域广泛使用而且具有很强的图形处理能力，因此对于用户来说 PILE 软件的使用就比较容易，而且处理操作速度较快。

桩基础分析中包含着许多半经验半理论方法，规范中有的提供了查询表格，有的需要根据当地经验自行确定，为此提供了各种控制选项以达到用户控制计算的目的，如图 11-2-31 所示。同时在输出沉降和内力等值线中也可以根据输入等值线数目等控制参数来调整最终结果的显示。荷载、位移和内力等数值或等值线计算结果均显示于所在的图形文件中，并以块的形式出现，方便用户统一进行图层和块属性调整，从而方便地实现所需要的表现效果。

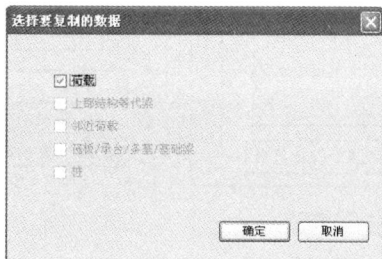

图 11-2-30　格式刷可供选择的特性

图 11-2-31　有限元网格局部加密

第三节　PILE 桩基软件的典型操作流程

无论是浅基础、沉降控制复合桩基础还是桩基础，应用桩基础软件 PILE 进行设计分

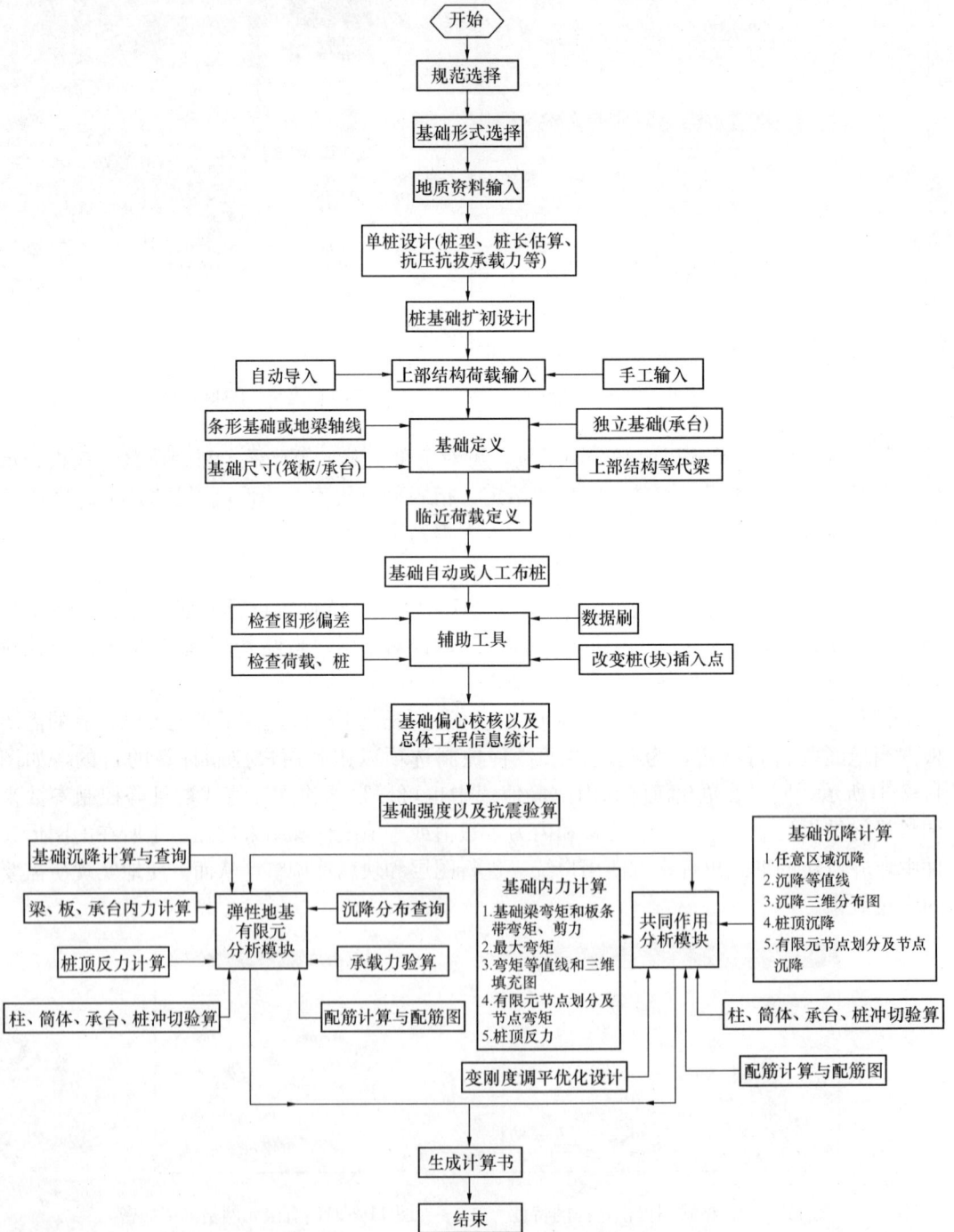

图 11-3-1　PILE 桩基软件典型操作流程图

析的过程基本类似。主要包括以下 9 个步骤：①设计适用规范的选取；②基础形式选择；③地质资料输入；④基础平面的输入和导入；⑤添加外荷载；⑥分析方法选择和计算；⑦沉降计算结果；⑧内力和配筋计算结果；⑨输出计算书。软件中将不同基础形式的分析过程进行了归纳整理，封装了计算分析模块，从而使得用户只进行基本类似的过程就可以分析不同类型的基础，极大地提高了软件的友好程度，增强了软件的可操作性。

　　PILE 桩基软件比较典型的 2 个模块：弹性地基有限元分析模块和桩基共同作用分析模块，其操作流程如图 11-3-1 所示。

第四节　PILE 桩基软件应用工程实例

　　为了简要说明软件在实际工程分析中的应用，选取了 2 个典型工程实例进行计算分析。第一个工程为某高层，主要用来说明设计过程中 PILE 软件的各主要功能。第二个工程为浙江双牛大厦，选用《国家建筑地基基础设计规范》方法和试桩曲线法功能模块来进行沉降计算比较。

一、工程实例（一）

1. 工程概况

　　某 26 层高层建筑，设置 1 层地下室，结构形式为剪力墙，中心设置核心筒结构，结构平面尺寸如图 11-4-1 所示，中心部位的矩形为核心筒部分。核心筒部分平面面积约 $136m^2$，上部结构荷载为 180.394MN；其余高层部分平面面积约 $996m^2$，上部结构荷载为 385.641MN。该工程地处长江三角洲冲积平原，地貌形态单一，地形平坦，土层参数如表 11-4-1 所示。

土层物理力学性质表

表 11-4-1

序号	土层名称	层厚 (m)	重度 γ (kN/m³)	黏聚力 c (kPa)	φ (°)	f_s (kPa)	f_p (kPa)	$E_{s0.1\sim0.2}$ (MPa)
1	填土	2.8	18.0	10.0	10.0	15		3.00
2	淤泥质黏土	5.3	16.6	16.0	5.5	17		2.44
3	淤泥质粉质黏土	2.5	19.0	18.1	8.9	20		8.00
4	淤泥质黏土	9.8	17.0	18.1	8.9	16		2.98
5	黏性土	3.5	19.7	40.3	6.2	50	1800	6.53
6	粉砂	8.6	19.0	2.0	30.0	70	2500	10.00
7	黏性土	3.5	17.7	37.5	4.5	45		4.21
8	粉土	2.2	17.9	5.1	52.6	55	5000	6.84
9	粉细砂	14.5	18.1	6.6	41.7	50	5000	4.73
10	粉细砂	未钻穿	20.0	18.4	44.0	60	10000	45.00

2. 计算分析过程

　　根据本工程勘察报告在软件中输入土层参数，为了更准确模拟土层变化的影响，可以

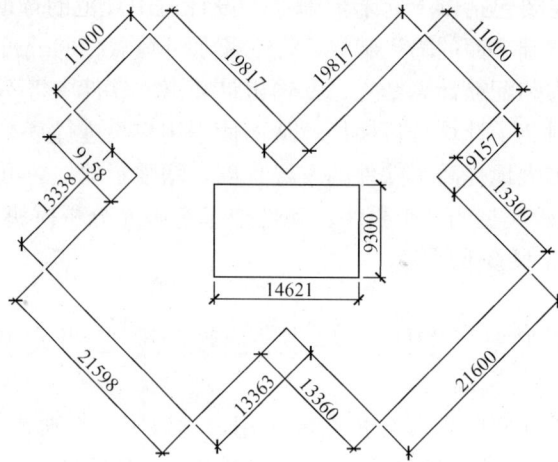

图 11-4-1 结构平面布置图（单位：mm）

输入多个勘探孔的资料，软件中实时显示勘探孔的位置并在表格中列出对应孔的数据资料，如图 11-4-2 所示。然后在 AUTOCAD 中直接导入结构底板平面图，并导入相应的柱墙荷载，软件自动完成识别，并显示所有荷载的组合类型、荷载大小、位置和分布长度，分布宽度与分布面积等，可以通过鼠标点击任一柱墙来查看其荷载属性，如图 11-4-3 所示。

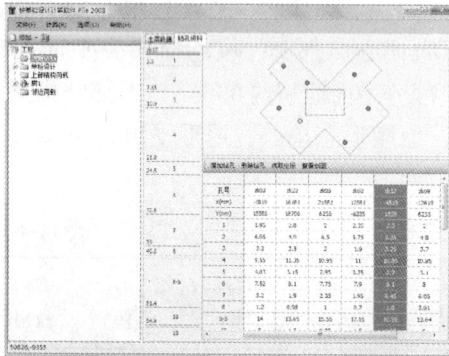

图 11-4-2 钻探孔资料输入与显示

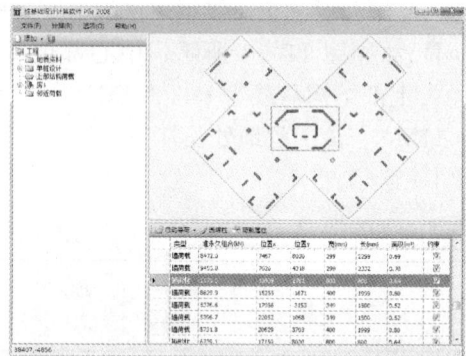

图 11-4-3 荷载特性与动态查询

结合本工程荷载、地质条件和当地经验，由于预制桩单位造价承载力值较灌注桩高，而且周边无特别需要保护的对象，因此桩基拟采用 PHC500 管桩，壁厚 100mm，桩端持力层采用粉砂层，桩长 34m，桩顶埋深 6.5m。设置完单桩变量后，如图 11-4-4 所示，软件自动计算出所有勘探孔对应的单桩承载力计算结果，如图 11-4-5 所示，计算结果包括每层土采用的参量、厚度，单桩极限承载力，单桩承载力设计值（或特征值），端阻比以及侧摩阻力和端阻力的分项系数等，计算的单桩极限承载力标准值 3100kN，试桩后根据试桩结果调整为 3200kN，单桩承载力设计值 2000kN。

根据上部荷载和单桩承载力确定底板厚度 1.5m，同时考虑到中心部位的核心筒荷载较大，且中间部位往往沉降最大，再结合桩基造价的经济性，为此该部分桩型调整为 PHC600，壁厚 150mm，长度 42m，考虑到抗冲切要求该处底板厚度采用 2.5m，桩顶埋深为 7.5m。为此在软件中通过基础属性来定义两个不同厚度和埋深的基础类型，并在软件中通过"添加桩型"来实现新桩型的计算，单桩承载力仍然按照前述方式计算，计算的单桩承载力极限值为 4700kN，试桩结果为 5150kN，单桩承载力设计值 2100kN。根据荷载确定需布置 PHC500 管桩 180 根，布置 PHC600 管桩 57 根，采用软件自动布桩功能，桩位布置图如图 11-4-6 所示。图中采用 2 种不同的图块来定义 2 种不同桩型，对自动布置后的桩位进行人工微调，最终布桩数为：PHC500 管桩 196 根，PHC600 管桩 63 根。

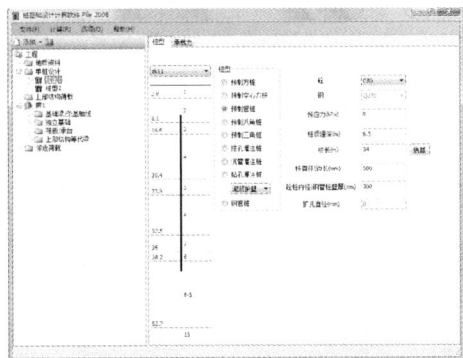

图 11-4-4　单桩桩型设置

图 11-4-5　各勘探孔单桩承载力计算结果

　　然后选用共同作用模块来进行分析，软件将自动对筏板进行有限元网格划分，划分结果如图 11-4-7 所示。软件中提供了多种桩桩相互作用模式，当桩桩相互作用影响范围限

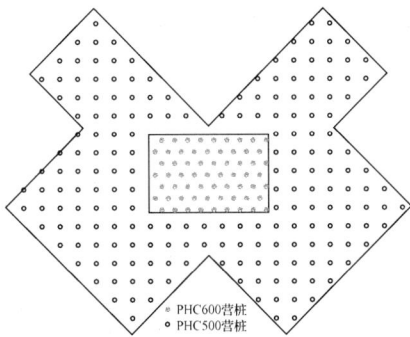

图 11-4-6　自动布置的桩位图

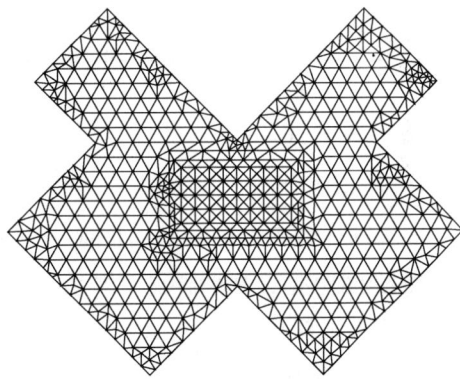

图 11-4-7　筏板有限元网格自动划分图

制在 8 倍桩径范围内时，计算的基础沉降如图 11-4-8 所示，基础沉降在 58.3～91.3mm 之间，由于在核心筒部位设置了直径更大桩长更长的桩，从而使得基础沉降不再是碟形沉降。当选择其他桩桩相互作用模式时桩基的沉降如表 11-4-2 所示，其中不考虑相互作用模型为文克尔弹簧模型，单桩刚度通过 Geddes 应力解和土体参数来求得。

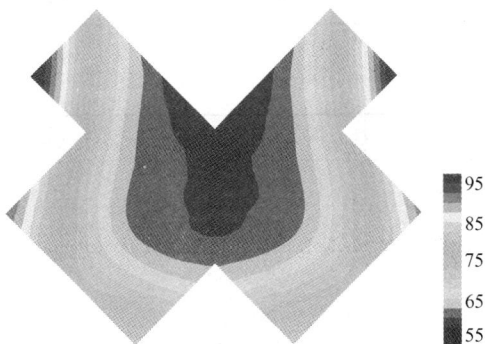

　　通过软件的计算结果输出菜单可以方便地得到基础弯矩云图，包括 x 方向和 y 方向，分别如图 11-4-9 所示。通过软件还可以

图 11-4-8　基础沉降云图（单位：mm）

求得任意计算条带的弯矩和剪力大小，同时可以求得每根桩的桩顶荷载大小，以及基础自动配筋结果和抗冲切验算结果等，不再一一赘述。

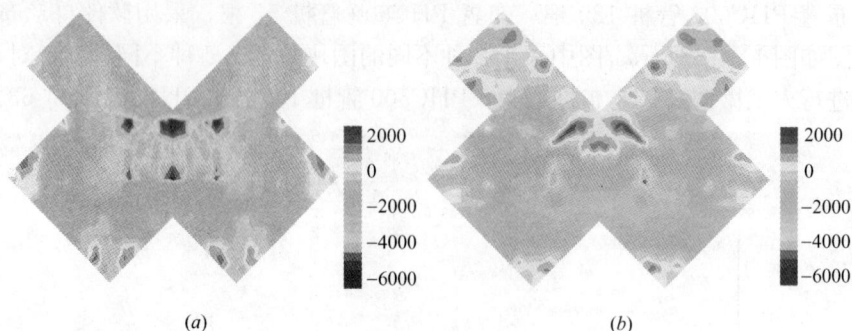

图 11-4-9　基础弯矩云图（单位：mm）

(a) x 方向；(b) y 方向

不同桩桩作用模式的结果（单位：mm）　　　　　　　　表 11-4-2

沉降部位	不考虑相互作用 （文克尔弹簧模型）	仅相邻桩相互作用	相互作用范围 为 8 倍桩径
核心筒平均沉降	43.5	53.5	60.0
基础最小沉降	42.5	51.9	58.3
基础最大沉降	80.9	91.7	91.3

二、工程实例（二）

1. 工程概况[1]

本工程为浙江双牛大厦，结构形式为框筒结构，上部结构 28 层，地下 2 层地下室，主楼基础面积 2510m²，基础底板厚度 2m，主楼总桩数 185 根，桩长 42m，ϕ950mm 钻孔灌注桩，桩顶入土深度 7.5m（由于是商务楼，考虑 2 层地下室），单桩承载力特征值 4000kN，极限承载力标准值 8000kN。本工程的土层分布情况如表 11-4-3 所示，试桩曲线如图 11-4-10 所示。

实例二土层参数表　　　　　　　　表 11-4-3

土层序号	土　层　名　称	厚度 （m）	重度 （kN/m³）	$E_{s0.1-0.2}$ （MPa）
②₂	砂质粉土	5.2～7.9	19.6	12.5
③₁	粉砂夹砂质粉土	2.5～7.5	19.7	14.0
④₁	淤泥质粉质黏土	4.4～8.3	18.3	3.0
⑤₁	粉质黏土	1.1～2.9	19.6	8.0
⑤₂	粉质黏土	3.3～6.4	20.1	9.0
⑥	粉质黏土	4.4～11.1	19.6	7.5

续表

土层序号	土 层 名 称	厚度 （m）	重度 （kN/m³）	$E_{s0.1-0.2}$ （MPa）
⑦	细 砂	0.8～6.0	20.5	15.0
⑧₁	圆 砾			25.0
⑧₂	卵 石			40.0
⑨₁	全风化安山玢岩		16.3	

2. 计算结果

当采用《国家建筑地基基础设计规范》方法和试桩曲线法功能模块计算时，基础的平均沉降分别如表 11-4-4 所示。当建筑装修完毕时基础沉降实测值为 11mm。由于本工程土层属软土地层，认为装修完毕竣工时沉降占总沉降的 60% 左右，从而根据实测沉降资料估算本工程最终沉降 18.37mm。由此可见，相比规范方法采用试桩曲线法无需任何调整就能得到较准确的沉降计算结果。

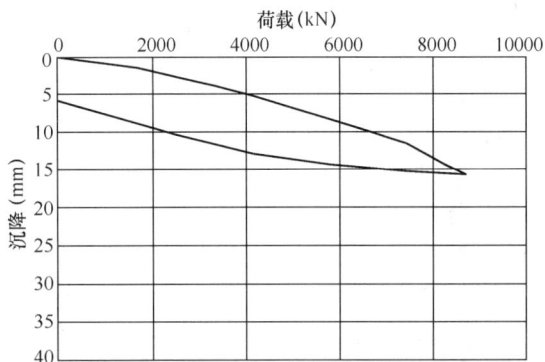

图 11-4-10 静载荷试桩曲线

基础平均沉降（单位：mm） 表 **11-4-4**

沉降部位	规范方法	试桩曲线法	实测推算值
核心筒平均沉降	45.0	29.8	18.4

第五节 PKPM 系列之基础软件 JCCAD 软件的功能和特点介绍

一、前言

PKPM 系列之基础软件 JCCAD 是设计院常用软件，可以完成基础交互输入，基础沉降、内力、配筋计算，基础平面图及施工详图绘制。JCCAD 可以接力上部结构软件 SATWE、TAT、PMSAP 等模块的荷载及刚度，进行上下部结构共同作用计算，可以模拟后浇带的设置并计算沉降差，可以进行多种地基模型的比较并计算筏板配筋。图 11-5-1 是 JCCAD 的主菜单界面。

地质资料是设计桩基的依据，对于桩基设计第一步是确定桩的持力层、桩的承载力、桩的尺寸。对于这些参数的确定，可以在地质资料输入中完成。

对于简单柱下独立桩基基础，"基础人机交互输入"能自动生成桩承台并完成计算，"桩基承台及独基沉降计算"完成计算书及计算简图的输出，"基础施工图"完成平面图与详图的输出。

对于复杂的小墙肢下独立桩基基础，"基础人机交互输入"需人工定义桩承台，程序完成校核计算，"桩基承台及独基沉降计算"完成计算书及计算简图的输出，对于这种基础也可采用"桩筏筏板有限元计算"，将承台作为筏板计算，"基础施工图"完成平面图与详图的输出。

对于高层建筑常用的整体式桩基础，"基础人机交互输入"一般需人工布置桩位，也可借助桩承台自动生成功能确定桩位，也可借助梁下布桩的功能自动确定桩位。这种基础常用有限元方法进行计算，图 11-5-2 是 JCCAD 桩筏筏板有限元计算的计算参数菜单。

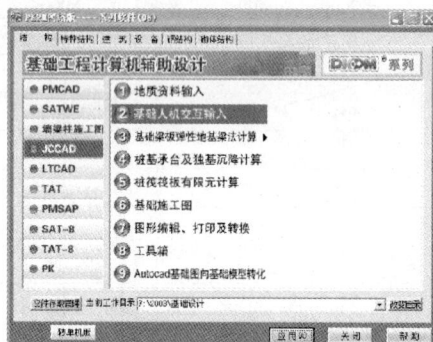

图 11-5-1 JCCAD 的主菜单界面

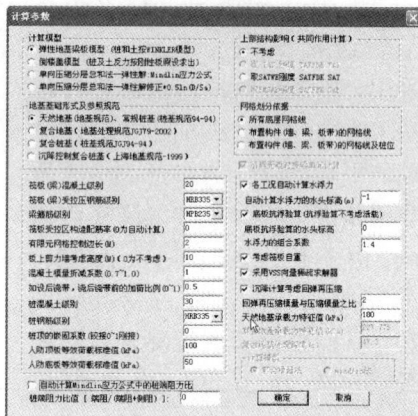

图 11-5-2 JCCAD 桩筏筏板有限元
计算的计算参数菜单

桩基础设计本身比较复杂，正确使用软件不光提高劳动生产率，而且能设计出合理、经济的桩基础方案。用户在使用软件中经常会遇到一些难以理解的概念与问题，下面就这些问题分类介绍。

二、上部结构荷载及刚度

目前高层建筑设计通常将上部结构与基础分开设计，上部结构设计软件有 SAT-WE、TAT、PMSAP 等软件。在基础设计时上部结构荷载大小及分布是重要依据，根据荷载确定基础形式及尺寸，浅基根据地基承载力确定基础底面尺寸，桩基根据地质资料确定桩端持力层、桩长、桩径、桩数，复合地基根据地质资料确定处理深度、处理后的承载力。

上部结构计算时可以选择四种模拟施工的加载方式：一次性加荷，模拟施工加载 1，模拟施工加载 2，模拟施工加载 3，如图 11-5-3 所示。上部结构计算时，如果采用计算软件或计算模型不同，计算结果是不同的。其中模拟施工加载 3 采用分层刚度分层加载的方法计算，理论上更能反映实际情况。

所有这些上部结构计算都假设基础是固定支座，因此当模型及参数选定后计算结果是确定值。实际对于基础来说上部结构荷载也不是一成不变的，它与基础的抵抗柱（墙）之间差异沉降的刚度有关。如果柱（墙）之间发生差异沉降，上部结构会发生内力重分布，传给基础的荷载也发生变化。

上部结构刚度的凝聚从理论上解决荷载是变化的问题，由于上部结构内力计算时底层柱、墙作了固定约束的假定，得出的荷载是上部结构的凝聚荷载。求解共同作用的总体平衡方程可得理论上的准确解，如下式：

$$([K]_{st} + [K]_F + [K]_{s(p,s)})\{u\} = \{F\}_{st} + \{F\}_F \tag{11-5-1}$$

式中　　$[K]_{st}$——凝聚于基础（承台）顶面的上部结构刚度矩阵；

　　　　$[K]_F$——凝聚于基础（承台）底面的基础（承台）刚度矩阵；

　　$[K]_{s(p,s)}$——凝聚于基底的地基土（桩土）支承刚度矩阵；

　　　　$\{u\}$——基础（承台）底节点位移向量；

$\{F\}_{st}$，$\{F\}_F$——凝聚于基底的上部结构、基础（承台）荷载向量。

JCCAD 可以考虑上下部共同作用对基础计算的影响。

"上部结构影响"分四种情况，即不考虑、采用 TAT 上部结构刚度、采用 SATWE 上部结构刚度和采用 PMSAP 上部结构刚度。（图 11-5-4）考虑上下部结构共同作用计算比较准确反映实际受力情况，可以减少内力、节省钢筋。

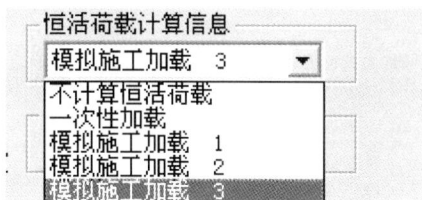

图 11-5-3　模拟施工加载图　　　　　　图 11-5-4　上部结构影响选项图

此外，由于每个底层柱对应的楼层数不同，活荷载楼层折减系数是不同的。如采用最高楼层数折减实际是不安全的。在基础设计时该参数默认值为 1，由设计人员重新输入。

三、地质资料的参数及桩基初设计

勘察报告提供的地质资料是地基基础设计计算的依据，岩土工程师比较熟悉这方面的内容，结构工程师往往不太熟悉。为了便于结构工程师使用，软件只要求输入与沉降计算、桩承载力计算相关的物理力学参数，如图 11-5-5。输入点数原则上越多越准确，如果

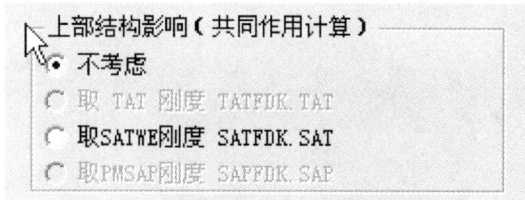

图 11-5-5　输入地质参数图

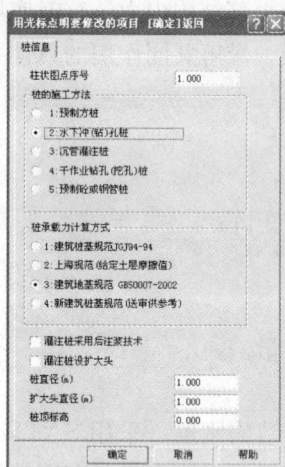

图 11-5-6 输入桩信息菜单

场地地质变化比较小，可以输入少量点进行插值，也可只输入代表性的一个点代表整个场地。

基础交互输入包括承台、梁、筏板的底标高，地质资料输入也包括标高。如果没有进行转换，两个标高必须以同一个±0.00 标高作参考。为了解决地质资料输入的独立性，上图中的"结构物±0.00 对应的地质资料标高"可以将两个独立标高系统进行统一。

有了地质柱状图就可进行桩基础的初设计，初设计可能在图 11-5-6 菜单输入桩信息，程序根据规范规定选择合适土层作为桩的持力层，每个持力层给出桩长范围及其对应的竖向承载力、水平承载力、抗拔承载力的最大最小值，通过比较可以容易地确定桩的初步方案，包括桩的施工方法、桩长、桩径、桩承载力。设计人员既可输入具体桩长求算承载力又可输入承载力求算桩长。输出桩信息菜单见图 11-5-7。

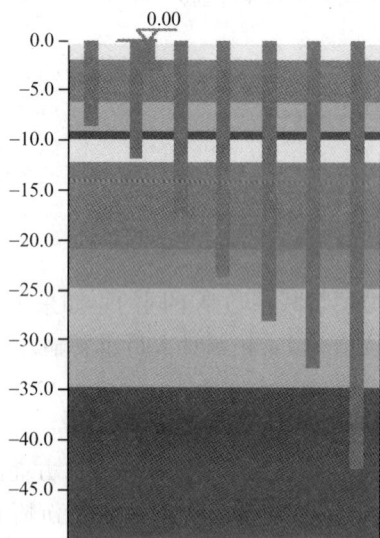

桩径	桩长范围		竖向力特征值		水平力特征值		抗拔力特征值	
D	L1	L2	Q1(kN)	Q2(kN)	H1(kN)	H2(kN)	B1(kN)	B2(kN)
1.00	8.3	9.2	391.	492.	145.	143.	421.	507.
1.00	11.5	12.3	1032.	1091.	160.	162.	628.	670.
1.00	13.8	21.0	1499.	2143.	176.	198.	762.	1327.
1.00	22.5	24.9	2603.	2894.	214.	224.	1462.	1676.
1.00	26.4	30.0	3032.	3689.	229.	252.	1865.	2318.
1.00	31.0	34.7	3990.	4670.	262.	286.	2444.	2914.
1.00	35.7	50.0	4854.	7469.	292.	383.	3040.	4843.

图 11-5-7 输出桩信息菜单

四、桩基础设计中的常用概念

桩基础设计比一般基础要更复杂，它不光关心基础底的土承载力，还要关心土层的竖向信息，关心各持力层的承载力参数及土层的分布。桩基础设计方案不是唯一的，特别是桩位平面位置不唯一，方案的合理与否与设计人员的综合专业知识有关，其中包括一些结构力学、岩土力学的基本概念及基础设计和施工的工程经验。桩基础设计应强调概念设计，下面介绍在方案设计过程中和计算结果判断时正常用到的一些概念：

（1）基础设计的目的是为上部结构提供一个可靠的平台，使上部结构实际受力与分析结果一致。如果基础不能保证一定的刚度和强度，上部结构是不安全的。地基基础规范与桩基规范等对基础沉降与差异沉降都提出强制规定。

（2）基础类型可分两大类，独立式基础（独基、桩承台）和整体式基础（地基梁、筏板、箱基、桩梁、桩筏、桩箱）。对于独立式基础可以取荷载的最大轴力组合、最大弯矩组合、最大剪力组合计算；对于整体式基础每个柱子的最大值不会同时出现，应对各种荷载效应组合分别计算后进行统计。相比两种设计方法，整体式基础整体刚度大、计算复杂，但对地基承载力的要求降低，桩数减少。

（3）天然地基上的筏基与常规桩筏基础是两种典型的整体式基础形式。常规桩筏基础不考虑桩间土承载力的发挥，当减小桩数量后桩与土就能共同发挥作用，如桩基规范中的复合桩基。当天然地基上的筏基沉降不能满足设计要求时，可加少量桩来减小沉降及提高承载力，如上海规范采用沉降控制复合桩基。对天然地基进行人工处理后（比如采用CFG桩或其他刚性桩），就可变成复合桩基（不设柔性垫层）或复合地基（设柔性垫层）。

（4）整体式基础是一个超静定结构，基底土、桩反力及基础所受内力与筏板刚度密切相关，刚度越大所受内力越大。当局部构件配筋过大时，如增大尺寸不起作用，减小尺寸有时更有效。

（5）相比上部结构计算，基础设计人员的工程经验起着重要作用。在桩筏有限元计算中，桩弹簧刚度及板底土反力基床系数的确定等均与沉降密切相关，因此基础计算的关键是基础的沉降问题。合理的沉降量是筏板内力及配筋计算的前提，在沉降量合理性的判断过程中，工程经验起着重要的作用。

（6）针对高层建筑桩筏（箱）基础传统设计方法带来的碟形差异沉降问题和主裙房的差异沉降问题，最新修订的《建筑桩基技术规范》（JGJ 94—2008）提出了变刚度调平设计新理念，其基本思路是：考虑地基、基础与上部结构的共同作用，对影响沉降变形场的主导因素（桩土支承刚度分布）实施调整，"抑强补弱"，促使沉降趋向均匀。具体包括高层建筑内部的变刚度调平和主裙房间的变刚度调平。对于前者，主导原则是强化中央、弱化外围。对于荷载集中、相互影响大的核心区，实施增大桩长（当有两个以上相对坚硬持力层时）或调整桩径、桩距；对于外围区，实施少布桩、布较短桩，发挥承台承载作用。调平设计过程就是调整布桩，进行共同作用迭代计算的过程。对于主裙房的变刚度调平，主导原则是强化主体、弱化裙房。裙房首选方案是采用天然地基，必要时采取增沉措施。当主裙房差异沉降小于规范容许值，不必设沉降缝，连后浇带也可取消。最终达到，筏板上部结构传来的荷载与桩土反力不仅整体平衡，而且实现局部平衡。由此，最大限度地减小筏板内力，使其厚度减薄变为柔性薄板。

（7）虽然程序能自动完成筏板的计算，设计人员应有初步的力学概念。筏板计算模型必须具备荷载、基础构件及边界约束。荷载有多种形式，包括点荷载（如柱荷载）、线荷载（如墙荷载）、面荷载（如板面荷载）；基础构件可划分成多种形式单元，包括梁单元（如明梁、暗梁、筏板的肋）、板单元；边界约束可分为固定约束、弹性约束（如点弹簧、面弹簧）。力的传递路径叫力流，在概念设计中要求受力、传递路径简单、直接、明确。对于复杂的基础进行分析经常用"水流"形象地理解"力流"，上部结构荷载通过柱、墙传给基础的梁与板，通过基础后传给与基础相接的土和桩。其中基础的梁与板力的内力分配是按刚度进行分配，板越厚梁分担就越少，但梁比板受力及传递简单、明确，且容易发挥其抗弯刚度，应首先考虑梁（包括明梁、暗梁、筏板的肋）的设置。如梁超筋，可将板厚加大或采用平板基础。刚度的突变对力流的传递是不利的，梁板尺寸的变化应渐变。由于剪力墙相当于刚度很大的梁，剪力墙的边角部筏板或梁的内力计算值往往很大，在设计中应注意局部的验算和加强。

五、人机交互输入的灵活利用

人机交互输入的菜单界面如图 11-5-8 所示。

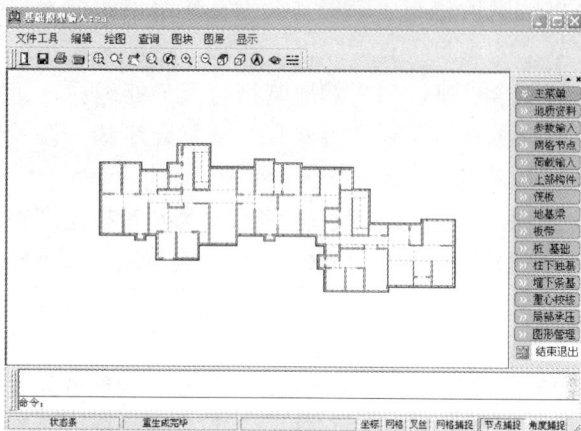

图 11-5-8　人机交互输入的菜单界面

本菜单根据用户提供的上部结构、荷载以及相关地基资料的数据，完成以下计算与设计：

（1）人机交互布置各类基础，主要有柱下独立基础、墙下条形基础、桩承台基础、钢筋混凝土弹性地基梁基础、筏板基础、梁板基础、桩筏基础等。

（2）柱下独立基础、墙下条形基础和桩承台的设计是根据用户给定的设计参数和上部结构计算传下的荷载，自动计算，给出截面尺寸、配筋等。在人工干预修改后程序可进行基础验算、碰撞检查。

（3）桩长计算。

（4）钢筋混凝土地基梁、筏板基础、桩筏基础是由用户指定截面尺寸并布置在基础平面上。这类基础的配筋计算和其他验算须由 JCCAD 的其他菜单完成。

（5）可对柱下独基、墙下条基、桩承台进行碰撞检查，并根据需要自动生成双柱或多柱基础。

（6）对平板式基础中进行柱对筏板的冲切计算，上部结构内筒对筏板的冲切、剪切计算。

（7）柱对独基、桩承台、基础梁和桩对承台的局部承压计算。

（8）可由人工定义和布置拉梁和圈梁、基础的柱插筋、填充墙、平板基础上的柱墩等，以便最后汇总生成画基础施工图所需的全部数据。

在使用软件进行基础布置时，往往是不知如何布桩，程序会根据荷载自动计算荷载作用点处的桩数，设计人员参考布桩。人工布桩是否合理，可以用桩重心校核进行承载力及重心校核。对于整体式桩基础，校核采用的荷载可以选用恒加活的标准组合。

桩位的输入也可用 AUTOCAD 软件完成平面位置的输入，结合桩位编辑工具（移动、复制、删除）将桩布置到适当的位置。

人工布置桩位可以单桩输入、群桩复制、单桩拷贝，也可借助桩承台自动生成功能确定桩位，也可借助梁下布桩的功能自动确定桩位。

防水板的输入可在承台输入后输入筏板的方式完成，并用有限元方法进行计算配筋。

六、沉降计算的准确性

地基基础规范强调了按变形控制设计地基基础的重要性，沉降计算是基础计算的重要内容。由于设计人员往往认为按规范算出的结果就是对的，当软件出现多个沉降计算结果时，设计人员会出现疑问或困惑。实际上，这与岩土工程复杂性有关，我国幅员辽阔，地质条件千差万别、各不相同。虽然规范提供了各种沉降计算的方法，所有方法基本上都假设土是弹性介质，采用弹性有限压缩分层总和法计算出初值，再乘以一个计算经验系数。但是土的本构关系不是线弹性，用弹性解来模拟只是一个近似。不同的土与弹性解的误差是各不相同的，虽然计算经验系数是通过统计得到的，由于统计样本的土不是同一土性，离散性较大，所以只能作为参考。这样就不难理解不同的地方规范经验修正方法不同，比如对于简单的天然地基，按国家地基规范计算的沉降与上海规范计算的沉降有时会差一倍多。

沉降值包括基底附加压应力引起的沉降和考虑回弹再压缩的量，回弹再压缩的量是比较难计算的，因为与施工的方法、时间、环境等相关。对于先打桩后开挖的情况，沉降计算可以忽略基坑开挖地基土回弹再压缩，但要考虑地基土回弹对桩的承载力的影响。对于其他情况的深基础，设计中要考虑基坑开挖地基土回弹再压缩。根据多个工程实测也发现，如果不考虑，当基础埋深相同时，裙房估算沉降偏小，主裙楼差异沉降偏大。对于主楼回弹再压缩量占总沉降量的小部分，对于裙房回弹再压缩量占总沉降量的大部分。回弹再压缩模量与压缩模量之比的取值可查勘察资料，如勘察资料没有提供可取 2 至 5 之间的值（图 11-5-9）。

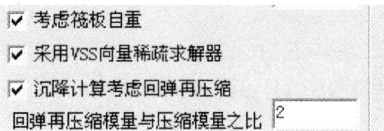

对在建建筑物进行沉降观测，比较与计算值之间的差别，通过这些工作以积累工程经验。事实

图 11-5-9　参数选项图

上，不管是天然地基还是桩基，基础沉降值不可能完全按计算确定，根据丰富的当地经验判断的沉降值往往比按公式的计算结果更具可靠性，更具参考价值。

七、计算模型和地基基础形式

"计算模型"是指桩土计算模型，四种计算模型适应不同的情况（图 11-5-10）。

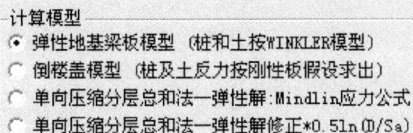

图 11-5-10　计算模型选项图

对于上部结构刚度较低的结构（如框架结构，多层框架剪力墙结构），其受力特性接近于模型 1、3 和 4，其中模型 1 为简化模型，在计算中将土与桩假设为独立的弹簧；模型 3 假设土与桩为弹性介质，采用 Mindlin 应力公式求取压缩层内的应力，利用分层总和法进行单元节点处沉降计算并求取柔度矩阵，根据柔度矩阵可求桩土刚度矩阵；模型 4 是对模型 3 的一种改进，与模型 3 不同的是对土应力值进行修正，即乘 $0.5\ln(D_e/S_a)$。其中 S_a 为土表面结点间距，D_e 为有效最大影响距离。

模型 2 为早期手工计算常采用的模型，对于上部结构刚度较高的结构（如剪力墙结构，没有裙房的高层框架剪力墙结构），其受力特性接近于模型 2。但是，由于模型 2 没有考虑筏板整体弯曲，计算值可能偏不安全。

模型1是工程设计常用模型，虽然简单，但受力明确。当考虑上部结构刚度时将比较符合实际情况。如果能根据经验调整基床系数，如将筏板边缘基床系数放大、筏板中心基床系数缩小，计算结果将接近模型3和4。

模型3由于是弹性解，与实际工工程差距比较大，计算结果中会发现一些问题，如筏板边角处反力过大，筏板中心沉降过大，筏板弯矩过大并出现配筋过大或无法配筋。

模型4是根据建研院地基所多年研究成果编写的模型，考虑地基土非弹性的特点进行修正，在弹性应力相叠加时考虑应力扩散的局限性。通过修正后计算结果比较接近模型1。

"地基基础型式及参照规范"是对地基及基础形式进行分类，不同的地基基础形式参照规范是不同的（图11-5-11）。

选项1是天然地基或常规桩基。如果筏板下没有布桩，则是天然地基，如有桩，则是常规桩基。所谓常规桩基是区别于复合桩基和沉降控制复合桩基，常规桩基不考虑桩间土承载力分担。

选择2是复合地基。对于CFG桩复合地基，桩体在交互输入中按混凝土灌注桩输入，程序自动按《建筑地基处理技术规范》（JGJ 79—2002）进行相关参数的确定，如图11-5-12的复合地基承载力特征值及处理深度，这些参数用户可以修改。如果没有布桩有两种方法处理，一种是人工修改图11-5-12的参数，另一种是修改地质资料的压缩模量按天然地基进行设计，将处理深度范围内的土的压缩模量提高，提高比例可与处理后板底土承载力提高比例一致。

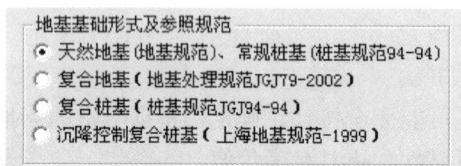

图 11-5-11 地基基础形式选项图　　　　　图 11-5-12 计算模型选项图

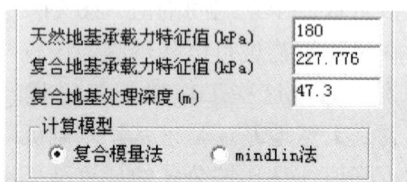

选项3为复合桩基。桩土共同分担的计算方法采用《建筑桩基技术规范》（JGJ 94—94）中5.2.3.2条的相关规定，根据分担比确定基床系数（1模型）或分担比（2、3、4模型）。一般基床系数是天然地基基床系数的十分之一左右，分担比一般小于10%。其计算参数可根据《建筑桩基技术规范》沉降计算方法进行反推。

选项4为沉降控制复合桩基。桩土共同分担的计算方法采用《上海市地基基础设计规范》（DGJ 08-111-1999）中11.6节的相关规定。如果上部荷载小于桩的极限承载力，土不分担荷载，其计算与常规桩基一样。当上部结构荷载超过桩极限承载力后，桩承载力不增加，其多余的荷载由桩间土分担，计算类同于天然地基。

八、沉降后浇带（缝）

高层建筑主楼与裙房荷载及刚度相差较大时，解决主楼和裙房之间的差异沉降是关键。处理方法主要有几下几种，一是设置沉降缝将主楼和裙房自基础向上完全分开，二是将主楼和裙房共置于一个刚度很大的基础上，三是主楼和裙房采用后浇带（缝）连接，四是主楼和裙房采取不同基础形式来减小沉降差。

在主楼和裙房间设置后浇带（缝），主楼在施工期间可自由沉降，待主楼结构施工至一定楼层或完毕后再浇后浇带混凝土，使余下的不均匀沉降控制在允许范围内。当设置后浇带（缝）时，如按不设缝整体筏板内力计算结果偏大，不能反映主楼与裙房之间沉降差；如分开独立计算，筏板内力计算结果偏小，配筋不安全，不能计算后继沉降差引起的不平衡内力（图 11-5-13）。

程序自动完成"后浇带"前内力计算与"后浇带"后内力计算。"后浇带"前内力是按独立的几块板分开计算，相互不连接，不传递弯矩与剪力。"后浇带"后内力是按整体计算弯矩与剪力。总内力是将前后内力进行叠加。通过设置加荷比例系数来模拟"后浇带"浇注时间。考虑"后浇带"的计算使内力更加合理，配筋更加节省。计算结果会显示主裙楼的沉降差，如图 11-5-14。

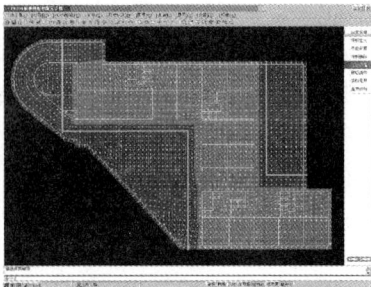

图 11-5-13　基础图

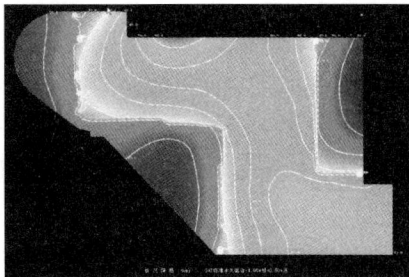

图 11-5-14　计算结果图

九、地下水对基础的浮力作用

各种规范对于地下水对基础的浮力作用进行如下规定：

（1）《岩土工程勘察规范》（GB 50021—2001）

对地基基础、地下结构应考虑在最不利组合情况下，地下水对结构物的上浮作用，原则上应按设计水位计算浮力；对节理不发育的岩石和黏土且有地方经验或实测数据时，可根据经验确定。

有渗流时，地下水的水头和作用宜通过渗流计算进行分析评价。

（2）《高层建筑岩土工程勘察规程》（JGJ 72—2002）

对地基基础、地下结构应考虑在最不利组合情况下，地下水对结构的上浮作用；地下室在稳定地下水作用下所受的浮力应按静水压力计算，对临时高水位作用下所受的浮力，在黏性土地基中可以根据当地经验适当折减。

为了满足水浮力计算的需要，在有限元计算时增加选项及参数输入，如图 11-5-15 所示。

各工况自动计算水浮力是在原计算工况组合中增加水浮力，标准组合的组合系数为 1.0，基本组合的

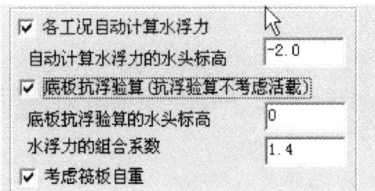

图 11-5-15　荷载组合选项图

组合系数可以自己修改确定。

底板抗浮验算是新增的组合，标准组合＝1.0×恒载＋1.0×浮力，基本组合＝1.0×恒载＋水浮力组合系数×浮力。

由于水浮力的作用，计算结果土反力与桩反力都有可能出现负值，即受拉。如果土反力出现负值，计算结果是有问题的，可增加上部恒载或打桩来进行抗浮。

第六节　JCCAD软件工程应用实例

下面介绍中国建筑科学研究院地基所利用JCCAD软件进行桩筏设计计算的实例[*]。

一、北京佳美风尚中心办公楼及酒店

1. 工程概况

（1）建筑物基本情况

北京佳美风尚中心位于北京市望京新城，由2座高层主楼（办公楼及酒店）及与之相连的裙房及纯地下室组成，整个工程地下3层，位于同一整体大底盘基础之上，基础平面尺寸约260m×75m。主楼平面尺寸约56m×36m，地上24~28层，高度99.8m，框架核心筒结构，桩筏基础。裙房地上4-6层，框架结构，筏板基础。纯地下车库地下3层，框架结构，筏板基础。整个工程基础底面标高－15.50~－16.20m，建筑面积约18万m²。

该工程建筑结构三维图如图11-6-1。

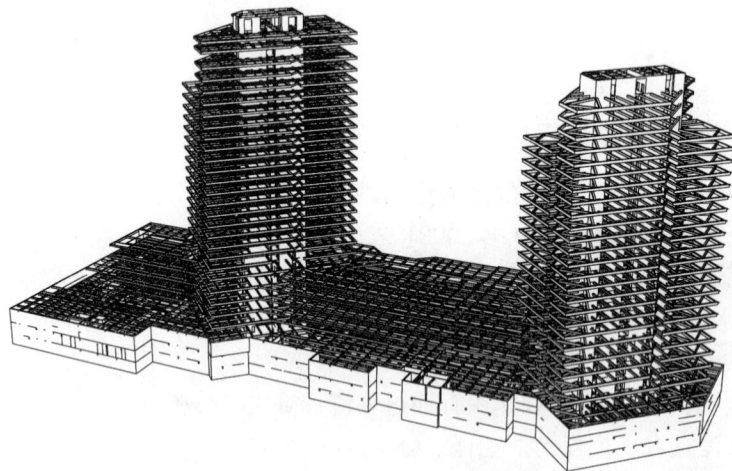

图11-6-1　建筑结构三维图

（2）工程地质条件

该工程基础埋深约15.5~16.2m，基底绝对标高21.6~20.9m，基础位于第5大层粉质黏土，基底以下的土层情况见表11-6-1，典型地质剖面见图11-6-2。

2. 基础设计

（1）基础工程特点分析

---

[*] 引自中国建筑科学研究院：高层建筑地基基础变刚度调平设计方法与处理技术，2007.12.25。

基底以下土层情况 表 11-6-1

地层序号	岩　性	各大层层顶标高（m）	稠　度	压缩性
⑤	粉质黏土、黏质粉土	21.23～24.04	可塑～硬塑	中～中低压缩性
⑥	粉质黏土、黏质粉土	17.39～19.31	可塑～硬塑	中～中低压缩性
⑦	含有机质黏土、含有机质重粉质黏土	9.44～10.99	可塑～硬塑	中～中低压缩性
⑧	细砂、中砂	7.42～11.39	—	低压缩性
⑨	含有机质黏土、含有机质重粉质黏土	−5.05～−102	可塑～硬塑	中～中低压缩性
⑫	卵石、圆砾	−16.31～−13.76	—	低压缩性
⑬	圆砾、卵石	−20.37～−18.61	—	低压缩性
⑭	粉质黏土、黏质粉土	−29.56～−28.91	硬塑～可塑	低压缩性

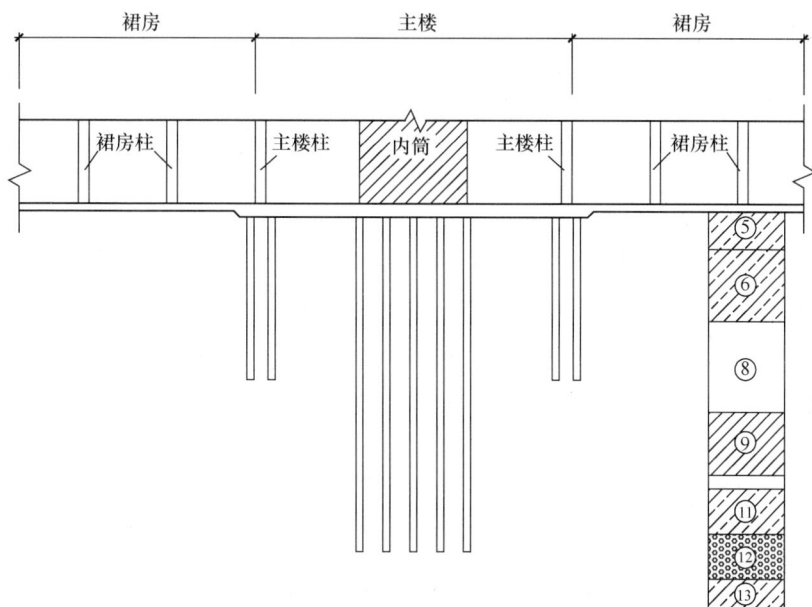

图 11-6-2　桩基竖向布置及地层剖面图

本工程的结构平面布置图如图 11-6-3。高层主楼基底平均压力（标准值）约为 500kPa，裙房基底平均压力（标准值）约为 65～110kPa。在高层主楼内部，内筒竖向刚度很大，竖向荷载高度集中，内筒水平投影面积为主楼水平投影面积的 16%～19%，但其承担的竖向荷载却占主楼总荷载的 39%～42%。可见，在本工程中，位于同一整体大底盘基础之上的高低层建筑部分之间以及高层建筑内部的荷载分布差异性很大，导致同一整体大底盘基础之上各建筑部位的差异沉降问题十分突出，本工程基础差异沉降的协调与控制是地基基础设计时应重点考虑和予以解决的问题。

（2）单桩承载力确定

本工程桩基采用建研院地基所的后注浆专利技术，以大幅度提高基桩的承载力、增加基桩刚度、减少基础沉降。后注浆处理后的单桩竖向极限承载力取值，按下式估算。

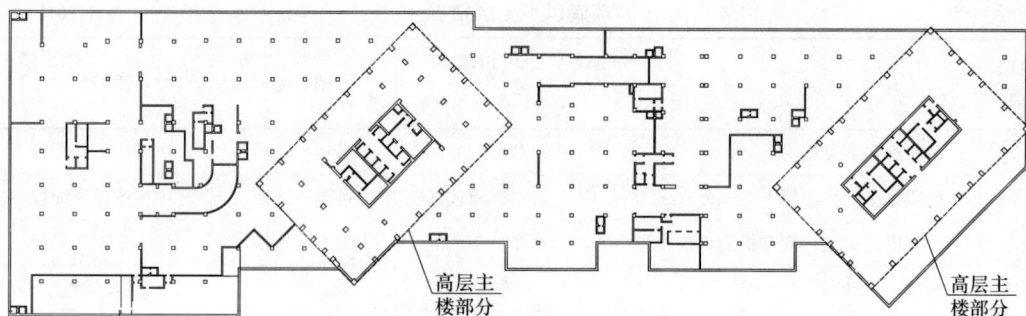

图 11-6-3　结构平面图

$$Q_{UK} = U\sum \beta_{Si} \cdot q_{ski} \cdot L_i + \beta_p \cdot q_{pk} \cdot A_p$$

式中　q_{ski}、q_{pk}——桩的极限侧阻力和极限端阻力标准值，按勘察报告或有关规范取值；

L_i——桩侧第 i 层土厚度；

U、A_p——桩身周长和桩底面积；

β_{si}、β_p——后注浆侧阻力、端阻力增强系数，根据土层岩性及注浆工艺、注浆参数综合确定。

根据本工程的勘察报告、大量的后注浆灌注桩工程经验，本工程长桩（37m）实施桩侧、桩底复式注浆，单桩极限承载力标准值取 12800kN；短桩（17.4m）仅实施桩底注浆，单桩极限承载力标准值取 5600kN。

（3）基桩布置

基桩的布置，综合考虑上部荷载与桩、土反力的整体平衡与局部平衡，考虑上部结构以及基础刚度的分布。布桩时强化刚度大、荷载集中的内筒区域，弱化荷载分散的核心区外围，并且尽量使基桩布置在内筒、柱下筏板的冲切破坏锥体之内。通过上部结构、基础与地基的共同作用进行基础沉降分析，以获得最小的基础差异沉降、筏板内力为优化目标，进行优化布桩。本工程最终的桩基平面、竖向布置图见图 11-6-4、图 11-6-2。

主楼外围的裙房及纯地下室部分，基础处于超补偿状态，均采用天然地基。

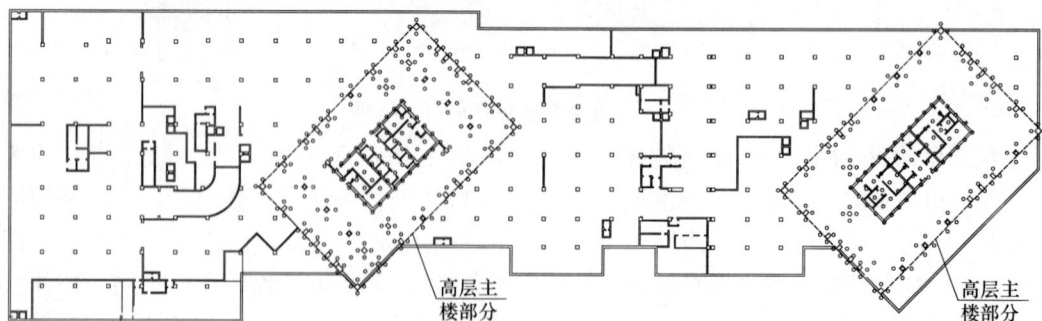

图 11-6-4　桩基平面布置图

（4）考虑上部结构、筏板、桩、土共同作用的有限元计算

在使用 JCCAD 进行本工程计算时，采用设计院提供的 PMCAD 的数据文件，其中包含上部结构几何及荷载信息（＊.PM，工程名.＊），SATWE 计算结果的底层内力文件 WDCNL.SAT。

上部结构、地基及基础三者共同作用，计算定量化为设计提供可靠依据，可以应用于任意复杂结构的计算。由于考虑上部结构刚度贡献，将上部结构刚度凝聚到基础顶面进行共同作用计算，计算结果更加符合实际。

对于筏基及桩筏基础上下部共同作用计算方程可以按式（11-6-1）表示：

$$([K]_{上部结构凝聚刚度} + [K]_{桩-土凝聚刚度} + [K]_{筏板刚度})\{\delta_{筏板位移}\} = \{P\}_{上部结构荷载} + \{P\}_{筏板荷载}$$

$$(11-6-1)$$

由于高层建筑筏板基础的厚度较大，采用了 MINDLIN 中厚板理论分析筏板。计算结果分总信息、准永久组合值、标准组合及基本组合四类（图 11-6-5）。

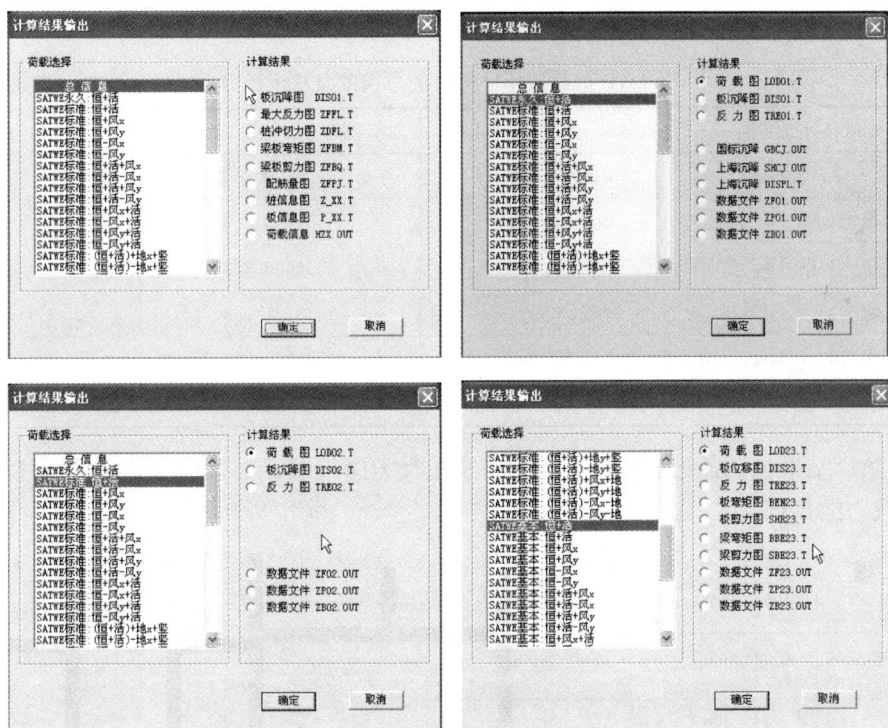

图 11-6-5　计算结果

①准永久组合下沉降计算

根据《建筑地基基础设计规范》（GB 50007—2002）桩筏基础沉降计算采用 SATWE 荷载准永久组合，总荷载（包括板重）3247857kN，通过 JCCAD 软件有限元计算，最大及最小沉降值分别为 32.2mm 和 8.9mm，沉降等值线见图 11-6-6。

②标准组合下桩及土反力分析

根据《建筑地基基础设计规范》（GB 50007—2002）及《建筑地基处理技术规范》（JGJ 79—2002）有关规定，桩反力计算及校核采用 SATWE 荷载各标准组合。SATWE 荷载各标准组合的总荷载见表 11-6-2，桩筏基础在 SATWE 荷载各标准组合下桩反力及土反力由 JCCAD 有限元计算得出。

底板面积为 16441.76m²，桩面积 204.08m²，桩间土面积 16237.68m²。单桩反力总和及土反力均值见表 11-6-2。

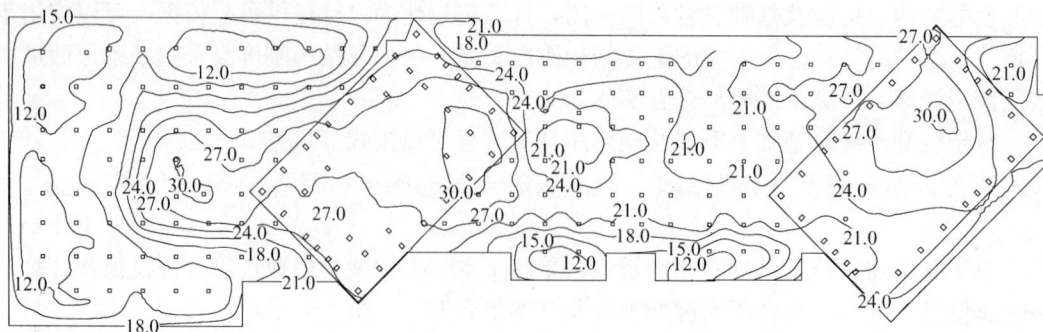

图 11-6-6 建筑物计算沉降等值线

SATWE 荷载各标准组合的总荷载及桩土反力   表 11-6-2

SATWE 荷载标准组合	总荷载（包括板重）(kN)	单桩反力总和（kN）	土反力均值（kPa）
1.00×恒＋1.00×活	3532863.625	1795399.250	107.01
1.00×恒＋1.00×风 x	2964302.125	1551206.250	87.03
1.00×恒＋1.00×风 y	2964257.125	1550660.313	87.05
1.00×恒－1.00×风 x	2961399.750	1548724.250	87.00
1.00×恒－1.00×风 y	2961445.375	1549269.874	86.97
其他标准组合略			

　　JCCAD 结果包括各标准荷载组合的桩及土反力图（图 11-6-7），并给出最大反力图并进行承载力的校核。

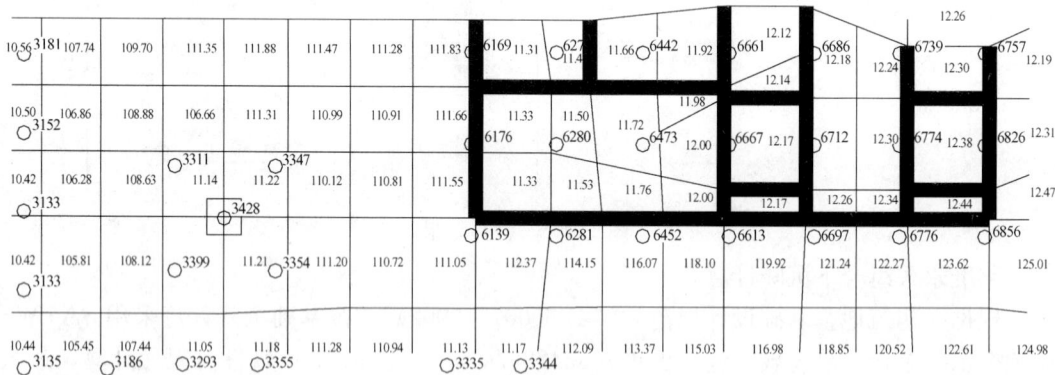

图 11-6-7 标准荷载组合的桩及土反力图

　　③基本组合下桩冲切校核及筏板及梁内力配筋计算

　　根据《建筑地基基础设计规范》（GB 50007—2002）及《混凝土结构设计规范》（GB 50010—2002）的要求，筏板内力与配筋计算采用 SATWE 荷载效应基本组合。

　　JCCAD 结果包括梁板弯矩图（图 11-6-8）、配筋图（图 11-6-9）。

　　3. 工程效果分析

　　（1）建筑物实测沉降分析

　　从 2006 年 5 月 10 日基础筏板施工完成开始进行沉降观测，2007 年 1 月底结构封顶，

-420 <Mx<-165 -120 <My< 65.6	-408 <M x<-180 -122 <My< 104	-277 <M x< 129 -57.2 <My< 427	-193 <Mx< 1045 -157 <My< 983	-140 <Mx< 1011 -144 <My< 1008	-269 <Mx< 75.6 -25.4 <My< 460
-403 <Mx<-153 -72.2 <My< 77.6	-395 <Mx<-134 -103 <My< 132	-270 <Mx< 141 -95.1 <My< 377	-214 <Mx< 1076 -243 <My< 1121	-157 <Mx< 1057 -279 <My< 997	-248 <Mx< 157 -174 <My< 464
-354 <Mx<-78.7 -132 <My< 44.8	-348 <Mx<-94.6 -126 <My< 101	-168 <Mx< 128 -222 <My< 296	-307 <Mx< 580 -1279 <My< 511	-548 <Mx< 605 -1171<My<410	

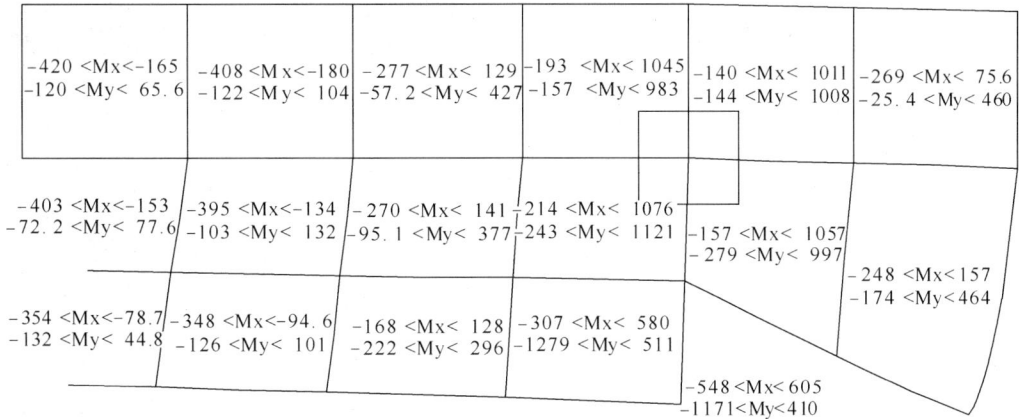

图 11-6-8 梁板弯矩图

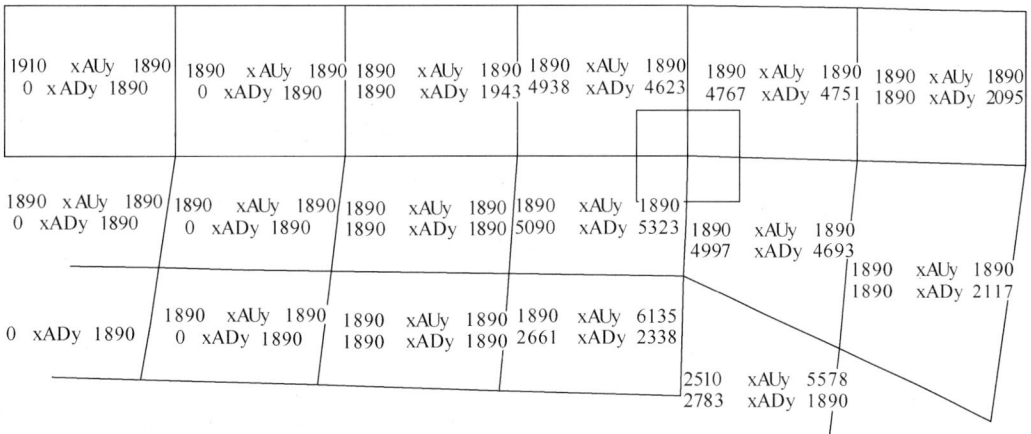

1910 xAUy 1890 0 xADy 1890	1890 xAUy 1890 0 xADy 1890	1890 xAUy 1890 1890 xADy 1943	1890 xAUy 1890 4938 xADy 4623	1890 xAUy 1890 4767 xADy 4751	1890 xAUy 1890 1890 xADy 2095
1890 xAUy 1890 0 xADy 1890	1890 xAUy 1890 0 xADy 1890	1890 xAUy 1890 1890 xADy 1890	1890 xAUy 1890 5090 xADy 5323	1890 xAUy 1890 4997 xADy 4693	1890 xAUy 1890 1890 xADy 2117
0 xADy 1890	1890 xAUy 1890 0 xADy 1890	1890 xAUy 1890 1890 xADy 1890	1890 xAUy 6135 2661 xADy 2338	2510 xAUy 5578 2783 xADy 1890	

图 11-6-9 梁板配筋图

主楼沉降随时间的变化情况见图 11-6-10，图中的 4 条曲线分别为 2 栋主楼内筒、外柱相邻点的沉降变化曲线。从图中可看出，内筒、外柱相邻点的沉降同步发展，而且数值很接

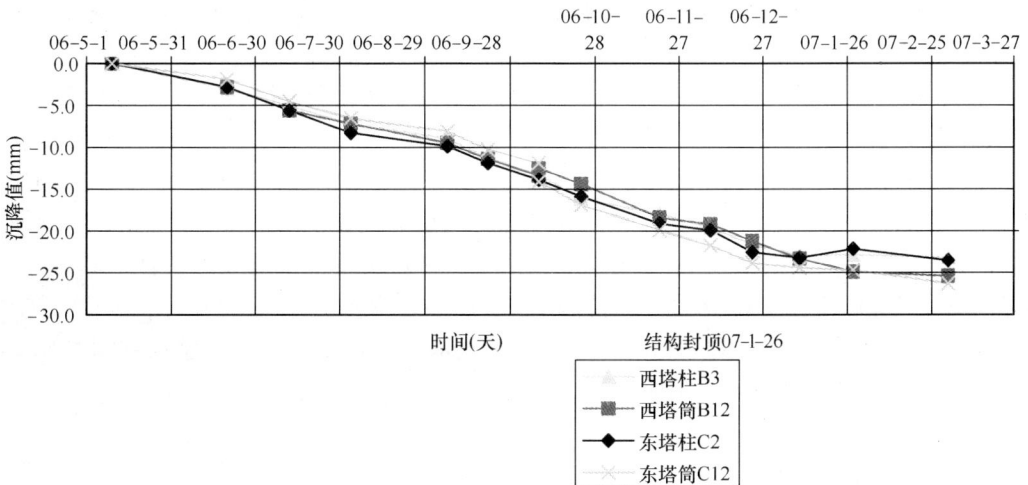

图 11-6-10 主楼沉降随时间曲线

近；另外，从图中亦可看出，从结构封顶后，沉降曲线已出现收敛的趋势。主体结构封顶1个月各观测点的沉降量见图 11-6-11。从图中可看出，主楼各竖向受力构件间的沉降差均很小，相邻竖向承重构件的沉降差最大值为 0.5‰。

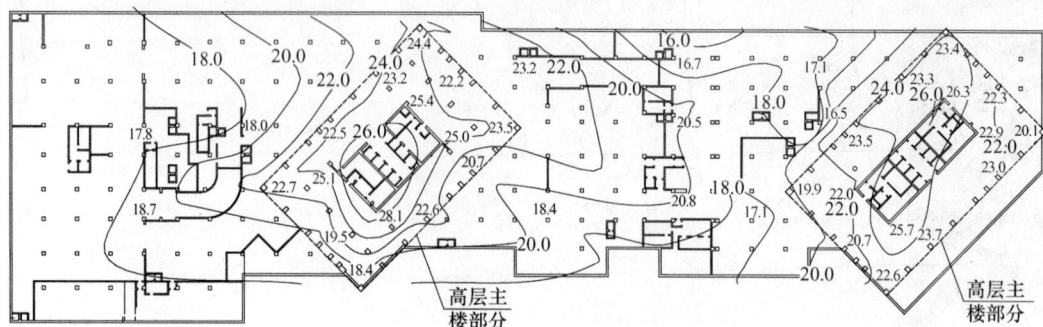

图 11-6-11　结构封顶 1 月时沉降量（单位：mm）

（2）经济效益分析

本工程原设计 2 栋主楼基础为 $\phi800$ 泥浆护壁钻孔灌注桩，桩长均为 37m。后采用基桩后注浆技术及变刚度调平原理进行优化设计，优化设计即本文前述内容。优化设计桩基工程量比原设计减少约 40%，优化设计节约桩基工程投资约 300 万元。

二、北京望京 B11-1 地块项目（悠乐汇）B 区工程

1. 工程概况

北京望京 B11-1 地块项目（悠乐汇）B 区工程，位于北京市朝阳区望京内环路与南湖渠东路交叉路口的东北侧。该工程由 3 座主楼及与之相连的裙房组成，整个工程位于同一整体大面积基础之上，基础平面尺寸约 180m×48m。主楼平面尺寸 39.9m×27.3m，地上 27~28 层，地下 4 层，框架核心筒结构，桩筏基础；裙房一部分为纯地下室，一部分为地上 4 层，框架结构，筏板基础。整个工程基础埋深相同，约 −17.60m，建筑面积 22 万 m²。

该工程建筑结构三维图如图 11-6-12。

2. 地质条件

本工程场地地貌单元属永定河冲洪积扇的中下部，按地质成因、特性分为人工填土层和一般第四纪沉积层。分别为：黏质粉土素填土①层，夹杂填土①₁层；黏质粉土-砂质粉土②层夹粉质黏土-重粉质黏土②₁层及粉细砂②₂薄层或透镜体；粉细砂③层，夹黏质粉土-砂质粉土③₁层透镜体；粉质黏土-重粉质黏土④层，夹黏质粉土④₁层、细砂④₂以及黏土薄层或透镜体；细中砂⑤层，夹粉质黏土⑤₁层及黏质粉土薄层或透镜体；圆砾⑥层，夹细砂⑥₁层和粉质黏土⑥₂薄层或透镜体。

场地内第一层地下水水位埋深 6.7m，属上层滞水，第二层地下水水位埋深为 9.9m，属潜水，地下水对混凝土结构无腐蚀性。

3. 基础设计

（1）桩基设计方案

本工程桩基采用现场灌注桩结合后压浆专利技术，以大幅度提高基桩的承载力、增加

图 11-6-12　建筑结构三维图

基桩刚度、减少沉降。抗压桩实施桩侧、桩底复式压浆。

抗压桩桩径 800，桩身强度 C30，桩长 16.5m，桩端持力层为细中砂⑤或圆砾⑥层，单桩抗压极限承载力标准值取 8600kN。

通过基础筏板受力分析，筏板厚度主楼下 1.6m，主楼周围裙房 1.0m。

（2）基桩布置

基桩的布置，综合考虑上部荷载与桩、土反力的整体平衡与局部平衡，考虑上部结构以及基础刚度的分布。布桩时强化刚度大、荷载集中的内筒区域，弱化荷载分散的核心区外围，并且使基桩集中布置在核心筒、柱的周围，尽量使基桩布置在内筒、柱下筏板的冲切破坏锥体之内。桩基纵剖面图见图 11-6-13。

每座主楼下布桩 186 根，三座主楼共布桩 558 根。本工程最终的桩基布置图见图 11-6-14。

（3）基础计算分析

在变刚度调平概念设计的基础上，进行地基基础与上部结构共同工作计算分析。通过共同作用计算调整布桩，使差异沉降趋于最小，筏板内力最小。

在使用 JCCAD 进行本工程计算时，采用设计院提供的 PMCAD 的数据文件，其中包含上部结构几何及荷载信息（＊.PM，工程名.＊），SATWE 计算结果的底层内力文件 WDCNL.SAT。

上部结构、地基及基础三者共同作用，计算定量化为设计提供可靠依据，可以应用于任意复杂结构的计算。由于考虑上部结构刚度贡献，将上部结构刚度凝聚到基础顶面进行共同作用计算，计算结果更加符合实际。

对于筏基及桩筏基础上下部共同作用计算方程可以按式（11-6-1）表示：

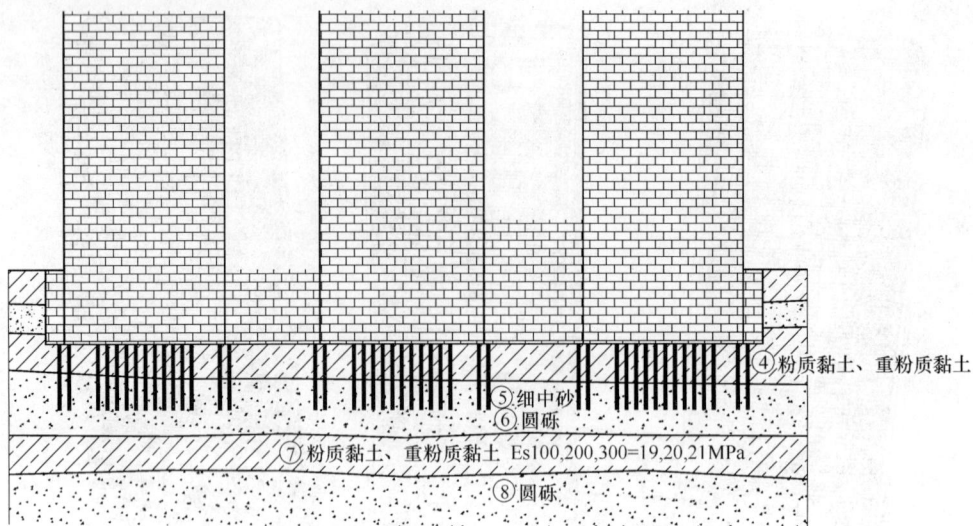

图 11-6-13　悠乐汇 B 区建筑、桩基纵剖面图

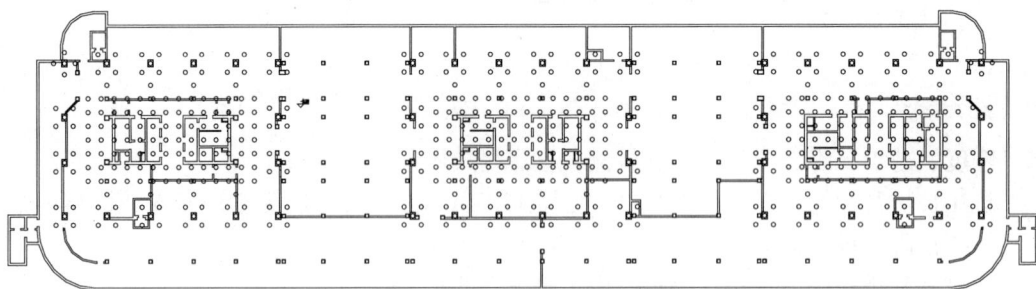

图 11-6-14　基础布桩图

$$([K]_{上部结构凝聚刚度} + [K]_{桩-土凝聚刚度} + [K]_{筏板刚度})\{\delta_{筏板位移}\} = \{P\}_{上部结构荷载} + \{P\}_{筏板荷载}$$

由于高层建筑筏板基础的厚度较大，采用了 MINDLIN 中厚板理论分析筏板。

①准永久组合下沉降计算

根据《建筑地基基础设计规范》（GB 50007—2002）桩筏基础沉降计算采用 SATWE 荷载准永久组合，总荷载（包括板重）3142878.500kN，通过 JCCAD 软件有限元计算，最大及最小沉降值分别为 36.9mm 和 18.1mm，沉降等值线见图 11-6-15。

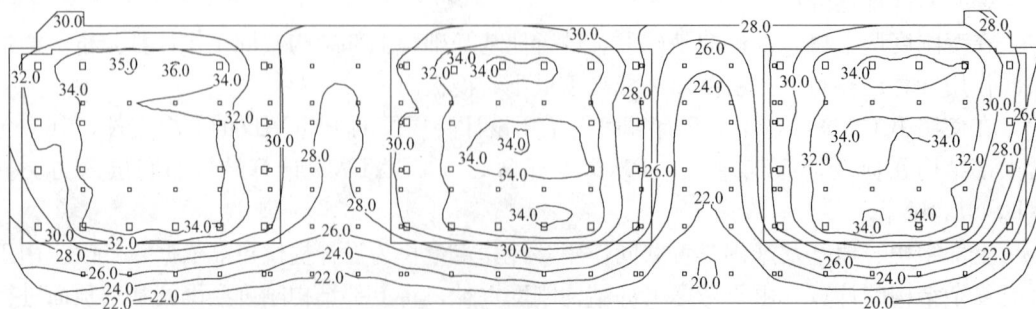

图 11-6-15　建筑物计算沉降等值线图

②标准组合下桩及土反力分析

根据《建筑地基基础设计规范》（GB 50007—2002）及《建筑地基处理技术规范》（JGJ 79—2002）有关规定，桩反力计算及校核采用 SATWE 荷载各标准组合。SATWE 荷载各标准组合的总荷载见表 11-6-3，桩筏基础在 SATWE 荷载各标准组合下桩反力及土反力由 JCCAD 有限元计算得出。

底板面积为 8385.73m²，桩面积 280.48m²，桩间土面积 8105.25m²。单桩反力总和及土反力均值见表 11-6-3。

SATWE 荷载各标准组合的总荷载及桩土反力　　　　　　　　　　　　表 11-6-3

SATWE 荷载标准组合	总荷载（包括板重）（kN）	单桩反力总和（kN）	土反力均值（kPa）
1.00×恒＋1.00×活	3299646.500	2436769.750	106.46
其他标准组合略			

JCCAD 结果包括各标准荷载组合的桩及土反力图（图 11-6-16），并给出最大反力图且进行承载力的校核。

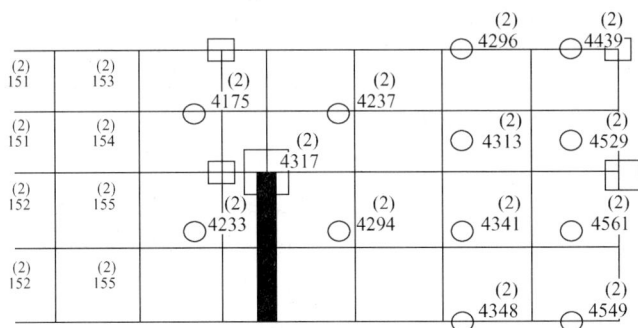

图 11-6-16　标准荷载组合的桩及土最大反力图

③基本组合下桩冲切校核及筏板及梁内力配筋计算

根据《建筑地基基础设计规范》（GB 50007—2002）及《混凝土结构设计规范》（GB 50010—2002）的要求，筏板内力与配筋计算采用 SATWE 荷载效应基本组合。

JCCAD 结果包括梁板弯矩图（图 11-6-17）、配筋图。

4. 沉降实测

本工程从 2006 年 2 月基础施工完成开始进行沉降观测，主体结构封顶前 1 个月的沉降量见图 11-6-18。

5. 经济效益分析

（1）节约投资

本工程采用后注浆技术及变刚度调平设计，基础筏板厚度由 3.0m（主楼核心筒）～2.2m（核心筒外围）减小为 1.6m，桩数由 1050 根减少为 558 根。与常规桩基设计、施工技术相比，节约基础工程投资约 685 万元。

（2）缩短工期

常规桩基技术，φ800 灌注桩 1050 根，成桩施工工期约需 60 天。优化设计 φ800 灌注桩 558 根，成桩施工工期不超过 35 天。可见，采用新技术，仅桩基施工工期即可节约 25

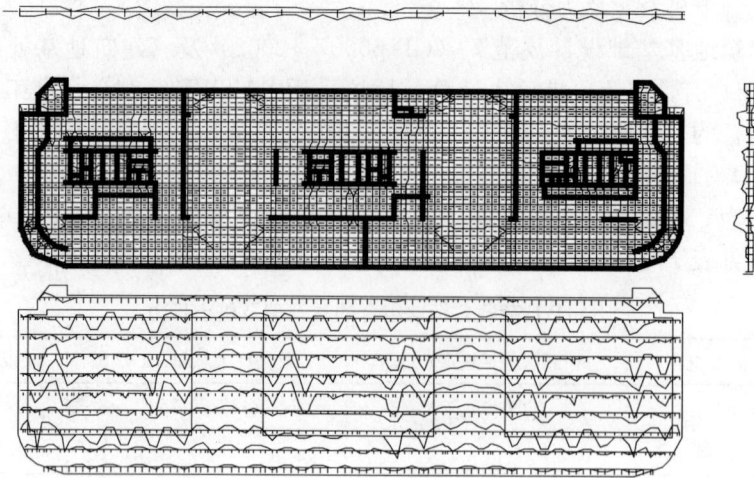

图 11-6-17 梁板弯矩图

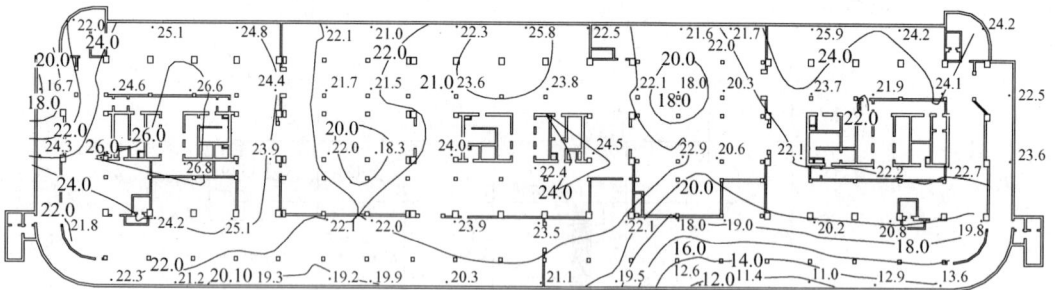

图 11-6-18 沉降观测结果

天，尚未考虑基础筏板工程量减少节约的工期。

第七节 小 结

桩基础设计没有现成的模式可以照搬，设计人员的水平直接关系设计方案的安全性、合理性、经济性。基础软件是设计的辅助工具，通过对软件的正确使用，可以完成高层建筑基础设计计算及施工图的绘制。设计人员在使用软件时，应了解软件中参数的含义、各种计算模型的适用条件及基本假设。

参 考 文 献

[1] 陈仁朋. 软弱地基中桩筏基础工作性状及分析设计方法研究 [D]. 杭州：浙江大学博士学位论文，2001，124-130.

第四篇 | 特殊桩基设计

第十二章 超长桩设计

第一节 概　　述

桩基础在减少建筑物沉降，提高地基承载力方面具有独特的优点和不可替代的作用。在软土地区，随着超高层建筑及大跨度桥梁的增多，针对这些建（构）筑物高、重以及沉降控制严格的特点，当地基承载力变形不能满足设计要求，同时承台、桩数以及桩径又不能增加的情况下，加大桩长是一种最直接的方法，超长桩的应用急剧增多。由于桩基础的造价相对较高，而且其施工又属于地下隐蔽工程，因此如何在深厚高压缩性土层中合理地设计长桩基础，做到既经济又安全，一直是工程界关注的重要研究课题。

一、超长桩的发展

超高层建筑和大跨度桥梁的建设，使得基底荷载越来越大，对基桩承载力和变形提出了更高的要求，桩基向大直径、超长桩方向发展。如杭州湾跨海大桥钢管桩的直径达 1.6m，单桩最大长度达 89m；上海环球世贸中心、金茂大厦都采用了桩长超过 80m 的钢管桩。东海大桥与苏通大桥主墩工程，则采用了桩径为 2500mm 的灌注桩，前者桩长为 112m，后者桩长达 125m；杭州钱塘江六桥采用的钻孔灌注桩更长，达 130m；温州世贸中心、上海中心大厦、上海白玉兰广场、天津 117 大厦等超高层建筑采用了长为 80～120m 不等的钻孔灌注桩。从克服传统泥浆护壁灌注桩工艺局限性出发，桩端（侧）后注浆技术已大量用于大直径超长灌注桩，并提高承载力、减少变形。大直径超长桩的应用，给桩基理论这一传统课题提出了新的挑战。

《建筑桩基技术规范》（JGJ 94—2008）在根据土的物理性指标确定单桩承载力时，考虑到大直径桩（$D \geqslant 800mm$）侧阻、端阻的尺寸效应，在承载力计算时分别乘以一个折减系数。但规范并没有按桩长对桩基进行分类，就是在理论界，对超长桩的界定也还存在一些争议，并没有统一的认识和标准，大致可分为两类。一类是从桩基施工的因素出发，根据桩长界定超长桩，认为 $L > 40m$（刘金砺，1990）或 $L > 50m$（阳吉宝，1998；迟跃君，1998）为超长桩。理论研究和工程实践均表明，不同长度的桩在荷载作用下其承载力的发挥性状是不同的，另一类则从桩的荷载传递特性出发，以长径比作为判断超长桩的标准，认为 $L/D = 50$ 或 $L/D = 100$ 为超长桩。综合上述桩基施工及承载变形特性两个因素，并结合相关文献的理论与实测研究，可普遍认为桩长 $L \geqslant 50m$ 且长径比 $L/D \geqslant 50$ 的桩为超长桩。

编写人：王卫东（华东建筑设计研究院有限公司）张忠苗（浙江大学建筑工程学院）吴江斌（华东建筑设计研究院有限公司）

二、超长桩的桩型

超长桩需穿越深厚的土层进入相对较好的持力层以获取较高的承载力，因此首先面对的是成桩可行性与质量保证问题。对于预制桩来说，钢管桩比混凝土预制管桩更适宜穿越并进入坚硬的持力层；对于不同成孔方式的灌注桩来说，随长度增加，干作业成孔受地下水等作业环境影响较大，而全护筒的成孔方式又受机械设备能力的局限，泥浆护壁的钻（挖）工艺成为主要的成孔方式。因此，钢管桩与泥浆护壁钻孔灌注桩是超长桩采用的主要桩型。

对于超长钢管桩来说，其沉桩的难度在于采用合适的打桩机和打桩锤，并结合桩头、桩端、接桩等构造的强化处理，将其有效地打入坚硬地层。另一方面，还要考虑长期使用过程中，地下水环境特别是海水等腐蚀环境对钢材的锈蚀作用及相应的防腐与耐久性措施。

泥浆护壁灌注桩的成孔难度则在于大直径超深孔的孔壁稳定性、泥皮厚度、孔底沉渣厚度、孔身垂直度的控制。由于成孔深度大，成孔时间长，桩身缩径、扩径等问题较突出；为了维持孔壁的稳定性，需采用更大相对密度、黏度的泥浆，孔壁在长时间的泥浆浸泡下，桩身泥皮更厚；泥浆的重度大且含砂率往往较高，孔深长，加大了清孔的难度，沉渣厚度更难控制；孔深长和地层的复杂性也加大了垂直度的控制难度。因此，超长桩灌注桩因施工工艺所带来的泥皮、沉渣、垂直度等影响承载力的问题较常规桩更为突出，施工机具与工艺的选择、成孔质量的控制有其特殊的地方。

大直径超长桩的长径比较大，很多桩长径比超过 50 甚至达到 100，理论研究和工程实践均表明，超长桩的受力性状与短桩有所区别。超长桩的设计荷载较大，而长径比的增加使得桩土刚度减小，直接影响其承载与变形能力，主要表现为侧阻与端阻的发挥效率较低、桩身压缩明显，增加了承载力取值的难度。超长桩长径比、桩身强度、刚度的确定是影响其力学与变形行为的主要指标，超长桩的设计中应重点考虑。

对于超长桩来说，其长度的增加给施工、承载与变形特性都带来了较大的负面影响，不能简单套用短桩、中长桩的经验与认知。因此，明晰超长桩的施工难点和工作性状，合理进行超长桩的设计就显得越来越重要。研究超长桩不仅是桩基理论自身发展的需要，更是工程界的迫切要求。

第二节　超长桩承载变形性状

全面认识超长桩承载变形性状是其合理、安全设计的基础，载荷试验是认识超长桩工作性状最直接的手段。目前超长桩的应用以钻孔灌注桩为主，表 12-2-1 列出了浙江、上海、北京等地的几个工程超长灌注桩的概况，桩径为 $800\sim1200$mm，桩长为 $48.5\sim119.8$m，长径比为 $53.9\sim108.9$，桩端持力层涵盖了黏土、砂土、卵石和基岩。本节将以表 12-2-1 所列典型工程的试桩成果为主要对象来分析和认识超长桩的工作性状，包括荷载-沉降曲线特性、桩身压缩量分析、轴力测试分析、桩侧摩阻力发挥性状分析、桩侧摩阻力与桩土相对位移的关系、桩端阻力发挥性状分析、桩端条件对侧阻的影响等。

试 桩 参 数 表　　　　　　　　　　　　表 12-2-1

	桩 号	桩径 D (mm)	桩长 L (m)	长径比 L/D	入持力层深度 (m)	混凝土强度	备注
台州鑫泰广场	SZ1	800	76.2	95.3	黏土层 2.0	C35	
	SZ2	800	59.3	74.1	卵石层 1.0	C35	
	SZ3	800	62.7	78.4	黏土层 2.0	C35	
	SZ4	900	63.8	70.9	黏土层 2.0	C35	
	SZ5	1000	76.4	76.4	卵石层 1.0	C35	
温州世贸中心	S1	1100	119.85	108.95	中风化基岩 1.10	C40	
	S2	1100	92.54	84.13	中风化基岩 2.62	C40	
	S3	1100	88.17	80.15	中风化基岩 0.52	C40	
上海仲盛商业中心	67，133，232	900	48.5	53.9	粉砂 16	C30	
	SZA1，SZA2，SZA3	900	48.5	53.9	粉砂 16		
上海世博	T7，T8	950	89.0	93.68	粗砂 2.6	C35	
虹桥	S22	850	71.8	84.47	粉细砂夹中粗砂 2.0	C35	
长峰虹口商城	SZ1 SZ2	1200	71.5	59.6	细砂 3.3	C35	
CCTV 新台址工程	A1，A2，A3	1200	53	44.2	砂卵石	C40	

一、变形特性

1. Q-s 曲线特征

桩的 Q-s 曲线，即荷载-桩顶（桩端）沉降曲线，是桩受力和荷载传递特征的宏观反映，它反映了不同应力阶段桩土相互作用规律，包括桩侧阻、端阻的发挥规律，桩的破坏模式等。

1）桩端沉渣的影响

大直径超长桩持力层一般均选在较好的土层，桩端的支承条件好，不易产生刺入破坏。实践表明，大直径超长灌注桩，由于成孔直径大、长度深，成孔作业时间较长，使得孔壁稳定性不易保证，比常规桩更易产生缩径和沉渣，且孔底很深增加了清孔的难度，因此大直径超长桩控制成渣厚度成为施工中的难题。沉渣厚度成为影响 Q-s 曲线性状的主要因素。当沉渣厚度较大时，在荷载作用下，发生刺入破坏，Q-s 曲线呈陡降型。当清渣干净时，桩顶沉降主要由桩身压缩产生，Q-s 曲线均表现为缓变型。

（1）陡降型。受沉渣的影响，从图 12-2-1～图 12-2-4 中可以看出，在荷载作用下，桩身发生刺入破坏，Q-s 曲线呈陡降型。如 SZ3，S2 试桩。SZ3 试桩在加载到 8800kN 时，桩顶沉降由上一级荷载 8000kN 时的 27.98mm 剧增到 126.33mm，桩端沉降也相应由 1.68mm 增加到 96.96mm。S2 试桩在加载到 16800kN 时，桩顶沉降由上一级荷载 14400kN 时的 15.27mm 增加到 44.32mm，桩端沉降也由 0.55mm 相应增加到 21.04mm，此后更是随着荷载增加桩顶、桩端沉降不断增大。主要是因为桩端沉渣厚度较大，在荷载作用下，发生刺入破坏。因此，在高水平荷载作用下，对超长桩也存在持力层和清渣干净的要求。

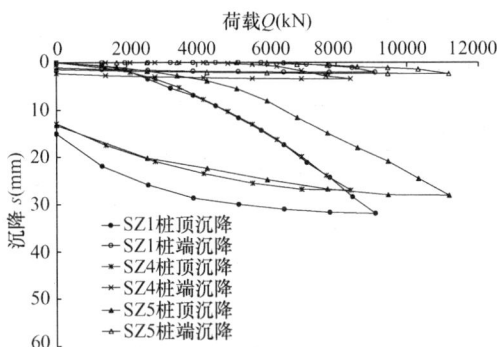

图 12-2-1　台州鑫泰广场 SZ1、SZ4、SZ5
试桩 Q-s（s_b）曲线

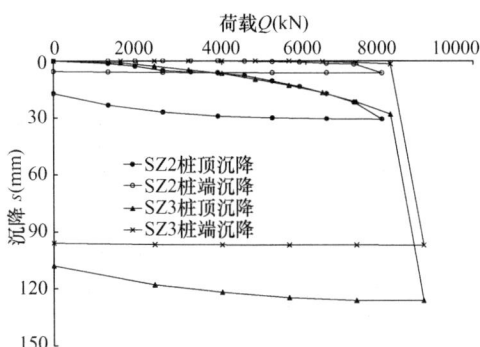

图 12-2-2　台州鑫泰广场 SZ2、SZ3
试桩 Q-s（s_b）曲线

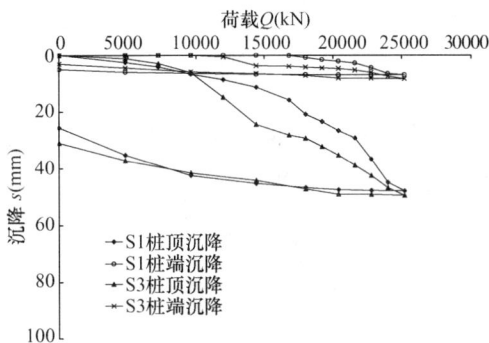

图 12-2-3　温州世贸中心 S1、S3
试桩 Q-s（s_b）曲线

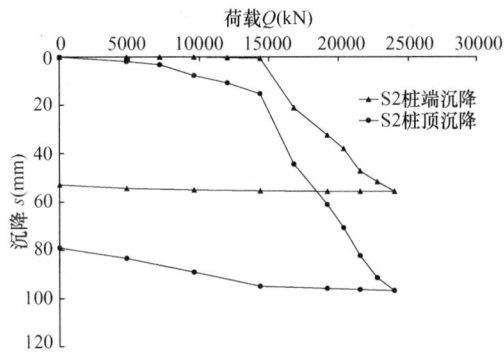

图 12-2-4　温州世贸中心 S2 试桩
Q-s（s_b）曲线

（2）缓变型。当清渣干净时，桩顶沉降主要由桩身压缩产生，Q-s 曲线均表现为缓变型。如 SZ1、SZ2、SZ4、SZ5、S1 试桩，Q-s 曲线均表现为缓变型，不存在明显的拐点。桩端沉降一般在 5mm 左右，即使对承受较高荷载水平的 S1 试桩，在加载到 25200kN 时，桩端沉降也仅有 6.89mm，说明持力层性状好，清渣干净，此时桩顶沉降主要由桩身压缩产生。

2）桩端后注浆的作用

随着近年来桩端后注浆技术的发展与应用，桩端后注浆的大直径超长浆灌注桩得到越为越多的应用。后注浆的作用在于可提高地基土支承力，可尽可能地减少桩长从而控制长径比，还可在较大程度上解决沉渣问题。大直径超长桩桩端基本都位于相对较硬土层，桩端后注浆灌桩的 Q-s 曲线特征及荷载传递规律类似于沉渣干净这一理想状态下的情形，且后注浆已成为大直径超长灌注桩的发展必然趋势。

上海仲盛商业中心 3 组常规大直径超长灌注桩试桩 Q-s 曲线有明显的拐点，皆呈陡降型，见图 12-2-5，竖向抗压极限承载力分别为：5460kN、4550kN、5460kN，仅为设计要求的 60％左右。下面以 67 号试桩为例具体分析。当桩顶荷载达到 5460kN 后，Q-s 曲线出现拐点，桩顶与桩端沉降皆急剧增加，在最大加载 9100kN 时，桩顶与桩端沉降分别为 168mm 和 155mm，表明桩顶的沉降主要是由于桩端的沉降引起的，桩身呈整体下沉。

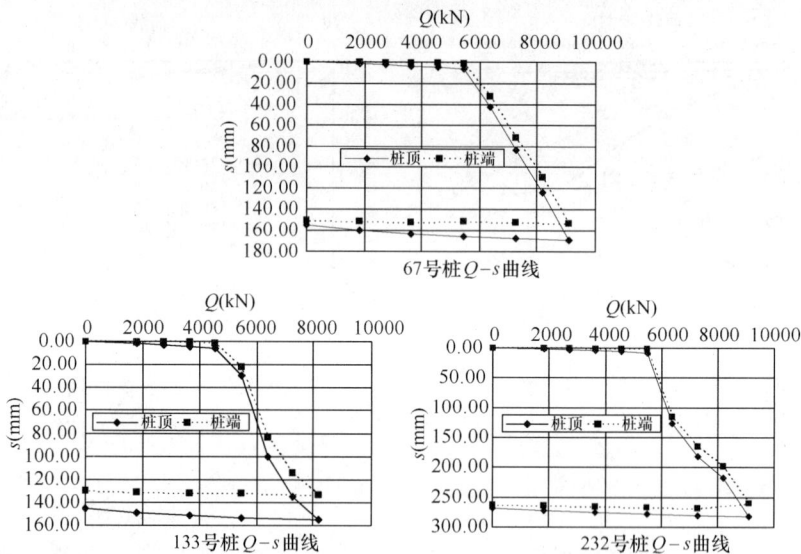

图 12-2-5 常规灌注桩荷载位移关系曲线

上海仲盛商业中心三组桩端后注浆大直径超长灌注桩 Q-s 曲线无明显的转折点，呈缓变型，见图 12-2-6，在最大加载 12000kN 作用下，桩顶最大沉降不超过 20mm，承载力

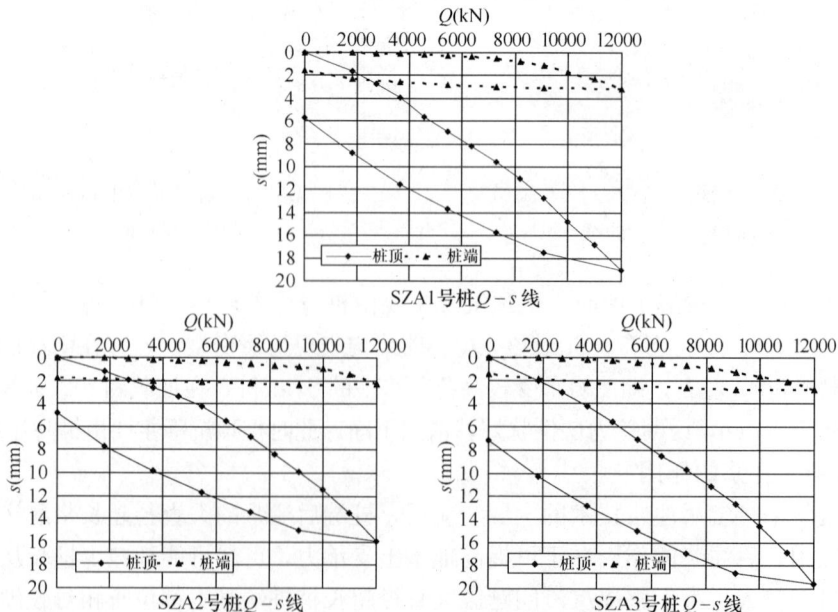

图 12-2-6 后注浆灌注桩荷载位移关系曲线

仍未达到极限。以 SZA1 号桩为例，其桩顶与桩端的变形都较小，分别为 19.07mm 与 3.12mm，桩顶变形主要由桩身的压缩变形构成，注浆后桩端土体刚度提高，端部变形减小。在正常工作荷载 5100kN 下，桩顶沉降皆小于 10mm。

受沉渣影响，常规灌注桩桩周接触面与桩端土体皆发生较大的塑性变形，在最大加载值 9100kN 卸荷后桩顶与桩端的回弹率分别为 8.81% 和 1.6%。相同条件下，后注浆的大直径灌注桩在更大的加载值 12000kN 卸荷后，桩顶与桩端的回弹率分别为 72.8% 与 52.8%，表明在当前试验荷载作用下桩端阻力和桩侧摩阻力基本处于弹性工作阶段，其承载能力尚有很大的潜力。

常规灌注桩与后注浆灌注桩的变形与承载力见表 12-2-2。

常规灌注桩与后注浆灌注桩的变形与承载力　　　　表 12-2-2

桩型	桩号	最大加载量 (kN)	桩　顶			桩　端			极限承载力 (kN)
			变形 (mm)	残余变形 (mm)	回弹率 (%)	变形 (mm)	残余变形 (mm)	回弹率 (%)	
常规灌注桩	67 号	9100	168.87	155.21	8.81	152.87	150.37	1.6	5460
	133 号	8190	155.0	144.92	6.5	133.65	132.01	1.2	4550
	232 号	9100	281.77	268.55	4.7	259.34	257.88	0.5	5460
后注浆桩	SZA1 号	12000	19.07	5.70	72.2	3.12	1.47	52.8	>12000
	SZA2 号		15.94	4.84	69.6	2.31	1.67	27.7	
	SZA3 号		19.55	7.14	63.4	2.81	1.40	50.1	

3）超长灌注桩 Q-s 曲线特征

大量实测数据表明，桩端清渣干净和采用桩端后注浆工艺的超长灌注桩，加载至桩基极限承载力的资料极少，Q-s 曲线在试验荷载作用下基本呈缓变型，桩顶沉降随荷载的增大缓慢增加，即使是桩顶荷载远大于常规灌注桩的极限承载力时，桩端后注浆灌注桩 Q-s 曲线在试验荷载作用下基本保持线性关系，桩顶沉降无明显增大的趋势。虹桥枢纽、长峰虹口商城等其他工程也表现出了类似的特征（图 12-2-7）。

虹桥枢纽 S22 试桩（桩端后注浆）Q-s 曲线变形较缓，图 12-2-8，没有拐点，在 20000kN 的最大加载下，桩顶变形为 52.27mm，但桩端变形仅为 7.91mm，承载力未到极限，由于加载值已超过桩身强度且桩端变形较大，停止加载。

上海世博 500kV 地下变工程，图 12-2-9，以 500kN 为一级加载，在每一级加载过程中桩身沉降稳定较快，所有 s-$\lg t$ 曲线没有明显下弯趋势且稳定较快，在加载至 19000kN 时，桩顶总沉降量仅为 38.11mm，桩底总沉降量仅为 2.82mm。荷载卸至零时桩身总沉降量为 8.3mm，回弹率为 76%。

受加载条件的限制，桩端清渣干净和桩端后注浆的超长桩在极限荷载作用下的破坏型态还有待于积累更多的资料，进一步研究探讨。在实际的试桩过程中，往往是由于桩身压缩变形过大引起较大桩顶沉降而停止加载，其极限承载力的判别可根据桩顶变形值或桩身强度确定，而桩端土的支承力往往还没到极限。

后注浆灌注桩的变形与承载力见表 12-2-3。

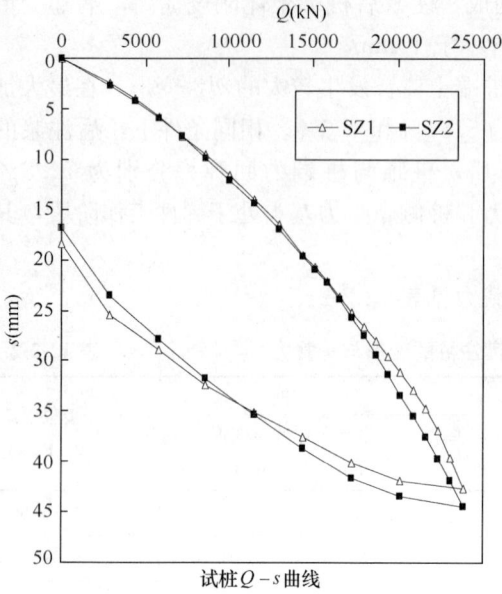

图 12-2-7 长峰虹口商城试桩 Q-s 曲线

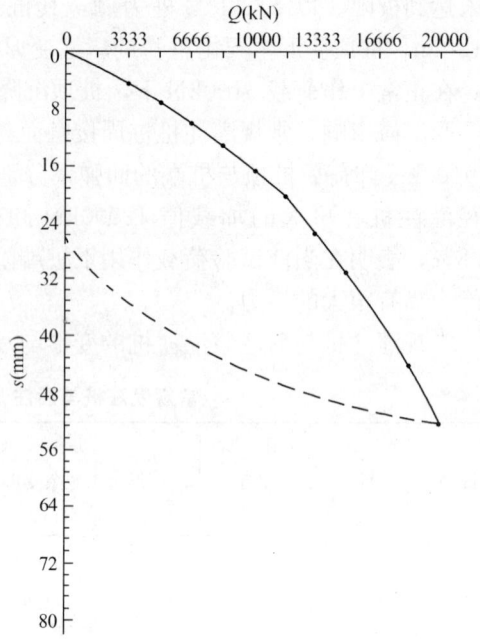

图 12-2-8 虹桥枢纽试桩 Q-s 曲线

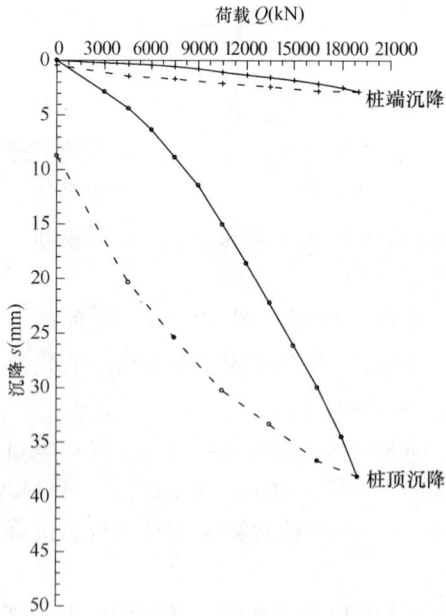

T7号试桩 Q-s 关系曲线

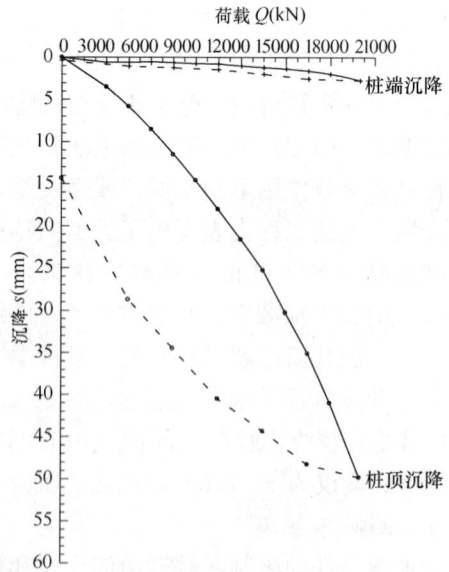

T8号试桩 Q-s 关系曲线

图 12-2-9 上海世博 500kV 地下变电站 T7 号、T8 号试桩 Q-s 曲线

后注浆灌注桩的变形与承载力 表 12-2-3

工程	桩号	桩径	桩长	持力层	最大加载量（kN）	桩 顶			桩 端		
						变形（mm）	残余变形（mm）	回弹率（%）	变形（mm）	残余变形（mm）	回弹率（%）
越洋	SP3	850	70	粉细砂	12000	24.5	6.36	74.0	—	—	—
虹桥	S22	850	71.8	粉细砂夹中粗砂	20000	52.27	26.77	48.8	7.91	4.96	37.3
上海世博	T7	950	89.0	粗砂	19000	38.11	2.82	77	2.82	0.42	85.1
上海世博	T8	950	89.3	粗砂	19000	49.8	14.43	70	2.72	0.34	87.5
长峰	SZ1	1200	71.5	粉砂	23800	42.67	18.32	57.1	—	—	—
长峰	SZ2	1200	71.5	粉砂	23800	44.42	16.82	62.1	—	—	—

2. 桩身压缩

桩身压缩量是一个比较重要的参数，关系到桩身混凝土的弹塑性变化规律和桩的破坏方式。单桩受竖向荷载作用时，其桩顶沉降量 s 包括：桩身压缩量 s_s、桩端沉降量 s_b（弯曲变形 s_f，s_f 一般可以不予考虑）。其中 s_s 又包括弹性压缩量 s_{se} 和塑性压缩量 s_{sp}。即 $s = s_{se} + s_{sp} + s_b$。

鑫泰广场 5 根试桩和世贸中心 3 根试桩的桩身压缩量曲线如图 12-2-10 和图 12-2-11 所示。桩身弹塑性压缩量表即压缩量占桩顶沉降的比例见表 12-2-4 和表 12-2-5。

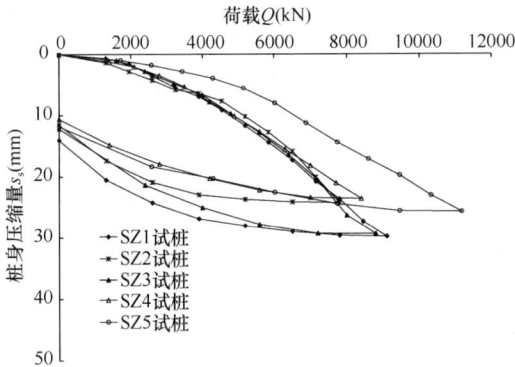

图 12-2-10 台州鑫泰广场试桩桩身压缩量曲线 图 12-2-11 温州世贸中心试桩桩身压缩量曲线

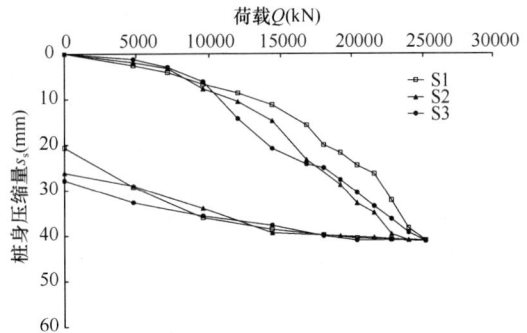

（1）结合表 12-2-1 和表 12-2-3 中桩身几何参数，分析图 12-2-10 和图 12-2-11 两曲线可以看出，桩径对桩身压缩量影响较大，相同荷载水平作用下，桩径增加，其压缩量减小，对比 SZ1 和 SZ5 试桩我们可以明显看到这一点。

（2）对比 SZ1 与 SZ2 试桩，以及 S1、S2 和 S3 试桩可以看出，在相同荷载水平作用下，随着桩长的增加，桩身压缩量增大。从表 12-2-4、表 12-2-5 中也可以看出，随着桩长增加，极限荷载作用下桩身压缩占桩顶沉降的比例增加。

（3）从图 12-2-10 和图 12-2-11 中曲线可以看出，在低荷载水平下，对相同桩径的试桩压缩量曲线重合性较好，桩身压缩量基本呈线性，表现为混凝土的弹性压缩。随着荷载的增加，压缩曲线不再呈直线，表现为较大的塑性变形。随着荷载水平的增加，塑性压缩量占总压缩量的比例增大。

鑫泰广场试桩桩身压缩量表　　　　　表 12-2-4

桩号	桩长 (m)	桩顶沉降 s (mm)	桩身压缩 s_s (mm)	弹性压缩 s_e (mm)	s_e/s (%)	塑性压缩 s_p (mm)	s_p/s (%)	桩身压缩与 桩顶沉降比
SZ1	76.2	31.93	29.84	15.82	53.02	14.02	46.98	93.45
SZ2	59.3	30.65	24.28	12.73	52.43	11.55	47.57	79.22
SZ3	62.7	126.33	29.37	17.19	58.53	12.18	41.47	23.25
SZ4	63.8	27.01	23.58	12.95	54.92	10.63	45.08	87.30
SZ5	76.4	28.12	25.73	13.90	54.02	11.83	45.98	91.50

温州世贸中心试桩桩身压缩量表　　　　　表 12-2-5

桩号	桩长 (m)	桩顶沉降 s (mm)	桩身压缩 s_s (mm)	弹性压缩 s_e (mm)	s_e/s (%)	塑性压缩 s_p (mm)	s_p/s (%)	桩身压缩与 桩顶沉降比
S1	119.9	47.92	41.03	20.43	49.79	20.60	50.21	85.62
S2	92.54	96.82	41.01	14.86	36.24	26.15	63.76	42.36
S3	88.17	49.52	41.23	13.4	32.5	27.83	67.5	83.26

通过对软土中 1000 多根钻孔桩既观测桩顶沉降又观测桩端沉降及桩身应力应变的静载试验统计结果发现：

（1）相同桩径的桩在极限荷载作用下，桩身混凝土的总压缩量是桩长的函数，即桩身压缩量随桩长的增加而增加，这可以从图 12-2-12 中看到。

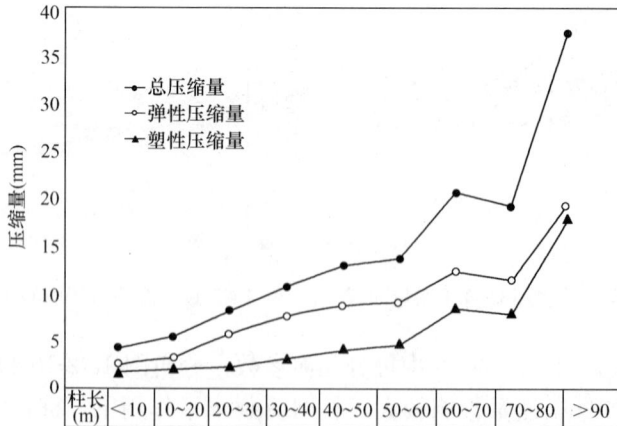

图 12-2-12　ϕ1000 钻孔灌注桩桩身压缩量与桩长关系曲线

（2）相同桩径的桩在极限荷载作用下桩身混凝土不仅有弹性压缩量，而且有塑性压缩量。桩身混凝土的弹性压缩量是桩长的函数，即桩身弹性压缩量随桩长的增加而增加。塑性压缩量是一个宏观定义，主要是由桩身混凝土的塑性压缩以及桩端附近混凝土压缩组成。桩身塑性压缩量随荷载的增加而增大。

（3）桩身塑性压缩量除了与桩长有关外，还与桩顶荷载水平、长径比、桩身混凝土强度、配筋量、地质条件、施工质量等因素有关。在其他条件一定时，桩身荷载水平越高，桩身压缩量越大，而且桩身混凝土破坏前有一个临界值（该值与桩顶荷载水平、桩身混凝土强度、桩长和配筋等有关）。实测表明，桩长 40m，桩径 1000mm，C25 混凝土的钻孔灌注桩其压缩量的临界值约为 20mm，亦即对该种桩做试桩时，控制最大试验荷载的附加条件是桩顶、桩端的沉降差小于 20mm。而且，可以通过桩顶桩端沉降是否同步来判断桩身混凝土是否压碎。

试桩桩身压缩量表　　　　　　表 12-2-6

桩号		桩长（m）	桩径	桩端持力层	桩顶加载（kN）	桩顶沉降 s_u（mm）	桩端沉降 s_b（mm）	桩身压缩	桩身压缩占桩顶变形比例（%）
仲盛商业中心	S1	48.5	900	粉细砂	12000	19.07	3.12	15.95	83.6
	S2	48.5	900	粉细砂	12000	15.94	2.31	13.63	85.5
	S3	48.5	900	粉细砂	12000	19.55	2.81	16.74	85.6
越洋	SP3	70.0	850	含砾粉细砂	12000	24.5	4.0	20.5	83.7
虹桥	C1882	50.6	850	粉细砂	16500	35.85	12.19	23.66	66.0
	C2249	50.7	850	粉细砂	15000	25.32	6.63	18.69	73.8
	C1013	50.8	850	粉细砂	14300	41.92	2.22	39.7	91.7
	S22	71.8	850	粉细砂夹中粗砂	20000	52.3	7.9	44.4	84.9
CCTV 新台址工程	TP-A1	51.7	1200	砂卵石	33000	21.78	1.98	19.8	90.9
	TP-A2	51.7	1200	砂卵石	30250	31.44	5.22	26.22	83.4
	TP-A3	53.4	1200	砂卵石	33000	18.78	1.78	17	90.5
	TP-B1	33.4	1200	细中砂	33000	20.92	5.38	15.54	74.3
	TP-B2	33.4	1200	细中砂	33000	14.50	3.78	10.72	73.9
	TP-B3	33.1	1200	细中砂	33000	21.80	3.32	18.48	84.8
温州某工程	S1	98	1000	中等风化凝灰岩 1.0m	14904	44.81	4.55	40.26	89.8
	S2	98	1000		14904	41.94	5.38	36.56	87.2
	S3	98	1000		14904	39.68	3.75	35.93	90.5

从表 12-2-4、表 12-2-5 及表 12-2-6 中可以看到，对桩端沉渣较小的桩，在极限荷载下桩身压缩量占桩顶沉降的比例较大，为 66.0%～91.7%，普遍达 80% 以上，因此对超长桩应该以非刚性桩来认识，沉降计算中除要计算桩端力及桩侧摩阻力传递到桩端引起的桩端沉降外，还要充分考虑到桩身压缩变形量引起的沉降。由于在极限荷载作用下，桩身混凝土既有弹性压缩，也有塑性变形，所以对桩，尤其在高荷载水平作用下，不能将其作为弹性杆件进行计算。

由于桩身压缩量大，在桩顶沉降达到控制值时，桩端沉降量还不大，还远未达到桩端阻力完全发挥所需要的桩端沉降量，这就大大影响了超长桩端承力的发挥。所以要选择合适的桩长及长径比 L/D。

二、超长桩的侧阻发挥性状

鑫泰广场 SZ1、SZ2 试桩轴力曲线如图 12-2-13 和图 12-2-14 所示，温州世贸中心 S1、S2 试桩轴力曲线如图 12-2-15 和图 12-2-16 所示，上海世博 500kV 地下变电站试桩轴力曲线如图 12-2-17 和图 12-2-18 所示，越洋广场 TP12 试桩、长峰虹口商城试桩 S1 轴力曲线如图 12-2-19、图 12-2-20 所示。

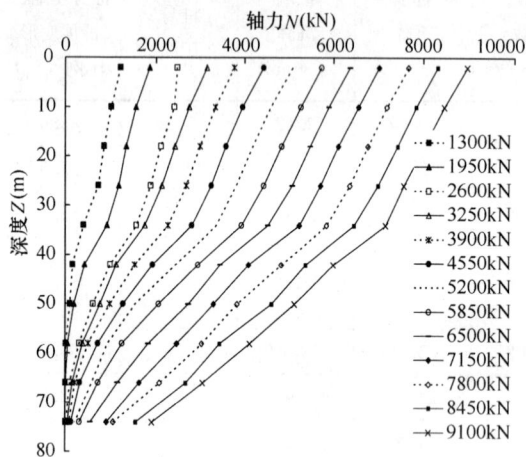

图 12-2-13 鑫泰广场 SZ1 桩身轴力图

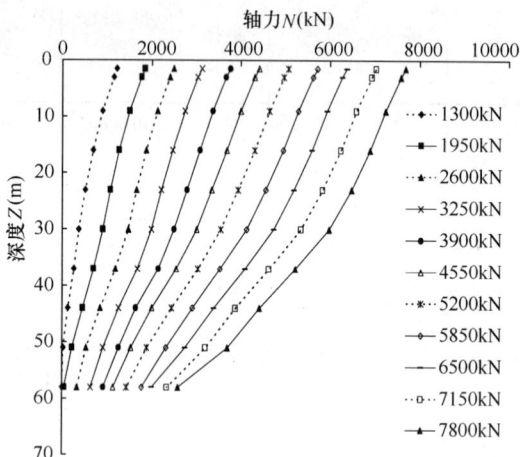

图 12-2-14 鑫泰广场 SZ2 桩身轴力图

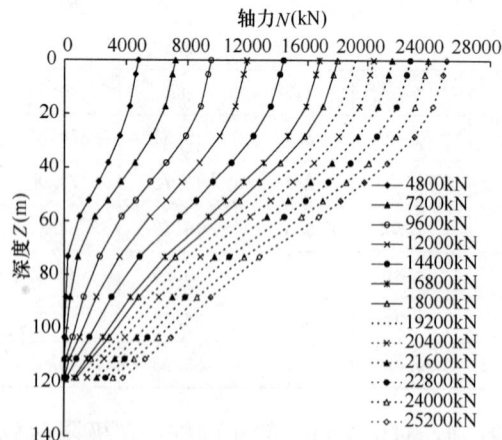

图 12-2-15 温州世贸中心 S1 桩身轴力图

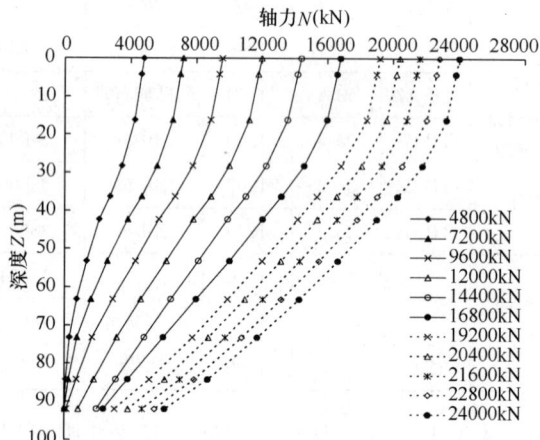

图 12-2-16 温州世贸中心 S2 桩身轴力图

1. 侧阻分布与发挥

超长桩侧摩阻力发挥性状主要受土层性质的影响，土层性质不同其摩阻力发挥性状不同，同时还与土层埋深有关。上部土层的摩阻力先于下部发挥作用，随着荷载的增加，下部土层的侧摩阻力才逐渐发挥出来,其发挥是一个异步的过程。由于桩侧土的摩阻力主要是由桩土产生的相对位移引起的,因此桩上部变形较大,使桩侧摩阻力得到了充分发挥,而下部由于相对位移较小,并不能充分发挥其侧摩阻力。

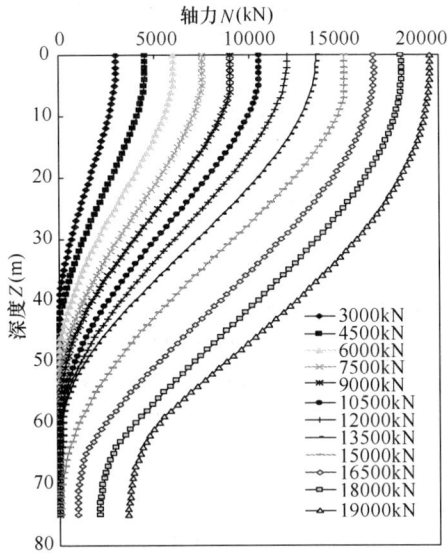

图 12-2-17　上海世博 500kV
地下变电站 T7 桩身轴力图

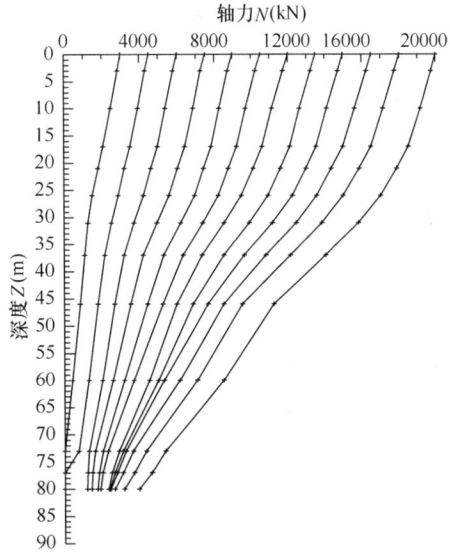

图 12-2-18　上海世博 500kV
地下变电站 T8 桩身轴力图

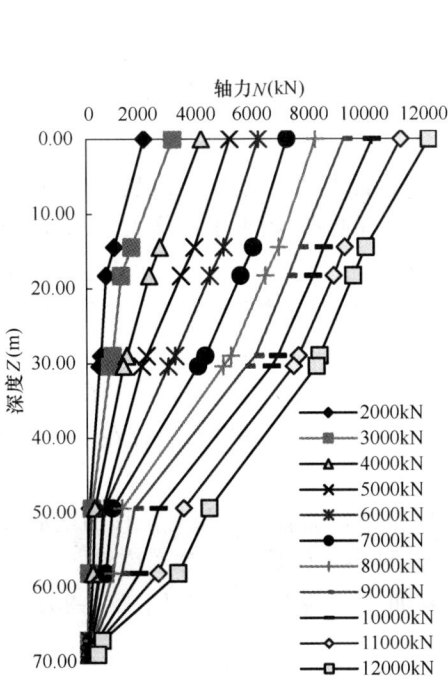

图 12-2-19　越洋广场轴力测试 SP3
(TP12)桩身轴力分布图

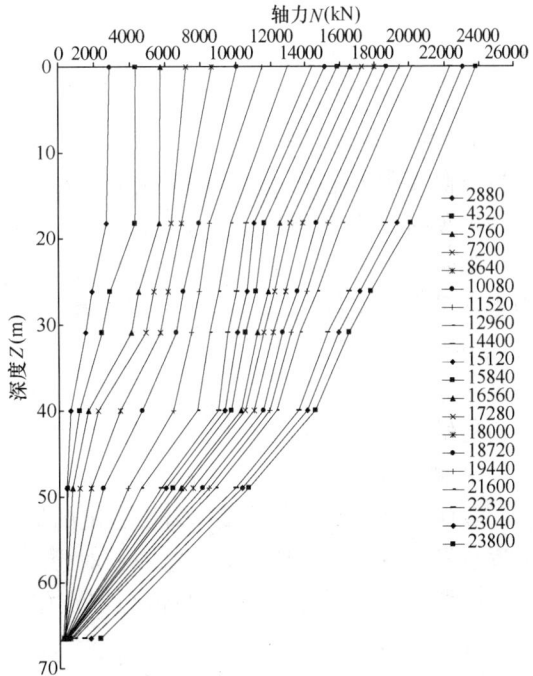

图 12-2-20　长峰虹口商城 SZ1
桩身轴力分布图

在极限荷载作用下，上部土层的侧摩阻力已发挥到极限并产生软化效应，而下部土层还远未到极限状态，这是超长桩的受力变形特性的反映，因为超长桩并非刚性桩，在荷载作用下其桩身压缩变形比较大。所以传统的静力经验公式按照各层土的摩阻力平均值来计算桩侧摩阻力并进而确定桩的承载力是不符合超长桩的实际荷载传递机理的，是不准确的。

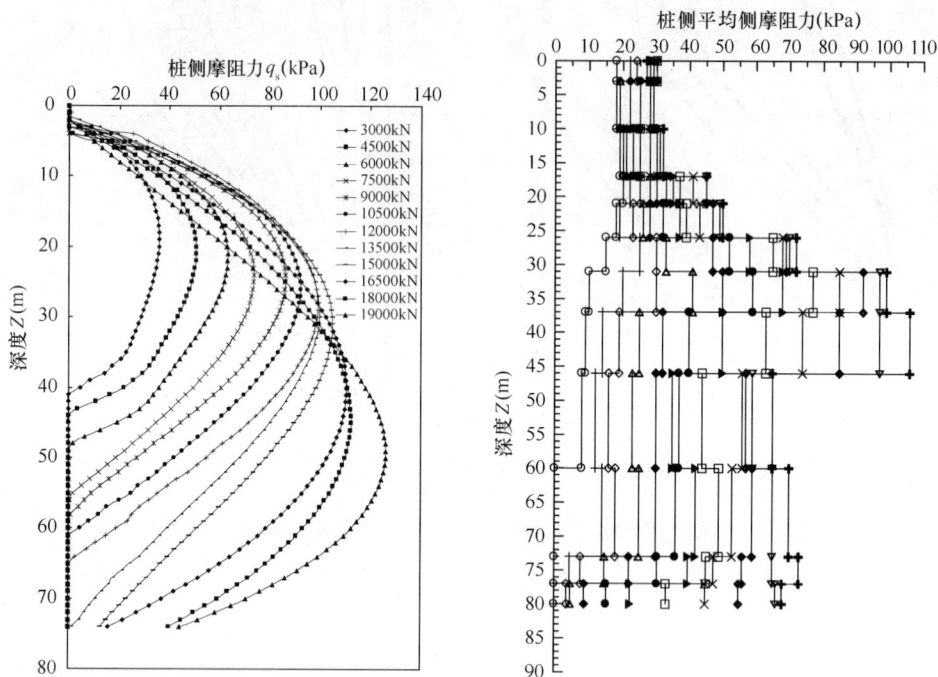

图 12-2-21　上海世博 500kV 地下变电站 T7、T8 试桩侧摩阻力沿桩身分布曲线

上海世博 500kV 地下变电站 T7、T8 试桩侧摩阻力沿桩身分布曲线如图 12-2-21 所示。桩身侧摩阻力呈中间大、上下两端小的分布形态，侧摩阻力最大值出现在 50m 埋深处。在桩顶荷载达到 15000kN 前，桩身上部 30m 段范围的侧摩阻力不断增大并达到极限，此后，随着桩顶荷载的增加，该段侧摩阻力出现软化。桩身的中部 30～60m 范围桩侧摩阻力得到了充分发挥，但在当前荷载作用下仍未达到极限。在桩顶荷载达 10500kN 后，60m 以下的桩侧摩阻力才开始发挥，且在 19000kN 的最大加载下，该段范围侧摩阻力并未得到充分发挥。鑫泰广场 SZ1 试桩和温州世贸中心 S1 试桩在不同荷载水平作用下桩侧摩阻力沿桩身分布曲线如图 12-2-22 和图 12-2-23 所示。侧摩阻力的分布也存在上述规律。

2. 桩侧摩阻力与桩土相对位移的关系

一般认为桩侧摩阻力的发挥需要一定的桩土相对位移，随着桩土相对位移的增加，摩阻力逐步发挥并最后达到极限，这一相对位移即为极限相对位移 δ_u。鑫泰广场 SZ1 试桩和温州世贸中心 S1 试桩桩侧摩阻力与桩土相对位移曲线如图 12-2-24 和图 12-2-25 所示。从图中可以看出：

（1）桩身上部范围桩土相对位移较大，鑫泰广场达到 20～35mm，温州世贸中心达 30～45mm，该段侧摩阻力皆达到了极限。鑫泰广场工程在桩土位移达 5～10mm，侧摩阻力得到充分的挥，温州世贸中心工程在桩土位移达 10～20mm 间，侧摩阻力得到充分的发挥。其后随着桩土位移的增加，桩侧摩阻力增长缓慢，甚至出现软化。由于浅部土层压力小，总体侧摩阻力较小。

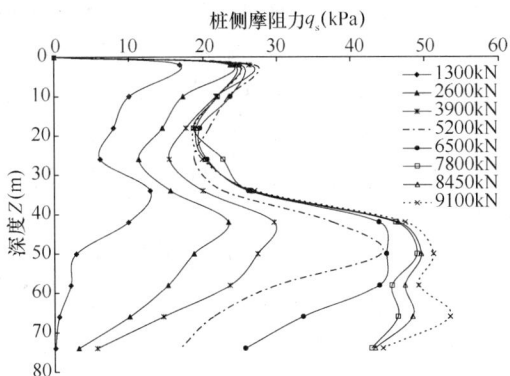

图 12-2-22 鑫泰广场 SZ1 试桩
桩侧摩阻力沿桩身分布曲线

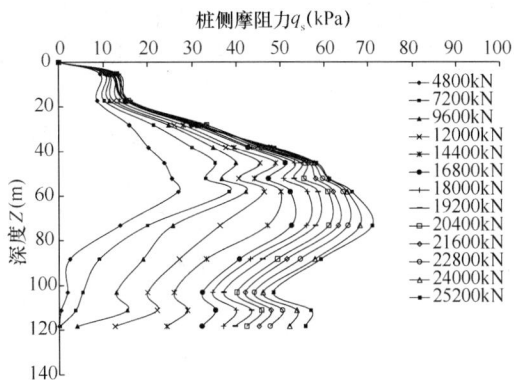

图 12-2-23 温州世贸中心 S1 试桩
桩侧摩阻力沿桩身分布曲线

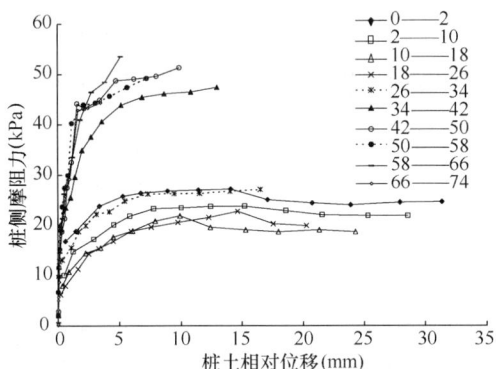

图 12-2-24 鑫泰广场 SZ1 试桩桩侧
摩阻力与桩土相对位移曲线

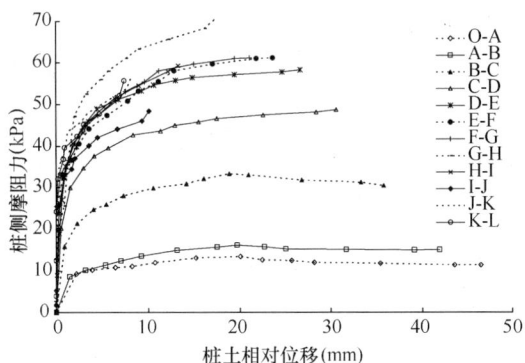

图 12-2-25 温州世贸中心 S1 试桩
桩侧平均摩阻力与桩土相对位移曲线

（2）桩身下部范围桩土相对位移较小，鑫泰广场达到 5mm，温州世贸中心达 10mm，其土层的摩阻力并没有得到充分发挥，但增长趋势明显，深部土层的土性好、土压力大，侧摩阻力值相对浅部大很多，是超长桩承载力的主要贡献者。

（3）传统经验认为，黏性土、粉土其侧阻充分发挥所需要的极限桩土相对位移为 5～10mm，本次试验结果显示其值略大于这个定值，而且还与桩径、施工工艺以及土层性质和所处的位置即土层的埋深有关。对比地质条件我们看到，黏土侧阻充分发挥所需要的位移大于淤泥质类土，即使是同类土，由于其所处的位置不同，其侧阻完全发挥所需要的极限相对位移并不相同。

3. 侧阻软化效应

桩身压缩量随长径比增大导致了超长桩上下部之间较大的桩土相对位移差，从而使桩下部侧阻和端阻发挥时，桩身上部已产生较大的桩土相对位移并超过侧阻充分发挥的临界位移值，从而进入滑移状态，出现桩侧摩阻力的软化。

1）桩侧摩阻力软化的临界位移

传统经验认为，发挥极限侧阻所需位移与桩径大小无关，略受土类、土性影响，发生桩侧摩阻力软化的临界值，淤泥质土约为 5～10mm，黏性土约为 10～15mm，砂类土约为 15～25mm。但实测表明，这个值不但受土性影响，而且受桩径、施工工艺等众多因素影响。临界值的存在是受多个因素影响的。因此，精确地确定这个临界值，还有待理论上的继续研究和对现场试验结果的观察。通过对温州地区试验结果的总结对比，滑移的临界值与桩顶沉降有较好的相关性，表现为桩径的正比例函数关系。可通过桩顶沉降来宏观的反映桩侧阻软化的临界值。当桩顶位移达到 $0.01D～0.02D$ 时，淤泥质类土即发生桩土相对滑移，$0.015D～0.02D$ 时黏性土将发生桩土滑移，$0.02D～0.03D$ 时砂类土将发生桩土相对滑移。因此对于桩顶变形量控制的承载力取值方法，一般应该控制桩顶沉降量在 $0.03D～0.05D$ 以下。

2）滑移后桩侧摩阻力残余强度的确定

收集了部分软土地基工程的实测资料，各层土均为淤泥质黏土或黏土。最大加荷条件下侧阻发挥值与侧阻峰值强度的比值见表 12-2-7。将发生软化的土层，对摩阻力按极限摩阻力进行归一化，极限摩阻力下的对应位移即临界位移，将桩顶位移按临界位移进行归一化，共得到 144 个点，归一化的点如图 12-2-26 所示。

试验与实测单位桩侧摩阻力残余值与峰值（1）　　　表 12-2-7（a）

	离心试验		京杭运河		温州世贸中心		
断面深度（m）	0～8.0	8.0～18.0	0～2.0	2～6.4	0～4.2	4.2～16.2	16.2～28.2
峰值（kPa）	14.06	12.66	71.67	64.46	13.48	16.14	33.25
残余值（kPa）	12.56	11.64	60.75	59.39	11.36	15.04	30.41
残余值/峰值	0.89	0.92	0.85	0.92	0.84	0.93	0.91

试验与实测单位桩侧摩阻力残余值与峰值（2）　　　表 12-2-7（b）

	锡澄运河		嘉和中心	宜兴互通			
断面深度（m）	0～14.1	14.1～21.1	0～8.0	0～2.4	2.4～7.8	7.8～13.2	13.2～20.2
峰值（kPa）	35.53	59.11	11.95	53.05	66.61	71.91	81.03
残余值（kPa）	31.61	55.98	9.73	50.60	60.71	61.89	76.49
残余值/峰值	0.90	0.94	0.81	0.95	0.91	0.86	0.94

注：京杭运河，锡澄运河，宜兴互通的数据引自石明磊（2002）。

从图 12-2-26 中可以看出，归一化后的点具有较好的相关性，可采用分段函数来表示。归一化后的 s/s_u 与 τ/τ_u 的函数关系如式（12-2-1）所示：

$$\begin{cases} \tau/\tau_u = 2.7(s/s_u) & S \leqslant 0.25s_u（线性部分） \\ \tau/\tau_u = -0.3(S/S_u)^2 + 0.75(S/S_u) + 0.52 & 0.25S_u \leqslant S \leqslant 1.0S_u \quad（非线性部分） \\ \tau/\tau_u = 1.02 - 0.05(S/S_u) & 1.0S_u \leqslant S \leqslant 2.0S_u（软化部分） \\ \tau/\tau_u = 0.9 & S > 2.0S_u（残余部分） \end{cases}$$

$$(12\text{-}2\text{-}1)$$

上述统计分析表明滑移后桩侧摩阻力残余强度约为峰值的 0.9 倍，由于超长桩承载力主要由深部较好的土层提供，浅部土层极限侧摩阻力通常较小，因此，浅部侧摩阻软化引起的承载力损失通常在总承载力的 5% 以内。从浅部桩身在高荷载水平下桩身压缩变形的角度看，侧阻软化的影响是明显的，通常可以采用桩端（侧）后注浆的方法，提高侧摩阻力承载力，减少变形和软化效应。

三、超长桩的端阻发挥性状

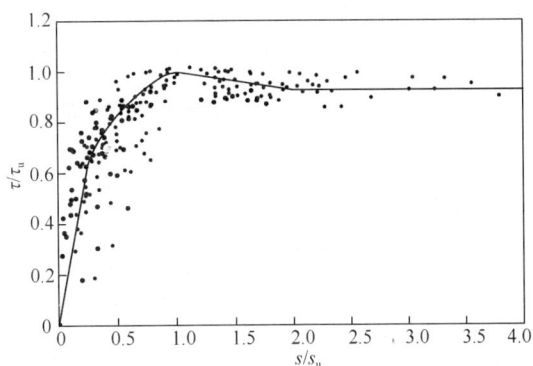

图 12-2-26 s/s_u 与 τ/τ_u 归一化关系曲线

1. 端阻发挥性状

超长桩端阻力发挥问题是其荷载传递机理研究的一个关键问题，因为在现行设计中，总是假定其端阻力在极限荷载作用下得到充分发挥，并由此来确定桩的极限承载力。

1）桩端位移与端阻力的发挥

桩端承载力的发挥需要一定的桩土相对位移，由于大直径超长桩桩端沉降量小，使得桩端力不能完全发挥，这说明按照传统的设计方法确定的超长桩的承载力是不准确的，因为在极限荷载作用下端阻并没有得到充分发挥。在承载力确定时对端阻和侧阻应采用不同的分项系数。从图 12-2-1～图 12-2-4 可以看到，在工作荷载下，桩端沉降很小甚至为零，桩顶沉降主要是由桩身压缩引起的，SZ1 试桩在加载到第九级荷载 5850kN 时，桩端才有微小沉降 0.15mm，而此时桩顶累计沉降已达 17.47mm，SZ2 试桩也在加载到第六级荷载 4550kN 时桩端出现微小沉降 0.19mm，此时桩顶沉降达 7.84mm。张忠苗（2001）也报道了苏州交易所的一根桩径为 800mm 桩长为 61.98m 的试桩，在加载到第五级荷载 6000kN 时桩端才产生微小沉降 1.15mm。只有当桩顶的荷载超过工作荷载并接近极限值时，桩端才开始有沉降并逐渐增大，端阻与侧阻的发挥是一个异步的过程。

2）端阻力与端阻比

在极限荷载作用下，超长桩的桩端阻力通常较小，此时的桩顶外加荷载大部分由桩侧摩阻力承担。即便采用了桩端后注浆，由于端阻力不能充分发挥，在最大加载下超长桩通常为摩擦型桩，特别是以砂土为持力层的软土地区。超长桩试，桩的桩端位移与端阻力所占比例见表 12-2-8。仲盛商业中心在 12000kN 荷载下，3 组桩的端阻比为 7.9%，5.9%，10.9%。鑫泰广场 SZ1 端阻比为 21.65%，SZ2 端阻比为 30.49%，温州世贸中心 S1 端阻比为 15% 表现为端承摩擦桩性状。温州和福州嵌岩的超长桩端阻比可达 50% 甚至更高，表现为摩擦端承桩，突破了传统认为超长桩为摩擦桩，端阻比不超为 30% 的认识。而且随着长径比 L/D 的增加，桩端承力减小。从福州、厦门的 18 根超长桩试验结果，其中 4 根桩长为 65～69m，桩径为 1100～1200mm 的试桩，在极限状态下，桩顶的混凝土平均压应力为 1.56MPa，桩应的桩身压缩为 32.6mm。试验加荷最后阶段出现桩端阻力占总荷载的 50.1%～64.5%。

桩体弹性模量大，有利于荷载向下传递。因此，为了充分发挥桩体下部土层的侧摩阻力和端承力，可以适当提高桩身混凝土的标号，增大桩身弹性模量，减少桩身压缩量。或者在持力层土层条件合适的地区采用桩端（侧）后注浆技术，改善侧阻与端阻的发挥性状以达到减少桩长并提高承载力的目的。实践证明，采用桩端（侧）后注浆技术提高单桩承载力远比增加桩长效果明显，而且施工方便。

超长桩试桩桩端位移与端阻力所占比例

表 12-2-8

	桩号	桩长 （m）	桩径 （mm）	桩端持 力层	桩顶加载 （kN）	桩顶沉降 s_u（mm）	桩端沉降 s_b（mm）	桩端阻力 （kN）	端阻力 所占比例 （%）
仲盛商 业中心	S1	48.5	900	粉细砂	12000	19.07	3.12	949	7.9
	S2	48.5	900	粉细砂	12000	15.94	2.31	710	5.9
	S3	48.5	900	粉细砂	12000	19.55	2.81	1206	10.9
越洋	SP3	70.0	850	含砾粉 细砂	12000	24.5	4.0	341	2.8
虹桥	C1882	50.6	850	粉细砂	16500	35.85	12.19	2730	16.5
	C2249	50.7	850	粉细砂	15000	25.32	6.63	1425	9.5
	C1013	50.8	850	粉细砂	14300	41.92	2.22	962	6.7
	S22	71.8	850	粉细砂 夹中粗砂	20000	52.3	7.9	1565	7.8
CCTV 新台址 工程	TP-A1	51.7	1200	砂卵石	33000	21.78	1.98	940	2.8
	TP-A2	51.7	1200	砂卵石	30250	31.44	5.22	—	—
	TP-A3	53.4	1200	砂卵石	33000	18.78	1.78	575	1.7
	TP-B1	33.4	1200	细中砂	33000	20.92	5.38	2133	6.5
	TP-B2	33.4	1200	细中砂	33000	14.50	3.78	1567	4.7
	TP-B3	33.1	1200	细中砂	33000	21.80	3.32	—	—

2. 桩端支承条件对侧阻的影响

前面提到的说明，如果桩端土层较软弱或沉渣较厚，不但桩端承载能力偏低易发生刺入破坏，还会影响到桩侧摩阻力的正常发挥。仲盛商业中心，常规灌注桩桩端沉渣过厚，极限侧摩阻力仅为 5000kN，为勘察报告建议值的 60%，注浆后承载力达到 12000kN，其中 90% 为侧摩阻力，侧摩阻力提高了近 1 倍。刘俊龙（2000）通过对持力层为强风化岩的桩长 62m，桩径 1.0m 的钻孔灌注桩实测结果也显示，沉渣小时桩身下部桩侧土层摩阻力比沉渣大时有显著提高，前者为后者的 2.35～5.66 倍。席宁中（2002）通过现场试验也指出，桩端持力层刚度降低，将导致桩侧摩阻力降低。

图 12-2-27 和图 12-2-28 分别为仲盛商业中心工程加载过程中 6 根试桩的桩端阻力和桩侧摩阻力的发展过程。常规灌注桩桩顶达 5460kN 后，桩身侧摩阻达到极限值约 5000kN，此后增长缓慢，而后注浆灌注桩桩侧摩阻力呈线性增长势头，还没有达到极限的趋势，最大达 11000kN，注浆后侧摩阻力提高了近两倍。加载达 5460kN 后，常规灌注桩的端阻力快速增加，桩顶增加的荷载基本由端阻来承担，在最大加载 9100kN 时，端阻比达到 30% 以上；对于后注浆灌注桩，端阻力虽逐渐增大，但值较小，在最大加载 12000kN 时，端阻力比不足 10%。上述结果表明，桩端注浆对承载力的提高主要表现为

由于桩端条件的改善引起的侧摩阻力的增长，相同荷载作用下桩端阻力所占比例小于常规灌注桩。

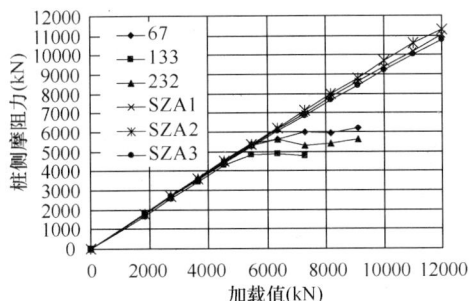

图 12-2-27　注浆前后试桩的桩端阻力曲线

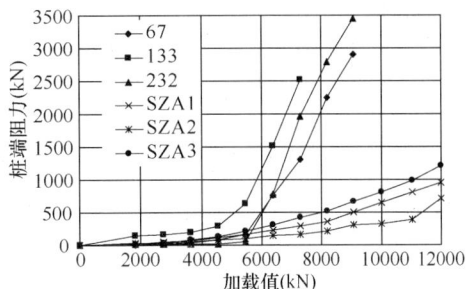

图 12-2-28　注浆前后试桩的桩侧阻力曲线

当桩底沉渣较厚时，相同桩端荷载作用下将产生较大的桩端位移，造成桩整体位移量较大，较大的桩土相对位移，将导致桩侧土体侧阻的软化，使桩侧摩阻力越过峰值而进入残余状态；同时也导致桩土相对位移速率增大，使桩土界面可能产生剪切滑移，桩土接触面上的摩擦角降低，桩侧摩阻力也相应降低。桩土相对位移越大，侧阻损失越大。侧阻与端阻的发挥是一个耦合的过程。

目前，通常采用桩端后压注浆技术来改善桩端持力层的压缩性状。桩端后注浆超长桩在试验荷载与工作荷载作用下端阻所占比例小、桩顶变形小、卸荷后回弹率高，基本处于弹性的工作状态，尚有很大的承载潜力。虽然后注浆灌注桩的桩端承载能力未得到充分发挥，但其对侧摩阻力的发挥有着积极的作用，即灌注桩桩侧摩阻力并非是独立的，其发挥受桩端条件的影响。注浆浆液填充加固了桩端沉渣，改善了桩端支承条件，桩端的嵌固作用加强，桩端对桩侧的变形约束强，桩侧摩阻力可以发挥到较高的水平，特别是在桩端附近的桩侧摩阻力，从而使得总的极限承载力大幅提高。

四、超长桩承载变形性状

超长桩的特点是承载力较高的土层埋深较大，只能通过加大桩长进入较好持力层足够深度，获取较高的承载力。桩身长、长径比大导致桩土刚度小，直接影响其受力特性，前述分析表明，超长桩的承载变形具有如下性状。

（1）桩端清渣干净和采用桩端后注浆工艺的超长灌注桩，加载至桩基极限承载力的资料极少，Q-s 曲线在试验荷载作用下基本呈缓变型，无明显拐点。其极限承载力往往由桩顶变形值确定。

（2）由于桩身长，浅部侧摩阻力小，在极限荷载下桩顶沉降主要表现为桩身压缩，压缩量由弹性压缩和塑性变形两部分组成，因此对超长桩应该以非刚性桩来认识。在高应力水平下，桩身塑性压缩量较大，不能将其作为弹性杆件进行计算。超长桩的沉降计算，除要计算桩端力及桩侧摩阻力传递到桩端引起的桩端沉降外，还要充分考虑到桩身压缩变形量。

（3）上部土层的侧摩阻力先于下部发挥作用，荷载达到一定水平后，下部土层的侧摩阻力才逐渐发挥出来。桩身上部压缩变形大且与土体之间发生滑移，相对位移达到20mm以上，导致侧阻软化，其残余强度约为峰值的0.9倍。桩身下部位移小，下部侧阻存在不能充分发挥现象，即超长桩侧阻本身的发挥是一个异步的过程。超长桩的端阻力发挥有明显的滞后性，由于桩端沉降量小，超长桩的端阻不能充分发挥。端阻力在整个承载力中所占的比例小于侧阻力，超长桩为摩擦桩或端承摩擦桩。

（4）桩侧摩阻力的发挥与桩端支承条件有关。当桩端软弱或沉渣较厚，不仅端阻承载力低还会使侧摩的发挥大打折扣，使得其在相对较小的荷载作用下便发生陡降破坏。桩端后注浆超长桩，改善了桩端支承条件，桩端的端阻效应增强，桩侧摩阻力可以发挥到较高的水平。

（5）超长桩桩身长径比大、刚度较小，桩顶荷载不易向下传递，承载效率较低，以较大的桩顶变形为代价来获取较高的承载力，极限承载力往往由桩顶变形和桩身强度来控制，很难达到侧阻与端阻皆达到极限的理论状态。

第三节　超长桩设计要点

尽管超长桩已被大量使用，由于缺乏对此类桩荷载传递机理的认识，桩的设计仍按普通桩进行，且规范也没有建立在超长桩承载变形性状之上的设计计算方法，存在理论与实践之间的矛盾。因此，超长桩承载力的设计应充分考虑其施工难点、承载变形特点，采取相应的对策。

一、超长灌注桩

1. 桩型与持力层

超长桩穿过的土层厚、层数多，这就为持力层的选择带来了困难。超长桩持力层的选择主要应考虑上部结构的荷载特点、持力层性状、埋深和下卧层情况及施工的难易程度综合确定。由于基底荷载很大，所以超长桩的桩身下部通常需穿越相对好的土层一定深度，以获取较高的侧摩阻力，弥补浅部土层极限侧摩阻力较小的不足，桩端则选择埋深大土性较好的持力层，主要为基岩、圆卵、砾石层、砂层等。入持力层深度对于中风化基岩一般为$1.0d\sim2.5d$；对于圆卵、砾石层、砂层桩入持力层的深度一般为$2d\sim5d$。

理论与实测研究都表明了桩侧摩阻力的发挥受到桩端支承条件的影响，如果桩端土层较软弱或沉渣较厚，不但桩端承载力偏低易发生刺入破坏，还会影响到桩侧摩阻力的正常发挥。因此，选择好的持力层不仅可以利用较高的桩端阻力满足承载力的要求，对侧阻的发挥还有着积极的促进与保障作用。虽然超长桩在工作荷载作用下，桩端阻力所占的比例较小，仍然表现为摩擦桩，应全面认识桩端持力层选择的意义。

对于超长灌注桩，由于穿越深厚土层，沉渣厚度难以控制，即便桩端持力层好，还是会因为沉渣过厚而影响承载力。因此，桩端后注浆应是大直径超长桩必要的工艺措施，以填充加固桩端沉渣，加强桩端的嵌固作用，使得端阻与其附近的侧阻得到更充分的发挥，从而大幅提高承载力。由于注浆后地基土的支承力大幅提高，还可减少桩身进入较好土层的深度，尽可能减少桩端持力层的埋深。后注浆不但可缩短桩长，节约工程量，还减少了长径比，有利于承载力的发挥。

2. 单桩承载力

1）承载力取值

根据前一节对超长桩荷载传递规律的分析可知，其桩身侧阻本身及侧阻与端阻之间的发挥是一个异步的过程，表明采用常规将极限侧阻与极限端阻相叠加的理论估算方法可能高估桩的承载力，使设计偏于不安全，有文献提出采用对侧阻和端阻乘以折减系数来计算超长桩承载力，但目前折减系数的取值还没有得到认可和便于操作的具体方法。由于承载力理论估算中的极限侧摩阻力标准值与极限端阻力标准值取值本身存在误差，且通常大于超长桩承载特性所反应出的折减系数所带来的效应，因此，估算方法与超长桩承载特性不符所反应出来的矛盾并不突出。

超长桩穿越土层多，土性复杂，深层土体的物理力学指标难以把握，实际工程中，则主要采用载荷试验来最终验证计算成果并确定承载力。特别是，目前大直径超长灌注桩采用桩端后注浆的工艺已成为趋势，更需要通过载荷试验来确定注浆效果与承载力提高幅度，必要时应开展不同桩长（持力层）的桩型承载力对比试验，为合理桩型的选择提供依据。

考虑到超长桩承载与变形的特点，其载荷试验应重视桩身轴力与沉降的测试：通过轴力了解桩身的侧阻与端阻的分布与发挥特性，通过桩顶、桩端、桩身的变形量测分析极限荷载下的破坏类型及桩身压缩变形。轴力测点的布置应根据土层分布确定，对于超长桩，由于测点多，测试元件的埋设和保护的难度高。也可采用滑动测移计、光纤、光栅等新的测试手段，得到更多测点的内力与变形值。

桩端支承条件良好的超长桩，其荷载位移关系曲线通常为缓变型没有明显的拐点，可采用桩顶总沉量控制法来确定极限承载力。我国的一些桩基规范中也规定了沉降量控制的标准和范围，现行的《建筑地基基础设计规范》（GB 5007—2002）、《建筑基桩检测技术规范》（JGJ 106—2003）、《港口工程桩基规范》（JGJ 254—98）等对一般的工程桩取桩顶变形 $s=40mm$ 对应的试验荷载为极限承载力，当桩长大于 40m 时，宜考虑桩身压缩量，可取到 $40\sim60mm$，对于大直径桩可取 $0.05d$。

2）深开挖条件下承载力取值

在软土地区，桩基载荷试验通常在地面进行，当建筑物的地下室埋置较深时，如何通过试桩确定工程桩的承载力将是一个突出的问题，如上海某工程，试桩长度为 88m，开挖深度为 30m，实际的有效桩长为 58m。试桩与工程桩的这种差异主要表现在以下几个方面：

（1）开挖深度范围内侧摩阻力的扣除问题。不能通过简单的理论计算的方式从试桩承载力中扣除开挖段的侧摩阻力得到工程桩的承载力。应通过桩身轴力的量测直接得到工程桩的承载力。对于重要的工程，可采用双套管法，直接隔离开挖段的侧摩阻力，使得试桩的受力状态与实际工程桩的受力状态更接近。

（2）桩顶变形取值问题。开挖段的存在使得试桩的桩长比实际工程桩长，桩身刚度小。由于超长桩的荷载位移曲线通常为缓变形，且桩身压缩较大，当以桩顶变形量为依据判定承载力时，应意识到试桩与工程桩桩长的差别，适当扩大桩顶变形充许值。也可通过对实际工程桩顶标高处沉降的观测，了解工程桩桩长范围内承载力与变形的特性，作为承载力判定依据。

3）提高承载力措施

对于超长桩来说，长径比越大、桩体刚度越小，桩的承载效率就越低。因此，在设计过程中应增大桩体刚度，尽量减少超长桩上部侧阻软化、下部侧阻与端阻不能充分发挥及桩身变形过大等不利效应。

对于超长桩，增加桩身刚度的最直接有效的办法是控制长径比。通常增加桩径比增加桩长能更有效地提高桩基承载力和改善沉降。但桩径的增大会增加混凝土用量，综合经济因素，可选择一个合适的长径比，以利于充分发挥侧阻与端阻的性能，建议采用优化理论进行设计。增加桩身混凝土强度等级及适当配筋可增大桩体的弹性模量，也是提高桩身刚度的有效措施，有利于荷载向桩深部传递。

超长桩的使用条件是承载力较高的土层埋深较大，往往是为了获取较高的地基支承力才选择了较长的桩身。当前最直接有效的变法是通过桩侧与桩端后注浆来提高地基土的支承力，同时可减少桩长增加桩体刚度，促进端阻与侧阻的充分发挥。此外，桩侧后注浆对于减少浅部土层的侧阻软化效应和桩身上部的压缩变形有着重要的意义。

3. 桩身强度

从承载力角度，大直径超长桩承受的荷载较大，对单桩承载能力提出了较高的要求，特别是采用后注浆后，地基支承力大幅提高，超长桩承载力受桩身强度控制的现象越来越突出，要求工程技术人员从混凝土材料、桩身配筋等角度充分提高和利用桩身强度。从变形角度，超长桩在极限荷载下变形较大，在超长桩设计时还应考虑桩身的合理配筋，按超长桩挠曲及整体稳定性来设计桩身配筋量和混凝土强度等级。

1）混凝土强度等级

常规灌注桩的混凝土强度设计等级通常为 C30～C35，往往满足不了超长桩高单桩承载力的要求。随着水下混凝土浇筑工艺的发展，为了充分发挥桩身结构强度，C40、C45等相对较高标号的灌注桩桩身混凝土强度等级得到了越来越多的应用，正在建设中的上海中心大厦与天津 117 大厦，试桩混凝土强度等级达到 C50，上海世博 500kV 地下变电站工程，一柱一桩立柱桩混凝土强度达到 C60。高标号等级水下混凝土成为大直径超长桩应用和发展的趋势，相应地对水下混凝土材料配制和施工质量的控制提出了更高的要求。

2）混凝土工艺系数

考虑到混凝土水下浇筑过程中多种不确定因素对桩身结构和材料的不利影响，相关规范采用混凝土工艺系数对桩身结构强度进行折减，系数取值为 0.7～0.8，在质量确有保证时取高值。为了充分利用混凝土强度满足高荷载的要求，设计人员有时不得不采用较高的工艺系数取值，要求增加对桩身混凝土质量的检测力度，保证桩身质量。

3）钢筋的作用

轴向受压桩的承载性状与上部结构柱相近，较柱的受力条件更为有利的是桩周受土的约束，侧阻力使轴向荷载随深度递减，因此，桩身受压承载力由桩顶下一定区段控制。纵向主筋的承压作用在一定条件下可计入桩身受压承载力。试验表明带箍筋的约束混凝土轴压强度较无约束混凝土提高 80% 左右，因此，《建筑桩基技术规范》（JGJ 94—2008）规定凡桩顶 $5d$ 范围箍筋间距不大于 100mm 者，均可考虑纵向主筋的作用。

4. 桩身压缩

桩身压缩与桩顶荷载水平、长径比、桩身混凝土强度、配筋量、地质条件、施工质量等因素有关。超长桩由于长径比大、桩顶荷载水平高，其桩身压缩量是桩顶沉降的主要部分。由于桩身上部土层通常埋深浅、土性差，桩土极限侧摩阻力较小，且桩土相对位移较大，存在侧阻软化效应，桩顶以下一定范围的桩身都处于较高的应力水平，桩身上部的压缩量大。相同桩径的桩在极限荷载作用下，桩身混凝土的总压缩量随桩长的增加而增加。

超长桩在极限荷载的高水平应力状态下，桩身压缩表现为较大的塑性变形；在使用荷载作用下，荷载水平较低，则主要为弹性压缩。《建筑桩基技术规范》(JGJ 94—2008) 基于桩身材料的弹性假定及桩侧阻力呈矩形、三角形分布，按式 (12-3-1) 简化计算桩身弹性压缩量。

$$s_e = \frac{1}{AE_p} \int_0^l \left[Q_0 - \pi d \int_0^z q_s(z) dz \right] dz = \xi_e \frac{Q_0 l}{AE_p} \tag{12-3-1}$$

对于端承型桩，$\xi_e = 1.0$；对于摩擦型桩，随桩侧阻力份额增加和桩长增加，ξ_e 减小；$\xi_e = 1/2 \sim 2/3$。超长桩在工作荷载作下用，通常为摩擦桩，若按侧摩阻力呈三角形分布，则 ξ_e 可取 2/3。

5. 沉降

对桩端沉渣较小的超长桩，在极限荷载下桩身压缩量是桩顶沉降的主要部分，因此对超长桩应该以非刚性桩来认识。超长桩沉降计算中除要计算桩端阻力及桩侧摩阻力传递到桩端引起的桩端沉降外，还要充分考虑到桩身压缩变形量引起的沉降。

1) 单桩和疏桩沉降

对于超长桩的单桩、单排桩和疏桩基础，桩与桩的影响相对较小，沉降主要受单桩承载变形特性所决定，以桩身压缩为主，可参考单桩载荷试验荷载位移典线进行初步估计。当需要考虑桩与桩的相互影响时，可按《建筑桩基技术规范》(JGJ 94—2008) 中考虑桩径效应的 Mindlin 解附加应力叠加单向压缩分层总合法计算桩端沉降，并叠加前述的桩身压缩简化计算方法得到的压缩量。

2) 群桩沉降

对于超长桩群桩，当桩距较小时，群桩效应明显，其变形性态与单桩或疏桩有较大的区别。群桩基础中，由于桩身中下部侧阻力较大且相互叠加，使得桩端土体的附加应力较大从而加大桩端的变形。特别是对于桩距为 $3d$ 的超长桩群桩基础，其实体深基础的性状较突出，不能通过单桩的承载变形特性简单推算群桩沉降。而目前实体深基础计算沉降的方法皆没有考虑桩身压缩，桩身压缩、计算模型与参数取值等其他因素对沉降计算的影响主要体现在沉降经验系数中。由于超长桩桩身压缩在桩顶沉降中占绝大部分比例，因此，目前的实体深基础的沉降计算方法与经验系数不适合超长桩。超长桩群桩的沉降可参照实体深基础得到的桩端沉降加上桩身压缩来计算，但相应的经验修正系数还有待结合大量的实测数据进行确定。

6. 成桩工艺

灌注桩的成孔方式主要有钻孔、冲孔、旋挖几种，在软土地区采用最多的还是泥浆护壁的钻孔工艺。超长桩成孔深度大，施工时间长，泥浆比重大、含砂率高，导致桩身泥皮、沉渣与垂直度的问题较中、短桩更为突出，选择合适的成孔机具、工艺和辅助措施甚为关键。

1）成孔机具

钻机的功率和扭矩应能满足超深钻孔的需求。钻头的形式应能适应孔深范围内不同土性的钻进要求，由于成孔时间长，在每个成孔后应及时检查钻头的磨损情况。可增加钻头的配重减小钻具晃动，优化孔壁质量，并提高钻进中的垂直度。

2）泥浆工艺

在钻孔灌注桩的施工中，无论对于成孔质量还是对桩的承载能力的发挥，泥浆质量与工艺都是重要因素。当原土造浆效果较差时，应考虑采用部分或全部人工造浆，如优质纳基膨润土造浆，并掺加适当比例的外加剂，提高泥浆的护壁能力，而且要注重泥浆的循环工艺，通过泥浆池的合理设置实现泥浆的重复利用。为了保证超深孔壁的稳定性，正循环工艺中可将泥浆的比重由 $1.15N/mm^2$ 提高至 $1.20N/mm^2$。实践表明，控制泥浆中的含砂率可有效减少孔底沉渣，含砂率宜由常规的 8％减少至 4％，可采用泥浆净化装置（除砂器）过滤泥浆中的细砂，如图 12-3-1 所示。与正循环工艺相比，反循环工艺泥浆比重较小（一般＜1.1），清渣效果较好，可根据钻孔深度采用泵吸反循环或气举反循环。

图 12-3-1 ZX-250 型泥浆净化装置

3）沉渣、垂直度控制

沉渣厚度与泥浆质量、清孔工艺有关，应严格控制泥浆比重、含砂率等工艺参数，采用反循环的清孔工艺并适当延长清孔时间，尽量缩短成孔后到混凝土灌注之间的间隔时间并重视混凝土灌注之前的二次清孔。还可采用钢筋笼机械接头工艺加快钢筋笼对接速度，减少空孔时间，从而减少沉渣。采用泥浆净化装置和桩端后注浆是超长桩控制沉渣厚度的有效措施。

超长灌注桩桩身长，垂直度的要求往往高于规范的 1％。首先应硬化地坪，提高机架平整度，提高成孔垂直度精度，硬化地坪做法为先铺设 10cm 碎石垫层后浇筑 10cm 厚的 C25 混凝土；其次要采用自重大、钻杆刚度大的钻机，进入不均匀硬层、斜状土层时，钻速要打慢档；另外安装导正装置也是防止孔斜的简单有效的方法。

4）试成孔

鉴于超长桩施工难度与诸多不确定因素，在正式施工前应进行试成孔，试成孔的数量不应少于 2 根。试成孔建议进行成孔后 72h 的成孔质量检测，检测内容为垂直度、全桩身的孔径曲线、孔深、桩端沉渣厚度，检测的间隔时间为 6h，了解成孔质量和孔壁稳定性。根据试成孔及时调整施工机具和工艺控制参数，为工程桩大面积施工提供指导。

7. 质量检测与控制

超长桩单桩承载力高，桩身应力水平大，应严格控制成孔与成桩质量，特别是要防止断桩、缩径、离析等质量问题。对灌注桩施工过程中的成孔质量、钢筋笼的就位、混凝土灌注等工序的要求比常规灌注桩更高，要以事前控制为主。孔径、孔深、沉渣、垂直度等成孔质量抽查的比例应该适当提高，抽检总数不宜少于工程桩数的 30％。对于荷载较大的一柱一桩立柱桩，甚至可以提高到 100％。采用的低应变动测和高应变动测应根据不同的工程情况对钻孔灌注桩的抽查比例适当提高，检测桩身完整性。高、低应变动力试桩法有一定的适用范围，当长径比大于 30，或桩体有两个以上缺陷时，动力试桩均难以提供准确的桩体完整性信号，对于超长桩，尚应采用钻孔抽芯法或声波透身法进行测试，检测桩数不得少于总桩数的 10%。桩端后注浆灌注可利用注浆管作为超声波测管，与常规灌注桩相比，桩端后注浆灌注桩桩身结构质量控制有其自身的优势。

二、超长钢管桩

钢管桩的钢管强度高，能承受较大的冲击力，穿透硬土层的性能好，能有效地打入坚硬的土层，获得较高的承载力。钢管桩基础是深厚软土地区高重建筑物、港口平台、海洋平台的基础形式之一，因其承载力高、质量易保证在重点工程中得到应用。在 70 年代后期，以宝钢为代表的重大工业项目开始采用钢管桩（桩径为 609～914mm），入土深度超过 60m。钢管桩在高层民用建筑基础中采用，始于 80 年代中期，已完成的中国高楼 88 层金茂大厦、以及 100 层环球金融中心皆采用了入土深度达 80m 的超长钢管桩。杭州湾跨海大桥钢管桩的最大直径 1.6m，单桩最大长度 89m，最大重量 74t，开创了国内外大直径超长整桩螺旋桥梁钢管桩之最，采用了内外螺旋焊接、大直径不等壁厚焊接、埋弧自动焊等制作工艺和三层熔融环氧粉末涂装、牺牲阳极阴极保护。相对于钻孔灌注桩来说，超长钢管桩设计的特点与难点在于了解成桩可行性及配套构造措施，考虑闭塞效应的承载力计算及抗腐蚀要求与耐久性措施。

1. 闭塞效应与承载力

1）闭塞效应

闭口钢管桩的承载变形机理与混凝土预制桩相同。钢管桩表面性质与混凝土桩表面虽有所不同，但大量试验表明，两者的极限侧阻力可视为是相等的，因为除坚硬黏性土外，侧阻剪切破坏面是发生于靠近桩表面的土体中，而不是发生于桩土界面。因此，闭口钢管桩承载力的计算可采用与混凝土预制桩相同的模式与承载力参数。

敞口钢管桩的承载力机理与承载力随有关因素的变化比闭口钢管桩复杂。这是由于沉桩过程，桩端部分土将涌入管内形成"土塞"。土塞的高度及闭塞效果随土性、管径、壁厚、桩进入持力层的深度等诸多因素变化。而桩端土的闭塞程度又直接影响桩的承载力性状。称此为土塞效应。闭塞程度的不同导致端阻力以两种不同模式破坏。

一种是土塞沿管内向上挤出，或由于土塞压缩量大而导致桩端土大量涌入。这种状态称为非完全闭塞，这种非完全闭塞将导致端阻力降低。另一种是如同闭口桩一样破坏，称其为完全闭塞。土塞的闭塞程度主要随桩端进入持力层的相对深度 h_b/d（h_b 为桩端进入持力层的深度，d 为桩外径）而变化。

2）承载力计算

为简化计算，以桩端土塞效应系数 λ_p 表征闭塞程度对端阻力的影响。图 12-3-2 为 λ_p 与桩进入持力层相对深度 h_b/d 的关系，λ_p ＝ 静载试验总极限端阻/（$30NA_p$）。其中 $30NA_p$ 为闭口桩总极限端阻，N 为桩端土标贯击数，A_p 为桩端投影面积。从该图看出，当 $h_b/d \leqslant 5$ 时，λ_p 随 h_b/d 线性增大；当 $h_b/d > 5$ 时，λ_p 趋于常量。由此得到考虑土塞效应 λ_p 的钢管桩单桩竖向极限承载力计算公式。

$$Q_{uk} = Q_{sk} + Q_{pk} = u \sum q_{sik} l_i + \lambda_p q_{pk} A_p \tag{12-3-2}$$

$$\text{当 } h_b/d < 5 \text{ 时}, \lambda_p = 0.16 h_b/d \tag{12-3-3}$$

$$当 h_b/d \geqslant 5 时, \lambda_p = 0.8 \tag{12-3-4}$$

式中 q_{sik}、q_{pk}——极限侧摩阻力、端阻力标准值，取与混凝土预制桩相同；

           λ_p——桩端土塞效应系数，对于闭口钢管桩 $\lambda_p = 1$，对于敞口钢管桩按式（12-2-2)、式（12-3-3）取值；

           h_b——桩端进入持力层深度；

           d——钢管桩外径。

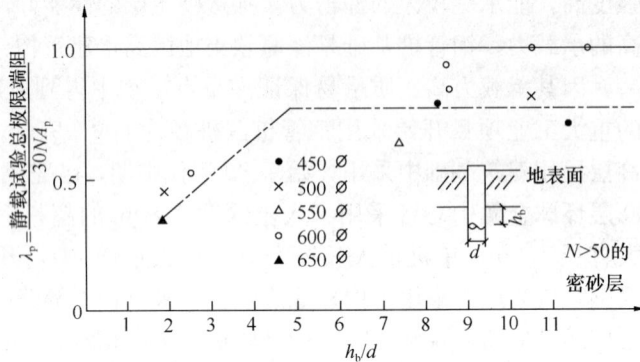

图 12-3-2 λ_p 与 h_b/d 关系（日本钢管桩协会，1986)

3）载荷试验中承载力取值

对于长径比很大的钢管桩，Q-s 曲线呈缓变形，无明显拐点，s-$\lg t$ 也无明显向下弯曲现象，由于钢管桩的桩身刚度相对于灌注桩要小，根据桩顶沉降确定承载力时，可控制到 $60 \sim 80$mm。德国工业标准 DIN1054 及日本规范对此类桩推荐了一种新的方法，即在同一坐标系中先按循环荷载试验结果绘制出荷载-弹性沉降（Q-s_e）曲线和荷载-塑性沉降（Q-s_p）曲线，德国工业标准 DIN1054 规定，取 $s_p = 0.025d$ 的对应荷载为极限荷载，日本建筑基础设计规范规定，以 $s = 0.1D$ 的对应荷载或以 $s_p = 0.025d$ 的对应荷载作为极限荷载。钢管桩桩身钢度小，桩身压缩变形大，在超高层建筑中，应结合建筑物对沉降控制的要求，确定合适的承载力。

2. 沉桩

1）沉桩设备

由于钢桩长度长，承受的荷载大。因此需选用稳定性好、移动方便的打桩机和锤击力大的柴油锤，以及相应的配套机具。打桩机主要功能是起吊桩锤、吊桩、插桩、控制调整成桩方位及倾斜度，并能行走移位。柴油锤则利用重锤降落及汽缸中爆发力产生的动能，将桩打入土中。此种锤锤击力大、效率高，特别适宜打大断面的长桩。超长钢管桩施工必须选用重锤，要求锤的冲击能量应满足将桩打至预定深度，但应控制桩材的锤击应力小于桩材屈服强度（控制在 80%），单桩的总锤击数控制在 3000 击以内，最后贯入度不宜小于 $0.5 \sim 1.0$mm/击。

2）沉桩施工与辅助措施

每一根桩应尽可能连续沉桩到设计高程，接桩时，下节桩桩尖尽可能停留在软土层（制作长度设计时应按此原则考虑），接完桩后立即将上节桩打到设计高程，避免在硬土层中停留时间过长。焊接完成后应冷却一定时间，再继续施打。建筑物的基础往往埋置较深，要将桩顶打入地表以下的设计标高，必须由送桩法实现。送桩管一般采用桩管加工而成，结构坚固能将桩锤的冲击力有效而均匀地传到桩上，且拔出操作方便能反复使用。

由于桩顶受到巨大的锤击力，管壁较薄，局部锤击应力过大会导致局部破坏。因此，可采用变壁厚桩身，桩顶范围壁厚加大，也可在桩顶、端外侧加设长度为 200～300mm，厚为 8～12mm 环形的钢板箍，可有效地防止钢管桩的径向失稳，见图 12-3-3。钢管桩的底端也可增设类似的加强箍，以利克服沉桩贯入的困难，或防止进入持力层时桩端变形损坏。也可在沉桩过程中把管内土芯设法取出以减少打入的难度。超长桩对垂直度的要求更高，每根桩的第一节沉桩是控制倾斜误差的关键。

预防锤击变形的措施

图 12-3-3　桩顶、端设置环板加强箍构造

3）工程实例

上海金茂大厦采用于日本进口的钢管桩，钢材牌号为 SKK490，主楼桩径为 914.4mm，壁厚 20mm，有效桩长 65m，送桩 17.50m。根据土层的分布，对分了桩的长度与锤击设备进行的选型。用日本神钢的 KB-60 锤打第一节 25m 长桩至第 5 层土，接 23m 长的第二节桩，用荷兰 IHC 公司的 SC-150 液压锤打进⑦2 层约 10m，再接 17m 的第 3 节桩，用德国 D-100 锤打至第⑧层，最后接插 18.5m 长的送桩器，用英国 BSP 公司生产的 HH-30 液压锤将桩尖送至−78.0m。这样的工艺安排既考虑了各锤的锤击能量又解决了大锤数量不足的矛盾。单桩沉桩工况图见图 12-3-4。

3. 构造与耐久性

1）桩身构造

超长钢管的常用截面尺寸为 $\phi600\sim2500$mm，壁厚 8～25mm，工程常用的有 609、700、914mm 几种，壁厚 $\delta=10\sim20$mm，对于海洋平台等特殊工程，其截面尺寸往往要更大一些。桩径与有效壁厚之比不宜大于 100。常用的钢管桩为螺旋焊接管和卷板焊接管两种。根据承载力和施工的要求，对于分节施工的桩可选用不同的壁厚，上节壁厚可选得大些，但上、下节桩的壁厚之差不能超过 4mm。钢管桩的分段长度一般不宜大于 12～15m。钢管桩焊接采用"V"字形坡口，下节桩为平口，上节桩下端加工成 45°坡口，钝边 2mm，钢管内侧设固定定位块和内衬圈，上、下节之间焊接间隙为 1～4mm。焊缝一般应进行焊缝探伤，比例为 5%～30%。接桩构造见图 12-3-5。

钢桩的端部形式，应根据桩所穿越的土层、桩端持力层性质、桩的尺寸、挤土效应等因素综合考虑确定。钢管桩桩端构造可采用敞口式和闭口式两种形式。其中敞口型又可分为带加强箍（带内隔板、不带内隔板）和不带加强箍（带内隔板、不带内隔板）。由于开口型拥入土塞高度大，挤土量小，因此适用于持力土层厚、桩距小的情况。闭口型分为平底、锥底两种。带隔板开口型的贯入性能与挤土效应界于开口与闭口型之间。经试验带隔板敞口型的外向锤击数大约仅为闭口型的一半。桩尖构造见图 12-3-6。

2）防腐蚀与耐久性

在设计截面尺寸时应考虑钢管桩的腐蚀和防腐措施。钢桩的防腐蚀措施主要有以下几

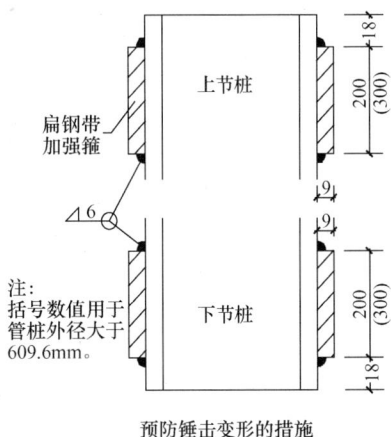

个方面：选择耐腐蚀钢种（海水中可选用 16MnCu、10CrMoAl、10CrMoCuSi 钢）、预留

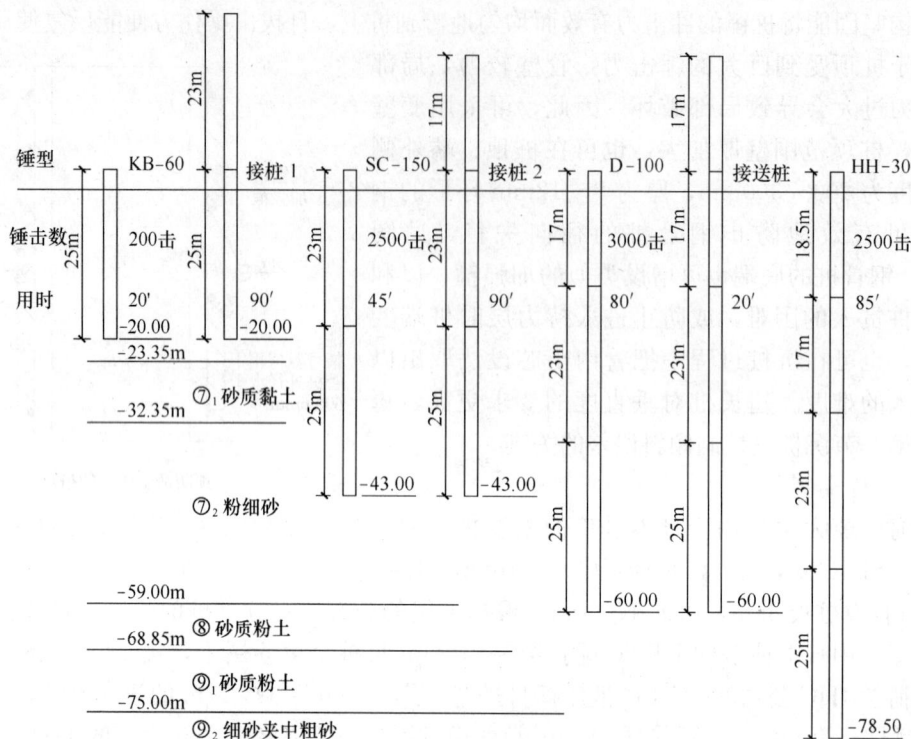

图 12-3-4　单桩沉桩工况图

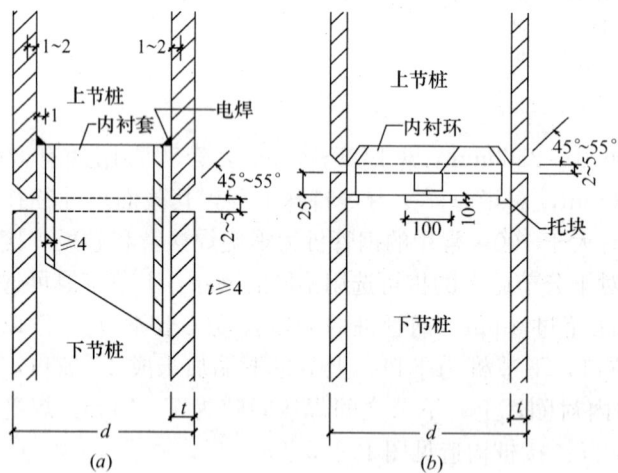

图 12-3-5　接桩构造

(a) 内衬套连接；(b) 内衬环连接

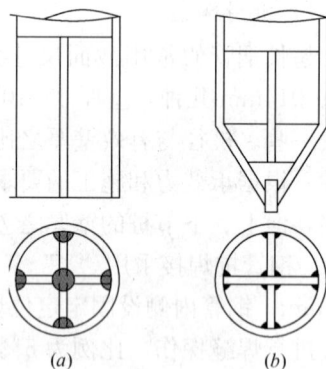

图 12-3-6　桩尖构造

(a) 内隔板加筋；(b) 锥形

腐蚀厚度、采用防腐蚀涂层、喷涂金属层（热喷涂铝（锌）、）电弧喷涂锌伪合金）、外壁包裹盖层（以玻璃纤维为骨架，油漆、环氧树脂或不饱和树脂作填料和胶粘剂）、水下采用阴极保护（外加电流阴极保护或牺牲阳极阴极保护）等。钢桩的预留腐蚀厚度可参考表 12-3-1 中的腐蚀速度确定。当钢管桩内壁同外界隔绝时，可不考虑内壁防腐。根据环境条件、设计年限、保护要求等选用一种或几种同步保护，以达到最佳的保护效果。

上海陈山石油码头采用 16MnCu 钢管桩，同时结合预留腐蚀厚度 6mm 及外加电流阴极进行保护，经现场探测，在使用 28a 后，水下区、泥下区平均腐蚀 0.6mm，收到了良好的效果。

钢桩的分段长度不宜超过 12～15m。钢桩焊接接头应采用等强度连接。

钢桩年腐蚀速率   表 12-3-1

钢桩所处环境		单面腐蚀率（mm/a）
地面以上	无腐蚀性气体或腐蚀性挥发介质	0.05～0.1
地面以下	水位以上	0.05
	水位以下	0.03
	水位波动区	0.1～0.3

第四节 工 程 实 例

一、上海环球金融中心

1. 工程概况

上海环球金融中心位于浦东陆家嘴金融贸易区，采用了纽约 KPF 设计事务所的方案，国内设计顾问为华东建筑设计研究院有限公司。大楼地上 101 层，地下 3 层，塔楼建筑面积为 252935m²，裙楼为 33370m²，地下室为 63751m²，地面高度为 492m。塔楼结构体系由四个角部的组合巨型柱与核心筒组成（图 12-4-1）。

2. 工程地质条件

上海位于东海之滨，长江三角洲冲积平原，地貌形态单一，地形平坦，拟建场地西临黄浦江，自然地面以下各土层类别详见图 12-4-2。

3. 桩基设计

1）塔楼桩基持力层选择

根据上述塔楼结构体系在自重荷载作用下要产生极高的承台底面压力以及对桩基倾斜和沉降差等相对变形值反应较为敏感的特点，设计方经反复分析研究，对塔楼桩基的承载能力及沉降控制标准提出了单桩极限承载力至少为 11400kN，桩基最终平均沉降量不大于 120mm 的设计要求。

图 12-4-1 上海环球金融中心效果图

根据勘察报告揭示的本工程场地土层地质情况，从地基土构成与特性可以看出，第⑥层以上各土层均为饱和黏性土，呈流塑—软塑状态，第⑥层粉质黏土和第⑦₁层砂质粉土夹粉细砂，土性较好，q_c 平均值分别为 2.2MPa 和 12.0MPa，层位较稳定，但由于其埋深不大，难以获得较高的地基承载力。第⑦₂层粉细砂，q_c 平均值为 24.6MPa，标贯击数 $N_{63.5}$ 值平均为 60 击，土性甚佳，但选用第⑦₂层作为桩基持力层仍不能满足承载力的要求，因此考虑选用土层较为均匀的第⑨₂层作为塔楼核心筒区域的桩基持力层。

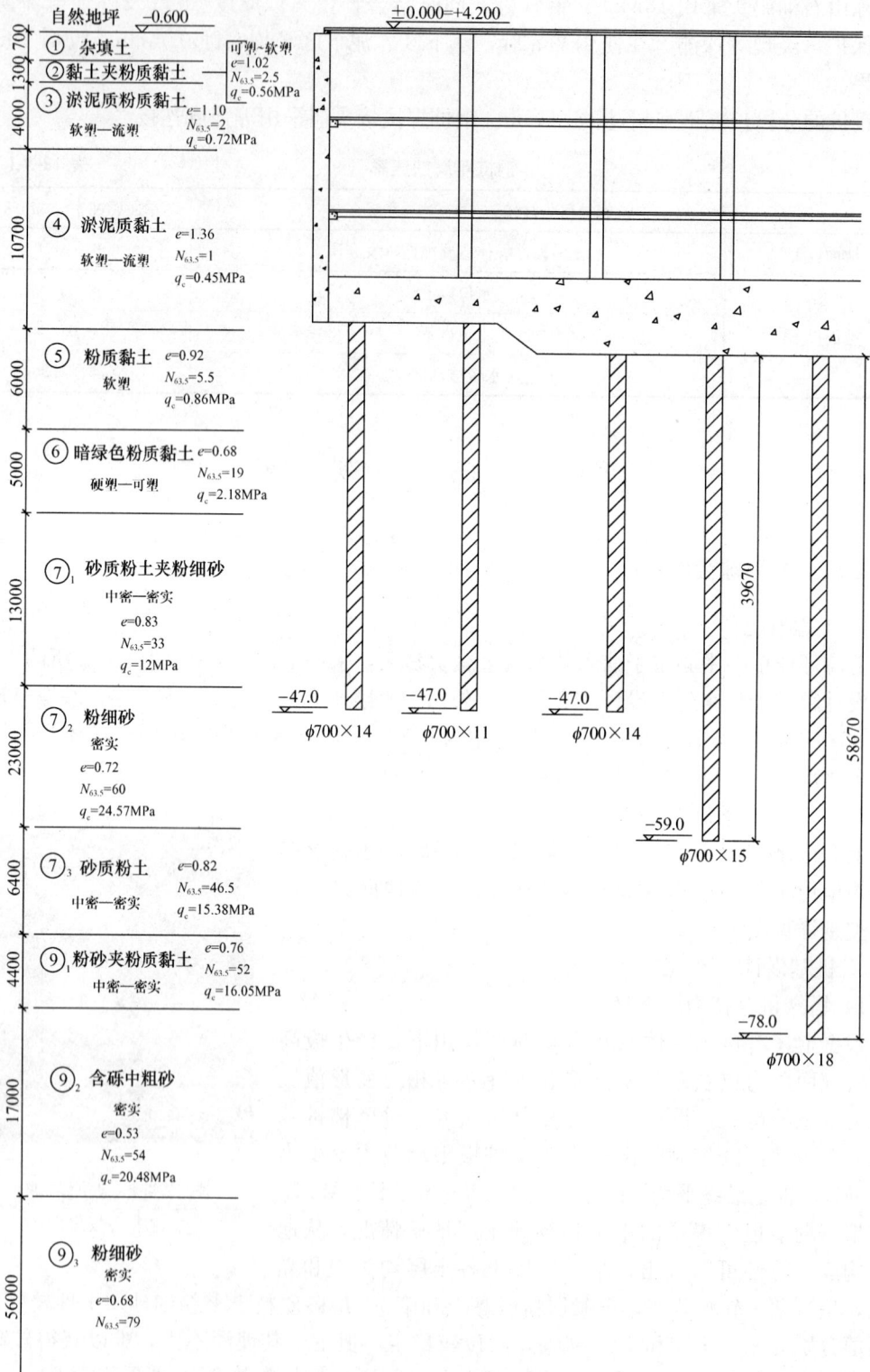

图 12-4-2 上海环球金融中心桩基剖面

2）塔楼桩型选择

环球金融中心基础形式为桩筏基础。上海浦东陆家嘴区域砂层埋深较浅且厚，以埋深达 80m 的⑨₂ 层作为持力层时，从地下 30m 开始，要穿越 50 余米厚的砂层，按当时上海施工技术，钻孔灌注桩在厚层砂层中成桩速度慢，并在密实的砂层（⑦₂ 层）中灌注桩的摩阻力难以充分发挥，出现常规灌注桩承载力达不到设计要求的现象，而且当时钻孔灌注桩桩端后注浆的技术尚未应用成熟，故不建议采用钻孔灌注桩。当时建设场地周边还处于开发阶段，地区尚比较开阔，周边并无很多建筑物和市政地下管线等建（构）筑物，有锤击打桩的条件，将桩型锁定在预制桩。由于 PHC 桩进入密实砂层的深度能力有限，单桩承载力受到限制，结合邻近金茂大厦基础工程的设计与施工经验，塔楼采用钢管桩。

4. 试桩结果与分析

按设计要求在现场地面上进行垂直静载荷试验，采用了美国 ASTMD 1143—81 规定的循环加荷试桩方法，为了进一步掌握桩端埋深在 80m 左右的开口钢管桩侧摩阻力和桩端阻力分担桩顶外荷载的工作规律，垂直静荷载试验时，测定了在各级桩顶载荷作用下桩身不同深度处的轴向压力值。采用 DELMAG100 型柴油锤与 HH30 型液压锤组合施工，以及沉桩试验中所采用的有关参数，能将 $\phi700mm$ 开口钢管桩顺利地沉至设计标高。沉桩时的排土比较小，沉桩挤土对周围环境的影响不大。H_1、H_2、L_1 三根试验桩桩身完整性均属良好，试桩参数见表 12-4-1，各试桩静载荷试验结果如表 12-4-2 及图 12-4-3～图12-4-8 所示。

试 桩 参 数 表　　　　　　　　　　表 12-4-1

桩 号	桩 型	断面规格（mm）	桩长（m）	桩尖标高 GL (m)	桩尖土层
H_1	钢管桩	$\phi700 \times t19$	79	−74.0	9-2
H_2	钢管桩	$\phi700 \times t19$	60	−55.0	7-2
L_1	钢管桩	$\phi700 \times t14$	48	−43.0	7-2

单桩静载荷试验结果　　　　　　　　表 12-4-2

桩号	断面规格（mm）	桩长（m）	桩尖土层	最大加载	桩顶变形	残余变形	极限承载力	桩端阻力
H_1	$\phi700 \times t19$	79	⑨₂	12000	140.5	87.0	11000	2180
H_2	$\phi700 \times t19$	60	⑦₂	10400	100	63.9	9600	1571
L_1	$\phi700 \times t14$	48	⑦₂	8200	35.2	10.1	8200	1121

综上，上海环球中心采用的桩基工程如表 12-4-3 所示，桩位平面布置如图 12-4-9 所示。

桩 型 统 计 表　　　　　　　　　　表 12-4-3

桩型（桩径×壁厚）（mm×mm）	700×18	700×15	700×111	700×14	700×14
桩底标高（m）	−78	−59	−47	−47	−47
桩顶标高（m）	−17.35	−17.35		−6.5	−17.25

续表

桩型 （桩径×壁厚） （mm×mm）	700×18	700×15	700×111	700×14	700×14
设计承载力（kN）	5800	4300	3700	3750	3750
根　　数	225	952	725	23	27

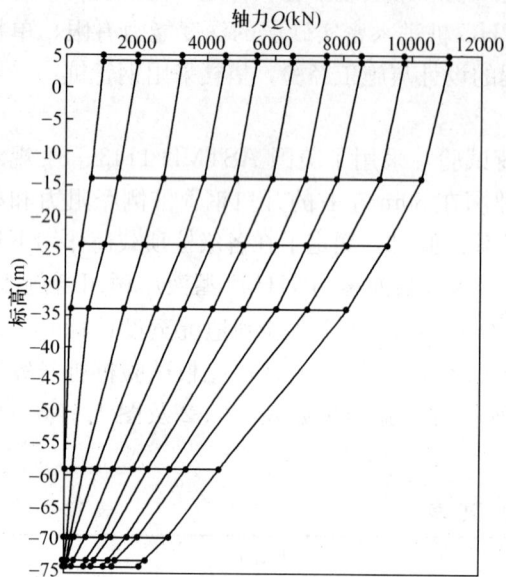

图 12-4-3　H_1 试桩桩身轴力 Q 值分布图

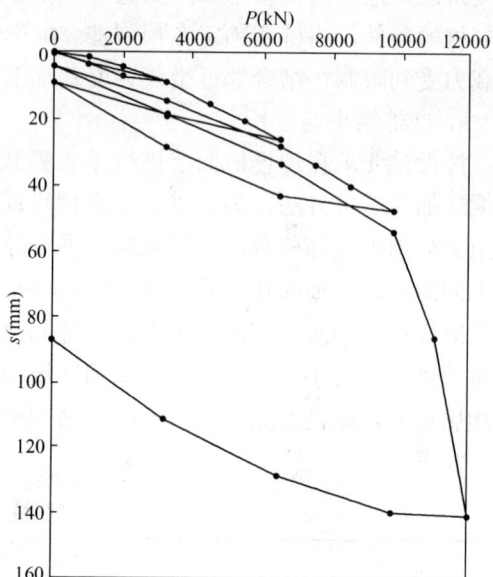

图 12-4-4　H_1 试桩 P-s 关系图

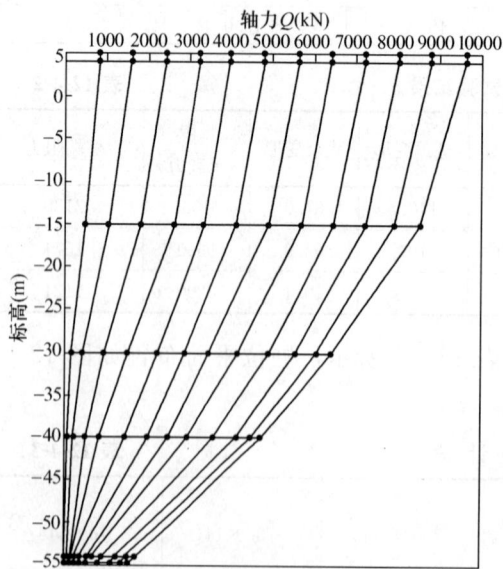

图 12-4-5　H_2 试桩桩身轴力 Q 值分布图

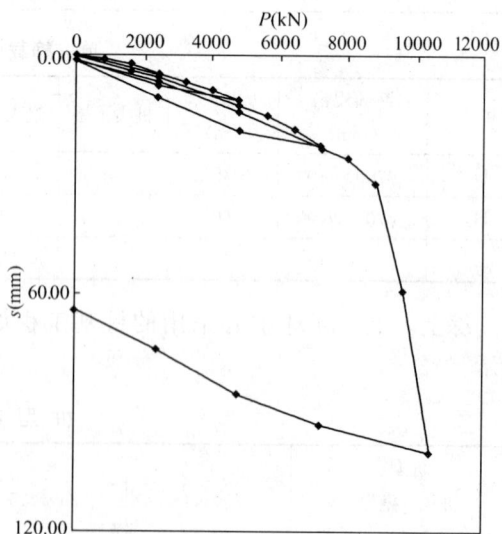

图 12-4-6　H_2 试桩 P-s 关系图

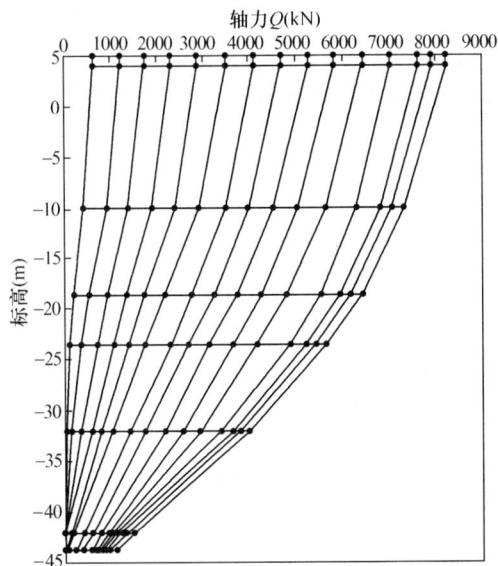

图 12-4-7　L₁ 试桩桩身轴力 Q 值分布图

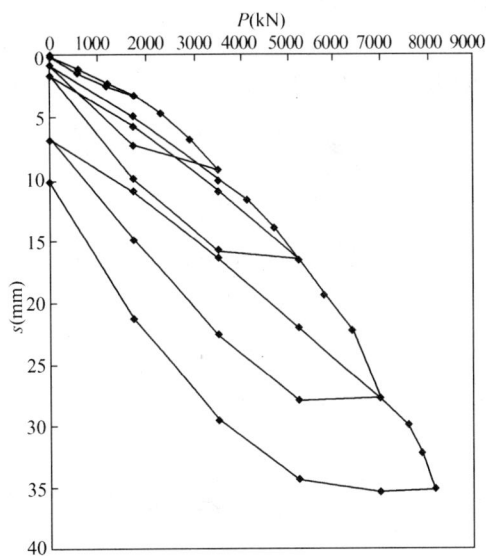

图 12-4-8　L₁ 试桩 P-s 关系图

二、北京 CCTV 新台址工程

1. 工程概况

中央电视台新台址位于北京市中央商务区（CBD）规划范围内，用地面积总计 18.7 万 m²，总建筑面积约 55 万 m²。工程最高建筑高度 234m，建筑面积 38 万 m²。主体部分由两座斜塔、空中悬臂段及塔间裙房组成（图 12-4-10）。两座斜塔楼与其上面的悬臂结构组成一个造型独特的复杂空间结构体系。该体系不但由高重心、高荷载（基底平均压力标准值为 1100kN/m²）的特点，而且由于塔楼竖向荷载偏心，对基底也将产生较大的偏心荷载作用。因此对主楼地基承载力、地基变形及地基稳定性提出了十分严格的要求。

2. 工程地质条件

本工程拟建场地在地貌单元上，位于永定河冲洪积扇中下部，自然地面标高约为 38.90m 左右，基岩埋深约在 160.00m 左右。地面以下至基岩顶板之间的沉积土层以黏性土、粉土与砂土、碎石土交互沉积层为主，详见图 12-4-11。

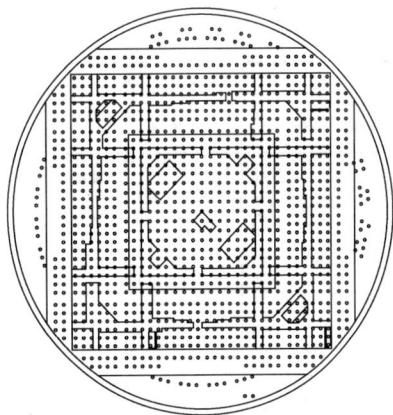

图 12-4-9　桩位平面布置图

3. 桩基持力层选择

工程主楼基础桩采用直径为 1200mm 钻孔灌注桩，桩端持力层拟定了两个方案，分别设置于第⑨层和第⑫层，如图 12-4-11 所示，以进行比较。⑨层厚度较小，砂层中夹有不同厚度的黏性土与粉土透镜体（⑨₁、⑨₂层），且层下由约 15m 厚以黏性土、粉土为主的⑩、⑪大层，将其作为桩端持力层需作进一步桩基的变形验算，但桩长短，造价低，采用桩侧桩端后压降技术可以提高承载力并减小变形。⑫层卵石层、砂层累计厚度11～15m，将其作为桩端持力层，对沉降控制有利，但桩较长，造价高，而且由于桩基施工要穿过多层承压水和砂土、碎石土与黏土的交互层，保证成桩质量将是一个主控因素。

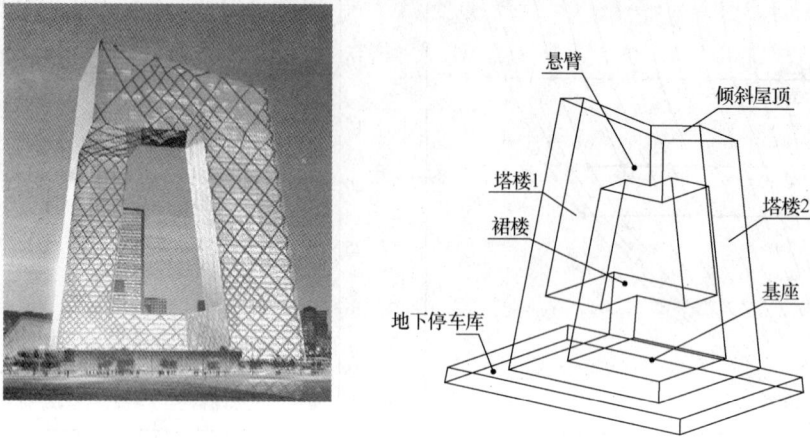

图 12-4-10　CCTV新台址工程效果图

4. 试桩结果与分析

本工程对上述两种不同持力层方案进行了试桩试验。具体参数如表12-4-4所示。两种桩型均采用后压浆处理工艺。采用慢速维持荷载法静载试验测试单桩极限承载力；根据土层情况，在土层交界面处布置应变式钢筋应力计及钢弦式钢筋应力计，测量桩身应变，推算桩身轴力、桩侧阻力分布及桩端阻力值；在桩身内部埋设桩端变形观测杆，静载试验同时观测桩端变形。

试桩基本情况表 表 12-4-4

试桩施工情况	桩顶标高19.40m，桩端持力层第⑫层，主筋24Φ25（12Φ25），桩身混凝土强度C40，采用后压浆施工工艺。							
项目 桩号	桩径 （mm）	试验桩长 （m）	桩底标高	施工工艺	桩侧/桩端压浆量 （kg）	充盈系数	试验最大加荷 （kN）	单桩抗压极限承载力 （kN）
TP-A1	1200	51.70	−32.30	旋挖	2400/3000	1.07	33000	33000
TP-A2	1200	51.70	−32.30	反循环	2400/3000	1.07	30000	30000
TP-A3	1200	53.40	−34.00	反循环	1500/2500	1.49	33000	33000
TP-B1	1200	33.40	−14.00	反循环	1600/3000	1.08	33000	33000
TP-B2	1200	33.40	−14.00	反循环	1200/3000	1.08	33000	33000
TP-B3	1200	33.40	−14.00	反循环	1200/3000	1.09	35000	35000

TP-A组试桩的实测桩顶荷载位移曲线以及桩顶荷载与桩端阻力 Q-Q' 曲线关系如图12-4-12所示，桩身轴力图如图12-4-13所示。从桩顶荷载与桩顶变形 Q-s 曲线可以看出，TP-A1、TP-A3桩在最大加载条件下没有出现明显转折点，呈缓变型，极限荷载取最大

自然地坪　38.18

1000　第①大层一人工堆积层

8700　第②大层一黏性土、粉土层
硬塑~可塑
e=0.63
I_l=0.18
$N_{63.5}$=9

2900　第③₁层一细砂、粉砂层$N_{63.5}$=67

6600　第③层一卵石、圆砾层

TP-A桩顶标高
19.400

TP-B桩顶标高
19.400

5200　第④大层一黏性土、粉土层

2000　第⑤₁层一细砂、中砂层$N_{63.5}$=74

9200　第⑤层一卵石、圆砾层

3000　第⑥大层一黏性土、粉土层

5700　第⑦大层一以卵石为主地层

7700　第⑧大层一黏性土、粉土层

TP-B桩底标高
-14.000

4200　第⑨大层一以细砂、
中砂层为主的地层

7800　第⑩大层一以黏性土、
粉土层为主的地层

6600　第⑪大层一黏性土、粉土层

TP-A桩底标高
-32.300

第⑫大层一以卵石、圆砾
和细砂、中砂为主的地层

-56.820

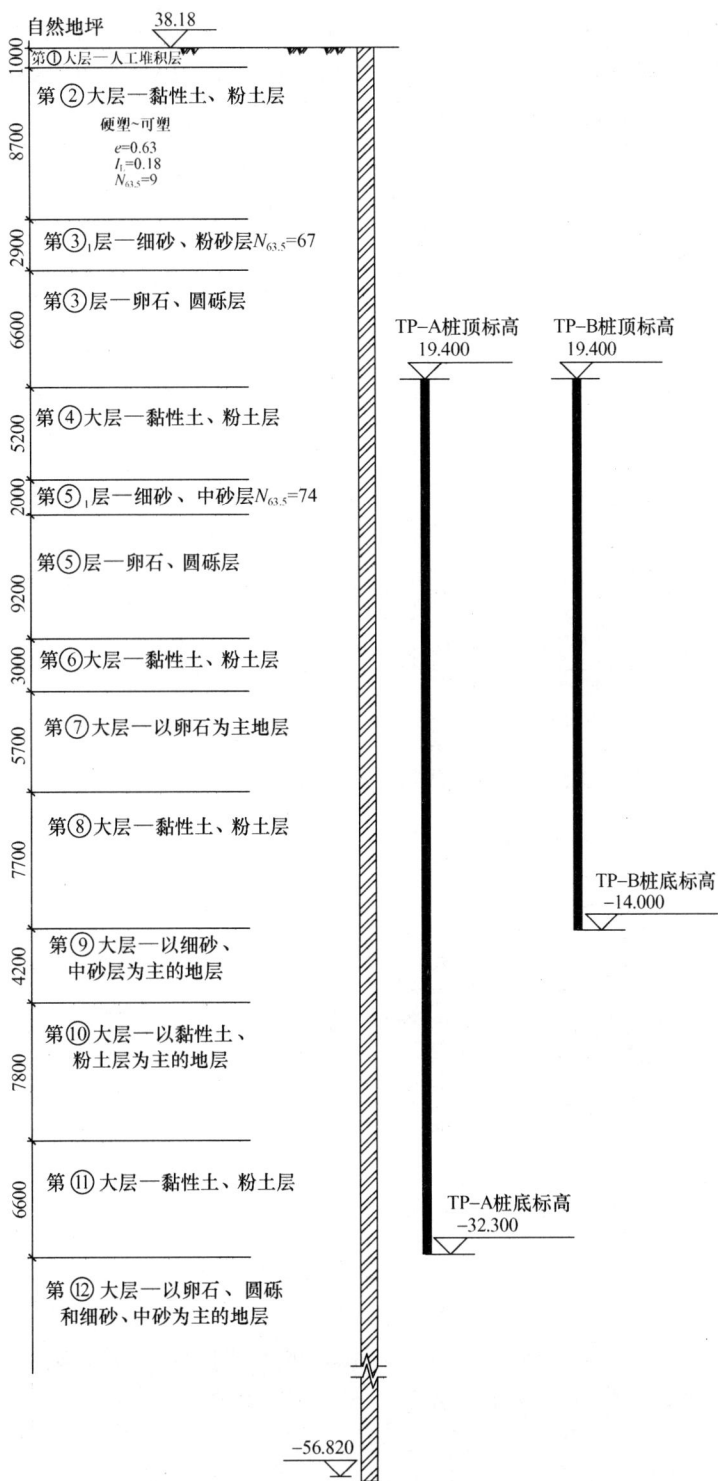

图 12-4-11　CCTV 新台址工程桩基剖面图

加载荷载 3300kN 是有保证的；而 TP-A2 桩 Q-s 曲线在加载过程中有明显的拐弯点，取其极限荷载为最大加载荷载 3000kN。从 TP-A1 和 TP-A3 桩的桩身轴力分布图可以看出：两桩的轴力沿桩身分布图类似，从上往下呈依次递减规律。还可以看出，最大加载时，接近桩底附近的桩侧摩阻力基本没有发挥，桩端持力层的承载能力也基本没有发挥，由其决定的单桩竖向抗压承载力未达到极限值。

试桩载荷试验结果 表 12-4-5

桩号	桩长 (m)	桩径 (mm)	桩端持力层	桩顶加载 (kN)	桩顶沉降 s_u (mm)	桩端沉降 s_b (mm)	桩身压缩	桩身压缩占桩顶变形比例	桩端阻力 (kN)	端阻力所占比例 (%)
TP-A1	51.7	1200	砂卵石	33000	21.78	1.98	19.8	90.9%	940	2.8
TP-A2	51.7	1200	砂卵石	30250	31.44	5.22	26.22	83.4%	—	—
TP-A3	53.4	1200	砂卵石	33000	18.78	1.78	17	90.5%	575	1.7
TP-B1	33.4	1200	细中砂	33000	20.92	5.38	15.54	74.3%	2133	6.5
TP-B2	33.4	1200	细中砂	33000	14.50	3.78	10.72	73.9%	1567	4.7
TP-B3	33.1	1200	细中砂	33000	21.80	3.32	18.48	84.8%	—	—

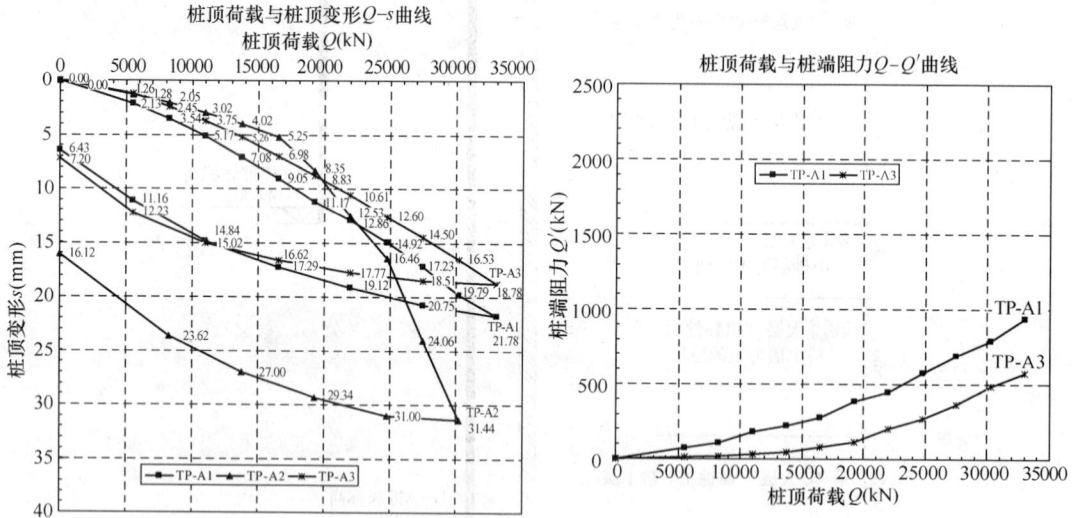

图 12-4-12　TP-A1、TP-A2、TP-A3 试验桩静载试验 Q-s 及 Q-Q' 曲线图

从 Q-s 曲线可以看出，三根试桩均未出现明显拐弯点，呈缓变型，因而其极限承载力取其最大加载荷载值是有保证的。TP-B 组试桩的实测桩顶荷载位移曲线及桩顶荷载与桩端阻力 Q-Q' 曲线关系如图 12-4-14 所示，桩身轴力图如图 12-4-15 所示。同 TP-A 组试桩比较可以得出：桩长较短的情况下，桩端阻力占桩顶荷载比例较大，桩端阻力发挥较 TP-A 组试桩明显。桩身轴力变化形式同第一组试桩类似，桩身轴力沿桩身从上往下依次递减。桩身下部侧摩阻力发挥较 TP-A 组试桩充分。根据两组试桩的比较，最终选用 B 方案，即桩基持力层位于第⑨层。

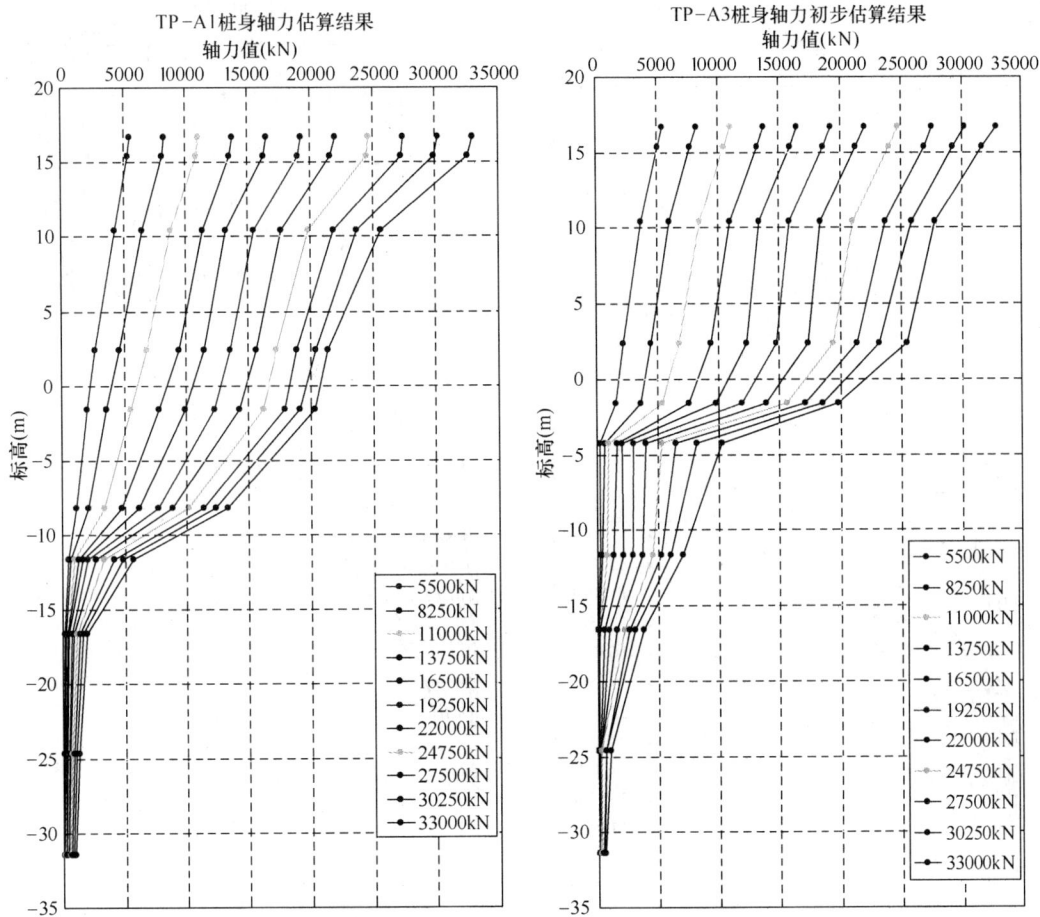

图 12-4-13　TP-A1、TP-A2 桩身轴力图

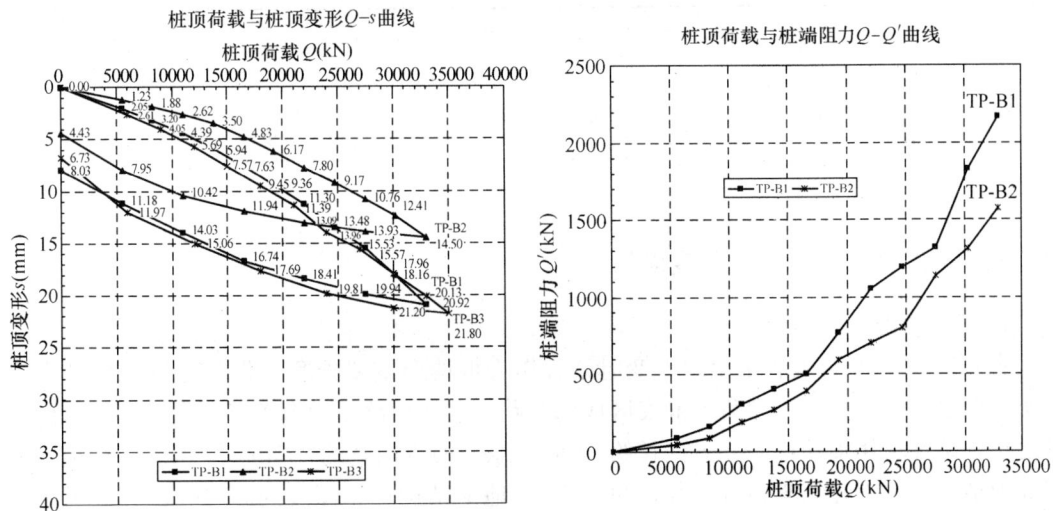

图 12-4-14　TP-B1、TP-B2、TP-B3 试验桩静载试验结果汇总

TP-B1桩身轴力初步估算结果

轴力值(kN)

TP-B2桩身轴力初步估算结果

轴力值(kN)

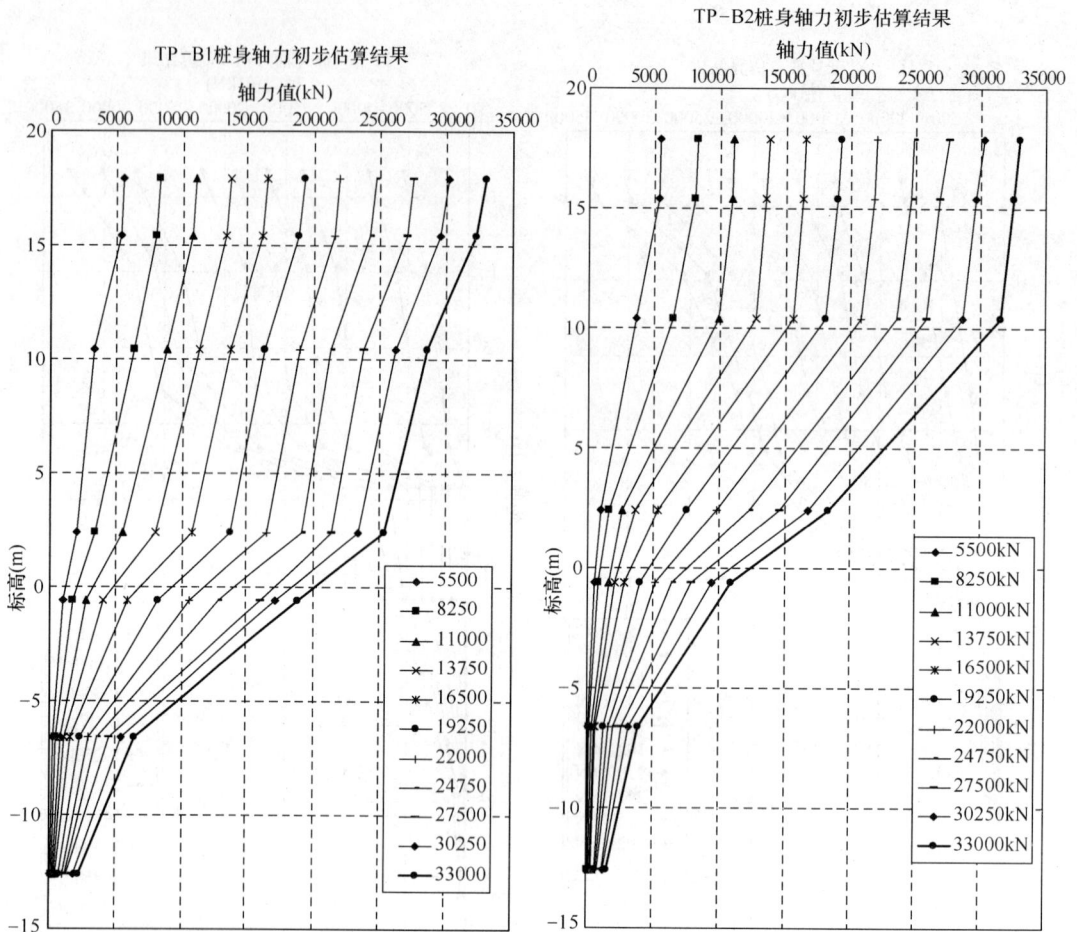

图 12-4-15　TP-B1、TP-B2 桩身轴力图

工程桩设计信息　　　　　　　　　　　　　　　表 12-4-6

工程名称	桩型	桩径 (mm)	总桩长 (m)	有效桩长 (m)	持力层	桩　数	极限承载力 (kN)
CCTV 新台址主楼	钻孔灌注桩	1200	89.7	33.4	⑨	塔楼 1：370 塔楼 2：288	3300

桩位布置见图 12-4-16。

三、上海世博 500kV 地下变电站

1. 工程概况

本项目为 500kV 大容量全地下变电站，作为世博会重要配套工程，建设规模列全国同类工程之首。工程位于上海市静安区成都北路、北京西路、山海关路和大田路围成的区域之中，站址可用地块南—北方向长约 220m、东—西方向宽约 200m。变电站为全地下四层筒形结构，地下建筑直径（外径）为 130m，地下结构埋置深度约 33.5m，其效果图如图 12-4-17 所示。根据市政规划，本站址所处地块为公共绿地，地面部分将建设上海市"雕塑公园"。

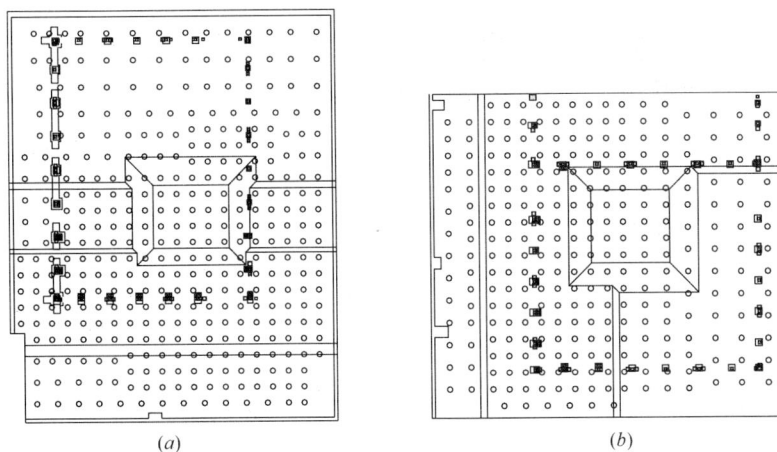

图 12-4-16 桩位布置图

(*a*) 塔楼 1 桩位布置；(*b*) 塔楼 2 桩位布置

2. 工程地质条件

根据现有勘探资料显示，目前已有勘探孔静止地下水埋深一般 0.5~1.0m。场地条件为典型上海软土地层，浅层 30m 深度范围以上主要为压缩性较高、强度较低的软黏土层，30m 以下为土性相对较好的粉砂层和黏土层互层。各土层情况如图 12-4-18 所示。

3. 桩基设计

为经济合理地控制基坑工程实施阶段对周边环境的影响，变电站地下工程采用逆作法设计方案，逆作阶段需设置大量的一柱一桩作为各层地下结构、临时支撑以及施工荷载的竖向支承系统。一柱一桩由立柱桩和钢管混凝土柱组成，从地面一次性成孔施工形成，立柱桩采用桩端后注浆的钻孔灌注桩，钢管混凝土柱待逆作施工结束后外包混凝土成永久的框架结构柱。一柱一桩的设计控制工况为基坑逆作施工至基底，基础底板、混凝土框架柱以及内部墙体等竖向结构构件尚未浇

图 12-4-17 上海世博 500kV 地下变电站效果图

筑之前的工况。立柱桩作为逆作阶段的竖向抗压支承基础，在基础底板形成封闭，地下水水位恢复之后，转变为抗拔桩。因此立柱桩的设计抗压和抗拔承载力需同时满足逆作阶段和正常使用阶段两个状态的要求。

立柱桩采用钻孔灌注桩，桩径为 950mm，设计桩长 55.8m，抗压设计承载力 9500kN，桩身混凝土设计强度 C35，桩身垂直度要求不大于 1/300，沉渣厚度 <50mm，桩顶埋深 33.7m，桩端穿越深厚的第⑦层砂质粉土、第⑧层粉质黏土和第⑨$_1$ 层中砂，进入⑨$_2$ 层粗砂，桩端埋深达 89.2m。

4. 试桩结果与分析

为确定逆作施工阶段立柱桩的竖向抗压承载力，先在地面做 2 组试桩（T7-T8），均采用慢速维持荷载法试桩的规格和特性见表 12-4-7，试桩荷载试验结果见表 12-4-8。

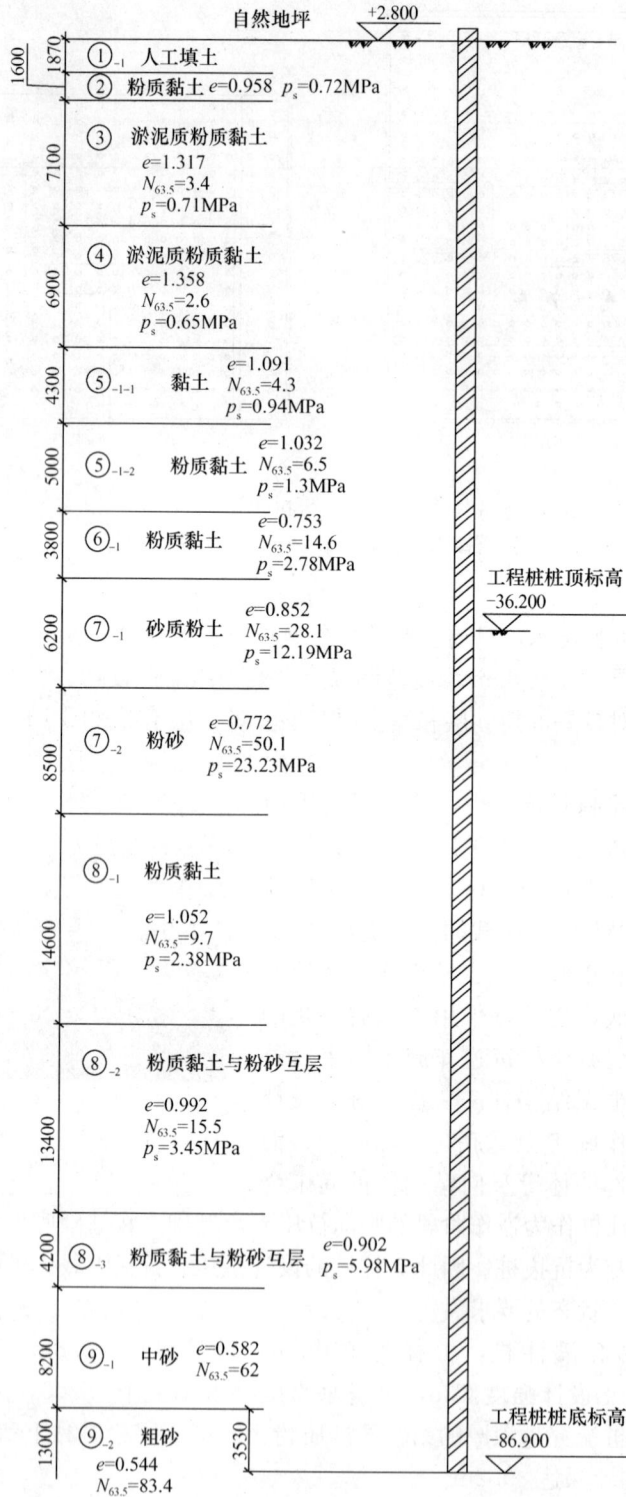

图 12-4-18 上海世博 500kV 地下变电站桩基剖面图

试桩的规格和特性一览表　　　　　　　　　表 12-4-7

试锚桩编号	桩径（mm）	桩长（m）	有效桩长（m）	桩端持力层	预估单桩竖向抗压极限承载力（kN）
T7-T8	950	89.5	55.8	⑨₂	19000

试桩载荷试验结果汇总　　　　　　　　　表 12-4-8

试桩号	最大加载值（kN）	桩顶变形			桩端变形			桩身压缩	桩身压缩所占比例
		最大变形	残余变形	回弹率（%）	最大变形	残余变形	回弹率（%）		
T7	19000	38.11	8.76	77	2.82	0.42	85	35.29	92%
T8	20000	49.8	14.43	71	2.72	0.34	87	47.0	94%

从图 12-4-19、图 12-4-20 可看出，两组试桩 Q-s 曲线变化规律基本一致，试验荷载作用下无明显的转折点，呈缓变型变化。两组试桩结果均显示在试验最大加载水平下，试桩的桩端沉降小且卸荷回弹率高，说明试桩仍基本处于弹性工作状态，两组试桩的最大加载量均未达到极限值，且尚存在一定的承载空间。

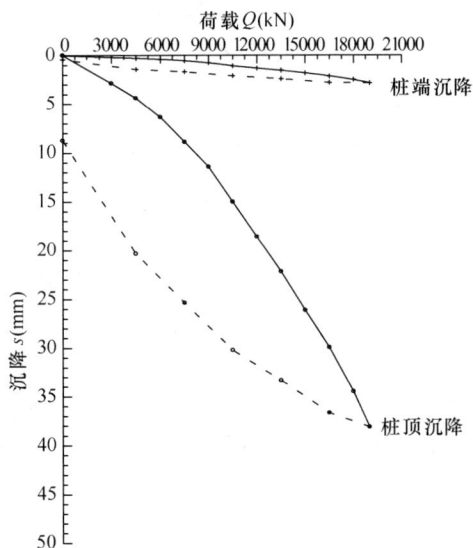

图 12-4-19　T7 号试桩 Q-s 关系曲线　　　　图 12-4-20　T8 号试桩 Q-s 关系曲线

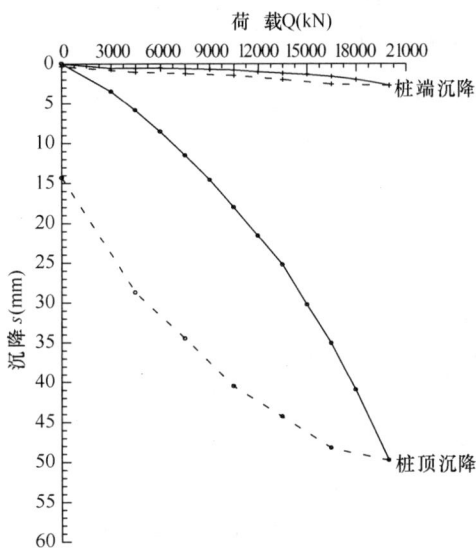

T7 和 T8 采用常规的锚桩反力法，试验结果表明该两组试桩桩侧摩阻力和桩端阻力分布基本一致。从图 12-4-21 可看出，T7 试桩桩身摩阻力随加载而增大，在加载量达 15000kN 前，摩阻力在桩身中上部发挥最大；之后，中上部摩阻力有所减小，最大摩阻力下移到中下部的 50m 左右，最大摩阻力达到 120kPa。随试验荷载增加，端阻力逐步得到发挥，在最大加载 19000kN 时，平均桩端阻力达到 3850kN，占总荷载的 20% 左右，且桩端阻力尚有随加载量增加有进一步发展扩大的趋势，说明桩端注浆改善了桩端土体支承条件。

上海500kV世博输变电工程试桩桩身轴力曲线

桩身轴力(kN)

上海500kV世博输变电工程试桩桩侧摩阻力分布曲线

桩侧摩阻力(kPa)

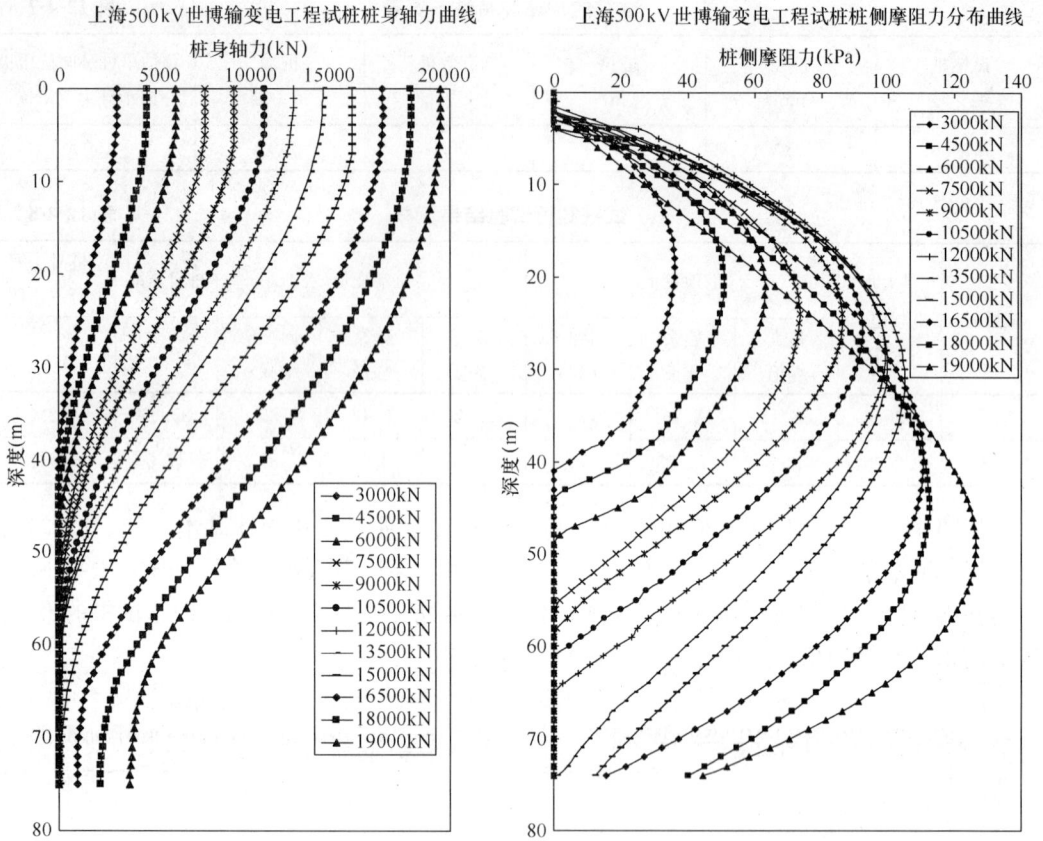

图 12-4-21 T7 试桩桩侧摩阻力及桩身轴力曲线

从表 12-4-9 可看出，T8 试桩桩侧实测侧摩阻力相对地质勘察报告提供值均得到了较大幅度地提高，说明桩端后注浆使灌注桩桩端支承条件改善，促使桩侧摩阻力得到更好的发挥，桩侧摩阻力得到提高和变形特性得到改善。同时也表明在目前加载条件下，侧阻与端阻都还有较大的承载空间。

T8 试桩最大加载量作用下桩侧摩阻力值 表 12-4-9

土层	埋深（m）	摩阻力（kPa）试验结果	摩阻力（kPa）勘察报告	侧摩阻力提高幅度
②	0.0～3.00	27	15	80%
③	3.0～10.0	28	15	87%
④	10.0～17.0	32	20	60%
⑤$_{1-1}$	17.0～21.0	45	30	50%
⑤$_{1-2}$	21.0～26.0	50	35	43%
⑥$_1$	26.0～31.0	79	60	58%
⑦$_1$	31.0～37.0	99	70	65%
⑦$_2$	37.0～46.0	106	45	51%
⑧$_1$	46.0～60.0	65	60	44%

土层	埋深（m）	摩阻力（kPa）试验结果	摩阻力（kPa）勘察报告	侧摩阻力提高幅度
⑧₂	60.0～73.0	81	70	35%
⑧₃	73.0～77.0	74	90	—
⑨₁	77.0～80.0	70	90	—

5. 逆作阶段立柱桩极限抗压承载力选用

以上试验结果表明，三组试桩在目前的试验加载水平下，基本上均处于弹性工作状态，显现出良好的承载和变形性态，并通过采用多种手段得到了较为准确的立柱桩单桩承载力。从工程角度上，本工程立柱桩安全度是有保证的，且在逆作工况的荷载水平下，立柱桩的承载力和沉降能满足控制要求。

根据试桩结果及综合考虑各方面因素后，确定上海世博 500kV 地下变电站工程桩见表 12-4-10。

工 程 桩 信 息   表 12-4-10

工程名称	桩型	桩径（mm）	总桩长（m）	有效桩长（m）	持力层	桩数	极限承载力（kN）
世博输变电工程	钻孔灌注桩	950	89.7	55.8	⑨₂	201	17600

四、杭州电信大楼桩优化设计实例

杭州电信大楼位于杭州钱江新城，其主楼 40 层，地下室 2 层，主体高 209m，塔尖高 248m，框剪结构。主楼设计采用 ϕ1500 钻孔灌注桩，设计要求单桩竖向极限承载力为 16000kN。原计划桩持力层选择为中风化基岩，后采用我们的建议后桩持力层选为砾石层，入持力层深度为 8m（本处砾石层较松散），有效桩长为 40～42m，并对本工程三根试桩做了桩底注浆与不注浆试验对比以优化设计。地基土主要物理力学性质指标见表 12-4-11。S1 桩桩底注浆记录见表 12-4-12。

杭州电信大楼地基土主要物理力学性质指标参数表   表 12-4-11

编号	土层名称	层顶埋深（m）	含水量（%）	重度（kN·m⁻³）	E_s（MPa）	q_{sk}（kPa）	q_{pk}（kPa）
1-1	杂填土	0.0		17.0	4.5		
1-2	素填土	0.2		17.5	5.5		
2-1	砂质粉土	1.2	33.6	18.8	9.8	35	
2-2	粉 砂	7.8	30.1	18.7	8.0	36	
3-1	砂质粉土	10.2	33.3	18.9	14.0	45	
3-1a	粉 砂	14.1	27.7	19.3	16.0	50	
3-2	砂质粉土	17.1	33.5	18.8	7.5	30	

续表

编号	土层名称	层顶埋深 (m)	含水量 (%)	重度 (kN·m⁻³)	E_s (MPa)	q_{sk} (kPa)	q_{pk} (kPa)
4	淤泥质粉质黏土	18.5	38.4	18.0	3.5	16	
5-2	粉质黏土	24.1	24.8	20.1	13.0	65	
6-1	含砂粉质黏土	27.2	25.0	19.7	13.0	55	
6-2	含圆砾粉细砂	28.5			16.0	60	
7-1	卵砾石	35.8				115	
7-2	圆 砾	37.2				90	
7-3	卵砾石	41.2				120	5500
7-4	圆 砾	44.5				95	
7-5	卵砾石	50.2				125	
	基 岩	58.5					

由于进入中风化持力层要穿过 20 多米厚的卵石层，施工难度比较大，施工质量及工期不易保证。

甲方向我们进行咨询，我们建议将持力层改为 7-3 卵石层，桩长约 40~42m，桩径不变，但进行桩端后注浆。每根注浆量为 6t 水泥，水灰比 0.5。注浆参数见表 12-4-12，Q-s 曲线如图 12-4-22 所示。静载试验表明有效桩长约 40m，桩径不变，在卵石层注浆后单桩竖向抗压承载力能满足原设计桩长 60m 入岩的设计要求。这样方案一改，每根桩缩短近 20m，即每根桩节省 35.343m³ 混凝土。

长途电信大楼 S₁ 试桩桩底注浆记录表 表 12-4-12

注浆管号	注浆开 始时间	注浆终 止时间	开塞压力 (MPa)	初注压力 (MPa)	终了压力 (MPa)	单管注入水 泥量（kg）	总灌入水 泥量（kg）
1	9：50	11：20	1.0	0.8	1.5	3000	6000
2	15：40	18：20	4.0	0.6	6.0	3000	

从图 12-4-22 可以看出，桩底未注浆的 S2 试桩，其极限承载力可取 14200kN，达不到设计要求的 16000kN，而相邻相同尺寸的 S1 试桩在经过注浆后，桩的竖向极限承载力至少可取 18600 kN，比 S2 桩提高了 30%，桩顶累计沉降仅 13.57mm，完全满足设计要求，且降低了大量成本，节省了工期，经济效益明显。

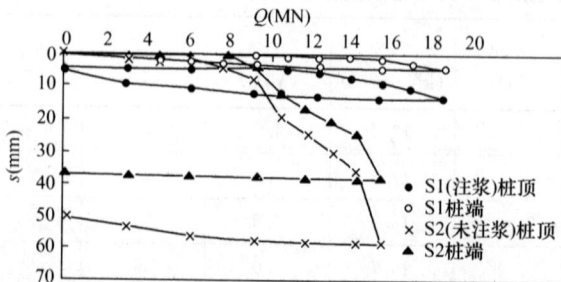

图 12-4-22 某电信大楼相邻两根试桩静载 Q-s 曲线

因此，在超长桩设计中持力层的选择应该在安全的前提下，尽量做到经济合理。鉴于超长桩桩端沉渣难清理干净和桩侧泥皮厚，所以桩端后注浆效果很好。

五、温州世贸中心大楼超长桩基础施工实测沉降及分析

温州世贸中心大楼主楼 68 层，裙楼 8 层，地下室 4 层，高 322m，采用筒中筒结构，超长桩基础。该超高层施工过程中共设置沉降观测点 79 个。温州世贸中心平面图见图 12-4-23。从 2006 年 7 月 1 日大楼第 1 层建造开始观测到 2008 年 4 月 7 日第 65 层结顶，共获得监测数据 65×79 个。本节选取有代表性的监测点示意于图 12-4-24 中。将 5～65 层完成时 6 个时段所有测点测得的数据绘制成沉降等值线图，如图 12-4-25 所示。并根据具有代表性的测点的数据绘制南北方向和东西方向沉降剖面图，如图 12-4-26 所示。

1. 超高层建筑超长桩基础实测沉降等值线分析

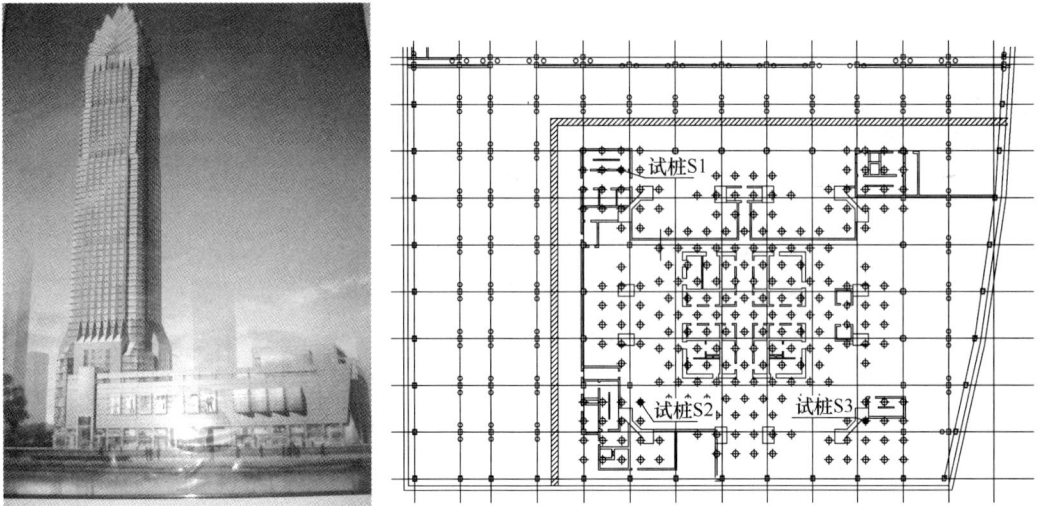

图 12-4-23　温州世贸中心平面图

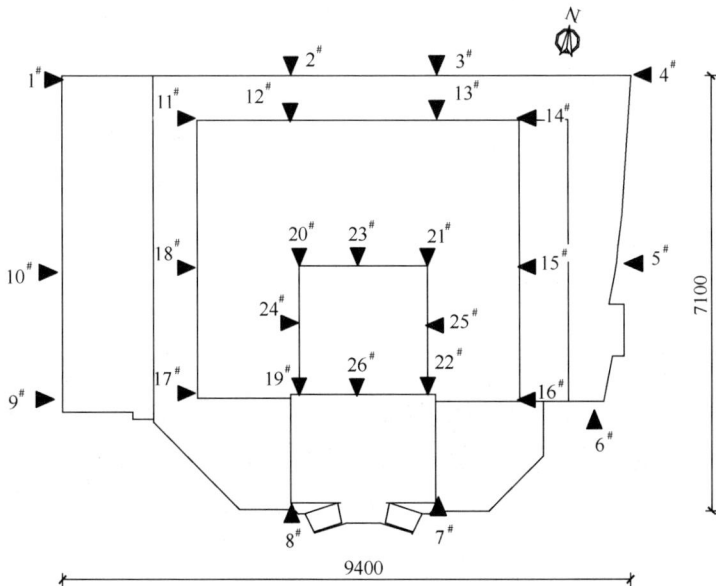

图 12-4-24　测点的平面布置图（单位：mm）

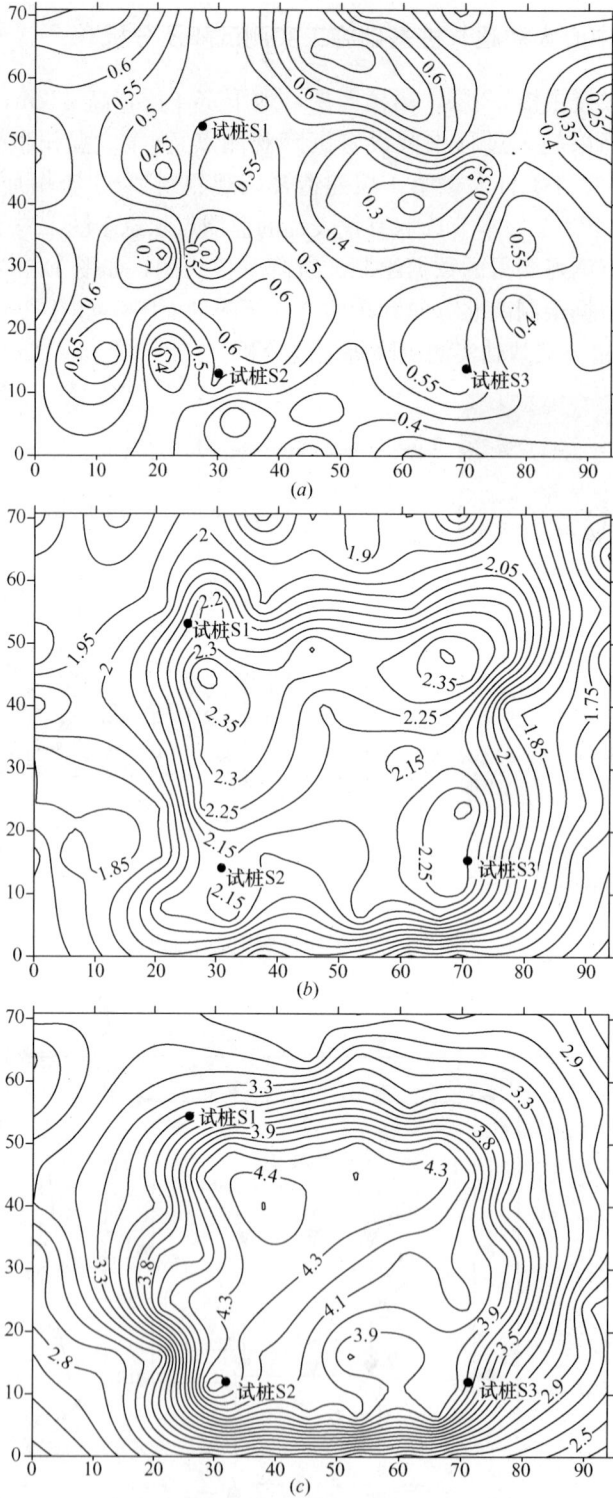

图 12-4-25　基础沉降等值线图（沉降单位：mm；基础尺寸单位：m）（一）

(*a*) 5 层结顶时沉降平面等值线图；(*b*) 10 层结顶时沉降

平面等值线图；(*c*) 15 层结顶时沉降平面等值线图

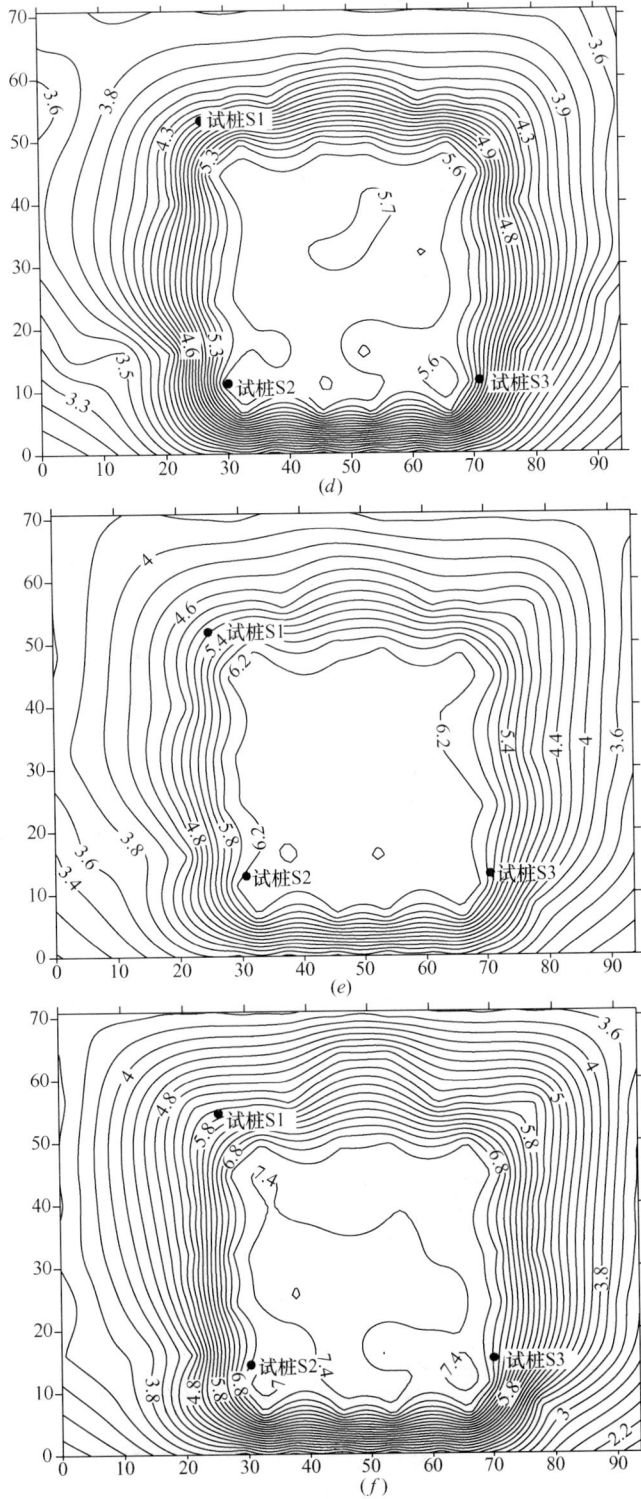

图 12-4-25　基础沉降等值线图（沉降单位：mm；基础尺寸单位：m）（二）

（d）25 层结顶时沉降平面等值线图；（e）30 层结顶时沉降
平面等值线图；（f）40 层结顶时沉降平面等值线图

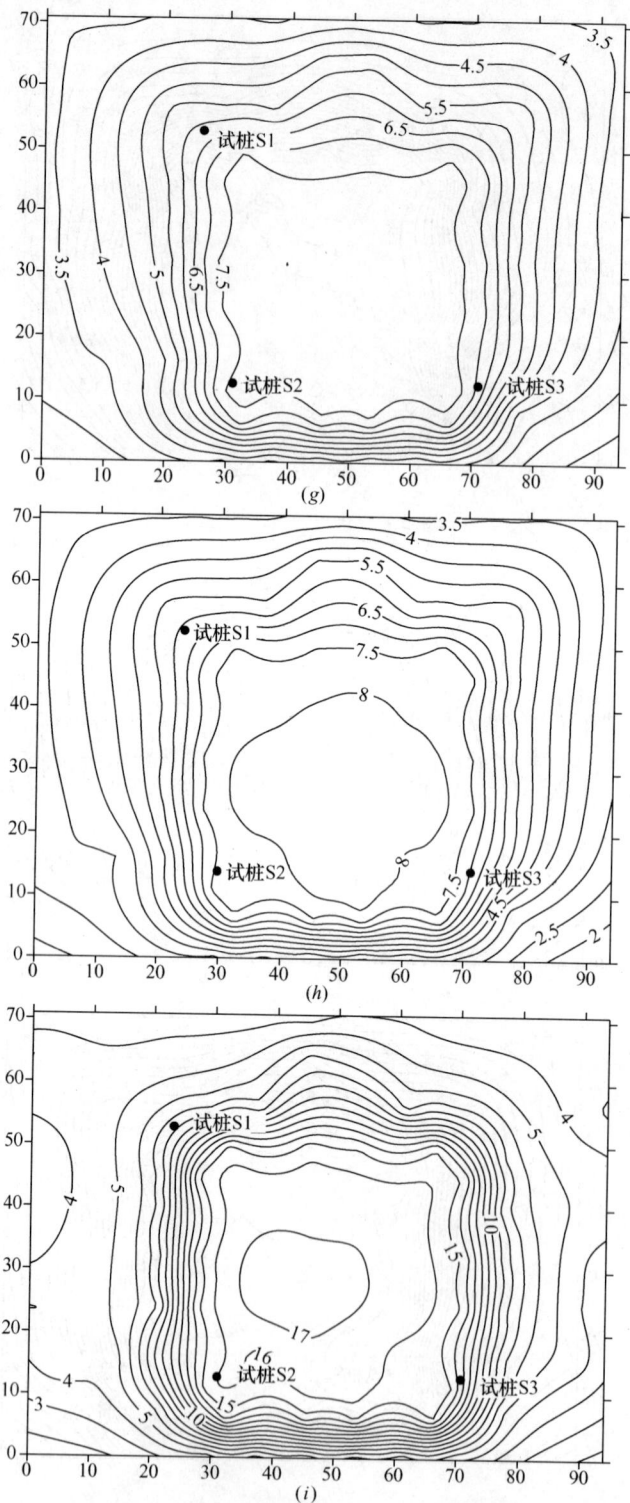

图 12-4-25 基础沉降等值线图（沉降单位：mm；基础尺寸单位：m）（三）

（g）45 层结顶时沉降平面等值线图；（h）50 层结顶时沉降

平面等值线图；（i）65 层结顶时沉降平面等值线图

测点号

8点　19点 24点　 20点　　 12点 2点

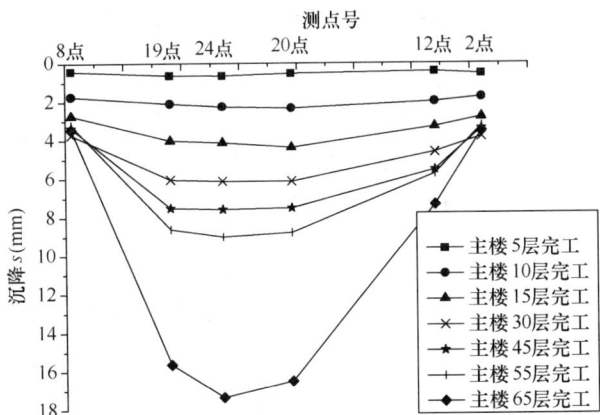

(a)

测点号

10点　18点　 20点 23点 21点　 15点 5点

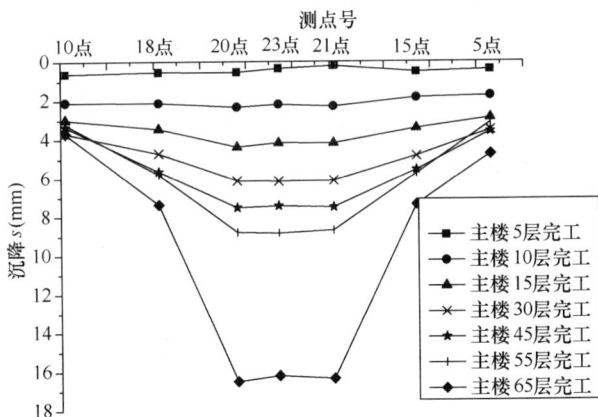

(b)

图 12-4-26　测点沉降剖面图

(a) 南北方向测点 8 至测点 2 施工过程沉降剖面图；

(b) 东西方向测点 10 至测点 5 施工过程沉降剖面图

从超高层施工过程沉降等值线图和测点沉降剖面图中可以看出，该大楼 65 层建造完成时主楼核心筒沉降最大，约为 17mm，此处沉降等值线比较稀疏，说明核心筒整体性较好，沉降变化不明显。从主楼核心筒向四周裙房沉降等值线逐渐变得密集，沉降变化明显，周边裙房位置处，等高线逐渐稀疏，沉降变化不再明显。从主楼核心筒向四周裙房沉降逐渐减少，且大体对称，形状如锅形。

在荷载水平较低时（主楼层数较少时，小于 15 层），从图 12-4-25（a）～12-4-25（c）中可以看出，沉降等值线数值较小，且较为均匀，如第 10 层封顶时内外沉降差在 1～2mm 之间，该大楼沉降较为一致且沉降值较小。当主楼层数达到 15 层时，此时裙楼已经竣工，沉降主要增长在主楼核心筒部分，曲线呈现出下凹的趋势，并随着主楼层数的增加，下凹趋势越来越明显，逐渐形成锅状曲线，如图 12-4-25（d）～12-4-25（f）。尽管裙楼已经竣工，但主楼层数的增加仍对其沉降有一定的影响，主楼层数的增加会促使裙楼沉降的延续，我们把这种现象称为相邻荷载的"促沉作用"。裙楼基础若是桩长选择不当，相邻荷载的这种促沉作用会使得裙楼沉降增加很多，出现主楼沉降小裙楼沉降大的现象，严重的可形成台阶状的坎。裙楼和主楼之间会由于应力叠加造成沉降的增大，这点应引起工程上的注意。

当上部荷载达到一定值时，即当主楼层数达到一定高度后，或者说主楼核心筒沉降达到一定值后，主楼对裙楼的影响会逐渐减小，从 12-4-25（g）～12-4-25（i）可以看出，裙楼的沉降没有继续加大，等值线反而有更加稀疏的迹象。从图 12-4-26 中可以更明显的看到，裙楼上测点的沉降会出现随着主楼层数增加而减少，如测点 10、测点 5、测点 8 和测点 2，即裙楼在主楼层数增加的时候会出现轻微上翘。这主要是由于主楼核心筒沉降相对裙楼沉降较大引起的，这种相对较大的沉降会产生对裙楼的"牵拉作用"。若是主楼相对于裙楼沉降过大，这种牵拉作用就会很强，裙楼可能会由于这种牵拉作用而产生上浮的现象，因此，有必要在高差较大的主裙楼设计时考虑布置相当数量的抗拔桩，以消除这种牵拉作用的影响。

值得指出的是，主楼对裙楼的"促沉作用"和"牵拉作用"是不矛盾的。它们之中强势的一方对大楼起着控制作用。设计时有必要综合考虑这两方面的影响。

选取图 12-4-24 中的具有代表性的裙楼角点测点 1、裙楼边点测点 8、主楼角点测点 19、主楼边点测点 44、主楼核心筒角点测点 40、主楼核心筒边点测点 50 和主楼中心点 30，将各测点的沉降数据随主楼层数的变化关系表示出来，如图 12-4-27 所示。

从图 12-4-27 中可以看出，裙楼 8 层结顶后（180 天），其沉降并未完成，主楼的"促沉"作用会使得裙楼沉降得以延续。在主楼 15 层完成前，裙楼的沉降变化明显，其沉降随着主楼层数的增加而增大，且增加幅度较大。当主楼层数增加到 15 层（300 天）以后，裙楼沉降趋于稳定，其值较小，约为 3～4mm，在主楼层数达到 30 层后，会出现裙楼轻微上翘的现象。

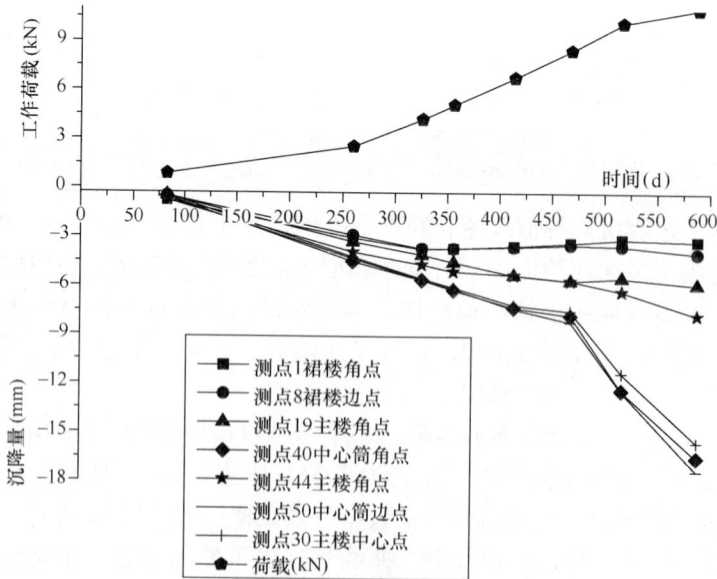

图 12-4-27　测点沉降随主楼层数的变化关系曲线

在主楼 15 层完成前，主楼上测点 19 和测点 44 的沉降变化明显，当层数超过 15 层以后，其沉降变化幅度减小，45 层以后，主楼角点 19 的沉降趋于稳定，其值较小，约为

5～6mm，边点 44 在 55 层（543 天）以后还有较大的沉降增速。

15 层完成前，主楼核心筒上测点沉降和其他测点的变化规律相同，但其值比其他测点沉降值大。15～55 层完成期间，主楼核心筒上测点沉降变化依然明显，只是变化幅度较 15 层以前有所变缓。55 层以后，主楼核心筒沉降急剧增加，65 层完成时其沉降值达到 17mm 左右。

从图 12-4-27 中还可以看出，裙楼、主楼、主楼核心筒上角点和边点的沉降值相差不大，可以认为建筑物的整体变形是协调的。

2. 超高层建筑超长桩基础群桩效应沉降比

在常用桩距条件下，由于相邻桩应力的重叠导致桩端平面以下应力水平提高和压缩层加深，因而使群桩的累计沉降量和延续时间往往大于单桩。桩基沉降群桩效应可用相同荷载下群桩沉降量 S_G 与单桩沉降量 S_t 之比即沉降比 R_s 来度量：

$$R_s = \frac{S_G}{S_t} \qquad (12\text{-}4\text{-}1)$$

试桩 S1、S2 和 S3 在荷载 2540kN、5100kN、7615kN 和 11000kN 时的单桩静载荷试验的桩顶沉降值如表 12-4-13 所示，而大楼在 15 层、30 层、45 层和 65 层完成时的单桩分担的荷载分别相当于荷载 2540kN、5100kN、7615kN 和 11000kN，同时也得知此时实测的试桩 S1、S2 和 S3 的沉降值。根据式（12-4-1）可以得到群桩沉降量 S_G 与单桩沉降量 S_t 之比 R_s，其值见表 12-4-13。由表 12-4-13 可以看出，当单桩荷载水平在 850kN（5 层）时，群桩效应沉降比 R_s 大约在 1.2～1.6 之间，平均值为 1.438；当单桩荷载水平在 2540kN（15 层）时，群桩效应沉降比 R_s 大约在 3～6 之间，平均值为 5.100；当单桩荷载水平在 5100kN（30 层）时，群桩效应沉降比 R_s 大约在 2～4 之间，平均值为 3.280；当单桩荷载水平在 7615kN（45 层）时，群桩效应沉降比 R_s 大约在 1.6～2 之间，平均值为 1.760；当单桩荷载水平在 11000kN（65 层）时，群桩效应沉降比 R_s 大约在 1.2～1.4 之间，平均值为 1.362。可以看出，群桩效应沉降比 R_s 受荷载水平的影响较大，荷载水平达到某值时，群桩效应沉降比 R_s 存在峰值。

在比较 S1、S2、S3 的沉降比之后，可以看到处于主楼边缘与裙楼相接处的 S1，群桩效应沉降比变化幅度最小，在 3.2～1.2 之间，处于主楼中心筒 S2、S3 群桩效应沉降比变化较大，在 1.2～6 之间。究其原因，8 层之下时主裙楼同时修建，在应力叠加区的 S1 相对 S2、S3 桩间土和底板底面土提早进入工作状态，分担荷载，因此其沉降比变化量并不大。

单桩静载试验桩顶沉降值和测点值对比表　　　　　　　表 12-4-13

施工层数	试桩号位置	对应荷载（kN）	单桩静载试验桩顶沉降值 S_t（mm）	群桩中对应试桩实测值 S_G（mm）	S_G/S_t	S_G/S_t 平均值
5	S1	850	0.46	0.55	1.204	1.438
	S2		0.28	0.43	1.518	
	S3		0.36	0.57	1.592	
10	S1	1700	0.63	2.2	3.484	4.817
	S2		0.39	2.17	5.564	
	S3		0.6	3.22	5.403	

施工层数	试桩号位置	对应荷载 (kN)	单桩静载试验桩 顶沉降值 S_t（mm）	群桩中对应试桩 实测值 S_G（mm）	S_G/S_t	S_G/S_t 平均值
15	S1	2540	1.08	3.87	3.583	5.100
	S2		0.67	4.24	6.328	
	S3		0.81	4.37	5.388	
25	S1	4230	1.92	4.88	2.542	3.962
	S2		1.06	5.58	5.264	
	S3		1.38	5.61	4.080	
30	S1	5100	2.83	5.48	1.936	3.280
	S2		1.39	6.21	4.464	
	S3		1.8	6.2	3.441	
40	S1	6770	3.77	6.33	1.679	2.122
	S2		2.52	7.24	2.871	
	S3		3.93	7.14	1.817	
45	S1	7615	4.49	6.54	1.457	1.760
	S2		3.38	7.36	2.178	
	S3		4.42	7.28	1.647	
50	S1	8460	5.37	6.62	1.233	1.438
	S2		4.22	7.52	1.781	
	S3		5.7	7.41	1.300	
65	S1	11000	7.86	11.19	1.424	1.362
	S2		10.87	15.09	1.388	
	S3		11.84	15.08	1.274	

注：温州世贸中心桩间距为 $3d$，即 3.3m。

从图 12-4-28 中，可以清楚看到荷载水平对 R_s 的影响变化情况。当荷载很小的时候，群桩间应力叠加区域并不是很大，桩与桩之间的影响并不是很大，因此在 5 层完工时 R_s 其值很小。随着荷载水平的增加，桩与桩之间的应力区互相叠加的程度加深、范围加大。群桩效应愈加显著，R_s 急剧上升，从曲线可以看出大约在 2500kN 附近达到最大。之后荷载水平逐渐上升，桩土共同作用愈加明显，承台底面土和桩间土逐渐分担荷载，形成承台—桩—土相互影响共同作用，因而使群桩基础中单桩桩顶荷载相对减小，R_s 也随之降低。

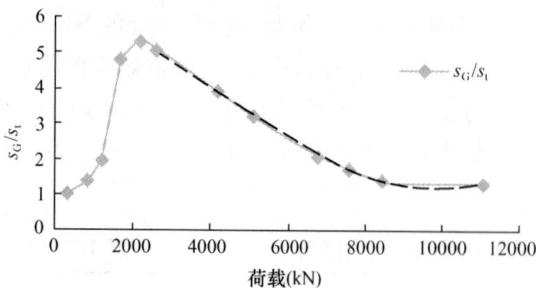

图 12-4-28　群桩效应沉降比与上部荷载关系曲线

作者利用回归分析模拟了桩土共同作用期间，R_s 与上部荷载之间的关系：

$$y = 6.4001 - 0.003x - 10^{-7}x^2 + 8 \times 10^{-12}x^3 \qquad (12\text{-}4\text{-}2)$$

并且可以得出可信度为 $R=0.9994$，说明拟合程度较好。

3. 分析结果

通过上面对温州世贸中心超高层超长单桩静载试验和群桩基础实测沉降资料分析表明：

（1）超长单桩在最大试验荷载 25200kN 作用下的桩顶沉降量 s_t 主要为桩身混凝土压缩量 s_s，其比值 s_s/s_t 达到 63.8%～85.6%；在设计工作荷载 12000kN 作用下，其桩身压缩量 s_s 与桩顶沉降量 s_t 的比值 s_s/s_t 达到 96.5%～100%。在桩侧土确定的情况下，适当提高桩身质量（如增加混凝土强度等级、增加桩身配筋等）将会减少基础的沉降。

（2）超长单桩在最大试验荷载 25200kN 作用下的桩端阻力只占桩顶荷载的 15.1%～32.3%；在设计工作荷载 12000kN 作用下的桩端阻力只占桩顶荷载的 0.26%～5.89%。

（3）超长单桩上部黏性土中桩侧摩阻力充分发挥所需的桩土极限相对位移约 17～20mm，淤泥质土中桩侧摩阻力充分发挥所需的桩土极限相对位移约为 13～15mm。当桩土相对位移大于该极限位移后，桩上部土层会发生桩土滑移，导致侧阻软化。

（4）裙楼结顶后（8 层），其沉降并未完成，主楼的"促沉"作用会使得裙楼沉降得以延续。在主楼 15 层完成前，裙楼的沉降变化明显，其沉降随着主楼层数的增加而增大，且增加幅度较大。当主楼层数增加到 15 层以后，裙楼沉降趋于稳定，其值较小，约为 3～4mm，在主楼层数达到 30 层后，由于主楼核心筒相对裙楼沉降较大引起的对裙楼的"牵拉作用"会使裙楼出现轻微上翘的现象。裙楼、主楼、主楼核心筒上的角点和边点还是有一定沉降差，但总体沉降不大。

（5）群桩效应沉降比 R_s 受荷载水平（施工层数）的影响较大，随着荷载水平升高，群桩效应沉降比 R_s 先增大后减小。当单桩荷载水平在 2540kN、5100kN、7615kN 和 11000kN 时，群桩效应沉降比 R_s 分别在 3～6、2～4、1.6～2 和 1.2～1.4 之间；在应力叠加的区域内桩间土更早进入工作状态而沉降比变化幅度较小。

第十三章 微型桩设计

第一节 概 述

一、微型桩的概念

微型桩最早于 1952 年在意大利由 Fernando Lizzi 博士首次提出并应用[1]，是首先作为战后重建时为解决困难条件下桩的施工而提出的。由于其直径较小，从数厘米至数十厘米（一般不超过 25cm），因此微型桩又称为迷你桩（minipile）。微型桩可以是垂直或倾斜，或成排或交叉网状配置。交叉网状配置之微型桩由于其桩群形如树根状，故亦被称为树根桩（Root Pile）或网状树根桩（Reticulated Roots Pile），简称为 RRP 工法。根据欧洲规范 EN 14199，当采用钻孔排土成桩时，直径小于 300mm 时称为微型桩，而采用挤土成孔成桩方法时，直径小于 150mm 者方可称为微型桩。

由于在既有建筑物基础或桥梁基础下增设桩时，拟增设桩的基础上方的建筑物、桥梁会限制桩基施工所需的高度与操作面，在这种条件下，有时不得不采用对施工所需高度、操作面要求均较小的微型桩。因此，微型桩常常应用于既有建筑物及桥梁的地基加固，故又称为托换桩（pin pile）。

微型桩桩体主要由压力灌注之水泥（砂）浆或细石混凝土形成的注浆体与加筋材所组成。依据其受力需求，加筋材可为钢筋、钢棒、钢管或型钢等。

图 13-1-1 微型桩压浆示意图

传统微型桩之施工步骤一般大致如下：

（1）以钻机钻孔，并及时下钢套管，以保证孔壁稳定。

（2）清孔并置入钢筋等加筋材。

（3）通过压浆管在套管内伸至孔底，以压力灌注水泥（砂）浆或细石混凝土，如图 13-1-1 所示[1]，边灌边拔钢套管直至成桩。或向钢管内投入石子骨料，然后压入水泥浆。当水泥浆或混凝土初凝后，根据需要决定是否再进行二次注浆。

当应用于既有建筑物或桥梁基础下地基加固时，其基本构造为，在既有建筑物或桥梁基础上钻孔，通过穿透基础的钻孔在基础下施工。最简单的微型桩就是按上述施工步骤施工成桩。当需要更高的承载力时，可通过压入的钢管进行桩端挤密注浆形成扩大头，当采用高压喷射注浆法并在其形成的柱体中插入钢管或型钢时，可获得更大的承载力，目前微

编写人：郑刚（天津大学建筑工程学院）

型桩的单桩承载力可达数十至数千千牛。

微型桩也可应用于支承新建建筑物、边坡抗滑加固、基坑支护等。

二、微型桩的类型

微型桩有很多种，与其设置目的、要求的承载力、施工条件等有关。除上述的传统施工方法外，常见的还有以下几种类型：

1. 压入或打入微型桩

压入或打入微型桩（Pushed or driven micropile）采用压入或打入的套管，在套管内置入筋材，然后压浆成桩。主要用于穿越厚度不大的软弱土层，将基础传来的荷载传递到其下的较好土层中。这种类型的微型桩承载力一般较小。

2. 压密注浆加固型微型桩

压密注浆加固型微型桩（Compaction grouted micropile）的原理如图 13-1-2 所示，当桩端仍在松散的砂性土时，为提高桩承载力，可在桩端实施压密注浆，在桩端以下形成一个扩大头，同时，扩大头以外的土也受到压密。这两个因素可显著提高单桩承载力。

3. 旋喷加固型微型桩

旋喷加固型微型桩（Jet grouted micropile）的做法是如图 13-1-3 所示，欲获得较高的单桩承载力而土质条件又不适合采用压力注浆时，可采用高压喷射注浆法在桩端上下一定范围内形成旋喷加固体，这样也可显著提高单桩承载力。

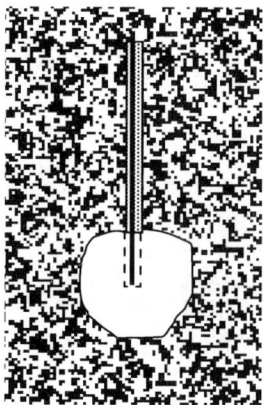

图 13-1-2 压密注浆加固型微型桩　　　　图 13-1-3 旋喷加固形微型桩

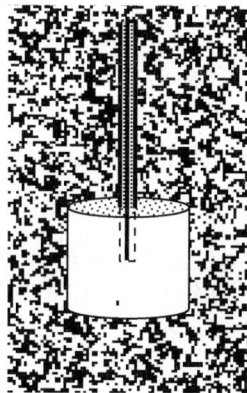

4. 悬喷—型钢复合微型桩

有时也采用全长高压喷射注浆形成旋喷柱形加固体、内插型钢形成旋喷—型钢复合微型桩，如图 13-1-4 所示，以获得比钻孔直径大较多的桩径。在日本，这种微型桩被较广泛地用来对既有建筑物、桥梁基础下的地基、桩基补强加固。如图 13-1-5 所示。

5. 后压浆微型桩

后压浆微型桩（Post grouted micropile）与压密注浆加固型微型桩的区别是，后者主要目的是为了在桩端形成扩大头加固体，提高桩端阻力。而后压浆微型桩则是在桩体置入后，通过预留的压浆管，通过在不同高度处设置的注浆孔进行注浆。其目的是提高桩的侧摩阻力。后压浆微型桩几乎适用于所有土层。

图 13-1-4 旋喷—型钢
复合微型桩

图 13-1-5 旋喷—型钢复合微型桩用于
既有桥梁桩基础补强

6. 压力注浆微型桩

压力注浆微型桩（Pressure grouted micropile）通过在桩周实施注浆，对桩周土进行密实，同时，浆液渗透到更外围的土体，可提高桩侧阻力。

7. 端承型微型桩

端承型微型桩（Drilled end bearing micropile）是通过钻孔进入基岩等坚硬桩端持力层，单桩承载力最高可达 5000kN。

此外，还有一些不同施工工艺的微型桩桩型。例如，在加拿大某铁路路基加固过程中，还使用了一种微型桩[2]。采用外径 178mm、壁厚 9.2mm 的钢管，微型桩设计桩径 250mm，桩长 13～15m。利用钢管本身作为成孔工具，在桩下端焊接鱼尾形钻头，并在桩下端 3～5m 范围内焊接一些螺旋叶片，桩尖设置孔径 50mm 的压浆孔，采用大功率液压电机把钢管旋入土中（类似国内的螺旋钻成孔）。边下沉边在管内注浆，使浆液始终充满管内外，直至桩端进入持力层设计深度。

根据美国联邦高速公路管理局编制的微型桩设计与施工指南（FHWA，2000），针对钻孔后压浆的方式，微型桩可分为 A 型、B 型、C 型和 D 型共四种类型，不同类型设计时分别采用不同的设计参数。

三、微型桩的发展与应用

1. 微型桩的发展

早期的微型桩直径很小，一般为 5～10cm，承载力较低。典型的微型桩通常是打入或者在钻好的孔中置入钢管，在钢管中注满水泥浆，或采用压力注浆、高压喷射注浆技术，既可对钢管进行填充，又可对钢管周围土体进行加固。随着钻孔设备的发展，微型桩直径已超过 25cm，承载力可达数百至数千 kN，并可在施工条件受到严格限制、普通打桩设备难以接近的条件下施工。

伴随着微型桩的大量应用，相应也成立一些微型桩方面的组织，开展了大量研究，编制了一些技术规程与指南。美国联邦高速公路管理局（FHWA）编制了微型桩设计与施工指南（Micropiles Design and Construction Guidelines，FHWA，2000），国际基础钻掘协会 ADSC（International Association of Foundation Drilling）正在将微型桩规范加入到 AASHTO 和国际建筑规范（International Building Code，IBC）里。

美国深基础协会 DFI（The Deep Foundations Institute）及 ADSC 均设置了各自的微型桩委员会。微型桩国际专家小组（IWM，International Workshop on Micropiles）分别在 Seattle（1997）、Ube（1998）、Turku（2000）、Lille（2001）、Venice（2002）、Seattle（2003）及近几年均召开了相关会议。在 1995 年阪神地震后不久，在 IWM 支持下，微型桩技术被传至日本，并成立了微型桩承包商组织 JAMP（Japanese Association of High Capacity Micropiles），开始了微型桩的研发，于 2002 年编制了"既有桩基础抗震加固高承载力微型桩设计施工手册"（Design and Execution Manual for Seismic Retrofitting of Existing Pile Foundation With High Capacity Micropiles，JAMP2002）。

2. 微型桩的应用

微型桩由于施工设备占用场地少，施工设备灵活，且由于施工设备的发展，近年来单桩承载力提高很多，甚至可达数千千牛，因而微型桩的应用也较为广泛。总体上，微型桩可在如下情况下应用。

1）用于既有建筑物地基基础加固与托换

当既有建筑物因增层改造、邻近的基坑开挖、下穿隧道等时，或因原有地基承载力不足或使用过程中发现沉降过大，对原有基础下地基加固困难时，可采用微型桩来进行加固或托换。其方法是，在原有基础上钻孔直至基础下土层中设计深度，然后放入钢管或钢筋、压浆成桩。如图 13-1-6 所示。

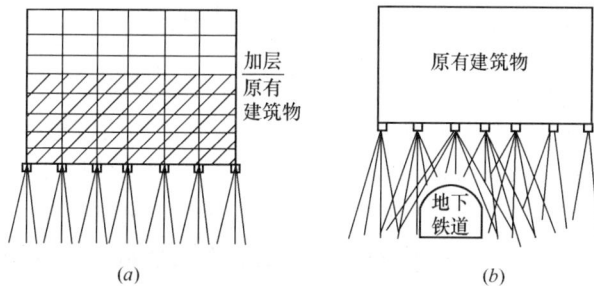

图 13-1-6　微型桩用于既有建筑物地基基础加固与托换
(a) 既有建筑物增层时基础加固；(b) 既有建筑物基础托换

2）用于提高边坡稳定性

如图 13-1-7 所示，微型桩可用于提高边坡稳定性。朱宝龙[3]等在京珠高速公路 K108 滑坡的坡体采用了密排钢管压力注浆微型桩组合成钢管压力注浆型抗滑挡墙进行整治，注浆时在钢管中和钢管与钻孔壁之间均注水泥浆。而且采用分段劈裂注浆工艺，使水泥浆液进入钢管与钢管之间的岩土体中，对桩间岩土体有一定的胶结加固作用。这样两排桩之间和桩间的岩土体就形成了一个整体，相当于一个连续墙。换言之，由于钢管压力注浆微型桩的施工，把各级边坡处的被微型桩包围起来的滑动体加固成了抗滑挡墙的一个组成部分，和微型桩共同起抗滑挡墙的作用。此处，钢管压力注浆桩都穿过滑动面以下 7.0～12.0 m，水泥浆可以灌入滑动面，对滑动面有很大的加固作用，钢管本身也具有一定的抗剪强度。

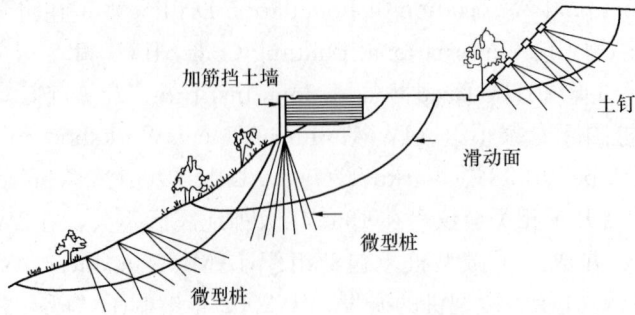

图 13-1-7 微型桩用于提高边坡稳定性

3）用于基坑支护

微型桩也常被应用于深度不太大的基坑支护中。例如，微型桩与土钉结合组成复合支护（图 13-1-8），与常规水泥土墙组成的复合桩墙[4]（图 13-1-9），由水泥土桩墙止水帷幕

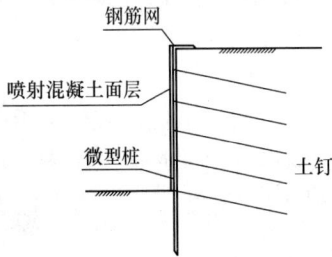

图 13-1-8 土钉—微型桩复合支护

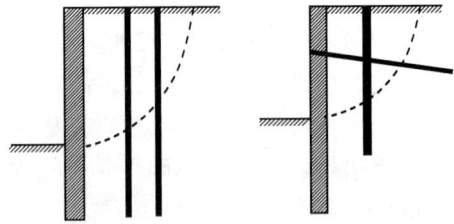

图 13-1-9 复合桩墙支护

与墙后多排竖向小桩、混凝土压顶板组成的基本支护结构，或联合水平锚、斜锚，具有止水和支护双重技术效果的挡墙支护技术。微型桩可起到增加边坡稳定、减小挡土墙上土压力等作用。微型桩常采用 100～300 mm 的钻孔灌注桩。当微型桩用锚管并压力注浆以加固土体时，还应在锚管上预制注浆孔。

此外，施工地下连续墙墙时，为防止成槽时造成邻近建筑物下沉，可在地下连续墙与邻近建筑物之间设置一排或多排微型桩（图 13-1-10）。

4）用于支承新建建筑物

微型桩还常被用来作为地基加固体，与土组成复合地基，支承新建建筑物或构筑物。例如，某小区居民住宅楼[5]，由 5 幢 6 层砖混结构住宅楼组成，采用投石压浆无砂混凝土小桩复合地基进行地基加固处理，小桩布置方式采用梅花形或方格形布置。设计桩径为 300mm 和 350mm 两种，采用洛阳探铲成孔。成孔后放入注浆管（采用 ϕ25 钢管），注浆管有效长度为 9m。然后在孔中投入 5～15mm 级配碎石，每次投石厚度≤500mm，采用插入式振动捧振捣。然后通过压浆管自下而上注浆，注浆量不宜小于桩的 2 倍，注浆分 2 次进行。第一次注浆不封口，注浆压力为

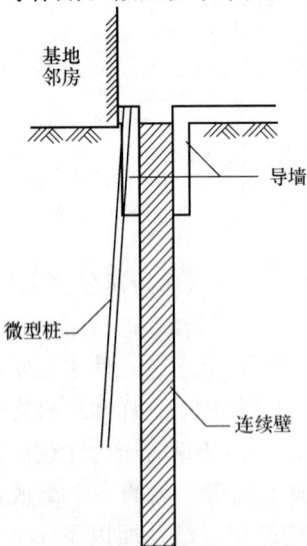

图 13-1-10 地下连续墙成槽时采用微型桩保护邻房

$0\sim0.5MPa$，待冒浆为止。然后用素土封口，口深度为 500mm，分 2 层夯实。可在桩身混凝土初凝时，实施二次补浆，以增大桩侧阻力并弥补桩顶部因浆液下沉引起的强度降低，用 $1\sim2MPa$ 压力措施进行二次补浆，待冒浆为止。

5）用于既有建筑物地基抗震加固

日本阪神地震后的经验表明，对既有建筑物与桥梁基础，采用微型桩进行补强，提高基础抗震能力是非常有效的。

当新建建筑物或既有建筑物基础下存在厚度不大的可液化土层时，也可采用微型桩进行处理。此时，微型桩除有桩直接将荷载传递到可液化土层以下的持力层外，还可因微型桩成桩过程中的注浆而在桩周产生渗透加固区，从而对渗透加固区可液化土层起到加固和防治液化的作用。

例如，山东荷泽电厂 1 机组电除尘改造工程基础为 4 条埋深 3.3m 的独立基础[6]。厂区地基主要由分值黏土组成，地表以下 $5\sim11m$ 范围内为饱和粉土。在地震烈度Ⅶ度时，此层土属中等液化土。为保证在Ⅶ度地震时基础下的可液化土不发生液化变形，需对地基进行抗震加固处理。根据设计需要，加固处理后的地基承载力要达到 250kPa。由于场地条件限制，无法安装大型设备施工。采用微型桩结合二次压浆形成复合地基的成功经验对该电厂 1 机组电除尘改造工程地基进行抗震加固处理。为达到这一要求，本工程各桩均采用二次高压注浆，微型桩直径也相应增大为 150mm，同时考虑到提高桩体的抗压抗剪性能，桩内下设中 12 钢筋和中 15 钢管作主筋。该工程在基础范围内布置压浆桩 278 根，桩径 150mm，桩长 9.7m，桩中心距 1.0m，呈梅花形布置，各桩均进行二次高压注浆，其二次压浆量各桩不少于 0.3m。该工程在基础范围内布置压浆桩 278 根，桩径 150mm，桩长 9.7m，桩中心距 1.0m，呈梅花形布置，各桩均进行二次高压注浆，其二次压浆量各桩不少于 0.3m。

第二节 微型桩的工作特性

如前所述，微型桩主要用于既有建筑物的地基基础加固。其工作主要有三种情形：

（1）既有建筑物虽然使用荷载在今后并不增加，但建筑物沉降尚未稳定，采用微型桩来控制沉降，防止出现过量的沉降和不均匀沉降；

（2）既有建筑物因为不同的原因在今后的使用荷载要增加，需要在既有建筑物下设置微型桩。

（3）既有建筑物今后正常使用荷载不增加，沉降已稳定，采用微型桩对基础进行抗震补强。

因此，当在既有建筑物基础下设置微型桩后，对应于以上三个情形，微型桩的工作机理也相应不同。对应于第一种情形，虽然建筑物荷载保持不变，但设置桩后，建筑物在继续沉降直至稳定的过程中，由于桩、土的竖向刚度不同，会在桩、土之间产生荷载的重分配。

对应于第二种情形，也可分为两种情况：

（1）建筑物在增加荷载前，在既有荷载作用下建筑物的沉降已经稳定。在设置微型桩后，增加的荷载才施加，这时，根据桩、土的竖向刚度，由上部结构—基础—桩—土的相互作用决定桩、土分担新增加荷载的比例。

（2）建筑物在增加荷载前，在既有荷载作用下建筑物的沉降尚未稳定。这时，在设置微型桩后增加的荷载作用下，桩、土分担新增加荷载的比例按第一种情况决定，同时，因既有荷载作用下建筑物的沉降尚未稳定，建筑物在继续沉降直至稳定的过程中，由于桩、土的竖向刚度不同，既有建筑物的荷载也会在桩、土之间产生荷载的重分配。桩总分担荷载的情况由这两个因素综合决定。

实际上，在建筑物沉降继续发展直至稳定的过程中，桩、土的荷载分担是个十分复杂的过程，实际设计中，需要作出不同程度的简化来计算桩土的荷载分配、承载力和沉降。

一、微型桩的承载力

1. 竖向受压微型桩的单桩承载性状

典型的微型桩是由桩体内部的小直径钢管、钢筋和其外面的注浆体组成，因此，桩体实际上是一个组合体，见图 13-2-1。当在极易塌孔的土层中施工微型桩时，需要在成孔时边向下钻孔、边及时下套筒，有时套筒也不拔出，成为桩体的一部分。此时，微型桩的承载力很高，在国外称为高承载力微型桩[7]。其桩典型断面见图13-2-2，纵向构造见图13-2-3。

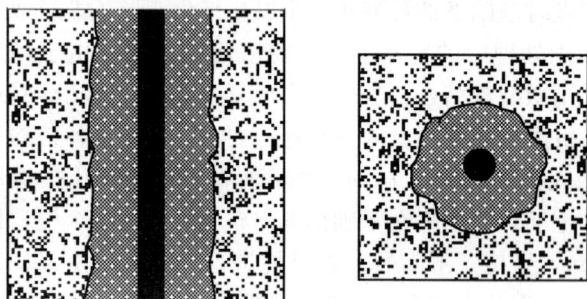

图 13-2-1 微型桩—土界面

微型桩受力时，对于图 13-2-1所示的桩断面，有两个荷载传递界面，第一个荷载传递界面是微型桩中心的钢筋与周围注浆体界面的荷载传递，第二个界面是注浆体与注浆体周围土体的界面。因此，计算单桩承载力时，要分别考虑这两个界面所能提供的极限承载力，并应按其较小值来控制。但实际上，微型桩的承载力主要由注浆体与注浆体周围土体的界面摩阻力控制。

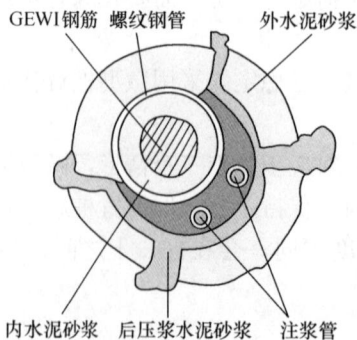

图 13-2-2 带套管二次压浆微型桩断面

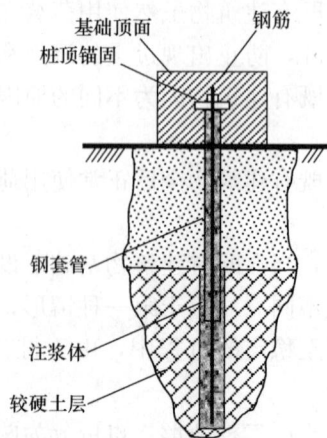

图 13-2-3 高承载力微型桩

曾友金[8]等在进行了粉质黏土中的微型桩基础离心模型试验研究，土质条件见表 13-2-1。微型桩分别采用边长为 150mm、200mm、250mm 的预制方桩，和直径分别为 200mm、250mm、300mm 的钻孔桩。后者根据工程中钻孔灌注微型桩成桩工艺，先在模型地基中预钻直径分别为 8mm、10 及 12mm 的孔，将水泥砂浆灌入孔内并捣插，达强度后进行试验。对比了不同成桩工艺的微型桩的荷载-沉降性状。

离心机试验土质条件　　　　　　　　　　　　　表 13-2-1

c_u (kPa)	w (%)	γ (kN·m^{-3})	w_L (%)	w_p (%)	I_p (%)	I_L
15.4	30.4	19.3	29.2	17.4	11.8	1.1

上述两种桩型的单桩荷载沉降性状见图 13-2-4。试验结果表明，预制单桩表现出刚性桩的特征，从零加载到极限荷载，桩荷载与沉降近似呈线性关系，桩破坏是因桩端迅速刺入而破坏。钻孔灌注单桩虽也是 C30 水泥沙浆，但因灌浆的成桩工艺使得桩体与桩周土体结合紧密，较大的荷载下，其桩土相对位移并不是发生在桩周表面处，而是发生在灌浆加固的桩周土体中较薄弱处。其荷载与沉降关系曲线为非线性且没有明显的陡降性状。在相同的桩周长时，因成桩工艺使得钻孔灌注单桩极限承载力大于预制单桩极限承载力，且其沉降特性不同。

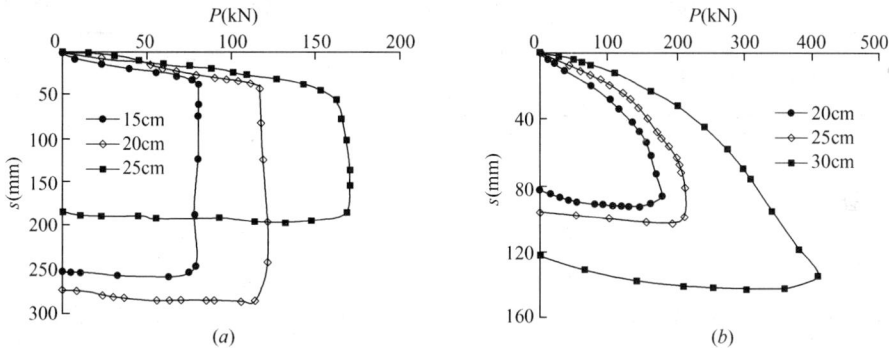

图 13-2-4　不同桩型微型桩单桩的荷载-沉降特性
(a) 预制桩；(b) 钻孔灌注桩

从以上试验结果可看出，微型桩有其特殊性，由于其桩体由钢管结合压浆形成，桩体刚度大，可视为刚性桩体；但其荷载传递又是通过钢管—钢管外压浆层—周围土层这一荷载传递路径，最终实现荷载向周围土的扩散，即桩土接触面为压浆层—土接触面，与传统刚性桩不同。而且，又因其直径小，常用于既有建筑物地基基础加固，也可用于复合地基。我国，无论是《建筑地基处理技术规范》（JGJ 79—2002）还是《建筑桩基技术规范》（JGJ 94—2008），均未有微型桩承载力的估算公式。

微型桩单桩承载力应该由单桩静载荷试验来确定，但在实际工程中由于事故的紧迫性，往往没有时间或场地来做静载荷试验，因此经验公式的准确性就显得十分重要。美国对微型桩承载力的估算按两种方法来确定：一种是按打入桩来估算，另一种是按注浆的土锚来考虑，为安全起见，一般是按打入桩来考虑。

一般工程技术人员为安全起见常按普通钢筋混凝土灌注桩的承载力经验公式来估算微型桩的单桩承载力。但微型桩一般是采用压力灌浆的方式灌注水泥砂浆或水泥浆而成,在压力作用下,一部分浆液渗入桩周土体(特别是对于粗颗粒土),其实际注浆量远远大于计算注浆量,因此,微型桩与普通灌注桩相比桩与桩周土体结合更加紧密。桩侧阻力及桩端阻力均比普通钢筋混凝土灌注桩要大得多。从实际工程可以看出,微型桩承载力的实测值与按普通灌注桩而做的估算值相差很大。若按普通灌注桩的经验公式来估算微型桩的承载力,其偏差较大,见表13-2-2[9]。

《既有建筑地基基础加固规范》(JGJ 123—2000)指出,树根桩的单桩竖向承载力可按载荷试验资料求得;也可按国家现行标准《建筑地基基础设计规范》(GB 50007—2002)中的有关规定估算。但尚应考虑既有建筑的地基变形条件的限制和考虑桩身材料强度的要求,亦即设计人员要根据被托换建筑物的具体条件,预估经托换后的既有建筑所能承受的最大沉降量。在载荷试验中,可由荷载-沉降曲线上求出相应于该允许的最大沉降量的单桩竖向承载力。

上海地区的经验也表明[10],微型桩(树根桩)的施工由于采用了压浆成桩的工艺,根据上海经验,常有50%以上的水泥浆液压入周围土层,从而增大了桩侧摩阻力。树根桩施工有时采用二次注浆工艺。采用二次注浆有时可提高桩极限摩阻力30%~50%。由于二次注浆通常在某一深度范围内进行,极限摩阻力的提高仅就该土层范围而言。

微型桩单桩竖向极限承载力实测值、估算值对比　　　　　　　表 13-2-2

编号	桩周土	桩端土	注浆压力 (MPa)	注浆比	承载力实测值 (kN)	实测值与 估算值之比
1	密实砂土	砂　土	二次注浆	2.5~3.5	415	3.03
2	粉质黏土	强风化岩	0.4	2.1~2.7	648	1.71
3	粉质黏土	粉质黏土	0.4	1.9~2.4	314	1.50
4	填土、细砂	密实中砂	0.4	1.7~2.6	528	1.64
5	黄土状粉质黏土	粉质黏土	0.4	1.6~1.9	209	1.39
6	膨胀土	中　砂	0.4	1.7~2.2	327	1.64
7*	填　土	风化岩	0.4	2.7~3.2	290	2.08

注:1. 注浆比:实际注浆量与计算注浆量的比值;

2. 单桩竖向极限承载力估算值依据《建筑桩基技术规范》(JGJ 94—94)算出;

3. * 根据《建筑地基处理技术规范》(JGJ 79—91)算出。

2. 竖向受压微型桩群桩承载性状

曾友金[8]也进行了粉质黏土中的微型桩群桩离心模型试验研究,土质条件见表13-2-1。每个承台采用2×2群桩。桩型与单桩相同。图13-2-5是边长200mm预制方桩与直径200mm钻孔压浆桩的群桩布置及竖向荷载-沉降特性对比。由图13-2-5可见,与单桩的对比情况相类似,打入群桩微型桩与钻孔灌注群桩微型桩的承载特性明显不同。对前者,在小于群桩的极限荷载时,其荷载与沉降的 *P-s* 曲线近似为线性;极限荷载下,群桩桩端迅速刺入而使得群桩破坏。在桩距和桩径均较小的情况下,后者因成桩时采用灌浆法而桩体和土体间结合紧密,使得桩周的土体与桩形成整体,并以整体受力为主要特征来承

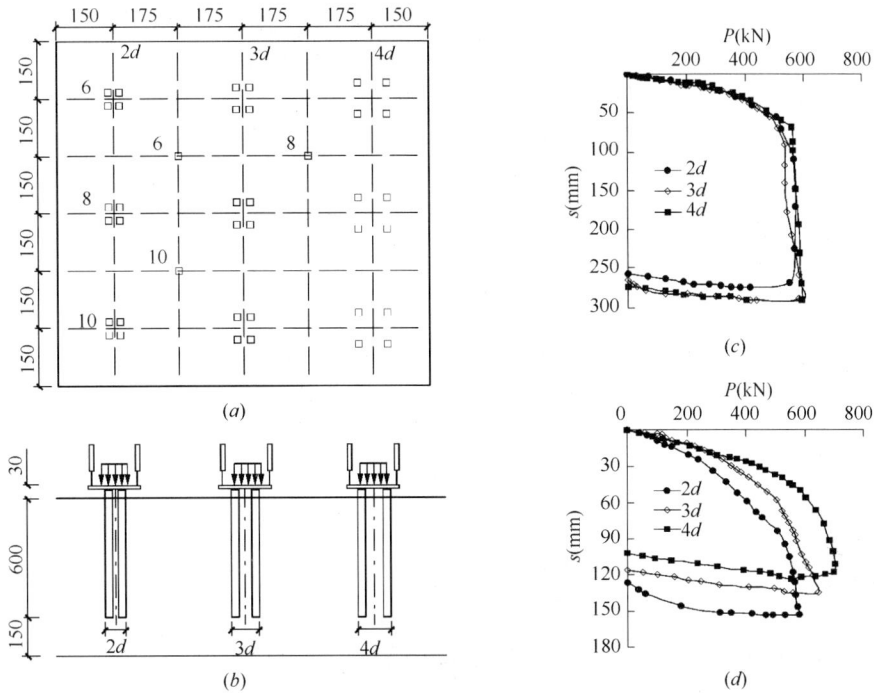

图 13-2-5　离心机微型桩群桩试验

(a) 平面图；(b) 立面图；

(c) 打入式预制微型桩荷载-沉降特性；(d) 钻孔压浆微型桩荷载-沉降特性

受荷载，表现为荷载与沉降的 P-s 曲线为缓降型，呈现为渐进型群桩破坏模式。在相同的桩周长和桩距下，因成桩工艺使得后者的极限承载力大于前者。

3. 倾斜微型桩的承载性状

当微型桩用于基础托换、边坡抗滑桩等时，微型桩常常还设计成为倾斜的。对于竖直的微型桩与倾斜的微型桩的竖向承载性状已有一些研究。

吕凡任[11]等在某软土地基场地进行了微型桩单桩和群桩的抗拔试验。试验场地埋深在 17m 范围内的地基土层可划分为三个工程地质层：（1）塘泥，深度范围为 0~1.10m，饱和，流塑，新近回填，性状极差；（2）淤泥质黏土，深度范围为 1.10~10.10m，软塑状态，饱和，高压缩性；（3）粉土，深度范围为 9.10m 以下，稍密，饱和，中等压缩性，并夹有粉质黏土薄层。地质剖面图如图 13-2-6 所示。

共进行了三根单桩（其中一根倾斜）和两个群桩试验（分别是 3×3 和 4×4 群桩）。桩长 15m，直径 250mm。斜桩的倾角都为 10°。模型群桩见图 13-2-7。

微型桩施工时，首先用地质钻机成孔，成孔完毕后，插入初次注浆管（作初次注浆使用），吊放绑扎有二次注浆管的钢筋笼，同时利用初次注浆管

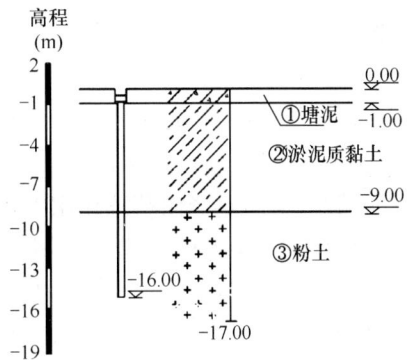

图 13-2-6　微型桩抗拔试验场地土层剖面

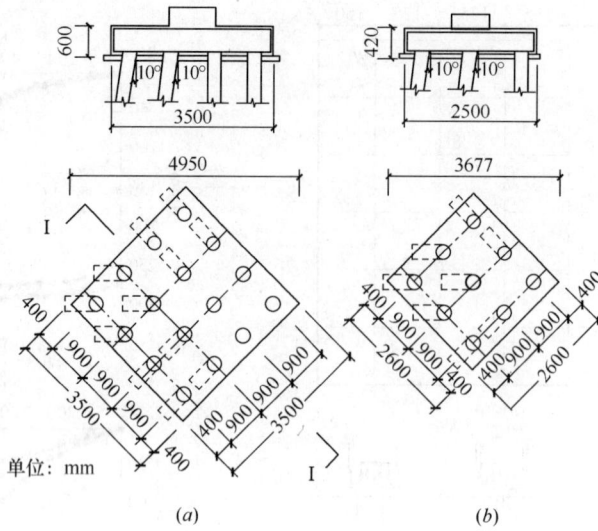

图 13-2-7 模型群桩 G1、G2 示意图

(a) G1；(b) G2

进行清孔，清孔完毕后倒入粗骨料，继续用清水清孔，直至孔口出来的水中不含泥砂为止。然后用初次注浆管注浆，注浆压力为 0.13～0.15MPa，浆液的水灰比为 0.15，至孔口溢出浓浆为止。间隔 4～6h 用二次注浆管注浆，注浆压力为 0.18～1.10MPa。

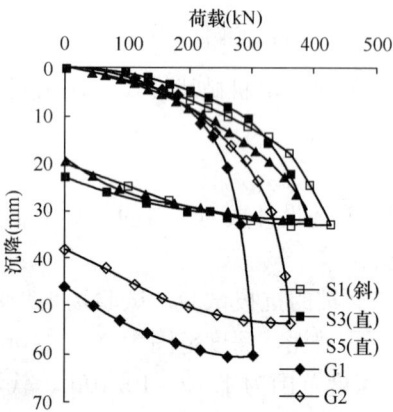

图 13-2-8 竖直与倾斜微型桩竖向
抗压-沉降曲线比较

从图 13-2-8 可以看出，群桩中单桩的平均竖向荷载-沉降曲线和单桩相比较，在竖向荷载比较小时（低于 200kN 时），两种曲线基本是重合的，在竖向荷载继续增加时，群桩中的单桩平均沉降量增加得更快。其原因是由于群桩在下压荷载作用下，地基中附加应力产生叠加效应，随着外荷载的增加，地基逐渐达到塑性破坏，使得地基压缩更大。直桩 S3、S5 和斜桩 S1 的荷载-沉降曲线基本相同，都属于缓变型。桩顶沉降为 20～30mm 时，桩顶荷载-沉降曲线有加速下降的趋势，可以以 20～30mm 对应的荷载作为桩的极限承载力。按此标准确定的单桩 S1、S3 和 S5 的极限承载力分别为 363kN、363kN 和 330kN，所对应的沉降分别为 18.04mm、22.13mm 和 20.24mm。可以看出，倾斜桩 S1，即使其倾斜角达到 10°，但其极限承载力仍不比竖直桩低，且沉降量最小。

郑刚[12]等也对竖向荷载作用下倾斜桩的荷载传递进行了试验及数值分析。以一边长 0.4m 的方桩为算例开展了计算分析，桩长 17m。算例土质条件见图 13-2-9，对倾斜度分别为 0、0.7%、2% 直至 10% 的桩进行了计算，得到其荷载-沉降曲线见图 13-2-10。如图 13-2-10 所示，当总荷载为 2400kN 时，垂直度为 0.7%，2%，3%，4%，5% 的倾斜桩的桩顶沉降分别为 14，14，14.3，14.75，15.7mm，此时竖直桩的桩顶沉降量为 15.5mm。可见相同荷载下，垂直度不大于 4% 的倾斜桩的沉降反而小于竖直桩。

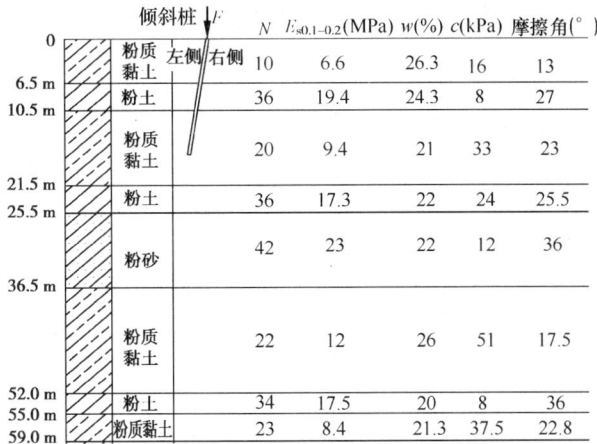

图 13-2-9　不同倾斜度单桩算例土层剖面图

Plumelle[13]（1984）通过全比尺试验就桩基排列组合对采用微型桩加筋的土的承载力的影响进行了研究。试验结果表明，若将同样数量的桩排列成"网格形状"，则该桩基产生的承载能力就要高于按通常群桩方式排列的竖直桩基承载能力，见图 13-2-11。

在承载机制上，垂直排列之微型桩较为单纯，其行为与一般基桩类似，网状微型桩群则较为复杂。由于有树瘤效应（Knot），一般网状微型桩群较垂直排列之微型桩群具有较佳之承载功能，在网状微型桩群中之单桩可能承担拉应力、压应力、剪力及弯曲应力。迄今为止，对网状微型桩与土体之复合行为尚无法做出确实的分析，其配置、桩径、桩长等仍须仰赖经验。

4. 抗拔微型桩承载形状

当微型桩抗拔时，主要由注浆体与土接触面提供抗拔摩阻力。吕凡任[11]等在某软土地基场地进行了微型桩单桩和群桩的抗拔试验。试验场地土质推荐同前述抗压试验。

单桩与群桩上拔荷载试验曲线见图 13-2-12。可以看出，三根直桩的上拔曲线具有非常好的一致性，最大试验荷载分别加载到 185kN 和 202kN，所对应的上拔量约为 27mm 和 33mm。

由图 13-2-12 还可看出，群桩的最后上拔量比较小，最大上拔量 G1 为 16mm，G2 为 24mm。群桩的平均上拔荷载-变形曲线同单桩中的直桩更接近，而单桩中的斜桩 S2，在同样的上拔荷载作用下，桩顶的上拔量比较小，其荷载-变形曲线表现出更大的抵抗上拔荷载的能力。所以，在上拔荷载

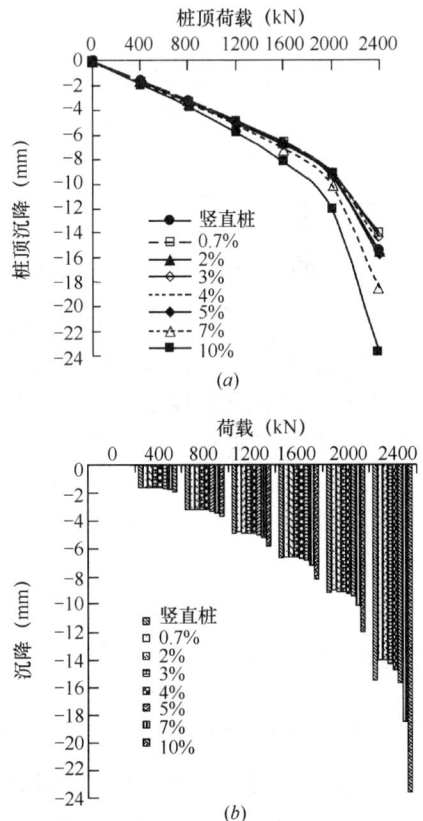

图 13-2-10　不同倾斜度单桩
荷载-沉降对比
（a）Q-s 曲线；（b）柱状对比图

的作用下，群桩和单桩中的直桩表现出相似的荷载-变形关系，而斜桩表现出比较大的抵抗上拔荷载的能力。

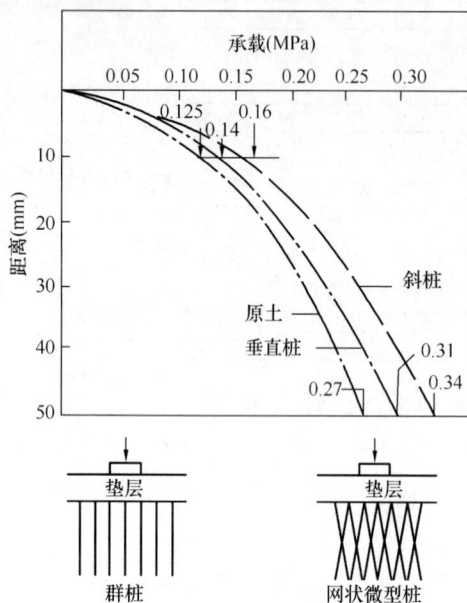

图 13-2-11 网状微型桩与竖直微型桩群桩载荷试验对比

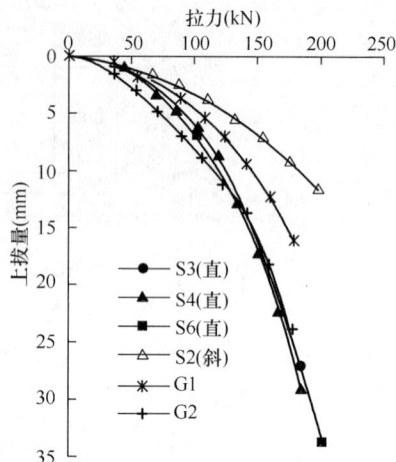

图 13-2-12 竖直与倾斜微型桩竖向抗拔-沉降曲线比较

二、微型桩的沉降计算

对于桩端进入并支承在岩石或坚硬土层上的微型桩，实用上可视为端承桩，其沉降主要为桩身压缩。在工作荷载下，可忽略微型桩加筋体与注浆体之间的相对滑移，按型钢与注浆体的面积等效弹性模量计算其桩身压缩量。

当桩端支承在砂层或黏性土层时，可按压入式预制桩考虑，并计算单桩和群桩沉降。具体可按我国行业标准《建筑桩基技术规范》（JGJ 94—2008）推荐方法进行计算。

第三节 微型桩设计

与常规桩基础相比较，微型桩的设计有相似之处，也有其独特的地方。初步设计时，可按如下步骤进行设计。

一、桩距

无论微型桩用于既有建筑物基础加固还是用于支承新建建筑，其桩距不应小于 $3d$（d 为桩直径或边长）。这主要是考虑群桩效应问题时，桩距不宜过小。

二、桩长

桩长一般由承载力要求来确定。确定桩长时，还应考虑侧向荷载作用下微型桩的嵌固需要，同时，也要考虑负摩阻和上拔力。当可能有冲刷时，还应预留一定长度。

三、桩截面

初步设计时，微型桩的截面主要根据其设计承载力、桩身材料结构强度来确定。桩外径一般为100～300mm。此外，确定截面时要考虑可供选择的加筋体钢材型号。例如，在美国，微型桩的套管常用直径141mm和178mm的钢管（后者最常见），其名义屈服应力为552MPa；钢筋则分为10、11、14、18、20和28号，其直径分别为1.25、1.375、1.75、2.25、2.5、3.5英寸，名义屈服应力为517.5MPa。美国常用的微型桩中的钢筋或型钢见表13-3-1[14]。

四、微型桩类型

桩型的选择主要根据桩的设计用途和当地经验确定。要注意土质条件也影响微型桩成桩工艺的选择，例如，在易塌孔的土质条件下，易造成塌孔的成孔工艺就要排除。

五、微型桩单桩承载力

单桩竖向承载力可通过单桩载荷试验确定，但在获得试验资料前，需对微型桩承载力进行估算。

1. 由材料强度确定单桩承载力

如同普通桩基础一样，微型桩的承载力除了取决于桩周和桩端土的支承能力外，还必须满足桩身材料强度的要求。国内尚无微型桩方面的规范，国际上也正在致力于这方面的工作，国际基础钻掘协会ADSC（International Association of Foundation Drilling）正在致力于将微型桩相关内容加入到AASHTO和国际建筑规范（International Building Code，IBC）里。

如图13-3-1所示，微型桩穿越软弱土层进入硬土层时，在软土土层段，微型桩往往保留套管。由于桩身上部轴力较大，且桩侧受到的约束作用小，因此，桩身上部的截面材料强度往往决定着由材料强度确定单桩承载力，其竖向抗压并可按式（13-3-1）确定[1]：

$$P_{c-allowable} = \left[\frac{f'_{c-grout}}{FS_{grout}} \cdot A_{grout} + \frac{F_{y-steel}}{FS_{y-steel}} (A_{bar} + A_{casing}) \right] \cdot \frac{F_a}{\frac{F_{y-steel}}{FS_{y-steel}}} \qquad (13-3-1)$$

式中　　$f'_{c-grout}$——注浆体单轴抗拉强度（指试块强度标准制）（MPa）；

　　　　FS_{grout}——注浆体强度安全系数，可取1/0.33[1]，美国FHWA则取1/0.4；参照国内行业标准《建筑地基基础技术规范》（JGJ 91—2002）CFG桩的有关规定，注浆体强度安全系数，可取3。

　　　　A_{grout}——注浆体截面净面积（m²）；

　　　　$F_{y-steel}$——加筋体钢材最小屈服应力（MPa）；

　　　　$FS_{y-steel}$——加筋体钢材安全系数；

　　　　A_{bar}——加筋体横截面积（m²）；

　　　　A_{casing}——套管横截面积（m²）；

F_a——允许轴向应力（MPa）。

美国微型桩常用型钢参数[14]　　　　　　　　　　　　　　表 13-3-1

CASINGFY＝80KSI			
	5½-INCH CASING	7-INCH CASING		9⅝-INCH CASING
套管外径（in）	5.5	7	7	9.625
套管外径壁厚（in）	0.36	0.5	0.73	0.47
套管截面积 A（in²）	5.83	10.17	14.38	13.58
套管截面惯性矩 I（in⁴）	19.3	54.1	71.6	142.6
I/A2	0.57	0.52	0.35	0.77
Pile factor（PF），in²/kip	10.3	9.5	6.3	14
Yield strength，kip	466	814	1150	1086

CASINGFY＝36KSI			
	5½-inch casing	6⅝-inch casing	8-inch casing	10¾-inch casing
Casing OD，in	5.56	6.625	8.00	10.75
Wall thickness，in	0.5	0.5	0.5	0.63
Area（A），in²	7.95	9.62	11.82	19.91
Moment of Inertia（I），in⁴	25.7	45.4	83.4	256.2
I/A2	0.41	0.49	0.6	0.65
Pile factor（PF），in²/kip	36.4	43.9	53.5	57.8
Yield strength，kip	286	346	425	717

BAR FY＝75KSI					
	#10 Bar	#11 Bar	#14 Bar	#18 Bar	#20 Bar	#28 Bar
Bar diameter，in	1.25	1.375	1.75	2.25	2.5	3.5
Area（A），in²	1.27	1.56	2.25	4	4.91	9.61
Moment of Inertia（I），in⁴	0.13	0.19	0.40	1.27	1.92	7.35
I/A2	0.08	0.08	0.08	0.08	0.08	0.08
Pile factor（PF），in²/kip	1.64	1.64	1.64	1.64	1.64	1.64
Yield strength，kip	92	133	180	236	368	722

　　F_a 为微型桩中加筋体允许作用应力，这是考虑有时由于基础底面土被冲刷等原因，桩侧可能会出现无侧向约束的情况。可引入有效长度系数 K 和无侧向约束长度 l 来考虑这一影响，并按式（13-3-2）、式（13-3-3）计算[1]。当桩无约束长度为零时，式（13-3-1）中 F_a 等于 $F_{y-steel}/FS_{y-steel}$。

当
$$0 < \frac{Kl}{r_t} \leqslant C_c \text{ 时}, F_a = \frac{F_{y-steel}}{FS}\left[1 - \frac{\left(\dfrac{Kl}{r_t}\right)^2}{2C_c^2}\right]$$
　　　　　　　　　　　　　　　　　　　　　　　　　　　　　　（13-3-2）

当

$$\frac{Kl}{r_{\text{t}}} > C_{\text{c}} \text{ 时}, F_{\text{a}} = \frac{\pi^2 E_{\text{steel}}}{FS[Kl/r_{\text{t}}]^2} \tag{13-3-3}$$

其中，

$$C_{\text{c}} = \sqrt{\frac{2\pi^2 E_{\text{steel}}}{F_{\text{y-steel}}}}$$

式中　K——有效长度系数（假设为 1.0）；

　　　l——微型桩无侧向约束长度（m）；

　　　r_{t}——钢截面回转半径＝（I/A）1/2；

　$F_{\text{y-steel}}$——钢材最小屈服应力（MPa）。

当微型桩还可能承受弯矩时，对加套管的微型桩，还应验算在弯矩作用下增加的应力（AASHTO，2002）但对于无套管的微型桩，如图 13-3-1 所示，其桩体由直径很小的钢筋和压浆体组成，抗弯刚度很小，此时桩体承担的弯矩可忽略。

当微型桩受拉（拔）时，可忽略压浆体的抗拉强度，仅考虑钢筋的抗拉强度。当有套管时，还需计入套管的抗拉强度，但套管采用螺纹连接时，要考虑螺纹连接时的实际截面积。

2. 由土确定单桩承载力

与普通桩基础设计类似，桩的承载力也由桩侧阻力和桩端阻力组成。由于微型桩通常长细比很大，所以，一般假设桩荷载主要通过侧阻传递到土中。

同时，微型桩无套管部分，其荷载传递有两个界面，如图 13-3-1 所示。因此，考虑微型桩侧阻破坏模式时，应考虑两个界面的阻力。根据美国 ACI318，型钢与注浆体之间的摩阻力大致为 1.0～

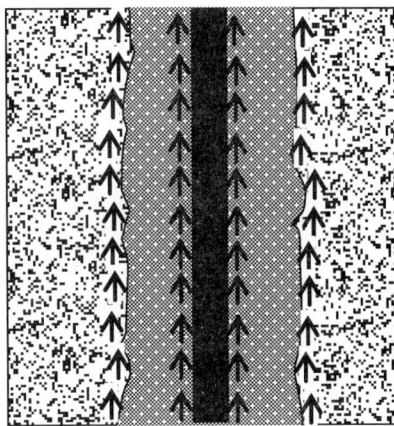

图 13-3-1　微型桩两个侧阻传递界面

1.75MPa（光圆钢筋或钢管）或 2.0～3.5MPa（螺纹、人字纹钢筋等变形钢筋）。实用上，微型桩侧阻力主要由注浆体—土的界面决定，并按式（13-3-4）计算桩侧极限摩阻力 Q_{su}：

$$Q_{\text{su}} = \sum_{i=1}^{n} u_i q_{\text{sui}} \tag{13-3-4}$$

式中　u_i——桩周第 i 层土的厚度（m）；

　　　q_{sui}——桩周第 i 层土的极限侧摩阻力（kPa）。

正如前文所述，由于我国缺乏微型桩规范，一般工程技术人员常按普通钢筋混凝土灌注桩的承载力经验公式来估算微型桩的单桩承载力，这当然是偏于安全的。但微型桩一般是采用压力灌浆的方式灌注水泥砂浆或水泥浆而成，在压力作用下，一部分浆液渗入桩周土体（特别是对于粗颗粒土），其实际注浆量远远大于计算注浆量，因此，微型桩与普通灌注桩相比桩与桩周土体结合更加紧密。桩侧阻力及桩端阻力均比普通钢筋混凝土灌注桩要大得多。表 13-3-2 是美国微型桩设计时，用于初步估算微型桩承载力时的桩侧摩阻力推荐值。可见，注浆工艺对侧阻影响很大，且表中的极限侧阻推荐值比我国行业标准《建筑桩基技术规范》（JGJ 94—2008）灌注桩极限侧阻推荐值高出较多。对比表 13-3-2 可看出，按灌注桩侧阻推荐值计算的单桩承载力确实偏低很多。表 13-3-2 可供参考。

微型桩压浆体侧摩阻力极限值　　　　　　　　　　　　　　　表 13-3-2

土或岩石特征	注浆体与土接触面名义极限摩阻力（kPa）			
	类型 A	类型 B	类型 C	类型 D
粉土、黏土（含砂）（软、中等塑性）	35～70	35～95	50～120	50～145
粉土、黏土（含砂）（坚硬、密实—很密实）	50～120	70～190	95～190	95～190
砂土（含粉土）（细砂、松散—中密）	70～145	70～190	95～190	95～240
砂土（含粉土、砾石）（细—粗砂、中密—密实）	95～215	120～360	145～360	145～385
砾石（含砂土）（中密—密实）	95～265	120～360	145～360	145～385
冰渍土（含粉土、砂、砾石）（中密—密实，胶结）	95～190	95～310	120～310	120～335
软质页岩（新鲜—中等裂隙，微风化—不风化）	205～550	N/A	N/A	N/A
板岩或硬质页岩（新鲜—中等裂隙，微风化—不风化）	515～1.380	N/A	N/A	N/A
石灰岩（新鲜—中等裂隙，微风化—不风化）	1.035～2.070	N/A	N/A	N/A
砂岩（新鲜—中等裂隙，微风化—不风化）	520～1.725	N/A	N/A	N/A
花岗岩或玄武岩（新鲜—中等裂隙，微风化—不风化）	1.380～4.200	N/A	N/A	N/A

注：1. 类型 A：仅采用重力注浆；

　　2. 类型 B：在逐渐拔出套管的同时通过套管压力注浆；

　　3. 类型 C：先采用重力注浆，然后在进行一次二序"球形"压力注浆；

　　4. 类型 D：先采用重力注浆，然后在进行一次至多次二序"球形"压力注浆；

　　5. N/A：该类型注浆体在对应的土或岩石特征中不适用。

关于微型桩的端阻力，由于微型桩断面很小，当桩端支承在土上时，初步设计时可暂不考虑端阻力。而当桩端进入并支承在岩石上时，则应按端承桩考虑，此时桩的承载力主要由桩身材料强度控制。

3. 微型桩的稳定验算

由于微型桩属于细长桩，长径比很大，一般由桩侧注浆体与土接触面侧阻提供的承载力大于桩身材料强度决定的承载力，所以微型桩在竖向荷载下的稳定成为人们关心的问题。但已有的研究表明，除非在特别软弱的土层中，屈曲一般不控制桩的竖向抗压承载力。

Bjerrum（1957）[15]进行了一系列试验，对包括钢筋、钢轨、H 型钢等不同截面形式的微型桩的压曲进行了研究，得出结论认为，即使很软弱土也能提供微型桩足够的侧向支持，防止微型桩压曲。他建议可按式（13-3-5）估算微型桩的压曲临界荷载：

$$P_{cr} = \frac{\pi^4 EI}{l^2} + \frac{E_{sp-y} l^2}{\pi^2} \tag{13-3-5}$$

式中　E——桩截面弹性模量（MPa）；

I——桩截面最小惯性矩（m^4）；

l——桩侧向无约束长度，指桩侧仅仅受到土约束的长度（m）；

E_{sp-y}——土侧向抗力模量，即桩 p-y 曲线的斜率。

式中第一项对应于柱压曲的欧拉方程，第二项则反映了土侧向约束的贡献。

经过进一步研究，Cadden and Gómez[14]、[16] 把上式改写为：

$$E_{sp-yCR} \leqslant \frac{1}{\left[\left(4 \cdot \dfrac{I}{A^2}\right) \cdot \left(\dfrac{E}{f_y^2}\right)\right]} \qquad (13\text{-}3\text{-}6)$$

式中　A——微型桩横截面积（m^2）；

f_y——桩材料的屈服应力（MPa）。

式（13-3-6）分母中第一项反映了桩截面几何特性，第二项则反映了桩桩身截面的材料特性，该两项的乘积则称为桩因素。美国常用的一些微型桩采用的钢筋或型钢的型号和桩系数见表 13-3-1，可供我国设计者参考。

式（13-3-6）中的 E_{sp-yCR} 实际上是一个临界值[16]，当土的实际 E_{sp-y} 小于 E_{sp-yCR} 时，就需要校核桩的屈曲稳定；当土的实际 E_{sp-y} 大于 E_{sp-yCR} 时，则桩的竖向抗压承载力为桩身强度决定的桩承载力和土提供给桩的承载力两者的较小值，不存在压曲的问题。

六、桩数的确定

设计桩数应由上部结构荷载及单桩竖向承载力计算确定。由于微型桩属于小直径桩，且一般基础下布桩数量少，应适当考虑桩土相互作用。根据《既有建筑地基基础加固规范》（JGJ 123—2000），一般来说，对增加荷载的建筑物，可认为原有建筑物荷载由土承担，增加的荷载由桩和土按一定比例分担，实用上可取桩土分担荷载的比例为 3∶7；对新建工程来说，可认为建筑物荷载由桩与土共同承担，并参照《建筑桩基技术规范》（JGJ 94—2008）进行计算；当设置褥垫层时，可按刚性桩复合地基考虑，并参照《建筑地基处理技术规范》（JGJ 91—2002）中的粉煤灰素混凝土（CFG）桩复合地基进行承载力计算。

微型桩由于压浆特别是二次压浆的作用，水泥浆液向桩周扩散，可显著加强桩—土、桩—桩之间的相互作用。一般来说，对于支承在坚硬持力层（含基岩）上的微型桩，由于可视为端承桩，故可不考虑群桩效应。支承在砂土中的微型桩群桩，由于桩侧及桩端浆液的扩散，其群桩承载力得到提高，群桩效率系数可大于 1。但在黏土中，研究表明其群桩效率系数小于 1。初步设计时可不考虑群桩效应。

七、微型桩的沉降

如前所述，对于桩端进入并支承在岩石或坚硬土层上的微型桩，其沉降主要为桩身压缩，可按型钢与注浆体的面积等效弹性模量计算计算桩身压缩量。

当桩端支承在砂层或黏性土层时，可按压入式预制桩考虑，并计算单桩和群桩沉降。具体可按我国行业标准《建筑桩基技术规范》（JGJ 94—2008）推荐方法进行计算。当设置褥垫层时，可按刚性桩复合地基考虑，并参照《建筑地基处理技术规范》（JGJ 79—2002）中的粉煤灰素混凝土（CFG）桩复合地基进行沉降计算。

第四节　受拉微型桩承载力

实际工程中，微型桩还可能承受拉力。单桩竖向抗拔承载力可通过单桩载荷试验确定，但设计时需进行估算。由压浆体与土的接触面侧阻提供的极限抗拔力可按式（13-3-4）估算。但还应验算桩体抗拉强度是否满足要求，此时仅考虑加筋体（如有套管还应计入套管的抗拉强度）而忽略压浆体的作用。

第五节　微型桩与基础的连接构造

微型桩桩身常常不是由单一材料构成，且常用于既有建筑物基础托换与地基加固，因此，还存在微型桩与既有建筑物基础的连接问题，当然，当微型桩在既有建筑物基础之外施工时，还存在微型桩与新的扩大的基础的连接以及扩大的基础与既有基础之间的连接构造问题。此外，根据微型桩是承压或抗拔、或兼而有之，桩与基础的连接构造也有所不同。

图 13-5-1 是一种微型桩与既有建筑物基础的扩大部分的连接方法[1]，图 13-5-2 是微型桩与基础之间的连接方法[1]。由图 13-5-1 可见，通过设置承载板，并用螺母与微型桩中心的钢筋连接固定，然后浇于混凝土基础中，从而可以承受压力或上拔力。在套管与承载板之间的加劲板可加强传递竖向荷载的能力，同时，也是承载板与套管之间具有传递弯矩的能力。

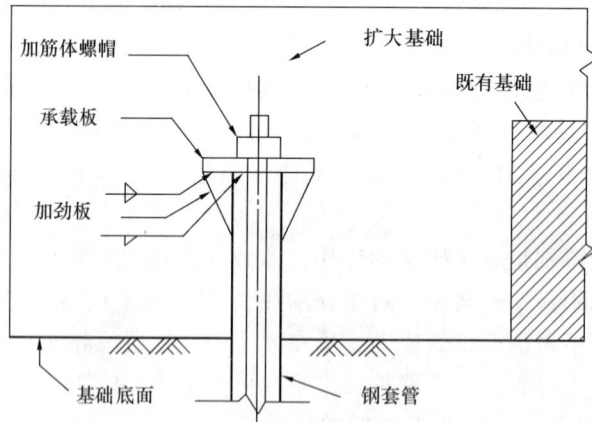

图 13-5-1　带套管微型桩与新设基础之间连接

当微型桩承受抗拔荷载时，加劲板的设置还可通过承载板—加劲板—套管这一传力路径承受上拔力，从而减轻对承载板与套管之间焊缝的依赖，也可使套管与基础混凝土之间的粘结强度的贡献得以发挥。

图 13-5-2 是微型桩与既有基础之间的连接方法。这时，微型桩是通过在既有基础上钻孔而施工的。当微型桩完成后，在套管与孔之间用非收缩的水泥浆注满。为了增强钢套管与水泥浆体之间的传力能力，可在钢套管置入之前，在钢套管上焊上一定间距的钢筋剪力环。这种连接方式的荷载传递能力取决于剪力环与浆体之间以及浆体与既有基础之间的

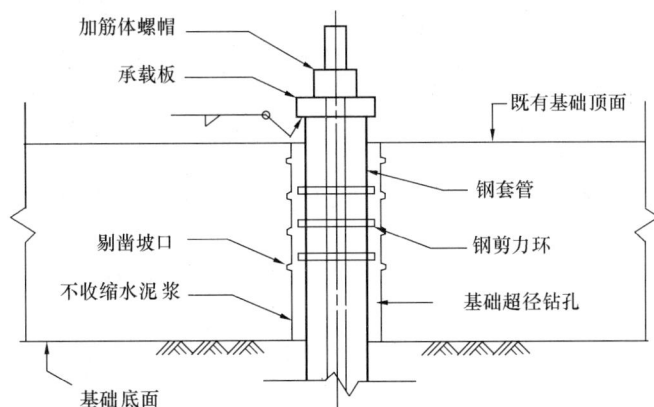

图 13-5-2　带套筒微型桩与既有基础的连接构造

传递剪力的能力。

为了增强浆体与既有基础之间的传递剪力的能力，还可在既有基础上钻孔的侧壁设置内陷的坡口，典型的坡口尺寸为 20mm 深、32mm 宽。当基础高度较大时，也可不设置剪力环和坡口。

还有其他很多种连接方式。图 13-5-3 是一种较为简单的连接方法，在微型桩套管外再设置一个钢管，进入基础一定高度；微型桩中心钢筋上设置中心穿孔的承载板，其上下均通过螺帽固定，从而可传递拉、压力。

无论采用哪种连接方法，均应进行连接的荷载试验，以确定（或检验）所选定材料和连接方法的连接的剪力环与浆体之间以及浆体与既有基础之间的传递剪力的能力，从而确定连接所控制的微型桩允许作用荷载。

图 13-5-3　微型桩与新施工基础之间的连接

参 考 文 献

[1]　BRUCE D A，CADDEN A W，SABATINI P J. Practical advice for foundation design-Micropiles for structural support. GSP 131 Ight ASCE：Contemporary Issues in Foundation Engineering，2005：1-25.

[2]　KAISIN HO. 微型桩加固铁路路基［J］. 路基工程，1997，75：87-90.

[3]　朱宝龙，胡厚田，张玉芳，陈强，张胜文. 钢管压力注浆型抗滑挡墙在京珠高速公路 K108 滑坡治理中的应用［J］. 岩石力学与工程学报，2006，25（2）：

[4]　周同和，郭院成，李永辉. 复合桩墙支护新技术概念与理论体系［J］. 岩土工程学报（增刊），2008（待刊）.

[5]　刘保卫. 投石压浆无砂混凝土小桩复合地基技术分析［J］. 华北水利水电学院学报，2002，23（2）：63-65.

［6］ 索鹏 . 二次压浆微型桩在地基抗震加固处理中的应用［J］. 岩土工程界，2007，11（2）：47-49.

［7］ HANS G K，BERHANE G. Excavations and foundations in soft soil［M］. Netherlands：Springer：2006.

［8］ 曾友金，王年香，章为民，徐光明 . 软土质地区微型桩基础离心模型试验研究［J］. 岩土工程学报，2002 年第 2 期。西部探矿工程 2002.

［9］ 孙剑平，徐向东，张鑫，李树明 . 微型桩托换技术［J］. 工业建筑，1999，2（8）：56-59.

［10］ 黄绍铭，高大钊 . 软土地区与地下工程［M］. 北京：中国建筑工业出版社，2005.

［11］ 吕凡任，陈仁朋，陈云敏，应建国 . 软土地基上微型桩抗压和抗拔特性试验研究［J］. 土木工程学报，2005，38（13）：99-105.

［12］ 郑刚，王丽 . 竖向荷载作用下倾斜桩的荷载传递性状及承载力研究［J］. 岩土工程学报，2008，30（3）：1-6.

［13］ 微型桩［J］. 岩土工程界 .2006，9（8）：19-20.

［14］ CADDEN A W，Gómez J E. Buckling of Micropiles-A Review of Historic Research and Recent Experiences［R］. ADSC-IAF Micropile Committee，2002.

［15］ BJERRUM L. Norwegian experiences with steel piles to rock［J］. Geotechnique，1957，7：73-96.

［16］ 徐化轩 . 微型钢管压浆桩的设计、检验与施工［J］. 西部探矿工程，2002，增刊（001）：357-359.

［17］ 郑瑜 . 外微型桩发展概况［J］. 港口工程，1990，（5）：49-50.

［18］ Timothy H. Bedenis. ，MichaelJ. Thelen，Steve Maranowski. High capacity micro piles for utility retrofit：a case history at D. E. Karn power plant in Bay City，Michigan.

第十四章　组　合　桩　设　计

第一节　概　　述

一、传统低强度桩体的局限性

地基处理中，常采用在软弱地基中设置柱体式加固体（column type reinforcement element），通过柱体式加固体与加固体之间的原位地基土组成复合地基，共同承担基础传来的荷载。目前采用的柱体式加固体种类较多，常见的有石灰桩、砂桩、碎石桩、灰土桩、水泥土桩（干法、湿法）、旋喷桩（高压喷射注浆法）等。这些柱体式加固体的共同特点是，相对于钢筋混凝土桩、钢桩来说，其桩体强度与弹性模量均很低，在荷载作用下，桩体压缩量大，单桩承载力低，其单桩承载力受到桩身强度的极大制约。

二、组合桩的概念

早期的组合桩主要是针对水泥土桩抗压强度低和几乎没有抗拉强度的弱点，在作为挡土墙时，通常需要较大的厚度，造价较高，且施工期间需占用较大的场地而提出的，并开展了对搅拌桩进行改进的研究和工程实践，如水泥土桩与其他类型的桩共同组成复合地基；水泥土桩与其他材料组合形成水泥复合结构，如插筋水泥土墙、插入型钢水泥土墙、相间钢筋混凝土桩水泥土墙以及劲芯水泥土桩等。例如，"SMW"工法，是在水泥土搅拌桩和地下连续墙基础上发展起来的，在水泥土搅拌桩初凝前插入 H 型钢作为劲性桩芯。提高桩体竖向抗压承载能力和抗弯能力，形成具有一定强度和刚度的连续无接缝的劲芯水泥结构。20 世纪 90 年代，日本发展了水泥土搅拌桩中插入带肋钢管，形成复合桩，经研究表明能大大提高桩的承载力，适用于软土地区高承载力、无污染、低造价的要求。

三、早期的组合桩实践

世纪 80～90 年代是我国地基处理中较多采用水泥土搅拌桩（包括干法和湿法）的时期。对多层建筑来说，采用水泥搅拌桩复合地基，并在复合地基上设置筏基或条形基础常常可取得较好的效果。然而，大量的工程实践表明，由于桩身强度低，桩身向下传递荷载的能力有限，常常存在一个有限桩长[1]。为此，工程师开始意识到，如果能够有其他辅助措施提高桩身截面抗压强度，则必然可提高桩身向更大深度传递荷载的能力。例如，1994年沧州机械施工公司将一根长 4.4m，上端直径 230mm，下端直径 180mm 的圆锥形空心钢筋混凝土电线杆插入直径 500mm，长 8.0m 的水泥上搅拌桩内作为劲性桩芯，静载试验结果表明其极限承载力达 450kN，而相同条件搅拌桩极限承载力仅 160kN，值得注意

编写人：郑刚（天津大学建筑工程学院）

的是加载至试验桩破坏后，将桩体挖出，发现其在深约 2.0m 处，劲性桩芯混凝土被压碎、纵向钢筋压曲，表明搅拌桩具有很大的侧摩阻力和端阻力，仅因桩芯压碎而停止加载[2]。1998 年上海市万里小区进行混凝土劲芯水泥复合桩的试验[3]，亦取得了较好的效果。

四、组合桩的常见类型

根据目前的组合桩形式，根据不同的组合方式，可以分为同一桩身截面上由不同材料进行组合和沿桩长在不同段分别采用不同材料的组合两种形式的组合桩；此外，还采用刚性桩与半刚性桩、半刚性桩与散体柔性状、刚性桩与散体柔性桩间隔布置，组成平面上的二元组合桩型复合地基，当采用三种或以上不同刚度、强度、材料的加固体时，则称为多元复合地基。在二元或多元组合桩型复合地基中，各桩体仍是传统的桩型。

1. 桩身同一截面不同材料组合桩

目前常见的桩身同一截面由不同材料组合的组合桩的类型有以下几种。

1）水泥土搅拌桩（干法、湿法）—预制混凝土芯桩组合桩

构造如图 14-1-1（a）所示，在刚刚完成搅拌的水泥土搅拌桩中插入预制的小直径预制钢筋混凝土桩、管桩或钢管桩，组成复合桩体，提高桩身截面强度，提高桩身向下传递荷载的能力，有效桩长增大，从而提高承载力。

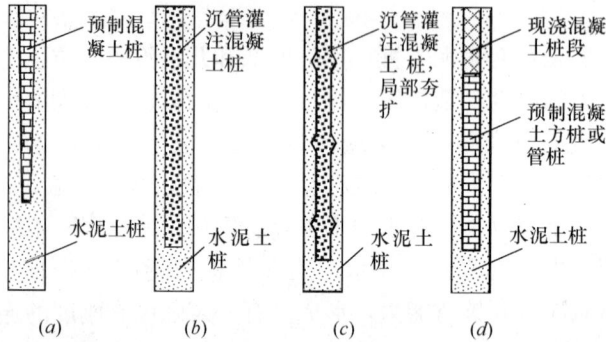

图 14-1-1 水泥土桩—混凝土芯桩组合桩形式
(a) 预制芯桩；(b) 现浇芯桩；(c) 现浇芯桩；(d) 预制-现浇芯桩

2）水泥土搅拌桩（干法、湿法）-现浇混凝土芯桩组合桩

如图 14-1-1（b）、（c）所示。该法是在刚刚完成搅拌的水泥土搅拌桩中心，通过沉管灌注等方式，在已施工好的搅拌桩中心成孔并灌入混凝土，形成现浇钢筋混凝土芯桩，组成复合桩体，从而提高承载力。在沉管灌注过程中还可分段夯扩，形成扩大头，提高承载力。水泥土桩中设置现浇混凝土芯桩后的成桩情况见图 14-1-2。

3）水泥土搅拌桩（干法、湿法）—现浇预制相结合芯桩组合桩

如图 14-1-1（d）所示，在下段芯桩采用压入的预制桩，在上段压桩形成的空孔内，插入钢筋笼并

图 14-1-2 水泥土桩—现浇混凝土芯桩组合桩

灌入混凝土形成现浇段芯桩。

4）旋喷桩-型钢芯桩

在刚完成旋喷施工形成的柱状加固体中心插入型钢，形成组合桩体。

5）砂桩-预制桩组合桩

在砂桩中压入预制混凝土桩，既形成高强度桩体，有可起到竖向排水通道的作用，有助于加速桩间土及桩端下土的固结。

2. 桩长在不同段分别采用不同材料的组合桩

1）水泥土桩—混凝土芯桩组合桩

主要指芯桩长度小于水泥土桩、芯桩下端以下仍有一定长度的水泥土桩的情况。此时，在芯桩长度范围内，桩身同一截面由水泥土和混凝土分别组成，在整根桩来说，又是由两段组成组合桩，上段为水泥土—混凝土组合截面，下段为水泥土桩。如图 14-1-3（a）所示。

2）实-散组合桩

王长科[4]等提出了实散组合桩，即一根桩由上下两段组成，上段是实体桩，下段是散体桩。这样就克服了散体桩通常桩头承载能力低的缺陷，如图 14-1-3（b）所示。实体桩（指半刚性桩和刚性桩，如灰土桩、双灰桩、水泥土桩、废渣混凝土桩（CFG 等）、钢筋混凝土短桩）和散体桩（碎石桩、砂石桩、砂桩）都得到了广泛应用。实体桩具有较（很）高的粘结程度，其承载力主要取决于桩体单轴抗压强度和桩侧摩阻力、桩端承载力，在地基处理上主要起置换作用。散体桩桩体无粘结力，其承载力取决于桩体内摩擦角和桩周水平径向应力（即桩周约束力，假定桩长大于临界桩长），在地基处理上起挤密兼置换作用。散体桩因造价低廉和施工简便，在北方地区得到了广泛应用。但散体桩桩头承载力低，从而限制了散体桩的应用前景。实散组合桩把散体桩桩头改做实体桩，上段是实体桩，下段是散体桩，利用实体桩的特点，提高桩头承载力，又可利用散体桩造价低廉的优势，从而满足建筑物对地基承载力和变形的要求。

3）挖孔桩—综合桩浆桩组合桩

赵薇等[5]提出了挖孔桩挖孔桩—综合桩浆桩组合桩的形式，由二者结合在一起组成的一种大承载新桩型。如图 14-1-3（c）所示，其上段有常规人工挖孔桩组成，成孔后，在孔底施工小直径综合注浆桩。综合注浆桩是单管分喷高压喷射注浆法和静压注浆法结合形成的一种桩型。它是将带有特殊喷嘴的注浆单管，置于土层的预定深度后，先以压力为 20MPa 以上的高压水射流对钻孔周围土体进行冲击、切割，达到一定的孔径后，再以 3～5MPa 的压力注入水泥浆液，使水泥浆液和土体搅拌混合后，凝结成固结体。它具有桩径大、单桩承载力高、施工设备工艺简单、效果可靠等优点。在挖孔桩底部设置综合注浆桩后，可对孔底土进行加固，大幅度提高挖孔桩桩端承载力。

此外，还有其他一些组合桩型，例如此外，还有碎石—钢筋笼组合桩、土工织物袋装砂桩等，但这些不同材料组成的桩体，总体上仍属于柔性桩。

本书所指的组合桩主要指水泥土桩与混凝土芯桩组成的组合桩。

本书介绍的微型桩，由钢筋芯棒（也可包括钢套管）和水泥浆体组成，实质上也是一种组合桩。

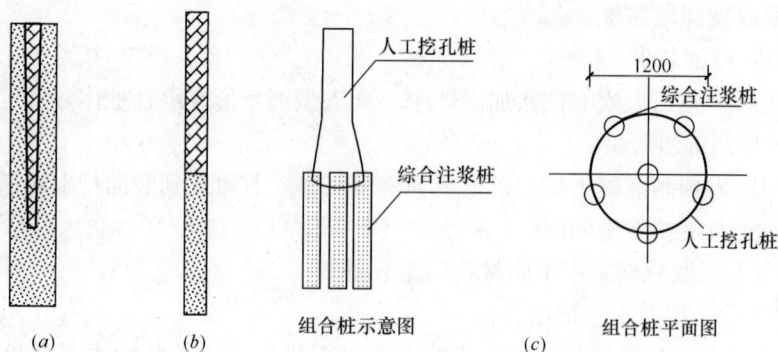

图 14-1-3 分段组合桩
(*a*) 同一截面组合及分段组合的组合桩；(*b*) 实-散体分段组合桩；
(*c*) 挖孔桩—高压喷射注浆桩组合桩

第二节 组合桩的荷载传递特点

一、组合桩的荷载传递机理与破坏模式

初步的工程实践表明，相同土质条件、相同桩身质量的条件下，通过在桩身中插入一定的强度高于水泥土的构件，单桩的承载力就会得到显著提高。这说明常规水泥土桩的破坏并不是因为桩身侧阻和桩端阻达到极限而导致单桩达到极限。1998 年郑刚[6]进行了模拟水泥搅拌桩、干法成孔灌注桩和泥浆护壁成孔灌注桩与土接触面的水泥土—土、混凝土—土接触面荷载传递试验，证明水泥搅拌桩与土之间摩阻力大于干法成孔灌注桩和泥浆护壁成孔灌注桩与土接触面的摩擦阻力，从而推断水泥搅拌桩由桩侧摩阻力和端阻力提供的单桩承载力不应小于刚性桩。

此外，郑刚[7]等在温州深厚软土中进行的多组 18m 长水泥搅拌桩及设置加劲钢管的水泥搅拌桩的承载力对比试验。试验场地为典型温州软土，其主要物理力学指标见表 14-2-1。桩长范围内土层主要为淤泥。由于基础埋深约 3m，因此，试验是在③₃淤泥层上进行的，天然地基承载力 $f_{ak}=42$kPa。

试验场地土层主要物理力学指标   表 **14-2-1**

层序	H (m)	w (%)	e	I_L	c (kPa)	φ (°)	E_{s1-2} (MPa)	f_k (kPa)
②	1.40	38.2	1.502	0.64	20.4	12.4	3.15	80
③₃	4.60	70.7	1.98	2.07	13.1	7.2	1.07	42
③₄	6.80	70.2	1.974	2.24	13.5	7.7	1.10	45
⑤	>6	52.2	1.494	1.49	14.4	8.6	1.59	62

注：表中抗剪强度指标为直剪固结快剪抗剪强度指标；H 为层厚。

为研究软土中超长水泥搅拌桩复合地基承载力性状，进行了超长水泥搅拌桩单桩承载力试验、超长水泥搅拌桩单桩复合地基承载力性状和在桩中心插小直径钢管研究提高桩身

抗压强度后单桩复合地基承载力试验。

试验桩有效桩长 18m，桩径<600mm，水泥掺入比 18%。共进行了 3 根单桩静载试验、8 个无褥垫层单桩复合地基载荷试验和 3 个搅拌桩中心插钢管芯桩的单桩复合地基载荷试验。

图 14-2-1 是超长水泥搅拌桩单桩静载试验 Q-s 曲线。进行了桩身全长取芯检验，无侧限抗压强度试验表明加固效果较好。1 号桩和 2 号桩加荷至 160kN 后 Q-s 曲线均发生了陡降，破坏时对应的桩顶沉降分别为 18.24mm 和 7.32mm，卸荷后回弹量分别为 4.5mm 和 1.93mm，3 号桩加荷至 140kN 时，Q-s 曲线产生第一次陡降，桩顶沉降由 9.18mm 激增至 32.00mm，然后再加荷时，桩顶沉降增加又较缓慢，直至加荷至 170kN 时，Q-s 曲线产生第二次陡降。卸荷回弹量为 6.67mm。2 号桩桩顶卸荷回弹量很小，破坏时对应的桩顶沉降量也很小，说明破坏前桩身压缩量很小，显然，桩身在浅部压坏，而 1 号桩由于有一定回弹量，破坏时桩顶沉降量也大于 2 号桩，可推断 1 号桩桩身在桩顶以下某一截面处压坏。而 3 号桩显然是在加荷至 140kN 时，桩身某薄弱截面处被压碎，然后薄弱截面以上桩身下沉至与薄弱截面以下桩段紧密接触，使桩顶沉降增幅在此后加荷过程中减缓，直至在 170kN 荷载下桩身某截面再次被压坏而产生陡降。

据以上试验结果，可认为，单桩极限承载力由桩身材料强度控制，桩身压坏导致 Q-s 曲线产生陡降而终止加载。

还进行了 8 个无褥垫层单桩复合地基载荷试验，承压板尺寸为 1m×1m，承压板下仅设薄细砂找平层。荷载-沉降关系 p-s 曲线见图 14-2-2。无论龄期长短，8 组单桩复合地基载荷试验 p-s 曲线均出现陡降段，s-$\lg t$ 曲线均在最后一级荷载下明显向下转折，存在明显的极限荷载。8 组单桩复合地基载荷试验对应的极限承载力 f_u 分别为 200kPa、200kPa、225kPa、250kPa、200kPa、150kPa、225kPa 和 225kPa，对应的沉降分别为 16.87mm、14.12mm、25.14mm、25.06mm、22.10mm、5.46mm、12.21mm 和 18.80mm。跟据以上试验结果，不管龄期长短，单桩复合地基极限承载力由桩身材料强度控制，桩身压坏使 Q-s 曲线产生陡降而终止加载，荷载-沉降关系为陡降型。

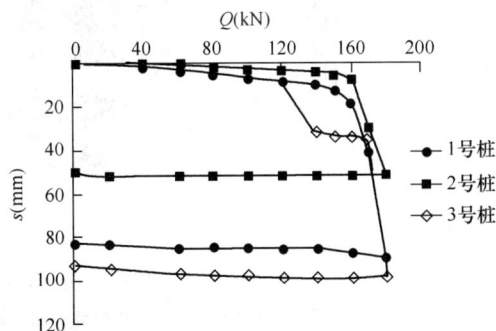

图 14-2-1　单桩载荷试验 Q-s 曲线

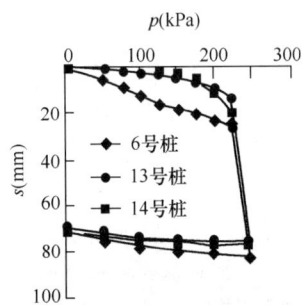

图 14-2-2　单桩复合地基载荷
试验 p-s 曲线

不考虑 9 号桩，7 个单桩复合地基载荷试验加荷至破坏时沉降量 s 与承压板宽度 b 之比 s/b 平均为 0.019，考虑到桩土相互作用影响，复合地基破坏时桩间土反力较小，远未达到天然地基极限承载力。

针对前述单桩及复合地基均是因桩身强度破坏而导致复合地基达到承载能力极限状态，为进行对比，在桩中心对称钻两个12m深孔，插入两根小直径（＜60mm）钢管，如图14-2-3（a）所示，注入水泥浆使钢管与搅拌桩可靠粘结，提高桩身截面抗压强度，然后进行单桩复合地基载荷试验。3个单桩复合地基载荷试验 p-s 曲线见图14-2-3（b）。图中还给出了无褥垫层、无钢管芯桩的4号桩单桩复合地基的曲线。

试验结果表明，与不设加劲钢管的单桩复合地基相比，其荷载-沉降关系特性有较大变化，其中1号加劲桩和2号加劲桩单桩复合地基曲线不再是陡降型，而是居于缓变型和陡降型之间。1号加劲桩和2号加劲桩单桩复合地基极限承载力对应的沉降量分别为43.37mm、41.75mm；3号加劲桩单桩复合地基曲线仍是陡降型，单桩复合地基极限承载力对应的沉降量分别为20.56mm。设加劲芯桩后的复合地基极限承载力平均提高78%，而且破坏时对应的沉降有较大增加。

由于两根钢管是在搅拌桩中取芯钻孔中设置的，故对桩周几乎没有影响。但设置加劲钢管后的单桩承载力大幅度增加，也说明常规水泥搅拌桩的单桩承载力并不受制于桩侧摩阻力，而是桩身强度。

现场试验方面，1998年天津大学、河北省沧州机施公司等单位合作进行了大规模的水泥搅拌桩、钻孔灌注桩与水泥搅拌桩插钢筋混凝土桩芯（组合桩）的承载力对比试验[8]，系统研究了桩芯形状、几何尺寸等对单桩承载力的影响，使插入劲性桩芯水泥搅拌桩的研究达到更高水平。由于在施工中几乎无挤土、噪声、泥浆污染，因此具有很好的经济和社会效益。此后，组合桩开始在天津市一些工程试用。

如图14-2-4所示，组合桩由强度相对较低得多的水泥土桩体和强度很高的混凝土芯桩组成。当荷载通过刚性压板施加至桩顶时，由于芯桩的刚度远大于其外围的水泥土桩度，因此芯桩桩顶将发生明显的应力集中。

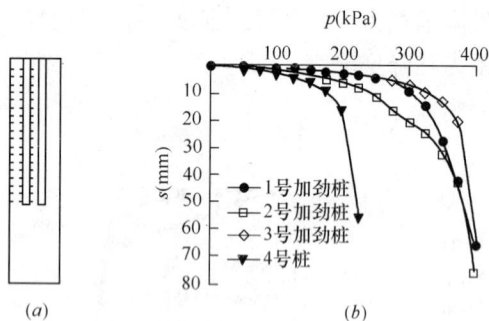

图 14-2-3　加劲水泥搅拌桩单桩复合
地基载荷试验 p-s 曲线
(a) 加劲搅拌桩；(b) 单桩复合地基载荷试验 p-s 曲线

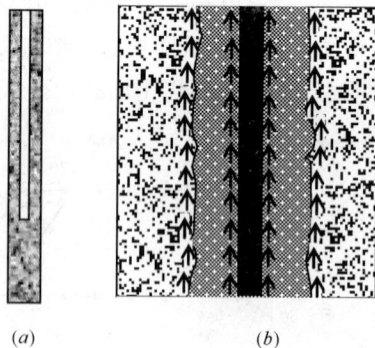

图 14-2-4　组合桩荷载传递截面
(a) 组合桩组成；(b) 荷载传递界面

桩顶施加荷载后，芯桩桩顶分担的荷载将通过芯桩与水泥土桩的接触面（第一界面）传递荷载至水泥土桩，然后由水泥土与土接触面和水泥土桩桩端传递至土；桩顶处的水泥土桩也可直接承担一部分荷载，并也通过水泥土与土接触面（第二界面）和水泥土桩桩端传递至土。

二、组合桩承载力

1998 年天津大学等单位进行了组合桩承载力和破坏性状的现场试验[2,8]。组合桩由水泥土搅拌桩、预制楔形混凝土芯桩两部分组成，芯桩在搅拌桩水泥土固化前用汽车吊改装的轻便专用压桩机压入水泥搅拌桩内，见图 14-2-5。试验所在场地的土层分布见图 14-2-6，试验桩布置见图 14-2-7。

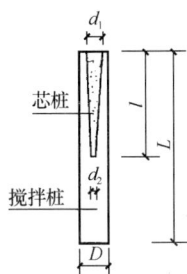

图 14-2-5 加劲搅拌桩构造

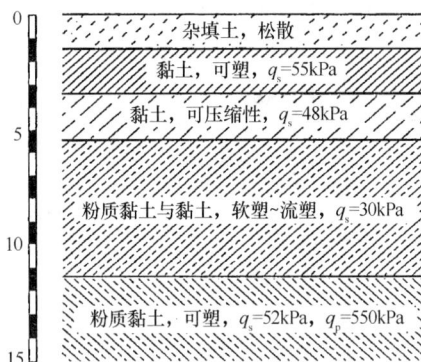

图 14-2-6 试验场地土层剖面

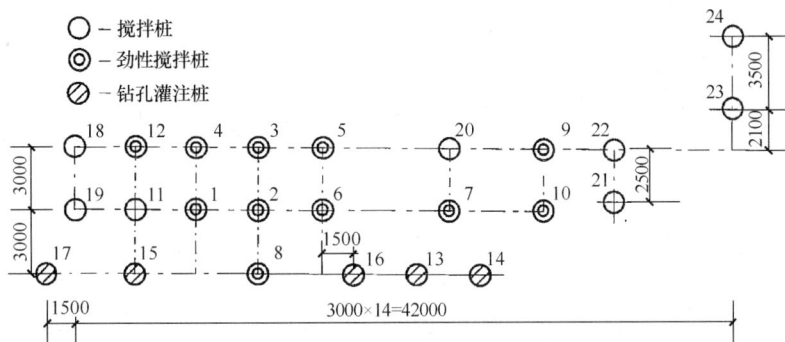

图 14-2-7 试验桩平面图

试验桩资料及单桩极限承载力见表 14-2-2。

试验桩资料及单桩极限承载力 表 14-2-2

试桩编号	桩型	桩长 (m)	桩径 (mm)	搅拌桩			混凝土桩芯		龄期 (d)	单桩极限承载力 (kN)
				水泥掺入比（%）		水灰比	芯长 (m)	上端直径/下端直径 (mm)		
				上部	下部					
1	加劲桩	8.5	500	12	18	0.6	3.5	200/100	64	300
2	加劲桩	8.5	500	12	18	0.6	5.0	180/180	66	400
3	加劲桩	8.5	500	12	18	0.6	5.0	180/180	60	500
4	加劲桩	8.5	500	12	18	0.6	5.0	250/100	61	700
5	加劲桩	8.5	500	12	18	0.6	5.0	300/100	55	700

续表

试桩编号	桩型	桩长(m)	桩径(mm)	搅拌桩 水泥掺入比(%) 上部	下部	水灰比	混凝土桩芯 芯长(m)	上端直径/下端直径(mm)	龄期(d)	单桩极限承载力(kN)
6	加劲桩	8.5	500	12	18	0.6	5.0	300/100	68	600
7	加劲桩	10.0	500	12	18	0.6	5.0	300/100	66	700
8	加劲桩	10.0	500	12	18	0.6	5.0	400/100	69	700
9	加劲桩	10.0	500	12	18	0.6	6.0	400/100	52	800
10	加劲桩	10.0	500	12	18	0.6	6.0	400/100	72	900
11	加劲桩	10.0	500	12	18	0.6	7.0	450/100	52	900
12	加劲桩	11.5	500	12	18	1.0	10.0	300/100	56	1000
13	灌注桩	8.5	500						20	500
14	灌注桩	8.5	500						35	480
15	灌注桩	10.0	500						28	600
16	灌注桩	10.0	500						30	550
17	灌注桩	11.5	500						31	650
18	搅拌桩	6.5	500	15	15				62	150
19	搅拌桩	6.5	500	15	15				63	180
20	搅拌桩	8.5	500	15	15				63	150
21	搅拌桩	10.0	500	15	15				53	150
22	搅拌桩	10.0	500	15	15				63	150
23	搅拌桩	11.5	500	15	15				77	540
24	搅拌桩	11.5	500	15	15				43	480

　　将长度和截面尺寸完全相同的组合桩和灌注桩实测极限承载力进行对比,见表14-2-3。

加劲搅拌桩和灌注桩实测极限承载力对比　　　　表14-2-3

桩长(m)	加劲搅拌桩 统计桩号	极限承载力平均值(kN)	钻孔灌注桩 统计桩号	极限承载力平均值(kN)	极限承载力比值
8.5	4		13		
	5	667	14	490	1.36
	6				
10.0	9		15		
	10	867	16	575	1.50
	11				
11.5	12	1000	17	650	1.54

部分组合桩和灌注桩的荷载沉降 Q-s 曲线见图 14-2-8 和图 14-2-9。

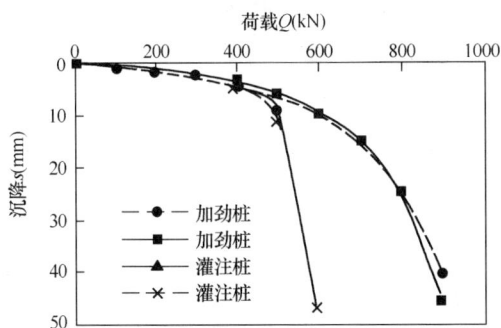

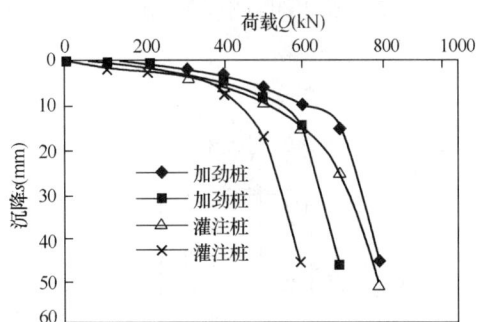

图 14-2-8　10.0m 长桩载荷试验 Q-s 曲线　　　　图 14-2-9　8.5m 长桩载荷试验 Q-s 曲线

可以看出，水泥搅拌桩插入一定长度的劲性桩芯后，其单桩承载力得到大幅度提高，甚至高于同尺寸的泥浆护壁混凝土灌注桩，然而，其造价仅相当于钻孔灌注桩的 30%～50%。

以上组合桩达到极限承载力时，对应的沉降量平均为 20mm，承载力设计值对应的沉降量 2.5～5.9mm，与天津市预制桩相应的沉降量近似，小于灌注桩相应沉降量，因此，水泥土桩在内插横截面很小的预制桩芯后，其荷载传递与工作机理变得与刚性桩相同。

三、组合桩承载力的影响因素

1. 芯桩-水泥土接触面摩阻力

吴迈[9]等进行了芯桩—水泥土接触面的荷载传递试验。通过对混凝土芯桩与水泥土组合试件的静载荷试验，研究了水泥土强度及其他因素对芯桩与水泥土界面摩阻力的影响。试验装置如图 14-2-10 所示，试验中采用的水泥土与芯桩混凝土参数见表 14-2-4。

水泥土与芯桩试验参数　　　　　　　　　　　表 14-2-4

试件号	混凝土芯桩				水泥土	
	强度等级	形状	d_1（mm）	d_2（mm）	水泥掺入比（%）	水灰比
1	C30	圆柱	100	100	7	1.0
2	C30	圆柱	100	100	10	1.0
3	C30	圆柱	100	100	12	1.0
4	C30	圆柱	100	100	15	1.0
5	C30	圆柱	100	100	15	1.0
6	C30	圆柱	100	100	20	1.0
7	C30	方柱	90	90	15	1.0
8	C30	圆柱	100	100	15	1.0

通过千斤顶将荷载作用在芯桩桩顶，采取分级加载的方法，每级加载量为预估极限荷载的 1/8～1/10；在每级荷载下的稳定标准为混凝土芯的下沉速度小于 0.1mm/30min；破坏标准为芯的下沉量不能收敛。取试件破坏的前一级荷载为混凝土芯与水泥土之间的极限侧摩阻力，即二者之间最大粘结力；用 P_u 表示；混凝土芯的侧表面积为 A_L，则 $\tau_u = P_u/A_L$，表示单位面积上的侧摩阻力值，或称作混凝土芯与水泥土之间粘结强度。粘结强

度与试件中水泥土的无侧限抗压强度的比值称为摩阻比或粘结系数，即单位面积上，单位水泥土强度所提供的侧摩阻力值，用 α 表示，即 $\alpha = \tau_u / f_{cu}$。试验结果见表 14-2-5 和图 14-2-11。

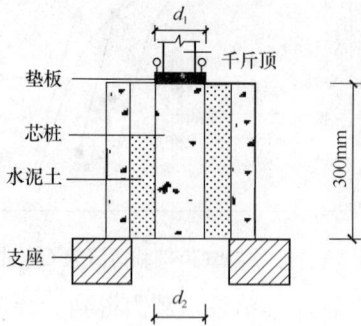

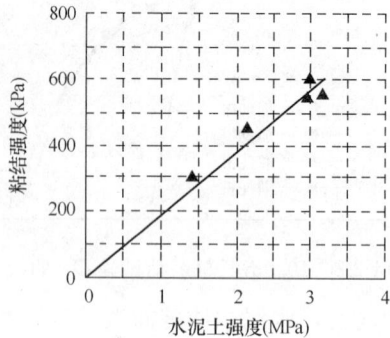

图 14-2-10　芯桩—水泥土界面荷载传递试验　图 14-2-11　1-6 号试件水泥土强度与摩阻力关系

混凝土芯桩-水泥土接触面摩阻力试验结果

表 14-2-5

试件号	芯形状	芯侧表面积（m^2）	套筒形式	水泥土强度 f_{cu}（kPa）	最大粘结力 P_u（kN）	粘结强度 τ_u（kPa）	摩阻比 α 实测值	平均值
1	圆柱	0.099	圆柱	2150	45.0	455.5	0.212	
2	圆柱	0.099	圆柱	2960	55.0	555.0	0.187	
3	圆柱	0.099	圆柱	3020	60.0	606.1	0.200	
4	圆柱	0.099	圆柱	3160	55.0	556.8	0.176	0.194
5	圆柱	0.099	圆柱	1430	30.0	304.0	0.213	
6	圆柱	0.099	圆柱	3210	55.0	559.5	0.174	
7	方柱	0.107	圆柱	3160	60.0	559.2	0.177	
8	圆柱	0.099	圆锥台	3160	100.0	1008.1	0.319	

邹宗煊[8]等采用室内模型试验研究了劲性桩芯与水泥土之间的摩阻力。采用上海青浦区赵巷税务所办公楼场地下③$_{-2}$层灰色淤泥质黏土，按水泥掺入比 8％～20％制作了四组共 15 个试样。60d 龄期时水泥土抗压强度为 0.5～3.6MPa。对等截面、倒椎形、带槽倒椎形和带肋倒椎形劲性桩芯进行了和水泥土之间的剪切试验，试验成果见表 14-2-6。

从表 14-2-6 可以看出，水泥土单位抗压强度 q_u 所提供的摩阻力却相差不多，相当于水泥土抗压强度 q_u 的 11.8％～14.3％，水泥土单位抗压强度 q_u 提供的摩阻力与芯桩表面特征的关系，由大变小依次为带肋倒椎体桩芯—带槽倒椎体桩芯—倒椎体桩芯—等截面桩芯，但相差亦不多。

2. 组合桩之水泥土与土接触面摩阻力

组合桩在水泥土桩—土截面通过侧摩阻力向周围土传递荷载。虽然相关规范给出了水泥土桩侧摩阻力经验值，但用来计算组合桩承载力时，似乎偏低较多。将表 14-2-5 中组合桩和灌注桩的单桩极限承载力减去其端阻力，其中组合桩端阻力按《建筑地基处理技术规范》（JGJ 79—2002），取为桩端天然地基承载力乘以折减系数 $a＝0.5$，灌注桩桩端持力层极限端阻力按《建筑桩基技术规范》（JGJ 94—94）取值，计算出组合桩和灌注桩的极限侧摩阻力沿桩身全长的平均值，列于表 14-2-7。勘察报告提供的各土层泥浆护壁钻孔灌注桩极限侧摩阻力的沿桩身全长的平均值也给出于表 14-2-7 中。

8 组水泥土对劲性桩芯摩阻力室内模型试验　　　　　表 14-2-6

组别	个数	水泥土抗压强度 q_u（MPa）	接触面极限剪切荷载（kN）	剪切接触面面积（cm²）	平均摩阻力（kPa）	水泥土单位强度平均摩阻力（kPa/MPa）	劲性桩 尺寸（mm）	劲性桩 形态
1	2	1.70	6.65		222	131	50×50×160	等截面
2-1	1	0.50	1.75	300	59	118	50×50（上截面）49×49（下截面）L=160	倒锥体
2-2	2	1.20	4.65		157	131		
2-3	2	2.00	7.8		263	131		
2-4	2	3.60	14.45		487	135		
3-1	2	1.40	5.75	297	194	139	尺寸同 2 组有二道 5×10 水平凹槽	倒锥体有凹槽
3-2	2	2.30	9.50		320	139		
4	2	1.80	7.65		257	143	尺寸同 2 组有二道 5×10 水平凸槽	倒锥体有凸槽

极限侧摩阻力对比　　　　　表 14-2-7

桩 长（m）	桩径（mm）	实测平均值 加劲搅拌桩 ①	实测平均值 灌注桩 ②	灌注桩勘察报告取值 ③	比 率 ①/②	比 率 ①/③
8.5		47.6	33.7	37.9	1.41	1.26
10.0	500	53.8	34.3	36.7	1.57	1.47
11.5		53.3	33.0	37.9	1.62	1.41

表 14-2-7 中数据表明，组合桩极限侧摩阻力（水泥土桩与土接触面）是钻孔灌注桩极限侧摩阻力的 1.14~1.62 倍，是勘查报告灌注桩极限侧摩阻力取值的 1.26~1.47 倍。水泥搅拌桩成桩过程中有一定的挤土作用，水泥搅拌桩向桩周土产生渗透，桩侧轻微螺旋形起伏表面，以及在竖向力作用下水泥土产生较大的横向变形，导致桩侧产生附加法向应力，这些都有利于搅拌桩侧摩阻力的提高。实际上，计算组合桩桩侧极限侧摩阻力时，取钻孔灌注桩极限侧摩阻力是可行的并偏于安全的。经对比分析，以上组合桩承载力略低于预制桩按规范计算的单桩极限承载力。

3. 芯桩长度对组合桩承载力的影响

芯桩长度对组合桩的承载力也会产生影响，凌光荣等的现场试验研究了不同芯桩长度下的组合桩的单桩承载力[8]。表 14-2-8 列出了不同芯桩长度对组合桩承载力的影响。

由表 14-2-8 可以看出，芯桩亦存在一种"有效桩长"的现象，即当芯桩长度小于一定值时，随着芯桩的长度增大，组合桩的承载力也随之而增大。但芯桩长度超过一定值后单桩承载力提高幅度就很小了。例如，1 号桩芯桩长度仅有 3.5m，其承载力比芯桩长度为 5.0m 的相同尺寸搅拌桩低一半以上；搅拌桩桩长 10.0m，芯桩长度分别为 5m、6m、7m 时．芯桩长度每增加 1m，单桩极限承载力分别增加 150kN、50kN。但芯桩长度由 7m

增加至 10m 时，单桩承载力增加 100kN，即此时芯桩长度每增加 1m，单桩极限承载力平均仅增加 33kN。

芯桩长度对加劲搅拌桩承载力的影响

表 14-2-8

桩 号	搅拌桩桩长 L (m)	芯桩长度 l (m)	$\dfrac{芯桩长度 l}{搅拌桩长度 L}$	平均极限承载力 (kN)
1	8.5	3.5	0.42	300
5	8.5	5.0	0.59	650
6	8.5	5.0	0.59	
7	10.0	5.0	0.50	700
8	10.0	5.0	0.50	
9	10.0	6.0	0.60	850
10	10.0	6.0	0.60	
11	10.0	7.0	0.70	900
12	11.5	10.0	0.87	1000

4. 截面含芯率对组合桩承载力的影响

组合桩截面含芯率 a 指混凝土芯桩截面 A_c 与组合桩全断面截面积 A 之比[2]，即：

$$a = \frac{A_c}{A} \tag{14-2-1}$$

已有的研究表明[2,8]，桩顶处桩身截面抗压强度主要由芯桩决定。李俊才、邓亚光[11]等人对组合桩加载时桩顶处混凝土芯桩和水泥土的荷载分担进行了研究，其结果也证明了这一点。

试验场地的土质条件见表 14-2-9 所示。在软基中施打桩径为 600mm 的水泥土类桩，在水泥未硬凝时在水泥土桩中心施打劲性桩径为 220mm、强度等级为 C20 的素混凝土劲性桩（C 桩），形成素混凝土劲性水泥土组合桩（MC 桩）。桩长为 4m。

试验场地土层分布

表 14-2-9

层 号	土层名称	厚 度 (m)	重 度 (kN/m³)	压缩模量 (MPa)	承载力特征值 (kPa)
①	素填土、塘泥	1.5～4.00			60
②	粉土夹粉砂	0～2.45	18.5	10.3	130
③	粉 砂	3.40～4.20	18.4	13.8	170
④	淤泥质粉质黏土	6.60～7.90	17.3	3.4	75
⑤	粉 土	2.00	21.2	10.0	160
⑥	粉质黏土夹粉土	＞3.20	19.7	7.1	200

静载试验严格按照《建筑地基处理技术规范》（JGJ 79—2002）中"复合地基载荷试验要点"[13]进行，加载装置采用压重反力梁体系，试验配重＞450kN，承压钢板长宽均为 1.0m，荷载通过承压板均匀施加在素混凝土劲性桩及桩周土体上。考虑到复合地基设计承载力为 170kPa，试验时连续加载 45～360kN 共 8 级荷载。试验时量测了芯桩桩顶、水泥土桩及桩周土的反力。测点布置情况见图 14-2-12，反力测试结果见图 14-2-13。

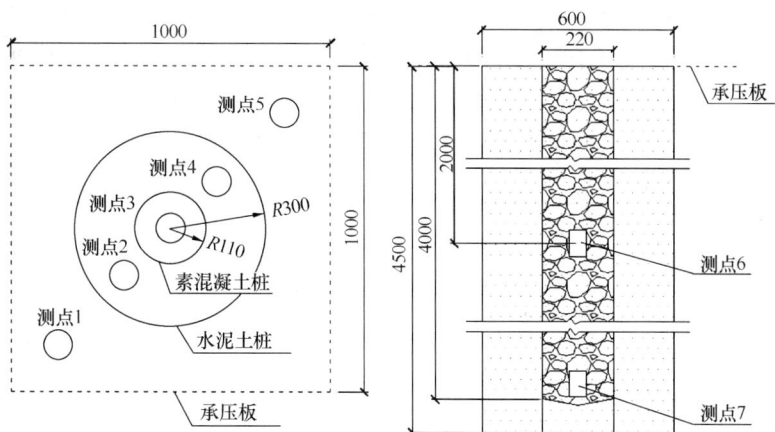

图 14-2-12　芯桩桩顶、水泥土桩及桩周土的反力测点布置

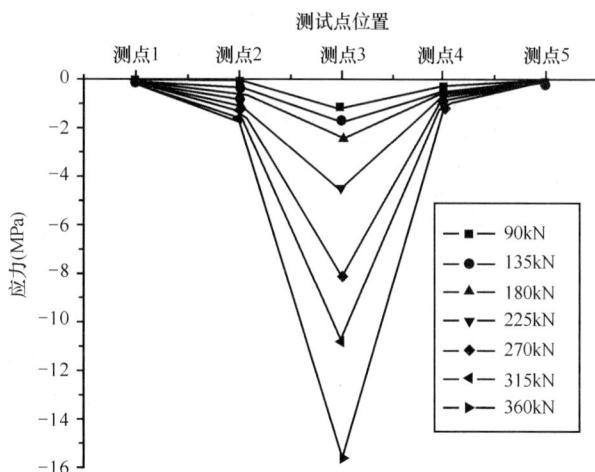

图 14-2-13　载荷板下芯桩桩顶、水泥土桩及桩周土的反力测试结果

由图 14-2-13 可见，芯桩桩顶发生了显著的应力集中，加载至最后一级荷载（360kN）时，荷载分担比大约为素混凝土芯：水泥土桩：桩周土＝67％：24％：9％。因此，芯桩强度对于保证组合桩单桩极限承载力的发挥至关重要，在设计时必须予以保证。

第三节　组合桩的设计

组合桩的破坏比单纯水泥土搅拌桩或钢筋混凝土桩的破坏方式较为复杂，而且目前也无相关规范。因此，总结了现有的研究成果，为便于工程技术人员进行设计，对组合桩设计作出以下基本假定[2]：

（1）在桩顶处，芯桩承受全部桩顶荷载。忽略式（14-2-1）中桩顶处水泥土的分担作用，以保证芯桩截面有足够的强度安全度。

（2）由于土体和水泥土的约束作用，计算芯桩轴心受压承载力时不考虑压曲的影响，纵向稳定系数＝1.0；

（3）根据水泥土对芯桩的摩阻力测定和桩顶破坏方式实测，当施工质量有保证，水泥土强度满足设计要求时，可不验算芯桩与水泥土之间的摩阻力。该假定必须满足一个前提，即芯桩长度应足够长。

基于以上假定，组合桩的承载力主要由以下因素控制：

（1）芯桩桩身材料抗压强度；

（2）搅拌桩极限侧摩阻力和极限端阻力（即第二界面承载力）。

并取以上二者之小者。

第二界面提供的单桩承载力可按式（14-3-1）进行估算：

$$R = U_P \Sigma q_{si} l_i + q_p A_p \tag{14-3-1}$$

式中 R——单桩竖向承载力特征值（kN）；

$\quad q_p$——桩端土承载力特征值，可按地区经验确定（kPa）；

$\quad A_p$——桩身横截面面积（m²）；

$\quad U_P$——桩身周长（m）；

$\quad q_{si}$——桩侧摩阻力特征值，可按地区经验确定（kPa）；

$\quad l_i$——桩周土层分层厚度（m）。

根据天津市经验，偏于安全可按泥浆护壁钻孔灌注桩计算侧摩阻力。

芯桩承载力可按上述假定参照国家标准《混凝土结构设计规范》（GB 50010—2002）中钢筋混凝土轴心受压构件的正截面受压承载力计算公式计算。

应通过现场静载试验确定单桩承载力，试验方法及单桩承载力评定可按有关规范执行。

当组合桩按桩基进行设计时，芯桩长度宜与水泥土桩等长，其群桩承载力与沉降可参照桩基规范进行验算。当按复合地基进行设计时，可参照《建筑地基处理技术规范》（JGJ 79—2002）中水泥粉煤灰碎石桩（CFG）复合地基的有关规定进行计算复合地基承载力与沉降。此时，桩顶与基础之间可设置 100～300mm 厚褥垫层。褥垫层可采用级配良好的中砂、粗砂或土石硝并按有关标准进行压实。

此外，还应进行组合桩截面的抗压强度验算，并可参照式（14-3-2）计算，

$$N = aA f_c + A f_{cu}(l-a) \tag{14-3-2}$$

式中 N——组合截面抗压承载力（kN）；

$\quad f_c$——芯桩混凝土轴心抗压强度标准值（MPa）；

$\quad f_{cu}$——水泥土无侧限抗压强度（kPa）。

第四节 组合桩应用工程实例——天津彩虹花园 1A 座住宅楼

一、工程概况[2]

小区位于天津南开区中环线红旗南路北侧，1A 座住宅楼为六层砖混结构，层高 2.8m，开间 3.3～4.2m，坡屋顶，2001 年 6 月开工，同年 9 月封顶。

二、工程地质条件

该场地原为水坑，近期填垫，地下水位埋深约 1.0m，各土层分布、岩性及主要物理

力学指标见表 14-4-1 和图 14-4-1。

各土层物理力学性质指标

表 14-4-1

层序	土层名称	厚度 (m)	状态	含水量 w (%)	孔隙比 e	液性 指数 I_l	塑性 指数 I_p	承载力 基本值 f_0 (kPa)	钻孔灌注桩	
									q_{sk} (kPa)	q_{pk} (kPa)
1	杂填土	1.2～3.8	松　散							
2a	黏　土	0.0～1.3	可　塑	30.2	0.88	0.47	17.7	120	37	
2b	粉质黏土	1.1～1.7	可　塑	30.0	0.86	0.93	13.2	120	37	
3	粉质黏土	9.4～9.5	软塑～可塑	30.8	0.87	1.10	12.3	110	31	220
4	粉质黏土	1.0～1.2	可　塑	24.3	0.70	0.55	12.9	120	52	
5a	粉质黏土	2.4～3.0	可　塑	24.4	0.70	0.57	13.2	150	60	
5b	粉　砂	4.4～4.5	密　实	24.8	0.71			170	63	810

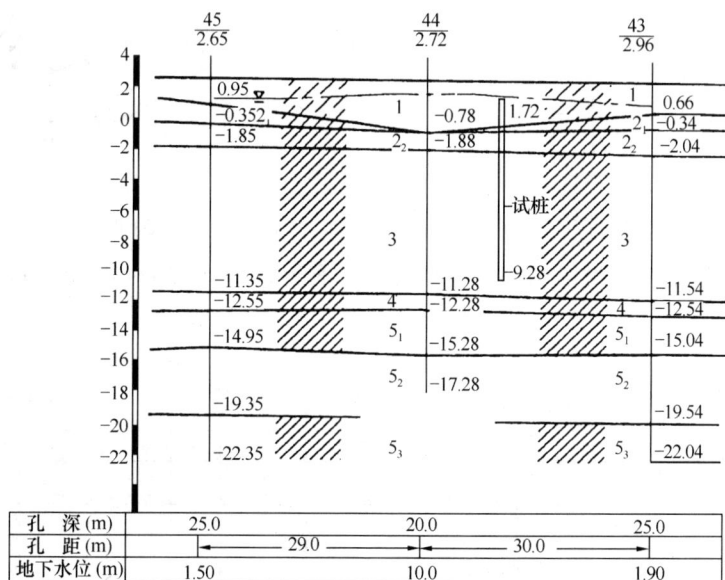

图 14-4-1　工程地质剖面图

三、组合桩设计

根据建筑物场地工程地质资料，决定采用加劲水泥搅拌桩，其中搅拌桩长 11.0m，直径 600mm，采用 32.5 级矿渣硅酸盐水泥，自桩顶以下 5.5m 长度范围内水泥掺入量为12%，其下部桩段为 18%，水灰比为 0.65。芯桩采用正方形截面预制混凝土楔形桩，上端截面 233mm×233mm，下端 100mm×100mm，长 9.5m，混凝土强度等级 C20，桩身构造见图 14-4-2。

单桩竖向承载力按《建筑桩基技术规范》（JGJ 94—94）的有关规定由静载试验确定，试桩共 3 根。在水泥土龄期达到 30d 进行单桩静载试验。

静载试验 Q-s 曲线见图 14-4-3。受加载条件限制，试验未加荷至破坏。从已有荷载试验资料分析，当荷载达极限荷载一半时，对应沉降量一般不超过 7mm，本组试验对应 720kN 的变形仅 5.33～6.18mm，预计极限承载力应不低于 1000kN。由于这类桩型在天津市尚处于试用阶段，因此，本工程单桩极限承载力仅取 720kN。

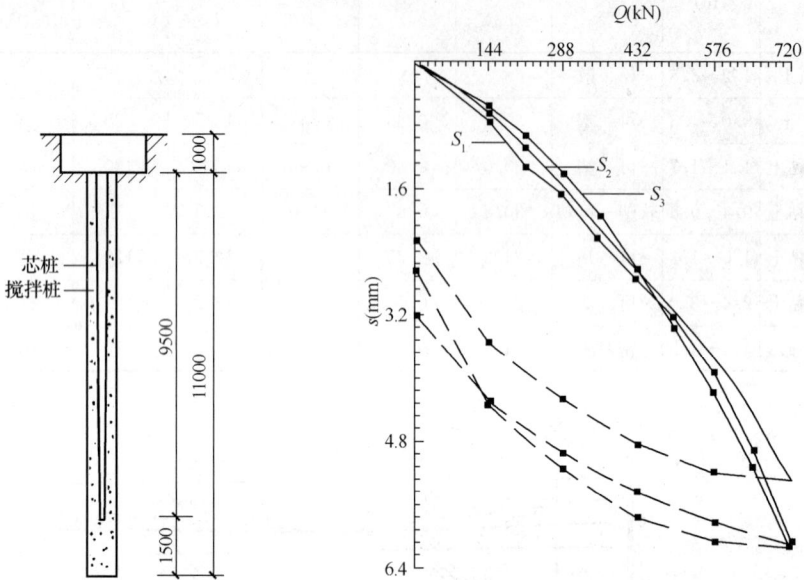

图 14-4-2 试桩详图   图 14-4-3 Q-s 曲线

据此进行布桩。工程桩沿纵横承重墙下单排布置，桩距 1.3～1.5m，桩位平面图见图 14-4-4。

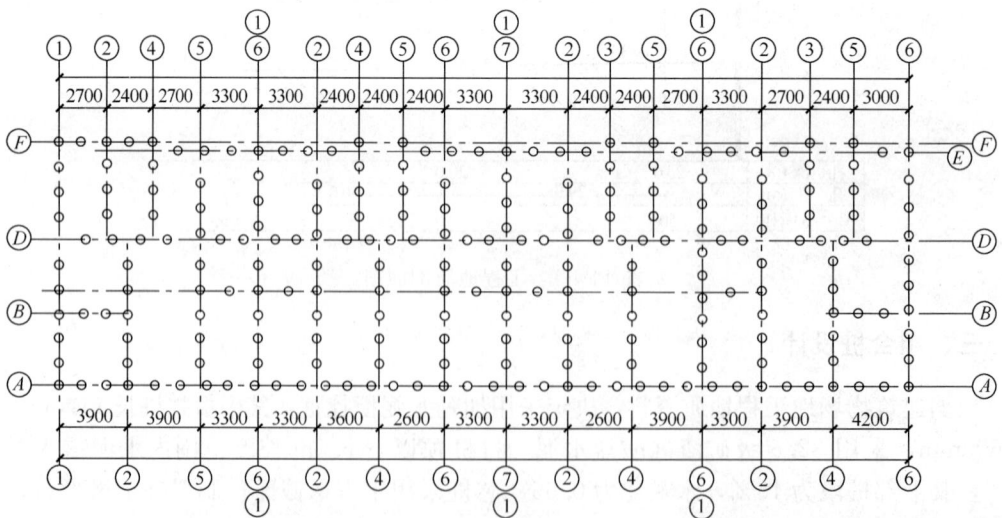

图 14-4-4 组合桩桩位图

采用 GPP-6 型粉喷搅拌机改装的水泥搅拌桩机，芯桩采用无锡产 600kN 小型顶压式步履静压桩机沉桩，可施压的每段桩最大长度为 6m，压桩机塔架顶部设臂杆滑轮用于近距离拖拽芯桩和喂桩。

水泥浆水灰比为 0.65，喷浆量保证每次掺灰量为 6%，下半段喷浆三次掺灰量 18%，上半段喷浆两次掺灰量为 12%。

受压桩设备限制，同时考虑运输和场内小搬运方便，芯桩设计成两段，上、下段桩长分别为 5.0m 和 4.5m，用杠杆车两人一组即可进行芯桩的场内搬运。

用小型压桩机施压芯桩时，一般要求在搅拌机施工完毕后 2h 内插入，这时可保证芯桩的顺利沉桩。如施工顺序安排合理，一台压桩机可配合两台搅拌机工作，正常条件下一台钻机配一台压桩机每天可完成 25 根桩，本工程共 229 根桩，桩基工程施工工期为 14 个工作日。

四、质量检测

随机抽取 3 根桩按《建筑桩基技术规范》（JGJ 94—94）要求作单桩静载试验，三根桩均加载至 720kN，相应沉降量为 5.51~9.20mm，均满足设计要求。静载试验成果见图 14-4-3。

在工程桩附近按组合桩要求施工 3 根不插芯桩的搅拌桩检验水泥土质量，28d 抽芯检验结果表明，桩顶附近水泥土强度较好，无侧限抗压强度约为 1.0~1.2MPa，7m 以下强度明显降低，桩底附近水泥含量高，搅拌均匀且有较强的水泥气味，但强度甚低，手握可变形和碎裂。桩身强度沿深度变化规律与天津市大量水泥搅拌桩抽芯检验结果的规律一致，均表现出 28d 龄期，桩身下部水泥土强度较低的现象，因此，一般要求桩身下部水泥掺入量适当加大。

五、建筑物沉降观测结果

本工程共设 12 个沉降观测点，每层封顶后观测一次，取南、北侧外墙中点（第 9 点、第 4 点）沉降观测值列于表 14-4-2。即本工程 6 层封顶后最大沉降量为 8.67mm，该建筑物沉降仍在继续观测中。

天津彩虹花园 1A 座住宅楼沉降观测记录（mm）　　　　　　表 14-4-2

观测点号	第一次		第二次		第三次		第四次		第五次		第六次		第七次	
	7 月 1 日		7 月 18 日		8 月 5 日		8 月 25 日		9 月 10 日		9 月 18 日		10 月 9 日	
	本次	累计	本次	累计	本次	累计	本次	累计	本次	累计	本次	累计	本次	累计
9	0.00	0.00	0.78	0.78	0.99	1.77	0.23	2.00	0.27	2.27	0.50	2.77	0.95	3.72
4	0.00	0.00	0.87	0.87	1.00	1.87	1.09	2.96	1.30	4.26	1.80	6.06	2.61	8.67

六、经济分析

本工程建筑面积 3852m²，共布 229 根桩，桩长 11.0m，共 2519 延米长。按施工当时的价格计算，价格为 80 元/每延米，共 20.15 万元，相当于建筑面积 52.3 元/m²。相同条件下，如采用沉管灌注桩则造价为 75 元/m²。如前所述，由于相对于单桩极限承载力来说，单桩极限承载力设计取值偏低，仅取 720kN，如积累足够经验，按单桩极限承载力 1000kN，按此进行设计，桩基造价将进一步显著降低。

参 考 文 献

[1] 段继伟. 龚晓南等. 水泥搅拌桩荷载传递规律 [J]. 岩土工程学报, 1994, 16 (4): 1-7.

[2] 史佩栋. 深基础中的若干热点技术问题 [M]. 北京: 中国交通出版社, 2004.

[3] 桂业砚, 宣嘉伦. 混凝土劲芯水泥土复合桩. 21 世纪高层建筑基础工程学术讨论会论文集 [C]. 北京: 中国建筑工业出版社, 2000, 424-429.

[4] 王长科, 戴志祥, 柯文开, 孙会哲, 王威. 实散组合桩承载原理及应用 [J]. 工程地质学报, 1999, 17 (4): 327-331.

[5] 赵薇, 阳振宏. 新型组合桩试验研究 [J]. 陕西建筑, 2003, 33 (13): 107-108.

[6] 郑刚, 姜忻良. 水泥搅拌桩复合地基承载力研究 [J]. 岩土力学, 1999, 20 (3): 46~50.

[7] 郑刚 王长祥. 软土中超长水泥搅拌桩荷载传递机理研究 [J]. 岩土工程学报, 2002, 24 (6): 675-679.

[8] 凌光容, 安海玉, 谢岱宗, 王恩远. 劲性搅拌桩的试验研究 [J]. 建筑结构学报, 2001, 22 (2): 92-96.

[9] 吴迈, 赵欣, 窦远明, 王恩远. 水泥土组合桩室内试验研究 [J]. 工业建筑, 2004, 34 (11): 45-48.

[10] 邹宗煊, 林峰. 钢筋混凝土劲芯水泥土复合桩的设计与施工原理——软土地基中使用的新桩型. 第六届全国地基处理学术讨论会暨第二届全国基坑工程学术讨论会论文集 [C]. 西安: 西安出版社, 2000, 43-46.

[11] 李俊才, 邓亚光, 宋桂华, 凌国华. 素混凝土劲性水泥土复合桩 (MC桩) 承载机理分析.

[12] 建筑桩基技术规范 (JGJ 94—2008) [S]. 北京: 中国建筑工业出版社, 2008.

[13] 建筑地基处理技术规范 (JGJ 79—2002) [S]. 北京: 中国建筑工业出版社, 2002.

[14] 张振, 李广智, 窦远明, 韩红霞, 韩宝铎. 劲芯水泥土组合桩施工工艺及质量控制 [J]. 施工技术, 2003, 32 (5): 33-35.

第十五章　大直径筒桩设计

第一节　概　　述

大直径现浇混凝土薄壁筒桩是在沉管灌注桩的基础上加以改进发展而成的一种新桩型，一般采用环形桩尖。就目前沉桩能力及其性状而言，大直径筒桩适用于饱和软土、一般黏土、粉土中。大直径筒桩的外直径 D 为 $800 \sim 1500\text{mm}$，壁厚 t 为 $100 \sim 250\text{mm}$，桩体全部采用现浇的素混凝土或钢筋混凝土一次成型完成。

筒桩技术为施工机械采用振动沉模、现场浇筑混凝土的一次性成桩技术，可快速加固较软弱地基使其满足各类工程设计要求。这项技术在我国东南沿海软弱黏性土地区得到初步应用，已应用于海堤工程（如温州鹿西岛双排桩防浪堤和广州大亚湾石化工业区双排桩海堤）、交通道路工程（如杭州绕城高速公路、杭宁高速公路软基处理）和水利工程（如上海浦南东片出海闸导流堤）等。谢庆道等开发了环形桩尖的大直径薄壁筒桩，刘汉龙等开发了无桩靴的大直径薄壁管桩。

大直径筒桩属部分挤土桩，它的优点是不需要像钻孔灌注桩一样的泥浆护壁，大直径沉管挤土效应小。它的缺点是桩壁厚较薄且现场浇灌混凝土，环形桩身质量不易保证，单桩竖向承载力不高但抗水平力相对较高。所以筒桩适用于海堤工程等抗水平力大的桩基础。

第二节　筒桩的受力性状

一、筒桩的荷载传递规律

当竖向荷载逐步施加于筒桩桩顶时，桩身上部受到压缩而产生相对于桩周土的向下位移，与此同时桩身侧表面受到土的向上摩阻力的作用，桩身荷载通过所发挥出来的桩身外侧摩阻力传递给桩周土层，外侧摩阻力由上而下发挥致使桩身荷载和桩身压缩变形随深度递减。在桩土相对位移等于零处，桩外侧摩阻力尚未开始发挥作用而等于零。

在加荷的初始阶段，桩的沉降很小，全部为桩和桩周内外土体的弹性变形，摩阻力与位移近似地呈直线关系。随着荷载继续增加，桩身的压缩量和位移量增大，桩身下部的摩阻力随之逐步调动起来，从而将荷载也部分传给桩端土层并使其压缩而产生桩端阻力，与此同时桩内土芯被压缩，自下而上内侧摩阻力开始发挥。桩端土层的压缩导致桩土位移继续增大，桩身摩阻力进一步发挥，当桩侧摩阻力全部发挥出来达到极限后，随着桩顶荷载的增加桩身位移继续增大，桩侧摩阻力则保持不变。摩阻力达到极限时的位移与土的性质有关，在硬黏土中约为 $5 \sim 6\text{mm}$，在砂性土中约为 $4 \sim 10\text{mm}$。桩的上半段侧摩阻力发挥

编写人：张忠苗　张广兴（浙江大学建筑工程学院）

远比桩的下半段早，而桩侧摩阻力又总是比桩端摩阻力更早地得到发挥。桩侧摩阻力发挥至极限后，若继续增加荷载，土芯产生相对于内壁向上的位移而使内侧摩阻力发挥，荷载增量将全部由桩端阻力和内侧摩阻承担。注意到侧摩阻力的发挥来源于桩土之间的相对位移，与桩周外侧无限土体相比，管内土芯相当于一个一维土柱，桩周外侧土体变形以剪切变形为主，而土芯则伴随着压缩变形。若荷载增大致使桩端持力层大量压缩和塑性挤出，此时桩所承受的荷载就是桩的极限承载力。

图 15-2-1 即为一桩长 18m，桩径 1028mm 的大直径薄壁筒桩静载试验 Q-s 曲线。

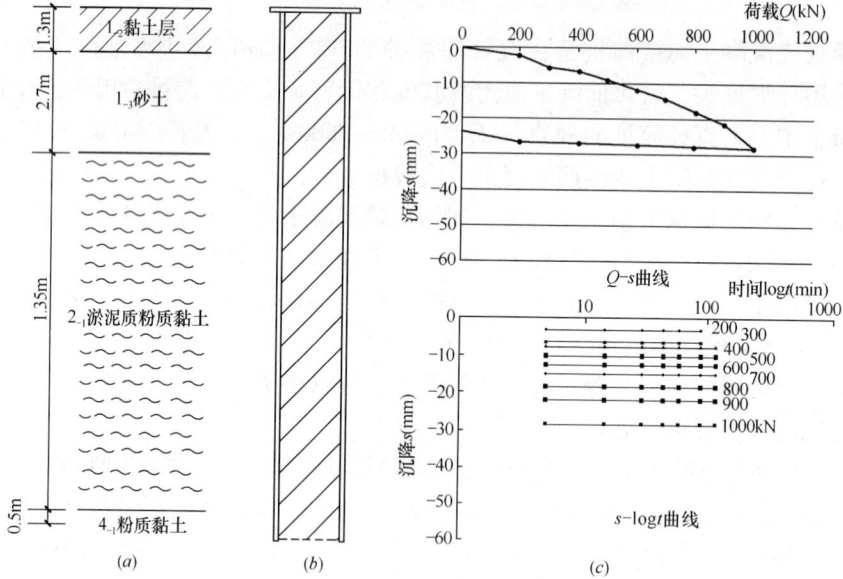

图 15-2-1　薄壁筒桩竖向静载 Q-s 曲线
（a）地层剖面；（b）筒桩；（c）静载试验曲线

二、影响筒桩受力性状的因素

影响筒桩受力性状及 Q-s 曲线的因素主要包括桩长、桩径、壁厚、桩侧土以及桩端土性状等。

1. 桩长的影响

一般在其他条件不变的情况下，筒桩极限承载力随着桩长增加而增大，由此对应沉降量也增加较快。在一定荷载作用下，桩顶沉降量随着桩长的增加而减小。

2. 桩径的影响

在其他条件不变的情况下，筒桩承载力随着桩径的增加而增加，这表明内侧摩阻力和桩端阻力随桩径增加而增加。当桩径较小时，Q-s 曲线呈比较明显的陡降型，当桩径较大时，Q-s 曲线呈比较明显的缓变型。一般桩径较小时，桩端阻力的贡献不大，表现出纯摩擦桩的性状，当桩径较大时，桩端阻力的贡献比较大，表现出端承摩擦桩的性状。

3. 桩侧土抗剪强度的影响

筒桩承载力随着桩侧土抗剪刚度系数的增加而增加，且承载力增长量与桩侧土抗剪刚度系数的增加量近似成正比关系，这是因为增加部分主要是侧摩阻力提供的，而侧摩阻力的大小与桩侧土抗剪刚度系数成正比。

第三节 筒桩的设计

筒桩基础设计既要满足承载力和变形要求，也要满足稳定性和耐久性要求。大直径筒桩单桩竖向极限承载力的设计由桩土体系承载力和桩身承载力两部分组成。

一、大直径筒桩单桩竖向极限承载力的确定

1. 大直径筒桩单桩竖向极限承载力的计算

大直径薄壁筒桩桩土体系的竖向抗压极限承载力由三部分组成，即筒桩外壁侧摩阻力、筒桩内壁侧摩阻力（用等效桩端开口部分土塞面积计算）和桩端环形端阻力，如图15-3-1所示。

当根据土的物理指标与承载力参数之间的经验关系确定大直径薄壁筒桩单桩竖向极限承载力值时，可按下式计算：

$$Q_{uk} = Q_{sk} + Q_{pk} = u\Sigma q_{sik}l_i + q_{pk}A_p + \lambda_p q_{pk}A_{p1}$$

$$(15\text{-}3\text{-}1)$$

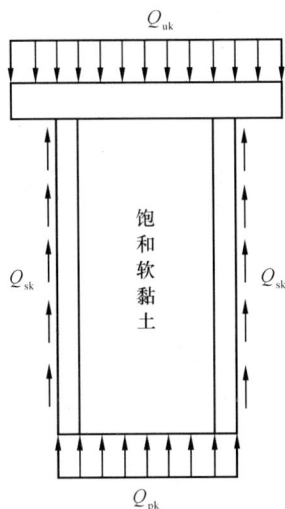

图 15-3-1 筒桩受力简图

式中 q_{sik}、q_{pk}——取与混凝土预制桩相同值；

d——大直径筒桩外径；

d_1——大直径筒桩内径；

u——外径周长；

A_p——大直径筒桩混凝土环形面积，$A_p = \dfrac{\pi}{4}(d^2 - d_1^2)$；

A_{p1}——大直径筒桩敞口面积，$A_{p1} = \dfrac{\pi}{4}d_1^2$；

λ_p——桩端闭塞效应系数，一般取 0.5～0.6。

2. 大直径筒桩桩身混凝土极限承载力的计算

考虑大直径筒桩桩身混凝土强度，按下式估算单桩桩身竖向抗压极限承载力：

$$Q'_u = \psi f_{cu}A_p \qquad\qquad (15\text{-}3\text{-}2)$$

式中 f_{cu}——桩身混凝土极限抗压强度（kPa）。

A_p——大直径筒桩混凝土环形面积，$A_p = \dfrac{\pi}{4}(d^2 - d_1^2)$；

ψ——工作条件系数，灌注桩取 0.6～0.7。

3. 大直径筒桩单桩竖向极限承载力的确定

大直径筒桩单桩竖向极限承载力应通过现场静载荷试验确定。在初步设计阶段或场地地质条件简单的乙类建筑及丙类建筑可根据式（15-3-1）、式（15-3-2）计算取小值确定，同时要根据上部结构的荷载分布及大小等因素进行平面布桩。

二、大直径筒桩基础沉降计算

1. 当大直径筒桩作为桩基础使用时，筒桩基础的沉降量 s 按照下列公式计算：

$$s = s_s + s_b \qquad\qquad (15\text{-}3\text{-}3)$$

式中 s_s——群桩基础桩身压缩量；

s_b——群桩基础桩端土的沉降量（按照等代墩基法计算）。

2. 当大直径筒桩作为复合地基使用时，筒桩基础的沉降量 s 可按照复合地基沉降计算方法计算。

三、大直径筒桩的构造及布桩设计

大直径筒桩目前主要被应用于加固软土路基等，筒桩复合地基的设计实际上就是要确定筒桩的桩径、桩长、桩距、布桩方式以及筒桩的承载力等内容。

薄壁筒桩桩径一般采用 $800\sim1500mm$，壁厚 t 为 $100\sim250mm$，混凝土强度等级为 C20 以上。筒桩桩长根据上部结构荷载和地质条件综合确定，并通过优化设计选择持力层。

相邻桩间距（中对中）应根据工程实际及规范设计，可采用梅花状布设，如图 15-3-2 所示。为减小桩间土沉降，薄壁筒桩桩顶可采用大于桩径的方形盖板设计。

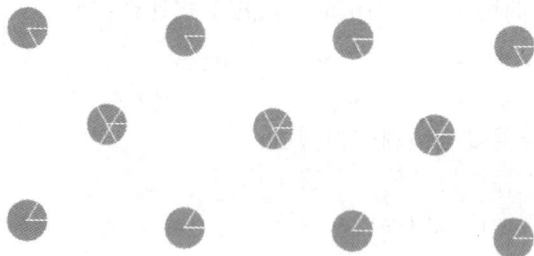

图 15-3-2 大直径筒桩的平面布置

路基的薄壁筒桩横断面设计如图 15-3-3 所示，图 15-3-4 为薄壁筒桩构造设计。

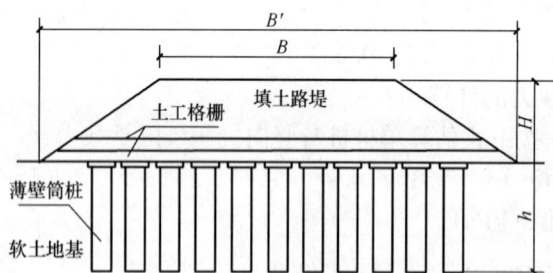

图 15-3-3 薄壁筒桩横断面设计

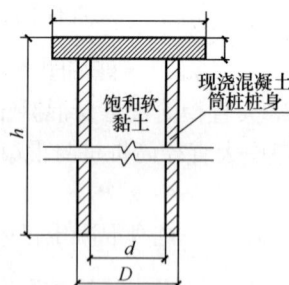

图 15-3-4 薄壁筒桩构造设计

筒桩的设计参数要求见表 15-3-1。

筒 桩 设 计 要 求 表 15-3-1

检测项目	规定值或允许偏差	检测项目	规定值或允许偏差
筒桩混凝土强度	常用 C20～C30 混凝土	倾斜度	1%
桩间距	$\geq 2d$（d 为桩径）	桩身配筋	根据要求配置钢筋笼，配筋率不小于 0.2%

第十六章 挤扩支盘桩（DX桩）设计

第一节 概 述

挤扩支盘灌注桩是先用普通钻机成等截面钻孔，然后采用支盘设备在设计需要的某些深度挤扩支盘从而形成竹节形桩。在某一断面上挤扩设备一般挤1次形成一个支，挤6～8次形成一个盘。其专用液压挤扩设备（图16-1-1）与现有桩工机械配套使用，产生挤扩支盘灌注桩。根据地质情况，在适宜土层中挤扩成承力盘及分支。

挤扩支盘灌注桩由桩身、底盘、中盘、上盘及数个分支所组成。根据土质情况，在硬土层中设置分支或承力盘。分支和承力盘是在普通圆形钻孔中用专用设备通过液压挤扩而形成的。在支、盘挤成空腔同时也把周围的土挤密。经过挤密的周围土体与腔内灌注的钢筋混凝土桩身、支盘紧密的结合为一体，发挥了桩土共同承力的作用，从而使桩承载力大幅度增加。

经测算承力盘的面积约为主桩载面的4～7倍，如把各盘和各分支的面积加起来，其总和约为主桩截面的10～20倍。

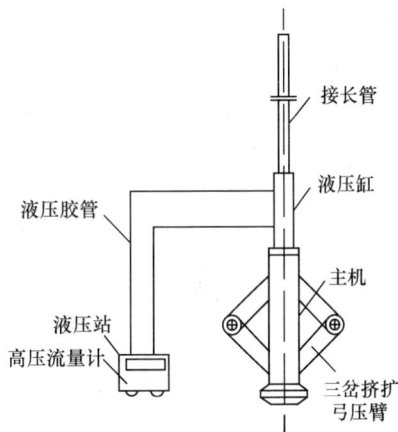

图 16-1-1 挤扩支盘灌注桩成型机设备

第二节 挤扩支盘桩的特点

挤扩支盘桩相对与普通桩具有以下几个特点：

（1）单桩承载力高。能充分利用桩长范围各部位地基土中的硬土层来设置承力盘和分支，扩大基桩与硬土层的接触，发挥支与盘的端承作用，增加了基桩的支承面积，从而提高了抗压承载力。支盘桩由于桩端及某些深度上桩径增大，从而具有较大的抗拔能力。

（2）具有较好的经济效益，节约原材料。由于挤扩支盘桩承载力大，在荷载相同的条件下，可比普通等直径灌注桩缩短桩长，减小桩径或桩数，乃至减少承台尺寸。在特定地质条件下能节省部分工程造价。

（3）挤扩支盘灌注桩的缺点是施工时间较长，存在桩端沉渣易塌孔问题和挤土效应，只适用于一定的地质条件。

编写人：张忠苗 张广兴（浙江大学建筑工程学院）

第三节 挤扩支盘桩的设计方法

由于桩身中承力盘的存在，势必影响桩身不同深度处侧摩阻力的发挥程度。

根据现有试验结果，各承力盘分担桩顶荷载比例是不一样的，与桩顶荷载水平、深度、地质条件、桩土界面粗糙度等因素有关。一般上盘先受力，以下各盘随着桩顶荷载的增大逐渐发挥出更大的承载力，底盘当桩顶荷载大于极限侧阻后受力的比例越来越大（在沉渣较少的且桩端持力层硬时）。中间盘的受力与土质及桩身轴力有关，所以设计时要合理确定各承力盘的间距布置。

扩盘间距过大时扩盘桩的优越性降低；而当扩盘间距过小时，扩盘之间的相互影响就比较突出，侧阻和端阻的发挥就要受到影响，因此，扩盘间距的选择要使桩的承载力达到最优发挥。

挤扩支盘桩的设计主要包括支盘桩平面布置、桩径的设计、支盘位置的确定、扩盘间距的选择以及承载力和沉降的计算。

一、挤扩支盘桩平面布置原则

由于挤扩支盘桩截面在桩身局部扩大，在这个部位，桩侧阻力影响范围较大，因此群桩效应比较明显，为了减少群桩效应的影响，最大限度地发挥扩盘桩的承载性能，必须保证有足够的桩间距。而如果桩间距过大，对筏板的设计乃至结构的整体受力都会有一定的影响。因此，挤扩支盘桩的平面布置应选择一个合理的桩径。

对于满堂布桩的情况或对于承台下群桩，当桩数超过 9 根时，桩间距应满足 $S>3d$ 且 $S>2D$（d 为桩径，D 为扩盘段直径）；对于承台下群桩，当桩数小于 9 根时，桩间距应满足 $S>3d$ 且 $S>1.5D$。布桩间距过小一方面两根桩之间要相互影响不利于侧阻发挥，另一方面在某桩施工时有可能对相邻桩已灌注但未硬化的桩身混凝土产生破坏作用。

二、桩径的设计

根据地质情况，在适宜土层中挤扩成承力盘及分支。承力盘直径较大，但应注意的是设计挤扩直径不应大于相应设备型号能挤扩的最大直径。表 16-3-1 为几种常用的挤扩设备型号与挤扩直径表。

挤扩设备型号与挤扩直径 表 16-3-1

参　数 ＼ 设备型号	98-400 型	98-600 型	2000-800 型
弓压臂长度（mm）	480	752.5	910
桩身直径 d（mm）	450～600	650～800	850～1000
承力盘挤扩最大直径（mm）	1180	1590	1980

另外，根据刘利民等的资料，扩盘桩承载力增加的幅度随桩径增大而增加的幅度减小，见表 16-3-2。从发挥扩盘桩潜力的角度出发，采用较小的桩径是有利的。因此，在选择扩盘桩的桩径时，需要注意未扩盘段桩径与扩盘段桩径的协调，以期取得最佳设计效果。

不同桩径时承载力的对比   表 16-3-2

承载力比较桩径	承载力提高比例（%）		单位混凝土承载力提高值（kN/m³）	
(mm)	范　围	平均值	范　围	平均值
420	75～165	120	256～512	341
520	67～100	84	181～258	220
820	56～90	73	110～196	153

三、支盘位置的确定

桩周土的性质对多级扩盘桩的承载力有着很大的影响，设计时扩盘的位置应选择在强度相对高的土层中。在黏性土中，一般是坚硬、硬塑、可塑状态的黏土；在砂土中，一般是密实、中密、稍密的砂土。因此，应根据上部结构荷载的大小，场地地质条件，合理地选择扩盘的位置，保证扩盘桩的技术和经济效益的发挥。

此外，还要注意桩身扩盘和桩端扩盘位置与桩侧和桩端土层的关系，以保证扩盘效果。

四、扩盘间距的选择

室内和现场试验都表明，不同的扩盘间距条件下，扩盘桩的受力机理是不同的。当扩盘间距过小时，桩身中各盘的应力影响就会延伸到下面的扩大头上，形成互相重叠的公共应力区，扩盘段的承载力由扩盘段外接圆柱体范围内土体的抗剪强度决定，如图 16-3-1 所示。当扩盘段之间的距离较大时，各扩盘部分将单独工作，扩盘段的承载力可认为由扩盘的端阻力和扩盘段之间的侧阻力组成，如图 16-3-2 所示。

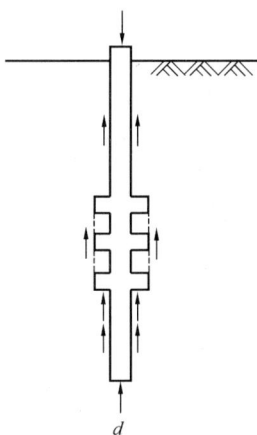

图 16-3-1　小间距扩盘时桩的受力机理　　　　图 16-3-2　大间距扩盘时桩的受理机理

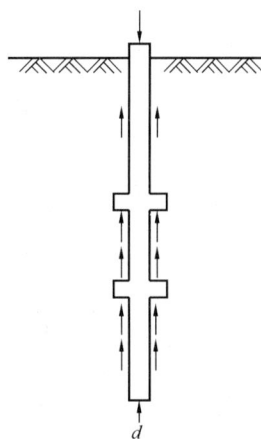

一般随着扩盘段间距的增大，桩的承载力会有显著的提高，但随着间距的进一步增大，承载力增加幅度减小。因此，一般情况下，扩盘段的间距以不小于 3 倍的扩盘直径为宜。

根据载荷试验结果分析，在每一个扩盘部位，桩身轴力都会发生较大的变化，而且，第一扩盘以下承载力较第一盘要滞后，在荷载接近和达到极限荷载时才得到发挥。因此，扩盘桩的扩盘间距应适当考虑上大下小的原则。

五、挤扩支盘桩承载力和沉降的计算

1. 扩盘桩承载力的计算

对于多级扩盘桩而言，其承载力由扩盘端阻力、桩端阻力以及桩侧阻力组成，根据《挤扩灌注桩技术规程》（DB 29-65—2004）初步设计时，单桩竖向承载力特征值可按下式估算：

$$R_a = \mu_p \Sigma q_{sia} L_i + \eta \Sigma q_{pja} A_{pD} + q_{pa} A \qquad (16\text{-}3\text{-}1)$$

式中　　q_{sia}——第 i 层土的桩侧阻力特征值，按灌注桩侧阻力参数取值；

q_{pja}——承力盘（岔）所在第 j 层土的端阻力特征值，按灌注桩端阻力参数取值；

q_{pa}——桩端阻力特征值，按灌注桩端阻力参数取值；

A_{pD}——除桩身截面面积的承力盘（岔）投影面积；

A——桩身截面面积；

μ_p——桩身周长；

L_i——折减后桩周第 i 层土厚度，可按表 16-3-3 采用；

H_i——桩周第 i 层土厚度；

h——承力盘（岔）高度；

η——当承力盘（岔）总数≥3 时取 0.9，当承力盘（岔）总数<3 时取 1.0。

L_i 计 算 方 法 表 16-3-3

黏性土、粉土	$L_i = H_i - 1.2h$	碎石类土	$L_i = H_i - 1.8h$
砂　土	$L_i = H_i - (1.5 \sim 1.8) h$	其　他	$L_i = H_i - (1.1 \sim 1.2) h$

2. 扩盘桩沉降计算

《挤扩灌注桩技术规程》（DB 29-65—2004）中桩基础最终沉降量可采用实体深基础单向压缩分层总和法按式（16-3-2）计算，地基内的应力分布宜采用多向同性均质线性变形体理论。

$$s = \psi_p s' = \psi_p \sum_{i=1}^{n} \frac{p_0}{E_{si}} (z_i \bar{a}_i - z_{i-1} \bar{a}_{i-1}) \qquad (16\text{-}3\text{-}2)$$

式中　　s——桩基最终沉降量（mm）；

s'——按分层总和法计算出的沉降量；

ψ_p——实体深基础计算桩基沉降经验系数，可按表 16-3-4 选用；

n——地基沉降计算深度范围内所划分的土层数；

p_0——对应于荷载效应准永久组合时的桩根处的附加压力（kPa）；

z_i、z_{i-1}——桩根底面至第 i 层土、第 $i-1$ 层土底面的距离（m）；

$\bar{a}_i$、$\bar{a}_{i-1}$——桩根底面计算点至第 i 层土，第 $i-1$ 层土底面范围内平均附加应力系数，按现行《建筑地基基础设计规范》（GB 50007—2002）采用。

E_{si}——桩根底面下第 i 层土的压缩模量（MPa），应取土的自重压力至土的自重压力与附加压力之和的压力段计算。

实体深基础计算桩基沉降经验系数 表 16-3-4

$\overline{E}_s$（MPa）	$\overline{E}_s < 15$	$15 \leqslant \overline{E}_s < 30$	$30 \leqslant \overline{E}_s < 40$
ψ_p	0.7	0.5	0.3

桩基础沉降计算也可采用如下的计算方法：

如图 16-3-3 所示的挤扩灌注桩单桩在竖向荷载 Q_1 作用下，第 $k=1 \sim n-1$ 桩段长度为 L_{1k}，承担荷载为 Q_{1k}，桩段底土面等代荷载作用面取为直径为 $B_{sk}=2L_{1k}\tan\theta_k+d$ 的圆形减去桩身截面，则其上附加应力为：

$$\sigma_{1sk} = Q_{1k}/\left[0.25\pi\,(2L_{1k}\tan\theta_k + d)^2 - 0.25\pi d^2\right] \quad (16\text{-}3\text{-}3)$$

式中 Q_{1k}——单桩第 k 桩段承担的荷载（kN）；

$\quad\quad d$——主桩径（m）；

$\quad\quad L_{1k}$——第 k 桩段长度（m）；

$\quad\quad \theta_k$——第 k 桩段范围内地基土应力扩散角（°）。

第 n 桩段（底段）长度为 L_{1n}，承担荷载为 Q_{1n}，桩段底土面等代荷载作用面取为直径 $B_{sn}=2L_{1n}\tan\theta_n+d$ 的圆形，则其上附加应力为：

$$\sigma_{1sn} = Q_{1n}/\left[0.25\pi\,(2L_{1n}\tan\theta_n + d)^2\right] \quad\quad (16\text{-}3\text{-}4)$$

式中各符号意义同前。

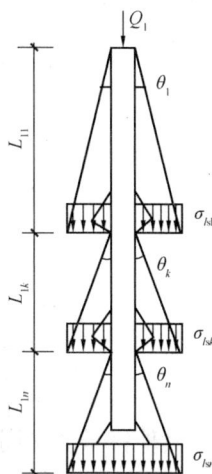

图 16-3-3　单桩受力

地基土中应力采用 Mindlin 解计算，挤扩灌注桩单桩的沉降按分层总和法计算如下：

$$s_1 = \sum_{i=1}^{r_1} \frac{\overline{\sigma}_{zi}}{E_{si}} \cdot h_i = \sum_{i=1}^{r_1} \frac{h_i}{E_{si}}\left(\sum_{k=1}^{n} \overline{\sigma}_{zik}\right) \quad\quad (16\text{-}3\text{-}5)$$

式中 r_1——单桩沉降计算深度范围内所划分的土层数；

$\quad\quad n$——挤扩灌注桩所划分的桩段数；

$\quad\quad \overline{\sigma}_{zik}$——第 k 桩段引起的第 i 层土平均附加应力（kPa）；

$\quad\quad \overline{\sigma}_{zi}$——第 i 层土平均附加应力（kPa）；

$\quad\quad E_{si}$——第 i 层土的压缩模量（MPa），按实际应力范围取值；

$\quad\quad h_i$——第 i 层土厚度（m）。

如图 16-3-4 所示的挤扩灌注桩群桩，桩身直径 d，每根桩设置 n 个承力盘（相应地桩分为 n 个桩段），承力盘直径 D，桩距 S_a，桩数为 m。类似与单桩，地基土中应力采用 Mindlin 解计算，挤扩灌注桩群桩中桩 j 的沉降可按分层总和法迭加计算如下：

$$s_{gj} = \sum_{i=1}^{r_g} \frac{\overline{\sigma}_{zi}}{E_{si}} \cdot h_i = \sum_{L=1}^{m} \sum_{i=1}^{r_g} \frac{h_i}{E_{si}}\left(\sum_{k=1}^{n} \overline{\sigma}_{ziLk}\right) \quad\quad (16\text{-}3\text{-}6)$$

式中 s_{gj}——群桩中桩 j 的沉降（mm）；

$\quad\quad r_g$——群桩沉降计算深度范围内所划分的土层数；

$\quad\quad \overline{\sigma}_{zi}$——第 i 层土平均附加应力（kPa）；

$\quad\quad \overline{\sigma}_{ziLk}$——桩 L 第 k 桩段引起桩 j 的第 i 层土平均附加应力（kPa）；

$\quad\quad m$——群桩桩数；

$\quad\quad n$——挤扩灌注桩所划分的桩段数；

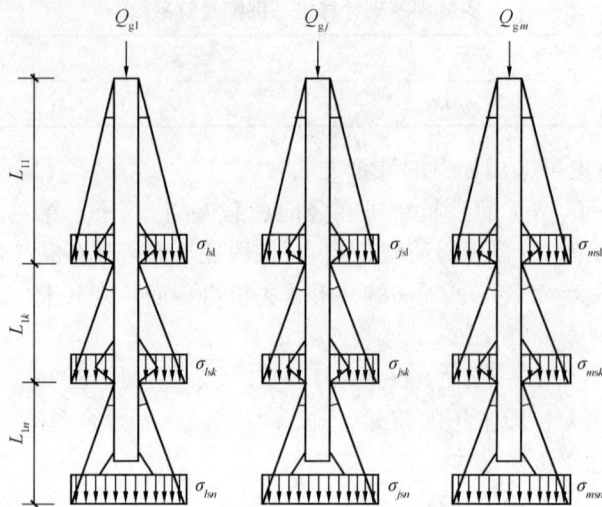

图 16-3-4 群桩受力

其他符号意义同前。

将以上计算结果乘以沉降计算经验系数 ψ_p 即为群桩桩 j 最终沉降量。沉降计算经验系数 ψ_p 根据经验确定。

六、挤扩支盘桩的构造设计

挤扩灌注桩的桩基构造除了应满足现行《建筑地基基础设计规范》（GB 50007—2002）和《建筑桩基技术规范》（JGJ 94—2008）对灌注桩的有关规定以外，还应符合下列一些要求：

(1) 挤扩灌注桩的桩身直径 d 宜选用 $450\sim1000\text{mm}$，承力盘（岔）直径 D 应根据桩身直径、承载力要求和挤扩装置类别型号确定。

(2) 承力盘（岔）应设置在较硬土层中。设置承力盘（岔）的较硬土层厚度不宜小于 $1.5D$，应分布均匀。承力盘（岔）下 $2.0D$ 深度范围内不应有软弱下卧层。

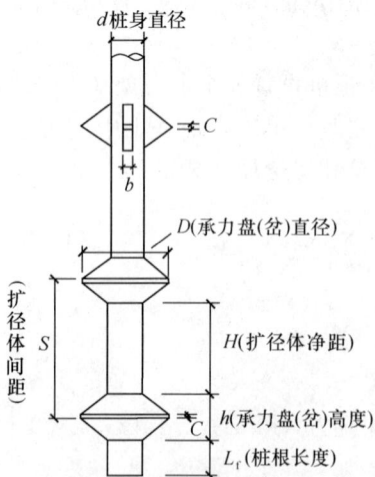

图 16-3-5 挤扩支盘灌注桩构造

(3) 当淤泥及淤泥质土深厚并在桩长范围内无可设置承力盘（岔）的较硬土层时，不应采用挤扩灌注桩。

(4) 桩根长度不宜小于 $2d$。桩底进入持力层的深度，对于黏性土、粉土不宜小于 $2.0d$，砂土不宜小于 $1.5d$，碎石土不宜小于 $1.0d$。

(5) 承力盘（岔）的竖向间距不宜小于 $3.0D$。承力盘（岔）的水平间距（桩距）不应小于 $1.5D$，也不应小于 $3.0d$。

(6) 桩身混凝土强度等级不宜低于 C30。

(7) 桩的主筋应经计算确定，最小配筋率不宜小于 $0.4\%\sim0.65\%$（桩身直径小时取大值）。主筋的混凝土保护层厚度不应小于 50mm。

挤扩支盘桩的构造如图 16-3-5 所示，《挤扩灌注桩技术规程》（DB 29-65—2004）中给出了 DX 98-600 型设备承力盘（岔）设计尺寸关系，见表 16-3-5。

DX 98-600 型设备承力盘（岔）设计尺寸关系　　　表 16-3-5

桩身直径 d（mm）	650	700	750	800
挤扩直径 D（mm）	1400	1400	1400	1400
盘（岔）高（mm）	645	609	572	536

七、挤扩支盘桩应用中的注意问题

（1）支盘桩单桩从受力机理上对承载力有提高，但群桩沉降计算现有规范采用等代墩基法从受力机理上墩基内部支盘对房屋基础群桩的沉降影响不大。

（2）支盘桩的支盘及支盘后如何保证其不缩颈不塌孔。

（3）支盘桩施工要求施工时间相对长，泥浆质量保证问题。

（4）支盘桩的沉渣处理问题。

这些问题都有待于今后工程实践中进一步完善。

第十七章　软土地区扩底抗拔桩

第一节　概　　述

沿海地区的常年地下水位较高，一般年平均水位埋深为 0.5~1.0m，地下结构工程的抗浮设计显得尤为重要，目前抗拔桩基础仍为各种抗拔措施的首选形式。传统的等截面抗拔桩，仅靠桩土间的侧摩阻力提供抗拔阻力，并非最为理想。为了提高桩的竖向抗抗拔承载能力，通常可以将桩身做成变截面形式，其主要目的是使桩体不仅能发挥桩—土间侧摩阻力，而且还能充分发挥桩身扩大部分的扩孔阻力。这种变截面桩通过改变桩身截面，以较小的材料增加获取显著的承载力的提高，已成为桩基础发展的有效途径之一。

根据变截面形状、位置的不同，可衍生出不同的形式：扩底桩、多级扩径桩、分段变截面桩和组合型桩等，其中仅对桩端截面进行扩大而成的扩底抗拔桩，由于施工工法相对简单、效果明显，成为最主要的变截面抗拔桩型。国内外扩底桩的应用愈来愈广泛，设计理论也随之发展，而这种桩型在抵抗上拔荷载的能力方面更显示出巨大的潜力。

1972 年在国际大电网会议（CIGRE）上法国的 Martin 曾举出这样一个实例：某钻孔桩的底部采用机械扩孔，使其下端桩径由原来的等截面直桩桩径 0.85m 扩到 1.30m（相当于半径扩大 0.225m），而抗拔承载力却增加了 50% 以上，净增 200t 左右。桩身的混凝土用量只增加了 0.53t，即从 5.41t 增至 5.94t。美国的 Downs DL 和 Chieurzd R 等人根据长期实践和现场真型试验结果分析而得：带扩大头的圆柱形桩，其抗拔阻力随扩大头直径的增加而迅速增大。而且在很大的上拔变位变化幅度内，上拔阻力随上拔位移量持续不断地增加，呈现所谓的"有后劲"的现象，和等截面抗拔桩受力性状不同，扩底桩一般在小位移时不会达到其上拔阻力的峰值。

我国的冶金、电力部门所作的研究证明：机扩桩、掏挖孔桩和爆扩桩中的扩大头所担负的抗拔阻力占总的抗拔承载力的百分比很大。冶金部第七冶金建设公司 1968 年对桩杆直径为 300mm，桩埋入土中深度为 3.0~3.4m，扩大头直径为 900mm 的爆扩桩，做了真型上拔试验，同时还做了短桩（等截面桩）的桩侧壁摩阻力专项试验，以分析侧阻力的作用和地位。试验证明扩大头所担负的抗拔阻力达到整个抗拔承载力的三分之二以上。

第二节　扩底抗拔桩的形式与施工方法

一、扩底桩型

扩底桩的桩型设计及施工工艺选择主要取决于土层条件，土层特性同时影响了扩底桩

编写人：王卫东　吴江斌（华东建筑设计研究院有限公司）

的桩长和扩大头的形状。总体来说岩石和硬土地区以短桩为主且扩大头的扩展角度较大；软土地区以长桩为主，且由于受成孔稳定性的限制，扩大头扩展角度较小。扩底桩的承载特性与土性、桩长及扩底形状因素有关。

1. 现有的扩底抗拔桩形式

扩底抗拔桩的形状与土层条件和施工工艺有较大的关系。人工挖孔桩的扩展角度较大，爆扩桩的扩大头形状较难控制，通常呈球形。目前扩大头的形状主要如图17-2-1所示。

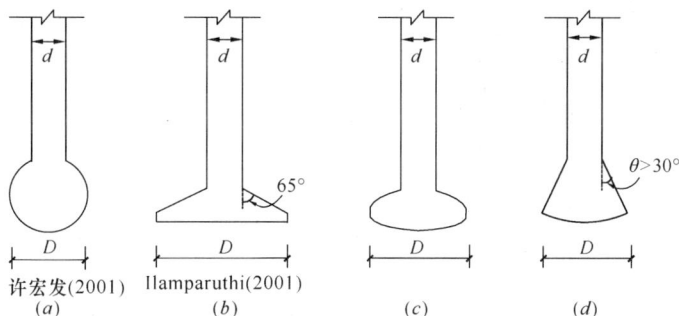

图 17-2-1 已有文献检出的扩大头形状

2. 软土地区小扩展角扩底抗拔桩型

受土层和施工工艺的影响，软土地区当前采用的扩底桩的扩底端呈圆锥台状，具有小扩展角的特点，见图17-2-2。扩底段直径 D 宜取为桩身直径 d 的2倍左右，且不应大于桩身直径的3倍。圆锥台的长度 H 约 $1.0\sim1.5$m，直径小时取小值，同时应满足抗剪要求，锥台面扩展角 $8°\sim12°$。相对于国内其他地区而言，扩底的扩展角度较小，但效果明显。为了充分发挥扩底端的作用，要求扩底端起始位置进入较硬土层宜为 $1\sim3D$，且不小于1m。

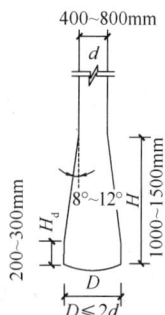

图 17-2-2 上海地区扩底形状

上海工程界进行了小扩展角扩底桩与等截面桩抗拔承载力的对比试验。试验场位于市区，属滨海平原地貌，试验桩长范围内可分为6个土层，为典型的上海软土地层，各土层的分布与物理力学参数指标参见图17-2-3。据不同的桩径与桩长，足尺试验共分为两组，见图17-2-3。第一组试桩桩径为450mm，桩长均为27m，桩尖进入第⑥层粉质黏土3.1m；第二组试桩桩径400mm，桩长均为20m，桩尖进入第⑤层黏土3.5m。每组3根试桩，其中一根为等截面桩，另两根为扩底桩，各试桩的具体参数见表17-2-1。6号桩在扩底施工时由于操控原因其扩底段的长度达到了2.5m。

足尺试验试桩基本参数 表 17-2-1

组 号	桩 号	桩身直径 (mm)	扩底直径 (mm)	总桩长 (m)	扩底长 (m)	扩展角 (°)	充盈系数
第一组	1号	450		27	无	0	1.03
	2号	450	800	27	1.5	8.3	1.04
	3号	450	800	27	1.5	8.3	1.06
第二组	4号	400		20	无	0	1.25
	5号	400	800	20	1.5	9.5	1.20
	6号	400	800	20	2.5	5.2	1.07

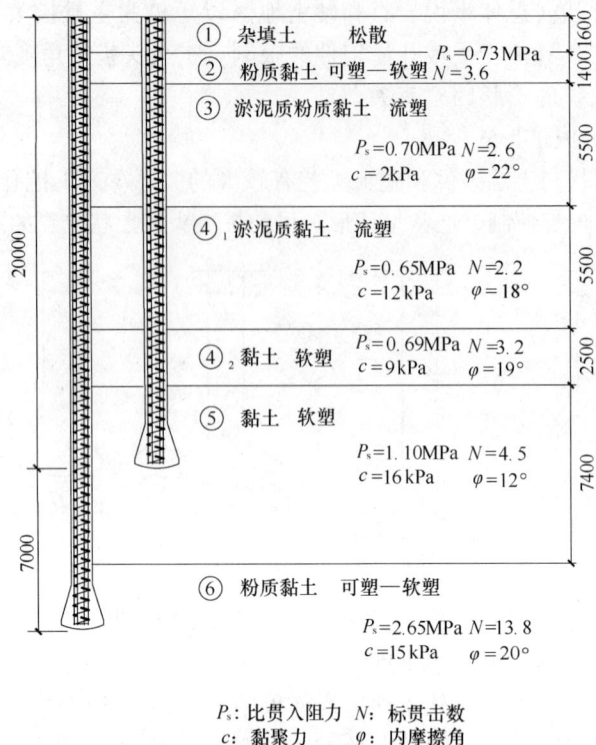

① 杂填土　松散　$P_s=0.73\text{MPa}$

② 粉质黏土　可塑—软塑　$N=3.6$

③ 淤泥质粉质黏土　流塑

$P_s=0.70\text{MPa}$　$N=2.6$

$c=2\text{kPa}$　$\varphi=22°$

④₁淤泥质黏土　流塑

$P_s=0.65\text{MPa}$　$N=2.2$

$c=12\text{kPa}$　$\varphi=18°$

④₂黏土　软塑　$P_s=0.69\text{MPa}$　$N=3.2$

$c=9\text{kPa}$　$\varphi=19°$

⑤ 黏土　软塑

$P_s=1.10\text{MPa}$　$N=4.5$

$c=16\text{kPa}$　$\varphi=12°$

⑥ 粉质黏土　可塑—软塑

$P_s=2.65\text{MPa}$　$N=13.8$

$c=15\text{kPa}$　$\varphi=20°$

P_s：比贯入阻力　N：标贯击数
c：黏聚力　φ：内摩擦角

图 17-2-3　上海地区扩底桩足尺试验

试验结果表明与等截面桩相比，直径为 450mm 及 400mm 的扩底桩抗拔极限承载力均可提高 1.5 倍以上，见表 17-2-2 和图 17-2-4。而桩身混凝土仅增加 5% 左右，故经济效益明显。

试 桩 主 要 结 果　　　　　　　　　　表 17-2-2

组号	桩号	最大加载（kN）	桩顶位移（mm）	桩端位移（mm）	桩顶残余变形（mm）	桩端残余变形（mm）	极限承载力（kN）	桩顶回弹率	桩端回弹率
第一组	1号	1100	32.13	22.2	16.64	15.05	998	48.2	32.2
	2号	1788	46.12	33.75	39.17	29.62	1605	15.1	12.2
	3号	1605	47.82	36.23	34.89	33.13	1423	27.0	8.6
第二组	4号	701	21.13	9.2	8.6	6.6	618	59.6	28.2
	5号	978	16.35	7.8	6.14	3.66	≥978	62.4	53.1
	6号	1247	16.63	6.94	8.35	4.1	≥1247	49.7	40.9

二、施工工艺与机具

扩底施工方法基本可归纳为以下几类：

人工扩孔法：这种方法适于可人工成孔的地区，要求地下水位低、地质条件好，孔壁稳定性好。采用该法的多为短桩。

爆扩法：顾名思义，通过爆炸作用产生的冲击力，在桩端形成扩大头。爆扩法扩底质量不易保证。

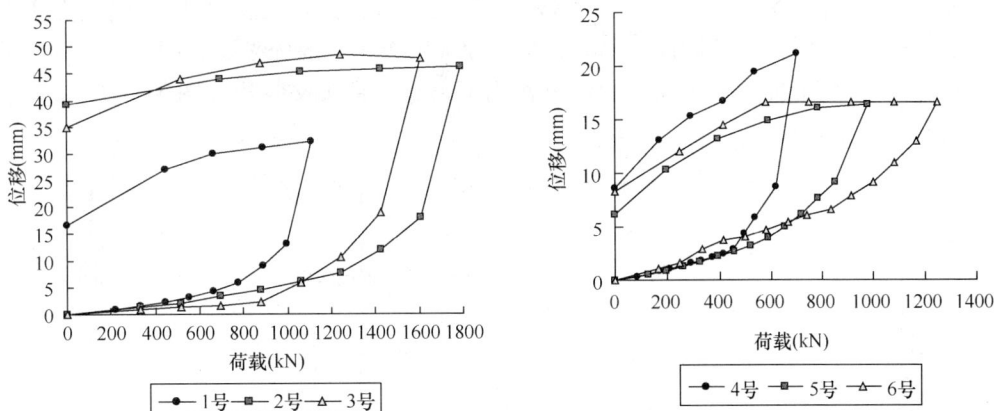

图 17-2-4　足尺试验 $Q\text{-}s$ 曲线

机械扩孔：采用扩孔机具进行扩孔，充分体现机械化施工在施工速度、成孔质量上的优势，是主流的发展方向。根据传力装置可分为液压式和机械式。根据机具与土体的作用关系可分为挤扩、夯扩、挖扩、削扩等。

沿海区域地层较软，加之地下水位较高，在其他地区采用的诸如爆扩、人工扩孔等扩孔方法一般不使用。近年来在支盘扩径桩中应用较多的液压挤扩法虽然适应性较广，但由于液压装置设备较复杂，还没有得到普遍使用。相对简单、实用的机械式扩孔成为目前理想的施工方法。

上海工程界相关技术人员结合本地区的条件，研发出了一种简单、可靠的机械式扩底钻头，这种钻具工作原理是在钻进过程中，在钻压作用下，钻具底部的支承盘支承在地基上产生反作用力，使钻刀逐渐展开扩底成孔。其扩展方式与机理与伞相似，称之为伞形扩底钻头，如图 17-2-5 所示。

伞形扩孔钻头与钻杆直接相连，由上支座、下支座、定位阀、可扩展刀架、底座等主要部件组成。上支座由顶盘和套筒组成，在立面上呈 T 形，下支座由底盘和直杆组

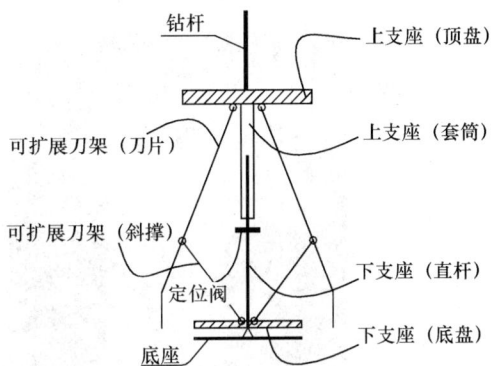

图 17-2-5　伞形扩底钻头结构示意

成，在立面上成倒 T 形，直杆伸至上支座的套筒内。可扩展刀架由可扩展的刀片和斜撑组成。可扩展刀片的一头与上支座的顶盘铰接相连，斜撑的一头与下支座的底盘铰接相连，最后可扩展刀片的另一头与斜撑的另一头铰接相连在一起。定位阀则固定在下支座的直杆上，用于确定上支座向下的位移量，从而确定刀片的扩展角度。底座位于下支座下面，为整个伞形扩孔钻头提供支座反力。

伞形扩孔钻头的工作原理很巧妙。当要进行桩端扩孔施工时，换上该钻头，在自重作用下，下支座向下垂，从而拉动斜撑，使整个可扩展刀展呈竖直向收拢状态，见图 17-2-6（a）。当钻头放至孔底时，上支座在配重作用下向下移动，上支座与下支座之间的距离减小，由于刀架两头与上、下支座之间的铰接关系，使得刀片向两边扩展，见图 17-2-6

(b)。刀片在扩展的同时，也不断旋转切割周围的土体，达到扩孔的目的。当上支座下移至定位阀时，刀片便扩展到设计的角度，最终完成整个扩孔的施工，见图 17-2-6（c）。扩孔完成后，上支座上提，在下支座的自重作用下，整个钻头又收拢成图 17-2-6（a）的形状，沿孔提出。

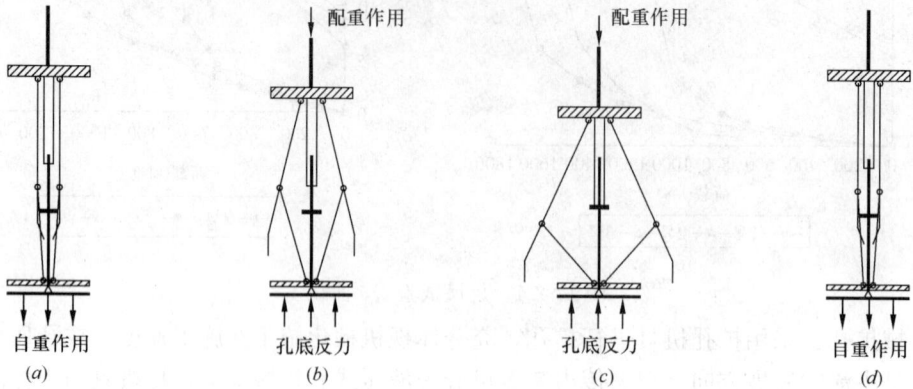

图 17-2-6　伞形扩底钻头工作原理示意

（a）扩底钻头收拢下放；（b）钻刀逐渐展开；（c）钻刀展开至扩底要求形状；（d）扩底钻头收拢提升

伞形扩孔钻头充分利用结构自重，通过巧妙的传动原理与简洁的构造形式，实现了扩大头刀片的扩展与合并，有着明显的优点，只在常规的钻孔工艺基础上增加换钻的过程，工艺简单，可操作性和经济性较好（图 17-2-7）。

图 17-2-7　伞形扩孔钻头

第三节　扩底抗拔桩的承载特性与破坏形态

一、承载特性与荷载传递机理

等截面桩完全依靠桩土间的摩擦来平衡上拔力，当桩土间的相对位移达到一定值时，桩的承载力达到极限。有研究表明，中小直径桩，其桩侧摩阻力达到极限值所需的桩—土相对滑移极限值基本上只与土的类别有关，而与桩径大小关系不大，约为 $4\sim6\text{mm}$（对黏性土）或 $6\sim10\text{mm}$（对砂类土）。等截面桩不仅抗拔承载力较小，而且达到极限抗拔阻力时相应的位移也较小，$Q\text{-}s$ 曲线有明显转折点，即等截面桩的上拔破坏可能带有突发性的特征。

扩底抗拔桩不一样，上拔过程中，在通过桩身侧表面与土体发生摩擦作用的同时，还存在扩大头对土体的挤压，土对其反作用力（即上拔端阻力）也随着上拔位移的增大而增大，这种挤压可能带动更大范围土体发生作用，从而产生更大的桩身位移和抗拔阻力。直到上拔位移量相当大时，才可能因土体整体或是局部剪切破坏而失去稳定。在周围土体对扩大头的"嵌固"作用下，扩底抗拔桩的桩身不断被拉长，破坏状态时，扩底桩的桩身伸长率大于等截面桩。桩身伸长率的提高，也是扩底桩具有足够韧性的一个特征。与等截面桩相比，扩底抗拔桩的 $Q\text{-}s$ 曲线相对平缓。而且在很大的上拔变位变化幅度内，上拔阻力随上拔位移量持续不断地增加，呈现所谓的"有后劲"的现象，扩底桩一般在小位移时不易达到其上拔阻力的峰值。扩底桩接近破坏时，扩大头阻力起决定性作用，桩的长细比越大则更是如此。因此扩底桩总的极限抗拔力所对应的上拔位移很大，可能达数百毫米，其位移的大小随土质、扩大头埋深及桩形（长细比、扩大头形状）等变化。扩底抗拔桩达到极限承载力所需要的桩顶位移远大于等截面桩，其极限承载力应根据正常使用状态下的位移控制来确定。

在桩顶上拔位移较小时，扩底桩的桩身轴力基本呈线性分布，桩身轴力由桩顶向桩端递减传递，桩顶最大，桩端最小。当荷载较小时，桩端扩大头段摩擦力很小，桩端并非一开始就发挥作用，达到一定数值后扩大头阻力才开始发挥作用并保持增长趋势。这也与桩端位移的发展规律相一致。随着上拔荷载增加到一定值后，桩身段侧摩阻力达到峰值，扩大头的抗拔阻力并未同时到达极限，而是随上拔位移继续增大，抗拔承载力的增加主要得益于扩大头阻力的增加，而等截面段的侧摩阻力处于极限状态，有关研究认为扩大头对扩底抗拔桩上部等截面桩身段极限侧摩阻力的大小与分布影响较小。

扩底桩抗拔承载力的提高源于周围土体对扩底锥面法向挤压作用，体现于提供向下压力和增加侧摩阻力两个因素。对于扩展角度大于 30 以上的扩底桩，扩大头的作用主要表现为带动一定范围土体通过自重和抗剪强度来提供对扩底锥面的竖向压力作用，侧摩阻力的竖向分力则较小。对于上海地区小角度扩底桩，扩大头牵动土体运动的范围约为扩大头直径的 3 倍，随着桩顶拉拔位移的增加，塑性区由扩大头顶端逐步向四周扩展，最终呈半个椭圆形，在土体对扩大头的旁压作用下，竖向侧摩阻力和竖向压力都得到不同程度的提高，由于扩展角度较小，扩大头侧面上摩擦阻力的贡献远大于竖向压力，扩大头段的极限侧摩阻力可达到扩底前的 $2\sim3$ 倍。

破坏状态时，扩底桩的上拔位移大于等截面桩，并不表明扩底桩抵抗变形的能力小。足尺试验表明，相同的桩顶荷载（荷载达到桩端扩大头发挥作用），扩底桩桩顶位移比等截面桩小 40% 以上。因此，扩底抗拔桩既可用于提高桩的承载力，也可作为对上抬变形要求较高的抗拔基础。

在破坏状态下卸荷时，扩底桩的回弹率远小于等截面桩。由前述桩土相互作用机理可知，等截面桩抗拔破坏是基于桩身与桩周土之间的"摩擦剪切"破坏，而扩底桩是由桩身土体"摩擦剪切"和桩端土体"整体剪切"或"局部压缩冲剪"共同控制的破坏模式，在这种模式下桩身段与扩大头段不可能同时达到破坏，一般认为桩身"摩擦剪切"先达到极限，然后才是桩端土体的"剪切"破坏，在这个过程中桩身发生更大的不可恢复性变形。因此在破坏状态时，扩底抗拔桩的上拔位移大，回弹率小。但这并不表明在工作状态时也有相同的规律。由工作状态下扩底桩的刚度大于等截面桩的特性可初步推断：对于相同的荷载，扩底桩的回弹率应大于等截面桩。

二、软土地区小扩展角扩底抗拔桩破坏形态

目前对于上海软土地区中长扩底桩的破坏形式还缺少室内模型试验、离心试验和工程实践的支持。足尺试验得到的破坏形态都是由于桩身强度不够引起的桩本身的拉裂破坏，还不是由于扩大头土体的剪切破坏。

上海地区扩大头一般处于较硬的持力层，而上面则是相对较软的软弱层，而承载力主要是由下卧硬土层的强度来提供，上覆的软土层至多只能起到压重的作用，扩大头在持力层所产生的剪切破坏面很难在软弱层中进一步扩展。有研究认为完整的滑动面基本上限于在下卧硬土层内展开，如图 17-3-1 所示。

王卫东和吴江斌（2004）采用数值方法模拟上海地区足尺试验得到的土体变形与塑性区分布表明，对于这种角度很小的扩底桩，周围土体主要受到扩大头的挤压作用，而非大角度扩大头引起的剪切作用，难以形成类似于短桩和大扩展角扩底桩的土层整体剪切破坏。从塑性区的发展规律与范围可以看出，扩大头附近土体可能发生的是局部冲剪破坏，而等截面段仍为沿桩土界面的剪切破坏，可能的破坏形式如图 17-3-2 所示，即由等截面段桩身土体"摩擦剪切"和桩端土体"压缩冲剪"共同控制的破坏模式。在这种破坏形态下，随着桩顶上拔位移的增加，等截面段为桩土界面的剪切破坏，扩大头周围土体塑性区则逐步扩展，具有很强的韧性，极限状态对应的桩顶位移可达数百毫米，此时已失去了使用价值，极限承载力往往根据允许位移进行确定。

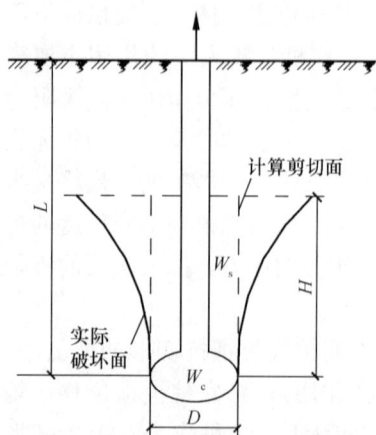

图 17-3-1 有上覆软土层时上拔破坏形态

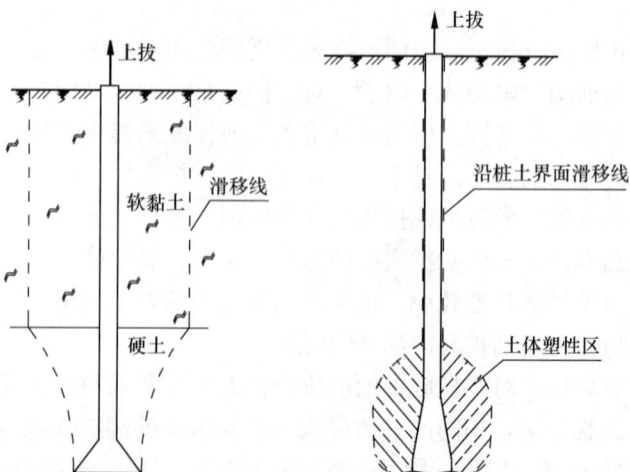

图 17-3-2 上海地区扩底桩破坏形式

第四节　扩大头形状对扩底抗拔桩承载力的影响因素分析

一般讲，对于 θ 角过小（$\theta < 30°$）的软土地区，扩大头在上拔时对土起着一种旁压作用，即主要起到压密周围土体的作用，而不是土的剪切破坏。相反地，扩大头扩展角 θ 较大（$\theta > 30°$）的扩大头，在上拔时其顶部附近土体主要产生剪切破坏，两者机理不同。

上海地区以足尺试验为模拟对象，对 $1.5d$，$2d$，$2.5d$，$3d$ 和 $4d$ 不同扩大头直径进行了模拟，见图 17-4-1。计算结果见表 17-4-1 和图 17-4-2。从计算结果图 17-4-2 可看出，扩径值越大，扩大头阻力越大，所占比例也更高。扩大头单位直径提供的阻力也随扩径值的增加而增大，但增幅变小。因此，从施工难度、扩径效率等角度出发，可以初步确定一个较优的扩径值。

不同扩径时扩底桩有限元计算结果　　表 17-4-1

| D/d | 扩大头角度（°） | 抗拔力（kN） | 提高比例（%） | 扩大头阻力 | | | | | 扩大头单位直径阻力（kN·m^{-1}） | 等截面段抗拔力（kN） | 等截面段所占比例（%） |
				N_x（kN）	f_x（kN）	(N_x+f_x)（kN）	所占比例（%）	提高倍数			
1	0	606	0	0	79	79	13.0	1	198	527	87.0
1.5	5	763	44	44	208	252	33.0	3.2	420	511	67.0
2.0	9	928	156	156	267	423	45.6	5.4	529	505	54.4
2.5	14	1140	303	303	330	633	55.5	8.0	633	507	44.5
3.0	18	1303	468	468	342	810	62.2	10.3	675	493	37.8
4.0	27	1691	868	868	337	1205	71.3	15.3	753	486	28.7

注：表中 D 为扩大头直径；d 为等截面桩径。

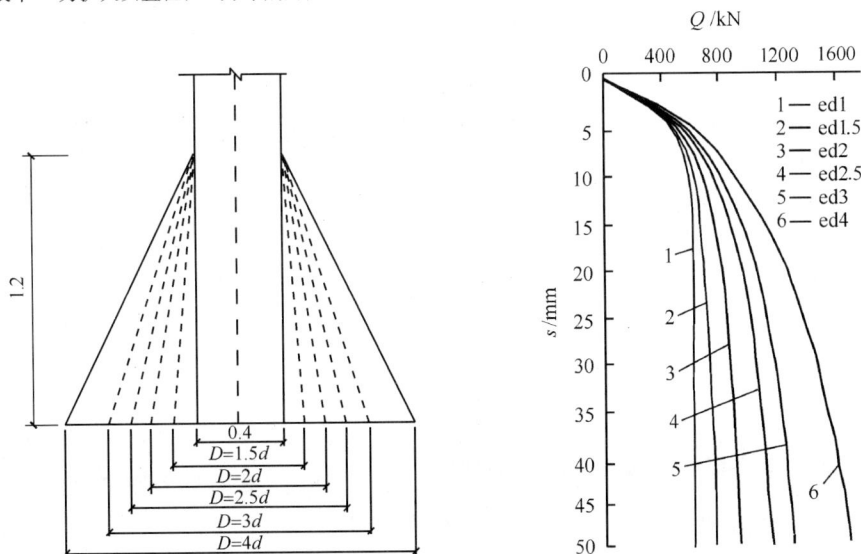

图 17-4-1　不同扩径的分析模型（单位：m）

图 17-4-2　不同扩径时扩底桩 Q-s 曲线

随着桩顶位移的增加，扩大头向上移动，由于周围土体对扩底锥面的旁压作用，使得锥面上的法向应力加大。即便扩大头角度很小时，法向压力也可增加至初始应力的 2～3

倍。扩大头角度越大，法向应力增大倍数也越大，但增幅减缓，当扩底角度大于 15°后，法向应力几乎停滞增长。

扩底锥面法向压力的增长直接导致竖向摩擦力 f_x 和竖向压力 N_x 的提高。随着扩底角度增大，旁压在竖向上的分力 N_x 就越大，并超过摩擦阻力 f_x 对抗拔阻力的贡献。另外一个值得注意的现象是，随着扩展角度的增长，侧摩阻力与法向应力的增长并不同步，也就是说相同法向应力下，角度大的摩擦应力小。这可以初步解释为，在相同桩顶位移时，扩展角度越大的锥体表面上，桩土之间的相对位移较小，因而产生的摩擦力也就小。

第五节 扩底抗拔桩承载力计算方法

从 20 世纪 50 年代开始，国内外学者对扩底抗拔桩和扩底锚桩的极限承载力进行了深入的理论研究，根据扩底抗拔桩的破坏机理，在大量的实测对比基础上，提出了一些极限承载力的计算方法，常见的大致可分为三类：一是解析方法，主要包括极限平衡法和极限分析法；二是经验方法；三是整体数值方法。

一、解析方法

1. 极限平衡法

首先假设一破裂面，在破裂面上建立静力平衡方程，求解得到极限承载力。Majer (1955) 假定在桩破坏时，在桩端扩大头以上将出现一个直径等于扩大头最大直径的竖直圆柱形破坏土体，即所谓的摩擦圆柱法，计算模型示意图见图 17-5-1 (a)。根据这种理论得出的极限抗拔承载力相当于与扩大头直径相当的等截面抗拔桩的极限承载力。为了便于统一说明比较，将各种计算方法的表达式汇总，见表 17-5-5。

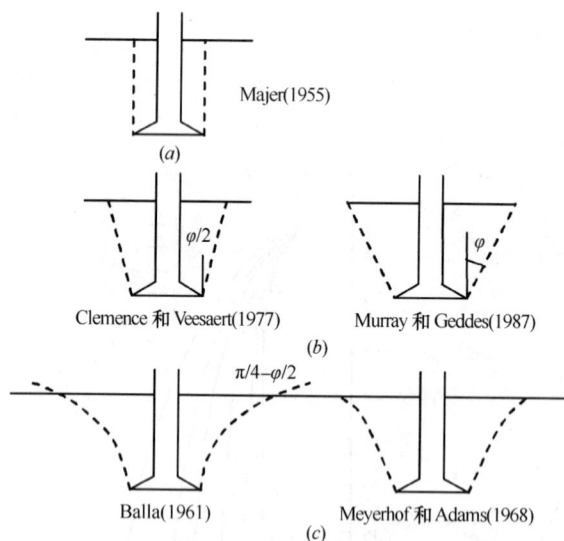

图 17-5-1 扩底抗拔桩的破裂面假设示意图

Clemence 和 Veesaert（1977）假设破裂面为倒锥体，在扩大头为 L 长时，认为破坏面与桩顶面的夹角为 $\varphi/2$（φ 为土体内摩擦角），从而得出其极限上限解；Murray 和 Geddes（1987）也根据倒锥形假设，只是建议破坏面与竖直面的夹角取为 φ，得出了极限承载力的计算公式，计算示意图见图 17-5-1 (b)。

Balla（1961）根据对底板式基础在密实砂土中抗拔能力进行模型试验和现场荷载试验结果，假定破裂面从基础底板外缘竖直向上延伸，并最终与地面成 $\alpha=\pi/4-\varphi/2$ 角（图 17-5-1c），其中圆弧的半径 $r_0=L/\sin(\pi/4+\varphi/2)$。扩底桩极限抗拔承载力可假设是由以下三部分所组成：基础自重 W_c，土破坏面内所包含的土重以及土滑动面上剪切阻力 T_v 的竖直分量。具体的极限承载力公式见表 17-5-6，其中的参数 F_1（$\varphi\delta$），F_2（$\varphi\delta$），F_3（$\varphi\delta$）均是 δ、φ 的函数，可以查表 17-5-1。

δ、φ 值和其他系数之间的关系　　　　　　表 17-5-1

上拔系数 F_1、F_2 和 F_3

系数	δ	内摩擦角 φ			
		0	10	20	30
F_1	1	1.29	1.35	1.41	1.47
F_2		3.96	4.07	4.06	3.76
F_3		0	0.30	0.59	0.83
F_1	2	0.50	0.54	0.58	0.62
F_2		2.39	2.50	2.58	2.42
F_3		0	0.17	0.33	0.48
F_1	3	0.32	0.36	0.40	0.44
F_2		1.86	1.98	2.09	2.00
F_3		0	0.12	0.25	0.36
F_1	4	0.25	0.29	0.33	0.37
F_2		1.60	1.71	1.84	1.78
F_3		0	0.10	0.21	0.31

松尾埝（1990）假定扩底桩由埋入土中的圆柱和圆形底板所组成，并假定底板以上部分的土处于塑性平衡状态，基础破坏时假定土的压力是从基础底板附近的半主动状态向靠近地表面的被动状态逐步变化的。滑动面的假设与 Balla 法相似，位于基础上方，但是松尾埝假设滑移面由一段对数螺旋线和一段直线组成，直线段与地面的交角也为 $45°-\varphi/2$。极限承载力由基础自重 W_c、基础底板侧面上的摩擦力或黏聚力 F_s、土滑动面以上土重和沿滑动面上土的剪切阻力所组成。

《实用桩基工程手册》提出了一个所谓基本计算公式，认为扩底桩的极限抗拔承载力可由以下三部分所组成，即：桩侧摩阻力 Q_s、扩底部分抗拔承载力 Q_b 和桩的有效自重 W_c。其中 Q_s 的求法同普通等截面抗拔桩。计算模型示意图见图 17-5-2。应注意桩长应从地面算到扩大头中部（若其最大断面不在中部，则算到最大断面处），而 Q_s 的计算长度为从地面算到扩大头顶面的深度。

2. 极限分析法

极限分析理论是传统金属塑性力学研究的成果，

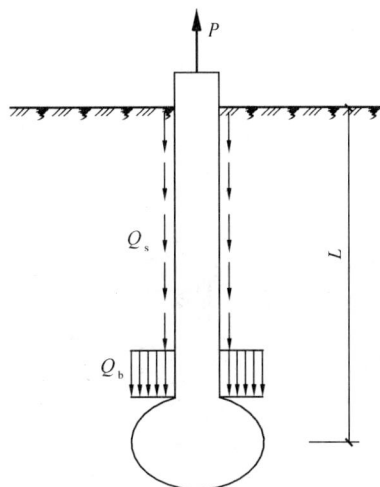

图 17-5-2　扩底桩抗拔承载力计算示意

Drucker（1952）最早将极限分析原理应用于岩土工程稳定性问题的求解。Chen（1975）在《Limit Analysis and Soil Plasticity》一书中第一次全面阐述极限分析上下限方法在岩土工程稳定性求解问题中应用。经过三十多年的发展，目前的极限分析法无论在处理问题的复杂程度还是求解精度上都有了很大的进步，这里简要介绍极限分析法在深基础和桩基础中的研究和发展现状。

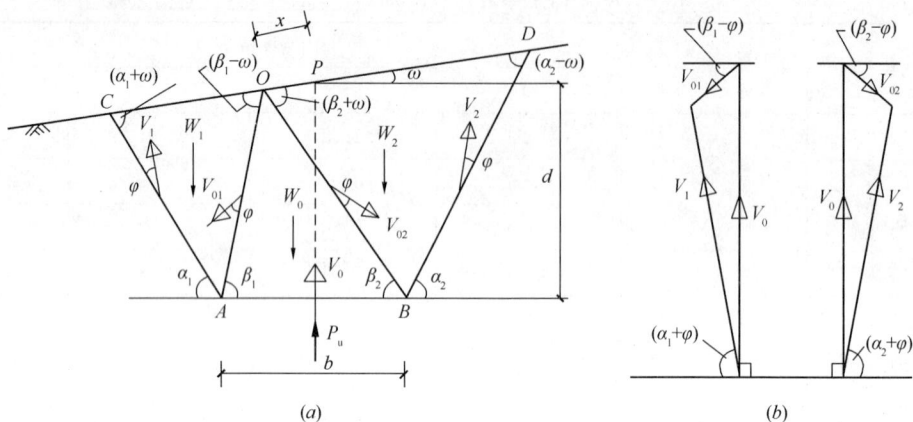

图 17-5-3 Kumar（1997）用于分析砂土边坡中锚板承载力的破坏模式及速度场

(a) 破坏模式；(b) 速度场

Kumar（1997）采用如图 17-5-3 所示的破坏模式根据上限理论分析了砂土边坡中，水平向锚板以及方向与边坡表面平行的锚板的抗拔承载力问题。分析结果表明：当锚板水平放置时，与 d/b 相同的地表面水平时的抗拔承载力相同；当锚板与坡面平行放置时，抗拔承载力随坡面倾角的增大而减小。

Merifield 等（2001）利用极限分析有限元上限法分析了黏土不排水条件下浅埋锚桩和深埋锚桩的承载力以及速度场的分布形态，通过研究发现浅埋扩底锚桩是从锚桩底到地表面的整体滑移破坏，而深埋扩底锚桩的破裂面则是一个局部闭合的剪切滑移面，如图 17-5-4 所示。其中闭合速度场最外圈则刚好和 Rowe 和 Davis（1982）描述的上限解的速

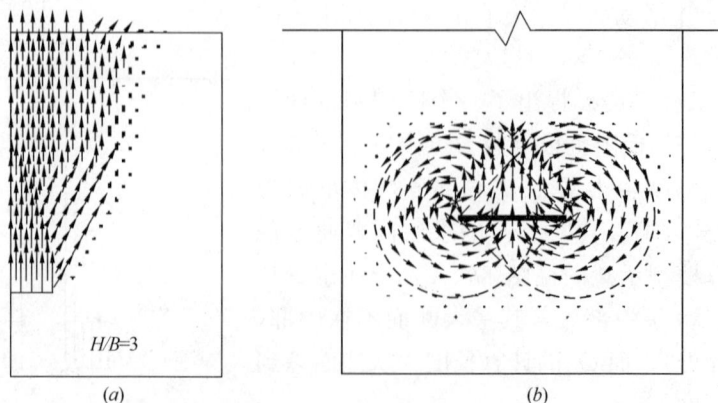

图 17-5-4 浅埋锚和深埋锚的速度场（Merifield 等，2001）

(a) 浅埋锚桩；(b) 深埋锚桩

度场形态吻合。

　　Kumar（2003）运用图 17-5-5 所示的破坏模式根据上限理论分析探讨了双层砂土中条形锚以及圆形锚的抗拔承载力问题，分析中作了一些假定，包括锚定板与土体界面的粘结强度以及双层砂土层面之间的抗剪强度等。

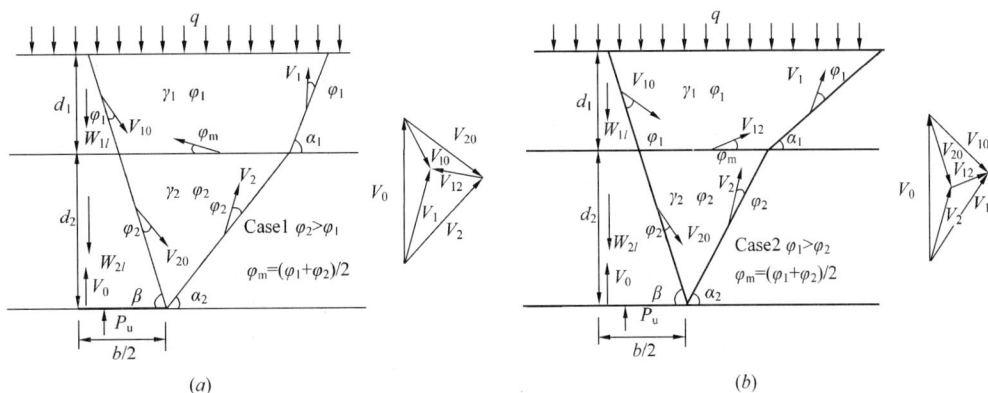

图 17-5-5　Kumar（2003）用于分析条形以及圆形锚抗拔
承载力的破坏模式以及相容速度场
（a）$\varphi_2 > \varphi_1$ 时；（b）$\varphi_1 > \varphi_2$ 时

　　Merifield 等（2005）应用基于 Lyamin 和 Sloan（2002a，2002b）非线性规划方法的极限分析有限元方法探讨了不排水条件下黏土土体中倾斜条形锚板的承载力问题，主要考虑了锚板埋置深度以及倾角对承载力的影响。

　　上述研究概述已强有力地说明了极限分析方法是岩土工程稳定问题分析的有效工具，而且完全可以应用于深基础和桩基础的稳定问题中。

二、经验方法

　　经验方法就是在理论研究成果基础上，总结出一些规律，结合一些试验结果提出了一些经验关系式；国内外一些岩土工程专家都做过类似的总结性工作，包括《桩基工程手册》和《实用桩基工程手册》里也收录了其中一部分的经验公式，这里将一些经典的尤其是适合上海软土地区的经验公式简述一下。

　　Meyerhof 和 Adams（1968）如前一节所述，提出了一个半经验的方法来计算扩底桩的抗拔极限承载力。其中涉及到两个经验系数 K_u（竖直剪切面上土压力的标定上拔系数）和 S_r（决定圆柱体侧面上被动土压力大小的形状系数）；经验系数的选取可参考原文献或《实用桩基工程手册》。Meyerhof 和 Adams（1968）等人分别针对浅基础和深基础提出了不同的计算模式，见图 17-5-6。为了设计方便，他们也给出了一个浅基础与深基础的界限：设浅基础与深基础的临界深度为 H，当基础深度 D 小于破坏面竖直方向的深度 H 时，这种短的扩底桩称为浅基础；当 D 大于这一深度 H 时，这种长的扩底桩称为深基础。

　　《建筑桩基技术规范》（JGJ 94—2008）中规定的计算参数 u_i 为破坏表面周长，取值可参考表 17-5-2。

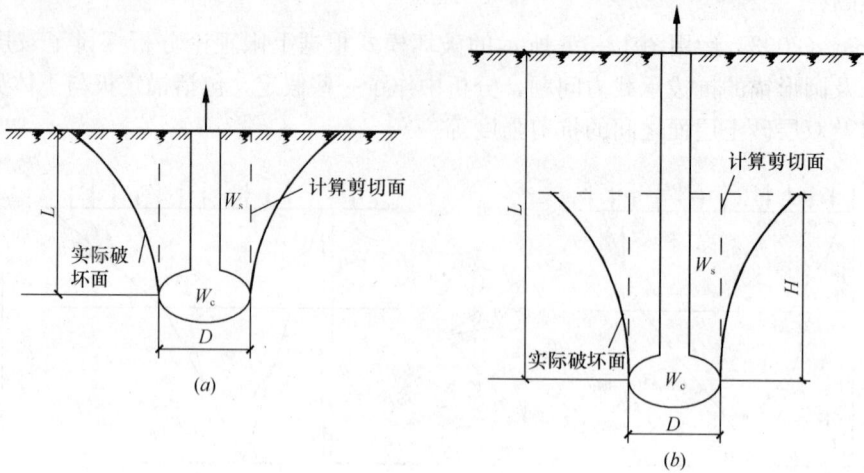

图 17-5-6　Meyerhof 和 Adams（1968）计算简图

（a）浅基础；（b）深基础

扩底桩破坏表面周长　　　　　　　　　　　　　　表 17-5-2

自桩底起算的长度	≤（4～10）d	＞（4～10）d
u_i	πD（D 为扩大头底部直径）	πd（d 为等截面段直径）

　　黄绍铭等（200）通过对比多组原位试桩结果，提出了三种新的估算扩底抗拔桩极限承载力的经验方法，分别是圆柱面剪切法、扩大系数法和旁压法。

　　所谓圆柱面剪切法，就是假设桩端扩大头底部以上一定范围内的土体剪切面直径同扩大头最大直径，同时假设超过此范围的等截面部分的侧摩阻力不受影响，并分段套用现有规范的抗拔桩计算公式，见图 17-5-7（a）。

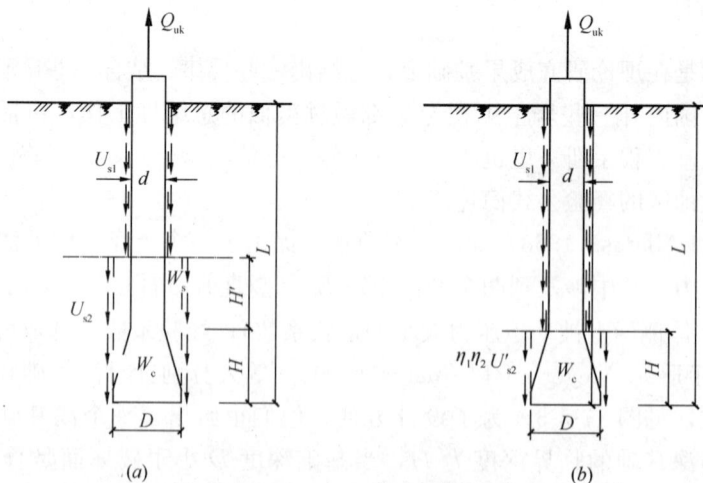

图 17-5-7　计算示意图

（a）圆柱面剪切法；（b）扩大系数法

　　这种计算方法可利用现有规范中的参数。根据对比试验结果拟合，扩底影响长度取为扩大头起始位置以上 8D，并加上扩大头长度，且不大于桩进入较硬土层的深度。

　　扩大系数法则是假设扩底桩的抗拔性能与等截面桩相似，即其破坏形式为沿桩—土侧壁界面剪破。桩端扩大头范围内的土体由于上覆土重及扩大头的旁压作用使其抗剪强度得到增强，并用扩大系数来反映，见图 17-5-7（b）。

　　旁压法则是考虑到在扩大头角度较小的情况下，扩大头周围土体受到扩大头的旁压作用，土体变形和破坏特性表现为局部区域土体的压缩变形，而非整体或局部剪切破坏。扩大头形状引起扩大头面上土压力的升高是扩大头抗拔力提高的主要原因，而等截面段侧摩阻力变化较小，图 17-5-8 为扩大头受力示意图。

　　可以建立扩底抗拔桩承载力的经验表达式，公式中参数 η 为扩大头侧表面法向应力扩大倍数，β 为扩大头侧表面摩擦系数折减值，可参见表 17-5-3 取值；μ 为桩土摩擦系数，可参见表 17-5-4 选取。

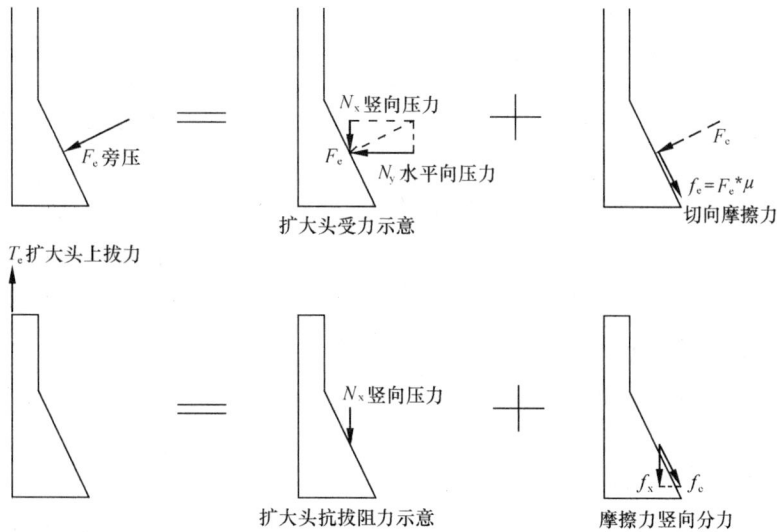

图 17-5-8　扩大头受力与抗拔力计算示意图

η 和 β 参数取值　　　　　　　　　　　　　　　　　　表 17-5-3

扩大头角度 α（°）	0	5	15	30
η	1	2.1	2.65	2.7
β	1	0.95	0.92	0.7

注：扩大头角度 α 在某区间变化时，其 η、β 值可线性插值得到。当 $\alpha > 30$，认为该公式不适用。

μ 取 值　　　　　　　　　　　　　　　　　　　　　表 17-5-4

桩土接触面材料	黏 土	亚黏土	粉土质亚黏土	中密砂	密实砂
摩擦系数 μ	0.31	0.30	0.50	0.82	0.91

　　除了以上所列的经验方法，美国国家标准草案（1985 年订立）《输电线路杆塔基础设计细则》（试行）、工程兵工程学院与上海人防科研所合作的科研报告《软土中的爆扩桩》以及刘文白等（2003）、张栋樑等（2006）都在对扩底抗拔桩进行了原位试验基础上，提出了相应的经验公式，此处就不一一列举了，各个计算方法的公式对比见表 17-5-5。

扩底抗拔桩极限承载力的计算公式汇总 表 17-5-5

文 献	表 达 式		适用范围	参 数 意 义
Majer（1955）	$P_u = \pi d_B \sum\limits_0^L c_u \Delta l + W_s + W_c$		黏性土（不排水状态下）	d_B——扩大头直径； d_s——桩身直径； L——桩长； H——扩大头高度； W_s——包含在圆柱形滑动体内土体的重量； W_c——桩重； c、φ——土的强度指标； γ——土的重度； δ——基础的深宽比系数，$\delta = L/d$
	$P_u = \pi d_B \sum\limits_0^L k\bar{\sigma}(\tan\bar{\varphi})\Delta l + W_s + W_c$		砂性土（排水状态下）	
Balla（1961）	$P_u = \gamma L^3 \left[F_1(\varphi\delta) + \dfrac{c}{\gamma L} F_2(\varphi\delta) + F_3(\varphi\delta) \right] + W_c$		$\delta \leqslant 4$ 浅基础	参数同上
Meyerhof 和 Adams（1968）	$P_u = W_c + W_s + \pi dcL$ $\quad + \dfrac{\pi}{2} S_r d_B \gamma L^2 K_u \tan\varphi$ $K_u = 0.496\varphi^{0.18}$ $S_r = 1 + ML/d$		浅基础	S_r——决定圆柱体侧面上被动土压力大小的形状系数； K_u——竖直剪切面上土压力的标定上拔系数； 其他参数同上
	$P_u = W_c + W_s + f(S_r, c, \varphi, L, H)$		深基础	
Clemence 和 Veesaert（1977）	$P_u = \gamma d^2 L N_u + W_c$ $N_u = \dfrac{L}{d}\tan\varphi\left(1 + \dfrac{d}{H} + \dfrac{\pi L}{3H}\tan\varphi\right) + 1$		浅基础	参数同上
《实用桩基工程手册》基本计算公式	$P_u = Q_s + Q_B + W_c$	$Q_B = \dfrac{\pi}{4}(d_B^2 - d_s^2)$ $\times N_c \omega c_u$	黏性土（不排水状态下）	ω——扩底引起的抗剪强度折减系数； N_c，N_q——承载力因素； σ_v——有效上覆压力； 其他参数同上
		$Q_B = \dfrac{\pi}{4}(d_B^2 - d_s^2)$ $\times \sigma_v N_q$	砂性土（排水状态下）	
《建筑桩基技术规范》	$Q_{uk} = U_k + G_p$ $U_k = \sum \lambda_i q_{sik} u_i l_i$			G_p——基桩（土）自重标准值； λ_i——抗拔系数； q_{sik}——桩侧表面第 i 层土的抗压极限侧阻力标准值
圆柱面剪切法	$Q_{uk} = U_{s1} + U_{s2} + W_c + W_s$ $U_{s1} = \sum \lambda_i q_{sik} \pi d l_{i1}$ $U_{s2} = \sum \lambda_i q_{sik} \pi D l_{i2}$		上海软土地区中长桩	W_s——扩大头影响范围内 H' 的土体有效自重； l_{i1}——自桩底起算的长度，取 $>H+H'$ 范围； l_{i2}——自桩底起算的长度，取 $<H+H'$ 范围； H'——扩大头影响范围，一般取扩大头长度及扩大头以上 $8D$ 范围，但不包括软弱土层的长度； W_c、H、λ_i 和 q_{sik} 同上

续表

文　献	表　达　式		适用范围	参　数　意　义
扩大系数法	$Q_{uk} = U_{s1} + U_{s2} + W_c + W_s$ $U_{s1} = \Sigma \lambda_i q_{sik} \pi dl_{i1}$ $U_{s2} = U'_{s2} \times \eta, U'_{s2} = \Sigma \lambda_i q_{sik} \pi Dl_{i2}$ $\eta = \eta_1 \times \eta_2$		上海软土地区中长桩	l_{i1}——自桩底起算的长度，取$>H$范围； η_1——扩底放大系数，根据土质情况分别取，一般可取为1.5； η_2——考虑扩底的旁压作用对侧摩阻力的影响系数，根据土质情况分别取为1.5~2.5，持力层土质情况较好时取大值，反之取小值，一般可取2； l_{i2}——自桩底起算的长度，取$<H$范围； 其他参数同上
旁压法	$Q_{uk} = U_{s1} +$ $T_e + W_c$ $U_{s1} =$ $\Sigma_i q_{sik} \pi dl_{i1}$	$T_e = F_e \sin\alpha$ $+ \beta \mu F_e \cos\alpha$ $F = \int_{l_1}^{l} 2\pi r K_0 \gamma z dz$ $F_e = \int_{l_1}^{l} 2\pi r_e \eta K_0 \gamma z dz$	短桩	F_e——扩大头侧表面法向力； F——相对应于扩大头的等截面段侧面法向力； α——扩大头角度； K_0——静止土压力系数，$K_0 = 1 - \sin\varphi$； η——扩大头侧表面法向应力扩大倍数，可按表1.3取值； ζ——扩大头段相对于等截面段侧表面积的扩大系数； β——扩大头侧表面摩擦系数折减值，可参见表1.3； μ——桩土摩擦系数，可参见表1.4选取； 其他参数同上
		$T_e = \eta \zeta F(\sin\alpha + \mu\beta \cos\alpha)$ $F_e = \eta \zeta F, \zeta = \dfrac{d+D}{2d}$	中长桩	

三、整体数值方法

数值分析方法可以考虑各种复杂的边界条件和土体本构关系，从整体上模拟抗拔桩上拔的整个过程，并可通过计算得到的 Q-s 曲线判断破坏点以及极限承载力，由此得到了广泛的应用。

Tagaya 等（1983）采用弹塑性有限元对扩底锚桩的承载力和上拔荷载作用下的地基应力场进行了数值模拟分析，结合离心试验结果，重点探讨了不同的有限元网格划分、桩土接触模型以及本构关系对模拟结果的影响。

Dickin 和 King（1997）利用有限元对扩底锚桩在松砂和密砂中的变形和承载特性进行了详细研究，通过采用不同的弹性和弹塑性本构模型的数值模拟结果和离心试验结果的对比分析后，发现大部分的土体本构模型均过高估计了桩身的强度和刚度。

Birch 和 Dickin（1998）利用有限元数值模拟技术分析扩底抗拔桩在密砂中的破坏特性，并将数值模拟结果和离心试验结果进行对比分析，发现荷载传递函数拟合较好，再和经典的理论解析方法计算结果以及其他有限元方法 Rowe 和 Davis（1982）以及 Vermeer 和 Sutjiadi（1985）的计算结果进行对比，从而得到了扩底抗拔桩在密砂中的破坏机理。

段文峰和廖雄华（2001）等针对单桩 Q-s 曲线数值分析中常遇见的轴对称问题数值模拟环节，基于经典平面问题的无厚度 Goodman 界面元给出了一种三维轴对称界面单元，并且讨论了该种单元在数值方法上的若干特点以及有待深入研究的问题，并进行了计算，验证了该数值模型的可行性。

陈轮等（2002）利用有限元法对竖向桩顶荷载作用下 DX 桩桩周土的应力变形及桩身荷载传递特点进行了数值分析，给出了桩周土体的应力位移等值线，分析了扩径体数量、间距及形状对 DX 桩承载性能的影响，进一步揭示了 DX 桩的单桩承载力机理。

韦立德等（2003）在以往桩基础受力分析方法的基础上，提出了单桩与岩土相互作用比较完善的有限元模拟方法。应用该方法对南宁泥质砂岩嵌岩桩进行了模拟计算，并对嵌岩深度效应、承载力、桩侧摩阻力的分布等进行了研究，结果表明最优嵌岩深度应为 5 倍桩径，最大嵌岩深度应为 7 倍桩径。

Dilip 等（2004）分别针对等截面抗拔桩、扩底抗拔桩、扩底锚桩和多支盘抗拔桩的单桩和群桩基础在各种工况下的承载力进行了数值模拟分析，研究发现扩底桩和多支盘桩相比等截面桩承载力得到了大幅提高。

黄绍铭等（2004）在原位试验基础上，采用有限元建立等截面桩与扩底桩的竖向受拉力学模型，从理论分析的角度剖析扩底桩的承载机理，尤其对扩大头的作用进行了详细研究，为其抗拔承载力的确定提供了理论根据。

第六节 工 程 实 例

一、上海瑞金医院地下车库

上海市瑞金医院单建式单层地下车库，车库埋深为 5.8m，平面尺寸约为 40m×90m，总面积约 3500m²，顶板以上覆土约 1m 后作为绿化及健身休闲场所。基地自地表至 40m 深度范围内的土层分布见表 17-6-1。基地浅部地下水属潜水类型，主要补给来源为大气降水，水位随季节而变化，稳定水位埋深为 0.8～1.0m。

该车库应满足双层机械车库的要求，设计中已采取一系列措施尽量减少车库的层高，但车库仍承受较大的浮力，仅凭结构自重不能满足抗浮的要求。若采用常规的等截面抗拔桩，根据本场地的地质条件，可采用 $\phi600$ 的等截面钻孔灌注桩，有效桩长 22m（入土深度约 29m），进入⑤₂ 层约 3.5m，总桩数 256 根。为提高抗拔桩的经济性，采用了扩底抗拔桩替代前述的等截面灌注桩，如图 17-6-1 所示。扩底抗拔桩等截面部分桩径为 400mm，扩底最大直径为 800mm，扩底

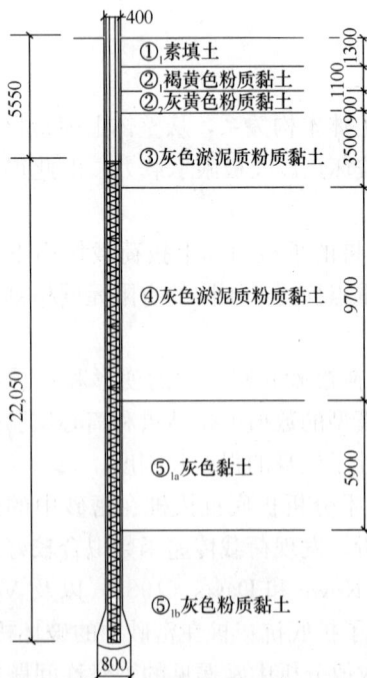

图 17-6-1 抗拔桩示意及场地土层分布

长度约 1.5m，总桩长不变。

土层物理力学参数表　　　　　　　　　　　　　　　表 17-6-1

土层名称	层　厚 （m）	e	c （kPa）	φ （°）	侧摩阻力 （kPa）
①填土	1.3				
②₁粉质黏土	1.1	0.832	22	18	15
②₂粉质黏土	1	1.007	15	15	15
③淤泥质粉质黏土	3.3	1.220	12	18	22
④淤泥质黏土	9.7	1.468	14	13	18
⑤₁ₐ黏土	6	1.236	18	12	25
⑤₁ᵦ粉质黏土	>16	0.993	9	25	40

　　设计中单桩抗拔承载力的确定应用了前文所述的估算方法，计算单桩极限承载力约为 680kN，与相同桩长桩径为 600mm 等截面桩的规范计算值相近。本工程对三组试桩进行单桩竖向抗拔静载试验，静载试验荷载加至估算的极限值时桩未有任何破坏迹象，证明了扩底抗拔桩的适用性。试验结果见表 17-6-2，荷载位移关系曲线见图 17-6-2。

瑞金医院试桩抗拔静载试验结果（单位：mm）　　　　　　　表 17-6-2

桩　号	桩　径	扩底直径	最大加载 （kN）	桩顶位移	桩端位移	桩顶残 余变形	桩端残 余变形
83 号	400	800	1100	26.11	6.92	12.01	9.18
85 号	400	800	1100	18.56	6.87	8.37	2.94
88 号	400	800	1170	23.0	5.85	7.95	3.31

　　本工程采用的桩径为 400mm 的扩底桩与相同桩长桩径为 600mm 等截面桩的承载力接近。经济效益明显，按当时市场价比较，如采用常规桩型，该部分桩基工程造价约为 110 万，实际工程造价仅为 70 万，业主仅此一项节省了约 40 万的投资。工程竣工至今已有三年，使用情况良好。

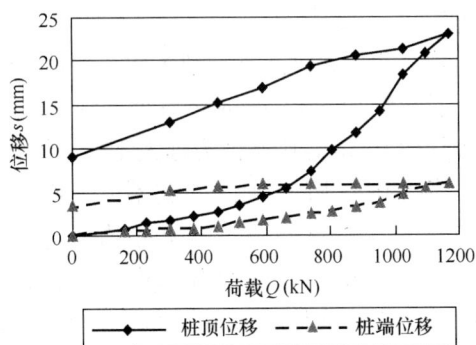

图 17-6-2　试桩 Q-s 曲线

二、杭州波浪文化城

1. 工程概况

　　波浪文化城位于杭州市钱江新城核心区，平面呈 T 形，东西长约 500m，南北宽约 115m，为全埋式二层地下建筑，总建筑面积约 130000m²。是一个新型的可供市民和游客聚会和交流的公共区域，也是杭州目前最大的地下公共建筑。它通过中庭、下沉式广场、天井可直接引入自然光，由此而构成一种明亮、开放、舒适的地下空间环境。一期工程占地面积约 25000m²，采用钢筋混凝土框架结构。

　　场地地貌属钱塘江河口冲海积平原，地形较平坦，地面标高一般为 6.5～9.0m。场地

50m 勘探深度范围内为第四纪土层，可分为 7 个工程地质层组，16 个工程地质层，主要土层的物理力学指标见表 17-6-3。场地土层结构明显，垂直上可归纳为：粉性土—黏性土—砂性土—碎石土，软硬交替。由于第四系沉积环境差异，因此，各土层水平方向上变化复杂，特别是第 6 层砂性土及第 7 层碎石土埋深与厚度变化较大。

地 层 特 性 表 表 17-6-3

层 序	土层名称	天然重度 (kN/m³)	孔隙比 e	含水量 w	直剪快剪黏聚力 c（kPa）	直剪快剪摩擦角 φ（°）	标贯击数 N	侧摩阻力 (kPa)
1a	杂填土							
2a	砂质粉土	19.1	0.8	28%	7.0	24.0	7	8
2b	砂质粉土	19.4	0.879	27%	5.5	26	11	25
2c	砂质粉土	19.2	0.854	27%	6.0	25	9	20
3a	粉砂夹粉土	19.4	0.756	26%	5.0	27	13	26
3b	粉砂夹粉土	19.1	0.810	24%	10.0	24	11	18
4	淤泥质粉质黏土	18.3	1.082	44%	11.2	12	2	8
5a	粉质黏土	19.5	0.773	27%	32.6	16	7	30
5b	粉质黏土	19.8	0.725	25%	25	24	12	26
6a	含砂粉质黏土	20.2	0.645	22%	18	27	13	30
6b	细　砂		0.65				20	35

注：表中侧摩阻力抗拔系数：粉砂 0.6，粉土 0.7，黏土 0.75。

2. 桩基设计

本工程为全埋式二层地下建筑，地下空间上部为广场和绿地，无建筑荷载，基底单位面积自重约为 65kPa。地下室埋深约 13～14m，根据勘察报告，正常使用阶段的设防高水位埋深取 0.5m，则水浮力远大于上部结构与覆土自重。

考虑到常规的钻成孔工艺不适于碎石类土，本工程的桩身不宜进入 7a 层圆砾层，由于第 6 层细砂和砾砂层的分布不均匀且层顶起伏较大，最后确定桩身进入 5b 层，总桩长为 31m，减去 13m 的埋置深度，工程桩的有效桩长为 18m。本工程采用桩身直径为 550mm（以下简称 A 型桩）和 650mm（以下简称 B 型桩）两种扩底抗拔桩型，扩大头长度皆为 1.5m，A 型桩的扩底直径为 1100mm，B 型桩的扩底直径为 1300mm，见图 17-6-3。

3. 施工与检测

扩底抗拔桩施工的关键在于扩大头的形成，这就要求有形成扩大头的施工机具和一套与之相应的施工工艺。施工单位根据设计桩型要求，研制了相应的扩孔机具，该机具的刀片可以收拢以便于在孔身内下降与提升，也可以在压力作用下撑开以便于扩孔。钻孔扩底灌注桩的施工首先采用常规钻具钻至孔底后提杆更换扩底钻头并重新下杆，使扩底钻头达到需扩孔位置，施加钻压逐渐撑开扩孔刀片进行扩底成孔。即使采用了小扩展角度的扩底抗拔桩，确保扩底形状的形成和保证孔壁稳定性仍成为扩底施工工艺需首要关注的问题。

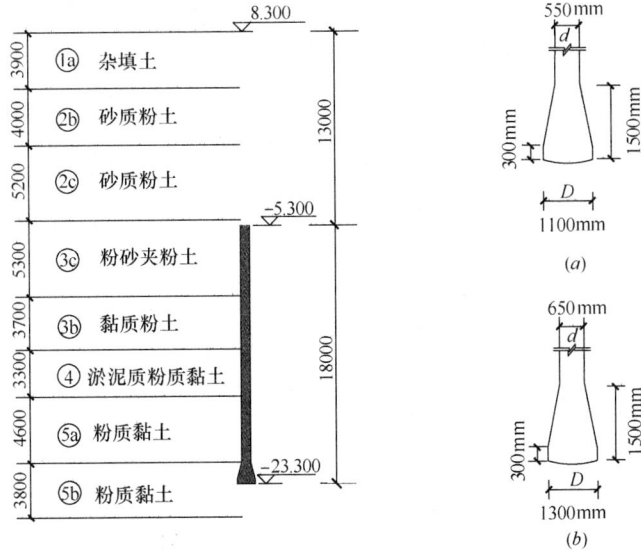

图 17-6-3 扩底抗拔桩示意

(a) A 型桩扩大头；(b) B 型桩扩大头

在扩底过程中，应对钻压、钻速、泥浆等施工指标进行专项控制，保证扩底形状能满足设计要求。此外，扩底桩对清孔要求更加严格，在等截面钻至孔底时须进行预清孔，时间为20～30min，然后更换扩底钻头以减少沉渣对扩底的不利影响，扩底成孔后应进行第一次清孔，在下放钢筋笼和浇筑混凝土导管安装完毕后进行第二次清孔。

在桩基施工前，本工程首先进行了 2 个试成孔试验，验证扩底的可行性，初步确定泥浆比重和黏度、钻压、钻速等施工参数。试成孔施工完成后应立即进行井径量测，同时根据成桩时间，在成孔后一定时间段内对试成孔井径进行多次量测，以了解孔径尤其是扩底部分孔壁的稳定性。通过试成孔核对地质资料，检验所选设备、施工工艺及技术要求是否适宜。

扩底灌注桩除满足常规灌注桩基检测要求外，还要在灌注混凝土前检测孔径，由于当前施工经验尚不成熟，检测数按总桩数 50% 的比例进行，并向设计提交扩底孔径曲线。确认扩底尺寸满足设计要求后方可进一步成桩。

4. 载荷试验

本工程对 A 型桩和 B 型桩分别进行了 9 根试桩的单桩竖向抗拔静载荷试验，以判定检测桩的单桩竖向抗拔承载力能否满足设计要求。此外，还分别进行了 2 根试桩的破坏性试验，以确定各检测桩的单桩竖向极限抗拔极限承载力。

根据规范公式，按试桩的桩长进行了试桩极限承载力的计算，要求 A 型桩的单桩竖向抗拔极限承载力需达到 1600kN，B 型桩的单桩竖向抗拔极限承载力需达到 1900kN。

试验结果表明，9 根 A 型桩在 1600kN 最大加载下，除 1 根桩的单桩竖向抗拔极限承载力为 1440kN 外，其他均满足设计要求，2 根破坏性试验的单桩竖向抗拔极限承载力分别为 1920kN 和 2240kN。表 17-6-4 与图 17-6-4 列出了部分试桩结果。试桩 SBZ1-3 的极限承载力仅为 1440kN，远小于 2 根破坏试验的结果，综合扩底桩抗拔承载力的主要构成因素，可将该桩视为等截面桩，即扩底失败。2 根破坏试验表明，扩底桩的荷载-位移曲线为缓变型，破坏状态所需的桩顶位移较大，且回弹率较小。

9根B型桩在1900kN最大加载下，均满足设计要求，2根破坏性试验的单桩竖向抗拔极限承载力均为2660kN。

4组破坏性试桩结果汇总　　　　　　　　表 17-6-4

桩号	最大试验荷载 (kN)	桩顶上拔量 (mm)	桩端上拔量 (mm)	桩顶残余上拔量 (mm)	桩端残余上拔量 (mm)	桩顶回弹率 (%)	桩端回弹率 (%)	单桩极限承载力 (kN)	极限荷载下桩顶上拔量 (mm)
PSBZ1-7	2240.00	89.07	66.23	77.09	54.12	13	18	1920	43.46
PSBZ1-14	2560.00	58.91	—	50.56	—	14	—	2240	34.72
PSBZ2-16	2850.00	83.23	67.61	69.73	55.61	16	18	2660	47.16
PSBZ2-21	2850.00	72.21	46.98	55.21	30.98	24	34	2660	38.94

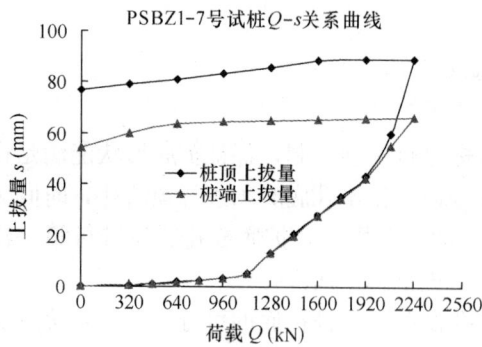

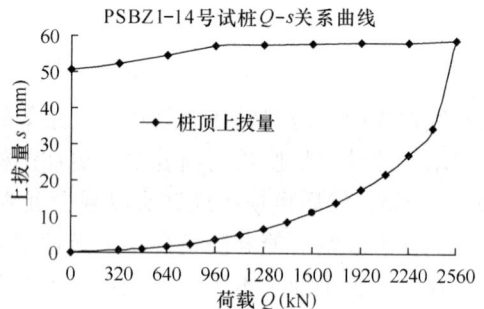

(a)

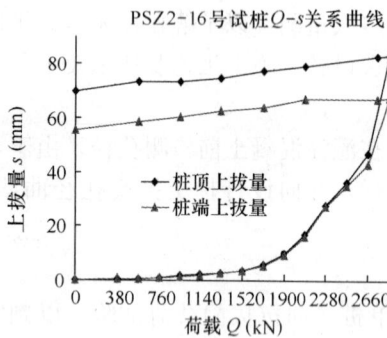

(b)

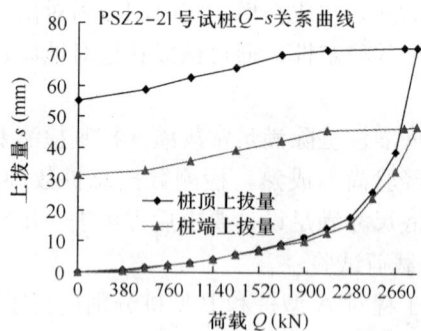

图 17-6-4　4组破坏性试桩 Q-s 曲线

(a) A型扩底桩破坏性抗拔试验 Q-s 曲线；(b) B型扩底桩破坏性抗拔试验 Q-s 曲线

4组破坏试验表明，扩底桩的荷载-位移曲线为缓变型，以 PSBZ1-14 为例，在一定桩顶荷载范围内（N<1000kN），桩顶的变形较小，在试验荷载 960kN 时桩顶上拔量仅为 3.63mm。此后，随着荷载的增加，变形缓慢增加，直到 2240kN 极限荷载时，变形缓慢升至 34.72mm，加至 2560kN 时，桩顶变形达到 58.91mm，破坏。

扩底抗拔桩达到破坏状态所需的桩顶位移较大，4组桩达到破坏所对应的变形为

58.91~89.07mm。扩底抗拔桩极限承载力对应的桩顶变形也较大，为 34.72~47.16mm。相对于等截面桩，扩底抗拔桩极限承载力对应的变形较大，表明了扩底抗拔桩不断加载的"后劲"。

扩底抗拔桩达到破坏时的大变形对应的是低回弹率，4 根桩的桩顶回弹率仅为 13%~24%。进一步证明，扩底抗拔桩的破坏机理不同于等截面桩，由于扩大头的存在，调动扩大头周围的土体一起承担荷载，这个过程是扩大头不断向上位移，不断挤压周围土体的过程，比等截面桩单纯的桩土界面剪切破坏要复杂。即等截面桩抗拔破坏是基于桩身与桩周土之间的"摩擦剪切"破坏，而扩底桩是由桩身土体"摩擦剪切"和桩端土体"压缩冲剪"共同控制的破坏模式。在这个过程中桩身发生更大的不可恢复性变形。

虽然扩底桩极限承载力对应的变形达到 34.72~47.16mm，但其在工作状态下的变形却较小。以 A 型桩为例，极限承载力为 2240kN，则特征值为 1120kN，A 型桩两组试桩在 1120kN 荷载对应的桩顶变形为 5.11mm 和 5.05mm。B 型桩极限承载力为 2660kN，则特征值为 1330kN，2 组试桩在荷载为 1330kN 时对应的桩顶变形为 2.85mm 和 5.77mm。

本工程 A 型 550mm 扩底桩的抗拔承载力等同于相同长度桩径 650mm 的等截面桩；B 型 650mm 扩底桩的抗拔承载力等同于相同长度桩径为 750mm 的等截面桩。本工程扩底抗拔桩混凝土用量约 15000 余立方米，比等截面桩节约 5000 余立方米，节约比例达 30%。由于其承载力提高，仅材料的节约费用约 200 余万元，经济性明显。此外，还明显节约材料资源，减少混凝土运输、桩身成孔钻进等能耗，减少泥浆排放，加快工期，其社会意义重大。实现了利用新技术推进建筑行业走低材耗、低能耗、高环保的可持续发展道路。

第十八章 槽 壁 桩

第一节 概 述

采用地下连续墙成墙工艺形成矩形截面桩作为建构筑物的基础，承受上部结构荷载，这种基础形式简称为槽壁桩基础。地下连续墙工艺在应用的初期，主要是用于水库大坝及基坑支护工程中作为挡土、挡水及防渗结构。随着设计技术和施工工艺的日臻完善，地下连续墙逐渐被用于建构筑物的桩基础。1979 年日本东北新干线高架桥工程中首次采用了地下连续墙闭合式刚性基础，代替了惯用的沉井式基础，开创了槽壁桩作为深基础的先河。此后槽壁桩深基础得到迅速发展，据统计，到 1993 年 7 月日本已在 220 项工程中使用槽壁桩基础。与常规桩基础相比，槽壁桩基础具有竖向承载力高、刚度大，可根据墙体布置灵活调整基础水平刚度等特点。

一、槽壁桩的应用

在工程应用中槽壁桩用于取代常规的钻孔桩、预制桩基础，直接作为建筑物的单桩或群桩基础。由于其具有良好的承载性能和优于常规桩基的灵活布置特性，到目前为止，槽壁桩基础已经在国内外得到广泛的认同和大量应用。

1. 国外的应用

槽壁桩基础在日本首先被采用，同时也在日本得到了长足的发展和广泛的应用。东京都新宿区某高层建筑，地下 2 层，地上 37 层，建筑物高度 130m，采用槽壁桩作为墙下桩基础，基底以下的深度为 12m。日本青森大桥采用三排井筒型槽壁桩刚性基础，基础平面尺寸为 30m×20.5m，承台厚 5m，槽壁桩深 37m，厚 1.5m。近年来在日本还出现了扩底条形桩基础，进一步丰富了槽壁桩的基础形式。

2. 国内的应用

在国内槽壁桩基础的工程实践起步较晚，但近年来发展较快。1982 年上海特种基础研究所 5 层办公大楼的地下室停车库及人防基础，开创了槽壁桩在我国应用的先例。随后天津市冶金科贸中心、上海长宁区某高层公寓、香港环球贸易融广场等相继采用了槽壁桩基础。

上海长宁区某高层公寓利用槽壁桩作为基础，该工程平面呈十字形，结构设计将箱基扩大为外包矩形，并沿地下室周边设置槽壁桩 1，作为地下室外墙和墙下槽壁桩基础，沿电梯井侧壁设置槽壁桩 2，作为电梯井剪力墙和墙下槽壁桩基础。内外槽壁桩基础呈回字形布置，这样不仅提高了基础的整体刚度，而且也为施工阶段提供了竖向临时支承构件，如图 18-1-1 所示。该工程槽壁桩构成箱基外墙和墙下槽壁桩基础，结构受力合理，经济

编写人：王卫东　邸国恩（华东建筑设计研究院有限公司）

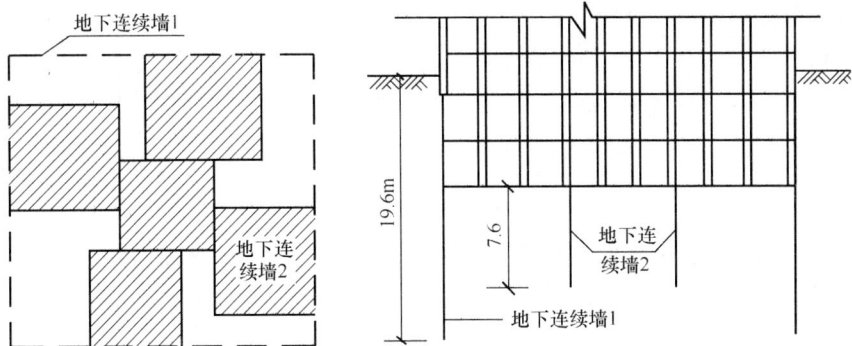

图 18-1-1　长宁区某高层公寓基础平面、剖面图

效益显著。

上海地铁一号线新闸路地铁车站是国内第一座带上部结构的地铁车站，车站平面呈狭长形，结构采用槽壁桩承重的双层三跨箱形结构，槽壁桩直接承受上部 9 层框架结构的边柱荷载，车站底板厚 1.15m，车站横剖面每隔 6.6m 设 2 根直径 850mm 钢筋混凝土立柱，每根柱子下设直径 800mm 的钢筋混凝土钻孔灌注桩，桩有效长度 18m。车站的上部结构沿车站长度方向建筑高低错落，落差最大处相差 6 层，但常年的沉降监测结果表明，该车站总沉降和纵向差异沉降均较小，完全满足地铁列车运行的要求。

3. 槽壁桩作为地下室外墙的应用

槽壁桩基础除了具有与常规桩基础相同的作用，布置在基础承台下作为上部结构墙、柱的基础外，还有另外一种特殊的应用形式，即用作地下室外墙和墙下桩基（图 18-1-2）。这种应用形式，在深基础工程中较为常见，深基础工程在基坑施工阶段常采用槽壁桩作为支护结构，而在正常使用阶段槽壁桩又作为地下室结构外墙和墙下桩基础使用。槽壁桩作为地下室外墙的应用也较为广泛，部分工程结构核心筒剪力墙和框架柱直接嵌固在槽壁桩上或紧贴槽壁桩，槽壁桩需直接承受较大的上部结构荷载。

东京都涩谷区 NHK 新广播电台大楼，地下 2 层，地上 3 层。基础采用 T 形大截面槽壁桩，墙厚为 60cm 和 100cm，深度为 18～22m，槽壁桩作为地下室外墙兼作双层车道的基础。

日本国室兰港的白鸟大桥（主跨 720m 悬索桥）主塔墩为直径 37m、深 70m 的基坑采用槽壁桩围堰，从筑岛顶面算起槽壁桩打入地层以下 100m（嵌岩 30m），成功地修建了主塔墩的直接基础。

上海市碧玉蓝天大厦工程主体结构为一幢 4 层裙楼和一幢 46 层主楼，

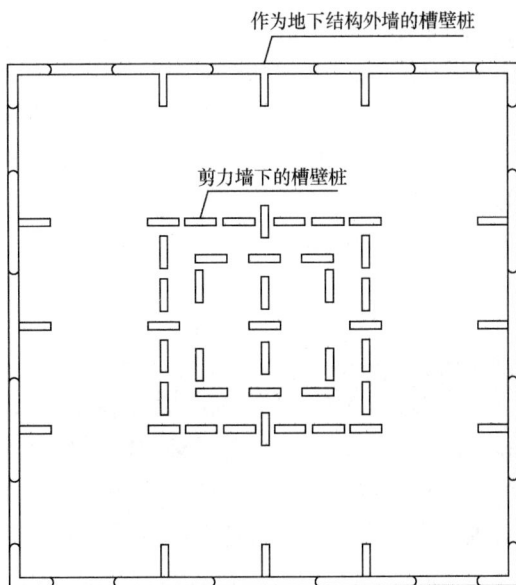

图 18-1-2　槽壁桩基础平面布置示意图

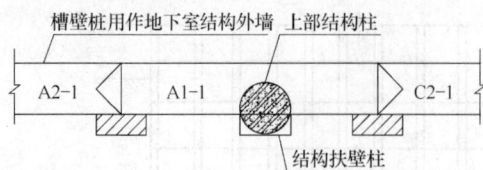

图 18-1-3 碧玉蓝天槽壁桩与结构柱关系平面图

均为框架结构，采用桩筏基础。该工程地下室平面尺寸为 92m×62m，基坑开挖深度主楼区为 19.6m，裙楼区为 18.0m，采用槽壁桩作为基坑围护结构，同时作为永久使用阶段地下室外墙。裙楼区域有 2 根结构柱作用在槽壁桩上（图 18-1-3），每根结构柱的荷载约为 2500kN，几乎全部由槽壁桩承受，由于该工程地下 4 层，槽壁桩插入基底以下 17～19m，插入深度较深，桩底基本位于 2-4 层和 7-2-1 层中，且结合槽底后注浆措施，实施结果证明槽壁桩完全可以满足承载及沉降要求。

上海市通利广场地下室平面尺寸约 50m×30m，基坑开挖深度约 14.0m。地下室紧邻地铁二号线石门路车站和车站西侧隧道，相互之间距离约 3m。该工程采用 800mm 厚槽壁桩作为基坑围护结构，槽壁桩同时作为地下室外墙。该工程有三根结构柱直接作用在槽壁桩上，结构柱荷载全部由槽壁桩承受（图 18-1-4），本工程通过加深槽壁桩并结合槽底压浆措施提高槽壁桩的承载力和控制沉降。本工程 1999 年顺利完成，使用至今，槽壁桩与桩基无不均匀沉降现象产生，使用状况良好。

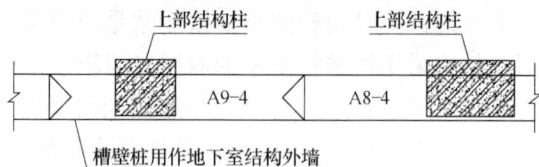

图 18-1-4 承重槽壁桩与结构柱关系图

二、竖向承载特性的研究

槽壁桩采用地下连续墙工艺成桩，地下连续墙的施工工艺与钻孔灌注桩基本相同，均采用泥浆护壁成槽，水下浇灌混凝土成桩，因此二者作为桩基础在承载力特性方面有诸多共同之处，竖向承载力的大小均依赖于端阻力和侧摩阻力的发挥程度。但与钻孔灌注桩相比，地下连续墙在施工条件方面存在一些不利因素：地下连续墙成槽平面呈长条形状，挖槽面积和体积较大，长边方向上的地基拱效应不显著，成槽过程中地基应力释放较大，对侧摩阻力的发挥有一定的削弱；由于地下连续墙平面成长条状且面积较大，槽底沉渣较难控制，会对端阻力发挥和竖向承载力产生不利影响。可见，槽壁桩与钻孔灌注桩的竖向承载特性比较相近，但也并非完全相同。为了更加清楚地了解槽壁桩的竖向承载特性，国内外进行了大量的研究工作。对槽壁桩的承载特性研究主要集中在地下连续墙的垂直承载力的模型试验和现场承载力试验方面。

1. 国外的研究工作

日本大林组在东京都千代田和千叶县流山市进行了地下连续墙垂直承载力试验。试验墙的剖面均为 60cm×180cm，墙深分别为 51.5m 和 24m，相应的桩尖地层分别为砂砾层和细砂层，两者 N 值均大于 50。试验根据日本土质工学会编的《桩的垂直承载力试验基准解说》的规定进行，加载方法采用慢速多循环式。试验结论表明地下连续墙的试验结果和灌注桩相比，有同等的或比灌注桩良好的承载性能。

日本上野等人在尼崎市地基中对单片地下连续墙进行了荷载试验。试验墙的尺寸为墙厚 0.6m，宽 2.52m，深 34.9m。上野等人由试验结果提出：承重地下连续墙无论是底端的承载力还是周围的摩阻力均可取灌注桩的同类性质承载力的平均值。

日本岗田等人研究了施工方法对地下连续墙垂直承载力的影响。地下连续墙截面尺寸为 2.52m×0.6m，墙深 16.6m，墙底支承在较好的砾石层中。结论是：施工方法对地下连续墙墙底承载力影响不大，但对周边摩阻力影响较大。对地下连续墙的垂直承载力可以得出和灌注桩相同的评价。

前苏联白俄罗斯国家建委进行的地下连续墙垂直承载力试验，地下连续墙截面尺寸为 0.65m×2.5m，墙深 6m。结论是可按钻孔灌注桩计算和评价地下连续墙的承载力。

维也纳 UNO 城工程将地下连续墙用作竖向承重结构，该工程进行了 3 组地下连续墙静载荷试验，试验结果表明地下墙的承载机理与桩的承载机理相同，且膨润土泥浆对侧摩阻力的影响很小。

2. 国内的研究工作

同济大学地下结构研究室于 1987 年首次进行了地下连续墙垂直承载力的室内大型模型试验，结果发现：（1）地下连续墙的侧摩阻力与端阻力不是同时达到最大值，当侧摩阻力达到最大时，端阻力只发挥出极限值的 70%；（2）确定地下连续墙的承载力时不能简单地将侧摩阻力和端阻力的最大值相加，应考虑位移因素；（3）在设计承重地下连续墙基础时，应允许地下连续墙有一定的沉降，只有产生一定的位移，地下连续墙的承载力才能充分发挥出来。

1991 年同济大学李桂花等在国内首次进行了单片地下连续墙垂直静荷载现场试验。而后又于 1992 年 2 月进行了多片地下连续墙垂直静荷载现场试验。综合两次现场试验结果，得出如下结论：（1）地下连续墙垂直承载力可根据钻孔灌注桩的设计规范计算，地下连续墙的侧壁摩阻力和端阻力与灌注桩有同样的性质，可取灌注桩同类性质承载力的平均值；（2）在初期的荷载阶段，荷载的大部分由侧壁摩阻力承担，传递到墙底的荷载很小，当侧壁摩阻力达到极限后，墙顶荷载增加量主要由端阻力承担。试验表明在一般情况下，当侧壁摩阻力达到极限值时，端阻力仅占墙顶荷载的 20%～40%；（3）侧壁摩阻力不是仅仅取决于土层性质的常数，而且与端阻力之间存在着相互影响的关系，端阻力的大小影响侧壁摩阻力的发挥与分布；（4）侧壁摩阻力全部发挥需要的位移比较小，而端阻力全部发挥需要的位移较大，随着位移的增加，端阻力还会有所提高；（5）地下连续墙垂直承载力计算时不能忽略位移的影响，侧壁摩阻力和端阻力不是同时得到发挥的，需根据位移大小进行修正。

国内其他学者也在竖向承载地下连续墙的沉降计算方面做了一些的工作。常红等进行了一系列的竖向承载地下连续墙模型试验，根据试验结果对一字形地下连续墙和异形地下连续墙的沉降公式进行推导，并对各种地下连续墙的沉降进行比较，结果发现：（1）非对称墙形在墙周不同范围内产生的土体沉降不同，一字形墙长边一侧产生的土体沉降大于短边一侧；（2）相对于独立一字形墙，在相同应力下，异形地下墙沉降较大；（3）异形地下墙的沉降增大系数与一字形单元的个数、排列方式及间距有关；（4）在设计墙群基础时应尽量选取截面形式简单的墙形。

基于国内外地下连续墙承载力试验的基础上，对槽壁桩承载机理及垂直承载力的计算有了一定的认识。众多实验和研究表明：当槽壁桩具有足够的入土深度，且桩端进入良好持力层时，槽壁桩与钻孔灌注桩有类似的承载机理，槽壁桩竖向承载力可以参照桩基计算方法进行估算。

第二节 槽 壁 桩 设 计

槽壁桩的布置原则和传力机理与常规钻孔灌注桩基础基本相似,桩需布置于基础承台下,并与基础承台进行有效连接,上部结构通过基础承台将竖向、水平荷载传递给槽壁桩。

一、布置原则

在槽壁桩设计时,应根据上部结构的形状和荷载情况及地基状态选择槽壁桩的结构形式。当荷载具有方向性时,应该按照荷载方向配置墙段,这也是槽壁桩基础形式比其他常规桩基础优越之处。槽壁桩作为基础结构主要承受上部结构的竖向荷载,但在实际工程中也不可避免地需承受上部结构传来的地震荷载和风荷载等水平荷载的作用,因此在进行槽壁桩布置时除满足竖向荷载要求外,还必须兼顾水平方向荷载的要求。由于受到自身截面形状的影响,槽壁桩的长短边方向的水平刚度差异较大,当水平力作用的作用方向平行于槽壁桩的长边方向时,由于该方向的截面模量较大受力较为合理。但当水平力作用方向平行于槽壁桩的短边方向时,由于该方向的截面模量较小受力较为不利。因此在基础设计中应尽量减小水平力,同时应对槽壁桩基础平面进行合理布置,加强水平力作用方向的刚度,在整体上提高对水平力的抵抗能力(图 18-2-1)。

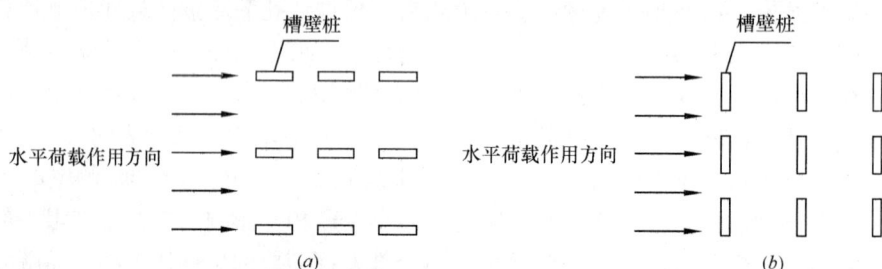

图 18-2-1 水平荷载作用下槽壁桩平面布置示意图
(a) 合理的槽壁桩布置;(b) 不合理的槽壁桩布置

在进行槽壁桩截面设计时,除了要考虑施工条件、槽壁桩的承载力、水平抵抗力和强度之外,还需考虑墙段的数量和配置方式及工程造价等因素。

为了满足上部结构的荷载和沉降要求,槽壁桩应具有足够的竖向承载力和沉降控制协调能力,同常规钻孔灌注桩基础类似,槽壁桩必须选择承载力较高、压缩性较低的土层作为桩基持力层,并且需进行承载力和沉降估算。

二、竖向承载力估算

槽壁桩竖向承载力的计算,目前尚无详尽的设计规范,根据国内外关于槽壁桩承重的研究和大量的工程实践,当槽壁桩具有足够的入土深度且桩端进入良好持力层时,可以认为其竖向承载力可参照桩基计算原则确定。工程中常用的确定槽壁桩承载力的方法主要有两种,即按桩基方法估算和现场静载荷试验。

1. 按桩基方法估算

采用桩基方法估算槽壁桩竖向承载力，即参照钻孔灌注桩的承载力计算方法，取槽壁桩的侧摩阻力和端阻力之和作为地基土决定的槽壁桩竖向承载力。对于设置于基础筏板下的槽壁桩，在槽壁桩底部及侧壁与地基土接触良好的情况下，可取其底部和侧壁有效面积进行地基土竖向承载力计算。

当槽壁桩同时作为地下结构外墙时，在基底以上仅有迎土面的单侧摩阻力，同时考虑在基坑开挖过程中，槽壁桩已经发生向坑内方向的变形，而且变形主要发生在基底附近及基底以上部位，基底以上的土压力变成主动土压力，使得槽壁桩基底以上迎土面的侧摩阻力计算相当复杂，因此，在实际工程应用中可忽略基底以上侧摩阻力的影响，将其作为安全储备，而仅计算基底以下迎坑面和迎土面两侧的摩阻力，桩端阻力可取墙底有效面积进行计算。与常规的桩基相同，槽壁桩应取桩身强度和地基土承载力中的较小值作为槽壁桩的竖向承载力。

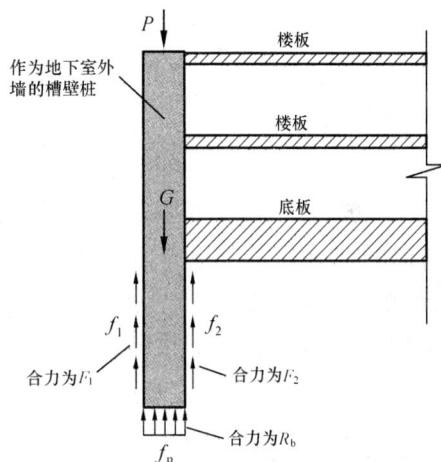

图 18-2-2　槽壁桩作为地下结构外墙竖向受力分析简图

当槽壁桩同时作为地下结构外墙时，对槽壁桩的竖向承载力计算及受力分析如图 18-2-2 所示，图中的 P 为上部结构竖向荷载，其中包括直接作用于槽壁桩顶的竖向荷载和地下室楼板传递的一部分荷载；G 为槽壁桩自重；F_1 为槽壁桩外侧摩阻力，仅取基底以下侧摩阻力；F_2 为底板下槽壁桩内侧摩阻力；R_b 为槽壁桩底端阻力。当支挡结构采用永久性锚杆支护时，槽壁桩设计还需考虑锚杆竖向分力的作用。

采用桩基规范方法计算：

槽壁桩基底以下侧摩阻力：$F = b\Sigma\, f_i l_i / K$　　　　　　　　　　(18-2-1)

槽壁桩端阻力为：$R_b = f_p \times a \times b / K$　　　　　　　　　　(18-2-2)

式中　K——安全系数，按规范或工程经验取用；

f_i——第 i 层土的极限摩阻力（kPa）；

f_p——桩端持力层的极限端阻力（kPa）；

l_i——第 i 层土的厚度（m）；

a——槽壁桩槽段的厚度（m）；

b——槽壁桩槽段的宽度（m）。

2. 静载荷试验方法

常规工程中槽壁桩竖向承载力可参照桩基方法估算，当对槽壁桩的竖向承载力要求很高，且无足够地区经验可证明槽壁桩竖向承载力满足设计要求时，应结合现场静载荷试验确定槽壁桩的竖向承载力。槽壁桩现场静载荷试验的加载方法及终止加载条件等相关实施细则目前在规范尚无明确规定，可参照钻孔灌注桩现场静载荷试验的相关规定实施。

槽壁桩竖向抗压静载荷试验通常采用锚桩法进行，由于试验墙段每延米的单位设计承载力较高，为了减少试验墙段的最大加载量从而减少锚桩的数量和长度，槽壁桩的试验墙段宽度应尽量减小，由于受到成槽抓斗宽度的限制，一般试验墙段最小宽度可做到2.0m左右。试验墙段的加载量较大，且墙段宽度较宽，为了达到加载要求并确保试验墙段的均匀受力，试验中常采用多个千斤顶同时均匀加载。

由于槽壁桩多用于深基础工程中，而静载荷试验的目的主要是确定基底以下槽壁桩的承载力，试验墙段在基底以上与土体之间的侧摩阻力和墙段重量直接关系到试验结果的准确性，因此，在试验时需通过在试验墙段内埋设测试原件等措施将基底以上的侧摩阻力和墙段重量扣除。

槽壁桩静载荷试验已经在上海解放日报报业大厦、上海银行大厦、中船长兴造船基地注水坞等工程中用于确定承重槽壁桩的承载力，并且取得了令人满意的效果。

上海市解放日报新闻中心利用槽壁桩作为地下室结构外墙，上部结构柱直接作用在槽壁桩上，且部分位置槽壁桩紧贴结构核心筒剪力墙，需承受核心筒剪力墙的大部分荷载。由于上部结构对槽壁桩的承载力和沉降要求很高，因此该工程施工两幅槽段CD1和CD2进行现场静载荷试验，两幅试验槽段持力层分别为第⑦层（灰色砂质粉土层）和第⑤$_2$层（灰色砂质粉土与粉质黏土互层），槽段有效宽度为2.0m，均进行了槽底注浆。图18-2-3为两幅试验槽段及锚桩的平面图。图18-2-4为静载荷试验的现场照片。

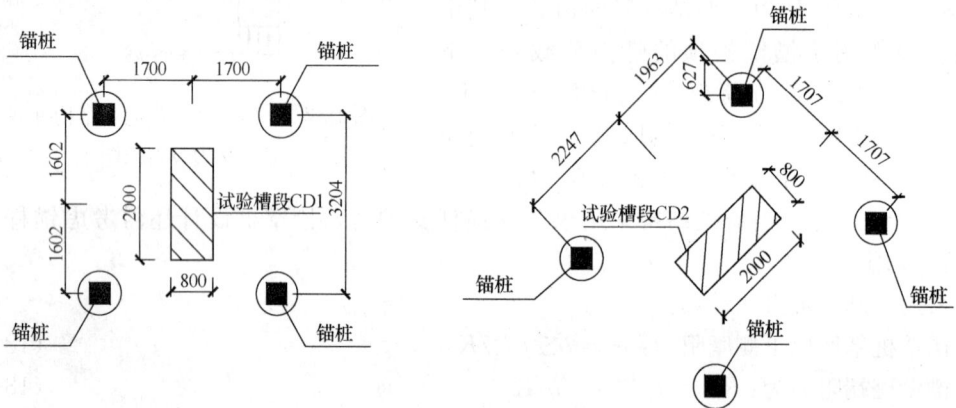

图 18-2-3　试验槽段及锚桩平面图

试验采用慢速维持荷载法进行测试，CD1分16级施加，每级荷载下的沉降均在较短时间内稳定，由于加载设备限制，该试验墙段最大加载量为13050kN，在最大加载量稳定状态下试验槽段及周围土体没有破坏征状，墙体累计总沉降量为10.38mm，卸载至零后，回弹量为6.24mm，占总沉降量的60.12%。Q-s 曲线（图18-2-5a）未见明显第二拐点。

CD2分14级施加，当CD2加载至9300kN（原设计最大加载量）稳定时，试验槽段及周围土体亦没有破坏征状，墙顶位移仅为5.17mm，墙底位移仅为2.62mm。与检测单位协商继续加载，直至12800kN，每级荷载下的沉降均在较短时间内稳定，墙体累计总沉降量为15.01mm，卸载至零后，回弹量为7.91mm，占总沉降量的86.46%。Q-s 曲线（图18-2-5b）未见明显第二拐点。两幅试验墙段结果如表18-2-1所示。

图 18-2-4　槽壁桩现场静载荷试验现场实景

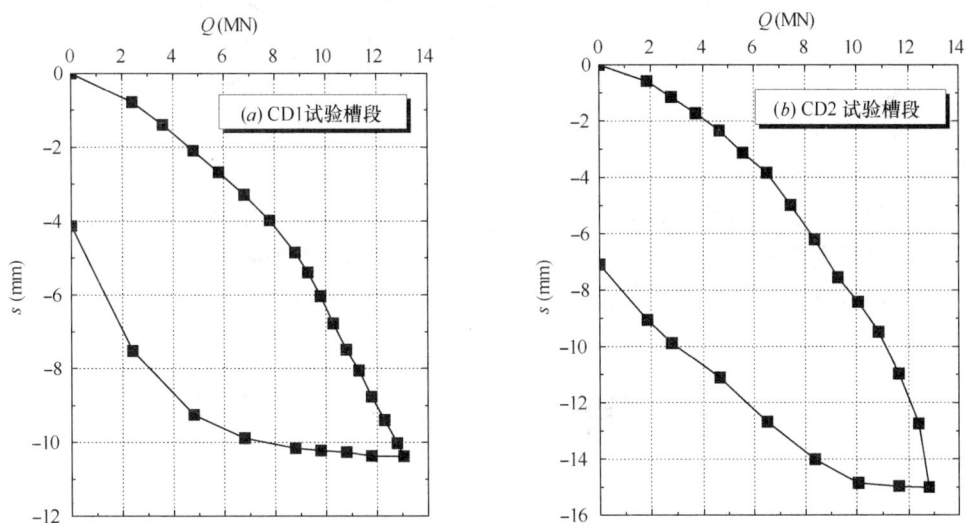

图 18-2-5　CD1 和 CD2 试验槽段的 Q-s 曲线图

试验槽段结果汇总表　　　　　　　　表 18-2-1

墙段编号	厚度（m）	有效宽度（m）	墙段长度（m）	设计最大加载（kN）	实际最大加载（kN）	最大沉降量（mm）	最大回弹量（mm）	回弹率（%）	判定承载力（kN）
CD1	0.8	2.0	53.5	12800	13050	10.38	6.24	60.12	13050
CD2	0.8	2.0	48.5	9300	12800	15.01	7.91	52.7	12800

三、沉降控制措施

　　槽壁桩为截面为长条形状，且其截面面积较大，槽底清淤难度较钻孔灌注桩大，沉淤厚度一般要大于钻孔灌注桩，会对端阻力及整体竖向承载力发挥产生不利影响。工程中通常对槽壁桩采取槽底注浆措施来改善槽底受力状态，提高承载力，控制槽壁桩的沉降。

　　槽壁桩成槽时，在槽段钢筋笼内预设注浆管，待槽壁桩浇筑并达到一定强度后对槽底进行注浆，通过对槽壁桩槽底进行注浆来消除墙底沉淤，加固桩侧和桩底附近的土层，一方面可减少槽壁桩的沉降量，协调相邻槽壁桩之间的差异沉降，另一方面还可以使槽壁桩的端承力和侧壁摩阻力充分发挥，提高槽壁桩的竖向承载能力。槽壁桩槽底注浆一般在每幅槽段内设置两根注浆管，间距不大于 3m，管底位于槽底（含沉渣厚度）以下不小于 30cm，墙身混凝土达到设计强度等级后注浆，注浆压力必须大于注浆深度处土层压力。

槽壁桩同时用作地下结构外墙和墙下桩基时，与内部主体结构工程桩变形协调至关重要。一般情况下主体结构工程桩较深，而槽壁桩作为围护结构其深度较浅，很难和主体工程桩处于同一持力层；另一方面槽壁桩分布于整体地下室的周边，工作状态下与桩基的上部荷重的分担不均，不均匀的上部荷载分担对变形协调有较大的影响；而且由于施工工艺和截面形状的因素，二者桩端受力状态存在较大差异。综上所述，槽壁桩承受较大荷载时，槽壁桩与桩基之间可能会产生较大的差异沉降，如果不采取针对性的措施控制差异沉降，槽壁桩与主体结构之间产生很大的次应力，甚至开裂危及结构的正常使用。针对上述问题的考虑，设计上除了采用槽底注浆措施外，主要采取如下对策加以解决：

（1）为进一步协调槽壁桩与主体结构之间不均匀沉降，在基础底板靠近槽壁桩位置设置边桩。同时槽壁桩选择较为稳定、压缩性较低的持力层。例如，上海地区槽壁桩设计时，其墙端持力层一般选择第⑤$_2$砂质粉土层、第⑥粉质黏土层或第⑦粉细砂层。

（2）另一方面增强槽壁桩纵向的整体刚度，使槽段能够整体受力，以协调各槽段之间以及槽段与内部桩基的变形。工程中常采用在槽壁桩顶部设置刚度较大的压顶圈梁连接各个槽段，通过在槽壁桩内预留插筋等与刚度较大的结构梁板、基础底板形成整体连接，在内侧槽段接缝位置设置结构扶壁柱或钢筋混凝土内衬墙，以及采用刚性施工接头等措施（图 18-2-6），将槽壁桩各幅墙段连成整体，加强槽段的整体控制变形能力。

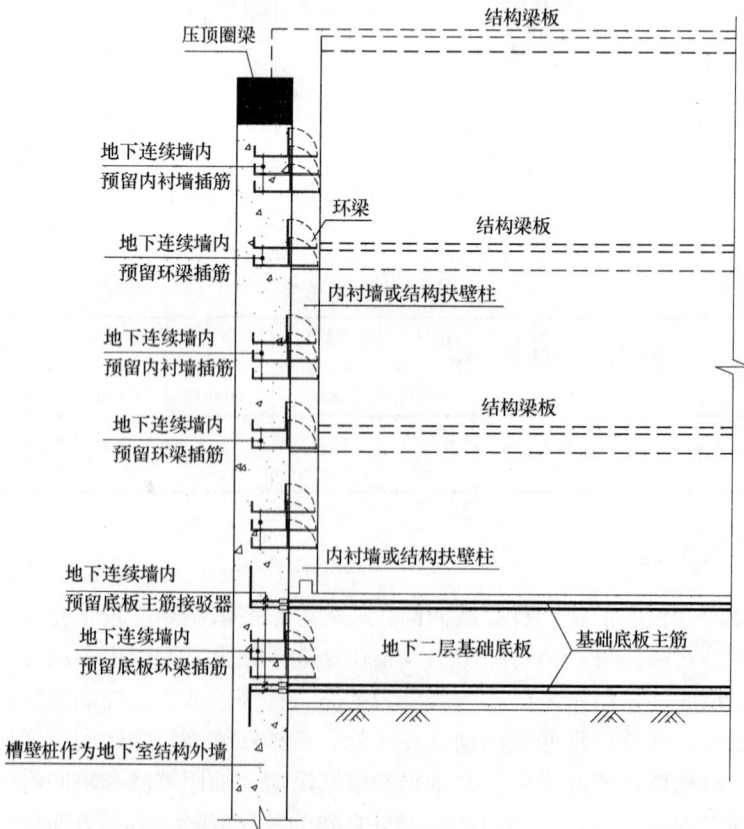

图 18-2-6 槽壁桩纵向刚度加强措施示意图

四、群桩效应

在槽壁桩群桩基础设计中，一定数量槽壁桩通过桩顶承台进行刚性连接，使槽壁桩形成一个整体，成为联合式槽壁桩基础（图18-2-7），共同承受竖向和水平荷载。同常规群桩基础相似，联合式槽壁桩基础在竖向及水平方向的承载力同样会受群桩效应的影响，需对其承载力进行群桩效应修正。实际工程中可用以下方法对联合式槽壁桩基础承载力进行群桩效应修正：对于槽壁桩的竖向承载力，是把槽壁桩基础外边缘包络成多变形的柱体作为整体基础来考虑（图18-2-7），将这个整体基础的竖向承载力与各墙段竖向承载力的总和进行比较，取二者中数值较小者作为联合基础的竖向承载力。对于槽壁桩水平方向的承载力，可采用简单的方法计算，即考虑槽壁桩在荷载作用方向上的重叠设置，降低水平基床系数 K 值之后再进行计算。

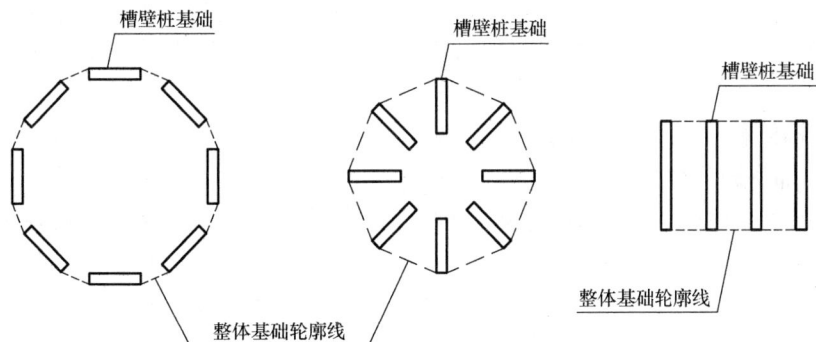

图 18-2-7 联合式槽壁桩基础典型平面布置图

除了上述的计算方法之外，还可以采用整体数值分析方法，即把槽壁桩基础作为一个整体来考虑，无论是在竖向还是在水平方向上，都把各墙段当作用土弹簧支撑的空间结构，然后用有限单元法求解。

以上仅介绍了部分槽壁桩组合成的联合式基础承载力的群桩效应修正，对于大面积槽壁桩的群桩布置形式其竖向及水平承载力群桩效应的理论尚不完善，该方面问题有待于在工程实践进一步研究与实践。

在设计时应根据上部结构荷载和变形要求将槽壁桩的沉降量和水平位移控制在容许范围之内，防止对上部结构产生不良影响。为此，需假定基础的弹簧常数及其不均衡率，并把槽壁桩基础和结构物作为一个整体考虑。根据槽壁桩基础的施工方法的特点，一般要使垂直方向的弹簧常数的不均衡性比打入桩稍微大一些，而且由于槽壁桩的每一个单元墙段的断面面积较大，承载力较高，在相同荷载条件下需要布置的墙段数量较常规桩基少，因此各部分槽壁桩弹簧常数的不均衡性，即基础弹簧常数的不均衡性就提高了，故对此需进行特别慎重的研究。

五、作为地下结构外墙的设计

同时用作地下结构外墙的槽壁桩根据受力阶段的不同可分为施工阶段和正常使用阶段两个阶段，根据受力方向的不同，可分为水平方向和竖向两个方向，因此需对同时用作地下结构外墙的槽壁桩在不同阶段和不同受力状态下的内力进行设计计算。施工阶段以承载能力极限状态控制为主，使用阶段以正常使用极限状态控制为主。

工程中常常会有上部结构柱、剪力墙等直接作用在地下室结构外墙上，当槽壁桩作为地下室结构外墙时，其竖向承载力和连接构造措施需满足上部结构荷载的要求。

1. 竖向荷载分担

当槽壁桩顶部设有柱子或结构剪力墙等集中荷载作用，首先应考虑对直接承受荷载单幅槽壁桩进行适当调整，使其自身满足上部结构荷载要求，而相邻幅槽壁桩的分担仅作为辅助措施或安全储备。当直接承受荷载的单幅槽壁桩在可调整范围内难以满足承载力和沉降要求时，需考虑相邻几幅槽壁桩共同承受上部荷载。由于槽壁桩分幅施工，单元槽段之间的施工接头为受力的薄弱环节，因此槽段施工接头应采用刚性接头，以确保槽段之间可以传递竖向剪力，防止相邻槽段错开。同时可采取在槽壁桩顶部设置刚度足够的钢筋混凝土冠梁等措施来加强槽段之间的整体性和沉降协调能力。总之，在相邻槽段需共同承受竖向荷载的条件下，应通过一系列的构造措施加强槽段之间的连接强度，使相邻槽壁桩形成一个整体共同作用，此时可将相邻几幅槽段作为整体考虑，使其总承载力满足上部荷载要求。

2. 与主体结构墙柱的连接构造

1) 连接部位局部加强

当有结构墙、柱荷载直接作用在槽壁桩顶部时，在槽壁桩内需为结构墙柱预留纵向钢筋，并尽量使结构墙柱与槽壁桩顶部压顶圈梁一同浇筑，一方面确保槽壁桩与结构墙、柱之间的可靠连接，另一方面可以利用压顶梁扩散压力。由于在荷载作用部位会出现应力集中现象，因此应在集中荷载作用的部位按照应力的传递状态在槽壁桩顶部配置加强钢筋（图18-2-8）。

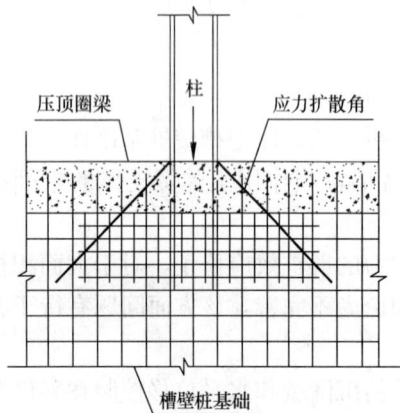

图 18-2-8　槽壁桩与柱连接部位
配筋加强示意图

2) 连接预埋件

当上部结构墙、柱全截面落在槽壁桩上时，需在槽壁桩内预留结构墙、柱的纵向钢筋，纵向钢筋在槽壁桩内的预留长度需满足上部结构的受力和嵌固要求，预留钢筋伸出槽壁桩的长度应错开钢筋搭接长度，以便预留钢筋与上部结构墙、柱纵筋连接接头满足相关规范对同一连接区段内连接接头错开要求（图18-2-9a）。当上部结构柱部分截面落在槽壁桩上时，需在槽壁桩内预留结构柱纵向钢筋和水平箍筋，以便使槽壁桩外侧结构柱浇筑后，二者通过箍筋形成整体结构柱（图18-2-9b）。当上部结构柱为进行结构柱时，在槽壁桩内需预埋进行结构柱钢骨，钢骨锚入槽壁桩内的长度和外伸长度根据结构受力和施工条件确定（图18-2-9c，d）。

当槽壁桩内侧有剪力墙与之紧贴时，剪力墙的大部分荷载需由槽壁桩承受，因此，在槽壁桩和剪力墙之间需有可靠的连接。应根据槽壁桩需承受的荷载，在槽壁桩内侧预留抗剪插筋和剪力槽，确保二者之间形成可靠的传力体系（图18-2-10）。

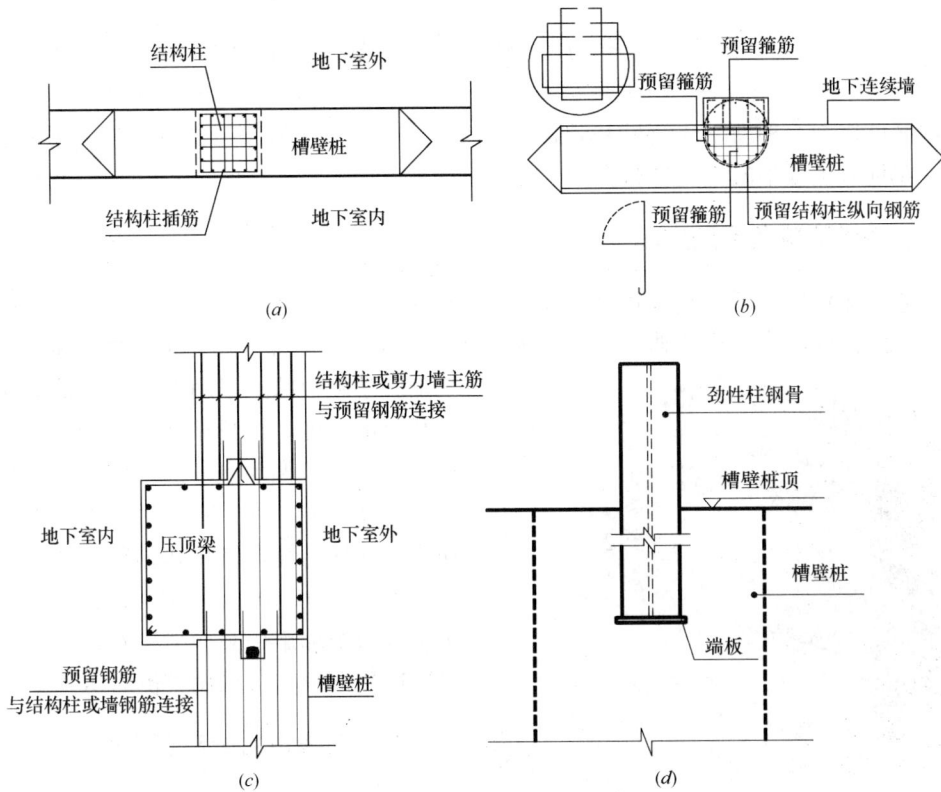

图 18-2-9 槽壁桩与结构墙柱连接预埋件示意图

（a）结构柱全截面落在槽壁桩上；（b）结构柱部分截面落在槽壁桩上；

（c）槽壁桩与结构墙、柱连接关系图；（d）槽壁桩内预埋劲性柱钢骨示意图

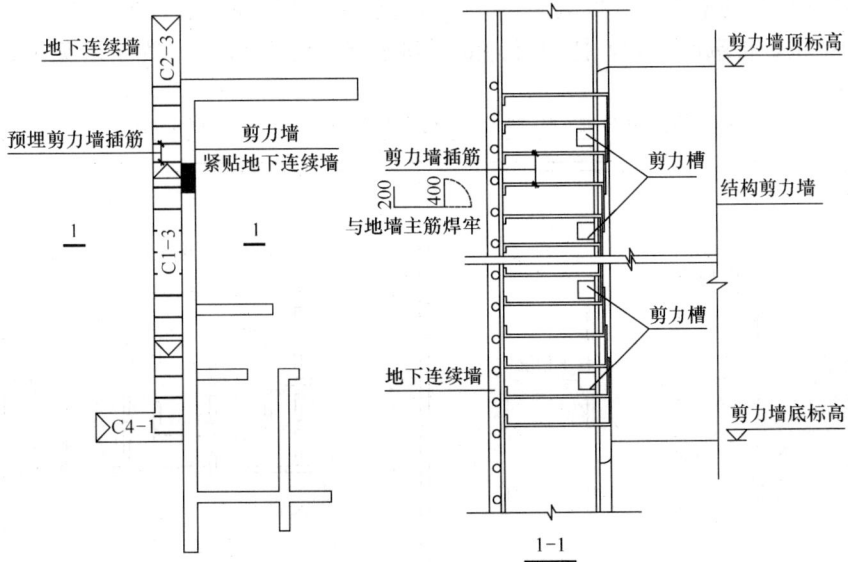

图 18-2-10 槽壁桩与内侧剪力墙连接预埋件示意图

第三节 槽壁桩工程实例

槽壁桩作为一种新型建筑桩基础，已在实际工程中有了较为广泛的应用，下面主要对槽壁桩在具体工程中的应用进行介绍。

一、香港环球贸易融广场

香港环球贸易广场塔楼高度 450m，基础座落于一个主断层上，地下室埋深约 35m。塔楼周边设置环形槽壁桩基础，同时作为地下结构外墙，中部采用矩形截面槽壁桩作为桩基础。基础中部共采用 240 根桩侧后压浆矩形截面槽壁桩，桩身截面有 2.8m×1.2m 和 2.8m×1.0m 两种形式，槽壁桩长度约为 80m。为了确保槽壁桩在两个正交方向刚度和受力的均匀性，将相邻槽壁桩按长短边交替布置（图 18-3-1）。为协调基础周边环形槽壁桩与中部矩形截面槽壁桩的沉降，同样对周边环形槽壁桩采用桩侧后压浆工艺。

图 18-3-1 香港环球贸易广场现场照片

二、天津市冶金科贸中心

天津市冶金科贸中心大厦位于天津市友谊路北段，主体结构地上 28 层，地下 3 层，采用桩筏基础。该工程在地下室周边采用 800mm 槽壁桩作为基坑围护体，同时作为地下结构外墙。中部桩基础均采用矩形截面槽壁桩，槽壁桩截面为 2.5m×0.6m，主楼区共布置 52 根用作桩基的槽壁桩，桩端深 37m，持力层为 8-3 层粉土层，裙楼共布置 12 根用作桩基的槽壁桩，桩端深 27m，持力层为 6 层粉土层（图 18-3-2）。为了避免主、裙楼之间

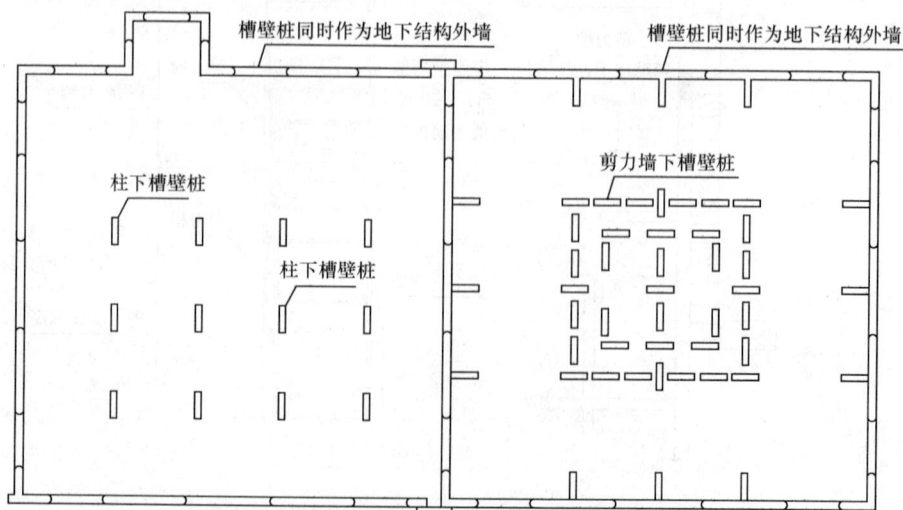

图 18-3-2 天津冶金科贸中心槽壁桩基础平面布置图

的不均匀沉降对结构产生影响，在主裙楼交界处留设沉降后浇带，沉降后浇带位置作为地下结构外墙的槽壁桩同样采取沉降构造措施，将两侧槽壁桩空开一段距离，并在外侧补做一段槽壁桩用于挡土和止水。

采用桩基计算方法估算槽壁桩的单桩承载力约为 750～850t，为了验证槽壁桩的单桩抗压承载力，该工程在场外靠近作为地下结构外墙的槽壁桩位置另外施工了两幅槽壁桩进行静载荷试验，作为地下结构外墙的槽壁桩和另外施工的一幅槽壁桩作为锚桩，提供静载荷试验所需的反力。试桩及锚桩平面布置图见图 18-3-3。槽壁桩立面图见图 18-3-4。

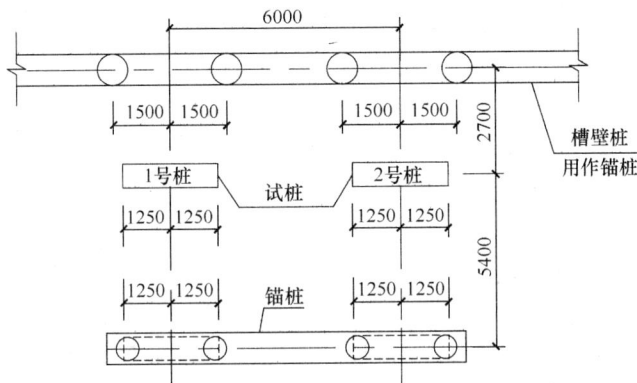

图 18-3-3　天津冶金科贸中心试桩及锚桩平面布置图

静载荷试验采用慢速维持荷载法进行测试，两组试桩分 12 级施加，试验过程中荷载与桩顶位移关系如表 18-3-1 所示。根据两组静载荷试验结果，槽壁桩单桩竖向极限承载力不小于 16000kN，即单桩承载力特征是为 8000kN，与采用桩基计算方法估算的竖向承载力比较吻合。

试桩加载与位移关系表　　　　　　　　　　　　　表 18-3-1

	荷载（kN）	0	3000	4500	6000	7500	9000	10500
1号桩	位移（mm）		2.5225	4.1908	5.3858	6.5533	8.1958	10.788
	残余变形（mm）	79.43				90.6783		
2号桩	位移（mm）		1.72	2.5975	3.5625	4.43	5.595	7.1275
	残余变形（mm）	66.55		77.5725		79.825		81.725

	荷载（kN）	1200	13500	1500	16500	1800	19500	
1号桩	位移（mm）	14.133	21.520	34.336	62.953	94.781		
	残余变形（mm）		94.105					
2号桩	位移（mm）	8.875	11.967	17.805	29.537	49.185	79.825	
	残余变形（mm）		83.137		83.763			

三、上海银行大厦

上海银行大厦位于浦东新区小陆家嘴地区，主体结构为一幢 3 层裙楼和一幢 46 层主楼（框筒结构），采用桩筏基础。基坑面积约为 7500m²，基坑开挖深度为 14.95～

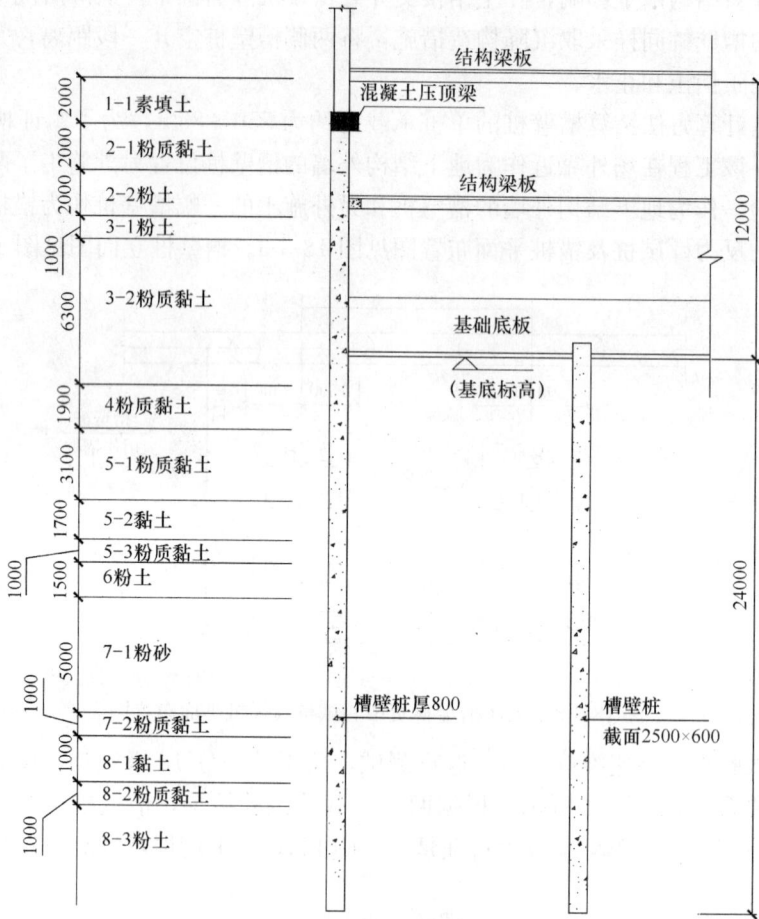

图 18-3-4 槽壁桩立面图

17.15m，围护体采用厚度为 1m 的槽壁桩，同时作为地下结构外墙。T 形截面槽壁桩布置图见图 18-3-5，槽壁桩立面图见图 18-3-6。

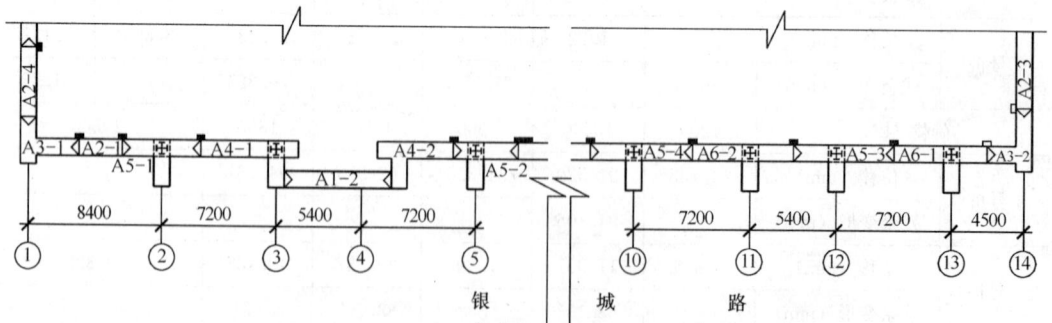

图 18-3-5 上海银行大厦 T 形截面槽壁桩布置图

根据主体结构设计，地下室某一侧主体结构有型钢柱直接落在槽壁桩顶部，需在槽壁桩中设置型钢柱，作为结构永久使用阶段的竖向承重构件，型钢柱竖向最大设计荷载约为 6000kN。槽壁桩作为永久的竖向承重结构构件，其竖向承载力及沉降应满足结构正常使用阶段的要求。考虑到上述情况，为满足基坑工程施工期间及结构永久使用阶段对槽壁桩不同的使用要求，针对竖向承重的连续墙采取如下的技术措施：

（1）槽壁桩长度适当增加，将桩底置于较好持力层，根据该区域土层地质的实际分布情况，桩底选择进入相对较稳定的第 7-2 粉细砂层；

（2）槽壁桩设置 T 形槽段（图 18-3-7），T 形槽段的布置结合型钢立柱的平面位置。T 形槽段由于增大了槽壁桩和土层接触面，增加了槽壁桩的侧壁摩阻力以及端承力，从而提高了槽壁桩的竖向承载能力。经计算，槽壁桩每延米竖向承载力设计值约为 2500kN，单幅槽壁桩均可独立满足主体结构竖向承载要求；

（3）相邻槽壁桩间采用十字穿孔钢板刚性接头，该接头可使相邻槽壁桩连成整体共同承担上部结构的垂直荷载，且可协调槽壁桩间的不均匀沉降；

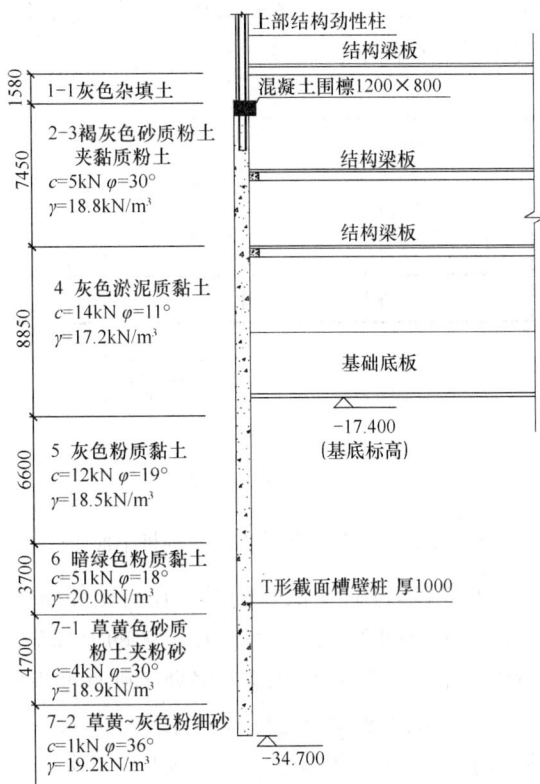

图 18-3-6 槽壁桩立面图

（4）对槽壁桩采取桩底注浆的加固技术措施，在减少槽壁桩绝对沉降量的同时，还可大幅提高槽壁桩的竖向承载能力；

（5）通过现场对槽壁桩进行静载荷试验，以确定槽壁桩的竖向承载力。

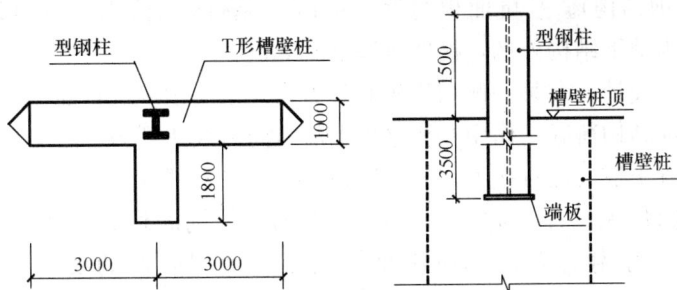

图 18-3-7 T形槽壁桩与上部结构劲性柱平面及剖面图

槽壁桩试验槽段 S1 厚度 1m，宽度 2.7m，槽段深度 32m，桩底持力层 7-2 粉细砂层。锚桩采用 4 根 47m 长的 φ800 钻孔灌注桩（图 18-3-8）。试验槽段竖向承载力设计值 7000kN，最大竖向试验荷载 11200kN，试验时 S1 与相邻槽段通过十字钢板刚性接头已联成整体，且试验槽段与相邻的槽段均已进行槽底注浆处理。试验采用慢速维持荷载法进行测试，分 10 级施加，当加载至 11200kN 稳定时，试验槽段及周围土体未有破坏征状，每级荷载下的沉降均在较短时间内稳定，墙体累计总沉降量为 0.96mm，卸载至零后，回弹量为 0.83mm，占总沉降量的 86.46%。Q-s 曲线（图 18-3-9）未见明显第二拐点，s−$\lg t$ 曲线未见明显向下折线段。

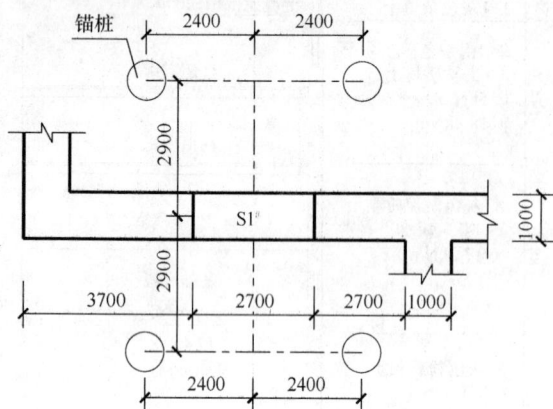

图 18-3-8　槽壁桩试验槽段及锚桩平面图

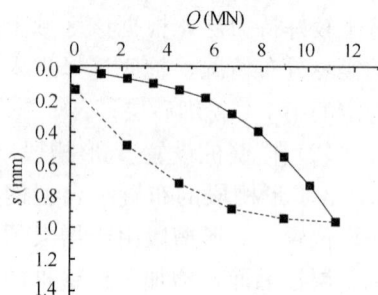

图 18-3-9　S1 试验槽段 Q-s 曲线图

　　试验结果表明 S1 试验槽段，在与相邻槽壁桩联成一体的作用状态下的竖向极限承载力不低于 11200kN，试验槽段在较大的上部荷重作用下，其试验槽段累计沉降量非常小，卸荷回弹率高，这表明桩端大多处于弹性变形阶段，尚有很大的承载潜力。试验结果从一定程度上可说明槽壁桩之间通过采用刚性接头形成整体连接，且桩底通过注浆加固处理，其竖向承载力及沉降等要求均能满足作为结构竖向承重构件的要求。

　　该工程主体结构已于 2004 年结构封底，从工程的整体进展以及建筑物沉降监测反映的情况来看，槽壁桩设计达到了预期的目的。

四、解放日报新闻中心

　　解放日报新闻中心位于黄浦区汉口路、河南中路、九江路交汇处，主体结构为一幢 18 层办公楼（框剪结构）。基坑面积约为 2000m²，基坑开挖深度约为 12m，围护体采用槽壁桩，同时作为地下结构外墙，槽壁桩厚度 0.8m。

　　根据主体结构设计，在某一侧结构核心筒剪力墙紧贴槽壁桩，需槽壁桩与主体结构工程桩共同承受上部结构荷载，作用在槽壁桩上的竖向荷载达到 3000kN/m，同时在该侧主体结构有钢筋混凝土框架柱直接落在连续墙顶部，承受上部 6 层结构重量，作用于槽壁桩顶部的结构柱竖向最大设计荷载约为 8000kN。槽壁桩同时作为永久的竖向承重结构构件，因此对其竖向承载力及沉降应满足结构正常使用阶段的要求（图 18-3-10 和图 18-3-11）。

　　经过计算，与结构剪力墙紧贴位置采用 0.8m 厚槽壁桩，墙底进入第⑦层（灰色砂质粉土层），方可满足承载力要求。在邻近新闻业务楼侧采用 0.8m 厚槽壁桩，墙底进入第⑤₂ 层（灰色砂质粉土与粉质黏土互层）方可满足承载力要求（图 18-3-12）。由于上部结构对槽壁桩的承载力和沉降要求很高，因此该工程施工两幅槽段 CD1 和 CD2 进行现场静载荷试验，两幅槽段有效宽度均为 2.0m，均进行了槽底注浆。为了确保试验结构的准确性和利用工程桩作为锚桩，两幅试验墙段均未利用作为地下结构外墙的槽壁桩，均在场地内部另外施工，静载荷试验槽段在正常使用阶段均作为工程桩使用。

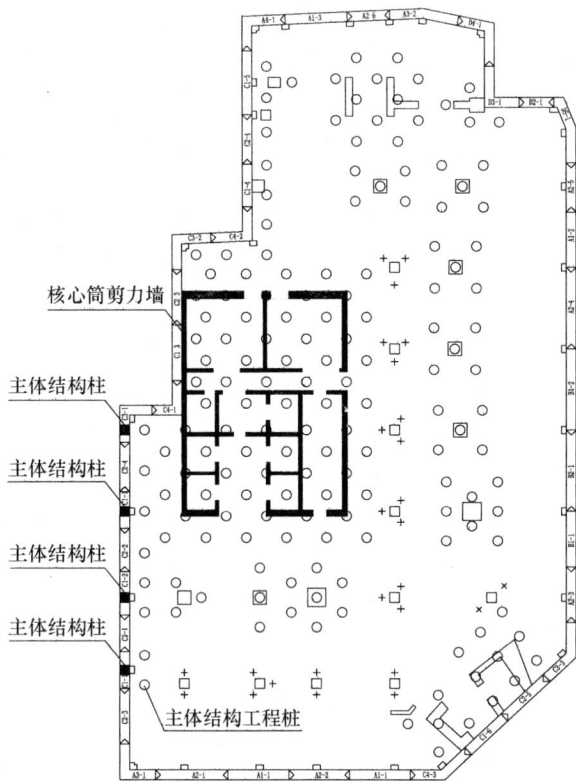

图 18-3-10　槽壁桩及结构墙、柱平面布置图

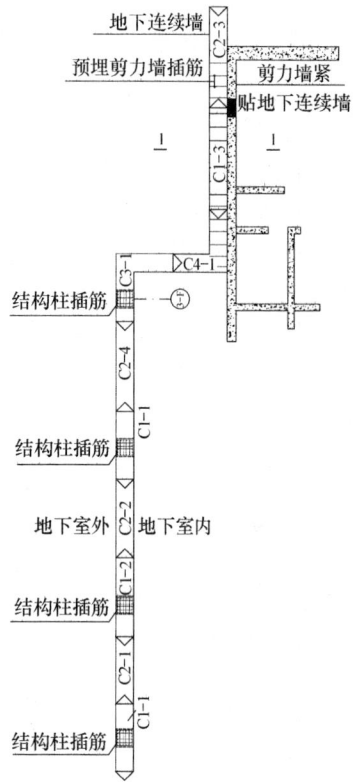

图 18-3-11　槽壁桩及结构墙、柱的连接详图

槽壁桩静载荷试验结果表明，槽壁桩墙底进入第⑦层（灰色砂质粉土层），结合墙底注浆措施，每延米槽壁桩的承载力极限值不小于 6500kN，槽壁桩墙底进入第⑤$_2$ 层（灰色砂质粉土与粉质黏土互层），结合墙底注浆措施，每延米槽壁桩的承载力极限值不小于 6400kN，二者均可满足上部结构荷载要求。因此，该工程将承重区域槽壁桩桩底全部进入第⑤$_2$ 层（灰色砂质粉土与粉质黏土互层）。为满足基坑工程施工期间及结构永久使用阶段对连续墙不同的使用要求，针对竖向承重的连续墙采取如下的技术措施：

（1）连续墙长度适当增加，将连续桩底置于较好持力层，根据该区域土层的实际分布情况，桩底选择进入相对较稳定第⑤$_2$ 层（灰色砂质粉土与粉质黏土互层）；

（2）槽壁桩槽段间采用十字钢板刚性接头，该接头可使相邻槽壁桩槽段联成整体共同承担上部结构的垂直荷载，且可协调槽壁桩槽段间的不均匀沉降；

（3）对槽壁桩墙端采取桩底注浆的加固技术措施，在减少槽壁桩绝对沉降量的同时，还可大幅提高槽壁桩的竖向承载能力。

五、中船长兴造船基地注水坞工程

中船长兴造船基地注水坞工程，利用格型地下墙后墙作为 60t 吊车轨道的槽壁桩基础。墙厚 0.8m，顶标高 0.00m，底标高－26.50m，槽壁桩持力层位于第⑤$_{1-1}$ 层灰色黏土中，采用桩底注浆技术（图 18-3-13）。

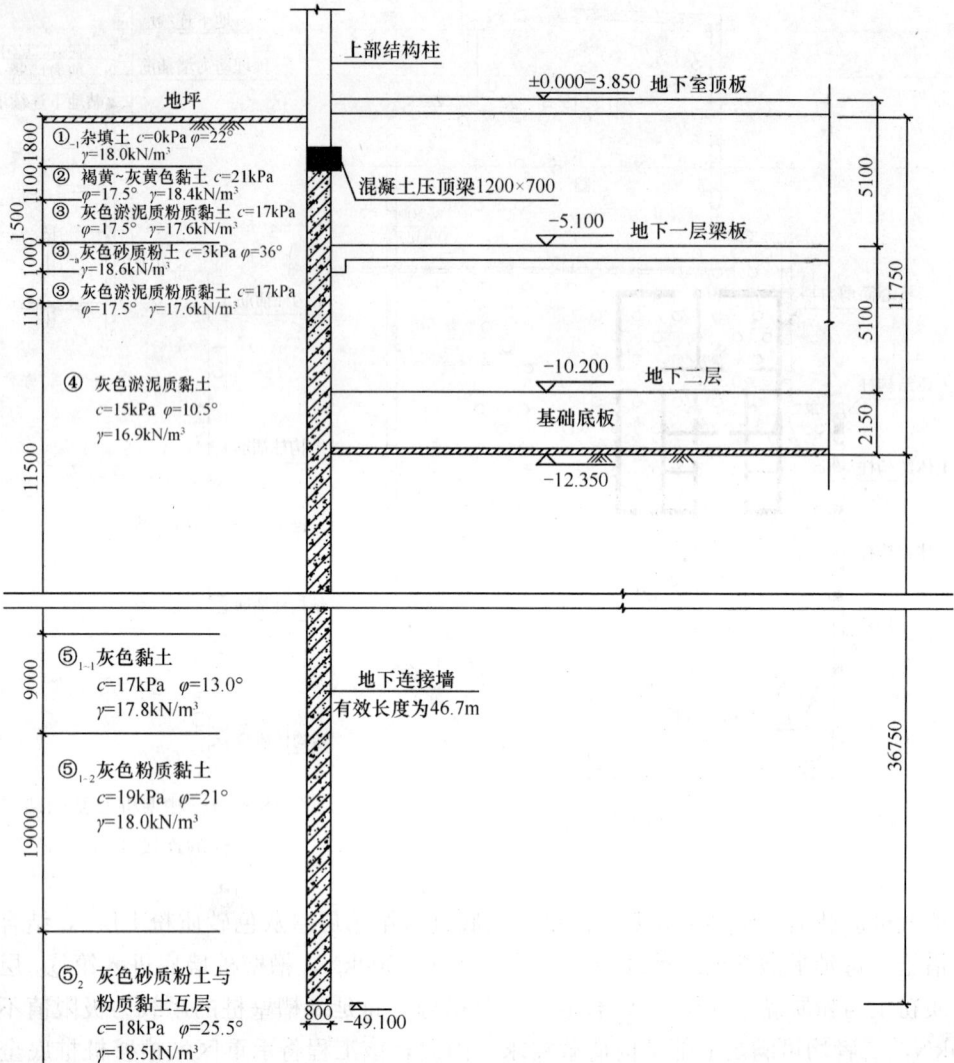

图 18-3-12 槽壁桩立面图

为了确定槽壁桩的承载力，本工程对槽壁桩 S1 和 S2 进行了静载荷试验。试验槽段 S1 及 S2 有效宽度 5.0m，厚 0.8m，顶标高 3.00m，底标高－26.50m，桩底均位于第 ⑤$_{1-1}$ 层灰色黏土中，每幅墙段钢筋笼内预留 2 根桩底注浆管，伸入桩底土层内不少于 0.5m。S1 槽段按照桩基计算方法预估极限承载力为 9214kN，S2 槽段预估极限承载力为 9277kN（图 18-3-14）。

采用锚桩反力装置进行慢速维持荷载法加载，通过在试验墙段内埋设钢筋应力计并读取数据，荷载分级见表 18-3-2。

荷 载 分 级 表　　　　　　　表 18-3-2

等　级		一	二	三	四	五	六	七	八
加载量 （kN）	注浆前	1610	2415	3220	4025	4830	5635	6440	7245
	注浆后	1932	2898	3864	4830	5796	6762	7728	8694

续表

等级		九	十	十一	十二	十三	十四	十五	
加载量 （kN）	注浆前	8050	8855	9660	10465	11270	12075	12880	
	注浆后	9660	10626	11592	12558	13524	14490	15456	

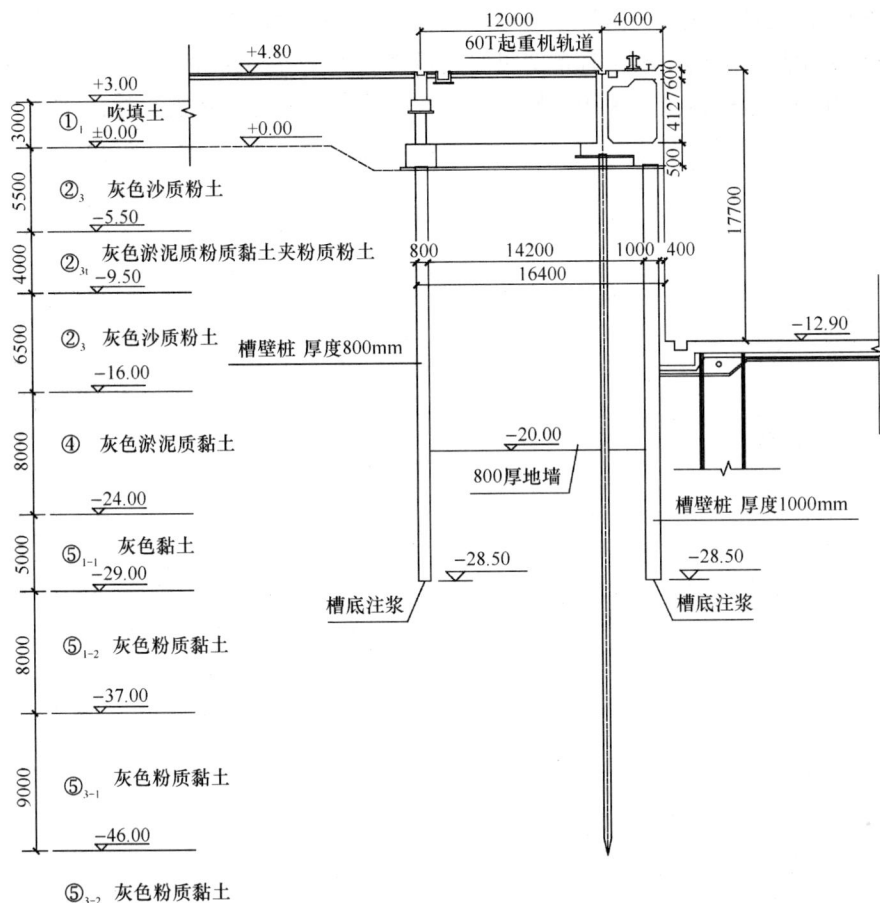

图 18-3-13　槽壁桩作为吊车基础结构示意图

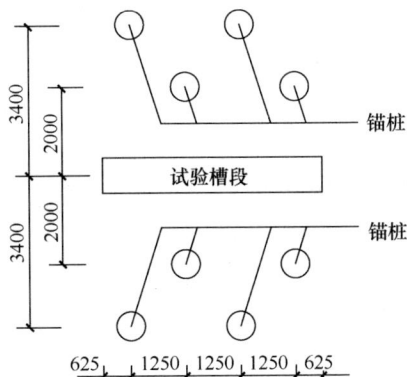

图 18-3-14　试验槽段及锚桩布置

为对比槽壁桩的注浆效果，两幅实验槽段其加载程序稍有不同。S1 槽段：浇注 28d 后进行第一次静载荷试验，试验延续时间约 48h；试验完成后进行槽底注浆，28d 后进行第二次静载荷试验，试验延续时间约 48h。S2 槽段：浇注 7d 后进行槽底注浆，28d 后进行静载荷试验，试验延续时间约 48h。

注浆前最大加荷量取为极限承载力的 1.4 倍即 12880kN（两幅实验槽段极限承载力均取 9200kN），注浆后最大加荷量取为极限承载力的 1.68 倍即 15456kN。

静载荷实验结果表明，本工程槽壁桩竖向承载力按钻孔灌注桩承载力计算方法计算是可靠的，且有一定量的富余。采用桩底注浆可有效改善桩底受力状态，提高竖向承载力。

第十九章　灌注桩后注浆设计

第一节　概　　述

灌注桩后注浆是一项土体加固技术与桩工技术相结合的桩基辅助工法，可用于各类钻、挖、冲孔灌注桩及地下连续墙，分为桩（墙）侧后注浆（shaft grouting）与桩（墙）端后压浆（base grouting）两种。国外通常称为注浆增强技术（grouting、by grouting、external grouting），我国习惯用 Post-grouting（Cast-in-place pile post grouting-简写 PPG）。该技术旨在通过桩（墙）底、桩（墙）侧后注浆固化沉渣（虚土）和泥皮，并加固桩（墙）底和桩（墙）周一定范围的土体，以大幅提高桩（墙）的承载力，增强桩（墙）的质量稳定性，减小桩基沉降。

一、灌注桩后注浆技术的产生

桩基是高层建筑、桥梁、港口码头等工程建设中广泛采用的基础形式。如何提高桩基承载力对保证工程质量、节约基础工程造价意义重大。钻孔灌注桩作为桩基础的主要形式自从问世以来，由于其施工时的低噪声、低振动、桩长及桩径变化灵活、单桩承载力较大等优点，在世界范围内发展迅速，其用量不断增大。为适应各种地层、不同桩长、不同桩径的桩基施工，成桩设备不断改进，不断发展。目前常用的成桩设备有长螺旋钻机、正反循环钻机、旋挖钻机、钢套管护壁（Benoto 工法）大直径灌注桩设备等。尽管灌注桩成桩设备各异，但从成孔工艺来分，主要有以下三类方法：（1）干作业法，包括钻、挖成孔；（2）泥浆护壁法，包括钻、挖、冲成孔；（3）套管护壁法，包括沉管挤土成桩和挖土成桩。

上述不同成孔方法对基桩承载力的发挥都有不同程度的影响，其中以泥浆护壁灌注桩的桩底沉渣及桩侧泥皮对桩端阻力及桩侧阻力的削弱最为严重。为了弥补这种成桩工艺造成的基桩承载力较低的缺陷，提高基桩的承载力，除采取扩大桩端直径、严格控制孔底虚土、沉渣厚度等措施外，需要一种更为有效和可靠的方法来保证和提高灌注桩的承载力，降低沉降，灌注桩后注浆技术就是在这种背景下产生的。由于采用的注浆方法是在灌注桩成桩后一定时间内实施的，所以一般称为灌注桩后注浆。已经证明在成桩之后，对桩端及桩侧进行注浆处理，可大幅度提高灌注桩承载力。

二、灌注桩后注浆技术的应用现状

灌浆法是指利用液压、气压或电化学原理通过注浆管把配制浆液注入地层中，浆液以填充、渗透和劈裂、挤密等方式，置换土中孔隙或岩石裂隙中的水分和空气后，与原来松

编写人：高文生（中国建筑科学研究院地基基础研究所）　张忠苗（浙江大学建筑工程学院）

散的土颗粒或裂隙胶结成一体，形成强度高、防水性能好和化学稳定性良好的"结石体"。法国工程师 Charles Berguy 于 1802 在 Dieppe 首次采用灌注黏土和硬石灰浆的方法有效地修复了受冲刷的水闸。

国外基桩后注浆法始于 20 世纪 60 年代初。其目的是基于提高桩端及桩侧阻力，减少桩基沉降，降低桩基工程造价。1961 年有关文献首次报道了在委内瑞拉的 Maracaibo 大桥的桥基中通过灌浆管对基桩进行注浆的方法。1973 年 Bolognesi 和 Monetto 描述了在 Parana 河上的桥基中进行的类似的注浆方法。

国内用灌浆技术提高基桩承载力的研究始于 20 世纪 70 年代。1974 年交通部一航局设计院在天津塘沽新港进行了氰凝固结桩尖土的灌浆试验。后续，北京市建筑工程研究所、水利水电科学院和西南交通大学等单位也曾开发过灌注桩后注浆技术，但都没有得以大规模推广应用。国内大规模推广应用始于 20 世纪 90 年代初，中国建筑科学研究院地基所开发出简单可靠的灌注桩桩端、桩侧后注浆装置以后。目前灌注桩后注浆技术已应用于全国二十多个省市的数以千计的桩基工程中，产生了巨大的经济效应和社会效益。

第二节　灌注桩后注浆装置

一、后注浆装置的组成

灌注桩后注浆装置主要由搅浆器、注浆泵、注浆导管、注浆阀（或浆液容器）和连接件等组成。后注浆装置及施工程序如图 19-2-1 所示。

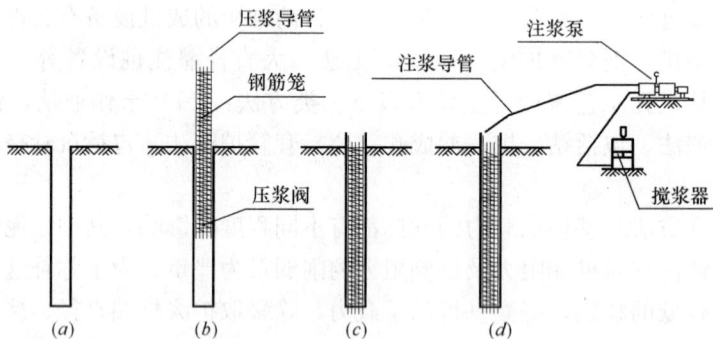

图 19-2-1　后注浆装置与工艺流程
(a) 成孔；(b) 下放钢筋笼及压浆阀、压浆导管；(c) 灌注桩身混凝土；(d) 实施后压浆

二、国内外后注浆装置的种类与特点

1. 国外桩基后注浆装置

国外桩基后注浆装置主要有以下几类：（1）桩端注浆装置有注浆腔、扁千斤顶、"U"形管、预载箱等，用于桩底注浆，见图 19-2-2；（2）桩侧注浆采用的单向阀被包裹在桩体的混凝土之中，见图 19-2-2。当混凝土强度很低时（一般小于 2d 龄期），以

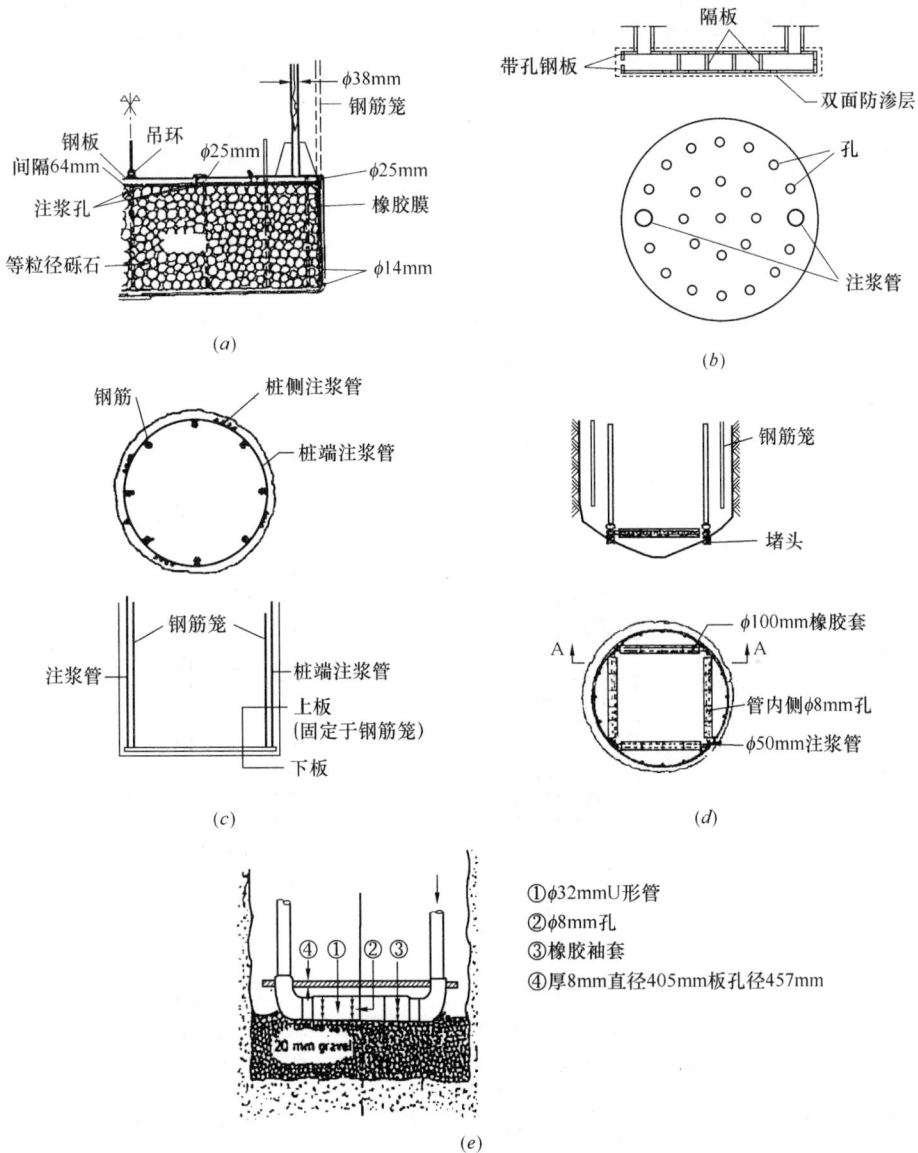

图 19-2-2　国外桩基后注浆装置示意图

(a) Parana 河压浆装置：预载箱 (Bolognesi & Moretto，1973)；(b) 预置箱 (Lizzi，1981)；(c) 桩端及桩侧压浆装置 (Stocker，1983)；(d) 桩端注浆装置 (泰国)；(e) 桩底 U 形注浆装置 (Sliwinski & Fleming，1984)

高压浆液冲破混凝土保护层，实施桩侧注浆。两类方法共同特点是注浆装置制作、设置复杂，与成桩交叉作业，现场操作技术要求高，不仅注浆成本高，而且不同工程注浆装置的通用性差。

2. 国内桩基后注浆装置

国内基桩后注浆装置与国外类似，主要有以下几种类型：(1) 桩端注浆装置：设置单向注浆阀、橡胶囊（注浆腔）、预载箱等，见图 19-2-3；（2）桩侧注浆装置：采用花管式见图 19-2-3，成桩后 12h 内实施工桩侧注浆，以利于浆液能冲破混凝土保护层。

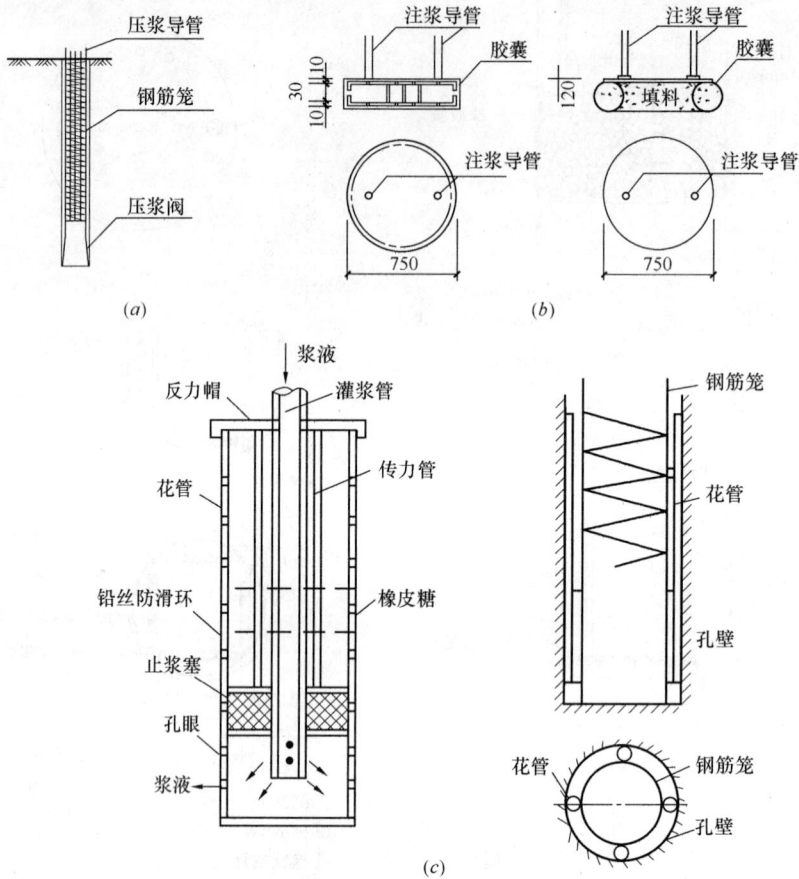

图 19-2-3　国内桩基后注浆装置示意图

(a) 压浆管的埋设；(b) 桩底注浆囊及止浆阀；(c) 桩侧压浆装置及布置图

　　上述国内使用的注浆装置的特点，有的构造虽简单，但开通保证率较低，且影响下钢筋的工序质量；有的是从国外同类装置改装而来，开通保证率虽高，但整套压浆装置制作复杂、成本高、通用性差，且注浆与成桩交叉作用；有的须在桩底虚填碎石，一但注浆失败，对桩的承载力提高幅度有限；有的在孔底安置注浆囊或预载箱等，对采用导管灌注水下混凝土并利用混凝土冲击力泛起孔底渣是一个很大障碍。

　　3. 《建筑桩基技术规范》（JGJ 94—2008）采用的注浆装置

　　《建筑桩基技术规范》（JGJ 94—2008）采用的灌注桩桩底后注浆和桩侧后注浆装置有以下特点：一是桩底注浆采用管式单向注浆阀，有别于构造复杂的注浆预载箱、注浆囊、U 形注浆管，实施开敞式注浆，其竖向导管可与桩身完整性声速检测兼用，注浆后可代替纵向主筋；二是桩侧注浆是外置于桩土界面的弹性注浆管阀，不同于设置于桩身内的袖阀式注浆管，可实现桩身无损注浆。注浆装置安装简便、成本较低、可靠性高，适用于不同钻具成孔的锥形和平底孔型。见图 19-2-4。

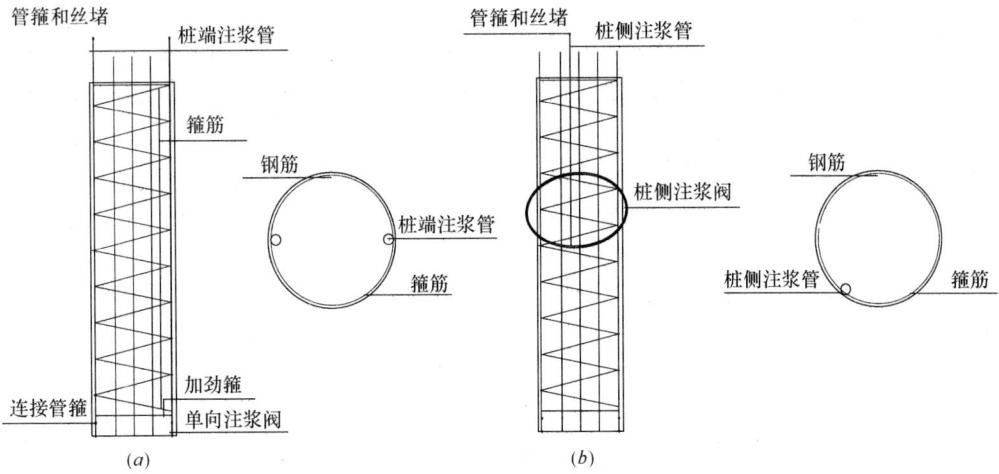

图 19-2-4　注浆装置示意图

（a）柱端注浆示意图；（b）柱侧注浆示意图

第三节　灌注桩后注浆机理

后注浆提高桩基承载力的机理在于所注浆液的胶结、凝固以及与此有关的土体的加密、增强、稳定与因此而导致桩的承载力发挥机理的改变。一般的注浆定义包括注浆模式、注浆材料、作用机理和注浆目的四个部分。

一、注浆效应

注浆效应随桩底、桩侧土层性质及浆液性质和注浆压力的不同而变化，可分为如下三种类型。

1. 渗入性注浆

试验和实践证明，注浆开始浆液总是先充填较大的空隙，然后在一定压力下渗入土体孔隙。对于水泥系粒状浆材，实施渗入性注浆的前提条件是浆材必须满足颗粒尺寸可注性的要求，即浆材颗粒尺寸小于孔隙尺寸；此外还应使浆液具有良好的流动性和稳定性。对砂土可用可注指数 N 判断渗入性注浆的可行性。

$$N = \frac{D_{15}}{d_{85}} \geqslant 10 \sim 15 \tag{19-3-1}$$

或
$$k = 10^{-4} \sim 10^{-5} \, \text{cm/s}$$

式中　D_{15}——小于该粒径的土颗粒质量占总质量 15％ 的土颗粒粒径；

$\quad\quad d_{85}$——小于该粒径的水泥颗粒质量占总质量 85％ 的水泥颗粒粒径。

N 值愈大，可注性愈好。据上海市隧道设计院和浙江大学等单位的工程实践和研究发现，采用 32.5 级普通硅酸盐水泥，对渗透系数为 $10^{-4} \sim 10^{-5}$ cm/s 的砂土层，浆液具有良好的可注性，采用超细水泥则可注入裂隙和粒径为 0.10 ～ 0.25mm 的细砂，与化学浆液的可注性基本相同。

2. 压密注浆

压密注浆是较稠的浆液在压力作用下强行挤向注浆点附近的薄弱区域，如果周围是弱透水性土，则浆液不能产生渗入性注浆，而是在注浆点集中地形成球形浆泡。通过浆泡挤压邻近土体，使土中孔隙水压力升高，随着超孔压的消散，土体压密，当注浆量和注浆压力大到一定值时，就会在土层中产生劈裂缝或导致基桩和桩周土上抬。

对于泥浆护壁钻孔灌注桩的桩底压浆，由于桩底沉渣与桩侧泥皮往往相连通，因此，只有在稠浆、细粒土且桩身上部先行桩侧注浆形成牢固封堵或桩身表面无泥皮的情况下，才可能发生以压密为主的注浆。

3. 劈裂注浆

工程技术人员最初是在钻孔压水过程中发现水力劈裂现象的。当钻孔中液体压力达到某一数值时，钻孔中液体突然流失，后来将这一现象发生的原因归结为钻孔中液体压力提高引起周围土体或岩体开裂。反应在桩基后注浆试验中，当注浆压力升高到一定值时，注浆压力会突然降落，进浆量明显增加。继续加大注浆量，则注浆压力气会缓慢升高。一般认为劈裂注浆机理是高压浆液克服土体最小主应力面或软弱结构面上的初始应力和抗拉强度，使其劈裂，浆液沿劈裂面进入土体。已有的试验研究表明，钻孔发生劈裂注浆的条件是复杂的。

清华大学的试验研究表明，土体中某点的最小主应力达到抗拉强度即 $\sigma_{\min} = \sigma_t$ 是造成水力劈裂的必要条件。水科院的试验研究表明，水力劈裂既不是一点破坏导致整体破坏，也不是整体达到强度极限后出现的破坏形式，而是介于两者之间。

二、灌注桩后注浆的性态

在灌注桩后压浆的注浆性态中，上述三种注浆性态大多同时存在。在同一次注浆实施过程中，它们相互交织，只有主次之分而没有明显的界限区分。

1. 桩侧注浆

当桩侧土为粗粒土（卵、砾、中粗砂）时，桩侧注浆以渗入性注浆为主；当桩侧土为细粒土（粉细砂、粉土、黏性土）时，桩侧注浆以劈裂注浆为主。对于桩表面附着的泥皮薄弱区的泥浆护壁灌注桩则较易发生劈裂注浆，浆液沿桩身表面上溯。当浆液稠度较大，注浆点处于地下水位以下且桩侧为高渗透性土层时，或当注浆点处于非饱和土中时，则可能出现以压密注浆为主。

2. 桩端注浆

当桩端持力层为粗粒土，或虽为细粒土但桩身穿越且紧邻粗粒土，或混凝土浇注过程有离析发生时，则桩底注浆以渗入注浆为主，随后将出现桩底土一定范围的劈裂注浆（细粒土）及沿桩身向上 10~20m 高度的劈裂注浆。当桩端持力层及桩侧均为细粒土时，桩底注浆开始为渗入、压密注浆，随后转化为劈裂注浆。

3. 灌注桩后注浆的加固效应

（1）充填胶结效应

在卵砾石和砂土中实现渗入性注浆条件下，被注土体孔隙部分为浆液充填，散粒被胶结，显示"充填胶结效应"，土体强度和刚度大幅度提高。当被加固体位于桩底时，总端阻力因扩底效应而提高；当被加固土体处于桩侧时，总侧阻力因桩身扩径效应而显著增大

（图 19-3-1a）。

（2）加筋效应

对于黏性土、粉土、粉细砂实现劈裂注浆条件下，单一介质土体被网状结石分割加筋成复合土体。网状结石便成为加筋复合土体的刚性骨架。复合土体的强度变形性状由于网状结构的制约强化作用而大为改善，显示"加筋效应"。同时，在劈裂注浆过程中还伴生土体固结和化学硬化作用，使被包围在水泥网格内的土变得更加紧密相连。在桩顶受荷后，桩侧和桩底的复合土体能有效地传递和分担荷载，从而提高总侧阻力和总端阻力（图19-3-1b）。

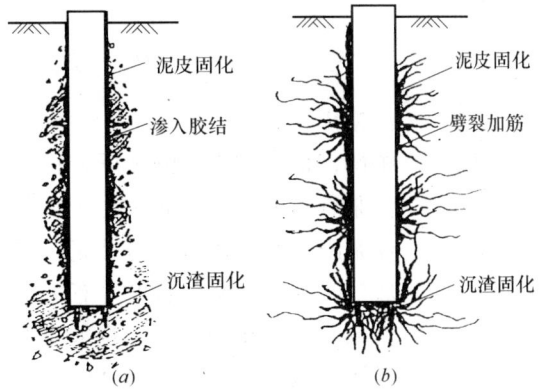

图 19-3-1　灌注桩加固效应
（a）胶结效应；（b）加筋效应

（3）固化效应

桩底沉淤和桩侧泥皮与注入的浆液发生物理化学反应而固化，使单桩端阻力和侧阻力显著提高，显示"固化效应"。此外，由于不等厚度的水泥结石固着于桩表面和桩底，因此尚能起到一定的扩径和扩底效应。

（4）压密效应

除上述三种加固效应外，桩侧桩底土体还不同程度地存在压密效应，特别是由于桩端的压密效应导致桩端阻力提前发挥，从而使承载力得到明显提高。

三、后注浆的工艺参数

后注浆施工工艺参数主要包括水泥注入量、水灰比、注浆起始时间、注浆速、注浆压力、注浆顺序等。

1. 水灰比

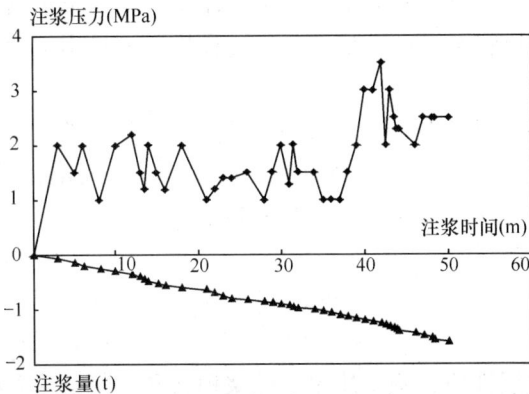

图 19-3-2　正常情况下注浆压力、
注浆量与注浆时间的关系

水灰比大小与场地地层、地下水深度、地下水流动情况、成孔工艺等多种因素有关。根据已有的工程经验，水灰比一般选用 $0.60 \sim 0.80$，对粗粒土或地下水流动性较大时取小值，对细粒土取大值。

2. 注浆压力

注浆压力是指不会使地表产生隆起和基桩上抬量过大或地表跑浆的前提下，实现正常注浆的压力。注浆压力是非稳定的，其变化特征受土性、桩长、浆液水灰比、注浆时间、注浆点深度、地下水位等因素影响。如图 19-3-2 所示，注浆阀开启后压力在一段时间内保持相对稳定，随后又可逐步升高，达到某一较高值后又突然回落，如此反复变化。注浆压力可按下式估算：

$$P_g = P_w + \zeta_r \Sigma \gamma_i \cdot h_i \qquad (19\text{-}3\text{-}2)$$

式中 P_g——注浆压力；

P_w——桩侧、桩底注浆处静水压力；

γ_i、h_i——注浆点以上第 i 层土有效重度（地下水位以下取浮重度）和厚度；

ζ_r——注浆阻力经验系数，与桩底、桩侧土层类别、饱和度、密实度、浆液稠度、成桩时间、输浆管长度等有关。根据经验取值范围一般为 $1.0 \sim 4.0$，细粒土取低值，非饱和土、粗粒土和风化岩中取高值。对于桩侧压浆，ζ_r 取桩底压浆取值的 $0.3 \sim 0.7$ 倍。

由于浆液的扩散能力与注浆压力的大小有关，在保证浆液能注入的前提下，采用相对较低的注浆压力和注浆速率。因为较高的压力注浆可能导致大范围土体和基桩上抬过多，还可能造成大量浆液不必要的流失，甚至使后压浆效果不明显。

3. 注浆量

不管是黏性土的劈裂注浆还是卵砾石渗入性注浆，其一般规律都是土体充浆率越大，注浆体强度越高。合理注浆量（水泥用量）应由桩端、桩侧土层类别与状态、桩径、桩长、承载力增幅要求诸多因素确定。在承载力增幅相同的条件下，粗颗粒土高于细颗粒土，独立单桩注浆量高于群桩中的基桩。

第四节 灌注桩后注浆设计

灌注桩后注浆设计主要包括以下内容：

一、注浆方案及桩端持力层选择

注浆方案的确定主要根据地层条件、桩基的工作性质和承载力要求而定。一般情况下，对于抗压承载力提高幅度不高时（小于 40%），可采用桩底单独注浆，当要求承载力提高幅度较高时（大于 40%），可采用桩底和桩侧复式注浆。对于抗拔桩，可采用桩侧单独注浆。

由于后注浆可显著提高桩基承载力，在上部荷载一定条件下，可减少桩长或桩径，进而可以调整桩端持力层。当上部有一定厚度的适于注浆的较好土层时，较之普通灌注桩，可选择上部较好土层为桩端持力层，提高桩基施工效率，降低桩基造价。

二、后注浆灌注桩单桩承载特性

1. 单桩极限承载力的确定

后注浆灌注桩单桩承载力大小受桩周土层性质、施工质量、注浆模式和注浆量等多种因素影响，理论计算目前还难以求解。确定后注浆灌注桩单桩承载力的最直接和可靠的方法就是进行现场静载荷试验。初步设计时，可按经验公式估算。在符合《建筑桩基技术规范》（JGJ 94—2008）中注规定的浆技术实施条件下，后注浆单桩极限承载力标准值可按下式估算：

$$Q_{uk} = Q_{sk} + Q_{gsk} + Q_{gpk}$$
$$= u\Sigma q_{sjk}l_j + u\Sigma \beta_{si}q_{sik}l_{gi} + \beta_p q_{pk}A_p \tag{19-4-1}$$

式中　　Q_{sk}——后注浆非竖向增强段的总极限侧阻力标准值；

　　　　Q_{gsk}——后注浆竖向增强段的总极限侧阻力标准值；

　　　　Q_{gpk}——后注浆总极限端阻力标准值；

　　　　u——桩身周长；

　　　　l_j——后注浆非竖向增强段第 j 层土厚度；

　　　　l_{gi}——后注浆竖向增强段内第 i 层土厚度：对于泥浆护壁成孔灌注桩，当为单一桩端后注浆时，竖向增强段为桩端以上 12m；当为桩端、桩侧复式注浆时，竖向增强段为桩端以上 12m 及各桩侧注浆断面以上 12m，重叠部分应扣除；对于干作业灌注桩，竖向增强段为桩端以上、桩侧注浆断面上下各 6m；

q_{sik}、q_{sjk}、q_{pk}——分别为后注浆竖向增强段第 i 土层初始极限侧阻力标准值、非竖向增强段第 j 土层初始极限侧阻力标准值、初始极限端阻力标准值；根据《建筑桩基技术规范》（JGJ 94—2008）第 5.3.5 条确定；

　　β_{si}、β_p——分别为后注浆侧阻力、端阻力增强系数，无当地经验时，可按表 19-4-1 取值。对于桩径大于 800mm 的桩，应按《建筑桩基技术规范》（JGJ 94—2008）进行侧阻和端阻尺寸效应修正。

后注浆侧阻力增强系数 β_{si}、端阻力增强系数 β_p　　　　表 19-4-1

土层名称	淤泥 淤泥质土	黏性土 粉土	粉砂 细砂	中砂	粗砂 砾砂	砾石 卵石	全风化岩 强风化岩
β_{si}	1.2~1.3	1.4~1.8	1.6~2.0	1.7~2.1	2.0~2.5	2.4~3.0	1.4~1.8
β_p		2.2~2.5	2.4~2.8	2.6~3.0	3.0~3.5	3.2~4.0	2.0~2.4

注：干作业钻、挖孔桩，β_p 按表列值乘以小于 1.0 的折减系数。当桩端持力层为黏性土或粉土时，折减系数取 0.6；为砂土或碎石土时，取 0.8。后注浆钢导管注浆后可替代等截面、等强度的纵向主筋。

2. 土层性质与注浆增强效应

后注浆能有效增强端阻力和侧阻力，进而提高桩的承载力。除前述注浆参数外，土层性质对注浆后端阻力和侧阻力的增强效果也有重要影响，在其他条件相同情况下，粗粒土的增强效应高于细粒土；桩端持力层厚度大的桩承载力提高幅度大于持力层薄的。但不论哪种情况下，后注浆桩与普通桩相比，其静载试验的 $Q\text{-}s$ 曲线都明显的变缓，桩底注浆相当于对桩施加了向上的预应力，使得发挥桩端阻力所需的桩顶位移变小，由此使得后注浆灌注桩在工作荷载条件下，桩基沉降减小。

（1）细粒土地层后注浆灌注桩的承载特性（图 19-4-1、图 19-4-2）

（2）粗粒土地层的后注浆灌注桩的承载特性（图 19-4-3、图 19-4-4）

三、普通灌注桩、挤扩灌注桩与后注浆桩应用对比

浙江大学张忠苗进行的一课题研究，对普通灌注桩、挤扩支盘灌注桩和桩底后注浆灌注桩分别进行了单桩竖向静荷载试验，以进行对比分析。地基土物理力学性质指标见表

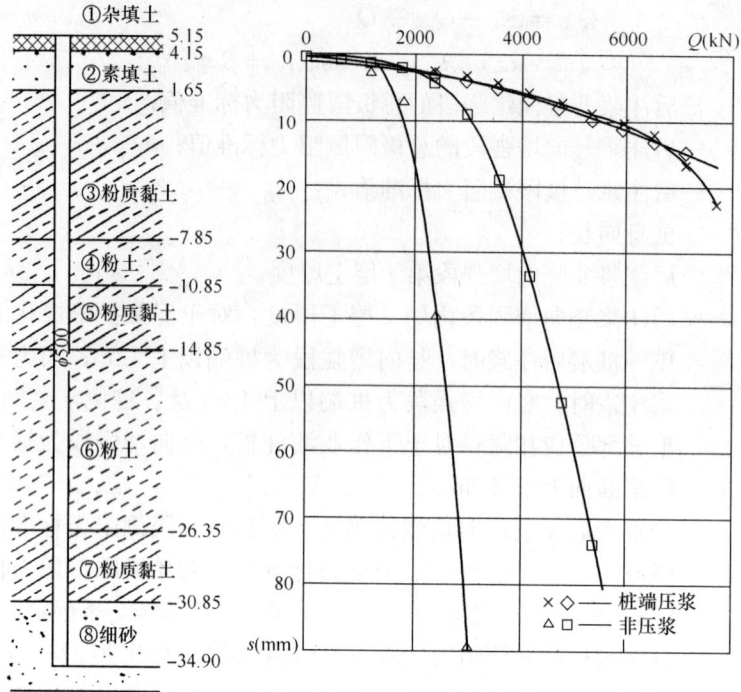

图 19-4-1 软土地区（天津）后注浆灌注桩的 Q-s 曲线

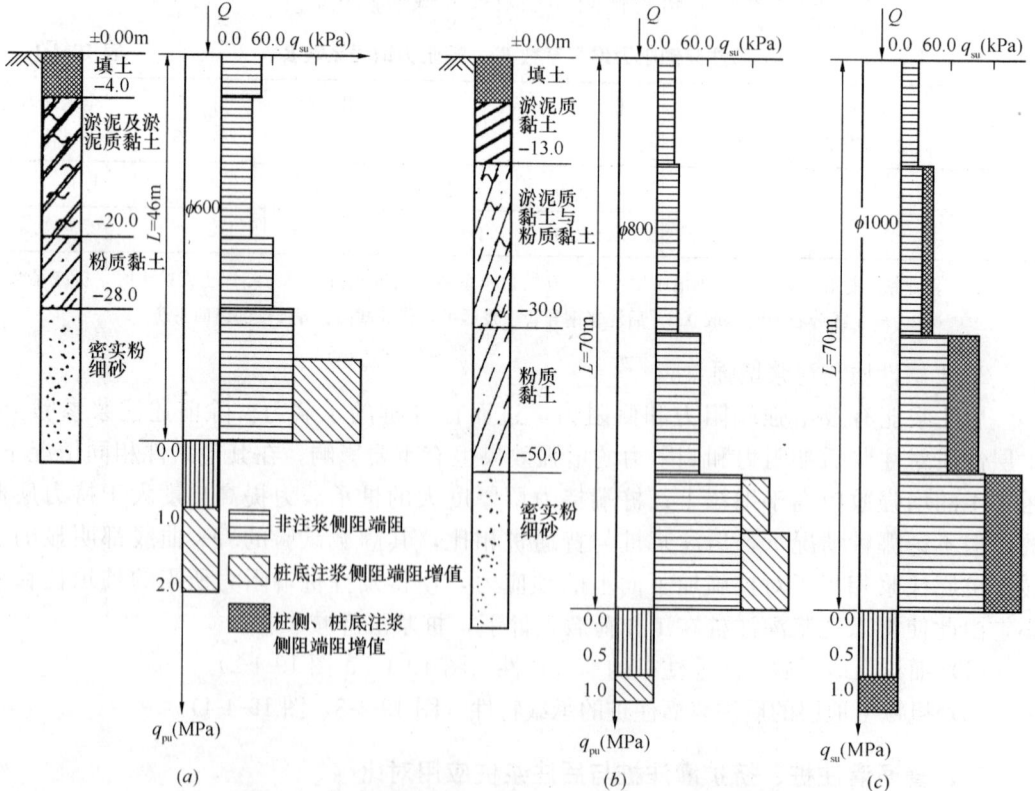

图 19-4-2 软土地区细粒土后压浆桩侧阻、端阻增强特征

（a）桩底压浆与非压浆桩（天津）；（b）桩底压浆与非压浆桩（上海）；

（c）桩侧桩底压浆与非压浆桩（上海）

19-4-2，各类型桩的技术指标见表 19-4-3。

挤扩灌注桩 S2 和 S3 主桩径 800mm，设置三个承力盘，承力盘直径 1.6m，分别设置在 7-3 粉质黏土层，8-1 黏土层和 8-2 粉质黏土层。

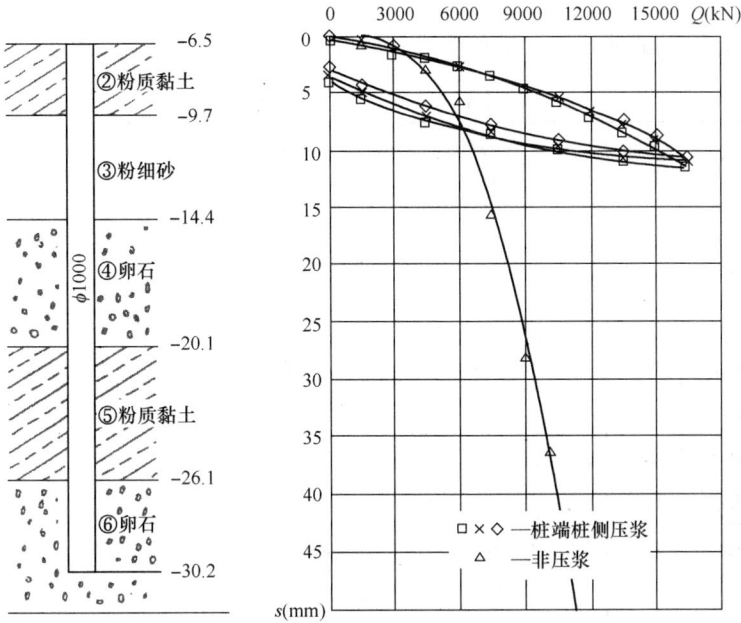

图 19-4-3 粗粒土持力层（北京）后注浆灌注桩的 Q-s 曲线

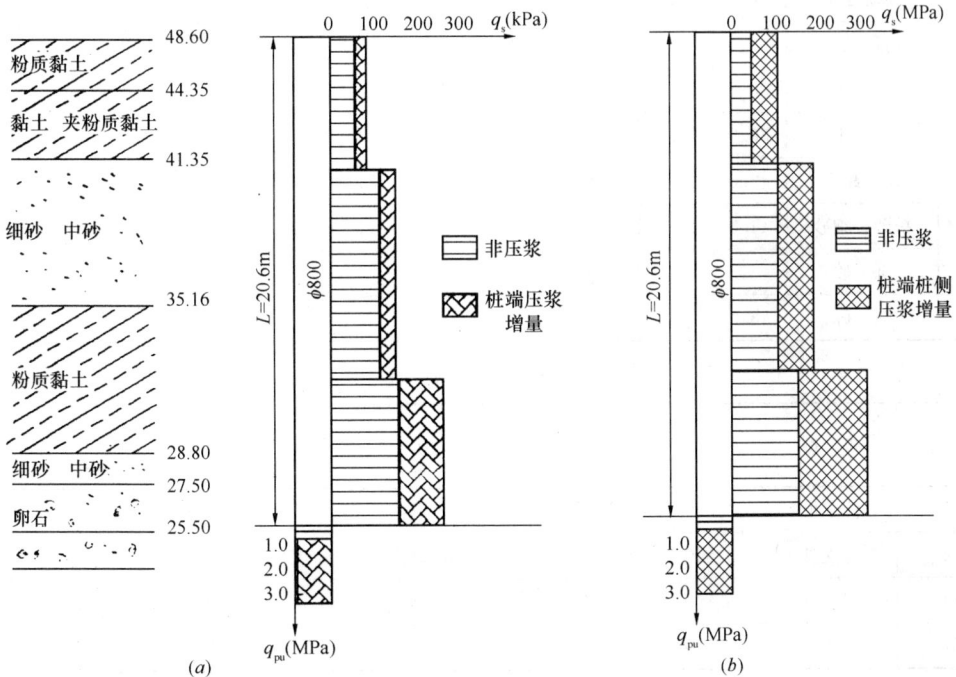

图 19-4-4 粗粒土中后压浆桩侧阻、端阻增强特征

（a）桩底压浆（北京）；（b）桩底、桩侧复式压浆（北京）

注浆桩 S1 采用桩底后注浆技术，在成桩 15 天后高压灌注水泥浆液。

试验采用锚桩反力架加载系统，慢速维持荷载法加载。试验时观测每级荷载作用下的桩顶和桩端沉降，同时观测 S2 的桩身应变计读数，计算其在各级荷载作用下的桩身轴力。

1. $Q\text{-}s_t$ 曲线分析

图 19-4-5 为四根试桩 $Q\text{-}s_t$（桩顶沉降）曲线。分析可以看到：

地基土物理力学性质指标 表 19-4-2

编号	土层名称	埋深 (m)	w (%)	γ (kN/m³)	e	E_s (MPa)	I_p	φ (°)	c (kPa)	f_k (kPa)	q_{su} (kPa)	q_{pu} (kPa)
1-1	杂填土	0.4										
1-2	素填土	2.9	30.2	19.1	0.9	3	12.3			80	12	
2-1	粉质黏土		35.6	18.5	1	3.2	16.3			95	18	
2-2	粉质黏土	4.1	31.8	19.1	0.9	4.5	12.9	22	8	120	24	
2-3	黏质粉土		31.2	19	0.9	6	9.2	26.5	12	125	30	
3-1	淤泥质黏土	8.1	47.1	17.4	1.3	2.1	19	11.8	10.7	65	8	
3-2	淤泥质粉质黏土	15.3	41	17.9	1.2	2.6	14.4	19.9	8	75	12	
5-2	粉质黏土	16.4	32.5	19	0.9	4.2	15.8	22.5	14	110	20	
7-1	粉质黏土		30.9	19.2	0.9	5	15.8	19.9	39	150	28	
7-2	黏土	23.1	30.6	19.2	0.9	8.4	22.1	21.9	51.7	220	48	1500
7-3	粉质黏土	28	32.3	19.2	0.9	6.1	16.3	20.7	24.7	150	38	1000
7-4	粉质黏土		27	19.6	0.9	6.8	14.9	21.5	28	200	50	1800
7-5	黏土	30.7	33.5	18.9	0.9	9.7	22.7	17.7	52.3	170	49	1500
8-1	黏土	36.9	40.6	18	1.1	8.6	22.4	16.5	50.6	180	36	
8-2	粉质黏土	42.6	26.5	19.6	0.8	8.8	13.3	28	33.4	180	32	
9-1	粉砂、细砂	44.6	24.7	19.4	0.7	10.2	9	30.7	32	190	45	
9-2	砾砂					15				220	48	
9-3	圆砾	48.9				28				280	68	5000

试桩技术指标 表 19-4-3

编号	桩型	桩径 (mm)	桩长 (m)	持力层	混凝土强度等级	支盘位置（地面标高下）(m)
S1	注浆桩	800	46	9-3 圆砾	C30	
S2	三支盘	800	48.7	9-3 圆砾	C40	25.03，31.03，40.83
S3	三支盘	800	48.55	9-3 圆砾	C40	24.85，30.85，40.30
S4	普通桩	800	48.7	9-3 圆砾	C30	

（1）注浆桩 S1 与挤扩灌注桩 S3 的 $Q\text{-}s_t$ 曲线均为缓变型，说明这两种类型桩均具有良好的承载性能。对比普通桩，单桩承载力均有提高，表现为在相同荷载水平下桩顶沉降减小，尤其在高水平荷载下，承载力提高幅度更大。

分析曲线还可以看到，支盘桩 S3 加载到 6600kN 时，桩顶沉降从上一级荷载下的 10.29mm 增加到 18.41mm，桩端沉降也相应从 1.50mm 增加到 6.33mm，随后沉降速率增大。表明桩端存在较厚沉渣。

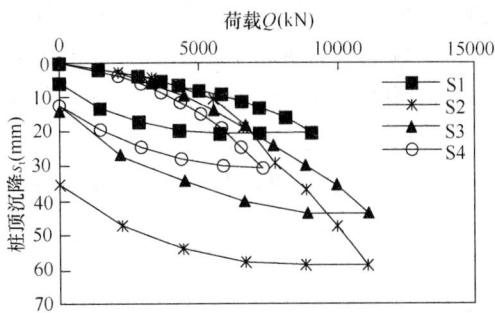

图 19-4-5　试桩 $Q\text{-}s_t$ 曲线

（2）对于卵砾石持力层，当采用反循环施工工艺时，存在三个缺陷：一是施工容易使砂砾石层扰动，降低端阻；二是清孔时易于将其中的小颗粒清除，使得持力层孔隙比增大，压缩性增加；三是采用泥浆护壁，存在泥皮使侧阻降低，且由于泥浆渗入持力层空隙，使得清渣困难，端阻降低。

从 S3 的试验结果看，采用挤扩灌注桩并没有解决这三个问题。同时，在塑性指数较大或者状态较软的黏性土中，成盘会产生困难，挤压成腔时易发生腔体回缩，反复挤压放慢了施工进度，泥浆护壁同时给清孔增加了难度，此时施工技术就成为影响承载力的关键因素。

但在软土中采用桩底后注浆技术，较好地解决了上述问题，大幅度提高了其承载力并减小了沉降，更能减小群桩的不均匀沉降，而且施工简单。采用桩底后注浆技术关键是要根据不同土层确定合适的注浆工艺，控制正确的注浆压力和注浆量，选择恰当的浆液浓度和注浆节奏，在灌注时实行注浆量和注浆压力双控。

（3）分析图 19-4-5 曲线可以看到，在加载前期，支盘桩效果并不明显。这主要是因为该设计中的支盘位置比较靠下，最上面一个支盘位于地面标高下 24.85m，在较高的荷载水平下支盘才起到作用。因此在深厚软土地区，由于上部没有合适土层供设置支盘，支盘位置比较靠下，其承载性能及发挥时间与在非软土中不同，适用效果还需要进一步探讨。

加载后期，注浆桩与支盘桩出现了不同的发展趋势，注浆桩 $Q\text{-}s_t$ 曲线更加平缓，承载力更高。分析原因，一是支盘桩在挤扩过程中对土体产生扰动，降低了侧阻和承载力；二是支盘上斜面一定范围内土体松动，降低了侧阻力，随着荷载增加，承力支盘在荷载作用下下移，与土体形成相对位移并导致上一支盘下部土体在支盘荷载作用下沉降增大。注浆桩由于对桩端采用压力注浆，不但改善了桩端土性状，而且由于浆液沿泥浆壁扩散及注浆后的残余应力，改善了桩侧土性状，提高了桩侧土摩阻力，使得相同荷载作用下桩身轴力减小。

2. $Q\text{-}s_b$ 曲线分析

图 19-4-6 为 $Q\text{-}s_b$（桩端沉降）曲线。分析曲线可以看到，加荷前期，三种桩型的桩端沉降都很小，S1 在加载至 4320kN 时，桩端才出现沉降 0.13mm，S2 在加载到 4400kN 时，桩端沉降 0.35mm，S4 加载到 4320kN 时，沉降 0.25mm。说明随着上部荷

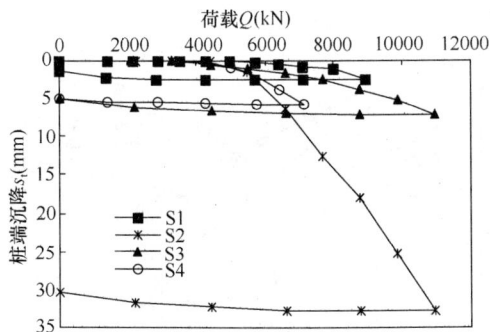

图 19-4-6　试桩 $Q\text{-}s_b$ 曲线

载的加，荷载逐步向下传递，使得桩端沉降逐渐增大。同时也说明在工作荷载作用下，对于长桩，其承载力主要靠侧摩阻力提供。

3. 桩身轴力分析

图 19-4-7 为支盘桩 S2 在各级荷载作用下的桩身轴力曲线。可见支盘桩荷载传递方式与普通桩的荷载传递机理并无大的不同。随着桩顶荷载的增加逐渐由上向下传递。但在设置支盘的位置，轴力曲线的斜率变化较大，尤其是第一支盘处，说明承力盘的设置了改变了其承载性状，变该段单纯侧阻承载为侧阻与支盘的端阻共同承载。且随着荷载增大，承力盘承载能力发挥越明显。

从曲线还可以看到，在工作荷载下最下盘的轴力曲线斜率变化不大，说明下支盘承载力发挥有限。这也与前面的分析结果一致。

4. 桩身压缩量曲线分析

图 19-4-8 为四根试桩的桩身压缩量曲线。分析曲线可以看出，相同荷载水平下，注浆桩的桩身压缩量小于支盘桩，支盘桩小于普通桩。可见采用桩底后注浆技术，不但改善了桩端土性状，同时也改善了桩侧土性状，提高了桩侧摩阻力，使得相同荷载作用下桩身轴力减小，同时桩端持力层弹性模量的增加，利于荷载的向下传递

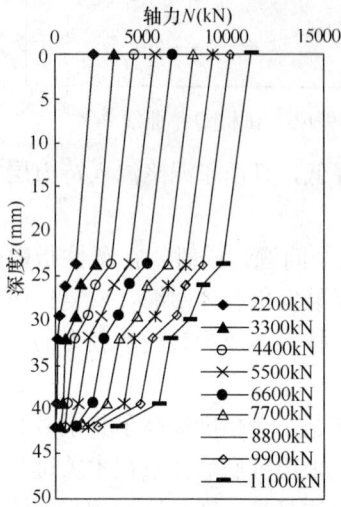

图 19-4-7 S2 桩身轴力图

和扩散。支盘桩由于支盘的设置，承担了部分荷载，减小了主桩身的轴力，使得桩身压缩量小于普通桩。这一点还可以从表 19-4-4 看到。但从曲线上看，注浆桩在相同荷载水平下桩身压缩量最小，更有利于桩承载性能的发挥。

桩顶（端）回弹率表 表 19-4-4

桩 号	S1	S2	S3	S4
桩顶回弹率（%）	71.73	39.77	70.87	58.6
桩端回弹率（%）	43.75	7.31	28.81	13.72

从表 19-4-4 我们还可以看到，桩端回弹率注浆桩最大，为 43.75%，说明桩端后注浆对改善桩端持力层效果明显，支盘桩由于支盘的多点端承效应，使得桩端力要小于普通桩，因此其压缩和回弹率要大于普通桩。从上可知桩端注浆对提高桩承载力减少群桩沉降大有好处。

四、扩底桩与桩侧注浆桩极限抗拔力对比

上海某变电站为一个全埋入地下的圆筒状地下结构，分为四层，直径 130m，埋置深度约 34m，面积 5.3 万 m²，顶部离地面距离在两米以上，地面以上为雕塑公园。

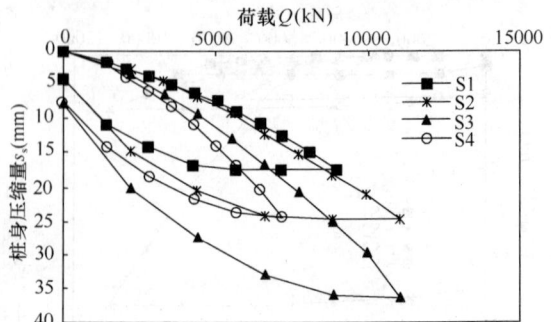

图 19-4-8 桩身压缩量曲线

基础采用桩筏基础，基坑工程共有 80 幅地下连续墙，共打下 886 根超深灌注桩，抗压桩桩径 950mm，埋深达 89.5m，有效桩长 55.8m，并实施了桩端后注浆技术，设计极限承载力为 15200kN。由于正常使用阶段较大的地下水浮力，工程设置了抗拔桩，桩径 800mm，总桩长 82.6m，有效桩长 48.6m。为确定抗拔桩桩型，试桩阶段对 3 根钻孔扩底桩与 3 根钻孔桩侧注浆桩进行了抗试验对比，都为泥浆护壁施工工艺。扩底抗拔桩与桩侧后注浆抗拔桩见图 19-4-9。

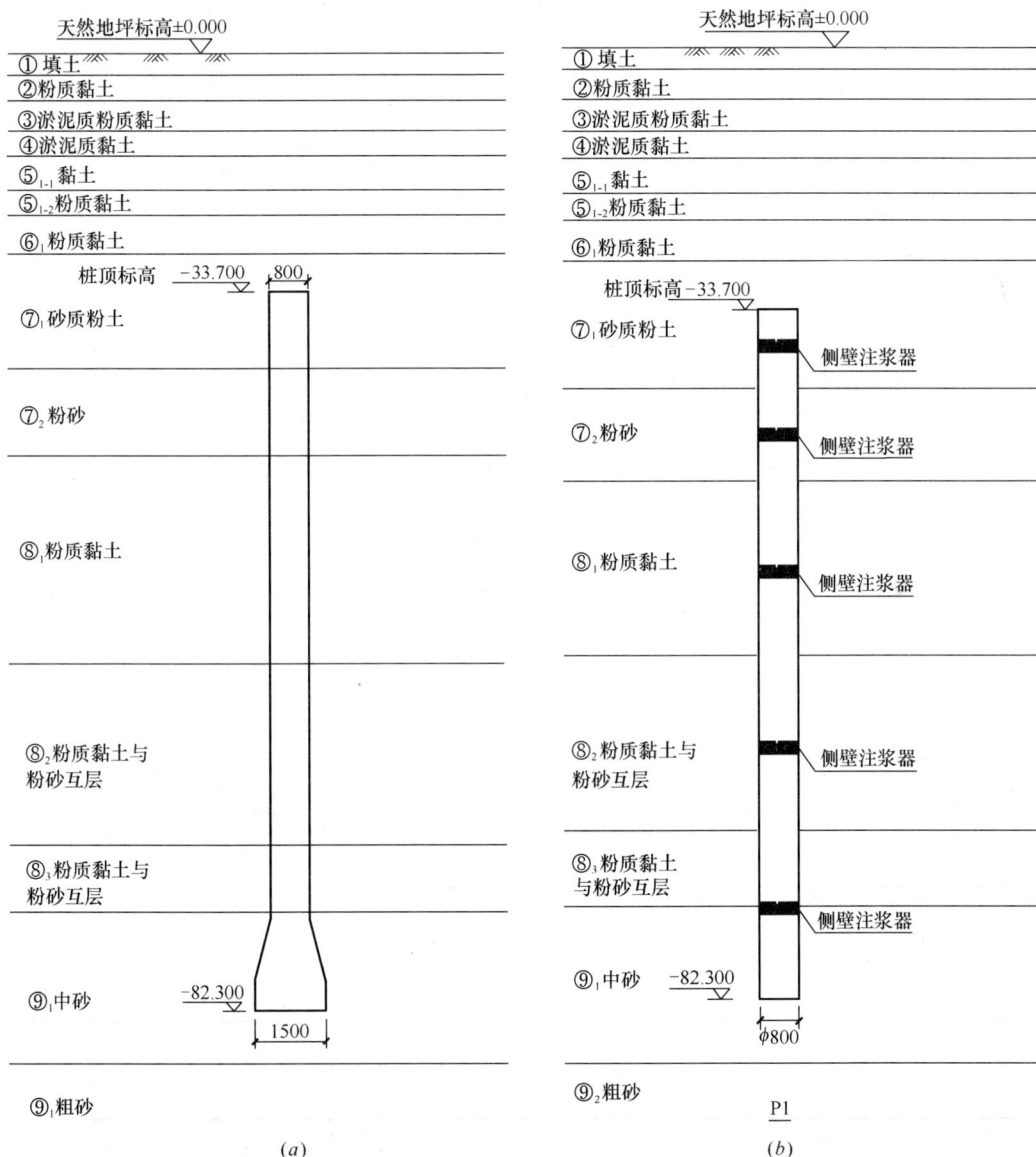

图 19-4-9　扩底抗拔桩与桩侧后注浆抗拔桩

（a）扩底抗拔桩；（b）桩侧后注浆抗拔桩

此工程地质地貌类型属滨海平原，场地标高一般为 2.24～3.11m，场地内 30m 以上普遍分布有多个软黏土层，且地下水埋深较浅。

场地土为软弱土类型，场地类别为Ⅳ类，不会发生液化，浅层地下水属潜水类型，地下水埋深一般在0.5m。承压水分布于：第一承压水附存于⑦₁砂质粉土、⑦₂砂层，第二承压水附存于⑨层砂性土。

场地土层分层及主要物理力学指标如表19-4-5。

场地土层分层及主要物理力学指标　　　　　　　　　表 19-4-5

层序	底层名称	实测标贯击数	静力触探		钻孔灌注桩		地基承载力	
			比贯入阻力 P_s (MPa)	锥尖阻力 q_c (MPa)	极限摩阻力标准值 f_s (kPa)	极限端阻力 f_p (kPa)	特征值 F_{ak} (kPa)	设计值 F_d (kPa)
②	粉质黏土	—	0.72	0.66	15	—	80	100
③	淤泥质粉质黏土	3.4	0.71	0.55	15	—	60	80
④	淤泥质黏土	2.6	0.65	0.53	20	—	60	80
⑤₁₋₁	黏土	4.3	0.94	0.72	30	—	90	100
⑤₁₋₂	粉质黏土	6.5	1.30	0.98	35	—	100	120
⑥₁	粉质黏土	14.6	2.78	1.94	50	—	100	120
⑦₁	砂质粉土	28.1	12.19	9.71	60	—		
⑦₂	粉砂	50.1	23.23	19.28	70	—		
⑧₁	粉质黏土	9.7	2.38	1.41	45	—		
⑧₂	粉质黏土与粉砂互层	15.5	3.45	2.35	60	1600		
⑧₃	粉质黏土与粉砂互层	—	5.98	6.00	70	1800		
⑨₁	中砂	62.0	—	—	90	2500		
⑨₂	粗砂	83.4	—	—	95	2800		

等截面桩侧注浆桩与扩底桩设计参数见表19-4-6。

两种抗拔桩设计参数　　　　　　　　　表 19-4-6

桩型	桩径 (mm)	有效桩长 (m)	进入土层	极限承载力 (kN)	扩底直径	注浆工艺
A	800	48.6	⑨₁中砂	4800	1500	
B	800	48.6	⑨₁中砂	4800		桩侧后注浆

表19-4-7数据表明，在最大试验荷载8000kN上拔力作用下，桩侧注浆桩的桩顶和桩端的最大上拔量都小于扩底桩上拔量，说明桩侧注浆桩抗拔性能优于扩底桩。

桩端桩侧注浆成败的关键是合理设计、优质施工、确保每根桩达到设计注浆水泥量。

抗拔试桩静载试验结果　　表 19-4-7

试桩编号	最大加载量（kN）	桩　顶			桩　端			单桩抗拔极限承载力（kN）
		最大上拔量（mm）	残余变形（mm）	回弹率	最大上拔量（mm）	残余变形（mm）	回弹率	
T1 扩底桩	8000	68.48	18.56	72.8%	18.92	4.12	78.2%	8000
T2 扩底桩	8000	64.49	13.74	78.6%	19.67	3.92	80.0%	8000
T3 扩底桩	8000	52.36	7.11	86.4%				8000
T4 桩侧注浆	8000	40.16	9.07	77.4%	11.17	0.56	94.9%	8000
T5 桩侧注浆	8000	43.50	10.83	75.1%	7.19	1.89	73.7%	8000
T6 桩侧注浆	8000	47.26	11.21	76.2%	4.54	0.75	83.4%	8000

五、后注浆灌注桩群桩

1. 后注浆群桩的承载变形特性

工程实践和模型试验研究表明，后注浆群桩的承载变形性状，有如下特点：

（1）在土层、群桩几何参数相同情况下，后注浆群桩承载力显著高于非注浆群桩，在一定桩距范围内（$3.75d \sim 7.5d$），其承载力增幅随着桩距的加大而提高。

（2）与非注浆群桩相比，后注浆群桩的桩土相对变形即桩间土的压缩变形显著减小，在其他条件相同情况下，桩端刺入变形很小，后注浆群桩基础更接近于实体基础。

2. 优化布桩

由于后注浆单桩承载力一般可提高 $50\% \sim 120\%$，在桩端持力层、桩长不变的情况下，桩数减少，桩距随之增大。以 3 倍桩径为最小初始桩距，按单桩承载力不同增幅可调相应桩距、桩数列于表 19-4-8。若后注浆单桩承载力增幅为 $35\% \sim 127\%$，则相应的桩数可减至 $74\% \sim 44\%$，桩距由 $3d$ 增至 $3.5d \sim 4.5d$。

单桩承载力增幅与相应桩距、
桩数调整表　　表 19-4-8

桩　距	单桩承载力（%）	桩数（%）（等基础面积内）
$3d$	100	100
$3.5d$	135	74
$3.75d$	156	64
$4.0d$	179	56
$4.5d$	227	44

3. 后注浆群桩的承台分担荷载比

由于注浆效应导致桩底和桩间土强度刚度提高，群桩桩土整体工作性能增强，桩端刺入变形减小，从而使承台土反力较非注浆群桩降低 $25\% \sim 50\%$，相应的承台分担荷载比减小 $30\% \sim 65\%$（因群桩承载力提高）。工程设计可按如下方法处理：

（1）按《建筑桩基技术规范》（JGJ 94—2008）规定：对于采用后注浆灌注桩的承台，承台效应系数取规范建议取值范围内的低值。

（2）采用地基-基础-上部结构共同作用计算方法确定承台土阻力的分布和大小。

4. 后注浆群桩基础沉降的工程实测

对 5 项采用后注浆群桩基础建筑物的沉降观测结果，见表 19-4-9。由此可见，后注浆可显著减小钻孔灌注桩基础的沉降。

采用后注浆群桩基础建筑物的沉降观测结果

表 19-4-9

项目名称		s_{max}（mm）	s_{min}（mm）	$\Delta s/L$（‰）
天津国航大厦	主 楼	39.70	27.20	0.2
	裙 楼	24.59	20.00	—
	副 楼	19.30	6.70	—
宜春邮电大楼		13.80	—	—
北京盛福大厦		29.45	5.63	0.8
北京世界金融中心		20.00	7.1	0.6
北京皂君庙电信大楼		28.61	13.6	0.5

注：1. L 为测点之间距离；

2. 北京世界金融中心沉降观测资料为建至 25 层（总高 31 层）时数据。

六、后注浆灌注桩的沉降计算

如前所述，后注浆群桩表现为桩土整体工作性能增强，沉降量减小。对其沉降计算可采用以下两种方法：

（1）按《建筑桩基技术规范》（JGJ 94—2008）规定：对按等效系数分层总和法计算沉降公式中的沉降计算经验系数应根据桩端持力土层类别，分别乘以 0.7（砂、砾、卵石）～0.8（黏性土、粉土）折减系数。

（2）采用地基-基础-上部结构共同作用计算方法计算。

第五节　灌注桩后注浆施工

一、后注浆管阀的设置

桩底后注浆管阀的设置数量应根据桩径大小确定，最少不少于 2 根，对于直径大于 1200mm 的桩应增至 3 根。目的在于确保后注浆浆液扩散的均匀对称及后注浆的可靠性。桩侧注浆断面间距视土层性质、桩长、承载力增幅要求而定，宜为 6～12m。后注浆装置的设置应符合下列规定：

（1）后注浆导管应采用钢管，且应与钢筋笼加劲筋绑扎固定或焊接。

（2）桩端后注浆导管及注浆阀数量宜根据桩径大小设置。对于直径不大于 1200mm 的桩，宜沿钢筋笼圆周对称设置 2 根；对于直径大于 1200mm 而不大于 2500mm 的桩，宜对称设置 3 根。

（3）对于桩长超过 15m 且承载力增幅要求较高者，宜采用桩端桩侧复式注浆。桩侧后注浆管阀设置数量应综合地层情况、桩长和承载力增幅要求等因素确定，可在离桩底 5～15m 以上、桩顶 8m 以下，每隔 6～12m 设置一道桩侧注浆阀，当有粗粒土时，宜将注浆阀设置于粗粒土层下部，对于干作业成孔灌注桩宜设于粗粒土层中部。

（4）对于非通长配筋桩，下部应有不少于 2 根与注浆管等长的主筋组成的钢筋笼通底。

（5）钢筋笼应沉放到底，不得悬吊，下笼受阻时不得撞笼、墩笼、扭笼。

（6）注浆阀应能承受 1MPa 以上静水压力；注浆阀外部保护层应能抵抗砂石等硬质物的刮撞而不致使管阀受损。

（7）注浆阀应具备逆止功能。

二、后注浆施工

后注浆作业开始前，宜进行注浆试验，优化并最终确定注浆参数。

1. 水灰比

浆液水灰比对后注浆效果有着重要影响，《建筑桩基技术规范》（JGJ 94—2008）根据大量工程实践建议：浆液的水灰比应根据土的饱和度、渗透性确定，对于饱和土水灰比宜为 0.45～0.65，对于非饱和土水灰比宜为 0.7～0.9（松散碎石土、砂砾宜为 0.5～0.6）；低水灰比浆液宜掺入减水剂。水灰比过大容易造成浆液流失，降低后注浆的有效性，水灰比过小会增大注浆阻力，降低可注性，乃至转化为压密注浆。因此，水灰比的大小应根据土层类别、土的密实度、土是否饱和诸因素确定。当浆液水灰比不超过 0.5 时，加入减水剂、微膨胀剂等外加剂在于增加浆液的流动性和对土体的增强效应。确保最佳注浆量是确保桩的承载力增幅达到要求的重要因素，过量注浆会增加不必要的消耗，应通过试注浆确定。这里推荐的用于预估注浆量的公式是以大量工程经验确定有关参数推导提出的。关于注浆作业起始时间和顺序的规定是大量工程实践经验的总结，对于提高后注浆的可靠性和有效性至关重要。

2. 注浆压力

《建筑桩基技术规范》（JGJ 94—2008）建议：桩端注浆终止注浆压力应根据土层性质及注浆点深度确定，对于风化岩、非饱和黏性土及粉土，注浆压力宜为 3～10MPa；对于饱和土层注浆压力宜为 1.2～4.0MPa，软土宜取低值，密实黏性土宜取高值。同时应注意，注浆流量不宜超过 75L/min。

3. 注浆时间

注浆作业宜于成桩 2d 后开始。

规定终止注浆的条件是为了保证后注浆的预期效果及避免无效过量注浆。采用间歇注浆的目的是通过一定时间的休止使已压入浆提高抗浆液流失阻力，并通过调整水灰比消除规定中所述的两种不正常现象。实践过程曾发生过高压输浆管接口松脱或爆管而伤人的事故，因此，操作人员应采取相应的安全防护措施。

4. 注浆量

《建筑桩基技术规范》（JGJ 94—2008）建议：单桩注浆量的设计应根据桩径、桩长、桩端桩侧土层性质、单桩承载力增幅及是否复式注浆等因素确定，可按下式估算：

$$G_c = \alpha_p d + \alpha_s n d \qquad (19\text{-}5\text{-}1)$$

式中　α_p、α_s——分别为桩端、桩侧注浆量经验系数，$\alpha_p = 1.5 \sim 1.8$，$\alpha_s = 0.5 \sim 0.7$；对于卵、砾石、中粗砂取较高值；

　　　　n——桩侧注浆断面数；

　　　　d——基桩设计直径（m）；

　　　　G_c——注浆量，以水泥质量计（t）；

对独立单桩、桩距大于 $6d$ 的群桩和群桩初始注浆的数根基桩的注浆量应按上述估算值乘以 1.2 的系数；

5. 注浆顺序

《建筑桩基技术规范》（JGJ 94—2008）建议：

（1）注浆作业与成孔作业点的距离不宜小于 8～10m；

（2）对于饱和土中的复式注浆顺序宜先桩侧后桩端；对于非饱和土宜先桩端后桩侧；多断面桩侧注浆应先上后下；桩侧桩端注浆间隔时间不宜少于 2h；

（3）桩端注浆应对同一根桩的各注浆导管依次实施等量注浆；

（4）对于桩群注浆宜先外围、后内部。

6. 终止注浆

当满足下列条件之一时可终止注浆：

（1）注浆总量和注浆压力均达到设计要求；

（2）注浆总量已达到设计值的 75%，且注浆压力超过设计值。

7. 注意事项

（1）当注浆压力长时间低于正常值或地面出现冒浆或周围桩孔串浆，应改为间歇注浆，间歇时间宜为 30～60min，或调低浆液水灰比。

（2）后注浆施工过程中，应经常对后注浆的各项工艺参数进行检查，发现异常应采取相应处理措施。当注浆量等主要参数达不到设计值时，应根据工程具体情况采取相应措施。

三、后注浆特殊问题处理

1. 干作业条件下后注浆设置

后注浆工艺一般应用于地下水位较高、需采用泥浆护壁的灌注桩，但近年也推广到地下水位低、具备干作业条件的灌注桩，常用的成孔方法有人工挖孔和长螺旋成孔两种。干作业条件下灌注桩后注浆成功的关键在于注浆阀的位置，对于长螺旋成孔可采用两种方法：

（1）注浆阀随钢筋笼就位后，检查注浆阀是否置于孔底的虚土中，如埋在虚土中可直接灌注混凝土。这里需要注意，长螺旋由于自身的原因和钢筋笼放置引起的孔壁土的滑落，必然造成孔底存在虚土，但虚土的厚度不宜超过 200mm，过厚则需清理。

（2）注浆阀随钢筋笼就位后，如注浆阀没有置于孔底的虚土中，即孔底虚土很薄，小于 50mm，此种情况一般发生在桩侧、桩端均为黏性土。为保证注浆阀顺利打开，可采用向孔中投放级配碎石方案，级配碎石在孔底的高度应在 200mm 左右。

当采用人工挖孔大直径桩时，注浆阀的设置注意三点：

（1）注浆阀比钢筋笼长 200mm；

（2）在桩孔底注浆阀对应的位置预挖与注浆阀数量相等、直径 100mm、深 200mm 的孔；

（3）注浆阀置于预挖的小孔中，注浆阀与小孔孔壁之间的缝隙用粗砂填充，见图 19-5-1。

2. 钢筋笼不通长情况后注浆装置的设置

当桩很长，且从计算和构造的角度钢筋笼不需随桩身通长时，可按图 19-5-2 设置后注浆装置。

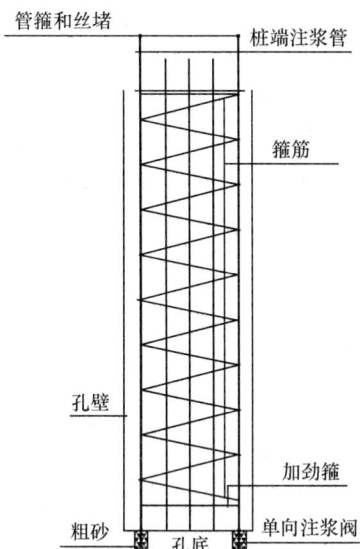

图 19-5-1　人工挖孔桩端注浆示意图　　　图 19-5-2　非通长钢筋笼注浆装置示意图

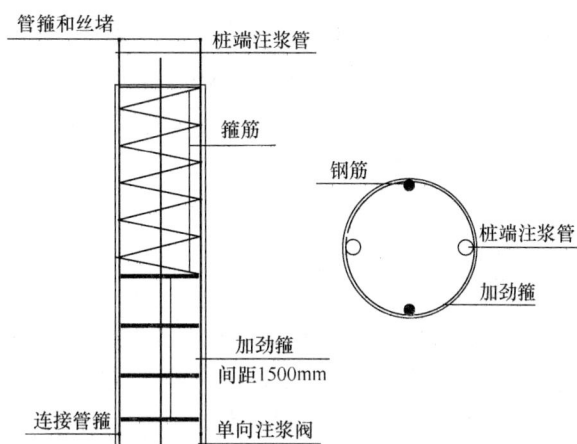

3. 注浆装置检验不合格钢筋笼不能提起

注浆装置随钢筋笼就位后，如对其检验不合格，而钢筋笼又不能拔出检查原因，需采取以下措施：

（1）混凝土灌注完成后，24h 内完成后注浆；

（2）后注浆所采用的水灰比应在 0.5 左右；

（3）应对事故桩周围的桩加大水泥注入量，可较正常注入量增加 1.2 倍以上。

（4）根据地质条件、成桩工艺分析造成此事故的原因，避免类似情况发生。

第六节　灌注桩后注浆检测

后注浆桩基工程质量检查和验收应符合下列要求：

（1）后注浆施工完成后应提供水泥材质检验报告、压力表检定证书、试注浆记录、设计工艺参数、后注浆作业记录、特殊情况处理记录等资料；

（2）在桩身混凝土强度达到设计要求的条件下，承载力检验应在后注浆 20d 后进行，浆液中掺入早强剂时可于注浆 15d 后进行；

（3）对于注浆量等主要参数达不到设计值时，应根据工程具体情况采取相应措施。

第二十章 特殊地质条件下的桩基设计

由于工程上的需要，桩基有时需要设置于一些特殊的环境中，如软弱土地层、黄土地层等，这些特殊的地层具有其独特的工程性质，例如软土地层的高压缩性和触变性、黄土的湿陷性等。本章将简要地介绍软弱土地层及黄土地层的工程特点，以及这些地层中桩基设计的原则和方法。

第一节 软弱土层中的桩基设计

软土是指抗剪强度较低、压缩性较高、渗透性较小、天然含水量较大的饱和黏性土。常见软土有：淤泥、淤泥质土、泥炭和泥炭质土等。这些软土广泛分布在我国东南沿海地区和内陆的大江、大河、大湖沿岸及周边，例如：天津、上海、连云港、宁波、温州、福州、广州、湛江、昆明、武汉等。软土对工程有较大影响，因此，在工程建设中，必须引起足够的重视。

图 20-1-1 台州某购物中心

软弱地层（土层）具有强度低、压缩性大以及明显的触变性等特点，下面是两个桩基工程事故实例。

（1）台州某购物中心（图 20-1-1），8层，下部为两层商场，上部为住宅楼，由东楼、西楼和裙房组成。基础设计采用桩径 φ800mm、桩长 45m 的钻孔灌注桩，桩端持力层为砾石层，桩侧土为海相淤泥质土。楼房竣工后最大沉降达到 20cm 且东西楼不均匀，造成严重的工程质量事故。事后分析原因是该工程软土层厚度较大且层厚分布不均，钻孔桩施工质量达不到要求。因为桩端砾石层钻机扰动及沉渣处理不干净导致端阻力严重下降和桩侧泥皮较厚导致侧阻力下降，从而造成桩基承载力下降，导致建筑物不均匀沉降。它是典型的软土地基中桩基质量事故。

（2）温州某大厦位于温州车站大道，于 1995 年打桩，采用 X 字形预制桩，采用 260t 压桩机施工。桩径为 500mm×500mm。最初压桩施工以压桩力主控，桩长为副控。本工程原设计为 9 层，共布桩 186 根，施工时加层 3 层，增补 5 根钻孔桩。工程基础平面尺寸为 33.2m×13.8m，框架结构。大厦竣工时运行正常。

2003 年 12 月 21 日突然发生沉降，沉降速率最大为 7mm/d，累计沉降最大达

编写人：张忠苗 张广兴（浙江大学建筑工程学院）

131mm，且发生倾斜达 8.6‰，至今尚在加固中，如图 20-1-2、图 20-1-3 所示。

图 20-1-2　温州某大厦

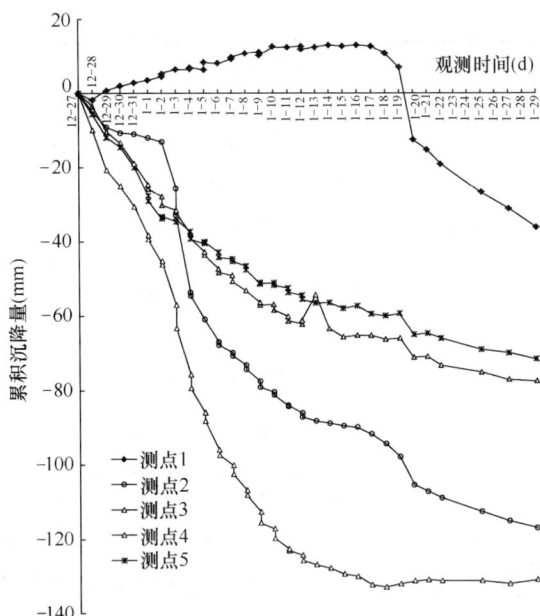

图 20-1-3　大厦沉降实测值

事后分析其原因：一是软土中设计时布桩选型和布置不合理，楼房的重心于基础反力中心有一定量的偏离；结构造型不合理，无剪力墙结构，抗侧向水平力低，设计安全度低；加层后布桩不合理；二是在桩基实际施工时桩可能未达到持力层；三是建筑物使用时，多次装修增加了上部荷载，且荷载分布不均匀；四是黎明立交桥、车站大道的汽车振动和地震瞬时荷载时土体产生振动蠕变的作用引发沉降，同时，较大的振动荷载导致了桩侧摩阻力和桩端阻力的下降。

因此，在桩基设计中，针对软土这些不良特性，都应予以充分的重视。

一、软土地层的工程特点

软土的工程特性主要有含水量高、孔隙比大、渗透性低、压缩性高、抗剪强度低并有较显著的触变性和蠕变性，具体见表 20-1-1。

软土的工程特性对工程性质的影响　　　　　　　　　　　表 20-1-1

软土的特点	对工程性质的影响
高含水量	软土的天然含水量大于液限，一般为 50%～70%，山区软土有时高达 200%，其饱和度一般大于 95%。软土的高含水量特征是决定其压缩性和抗剪强度的重要因素
高孔隙性	天然孔隙比在 1～2 之间，最大达 3～4。软土的高孔隙性特征是决定其压缩性和抗剪强度的重要因素
渗透性低	软土的渗透系数一般在 $1×10^{-8}～1×10^{-4}$ cm/s 之间，通常水平向的渗透系数较垂直方向要大得多。由于该类土渗透系数小，含水量大且呈饱和状态，使得土体的固结过程非常缓慢，其强度增长的过程也非常缓慢

续表

软土的特点	对工程性质的影响
压缩性高	软土的压缩系数 $\alpha_{0.1\sim0.2}$ 一般为 $0.7\sim1.5\mathrm{MPa}^{-1}$，最大达 $4.5\mathrm{MPa}^{-1}$，因此软土都属于高压缩性土。随着土的液限和天然含水量的增大，其压缩系数也进一步增高。由于该类土具有高含水量、低渗透性及高压缩性等特性，因此，具有变形大而不均匀，变形稳定历时长的特点
抗剪强度低	软土的抗剪强度很小，同时与加荷速度及排水固结条件密切相关。如不排水三轴快剪得出其内摩擦角为零，其黏聚力一般小于 20kPa；直剪快剪内摩擦角一般为 $2°\sim5°$，黏聚力为 $10\sim15$kPa；而固结快剪的内摩擦角可达 $8°\sim12°$，黏聚力为 20kPa 左右。因此，要提高软土地基的强度，必须控制施工和使用时的加荷速度
触变性	由于软土具有较为显著的结构性，故触变性是它的一个突出的性质。我国东南沿海地区的三角洲相及滨海—泻湖相软土的灵敏度一般在 $4\sim10$ 之间，个别达 $13\sim15$
蠕变性	软土的蠕变性也是比较明显的。表现在长期恒定应力作用下，软土将产生缓慢的剪切变形，并导致抗剪强度的衰减；在固结沉降完成之后，软土还可能继续产生可观的次固结沉降

软土的这些性质表现为浅基础建构筑物的沉降大（不但竣工时有沉降，而且还有后期沉降），稳定性差，在桩基设计时应针对这些不良特性，给予充分的重视。

二、软土中桩基设计原则

桩基设计的指导思想可以概括为在确保安全的前提下，充分发挥桩土体系力学性能，做到既经济合理，又施工方便、快速。对于软弱土层中，根据《建筑桩基技术规范》，从桩基安全合理设计的角度出发，一般应考虑以下设计原则：

（1）根据上部结构的荷载特点、工程的环境条件和地质条件，选择合适的桩型，特别是主楼裙楼联体建筑桩基设计要考虑变形协调。

（2）软土地基特别是沿海深厚软土区，一般坚硬地层埋置很深，桩基宜选择中、低压缩性土层作为桩端持力层。桩端全断面进入持力层的深度，对于黏性土、粉土不宜小于 $2d$，砂土不宜小于 $1.5d$，碎石类土，不宜小于 $1d$。当存在软弱下卧层时，桩端以下硬持力层厚度不得小于 $3d$，且要做建筑物变形验算。

（3）在高灵敏度厚层淤泥质土中采用沉管灌注桩、预应力管桩要考虑挤土效应。桩间距要满足规范规定，对非饱和土最小中心距宜不小于 3.5 倍桩径，对饱和软土最小中心距宜不小于 4 倍桩径。同时要考虑打桩对土结构的破坏，降低群桩承载力的现象。

（4）对于易液化的软弱砂性土地层的桩基设计施工时要考虑打桩后可能引起的液化效应，原则上液化土层中不能采用锤击式、振动式的沉管灌注类桩型（如要采用则应先采取降水措施），可以采用预制类桩型或钻孔灌注类桩型。

（5）由于软土地基中钻孔灌注桩普遍采用泥浆护壁，泥皮效应使得桩侧阻下降，桩持力层扰动和沉渣处理不干净易使端阻降低，因此软土中桩基建议最好使用桩底桩侧后注浆技术以提高单桩承载力和使群桩沉降均匀。

（6）软土地区桩基由于下列原因可能产生负摩阻力，在设计时必须考虑。

①新近沉积的欠固结土层；

②欠固结的新填土；

③使用过程地面大面积堆载；

④大面积场地降低地下水位；

⑤周围大面积挤土沉桩引起超孔隙水压和土体上涌等在孔压消散时。

实际上应视具体工程情况考虑桩侧负摩阻力对基桩的影响，关键在于设计和施工时要预先考虑，特别是在大面积降水开挖的时候和小区中心花园等大面堆载时要考虑负摩阻力。

（7）在软土地基桩基设计中要考虑基坑开挖对已成桩的影响问题。

（8）软土地区往往地下水位比较高，地下室的桩基要考虑抗拔力验算。

（9）软土地基的高耸建筑桩基要考虑水平抗力验算。

三、软土中桩基设计要考虑的因素

在软土中进行桩基础设计时除了应遵循以上的设计原则外，还应考虑如打桩挤土效应、管桩的闭塞效应、钻孔桩的松弛效应、灌注桩的混凝土强度效应、基坑开挖对桩基的影响、软土中桩基承载力的时间效应等方面的因素。

（一）打桩挤土效应与对策

软土中进行预制桩、预应力管桩的设计时，应注意打桩的挤土效应及打桩顺序的安排及防挤土措施，否则可能造成挤土工程事故，常见的挤土工程事故有桩基的上浮，桩位的偏移，桩身的翘曲，断桩，以及造成邻近建筑物、构筑物、道路、挡土结构以及地下设施和管线的一定程度的破坏等。

下面是一个预应力管桩挤土浮桩的工程事故实例。

1. 工程概况

温州某广场由 A、B、C、D、E 五幢 21～30 层高层，F、G 两幢多层及整体相连的二层商用裙房组成，总建筑面积约 10 万 m^2。高层为框剪结构，多层为框架结构，地下室一层，七幢楼房地下室底板连成整体形成地下车库，对沉降要求比较严格。高层采用 PHC-AB600（130）管桩，桩长 60m，持力层为含粉质黏土砂砾层，单桩极限承载力设计值为 6130kN，布桩 710 根；多层及裙房采用 PTC-A400（65）型管桩，单桩极限承载力设计值为 1830kN，布桩 1132 根。

地基土物理力学性质见表 20-1-2。

地基土物理力学性质指标　　　　　　　　表 20-1-2

层号	岩土名称	层底埋深 （m）	重度 （kN/m^3）	含水率 （%）	孔隙比	I_p	I_f	E_k （MPa）	f_k （kPa）	q_{sk} （kPa）	q_{pk} （kPa）
1-1	人工填土		17.2	52.4	1.445	21.60	1.130				
1-2	黏　土	1.9	18.7	37.0	1.024	19.30	1.560	3.00	100	26	
3-1	淤　泥	18.9～19.2	16.0	68.3	1.917	23.60	1.641	1.20	45	9	
3-2	淤泥质黏土	22.5～23.0	17.6	46.5	1.291	18.23	1.162	2.30	55	13	
4-1	黏　土	24.1～25.0	18.9	34.8	0.960	16.53	0.667	5.00	100	33	
4-2	黏　土	40.3～41.5	18.4	39.5	1.088	16.00	0.798	5.00	90	30	

层号	岩土名称	层底埋深 （m）	重度 （kN/m³）	含水率 （%）	孔隙比	I_p	I_f	E_k （MPa）	f_k （kPa）	q_{sk} （kPa）	q_{pk} （kPa）
5-1	含圆砾粉质黏土	42.6～44.0	18.9	35.1	0.964	16.67	0.719	5.10	170	45	
5-2	黏　土	46.2～52.0	18.5	36.8	1.016	16.94	0.753	5.23	100	33	
6-1	粉质黏土	53.1～55.0	19.4	31.3	0.860	17.04	0.423	6.42	200	70	2200
6-2	黏　土	59.0～59.3	18.6	36.6	1.011	16.76	0.750	5.23	140	44	1500
7-1	黏　土	59.5～63.9	19.2	32.1	0.899	17.66	0.434	6.62	160	66	2100
7-2	黏　土	60.9～62.4	18.3	39.2	1.097	18.73	0.725	4.80	130	50	1400
8-1	含粉质黏土圆砾	65.0～67.2	19.7	24.6	0.720	7.93	1.030	9.74	170	60	4000

2. 工程事故及分析

工程桩开工前打了 7 根预应力管桩试打桩，试桩桩径 $\phi600$ 桩长 60m，桩持力层为 8-1 含粉质黏土圆砾，第一次静载试验结果 7 根试桩全部达到 6000kN（图 20-1-4）。所以按楼号开展了大面积工程桩施工，共打桩 1132 根。打桩过程中发现桩普遍有上浮现象，工程桩完成后第 2 次静载试验有 60% 的试验桩不合格（图 20-1-5）。打桩结束开挖后经测量统计发现，桩上浮量 $h \geqslant 20$cm 的桩占 16.49%，15cm$\leqslant h<20$cm 的桩占 12.95%，10cm$\leqslant h<15$cm 的桩占 17.04%，五幢楼房的最大上浮量分别为 380mm、335mm、275mm、475mm 和 295mm。

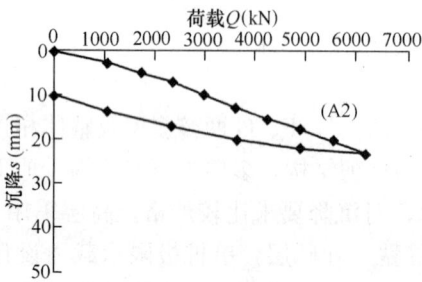

图 20-1-4　典型试打桩 $Q \cdot s$ 曲线

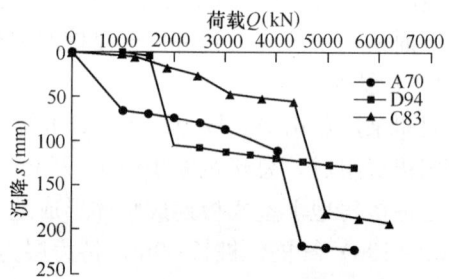

图 20-1-5　典型上浮工程桩 $Q \cdot s$ 曲线

将打桩时的控制标高和打桩结束开挖后测得的桩顶标高的差值整理得到桩上浮量等值线图。其中 A 幢桩上浮量等值线见图 20-1-6，桩位布置如图 20-1-7 所示。

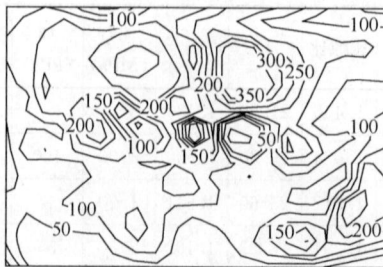

图 20-1-6　A 幢桩体上浮量等值线图（单位：mm）

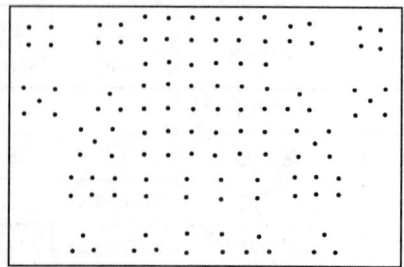

图 20-1-7　A 幢桩位示意图

从图 20-1-6、图 20-1-7 及打桩施工记录可以看出，桩体上浮量与布桩密度、桩的平面布位和施工顺序密切相关。布桩越密，上浮量越大。打桩时基本遵循从中心向四周后退式打桩的原则，因此中间桩的上浮量较周围桩的上浮量要大。中上部的桩先于下部施工，其累计上浮量相对较大，后期施工的则要小一些。

打桩过程中发现，在紧邻桩位打桩时，桩体上浮最明显，跳打在同一直线的隔位桩而中间桩已施工时，桩体受影响较小。

3. 管桩上浮处理技术方案

对管桩产生的浮桩，目前工程中一般采用以下几种技术措施：

(1) 注浆，对浮桩进行桩底（侧）后注浆；

(2) 补桩，补管桩、钻孔桩或者静压锚杆桩；

(3) 复打或者复压，对浮桩进行复打或复压；

(4) 地基处理，每一种方法都有一定的适用性。

考虑到本工程桩普遍上浮且上浮量较大，甲方先选取了注浆处理方案。由于没有预埋管，所以在预应力管桩中只有靠临时钻孔注浆，因此注浆过程中发现浆液易沿管桩内壁上冒，同时注浆压力较难控制。因为桩端持力层为含粉质黏土的圆砾，压力小注浆效果不明显，压力大容易引起桩体进一步上浮。注浆后静载荷试验也表明进行管桩临时钻孔后注浆效果不明显，且由于桩普遍上浮超过基础设计标高，需要大量凿桩，对桩体破坏较大，不经济。所以基坑开挖后停工半年一直拿不出有效的处理方案。后来经综合分析提出了对管桩复打的处理措施。第一步先对工程桩进行低应变动测，评价桩身质量，动测表明桩身质量尚可。所以进行复打处理。复打时，凡上浮量超过 10cm 的桩均进行复打，复打量原则上等于或略大于上浮量。共复打 325 根 D600 预应力管桩，占总桩数的 46%。

复打时，修正了收锤标准：先冷锤（正常施工时锤击能量）10 击，消除因桩上浮导致的第 1 节和第 2 节之间桩身可能存在的脱节，然后降低锤击能量，采用重锤轻击并分阵锤击（每 30 击为一阵），最后一阵贯入度控制在 2~4cm 以内，且要收敛。当下沉量超过 1.1 倍上浮量还不能收敛时，可判定为问题桩，进行补桩处理。复打后 Q-s 曲线由陡降型变为缓变型，单桩承载力大幅提高。

在复打桩承载力检验合格后，开始上部结构的施工，同时进行全程沉降观测。5 幢高层实测工后沉降平均值分别为 19mm、21mm、32mm、32mm 和 28mm，其中 D 幢施工 - 沉降曲线如图 20-1-8 所示。从复打后静载荷试验结果和施工 - 沉降曲线可以看到，复打能有效提高浮桩的单桩承载力，即使对上浮量较大的桩，复打效果也非常明显，而且复打成本低，该工程是桩基事故处理成功的典型案例，该工程为甲方节省了几百万的处理成本并节省了工程时间。因此，当管桩桩身质量尚能保证时在软土地基中对管桩上浮进行复打处理是最有效的方案。

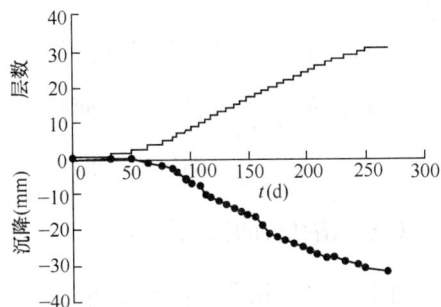

图 20-1-8　D 幢施工-沉降曲线

（二）管桩的闭塞效应

开口管桩在沉桩过程中，由于桩端土受挤压，有一部分土进入桩管内形成"土芯"，另一部分土则被挤向桩周。沉桩初期，土芯未受到压缩，随着沉桩的继续深入，涌入桩管内的土芯不断提高，土芯与桩内壁的摩阻力开始发挥作用，土芯下部的土被压实。当土芯到达一定高度后，由于管桩内壁与土芯的摩阻力作用，产生了封闭效应，即形成了"土塞"，开口桩此时与封闭桩的表现相同。一般而言，开口管桩内的土芯高度小于管桩的打入深度。同时，管桩内土芯大致可以分为两部分，即完全压实，非完全压实。试验证明，土芯的高度及闭塞效果与土性、桩径、壁厚、桩的入土深度、桩的入土方法及加载速率等诸多因素有关，而桩端土所发生的土塞效应又直接影响了端阻的发挥及桩的承载力。

在进行钢管桩和混凝土管桩的桩基设计时，应考虑管桩的闭塞效应。《建筑桩基技术规范》中对钢管桩和混凝土管桩的承载力计算中考虑了桩端闭塞效应系数，公式如下：

1. 钢管桩

当根据土的物理指标与承载力参数之间的经验关系确定钢管桩单桩竖向极限承载力标准值时，可按下式计算：

$$Q_{uk} = Q_{sk} + Q_{pk} = u\Sigma q_{sik}l_i + \lambda_p q_{pk} \cdot A_p \tag{20-1-1}$$

当 $h_b/d_s < 5$ 时
$$\lambda_p = 0.16 h_b/d_s \tag{20-1-2}$$

当 $h_b/d_s \geqslant 5$ 时
$$\lambda_p = 0.84 \tag{20-1-3}$$

式中 q_{sik}、q_{pk}——取与混凝土预制桩相同值；

λ_p——桩端闭塞效应系数，对于闭口钢管桩 $\lambda_p = 1$，对于敞口钢管桩按式（20-1-2）、式（20-1-3）取值；

h_b——桩端进入持力层深度；

d_s——钢管桩外径；

对于带隔板的半敞口钢管桩，以等效直径 d_e 代替 d_s 确定 λ_p；$d_e = d_s/\sqrt{n}$，其中 n 为桩端隔板分割数，如图 20-1-9 所示。

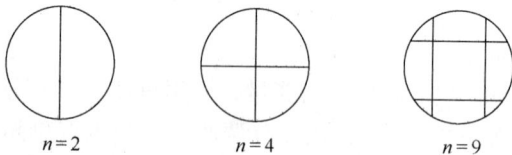

$n=2$ $n=4$ $n=9$

图 20-1-9 隔板分割

2. 预应力管桩

当根据土的物理指标与承载力参数之间的经验关系确定敞口预应力混凝土管桩单桩竖向极限承载力标准值时，可按下式计算：

$$Q_{uk} = Q_{sk} + Q_{pk} = u\Sigma q_{sik}l_i + q_{pk}(A_p + \lambda_p A_{p1}) \tag{20-1-4}$$

当 $h_b/d_1 < 5$ 时
$$\lambda_p = 0.16 h_b/d_1 \tag{20-1-5}$$

当 $h_b/d_1 \geqslant 5$ 时
$$\lambda_p = 0.84 \tag{20-1-6}$$

式中 q_{sik}、q_{pk}——取与混凝土预制桩相同值；

d、d_1——管桩外径和内径；

A_p、A_{p1}——管桩桩端净面积和敞口面积；$A_p = \frac{\pi}{4}(d^2 - d_1^2)$，$A_{p1} = \frac{\pi}{4}d_1^2$；

λ_p——桩端闭塞效应系数，按式（20-1-5）、式（20-1-6）确定。

（三）钻孔桩的松弛效应

非挤土桩（钻孔、挖孔灌注桩）在成孔过程由于孔壁侧向应力解除，出现侧向松弛变形。孔壁土的松弛效应导致土体强度削弱，桩侧阻力随之降低。

桩侧阻力的降低幅度与土性、有无护壁、孔径大小等诸多因素有关。对于干作业钻、挖孔桩无护壁条件下，孔壁土处于自由状态，土产生向心径向位移，浇注混凝土后，径向位移虽有所恢复，但侧阻力仍有所降低。

对于无黏聚性的砂土、碎石类土中的大直径钻、挖孔桩，其成桩松弛效应对侧阻力的削弱影响是不容忽略的。

在泥浆护壁条件下，孔壁处于泥浆侧压平衡状态，侧向变形受到制约，松弛效应较小，但桩身质量和侧阻力受泥浆稠度、混凝土浇注等因素的影响而变化较大。

（四）灌注桩的混凝土强度增长效应

在软土中进行灌注桩的设计时要考虑灌注混凝土的强度效应，桩身的混凝土强度是随着龄期的增加而逐渐增大的，一般 7 天为初凝期，7～28d 为强度增长期。因此，《建筑桩基检测技术规范》（JGJ 106—2003）中规定，对于现场灌注桩类，单桩竖向承载力的检测应在试桩桩身混凝土达到设计强度后（一般为 28d 后）开始加载。对于预制方桩、预应力管桩打桩入土存在土体固结效应，所以规定静载试验的打桩休止期在砂类土中不得少于7d，对粉土或黏性土不得少于 15d；对淤泥或软黏土不得少于 25d。

（五）基坑开挖对桩基的影响

在软土基坑工程中，基坑的开挖往往会对桩基础产生一定的影响，在桩基的设计中应特别予以注意，应考虑以下三方面的问题：

（1）在基坑工程中，要考虑基坑开挖时，对开挖段承载力扣除，保证桩基的有效长度满足承载力设计的要求，且在地面工程桩检验性静载试验时最大试验荷载要比设计的单桩竖向抗压承载力特征值的两倍多一些。

（2）基坑开挖时容易引起坑底土层隆起及坑周土体有较大回弹变形、地下水位降低等因素，导致桩基的负摩阻力。可能引起工程桩上拔，相邻建筑的基础沉降，坑周地面沉降，周边建筑物开裂甚至倾斜等，因此设计时应予以注意。

（3）基坑开挖应遵循分层、均匀、严禁超挖的原则，避免因超挖、不均匀开挖引起土体失稳而造成已施工的工程桩侧移、折断等工程质量事故。

（六）软土中桩基竖向承载力的时间效应

饱和黏性土中桩基的大量试验发现，一般桩的竖向极限承载力是随时间缓慢增长的，其总的变化规律是初始增长速度快，随后逐渐变缓，某一段时间后趋于某一定值。

我国软土地区积累了一些挤土桩承载力随时间增长的试验资料。根据不同土质、不同桩型、不同尺寸的桩承载力时效的试验观测结果，其最终单桩极限承载力比初始值增长约 40%～400%，达到稳定值所需时间由几十天到数百天甚至更长时间不等（成桩方式影响很大），而实际工程由开始打桩到投入使用约需 1～3 年。因此，桩基设计中合理考虑承载力的时效，对节约工程造价具有实际意义。

1. 黏性土中挤土摩擦桩承载力的时间效应

软黏土中挤土摩擦桩承载力随着时间而增长（时间效应）的现象早已为人们所关注。20世纪 40 年代以来不少国家开展了这方面的试验研究。我国上海地区亦于 20 世纪 60 年代进行了一系列的室内外试验研究，并得出了计算任意间歇期打入桩承载力的经验公式。上海地区在20世纪80年代进行的试验研究发现，非挤土摩擦桩的承载力也存在随时间而增长的规律。

国内外软黏土中挤土摩擦桩承载力试验的成果反映了一条共同的规律：桩承载力随着时间而增长，初期增长较快，后逐渐减缓，最后趋于某个极限值；增长的速度、幅度以及增长期的长短各不相同，与软黏土的性质、桩型等有关。

上海地区的打入桩试验研究发现，在同一种土质条件下存在以下关系式：

$$Q_{ut} = Q_{uo} + \alpha(1 + \lg t)(Q_{umax} - Q_{uo}) \tag{20-1-7}$$

式中 Q_{uo}、Q_{umax}——分别为桩的初期和最终极限承载力；

$\quad\quad Q_{ut}$——桩经过休止时间 t 的极限承载力；

$\quad\quad \alpha$——表示承载力增长率的经验系数，主要与土质有关，上海软土的经验 $\alpha = 0.263$，如图 20-1-10 (b) 所示。

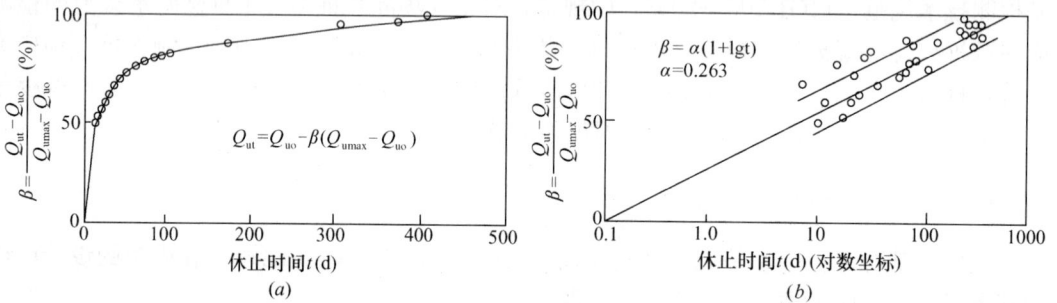

图 20-1-10 软黏土中挤土摩擦桩承载力随着时间增长的规律

桩打（压）入黏性土中，主要在两方面改变了地基土的状态：一是破坏了地基土的天然结构；二是使桩周土受到急剧的挤压，造成孔隙水压力骤升，有效应力减小。这两种作用都使桩周（包括桩端）土的强度大为降低。因而，在桩打（压）入土中的初期，桩周摩阻力和桩端支承力均处于最低值，随着时间的推移，这两方面的情况都在逐渐发生着变化，桩的承载力也在随之增长。这些变化主要表现在以下四方面：

（1）由于黏性土具有触变性，使受打桩扰动而损失的强度得以逐渐恢复。室内重塑土强度试验表明，在一定的固结压力下静置十余天后，重塑土的强度提高了 60%～80%（图 20-1-11）；在现场埋藏条件下，扰动土休息几天后，就可恢复原状强度的 40%～50%（图 20-1-12）。

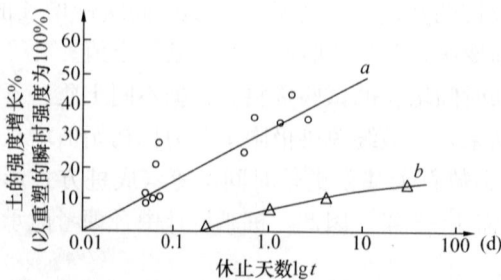

图 20-1-11 重塑土的强度增长
a—地面下 8～17m 现场十字板测定结果；
b—室内无侧限抗压试验测定结果

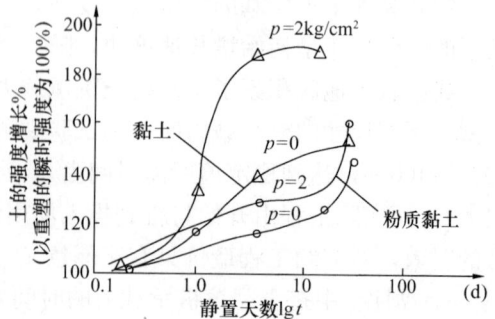

图 20-1-12 扰动土强度的恢复

（2）随着桩周土中超静压孔隙水的排出，超孔压逐渐消散，有效应力随之增大；同时，剧烈的挤压使桩周土在排水过程中得到压密。经历了这个再固结过程，桩周一定范围内土的强度不但得以恢复，而且还可能超过其原始强度。如图 20-1-13 表明，在打桩一个月后，桩周一倍桩径处土的强度就已超过其原始强度。

（3）打桩后桩周土形成了三个区域（图 20-1-14）：紧贴于桩身表面的结构完全破坏又重新固结的第 Ⅰ 区、保持原状的第 Ⅲ 区和介于二者之间的过渡区。第 Ⅰ 区由于挤压、固结与静置，强度已恢复或超过其原始强度，该区牢固地黏附于桩身

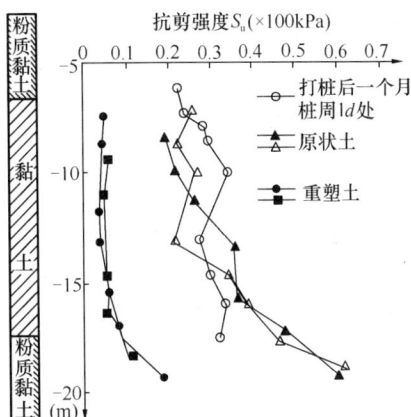

图 20-1-13　桩周土的强度增长

而随桩一同移动。这一现象对木桩、混凝土桩和钢桩都普遍存在，只不过黏附层厚度视土质、桩材、桩径及表面粗糙程度而有所差别。因此，第 Ⅰ、Ⅱ 区土的分界面乃是单桩承载力达到极限时的桩周剪切滑动面，其面积显然大于桩周侧面积；而极限摩阻力则取决于第 Ⅱ 区土的逐渐增长着的抗剪强度。

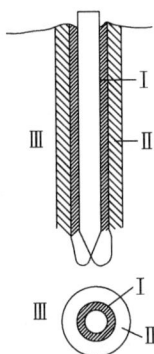

图 20-1-14　桩周土分区示意图
Ⅰ—重塑区；Ⅱ—过渡区；
Ⅲ—非扰动区

（4）桩端土的强度也同样由于压密与固结而逐渐恢复与增长；与桩黏结在一起的第 Ⅰ 区土又使端部的支承面积逐渐有所扩大，因此桩端承载力也在随着时间而增长。

2. 黏性土中非挤土灌注桩承载力的时间效应

非挤土灌注桩由于成桩过程不产生挤土效应，不引起超孔隙水压力，土的扰动范围较小，因此，桩承载力的时间效应相对于挤土桩要小。黏性土中非挤土灌注桩承载力随时间的变化，主要是由于成孔过程孔壁土受到扰动，由于土的触变作用，被损失的强度随时间逐步恢复。在泥浆护壁成桩的情况下，附着于孔壁的泥浆也有触变硬化的过程。因此承载力的时效，泥浆护壁法成桩比干作业要明显。干作业成桩的情况下，孔壁土扰动范围小，其承载力的时效一般可予忽略。

表 20-1-3 为上海饱和软土中泥浆护壁钻孔桩（$d=600$mm，$L=40.15$m）不同休止期静载试验所得极限承载力（陈强华等，1987）。经桩身不同截面轴力观测表明，桩侧阻力随时间而增长，但桩端阻力基本不随时间而变化。由表 20-1-3 可看出，承载力前期增长快，108 天后基本趋于稳定，171 天相对于 39 天承载力的增幅为 12%。这是由于非挤土桩承载力时效主要是桩侧扰动土和泥浆的触变恢复，其恢复速率相对是较快的。

泥浆护壁成桩灌注桩承载力随时间的变化　　　　　　　　　　**表 20-1-3**

休止期（d）	39	56	108	171
极限承载力（kN）	3750	3900	4200	4200
变化率（%）	100	104	112	112

（七）桩基抗压承载力与抗拔承载力的关系

软土中桩基的抗压承载力由侧阻力和端阻力组成，抗拔承载力则由侧阻力和桩自重组成。经过试验统计，软土中同规格的抗拔单桩极限侧阻力约为抗压单桩极限侧阻力的0.8~0.85。在设计地下室基础时应考虑，最终承载力应由现场静载试验确定。

四、软土中桩基设计方法

针对软土地区的特点，发展了一些桩基设计的理论与方法，例如，软土中刚性桩设计方法、刚柔复合桩基设计、大直径超长桩设计等方法。

（一）软土中刚性桩的设计方法

1. 软土中刚性桩设计的步骤

软土中刚性桩的设计一般应遵循以下的步骤：

(1) 了解场地地质条件及环境条件；

(2) 阅读建筑图，计算上部结构荷载，确定建筑物变形要求；

(3) 桩基选型；

(4) 桩持力层确定；

(5) 桩长、桩径选择；

(6) 单桩竖向承载力确定；

(7) 桩混凝土强度及桩配筋的确定；

(8) 平面布桩及桩间距的确定；

(9) 现场试桩并确认设计参数；

(10) 桩承台的抗压、抗剪、抗冲切、抗弯验算及基础梁板的设计计算。

2. 软土中预应力管桩、沉管灌注桩等挤土桩设计

软土中进行预制桩、预应力管桩的设计时，应注意打桩的挤土效应及打桩顺序的安排及防挤土措施，否则可能造成挤土工程事故。

挤土式预制桩、预应力管桩优点是施工速度快，成桩质量看得见，经济性好，一般适用于建筑层数在25层以下的高层建筑和大型构筑物。缺点是有打桩挤土效应等，所以设计时应考虑以下几点：一是要认真研究场地地质条件，同时考虑打桩挤土效应引起桩身本身的上浮、偏位、倾斜等质量问题及接桩引起的质量问题；二是要考虑打桩对邻近建筑物、道路和管线等环境条件的影响破坏情况，做好防挤防灾对策（如预先采取打应力释放孔、隔挤沟和减轻挤土效应等措施）。预制类桩一般不宜用于桩端持力层很硬且持力层高差起伏很大的地层，因为此时桩端稳定性不好且很难按长度配桩。下面主要介绍浙江软土规范的桩基设计要求。

挤土式沉管灌注桩优点是施工速度快、造价低，一般适用于7层以下的多层建筑和中小型厂房等，缺点是挤土效应明显，设计时要考虑桩间距问题和成桩质量问题，施工时要严格控制拔管速度，尽量避免严重缩颈、断桩现象的发生。沉管灌注桩钢筋笼配筋长度应超过淤泥质地层厚度。沉管灌注桩一般不宜用于桩端持力层高差变化很大的倾斜地层。

沉管灌注桩当采用静压沉管或锤击沉管时桩长不宜大于25m，采用振动沉管或振动加

压沉管时不宜大于 28m，在具有保证桩身质量的可靠措施和成熟经验时可适当增长，但不宜大于 35m，长径比不宜大于 80。桩底进入持力层的深度，根据地质条件、荷载及施工工艺确定。一般对硬塑黏土、中密粉土和砂土，不宜小于 3 倍桩身直径；对一般黏性土和稍密粉土、砂土，不宜小于 4 倍桩身直径。

沉管灌注桩桩身上部应采用焊接钢筋笼配置，其有效长度不宜小于 1/3 桩长，且不小于 5m。当桩基承台下存在淤泥、淤泥质土或液化土层时，配筋长度应穿过上述软土土层，以免在软土中施工时，浅层土体产生的侧移和不同土层交界面产生的相对位移所造成的桩身断裂和缩颈等现象，同时提高桩的抗震性能。桩身配筋如图 20-1-15 所示。

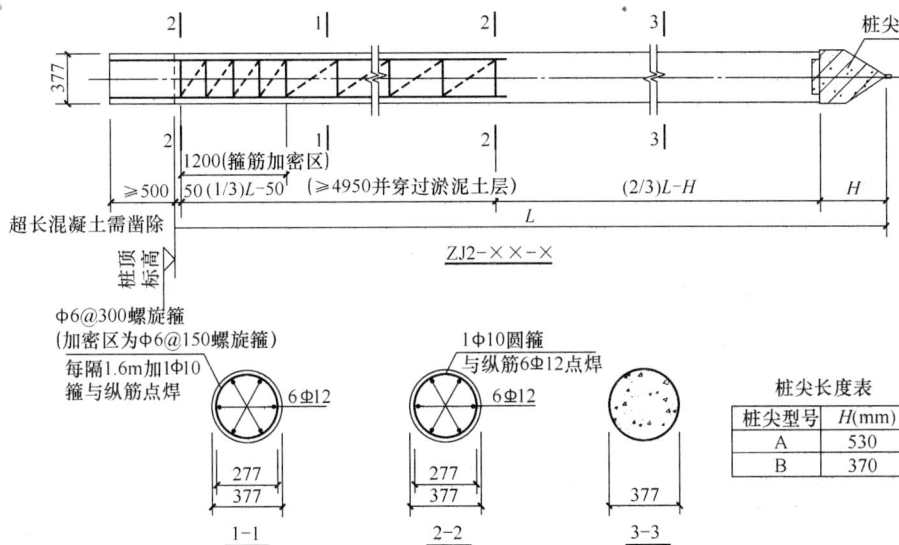

图 20-1-15　沉管灌注桩配筋图例

沉管灌注桩混凝土强度等级：预制桩尖用 C30，桩身混凝土强度等级应不小于 C20。灌注时要注意沉管灌注桩钢筋笼底部脱节现象发生，混凝土坍落度采用 8～10cm，石子粒径宜 ≤25mm。桩的充盈系数当采用锤击或静压沉管时不得小于 1.05，当采用振动沉管时不得小于 1.15。

沉管灌注桩沉管深度的控制应根据地质条件、设计荷重及施工状况等因素综合确定，可按下列要求执行：

（1）摩擦桩，以设计桩长控制。

（2）端承摩擦桩，保证设计桩长及桩端进入持力层的深度，以标高控制为主，贯入度控制为辅。

（3）摩擦端承桩，沉管深度以贯入度控制为主，设计持力层标高对照为辅。

（4）贯入度的控制标准，可参照具体施工经验确定。对锤击沉管要控制最后二阵，每阵十击的平均贯入度。振动沉管要测量最后两个两分钟的贯入速度，其值按设计要求或现场试桩确定。

沉管灌注桩最终设计承载力要通过静载试验确定。

3. 软土中钻孔灌注桩设计

非挤土式成孔灌注桩优点是适用性广，适用于所有大小不同类型的建筑和不同的地层，缺点是造价相对较高。

桩身混凝土及混凝土保护层厚度应符合下列要求：①桩身混凝土强度等级不得低于C25，混预制凝土桩尖强度等级不得低于 C30；②灌注桩主筋的混凝土保护层厚度不应小于 35mm，水下灌注桩的主筋混凝土保护层厚度不得小于 50mm；③四类、五类环境中桩身混凝土保护层厚度应符合国家现行标准《港口工程混凝土结构设计规范》（JTJ 267—1998）、《工业建筑防腐蚀设计规范》（GB 50046—2008）的相关规定。

桩身混凝土强度等级的确定应满足下式要求：

$$Q \leqslant A_p f_c \psi_c \tag{20-1-8}$$

式中　Q——相应于荷载效应基本组合时的单桩竖向力设计值；

　　　f_c——混凝土轴心抗压强度设计值，按现行《混凝土结构设计规范》取值；

　　　A_p——桩身截面积；

　　　ψ_c——工作条件系数，取 0.6；当桩身施工质量有充分保证时，可以适当提高，但不宜超过 0.7。

（1）灌注桩应按下列规定配筋：

当桩身直径为 300～2000mm 时，正截面配筋率可取 0.65%～0.2%（小直径桩取高值）；对受荷载特别大的桩、抗拔桩和嵌岩端承桩应根据计算确定配筋率，并不应小于上述规定值；

（2）配筋长度：

①端承型桩和位于坡地岸边的基桩应沿桩身等截面或变截面通长配筋；

②桩径大于 600mm 的摩擦型桩配筋长度不应小于 2/3 桩长；受水平荷载时，配筋长度尚不宜小于 $4.0/\alpha$（α 为桩的水平变形系数）；

③对于受地震作用的基桩，桩身配筋长度应穿过可液化土层和软弱土层，进入稳定土层的深度不应小于规范规定的深度；

④受负摩阻力的桩、因先成桩后开挖基坑而随地基土回弹的桩，其配筋长度应穿过软弱土层并进入稳定土层，进入的深度不应小于 2～3 倍桩身直径；

⑤专用抗拔桩及因地震作用、冻胀或膨胀力作用而受拔力的桩，应等截面或变截面通长配筋。

（3）对于受水平荷载的桩，主筋不应小于 8 Φ 12；对于抗压桩和抗拔桩，主筋不应少于 6 Φ 10；纵向主筋应沿桩身周边均匀布置，其净距不应小于 60mm；

（4）箍筋应采用螺旋式，直径不应小于 6mm，间距宜为 200～300mm；受水平荷载较大桩基、承受水平地震作用的桩基以及考虑主筋作用计算桩身受压承载力时，桩顶以下 5d 范围内的箍筋应加密，间距不应大于 100mm；当桩身位于液化土层范围内时箍筋应加密；当考虑箍筋受力作用时，箍筋配置应符合现行国家标准《混凝土结构设计规范》（GB 50010—2002）的有关规定；当钢筋笼长度超过 4m 时，应每隔 2m 左右设一道直径不小于 12mm 的焊接加劲箍筋。

泥浆护壁成孔灌注桩除能自行造浆的土层外，均应制备泥浆。泥浆制备应选用高塑性黏土或膨润土。制备泥浆的性能指标按表 20-1-4 确定。

灌注混凝土之前，孔底沉渣厚度应符合下列规定：

端承型桩≤50mm；

摩擦型桩≤100mm。

制备泥浆的性能指标　　　　　　　　　　　　表 20-1-4

项　目	性能指标	检验方法
比　重	1.1～1.20（正循环取高值）	泥浆比重计
黏　度	15～25s	50000/70000 漏斗法
含砂率	<4%～6%（膨润土造浆取低值）	
胶体率	>95%	量杯法
失水量	<30mL/30min	失水量仪
泥皮厚度	1～3mm/30min	失水量仪
静切力	10s，1～4Pa	静切力计
稳定性	<0.03g/cm³	
pH 值	7～9	pH 试纸

施工中应尽量避免缩扩径现象发生，同时严格保证入持力层深度和减少沉渣厚度及控制泥皮厚度。另外，软土中钻孔灌注桩设计时应考虑孔壁松弛效应，桩侧土软化效应以及时间效应等因素对桩承载力的影响。钻孔桩的竖向承载力特征值应通过现场静载试验来确定。

各类桩的最小中心距应符合表 20-1-5 的规定。对于大面积桩群，尤其是挤土桩，桩的最小中心距宜按表列值适当加大。

桩的最小中心距　　　　　　　　　　　　表 20-1-5

土类与成桩工艺		排数不少于 3 排且桩数不少于 9 根的摩擦型桩基	其他情况
非挤土灌注桩		3.0d	2.5d
部分挤土桩		3.5d	3.0d
挤土灌注桩	非饱和土	4.0d	3.5d
	饱和软土	4.5d	4.0d
扩底钻、挖孔桩		2D 或 D+2.0m（当 D>2m）	1.5D 或 D+1.5m（当 D>2m）
沉管夯扩、钻孔挤扩	非饱和土	2.2D 且 4.0d	2.0D 且 3.5d
	饱和软土	2.5D 且 4.5d	2.2D 且 4.0d

注：d—圆桩直径或方桩边长；D—扩大端设计直径。

基桩排列时，桩群反力的合力点与荷载重心宜重合，并使桩基受水平力和力矩较大方向有较大的刚度。

某小高层钻孔灌注桩平面布置如图 20-1-16。

（二）软土中刚柔复合桩基设计

在深厚软土地区，对于荷载不大的多层和小高层住宅多采用普通桩基础，由于桩型一般为摩擦灌注桩，单桩承载力低，所以布桩数量多，桩与桩之间间距小，而且容易产生打

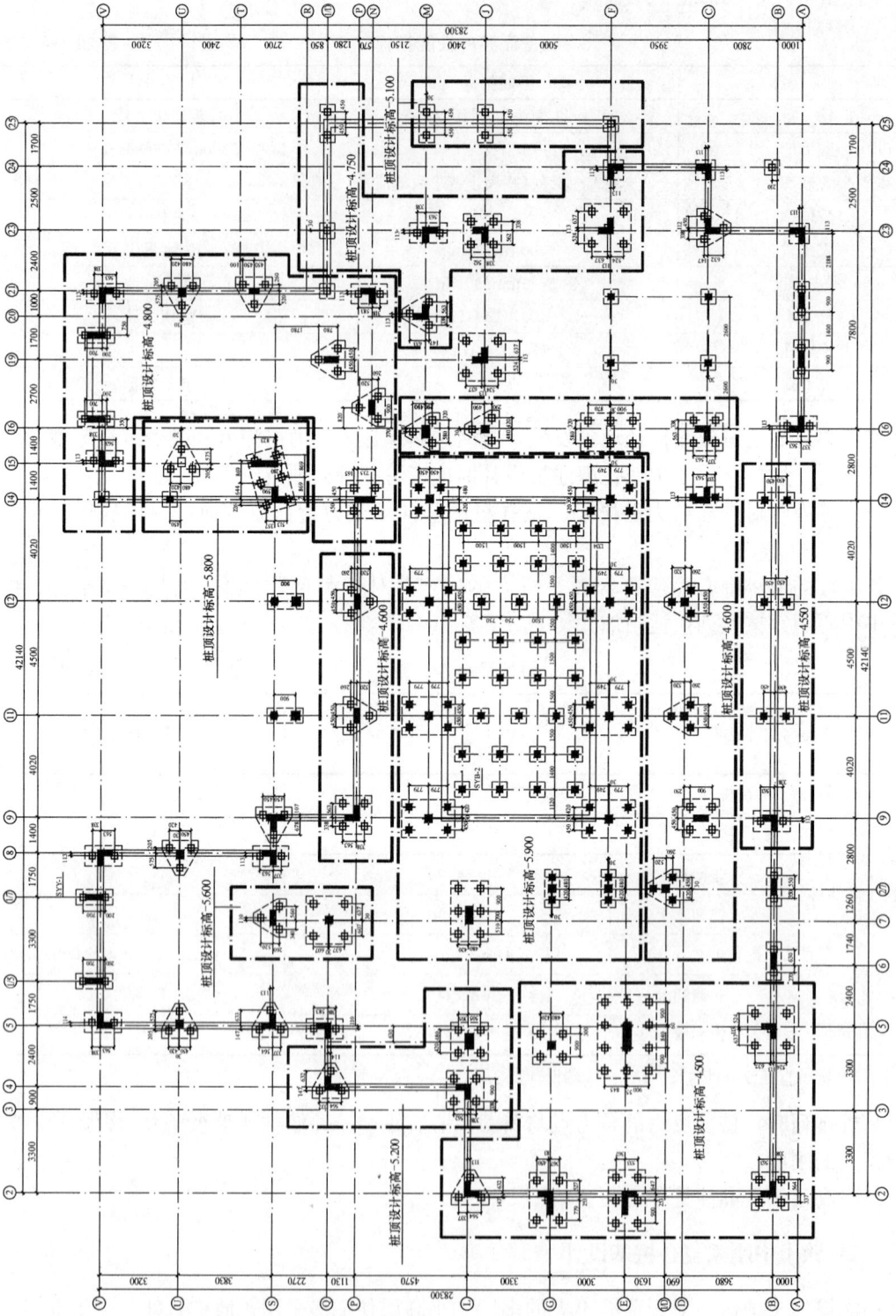

图 20-1-16 某小高层工程桩平面布置图

桩挤土问题，从而破坏软土的结构性，造成桩承载力下降和灌注桩缩径、断桩、偏位等桩身质量问题。为了克服这些问题，提出了刚性桩与柔性桩相结合的设计思路。刚性桩与柔性桩在平面上间隔交叉布置，见图 20-1-17、图 20-1-18。这样刚性桩桩间距比原布桩增大一倍，挤土效应减少；同时用刚性桩（混凝土长桩）打到低压缩性的持力层来控制沉降，用柔性桩（水泥搅拌桩短桩）来协调变形。刚柔复合桩基也叫长短桩复合地基。刚柔复合桩中刚性桩不与刚性基础直接接触，而是通过碎石混凝土混合垫层和混凝土垫层直接接触并协调变形，并通过地下室刚性基础起到应力平衡作用。所以刚柔复合桩基对于多层和小高层主楼基础与地下车库基础一体的建筑较适用且经济性好。

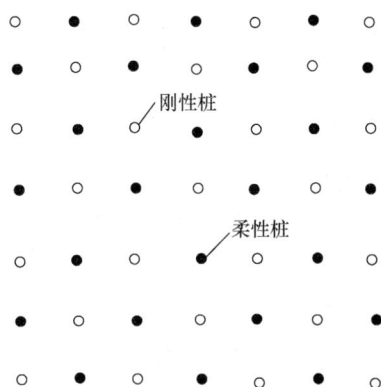

图 20-1-17　刚柔复合桩平面布置图

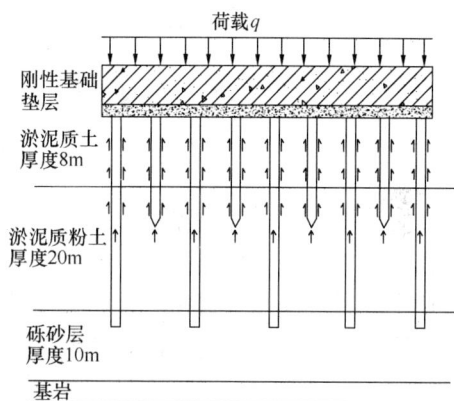

图 20-1-18　刚柔复合桩剖面布置图

1. 刚柔复合桩基的承载力计算

刚柔复合桩基承载力计算思路同一般复合地基承载力计算思路相同。首先分别计算刚性长桩部分的承载力、柔性短桩部分的承载力和桩间土的承载力，然后根据一定的原则叠加形成复合地基承载力。

长短桩复合地基承载力特征值为：

$$f_{ck} = m_1 \frac{R_{k1}}{A_{p1}} + \lambda_1 m_2 \frac{R_{k2}}{A_{p2}} + \lambda_2 (1 - m_1 - m_2) f_{sk} \qquad (20\text{-}1\text{-}9)$$

式中　f_{ck}——刚柔复合桩基承载力特征值（kPa）；

f_{sk}——桩间土承载力特征值（kPa）；

m_1、m_2——分别为刚性长桩和柔性短桩的置换率；

R_{k1}、R_{k2}——分别为刚性长桩和柔性短桩单桩承载力特征值（kN）；

A_{p1}、A_{p2}——分别为刚性长桩和柔性短桩的横截面面积（m²）；

λ_1、λ_2——分别为柔性短桩和桩间土的强度发挥系数。

要求刚柔复合桩基的实际承载力特征值要大于上部荷载效应标准组合作用下的承载力值才能保证建筑物的安全。

上式中刚性长桩和柔性短桩的单桩承载力特征值可根据地质报告和桩长、桩径由静力经验公式计算。同时，最好采用单桩或四桩承台的静载试验确定。

式（20-1-9）表示刚柔复合桩基破坏时，刚性长桩先达到极限承载力，此时，柔性短桩和桩间土承载力尚未得到充分发挥。λ_1 和 λ_2 的取值可通过试验资料的反分析和工程实

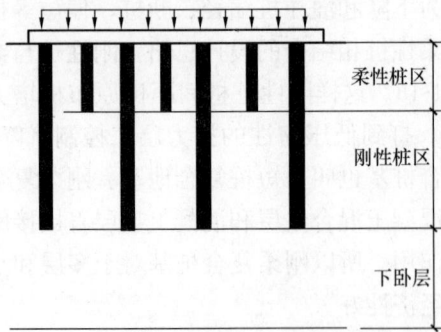

图 20-1-19 刚柔复合桩基沉降计算示意图

践经验估计。

2. 刚柔复合桩基的沉降计算

刚柔复合桩基沉降计算一般可采用图 20-1-19 所示的示意图分层计算。总沉降量 s 由三部分组成：柔性短桩加固区内的土层压缩量 s_1，柔性短桩加固区以下的刚性桩加固区部分土层压缩量 s_2，刚性长桩加固区以下土层压缩量 s_3。即：

$$s = s_1 + s_2 + s_3 \qquad (20\text{-}1\text{-}10)$$

为简化计算，可以采用分层总和法计算土层压缩量，s_1 和 s_2 可采用复合模量计算。对应压缩量 s_1 的复合模量计算式为

$$
\begin{aligned}
E_{cs1} =\, & m_1 E_{p1} + m_2 E_{p2} \\
& + (1 - m_1 - m_2) E_s
\end{aligned}
\qquad (20\text{-}1\text{-}11)
$$

式中 E_{p1}——刚性长桩压缩模量；

　　　E_{p2}——柔性短桩压缩模量；

　　　E_s——桩间土压缩模量。

对应压缩量 s_2 的复合模量计算式为

$$E_{cs2} = m_1 E_{p1} + (1 - m_1) E_s \qquad (20\text{-}1\text{-}12)$$

若刚柔复合桩基设置垫层，还需考虑垫层的压缩量。若垫层压缩量较小，可忽略不计。

3. 刚柔复合桩基的设计思路

刚柔复合桩基的设计包括刚性桩和柔性桩桩型的选用，桩长、桩径、桩距的确定，有时还包括垫层的设计。刚性桩和柔性桩在复合桩基中的效用是相互影响的，设计最好采用优化设计思路，以求得到较合理的设计。

（1）桩型的选用

刚性桩可采用低强度混凝土桩或钢筋混凝土桩，或预应力管桩。尽量使由桩身材料强度提供的承载力与由桩侧摩阻力和端承力提供的承载力两者比较接近，这样有利于充分发挥桩体材料的承载潜能，取得较好的经济效益。

柔性桩可根据浅部土层性质采用柔性桩或散体材料桩。

（2）桩长的确定

桩长的确定主要根据土层分布确定。柔性短桩尽量穿透浅层最软弱土层，刚性长桩除根据软弱土层的厚度外，还要考虑控制沉降的要求。当软弱土层比较深厚时，主要根据沉降控制设计。

（3）桩数的确定

在确定刚柔桩数量时，可先假定一个采用柔性短桩的数量，然后计算柔性短桩复合地基的承载力。再根据对刚柔桩复合地基的要求计算刚性长桩的置换率，确定长桩的具体布置，验算复合地基沉降是否满足要求。如沉降满足要求，则为可用设计方案。

改变柔性短桩的数量，重复上述的设计计算，对几个设计方案的经济性进行比较，最终选出优化设计方案。

（4）垫层设计

根据地基土层性质以及刚性长桩桩端土层性质确定。若刚性长桩进入较坚硬的土层，浅部土层又较弱，需要设置较厚的垫层。

4. 柔性短桩的设计

柔性短桩的设计在《建筑地基处理技术规范》（JGJ 79—2002）中有具体的要求：固化剂宜选用强度等级为 32.5 级及以上的普通硅酸盐水泥；水泥掺入量宜为被加固湿土质量的 12%～20%，不同掺入量所形成水泥土的抗压强度和压缩模量会有所不同，初步设计时，可先定用 15% 进行试算，再依情况进行调整；采用深层搅拌法时，水泥浆水灰比可选用 0.45～0.55；另外，可根据工程需要和土质条件，选用早强、缓凝、减水或节约水泥等外加剂。

在深厚软土地区，刚柔复合桩基中的柔性短桩，其设计主要是确定柔性短桩的置换率和长度。

（1）柔性短桩置换率

置换率主要由柔性桩和土体形成改良地基的承载力要求而定，如果需要改良地基达到某一承载力，结合工程地质条件，就可以确定柔性短桩的置换率；水泥搅拌桩的直径不应小于 500mm，如果先定直径为 500mm，就知道所需柔性短桩的数量，再根据场地布桩条件，可以调整桩身直径和布桩数量，直到符合场地布桩条件为止。

（2）柔性短桩桩长

柔性短桩的桩长设计是深厚软土地基中刚柔复合桩基设计的一个重点。在一般柔性桩的设计中，除了应根据上部结构对承载力和变形的要求外，还要求桩最好穿透软弱土层达到承载力相对较高的土层。在深厚软土地区，软土厚度深达二十多米，甚至三十到四十米，柔性短桩目前的最大施工深度不宜大于 20m，所以不大可能穿过软弱土层达到承载力相对较高的土层。与此相反，深厚软土地基中刚柔复合桩基的柔性短桩只能全桩身处于软土中，所以柔性短桩的桩长设计只可能根据上部结构对承载力和变形的要求确定。

从前面的研究中可以看出，刚性桩复合地基加固区的沉降量比较小，建筑物的总沉降量主要由刚性桩桩端以下土层的压缩量决定，不是由柔性短桩的桩长决定，柔性短桩的长度只对加固区的沉降量有部分影响，而且影响比较小，所以总的看来，柔性短桩的桩长不是由上部结构对建筑物变形的要求确定的，它只需要根据上部结构对柔性短桩加固区承载力的要求确定。

柔性短桩的长度是由柔性短桩桩端处土体的附加应力决定的。桩长越长，桩端处土体中的附加应力越小。某一工程地质土层的性质是一定的，其中深厚软土段的地基承载力也是确定的，该承载力值也就表示此软土能承受多大的附加应力。只有当桩端处软土中的附加应力小于该土层的地基承载力，柔性短桩加固区下卧层土体才不致破坏。也就是说，柔性短桩长度是由该桩桩端处土体强度决定的。

5. 刚性长桩的设计

刚性长桩的设计是刚柔复合桩基设计的主要部分，因为刚性桩承担大部分荷载，刚性桩的长度也是控制复合地基沉降的关键点。

刚性长桩的设计，和一般桩基础设计类似，其主要包括持力层的选择、桩径和桩长的确定、单桩承载力的计算等几个内容。

选择刚性桩持力层，主要依据工程地质勘探报告提供的地基土体物理和力学参数的具体情况，结合基础以上部分的结构传递荷载的大小，选择一合适的中等压缩性土层或低压缩性土层。

可能适合作为刚性桩持力层的土层不唯一，甚至有多个土层可以作为刚性桩的桩端持力层，这时就要考虑到桩长的要求。桩长越长，单桩的承载力就越高，所能承担的荷载就越大，从这个角度讲，桩长也是由上部荷载决定的。另外，刚性长桩的长度越长，桩端以下可压缩土层（包括低压缩土层）的厚度就越薄，则复合地基的总沉降量就越小，从这个角度讲，桩长对刚柔复合桩基的应用是否成功具有重要意义，反之，可以通过总沉降量的要求来确定桩长的最小值。

刚性长桩的直径通常采用 377~700mm，桩型一般为沉管灌注桩、钻孔灌注桩或预应力管桩。选定某一桩径时，要综合考虑上部荷载大小、基础承台的尺寸以及布桩方式等。

确定了桩径和桩长，单桩承载力的计算就很容易了。

与一般桩基础的设计相同，刚性长桩的持力层、桩径和桩长等要综合起来一起考虑，不能片面地理解为先确定什么，再确定什么，而是根据上部荷载的大小以及基础面积等约束条件，结合地质资料综合考虑，经过试算，才能最终选择刚性长桩的各个设计参数。

6. 刚柔复合桩基应用实例

（1）工程概况

杭州某小区位于杭州市文一路与莫干山路交叉口西北侧，原为池塘，回填后进行旧城改造，现已成为一个颇具规模的现代居住小区。其中，儒雅阁 C 组团由两幢 12 层主楼和连接主楼的 2 层附楼组成，建筑面积共 15227m²。

15A 幢地下一层，地上 12 层，建筑面积约 6300m²。地下一层为水池、水泵房和变配电所等设备用房，一、二层为公共服务用房，三层以上为公寓式住宅。其基础平面图见图 20-1-20。

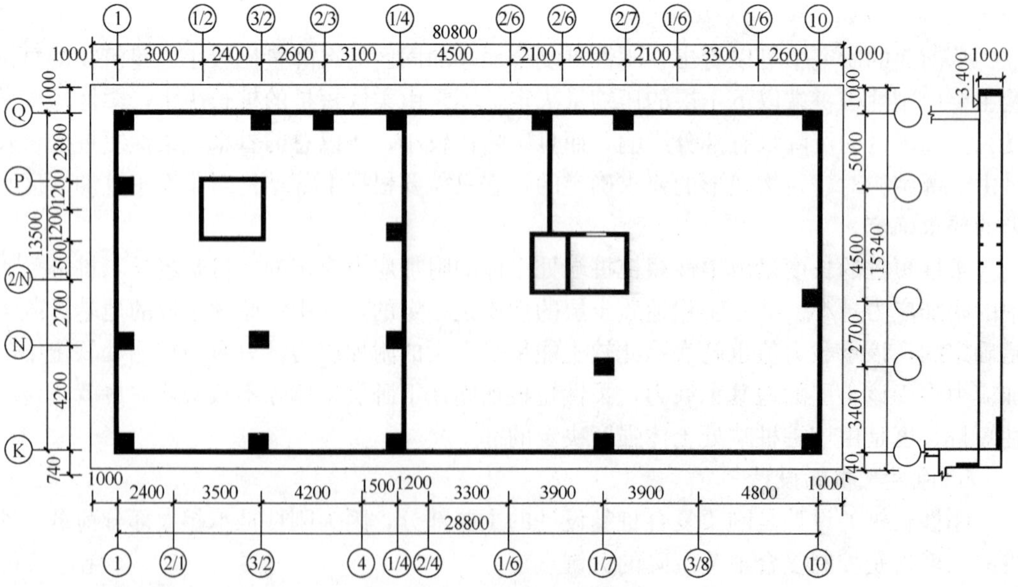

图 20-1-20 15A 幢基础平面图

（2）地质条件

所有小区的地质勘探点中，与本幢有关的是 ZK75～ZK77、ZK79 和 ZK80 共五个孔。该五孔地质勘探及数值分析成果见表 20-1-6。

地质勘探及数值分析成果

表 20-1-6

层次	岩土名称	平均层厚(m)	层顶深度(m)	天然含水量 w (%)	天然密度 ρ_0 (kN/m³)	孔隙比 c_0	塑性指数 I_p	液性指数 I_l	压缩系数 a_{1-2} (MPa⁻¹)	压缩模量 E_{s1-2} (MPa)	内摩擦角 φ (°)	黏聚力 c (kPa)	地基承载力标准值 f_k (kPa)	摩擦力标准值 q_s (kPa)	端承力标准值 q_p (kPa)
1-1	杂填土	1.6	-3.7												
2	粉质黏土	1.4	-2.1	30.4	19.2	0.848	11.7	0.76	0.41	4.43	16.0	26.5	120	16	
3-1	淤泥质黏土	4.4	-0.7	42.1	18.4	1.106	17.0	1.20	0.80	2.48	11.0	16.0	70	8	
3-2	淤泥质黏质粉土	4.8	3.7	37.1	18.6	1.061	9.7	1.75	0.68	3.11	17.0	7.0	70	8	
3-3	淤泥质粉质黏土	11.0	8.5	42.5	17.8	1.150	11.2	1.77	0.76	2.65	15.0	8.5	70	10	
3-4	淤泥质粉质黏土	10.9	19.5	38.3	18.0	1.105	11.2	1.46	0.69	2.79	19.0	8.0	80	12	
3-5	贝壳土	1.9	30.4	44.8	17.5	1.287	23.8	1.01	0.76	2.81			80	15	
6-2	圆砾	2.5	32.3								20.0		300	50	
7-2	强风化凝灰岩	0.9	34.8											50	
7-3	中等风化凝灰岩	未钻穿	35.7											70	3000
备注			相对板底								为固结快剪数据			钻孔灌注桩	

（3）持力层的选择

勘探揭示各土层分布基本均匀，局部有薄夹层。其中，3 大层淤泥质土厚度大，压缩性高，为场地主要软弱压缩土层，且 3-5 亚层贝壳土性状特殊，不宜作为桩端持力层；6-2 层圆砾属低压缩性土，强度高，分布相对稳定，为较佳的桩基持力层；7-3 层中等风化基岩，强度高，分布稳定，又无软弱下卧层，为本场地理想的大口径钻孔灌注桩桩端持力层（预应力管桩由于老城区挤土问题不能采用）。按复合地基理论：刚性桩应穿过软弱土层，进入相对比较好的土层，通常不用基岩作为桩端持力层。在本工程中，3-5 层贝壳土性状特殊，不能用作桩端持力层；6-2 层圆砾本是较佳的桩端持力层，但在紧邻的附楼和 15B 幢部位有 0～1.2m 的高压缩性黏土夹层，为了避开 15A 幢部位可能有的黏土夹层，设计者决定让刚性桩穿越 6-2 层，以 7-3 层中等风化基岩为桩端持力层。这样处理虽然不完成符合复合地基理论，但建筑物的沉降量肯定更小，是偏安全的。从这点上讲，该工程刚性桩持力层的选择还是合理的。

（4）基础的设计

该楼主体采用框架结构，仅电梯间为剪力墙，基础设计为筏板基础，板厚 1m，筏板埋深 4.4m，相当于黄海标高 0.1m。基础尺寸为 30.8m×15.34m，基底平均附加应力设计值为 231kPa，基础底板以下土体为淤泥质土，厚 30m 左右。

基础设计方案经过反复比较，决定采用刚柔复合桩基技术进行地基处理。

柔性短桩采用直径为 600mm 的湿法深层水泥搅拌桩，有效桩长 9m，水泥用 32.5 级普通硅酸盐水泥，掺量为 300kg/m³，在桩顶以下 3m 内加浆复搅，以增加浅层地基的处理效果；

刚性长桩采用直径为 500mm 和 600mm 钻孔灌注桩，有效桩长 36.5m，桩身混凝土强度等级为 C25，桩尖进入中等风化凝灰岩不小于 1m，桩尖沉渣厚度不大于 50mm。

共布桩 104 根，其中刚性长桩 60 根（直径为 600mm 的刚性长桩有 15 根，直径为 500mm 的刚性长桩有 45 根），柔性短桩 44 根。桩位布置见图 20-1-21。

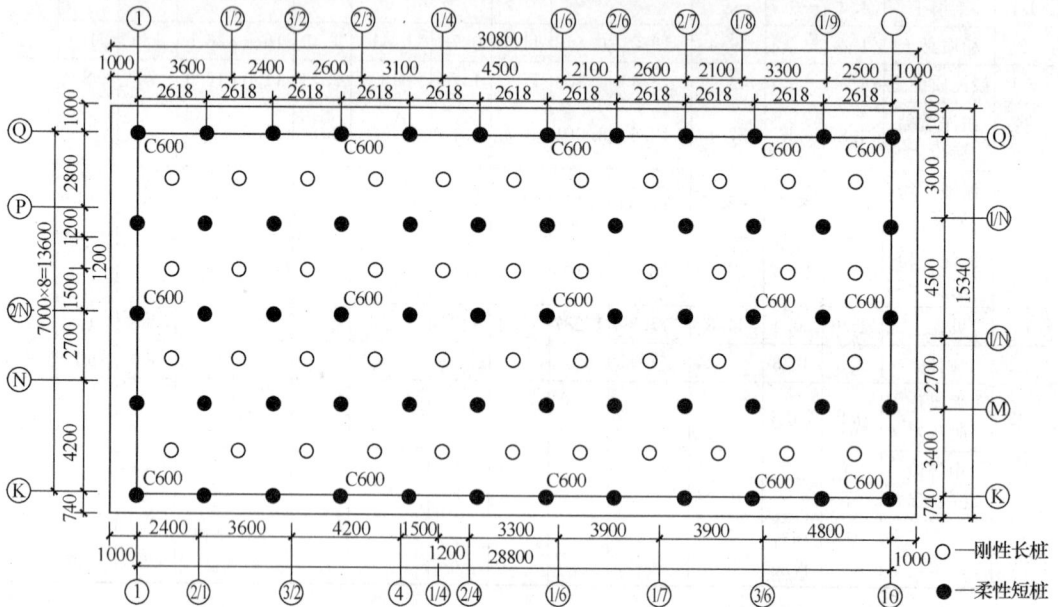

图 20-1-21　15A 幢桩位平面图

（5）垫层的设计

采用碎石、毛片、砂及部分水泥混合垫层。

（6）刚柔复合桩承台试验

通过两根刚性桩（桩径 φ600mm，桩长 36.5～38.5m 钻孔桩）、两根柔性桩（桩径 φ500mm，桩长 8m 搅拌桩）加混合垫层承台试验，承台尺寸 3.37m×3.37m，静载试验结果复合地基承载力特征值达到 234kPa，大于设计要求的 230kPa（实际静载试验未做到破坏而终止加载）（图 20-1-22）。

（7）房屋竣工沉降监测

房屋竣工沉降监测如图 20-1-23 所示，竣工总沉降量为 18mm 且稳定，满足使用要求。

（三）软土中主楼与裙房等荷载不同部位之间的桩基设计

主楼建筑往往较高，相对单位荷载较大；裙楼建筑往往较低，相对单位荷载较小。而

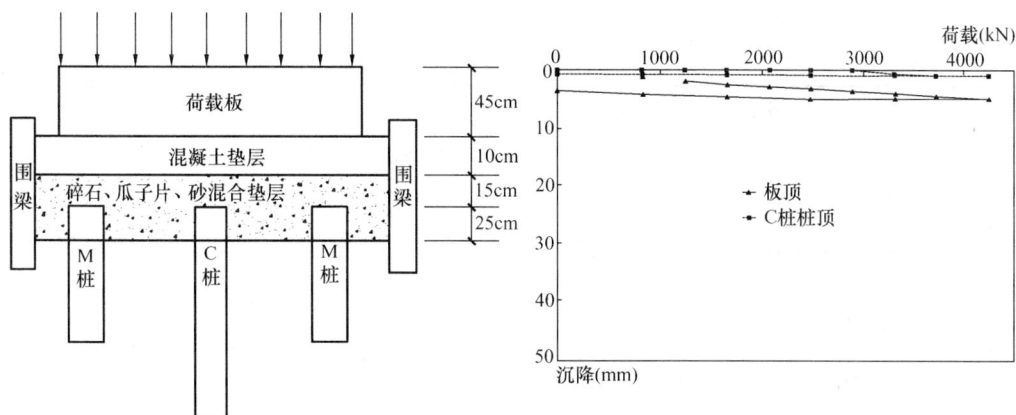

图 20-1-22 CM桩复合地基静载试验及试验 Q-s 曲线

主裙楼一体建筑往往设置有统一的地下室，地下室使用功能一般为地下车库、消防水池、电梯井等，现代设计主裙楼一般要求不设沉降缝，所以要求主裙楼建筑沉降要一致，因此在桩基设计时要考虑主裙楼桩基础的变形协调。通常设计时主裙楼桩基的桩端持力层放在同一层上，而主楼桩基由于上部荷载大采用大直径群桩基础，而裙楼桩基由于上部荷载小采用直径相对小一些的单桩或双桩基础。主楼与裙楼之间地下基础可以是一体的（但承台和基础梁板的厚度可以不一样）并通过后浇带来协调变形，特别要注意在主裙楼上部

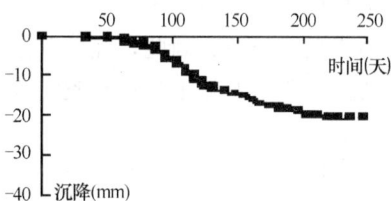

图 20-1-23 杭州某小区 12 层楼房屋竣工沉降监测结果

荷载变化应力叠加处会造成基础内力不均匀从而导致沉降不均匀。总之，主裙楼一体建筑在设计时要考虑两者的基础沉降基本均匀。

第二节 黄土地区的桩基设计

黄土是一种特殊的第四纪陆相松散堆积物。黄土的颜色主要呈黄色或褐黄色，颗粒成分以粉粒为主，富含碳酸钙，有肉眼可见的大孔隙，天然剖面上垂直节理发育，被水浸湿后土体显著沉陷（湿陷性）。具有上述全部特征的土，称为典型黄土；而与之相似，但缺少个别特征的土，称为黄土状土。典型黄土和黄土状土统称黄土类土，简称黄土。

黄土在世界上分布很广，欧洲、北美、中亚均有分布，面积达 $1.3 \times 10^7 \mathrm{km}^2$。我国黄土分布面积约 $6.4 \times 10^5 \mathrm{km}^2$，主要分布于西北、华北和东北等地。这些地区干旱少雨，具有大陆性气候特点。

黄土按生成过程及特征可划分为风积、坡积、残积、洪积、冲积等成因类型，其分布见表 20-2-1。

黄土的成因与分布 表 20-2-1

成　因	分　　布
风积黄土	分布在黄土高原平坦的顶部和山坡上，厚度大，质地均匀，无层理
坡积黄土	多分布在山坡坡脚及斜坡上，厚度不均，基岩出露区常夹有基岩碎屑

续表

成　因	分　　布
残积黄土	多分布在基岩山地上部，由表层黄土及基岩风化而成
洪积黄土	主要分布在山前沟口地带，一般有不规则的层理，厚度不大
冲积黄土	主要分布在大河的阶地上，如黄河及其支流的阶地上。阶地越高，黄土厚度越大，有明显层理，常夹有粉砂、黏土、砂卵石等，大河阶地下部常有厚数米及数十米的砂卵石层

一、黄土地层的工程特点

桩基础在湿陷性黄土地区高层建筑的基础形式中约占 30%～40%，具有较重要的实用价值。湿陷性黄土地层具有如下的工程特点。

1. 颗粒成分

黄土中粉粒约占 60%～70%，其次是砂粒和黏粒，各占 1%～29% 和 8%～26%。我国从西向东，由北向南黄土颗粒有明显变细的分布规律。陇西和陕北地区黄土的砂粒含量大于黏粒，而豫西地区黏粒含量大于砂粒。黏土颗粒含量大于 20% 的黄土，湿陷性明显减小或无湿陷性。因此，陇西和陕北黄土的湿陷性通常大于豫西黄土，这是由于均匀分布在黄土骨架中的黏土颗粒起胶结作用，湿陷性减小。

2. 密度

土粒密度在 2.54～2.84g/cm^3 之间，黄土的密度为 1.5～1.8g/cm^3，干密度为 1.3～1.6g/cm^3。干密度反映了黄土的密实程度，干密度小于 1.5g/cm^3 的黄土具有湿陷性。

3. 黄土的孔隙比

黄土往往具有肉眼可见的大孔隙，其孔隙比一般在 1.0 左右或更大。黄土在自重或一定荷重的作用下受水浸湿后，土体结构迅速破坏而发生显著的附加下沉，导致桩身受到大的负摩擦力，严重的甚至引起其上的建筑物遭到破坏。

4. 黄土的含水量

黄土天然含水量一般较低。含水量与湿陷性有一定关系。含水量低，湿陷性强，含水量增加，湿陷性减弱，当含水量超过 25% 时就不再湿陷了。

黄土地层中土的天然含水量状态及其在工程竣工后的可能出现的含水量状态是评价黄土工程性质特别是地基的抗震性的非常重要的依据。湿陷性黄土在天然含水量状态下，一般处于坚硬、硬塑和可塑状态，其承载力标准值（f_k）一般都可大于100kPa，甚至可超过 200kPa，但在建造工程后，由于建筑物覆盖地基，水分转移致使地基土含水量逐渐接近塑限含水量，或由于地基浸水和地下水上升等使得地基土含水量增大甚至达到饱和，此时黄土地基的承载力大大降低，f_k 值小于 100kPa，甚至小于 50kPa。

5. 压缩性

我国湿陷性黄土的压缩系数介于 0.1～1.0MPa^{-1} 之间，除受土的天然含水量影响外，地质年代也是一个重要因素。Q_2 和 Q_3 早期的黄土，其压缩性多为中等偏低，或低压缩性；而 Q_3 晚期和 Q_4 的黄土，多为中等偏高压缩性。新近堆积黄土一般具有高压缩性，且其峰值往往在压力不到 200kPa 时出现，压缩系数最大值达 1.0～2.0MPa^{-1}。

6. 抗剪强度

当黄土的含水量低于塑限，水分变化对强度的影响最大，随着含水量的增加，土的内摩擦角和内聚力都降低较多；但当含水量大于塑限时，含水量对抗剪强度的影响减小；而超过饱和含水量时，抗剪强度的变化就不大。土的含水量相同时，则土的干重度越大，其抗剪强度也越高。浸水过程中，黄土湿陷处于发展之中，此时土的抗剪强度降低最多。但当黄土的湿陷压密过程已基本结束，此时土的含水量虽很高，但抗剪强度却高于湿陷过程。因此，湿陷性黄土处于地下水位变动带时，其抗剪强度最低；而处于地下水位以下的黄土，抗剪强度反而高些。

7. 黄土的湿陷性

黄土在一定压力作用下受水浸湿后，结构迅速破坏而产生显著附加沉陷的性能，称为湿陷性。它是黄土特有的工程地质性质。黄土产生湿陷的最根本原因是：它具有明显的遇水连结减弱，结构趋于紧密的，有利于湿陷的特殊成分和结构。黄土的湿陷性又分为自重湿陷和非自重湿陷两种类型。前者系指黄土遇水后，在其本身的自重作用下产生沉陷的现象；后者是指黄土浸水后，在附加荷载作用下所产生的附加沉陷。划分自重湿陷性黄土和非自重湿陷性黄土，对工程建筑具有较大的实际意义。在这两种不同湿陷性黄土地区进行建筑时，采用的各项措施及施工要求均有较大差别。

对于建筑场地的黄土地基首先判明它是否具有湿陷性，再进行桩基的设计。

以湿陷系数是否大于或等于 0.015 作为判定黄土湿陷性的界限值，是根据我国黄土地区的工程实践经验确定的。

黄土的湿陷性可用湿陷性系数 δ_s 来判定。

黄土湿陷性系数 δ_s 值，应按下式计算：

$$\delta_s = \frac{h_p - h_p'}{h_0} \tag{20-2-1}$$

式中　h_p——保持天然的湿度和结构的土样，加压至一定压力时，下沉稳定后的高度（mm）；

　　　h_p'——上述加压稳定后的土样，在浸水作用下，下沉稳定后的高度（mm）；

　　　h_0——土样的原始高度（mm）。

当湿陷系数 δ_s 值小于 0.015 时，应定为非湿陷性黄土；当湿陷系数 δ_s 值等于或大于0.015 时，应定为湿陷性黄土。

此外，黄土地区常常有天然或人工洞穴，由于这些洞穴的存在和不断发展扩大，往往引起上覆建筑物突然塌陷，称为陷穴。黄土陷穴的发展主要是由于黄土湿陷和地下水的潜蚀作用造成的。为了及时整治黄土洞穴，必须查清黄土洞穴的位置、形状及大小，然后有针对性地采取有效整治措施。

二、黄土中桩基设计原则

根据《建筑桩基技术规范》，黄土中的桩基设计一般应遵循以下一些原则：

（1）湿陷性黄土地区的桩基，由于土的自重湿陷对基桩产生负摩阻力，非自重湿陷性土由于浸水削弱桩侧阻力，承台底土抗力也随之消减，导致基桩承载力降低。为确保基桩承载力的安全可靠性，桩端持力层应选择低压缩性的黏性土、粉土、中密和密实土以及碎石类土层。

（2）湿陷性黄土地基中的单桩极限承载力的不确定性较大，故其确定方法应考虑这种特殊性，对于不同设计等级的建筑桩基分别采用不同可靠性的确定方法。

湿陷性黄土地基中的单桩极限承载力，应按下列规定确定：

① 对于设计等级为甲级建筑桩基应按现场浸水载荷试验并结合地区经验确定；

② 对于设计等级为乙级建筑桩基，应参照地质条件相同的试桩资料，并结合饱和状态下的土性指标、经验参数公式估算结果综合确定；对于设计等级为丙级建筑桩基，可按饱和状态下的土性指标采用经验参数公式估算。

（3）自重湿陷性黄土地基中的单桩极限承载力，应视浸水可能性、桩端持力层性质、建筑桩基设计等级等因素考虑负摩阻力的影响。

（4）灌注桩宜采用桩端后注浆工法，增强承载力。实践表明，湿陷性黄土地区灌注桩经后注浆后，承载力增幅较大，稳定性明显提高。

三、黄土中桩基设计方法

1. 湿陷性试验

针对湿陷性黄土的工程特性，黄土地层中桩基的设计首先要考虑湿陷性试验。

黄土的湿陷性对建构筑物的沉降和稳定性影响很大。所以在黄土地基上建设重大工程项目一般都需进行湿陷性试验。也就是说大面积工程桩开工前要进行湿陷前与湿陷后的试桩静载试验结果对比。

2. 桩型的选定

在湿陷性黄土地区建造建筑物或构筑物，对于上部结构荷重大或地基浸水可能性大的重要建筑物和构筑物，一般应考虑采用桩基础。通常多选用端承桩型式，将一定长度的桩穿透湿陷性黄土层，使上部结构的荷载通过桩尖传到下面坚实的非湿陷性土层上去，这样即使地基受水浸湿，也完全可以避免湿陷的危害。

在湿陷性黄土地区采用的桩基础按施工方法有打入式钢筋混凝土预制桩、就地灌注桩，后者又可分为打入、钻（挖）孔、人工挖孔桩和爆扩桩几种。一般采用钻孔灌注桩为主。

在湿陷性黄土地区采用打入式预制桩时，一定要选择可靠的持力层，而且要考虑黄土在天然含水量时，对沉桩的摩阻力较大，当黄土含有一定数量钙质结核时，沉桩困难，甚至打不到预定标高。

人工挖孔大直径灌注桩适用于地下水位较深的自重湿陷性黄土地基，一般以卵石层或含碳质结核较多的 Q_2 土层作为持力层，为提高单桩承载力，底部可扩大成喇叭形。

爆扩桩施工简便、工效较高，不需打桩设备，但深度受到限制，一般不宜超过 10m，且不适于水下，在城市中也不宜采用。

3. 黄土设计中对负摩阻力的考虑

湿陷性黄土地区的桩基础设计还要考虑的一个问题就是黄土地层中桩身表面产生负摩擦力的特性。因为自重湿陷性黄土地基浸水后，不但正摩擦力完全消失，还会由于湿陷的过大沉降产生负摩擦力，该负摩擦力将要由桩尖土承担。已有的试验表明，中性点位置在浸水全过程中经历了由浅变深，然后随着地层沉降稳定而趋稳定的过程。

《建筑桩基技术规范》中关于湿陷性黄土地区桩基设计原则一节中根据自重湿陷性黄土地基中桩的负摩擦力试验资料指出：

(1) 在同一类土中挤土桩的负摩擦力大于非挤土桩的负摩擦力；

(2) 湿陷系数大、湿陷速度快，其负摩擦力增长速度也快；

(3) 较小的桩土相对位移，可能有较大的负摩擦力；

(4) 小面积浸水湿陷产生的负摩擦力可能大于大面积浸水时的负摩擦力；

(5) 浸水结束后地基土失水固结过程中，桩侧摩阻力仍会继续增大。

为此，该规范规定，应根据工程具体情况考虑负摩擦力验算桩基的承载力和沉降。

《建筑桩基技术规范》规定的桩侧负摩阻力及其引起的下拉荷载计算，考虑群桩效应的下拉荷载，中性点深度参见前文填土中的计算方法。

此外，有关湿陷性黄土地区建筑的规范规定，自重湿陷性黄土场地的单桩承载力，除不计湿陷性土层范围内的桩周正摩擦力外，尚应扣除桩侧的负摩擦力，同时规定桩侧负摩擦力的计算深度，应自桩的承台底面算起，到其下非湿陷性的土层顶面为止。考虑因桩周土体浸水湿陷产生的负摩阻力来确定单桩承载力的问题是较复杂的。这是因为影响负摩阻力的因素较多之故。有人建议，湿陷性黄土地基中桩基，当浸水方式为从上至下时，单桩平均单位负摩阻力值可按下式计算：

$$q_n = (0.15 - 0.28)\gamma_{sat}\frac{z}{2} \tag{20-2-2}$$

计算时，式中系数对非排土桩取低值，且计算结果大于 15kPa 时取 15kPa。对排土桩取高值，且计算结果大于 25kPa 时，取 25kPa，式中 z 为负摩阻力的影响深度，并建议将桩周自重湿陷系数 $\delta_{zs} \geqslant 0.015$ 的土层的分布范围，作为负摩阻力的作用范围。

4. 黄土地层中单桩竖向抗压承载力的确定

根据《建筑桩基技术规范》，当黄土地层中，桩周土沉降可能引起桩侧负摩阻力时，应根据工程具体情况考虑负摩阻力对桩基承载力和沉降的影响；当缺乏可参照的工程经验时，可按下列规定验算：

(1) 对于摩擦型基桩取桩身计算中性点以上侧阻力为零，按下式验算基桩承载力：

$$N_k \leqslant R_a \tag{20-2-3}$$

(2) 对于端承型基桩除应满足上式要求外，尚应考虑负摩阻力引起基桩的下拉荷载 Q_g^n，按下式验算基桩承载力：

$$N_k + Q_g^n \leqslant R_a \tag{20-2-4}$$

(3) 当土层不均匀或建筑物对不均匀沉降较敏感时，尚应将负摩阻力引起的下拉荷载计入附加荷载验算桩基沉降。

基桩的竖向承载力特征值 R_a 只计中性点以下部分侧阻值及端阻值。最终单桩承载力应该通过现场静载试验确定。

第二十一章 桥梁桩基设计与计算

第一节 概 述

常见桥梁如图 21-1-1 所示，桥台和桥墩都由不同形式的承台和桩群组成，视承台底面在地面还是埋入地下水流冲刷线以下而分为低承台与高承台两种，前者多用于季节性河流、冲刷深度较小的河流，后者则多用于常年有水，水位较高，冲刷深度大且施工时不易排水的条件（图 21-1-2）。其中，高承台桩基的受力比较复杂。

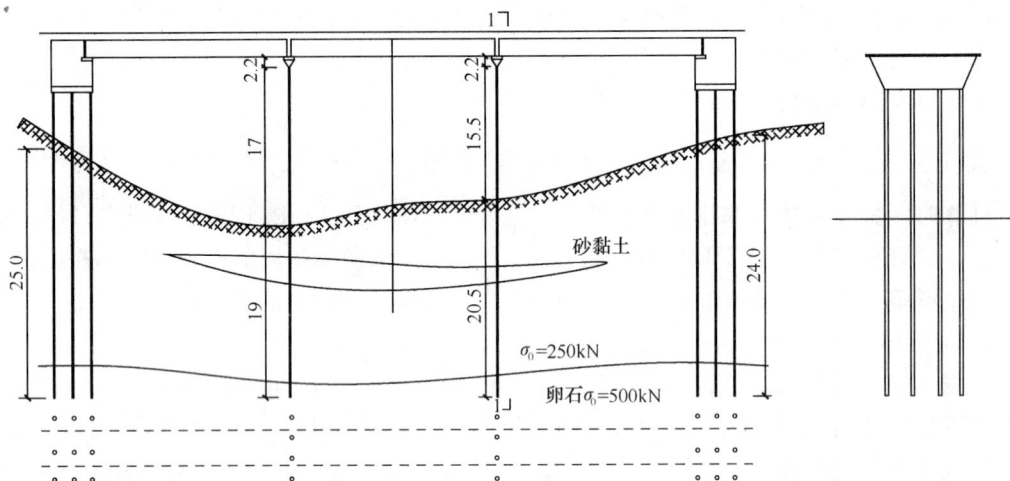

图 21-1-1 常见桥梁形式

桥梁桩基设计需考虑以下几点：

桥梁桩基所受的作用力多种多样，设计桩基时应根据具体情况，按实际可能遇到的最不利组合进行工作。桩结构自身承载力计算时，按承载能力极限状态进行，应用作用效应基本组合和偶然组合进行计算。桩基承载力验算时，按正常使用极限状态进行，应用作用效应的短期效应组合，同时考虑作用效应的偶然组合。各分项系数、频遇值系数、准永久值系数均取为 1.0。桩基沉降计算时，应用作用长期效应组合。

1. 拉力的考虑

摩擦桩应根据桩承受作用的情况决定是否允许出现拉力。当桩的轴向力由结构自重、预加力、土重、土侧压力、汽车荷载和人群荷载短期效应组合所引起时，桩不允许受拉；当桩的轴向力由上述荷载并与其他作用组成的短期效应组合或荷载效应的偶然组合（地震作用除外）所引起时，则桩允许受拉。

编写人：龚维明（东南大学土木学院）

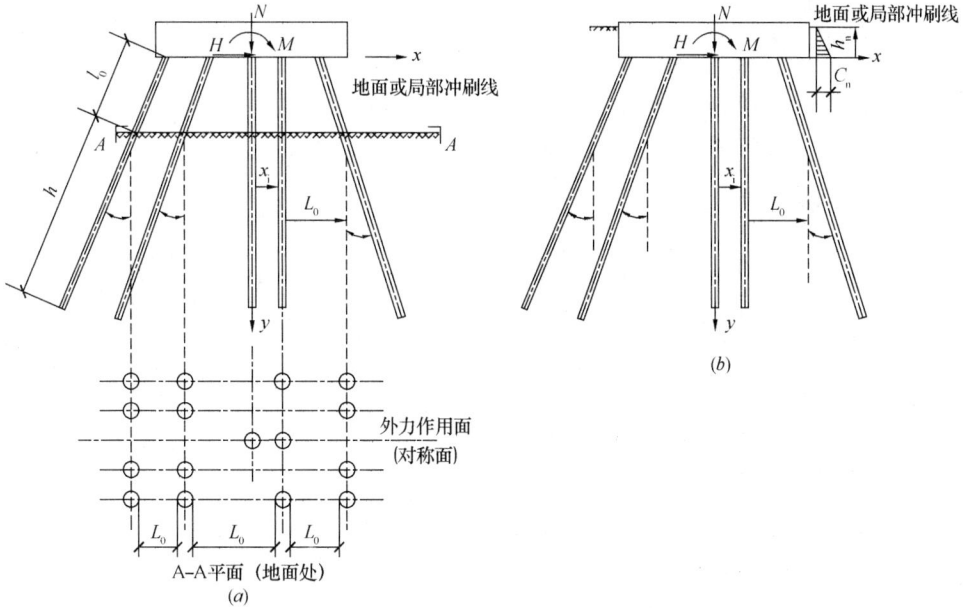

图 21-1-2　承台形式
(a) 高承台桩基；(b) 低承台柱基

2. 路堤的边载作用

桥台背面的路堤会对桥台产生很大的侧向压力，同时也能在桥基底面不同位置，沿深度产生增大程度不同的附加应力，从而使软土固结，使基桩受到负摩擦力和弯矩的作用，沉降变大且沉降不均，随着地层条件的不同，桥台可能向河流方向倾斜或向路堤方向倾斜。

3. 浮托力与水流冲刷作用

河床受水流冲刷过深是桥梁出现事故最多的情况，当冲刷深度超过设计预估值时，高承台下基桩的自由长度变大了，低承台下基桩出现了自由长度，且周围土对基桩的抗力也受到削弱，所以桩基设计时须考虑河床的冲刷问题。

如果承台埋入局部冲刷线以下，便可计及承台侧面和桩身侧面土的弹性抗力，如承台底面高出局部冲刷线或地面，则只能计及埋入土中桩的侧面土的弹性抗力。至于水对承台是否有浮托作用，需根据承台位置、水位标高以及土的渗透特性而定。

4. 其他

(1) 当有流筏、其他漂流物或船舶撞击时，承台底面标高应保证桩不受直接撞击损伤；

(2) 在同一桩基中，除特殊设计外，不宜同时采用摩擦桩和端承桩，不宜采用直径不同、材料不同和桩端深度相差过大的桩；

(3) 当遇有桩为超长桩、现场地质复杂等情况时，应通过静载试验确定单桩承载力。

第二节　基　础　构　造　要　求

桥梁桩基中基桩和承台构造除了满足一般桩基规定外，还需满足以下一些构造要求：

一、桩径的要求

钻孔桩设计直径不宜小于 0.8m，挖孔桩直径或最小边宽度不宜小于 1.2m，钢筋混凝土管桩直径可采用 0.4～1.2m，且管壁最小厚度不宜小于 80mm。

二、混凝土桩

根据桩基所处环境不同，桩身混凝土强度等级的选择也不同，一般选用 C20～C35。

预制混凝土桩需减少接头数量，接头法兰盘不应突出桩身之外，接头强度不应低于桩身强度，且在施工过程中保持接头的完整性。

非预制混凝土桩需按桩身内力大小分段配筋，配筋数量和绑扎方式需按相关规范规定的原则进行设计，同时钢筋笼的设置需为施工创造条件。

三、钢桩

根据钢桩类型、穿越土层、桩端持力层性质、桩的尺寸、挤土效应等因素的不同，应选择合适的桩端形式。

钢桩的防腐应足够重视，腐蚀速度可参照相关规范确定，防腐措施可选用外表面涂防腐层、增加腐蚀余量和阴极保护等方法。

四、桩的布置和中距

桩的布置应和基础底面及作用于基础上的作用分布相适应，不同的基础下，桩的布置各不相同，桩的布置要尽可能使群桩的形心与长期作用重心在一条垂线上（直桩），这样可使上部结构对倾覆的抵抗有更好的稳定性和较小的沉降差，当作用有较大偏心时，应在弯矩较大的一侧适当多布置一些桩，使群桩有更大的抗弯能力。同时如基底面积许可，宜将桩排得疏一些，使桩基具有较大的抗弯稳定性。

桩的布置也要顾及沉桩的施工工艺，要使桩正确地下沉在施工平面图所示的位置，或要求各桩完全在指定垂线上，这都是往往不可能达到的，所以桩基设计时，应考虑桩的位置略有偏差的情况，尽量不采用单排桩或其他对偏位比较敏感的形式。

群桩根据受力工况，水流冲刷等因素，可采用对称形、梅花形或环形等布置形式。桩的中心距根据成桩工艺和桩的类型按表 21-2-1 确定，边桩外侧与承台边缘的距离应满足表 21-2-2 的规定。

桩的最小中心距   表 21-2-1

桩 的 类 型		最小中心距	最小桩底中心距
摩擦桩	锤击桩	$1.5D$	$3D$，软土地基应增大
	振动沉桩	$1.5D$	$4D$
	钻孔桩	$2.5D$	$2.5D$
	挖孔桩	$2.5D$	$2.5D$
端承桩		—	$2D$
扩底桩		—	max $(1.5D, D+1.0m)$

注：1. 扩底桩的 D 为扩底直径；
    2. 当端承桩和扩底桩桩端进入稳定岩石时，桩之间没有最小中心距的限制，中心距按施工要求确定即可；当端承桩和扩底桩桩端没有进入稳定岩石时，最小中心距分别取 $2D$ 和 max $(2.5D, 2D+1.0m)$。

桩外侧与承台边缘的最小距离

表 21-2-2

桩径（m）	最小距离（D 取 mm 为单位）	桩径（m）	最小距离（D 取 mm 为单位）
$\leqslant 1.0$	max（0.5D，250mm）	>1.0	max（0.3D，500mm）

五、桩、承台和横系梁的构造

由于承台受力比较复杂，按经验承台厚度宜为桩径的 1.0～2.0 倍，且不宜小于 1.5m，混凝土的强度等级不应小于 C25，并在承台底部的桩顶布置一层钢筋网。当桩顶主筋伸入承台连接时，此层钢筋网须全长通过桩顶，并与桩的主筋绑扎在一起，以防止承台受拉区裂缝开展。横系梁主钢筋应伸入桩内与桩内主筋有一定锚固。

第三节 单桩竖向承载力计算

单桩的竖向承载力应通过静载试验确定。当无实测资料或进行初步设计时，可按下述方法计算承载力容许值，与行业标准和习惯相符。

计算基本假定：（1）承台底面以上的荷载假定全部由桩承受，因为从以往工程经验看，承台底面往往脱空，不能分担荷载，一般不考虑承台底面的作用；（2）桥台土压力可按填土前的原地面起算。对老填土或冲积填土，所谓"原地面"仍指填新土前的地面。当台前陡坎距离较近时，土压力应按陡坎下地面起算；当采用先填土后施工桥台，且填土质量有充分保证时，土压力可按填土后的地面起算。

当桩穿过软土和软弱地基土层并达到坚实土层及当桩侧软弱土层上有竖向荷载作用（如路基填土）时，土层的压缩下沉量将大于桩的竖向位移值（包括桩身压缩和桩端下沉）时，或当土层中地下水位下降引起地面大面积下沉，而使土层的压缩下沉速度大于桩身的下沉速度时，均需考虑压缩土层对桩产生向下的负摩阻力的作用。负摩阻力值的计算可根据有关资料进行估算。在桩基设计中，亦可采用某些措施（如预制桩表面涂沥青层）来降低或消除负摩阻力。

一、摩擦桩单桩轴向受压承载力容许值计算

1. 钻（挖）孔灌注桩的承载力容许值

$$[R_a] = \frac{1}{2}u\sum_{i=1}^{n} q_{ik}l_i + A_p q_r \qquad (21\text{-}3\text{-}1)$$

$$q_r = m_0\lambda\left[[f_{a0}] + k_2\gamma_2(h-3)\right] \qquad (21\text{-}3\text{-}2)$$

式中 $[R_a]$——单桩轴向受压承载力容许值（kN），桩身自重标准值与置换土重标准值（当桩重计入浮力时，置换土重也计入浮力）的差值作为荷载考虑；

u——桩身周长（m）；

A_p——桩端截面面积（m²），对于扩底桩，取扩底截面面积；

n——土的层数；

l_i——承台底面或局部冲刷线以下各土层的厚度（m），扩孔部分不计；

q_{ik}——与 l_i 对应的各土层与桩侧的摩阻力标准值（kPa），宜采用单桩摩阻力试验确定，当无试验条件时按表 21-3-1 选用；

q_r——桩端处土的承载力容许值（kPa），当持力层为砂土、碎石土时，若计算值超过下列值，宜按下列值采用：粉砂 1000kPa；细砂 1150kPa；中砂、粗砂、砾砂 1450kPa；碎石土 2750kPa；

$[f_{a0}]$——桩端处土的承载力基本容许值（kPa），按表 21-3-2～表 21-3-8 确定；

h——桩端的埋置深度（m），对于有冲刷的桩基，埋深由一般冲刷线起算；对无冲刷的桩基，埋深由天然地面线或实际开挖后的地面线起算；h 的计算值不大于 40m，当大于 40m 时，按 40m 计算；

k_2——容许承载力随深度的修正系数，根据桩端处持力层土类按表 21-3-9 选用；

γ_2——桩端以上各土层的加权平均重度（kN/m³），若持力层在水位以下且不透水时，不论桩端以上土层的透水性如何，一律取饱和重度；当持力层透水时则水中部分土层取浮重度；

λ——修正系数，按表 21-3-10 选用；

m_0——清底系数，按表 21-3-11 选用。

钻孔桩桩侧土的摩阻力标准值 q_{ik}　　　　　表 21-3-1

土　类		q_{ik}（kPa）	土　类		q_{ik}（kPa）
中密炉渣、粉煤灰		40～60	中　砂	中　密	45～60
黏性土	流塑 $I_L>1$	20～30		密　实	60～80
	软塑 $0.75<I_L\leqslant1$	30～50	粗砂、砾砂	中　密	60～90
	可塑、硬塑 $0<I_L\leqslant0.75$	50～80		密　实	90～140
	坚硬 $I_L\leqslant0$	80～120	圆砾、角砾	中　密	120～150
粉　土	中　密	30～55		密　实	150～180
	密　实	55～80	碎石、卵石	中　密	160～220
粉砂、细砂	中　密	35～55		密　实	220～400
	密　实	55～70	漂石、块石	—	400～600

注：挖孔桩的摩阻力标准值可参照本表采用。

岩石地基承载力基本容许值 $[f_{a0}]$　　　　　表 21-3-2

$[f_{a0}]$（kPa）　　节理发育程度 坚硬程度	节理不发育	节理发育	节理很发育
坚硬岩、较硬岩	＞3000	3000～2000	2000～1500
较软岩	3000～1500	1500～1000	1000～800
软岩	1200～1000	1000～800	800～500
极软岩	500～400	400～300	300～200

碎石土地基承载力基本容许值 [f_{a0}]　　表 21-3-3

土　名	密实程度 [f_{a0}]（kPa）	密　实	中　密	稍　密	松　散
卵　石		1200～1000	1000～650	650～500	500～300
碎　石		1000～800	800～550	550～400	400～200
圆　砾		800～600	600～400	400～300	300～200
角　砾		700～500	500～400	400～300	300～200

注：1. 由硬质岩组成，填充砂土者取高值；由软质岩组成，填充黏土者取低值；

　　2. 半胶结的碎石土，可按密实的同类土的 [f_{a0}] 值提高 10%～30%；

　　3. 松散的碎石土在天然河床中很少遇见，需特别注意鉴定；

　　4. 漂石、块石的 [f_{a0}] 值，可参照卵石、碎石适当提高。

砂土地基承载力基本容许值 [f_{a0}]　　表 21-3-4

土　名	密实度 [f_{a0}]（kPa） 湿　度	密　实	中　密	稍　密	松　散
砾砂、粗砂	与湿度无关	550	430	370	200
中　砂	与湿度无关	450	370	330	150
细　砂	水　上	350	270	230	100
细　砂	水　下	300	210	190	—
粉　砂	水　上	300	210	190	—
粉　砂	水　下	200	110	90	—

粉土地基承载力基本容许值 [f_{a0}]　　表 21-3-5

e \ w（%） [f_{a0}]（kPa）	10	15	20	25	30	35
0.5	400	380	355	—	—	—
0.6	300	290	280	270	—	—
0.7	250	235	225	215	205	—
0.8	200	190	180	170	165	—
0.9	160	150	145	140	130	125

老黏土地基承载力基本容许值 [f_{a0}]　　表 21-3-6

E_s（MPa）	10	15	20	25	30	35	40
[f_{a0}]（kPa）	380	430	470	510	550	580	620

注：当老黏土 E_s<10MPa 时，承载力基本容许值 [f_{a0}] 按一般黏土（表 3.3.3-6）确定。

一般黏土地基承载力基本容许值［f_{a0}］　　　　　　　　　表 21-3-7

［f_{a0}］（kPa）　I_L　　e	0	0.1	0.2	0.3	0.4	0.5	0.6	0.7	0.8	0.9	1.0	1.1	1.2
0.5	450	440	430	420	400	380	350	310	270	240	220	—	—
0.6	420	410	400	380	360	340	310	280	250	220	200	180	—
0.7	400	370	350	330	310	290	270	240	220	190	170	160	150
0.8	380	330	300	280	260	240	230	210	180	160	150	140	130
0.9	320	280	260	240	220	210	190	180	160	140	130	120	100
1.0	250	230	220	210	190	170	160	150	140	120	110	—	—
1.1	—	—	160	150	140	130	120	110	100	90	—	—	—

注：1. 土中含有粒径大于 2mm 的颗粒质量超过总质量 30% 以上者，［f_{a0}］可酌量提高；
　　2. 当 $e<0.5$ 时，取 $e=0.5$，$I_L<0$ 时，取 $I_L=0$。此外，超过表列范围的一般黏土，［f_{a0}］可取：［f_{a0}］$=57.22E_s^{0.57}$。

新近沉积黏土地基承载力基本容许值［f_{a0}］　　　　　　表 21-3-8

［f_{a0}］（kPa）　I_L　　e	≤0.25	0.75	1.25
≤0.8	140	120	100
0.9	130	110	90
1.0	120	100	80
1.1	110	90	—

地基土承载力宽度、深度修正系数　　　　　　　　　表 21-3-9

土类　　　系数	黏性土			粉土	砂 土								碎石土			
	老黏性土	一般黏土		新近沉积黏土	—	粉砂		细砂		中砂		砾砂、粗砂		碎石、圆砾角砾		卵石	
		$I_L≥$0.5	$I_L<$0.5		—	中密	密实	中密	密实	中密	密实	中密	密实	中密	密实	中密	密实
k_1	0	0	0	0	0	1.0	1.2	1.5	2.0	2.0	3.0	3.0	4.0	3.0	4.0	3.0	4.0
k_2	2.5	1.5	2.5	1.0	1.5	2.0	2.5	3.0	4.0	4.0	5.5	5.0	6.0	5.0	6.0	6.0	10.0

注：1. 对于稍密和松散状态的砂、碎石土，k_1、k_2 值可采用表列中密值的 50%；
　　2. 强风化和全风化的岩石，可参照所风化成的相应土类取值；其他状态下的岩石不修正。

λ 值　　　　　　　　　　　　　表 21-3-10

桩端土情况　　　l/d	4～20	20～25	>25
透水性土	0.70	0.70～0.85	0.85
不透水性土	0.65	0.65～0.72	0.72

注：l 为桩端土层厚度。

清底系数 m_0 值　　　　　　　　　　　　　　　　表 21-3-11

t/d	$0.3\sim0.1$	m_0	$0.7\sim1.0$

注：1. t、d 为桩端沉渣厚度和桩的直径；

　　2. $d\leqslant1.5$m 时，$t\leqslant300$mm；$d>1.5$m 时，$t\leqslant500$mm，且 $0.1<t/d<0.3$。

式（21-3-1）第一项是桩侧总摩阻力容许值，第二项是桩端总承载力容许值。桩端土承载力容许值 q_r 在持力层为粉砂、细砂、中砂、粗砂、砾砂和碎石土的时候，都有上限值，这些上限值并非按式（21-3-2）计算得到，而是实测数据统计结果，而持力层为黏土时没有设置上限值，因为实测资料表明实测值的确可能大于公式计算的最大值。

钻（挖）孔灌注桩的承载力容许值，特别是桩端承载力与孔底沉渣厚度关系密切。沉渣厚桩在外荷载作用下桩端变形比较大，桩的承载力容许值相应减小，反之沉渣薄桩的承载力容许值也相应提高。所以在现在施工技术普遍提高的情况下，限制清底系数可以有效改善桩端承载性能，提高桩的承载力。

按式（21-3-1）和式（21-3-2）确定桩的承载力，在基桩验算时，桩的自重可以忽略，因为式（21-3-1）和式（21-3-2）中有关参数取值是根据静载试验统计得到的，测试时自重已经平衡。但考虑到桩身自重标准值与置换土重标准值之差会引起沉降，为保证安全，可将桩身自重标准值与置换土重标准值之差作为超载考虑。

钻（挖）孔灌注桩的承载力容许值计算算例：

南京地区某桥梁工程采用钻孔灌注桩基础，直径 1m，长度 40m，承台高度 2.5m，无冲刷情况，地面开挖深度 2.7m，承台底面标高为 -3.700m，天然地面标高为 -1.000m，桩底标高 -42.900m，地下水位标高为 -8.500m。工程地质情况如下：①软塑黏性土，层厚 10.3m，重度为 17.3kN/m³；②中密粉砂，层厚 26.85m，重度为 19.3kN/m³；③密实碎石，层厚 22m，重度为 24.6kN/m³。桩端沉渣厚度 0.3m。

公式（21-3-1）、式（21-3-2）中参数取值如下：

l_i 取承台底面下各土层的厚度，黏土层 7.6m，粉砂层 26.85m，碎石层 4.75m。

q_{ik} 宜采用单桩摩阻力试验确定，由于无试验条件，利用土质情况查表 21-3-1，取黏性土中 $q_{1k}=40$kPa，粉砂中 $q_{2k}=45$kPa，碎石中 $q_{3k}=220$kPa。

m_0 为清底系数，根据 $t/d=0.3$，按表 21-3-11 查得为 0.7。

λ 根据桩端土为碎石（透水性土），$l/d=22$，查表 21-3-10 得 0.79。

h 按实际开挖后的地面线起算，按 39.2m 计算。

k_2 根据桩端持力层为密实碎石按表 21-3-9 取 6.0。

γ_2 为桩端以上各土层的加权平均重度（kN/m³），由于持力层为透水层，水中部分土层取浮重度计算。

$$\gamma_2=(20.0\times2.7+4.8\times17.3+2.8\times7.3+9.3\times26.85+4.75\times8.6)/(42.9-1.0)$$
$$=10.69$$

$[f_{a0}]$ 为桩端土的承载力基本容许值，按表 21-3-3 确定为 900kPa。

结合上述参数可以求解钻孔桩单桩承载力如下：

$$q_r=0.7\times0.79\times[900+6\times10.69\times(39.2-3)]$$
$$=1782\text{kPa}<2750\text{kPa，取 }q_r=1782\text{kPa}$$

$$[R_a] = 0.5 \times \pi \times 1.0 \times (40 \times 7.6 + 45 \times 26.85 + 4.75 \times 220) + \pi/4 \times 1.0 \times 1782$$
$$= 4003 \text{kN}$$

注意，桩身自重标准值与置换土重标准值（当桩重计入浮力时，置换土重也计入浮力）的差值作为荷载考虑。

2. 沉桩的承载力容许值

（1）经验系数法

$$[R_a] = \frac{1}{2}\left(u \sum_{i=1}^{n} \alpha_i l_i q_{ik} + \alpha_r A_p q_{rk} \right) \qquad (21\text{-}3\text{-}3)$$

式中 $[R_a]$——单桩轴向受压承载力容许值（kN），桩身自重标准值与置换土重标准值（当桩重计入浮力时，置换土重也计入浮力）的差值作为荷载考虑；

u——桩身周长（m）；

n——土的层数；

l_i——承台底面或局部冲刷线以下各土层的厚度（m）；

q_{ik}——与 l_i 对应的各土层与桩侧摩阻力标准值（kPa），按表 21-3-12 采用或采用静力触探试验测定；

q_{rk}——桩端处土的承载力标准值（kPa），按表 21-3-13 采用或采用静力触探试验测定；

α_i、α_r——分别为振动沉桩对各土层桩侧摩阻力和桩端承载力的影响系数，按表 21-3-14 采用；对于锤击、静压沉桩其值均取为 1.0。

沉桩桩侧土的摩阻力标准值 q_{ik} 　　　　　表 21-3-12

土 类	状 态	摩阻力标准值 q_{ik}（kPa）	土 类	状 态	摩阻力标准值 q_{ik}（kPa）
黏性土	$1.5 \geqslant I_L \geqslant 1$	15～30	粉、细砂	稍 密	20～35
	$1 > I_L \geqslant 0.75$	30～45		中 密	35～65
	$0.75 > I_L \geqslant 0.5$	45～60		密 实	65～80
	$0.5 > I_L \geqslant 0.25$	60～75	中 砂	中 密	55～75
	$0.25 > I_L \geqslant 0$	75～85		密 实	75～90
	$0 > I_L$	85～95	粗 砂	中 密	70～90
粉 土	稍 密	20～35		密 实	90～105
	中 密	35～65			
	密 实	65～80			

注：表中土的液性指数 I_L，系按 76g 平衡锥测定的数值。

沉桩桩端处土的承载力标准值 q_{rk} 　　　　　表 21-3-13

土 类	状 态	桩端承载力标准值 q_{rk}（kPa）
黏性土	$I_L \geqslant 1$	1000
	$1 > I_L \geqslant 0.65$	1600
	$0.65 > I_L \geqslant 0.35$	2200
	$0.35 > I_L$	3000

土 类	状 态	桩端承载力标准值 q_{rk}（kPa）		
		桩尖进入持力层的相对深度		
		$1>\dfrac{h_c}{d}$	$4>\dfrac{h_c}{d}\geqslant 1$	$\dfrac{h_c}{d}\geqslant 4$
粉 土	中 密	1700	2000	2300
	密 实	2500	3000	3500
粉 砂	中 密	2500	3000	3500
	密 实	5000	6000	7000
细 砂	中 密	3000	3500	4000
	密 实	5500	6500	7500
中、粗砂	中 密	3500	4000	4500
	密 实	6000	7000	8000
圆砾石	中 密	4000	4500	5000
	密 实	7000	8000	9000

注：表中 h_c 为桩端进入持力层的深度（不包括桩靴）；d 为桩的直径或边长。

系数 α_i、α_r 值　　　　　　　　　　　　　　　表 21-3-14

系数 α_i、α_r ＼ 土类 ＼ 桩径或边长 d（m）	黏土	粉质黏土	粉土	砂土
$0.8\geqslant d$	0.6	0.7	0.9	1.1
$2.0\geqslant d>0.8$	0.6	0.7	0.9	1.0
$d>2.0$	0.5	0.6	0.7	0.9

（2）静力触探法

当采用静力触探试验测定时，沉桩承载力容许值计算中的 q_{ik} 和 q_{rk} 取为：

$$q_{ik}=\beta_i\,\bar{q}_i$$

$$q_{rk}=\beta_r\,\bar{q}_r$$
（21-3-4）

式中　$\bar{q}_i$——桩侧第 i 层土的静力触探测得的局部侧摩阻力的平均值（kPa），当 $\bar{q}_i$ 小于 5kPa 时，采用 5kPa；

　　　$\bar{q}_r$——桩端（不包括桩靴）标高以上和以下各 $4d$（d 为桩的直径或边长）范围内静力触探端阻的平均值（kPa）。若桩端标高以上 $4d$ 范围内端阻的平均值大于桩端标高以下 $4d$ 的端阻平均值时，则 $\bar{q}_{rk}$ 取桩端以下 $4d$ 范围内端阻的平均值；

　　　β_i、β_r——分别为侧摩阻和端阻的综合修正系数，其值按下面判别标准选用相应的计算公式。

当土层的 $\bar{q}_r$ 大于 2000kPa，且 $\bar{q}_i/\bar{q}_r$ 小于或等于 0.014 时：

$$\beta_i=5.067\,(\bar{q}_i)^{-0.45}$$

$$\beta_r=3.975\,(\bar{q}_r)^{-0.25}$$

如不满足上述 $\bar{q}_r$ 和 $\bar{q}_i/\bar{q}_r$ 条件时：

$$\beta_i = 10.045\,(\bar{q}_i)^{-0.55}$$

$$\beta_r = 12.064\,(\bar{q}_r)^{-0.35}$$

上列综合修正系数计算公式不适合城市杂填土条件下的短桩；综合修正系数用于黄土地区时，应做试桩校核。

二、支承在基岩上或嵌入基岩桩单桩轴向受压承载力容许值计算

$$[R_a] = c_1 A_p f_{rk} + u\sum_{i=1}^{m} c_{2i} h_i f_{rki} + \frac{1}{2}\zeta_s u\sum_{i=1}^{n} l_i q_{ik} \qquad (21\text{-}3\text{-}5)$$

式中　$[R_a]$——单桩轴向受压承载力容许值（kN），桩身自重标准值与置换土重标准值（当桩重计入浮力时，置换土重也计入浮力）的差值作为荷载考虑；

c_1——根据清孔情况、岩石破碎程度等因素而定的端阻发挥系数，按表 21-3-15 采用；

A_p——桩端截面面积（m^2），对于扩底桩，取扩底截面面积；

f_{rk}——岩石饱和单轴抗压强度标准值（kPa），黏土质岩取天然湿度单轴抗压强度标准值，当 f_{rk} 小于 2MPa 时按摩擦桩计算；

c_{2i}——根据清孔情况、岩石破碎程度等因素而定的第 i 层岩层的侧阻发挥系数，按表 21-3-15 采用；

u——各土层或各岩层部分的桩身周长（m）；

h_i——桩嵌入各岩层部分的厚度（m），不包括强风化层和全风化层；

m——岩层的层数，不包括强风化层和全风化层；

ζ_s——覆盖层土的侧阻力发挥系数，根据桩端 f_{rk} 确定：当 $2\text{MPa} \leqslant f_{rk} < 15\text{MPa}$ 时，$\zeta_s = 0.84$；当 $f_{rk} = 15 \sim 30\text{MPa}$ 时，$\zeta_s = 0.54$；当 $f_{rk} > 30\text{MPa}$ 时，$\zeta_s = 0.2$；

l_i——各土层的厚度（m）；

q_{ik}——桩侧第 i 层土的侧阻力标准值（kPa），宜采用单桩摩阻力试验值，当无试验条件时，对于钻（挖）孔桩按表 21-3-1 选用，对于沉桩按表 21-3-4 选用；

n——土层的层数，强风化和全风化岩层按土层考虑。

系数 c_1、c_2 值 表 21-3-15

岩石层情况	c_1	c_2
完整、较完整	0.6	0.05
较破碎	0.5	0.04
破碎、极破碎	0.4	0.03

注：1. 当入岩深度小于等于 0.5m 时，c_1 采用表列数值的 0.75 倍，$c_2 = 0$；

2. 对于钻孔桩，系数 c_1、c_2 值应降低 20% 采用；

桩端沉渣厚度 t 应满足以下要求：$d \leqslant 1.5\text{m}$ 时，$t \leqslant 50\text{mm}$；$d > 1.5\text{m}$ 时，$t \leqslant 100\text{mm}$。

3. 对于中风化层作为持力层的情况，c_1、c_2 应分别乘以 0.75 的折减系数。

式（21-3-5）与传统公式不一样，传统公式只考虑桩端承载力，不考虑上覆土层对桩

承载力的贡献，而实测资料表明上覆土层的侧摩阻力可以发挥。随着上覆土层的性质和厚度的不同，嵌入基岩性质和深度的不同，以及桩端沉渣厚度不同，桩侧阻力、端阻力的发挥比例也不同。总的说来，上覆土层的侧阻力由覆盖层土的侧阻力发挥系数 ζ_s 调整，ζ_s 根据岩石饱和单轴抗压强度标准值选取，岩石饱和单轴抗压强度标准值越大，ζ_s 相应越小。

实际工程中，有大量桩选择中风化层作为持力层，由于中风化层的特殊性，为安全起见，需按表 21-3-15 注进行折减。如果桩端在强风化层中，其极限承载力参数标准值可根据岩体的风化程度按砂土、碎石类土取值，按摩擦桩计算。

在河床岩层有冲刷时，基桩应嵌入基岩中，若 $f_{rk} \geqslant 2\text{MPa}$，嵌入深度除满足上述承载力要求外，还应满足下列公式要求。

（1）圆形桩

$$h = \sqrt{\frac{M_h}{0.066\beta f_{rk}d}} \tag{21-3-6}$$

（2）矩形桩

$$h = \sqrt{\frac{M_h}{0.0833\beta f_{rk}b}} \tag{21-3-7}$$

式中　h——桩嵌入基岩中（不计强风化层和全风化层）的有效深度（m），不应小于 0.5m；

M_h——在基岩顶面处的弯矩（kN·m）；

f_{rk}——岩石饱和单轴抗压强度标准值（kPa），黏土质岩取天然湿度单轴抗压强度标准值；

β——系数，$\beta = 0.5 \sim 1.0$，根据岩层侧面构造而定，节理发育的取小值；节理不发育的取大值；

d——桩身直径（m）；

b——垂直于弯矩作用平面桩的边长（m）。

式（21-3-6）和式（21-3-7）在推导时作了以下假定：①桩在嵌固深度 h 范围内的应力图形，假定按两个相等三角形变化（图 21-3-1b）；②桩侧压力的分布，圆形时假定最大压力 p_{max} 等于平均压应力 p 的 1.27 倍，方形时假定最大压力 p_{max} 等于平均压应力 p（图21-3-1c）；③水平力 H 和桩端摩阻力对桩的影响忽略不计。

实际上，在钻孔过程中，钻孔底面还有承受挠曲弯矩，式（21-3-6）和式（21-3-7）也未计及其影响，但实测资料表明，按式（21-3-6）和式（21-3-7）的计算值是偏于安全的。

支承在基岩上或嵌入基岩内桩的受压承载力容许值计算算例：

安阳地区通化大桥 Sz2 号采用钻孔灌注桩试桩，桩径为 1m，桩长 60.5m，桩身混凝土强度等级 C40，地质情况为：①淤泥质土，埋深 0～－39.7m；②粉质黏

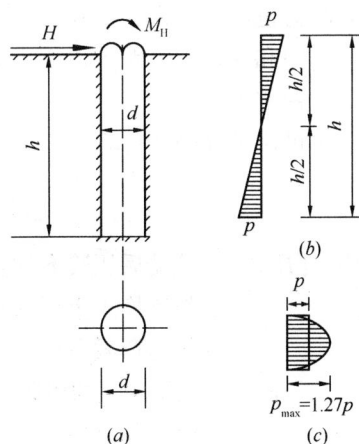

图 21-3-1　压力分布图

土，埋深$-39.7\sim-50.6m$；③全、强风化基岩，中风化凝灰岩。桩嵌岩持力层为中风化凝灰岩，岩层较完整，深度 1.5m，岩石饱和单轴抗压强度标准值 10MPa。

采用公式（21-3-5）计算，参数取值如下：

c_1 为清孔情况、岩石破碎程度等因素而定的端阻发挥系数，查表 21-3-15 取 $0.75\times0.8\times0.6=0.36$。

c_{2i} 为根据清孔情况、岩石破碎程度等因素而定的第 i 层岩层的侧阻发挥系数，查表 21-3-15 取 $0.75\times0.8\times0.6=0.03$。

h_i 为桩嵌入各岩层部分的厚度（m），取 1.5m，不包括强风化层和全风化层。

f_{rk} 为岩石饱和单轴抗压强度标准值取 10MPa，黏土质岩取天然湿度单轴抗压强度标准值，当 f_{rk} 小于 2MPa 时按摩擦桩计算。

ζ_s 为覆盖层土的侧阻力发挥系数，由于 $2MPa\leqslant f_{rk}=10MPa<15MPa$，取 0.8。

l_i 为各土层的厚度，本例分别取 39.7m、20.9m；实际工程中应严格取承台底面或局部冲刷线以下的土层厚度。

q_{ik} 为桩侧第 i 层土的侧阻力标准值（kPa），宜采用单桩摩阻力试验值。无试验条件时，钻（挖）孔桩按本书中表 21-3-1 选用，①土层取 20kPa，②土层取 55kPa。

结合上述参数可以求解嵌岩钻孔桩单桩承载力如下：

$$[R_a]=0.36\times3.142\times1.0^2/4\times10000+3.142\times1.0\times0.03\times1.5\times10000+0.5$$
$$\times0.8\times3.142\times1.0\times(20\times39.7+55\times20.9)=6684.2kN$$

三、后压浆灌注桩单桩受压承载力容许值

桩端压浆对超长桩承载性能的影响主要表现为对端阻力和侧阻力的影响。浆液在桩端的作用首先是对沉渣的破坏、充填或混合，沉渣越厚消耗的浆液越多；然后是浆液在压力作用下，对土层进行渗透、挤压或劈裂，形成一个土体加固区。因此，桩端加固区包括沉渣加固区与土体加固区两部分。当沉渣较厚，而压浆量又小时，压浆的作用主要是对沉渣的加固，即相当于恢复桩端土层的承载力。当沉渣较少或压浆量较大时，压浆的作用不光消除沉渣的影响，还可形成一个土体加固区，从而提高了桩端阻力。压浆过程中，部分浆液沿桩向上渗透，使桩周土的强度、变形模量及桩土间的接触条件均发生了较大变化，导致侧阻力也会有一定的提高。

非饱和黏性土、粉土，宜为 $5.0\sim10.0MPa$；对于饱和土宜为 $1.5\sim6.0MPa$；软土取低值，密实土取高值。

也可用下面公式计算：

$$[R_a]=\frac{1}{2}u\sum_{i=1}^{n}\beta_{si}q_{ik}l_i+\beta_pA_pq_r \tag{21-3-8}$$

式中　$[R_a]$——桩端后压浆灌注桩的单桩轴向受压承载力容许值（kN），桩身自重标准值与置换土重标准值（当桩重计入浮力时，置换土重也计入浮力）的差值作为荷载考虑；

　　　　β_{si}——第 i 层土的侧阻力增强系数，可按表 21-3-16 取值，当在饱和土层中压浆时，仅对桩端以上 $8.0\sim12.0m$ 范围的桩侧阻力进行增强修正；当在非饱和土层中压浆时，仅对桩端以上 $4.0\sim5.0m$ 的桩侧阻力进行增强修正；

对于非增强影响范围，$\beta_{si}=1$；

β_p——端阻力增强系数，可按表 21-3-16 取值。

其他符号含义见式（21-3-1）和式（21-3-2）中的定义。

桩端后压浆侧阻力增强系数 β_s、端阻力增强系数 β_p　　表 21-3-16

土层名称	黏性土粉土	粉砂	细砂	中砂	粗砂	砾砂	碎石土
β_s	1.3~1.4	1.5~1.6	1.5~1.7	1.6~1.8	1.5~1.8	1.6~2.0	1.5~1.6
β_p	1.5~1.8	1.8~2.0	1.8~2.1	2.0~2.3	2.2~2.4	2.2~2.4	2.2~2.5

采用上述公式计算承载力时必须采用相应压浆量，单桩压浆量设计，主要应考虑桩径、桩长、桩端桩侧土层性质、单桩承载力增幅诸因素确定，可用下面的公式计算（单位为吨）：

$$G_c = \alpha_p d$$

系数 α_p 取值范围如表 21-3-17 所示。

压浆量经验系数 α_p　　表 21-3-17

持力层	黏性土、粉土	粉砂	细砂	中砂	粗砂	砾砂	碎石土
取值范围	2.1~2.5	2.5~3.2	2.4~2.7	2.3~2.7	3.1~3.8	3.1~3.8	2.3~2.8

考虑到荷载作用时间、作用情况的不同，对于轴向受压的桩计算得到的单桩承载力容许值均需乘以表 21-3-18 规定的抗力系数，保证设计的安全与经济。

单桩轴向受压承载力的抗力系数　　表 21-3-18

受荷阶段	作用效应组合		抗力系数
使用阶段	短期效应组合	永久作用与可变作用组合	1.25
		结构自重、预加力、土重、土侧压力和汽车、人群组合	1.00
	作用效应偶然组合（不含地震作用）		1.25
施工阶段	施工荷载效应组合		1.25

后压浆灌注桩单桩受压承载力容许值计算算例：

上海市崇明某桥梁工程 62 号后压浆灌注桩试桩，桩径为 1.2m，桩长 46.5m，桩身混凝土强度等级 C40，地质情况为：①淤泥质土，埋深 0~-12.2m，实测摩阻标准值为 30kPa；②粉质黏土，埋深 -12.2~-36.5m，摩阻标准值为 45kPa；③粉砂，埋深 -36.5~-64.5m，摩阻标准值为 60kPa。桩端持力层选择为粉砂层，取 $q_r=1000kPa$。地下水标高 -12.000m。

采用公式（21-3-8）计算，参数取值如下：

β_{si} 为 i 层土的侧阻力增强系数，可按书中表 21-3-17 取值，由于在饱和粉砂土层中压浆，对桩端以上 10m 范围（即整个粉砂土层）的桩侧阻力进行增强修正，取 1.55；对于非增强影响范围，$\beta_{si}=1$。

β_p 为端阻力增强系数，可按表 21-3-17 取值，取 1.9。

结合上述参数可以求解后压浆钻孔桩单桩承载力如下：

$$[R_a] = 0.5 \times \pi \times 1.2 \times (30 \times 12.2 + 45 \times 24.3 + 1.55 \times 60 \times 10)$$
$$+ 1.9 \times \pi \times 1.2^2/4 \times 1000 = 6653.81 \text{kN}$$

四、摩擦桩单桩轴向受拉承载力容许值

如前所述，桥桩一般不允许受拉，若桩受拉，则可按式（21-3-9）计算。

$$[R_t] = 0.3u \sum_{i=1}^{n} \alpha_i l_i q_{ik} \qquad (21\text{-}3\text{-}9)$$

式中 $[R_t]$——单桩轴向受拉承载力容许值（kN）；

　　　u——桩身周长（m），对于等直径桩，$u=\pi d$；对于扩底桩，自桩端起算的长度 $\sum l_i \leqslant 5d$ 时取 $u=\pi d$；其余长度均取 $u=\pi d$（其中 D 为桩的扩底直径，d 为桩身直径）；

　　　α_i——振动沉桩对各土层桩侧摩阻力的影响系数，按表 21-3-14 采用；对于锤击、静压沉桩和钻孔桩，$\alpha_i=1$。

计算作用于承台底面由外荷载引起的轴向力时，应扣除桩身自重标准值。式（21-3-9）中系数 0.3 是通过国内外诸多试验统计得到的，有一定的安全性。桩身周长选择时，对扩底桩根据提供侧摩力土层的总厚度和直径的关系进行了分别取值，主要依据是其破坏模式。

第四节　群桩整体验算

一、群桩承载力验算

9 根桩及 9 根桩以上的多排摩擦桩群桩在桩端平面内桩距小于 6 倍桩径时，桩群作为整体基础验算桩端平面处土的承载力，桩基可视为图 21-4-1 中的 $acde$ 范围内的实体基础，验算方法如下：

（1）当轴心受压时，

$$p = \overline{\gamma} l + \gamma h - \frac{BL\gamma h}{A} + \frac{N}{A} \leqslant [f_a] \qquad (21\text{-}4\text{-}1)$$

（2）当偏心受压时，除满足式（21-4-1）外，尚应满足下列条件：

$$p_{\max} = \overline{\gamma} l + \gamma h - \frac{BL\gamma h}{A} + \frac{N}{A}\left(1 + \frac{eA}{W}\right) \leqslant \gamma_R [f_a] \qquad (21\text{-}4\text{-}2)$$

$$A = a \times b \qquad (21\text{-}4\text{-}3)$$

当桩的斜度 $\alpha \leqslant \dfrac{\overline{\varphi}}{4}$（图 21-4-1）时

$$a = L_0 + d + 2l\tan\frac{\overline{\varphi}}{4} \qquad (21\text{-}4\text{-}4)$$

$$b = B_0 + d + 2l\tan\frac{\overline{\varphi}}{4} \qquad (21\text{-}4\text{-}5)$$

当桩的斜度 $\alpha > \dfrac{\varphi}{4}$ 时

$$a = L_0 + d + 2l\tan\alpha \qquad (21\text{-}4\text{-}6)$$

$$b = B_0 + d + 2l\tan\alpha \qquad (21\text{-}4\text{-}7)$$

$$\overline{\varphi} = \frac{\varphi_1 l_1 + \varphi_2 l_2 + \cdots + \varphi_n l_n}{l} \qquad (21\text{-}4\text{-}8)$$

式中　　　p、p_{max}——桩端平面处的平均压应力、最大压应力（kPa）；

　　　　　$\overline{\gamma}$——承台底面包括桩的重力在内至桩端平面土的平均重度（kN/m³）；

　　　　　l——桩的深度（m），见图 21-4-1；

　　　　　γ——承台底面以上土的重度（kN/m³）；

　　　　　L——承台长度（m）；

　　　　　B——承台宽度（m）；

　　　　　N——作用于承台底面合力的竖向分力（kN）；

　　　　　A——假想的实体基础在桩端平面处的计算面积；

　　　　a、b——假想的实体基础在桩端平面处的计算宽度和长度（m）；

　　　　　L_0——外围桩中心围成矩形轮廓的长度（m）；

　　　　　B_0——外围桩中心围成矩形轮廓的宽度（m）；

　　　　　d——桩的直径（m）；

　　　　　W——假想的实体基础在桩端平面处的截面抵抗矩（m³）；

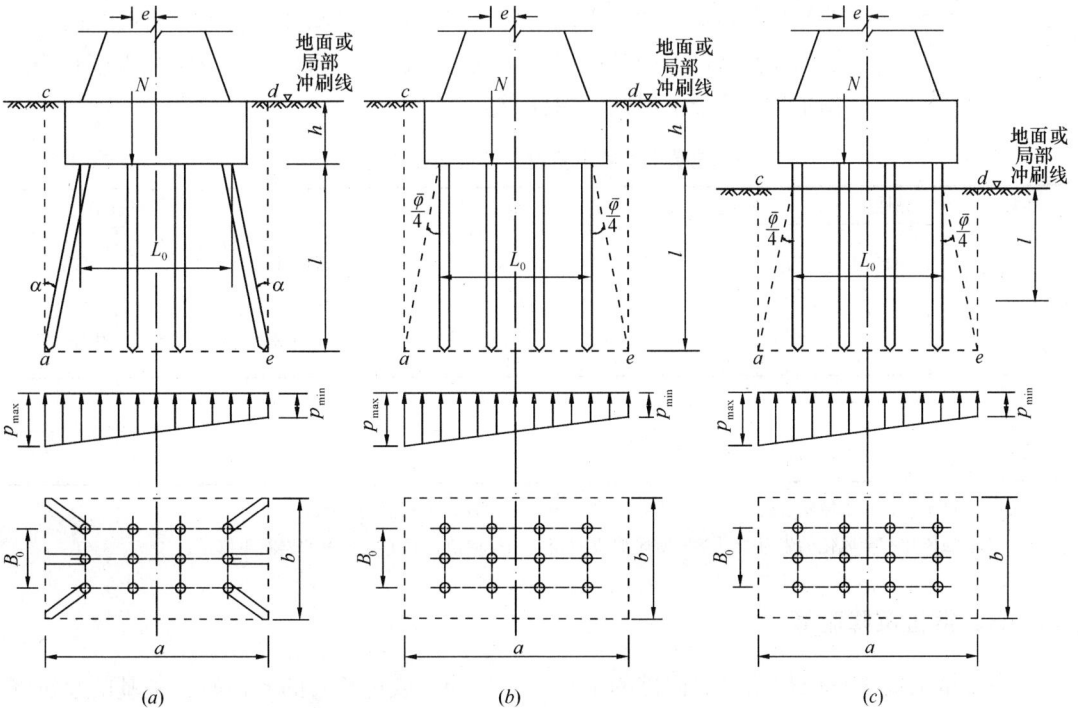

图 21-4-1　桩群作为整体基础计算示意图

（a）低桩承台；（b）低桩承台；（c）高桩承台

e——作用于承台底面合力的竖向分力对桩端平面处计算面积重心轴的偏心矩（m）；

$\bar{\varphi}$——基桩所穿过土层的平均土内摩擦角；

$\varphi_1 l_1$、$\varphi_2 l_2$、$\cdots \varphi_n l_n$——各层土的内摩擦角与相应土层厚度的乘积；

$[f_a]$——修正后桩端平面处土的承载力容许值（kPa），见后说明；

γ_R——抗力系数，见后说明。

二、修正后的地基承载力容许值计算

修正后的地基承载力容许值 $[f_a]$ 按式（21-4-9）确定。当基础位于水中不透水地层上时，$[f_a]$ 按平均常水位至一般冲刷线的水深每米再增大 10kPa。

$$[f_a] = [f_{a0}] + k_1 \gamma_1 (b-2) + k_2 \gamma_2 (h-3) \qquad (21-4-9)$$

式中　$[f_a]$——修正后的地基承载力容许值（kPa）；

b——基础底面的最小边宽，当 $b < 2m$ 时，取 $b = 2m$；当 $b > 10m$ 时，取 $b = 10m$；

h——基底埋置深度（m），自天然地面起算，有水流冲刷时自一般冲刷线起算；当 $h < 3m$ 时，取 $h = 3m$；当 $h/b > 4$ 时，取 $h = 4b$；

k_1、k_2——基底宽度、深度修正系数，根据基底持力层土的类别按表 21-4-1 确定；

γ_1——基底持力层土的天然重度（kN/m³）。若持力层在水面以下且为透水者，应取浮重度；

γ_2——基底以上土层的加权平均重度（kN/m³），换算时若持力层在水面以下，且不透水时，不论基底以上土的透水性质如何，一律取饱和重度；当透水时水中部分土层则应取浮重度。

地基土承载力宽度、深度修正系数　　　　　　　　　　　　表 21-4-1

土类 系数	黏性土				粉土	砂　　　土								碎石土			
	老黏性土	一般黏土		新近沉积黏土	—	粉砂		细砂		中砂		砾砂、粗砂		碎石、圆砾角砾		卵石	
		$I_L \geq 0.5$	$I_L < 0.5$			中密	密实	中密	密实	中密	密实	中密	密实	中密	密实	中密	密实
k_1	0	0	0	0	0	1.0	1.2	1.5	2.0	2.0	3.0	3.0	4.0	3.0	4.0	3.0	4.0
k_2	2.5	1.5	2.5	1.0	1.5	2.0	2.5	3.0	4.0	4.5	5.5	5.0	6.0	5.0	6.0	6.0	10.0

注：1. 对于稍密和松散状态的砂、碎石土，k_1、k_2 值可采用列中密值的 50%；

　　2. 强风化和全风化的岩石，可参照所风化成的相应土类取值；其他状态下的岩石不修正。

三、群桩沉降验算

当桩基为端承桩或桩端平面内桩的中距大于桩径（或边长）的 6 倍时，桩基的总沉降量可取单桩的沉降量。在其他情况下，按墩台基础计算群桩的沉降量，并应计入桩身压缩量（图 21-4-2 和表 21-4-2、表 21-4-3）。

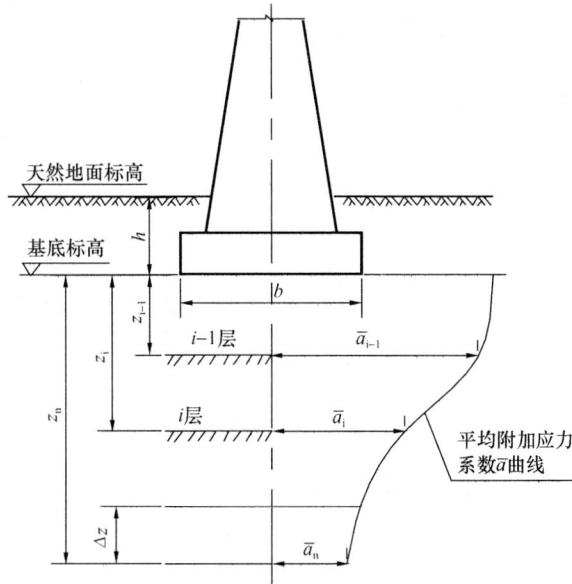

图 21-4-2 基底沉降计算分层示意图

沉降计算经验系数 ψ_s 表 21-4-2

$\overline{E}_s$（MPa） 基底附加压应力	2.5	4.0	7.0	15.0	20.0
$p_0 \geqslant [f_{a0}]$	1.4	1.3	1.0	0.4	0.2
$p_0 \leqslant 0.75[f_{a0}]$	1.1	1.0	0.7	0.4	0.2

注：1. 表中 $[f_{a0}]$ 为地基承载力基本容许值；

2. 表中 $\overline{E}_s$ 为沉降计算范围内压缩模量的当量值，应按下列公式计算：

$$\overline{E}_s = \frac{\sum A_i}{\sum \dfrac{A_i}{E_{si}}}$$

式中 A_i——第 i 层土的附加压应力系数沿土层厚度的积分值。

矩形面积上均布荷载作用下中点平均附加压应力系数 $\overline{\alpha}$ 表 21-4-3

z/b \ l/b	1.0	1.2	1.4	1.6	1.8	2.0	2.4	2.8	3.2	3.6	4.0	5.0	$\geqslant 10.0$
0.0	1.000	1.000	1.000	1.000	1.000	1.000	1.000	1.000	1.000	1.000	1.000	1.000	1.000
0.1	0.997	0.998	0.998	0.998	0.998	0.998	0.998	0.998	0.998	0.998	0.998	0.998	0.998
0.2	0.987	0.990	0.991	0.992	0.992	0.992	0.993	0.993	0.993	0.993	0.993	0.993	0.993
0.3	0.967	0.973	0.976	0.978	0.979	0.979	0.980	0.980	0.981	0.981	0.981	0.981	0.981
0.4	0.936	0.947	0.953	0.956	0.958	0.965	0.961	0.962	0.962	0.963	0.963	0.963	0.963
0.5	0.900	0.915	0.924	0.929	0.933	0.935	0.937	0.939	0.939	0.940	0.940	0.940	0.940
0.6	0.858	0.878	0.890	0.898	0.903	0.906	0.910	0.912	0.913	0.914	0.914	0.915	0.915
0.7	0.816	0.840	0.855	0.865	0.871	0.876	0.881	0.884	0.885	0.886	0.887	0.887	0.888
0.8	0.775	0.801	0.819	0.831	0.839	0.844	0.851	0.855	0.857	0.858	0.859	0.860	0.860
0.9	0.735	0.764	0.784	0.797	0.806	0.813	0.821	0.826	0.829	0.830	0.831	0.830	0.836

续表

z/b \ l/b	1.0	1.2	1.4	1.6	1.8	2.0	2.4	2.8	3.2	3.6	4.0	5.0	≥10.0
1.0	0.698	0.728	0.749	0.764	0.775	0.783	0.792	0.798	0.801	0.803	0.804	0.806	0.807
1.1	0.663	0.694	0.717	0.733	0.744	0.753	0.764	0.771	0.775	0.777	0.779	0.780	0.782
1.2	0.631	0.663	0.686	0.703	0.715	0.725	0.737	0.744	0.749	0.752	0.754	0.756	0.758
1.3	0.601	0.633	0.657	0.674	0.688	0.698	0.711	0.719	0.725	0.728	0.730	0.733	0.735
1.4	0.573	0.605	0.629	0.648	0.661	0.672	0.687	0.696	0.701	0.705	0.708	0.711	0.714
1.5	0.548	0.580	0.604	0.622	0.637	0.648	0.664	0.673	0.679	0.683	0.686	0.690	0.693
1.6	0.524	0.556	0.580	0.599	0.613	0.625	0.641	0.651	0.658	0.663	0.666	0.670	0.675
1.7	0.502	0.533	0.558	0.577	0.591	0.603	0.620	0.631	0.638	0.643	0.646	0.651	0.656
1.8	0.482	0.513	0.537	0.556	0.571	0.588	0.600	0.611	0.619	0.624	0.629	0.633	0.638
1.9	0.463	0.493	0.517	0.536	0.551	0.563	0.581	0.593	0.601	0.606	0.610	0.616	0.622
2.0	0.446	0.475	0.499	0.518	0.533	0.545	0.563	0.575	0.584	0.590	0.594	0.600	0.606
2.1	0.429	0.459	0.482	0.500	0.515	0.528	0.546	0.559	0.567	0.574	0.578	0.585	0.591
2.2	0.414	0.443	0.466	0.484	0.499	0.511	0.530	0.543	0.552	0.558	0.563	0.570	0.577
2.3	0.400	0.428	0.451	0.469	0.484	0.496	0.515	0.528	0.537	0.544	0.548	0.554	0.564
2.4	0.387	0.414	0.436	0.454	0.469	0.481	0.500	0.513	0.523	0.530	0.535	0.543	0.551
2.5	0.374	0.401	0.423	0.441	0.455	0.468	0.486	0.500	0.509	0.516	0.522	0.530	0.539
2.6	0.362	0.389	0.410	0.428	0.442	0.473	0.473	0.487	0.496	0.504	0.509	0.518	0.528
2.7	0.351	0.377	0.398	0.416	0.430	0.461	0.461	0.474	0.484	0.492	0.497	0.506	0.517
2.8	0.341	0.366	0.387	0.404	0.418	0.449	0.449	0.463	0.472	0.480	0.486	0.495	0.506
2.9	0.331	0.356	0.377	0.393	0.407	0.438	0.438	0.451	0.461	0.469	0.475	0.485	0.496
3.0	0.322	0.346	0.366	0.383	0.397	0.409	0.429	0.441	0.451	0.459	0.465	0.474	0.487
3.1	0.313	0.337	0.357	0.373	0.387	0.398	0.417	0.430	0.440	0.448	0.454	0.464	0.477
3.2	0.305	0.328	0.348	0.364	0.377	0.389	0.407	0.420	0.431	0.439	0.445	0.455	0.468
3.3	0.297	0.320	0.339	0.355	0.368	0.379	0.397	0.411	0.421	0.429	0.436	0.446	0.460
3.4	0.289	0.312	0.331	0.346	0.359	0.371	0.388	0.402	0.412	0.420	0.427	0.437	0.452
3.5	0.282	0.304	0.323	0.338	0.351	0.362	0.380	0.393	0.403	0.412	0.418	0.429	0.444
3.6	0.276	0.297	0.315	0.330	0.343	0.354	0.372	0.385	0.395	0.403	0.410	0.421	0.436
3.7	0.269	0.290	0.308	0.323	0.335	0.346	0.364	0.377	0.387	0.395	0.402	0.413	0.429
3.8	0.263	0.284	0.301	0.316	0.328	0.339	0.356	0.369	0.379	0.388	0.394	0.405	0.422
3.9	0.257	0.277	0.294	0.309	0.321	0.332	0.349	0.362	0.372	0.380	0.387	0.398	0.415
4.0	0.251	0.271	0.288	0.302	0.311	0.325	0.342	0.355	0.365	0.373	0.379	0.391	0.408
4.1	0.246	0.265	0.282	0.296	0.308	0.318	0.335	0.348	0.358	0.366	0.372	0.384	0.402
4.2	0.241	0.260	0.276	0.290	0.302	0.312	0.328	0.341	0.352	0.359	0.366	0.377	0.396
4.3	0.236	0.255	0.270	0.284	0.296	0.306	0.322	0.335	0.345	0.353	0.359	0.371	0.390
4.4	0.231	0.250	0.265	0.278	0.290	0.300	0.316	0.329	0.339	0.347	0.353	0.365	0.384
4.5	0.226	0.245	0.260	0.273	0.285	0.294	0.310	0.323	0.333	0.341	0.347	0.359	0.378
4.6	0.222	0.240	0.255	0.268	0.279	0.289	0.305	0.317	0.327	0.335	0.341	0.353	0.373
4.7	0.218	0.235	0.250	0.263	0.274	0.284	0.299	0.312	0.321	0.329	0.336	0.347	0.367
4.8	0.214	0.231	0.245	0.258	0.269	0.279	0.294	0.306	0.316	0.324	0.330	0.342	0.362
4.9	0.210	0.227	0.241	0.253	0.265	0.274	0.289	0.301	0.311	0.319	0.325	0.337	0.357
5.0	0.206	0.223	0.237	0.249	0.260	0.269	0.284	0.296	0.306	0.313	0.320	0.332	0.352

群桩承载力验算计算算例：

阜阳某桥墩高承台桩基础构造如图 21-4-3 所示，采用 600mm 的钻孔灌注桩，总长 32m，入土 30m，已知：（1）作用在承台底面合力的竖向分力为 7000kN，偏心距为 1.0m；（2）主要地质状况：①淤泥质粉质黏土，重度 $\gamma=18.9\text{kN/m}^3$，内摩擦角 $\varphi=16°$，层厚 12.6m；②淤泥质黏土，重度 $\gamma=17.6\text{kN/m}^3$，内摩擦角 $\varphi=19°$，层厚 11.3m；③密实砾砂层，重度 $\gamma=19.1\text{kN/m}^3$，内摩擦角 $\varphi=22°$，层厚 14.5m；桩基持力层选③，下无软弱持力层。（3）根据说明取抗力系数 $\gamma_R=1.254$；桩端平面处土承载力容许值 $[f_{a0}]=410\text{kPa}$。

由于桩群在桩端平面内桩距小于 6 倍桩径，桩群作为整体基础验算桩端平面处土的承载力，桩基可以视为图 21-4-3 中的 acde 范围内的实体基础，桩端压应力需满足公式（21-4-1）、式（21-4-2）。验算如下：

（1）求实体基础计算长宽 a、b

已知土层中 $\varphi_1=16°$，$l_1=12.6\text{m}$；$\varphi_2=19°$，$l_2=11.3\text{m}$；$\varphi_3=22°$，$l_3=6.1\text{m}$；

所以，$\overline{\varphi}=\dfrac{\varphi_1 l_1+\varphi_2 l_2+\varphi_3 l_3}{l}=$

$\dfrac{16\times12.6+19\times11.3+22\times6.1}{30}=18.35°$

由于桩的斜度 $\alpha<\overline{\varphi}/4$，

$$a=L_0+d+2l\tan\frac{\overline{\varphi}}{4}=6.0+0.6+2\times30\times\tan4.59°=11.42\text{m}$$

$$b=B_0+d+2l\tan\frac{\overline{\varphi}}{4}=3.0+0.6+2\times30\times\tan4.59°=8.42\text{m}$$

（2）求桩端平面处的平均压应力 p、最大压应力 p_{max}

$$\overline{\gamma}=\frac{8.9\times12.6+7.6\times11.3+6.1\times9.1}{30}+\frac{24.5\times\pi\times0.6^2/4\times12}{11.42\times8.42}=9.32\text{kN/m}^3$$

承台底面以上土的重度 $\gamma=0$，$A=ab=11.42\times8.42=96.16\text{m}^2$

$$W=\frac{a^2 b}{6}=\frac{11.42^2\times8.42}{6}=183.02\text{m}^3$$

$$p=9.32\times30+\frac{7000}{96.16}=352.40\text{kPa}$$

$$p_{max}=9.32\times30+\frac{7000}{96.16}\left(1+\frac{1.0\times96.16}{183.02}\right)=390.64\text{kPa}$$

（3）修正后桩端平面处土的承载力容许值计算，采用式（21-4-9）：

$$[f_a]=[f_{a0}]+k_1\gamma_1(b-2)+k_2\gamma_2(h-3)$$

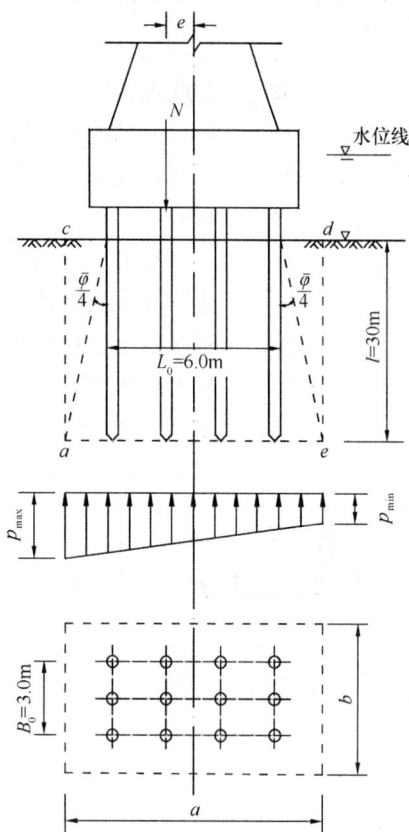

图 21-4-3　算例沉降计算示意图

式中 $[f_a]$——修正后的地基承载力容许值（kPa）；

         b——基础底面的最小边宽，$b=8.42\text{m}$；

         h——基底埋置深度（m），自天然地面起算，有水流冲刷时自一般冲刷线起算；$h=30\text{m}<4b$；

   k_1、k_2——基底宽度、深度修正系数，根据基底持力层土的类别按表 21-21 确定为 4.0、6.0；

       γ_1——基底持力层土的天然重度（kN/m³），若持力层在水面以下且为透水者，应取浮重度 9.1kN/m³；

       γ_2——基底以上土层的加权平均重度（kN/m³），换算时若持力层在水面以下，且不透水时，不论基底以上土的透水性质如何，一律取饱和重度；当透水时水中部分土层则应取浮重度。取为 $\gamma_2 = \dfrac{8.9\times12.6+7.6\times11.3+6.1\times9.1}{30}=8.45\text{kN/m}^3$。

所以，$[f_a]=410+4.0\times9.1\times(8.42-2)+6.0\times8.45\times(30-3)=2012.59\text{kPa}$

（4）经过比较 $p<[f_a]$，$p_{max}<1.25[f_a]$，地基承载力满足要求。

第二十二章　桩网支承路基中的加筋网垫

第一节　定义和机理

在软弱地基设置刚性桩或半刚性桩，并铺设由土工合成材料和碎石（或砂砾）组成加筋网垫形成的桩网支承路基（geosynthetics reinforced and pilesupported embankment，GRPS），也称桩网结构路基，如图 22-1-1 所示。它适用于硬土层或基岩上有深厚软土层、施工期较紧及总沉降和不均匀沉降要求严格等情况。

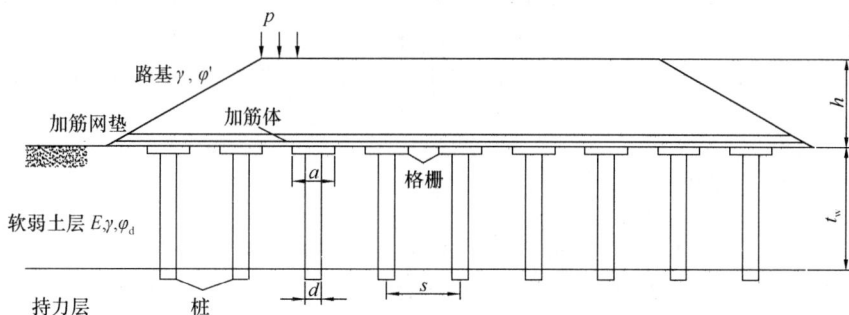

图 22-1-1　桩网支承路基结构示意图

路基荷载作用在桩网支承路基上，由于桩与桩间土的压缩模量相差较大，桩土之间存在一定的差异沉降，必将在桩之间加筋网垫上部的路基土体中形成"土拱效应"。"土拱效应"使作用在网垫上的平均应力小于作用在桩帽上的平均应力，出现应力集中和重分配。

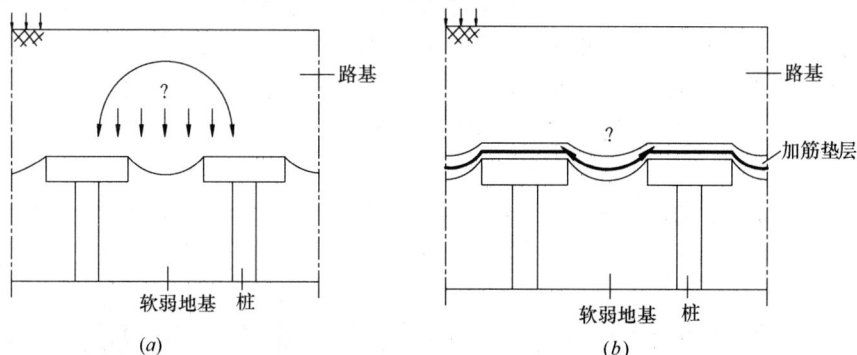

图 22-1-2　桩网结构需要解决的问题
（a）土拱效应；（b）加筋网垫受力

编写人：叶阳升　蔡德钧（中国铁道科学研究院）

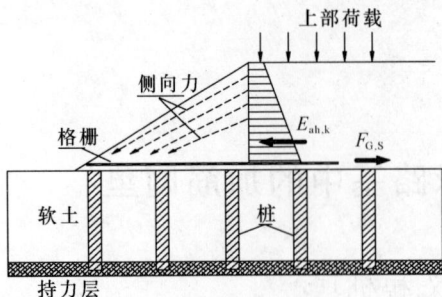

图 22-1-3 边坡推力问题

加筋网垫的"索/膜效应"使桩承担更大荷载，桩间土承担小部分荷载。因此，桩网中路基中心处加筋网垫的受力机理需要研究土拱效应引起的竖向荷载分布和加筋网垫的受力变形问题，如图22-1-2所示。在路基边坡处，侧向推力通过加筋网垫和桩间土传递，为防止桩和桩间土产生过大水平位移，需要研究边坡推力引起的加筋网垫受力问题，如图22-1-3所示。

第二节 桩网支承路基的研究现状

20世纪后期高强度土工格栅问世后，欧洲在泥炭土地区首次使用了桩网支承路基，这种结构与桩支承路基相比，增大了桩的间距，且无需在路基两侧打斜桩，简化了施工，降低了造价。目前，这种结构广泛应用于铁路、公路路基、机场跑道和水利堤坝等工程。

一、土拱效应模型

目前国内外用于分析土拱效应的模型主要有：Terzaghi 土拱模型、基于 Marston 理论的土拱模型、楔形土拱模型、金字塔形土拱模型、Hewlett & Randolph 半球形土拱模型等。

1. Terzaghi 土拱模型

早在1943年，Terzaghi 通过著名的活动门试验证实了土力学领域土拱效应的存在，并在对土拱的应力分布进行描述的基础上，得出了土拱效应存在的条件。图 22-2-1 为 Terzaghi 土拱效应计算模型示意图。

当活动门（Trapdoor）有向下的微小位移时，1243 所围成区域的土体会向下移动，而其余部分的土体不动，不动部分与可动部分土体之间接触面 1234 上的剪应力会使得作用在活动门上的土压力减小，而作用在活动门两侧不动边界上的土压力增大。Terzaghi 指出，可动部分土体向上延伸的高度为活动门宽度的两倍，在此高度以上范围的土体则不受影响。

Terzaghi 根据可动部分土体薄片的竖向受力平衡条件，得到：

$$\frac{d\sigma_v}{dz} + 2K\frac{\tan\varphi}{S}\sigma_v = \gamma \qquad (22\text{-}2\text{-}1)$$

引入边界条件 $\sigma_v \big|_{z=0} = 0$，求得，

$$\sigma_{vh} = \sigma_v \big|_{z=h} = \frac{\gamma S}{2K\tan\varphi}(1 - e^{-2K\frac{h}{D}\tan\varphi})$$

$$(22\text{-}2\text{-}2)$$

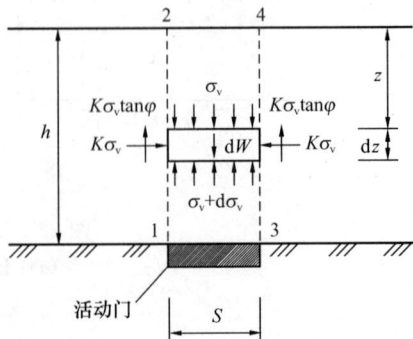

图 22-2-1 Terzaghi 土拱效应计算模型

式（22-2-2）为土体厚度 $h \leqslant 2S$ 时作用在活动门上的土压力。$h > 2S$ 时，求解式（22-2-1）边界条件 $\sigma_v \big|_{z=0} = \gamma(h-2S)$，此时活动门上的土压力为：

$$\sigma_{vh} = \sigma_v \big|_{z=h} = \frac{\gamma S}{2K\tan\varphi}(1-e^{-2K\frac{h}{D}\tan\varphi}) + \gamma(h-2S)e^{-4K\tan\varphi} \tag{22-2-3}$$

式中　γ——土的重度；

φ——土的内摩擦角；

h——土层厚度；

S——活动门宽度；

K——侧向土压力系数。

得到了作用在活动门上的土压力后，根据土体总重量就可以求得作用在活动门两侧不动边界上的土压力。

基于此，Terzaghi 提出了桩承路基的应力折减率计算公式：

$$\rho = \frac{(s^2-a^2)}{4HaK\tan\varphi}\left[1-e^{\frac{-4aHK\tan\varphi}{(s^2-a^2)}}\right] \tag{22-2-4}$$

式中　K——静止土压力系数；

s——桩间距；

a——桩顶（或桩帽）尺寸。

2. 基于 Marston 管道理论的土拱模型

该模型将桩帽视为埋入沟槽里的管道，认为桩帽上的土与桩间土之间存在不均匀变形，引入等沉面概念，根据 Marston 公式计算出作用于桩帽上的平均应力。在进行分析时，一般采用"土柱法"，按面积相等原理，将每根桩所承担的上部土体划分成内外土柱，然后在桩帽上取微单元建立基本微分方程进行求解，如图 22-2-2 所示。

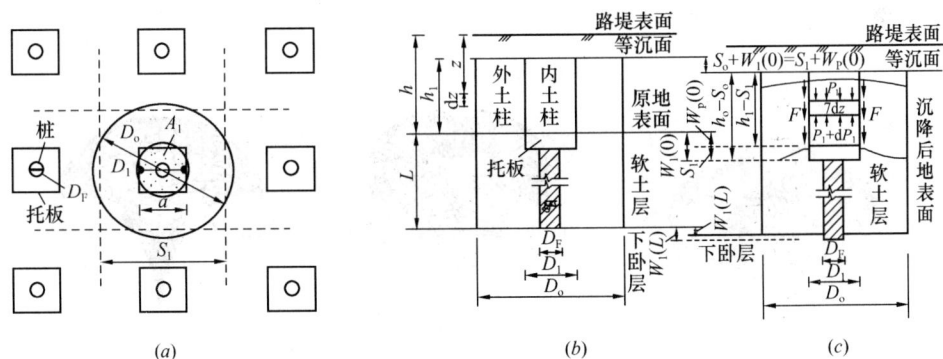

图 22-2-2　基于 Marston 管道理论的土拱计算模型
（a）土柱划分；（b）路堤沉降前；（c）路堤沉降后

刘吉福等采用 Marston 的理论分析了水泥搅拌桩加固路堤的荷载分担比，并考虑了桩土沉降差对荷载分担的影响。陈仁朋等也根据 Marston 土压力理论建立了考虑土-桩-路堤变形和应力协调的平衡方程，获得了路堤的土拱效应、桩土荷载分担比的复杂解析解。英国规范 BS8006 也是基于 Marston 理论进行土拱效应的计算，该方法主要由 Johns 等人提出，具体计算方法将在下节英国规范中给出。

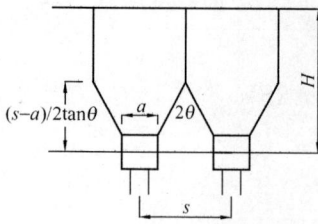

图 22-2-3 楔形土拱模型

3. 楔形土拱模型

楔形土拱模型示意图如图 22-2-3 所示，属于平面应变问题，可简化为平面应变的三角形拱，假定楔形体内的填土荷载由加筋体承担或桩间土承担，其余则由桩承担。提出该方法的有 Carlsson，Card，SvanØ 等，只是各方法的顶角大小不同。Carlsson 假定顶角 $2\theta = 30°$，提出了临界高度的概念，路堤一旦高于此临界高度 $H_r = 1.87(s-a)$，其余荷载直接传递到桩顶上。Card 等通过三层土工格栅和填料砂的荷载传递试验提出 $2\theta = 22.5°$。SvanØ 等建议 θ 值校正为 $15.9°\sim21.8°$ 之间，并考虑到三维情况，认为作用于加筋体上的荷载最终由桩帽间的窄条"带"状加筋体承担，与桩帽同宽与桩间距同长。

楔形土拱模型计算较为简单，但与前两种理论一样，仍属于二维模型。

4. 金字塔形土拱模型

金字塔形土拱模型源于 Guido 在侧限刚性箱中所做的格栅加筋砂的平板载荷试验，研究表明土工格栅加筋砂土的应力扩散角可保守的取 $45°$。Jenner 认为支撑于桩上的路堤与之类似，多层加筋体承担相邻四个方形桩帽之间"金字塔"形土体荷载，其余由桩承担。Russell 等假定"金字塔"脊线水平倾角为 $45°$，土体由单层土工加筋材料承担，进一步修正后认为"金字塔"的侧平面水平倾角为 $45°$，并要求至少有三层土工加筋材料。

5. 半球形土拱模型

Hewlett & Randolph 根据模型试验观测到的结果，在正方形布桩情况下，假定桩顶以上路基填料中形成的土拱假定为半球形，并将其拆分为一个球形土拱和四个平面土拱，如图 22-2-4～图 22-2-6 所示，认为球形土拱拱顶或者平面土拱拱脚的土单元体会达到极限状态，并据此求解了桩体荷载分担比。

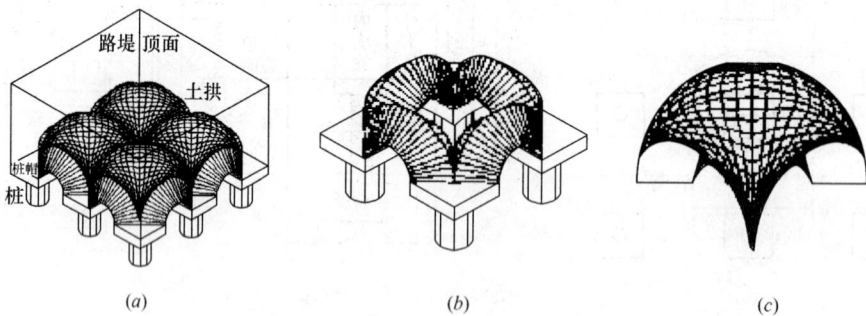

图 22-2-4 路堤中的土拱

(a) 路堤中的土拱；(b) 四个平面土拱；(c) 球形土拱

Low 用模型试验研究了砂填料在桩梁（桩顶用梁连接）上部的平面土拱效应，假定路堤中形成的土拱为平面土拱，并认为在拱顶或拱脚土单元体会达到极限状态，利用与 Hewlett & Randolph 相似的方法得到两个桩体荷载分担比，其中的较小值就是实际的桩体荷载分担比，并考虑了桩间土应力分布的不均匀性。陈云敏等认为拱顶和拱脚的土单元体并不总是能达到极限状态，并对 Hewlett & Randolph 的空间土拱效应计算方法进行了

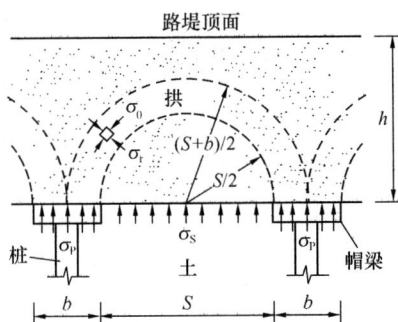

图 22-2-5　平面土拱

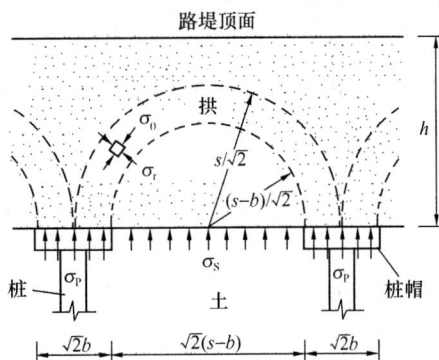

图 22-2-6　球形土拱

修正。陈福全基于三维土拱效应，改进 Hewlett 土拱效应算法，得到桩承式路堤的桩土荷载分担比，并考虑了加筋体影响以及桩间土承载作用，推导出桩土应力比公式。

Hewlett & Randolph 推导的砂土路基土拱顶部处的应力折减率为：

$$\rho = \left(1 - \frac{a}{s}\right)^{2(K_P - 1)} \left(1 - \frac{(s-a)^2(K_P - 1)}{\sqrt{2}\,H(2K_P - 3)}\right) + \frac{(s-a)^2(K_P - 1)}{\sqrt{2}\,H}\,\frac{(K_P - 1)}{(2K_P - 3)}$$

$$(22-2-5)$$

桩帽处的应力折减率为：

$$\rho = \frac{1}{\dfrac{2K_P}{K_P + 1}\left[\left(1 - \dfrac{a}{s}\right)^{1-K_P} - \left(1 - \dfrac{a}{s}\right)\left(1 + \dfrac{a}{s}K_P\right)\right] + \left(1 - \dfrac{a^2}{s^2}\right)} \qquad (22-2-6)$$

式中　　K_P——被动土压力系数，$K_P = \dfrac{1 - \sin\varphi}{1 + \sin\varphi}$。

二、竖向荷载引起的加筋体拉力计算方法

对于加筋体拉力的计算，一般采用索膜理论。索膜元件本身只能受拉，不能受压和承受弯矩，这使得索膜结构的设计计算与具有刚度的杆件有很大的不同。主要有如下几种算法。

1. Catenary 法

John 提出了计算加筋体应变和拉力的公式：

$$\varepsilon_r = \frac{1}{2}\sqrt{1 + 16\frac{\Delta S_r^2}{b_n^2}} + \frac{b_n}{8\Delta S_r^2}\ln\left(\frac{4\Delta S_r^2}{b_n} + \sqrt{1 + 16\frac{\Delta S_r^2}{b_n^2}}\right) - 1 \qquad (22-2-7)$$

$$T_r = \frac{1}{2}(\sigma_u - \sigma_d)b_n\sqrt{1 + \frac{b_n^2}{16\Delta S_r^2}} \qquad (22-2-8)$$

式中　　ε_r——加筋体产生的应变；

　　ΔS_r——加筋体的最大挠度；

　　b_n——净间距，$b_n = s - a$，s 为桩间距，a 为桩帽尺寸（无桩帽时为桩的直径）；

　　T_r——加筋体内产生的拉力；

　　σ_u——加筋体上方的平均竖向应力；

σ_d——加筋体下方的平均竖向应力（地基土反力）。

2. Carlsson 法

Carlsson 提出了根据二维平面内加筋体最大挠度计算拉力的简化公式：

$$\Delta S_r = \sqrt{\frac{3\varepsilon_r b_n}{8}} \tag{22-2-9}$$

$$T_r = \frac{\lambda b_n^3}{32\Delta S_r \tan 15°}\sqrt{1 + \frac{b_n^2}{16\Delta S_r^2}} \tag{22-2-10}$$

各符号意义同前。

Rogheck 等考虑三维效应提出了三维修正因子：

$$f_{3D} = 1 + \frac{b_n}{2a} \tag{22-2-11}$$

式中　a——桩帽宽度。

上述两式相乘就可得到三维效应的加筋体拉力。

3. SINTEF 法

SvanØ 等在 SINTEF 提出加筋体在桩帽上的变形应记入加筋体的应变之中，公式为：

$$\varepsilon_{ar} = \varepsilon_r \left(1 + \alpha_T \frac{a}{b_n}\right) \tag{22-2-12}$$

$$T_r = \frac{\sigma_{sr} b_n}{2}\sqrt{1 + \frac{1}{6\varepsilon_{ar}}} \tag{22-2-13}$$

式中　ε_{ar}——加筋体的"修正"应变；

　　ε_r——桩帽的净间距之间的应变；

　　α_T——拉伸率；

　　b_n——桩帽净间距，$b_n = s - a$；

　　σ_{sr}——加筋体上方的平均竖向应力。

牛志荣等基于"纺织土工布-粉喷桩"处理桥头过渡段、桩间土工织物的弯曲形状为抛物面等情况，根据力的平衡条件，推导出土工织物拉应力计算式。其中由竖向分布荷载产生的拉力为：

$$T_{rv} = \frac{a'\sqrt{a'^2 + 4\Delta S_r^2}}{4\Delta S_r}(P_1 - P_2) \tag{22-2-14}$$

式中　a'——桩净间距的一半；

　　ΔS_r——土工合成材料的最大挠度；

　　P_1——土工织物上部的竖向荷载；

　　P_2——土工织物下部的地基反力。

三、边坡推力效应引起的加筋体拉力计算方法

对于桩网支承路基中的加筋体而言，不仅受到由路基自重和交通荷载引起的竖向荷载，而且还承担边坡处侧向推力效应引起的水平力，如图 22-2-7 所示。目前对于边坡推力效应引起的加筋体拉力计算方法主要有以下几种方法。

1. Kempfert 法

Kempfert 指出侧向力必须全部由路基底部的加筋体承担才能防止路基滑动。由侧向

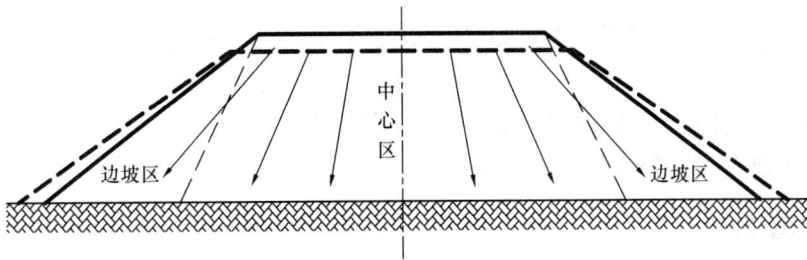

图 22-2-7　路基边坡推力示意图

推力引起的加筋体拉力等于边坡在极限平衡状态的推力作用，即从路基顶部到加筋体底部的水平主动土压力。对于加筋体受到的合力为土拱效应竖向应力和边坡推力引起的拉力之和，即

$$F_{\mathrm{G,total}} = F_{\mathrm{G,M}} + F_{\mathrm{G,S}} \tag{22-2-15}$$

$$F_{\mathrm{G,S}} = E_{\mathrm{ah}}, E_{\mathrm{ah}} = \frac{1}{2} \cdot \gamma \cdot h_1^2 \cdot K_{\mathrm{ah}} + p \cdot K_{\mathrm{ah}} \cdot h_1 \tag{22-2-16}$$

式中　　$F_{\mathrm{G,total}}$ ——加筋体受到的总拉力；

　　　　$F_{\mathrm{G,M}}$ ——土拱效应竖向应力引起的拉力；

　　　　$F_{\mathrm{G,S}}$ ——边坡推力效应引起的拉力；

　　　　E_{ah} ——主动土压力；

　　　　h_1 ——垫层上方路基高度；

　　　　γ ——路基重度；

　　　　K_{ah} ——主动土压力系数。

2. Love 法

Love 等基于自由截面系统中无摩擦基底的假设，提出加筋体的最大拉力为土拱效应引起的拉力和边坡推力引起的拉力的较大者。

$$F_{\mathrm{G,total}} = \max \begin{cases} F_{\mathrm{G,M}} \\ F_{\mathrm{G,S}} \end{cases}, F_{\mathrm{G,S}} = E_{\mathrm{ah}} \tag{22-2-17}$$

3. Geduhn/Vollmert 法

Geduhn/Vollmert 研究提出边坡处地基摩擦力承担部分推力荷载，并以路基边坡坡度和路基填料性质相关，加筋网垫承担的拉力即为边坡推力与剪应力之差：

$$F_{\mathrm{G,S}} = E_{\mathrm{ah}} - R_{\mathrm{u}} \tag{22-2-18}$$

式中　　$R_{\mathrm{u}} = \frac{1}{2} \cdot h^2 \cdot n \cdot \gamma \cdot \mu \cdot \tan\varphi_2$

　　　　φ_2 ——地基土的初始摩擦角；

　　　　n ——路基边坡坡度；

　　　　h ——路基高度；

　　　　μ ——加筋体与基底摩擦系数。

第三节 国外桩网支承路基中加筋网垫的计算方法

近十年来，英国、北欧、德国和日本先后建立了相应的桩网支承路基加筋网垫计算方法的规范或手册，我国尚未建立相关规范。

一、英国规范

英国规范 BS8006 规定桩顶以上填土必须有足够的高度，路基中方能形成完整的土拱。规范中称此最小高度为临界高度，且规定 $H_c = 1.4(s-a)$，s 为桩中心距，a 为桩帽尺寸。当填土高度 $H < H_c$ 时，不能完全形成土拱。两种情况下，作用在加筋网垫上的荷载计算方法如图 22-3-1 所示。

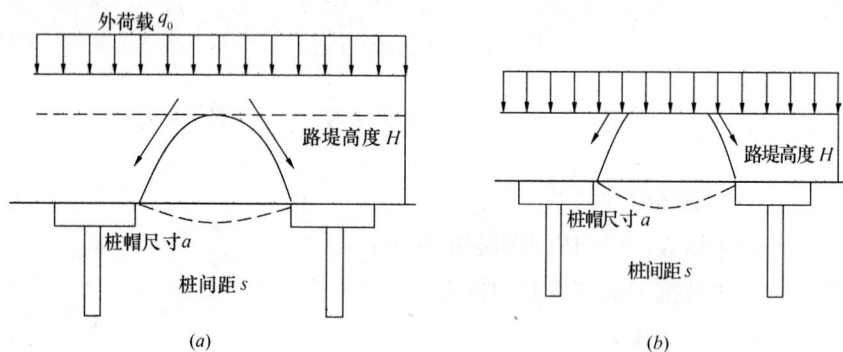

图 22-3-1 英国 BS8006 桩网结构计算示意图
(a) $H > H_c$；(b) $H < H_c$

作用在桩顶平面的平均应力：$\sigma_v = \gamma H + q_0$

式中 q_0——外荷；

γ——填土重度。

作用在桩帽上的竖向应力：$p'_c = (C_c \cdot a/H)^2 \cdot \sigma'_v$

式中 C_c——拱效应系数。刚性端承桩时，$C_c \approx 1.95\dfrac{H}{a} - 0.18$；摩擦桩和其他桩时，

$$C_c \approx 1.5\frac{H}{a} - 0.07 。$$

作用在两桩之间加筋网垫上的荷载 W_T，则按桩帽的覆盖面积和桩间土拱形成程度计算：

当 $H > 1.4(s-a)$ 时，

$$W_T = \frac{1.4\gamma(s-a)s}{s^2 - a^2}\left(s^2 - a^2\frac{P'_c}{\sigma'_v}\right) \tag{22-3-1}$$

当 $0.7(s-a) < H < 1.4(s-a)$ 时，

$$W_T = \frac{(\gamma H + q_0)}{s^2 - a^2}\left(s^2 - a^2\frac{P'_c}{\sigma'_v}\right) \tag{22-3-2}$$

$H_c = 1.4(s-a)$ 是土拱临界高度，位于此高度以上的填土荷载和表面荷载将全部传递给复合地基中的桩体，当填土（或垫层）高度小于该值，拱效应的作用没有完全发挥出来，复合地基桩间土以上的土拱部分荷载由加筋网垫承担。其中当高度 $H = H_c$ 时，将出现荷载传递不连续情况，规范没有考虑填土（垫层）的物理力学性质，为减小路基面出现不均匀沉降，建议路堤填土高度不宜低于 $0.7(s-a)$。

拉力采用索膜理论，假设膜下脱空，由于竖向荷载 W_T 产生的桩间加筋体拉力 T_1 可用下公式计算：

$$T_1 = \frac{W_T(s-a)}{2a}\sqrt{1+\frac{1}{6\varepsilon_r}} \tag{22-3-3}$$

式中　ε_r——格栅的允许应变。

二、北欧规范

北欧规范计算模式采用楔形拱的假设，三角形楔的顶角为 $30°$，高度为 $(s-a)/(2\tan15°)$，在任何路堤高度条件下，作用在加筋体上的荷载等于楔形体的土重，不考虑外荷的影响，如图 22-3-2 所示。

二维时土楔的重量为：$\quad W'_T = \frac{(s-a)^2}{4\tan15°}\gamma = 0.93(s-a)^2 \cdot \gamma \tag{22-3-4}$

转换为三维条件时：$\quad\quad W_T = \frac{1+\dfrac{s}{a}}{2} \cdot W'_T \tag{22-3-5}$

北欧手册中格栅拉力的计算也采用索膜理论，也假定加筋体下为空穴，其计算方法与英国规范相近：

$$T_1 = \frac{W_T}{2}\sqrt{1+\frac{1}{6\varepsilon_r}} \tag{22-3-6}$$

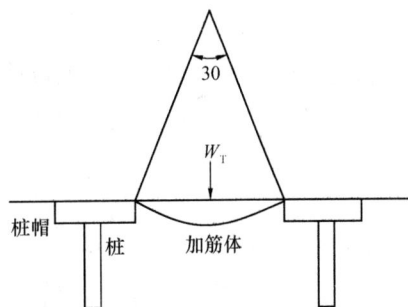

图 22-3-2　北欧手册楔形拱示意图

三、日本规范

日本规范用荷重分散角 α 计算拱的形成范围，如图 22-3-3 所示。根据分散角、桩净距和填土高度，可将加筋体所承受的荷载计算分为 A、B、C 三个区段。若路基面在 A 区间以上，即三维拱完全形成时，荷载等于三维锥形（a-a 断面以下）土体自重，不考虑 a-a 断面以上填土重和外荷，即：

$$W_0 = \gamma \cdot V \tag{22-3-7}$$

式中　V——锥形体体积。

若路基面高程在 a-a 断面以下，即拱未完全形成（B 或 C 区段）时，桩间土所承受的荷载为：

$$W_0 = \gamma \cdot V_h + q_0 \cdot A_h \tag{22-3-8}$$

式中　A_h——路堤面高 h 处锥形拱体的截面积；

　　　V_h——A_h 截面以下锥形体体积。

公式中楔形锥体不同高度处 A_h 和 V_h 的计算与分散角 α 的假设、桩的间距和尺寸有关。日本一般假设加筋网垫层的分散角取 $45°$，一般填土分散角取 $30°$。

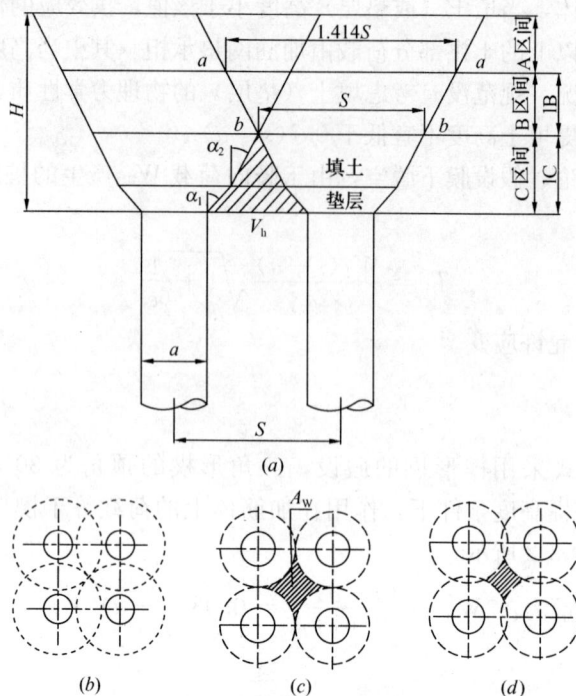

图 22-3-3　日本规范计算示意图

(a) 拱示意图；(b) a-a 截面；(c) b-b 截面；(d) B 区间

加筋体拉力采用索膜理论进行计算，并假定索下为空穴。W_0 为四根桩之间网垫所承担的总荷载，假定所有荷载由两桩之间的窄条网垫承担，则窄条网垫上单位荷载 q 按下式换算：

$$q = W_0 / 2a(s-a) \tag{22-3-9}$$

加筋体拉力为：

$$T_1 = \sqrt{A^2 + \left[\frac{q(s-a)}{2}\right]^2}, A = \frac{q(s-a)^2}{8f} \tag{22-3-10}$$

式中　f——加筋体最大挠度。

四、德国规范

德国参照 Hewlett 和 Randdph 的研究成果，假设拱为半球形，根据塑性极限平衡拱面的平衡分析，得到桩顶和桩间土的平均应力。作用于桩间土的平均应力 $\sigma_{z0,k}$（kN/m^2）计算公式如下：

$$\sigma_{z0,k} = \lambda_1^{\chi} \cdot \left(\gamma + \frac{q_0}{H}\right) \cdot \left\{ H \cdot (\lambda_1 + H_c^2 \cdot \lambda_2)^{-\chi} + H_c \cdot \left[\left(\frac{\lambda_1 + H_c^2 \cdot \lambda_2}{4}\right)^{-\chi} - (\lambda_1 + H_c^2 \cdot \lambda_2)^{-\chi} \right] \right\} \tag{22-3-11}$$

其中：

$$\chi = \frac{d \cdot (K_p - 1)}{\lambda_2 \cdot s_{max}}$$

$$K_p = \tan^2\left(45° + \frac{\varphi}{2}\right)$$

$$\lambda_1 = \frac{1}{8} \cdot (s_{max} - d)^2$$

$$\lambda_2 = \frac{s_{max}^2 + 2 \cdot d \cdot s_{max} - d^2}{2 \cdot s_{max}^2}$$

式中　H_c——土拱的临界高度，当 $H \geqslant s/2$ 时，$H_c = s/2$，当 $H < s/2$ 时，$H_c = H$；

　　　　s_{max}——桩间最大中心距；

　　　　d——桩直径或桩帽尺寸 a；

　　　　φ——填料的内摩擦角。

德国规范将网垫上的平均应力换算为桩与桩间条带上的三角形分布荷载 $F_{x,k}$ 和 $F_{y,k}$，计算图例如图 22-3-4 所示，计算公式如下：

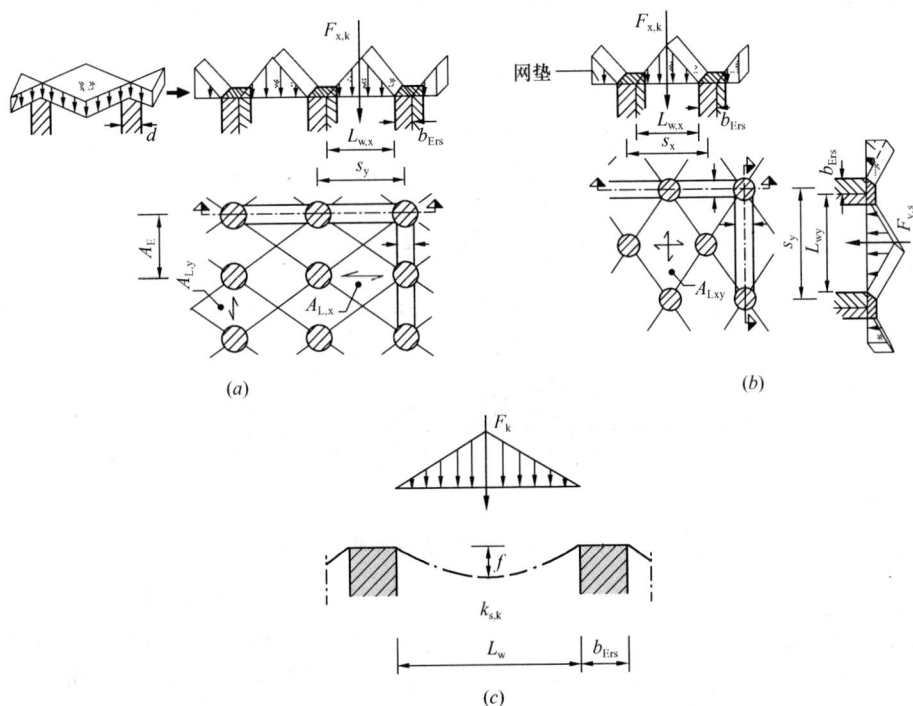

图 22-3-4　德国规范计算示意图

(a) 桩的布置形式为矩形；(b) 桩的布置形式为三角形

(c) 计算模型

桩的布置形式为矩形时

$$F_{x,k} = A_{Lx} \cdot \sigma_{z0,k}, A_{Lx} = \frac{1}{2} \cdot (s_x \cdot s_y) - \frac{d^2}{2} \cdot a\tan(\frac{s_y}{s_x}) \cdot \frac{\pi}{180} \qquad (22\text{-}3\text{-}12)$$

$$F_{y,k} = A_{Ly} \cdot \sigma_{z0,k}, A_{Ly} = \frac{1}{2} \cdot (s_x \cdot s_y) - \frac{d^2}{2} \cdot a\tan(\frac{s_x}{s_y}) \cdot \frac{\pi}{180} \qquad (22\text{-}3\text{-}13)$$

式中　A_{Lx}，A_{Ly}——x，y 方向的换算面积；

　　　　s_x，s_y——x，y 方向的桩间距；

　　　　d——桩径。

桩的布置形式为三角形时

$$A_{\text{L.xy}} = \frac{1}{2} \cdot s_x \cdot s_y - \frac{d^2}{2} \cdot \pi \tag{22-3-14}$$

$$F_{x,k} = \frac{J_x}{J_x + J_y} \cdot A_{\text{L.xy}} \cdot \sigma_{z0,k} \tag{22-3-15}$$

$$F_{y,k} = \frac{J_y}{J_x + J_y} \cdot A_{\text{L.xy}} \cdot \sigma_{z0,k} \tag{22-3-16}$$

式中 $A_{\text{L.xy}}$——换算面积；

J_x、J_y——x、y 方向网垫格栅模量。

分析网垫中格栅拉力和应变时，考虑桩间土体反力和格栅模量，采用索膜理论进行计算，规范提供了诺谟图，如图 22-3-5 所示（$\max\varepsilon_k$ 为网垫格栅最大应变，$k_{s,k}$ 为桩间土综

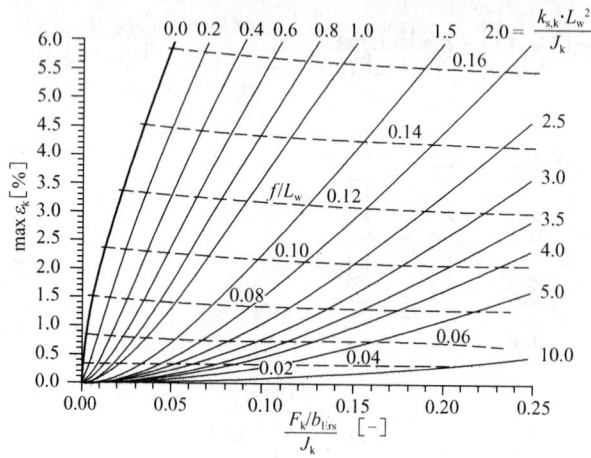

图 22-3-5 计算加筋诺谟图

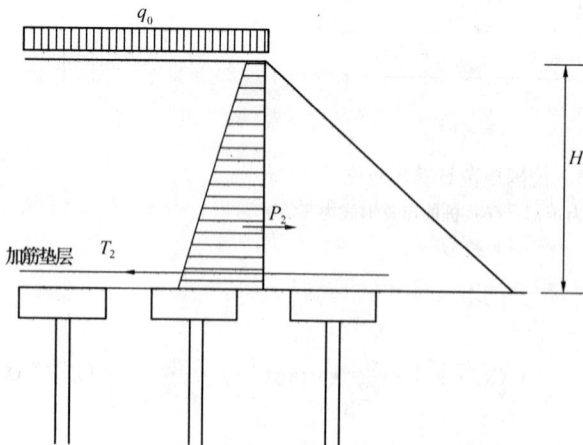

图 22-3-6 横向滑移力计算示意图

合刚度，b_{Ers} 为桩承担荷载的等效宽度）。规范中取格栅在长期荷载作用下发生 2.5% 蠕变应变时对应的割线模量作为格栅模量 J_k，根据计算的 $\dfrac{k_{s,k} \cdot L_w^2}{J_k}$、$\dfrac{F_k/b_{\text{Ers}}}{J_k}$ 值，查图获得 $\max\varepsilon_k$，竖向应力引起的格栅拉力：

$$E_M = \max\varepsilon_k \cdot J_k \tag{22-3-17}$$

上述 4 个规范中，路基横断面方向由边坡推力效应引起的拉力 T_2 采用相同算法（如图 22-3-6 所示），即拉力为主动土压力的合力，计算式为：

$$T_2 = 0.5 \tan^2(45° - \varphi/2) \cdot (\gamma H + 2q_0) H$$

第四节　我国计算方法

叶阳升等通过数值分析、现场填筑和室内模拟试验对加筋网垫在桩网支承路基中的作用机理进行了大量研究工作，并根据格栅变形特点，提出了加筋网垫的计算方法。

一、桩网支承路基中的加筋网垫作用机理

在桩网支承路基横向，加筋网垫受到的拉力为由土拱效应竖向应力引起的拉力和边坡推力效应引起的拉力之和。

1. 加筋体承担的荷载

数值分析表明，桩网支承路基在多级荷载施加过程中存在明显的土拱效应，加筋网垫上下方相应于桩顶位置的竖向应力随路基填筑高度的增加而显著增加，相应于桩间土位置的竖向应力增长率明显小于桩顶位置，如图 22-4-1 所示。加筋网垫承担的竖向应力随持力层模量、软土层模量和置换率的增大而减小，随格栅模量的增大而增大。

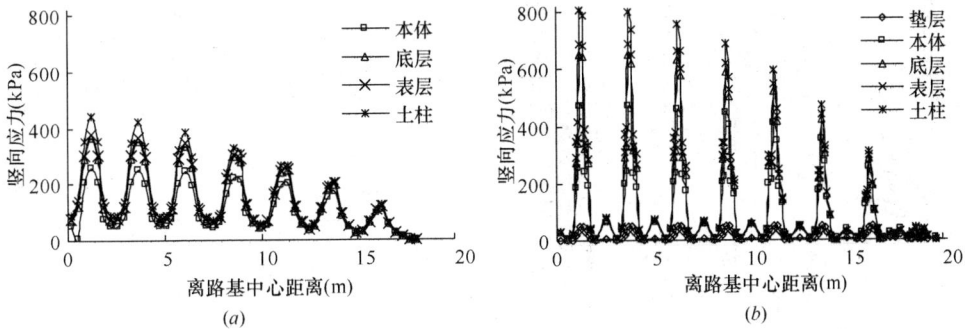

图 22-4-1　数值分析典型结果（桩间距 $s=2.5$m，桩帽尺寸 $a=1.0$m）

(a) 加筋网垫上方竖向应力；(b) 加筋网垫下方竖向应力

现场试验中，针对厚度约 25m 的软弱地基采用桩网支承结构进行处理，钢筋混凝土桩（桩径 0.5m，桩间距 2.5m，桩帽 1.5m×1.5m），桩顶铺设 0.6m 厚的碎石层，中间夹铺 2 层 80kN/m 的双向土工格栅。路基中心处，桩间土对应位置的竖向应力随路基填筑高度增加而增加，格栅上方应力变化趋势与德国规范计算结果较为接近，格栅下方桩间土存在一定的应力，并略大于根据地基模量反算结果，如图 22-4-2 和图 22-4-3 所示。

在路基中心的室内模拟试验中，根据相似理论以钢管为桩、塑料苯板为桩间土组成几何相似比为 1：6 的试验系统，通过一种桩间距（$s=0.4$m）、三种桩帽尺寸（$a=0.089$m、0.17m 和 0.25m）、两种格栅强度（40kN/m 和 30kN/m）和两种格栅边界固定方式进行组合试验。在路基填筑过程中，垫层上、下的桩间土平均竖向应力随路基高度增加而增大，并与德国规范较为接近，如图 22-4-4～图 22-4-9 所示，施加上覆外荷载时的结果有相同的趋势。垫层下方存在一定的竖向应力。格栅初始松紧状态对土拱成拱效率有一定影响，初始状态松，网垫上方应力略小，网垫下方应力略大。

边坡垫层的模拟试验表明，上层加筋体承担由推力效应引起的拉力大于下层，位于路肩坡顶截面的实测主动土压力合力明显大于由推力效应引起的拉力，如表 22-4-1 所示。

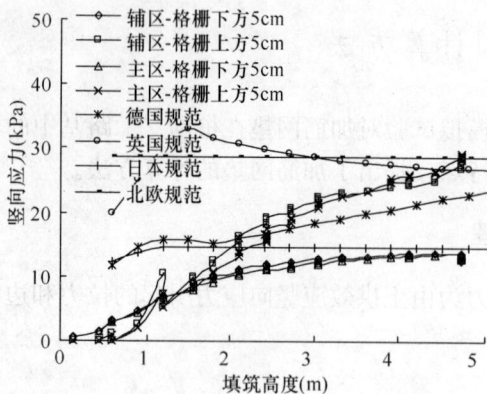

图 22-4-2 桩间土位置竖向应力比较

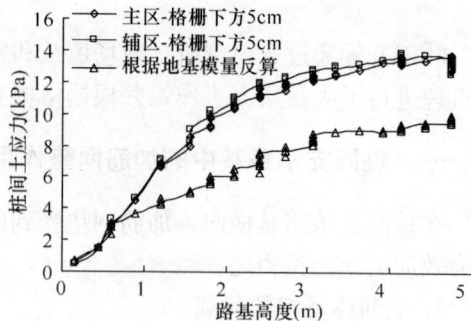

图 22-4-3 格栅下方桩间土应力

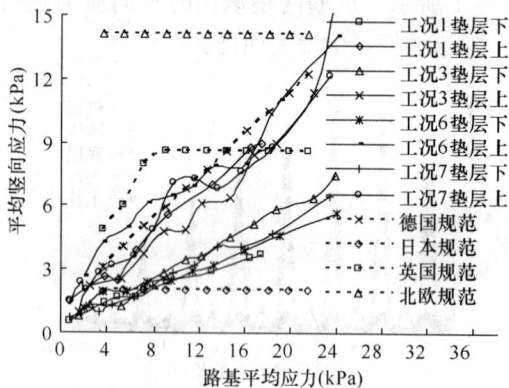

图 22-4-4 桩间土平均应力

($s=0.4$m，$a=0.089$m，$q=0$kPa)

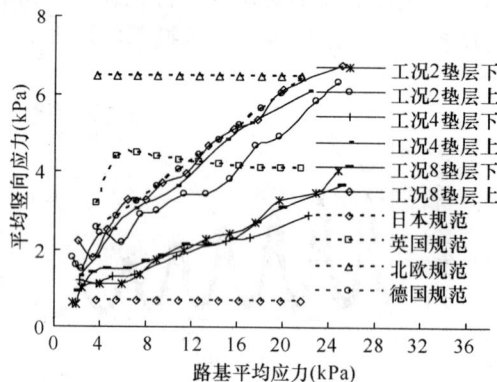

图 22-4-5 桩间土平均应力

($s=0.4$m，$a=0.17$m，$q=0$kPa)

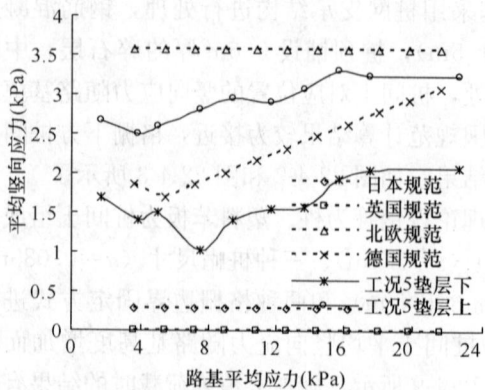

图 22-4-6 桩间土平均应力

($s=0.4$m，$a=0.25$m，$q=0$kPa)

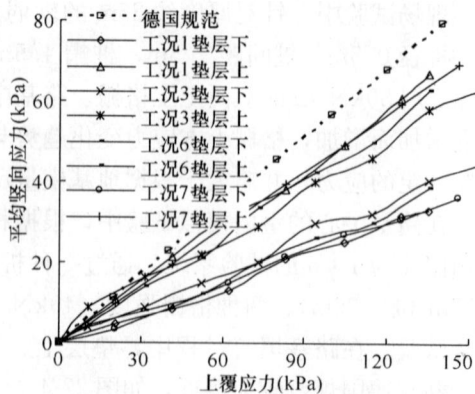

图 22-4-7 桩间土增加的平均应力

($s=0.4$m，$a=0.089$m，$q=0\sim150$kPa)

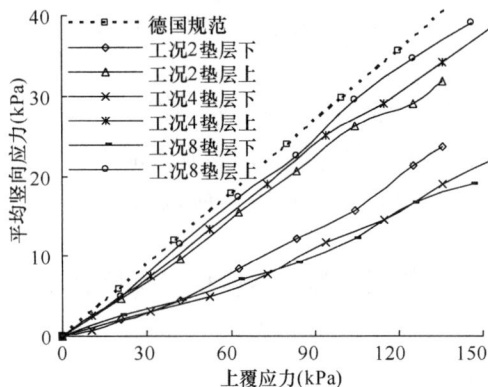

图 22-4-8　桩间土增加的平均应力

（$s=0.4$m，$a=0.17$m，$q=0\sim150$kPa）

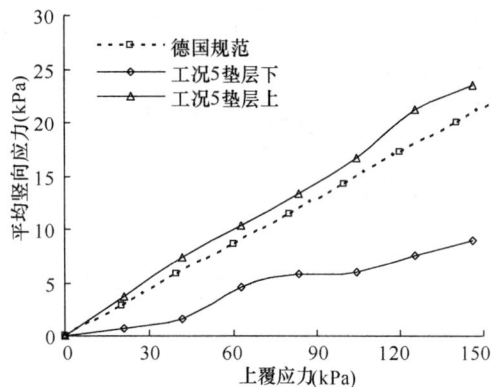

图 22-4-9　桩间土增加的平均应力

（$s=0.4$m，$a=0.25$m，$q=0\sim150$kPa）

主动土压力合力与推力引起拉力的比较（kN/m）　　　　　　**表 22-4-1**

试验序号	主动土压力合力	下层由推力引起的拉力	上层由推力引起的拉力	由推力引起的总拉力
1	16.0	3.8	7.1	11.0
2	22.9	1.4	1.9	3.3
3	15.0	5.2	8.6	13.7
4	12.7	1.3	2.7	3.9

2. 加筋网垫承担的动荷载

路基（断面 1 高度 3.0m 和断面 2 高度 3.2m）经过 550 万次现场原位 1:1 模拟动荷载试验表明，整个过程中不同深度处动应力水平基本维持不变，动应力传递幅值较为稳定，动应力与动载次数关系如图 22-4-10 所示。本次动载模拟试验在某高速铁路试验段断面 1 和断面 2 施加的路基面动荷载平均值分别为 13.7kPa 和 9.6kPa，以基床表层顶面动应力为应力基准，以桩顶平面为标高基准，计算断面 1 路基动应力沿深度方向的衰减系数如图 22-4-11 所示，总体上桩顶和桩间土上方路基动应力衰减系数沿深度方向逐渐减小，桩顶和桩间土动应力衰减系数差异较小，数值较为接近，在路栅平面处衰减系数分别为 0.36 和 0.30；断面 2 路基动应力沿深度方向的衰减系数如图 22-4-12 所示，衰减系数与断面 1 变化趋势较为接近，在格栅平面处桩顶和桩间土衰减系数分别为 0.41 和 0.36。桩顶

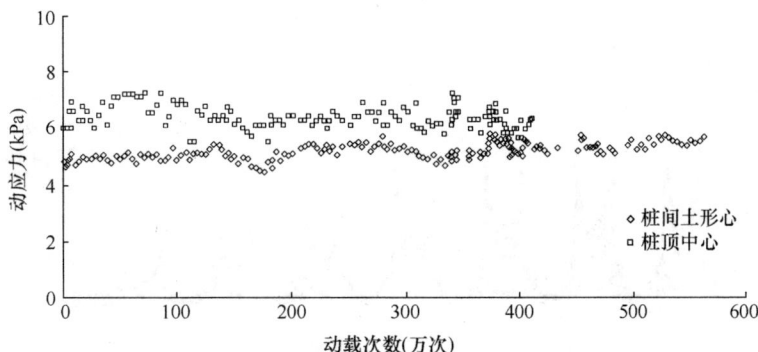

图 22-4-10　断面 1 桩顶平面上方 1.0m 动应力与动载次数关系

和桩间土上方路基动应力传递与静态应力存在明显差异，动应力在路基土拱中基本按照均质体进行传递。

采用 Boussinesq 公式对于路基中动应力的传递进行计算。

（1）假设承台具有较强刚度，激振试验中在承台下方路基面产生的动应力幅值较为接近，即为均布应力，桩顶和桩间土上方路基面测试结果也较为接近。荷载面积为承台面积。

（2）以当量法将基床表层、基床底层的厚度 h 折算成与路基本体相同模量的等效层厚 h_e。

$$h_e = \sqrt[3]{\frac{E}{E_0}} \cdot h$$

（3）结合现场试验资料，基床表层模量取 $E_1 = 180MPa$，基床底层模量取 $E_2 = 150MPa$，路基本体模量取 $E_3 = 110MPa$。

（4）采用 Boussinesq 公式计算承台中心处沿深度方向的应力衰减曲线。

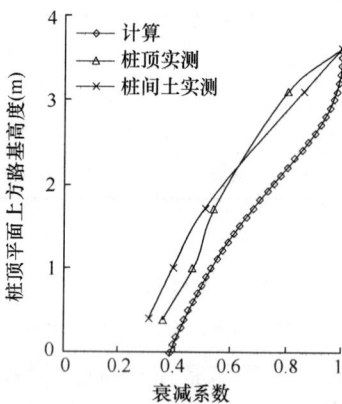

图 22-4-11　断面 1 衰减系数计算与实测对比　　图 22-4-12　断面 2 衰减系数计算与实测对比

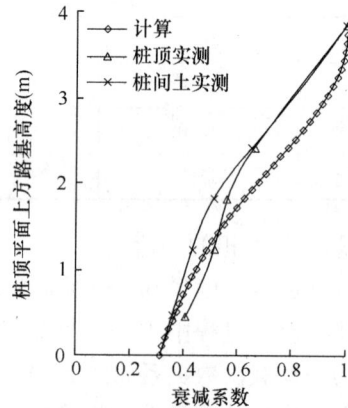

3. 加筋体受力变形特性

数值分析结果表明，桩顶加筋体拉力大于桩间土，垂直于桩顶外边缘的拉力最大，拉力随持力层模量、软土层模量和置换率增大而减小，随加筋体模量增大而增大，如图 22-4-13所示。

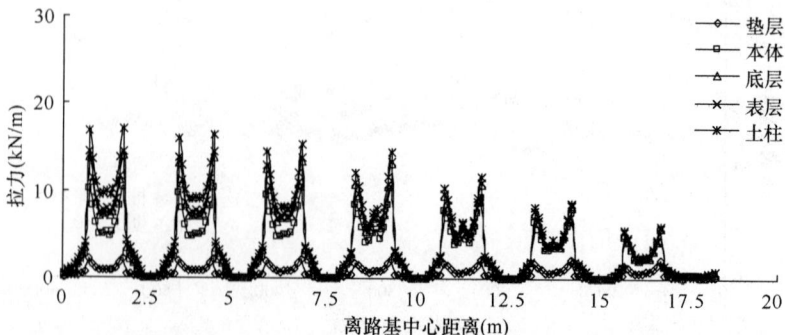

图 22-4-13　桩顶形心横断面下层格栅拉力数值分析典型结果

现场和室内试验表明，两桩帽间的加筋体拉力大于四桩形心桩间土拉力，位于桩帽之间并垂直于桩帽边的加筋体拉力大于平行于桩帽边的拉力。对于两层加筋体的加筋网垫而言，下层加筋体承担土拱效应竖向应力引起的拉力大于上层，下层承担的荷载是总荷载的 $1/2\sim2/3$，如图 22-4-14 和图 22-4-15 所示。

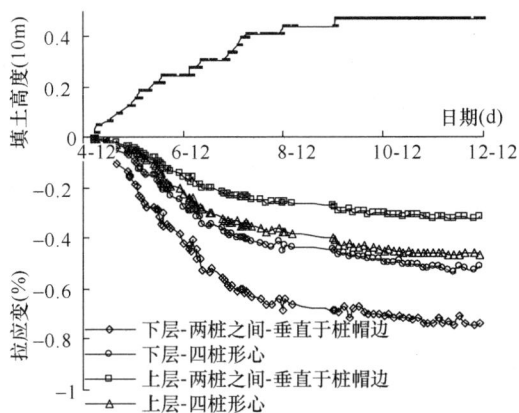

图 22-4-14　现场试验格栅拉应变

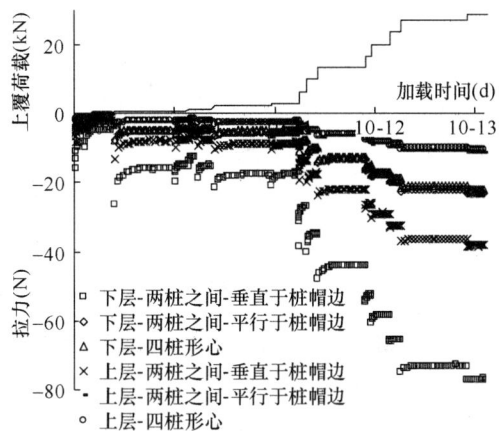

图 22-4-15　室内试验格栅拉力

室内模拟试验加载结束时对加筋网垫进行注浆，切割得到变形后的格栅形状表明，桩顶形心横截面变形明显大于桩间土截面，竖向荷载主要由两桩之间格栅承担，桩网支承路基结构中的格栅变形形状可近似为悬索形状，如图 22-4-16 和图 22-4-17 所示。

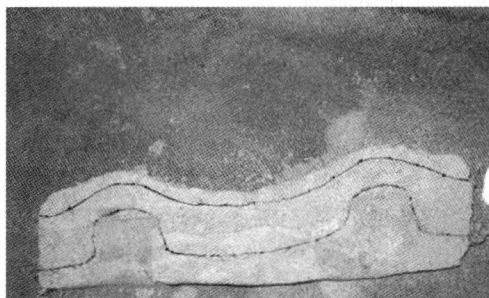

图 22-4-16　注浆碎石垫层格栅变形（桩顶）

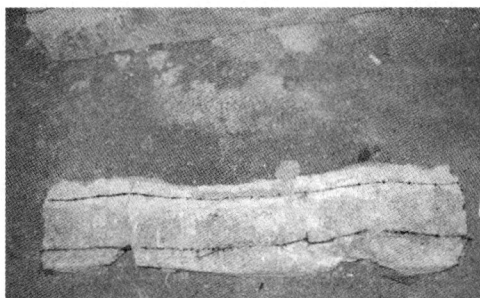

图 22-4-17　注浆碎石垫层格栅变形（桩间土）

二、加筋体强度的讨论

主要成分为聚酯和聚烯烃的土工合成材料加筋体具有明显的蠕变特性，其拉伸强度随时间增长而逐渐减小。加筋体所受拉力从铺设至施工结束主要随外荷载增长而增长，施工结束时形成加筋体长期工作条件下的初始拉力和应变。在运营期间，蠕变造成加筋体应变随时间增长而增长，再加上加筋体材料的应力松弛，拉力逐渐减小。强度和拉力随时间变化过程如图 22-4-18 所示。因此，对于加筋体的最低强度取值，可取为在结构物使用年限以内加筋体不致于拉伸破坏时的强度，其相应的失效应变以 10% 为限。在此应变条件下的拉力即为加筋体拉力荷载。该强度 T_{cr} 可以根据使用年限通过蠕变试验进行确定。

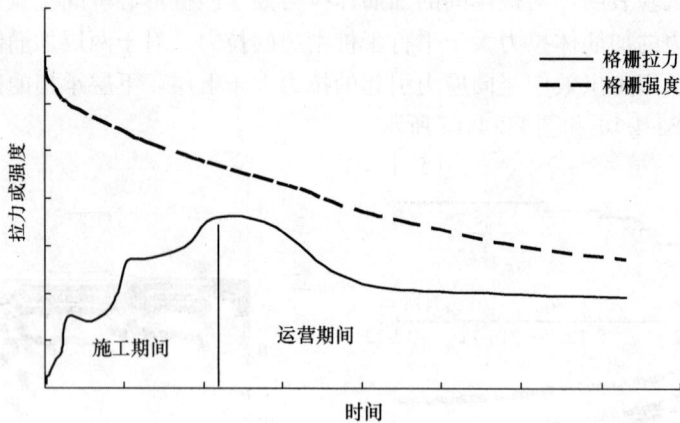

图 22-4-18 加筋体拉力和强度随时间发展示意图

根据国外经验，除了考虑加筋体蠕变特性，还需考虑工程施工和加筋体工作环境等因素的影响，即考虑铺设过程的破损和生物化学作用等问题。

因此，加筋体允许强度可根据下式确定：

$$[T] = \frac{T_{cr}}{F_C F_D} \tag{22-4-1}$$

式中　T_{cr}——使用年限内发生 10％失效应变的拉伸强度（kN/m）；

　　　F_C——考虑施工过程中破损的材料安全系数；

　　　F_D——耐久性（考虑耐候性、耐药性以及长期性能恶化特性）安全系数。

F_D 一般取为 1.0～2.0，但是当土工合成材料在无阳光照射、施工过程中处理较好和土体 pH＝5～9 之间时，基本不考虑这方面的影响；当加筋体用于土体中，F_C 一般取为1.0，当用于碎石等材料中，应视具体情况而定。北欧规范对 F_C 给出如表 22-4-2 所示的建议。

考虑加筋体在铺设过程的破损　　　　　　表 22-4-2

类型	黏土/粉土	砂	砂砾（天然）	砂砾（人工）	碎石土
$1/F_C$	0.91	0.83	0.77	0.72	0.67

三、土拱效应计算方法

1. 桩间土应力

桩土刚度差异引起土拱效应，将较多上部荷载集中传递至桩。对于桩网结构土拱效应的分析，采用 Zeaske（2001）和 Zaeske and Kempfert（2002）的研究成果。

模型假设土拱为三维球形拱，相当于多个壳单元为拱组成的系统，如图 22-4-19 所示，在拱顶，笛卡尔坐标系中的径向应力 σ_r 等于竖向应力 σ_z。根据力在径向的平衡得出下面的微分方程，这是竖向应力 $\sigma_z(z)$ 的函数：

$$-\sigma_z \cdot dA_u + (\sigma_z + d\sigma_z) \cdot dA_0 - 4 \cdot \sigma_\Phi \cdot dA_s \cdot \sin(\frac{\partial \Phi_m}{2}) + \gamma \cdot dV = 0 \tag{22-4-2}$$

式中　　$dA_u = (r \cdot \delta\Phi)^2$

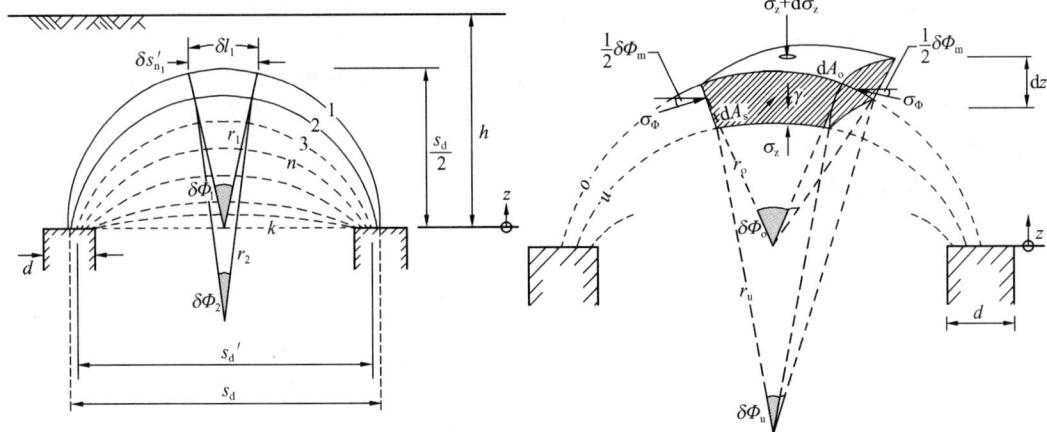

图 22-4-19　球形拱模型

$$dA_0 = (r+dr)^2 \cdot (\delta\Phi + d\delta\Phi)^2 \approx 2 \cdot d\delta\Phi \cdot r^2 \cdot \delta\Phi + 2 \cdot dr \cdot r \cdot \delta\Phi^2 + r^2 \cdot \delta\Phi^2$$

$$(22\text{-}4\text{-}3)$$

$$dA_s = \left(r + \frac{1}{2}dr\right) \cdot \left(\delta\Phi + \frac{1}{2}d\delta\Phi\right) \cdot dz \approx dz \cdot r \cdot \delta\Phi$$

$$dV = \left(r + \frac{1}{2}dr\right)^2 \cdot \left(\delta\Phi + \frac{1}{2}d\delta\Phi\right)^2 \cdot dz \approx dz \cdot r^2 \cdot \delta\Phi^2 \qquad (22\text{-}4\text{-}4)$$

　　对于拱上的路基部分，假定上覆和交通荷载引起的应力为均匀分布，土体自重引起的应力线性分布。对式（22-4-3）进行简化和解微分方程，当 $z \to 0$，即桩顶平面桩间土的平均应力 σ_{z0}，可近似推导为（计算简图如图 22-4-20 所示）：

$$\sigma_{z01} = \lambda_1^{\chi} \cdot \left(\gamma + \frac{p_s}{h}\right) \cdot \left\{ h \cdot (\lambda_1 + h_g^2 \cdot \lambda_2)^{-\chi} + h_g \cdot \left[\left(\lambda_1 + \frac{h_g^2 \cdot \lambda_2}{4}\right)^{-\chi} - (\lambda_1 + h_g^2 \cdot \lambda_2)^{-\chi} \right] \right\}$$

$$(22\text{-}4\text{-}5)$$

式中　γ——土体重度；

　　　p_s——静荷载；

　　　h_g——土拱高度，当 $h \geqslant s/2$ 时，$h_g = s/2$，当 $h < s/2$ 时，$h_g = h$。

　　　s——桩间距，d 为圆形桩帽（或桩顶）直径，如果是其他形状，可按照 $d = \sqrt{4A_s/\pi}$ 转换，A_s 为桩帽（或桩顶）面积；

$$\chi = \frac{d \cdot (K_{crit} - 1)}{\lambda_2 \cdot s}$$

$$\lambda_1 = \frac{1}{8} \cdot (s-d)^2$$

$$\lambda_2 = \frac{s^2 + 2 \cdot d \cdot s - d^2}{2 \cdot s^2}$$

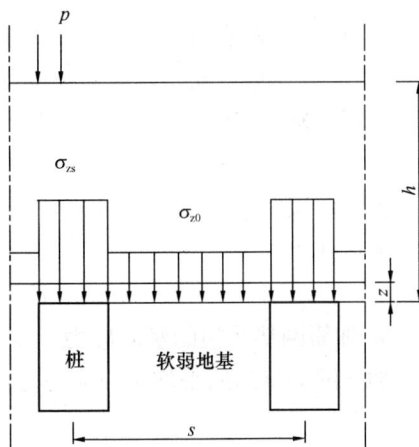

图 22-4-20　桩网结构应力分布计算简图

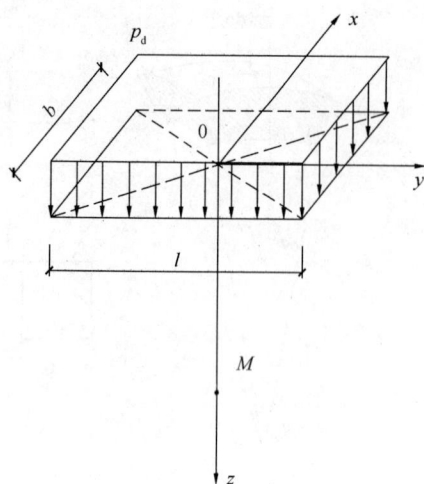

图 22-4-21   桩网结构动态
应力分布计算简图

$$K_{crit} = \tan^2\left(45° + \frac{\varphi'}{2}\right)，被动土压力系数；$$

φ'——路基土体摩擦角。

由路基面动态应力引起的桩间土应力 σ_{z02} 为（计算简图如图 22-4-21 所示）：

$$\sigma_{z02} = \frac{2p_d}{\pi}\left[\arctan\frac{m}{n\sqrt{1+m^2+n^2}}\right.$$
$$\left.+ \frac{mn}{\sqrt{1+m^2+n^2}} \times \left(\frac{1}{m^2+n^2} + \frac{1}{1+n^2}\right)\right]$$

式中 p_d——路基面动态应力；

b——动应力影响横向宽度；

l——动应力影响纵向长度；

$m = l/b$，$n = 2z/b$。

桩间土应力为：

$$\sigma_{z0} = \sigma_{z01} + \sigma_{z02}$$

当桩间土模量较高时，桩间土的反力足够大，可不必进行验算，根据德国规范要求，建议取桩土刚度比为 100，比值大于 100 时（ $k_{s,T}/k_s > 100$ ），需要对加筋体强度进行验算，桩的刚度根据单桩试验资料获取。桩的刚度采用下式计算：

$$k_{s,T} = \frac{F_s}{s_T \cdot A_s} \tag{22-4-6}$$

式中 F_s——桩承担的荷载；

s_T——桩的静载试验中在相应荷载条件下的沉降量。

2. 桩顶应力

桩顶平均应力根据土拱效应可按照下式进行计算：

$$\sigma_{zs} = \left[(\gamma \cdot h + p) - \sigma_{z0}\right]\frac{A_E}{A_s} + \sigma_{z0} \tag{22-4-7}$$

式中 A_s——桩顶面积；

A_E——单桩承担荷载的单位总面积。

因而，桩承担的荷载为：

$$F_s = \sigma_{zs} \cdot A_s \tag{22-4-8}$$

桩顶承担的总荷载还应加上加筋体传递的荷载，一般情况下，从安全角度出发，桩所承担的荷载为：

$$F_s = (\gamma \cdot h + p) \cdot A_E \tag{22-4-9}$$

3. 加筋网垫承担的竖向应力

加筋网垫承担的平均竖向应力为：

$$\sigma_g = \sigma_{z0} - \sigma_d \tag{22-4-10}$$

式中 σ_{z0}——由于土拱效应作用于桩间土的平均竖向应力；

σ_d——地基桩间土产生的平均反力。

地基桩间土产生的平均反力为：

$$\sigma_d = \frac{2}{3} \times k_s \times f \tag{22-4-11}$$

式中　f——格栅中点挠度；

k_s——地基处理深度范围内的综合地基刚度。

2/3 系数来源于桩间土平均沉降，其计算在下节中给出。

综合地基刚度为：

$$k_s = \frac{E_{s,k}}{t_w} \tag{22-4-12}$$

式中　$E_{s,k}$——地基土压缩模量；

t_w——处理深度。

对于黏土和粉土，在处理深度范围内根据不同自重应力条件按照 Ohde 方法进行修正：

$$E_s = E_{sl-2} \, (\sigma'/\sigma_0)^n \tag{22-4-13}$$

E_{sl-2} 为压缩试验 $100 \sim 200$ kPa 压力下的压缩模量，$\sigma_0 = 100$ kPa，σ' 为平均自重应力，即取该层土体厚度中点位置对应深度的自重应力，根据前人研究成果表明，取 $n = 0.575$ 较为简便和可靠。

对于多层土地基，采用下式进行计算：

$$k_s = \frac{\prod\limits_{i1=1}^{n} E_{s,i1}}{\sum\limits_{i1=1}^{n} t_{w,i1} \cdot \prod\limits_{i2=1}^{n} E_{s,i2}}, i1 \neq i2 \tag{22-4-14}$$

式中　n——地基土层层数；

$E_{s,i}$——第 i 层土体压缩模量；

$t_{w,i}$——第 i 层土体厚度。

对于两层地基的综合刚度为：

$$k_s = \frac{E_{s1,k} \cdot E_{s2,k}}{t_{w,1} \cdot E_{s2,k} + t_{w,2} \cdot E_{s1,k}} \tag{22-4-15}$$

对于三层地基的综合刚度为：

$$k_s = \frac{E_{s1,k} \cdot E_{s2,k} \cdot E_{s3,k}}{t_{w,1} \cdot E_{s2,k} \cdot E_{s3,k} + t_{w,2} \cdot E_{s1,k} \cdot E_{s3,k} + t_{w,3} \cdot E_{s1,k} \cdot E_{s2,k}} \tag{22-4-16}$$

四、加筋体拉力计算方法

1. 由竖向应力引起的拉力

假设加筋体只承担拉力而不能承担弯矩，同时在加筋体上部作用均布荷载，加筋体受力变形后为悬索形状，由于挠度与桩净距之比较小，采用平抛物线进行计算。

根据均布荷载作用下的悬索理论建立索单元平衡微分方程，如图 22-4-22 所示：

$$\sum F_x = 0 \qquad \frac{dF_H}{dx}dx + q_x dx = 0, 即 \frac{dF_H}{dx} + q_x = 0 \tag{22-4-17}$$

$$\sum F_y = 0 \qquad \frac{d}{dx}\left(F_H \frac{dy}{dx}\right)dx + q_y dx = 0, 即 \frac{d}{dx}\left(F_H \frac{dy}{dx}\right) + q_y = 0 \tag{22-4-18}$$

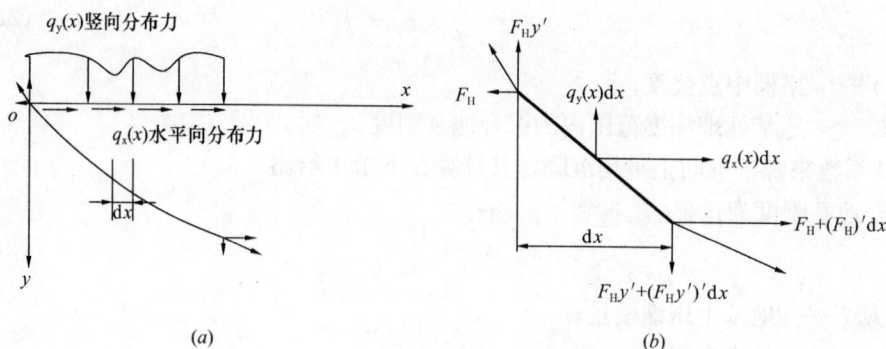

图 22-4-22 索单元受力图

(a) 力的平衡；(b) 索微分单元

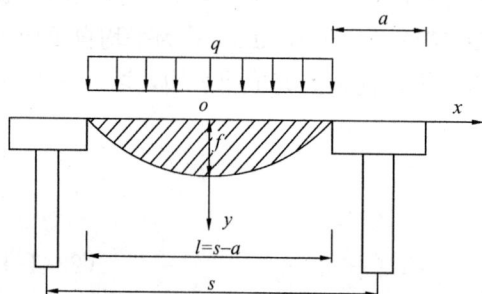

图 22-4-23 桩网支承路基结构格
栅受力变形示意图

当悬索承担竖向荷载作用时，即 $q_x = 0$，由方程（22-4-17）得 F_H 为常量；

由方程（22-4-18）得到：$\dfrac{d}{dx}\left(F_H\dfrac{dy}{dx}\right) + q_y = 0$

或 $F_H\dfrac{d^2y}{dx^2} + q_y = 0$

对其进行积分得到：

$$y = -\frac{q}{2F_H}x^2 + C_1 x + C_2$$

(22-4-19)

对于桩网支承路基结构，桩间距 s，桩帽尺寸 a，桩净距 $l = s - a$，受到均布力 q，f 为中点挠度，建立坐标系，如图 22-4-23 所示。

得到抛物线方程为：

$$y = -\frac{4f}{l^2}x^2 + f$$

(22-4-20)

加筋体发生挠度为 f 的变形时，相应斜线范围内的面积为 $\dfrac{2}{3}f \times l$，因而在式（22-4-11）中桩间土平均沉降取为 $\dfrac{2}{3}f$。

对照式（22-4-19）和式（22-4-20）可知，x^2 项系数相等，得：

$$\frac{4f}{l^2} = \frac{q}{2F_H} \Rightarrow F_H = \frac{ql^2}{8f}，且水平力处处相等。$$

对式（22-4-20）进行求导得：

$$y' = -\frac{8f}{l^2}x$$

(22-4-21)

对于索上任一点，$T = F_H\sqrt{1+(y')^2} = \sqrt{F_H^2 + (F_H y')^2}$，如图 22-4-24 所示。

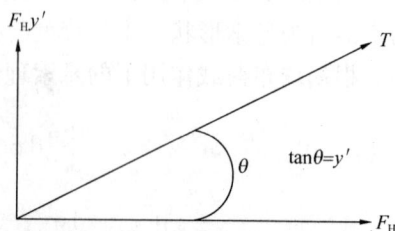

图 22-4-24 轴向拉力和水平拉力

当 $x = \pm \dfrac{l}{2}$ 时，y' 绝对值得到最大，$|y'|_{\max} = \dfrac{4f}{l}$ 得：

$$T_{\max} = \sqrt{F_{\mathrm{H}}^2 + (F_{\mathrm{H}} |y'|_{\max})^2} = \sqrt{F_{\mathrm{H}}^2 + \left(\frac{ql}{2}\right)^2)} = \sqrt{\left(\frac{ql^2}{8f}\right)^2 + \left(\frac{ql}{2}\right)^2} = \frac{ql}{2}\sqrt{\left(\frac{l}{4f}\right)^2 + 1}$$

$$(22\text{-}4\text{-}22)$$

同时，根据悬索平抛物线方法得到平抛物线长：

$$L \approx l + \frac{q^2 l^3}{24 T^2} \tag{22-4-23}$$

挠度为：

$$f = \frac{ql^2}{8T} \tag{22-4-24}$$

根据 $\varepsilon = \Delta l / l = (L - l)/l$，得：

$$f = (s - a)\sqrt{\frac{3}{8}\varepsilon} = l\sqrt{\frac{3}{8}\varepsilon} \tag{22-4-25}$$

代入式（22-4-22），得：

$$T_{\max} = \frac{ql}{2}\sqrt{1 + \frac{1}{6\varepsilon}} \tag{22-4-26}$$

图 22-4-25 为考虑初始挠度的拉力计算模式，初始挠度为 c，承担荷载后发生挠度为 f，中点总挠度为 $f' = f + c$。

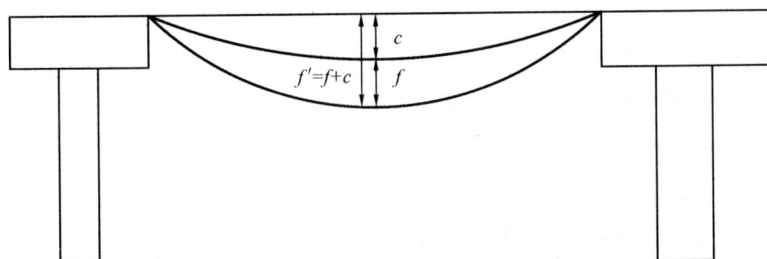

图 22-4-25　考虑初始挠度的计算模式

对于初始状态平抛物线长 $L_1 \approx l + \dfrac{8c^2}{3l}$；

对于最终状态平抛物线长 $L_2 \approx l + \dfrac{8f'^2}{3l} = l + \dfrac{8(f+c)^2}{3l}$；

发生相应的应变为 $\varepsilon = \dfrac{L_2 - L_1}{L_1} = \dfrac{8f'^2 - 8c^2}{3l^2 + 8c^2} = \dfrac{8(f+c)^2 - 8c^2}{3l^2 + 8c^2}$

总挠度为 $f' = \sqrt{\dfrac{8c^2 + \varepsilon(8c^2 + 3l^2)}{8}}$

相应的拉力为 $T_{\max} = \dfrac{ql}{2}\sqrt{\left(\dfrac{l}{4f'}\right)^2 + 1}$ (22-4-27)

将桩间土面积如图 22-4-26 按照粗实线六边形进行平均划分，结合测试得到的格栅拉力和应变特点，这部分荷载由两桩之间虚线阴影部分面积即为加筋体作用面积承担。

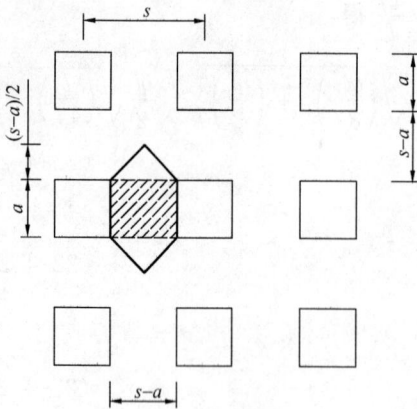

图 22-4-26　加筋体受力面
积平面示意图

垫层承担应力为 σ_g，粗实线六边形面积为 $S_1 = a(s-a) + (s-a)^2/2$，加筋体承担的均布应力 q，虚线阴影部分面积为 $S_2 = a(s-a)$，所以得到：

$$q = \frac{s+a}{2a}\sigma_g \qquad (22\text{-}4\text{-}28)$$

将式（22-4-28）代入式（22-4-27），得到由土拱效应竖向应力引起的加筋体拉力为：

$$F_{G,M} = T_{max} = \frac{(s+a)(s-a)}{4a}\sigma_g \sqrt{\left(\frac{s-a}{4f'}\right)^2 + 1}$$
$$(22\text{-}4\text{-}29)$$

式中　f'——总挠度，$f' = \sqrt{\dfrac{8c^2 + \varepsilon(3l^2 + 8c^2)}{8}}$ ；

　　　c——初始挠度。

2. 由边坡效应引起的拉力

基于现场和室内试验结果分析，推力效应引起的加筋体拉力必须予以考虑，但水平方向主动土压力是由加筋体和地基共同承担，如图 22-4-27 所示，地基提供的摩擦反力与地基土性质和加筋体网孔大小有关，地基提供的摩擦反力可表示为：

$$R_u = G \cdot \tan\varphi_d \cdot p_s = \frac{1}{2}\gamma \cdot h^2 \cdot n \cdot \tan\varphi_d \cdot p_s \qquad (22\text{-}4\text{-}30)$$

式中　G——边坡自重荷载；

　　　φ_d——基底土体初始摩擦角；

　　　p_s——加筋体单位网格中土体面积占总面积的比例，$p_s = 1 - s_{加筋体}/s_{总面积}$ ；

　$s_{总面积}$——加筋体单位网格的总面积，$s_{总面积} = \mathrm{d}t \cdot \mathrm{d}l$ ；

　$s_{加筋体}$——单位网格中加筋体面积，$s_{加筋体} = (\mathrm{d}l - \sqrt{2}nt) \cdot wt + (\mathrm{d}t - \sqrt{2}nt) \cdot wl + nt^2$ ，
　　　　　　对于 m 层格栅，则为 $m \cdot s_{格栅}$（图 22-4-28）；

　　　γ——路基土体重度；

　　　h——路基高度；

　　　n——路基边坡坡度。

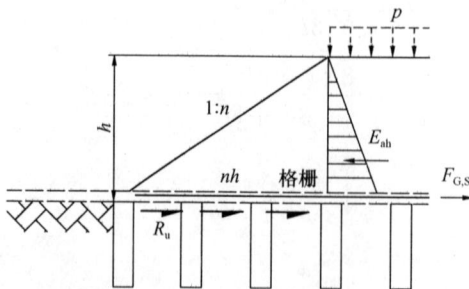

图 22-4-27　路基边坡受力示意图

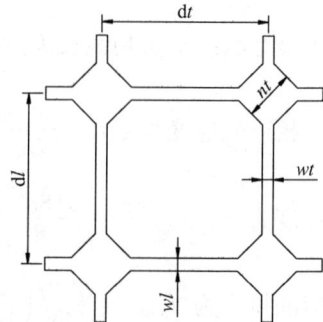

图 22-4-28　格栅网格孔眼尺寸

加筋体承担由边坡推力效应引起的拉力为：

$$F_{G,S} = E_{ah} - R_u \tag{22-4-31}$$

$$E_{ah} = \frac{1}{2} \cdot \gamma \cdot h^2 \cdot K_{ah} + p \cdot h \cdot K_{ah} \tag{22-4-32}$$

当 $F_{G,S} < 0$ 时，取 $F_{G,S} = 0$；

式中　K_{ah}——主动土压力系数；

　　　p——上覆外荷载。

五、加筋网垫在桩网支承路基中的总拉力

对于桩网支承路基纵向的加筋体拉力为：

$$F = F_{G,M} \tag{22-4-33}$$

对于桩网支承路基横向的加筋体拉力为：

$$F = F_{G,M} + F_{G,S} \tag{22-4-34}$$

六、计算方法的验证

下面通过几个算例对我国建议的算法进行验证，为保持一致，计算中不考虑格栅初始挠度。由于对各工况的格栅尺寸不了解，计算采用的网眼尺寸如图 22-4-29 所示，对路基土摩擦角取用 35°，基底土体摩擦角取用 15°，格栅拉力根据算例中已知的应变进行计算，计算结果给出的格栅拉力即为该工程中在该应变条件下的拉力，如果有多层格栅，则为合力。

图 22-4-29 典型格栅网眼尺寸

1. 温福铁路试验段 1

温福铁路试验段 1 位于福建省连江县，DK275＋000～DK275＋400 路堤软土地基预应力管桩、CFG 桩加固试验段，自上而下主要分为三层，粉质黏土，厚度 0.4～2m；淤泥，厚度 10.5～19.7m；粉质黏土夹砂层、碎石土层透镜体，厚度 3.6～28m。路基填筑高度 5.3～6.0m，选用预应力管桩和 CFG 桩进行地基加固，碎石垫层夹铺双向土工格栅。根据地质剖面图，4 个测试断面地质情况如表 22-4-3～表 22-4-6 所示，测试结果取自铁四院研究报告，应力实测值选用路基填筑后一年的测试结果，格栅应变选择最大应变测试结果。通过比较，计算结果与实测结果较为一致。

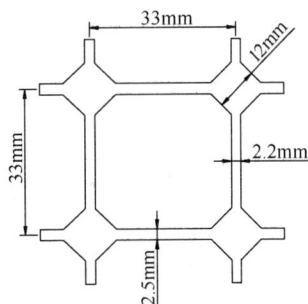

1 号断面 DK275＋050 情况　　　　　　　　　　　　　　表 22-4-3

桩间距 (m)	桩帽 (桩径) (m)	深度 (m)	地基分层 (m)、模量 (MPa)	路基高度 (m)	桩间土应力 (kPa) 实测	桩间土应力 (kPa) 计算	实测格栅应变 (%)	计算格栅拉力 (kN/m) 竖向荷载引起	计算格栅拉力 (kN/m) 边坡推力引起
1.6	1.0	24	粉质黏土 2、3 淤泥 11、1.28 粉质黏土 11、4.84	6.0	7.17～41.9	16.0	0.64	28.6	0

注：双向格栅 1 层，横纵向抗拉强度>80kN/m。

2 号断面 DK275＋150 情况 表 22-4-4

桩间距（m）	桩帽（桩径）（m）	深度（m）	地基分层（m）、模量（MPa）	路基高度（m）	桩间土应力（kPa）		实测格栅应变（%）	计算格栅拉力（kN/m）	
					实测	计算		竖向荷载引起	边坡推力引起
2.5	1.6	32	粉质黏土2、3 淤泥8、1.28 粉质黏土22、4.84	5.6	0.25～16.7	17.3	0.68	40.8	17.4

注：双向格栅2层，横纵向抗拉强度>80kN/m。

3 号断面 DK275＋245 情况 表 22-4-5

桩间距（m）	桩帽（桩径）（m）	深度（m）	地基分层（m）、模量（MPa）	路基高度（m）	桩间土应力（kPa）		实测格栅应变（%）	计算格栅拉力（kN/m）	
					实测	计算		竖向荷载引起	边坡推力引起
2.5	1.6	26	粉质黏土2、3 淤泥10、1.28 粉质黏土16、4.84	5.6	2—21.5	17.3	0.34	62.3	17.4

注：双向格栅2层，横纵向抗拉强度>80kN/m。

4 号断面 DK275＋375 情况 表 22-4-6

桩间距（m）	桩帽（桩径）（m）	深度（m）	地基分层（m）、模量（MPa）	路基高度（m）	桩间土应力（kPa）		实测格栅应变（%）	计算格栅拉力（kN/m）	
					实测	计算		竖向荷载引起	边坡推力引起
2.5	1.6	15	粉质黏土2、3 淤泥8、1.28 粉质黏土5、4.84	5.6	0.67～25.2	17.3	0.33	60.3	17.4

注：双向格栅2层，横纵向抗拉强度>80kN/m。

2. 温福铁路试验段 2

温福铁路试验段 2 位于浙江省温州市，DK26＋642.25～DK26＋950，主要土层分为两层：淤泥，厚度18.8～23.4m；淤泥质黏土，厚度20.8～24.8m；地基采用预应力管桩加固，碎石垫层采用夹铺高强格室、普通格室和双向土工格栅，路堤填高7.1～7.5m。其中 2 个观测断面地质情况和实测结果根据铁四院研究报告获得，实测桩间土应力为路基填筑完成 5 个月的结果，实测格栅应变为最大应变。结果表明，计算结果与实测结果较为接近。

3 号断面 DK26＋840 情况 表 22-4-7

桩间距（m）	桩帽（桩径）（m）	深度（m）	地基分层（m）、模量（MPa）	路基高度（m）	桩间土应力（kPa）		实测格栅应变（%）	计算格栅拉力（kN/m）	
					实测	计算		竖向荷载引起	边坡推力引起
2.5	1.6	41.5	淤泥18、1.48 淤泥质黏土 23.5、2.65	7.2 23	11.5～15.3	19.7	1.675～1.07	30.9～39.7	28.7

注：双向土工格栅2层，横纵向抗拉强度>80kN/m。

4 号断面 DK26＋910 情况 表 22-4-8

桩间距 (m)	桩帽 (桩径) (m)	深度 (m)	地基分层 (m)、 模量 (MPa)	路基 高度 (m)	桩间土应力 (kPa)		实测格栅 应变（%）	计算格栅拉力 (kN/m)	
					实测	计算		竖向荷载引起	边坡推力引起
2.0	1.4	44.1	淤泥 19.3、1.48 淤泥质黏土 24.8、2.65	7.2 23	16.5～34.2	12.8	0.96～1.04	17.4～16.7	28.7

注：双向土工格栅 2 层，横纵向抗拉强度≥80kN/m。

3. 日本手册算例

《攪拌混合基礎（機械攪拌方式）設計・施工の手引さ》中算例，地基总厚度17.7m，采用搅拌桩处理，考虑上覆荷载 11kPa，要求桩间土中点挠度沉降控制在10cm，相对格栅应变为 1.15％，日本规范计算结果与我国建议方法计算结果对比见表 22-4-9。日本手册考虑土拱效应采用扩散角形式，桩间土应力较小，建议方法略大，由于建议方法考虑了地基土反力的影响，竖向应力引起的格栅拉力建议方法计算结果小于日本手册。

日本手册算例比较 表 22-4-9

桩间距 (m)	桩帽 (桩径) (m)	深度 (m)	地基分层 (m)、 模量 (MPa)	路基高度 (m) 重度 (kN/m³)	外荷载 (kPa)	桩间土应力 (kPa)		竖向荷载引起 拉力 (kN)		边坡推力引起力的拉力 (kN)
						日本	建议方法	日本	建议方法	
2.5	1.0	17.7	软土层 8、4.74 黏土层 9.7、10	3.0 20	11	21.5	31.2	65.0	57.7	13.3

4. 德国 DGGT 算例

参数取自德国 DGGT（2004）算例，桩间土应力的结果是一致的，建议方法根据德国规范采用的格栅强度给出的应变，计算的拉力略小于德国规范。

德国规范算例比较 表 22-4-10

桩间距 (m)	桩帽 (桩径) (m)	深度 (m)	地基分层 (m) 模量 (MPa)	路基高度 (m) 重度 (kN/m³)	外荷载 (kPa)	桩间土应力 (kPa)		竖向荷载引起 拉力 (kN)			边坡推力引起拉力 (kN)	
						德国	建议方法	应变	德国	建议方法	德国	建议方法
1.5	0.7	3.5	软土层 3.5 0.5	0.45 18	0	6.87	6.87	0.96 0.65	16.2 21.9	12.2 16.0	0.22	0.09
1.5	0.7	3.5	软土层 3.5 0.5	2.5 18	0	14.1	14.1	1.82 1.19	30.0 39.2	21.7 27.8	13.5	2.7
1.5	0.7	3.5	软土层 3.5 0.5	2.5 18	0	14.1	14.1	1.91 1.25	29.0 38.0	21.0 27.0	13.5	2.7

第五节 施 工 工 艺

桩网支承路基结构在成桩、截桩和桩帽施工等工序完成后，进行加筋网垫的施工。成桩工艺可采取预制打入或钻孔浇筑，桩帽施工也可采用预制或现场浇筑工艺。加筋网垫在桩网支承路基中的施工工艺流程如图 22-5-1 所示。

一、施工准备

1. 原材料

原材料包括集料、中砂和土工格栅。不同级配集料组成垫层，中砂设置于格栅上下侧面以保护格栅。

（1）集料

集料可选用含泥量不大于 5％ 的未风化

图 22-5-1 加筋网垫施工工艺流程

的轧制碎石或砾石等，集料粒径范围可分为 4 组，小于 5mm、5～10mm、10～30mm 和 30～50mm。针对具体集料性能和设计要求，通过混合料性能比较试验，确定配合比以满足压实标准。

（2）中砂

选用洁净中砂（河砂），砂的含泥量为 1％。

（3）土工格栅

根据设计要求，选用双向或单向土工格栅等土工合成材料。除掌握每延米抗拉强度和屈服伸长率外，还应明确在使用年限内的蠕变强度。

2. 施工机械

施工中常用机械包括装载机、自卸汽车、推土机、平地机、重型振动压路机、冲击夯和灌水试验器具等。

3. 桩间土处理

桩帽施工完毕后，采用小型打夯机将桩间土夯实，整理位于两桩之间的桩间土呈凹槽状以利于格栅在无受力条件下形成弯曲状态，中点挠度不超过 20cm，四桩之间桩间土高程不高于两桩之间桩间土。同时，人工配合小型运输车辆清除污染物及浮土。

二、施工方法

1. 填料拌合

采用分区施工的方法，将各集料按配合比在料场掺适量的水进行场拌或路拌，搅拌均匀后用自卸汽车运至作业面。

2. 测量放线

现场标出左右边线、中线及相对应的高程，挂线施工（可采用细钢筋上绑红带及木桩），为方便机械操作及边坡的压实，放线时两边各加宽 50cm。

3. 底层碎石施工

自卸车将填料运至现场卸料，推土机进行初平，人工配合平地机精平。底层碎石压实

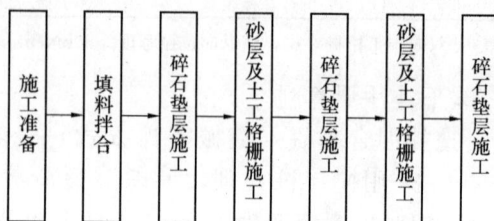

厚度可根据设计要求确定。为防止桩帽因碾压而损坏，不采用振动碾压，碾压方式为静压，碾压速度控制在 4km/h 以内。

4. 砂层及土工格栅施工

在底层碎石垫层上进行第一层砂垫层施工，砂垫层采用天然中砂进行人工铺设，铺设完后采用压路机静压。

在第一层砂垫层上铺设土工格栅，土工格栅沿路基横向铺设，搭接宽度不小于 50cm，路基坡脚两侧预留 3m 回折长度，并及时进行覆盖，在下一结构层施工时回折。土工格栅铺设时将其拉紧展平，用 U 形钉钉牢。

土工格栅为多层时，继续铺设碎石垫层、砂垫层和格栅，施工工序相同。土工格栅铺设完成经监理工程师验收后，进行下一层砂垫层施工，铺设完后采用压路机静压。砂垫层铺设厚度根据设计要求确定，土工格栅不计厚度。

5. 顶层碎石施工

顶层碎石填筑方法与底层一致，填料摊铺完成后采用振动压路机静压和弱振，顶层碎石压实厚度根据设计要求确定。检测合格后，可进入下一道工序施工。

三、质量控制与检验

1. 质量控制

(1) 碎石垫层采用级配良好且未风化的干净砾石或碎石，其最大粒径不大于 50mm，含泥量不超过 5%，且不含草根、垃圾等杂质，施工中加强防护，防止污染和破坏。

(2) 碎石垫层碾压时，严禁采用强振方式碾压，防止损坏垫层下卧的桩帽和桩头。

(3) 土工格栅铺设时将其拉紧展平，用 U 形钉钉牢。土工格栅铺好后按设计要求铺回折段，并及时进行覆盖，一定要注意让出边坡护脚墙的厚度并预留保护层。

(4) 铺设土工格栅后严禁汽车及其他重型施工机械直接行驶于其上。碾压砂垫层时，严禁碾压机械在砂垫层上调头行走。

(5) 铺设土工格栅属于隐蔽工程，施工过程中质检人员在现场监控并做好隐蔽工程检查记录，报监理签认后再进行下一道工序施工。

2. 质量检验

(1) 碎石、砂和土工格栅进场时，按规定频率抽检，对土工格栅逐批检查出厂检验单、产品合格证及材料性能报告单，其种类、规格及质量符合设计要求。

(2) 采用观察、尺量的方法抽检土工格册的铺设和连接情况，沿线路纵向每 100m 抽样检验 5 处，铺设层数、铺设方向和连接方法满足设计要求。

(3) 土工格栅铺设和碎石垫层施工允许偏差、检验数量及方法应符合相关验收标准的规定。

(4) 加筋网垫压实质量检测方法和标准还应满足相关规范的规定。

参 考 文 献

[1] 龚晓南. 复合地基理论及工程应用 [M]. 杭州：中国建筑工业出版社，2000

[2] 饶为国. 桩网复合地基原理及实践 [M]. 北京：中国水利水电出版社，2004

[3] 张建勋，陈福全，简洪钰. 桩承土工织物加筋地基的研究与工程应用综述 [J]. 福建工程学院学报，2003，1 (3)：10-15

[4] Low BK, Tang S K, Chaos V. Arching in piled embankments [J]. Journal of Geotechnical Engineering, ASCE, 1994, 120 (11)：1917-1938

[5] 刘福吉. 路堤下复合地基桩土应力比分析 [J]. 岩石力学与工程学报，2003，22 (4)：674-677

[6] 陈仁朋，许峰，陈云敏等. 软土地基上刚性桩—路堤共同作用分析 [J]. 中国公路学报，2005，18 (3)：7-13

[7] Card G B, Carter G R. Case history of a piled embankment in London's Docklands [M]. Engineering Geology of Construction, Geological Society Engineering Geology Special Publicaiton, 1995, 10：79-84

[8] Svan∅ G, Eiksund G, Want, A alternative calculation principle for design of piled embankments with base reinforcement [A]. Proceedings of 4th International conference on Ground Improvement Geosystems [C]. Helsinki：[s. n.], 2000

[9] Gabr M A, Han J. Numerical analysis of geosynthetics [J] Guido VA, KNeuppel JD, Sweency M22-Plate Loading Tests on Geogrid-Reinforced Earth Slabs [A]. Proceeding of Geosynthetics' 87 Conference, New Orleans, 1987：216-225

[10] Jenner C J, Austin R A, Buckland D. Embankment support over piles using [A]. Proceeding of Sixth International Conference. Geosynthetics, 1998：763-766

[11] Russell D, Pierpoint N. An assessment of design methods for piled embankments [J]. Ground Engineering, 1997, 11：39-44

[12] Love J, milligan G. Design methods for basally reinforced pile supported embankments over soft ground [J]. ground Engineering, 2003, 3：39-43

[13] Hewlett W J, Randolph M F. Analysis of piled embankments [J]. Ground Engineering, 1988, 21 (3)：12-18

[14] Low B K, Tang S K, Chaos V. Arching in piled embankments [J]. Journal of Geotechnical Engineering, ASCE, 1994, 120 (11)：1917-1938

[15] 陈云敏，贾宁，陈仁朋. 桩承式路堤土拱效应分析 [J]. 中国公路学报，2004，17 (4)：1-6

[16] 陈福全，李阿池. 桩承式加筋路堤的改进设计方法研究 [J]. 岩土工程学报，2007，29 (12)：1804-1806

[17] Jones C J, Lawson C R, Ayres D J. Geotextile reinforced piled embankment [A]. Geotextiles, Geomembrances and Relate Produces [C]. Balkema, 1990, 155-159

[18] Terzaghi K. Theoretical soil mechanics [M]. New York：John Wiley&·Son, 1943

[19] Hewlett J. The analysis and design of bridge approach support piling. Part 1 project report [D]. Cambridge：Cambridge University Engineering Department, 1984

[20] Hewlett W J, Randolph M F. Analysis of piled embankments [J]. Ground Engineering, 1998, (3)：12-18

[21] John N W M. Geotextiles [M]. London：Blackie, 1987

[22] Carlsson B. Reinforced Soil, Principles for Calculation [M]. Swedish：TerratemaAB, 1981

[23] 牛志荣，李宏，穆建春等. 复合地基处理及工程实例 [M]. 北京：中国建材出版社，2000

[24] Russell, Dandpierpoint N. An assessment of design methods for piled embankment [J]. Ground Engineering, 1997, (11)：39-44

[25] Han J, Gabr M A. Numerical analysis of geosynthetic reinforced and pile-supported earth platforms over soft soil [J]. Journal of Geotechnical and Geoenvironmental engineering, ASCE, 2002, 128

(1)：44-53

[26]　Pham H TV，Suleiman M T，White D J. Numerical analysis of geosynthetic-rammed aggregate pier supported embankment [A]. Proceedings of Geo-Trans 2004 Conference，Los Angles，CA，2004，July

[27]　Han J，Conllin J G. Geosynthetic support systems over pile foundations [J]. GRI-18 Geosynthetics Research and Development in Progress. ASCE，2005

[28]　陈福全，李大勇. 桩承加筋路堤性状的有限元分析 [J]. 山东科技大学学报，2006，25（2）：50-53

[29]　British Standard Institute. British Standard 8006 Strengthened/reinforced soils and other fills [S]. London：British Standard Institute，1995

[30]　Nordic Geotechnical Society. Nordic Handbook-Reinforced soils and fills [S]. Stockholm：Nordic Geotechnical Society，2002

[31]　鉄道総合技術研究所. 撹拌混合基礎（機械撹拌方式）設計．施工の手引き [M]. 東京：鉄道総合技術研究所，2001

　　　Railway institute of General technology. The design and construction handbook of mixing piled foundation（machine mixing）[M]. Tokyo：Railway institute of General technology，2001

[32]　Deutsche Gesellschaft fur Geotechnike E V. Entwurf der Empfeblung "Bewehrte Erdkorper auf punkf-order linienfomigen Traggliendern" [S]. Berlin：Ernst & Sohn，2004

[33]　Zanzinger H，Gartung E. Performance of a geogrid reinforced railway embankment on piles [A] // International Conference on Geosynthetics. The proceeding of 7th International Conference on Geosynthetics. France，2002：381-386

[34]　Habib H. Widening of Road N247 founder on a geogrid reinforced mattress on piles [A] // International Conference on Geosynthetics. The proceeding of 7th International Conference on Geosynthetics. France，2002：369-372

[35]　周镜，叶阳升，蔡德钩. 国外加筋网垫桩支承路基计算方法分析 [J]. 中国铁道科学，2007，28（2）：1-6

[36]　叶阳升. 加筋网垫在桩网支承路基中的受力机理及计算方法研究 [R]. 北京：中国铁道科学研究院，2008

[37]　叶阳升. 京沪高速铁路低矮路堤 CFG 桩复合地基动载试验研究 [R]. 北京：中国铁道科学研究院，2009

[38]　Heitz，C. Bodengewölbe unter ruhender und nichtruhender Belastung bei Berücksichtigung von Bewehrungseinlagen aus Geogittern [D]，Universität Kassel，2006

[39]　铁道第四勘察设计院路基设计研究处. 温福铁路 DK26＋642.25～DK26＋950 路堤软土地基预应力管桩加固试验研究报告 [R]. 武汉，2007

[40]　铁道第四勘察设计院路基设计研究处. 温福铁路 DK275＋000～DK275＋400 路堤软土地基预应力管桩、CFG 桩加固试验研究报告 [R]. 武汉，2007

第五篇 | 桩基施工

第二十三章　混凝土灌注桩施工

第一节　长螺旋压灌桩施工

一、长螺旋压灌桩施工设备及工艺流程

1. 长螺旋压灌桩简介

长螺旋钻孔压灌桩成桩工艺是国内近年开发且使用较广的一种新工艺，适用于长度不超过 30m 的建筑桩基和基坑支护桩。它采用长螺旋钻机钻孔，至设计深度后提钻同时通过钻杆中心导管灌注混凝土，混凝土灌注完成后，借助于插筋器和振动锤将钢筋笼插入混凝土桩中，完成桩的施工。成孔、成桩由一机一次完成任务。此施工方法不受地下水位的限制，适用于黏性土、粉土、素填土、中等密实以上的砂土。

2. 长螺旋压灌桩所需设备及要求

长螺旋压灌桩所需设备包括长螺旋钻机、混凝土输送泵、吊车、振动锤、电焊机。长螺旋钻机采用液压步履、履带式和滚管式行走，目前，普遍采用的是步履式和履带式，常见型号及主要技术参数见表 23-1-1。

常用长螺旋钻孔机的主要技术参数　　　　　　　　　　表 23-1-1

型号	电机功率 (kW)	钻孔直径 (mm)	钻杆扭矩 (kN·m)	钻孔深度 (m)	钻进速度 (m/min)	钻杆转速 (r/min)	桩架形式
BQZ400	22	300～400	1.47	8～10.5	1.5～2	140	步履式
KLB600	40	300～600	3.30	12.0	1.0～1.5	88	步履式
ZKL400B	30	300～400	2.67	12.0		98	步履式
LZ600	30	300～600	3.60	13.0	1.0	70～110	履带吊 W1001
ZKL650Q	40	350～600	6.71	10.0		39、64、99	汽车式
ZKL400	30	400	3.7、4.85	12～18	1.0	63、81、116	履带吊 W1001
ZKL600	55	600	12.07	12～18	1.0	39、54、71	履带吊 W1001
ZKL800	55	800	14.55	12～18	1.0	21、27、39	履带吊 W1001
Kw-40	40	350～450	1.53	7～18	1.0～1.2	81	
GZL400	22	400	1.47	8～10.5	1.0	140	轨道式
GZL400	15	400	1.47	12.0	1.0	88	
ZKL800	55×2	800	48.4	27.5		22	
ZKL100	45×2	800～1000	27.1	27		31	
GH85	125	800	83.3	25			

编写人：汪一凡（中基发展建设工程有限责任公司）　刘金波（中国建筑科学研究院地基所）　韩秀茂、张丙权、张成会（中基发展建设工程有限责任公司）　刘宗林（山东正元建设工程有限责任公司）

常用的长螺旋钻机的钻头可分为四类：尖底钻头、平底钻头、耙式钻头及筒式钻头，各类钻头的适用地层见表 23-1-2。

钻头适用地层表　　　　　表 23-1-2

钻头类型	适　用　地　层
尖底钻头	黏性土层，在刃口上镶焊硬质合金刀头，可钻硬土及冻土层
平底钻头	松散土层
耙式钻头	含有大量砖瓦块的杂填土层
筒式钻头	混凝土块、条石等障碍物

长螺旋钻头直径与钻孔直径的匹配关系见表 23-1-3。

钻头直径与钻孔直径匹配关系表　　　　　表 23-1-3

成孔直径（mm）	300	400	500	600	700	800	1000
钻头直径（mm）	296	396	495	594	693	792	990

混凝土输送泵及输送管与长螺旋钻具中心管相匹配，现场采用混凝土输送泵和 ϕ125 输送管。目前较常用的为 30 泵，有方园、中联和 SANY 等产品，工作泵压一般为 4～6MPa。ϕ125 输送软管与长螺旋钻具中心管相连，既可方便钻机移动，又可保持搅拌后台位置的相对稳定无需多次移位。

3. 长螺旋压灌桩施工工艺

长螺旋压灌桩施工工艺可用如下流程图及图 23-1-1 表示。

具体施工工艺如下：

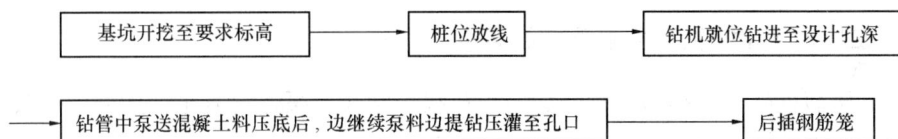

（1）螺旋钻机就位；

（2）启动马达钻孔至预定标高；

（3）混凝土泵将搅拌好的混凝土通过钻杆内管压至钻头底端，边压混凝土边拔管直至成素混凝土桩；

（4）将制作好的钢筋笼与钢筋笼导入管连接并吊起，移至已成素混凝土桩的桩孔内；

（5）起吊振动锤至笼顶，通过振动锤下的夹具夹住钢筋笼导入管；

（6）启动振动锤通过导入管将钢筋笼送入桩身混凝土内至设计标高；

（7）边振动边拔管将钢筋笼导入管拔出，并使桩身混凝土振捣密实。

4. 长螺旋压灌桩施工工艺技术特点

长螺旋压灌桩施工工艺具有以下几方面的特点：

（1）长螺旋成桩工艺与设备施工简洁、无泥浆污染、噪声小、效率高。

（2）该工艺成桩与泥浆护壁钻孔灌注桩相比，其承载力较高，成桩质量稳定。

（3）振动锤激振力大、噪声小、体积适中、便于起吊，能保证钢筋笼的顺利下放。

（4）钢筋笼导入管的振动，使桩身混凝土密实，桩身混凝土质量更有保证。

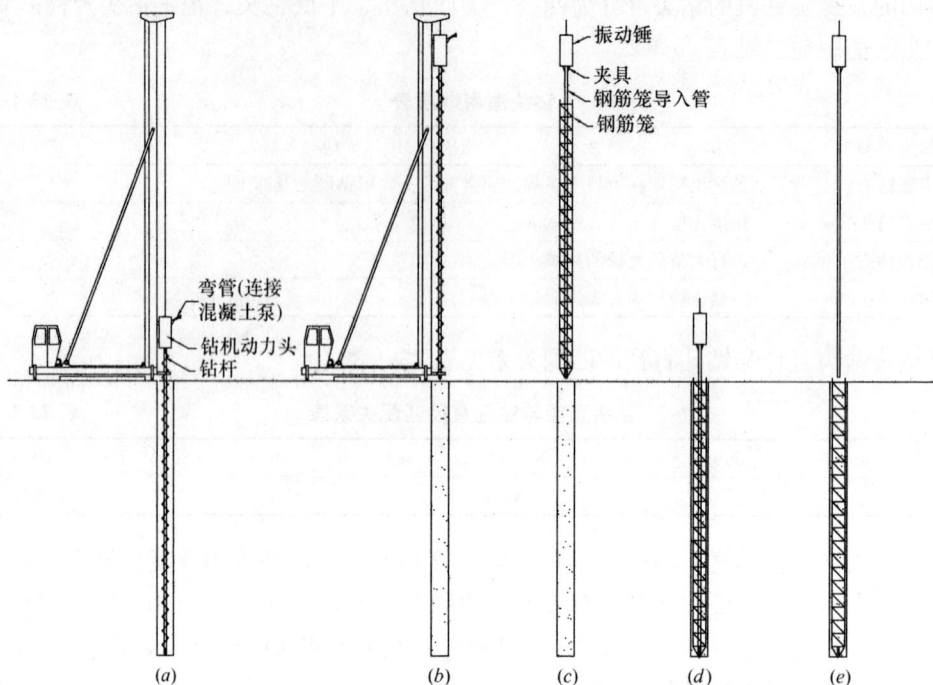

图 23-1-1 长螺旋成桩工艺施工流程

(*a*) 长螺旋钻机成孔至设计标高；(*b*) 边拔钻边泵入混凝土成素混凝土桩

(*c*) 钢筋笼就位；(*d*) 钢筋笼送至设计标高；(*e*) 拔出钢筋导入管成桩

二、长螺旋压灌桩施工要求及控制要点

长螺旋压灌桩施工包括施工准备、定位放线、钻孔、泵送混凝土、插筋、桩头剔凿等几个步骤。以下分别介绍每个步骤的工作及控制要点。

1. 施工准备

（1）正式进场前应对整套施工设备进行检查，保证设备状态良好，禁止带故障设备进场。作好与长螺旋压灌后插钢筋笼灌注桩施工相关的水、电管线布置工作，保证进场后可立即投入施工。施工现场内道路、基坑坡道应符合设备运输车辆和汽车吊的行驶要求，保证运输安全。

（2）设备组装时应设立隔离区，专人指挥，严格按程序组装，非安装人员不得在组装区域内，以杜绝安全事故。

（3）安排材料进场，按要求进行材料复检和混凝土配比试验。

（4）开工前进行质量、安全技术交底，并填写《技术交底记录》。

2. 定位放线

根据建筑物定位轴线，由专职测量人员按桩位平面图准确无误地将桩位放样到现场。现场桩位放样采用插木制短棍加白灰点作为桩位标识。

桩位放样允许误差：20mm。

桩位放样后经自检无误，填写《楼层平面放线记录》和《施工测量放线报验表》。

经甲方、监理单位共同检验桩位合格签字后，可进行下道工序。

3. 钻孔步骤及要求

钻孔按以下步骤操作：

（1）检查钻杆垂直度：钻机就位并调整机身，应用钻机塔身的前后垂直标杆检查导杆，校正位置，使钻杆垂直对准桩位中心，以保证桩身垂直度偏差不得大于允许偏差。

（2）开钻前，需将混凝土泵的料斗及管线用清水湿润（润滑管线，防止堵管），然后搅拌一定的水泥砂浆进行泵送，并将所有砂浆泵出管外。

（3）封住钻头阀门，使钻杆向下移动至钻头触及地面时，开动钻机旋动钻头。一般应先慢后快，在成孔过程中如发现钻杆摇晃或难钻时，应停机或放慢进度，遇到障碍物应停止钻进，分析原因，禁止强行钻进。

（4）根据设计桩长，确定钻孔深度并在钻机塔身相应位置做醒目标注，作为施工时控制桩长的依据，当动力头底面到达标志时，桩长即满足设计要求。

（5）钻杆下钻到预定深度，现场施工技术人员根据地质勘察报告以及实际钻孔出土观察分析，是否达到设计要求的土层。如遇特殊地质情况，应由长螺旋压灌后插钢筋笼灌注桩设计人员根据图纸与现场地质实际情况综合确定，并及时通知监理。

（6）在施工过程中，应及时、准确地填写《长螺旋压灌后插钢筋笼灌注桩施工记录》。

4. 泵送混凝土

钻头到达设计标高后，钻杆停止钻动，开始泵送混凝土，泵送混凝土需注意以下几点：

（1）泵送量达到钻杆芯管一定高度后，方可提钻，禁止先提钻再泵料；

（2）一边泵送混凝土一边提钻，提钻速率控制必须与泵送量相匹配，保证钻头始终埋在长螺旋压灌后插钢筋笼灌注桩混凝土液面以下，以避免进水、夹泥等质量缺陷的发生；

（3）成桩过程宜连续进行，应避免后台上料慢造成的供料不足、停机待料现象，直至桩体混合料高出桩顶设计标高；

（4）若施工中因其他原因不能连续灌注混凝土，须根据勘察报告和施工已掌握的场地土质情况，避开饱和砂土、粉土层，不宜在这些土层内暂停泵送混凝土，避免地下水侵入桩体；

（5）成桩过程中必须保证排气阀正常工作，防止成桩过程中发生堵管；

（6）施工时要始终保持混凝土泵料斗内的混凝土液面在料斗底面以上一定高度，以免泵送时吸入空气，造成堵管；

（7）在混凝土浇筑过程中，应及时、准确地填写《长螺旋压灌后插钢筋笼灌注桩浇灌记录》。

5. 混凝土制备要求

泵送混凝土需满足以下要求

（1）坍落度为 18～20cm，混凝土到达施工现场后，应进行坍落度的检查，实测混凝土坍落度与要求混凝土坍落度之间的允许偏差为±20mm；

（2）碎石粒径小于 2.0cm；

（3）缓凝时间不少于 6h；

（4）施工期间，每台班制作混凝土试块一组，其规格为 100mm×100mm×100mm，标准养护，并送检 28d 强度。

6. 钢筋笼制作要求及成品保护

钢筋笼的制作方法及要求如下：

（1）钢筋笼规格及配筋按施工图进行。

（2）进场钢筋规格符合要求，并附有厂家的材质证明，现场取样送试验室进行原材及焊接试验检验。

（3）钢筋笼制作严格依设计进行，允许偏差符合规范规程规定。

（4）主筋配筋时，满足每个断面接头数不超过主筋总数的 50%。错开焊制，断面间距不小于 1m。

（5）搭接焊及帮条焊的钢筋，焊接长度单面焊不小于 $10d$，双面焊不小于 $5d$。

（6）主筋与箍筋及加强筋点焊焊接。

（7）保护层垫块，每笼不少于 3 组，每组不少于 4 块。

（8）笼子成型后，经过总包方及监理验收合格后方可使用。

（9）钢筋笼成品保护

①钢筋笼在制作、运输和安装过程中，采用四点起吊，必要时要绑杉杆以避免钢筋笼变形；

②钢筋笼制作完成后，应放置于干净地面处，避免被泥土、油渍等污染；钢筋笼吊入桩孔后，应牢固固定其位置，防止上浮；

③遇雨天、雪天，应对钢筋笼进行覆盖。

7. 钢筋笼起吊与沉放

浇灌混凝土后及时在混凝土中沉放钢筋笼，要求如下：

（1）钢筋笼沉放时值班工长、质检人员、安全员及机台班长必须在场，并由值班工长统一协调指挥。

（2）钢筋笼应保证平直起吊。

（3）笼子吊离地面后，利用重心偏移原理，通过起吊钢丝绳在吊车钩上的滑动并稍加人力控制，实现平直起吊转化为垂直起吊，以便入孔。

（4）各起吊点应加强，防止因笼较重而变形。起吊过程中要注意安全、密切配合。

（5）在混凝土中吊放钢筋笼入孔时，应对准孔位轻放慢放入孔，遇阻碍要查明原因，进行处理，不得强行下放。沉放过程采用振动设施压振入孔。

8. 钻孔弃土清运的技术要求

施工时，钻孔弃土应及时清运，以避免影响施工速度和弃土中水浸泡槽底，弃土的清运应按设计单位书面技术交底进行，并有专人指挥。

钻孔弃土清运采用人工清运方式，弃土清运应与桩施工配合进行。

弃土清运时应注意保护桩位放线点，避免桩位点移位或丢失。

9. 桩间保护土层清运

桩间保护土层的清运原则上应在桩施工结束后进行，如在桩施工期间进行，应不影响桩正常施工。

桩间保护土层的开挖、清运宜采用人工开挖、清运，开挖过程中应用水准仪进行测量，控制标高，以避免超挖。

桩间保护土层开挖、清运过程中，应合理安排开挖、清运顺序，避免开挖和运输机械直接在基底面上行走，造成基底土层的扰动。如需在已开挖完成的基底面上行走，应采取铺设木板等保护措施，以保证基底土在施工过程中不受扰动。

在桩间保护土层开挖、清运过程中，应注意成品桩的保护，特别是采用机械开挖、清运的情况下，应有专人指挥机械，严禁机械碰撞桩头，以避免造成浅部断桩。

10. 桩头的剔凿

保护土层清除后可进行桩头处理，将桩顶设计标高以上桩头截断，一般成桩 3d 后即可进行凿桩头工作。凿桩头一般采用人工截桩方法，砍凿后的桩头应端面平直，防止有大的掉角现象，其桩高允许误差宜控制在 +0mm，-25mm，具体方法如下：

用水准仪确定桩顶标高，人工开挖土至桩顶标高时，在桩顶标高以上 5cm 处平设三根钢钎，120°放置，待轻敲入桩稳定后，三钎同时用力，截断桩头（图 23-1-2）；桩顶标高以上所剩的 5cm 桩头，应用细钎剔凿平整至桩顶标高。严禁用机械铲断桩头、用大锤重物横向击桩、单钎单向截桩或竖向截桩等。如因剔凿桩头引起的桩头缺陷，应按设计方要求进行接桩，将其接至标高。

三、质量控制标准

螺旋钻成孔灌注桩质量标准必须符合表 23-1-4、表 23-1-5 的规定。

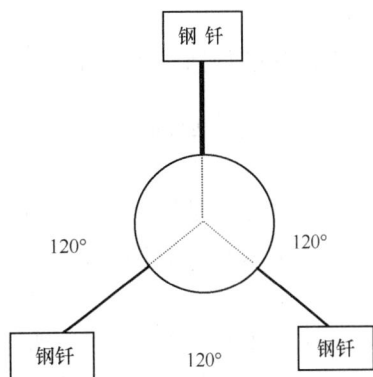

图 23-1-2 凿桩头示意图

钢筋笼质量检验标准（mm）　　　　　　　表 23-1-4

项	序	检查项目	允许偏差或允许值	检查方法
主控项目	1	主筋间距	±10	用钢尺量
	2	钢筋骨架长度	±100	用钢尺量
一般项目	1	钢筋材质检验	设计要求	抽样送检
	2	箍筋间距	±20	用钢尺量
	3	直径	±10	用钢尺量

混凝土灌注桩质量检验标准　　　　　　　表 23-1-5

项	序	检查项目	允许偏差或允许值		检查方法
			单位	数值	
主控项目	1	桩位	mm	70、150	基坑开挖前量护筒，开挖后量桩中心
	2	孔深	mm	+300	只深不浅，用重锤测，或测钻杆、套管长度，嵌岩桩应确保进入设计要求的嵌岩深度
	3	桩体质量检验	按《建筑基桩检测技术规范》。如钻芯取样，大直径嵌岩桩应钻至桩尖下 50cm		按《建筑基桩检测技术规范》
	4	混凝土强度	设计要求		试件报告或钻芯取样送检
	5	承载力	按《建筑桩基检测技术规范》		按《建筑桩基检测技术规范》

续表

项	序	检查项目	允许偏差或允许值		检查方法
			单位	数值	
一般项目	1	垂直度	％	<1	测套管或钻杆，或用超声波探测
	2	桩径	mm	−20	井径仪或超声波检测
	3	混凝土坍落度	mm	70～100	坍落度仪
	4	钢筋笼安装深度	mm	±100	用钢尺量
	5	混凝土充盈系数		>1	检查每根桩的实际灌注量
	6	桩顶标高	mm	+30，−50	水准仪，需扣除桩顶浮浆层及劣质桩体

四、长螺旋压灌桩安全施工技术措施

长螺旋钻机钻杆高长、整个钻机重心高，安全生产至关重要，应采取以下措施来避免安全事故发生：

（1）项目经理负责制，项目经理将对整个工程项目的安全生产负全面领导责任，各级工程技术人员、职能部门和生产工人在各自的职责范围内对安全工作负起相应的责任。

（2）对施工人员加强安全施工的教育，定期进行安全检查。

（3）进入施工现场人员一律戴安全帽，并接受入场教育。

（4）在施工前先全面检查机械，发现有问题时及时解决，检查后要进行试运转，严禁带病作业。机械操作必须遵守安全技术操作要求，由专人负责，并加强机械的维护保养，保证机械各项设备和部件、零件的正常使用。

（5）机械施工时危险区域严禁站人；钢筋笼起吊必须捆牢固，吊装就位时，起吊要慢，有专人指挥吊装，吊钩下方不得站人。

（6）机械司机，在施工操作时要集中精力，服从信号指挥，不得随意离开岗位，并注意机械运转情况，发现异常情况要及时纠正。要防止机械倾斜、倾倒。

（7）钢筋加工前由负责钢筋加工的责任师对加工机械（切断机、弯曲机、对焊机等）的安全操作规程及注意事项进行交底，并由机械技师对所有机械性能进行检查，合格后方可使用。

（8）多人合运钢筋，起落、转停动作要一致，人工传送不得在同一垂直线上，钢筋堆放要分散、稳当、防止倾倒和塌落。

（9）加工好的钢筋笼堆放整齐，禁止在骨架上攀登和行走。

（10）钻孔时应对准桩位，先使钻杆向下，钻头接触地面，再使钻杆转动，不得晃动钻杆。

（11）钻孔时如遇卡钻，应即切断电源，停止下钻，未查明原因前，不得强行启动。

（12）钻孔也必须向孔位较远处甩土，不得在孔位上甩土。

（13）钻孔时，如遇机架摇晃、移动、偏斜或钻斗内发生有节奏的响声时，应立即停钻，经处理后方可继续施钻。

（14）钻机作业中，电缆应有专人负责收放，如遇停电，应将各控制器放置零位，切

断电源，将钻头接触地面。

（15）成孔后，未浇筑混凝土前，必须将孔口加盖板保护。

（16）钻孔时，严禁用手清除螺旋片的泥土，发现紧固螺栓松动时，应即停机重新紧固后方可继续作业。

（17）电工、电焊工、起重司机、信号工、机动车辆司机，必须持有特种作业操作证方准上岗。

（18）项目管理人员要对全体施工人员进行遵章守纪的法制教育，做好施工前的安全交底，责任师、班组长或工人均不得违章指挥和违章作业，并服从企业安全部门人员的管理。

（19）施工人员必须遵守和执行"建设部关于加强建筑企业安全生产的暂行规定"和执行现行的一切安全生产的法规和制度，信守安全生产责任协议，认真落实本规定的要求。

（20）施工期间，安全员全面负责安全监督工作，发现不安全因素，随时排除，并采取有效预防措施。

（21）夜间施工应有足够的照明。

五、长螺旋压灌桩施工常见问题产生原因及处理方法

长螺旋压灌桩常出现的问题如下：

1. 导管堵塞

由于混凝土配比或塌落度不符合要求、导管过于弯折或者前后台配合不够紧密。

控制措施：

（1）保证粗骨料的粒径、混凝土的配比和塌落度符合要求。

（2）灌注管路避免过大变径和弯折，每次拆卸导管都必须清洗干净。

（3）加强施工管理，保证前后台配合紧密，及时发现和解决问题。

2. 桩位偏桩

一般有桩平移偏差和垂直度超标偏差两种。多由于场地原因，桩机对位不仔细，地层原因使钻孔对钻杆跑偏等原因造成。

控制措施：

（1）施工前清除地下障碍，平整压实场地以防钻机偏斜。

（2）放桩位时认真仔细，严格控制误差。

（3）桩机的水平度和垂直度在开钻前和钻进过程中注意检查复核。

3. 断桩

由于提钻太快泵送混凝土跟不上提钻速度或者是相邻桩太近串孔造成。

控制措施：

（1）保持混凝土灌注的连续性，可以采取加大混凝土泵量，配备储料罐等措施。

（2）严格控制提速，确保中心钻杆内有 0.1m³ 以上的混凝土，如灌注过程中因意外原因造成灌注停滞时间大于混凝土的初凝时间时，应重新成孔灌桩。

4. 桩身混凝土强度不足

压灌桩受泵送混凝土和后插钢筋的技术要求，塌落度一般不小于 18～20cm，因此要

求和易性好。配比中一般加粉煤灰，这样混凝土前期强度低，加上粗骨料粒径小，如果不注意对用水量的控制仍容易造成混凝土强度低。

控制措施：

(1) 优化粗骨料级配。大塌落度混凝土一般用 0.5～1.5cm 碎石，根据桩径和钢筋长度及地下水情况可以加入部分 2～4cm 碎石，并尽量不要加大砂率。

(2) 合理选择外加剂。尽量用早强型减水剂代替普通泵送剂。

(3) 粉煤灰的选用要经过配比试验以确定掺量，粉煤灰至少应选用 II 级灰。

5. 桩身混凝土收缩

桩身回缩是普遍现象，一般通过外加剂和超灌予以解决，施工中保证充盈系数 >1。

控制措施：

(1) 桩顶至少超灌 1.0m，并防止孔口土混入。

(2) 选择减水效果好的减水剂。

6. 桩头质量问题

多为夹泥、气泡、混凝土不足、浮浆太厚等，一般是由于操作控制不当造成。

控制措施：

(1) 及时清除或外运桩口出土，防止下笼时混入混凝土中。

(2) 保持钻杆顶端气阀开启自如，防止混凝土中积气造成桩顶混凝土含气泡。

(3) 桩顶浮浆多因孔内出水或混凝土离析造成，应超灌排除浮浆后才终孔成桩。

(4) 按规定要求进行振捣，并保证振捣质量。

7. 钢筋笼下沉

一般随混凝土收缩而出现，有时由于桩顶钢筋笼固定措施不当造成。

控制措施：

(1) 避免混凝土收缩从而防止笼子下沉。

(2) 笼顶必须用铁丝加支架固定，12h 后才可以拆除。

8. 钢筋笼无法沉入

多由于混凝土配合比不好或桩周土对桩身产生挤密作用。

控制措施：

(1) 改善混凝土配合比，保证粗骨料的级配和粒径满足要求。

(2) 选择合适的外加剂，并保证混凝土灌注量达到要求。

(3) 吊放钢筋笼时保证垂直和对位准确。

9. 钢筋笼上浮

由于相邻桩间距太近在施工时混凝土串孔或桩周土壤挤密作用造成前一支桩钢筋笼上浮。

控制措施：

(1) 在相邻桩间距太近时进行跳打，保证混凝土不串孔，只要桩初凝后钢筋笼一般不会再上浮。

(2) 控制好相邻桩的施工时间间隔。

10. 其他常见问题的处理见表 23-1-6。

常见问题、原因和处理方法　　　　　　　　表 23-1-6

常见问题	主 要 原 因	处 理 方 法
孔底虚土过多	在松散填土或含有大量炉灰、砖头、垃圾等杂填土层或在流塑淤泥、松砂、砂卵石、卵石夹层中钻孔，成孔过程中或成孔后土体容易塌落	探明地质条件，尽可能避开可能引起大量塌孔的地点施工；对不同工程地质条件，应选用不同的施工工艺
	钻杆加工不直，或使用过程中变形，或钻杆连接法兰不平，使钻杆拼接后弯曲，由此钻进过程中钻杆晃动，造成局部扩径，提钻后回落孔底	校直钻杆，填平钻杆连接法兰
	钻头及叶片的螺距或倾角过大，使土粒滑到孔底	选择合适的螺距或倾角
	钻头倾角不合适	不同孔底土层应采用不同倾角的钻头
	施工工艺选择不当	对不同地质条件采用不同提钻杆的施工工艺，例如多次投钻，或在原钻深处空钻，或钻至设计标高后边旋转边提钻杆
	孔口土未及时清理，甚至在孔口周围堆积大量钻出的土，提钻或工人踩踏而回落孔度	及时清理孔口堆积土
	成孔后，孔口未放盖板，孔口土经扰动而回落孔底	成孔后及时在孔口放置盖板，当天成孔必须当天灌注混凝土
	成孔后未及时灌注混凝土，被雨水冲刷或浸泡	当天成孔当天灌注混凝土
	放混凝土漏斗或放钢筋笼入孔时，孔口土或孔壁土被碰撞掉入孔底	竖直放置漏斗或钢筋笼竖直地入孔
钻进困难	遇坚硬土层	换钻头
	遇地下障碍物（石块、混凝土块等）	障碍物埋深浅，清除后填土再钻；障碍物埋深较大，移位重钻
	钻进速度太快造成整钻	在饱和黏性土中采用慢速高扭矩方式钻孔；在硬土层中钻孔时，可适当往孔中加水
	钻杆倾斜太大造成整钻	调直钻杆垂直度
	钻机功率不够	按地层情况选择合适的钻机
	钻头倾角、转速选择不当	选择合适的钻头倾角和转速
钻孔倾斜	遇地下障碍物、孤石等	挪位另钻孔；如果障碍物位置较浅，清除后填土再钻
	地面不平，桩架导杆不竖直	平整地面，调整导杆垂直度
	钻杆不直	调整钻杆，尤其当用两根钻杆接长时，应使两根钻杆在同一轴线上
	钻头定位尖与钻杆中心线不同心	调整同心度
塌孔	在流塑淤泥质土夹层中成孔，孔壁不能直立而塌落	先钻至塌孔以下 1~2m，用豆石混凝土或低等级混凝土（C5~C10）填至塌孔以上 1m，待混凝土初凝后再钻至设计标高
	孔底部的砂卵石、卵石造成孔壁不能直立而塌落	采用深钻办法，任其塌落，但要保证有效桩长满足设计要求
	局部遇上层滞水，因动水压作用引起渗漏，使该层土坍塌	塌孔处可用黏土、3:7 灰土或低强度等级混凝土填至塌孔以上 1m，再重新钻孔（对于填凝土的情况，须等混凝土初凝后再钻孔）至设计要求，使填充物起到局部护壁作用。未钻孔部分的场地，可采取降水措施，将上层滞水排走

常见问题	主 要 原 因	处 理 方 法
桩身夹土	钢筋笼放置方法不妥，如当钢筋笼未通长设置时，采用先灌下部混凝土，然后放钢筋笼，最后再灌上部混凝土。如果放钢筋笼时不注意，会使土掉落在先灌混凝土的顶部，造成桩身夹土	采用先放钢筋笼，后灌混凝土的方法
桩身混凝土质量差	水泥过期，骨料含泥量大，混凝土配合比不当	按规范要求选用水泥和骨料，正确选择配合比
	桩身分段不均匀，混凝土离析	各盘混凝土的搅拌时间、加量、骨料含量应一致
	混凝土振捣不密实，出现"蜂窝"、空洞	桩顶以下4～5m范围内一定用振捣棒振实

第二节　潜水钻成孔灌注桩

一、适用范围及原理

1. 基本原理

潜水钻成孔施工法是在桩位采用潜水钻机钻进成孔。钻孔作业时，钻机主轴连同钻头一起潜入水中，由孔底动力直接带动钻头钻进。从钻进工艺来说，潜水钻机属旋转钻进类型。其冲洗液排渣方式有正循环排渣和反循环排渣两种。

2. 优缺点

1) 优点

(1) 潜水钻设备简单，体积小，重量轻，施工转移方便，适合于城市狭小场地施工。

(2) 整机潜入水中钻进时无噪声，又因采用钢丝绳悬吊式钻进，整机钻进时无振动，不扰民，适合于城市住宅区、商业区施工。

(3) 工作时动力装置潜在孔底，耗用动力小，钻孔时不需要提钻排渣，钻孔效率较高。

(4) 电动机防水性能好，过载能力强，水中运转时温升较低。

(5) 钻杆不需要旋转，除了可减小钻杆的断面外，还可避免因钻杆折断而发生工程事故。

(6) 与全套管钻机相比，其自重轻，拔管反力小，因此，钻架对地基容许承载力要求低。

(7) 该机采用悬吊式钻进，只需钻头中心对准孔中心即可钻进，对底盘的倾斜度无特殊要求，安装调整方便。

(8) 可采用正、反两种循环方式排渣。

(9) 如果循环泥浆不间断，孔壁不易明塌。

2) 缺点

(1) 因钻孔需泥浆护壁，施工场地泥泞。

(2) 现场需挖掘沉淀池和处理排放的泥浆。

(3) 采用反循环排渣时，土中若有大石块，容易卡管。

（4）桩径易扩大，使灌注混凝土超方。

3. 适用范围

潜水钻成孔适用于填土、淤泥、黏土、粉土、砂土等地层，也可在强风化基岩中使用，但不宜用于碎石土层。潜水钻机尤其适于在地下水位较高的土层中成孔。这种钻机由于不能在地面变速，且动力输出全部采用刚性传动，对非均质的不良地层适应性较差，加之转速较高，不适合在基岩中钻进。

二、施工机械及设备

1. 潜水钻机的规格、型号和技术性能

我国和日本的潜水钻机的规格、型号及技术性能见表 23-2-1 和表 23-2-2。

日本还生产带扩孔钻的潜水钻机，其规格、型号及技术性能见表 23-2-3。

KQ 系列潜水钻机（新河厂）　　　　　　　　　　表 23-2-1

性能指标		钻　机　型　号					
		KQ-800	KQ-1250A	KQ-1500	KQ-2000	KQ-2500	KQ-3000
钻孔直径（mm）		450～800	450～1250	800～1500	800～2000	1500～2500	2000～3000
钻孔深度（m）	潜水钻法	80	80	80	80	80	80
	钻斗钻法	35	35	35	—		
主轴转速（r/min）		200	45	38.5	21.3		
最大扭矩（kN·m）		1.90	4.60	6.87	13.72	36.00	72.00
钻进速度（m/min）		0.3～1	0.3～1	0.06～0.16	0.03～0.10		
潜水电机功率（kW）		22	22	37	44	74	111
潜水电机转速（r/min）		960	960	960	960		
钻头钻速（r/min）		86	45	42		16	12
整机外型尺寸（mm）	长度	4306	5600	6850	7500		
	宽度	3260	3100	3200	4000		
	高度	7020	8742	10500	11000		
主机质量（kg）		550	700	1000	1900		
整机质量（kg）		7280	10460	15430	20180		

注：1. 钻斗钻法指钻斗钻成孔灌注桩工法；

　　2. 行走装置分为简易式、轨道式、步履式和车装式四种，可由用户选择。

日 本 潜 水 钻 机　　　　　　　　　　表 23-2-2

性能指标	利　　根			富士机械			
	RRC-15	RRC-20	RRC-30	LB	LK-425	LK-650	LK-AU
钻孔直径（mm）	1000，1200，1270，1400，1500	1500，1600，1800，2000	2300，2500，2800，3000	800～3000	550～650	600～1000	1500
钻孔深度（m）	50（标准）80（最大）	50（标准）80（最大）	50（标准）80（最大）	70	60	60	60
钻杆内径（mm）	150	150	200	150～200	100	150	150
电动机功率（台×kW）	2×11	2×14	2×22	40～75	18	40	40

续表

性能指标	利　　根			富士机械			
	RRC-15	RRC-20	RRC-30	LB	LK-425	LK-650	LK-AU
排土方式	泵吸 气举	泵吸 气举	泵吸 气举	泵吸	泵吸	泵吸	泵吸
钻机质量（kg）	9000	12000	1800	5000～15000	1000	3200	5500
钻机高度（mm）	3675	3675	3900				
钻头转速（r/min）	32	22	17				
配备履带起重机的 起重量（kN）	225	350	500				
适用土层	一般土层	一般土层	一般土层	一般土层	一般土层	一般土层	一般土层

注：1. RRC 系列的钻头转速为钻机下部，旋转部分公转与旋转钻头自转之和；

　　2. RRC 系列可钻挖单轴抗压强度小于 20MPa 的软岩。

日本利根带扩孔钻的潜水钻机　　　　　　　　表 23-2-3

性　能　指　标			钻　机　型　号				
			RRC10U	RRC15U	RRC20U	RRC30U	RRC40U
钻头 转速	50Hz	自转（r/min）	33～15	33～10.5	27～7.5	17～4.5	10～3.0
		公转（r/min）	0～18	0～19.5	0～19.5	0～12.5	0～7.0
	60Hz	自转（r/min）	40～18	36～12.5	32～8.5	20～5.5	12～3.5
		公转（r/min）	0～22	0～23.5	0～23.5	0～14.5	0～8.5
电机功率（台数×kW）			2×7.5	2×15	2×18.5	2×30	2×45
扭矩（kN·m）			±4.3	±9.5	±13.0	±33.0	±85.0
吸管内径（mm）			150	150	150	200	250
钻机质量（kg）			～5500	～11000	～15000	～25000	～35000
钻机高度（mm）			4600	5800	5800	6000	6500
钻孔深度（标准）（m）			50	50	50	50	50
钻孔深度（超深型）（m）			150	150	150	150	150
一次钻成孔径（mm）			800～1200	1200～1600	1500～2000	2000～3000	3000～4500
A 型扩孔直径（mm）			950～1500	1520～2090	1900～2600	2550～4000	3800～6000
B 型扩孔直径（mm）			1350～1500	2000～2150	3000～3200	4000～4450	6000～6550

　　2. 潜水钻机的构造

　　KQ 型潜水钻机主机由潜水电机、齿轮减速器、密封装置组成（图 23-2-1），加上配套设备，如钻孔台车、卷扬机、配电柜、钻杆、钻头等组成整机（图 23-2-2）。

　　1）潜水钻主机

　　潜水电动机和行星减速箱均为一中空结构，其内有中心送水管。

　　整个潜水钻主机在工作状态时完全潜入水中，钻机能否正常耐久地工作，主要取决于钻机的密封装置是否可靠。

　　图 23-2-3 为潜水钻主机构造示意图。

　　2）方型钻杆

　　轻型钻杆采用 8 号槽钢对焊而成，每根长 5m，适用于 KQ-800 钻机；其他型号钻机应选用重型钻杆。

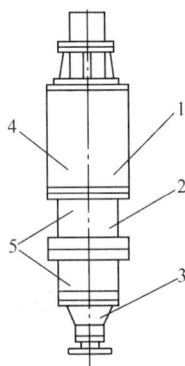

图 23-2-1　充油式潜水电机
1—电动机；2—行星齿轮减速器；
3—密封装置；4—内装变压器油；
5—内装齿轮油

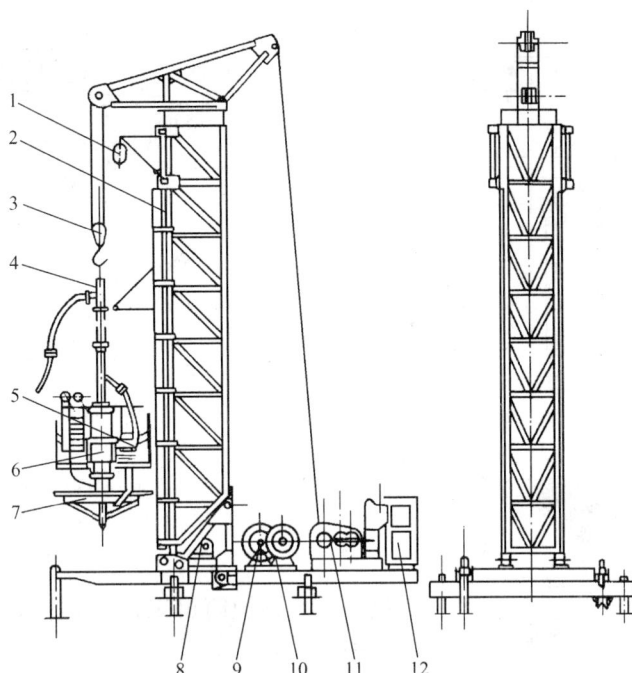

图 23-2-2　KQ2000 型潜水钻机整机外型
1—滑轮；2—钻孔台车；3—滑轮；4—钻杆；5—潜水砂泵；
6—主机；7—钻头；8—副卷扬机；9—电缆卷筒；
10—调度绞车；11—主卷扬机；12—配电箱

3）钻头

在不同类别的土层中钻进应采用不同形式的钻头。

（1）笼式钻头

在一般黏性土、淤泥和淤泥质土及砂土中钻进宜采用笼式钻头（图 23-2-4）。

（2）镶焊硬质合金刀头的笼式钻头

此种钻头可用在不厚的砂夹卵石层或在强风化岩层中钻进。

（3）筒式钻头

钻进遇孤石或旧基础时可用带硬质合金齿的筒式钻头钻穿。

（4）两翼钻头

处理孤石可采用两翼钻头，即将孤石沉到设计深度以下。

三、施工工艺

1. 施工程序

1）设置护筒

当表土层为砂土且地下水位又较浅时，或表土层为杂填土，孔径大于 800mm 时，应设置护筒。护筒内水压头应不低于涌水位深度。护筒内径应比钻头直径大 100mm，埋入土中深度不宜小于 0.1m，在护筒顶部应开设 1～2 个溢浆口。当护筒直径小于 1m 且埋设较浅时宜用钢制；直径大于 1m 且埋设较深时可采用永久性钢筋混凝土护筒。护筒的埋

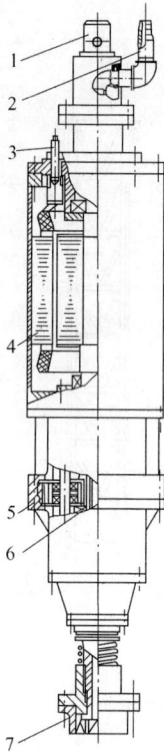

图 23-2-3 潜水钻主
机构造示意图

1—提升盖；2—进水管；
3—电缆；4—潜水钻机；
5—行星减速箱；6—中间
进水管；7—钻头接箍

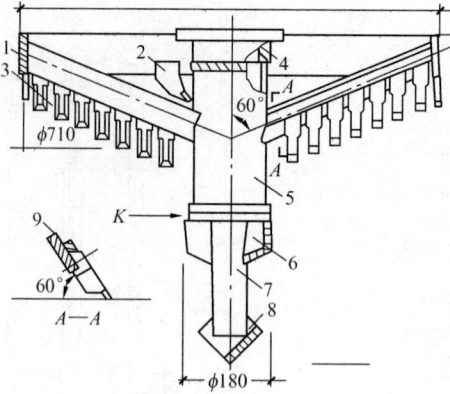

图 23-2-4 笼式钻头（孔径 800mm）

1—护圈；2—钩爪；3—腋爪；
4—钻头接箍；5、7—岩芯管；6—小爪；
8—钻尖；9—翼片

设，对于钢护筒可采用锤击法；对于钢筋混凝土护筒可采用挖埋法。

2）安放潜水钻机

3）钻进

用第一节钻杆（每节长约 5m，按钻进深度用钢销连接）接好钻机，另一端接上钢丝绳，吊起潜水电钻对准护筒中心，徐徐放下至土面，先空转，然后缓慢钻入土中，至整个潜水电钻基本入土内，待运行正常后才开始正式钻进。每钻进一节钻杆，即连接下一节继续钻进，直到设计要求深度为止。

施工程序示意见图 23-2-5。

2. 施工特点

1）钻进时，动力装置（潜水钻主机）、减速机构（行星减速箱）和钻头，共同潜入水下工作。

2）成孔排渣有正循环和反循环两种方式。

（1）正循环排渣法

用潜水泥浆泵把泥浆或清水从钻机中心送水管或钻机侧面的分叉管射向钻头，然后徐徐下放钻杆入土钻进（图 23-2-6）。当钻至设计标高后，电机可以停止运转，但泥浆泵仍需继续工作，正循环排泥，直到孔内泥浆相对密度达到 1.1～1.15 左右（视地层情况及钻头转速而异），方可停泵，提升钻机，然后迅速移位，进行下道工序。

除卵石层外，其余各类地层均可采用本法。

（2）反循环排渣法

实现反循环排渣作业的方法一般有三种：压缩空气反循环法（气举反循环法），泵举反循环法和泵吸反循环法。

①气举反循环法

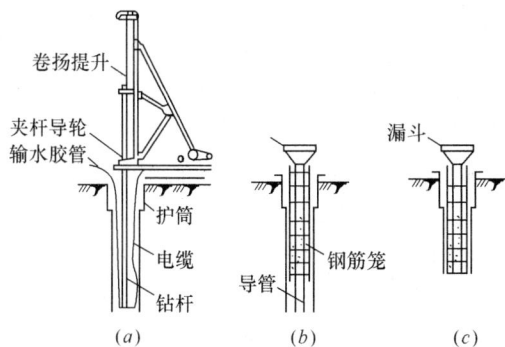

图 23-2-5　潜水泵成孔灌注桩施工示意
(a) 成孔；(b) 插入钢筋笼和导管；(c) 灌注混凝土
(引自建筑施工手册 1988 年)

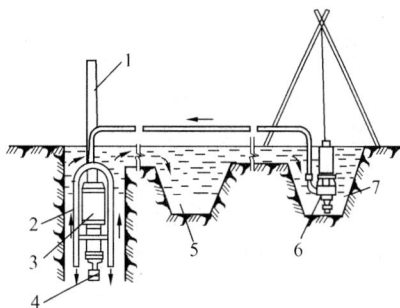

图 23-2-6　正循环排渣
1—钻杆；2—送水管；3—主机；4—钻头；
5—沉淀池；6—潜水泥浆泵；7—泥浆池

平整场地与正循环法一样，泥浆池水位应高于钻孔水位，方能使清水或经沉淀的泥浆流入孔内，实现循环作业。一般地面以下 6m 范围内仍采用正循环作业，当压风口浸到 6～7m 时才开始反循环作业。此时须卸开与泥浆泵连接的变径管，即可压风作业，注意风压不宜超过 0.5MPa，要求连续均匀出泥。当钻至设计标高后，钻机停止运转，但继续压风出浆直到泥浆相对密度至规定浓度为止。

实现本法需配备 9m³/min 空气压缩机一台和内径 8mm 的高压风管。

②泵举反循环法

本法（图 23-2-7）为反循环排渣中较先进的方法。由图 23-2-7可知，砂石泵随主机一起潜入孔内，可迅速将切削后泥渣排出孔外，不必借助钻头将切削下来的土块搅动切碎成浆状，故钻进效率高。开钻时采用正循环开孔，当钻深超过砂石泵叶轮位置以后，即可启动砂石泵电机，开始反循环作业。当钻至设计标高后，停止钻进，砂石泵继续排泥，至规定浓度为止。

③泵吸反循环法

此法已逐步被泵举反循环法所替代。

图 23-2-7　泵举反
循环排渣
1—钻杆；2—砂石泵；
3—抽渣管；4—主机；
5—钻头；6—排渣胶管

3. 施工注意事项

1) 开钻前，应对钻机及其配套设备进行全面检查。潜水钻机应注满变压器油（SYB1351-62）；行星减速器及机械密封部位应注以齿轮油（SYB 1103－625）；当气温低于 5℃时，宜采用冬季润滑油；电缆密封接头与电源、电缆连接处要求绝缘良好；输水胶管连接要固紧卡牢，避免泄漏。

2) 安装钻机应符合以下要求：

(1) 潜水电钻、卷扬机和砂石泵的电缆均应接入配电箱，以便控制，应注意通入潜水电钻的电缆不得破损、漏电。

(2) 起、下钻及钻进时须指定专人负责收、放电缆和进浆胶管。

(3) 钻进时潜水电钻会产生较大的反扭矩，因此必须将钻杆卡固在导向滚轮内，以承

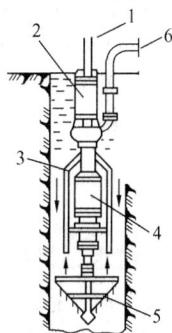

受反扭矩，并使钻杆不旋转。

（4）为防止潜水电钻因钻杆折断或其他原因掉落孔内，应在电钻上加焊吊环，并系上一根保险钢丝绳引出孔外吊住。

（5）在电钻的电缆线和进浆胶管上用油漆标明尺度，便于和钻杆上所标尺度相校核。

3）潜水钻成孔的现场布置和冲洗液循环系统设置，以及护筒的设置可参照 4.4

4）钻进时应遵守以下操作规定：

（1）将电钻吊入护筒内，应关好钻架底层的铁门。启动砂石泵，先让电钻空转，待泥浆输进钻孔后，开始钻进。钻进中应根据钻速、进尺情况及时放松电缆线及进浆胶管。要使电缆、胶管和钻杆同步下放。应勤放少放，以免造成电缆或胶管缠绕钻头而发生绞断事故。

（2）钻进时应严密监视电流表指针数字，电流值不得超过规定数值。电钻必须安设过载保护装置，以便在钻进阻力较大或孔内出现异常情况时，自动切断电流，保护电钻。

（3）钻进速度应根据土层类别、孔径大小、钻孔深度和供水量等确定，在淤泥和淤泥质土中的钻进速度不宜大于 1m/min；在其他土层中的钻进速度一般以不超过钻机负荷为准；在强风化岩或其他硬土层中的钻进速度以钻机不产生跳动为准。

钻进速度还要与制浆、排渣能力相适应，一般钻进速度要低于供泥浆和排渣速度，以避免造成埋钻。如果钻机转速高，泥浆相对密度大，钻进过快，则切削出的泥块过大，不易成浆，将对钻机产生较大阻力，有可能使电机超负荷而损坏，或使抽水齿轮磨损，或使钻杆折断等。

（4）随时注意钻机操作有无异常情况，如发现电流值异常升高，钻机摇晃、跳动或钻进困难，可能由于钻渣排除不畅，或遇到硬层，或遇到一边软一边硬的非均质土层，或遇到其他障碍物所致，此时应略微提起钻具，减轻钻压，放慢进尺，待情况正常，或穿过硬层或不均匀土层后方可恢复正常钻进参数和给进速度。

（5）钻孔过程中应严格控制护筒内外水位差，必须使孔内水位高于地下水位，以防现孔。

5）潜水钻机施工对使用泥浆的要求：

（1）在黏土、粉质黏土层中钻孔时，可注射清水，以原土造浆护壁、排渣，当穿过砂夹层钻孔时，为防止塌孔宜投入适量黏土以加大泥浆稠度。

（2）如砂夹层较厚，或在砂土中钻孔，应采用制备泥浆。注入的泥浆浓度要适当，浓度过大影响钻进速度，浓度过小不利于护壁排渣。注入干净泥浆的相对密度应控制在 1.1 左右，排出的泥浆相对密度，宜为 1.2～1.4；当穿过砂夹卵石等容易塌孔的地层时，泥浆的相对密度可增大至 1.3～1.5。

（3）泥浆可就地选择塑性指数 $I_p > 10$ 的黏性土除去杂质后调制。

（4）施工中应勤测泥浆相对密度，并应定期测定黏度、含砂量和胶体率。

6）清孔时应遵守下列规定：

（1）对原土造浆的钻孔，钻到设计深度时，可使钻机空转不进尺，同时射水，待孔底残余的泥块已磨成浆，排出泥浆相对密度降到 1.1 左右（或以手触泥浆无颗粒感觉）即可认为清孔已合格。

（2）对注入制备泥浆的钻孔，可采用换浆法清孔，至换出泥浆相对密度小于 1.15～

1.25 时为合格。

（3）孔底沉渣厚度应符合灌注桩施工允许偏差的规定。

（4）清孔完毕，应立即灌注水下混凝土。

7）安全操作注意事项

（1）钻机操作人员，必须经过专业训练、了解机械构造和技术性能、熟悉安全操作规程后，方可登机操作。

（2）每次钻进前，应对钻机及其配套设备进行全面检查，特别应注意卷扬机刹车是否可靠，钢丝绳有否断丝、扭断现象，电器设备是否完好正常。各润滑部位应加油保养。各部位都检查完后，方可开机。

（3）提升电缆时，若无电缆卷筒，应带绝缘手套，应注意检查所有电缆有无碰伤漏电现象，现场工作人员应穿绝缘胶鞋和戴安全帽。

（4）拆装钻杆时，应保证连接牢靠，注意不要把工具及钻杆销轴、螺帽等丢失到孔内。

（5）每班操作完毕，应将钻具提出孔外。

4. 常遇问题、原因和处理方法

潜水钻成孔灌注桩部分常遇问题、原因和处理方法见表 23-2-4。

潜水钻成孔灌注桩部分常遇问题、原因和处理方法　　　　表 23-2-4

常遇问题	主 要 原 因	处 理 方 法
电流表三相不平衡	外接电源、三相电压不平衡	通知电力部分调节
	电缆接头有虚接处	拆开电缆接头检查，修复或更换
电流表两相有读数，一相指零	外接电源一相断保险丝	换保险丝，检查通路
	电缆接头有一相断路	从电源起至电机绕组逐步检查通路情况
	电钻一相绕组烧毁	从电源起至电机绕组逐步检查通路情况
合闸时电机有嗡嗡声，主轴抖动而不转	由于钻机反转，上部密封压紧	改变钻机转向
	齿轮箱内轴承损坏，球粒散落	先将上部密封箱拆除后，若主轴仍扳不动，则拆开减速箱检查行星齿轮和轴承是否损坏
钻机减压，全压启动均不能转动	电源线路断路	检查并修复
	电机三相绕组均已烧毁	修复或更换
钻机减压启动不运转，全压后能转动	减速箱内齿轮油太稠或凝结（往往在冬季）	全压启动后，让钻机空载运转一刻钟左右
	电源电压过低	检查电源电压
运转中突然停车	电源断路	检查线路并修复
	电缆接头损坏或电机烧毁	拆开电缆接头包头，若仍不过电，而主轴能转动，则应打开电机检查
运转中突然闷车，电流表撞针	减速箱内齿轮或轴承损坏	更换齿轮或轴承
	钻头遇障碍物	排除障碍物
钻机漏电	电缆接头防水绝缘带失效，有泥水浸入	换新的防水绝缘带，重新处理接头
	电缆局部被磨破或绞断	检查并包扎处理或更换损坏的电缆
	电机绕组引出线与电源电缆接头处渗漏	更换电机绕组引出线与电机接头
	电机绝缘失效	检查并处理

常遇问题	主 要 原 因	处 理 方 法
钻孔偏斜	桩架基座不平	调平基座
	钻进中桩孔土一边硬一边软	反复扫孔纠正，如纠正失效，应在孔中回填黏土至偏斜段 0.5m 以上，重新钻进
孔壁胡塌	泥浆的相对密度和浓度不足	加大泥浆相对密度，或往孔内投入黏土或泥膏
	泥浆突然流失	应立即回填黏土，待孔壁稳定后再钻进

注：本表为潜水钻成孔灌注桩部分常遇问题、原因和处理方法，另一部分的常遇问题、原因和处理方法与反循环钻成孔灌注桩相同，可参照表 23-4-3。

第三节　正循环钻成孔灌注桩

一、适用范围及原理

1. 基本原理

正循环钻成孔施工法是由钻机回转装置带动钻杆和钻头回转切削破碎岩土，钻进泥浆护壁、排渣；泥浆由泥浆泵输进钻杆内腔后，经钻头的出浆口射出，带动钻渣沿与孔壁之间的环状空间上升到孔口，溢进沉淀池后返回泥浆池中净化，再供使用。这样泥浆在泥浆泵、钻杆、钻孔和泥浆池之间反复循环运行，如图 23-3-1 所示。

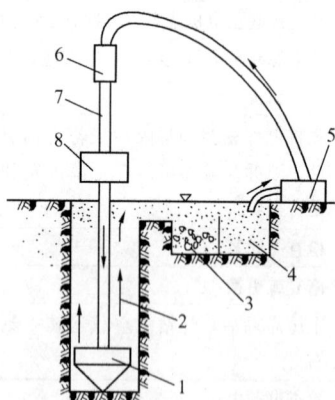

图 23-3-1　正循环钻成孔施工法机
1—钻头；2—泥浆循环方向；3—沉淀池及沉渣；4—泥浆池及泥浆；5—泥浆泵；6—水龙头；7—钻杆；8—钻机回转装置

2. 优缺点

1）优点

（1）钻机小，重量轻，狭窄工地也能使用。

（2）设备简单，在不少场合，可直接或稍加改进地借用地质岩心钻探设备或水文水井钻探设备。

（3）设备故障相对较少，工艺技术成熟、简单。

（4）噪声低，振动小。

（5）工程费用较低。

（6）能有效地用于托换基础工程。

（7）有的正循环钻机（如日本利根 THS—70 钻机）可打倾角 10°的斜桩。

2）缺点

由于桩孔直径大，正循环回转钻进时，其与孔壁之间的环状断面积大，泥浆上返速度低，挟带泥砂颗粒直径较小，排除钻渣差，岩土重复破碎现象严重。

从使用效果看，正循环钻进劣于反循环钻进。反循环钻进时，冲洗液是从钻杆与孔壁间的环状空间中流入孔底，并携带钻渣，经由钻杆内腔返回地面的。由于钻杆内腔断面积比钻杆与孔壁间的环状断面积小得多，故冲洗液在钻杆内腔能获得较快的上返速度。而正循环钻进时，泥浆运行方向是从泥浆泵输进钻杆内腔，再带动钻渣杆与孔壁间的环状空间上升到泥浆池的，故冲洗液的上返速度慢。一般情况，反循环冲洗液的上返速度比正循环快 40 倍以上。

3. 适用范围

正循环钻进成孔适用于填土层、淤泥层、黏土层、粉土层、砂土层，也可在卵砾量不大于 15%、粒径小于 10mm 的部分砂卵砾石层和软质基岩、较硬基岩中使用。直径一般不宜大于 1000mm，钻孔深度一般以约 40m 为限，某些情况下，钻孔深度 100m。

二、施工机械及设备

1. 正循环钻机分类

以往专门用于桩孔施工的正循环钻机很少，主要直接借用或稍加改进地使用水文水井钻机或地质岩芯钻机，常用的有 SPJ-300 型、红星－400 型和 SPC-300H 型等钻机（表 23-3-1）。

近年来，为适应桩孔正循环回转钻进的需要，已正式生产了少量专用正循环钻机，如 GPS-10 型、XY-5G 型和 GQ-80 型等钻机。

除此以外，国内还生产正、反循环两用钻机和正、反循环与冲击钻进三用钻机。

2. 正循环钻机的规格、型号及技术性能

正循环钻机和正、反循环与冲击钻进多用钻机的规格、型号及技术性能分别见表 23-3-1。

常用正循环回转钻机 表 23-3-1

生产厂	钻机型号	钻孔直径（mm）	钻孔深度（m）	转盘扭矩（kN·m）	提升能力（kN）		驱动动力功率（kW）	钻机质量（kg）
					主卷扬机	副卷扬机		
上海探机厂	GPS－10	400～1200	50	8.0	29.4	19.6	37	8400
上海探机厂	SPJ-300	500	300	7.0	29.4	19.6	60	6500
上海探机厂	SPC-500	500	500	13.0	49.0	9.8	75	26000
天津探机厂	SPC-600	500	600	11.5			75	23900
石家庄煤机厂	0.8~1.5m/50m	800～1500	50	14.7	60.0		100	
石家庄煤机厂	1~2.5m/60m	1000～2500	60	20.6	60.0			
重庆探机厂	GQ-80	600～800	40	5.5	30.0		22	2500
张家口探机厂	XY-5G	800～1200	40	25.0	40.0		45	8000

日本利根钻机株式会社的 BH 施工法利用正循环钻进，采用 THS-70 型钻机，该机的性能指标如下：钻孔直径为 500mm、800mm 和 1000mm，相应的最大钻孔深度为 60m、50m 和 40m；转盘转速为 50r/min、100r/min、200r/min。

3. 正循环钻机的构造

正循环钻机主要由动力机、泥浆泵、卷扬机、转盘、钻架、钻杆、水龙头和钻头等组成。

（1）钻机

现以 SPJ-300 型钻机为例。该机在狭窄场地施工时存在以下问题：钻机多用柴油机驱动，噪声大；散装钻机安装占地面积大，移位搬迁不便；钻塔过高，现场安装不便，且需设缆绳，增加了施工现场的障碍；钻机回转器不能移开让出孔口，致使大直径钻头的起下操作不便；所配泥浆泵排量小，满足不了钻进排渣的需求。

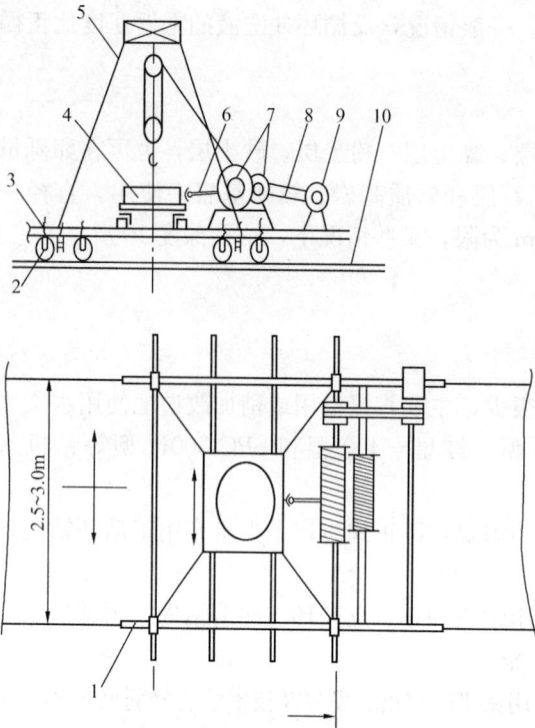

图 23-3-2 改装后的 SPJ-300 型钻机安装示意图

1—钻机底架；2—滚轮；3—滚轮升降机构；4—转盘；5—钻塔；

6—万向轴；7—卷扬机；8—三角皮带；9—电动机；10—轨道

（引自李世京等，1990 年）

针对上述不足，对现有的 SPJ-300 型钻机进行改装：采用电动机驱动；采用装有行走滚轮的"井"字形钻机底架；把钻塔改装为"Ⅱ"形或四脚钻架，高度可控制在 8～10m 左右；将钻机回转器（如转盘）安装在底架前半部的中心处，保持其四周开阔，并能使回转器左右移开，让出孔口；换用大泵量离心式泥浆泵。

图 23-3-2 为改装后的 SPJ-300 型钻机安装示意图。

图中钻架有效高度约 8m；转盘安装在底架的滑道上，拆开万向轴接头，转盘即可移开让出孔口。

（2）钻杆

钻机上主动钻杆截面形状有四方形和六角形两种，长 5～6m；孔内钻杆一般均为圆截面，外径有 $\phi89mm$、$\phi114mm$ 和 $\phi127mm$ 等规格。

（3）水龙头

水龙头的通孔直径一般与泥浆泵出水口直径相匹配，以保证大排量泥浆通过。水龙头要求密封和单动性能良好。

（4）钻头

正循环钻头按其破碎岩土的切削研磨材料不同，分为硬质合金钻头、钢粒钻头和滚轮钻头（又称牙轮钻头）。

正循环钻头按钻进方法可分为全面钻进钻头、取芯钻头和分级扩孔钻进钻头。

全面钻进即全断面刻取钻进，一般用于第四系地层以及岩石强度较低、桩孔嵌入基层深度不大的情况。取芯钻进主要用于某些基岩（如比较完整的砂岩、灰岩等）地层钻进。分级扩孔钻进即按设备能力条件和岩性，将钻孔分为多级口径钻进，一般分为 2～3 级。

正循环钻机的钻头分类、组成、钻进特点以及适用范围等见表 23-3-2。

三、施工工艺

1. 施工程序

正循环钻成孔灌注桩施工程序如下：

（1）设置护筒

护筒内径较钻头外径大 10～20cm。如所下护筒太长，可分成几节，上下节在孔口用月饼钉连接。护筒顶部应焊加强箍和吊耳，并开水口。护筒入土长度一般要大于不稳定地层的深度；如该层深度太大，可用两层护筒，两层护筒的直径相差 5～10cm。护筒可用 4mm 厚钢板卷制而成。护筒上部应高出地面 20cm 左右。

表 23-3-2

正循环钻机的钻头

	合金全面钻进钻头		合金扩孔钻头（图23-3-5）	筒状助骨合金取芯钻头（图23-3-6）	滚轮钻头	钢粒全面钻进钻头（图23-3-7）
	双腰带翼状钻头（图23-3-3）	鱼尾钻头（图23-3-4）				
钻头组成	上腰带为钻头扶正环，下腰带为导向环，两腰带的距离为钻头直径的1～1.2倍，硬质合金刃为钻头体中心管上。钻头下部带有钻进时起导向作用的小钻头	钻杆接头与厚钢板焊接，在钢板的两侧，钻杆接头下口各焊一段角钢，硬质合金刃刀镶焊在相反方向的两个侧边上镶上翼片。在鱼尾的两侧边焊合金	钻头由钻头体、护板、翼片，钻头小钻头上焊六片螺片组成。钻头体上焊六片螺旋形翼片，其上镶有合金，起扩孔作用。翼片下部连接一个起导向用的小钻头	钻头由筒状钻头体、加强筋板、助骨块和硬质合金片组成	大直径滚轮钻井采用石油钻井的滚轮组装焊接而成，可根据不同的地层条件和钻进要求组焊成不同的形式，钻进软岩多采用平底式，钻进较硬岩层和卵砾石层多采用平底式或锥底式	该钻头由筒状钻头体、钻杆接头、短钻杆（或钢筋板、短钻杆（管）和水口组成
钻进特点	在钻压和回转扭矩的作用下，合金钻头切削破碎岩土而获得进尺。切削下来的钻渣，由泥浆携带出桩孔。对第四系地层的适应性好，回转阻力小，钻头具有良好的扶正导向性，有利于清除孔底沉渣	在钻压和回转扭矩的作用下，合金钻头切削破碎岩土而获得进尺。切削下来的钻渣，由泥浆携带出桩孔。此种钻头制作简单，钻头直径的扶正导向性差，钻头直径一般较小，不适宜的桩直径较大的桩孔施工	冲洗液顺螺旋翼片之间的空隙上返，流速增大，有利于孔底排渣	主要用于某些基岩（如比较完整的砂岩、灰岩等）地层钻进，以减少破碎岩石的体积，增大钻头比压，提高钻进效率	滚轮钻头在孔底既有绕钻头轴心的公转，又有滚轮绕自身轴心的自转。钻头与孔底的接触既有滚动又有滑动。还使钻石回转对孔底的冲击振动、冷却钻头。在钻压作用下，钻头回转扭矩的作用，刮削、剪切破碎岩石而获得进尺	钢粒钻进利用钢粒作为碎岩磨料，达到破碎岩石进尺。泥浆的作用不仅是悬浮携带钻渣、冷却钻头，磨损失去作用的钢粒从钻头唇部冲出
适用范围	黏土层、砂土层、砾砂层、粒径小的卵砾石层和风化基岩	黏土层和砂土层	黏土层和砂土层	砂土层、卵石层和一般岩石地层	软岩、较硬的岩层和卵砾石层，也可用于一般地层	主要适用于中硬以上的岩层，也可用于大漂石或大孤石
钻压	800～1200N/每片刀具	800～1200N/每片刀具	800～1200N/每片刀具	300～500N/每毫米钻头直径	300～500N/每毫米钻头直径	钻头唇面压在单位有效面积的面积上压力的乘积
转速	$n=\dfrac{60v}{\pi D}$	$n=\dfrac{60v}{\pi D}$			60～180r/min	50～120r/min

注：v—钻头线速度，取0.8～2.5m/s；D—钻头直径；n—转速。

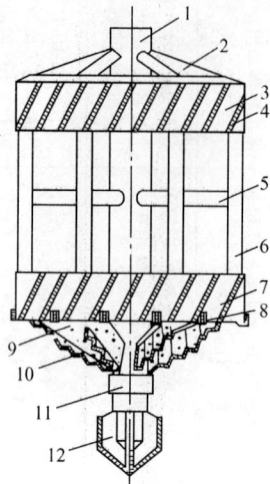

图 23-3-3　双腰带翼状钻头结构示意图

1—钻头中心管；2—斜撑杆；3—扶正环；4—合金块；
5—横撑杆；6—竖撑杆；7—导正环；8—肋骨块；
9—翼板；10—切削具；11—接头；12—导向钻头
（引自李世京等，1990 年）

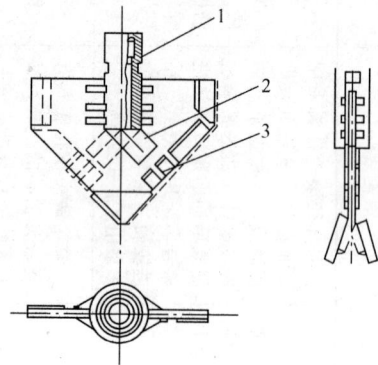

图 23-3-4　鱼尾钻头结构示意图

1—接头；2—出浆孔；3—刀刃
（引自李世京等，1990 年）

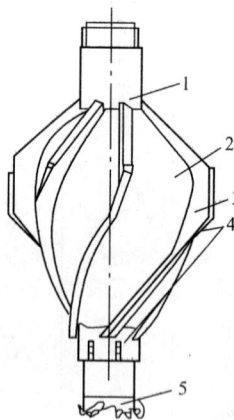

图 23-3-5　螺旋翼片式合金扩孔钻头

1—钻头体；2—护板；3—翼片；
4—合金；5—小钻头

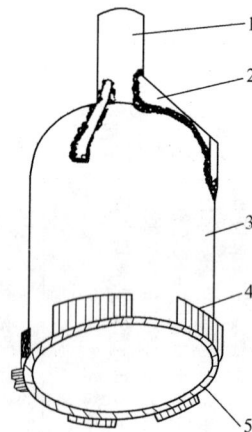

图 23-3-6　筒状肋骨合金取芯钻头

1—钻杆接头；2—加强筋板；3—钻头体；
4—肋骨块；5—合金片

（2）安装正循环钻机。

（3）钻进。

（4）第一次处理孔底虚土（沉渣）。

（5）移走正循环钻机。

（6）测定孔壁。

（7）将钢筋笼放入孔中。

（8）插入导管。

（9）第二次处理孔底虚土。

（10）水下灌注混凝土，拔出导管。

（11）拔出护筒。

图 23-3-8 为 BH 施工法正循环钻进时的循环水系。BH 施工法为使用稳定液实行无套管的施工法。

图 23-3-7 钢粒全面钻进钻头

1—钻杆接头；2—加强筋板；
3—钻头体；4—短钻杆（或钢管）；5—水口

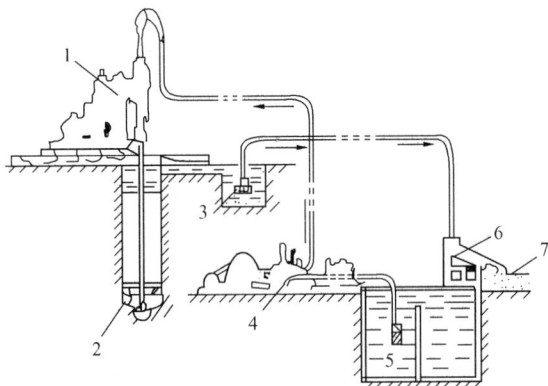

图 23-3-8 BH 施工法正循环钻进时的循环水系

1—钻机主体；2—BH 钻头；3—抽砂泵；4—水泵；
5—泥水池；6—泥砂滤网；7—钻出的混土

（引自京牟礼和夫 1976 年）

2. 施工特点

与反循环钻进相比，正循环回转钻进时，泥浆上返速度慢，排除钻渣能力差。为缓解上述问题，需特别重视，在正循环施工中，泥浆具有举足轻重的作用。

1）保持足够的冲洗液（指泥浆或水）量是提高正循环钻进效率的关键。

对于合金钻头和滚轮钻头，冲洗液量应根据上返速度按下式确定：

$$Q = 60 \times 10^3 Fv \qquad (23\text{-}3\text{-}1)$$

式中　Q——冲洗液量（L/min）；

　　　F——环空面积（m²）；

　　　v——上返速度（m/s）。

冲洗液上返速度根据冲洗液种类及钻头类型来确定，见表 23-3-3。

冲洗液上返速度（m/s）　　　　　　　　　　表 23-3-3

冲洗液类型 钻头形状	清水	泥浆	冲洗液类型 钻头形状	清水	泥浆
合金钻头	≥0.35	≥0.25	滚轮钻头	≥0.40	≥0.35

冲洗液量的选择对钢粒钻进有很大影响。如果冲洗液量过大，大部钢粒被冲起，破碎

岩石的钢粒数量不足；冲洗液量过小，则不能及时排除孔底岩渣和失效钢粒。

对于钢粒钻进，其冲洗液量的选择一般根据岩石性质、钻头过水断面、投砂量、质量、孔径和冲洗液性质等综合考虑，按下式确定：

$$Q = kD \tag{23-3-2}$$

式中 Q——冲洗液量（L/min）；

　　D——钻头直径（m）；

　　k——系数 $[L/(min \cdot m)]$，为 $8 \times 10^2 \sim 9 \times 10^2 L/(min \cdot m)$。

钢粒投砂量一般为 $15 \sim 40kg/$次，采用少投勤投方式以保持孔底有足够的钢粒。

2）保持泥浆质量、提高泥浆相对密度和黏度，以提高泥浆悬浮钻渣的能力

（1）造浆黏土应符合下列技术要求：

①胶体率不低于 95%。

②含砂率不大于 4%。

③造浆率不低于 $0.006 \sim 0.008m^3/kg$。

（2）泥浆性能指标应符合下列技术要求：

①泥浆相对密度为 $1.05 \sim 1.25$。

②漏斗黏度为 $16 \sim 28s$。

③含砂率小于 4%。

④胶体率大于 95%。

⑤失水量小于 30mL/30min。

桩孔直径大时，可将泥浆相对密度加大到 1.25，黏度 28s 左右。

3. 施工注意事项

1）规划布置施工现场时，应首先考虑冲洗液循环、排水、清渣系统的安设，以保证正循环作业时，冲洗液循环畅通，污水排放彻底，钻渣清除顺利。

泥浆循环系统的设置应遵守下列规定：

（1）循环系统由泥浆池、沉淀池、循环槽、废浆池、泥浆泵、泥浆搅拌设备、钻渣离装置等组成，并配有排水、清渣、排废浆设施和钻渣转运通道等。一般宜采用集中搅泥浆，集中向各钻孔输送泥浆的方式。

（2）沉淀池不宜少于 2 个，可串联并用，每个沉淀池的容积不小于 $6m^3$。

泥浆池的容积为钻孔容积的 $1.2 \sim 1.5$ 倍，一般不宜小于 $8 \sim 10m^3$。

（3）循环槽应设 $1:200$ 的坡度，槽的断面面积应能保证冲洗液正常循环而不外溢。

（4）沉淀池、泥浆池、循环槽可用砖块和水泥砂浆砌筑，不得有渗漏或倒塌。泥浆池等不能建在新堆积的土层上，以免池体下陷开裂，泥浆漏失。

2）应及时清除循环槽和沉淀池内沉淀的钻渣，必要时可配备机械钻渣分离装置在砂土或容易造浆的黏土中钻进，应根据冲洗液相对密度和黏度的变化，可采用添加絮凝剂加快钻渣的絮沉，适时补充低相对密度、低黏度稀浆，或加入适量清水等措施，调整泥浆性能。泥浆池、沉淀池和循环槽应定期进行清理。清出的钻渣应及时运出现场，防止钻渣污染施工现场及周围环境。

3）正循环钻进操作注意事项：

（1）安装钻机时，转盘中心应与钻架上吊滑轮在同一垂直线上，钻杆位置偏差不应大

于 2cm。使用带有变速器的钻机，应把变速器板上的电动机和变速器被动轴的轴心设置在同一水平标高上。

（2）根据岩土情况，合理选择钻头和调配泥浆性能。

（3）初钻时应低档慢速钻进，使护筒刃脚处形成坚固的泥皮护壁，钻至护筒刃脚下后，可按土质情况以正常速度钻进。

（4）钻具下入孔内，钻头应距孔底钻渣面 50～80mm，并开动泥浆泵，使冲洗液循环 2～3min。然后开动钻机，慢慢将钻头放到孔底，轻压慢转数分钟后，逐渐增加转速和增大钻压，并适当控制钻速。

（5）正常钻进时，应合理调整和掌握钻进参数，不得随意提动孔内钻具。操作时应掌握升降机钢丝绳的松紧度，以减少钻杆、水龙头晃动。在钻进过程中，应根据不同地质条件，随时检查泥浆指标。

（6）在黏土层中钻孔时，宜选用尖底钻头、中等转速、大泵量、稀泥浆的钻进方法。

（7）在砂土或软土等易塌孔地层中钻孔时，宜采用平底钻头、控制进尺、轻压、低档慢速、大泵量、稠泥浆的钻进方法。

（8）在砂砾等坚硬土层中钻孔时，易引起钻具跳动、憋车、憋泵、钻孔偏斜等现象，操作时要特别注意，宜采用低档慢速、控制进尺、优质泥浆、大泵量、分级钻进的方法。必要时，钻具应加导向，防止孔斜超差。

（9）在起伏不平的岩面、第四系与基岩的接触带，溶洞底板钻进时，应轻压慢转，待穿过后再逐渐恢复正常的钻进参数，以防桩孔在这些层位发生偏斜。

（10）在同一桩孔中采用多种方法钻进时，要注意使孔内条件与换用的工艺方法相适应。如基岩钻进由钢粒钻头改用牙轮钻头时，须将孔底钢粒冲起捞净，并注意孔形是否适和牙轮钻头入孔。牙轮钻头下入孔内后，须轻压慢转，慢慢扫至孔底，磨合 5～10min，逐步增大钻压和转速，防止钻头与孔形不合引起剧烈跳动而损坏牙轮。

（11）在直径较大的桩孔中钻进时，在钻头前部可加一小钻头，起导向作用；在清孔时，孔内沉渣易聚集到小钻孔内，并可减少孔底沉渣。

（12）加接钻杆时，应先将钻具稍提离孔底，待冲洗液循环 3～5min 后，再拧卸加接钻杆。

（13）钻进过程中，应防止扳手、管钳、垫叉等金属工具掉落孔内，损坏钻头。

（14）如护筒底土质松软出现漏浆时，可提起钻头，向孔中倒入黏土块，再放入钻头倒转，使胶泥挤入孔壁堵住漏浆空隙，稳住泥浆后继续钻进。

4）钻进参数的选择可参照下列规定：

（1）冲洗液量，可按式（23-3-1）和式（23-3-2）计算。

（2）转速

①对于硬质合金钻进成孔，转速的选择除了满足破碎岩土的扭矩的需要，还要考虑钻头不同部位切削具的磨耗情况，按下式计算：

$$n = \frac{60V}{\pi D} \tag{23-3-3}$$

式中　n——转速（r/min）；

　　　D——钻头直径（m）；

　　　V——钻头线速度，0.8～2.5m/s。

式中钻头线速度的取值如下：在松散的第四系地层和软岩中钻进，取大值；在硬岩中钻进，取小值；如果钻头直径大，取小值；钻头直径小，取大值。

一般砂土层中，转速取 40～80r/min，较硬或非均质地层转速可适当调变。

②对于钢粒钻进成孔，转速一般取 50～120r/min，大桩孔取小值，小桩孔取大值。

③对于牙轮钻头钻进成孔，转速一般取 60～180r/min。

（3）钻压

在松散地层中，确定给进压力应以冲洗液畅通和钻渣清除及时为前提，灵活加以掌握；在基岩中钻进可通过配置加重钻链或重块来提高钻压。

①对于硬质合金钻进成孔，钻压应根据地层条件、钻杆与桩孔的直径差、钻头形切削具数目、设备能力和钻具强度等因素综合考虑确定。一般按每片切削刀具的钻压为 800～1200N 或每颗合金的钻压为 400～600N 确定钻头所需的钻压。

②对于钢粒钻进成孔，钻压主要根据地层、钻头形式、钻头直径和设备能力来选择，由下式确定：

$$P = pF \qquad (23-3-4)$$

式中　P——钻压（N）；

　　　p——单位有效面积上的压力（N/m²）；

　　　F——钻头唇面压住钢粒的面积（m²）。

③牙轮钻头钻进需要比较大的钻压才能使牙轮对岩石产生破碎作用。一般要求每厘米钻头直径上的钻压不小于 300～500N。

5）清孔

清孔的目的是使孔底沉渣（虚土）厚度、循环液中含钻渣量和孔壁泥垢厚度符合质量要求或设计要求。

对于正循环回转钻进，终孔并经检查后，应立即进行清孔，清孔主要采用正循环清孔和压风机清孔两种方法。

（1）正循环清孔

一般只适用于直径小于 800mm 的桩孔。其操作方法是，正循环钻进终孔后，将钻头提离孔底 80～100mm，采用大泵量向孔内输入相对密度为 1.05～1.08 的新泥浆，维持正循环 30min 以上，把桩孔内悬浮大量钻渣的泥浆替换出来，直到清除孔底沉渣和孔壁泥皮，且使泥浆含砂量小于 4％为止。

当孔底沉渣的粒径较大，正循环泥浆清孔难以将其携带上来时；或长时间清孔，孔底沉渣厚度仍超过规定要求时，应改换清孔方式。

正循环清孔时，孔内泥浆上返速度不应小于 0.25m/s。

（2）压风机清孔

①工作原理

由空压机（风量 6～9m³/min，风压 0.7MPa）产生的压缩空气，通过送风管（直径 20～25mm）经液气混合弯管（亦称混合器，用内径为 18～25mm 的水管弯成）送到清孔出水管（直径 100～150mm）内与孔内泥浆混合，使出水管内的泥浆形成气液混合体，其重度小于孔内泥浆重度。这样在出水管内外的泥浆重度差的作用下，管内的气液混合体沿出水管上升流动，孔内泥浆经出水管底口进入出水管，并顺管流出桩孔，将钻渣排出。同时不断向孔内补给相对密度小的新泥浆（或清水），形成孔内冲洗液的流动，从而达到清孔的效果，见图23-3-9。

液气混合器距孔内液面的高度至少应为混合器距出水管最高处的高度的0.6倍。

②清孔操作要点

A. 将设备机具安装好，并使出水管底距孔底沉渣面300～400mm。

B. 开始送风时，应先向孔内供水。送风量应从小到大，风压应稍大于孔底水头压力。待出水管开始返出泥浆时，及时向孔内补给足量的新泥浆或清水，并注意保证孔壁稳定。

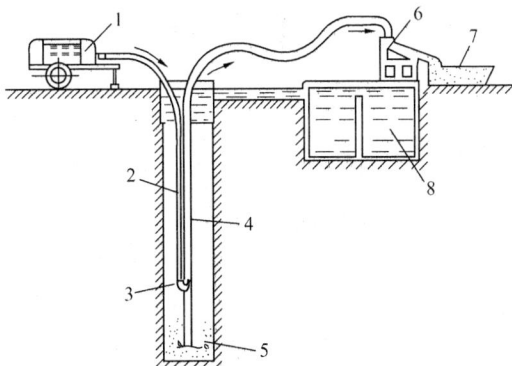

图23-3-9　压风机清孔原理示意图
1—空气压缩机；2—送风管；3—液气混合器；4—出水管
5—孔底沉渣；6—泥砂滤网；7—挖出的混土；8—泥浆泥
（引自京牟礼和夫，1976年）

C. 正常出渣后，如孔径较大，应适当移动出水管位置以便将孔底边缘处的钻渣吸出。

D. 当孔底沉渣较厚、块度较大，或沉淀板结时，可适当加大送风量，并摇动出水管，以利排渣。

E. 随着钻渣的排出，孔底沉渣减少，出水管应适时跟进以保持出水管底口与沉渣面的距离为300～400mm。

F. 当出水管排出的泥浆钻渣含量显著减少时，一般再清洗3～5min，测定泥浆含砂量和孔底沉渣厚度，符合要求时即可逐渐提升出水管，并逐渐减少送风直至停止送风。清孔完毕后仍要保持孔内水位，防止塌孔。

③压风机清孔可以在孔内下入灌注混凝土导管后，施行二次清孔作业。

6）常遇问题、原因和处理方法

正循环钻成孔灌注桩部分常遇问题、原因和处理方法见表23-3-4。

正循环钻成孔灌注桩部分常遇问题、原因和处理方法　　　　表23-3-4

常遇问题	主 要 原 因	处 理 方 法
在黏土层中钻进，进尺很慢，憋泵	泥浆黏度过大	调整泥浆性能
	给压过大，孔底钻渣未能及时排出	调整钻进参数
	糊钻或钻头有泥包	调节冲洗液相对密度和黏度，适当增大泵量或向孔内投入适量砂石，解除泥包糊钻
在砂砾层中钻进，进尺缓慢	冲洗液上返流速小	加大泵量，增大上返流速
	钻渣未能及时排除	每钻进4～6m，专门清渣一次
	钻头磨损严重	修复或更换钻头
钻具跳动大，回转阻力大，切削具崩落	孔内多有大小不等的砾石、卵石	用掏渣筒或冲抓锥专门捞除大石头
	孔内有杂填的砖块、石块	可用冲击钻头破碎或挤压石块通过这类地层

注：本表为正循环钻成孔灌注桩部分常遇问题、原因和处理方法，另一部分常遇问题、原因和处理方法与反循环钻成孔灌注桩相同，可参照表23-4-3。

第四节　反循环钻孔灌注桩

一、基本原理

反循环钻进成孔的方法是，在施工的桩顶处埋设护筒，护筒直径比桩径大 15％ 左右，然后安置钻机。钻机工作时，转盘带动主动钻杆旋转，从而使钻头钻进。在钻进过程中，冲洗液（水或泥浆）从钻杆和孔壁间的环状间隙中流入钻孔底部，并携带被钻头切削下来的钻渣，由钻杆内腔返回地面，与此同时，经过过滤后的冲洗液（水或泥浆）又返回钻孔内形成冲洗液循环，这种冲洗液循环的钻进方法称为反循环钻进。

反循环钻进成孔按照冲洗液（水或泥浆）循环输送钻渣的方式、动力来源和工作原理可分为泵吸、喷射和气举反循环钻进方法。

二、反循环钻进工艺地层和技术要求

1. 反循环钻进工艺地层要求

反循环钻进工艺适用于填土层、砂土层、淤泥层、砂层、卵砾石层和基岩钻进。但是填土层中的碎砖、块石、填石和卵砾石层的块度不得大于钻杆内经的 3/4，否则容易引起钻头水口或管路堵塞，影响冲洗液的正常循环。

2. 反循环钻进工艺技术要求

泵吸反循环钻进工艺施工的桩孔直径一般在 600mm 以上，孔身一般不超过 90m。气举反循环钻进工艺施工的桩孔孔身超过 30m 后，再加一个混合器，一般情况下混合器安装在距离孔底的 1/3 处，第二个混合器安装在距离孔底 2/3 处。

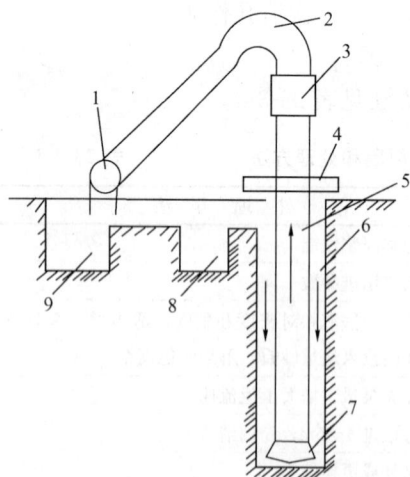

图 23-4-1　泵吸反循环施工原理示意图
1—反循环泵；2—吸渣软管；3—水龙头；
4—钻机转盘；5—钻杆；6—泥浆；7—钻头；
8—沉淀池；9—泥浆池

三、泵吸反循环成孔钻进方法

1. 工艺流程

桩孔定位—埋设护筒—安装钻机—挖设泥浆池及循环槽—开动反循环泵（或空气泵）—冲洗液循环—钻进成孔—终孔—下钢筋笼—下导管—浇筑混凝土—成桩。

2. 施工原理

（1）泵吸反循环施工原理

由图 23-4-1 可以看出，通过水龙头 3 连接软管 2 和钻杆形成一个中心通道，钻杆和孔壁之间冲洗液携带钻渣，通过钻头 7 进入钻杆泵内腔，被吸到反循环泵 1（反循环泵工作时，把泵内的冲洗液排出后，在泵内形成一定的真空，由于大气作用，使钻杆内外的冲洗液形成压差，保证冲洗液流动）内，再排到泥浆池 9，冲洗液经过沉淀过滤钻渣后，流入钻孔内形成一循环，其冲洗液的流向方式称作反循环。其钻进成孔的方式称为反循环施工法。

（2）气举反循环施工原理

由图 23-4-2 可以看出，通过水龙头 3 连接软管 2 和钻杆形成一个中心通道，钻杆和孔壁之间冲洗液携带钻渣，通过钻头 8 进入钻杆 5 内腔，空压机输送空气进入混合器 7，空气由通气孔进入钻杆内与冲洗液进行混合，形成低密度冲洗液，钻杆内外的冲洗液形成密度差，从而形成冲洗液流动，冲洗液携带钻渣通过钻杆再排到泥浆池 9 内，冲洗液经过沉淀过滤钻渣后，再流入钻孔内形成一循环，其冲洗液的流向方式称作反循环。其钻进成孔的方式称为气举循环施工法。

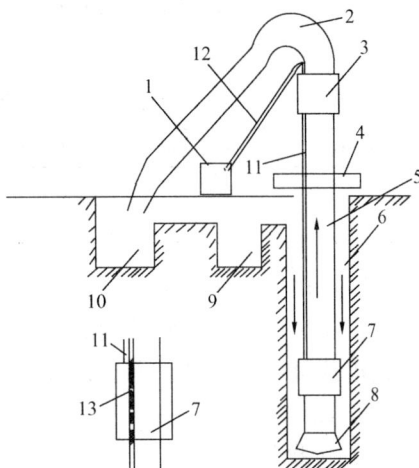

图 23-4-2 气举反循环施工原理示意图

1—空压机；2—吸渣软管；3—水龙头；4—钻机转盘；5—钻杆；6—泥浆；7—混合器；8—钻头；9—沉淀池；10—泥浆池；11—通气管；12—通气软管；13—混合器通气孔

3．反循环钻机分类

反循环钻机分为两类：一类为泵吸反循环钻机（包括喷射反循环）；一类为气举反循环钻机。实际上钻机动力是一样的，只是钻杆有区别。气举反循环钻机的钻杆侧面带一根空气输送管和混合器。喷射反循环是使用喷射泵，工作过程与泵吸反循环一样。

（1）泵吸反循环钻机如上海探矿机械厂 SP—300 钻机；

（2）气举反循环钻机如上海探矿机械厂 BG—25B 钻机。

四、泵吸反循环操作规程

1．开工前准备

（1）技术准备：钻孔施工前，技术负责人必须组织会审设计图纸和测量放样，确定钻孔位置。

（2）钻孔平台准备：钻孔放样完成后，即可准备钻井平台，平台要求必须稳固，不能出现不均匀沉降。

（3）施工准备：在钻井平台设置完毕后，进行水电安装，布置泥浆循环池和沉淀池以及循环槽，然后进行安装钻机等后续工作。

2．钻孔准备

（1）护筒埋设

护筒埋设采用钢制或者钢筋混凝土护筒，其内径大于桩孔径 20～30cm，护筒长度根据地层情况进行增减，一般 1～2m，高出地面 30cm 左右，侧部开口以利于泥浆循环。护筒埋设后，其周围必须用黏土夯填密实，避免钻进过程中漏浆。必要时与钻机连接在一起，防止由于施工时钻孔扩大而护筒掉入桩孔中，护筒埋设后，其平面位置偏差不大于 2cm，倾斜度不大于 0.5%。

（2）钻孔（冲洗液）泥浆

一般情况下，采用原地土层造浆，性能不符合要求时，掺用添加剂改善泥浆性能；必要时，钻孔泥浆采用优质黏土或膨润土调制。添加剂品种、掺用量由试验确定。调制好的泥浆性能见表23-4-1。

泥浆性能指标要求   表 23-4-1

钻进方法	地层情况	相对密度	黏度（s）	含砂率（%）	胶体率（%）
反循环钻进	一般地层	1.05～1.2	16～22	≤4	≥96
	易坍地层	1.2～1.4	18～28	≤4	≥96

（3）钻机安装就位

钻机安装就位后，应做到底盘平稳、牢固，以保证钻进过程中不发生沉陷和产生移位。钻机顶部的起吊滑轮中心、转盘中心、桩孔中心必须同在一铅垂线上，最大偏差应控制在 2cm 以内。

3. 钻进操作

（1）开动钻机进行钻进，一开始采用正循环钻进，在泥浆形成循环后，并保证整个泥浆循环系统包括钻杆、动力头、泥浆循环软管等内部无空气的情况下，开动泥浆反循环泵（砂石泵）。

（2）砂石泵启动后，应待形成正常反循环，才能开动钻机慢速回转，下放钻头到孔底。开始钻进时，先轻压慢转至钻头正常工作后，逐渐增大转速，调整钻压，以不造成钻头吸水口堵塞为限度。

（3）钻进过程中，要细心观察进尺情况和砂石泵的排水出渣情况，当排量减少或者出水口含渣量太多时，应当控制进尺速度，防止泥浆密度太大或者管道堵塞导致反循环中断。

（4）应根据地层的不同情况、桩孔直径、砂石泵排量合理安排钻进参数以获得最优的施工速度。

①泥浆液量：保持足够的泥浆是保证反循环正常钻进的前提，泥浆量应根据孔内上返速度确定，上返速度根据使用的泵吸反循环泥浆泵确定。6BS 型反循环泵的额定流量为 180m³/h，根据使用的钻杆截面面积可换算出泥浆的上返速度。泥浆使用循环量计算：

$$Q = 60 \times 10^3 Fv \tag{23-4-1}$$

式中　Q——泥浆量（L/min）；

　　　F——桩孔的横截面面积（m²）；

　　　v——泥浆上返速度（m/s）。

②转速：根据钻头直径大小不同，转速控制在 30～80r/min 之间，钻头直径大时取小值，反之，依然。在软硬不均或钻至基岩面以及穿越硬夹层时，钻速相应降低。

③钻压：根据施工地层和设备能力合理选择，在硬质地层中钻进，通过钻铤或加重块来提高钻压，注意钻机不能超负荷运转。

（5）更换钻杆时，先停止进尺，维持泥浆循环 2～3min，再将钻具提离孔底 100mm 左右，清洗孔底，将钻杆内和管道内钻渣排净后，再停止转动，停泵加接钻杆。

（6）在砂砾（卵）层钻进时，可采用间断式钻进，即进尺一部分，保持回转和泥浆循环几分钟，再钻进一部分的方式，防止钻渣太多和卵砾石堵塞钻杆。

（7）如果出现坍塌，应立即把钻具提离孔底并保持泵量，保持泥浆循环，吸除塌落物，同时，调节泥浆性能和保持水头压力以稳定孔壁。恢复钻进后，控制泵量不宜过大，避免吸垮孔壁。

（8）正常钻进过程中，应保持有足够的泥浆回灌桩孔，避免桩孔由于没有泥浆而导致塌孔。

（9）桩孔达到设计孔深要求停钻后，钻具提离孔底 300mm 左右，保持泥浆正常循环进行清底，直到符合规范要求为止。起钻后，应尽快进行回灌，保持桩孔泥浆高度，防止泥浆减少出现塌孔。

4. 冲洗液循环设置

1）现场布置

（1）泥浆循环布置首先考虑冲洗液循环、排水、清渣系统的安设，以保证施工作业时，冲洗液循环畅通，钻渣清除顺利。

（2）地表循环系统分两种：自流回灌式，泵送回灌式。根据施工场地、地层、设备情况，正确选择循环方式。自流回灌式设施简单，清渣容易，可靠性高，应为优选。

自流回灌式：反循环泵输送出的泥浆和钻渣，通过沉淀池和泥浆池的沉淀或经过除砂器对泥浆处理后，再自流回灌到钻孔。

泵送回灌式：反循环泵输送出的泥浆和钻渣，通过沉淀池和泥浆池的沉淀或经过除砂器对泥浆处理后，再经过泥浆泵输送到钻孔的形式。

（3）循环系统中的沉淀池、泥浆池、循环槽（回灌管路或泵送回灌）等尺寸规格，应根据钻孔的容积和反循环泵的型号规格决定。

①泥浆池的容积，至少是桩孔的实际容积的 1.2 倍，以保证泥浆的正常循环。

②沉淀池的容积，一般情况下 6～20m³，可根据实际情况按照桩孔越大沉淀池体积越大的原则确定。

③施工的现场还应该设立储浆池，不小于桩孔的实际容积的 1.2 倍，目的是保证灌注混凝土时，泥浆不致外溢。

④循环槽的横断面面积应是反循环泵出水断面面积的 3～4 倍，如果采用泥浆泵回灌，其泵的排量应大于反循环泵的排量。循环槽的坡度不宜大于 1：100。

⑤泥浆池、沉淀池和循环槽可用砖砌或者 4～6mm 钢板加工制作，沉淀池设置应方便钻渣清除和外运。

2）泥浆净化处理

（1）采用清水钻进时，在沉淀池内钻渣通过重力沉淀后予以清除。

（2）采用泥浆钻进时，可采用多级振动筛和旋转除砂器或者其他除砂装置进行清除钻渣，振动筛主要清除较大粒径的钻渣，筛板规格根据钻渣粒径大小分级确定。旋转除砂器的有效面积要适应反循环泵的排量，数量根据清渣需要确定。

（3）钻进过程中，及时清除泥浆池、沉淀池和循环槽中的钻渣，防止钻渣倒流出现重复破碎和影响进尺速度。

5. 泵吸反循环泵的操作

（1）泵吸反循环泵启动前准备工作

①连接好所有地面管线、钻杆和钻具，要求连接可靠，不漏气、不堵塞。

②桩孔内的泥浆液面和孔口平齐，不低于地面，泥浆补给通畅、量足、及时。

③钻头提离孔底 200～300mm，防止泥浆进口被堵。

④检查泵组的运转部分的密封和润滑情况，保证反循环泵处于正常状态。

（2）泵吸反循环泵启动遵循下列规定

①泵吸反循环泵启动前，采用正循环的形式使泥浆充满整个管路，排除反循环泵内的空气，真空泵的外部密封用水要漫过整个转轴，保证空气不能进入真空泵。

②泵吸反循环泵启动后，慢慢打开出水阀，使泥浆形成反循环，调节出水阀开口至所需排量。

（3）泵吸反循环泵的型号规格（表23-4-2）

常用泵吸反循环泵的型号　　　　　　　　　　表23-4-2

序号	生产厂家	型号	通径（m）	流量（额定）（m³/h）	性　　　　　能						
					吸程（kPa）	扬程（kPa）	转速（r/min）	功率（kW）	效率	外形尺寸（m）	重量（kg）
1	河南众邦矿山	6BS	0.15	180	78.5	127	730	30	≥50%	24×2×1	2600
2	山东地质探矿	6BS	0.15	180	78.5	127	730	22	≥50%		2600
3	江西金泰	12BS	0.30	1000	6.5m	16m		110	55%	2.5×2.4×1.6	4000

6. 喷射反循环泵的操作

喷射反循环泵启动前工作准备与泵吸反循环泵一样。

7. 反循环钻进常见的故障及处理方法见表23-4-3

反循环钻进常见的故障及处理方法　　　　　　表23-4-3

序号	故障现象	故障原因	处理（排除）方法
1	反循环泵启动时不排水	（1）管路密封不严，漏气； （2）真空泵内存在空气； （3）泵外壳与转轴处密封不严，漏气	（1）检查上部水龙头处密封状态； （2）检查主动钻杆与钻杆连接处是否密封； （3）检查反循环泵密封状态和水龙头与反循环泵连接的管道及密封情况； （4）泥浆正循环建立后，要等待4～5min，保证泥浆充满整个管道，并排出管道内的空气后，再启动
2	反循环泵启动后，阻力大，孔口不返水	（1）管路系统被堵塞物堵死； （2）钻头水口被埋住	（1）清理管路堵塞物； （2）把钻具提离孔底，用正循环冲洗堵塞物
3	反循环泵启动时，泵跳动，但不上水；	（1）管路系统被堵塞物堵死； （2）钻头水口被埋住； （3）吸程过大	（1）清理管路堵塞物； （2）把钻具提离孔底，用正循环冲洗堵塞物； （3）检修管路，注意检查管上的阀门是否按照规程操作； （4）降低吸程，吸程不宜超过6.5m

序号	故障现象	故障原因	处理（排除）方法
4	反循环泵正常工作过程中，突然中断或者逐渐中断循环	（1）管路系统漏气； （2）管路突然被堵； （3）钻头水口被堵； （4）吸水胶管内层脱胶损坏	（1）检查管路，紧固反循环泵塞线压盖和水龙头压盖； （2）管路被堵； （3）清除钻头堵塞物； （4）更换吸水胶管
5	黏土层钻进时，进尺缓慢，或不进尺	（1）钻头有缺陷； （2）钻头泥包、糊钻； （3）钻进参数不合理	（1）检修钻头，或重新设计； （2）清除泥包，调整泥浆密度、黏度、适当增加泵量，向孔内投入适量砂石解除泥包糊钻； （3）调整钻进参数
6	在砂层、砂砾层、卵石层中钻进，循环突然中断或排量突然减少，钻头在孔内跳动厉害	（1）进尺过快； （2）泥浆密度过大； （3）管道被石块堵死； （4）钻渣含量过大； （5）孔底有较大的卵砾石	（1）控制钻进速度； （2）提钻离开孔底，调整泥浆密度； （3）关闭反循环泵出水阀，造成管路瞬时管内压力波动，清除堵塞物，或用正循环反冲或提钻清理； （4）降低钻速，加大泵排量及时清渣； （5）提钻专门清理卵砾石
7	塌孔	（1）地层松软，水头压力不够； （2）孔内漏失泥浆，水位下降； （3）操作不当，造成压力激荡； （4）松散地层钻进时，泵量过大造成抽吸塌孔	（1）及时补充泥浆，加大泥浆密度，或者用泥浆钻进或者抬高水位或者下长护筒； （2）向泥浆漏失地层投入泥球堵漏，或者用胶体泥浆堵漏； （3）提升钻具要平稳，不要造成泥浆水位大的波动； （4）调整泵量，减少抽吸或者增加回灌等办法保证坍塌层的泥浆压力不变

五、气举反循环操作过程

（1）气举反循环钻进时，钻杆内压入的空气与泥浆混合形成的泥浆密度小于钻杆外的泥浆密度，形成压差，导致泥浆流动携带钻渣进行循环的方式。

（2）工作介质是空气，可靠性高，与泵吸反循环使用的泥浆泵、反循环泵相比事故相对少。

（3）钻进时，钻杆内各处不存在负压，不会因钻杆密封不严而不能工作。

（4）钻孔内只要有稳定的水位，就可以工作。

第五节　人工挖孔灌注桩

一、概述

1. 基本原理及优缺点

人工挖孔桩是利用人工挖孔，在孔内放置钢筋笼、灌注混凝土的一种桩型，其优点如下：

(1) 人工挖孔桩具有施工机具简单，施工操作方便，占用施工场地小，对周围建筑物无影响。

(2) 施工中人工挖孔桩全面展开，可有效缩短工期。

(3) 无噪声、无污染。

(4) 成桩质量容易保证。

(5) 造价低廉。

(6) 单桩承载力高，受力性能可靠，同时桩端可以人工扩大，提高承载力。

其存在的缺点如下：

(1) 井下作业条件差、环境恶劣、劳动强度大。

(2) 安全性较差，人员在孔内上下作业，易发生伤亡事故。

(3) 单桩施工速度较慢。

(4) 混凝土灌注量大。

2. 适用范围

人工挖孔灌注桩宜在地下水位以上施工，适用于人工填土层、黏土层、粉土层、砂土层、碎石土和风化岩层，也可在黄土、膨胀土和冻土中使用，适应性较强，可用于高层建筑、公用建筑、水工建筑作桩基，也可作支承、抗滑、挡土之用。

对软土、流砂、地下水位较高、涌水量大的土层不宜采用。

人工挖孔桩的桩身直径一般为 $800\sim2000mm$，最大直径可达 $3500mm$，桩端可采取不扩底和扩底两种方法。视桩端土层情况，扩底直径一般为桩身直径的 $1.3\sim2.5$ 倍，最大扩底直径可达 $4500mm$。

二、人工挖孔灌注桩施工方法

1. 施工机具

人工挖孔灌注桩施工用的机具比较简单，主要有：

(1) 电动葫芦（或手摇辘轳）和提土桶，用于材料和弃土的垂直运输以及供施工人员上下工作使用。

(2) 护壁钢模板。

(3) 潜水泵，用于抽出桩孔中的积水。

(4) 鼓风机、空压机和送风管，用于向桩孔中强制送入新鲜空气。

(5) 镐、锹、土筐等挖运工具，若遇到硬土或岩石，尚需风镐、潜孔钻。

(6) 插捣工具，用于插捣护壁混凝土。

(7) 应急软爬梯。

(8) 照明灯、对讲机、电铃等。

2. 施工工艺

采用现浇混凝土分段护壁的人工挖孔桩的施工流程是：

(1) 放线定位：按设计图纸放线，定桩位。

(2) 开挖土方：采取分段开挖，每段高度决定于土壁直立状态的能力，以 $0.8\sim1.0m$ 为一施工段。开挖面积的范围为设计桩径加护壁厚度。挖土由人工从上到下逐段进行，同一段内挖土次序先中间后周边；扩底部分采取先挖桩身圆柱体，再按扩底尺寸从上到下削土修成扩底形。在地下水位以下施工时，要及时用吊桶将泥水吊出，当遇大量渗水时，在孔底一侧挖集水坑，用高扬程潜水泵将水排出。

（3）测量控制：桩位轴线采取在地面设十字控制网、基准点。安装提升设备时，使吊桶的钢丝绳中心与桩孔中心一致，以做挖土时粗略控制中心线用。

（4）支设护壁模板：模板高度取决于开挖土方施工段的高度，一般为 1m，由 4 块或 8 块活动钢模板组合而成。

护壁中心线控制，系将桩控制轴线、高程引到第一节混凝土护壁上，每节以十字线对中、吊大线锤控制中心点位置，用尺杆找圆周，然后由基准点测量孔深。

（5）设置操作平台：用来临时放置混凝土拌合料和灌注护壁混凝土。

（6）浇筑护壁混凝土：护壁混凝土要捣实，因它起着护壁与防水双重作用，上下壁搭接 50～75mm，护壁分为外齿式和内齿式两种，见图 23-5-1。外齿式的优点：作为施工用的衬体，抗塌孔的作用更好，便于人工用钢钎等捣实混凝土，增大桩侧摩阻力。

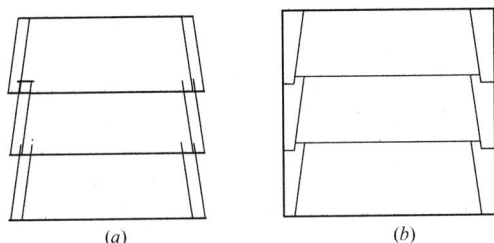

图 23-5-1　混凝土护壁形式
(a) 外齿式；(b) 内齿式

护壁通常为素混凝土，但当桩径、桩长较大，或土质较差、有渗水时应在护壁中配筋，上下护壁的主筋应搭接。

分段现浇混凝土厚度，一般由地下最深段护壁所承受的土压力及地下水的侧压力确定，地面上施工堆载产生的侧压力的影响可不计。护壁厚度可按下式计算：

$$t \geqslant Kpd/2f_c$$

$$p = \gamma h \tan^2(45° - \varphi/2) + (\gamma - \gamma_w)(H - h)\tan^2(45° - \varphi/2) + (H - h)\gamma_w$$

式中　p——土和地下水对侧壁的最大侧压力；

γ——土体的重度；

h——地面至地下水位深度；

H——护壁深度；

φ——土体内摩擦角；

γ_w——水的重度；

t——护壁理论计算厚度；

K——安全系数；

d——最大外径；

f_c——护壁混凝土标准强度值。

护壁混凝土采用 C25 或 C30，加配的钢筋可采用Φ6 或Φ8 圆钢。

（7）拆除模板继续下一段施工：护壁混凝土达到一定强度后（常温下 24h）便可拆模，再开挖下一段土方，然后继续支模灌注混凝土，如此循环，直到挖至设计要求的深度。

（8）吊放钢筋笼：吊放钢筋笼前，再次测量孔底虚土厚度，并按要求清除。

（9）排除孔底积水，灌注桩身混凝土。

3. 施工注意事项

1）施工安全措施

人工挖孔桩是人力挖掘成孔，必须在保证安全的条件下作业。

（1）从事挖孔作业的工人必需经健康检查和井下、高空、用电、吊装及简单机械操作等安全作业培训且考核合格后，方可进入现场施工。

（2）在桩孔挖掘前，要认真研究钻探资料，分析地质情况，对可能出现流砂、管涌、涌水以及有害气体等情况制定针对性的安全措施。

（3）施工现场所有设备、设施、安全装置、工具、配件以及个人劳保用品等必须经常进行检查，确保完好和安全使用。

（4）施工所用的电葫芦或辘轳应安全可靠并配备自动卡紧保险装置，支承架牢固稳定，钢丝绳无断丝。严禁用人工拉绳子运送工作人员或脚踩护壁凸缘上下桩孔，电葫芦宜用按钮式开关，桩孔内必须设置应急软爬梯或安全绳，并随挖孔深度增加放长至工作面，作为救急之用。

（5）为防止孔壁坍塌，应根据桩径大小和地质条件采取可靠的支护孔壁的施工方法。

（6）挖出的土石方及时运离孔口，不堆放在孔口四周 2m 范围内，机动车辆的通行不得对井壁的安全造成影响。

（7）护壁要高出地面 150～200mm，阻挡地面杂物掉入井内伤人，孔周围要设置安全防护栏，经常检查吊桶和绞绳有无安全隐患，发现隐患及时排除。

（8）当桩孔开挖深度超过 5m 时，每天开工前应进行有毒气体的检测，挖孔时要随时注意是否有有毒气体；当孔深超过 10m 时要采取必要的通风措施，地面配备专门设备向孔内送风，风量不宜少于 25L/s，使孔内混浊空气排出；孔底凿岩时尚应加大送风量。

（9）施工场内的一切电源、电路的安装和拆除必须由持证电工操作，电器必须严格接地、接零和使用漏电保护器。电器安装后经验收合格才准接通电源使用。各桩孔用电必须分闸，严禁一闸多孔和一闸多用。孔上电线、电缆架空，严禁拖地和埋压土中。孔内电缆、电线绝缘完好，并采取防磨损、防潮、防断措施。孔内作业照明采用 12V 以下的安全灯；使用潜水泵必须有防漏电装置。

（10）施工时，施工人员必须戴安全帽，穿绝缘胶鞋。带病、酒后、孔口无人不得下孔；孔内有人时，孔上必须有人监督防护，孔口配合人员集中精力，密切监视孔内的情况，并积极配合孔内作业人员进行工作，不得擅离岗位；在孔内上下递送工具物品时，严禁用抛掷的方法；不准在孔内吸烟、使用明火。

（11）孔内操作人员要 2h 轮换一次，严禁操作人员在孔内停留时间过久。

（12）施工时认真留意孔内一切动态，发现流砂、涌水、护壁变形等不良预兆以及有味气体等异常情况时，及时采取处理措施，严重时应停止作业并迅速撤离。

（13）需爆破施工，在爆破前，做好安全爆破的准备工作，划定安全距离，设置警戒哨，电闪雷鸣时禁止装药、接线，施工操作时严格按安全操作规程办事，爆破后向孔内强制输送清洁空气，排除有害气体，待有害气体排完后方可下井。

（14）灌注桩身混凝土时，相邻 10m 范围内的挖孔作业停止，并不得在孔底留人。

（15）暂停施工的桩孔，加盖盖板或钢管网片。

（16）现场设专职安全检查员，在施工前和施工中进行认真检查；发现问题及时处理，待消除隐患后再行作业。

2）挖孔控制要点

（1）开挖前，应从桩中心位置向桩四周引出四个桩心控制点，用牢固的木桩标定。当一节桩孔挖好安装护壁模板时，必须用桩心点来校正模板位置，有专人严格校核中心位置及护壁厚度。

（2）当桩净距小于 2 倍桩径且小于 2.5m 时，应采用间隔开挖。

（3）修筑第一节孔圈护壁（开孔）应符合：孔圈中心线与设计轴线的偏差不得大于 20mm；井圈顶面应比场地高出 150～200mm，壁厚比下面井壁厚度增加 100～150mm。

（4）修筑孔圈护壁应保证：

①护壁的厚度、配筋、混凝土强度均应符合设计要求。

②上下节护壁的搭接长度不得小于 50mm。

③同一水平面上的孔圈任意直径的极差不大于 50mm。

④桩孔开挖后应尽快灌注护壁混凝土，且必须当天一次性灌注完毕。

⑤每节护壁在当日施工完毕。

⑥灌注护壁混凝土时，可用敲击模板或用竹杆木棒反复插捣。

⑦护壁混凝土必须保证密实，根据土层渗水情况使用速凝剂。

⑧护壁模板拆除宜在 24h 之后进行。

⑨不得在桩孔水淹没模板的情况下灌注护壁混凝土。

⑩发现护壁有蜂窝、漏水现象时，应及时补强加以堵塞或导流，防止孔外水通过护壁流入桩孔内，以防造成事故。

（5）多桩孔同时成孔，应采取间隔挖孔方法，以避免相互影响和防止土体滑移及灌注时串孔。

（6）每节桩孔的挖土、护壁质量均作检查，以自检为主，监理、业主抽检为辅，检验内容包括桩心定位、桩孔垂直度、孔径大小、护壁稳定性等，发现偏差及时纠正。

（7）在开挖过程中，如遇到特别松软的土层，流动性淤泥或流砂时，为防止土壁坍落及流砂，可减少每节护壁的高度或采用钢护筒，混凝土应加速凝剂，加快凝固速度，待穿过松软土层和流砂层后，再按一般的方法边挖边灌注混凝土护壁，继续开挖桩孔；开挖流砂现象严重的桩孔时，先将附近无流砂的桩孔挖深，使其起集水井作用。集水井选在地下水流的上方。

（8）遇塌孔时，一般在塌方处用砖砌成外模，配适当钢筋（Φ6 或 Φ8），再制作支模、灌注混凝土。

（9）桩端入岩，手风钻难于作业时，可采用无声破碎方法进行。若用炸药小爆破形式，要订出爆破方案，经有关部门（公安局）批准。孔内爆破时，现场其他孔内作业人员必须全部撤离，严格按爆破规定进行操作。

（10）做桩端放大脚（扩脚）时，应及时通知建设、设计单位和质监部门对孔底岩样进行鉴定，经鉴定符合要求后，才进行扩底工作。

（11）终孔时，必须清理好护壁污泥和桩底的残渣杂物浮土，清除积水，经监理工程师检查同意验收，并及时通知有关部门对孔底形状、尺寸、成孔深度等进行检验。检验合格后，迅速吊放钢筋笼、灌注混凝土。

4. 质量要求

1）主控项目：

（1）灌注桩的原材料和混凝土强度必须符合设计要求和施工规范的规定。

（2）实际浇筑混凝土量，严禁小于计算体积。

（3）浇筑混凝土后的桩顶标高及浮浆的处理，必须符合设计要求和施工规范的规定。

2）一般项目：

（1）桩身直径满足表 23-5-1 要求。

（2）孔底虚土厚度不应超过规定。扩底形状、尺寸符合设计要求，桩底应落在持力土层上，持力层土体不应被破坏。

3）允许偏差项目：

允许偏差项目见表 23-5-1。

人工挖孔灌注桩允许偏差　　　　　　　　　　　　　表 23-5-1

序号	项　　　　目	允许偏差（mm）	检 验 方 法
1	钢筋笼主筋间距	±10	尺量检查
2	钢筋笼箍筋间距	±20	尺量检查
3	钢筋笼直径	±10	尺量检查
4	钢筋笼长度	±100	尺量检查
5	桩位	±50	拉线和尺量检查
6	桩孔垂直度	<0.5%	吊线和尺量检查
7	桩身直径	+50	尺量检查
8	桩底标高	±10	尺量检查
9	护壁混凝土厚度	±20	尺量检查

5. 应注意的质量问题

（1）垂直偏差过大：由于开挖过程未按要求每节核验垂直度，致使挖完以后垂直超偏。每挖完一节，必须根据桩孔口上的轴线吊直、修边，使孔壁圆弧保持上下顺直。

（2）孔壁坍塌：因桩位土质不好，或地下水渗出而使孔壁坍塌。开挖前应掌握现场土质情况，必要时可在坍孔处用砌砖，钢板桩、木板桩封堵；操作过程要紧凑，不留间隔空隙，避免坍孔。

（3）孔底残留虚土太多：成孔、修边以后有较多虚土、碎砖，未认真清除。在放钢筋笼前后均应认真检查孔底，清除虚土杂物。必要时用水泥砂浆或混凝土封底。

（4）孔底出现积水：当地下水渗出较快或雨水流入，抽排水不及时，就会出现积水。开挖过程中孔底要挖集水坑，及时下泵抽水。如有少量积水，浇筑混凝土时可在首盘采用半干硬性的，大量积水一时有排除困难的情况下，则应用导管水下浇筑混凝土的方法，确保施工质量。

（5）桩身混凝土质量差：有缩颈、空洞、夹土等现象。在浇筑混凝土前一定要做好操作技术交底，坚持分层浇筑、分层振捣、连续作业。必要时用铁管、竹杆、钢筋钎人工辅助插捣，以补充机械振捣的不足。

（6）钢筋笼扭曲变形：钢筋笼加工制作时点焊不牢，未采取支撑加强钢筋，运输、吊放时产生变形、扭曲。钢筋笼应在专用平台上加工，主筋与箍筋点焊牢固，支撑加固措施要可靠，吊运要竖直，使其平稳地放入桩孔中，保持骨架完好。

6. 挖孔桩成孔常见问题及处理措施

1）塌孔

（1）地下水渗流比较严重。

（2）混凝土护壁养护期内孔底积水，抽干后孔壁周围土层内产生较大水压差，从而易于使孔壁土体失稳。

（3）土层变化部位挖孔深度大于土体稳定极限高度。

（4）孔体偏位或超挖，孔壁原状土体结构受到扰动、破坏。

防治处理方法：有选择的先挖几个桩孔进行连续降水，使孔底不积水，周围桩土体黏聚力增强，并保持稳定；尽可能避免桩孔内产生较大水压差；挖孔深度控制不大于稳定极限高度，并防止偏位或超挖。对塌方严重孔壁，用砂石子填塞，并在护壁的相应部位设泻水孔，用以排除孔洞内积水。

2）护壁裂缝

（1）护壁过厚，其自重大于土体的极限摩阻力，因而导致下滑，引起裂缝。

（2）过度抽水后，在桩孔周围造成地下水位大幅度下降，在护壁产生负摩阻力。

（3）由于塌方使护壁失去部分支撑的土体下滑，使护壁某一部分受拉，而产生环向水平裂缝，同时由于下滑不均匀和护壁四周压力不均，造成较大的弯矩和剪力作用，而导致垂直和斜向裂缝。

防治处理方法：护壁厚度不宜太大，尽量减轻自重；桩孔口的护壁导槽要有良好的土体支撑，以保证其强度和稳固。裂缝一般可不处理，但要加强施工监视观测，发现问题及时处理。

3）截面大小不一或扭曲

（1）挖孔时未每节对中量测桩中心轴线及半径。

（2）土质松软或遇粉细砂层难以控制半径。

（3）孔壁支护未严格控制尺寸。

防治处理方法：挖孔时应按每节支护量测桩中心轴线及半径，遇松软土层或粉细砂层加强支护，严格认真控制支护尺寸。

4）超量

（1）挖孔时未每层控制截面，出现超挖。

（2）遇有地下土洞、落水洞、下水道或古墓、坑穴。

（3）孔壁塌落或成孔后间歇时间过长，孔壁风干或浸水剥落。

防治处理办法：挖孔时每层每节严格控制截面尺寸，不使超挖；遇地下洞穴，用3：7灰土填补、拍夯实；按塌孔一项防止孔壁塌落；成孔后在48h内浇筑桩混凝土，避免长期搁置。

第六节　旋挖（含短螺旋）钻孔灌注桩

一、概述

旋挖钻孔灌注桩技术被誉为"绿色施工工艺"，其特点是工作效率高、施工质量好、尘土泥浆污染少。其方法是利用国际先进设备——旋挖钻机施工，自动定位，垂直旋孔，成孔质量好。此方法自动化程度和钻进效率高，钻头可快速穿过各种复杂地层，在桩基施工特别是城市桩基施工中具有非常广阔的前景。

1. 基本原理

旋挖钻孔施工是利用钻杆和钻斗的旋转，以钻斗自重并加液压作为钻进压力，使土屑装满钻斗后提升钻斗出土。通过钻斗的旋转、挖土、提升、卸土和泥浆置换护壁，反复循环而成孔。

2. 优缺点

1）优点

（1）振动小，噪声低。

（2）成孔速度快，效率高，与常规钻机相比，旋挖钻机回转扭矩大，并可根据地层情况自动调整。钻压大，并易于控制。同时，由于旋挖钻进钻头直接从孔内提取岩土，故其钻进速度非常高。

（3）设备性能先进，自动化程度高，劳动强度低。

（4）环保特点突出，无污染，与传统的循环钻机相比，旋挖钻机可以循环使用泥浆，而传统循环钻机是不断地产生泥浆。旋挖钻机更可适用于干成孔作业。

（5）行走移位方便。旋挖钻机的履带机构可将钻机方便地移动到所要到达的位置，而不像传统循环钻机移位那么繁琐。

（6）桩孔对位方便准确。这是传统循环钻机根本达不到的，在对位过程中操作手在驾驶室内利用先进的电子设备就可以精确地实现对位，使钻机达到最佳钻进状态。

（7）适应地层较广泛，可在水位较高、卵石较大等用正、反循环及长螺旋钻无法施工的地层中施工。

（8）成桩质量好，旋挖钻进对地层扰动小，在孔壁上形成较明显的螺旋线，有助于提高桩的摩阻力，保证桩基设计承载力。孔底沉渣少，易于清孔，提高桩端承载力。

（9）自带柴油动力，缓解施工现场电力不足的矛盾，并排除了动力电缆造成的安全隐患。

2）缺点

（1）在硬岩层、较致密的卵砾石（卵石粒径超过100mm）、孤石层施工比较困难，并容易发生孔内事故和机械事故，体现不出旋挖钻进的优越性。

（2）稳定液管理不适当时，会产生坍孔。

（3）废泥水处理困难。

（4）沉渣处理较困难，需用清渣钻头。

（5）因土层情况不同，实际孔径比钻头直径大7%～20%。

（6）因为不易形成泥皮，护壁性相对较差，容易缩径、塌孔。

3. 适用范围

旋挖钻机一般适用黏土、粉土、砂土、淤泥质土、人工回填土及含有部分卵石、碎石的地层，借钻具自重和钻机加压力，耙齿切入土层，在回转力矩的作用下钻斗同时回转配合不同钻具，适应于干式（短螺旋）、湿式（回转斗）及岩层（岩心钻）的成孔作业。根据不同的地质条件选用不同的钻杆、钻头及合理的斗齿刃角。对于具有大扭矩动力头和自动内锁式伸缩钻杆的钻机，可以适应微风化岩层的施工。目前，旋挖钻机的最大钻孔直径为 3m，最大钻孔深度达 120m（主要集中在 40m 以内），最大钻孔扭矩 620kN·m。

二、施工机械与设备

1. 旋挖钻机的规格、型号及主要技术性能

目前国内使用的主要旋挖钻机技术性能见表 23-6-1。

旋挖钻机主要技术性能表　　　　　　　　　表 23-6-1

性能指标	型号	发动机功率 （kW）	动力头扭矩 （kN·m）	最大钻孔直径 （m）	最大钻孔深度 （m）
宝峨	BG15	160	145	1.8	
	BG18	194	178	1.8	50.8
系列	BG20	194	191	2.0	58.5
	BG25	194	245	2.0	72
	BG30	206	367	2.2	
	BG40	297	367	2.2	
	BG50	445	280	3.0	
意马	AF120	170	120	1.5	
	AF150	172.5	156	1.8	
系列	AF180	205	185	2.0	58
	AF200	240	220	2.0	
	AF220	250	250	2.5	
士力	R312	135	113	1.5	
	412	158	109	1.5	
系列	518	220	157	1.5	
	618	229	172	2.0	
	622	300	200	2.5	
迈特	HR45	62	46	1.2	
	HR110	135	130	1.5	
系列	HR130/60	173	131.4	1.5	
	HR130	173	130	1.5	
	HR160	246	180	1.8	
	HR180/24	246	180	1.8	
日本住友	SD205	114	51	2.0	40
	SD206	132	61	1.8	40
	SD307	110	60.8	2.0	46.5
三一重工	SR130		130	1.5	38
	SR150		150	1.5	46

性能指标	型号	发动机功率 （kW）	动力头扭矩 （kN·m）	最大钻孔直径 （m）	最大钻孔深度 （m）
宇通重工	SYR220	250	220	2.0	60~66
	SR330	300	280	2.5	80
	YTR120	110	120	1.5	50
	YTR160	147	160	1.5	55
	YTRD230	213	230	1.8	65
	YTR260	261	260	2.0	83
	YTRD300	277	300	2.5	92
徐工系列	XR120	136	120	1.5	50
	XR160	240	160	1.6	54
	XR200	246	200	2.0	60
	XR220	246	220	2.0	65
	XR250	298	250	2.5	70
	XR280	298	280	2.5	88
福田雷沃	FR622C/622D	250	220/230	2.0/2.2	60/65
中联重科	ZR220/220A	250/252	220	2.0	60
	ZR250A	252	250	2.0	70
上海金泰	SD10	125	100	1.2	
	SD20	194	200	1.5	100
	SD28	263	286	2.0	
特雷克斯	NR220	246	220	2.0	60
天宇通力	NR2203	224~300	220	2.0	65
	NR2206	330	220	2.0	85
杭州天锐	TR−200C	224	200	2.0	62
北京经纬巨力	ZY−200	246	200	2.2	60

2. 旋挖钻机的钻杆和钻头

钻杆通常为伸缩式，可分为摩擦钻杆和锁紧钻杆，锁紧钻杆又分为简单的加压式钻杆和六键式嵌岩钻杆。

常见的旋挖钻头有短螺旋钻头、旋挖斗、筒式取芯钻头、扩底钻头、冲击钻头、冲抓锥钻头和液压抓斗。

目前常见旋挖钻头的分类见表 23-6-2。

旋挖钻头分类 表 23-6-2

钻头类型			适用范围	图例	备注
短螺旋钻头	按其头部结构形式	锥头（嵌岩）	双头双螺，适用于坚硬基岩。双头单螺，适用于风化基岩、卵石、含冰冻土等	图 23-6-1	
		平头（土层）	适用于土层	图 23-6-2	
	按所装齿	斗齿直螺	双头双螺，适用于砂土，胶结差的小直径砾石层；双头单螺，适用于砂土、土层；单头单螺，适用于胶结差的大直径卵石，黏性土及硬胶泥	图 23-6-3	
		截齿直螺	有双螺、三螺和四螺，适用于是硬基岩或卵砾石	图 23-6-4	

钻头类型		适用范围	图例	备注
旋挖钻斗	按底板数量　单层底斗	适用于黏性较强的土层	图 23-6-5	以上结构形式相互组合，再加上是否带通气孔、开门机构的变化，可以组合出几十种旋挖钻斗
	双层底斗	适用地层范围较宽	图 23-6-6	
	按所装齿　截齿钻斗			
	斗齿钻斗			
	按开门数量　单开门斗	用于大直径的卵石及硬胶泥		
	双开门斗	适用地层范围较宽		
	按桶的锥度　锥桶钻斗			
	直桶钻斗			
筒式钻头	截齿筒钻	适用于中硬基岩和卵砾石	图 23-6-7	
	牙轮筒钻	适用于坚硬基岩和大漂石		
扩底钻头	上开式	用于土层、强风、中风化地层甚至坚硬基岩		张开机构一般为四连杆的
	下开式			
冲击钻头、冲抓锥钻头		在钻进大直径卵石、大漂石和坚硬基岩，使用冲击钻头、冲抓锥钻头配合旋挖钻进特别有效		这类钻头的使用是通过旋挖机副钩吊挂来作业

图 23-6-1　嵌岩短螺旋钻头

图 23-6-2　土层短螺旋钻头

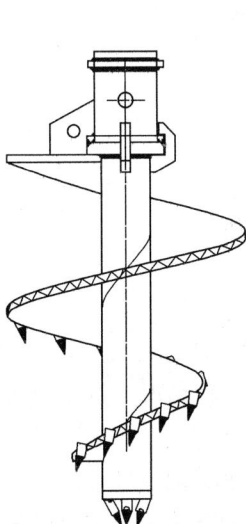

图 23-6-3　单螺短螺旋钻头

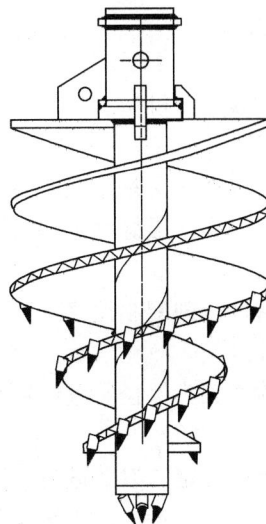

图 23-6-4　双螺短螺旋钻头

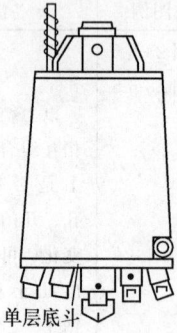

图 23-6-5 单层底斗   图 23-6-6 双层底斗   图 23-6-7 筒钻

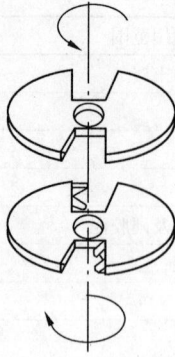

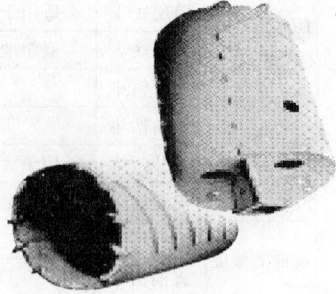

三、旋挖成孔灌注桩施工

1. 施工工艺

1) 工艺流程

施工工艺流程见图 23-6-8。

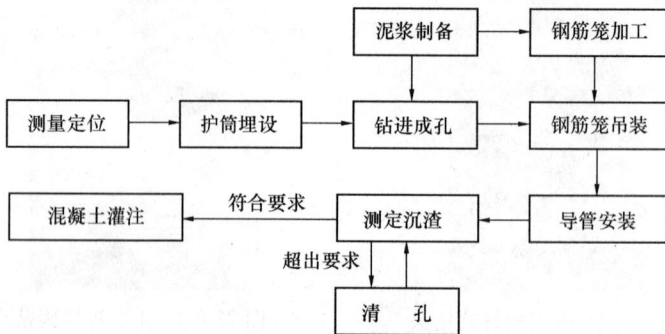

图 23-6-8 工艺流程图

（1）测量定位

按设计图纸放线，定桩位。

（2）护筒埋设

护筒既保护孔口壁，又是钻孔的导向，所以护筒的垂直度要保证。为防止后压浆时跑浆，护筒周围土要夯实，最好黏土封口。护筒内径比桩径大 20cm。

（3）泥浆制备

应根据土层特性合理配制泥浆。

（4）钻进成孔

成孔前必须检查钻头保径装置，钻头直径、钻头磨损情况，施工过程中对钻头磨损超标的及时更换。

成孔中，按施工确定的参数进行施工，设专职记录员记录成孔过程中的各种参数，如加钻杆、钻进深度、地质特征、机械设备损坏、障碍物等情况。记录必须认真、及时、准确、清晰。

旋挖钻机配备电子控制系统显示并调整钻杆的垂直度，同时在钻杆的两个侧面均设有垂直度仪，在钻进过程中有专人观察两个垂直度仪，随时指挥机手调整钻杆垂直度。通过电子控制和人工观察两个方面来保证钻杆的垂直度，从而保证了成孔的垂直度。

钻孔过程中根据地质情况控制进尺速度：由硬地层钻到软地层时，可适当加快钻进速度；当软地层变为硬地层时，要减速慢进；在易缩径的地层中，应适当增加扫孔次数，防止缩径，对硬塑层采用快转速钻进，以提高钻进效率，砂层则采用慢转速慢钻进并适当增加泥浆相对密度和黏度。

必须按要求测试进、出口泥浆指标，发现超标及时调整。

（5）钢筋笼制作安装

钢筋笼宜分段制作，连接时 50％的钢筋接头应予错开焊接，对钢筋笼立焊的质量要特别加强检查控制，钢筋笼入孔时，应保持垂直状态，对准孔位徐徐轻放，严禁强制性下放钢筋笼，造成钢筋笼变形，孔壁塌孔。钢筋笼就位后，还应将钢筋笼上端焊固在护筒上，可减缓混凝土上升时的顶托力，防止其上升。

（6）下导管

导管要定期进行水密性试验，下导管前要检查是否漏气、漏水和变形，是否安放了"O"形密封圈。

导管要依次下放，全部下入孔内后，应放到孔底，以便核对导管长度及孔深，然后提起 30～50cm。

（7）清孔

进行孔深测量，若沉渣不满足规范、规程要求，进行清孔。

（8）水下混凝土灌注。

2）施工注意事项

（1）钻机就位应平整，钻杆应垂直，确保孔身的垂直度。

（2）确保稳定液（泥浆）的质量，泥浆护壁是利用泥浆与地下水之间的压力差来控制水压力，以确保孔壁的稳定，所以泥浆的相对密度在保持这种压力差方面具有关键作用。如果钻孔中的泥浆相对密度过小，泥浆护壁就容易失去了阻挡土体坍塌的作用；如果泥浆的相对密度过大，则容易使泥浆泵产生堵塞甚至使混凝土的置换产生困难，使成桩质量难以得到保证。要充分发挥泥浆的作用，其指标的选取是非常重要的。就要求在实际工程的施工中，根据工程地质具体情况，合理地控制不同土层中泥浆的指标。

①稳定液（泥浆）的原材料

稳定液应具有良好的物理性能、流变性能和稳定性能。主要指标为密度、黏度、pH值、含砂量等。其中膨润土的质量标准参见《钻井液材料规范》（GB/T 5005—2001）。泥浆用黏土应选择黏粒含量大于 50％，塑性指标大于 20，含砂量小于 5％，二氧化硅与三氧化二铝含量的比值为 3～4 倍的黏土为宜。稳定液的主要材料见表 23-6-3。

②稳定液（泥浆）的配合比

应按地基土的性状、钻机和工程条件来定。一般 100L 的水需加 8kg 的膨润土，对于黏性土层，膨润土可降低到 3～4kg。由于情况各异，稳定液的性能指标和配合比，必须根据地层特性、造孔方法、泥浆用途而有所变化（表 23-6-4）。

稳定液的主要材料表 表 23-6-3

材料名称	成 分	主要使用目的
水	H_2O	稳定液的主体
膨润土或黏土	以蒙特土为主的黏土矿物	稳定液的主要材料
重晶石	硫酸钡	增加稳定液相对密度
CNC	羧甲基纤维素钠盐	增加黏性、防止孔壁剥落
腐殖酸族分解剂	硝基腐殖酸钠盐	控制稳定液变质及改善已变质的稳定液
木质素族分解剂	铬铁木质素磺胺酸钠盐（FCL）	
碱类	Na_2CO_3 及 $NaHCO_3$	
渗水防止剂	废纸浆、棉子、锯末等	防止渗水

稳定液的主要性能指标 表 23-6-4

项 目	指 标	项 目	指 标
膨润土的最低浓度	8％	失水率的限度（$0.3N/mm^2$）每 30min	20mL
泥浆的最小黏度（500/500mL）	25s	pH 值最高限度	11.0

③稳定液（泥浆）黏度的选取

钻斗钻成孔法为了防止孔壁坍塌，所用稳定液的必要黏度参考值见表 23-6-5。

钻斗钻成孔法稳定液的必要黏度参考值 表 23-6-5

土质	必要黏度（s）(500/500mL)	土质	必要黏度（s）(500/500mL)
砂质淤泥	20～23	砂（N≥20）	23～25
砂（N<10）	>45	混杂黏土的砂砾	25～35
砂（10≤N<20）	25～45	砂砾	>45

（3）护筒位置应埋设准确和稳定，旱地、筑岛处护筒与坑壁之间用黏土分层回填夯实，护筒与桩位中心线偏差不得大于 50mm，倾斜度不大于 1％，高度宜高出地面 0.2～0.3m 或水面 1.0～2.0m。护筒埋置深度应根据设计要求或水文地质情况定，旱地、筑岛处一般超过杂填土埋藏深度 0.2m，在黏性土中不宜小于 1m，在砂土中不宜小于 2m，当表层土松软时，将护筒埋置到较坚硬密实的土层中至少 0.5m，同时应保持孔内泥浆面高出地下水位 1m 以上。有冲刷影响的河床，沉入冲刷线不小于 1.0～1.5m。

（4）为防止钻头内的土砂掉落到孔内而使稳定液性质变坏或沉淀到孔底，斗底活门在钻进过程中应保持关闭状态。

（5）必须控制钻斗在孔内的升降速度，因为如果升降速度过快，水流将会以较快速度由钻头外侧与孔壁之间的空隙中流过，导致冲刷孔壁；有时还会在上提钻斗时在其下方产生负压而导致孔壁坍塌，钻斗的升降速度应根据孔径和土质特征按表 23-6-6 选择。

钻斗升降速度表 表 23-6-6

孔径（mm）	升降速度（m/s）	空钻斗升降速度（m/s）	孔径（mm）	升降速度（m/s）	空钻斗升降速度（m/s）
800	0.973	1.210	1300	0.628	0.830
1200	0.748	0.830	1500	0.575	0.830

（6）为防止孔壁坍塌，应确保孔内泥浆液面高出地下水位 2m 以上。

（7）对孔内水头高度，泥浆的相对密度和黏度经常观察和检测，发现问题及时解决，尤其在钻孔排渣、提锥除土或因故停钻时应保持孔内具有规定的水位和要求的泥浆性能指标，以防坍孔。

（8）成孔后，尽量缩短下钢筋笼、导管的时间，以防时间过长，孔底沉淀太多。

（9）水下混凝土浇筑是最后一道关键性的工序，施工质量将严重影响灌注桩的质量，所以在施工中必须注意以下几点：

①导管必须严密，长度适中，保证底端距孔底 30～50cm。

②混凝土拌合必须均匀，坍落度控制在 18～22cm，首批混凝土必须保证封底成功。

③混凝土浇筑必须连续作业，严禁中断浇筑。

④浇筑过程中应有专人记录，以防导管提升过猛或导管埋入过深，造成断桩。

⑤灌注桩的顶面标高应比设计值高 50～100cm，以确保桩顶混凝土的质量。

2. 质量要求

旋挖钻孔混凝土灌注桩质量检验标准见表 23-6-7。

旋挖钻孔混凝土灌注桩质量检验标准　　　　　　　　　　　表 23-6-7

项目	序号	检查项目	允许偏差或允许值		检查方法
主控项目	1	桩位	1～3 根、单排桩基垂直于中心线方向和群桩基础的边桩	条形桩基沿中心线方向和群桩基础的中间桩	基坑开挖前量护筒，开挖后量桩中心
			$D{\leqslant}1000mm$　　$D/6$ 且不大于 100	$D/4$ 且不大于 150	
			$D{>}1000mm$　　$100+0.01H$	$150+0.01H$	
	2	孔深	mm　　　　　+300		只深不浅，用重锤测，或测钻杆、套管长度，嵌岩桩应确保进入设计要求的嵌岩深度
	3	桩体质量检验	按基桩检测技术规范。如钻芯取样，大直径嵌岩桩应钻至桩尖下 50cm		按基桩检测技术规范
	4	混凝土强度	设计要求		试件报告或钻芯取样送检
	5	承载力	按基桩检测技术规范		按基桩检测技术规范
一般项目	1	垂直度	$<1\%$		测套管或钻杆，或用超声波探测，干施工时吊垂球
	2	桩径	$\pm50mm$		井径仪或超声波检测，干施工时用钢尺量
	3	泥浆相对密度	1.15～1.20		用比重计测，清孔后在距孔底 50cm 处取样
	4	泥浆面标高（高于地下水位）	0.5～1.0m		目测
	5	沉渣厚度： 端承桩 摩擦桩	$\leqslant50mm$ $\leqslant150mm$		用沉渣仪或重锤测量
	6	混凝土坍落度： 水下灌注 干施工	160～220mm 70～100mm		坍落度仪

续表

项目	序号	检查项目	允许偏差或允许值	检查方法
一般项目	7	钢筋笼主筋间距	±10mm	尺量检查
	8	钢筋笼箍筋间距	±20mm	尺量检查
	9	钢筋笼直径	±10mm	尺量检查
	10	钢筋笼长度	±100mm	尺量检查
	11	钢筋笼安装深度	±100mm	用钢尺量
	12	混凝土充盈系数	>1	检查每根桩的实际灌注量
	13	桩顶标高	+30mm −50mm	水准仪,需扣除桩顶浮浆层及劣质桩体

3. 常见问题、原因和防治措施

旋挖成孔灌注桩常遇问题、原因和防治措施(灌注过程中常遇问题见水下混凝土灌注)见表 23-6-8。

旋挖成孔灌注桩常遇问题、原因和防治措施　　　　　表 23-6-8

常遇问题	主要原因	防治措施
护筒外壁冒水	埋设护筒时周围土不密实,或护筒水位差太大,或钻头起落时碰撞	埋护筒时坑底与四周要选用最佳含水量的黏土分层夯实;在护筒适当高度开孔,使护筒内保持有 1～1.5m 的水头高度;起落钻头时防止碰撞护筒;初发现护筒冒水时可用黏土在四周填实加固,如护筒严重下沉或位移则应返工重埋
在硬可塑黏土层中钻进极慢或不进尺	钻头选型不当,合金刀具安装角度欠妥,刀具切土过浅,钻头配重过轻,钻头被黏土糊满	更换或改造钻头,重新安排刀具角度、形状、排列方向,加大配重、加强排渣、降低泥浆相对密度
孔壁坍塌	主要是由于土质松散,加之泥浆护壁不好;护筒埋设不好,筒内水位不高;提住钻头钻进;钻头钻速过快或空转时间太长都易引起钻孔下部坍塌;成孔后待灌时间和灌注时间过长	在松散易坍土层中适当深埋护筒,密实回填土,使用优质泥浆,提高泥浆相对密度和黏度,升高护筒,终孔后补给泥浆,保持要求的水头高度,保证钢筋笼制作质量,防止变形;吊设时要对准孔位,吊直扶稳,缓缓下沉,防止碰撞孔壁;成孔后待灌时间一般不超过 3h,并尽可能加快灌注速度、缩短灌注时间;在钢筋笼未下孔内的情况下,浆砂、黏土混合物回填至坍塌孔深以上 1～2m,或全孔回填并密实后再用原钻头和优质泥浆扫孔;在钢筋笼碰孔壁而引起轻微坍塌的情况下,用直径小于钢筋笼内径的钻头以优质泥浆扫孔或用导管清孔
桩孔局部缩颈	软土层受地下水影响和周边车辆振动 塑性土膨胀,造成缩孔 钻具磨损过甚,焊补不及时	在软塑土地层采用失水率小的优质泥浆护壁,降低失水量 成孔时,应加大泵量,加快成孔速度,快速通过,在成孔一段时间内,孔壁形成泥皮,则孔壁不会渗水,亦不会引起膨胀。 及时焊补钻具,或在其外侧焊接一定数量的合金刀片,在钻进或起钻时起到扫孔作用 如出现缩颈,采用上下反复扫孔的办法,以扩大孔径

常遇问题	主 要 原 因	防 治 措 施
孔底沉渣过多	清孔未净，清孔泥浆相对密度过小或清水置换；钢筋笼吊放未垂直对中，碰刮孔壁泥土坍落孔底；清孔后待灌时间过长，泥浆沉淀；沉渣厚度测量的孔底标高不统一	终孔后钻头提高孔底 10～20cm，保持慢速空转，维持循环清孔时间不少于 30min；清孔采用优质泥浆，控制泥浆相对密度和黏度不要直接用清水置换，钢筋笼垂直缓缓放入孔；用平底钻头时沉渣厚度从钻头底部所达到的孔底平面算起；用底部带圆锤的笼式钻头时沉渣厚度从钻头底部所达到的孔底平面算起；或采用导管二次清水，冲孔时间以导管内测量的孔底沉渣厚度达到规范要求为准；提高混凝土初灌时对孔底的冲击力，导管底端距孔底控制在 30～40cm，初灌混凝土量须满足导管底端能埋入混凝土中 1.0m 以上的要求，利用隔水塞和混凝土冲刷残留沉渣
抱钻、埋钻	钻头与孔壁形成真空；砂层密实，钻进深度大；砂层坍塌	及时对钻头进行补焊，保证钻头边缘的空隙和钻孔的孔径；严格控制钻进深度；控制提升速度，保证泥浆的质量

第七节　冲击钻成孔灌注桩

一、适用范围及原理

1. 基本原理

冲击钻成孔施工法是采用冲击式钻机或卷扬机带动一定重量的冲击钻头，在一定的高度内使钻头提升，然后突放使钻头自由降落，利用冲击动能冲挤土层或破碎岩层形成桩孔，再用淘渣筒或其他方法将钻渣岩屑排出。每次冲击之后，冲击钻头在钢丝绳转向装置带动下转动一定的角度，从而使桩孔得到规则的圆形断面。

2. 优缺点

1) 优点

(1) 用冲击方法破碎岩土尤其是破碎有裂隙的坚硬岩土和大的卵砾石所消耗的功率小，破碎效果好；同时，冲击土层时的冲挤作用形成的孔壁较为坚固，相对减小了破碎体积。

(2) 在含有较大卵砾石层、漂砾石层中施工成孔效率较高。

(3) 设备简单，操作方便，钻进参数容易掌握，设备移动方便，机械故障少。

(4) 钻进时孔内泥浆一般不是循环的，只起悬浮钻渣和保持孔壁稳定作用，泥浆用量少，消耗小。

(5) 钻进过程中，只有提升钻具时才需要动力，钻具自由下落冲击岩土是不消耗动力的，能耗小。和回转钻相比，当设备功率相同时，冲击钻能施工较大直径的桩孔。

(6) 在流砂层中亦能钻进。

2) 缺点

(1) 利用钢丝绳牵引冲击钻头进行冲击钻进时，大部分作业时间消耗在提放钻头和掏渣上，钻进效率较低。随桩孔加深，掏渣时间和孔底清渣时间均增加很多。

（2）容易出现桩孔不圆的情况。

（3）容易出现孔斜、卡钻和掉钻等事故。

（4）由于冲击能量的限制，孔深和孔径均比反循环钻成孔施工法小。

3. 适用范围

冲击钻成孔适用于填土层、黏土层、粉土层、淤泥层、砂土层和碎石土层；也适用于砾卵石层、岩溶发育岩层和裂隙发育的地层施工，而后者常常是旋转钻进和其他钻进方法施工困难的地层。

桩孔直径通常为 600～1500mm，最大直径可达 2500mm；钻孔深度一般为 50m 左右，某些情况下可超过 100m。

二、施工机械与设备

1. 冲击钻机分类

冲击钻成孔法为历史悠久的钻孔方法。

国内外常用的冲击钻机可分为钻杆冲击式和钢丝绳冲击式两种，后者应用广泛。钢丝绳冲击钻机又大致可分为两类：一类是专门用于冲击钻进的钢丝绳冲击钻机，一般均组装在汽车或拖车上，钻机安装、就位和转移均较方便；另一类是由带有离合器的双筒或单筒卷扬机组成的简易冲击钻机。施工中多采用压风机清孔。

除此以外，国内还生产正、反循环和冲击钻进三用钻机。

2. 冲击钻机的规格、型号及技术性能

国产的冲击钻机、国内常用的简易冲击钻机以及正反循环与冲击钻进三用钻机的规格、型号及技术性能分别见表 23-7-1 和表 23-7-2。

国 产 冲 击 钻 机 表 23-7-1

性能指标		天津探机厂		张家口探机厂	洛阳矿机厂			太原矿机厂	
		SPC-300H	GJC-40H	GJD-1500	YKC-31	CZ-22	CZ-28	CZ-30	IKCL-100
钻孔最大直径(mm)		700	700	2000（土层）1500（岩层）	1500	800	1000	1200	1000
钻孔最大深度(m)		80	80	50	120	150	150	180	
冲击行程(mm)		500,650	500,650	100～1000	600～1000	350～1000		500～1000	350～1000
冲击频率(次/min)		25,50	20～72	—30	29,30	40,45,50	40,45	40,45	
冲击钻质量(kg)				2940		1500		2500	1500
卷筒提升力(kN)	冲击钻卷筒	30	30	39.2	55	20		30	20
	掏渣筒卷筒				25	13		20	13
	滑车卷筒	20	20					30	
驱动动力功率(kW)		118	118	63	60	22	33	40	30

续表

性能指标			天津探机厂		张家口探机厂	洛阳矿机厂			太原矿机厂	
			SPC-300H	GJC-40H	GJD-1500	YKC-31	CZ-22	CZ-28	CZ-30	IKCL-100
梳杆负荷能力(kN)			150	150					250	120
梳杆工作时高度(m)			11	11					16	7.5
钻机外形尺寸 m	拖动时	长度							10.00	
		宽度							2.66	
		高度							3.50	
	工作时	长度	10.85	10.85	5.04				6.00	2.8
		宽度	2.47	2.47	2.36				2.66	2.3
		高度	3.60	3.55	6.38				16.30	7.8
钻机质量(kg)			15000	15000	20500		6850	7600	13670	6100

国内常用的简易冲击钻机　　　　　　　表 23-7-2

性能指标	型 号				
	YKC—30	YKC—20	飞跃—22	YKC—20—2	简易式
钻机卷筒提升力（kN）	30	15	20	12	35
冲击钻质量（kg）	2500	1000	1500	1000	2200
冲击行程（mm）	500～1000	450～1000	500～1000	300～760	2000～3000
冲击频率（次/min）	40, 45, 50	40, 45, 50	40, 45, 50	56～58	5～10
钻机质量（kg）	11500	6300	8000		5000
行走方式	轮胎式	轮胎式	轮胎式	履带自行	吊车或地锚

日本神户制钢所生产的 KPC-1200 型重锤式基岩冲击钻机能施工直径 650～2000mm、钻深 100m 的桩孔，能适应一般土层、卵砾石层及风化基岩，采用冲击钻进，气举反循环排渣。意大利马塞伦蒂（MASSA RENTI）也生产冲击反循环钻机，能高效地钻进各种地层。

3. 冲击钻机的构造

冲击钻机主要由钻机或桩架（包括卷扬机）、冲击钻头、掏渣筒、转向装置和打捞装置等组成。

1）钻机

冲孔设备除选用定型冲击钻机外（图 23-7-1 为 CZ—22 型冲击钻机示意图）也可用双滚筒卷扬机，配制桩架和钻头，制作简易冲击钻机（图 23-7-2），卷扬机提升力宜为钻头重量的 1.2～1.5 倍。

2）冲击钻头

冲击钻头由上部接头、钻头体、导正环和底刃脚组成。钻头体提供钻头所必须的重量和冲击动能，并起导向作用。底刃脚为直接冲击破碎岩土的部件。上部接头与转向装置连接。

设计或选择钻头的原则是充分发挥冲击力的作用和兼顾孔壁圆整。冲击钻头形式有十字形、一字形、工字形、人字形、圆形和管式等。

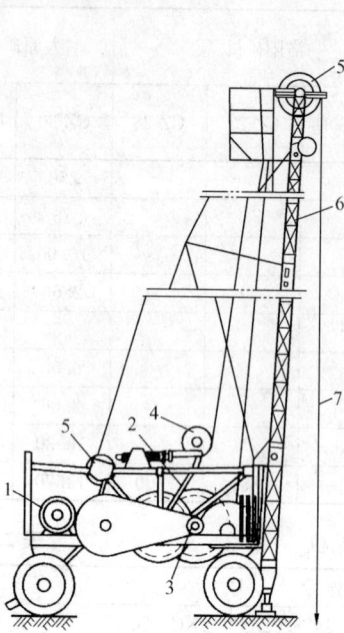

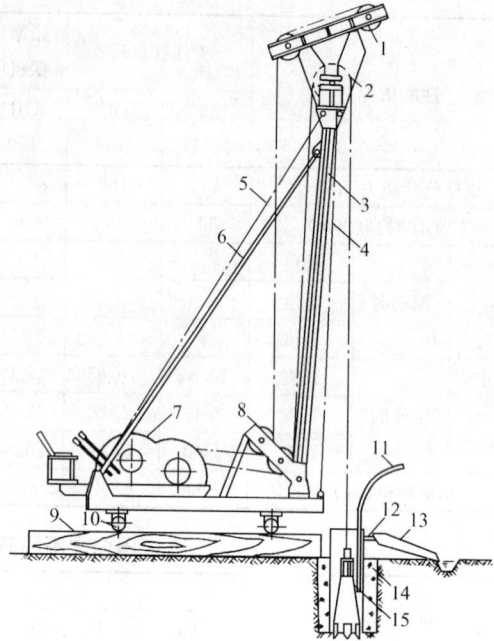

图 23-7-1 CZ-22 型冲击钻机示意图

1—电动机；2—冲击机构；3—主轴；4—压轮；

5—钻具天轮；6—榄杆；7—钢丝绳；

（引自李世京，1990 年）

图 23-7-2 简易冲击钻机示意图

1—副滑轮；2—主滑轮；3—主杆；4—前拉索；

5—后拉索；6—斜撑；7—双滚筒卷扬机；8—导

向轮；9—垫木；10—铜管；11—供浆管；12—溢

流口；13—泥浆渡槽；14—护筒回填土；15—钻头

（引自谢尊渊等，1988 年）

（1）十字形钻头（图 23-7-3）

十字形钻头应用最广，其线压力较大，冲击孔形较好，适用于各类土层和岩层。钻头自重与钻机匹配；刃脚直径 D 以设计孔径的大小为标准；钻头高度 H 约在 $1.5\sim2.5m$ 范围，其值必须与钻头自重、刃脚直径相适应。良好的钻头，应具备下列技术性能：

①钻头重量应略小于钻机最大容许吊重，以使单位长度底刃脚上的冲击压力最大。

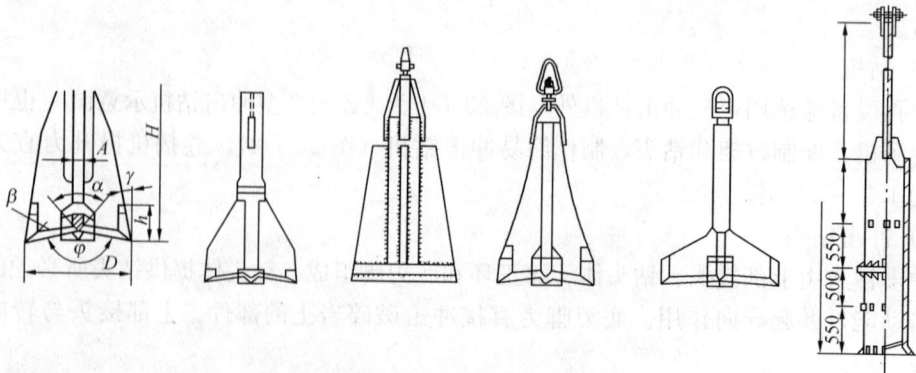

图 23-7-3 十字形钻头示意图

（引自黄中策，1988 年）

②有高强耐磨的刃脚，为此钻刃必须采用工具钢或弹簧钢，并用高锤焊条补焊。

③根据不同土质选用不同的钻头系数（表23-7-3）。

表 23-7-3

土　质	α（°）	β（°）	γ（°）	φ（°）
黏土、细砂	70	40	12	160
堆积层砂卵石	80	50	15	170
坚硬漂卵石	90	60	15	170

注：本表中 α、β、γ 和 φ 角的位置见图23-7-3。

④钻头截面变化要平缓，使冲击应力不集中，不易开裂折断，水口大，阻力小，冲击力大。

⑤钻头上应焊有便于打捞的装置。

（2）管式钻头（图23-7-4）

管式钻头是用钢板焊成双层管壁的圆筒，壁厚约70mm，内外壁的间隙用钢砂或铅填充，以增加钻头重量。当刃角把岩土冲碎的同时，活门随即被碎渣挤开，把钻渣装入筒内，可实现冲孔掏渣两道工序合一，以提高工效。

（3）其他形式钻头

一字形钻头冲击线压力大，有利于破碎岩土，但孔形不圆整；圆形钻头线压力较小，但孔形圆整；人字形钻头和工字形钻头，除刃脚形式各异外，其钻头本身与十字形钻头大同小异。

空心钻头适用于二级成孔工艺。扩孔钻头适用于二级成孔或修孔。

3）掏渣筒

掏渣筒的主要作用是捞取被冲击钻头破碎后的孔内钻渣，它主要由提梁、管体、阀门和管靴等组成。阀门可根据岩性和施工要求不同做成多种形式，常用的有碗形活门、单扇活门和双扇活门等形式，见图23-7-5。

4）转向装置

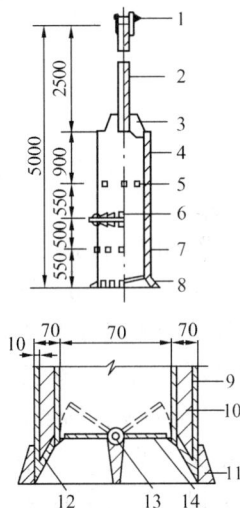

图 23-7-4　管式钻头
1—大绳吊环；2—钻杆；3—连接环；4—钻筒；5—泄水孔；6—扩孔器；7—扩孔叶片；8—刃脚；9—铜板；10—填充钢砂或铅；11—外刃脚；12—内刃脚；13—活门就；14—活门
（引自黄中策，1988年）

转向装置又称绳卡或钢丝绳接头。它的作用是连接钢丝绳与钻头并使钻头在钢丝绳扭力作用下每冲击一次后能自动地回转一定的角度，以冲成规整的圆形桩孔。转向装置的结构形式主要有合金套式、转向套式、转向环式和绳帽套式等，见图23-7-6。

5）钢丝绳脚

钢丝绳是用来提升钻具的。在冲击钻进过程中，钢丝绳承受周期性变化的负荷。在选择钢丝绳时，若钻具有丝扣连接，则钢丝绳的啮合方向

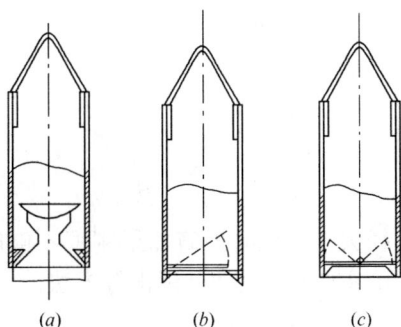

图 23-7-5　掏渣筒构造示意图
(a) 碗形活门；(b) 单扇活门；(c) 双扇活门

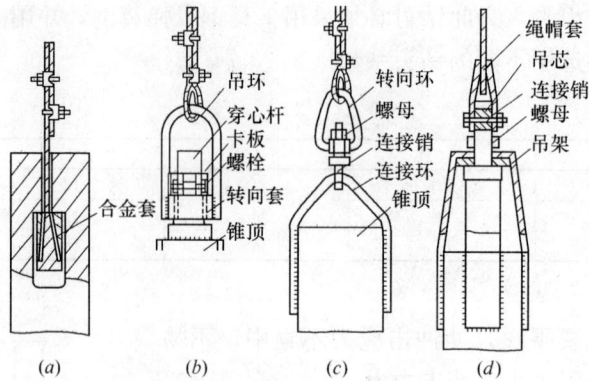

图 23-7-6 转向装置结构示意图

(*a*) 合金套；(*b*) 转向套；(*c*) 转向环；(*d*) 绳帽套

(引自黄中策，1988 年)

应与钻具丝扣方向相反。为了减小钢丝绳的磨损，卷筒或滑轮的最小直径与钢丝绳直径之比，不应小于 12～18。钢丝绳应选用优质、柔软、无断丝者，且其安全系数不得小于 12。连接吊环处的短绳和主绳（起吊钢丝绳）的卡扣不得少于 3 个，各卡扣受力应均匀。在钢丝绳与吊环弯曲处应安装槽形护铁（俗称马眼），以防扭曲及磨损。

6）打捞钩及打捞装置

在钻头上部应预设打捞杠、打捞环或打捞套，以便掉钻时可立即打捞。卡钻时可使用打捞钩助提。打捞装置及打捞钩的示意图见图 23-7-7。

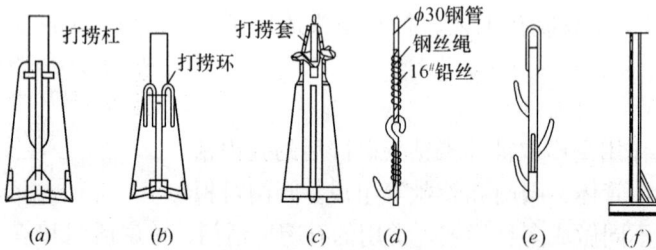

图 23-7-7 打捞装置及打捞钩

(*a*) 打捞杠；(*b*) 打捞环；(*c*) 打捞套；

(*d*) 钢筋打捞钩；(*e*) 多面打捞钩；(*f*) 钢轨打捞平钩

三、施工工艺

1. 施工程序

（1）设置护筒。

护筒内径应比冲击钻头直径大 200～400mm；直径大于 1m 的护筒如果刚度不够时，可在顶端焊加强环，在筒身外壁焊竖向加肋筋；埋设可用加压、振动、锤击等方法。

（2）安装冲击钻机。

（3）冲击钻进。

（4）清除沉渣（用掏渣筒或泥浆循环）。

以后的施工程序基本上与反循环钻成孔灌注桩相同，见 3.4.3 节。

2. 施工特点

1）在钢丝绳冲击钻进过程中，最重要的问题是如何保证冲击钻头在孔内以最大的加速度下落，以增大冲击功。

（1）合理地确定冲击钻头的重量

冲击钻头的重量一般按其冲孔直径每 100mm 取 100～140kg 为宜。对于硬岩土层或刃脚较长的钻头取大值，反之取小值。

（2）选择最优悬距

悬距是指冲击梁在上死点时钻头刃脚底刃面距孔底的高度。最优悬距是保证钻头最大切入深度而使钢丝绳没有剩余长度，一般正常悬距可取 0.5～0.8m 之间。悬距过大或过小，钢丝绳抖动剧烈；悬距正常，钻机运转平稳，钻进效率高。

（3）冲击行程和冲击频率

冲击行程是指冲击梁在下死点钻头提至最高点时钻头底刃面距孔底的高度。冲击频率是指单位时间内钻头冲击孔底的次数。一般专用的钢丝绳冲击钻机选择冲击行程为 0.78～1.5m，冲击频率为 40～48 次/min 为宜。

2）冲击钻进成孔施工总的原则是根据地层情况，合理选择钻进技术参数，少松绳（指长度）、勤松绳（指次数）、勤掏渣。

3）控制合适的泥浆相对密度。

施工时，要先在孔口埋设护筒，然后冲孔就位，使冲击锤中心对准护筒中心。开始应低锤密击，锤高 0.4～0.6m，并及时加片石、砂砾石和黏土泥浆护壁，使孔壁挤压密实，直至孔深达护筒底以下 3～4m 后，才可加快速度，将锤提高至 1.5～2.0m 以上转入正常冲击，并随时测定和控制泥浆相对密度。

各类土层中的冲程和泥浆相对密度关系见表 23-7-4。

各类土层中的冲程和泥浆相对密度选用表　　　　　　　表 23-7-4

适用土层	钻进方法	效果
在护筒中及其刃脚以下 3m	低冲程 1m 左右，泥浆相对密度 1.2～1.5，土层松软时投入小片石和黏土块	造成坚实孔壁
黏性土、粉土层	中、低冲程 1～2m，加清水或稀泥浆，经常清除钻头上的泥块	防粘钻、吸钻，提高钻进效率
粉、细、中、粗砂层	中冲程 2～3m，泥浆相对密度 1.2～1.5，投入黏土块，勤冲，勤掏渣	反复冲击造成坚实孔壁，防止拥孔
砂卵石层	中、高冲程 2～4m，泥浆相对密度 1.3 左右，多投黏土，减少投石量，勤掏渣	加大冲击能量，提高钻进效率
基岩	高冲程 3～4m，加快冲击频率 8～12 次/min，泥浆相对密度 1.3 左右	加大冲击能量，提高钻进效率
软弱土层或塌孔回填重钻	低冲程反复冲击，加黏土块夹小片石，泥浆相对密度 1.3～1.5	造成坚实孔壁
淤泥层	低冲程 0.75～1.50m，增加碎石和黏土投量，边冲边投入	碎石和黏土挤入孔壁，增加孔壁稳定性

注：本表所列冲程数字是指简易冲击钻机的冲程。

遇岩层表面不平或倾斜，应抛入 20～30cm 厚块石，使孔底表面略平，然后低锤快击成一紧密平台后，再进行正常冲击，同时泥浆相对密度可降到 1.2 左右，以减小粘锤阻力，但又不能过低，避免岩渣浮不上来，掏渣困难。

4）在冲击钻进阶段应注意始终保持孔内水位高过护筒底口 0.5m 以上，以免水位升跌波动造成对护筒底口处的冲刷。同时孔内水位高度应大于地下水位 1m 以上。

3. 施工注意事项

1）冲击钻进应遵守以下一般规定：

(1) 应控制钢丝绳放松量，勤放少放，防止钢丝绳放松过多减少冲程，放松过少则不能有效冲击，形成"打空锤"，损坏冲击机具。

(2) 用卷扬机施工时，应在钢丝绳上作记号控制冲程。冲击钻头到底后要及时收绳提起冲击钻头，防止钢丝绳缠卷冲击钻具或反缠卷筒。

(3) 必须保证泥浆补给，保持孔内浆面稳定；护筒埋设较浅或表土层土质较差者，护筒内泥浆压头不宜过大。

(4) 一般不宜多用高冲程，以免扰动孔壁而引起坍孔、扩孔或卡钻事故。

(5) 应经常检查钢丝绳磨损情况、卡扣松紧程度、转向装置是否灵活，以免突然掉钻。

(6) 每次掏渣后或因其他原因停钻后再次开钻时，应由低冲程逐渐加大到正常冲程，以免卡钻。

(7) 冲击钻头磨损较快，应经常检修补焊。

(8) 大直径桩孔可分级扩孔，第一级桩孔直径为设计直径的 0.6～0.8 倍。

2）在黏土层钻进应注意下列事项：

(1) 可利用黏土自然造浆的特点，向孔内送入清水，通过钻头冲捣形成泥浆。

(2) 可选用十字小刃角形的中小钻头钻进。

(3) 控制回次进尺不大于 0.6～1.0m。

(4) 在黏性很大的黏土层中钻进时，可边冲边向孔内投入适量的碎石或粗砂。

(5) 当孔内泥浆黏度过大、相对密度过高时，在掏渣的同时，向孔内泵入清水。

3）在砂砾石层钻进应注意下列事项：

(1) 使用黏度较高、相对密度适中的泥浆。

(2) 保持孔内有足够的水头高度。

(3) 视孔壁稳定情况边冲击边向孔内投入黏土，使黏土挤入孔壁，增加孔壁的胶结性。

(4) 用掏渣筒掏渣时，要控制每次掏渣时间和掏渣量。

4）在卵石、漂石层钻进应注意下列事项：

(1) 宜选用带侧刃的大刃脚一字形冲击钻头，钻头重量要大，冲程要高。

(2) 冲击钻进时可适时向孔内投入黏土，增加孔壁的胶结性，减少漏失量。

(3) 保持孔内水头高度，不断向孔内补充泥浆，防止因漏水过量而坍孔。

(4) 在大漂石层钻进时，要注意控制冲程和钢丝绳的松紧，防止孔斜。

(5) 遇孤石时可抛填硬度相近的片石或卵石，用高冲程冲击，或高低冲程交替冲击，将大孤石击碎挤入孔壁。

5）在裂隙岩溶地层钻进应注意下列事项：

（1）冲击钻头操作要平稳，尽可能少碰撞孔壁。

（2）选用圆形钻头钻进，冲程宜小不宜大，加大钻头重量，悬距不宜过大。

（3）遇裂隙漏失时，可投入黏土，冲击数次后，再边投黏土边冲击，直至穿过裂隙。

（4）遇溶洞时，应减小冲程和悬距，慢慢穿过，必要时可边冲边向孔内投放小片石或碎石，以冲挤到溶洞充填物中作骨架，稳定充填物。

（5）遇无充填物的小溶洞时，如果施工需要，可投入黏土加石块，形成人造孔壁。

（6）遇起伏不平的岩面和溶洞底板时，不可盲目采用大冲程穿过。需投入黏土石块，将孔底填平，用十字形钻头小冲程反复冲捣，慢慢穿过。待穿过该层后，逐渐增大冲程和冲击频率，形成一定深度的桩孔后，再进行正常冲击。

6）掏渣应遵守以下规定：

（1）掏渣筒直径为桩孔直径的 50%～70%。

（2）开孔阶段，孔深不足 3～4m 时，不宜掏渣，应尽量使钻渣挤入孔壁。

（3）每钻进 0.5～1.0m 应掏渣一次，分次掏渣，4～6 筒为宜。当在卵石、漂石层进尺小于 5cm，在松散地层进尺小于 15cm 时，应及时掏渣，减少钻头的重复破碎现象。

（4）每次掏渣后，应及时向孔内补充泥浆或黏土，保持孔内水位高于地下水位 1.5～2.0m。

7）清孔应遵守以下规定：

（1）孔壁土质较好不易坍孔者，可用空气吸泥机清孔。

（2）孔壁土质较差者宜用泥浆循环清孔，清孔后泥浆相对密度应控制在 1.15～1.25 之间，黏度≤28s，含砂率≤10%。

（3）必须及时补充足够的泥浆或清水，始终保持桩孔中浆面稳定。

（4）清孔后孔底沉渣厚度应符合灌注桩施工容许偏差的规定。

（5）清孔完毕，应立即灌注水下混凝土。

4. 常遇问题、原因和处理方法

冲击钻成孔灌注桩常遇问题、原因和处理方法见表 23-7-5。

冲击钻成孔灌注桩常遇问题、原因和处理方法　　　表 23-7-5

常遇问题	主 要 原 因	处 理 方 法
桩孔不圆，呈梅花形，掏渣筒下入困难	钻头的转向装置失灵，冲击时钻头未转动	经常检查转向装置的灵活性
	泥浆黏度过高，冲击转动阻力太大，钻头转动困难	调整泥浆的黏度和相对密度
	冲程太小，钻头转动时间不充分或转动很小	用低冲程时，每冲击一段换用高一些的冲程冲击，交替冲击修整孔形
钻孔偏斜	冲击中遇探头石、漂石，大小不均，钻头受力不均	发现探头石后，应回填碎石，或将钻机稍移向探头石一侧，用高冲程猛击探头石，破碎探头石后再钻进
	基岩面产状较陡	遇基岩时采用低冲程，并使钻头充分转动，加快冲击频率，进入基岩后采用高冲程钻进；若发现孔斜，应回填重钻
	钻机底座未安置水平或产生不均匀沉陷	经常检查，及时调整

常遇问题	主　要　原　因	处　理　方　法
冲击钻头被卡，提不起来	钻孔不圆，钻头被孔的狭窄部位卡住（叫下卡）	若孔不圆，钻头向下有活动余地，可使钻头向下活动并转动至孔径较大方向提起钻头
	冲击钻头在孔内遇到大的探头石（叫上卡）	使钻头向下活动，脱离卡点
	石块落在钻头与孔壁之间	使钻头上下活动，让石块落下
	未及时焊补钻头，钻孔直径逐渐变小，钻头入孔冲击被卡	及时修补冲击钻头；若孔径已变小，应严格控制钻头直径，并在孔径变小处反复冲刮孔壁，以增大孔径
	上部孔壁塌落物卡住钻头	用打捞钩或打捞活套助提
	在黏土层中冲程太高，泥浆黏度过高，以致钻头被吸住	利用泥浆泵向孔内泵送性能优良的泥浆，清除塌落物，替换孔内黏度过高的泥浆
	放绳太多，冲击钻头倾倒，顶住孔壁	使用专门加工的工具将顶住孔壁的钻头拨正
钻头脱落	大绳在转向装置连接处被磨断；或在靠近转向装置处被扭断；或绳卡松脱；或冲锥本身在薄弱断面折断	用打捞活套打捞；用打捞钩打捞；用冲抓锥来抓取掉落的冲锥
	转向装置与顶锥的连接处脱开	预防掉锥，勤检查易损坏部位和机构
孔壁拥塌	冲击钻头或掏渣筒倾倒，撞击孔壁	探明坍塌位置，将砂和黏土（或砂砾和黄土）混合物回填到塌孔位置以上1～2m，等回填物沉积密实后再重新冲孔
	泥浆相对密度偏低，起不到护壁作用	按不同地层土质采用不同的泥浆相对密度
	助孔内泥浆面低于孔外水位	提高泥浆面
	遇流砂，软淤泥、破碎地层或松砂层钻进时进尺太快	严重拥孔，用黏土、泥膏投入，待孔壁稳定后采用低速重新钻进
吊脚桩	清孔后泥浆相对密度过低，孔壁拥塌或孔底涌进泥砂，或未立即灌注混凝土	做好清孔工作，达到要求，立即灌注混凝土
	清渣未净，残留沉渣过厚	注意泥浆浓度，及时清渣
	沉放钢筋骨架、导管等物碰撞孔壁，使孔壁土明落孔底	注意孔壁，不让重物碰撞孔壁
流砂（冲孔时大量流砂涌塞孔底）	孔外水压力比孔内大，孔壁松散，使大量流砂涌塞孔底	流砂严重时，可抛入碎砖石、黏土，用锤冲入流砂层，做成泥浆结块，形成坚厚孔壁，阻止流砂涌入

第八节 沉 管 灌 注 桩

一、沉管灌注桩施工工法特点

沉管灌注桩属于挤土灌注桩，是目前采用较为广泛的一种灌注桩。它按照沉管工艺的不同，分为振动沉管灌注桩、锤击沉管灌注桩及振动冲击沉管灌注桩。这类灌注桩的施工工艺是，使用打桩锤或振动锤将一定直径的带有活瓣桩尖（目前使用较少）、钢筋混凝土预制桩尖或锥形封口桩尖的钢管沉入土中，形成桩孔，然后放入钢筋笼，边浇筑桩身混凝土，边振动边锤击边拔出钢管形成所需要的灌注桩。

沉管灌注桩具有设备简单、施工方便、操作简单、造价低，无泥浆污染；施工速度快、工期短，随地质条件变化适应性强等优点。沉管灌桩的缺点是：由于桩管直径的限制，影响单桩承载力；振动较大、噪声较高；承载力偏差较大；施工方法和施工工艺不当，将会造成缩颈、隔层、断桩、夹泥和吊脚等质量问题；遇淤泥层时处理较难；在 N >30（击）的砂层中沉桩困难。

二、沉管灌注桩施工特点及应用范围

1. 沉管灌注桩的沉桩机理

沉管灌注桩分振动和锤击两种方式。振动沉管施工法，是在振动锤竖直方向反复振动作用下，桩管也以一定的频率和振幅产生竖向往复振动，以减少桩管与周围土体的摩阻力，当强迫振动频率与土体的自振频率相同时（黏土自振频率为 $600 \sim 700 \mathrm{r/min}$，砂土自振频率为 $900 \sim 1200 \mathrm{r/min}$）土体结构因其共振而破坏。与此同时，桩管受加压作用而沉入土中，在达到设计要求深度后，边拔管，边振动，边灌注混凝土，边成桩。振动冲击施工法是利用振动冲击锤在振动和冲击的共同作用，桩尖对四周的土体进行挤压，改变土体结构排列，使周围土层挤密，桩管迅速沉入土中，在达到设计标高后，边拔管，边振动，边灌注混凝土，边成桩。锤击沉管与之不同的是采用电动落锤、柴油锤和蒸汽锤等稍低频率的击入方式沉管。

2. 沉管灌注桩施工特点及应用范围

沉管灌注桩适用于一般黏性土、淤泥、淤泥质土、粉土、稍密及松散的砂土及填土等复杂地层，不受持力层起伏和地下水位高低的限制。振动冲击沉管灌注桩也可用于中密碎石土层和强风化岩层，但在较硬土层中施工时易损伤桩尖，应慎用并采取相应的措施。锤击沉管灌注桩不宜用于穿透较厚的密实砂层和强度较高的黏性土及碎石土；在厚度较大、含水量和灵敏度高的淤泥土等土层中使用时，必须采取质量措施，并经工艺试验成功后才可使用；当地基中存在承压水层时，应谨慎使用。用小桩管打出大截面桩（一般单打法的桩截面比桩管大 30%；复打法可扩大 80%；反插法可扩大 50%），使桩的承载力增大。可减轻或消除地层的地震液化。施工速度快，效率高，操作规程简便，安全，费用也较低。但是由于桩管振动而使土体受扰，会降低地基强度。因此，当土层为软弱土时，至少应养护 15d，才能恢复地基强度。

三、沉管灌注桩的主要施工机械设备及主要技术参数

1. 主要机械设备

（1）振动沉管灌注桩

振动沉管灌注桩的施工机械设备包括：DZ60 或 DZ90 型振动锤，DJB25 型步进式桩架，卷扬机，加压装置，桩管，桩尖或钢筋混凝土预制桩靴等。桩管直径为 220～370mm，长 10～28m。

振动冲击沉管桩机采用振动冲击锤作为动力，施工时以振动力和打击力联合作用，将桩管沉入土中，在达到设计标高后，向管内灌注混凝土，然后边振动边上拔桩管成桩。

（2）锤击沉管灌注桩

锤击法沉管的主要设备是一般锤击打桩机，主要由桩架、桩锤、卷扬机、桩管等组成，配套机具有上料斗、1t 机动翻斗车、混凝土搅拌机等。

常用振动沉管打桩机技术性能指标见表 23-8-1。施工时应根据具体场地、土质、桩身需要选用。

桩锤锤击沉管打桩机的桩锤一般采用电动落锤、柴油锤和蒸汽锤三种，其中柴油锤应用较广，不同型号的柴油锤，其冲击部分的重量不同，适用于不同类型的锤击沉管打桩机，应根据具体工程情况选用。

2. 主要技术参数

（1）振动沉管灌注桩

常用振动、振动冲击沉管机技术性能见表 23-8-1。

常用振动、振动冲击沉管机技术性能表　　　　表 23-8-1

桩机激振力（kN）	桩管沉入深度（m）	桩管外径（mm）	桩管壁厚（mm）
70～80（振动沉管）	8～10	220～273	6～8
100～150（振动沉管）	10～15	273～325	7～10
150～200（振动沉管）	15～20	325	10～12.5
400（振动沉管）	20～24	370	12.5～15
振动力 60 （振动冲击沉管）打击力 600	8～11	273	6～8

（2）锤击沉管灌注桩

常用锤击沉管打桩机技术性能见表 23-8-2。

常用锤击沉管打桩机技术性能表　　　　表 23-8-2

桩机类型	锤重 （kg）	落锤高度 （cm）	拔管倒打冲程 （cm）	桩架高 （m）	桩管直径 （mm）	拔管长 （m）
蒸汽打桩机	1000 2550 3500	40～60	20～30	20～34	320 480	23
电动落锤打桩机	750～1500	100～200	20～30	15～17	320	10～12
柴油机自由落锤打桩机（柴油锤打桩机）	750	100～200	20～30	13～17	320	11～15

续表

桩机类型	锤重 （kg）	落锤高度 （cm）	拔管倒打冲程 （cm）	桩架高 （m）	桩管直径 （mm）	拔管长 （m）
机柴油锤打桩机 D1—12 D2—18 D3—25	1200 1800 2500	250			273～320	6～8 10～15

（3）桩管与桩尖

桩管一般选用无缝钢管，钢管直径一般为 273～600mm。桩管与桩尖接触部分宜用环形钢板加厚，加厚部分的最大外径应比桩尖外径小 10～20mm。桩管外表面应焊有表示长度的数字，以便在施工中观测入土深度。

（4）施工方法

锤击沉管灌注桩的施工应根据土质情况和荷载要求，分别选用单打法、复打法、反插法。当采用单打法工艺时，预制桩尖直径、桩管外径和成桩直径的配套选用见表 23-8-3。

单打法工艺预制桩尖直径、桩管外径和成桩直径关系表　　　表 23-8-3

预制桩尖直径 （mm）	桩管外径 （mm）	成桩直径 （mm）	预制桩尖直径 （mm）	桩管外径 （mm）	成桩直径 （mm）
340	273	300	480	426	450
370	325	350	520	480	500
420	377	400			

（5）桩尖

可采用活瓣桩尖、混凝土预制桩尖和封口桩尖等。一般情况不宜选用活瓣桩尖，如果采用时，则活瓣桩尖应有足够的刚度和强度，且活瓣之间应贴合紧密，不得有较大缝隙。桩尖合拢后，其尖端应在桩管中轴线上，活瓣应张合灵活，否则易产生质量问题。

采用钢筋混凝土预制桩尖时，其混凝土要有足够强度，其强度等级一般不应低于 C30。桩管下端与桩尖接触处，应垫置缓冲材料，以防钢管将桩尖打碎而产生质量缺陷。

桩尖入土如有损坏，应及时将桩管拔出，用土或砂填实，另换新桩尖重新打入；如采用活瓣桩尖，在沉管过程中，为防止水或泥浆进入桩管，应事先在桩管中灌入一部分混凝土方可沉管。

四、施工工艺

1. 振动沉管灌注桩

振动沉管灌注桩施工，可以边拔管，边振动，边灌注混凝土，边成桩。振动沉管灌注桩的施工方法，一般有单打法，复打法和反插法等。它是利用振动桩锤的强迫振动，使土体受到桩管传来的强迫振动，内摩擦力减小，强度降低。当强迫振动频率与土体的自振频率相同时（一般黏性土的自振频率为 600～700r/min；砂土自振频率为 900～1200r/min），土体结构因共振而破坏，同时又受着加压作用，于是桩管能够沉入土中。

选择机械　　　桩位放线　　　钢筋笼制作　搅拌混凝土
　↓　　　　　　　↓　　　　　　　↓　　　　　↓

平整场地→铺设桩架走道→安装桩架→成孔→放钢筋笼→浇混凝土→桩头处理→绑扎承台钢筋→支承台模板→浇混凝土承台→养护

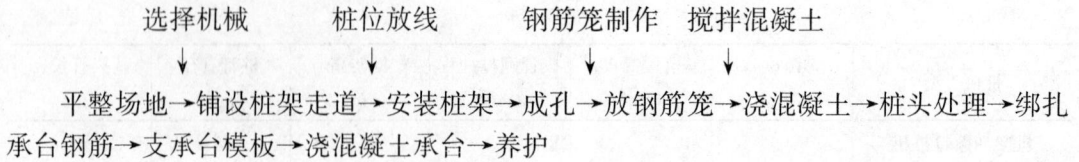

其施工工艺如下：

（1）振动沉管打桩机就位。将桩管对准桩位中心，把桩尖合拢或对准已经安放就位的预制桩尖，放松卷扬机钢丝绳，利用桩机和桩管自重，把桩尖压入土中，勿使偏斜。

（2）振动沉管。

（3）放钢筋笼（全笼情况）。

（4）灌注混凝土。

（5）边拔管，边振动，边灌注混凝土。当混凝土灌满后，再次开动振动器和卷扬机。一面振动，一面拔管；在拔管过程中，一般都要向桩管内继续加灌混凝土，以满足灌注量的要求。

（6）放钢筋笼（半笼情况）或插筋，成桩。

2. 锤击沉管灌注桩

锤击沉管灌注桩的施工过程可综合为：安放桩靴—桩机就位—校正垂直度—锤击沉管至要求的贯入度或标高—测量孔深并检查桩靴是否卡住桩管—下钢筋笼—灌注混凝土—边锤击边拔出钢管。

（1）安放桩尖

混凝土预制桩尖或钢桩尖的加工质量和埋设位置应与设计相符，桩管与桩尖的接触应有良好的密封性。

（2）桩机就位

将桩管对准预先埋设在桩位上的预制桩尖或将桩管对准桩位中心，将桩尖活瓣合拢，再放松卷扬机钢丝绳，利用桩机及桩本身自重，把桩尖竖直地压入土中。在钢管与预制桩尖接口处应垫有稻草绳或麻绳，以作缓冲层。

（3）锤击沉管

首先应检查桩管与桩锤、桩架等是否在同一垂线上，如桩管垂直度偏差不大于 0.5%时，即可用桩锤轻击，观察偏移在允许范围内，方可正常施打，直至符合设计深度要求。群桩基础和桩中心距小于 4 倍桩径或小于 5m 的桩基，应提出保证邻桩桩身质量的措施，选择合适的打桩顺序，一般采用跳打法，中间空出的桩，应在邻桩混凝土强度达到设计强度的 50%后方可施打，以防桩管挤土而使新浇的邻桩断桩。如沉管过程中桩尖损坏，应及时拔出桩管，用土和砂填实后另安放桩尖重新沉管。

沉管全过程必须有专职记录员做好施工记录；每根桩的施工记录均应包括每米沉桩的锤击数和最后 1m 的锤击数；必须准确测量最后三阵，每阵 10 击的贯入度及落锤高度。

测量沉管的贯入度应在下列条件下进行：桩尖未破坏，锤击无偏心，落距符合规定，桩帽和弹性垫层正常。

（4）灌注混凝土

沉管至设计标高后，应立即灌注混凝土，尽量减少时间间隔；灌注混凝土之前，必须检查桩管内有无吞桩尖或进泥进水，然后再用吊斗将混凝土通过漏斗灌入桩内。当桩身配钢筋笼时，第一次混凝土应先灌至笼底标高，然后放置钢筋笼，再灌混凝土至桩顶标高。

桩身混凝土的充盈系数不得小于 1.0；对充盈系数小于 1.0 的桩，宜全长复打；对可能的断桩和缩颈桩，应采用局部复打，成桩后的桩身混凝土顶面标高应不低于设计标高 500mm。

（5）拔管

当混凝土灌满桩管后，便可开始拔管，一边拔管，一边锤击，拔管的速度要均匀，对一般土层以 1m/min 为宜，在软弱土层和软硬土层交接处宜控制在 0.3~0.8m/min。采用倒打拔管的打击次数，单动汽锤不得少于 50 次/min，自由落锤轻击（小落距锤击）不得少于 40 次/min，在桩管底未拔至桩顶设计标高之前，倒打和轻击不得中断，在拔管过程中应向桩管内继续灌入混凝土，以保证灌注质量。前一次拔管高度应控制在能容纳第二次所需灌入的混凝土量为限，不宜拔得太高。在拔管过程中应有专用测锤或浮标检查混凝土面的下降情况。

（6）当单打施工的桩身充盈系数达不到规定值时，或有可能产生断桩和缩颈桩时，可采用复打法施工。

复打法是在单打法施工完毕后，拔出桩管，及时清除粘附在管壁和散落在地面上的泥土，在原位上第二次安放桩靴，以后的施工过程与单打法相同。全长复打桩的入土深度宜接近原桩长，局部复打应超过断桩或缩颈区 1m 以上。

采用全长复打时，第一次灌注混凝土应达到自然地面；前后两次沉管的轴线应重合；复打施工必须在第一次灌注的混凝土初凝之前完成；第二次桩身混凝土不得少灌。

当桩身配有钢筋时，混凝土的坍落度宜采用 80~100mm；素混凝土桩宜采用 60~80mm。

五、沉管灌注桩施工要点

1. 振动沉管灌注桩的施工要点

（1）材料要求，混凝土强度等级不应低于 C15，水泥宜用 32.5 级 42.5 级普通水泥；粗骨料粒径应不大于 40mm，含泥量小于 3%；砂宜选用中、粗砂，含泥量小于 5%；混凝土坍落度为 8~10cm。

（2）施工方法的选用，振动、振动冲击沉管施工法一般有单打法、复打法、反插法等，应根据土质情况和荷载要求分别选用。单打法适用于含水量较小的土层，反插法和复打法适用于软弱饱和土层。

（3）桩机就位，采用单打法沉管时，宜采用混凝土预制桩尖。施工时，将桩管对准埋设在桩位上的预制桩尖，放松卷扬机钢丝绳，利用振动机及桩管自沉管时，为了适应不同土壤条件，常用加压法来调整土的自振频率，桩尖压力改变可利用卷扬机把桩架的部分重量传到桩管上加压，并根据桩管沉入速度，随时调整离合器，防止桩架抬起发生事故。施工中，必须严格控制最后 30s 的电流、电压值，其值按设计要求或根据试桩和当地经验确定。

（4）发现水或泥浆较多，应拔出桩管，用砂回填桩孔后重新安放桩尖沉管；如发现地下水或泥浆进入套管，一般应在桩管沉入前先灌入 1m 高左右的混凝土或砂浆，封住漏水缝隙，然后再继续沉桩。

（5）灌注混凝土，桩管沉到设计标高后，停止振动，用上料斗将混凝土灌入桩管内，混凝土一般应灌满桩管或略高于地面。

（6）拔管，当混凝土灌满以后即可开始拔管。开始拔管时，应先启动振动机，振动 5～10s，再开始拔管，应边振边拔，每拔 0.5～1.0m 停拔振动 5～10s，如此反复，直至桩管全部拔出。

拔管之前，应用吊铊探测，确保桩尖活瓣已经张开或混凝土预制桩尖脱离桩管，混凝土已从桩管中流出时，方可继续拔管。

在一般土层中，拔管速度宜控制在 1.2～1.5m/min，用活瓣桩尖时宜慢，用预制桩尖时可适当加快，在软弱土层中，宜控制在 0.6～0.5m/min。

（7）安放钢筋笼、成桩，当桩身配有钢筋笼时，第一次应将混凝土灌至笼底标高，然后再安放钢筋笼，再灌混凝土至桩顶标高。

（8）邻桩的施工，振动灌注桩的间距应不小于 4 倍桩管外径，相邻桩施工时，其间隔时间不得超过水泥的初凝时间，中途停顿时，应将桩管在停顿前先沉入土中，以防止因土体挤密而产生断桩。桩距小于 3.5 倍桩管外径时，应采用跳打法。

（9）振动冲击沉管灌注桩施工时，拔管速度宜控制在 1.0m/min 内，桩锤上下冲击次数不得少于 70 次/min；在淤泥层或淤泥质土层中，其拔管速度不得大于 0.5m/min。

（10）复打法和反插法施工，复打法的施工要求与锤击沉管灌注桩相同。反插法是指在拔管时，桩管每拔出 0.5～1.0m，便向下反插约 0.3～0.5m，如此反复进行，并始终保持振动，直至桩管全部拔出地面。反插法施工应满足以下要求：

①在拔管过程中，应分段添加混凝土，保持管内混凝土面始终不低于地表面或高于地下水位 1.0～1.5m 以上，拔管速度应小于 0.5m/min。

②在桩尖处的 1.5m 范围内，应多次反插以扩大桩的端部断面，增加桩的承载力。

③穿过淤泥层时，应当放慢拔管速度，并减少拔管高度和反插深度，在流动性淤泥中不宜用反插法。

（11）其他注意事项

①在拔管过程中，桩管内至少应保持 5m 高的混凝土或不低于地面。不足时及时补灌，以防止混凝土中断形成缩径。

②每根桩的混凝土灌注量，应保证成桩后平均截面积与端部截面积比值不小于 1.1。

③混凝土的浇灌高度应超过桩顶设计标高 0.5m，适时修整桩顶，凿去浮浆后，应保证桩顶设计标高及混凝土质量。

④对某些密实度大、低压缩性且土质较硬的黏土，一般的振动沉管桩机难于把桩管沉入设计标高。这时，可采用钻先导孔的方法，先钻去部分较硬土层，以减少桩尖阻力，然后再用振动沉管灌注桩施工工艺。这种方法所成的桩，其承载力与全振动沉管灌注桩相近，同时可扩大已有设备的能力，减少挤土和对临近建筑的振动影响。

2. 锤击沉管灌注桩的施工要点

（1）锤击沉管灌注桩混凝土的强度等级不宜低于 C15，应使用 P·O425 号以上硅酸盐水泥配制，每立方米混凝土的水泥用量不宜少于 350kg。混凝土坍落度，当桩身配筋时宜采用 8～10cm，素混凝土桩宜采用 6～8cm。碎石粒径，有筋时不大于 25mm，无筋时不大于 40mm。

（2）施打顺序宜依次退打。

（3）混凝土预制桩尖或钢桩尖埋设的位置应与设计相符，桩管内壁不应附有残积混凝土，锤击不得偏心。

（4）必须严格控制和测量最后三阵，每阵加锤的贯入度。

（5）沉管全过程必须有专职记录员做好施工记录。每根桩的施工记录均应包括总锤击数，每米沉管的锤击数和最后 1m 的锤击数。

（6）拔管和灌注混凝土应遵守下列规定：

①沉管至设计标高后，应立即灌注混凝土尽量减少间隔时间。

②灌注混凝土前，必须检查桩管内有无吞桩尖或进泥、进水。

③每次向桩管内灌注混凝土时，应尽量多灌，用长桩管打短桩时，混凝土可一次灌足；打长桩时，第一次灌入桩管内的混凝土应尽量灌满。当桩身配有不到孔底的钢筋笼时，第一次灌至笼底标高，然后放置钢筋笼，再灌混凝土至桩顶标高。

④第一次拔管高度应控制在能容纳第二次所需要灌入的混凝土量为限，不宜拔得过高，应保证桩管内不少于 2m 高度的混凝土，并设专人测量灌注记录。

⑤拔管速度要均匀，对一般土层以 1m/min 为宜；在软土层及硬土层交界处宜控制在 0.3～0.5m/min。

⑥采用倒打拔管的打击次数，单作用汽锤不得少于 50 次/min，自由落锤轻击（小落距锤击）不得少于 40 次/min，在管底未拔至设计标高之前，倒打或轻击不得中断。

⑦当桩距小于桩管外径的 3.5 倍时，桩管的施打必须在邻桩混凝土初凝时间之内全部完成，否则应实行跳打，中间空出的桩需待邻桩混凝土达到设计强度等级的 50% 以后方可开工。

（7）桩管入土的控制原则：

①桩端位于一般土层时，以控制桩端设计标高为主，贯入度可作参考。

②桩端达到坚硬、硬塑的黏性土、粉土、中密以上砂土、碎石类土以及风化岩时，以贯入度控制为主，桩端标高控制作参考。

③贯入度已达到而桩端标高未达到时，应继续锤击 3 阵，按每阵 10 击的贯入度不大于设计规定的数值加以确认，必要时贯入度应通过试验或与有关单位研究确定。

（8）复打法的施工规定应与振动沉管灌注桩相同。

六、质量标准

1. 桩的布置

桩的布置、成孔深度（持力层选择）应满足设计要求，严格按照设计要求进行施工。

（1）桩的最小中心距

桩的最小中心距见表 23-8-4。

桩的最小中心距　　　　　　　　　　　　　　　　表 23-8-4

布桩 土层	排数超过三排（含三排） 桩数超过九根（含九根）的摩擦桩基础	其他情况
穿越非饱和土	3.5d	3.0d
穿越饱和土	4.0d	3.5d

注：d 为桩径。

（2）持力层选择

一般应选择较硬土层作为桩端持力层。桩端进入持力层的探度，对于一般黏性土、粉土不宜小于 2d，砂土不宜小于 1.5d，碎石类土，不宜小于 1d。当存在软弱下卧层时，桩基以下硬持力层厚度不宜小于 4d。

2. 桩身混凝土、钢筋、混凝土保护层厚度

（1）混凝土强度等级应符合设计规定。混凝土预制桩尖不得低于 C30。

（2）桩身配筋应符合施工图要求，并遵守下述规定：

①纵向主筋净间距不应小于 60mm，并尽量减少钢筋接头；

②箍筋采用 $\phi6\sim8@200\sim300$mm 宜采用螺旋式箍筋。当钢筋笼长度超过 4m 时，应每隔 2m 左右设一道 $\phi12\sim18$ 的焊接加强箍筋，以加强钢筋笼的刚度和整体性。

③主筋的混凝土保护层厚度，一般不应小于 35mm，允许偏差 ±10mm。

3. 成孔施工的允许偏差

成孔施工允许偏差见表 23-8-5。

表 23-8-5

成孔施工允许偏差

成孔方法		桩径偏差（mm）	垂直度允许偏差（%）	桩位允许偏差（mm）	
				单桩、条形桩基沿垂直轴线方向和群桩基础中的边桩	条形桩基沿轴线方向和群桩基础中间桩
锤击（振动）沉管	$d\leqslant500$	-20	1	70	150
振动冲击沉管	$d>500$			100	150

4. 钢筋笼制作

钢筋笼制作允许偏差见表 23-8-6。

表 23-8-6

钢筋笼制作允许偏差

项次	项　目	允许偏差（mm）	项次	项　目	允许偏差（mm）
1	主筋间距	±10	3	钢筋笼直径	±10
2	箍筋间距或螺旋筋间距	±20	4	钢筋笼长度	±50

七、常见问题、原因及处理方法

沉管灌注桩常遇问题、原因及处理方法见表 23-8-7。

表 23-8-7

沉管灌注桩常遇问题、原因及处理方法

常遇问题	主　要　原　因	处　理　方　法
缩径（桩身局部直径小于设计要求）	在饱和淤泥或淤泥质软土层中，沉桩管时土体受强制扰动挤压，产生孔隙水压力，桩管拔出后，挤向新灌注的混凝土，使桩身局部直径缩小	控制拔管速度，采取"慢拔密振"或"慢拔密击"方法
	在流塑淤泥质土中，由于套管的振荡作用，使混凝土不能顺利灌入，被淤泥质土填充进来，造成缩颈	采用复打法（锤击沉管）或反插法（振动沉管桩）

续表

常遇问题	主要原因	处理方法
缩径（桩身局部直径小于设计要求）	桩身埋置的土层，如上下水压不同，桩身混凝土养护条件有别，凝固和收缩差异较大，造成缩颈	采用复打法或反插法，或在易缩颈部位放置钢筋混凝土预制桩段
	桩间距过小，邻近桩施工时挤压已成桩，使其缩颈	采用跳打法加大桩的间距
	拔管速度过快，桩管内形成真空吸力，对混凝土产生拉应力	保持正常拔管速度
	拔管时管内混凝土量过少	拔管时，管内混凝土应随时保持2m左右高度，也应高于地下水位1.0~1.5m，或不低于地面
	混凝土坍落度较小，和易性较差，拔管时管壁对混凝土产生摩擦力造成缩颈	采用合适的坍落度，8~10cm（配筋时）；6~8cm（素混凝土）
	在饱和淤泥土层中施工，灌入混凝土扩散严重，不均匀，造成缩颈	采用反插法或复打法，或在缩颈部位放置混凝土预制桩段
断桩（裂缝是水平的或有倾斜，一般均贯通全截面，常见于地面以下1~3m不同软硬土层交接处）	混凝土终凝不久，强度弱，承受不了振动和外力扰动	尽量避免振动和外力扰动
	桩距过小，邻桩沉管时使土体隆起和挤压，产生水平力和拉力，造成已成桩断裂	控制桩距大于3.5倍桩径，或采用跳打法加大桩的施工间距
	拔管速度过快，混凝土未排出管外，桩孔周围迅速回缩形成断桩	保持正常拔管速度，如在流塑淤泥质土中拔管速度不大于0.5m/min为宜
	在流塑的淤泥质土中孔壁不能直立，混凝土相对密度大于淤泥质土，灌注时造成混凝土在该层坍塌，形成断桩	采用局部"反插"或"复打"工艺，复打深度必须超过断桩区1.0m以上
	混凝土粗骨料粒径过大，灌注混凝土时在管内发生"架桥"现象，形成断桩	严格控制粗骨料粒径
吊脚桩（桩底部的混凝土隔空，或混进泥砂）	预制桩尖强度不足，在沉管时破损，被挤入管内，拔管时振动冲击未能将桩尖压出，管拔出至一定高度时才落下，但又被硬土层卡住，未落到孔底而形成吊脚桩	严格检查预制桩尖的强度及规格。沉管时可用吊铊检查桩尖是否进入桩管，若发现进入桩管应及时拔出纠正或将桩孔回填后重新沉管
	桩尖被击碎进入钢管，泥砂和水同时也挤入桩管，与灌入的桩身混凝土合而形成松软层	沉管时用吊铊检查，若发现桩尖进入桩管，就及时拔出纠正，或将桩孔回填后重新沉管
	在N>25（击）的土层中施工时，采用先沉管取土成孔，后放预制桩尖的工艺，当二次沉管时，由于振动冲击预制桩尖超前落入孔底，在桩管振动冲击和刮削的作用下，孔周土落在桩尖上，形成吊脚桩	尽量不采用此种工艺，若已采用，在二次沉管时用吊铊检查，若发现桩尖已超前落入孔底，应拔出桩管重新安放桩尖沉管
	桩入土较深，且进入低压缩性的粉质黏土层，灌完混凝土开始拔管时，活瓣桩尖被周围土包围压住而打不开，拔至一定高度时才打开，而此时孔底部已被孔壁回落土充填形成吊脚桩	合理选择桩长，或采用预制桩尖
	在有地下水的情况下，封底混凝土灌得早，沉管时间又较长，封底混凝土长时间的振动被振实，形成"塞子"，拔至一定高度，"塞子"才打开，形成吊脚桩	合理掌握封底混凝土的灌入时间，一般在桩管沉至地下水位以上0.5~1.0m时，灌入封底混凝土

续表

常遇问题	主 要 原 因	处 理 方 法
桩身夹泥（桩身混凝土中有泥夹层）	采用反插施工工艺时，反插深度太大，反插时活瓣向外张开，把孔壁周围的泥挤进桩身，造成桩身夹泥	反插深度不宜超过活瓣长度的三分之二
	采用复打法施工工艺时，桩管上的泥未清理干净，把管壁上的泥带入桩身混凝土中	复打前应把桩管上的泥清理干净
	在饱和的淤泥质土层中施工时，拔管速度过快，而混凝土坍落度太小，混凝土未流出管外，土即涌入桩身，造成桩身夹泥	控制拔管速度，一般以 0.5m/min 为宜，混凝土的和易性要好，坍落度符合规范要求
桩尖进水进砂	活瓣桩尖合拢后有较大的间隙，或预制桩尖与桩管接触不严密，或桩尖打坏，地下水或泥砂进入桩管底部	对缝隙较大的活瓣桩尖及时修理或更换，预制桩尖的混凝土强度等级不得低于 C30，其尺寸和钢筋布置应符合设计要求，在桩尖与桩管接触处缠绕麻绳或垫硬纸衬等，使两者接触处封严
	桩管下沉时间较长	沉管工艺选择合理，缩短沉管时间
	有较厚的淤泥质土或地下水丰富	当桩管沉至接近地下水位，灌注 0.05～0.1m³ 封底混凝土，将桩管底部的缝隙用混凝土封住，使水或泥浆不能进入管内。如果管内进水及泥浆较多时，应将桩管拔出，消除桩管内泥浆后重新沉管
钢筋笼下沉	桩顶插筋或钢筋笼放入桩孔后，相邻桩沉入套管的振动，使钢筋沉入混凝土	钢筋上端临时固定
混凝土用量过大	地下遇枯井、坟坑、溶洞、下水道、防空洞等洞穴，灌注时混凝土流失	施工前应详细了解地下洞穴情况，预先开挖清理，用素土填死后再沉管
	在孔隙比大而又处于饱和的淤泥质软土中沉桩，土质受到沉管振动的扰动，结构破坏而液化，强度急剧降低，经不住混凝土的冲击和侧压力，造成混凝土灌入时发生扩散	在这样的土层施工，宜先行试桩，如发现混凝土用量过大，可使用其他桩型
卡管（拔管时被卡住，拔不出来）	沉管穿过较厚硬夹层，（超过 40cm），如时间过长，就难拔管	发现有卡管现象，应在夹层处反复抽动二、三次，然后拔出桩管，扎好活瓣桩尖或重设预制桩尖，重新打入，并争取时间尽快灌注混凝土后，立即拔管，缩短停歇时间
	活页瓣的铰链过于凸出，卡于夹层内	施工前，对活页铰链作检查，修去凸出部分
达不到最终控制要求	勘察点不够，或勘探资料粗略，对工地地质情况不明，尤其是持力层的起伏标高、层厚不明，致使设计考虑桩端持力层标高有误	施工前须在有代表性的不同部位打试桩，数量不少于三个，以便核对工程地质资料
	设计过严，超过施工机械的能力	施工前在不同部位试桩，检验所送设备、施工工艺以及技术要求是否适宜，若难于满足最终控制要求，应拟定补救技术措施或考虑成桩工艺

常遇问题	主 要 原 因	处 理 方 法
达不到最终控制要求	遇层厚大于1m，$N>25$（击）的硬夹层	可先用空管加装取土器，打穿该层，将土取出来，再迅速安放预制桩尖，沉管到持力层，桩尖至少要进入未扰动土层4倍桩径。若硬夹层很厚，穿越有困难，可会同设计、勘察、建设等有关单位现场处理，容许承载力如能达到设计要求，则可将此层作为持力层
	遇地下障碍物（石块、混凝土等）	障碍物埋深浅，清除后填土后再钻；障碍物埋深较大，移位重钻
	桩管长径比太大，刚度差，在沉管过程中，由于桩管弹性弯曲而使振动冲击能量减弱，不能传至桩尖处	桩管长径比不宜大于40
	振动冲击参数（激振动、冲击力、振幅频率）选择不合适或由于正压力不足而使桩管沉不下去	根据工程地质资料，选择合适的振动冲击参数，如因正压力不足而沉不下，可用加配重或加压的办法来增加正压力
	群桩施工时，砂层逐渐挤密，最后就有沉不下管的现象	适当加大桩距
	设备仪表或沉管深度不准确，没有反映出真实情况	设备仪表应经常检查、校准和标定，桩架上的沉管进尺标计，应随时保持醒目、准确，测量最终稳定电流强度时，应使配重及电源电压保持正常。电源电压下降10%，最终稳定电流强度相应增加10%

第九节　水下混凝土灌注

一、概述

水下混凝土工程的施工可采用导管法、箱袋法、铺石灌浆法和混凝土泵输送法等。在泥浆护壁钻孔灌注桩施工中几乎都用导管法，故只介绍导管法灌注水下混凝土的施工。

1. 基本原理

导管法灌注是将密封连接的钢管作为水下混凝土灌注的通道，将混凝土拌合物通过导管下口，进入到初期灌注的混凝土（作为隔水层）下面，顶托着初期灌注的混凝土及其上面的泥浆或水上升，在一定的落差压力作用下，形成连续密实的混凝土桩身。

2. 优缺点

1) 优点

(1) 作业设备和器具简单，能适应各种施工条件。

(2) 能向水深处迅速地灌注大量混凝土。

(3) 不用排水。

(4) 利用有利的地下条件进行养护（养护条件接近于标准养护）。

2）缺点

（1）由于是水下灌注，每立方米混凝土的水泥用量比一般混凝土的用量要多。

（2）在桩顶形成混凝土浮浆层，灌注须超灌保护桩头。

（3）灌注量大时，作业时间和劳动强度较大。

（4）要精心管理，否则稍有疏忽，就不易保证混凝土质量。

二、灌注机具

主要机具有水下输送混凝土用的导管、漏斗、储料斗、活阀、隔塞或底盖，配套的灌注平台，混凝土搅拌设备等。

1. 导管

导管是灌注水下混凝土的重要工具，用钢板卷制焊成或采用无缝钢管制成。其直径按桩长、桩径和每小时需要通过的混凝土数量决定，可按表 23-9-1 选用。为了保证导管强度和刚度，管壁厚度根据导管直径、总长度和制成方法宜按表 23-9-2 选用。

导 管 直 径 表　　　　　　　　表 23-9-1

导管直径(mm)	通过混凝土数量(m³/h)	桩径(m)	导管直径(mm)	通过混凝土数量(m³/h)	桩径(m)
200	10	0.6～1.2	300	25	1.5～3.0
250	17	1.0～2.2	350	35	＞3.0

导 管 壁 厚 表　　　　　　　　表 23-9-2

导管长度（m）	导管壁厚（mm）			
	导管直径 200～250mm		导管直径 300～350mm	
	钢板卷制	无缝钢管	钢板卷制	无缝钢管
30	3	8	4	10
30～50	4	9	5	11
50～100	5	10	6	12

导管连接方法有法兰盘、丝扣和卡口三种。法兰盘连接已逐渐被淘汰。丝扣连接如同钻探用钻杆一样，导管两端外周有公、母丝扣，连接时将导管接公、母丝扣套入，用管子钳扳手拧紧。此法仅能用于无缝钢管制成的导管。

导管分节长度应便于拆装和搬运，并小于导管提升设备的提升高度。中间节一般长 2m 左右，下端节可加长至 4～6m，漏斗下可配长约 1m 的上端节导管，以便调节漏斗的高度。中间节两端焊有法兰，以便用螺栓互相连接。上下两节法兰盘之间，应垫以 4～5mm 厚橡胶垫圈，其宽度外侧齐法兰盘外边缘，内侧宜稍窄于法兰内缘。为防止在提升导管时卡挂钢筋骨架，可在每节导管上套装一个用 1.5mm 厚钢板制成的锥形活动护罩，以便在提升导管时，罩住下法兰。

导管制作应力求坚固，内壁应光滑、顺直、光洁和无局部凹凸。各节导管内径应大小一致，偏差不大于±2mm。

导管上下法兰应与导管轴线垂直。为保持法兰位置正确和防止焊接时变形，焊制可在特制的胎具上进行。

导管在使用前和使用一个时期后，除应对其规格、质量和拼接构造进行认真的检查外，还需做拼接、过球、水密、承压、接头、抗拉等试验。水密试验室的水压应不小于井孔内水深1.3倍的压力；进行承压试验时的水压不应小于导管壁可能承受的最大内压力 P_{max}。P_{max} 可按下式计算：

$$P_{max} = 1.3(\gamma_c H_{cmax} - \gamma_w H_w) \qquad (23\text{-}9\text{-}1)$$

式中　P_{max}——导管可能承受的最大内压力（kPa）；

γ_c——混凝土重度（用 $24kN/m^3$）

H_{cmax}——导管内混凝土柱最大高度（m），采用导管全长；

γ_w——钻孔内水或泥浆重度（kN/m^3），泥浆重度大于 $12kN/m^3$ 时不宜灌注水下混凝土；

H_w——钻孔内水和泥浆深度（m）。

试验方法是把拼装好的导管先灌入70%的水，两端封闭，一端焊输风管接头，输入计算的风压力。导管需滚动数次，经过15min不漏水即为合格。

导管内过球应顺畅。符合要求后，在导管外壁用明显标记逐节编号并标明尺度。导管应配备总数20%～30%的备用导管。

导管可在钻孔旁预先分段拼装，在吊放时再逐段拼装。分段拼装时应仔细检查，变形和磨损严重的不得使用。导管内壁和法兰表面如粘附有灰浆和泥砂应擦拭干净。

导管吊放时宜用两根钢丝绳分别系吊在最下端一节导管的两个吊耳上，并沿导管每隔5m左右用铁丝将导管和钢丝绳捆扎在一起。

导管吊放时，应使位置居于孔中，轴线顺直，稳定沉放，防止卡挂钢筋骨架和碰撞孔壁。

2. 漏斗、溜槽、储料斗

（1）漏斗

导管顶部应设置漏斗，其上设溜槽、储料斗和工作平台。储料斗和漏斗高度除应满足导管拆卸等操作需要外，并应在灌注到最后阶段时，不致影响导管内混凝土柱的灌注高度。

在钻孔桩桩顶低于钻孔中水面时，漏斗底口应比水面至少高出4～6m。在钻孔桩桩顶高于钻孔中水面时，漏斗底口应比桩顶至少高出4～6m。当计算值大于上述规定时，应采用计算值。漏斗需要高度（即导管内混凝土柱高度）可参照图23-9-1和式（23-9-2）计算。

$$h_c \geqslant (P_0 + \gamma_w H_w)/\gamma_c \qquad (23\text{-}9\text{-}2)$$

式中　h_c——漏斗底口至预计灌注的桩顶以上所需高度（m）（图23-9-1）；

H_w——井孔内混凝土面至钻孔时水面高差（m），水或泥浆深度当预计桩顶高出水面时，此项不计入；

γ_c——混凝土拌合物重度（kN/m^3）（用 $24kN/m^3$）；

γ_w——钻孔内水或泥浆重度（kN/m^3）；

P_0——使导管内混凝土下落至导管并将导管外的混凝土顶升时所需的超压力，钻孔灌注桩采用100～200kPa，桩径1m左右时取低限，等于或大于1m时取高限，1～4m之间取插入值。

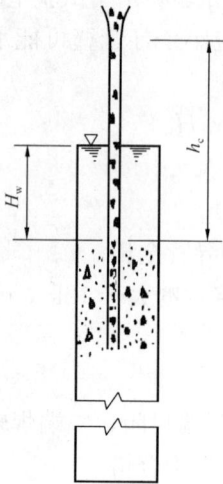

图 23-9-1   漏斗高度计算   图 23-9-2   首批混凝土数量计算

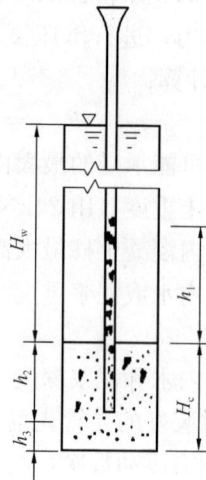

漏斗一般用 5～6mm 厚的钢板制成类似于圆锥形或棱锥形。在距漏斗上口约 15cm 处的外面两侧，对称地各焊吊环一个。圆锥形漏斗上口直径一般为 800～1000mm，高为 900～1200mm。棱锥形漏斗一般为 1000mm×1000mm×900mm。插入导管的一段长度，不论圆锥或棱锥均为 150mm。上述漏斗的容量约为 0.5～0.7m³。为了增加圆锥漏斗的刚度，可沿漏斗上口周边外侧焊直径 14～16mm 的钢筋。棱锥形漏斗则沿斗口周边外侧焊 30mm×30mm 的角钢加强。

（2）储料斗

它的作用是储放首批混凝土必需的储量。将运来的可能离析了的混凝土倒入其中，再拌匀后经溜槽送入漏斗。储料斗应有足够的容量以储存混凝土，特别是初存量，应能保证首批灌注的混凝土顺利达到埋管 1～2m 的深度，并让混凝土快速冲入孔底，将可能存在的沉渣冲返，最后成为浮浆并予以清除。

漏斗和出料斗的容量（即首批混凝土储备）应使首批灌注下去的混凝土能满足导管初次埋置深度的需要。

钻孔灌注桩漏斗和出料斗最小容量可参照图 23-9-2 和用式（23-9-3）计算。

$$V \geqslant \frac{\pi d^2}{4} h_1 + \frac{\pi D^2}{4} H_c \qquad (23\text{-}9\text{-}3)$$

式中 V——首批混凝土所需数量（m³）；

h_1——净空混凝土面高度达到 h 时，导管内混凝土柱平衡导管外水（或泥浆）压所需要的高度；

H_c——灌注首批混凝土时所需井孔内混凝土面至孔底的高度（m），$H_c = h_2 + h_3$；

H_w——井孔内混凝土面以上水或泥浆深度（m）；

D——井孔直径（m）；

d——导管内径（m）；

h_2——导管初次埋置深度（m）（$h_2 \geqslant 1.0$m）；

h_3——导管底端至钻孔底间隙，约 0.4m。

储料斗用 5～6mm 钢板制作。为使混凝土混合物能迅速自动溜进溜槽，再流入漏斗，储料斗底部常做成斜坡，出口设闸门，活动溜槽设在储料出口下方，溜槽下接漏斗。储料斗也有用作废的大直径钢护筒改的。其容量按以上计算决定。

3. 隔水塞、活阀和底盖

（1）隔水塞：可用混凝土板或混凝土球胆等制成或使用橡胶球胆，不管用何种材料制成或何种形式，隔水塞在灌注混凝土时均应能操作顺畅。

（2）活阀：可用高强布料包成球团形成，当剪断钢丝绳时与斗装混凝土冲入桩底最后形成浮浆清除之。

（3）底盖：采用钢板，并制成活扣导管提起时，可以一次性开盖而不闭合，最后随导管拉出。

三、水下混凝土的灌注施工

1. 施工工艺

吊放钢筋笼→安装导管→灌注首批混凝土→连续不断灌注直至桩顶→拔出护筒。

1）首批混凝土灌注，首批混凝土灌注量与泥浆至混凝土面高度、混凝土面至孔底高度、泥浆的密度、导管内径及桩孔直径有关。孔径越大，首批灌注的混凝土量越多，由于混凝土量大，搅拌时间长，因此可能出现离析现象，首批混凝土在下落过程中，由于和易性变差，受的阻力变大，常出现导管中堵满混凝土，甚至漏斗内还有部分混凝土，此时应加大设备的起重能力，以便迅速向漏斗加混凝土，然后再稍拉导管，若起重能力不足，则应用卷扬机拉紧漏斗晃动，这样能使混凝土顺利下滑至孔底，下灌后，继续向漏斗加入混凝土，进行后续灌注。

2）后续混凝土灌注，后续混凝土灌注中，当出现非连续性灌注时，漏斗中的混凝土下落后，应当牵动导管，并观察孔口返浆情况，直至孔口不再返浆，再向漏斗中加入混凝土，牵动导管的作用如下：

（1）有利于后续混凝土的顺利下落，否则混凝土在导管中存留时间稍长，其流动性能变差，与导管间摩擦阻力随之增强，造成水泥浆缓缓流坠，而骨料都滞留在导管中，使混凝土与管壁摩擦阻力增强，灌注混凝土下落困难，导致断桩，同时，由于粗骨料间有大量空隙，后续混凝土加入后形成的高压气囊，会挤破管节间的密封胶垫而导致漏水，有时还会形成蜂窝状混凝土，严重影响成桩质量。

（2）牵动导管增强混凝土向周边扩散，加强桩身与周边地层的有效结合，增大桩体摩擦阻力，同时加大混凝土与钢筋笼的结合力，从而提高桩基承载力。

在混凝土灌注后期，由于孔内压力较小，往往上部混凝土不如下部密实，这时应稍提漏斗增大落差，以提高其密实度。

3）钢护筒可在灌注结束、混凝土初凝前拔出。

2. 水下混凝土的灌注质量控制

1）水下混凝土的性能参数

（1）混凝土原材料的选用，水下混凝土一般选用强度等级不低于 32.5 级的硅酸盐和普通硅酸盐水泥，水泥用量不少于 $360 kg/m^3$，粗骨料则选用卵石，粗骨料的最大粒径应 <40mm，石子含泥量小于 2%，以提高混凝土的流动性，防止堵管，粗骨料的级配应保

证混凝土具有良好的和易性，细骨料应选用级配合理、质地坚硬、颗粒洁净的天然中、粗砂，含砂率宜为 40%～45%。

（2）混凝土初凝时间的控制，水下混凝土初凝时间仅 3～5h，只能满足浅孔小桩径灌注要求，而深桩灌注时间约为 5～7h，因此应加缓凝剂，使混凝土初凝时间大于 8h。

（3）混凝土搅拌方法和搅拌时间，为使混凝土具有良好的保水性和流动性，应按合理的配合比将水泥、石子、砂倒入料斗后，先开动搅拌机并加入 30% 的水，然后与拌合料一起均匀加入 60% 的水，最后再加入 10% 的水（如砂、石含水率较大时，可适当控制此部分水量），最后加水到出料时间控制在 60～90s 内。

（4）坍落度选择。坍落度应控制在 180±20mm 之间，混凝土灌注距桩顶约 5m 处时，坍落度控制在 160～170mm，以确保桩顶浮浆不过高。气温高，成孔深，导管直径在 250mm 之内，取高值，反之取低值。

2）拌制机械的选择

（1）混凝土拌合机数量，可根据一台拌合机的生产率，需要灌注的混凝土数量和适当的灌注时间计算。延长灌注时问虽然可减少拌合机数量和劳动力，但灌注时间过长容易发生灌注质量事故和坍孔事故。如过分地压缩灌注时间，则增加不必要的设备和劳动力。根据目前的施工经验，适当的灌注时间按桩长而变化，可参考表 23-9-3。

适当的灌注时间表 表 23-9-3

钻孔桩深度（m）	<20	20～40	40～60	60～70	70～80	80～100
适当灌注时间（h）	1.5～2	2～3	3～4	4～5	5～6	7～8

注：1. 灌注时间从第一盘混凝土拌合加水至灌注结束止；

　　2. 本表适用于桩径小于 2.5m；

　　3. 如水泥初凝时间超过表列数值时，则首批混凝土心须掺入缓凝剂。

混凝土拌合机数量 n 可按下式计算：

$$n = V/hp \tag{23-9-4}$$

式中　V——钻孔中应灌注的混凝土数量（m^3），包括桩顶超灌高度和扩孔体积，扩孔率取 1.1～1.2；

　　　h——适当灌注时间，查表 23-9-3；

　　　p——混凝土拌合机生产率（m^3/h）。

$$p = V_0 \xi S\alpha \tag{23-9-5}$$

式中　V_0——每次拌制的混凝土体积（m^3）；

　　　ξ——拌合机的时间利用系数，一般取 0.9～0.95；

　　　S——每小时的拌料次数；

　　　α——拌合机体积利用系数，一般取 0.75～0.85。

计算出的 n 值取整数。另外还应有备用台数，必备在机械发生故障时换用。

（2）混凝土拌合机类型，宜采用强制式而不宜采用滚筒自落式，其容量不宜小于 400L。

3）水下混凝土灌注施工控制

（1）首批混凝土灌注的要求

灌首批混凝土尽可能比一般桩身混凝土多 $10kg/m^3$ 水泥用量，确认初灌量充足后，即可剪断铁丝或提出活阀，借助混凝土重量排除导管内水体，灌入首批混凝土。

灌注首批混凝土时，导管埋入混凝土的深度不小于 1.5m。混凝土的初灌量宜按下式计算：

$$V_f = (H + t) \times \pi \times \left(\frac{d}{2}\right)^2 \times 1.2 \qquad (23\text{-}9\text{-}6)$$

式中　V_f——混凝土的初灌量（m³）；

　　　d——桩孔直径（m）；

　　　H——导管埋入混凝土的深度（m），一般取 1.5m；

　　　t——灌注前桩底沉渣厚度（m）。

（2）后续混凝土灌注的要求

首批混凝土灌注后，接着应连续不断地灌注混凝土，严禁中途停顿。在灌注过程中，应经常用测锤测控混凝土面上升高度，并适时提升至使导管底口埋深在混凝土上不小于 2.00m，严禁超提。遇特别情况（局部严重超径、缩径、漏失层位和灌注量特别大的桩孔等）应增加测量桩内混凝土面的次数，以正确分析和判定孔内的情况。

在该阶段牵动导管的作用显得尤为突出，牵动导管有利于后续混凝土的顺利下落，否则混凝土在导管中存留时间稍长，其流动性能变差，与导管间摩擦阻力随之增强，造成水泥浆缓缓流坠，而骨料都滞留在导管中，使混凝土与管壁摩擦阻力增强，灌注混凝土下落困难，导致断桩；由于粗骨料间有大量空隙，后续混凝土加入后形成的高压气囊，会挤破管节间的密封胶垫而导致漏水，有时还会形成蜂窝状混凝土，严重影响成桩质量；牵动导管可以增强混凝土向周边扩散，加强桩身与周边地层的有效结合，增大桩体摩擦阻力，同时加大混凝土与钢筋笼的结合力，从而提高桩基承载力。

（3）后期水下混凝土灌注的要求

后期水下混凝土由于孔内压力较小，应提高漏斗增大落差，或以振动泵进行振捣密实，使其与下部桩身一致。

（4）灌注混凝土表面测深和导管埋深控制

①测深

灌注混凝土时，应探测水面或泥浆面以下的孔深和所灌注的混凝土面高度，以控制沉淀层厚度、埋导管深度和桩顶高度。如探测不准确，将造成沉淀过厚、导管提漏、埋管过深，因而发生夹层断桩、短桩或导管拔不出事故。因此测深是一项重要的工作，应采用较为准确、快速的方法和探测工具。目前通常用测深锤法测定，就是用绳系重锤吊入孔中，使之通过泥浆沉淀层而停留在混凝土表面，根据测绳所示锤的沉入深度作为混凝土的灌注深度。

②导管的埋深控制

导管埋入混凝土中的深度见表 23-9-4。

导管埋深值　　　　　　　　　　　　　　　　　表 23-9-4

导管内径 （mm）	桩孔直径 （mm）	初灌量埋深 （m）	连续灌注埋深（m）		桩顶部灌注与标高正差 （m）
			正常灌注	最小埋深	
200	600～1200	＞2.0	3.0～4.0	1.5～2.0	0.8～1.2
230～255	800～1800	＞1.8	2.5～3.5	1.5～2.0	1.0～1.2
300	＞1500	＞1.5	2.0～3.0	＞1.5	1.0～1.2

在水下灌注混凝土时，应根据实际情况严格控制导管的最小及最大埋深，其埋置深度以能使管内混凝土顺畅流出，便于导管提升和减少拆管的次数及所埋的混凝土初凝前的时间来确定，但一般最大埋深不宜超过 6m。

（5）混凝土灌注时间确定

混凝土灌注的上升速度不得小于 4m/h。灌注时间必须控制在埋入导管中的混凝土初凝前 1h，同时确保不丧失流动性的时间内。但在实际的施工中是无法做到的，唯一的办法是：掺入适量缓凝剂，为混凝土适当延长灌注后的初凝时间。

（6）桩顶的灌注标高及桩顶处理

桩顶的灌注高度应比混凝土面设计标高大，以便清除桩顶部的浮浆渣层后，确保混凝土质量。

处理桩顶浮渣，可在混凝土初凝前，人工清除到桩顶设计标高以上保留不小于 500mm，待桩顶混凝土强度达到设计强度的 70% 时，再将其凿除至设计标高。

3. 水下混凝土灌注施工时的注意事项

（1）灌注水下混凝土是钻孔桩施工的重要工序，应特别注意。钻孔应经成孔质量检验合格后，方可开始灌注工作。

（2）灌注前，对孔底沉淀层厚度应再进行一次测定。如厚度超过规定，可用前述喷射法向孔底喷射 3～5min，使沉渣悬浮，然后立即灌注首批水下混凝土。

（3）剪球、拔栓或开阀，将首批混凝土灌入孔底后，立即测探孔内混凝土面高度，计算出导管埋置深度，如符合要求，即可正常灌注。如发现导管内大量进水，表明出现灌注事故，应按事故的处理方法进行处理。

（4）灌注混凝土必须连续进行，不得中断，否则先灌入的混凝土达到初凝，将阻止后灌入的混凝土从导管中流出，造成断桩烂桩。

（5）从开始搅拌混凝土后，在 1.5h 内应尽量灌注完毕，特别是在气温高的夏季。对于商品混凝土，如需要长途运输时，应事前调查外界气温等条件，然后按实际需要掺加阻凝剂。

（6）随孔内混凝土的上升，需逐节快速拆除导管和恢复灌注，拆除导管动作要快，时间一般不宜超过 15min。要防止螺栓、橡皮垫和工具等掉入孔中。拆下的导管应立即冲洗干净，堆放整齐。导管提升时应保持轴线竖直和位置居中，逐步提升。如导管法兰卡挂钢筋骨架，可转动导管，使其脱开钢筋骨架后，移到钻孔中心。

（7）在灌注过程中，当导管内混凝土不满时，后续的混凝土宜通过溜槽徐徐灌入漏斗和导管，不得快速倾入，以免在导管内形成高压气囊，挤坏管节间的橡胶垫或使导管破裂。

（8）防止钢筋笼的走位和上升：

①在孔口进行焊接固定钢筋笼；

②灌注的混凝土进入钢筋笼底段时，灌注进度尽量缓慢、均匀；

③拆管时在保证导管埋深的前提下，灌注管底部应远离钢筋笼底端，防止混凝土流动而拉动浮笼；

④当孔内混凝土面进入钢筋笼段后，灌注管口应始终处在钢筋笼底与混凝土面的上半部位，减小混凝土上托力对钢筋笼浮位的影响。

（9）为确保桩顶质量，在桩顶设计标高以上应加灌一定高度，以便灌注结束后将此段混凝土清除。增加的高度，可按孔深、成孔方法和清孔方法确定，一般不宜小于 0.5m，长桩不宜小于 1.0m。

混凝土灌注到接近设计标高时，工地值班人员要计算还需要的混凝土数量（计算时应将导管内及混凝土输泵泵管内的混凝土数量估计在内），通知拌合站按需要数量拌制，以免造成浪费。

为减少以后凿出桩头的工作量，可在灌注结束后，混凝土凝结前，挖出多余的一段桩头，但应保留 10～20cm，以待随后修凿，接浇墩柱或承台。

（10）在灌注将近结束时，由于导管内混凝土柱高度减小，超压力降低，而导管外的泥浆及所含渣土稠度增加，相对密度增大。如在这种情况下出现混凝土顶升困难时，可在孔内加水稀释泥浆，并掏出部分沉淀土，使灌注工作顺利进行。在拔出最后一段长导管时，拔管速度要慢，以防止桩顶沉淀的泥浆挤入导管下形成泥心。

（11）在灌注混凝土时，每根桩应至少留取两组试块，桩长 20m 以上者不少于 3 组，桩径大，浇筑时间很长时不少于 4 组。如换工作班时，每工作班都应制取试件。试件应施加标准养护，强度测试后应填试验报告表。强度不合要求时，应及时提出报告，采取补救措施。

（12）有关混凝土灌注情况，各灌注时间、混凝土面的深度、导管埋深、导管拆除以及发生的异常现象等，应指定专人进行记录。

4. 常见事故的原因分析和预防措施

1）常见事故的主要原因分析

（1）孔壁坍塌

由于土质松散，泥浆护壁不好，孔内水位下降，钻进速度过快、空钻时间过长，成孔后待灌时间过长和灌注时间过长使孔内静水压力失去平衡引起孔壁坍塌。

（2）钢筋笼上浮

①混凝土流动性过小，导管在混凝土中埋置深度过大，钢筋笼被混凝土拖顶上升。

②由于混凝土灌注过钢筋笼且导管埋深较大时，其上层混凝土因浇筑时间较长，已接近初凝，表面形成硬壳，混凝土与钢筋笼有一定的握裹力。如此时导管底端未及时提到钢筋笼底部以上，混凝土在导管流出后将以一定的速度向上顶升，同时也带动钢筋笼上升。

（3）断桩与夹泥层

①泥浆过稠，增加了灌注混凝土的阻力，如泥浆相对密度大且泥浆中含较大的泥块，因此，在施工中经常发生导管堵塞、流动不畅等现象，有时甚至灌满导管还是不行，最后只好提取导管上下振击。由于导管内储存大量混凝土，一旦混凝土冲出导管后，就会冲破泥浆最薄弱处，并将泥浆夹裹于混凝土内，造成夹泥层。

②灌注混凝土过程中，因导管漏水或导管提漏而二次下球也是造成夹泥层和断桩的原因。

③灌注时间过长，而上部混凝土已接近初凝，形成硬壳。而且随时间增长，泥浆中残渣将不断沉淀，从而加厚了积聚在混凝土表面的沉淀物，使混凝土灌注极为困难，造成堵管或导管拔不上来，引发断桩事故。

（4）常见导管事故

①堵管。堵管在灌注过程中较常发生，其主要原因是：混凝土质量欠佳；混凝土供应

不及时；导管进水；初灌混凝土堵管。

②导管拔不动及掉管。主要原因是：混凝土埋深太大；机械故障使混凝土供应持续时间太长以致混凝土初凝；法兰盘被钢筋笼勾住；塌孔造成导管深埋；漏斗与导管、导管与导管间的螺栓未拧紧导致强度不足，使导管在提升时螺栓滑落或断裂。

③导管无混凝土埋深。无混凝土埋深将导致导管内进水，从而发生断桩质量事故，其主要原因为测深、计算错误。

2）预防措施

（1）防止孔壁坍塌

①在松散易坍的土层中，适当埋深护筒；用黏土密实填封护筒四周，使用优质的泥浆，提高泥浆的相对密度和黏度，保持护筒内泥浆水位高于地下水位。

②搬运和吊装钢筋笼时，应防止变形；安放要对准孔位，避免碰撞孔壁；钢筋笼接长时要加快焊接时间，尽可能缩短沉放时间。

③成孔后，待灌时间一般不应大于3h；并控制混凝土的灌注时间，在保证施工质量的情况下，尽量缩短灌注时间；并随时注意控制泥浆的和相对密度。

（2）防止钢筋笼上浮

①钢筋笼初始位置应定位准确，并与孔口固定牢固。加快混凝土灌注速度，缩短灌注时间，或掺外加剂。防止混凝土顶层进入钢筋笼时流动性变小。

②导管在混凝土面的埋置深度一般宜保持在2～4m，不宜大于5m和小于1m。混凝土接近笼时，控制导管埋深在1.5～2.0m。当混凝土埋过钢筋笼底端2～3m时，应及时将导管提至钢筋笼底端以上。

③当发现钢筋笼开始上浮时，应立即停止灌注，并准确计算导管埋深和已浇混凝土标高，提升导管后再进行灌注，上浮现象即可消除。

（3）防止断桩与夹泥层

①认真做好清孔，控制泥浆相对密度，防止孔壁坍塌。

②尽可能提高混凝土灌注速度。

③计算初灌量和提升导管要准确可靠。灌注混凝土过程中随时测量导管埋深，并严格遵守操作规程。

④灌注混凝土前检查导管是否漏水、弯曲等缺陷，发现问题要及时更换。

（4）防止导管事故

①配制备用导管，施工现场必须配一套备用导管。

②防止导管法兰盘被钢筋笼钩住，严格控制钢筋笼的施工质量。在灌注过程中，导管的连接应平直、可靠。平稳提升导管避免钩带钢筋笼。

③导管防漏，导管壁厚按孔深计算，采用一定厚度的钢板制成，一般不小于3mm。灌注前应对拼接顺直的导管进行严格检查，做水密、水压试验，其压强应在1.5倍水深压强，持续时间15min左右。发现不合格时应及时调换。导管使用后应及时清除管壁内外粘附的混凝土残浆。导管的壁厚、连接部位丝扣应定期测定、检查，不符合要求的要及时处理。

④导管提升，用两根钢丝绳对称套扣提升导管。

⑤控制导管埋深，正常灌注时，一般导管埋深控制在2～4m为宜，导管应勤提勤拆。

第二十四章 异 形 桩

第一节 挤扩支盘桩（DX 桩）

挤扩支盘灌注桩是先用普通钻机成等截面钻孔，然后采用支盘设备在设计需要的某些深度挤扩支盘从而形成竹节形桩。在某一断面上挤扩设备一般挤 1 次形成一个支，挤 6～8 次形成一个盘。挤扩支盘桩采用如图 24-1-1 所示的专用液压挤扩设备与现有钻孔桩施工机械配套使用，产生如图 24-1-2 所示的挤扩支盘灌注桩。根据地质情况和设计要求，可以在不同的适宜土层中挤扩成承力盘及分支。应该注意挤扩支盘桩基础设计既要满足承载力和变形要求，也要满足稳定性和耐久性要求。挤扩支盘桩承力盘直径较大，但应注意的是设计挤扩直径不应大于相应设备型号能挤扩的最大直径。表 24-1-1 为几种常用的挤扩设备型号与挤扩直径表。

挤扩设备型号与挤扩直径 表 24-1-1

参数 \ 设备型号	98-400 型	98-600 型	2000-800 型
弓压臂长度（mm）	480	752.5	910
桩身直径 d（mm）	450～600	650～800	850～1000
承力盘挤扩最大直径（mm）	1180	1590	1980

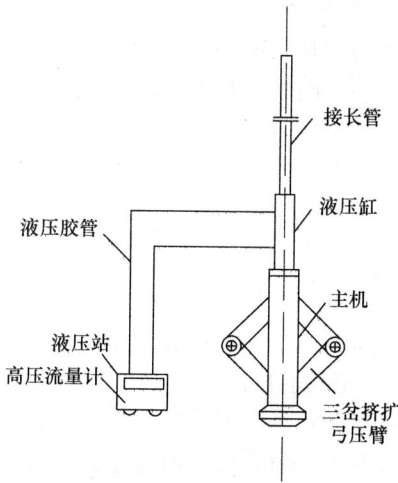

图 24-1-1 挤扩支盘灌注桩成型机设备

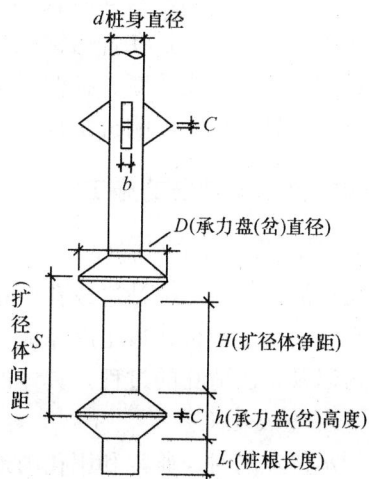

图 24-1-2 挤扩支盘灌注桩构造

编写人：张忠苗 张广兴（浙江大学建筑工程学院）

挤扩支盘灌注桩由桩身、底盘、中盘、上盘及数个分支所组成。根据土质情况，在硬土层中设置分支或承力盘。分支和承力盘是在普通圆形钻孔中用专用设备通过液压挤扩而形成的。在支、盘挤成空腔同时也把周围的土挤密。经过挤密的周围土体与腔内灌注的钢筋混凝土桩身、支盘结合为一体，发挥了桩土共同承力的作用，从而使桩承载力大幅度增加。

经测算承力盘的面积约为主桩载面的 4～7 倍，如把各盘和各分支的面积加起来，其总和约为主桩截面的 10～20 倍。

一、挤扩支盘灌注桩的特点

挤扩支盘灌注桩一般具有以下特点：

（1）可以利用沿桩身不同部位的硬土层来设置承力盘及分支，将摩擦桩改为变截面的多支点摩擦端承桩，从而改变了桩的受力机理。这样的桩基础会使建筑物稳定、抗震性好、沉降变形更小。

（2）有显著的经济效益。其单方混凝土承载力明显比相应普通灌注桩高。

（3）对不同土质的适应性强。在内陆冲积和洪积平原及沿海、河口部位的海陆交替层及三角洲平原下的硬塑黏性土、密实粉土、粉细砂层或中粗砂层等均适合作支盘桩的持力层。而且不受地下水位高低的限制。

（4）成桩工艺适用范围广。可用于泥浆护壁成孔工艺、干作业成孔工艺、水泥注浆护壁成孔工艺和重锤挤扩成孔工艺等。

（5）由于单桩承载力较大，在负荷相同的情况下，可比普通直孔桩缩短桩长，减少桩径或减少桩数，作为高层建筑及重要构筑物的基础，可供设计灵活使用，既可作桩下单桩方案以减少承台施工量，又可沿箱基墙下或筏基柱下布桩以减少底板厚度及配筋量。这不仅能节省投资，而且施工方便、工期短、造价低、质量优。

（6）对环境保护有利，与同承载力普通泥浆护壁钻孔桩相比，泥浆排放量显著减少。

（7）挤扩支盘灌注桩是在普通钻孔桩成孔完成后再挤扩灌注，缺点是施工时间相对较长、挤扩过程中孔壁泥皮较厚、护壁泥浆质量控制不当时较易塌孔、桩端沉渣较厚，如果清渣不干净，反过来也会影响桩承载力发挥。

二、挤扩支盘灌注桩的施工

1. 挤扩支盘灌注桩工艺流程

挤扩支盘灌注桩施工由钻进成孔、钻机成孔后移位、在设计深度机械挤扩、下钢筋笼并清孔、灌注混凝土成桩几道工序完成。施工工艺简单，仅在普通灌注桩施工的基础上多了挤扩支盘以及二次清孔的过程。具体的工艺流程见图 24-1-3。

2. 泥浆护壁成孔工艺

当地下水位较高时，通常利用孔内地层中的黏性土，原土造浆以泥浆护壁成孔，根据地质情况选择持力层设置分支及承力盘，按支盘设计深度，下入全液压支盘成型机，操作液压工作站，将弓压臂（承力板）挤出，收回，反复、转角，经多次挤压成盘，再由上层至下或由下至上完成多个支盘的作业，然后安放钢筋笼、清孔，灌注混凝土成桩，施工应注意如下事宜：

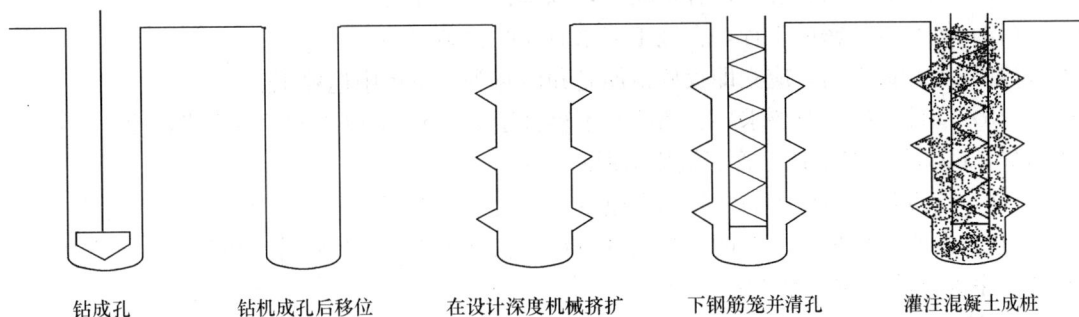

| 钻成孔 | 钻机成孔后移位 | 在设计深度机械挤扩 | 下钢筋笼并清孔 | 灌注混凝土成桩 |

图 24-1-3　挤扩支盘灌注桩施工工艺流程图示

（1）施工前必须具有地质勘察资料、桩位平面图、各支盘在土层中的剖面图以及施工组织设计（或施工方案）。

（2）施工前必须先打试成孔，以便核对地质资料，钻孔终孔后，宜自下而上按每延米每次旋转 90°挤扩一次，按挤扩压力值检验各土层的软硬程度，并且核查施工工艺及技术要求是否适宜。

（3）泥浆制备与质量要求

在黏土、粉质黏土层钻进时，可注入清水，以原土造浆护壁，如在砂夹层较厚或在砂土、碎石中钻进时，应采用制备泥浆；泥浆的稠度应控制适量。注入干净泥浆的相对密度，应控制在 1.1 左右，排出泥浆相对密度宜为 1.2～1.4；当穿过砂夹卵石层或容易塌孔的土层时，排出泥浆的相对密度可增大至 1.3～1.5。每钻进 8～10m 测定泥浆指标一次。要求泥浆胶体率不小于 95%、含砂量<6%、黏度 15～25s。

泥浆池的容积应大于钻孔容积的 2 倍，泥浆循环系统要健全，含砂量过大不得继续使用。

（4）正循环钻进终孔时，随即进行清孔，即提钻 0.3m 快速旋转磨孔 10min，使沉渣厚度小于 10cm。

（5）钻孔终孔后，检测孔深，泥浆指标和沉渣厚度。

（6）分支机入桩孔前必须检查法兰连接、螺栓、油管、液压装置、弓压臂分合情况，一切正常才能投入运行。

（7）支盘成形宜采取自下而上进行。将设计支盘标高换算成深度值，挤扩前后均应测量孔深，并应按作业表要求做出详细的施工记录。

（8）成盘时，按接长杆上分度顺次转角挤扩，当设备旋转 180°后，即完成盘形。

（9）成盘过程中，应认真观测压力表的变化，详细记录各支盘首次压力值及分支时间，并测量泥浆液面下降尺寸及变化情况、油箱油面变化尺寸和支盘机上升尺寸。

（10）接长杆上应有尺寸标记在接（拆）杆时，一般可在某一预定深度分支（尽量与设计支盘位置吻合）将分支机挂于孔中，再进行接（拆）作业。

（11）成盘时若遇地质变化，应进行盘位的调整（0.5～1m），征得现场技术负责人同意并及时上报设计备案。

①若由软变硬可采取盘改支或者减少支盘的数量；

②若由硬变软时，可将支改盘或者增加支、盘的数量。

（12）每盘成形后，应立即补足泥浆，以维持水头压力。

（13）桩布置较密的工程，在施工流水时应跳打施工。

（14）支盘成形后，应立即投放钢筋笼和清孔等，不得中途停工。

（15）灌注混凝土时要求导管离孔底不得大于0.5m，混凝土初灌量要求混凝土面高出底盘顶1m以上，严禁把导管底端拔出混凝土面。

（16）支盘桩的混凝土灌注量其充盈系数应大于1.1。

（17）由班组质量员、工地专职质量检查员和公司质量工程师等组成的质量保证体系，对各工序进行质量控制和评定。

3. 干孔作业成孔工艺

当地下水位较深时，水位以上可采用螺旋钻机进行干作业成孔后，下入支盘的支盘机，按设计支盘位尺寸进行挤扩作业，处理虚土，下钢筋笼，灌注混凝土成孔，该法速度快。

4. 水泥注浆护壁成孔工艺

干钻成桩由于地下水或孔壁易坍塌时，成孔及成盘作业无法进行，可采用灌注水泥浆工艺，稳住孔壁后，方能挤扩成盘。

三、挤扩支盘灌注桩施工注意要点

挤扩支盘灌注桩施工质量控制要求严格，要注意以下几个方面的内容：

1. 支盘成型挤扩的首次压力值

支盘机最初张开需要的最大的力，该压力预估值应由勘测报告的土层情况、施工人员的经验和试成孔的数据综合确定。压力表读数，即实际挤扩压力值≥0.8预估压力值。

2. 挤扩成盘过程中泥浆的下降体积

挤扩成盘过程中泥浆高度的下降一定程度上反映成盘的质量，其下降高度应与成盘体积相当。

3. 盘体直径

这是保证成盘质量的一个重要指标。可使用自备孔径盘径检测仪自检也可使用井径仪检查，要求误差不小于设计直径1/15。

4. 支盘间距

按施工记录核实是否符合设计规定。

5. 桩身质量

可用取芯、超声波等常规方法检测。

6. 单桩承载力

用静载荷试验按《建筑地基基础设计规范》（GB 50007—2002）的相关条款进行。

7. 成孔质量

根据《建筑桩基技术规范》规定，支盘桩要求成孔垂直度允许偏差≤1%，这也是挤扩设备的要求及保证成桩质量的关键。

8. 挤扩支盘质量

挤扩支盘的质量关系到桩的承载力，因此本工序设质量控制点。成盘质量一级检查步骤如下：

施工班组通过油压值（油压值即首次挤扩压力值，该指标直接反映承力盘所处土层的压缩特性）、油面下降量（油面下降量是反映支盘机弓压臂状态的直观指标）使用孔径盘径检测仪对孔径以及盘径进行自检，以上指标为一级检查，如果施工中挤扩油压值与预估压力值相差较大（即实际挤扩压力值＜0.8×预估压力值），应立即报告现场技术人员，并根据情况对盘位进行适当调整；

现场质检员进行现场监督检查为二级检查；

监理工程师检查认证为三级检查。

9. 二次清孔质量

水下灌注桩沉渣的厚度也是直接影响承载力的一个因素，因此二次清孔的检查也被列为重点。

10. 灌注混凝土

混凝土的灌注是能否成桩的关键，因此灌注混凝土是非常重要的质量控制工序。在《建筑桩基技术规范》的基础上对挤扩支盘灌注桩混凝土灌注作了如下特殊规定：

（1）灌注时导管离孔底不得大于 0.5m，混凝土初灌量要求混凝土面高出底盘顶 1m 以上，严禁把导管底端拔出混凝土面。

（2）拆除导管时应计算导管长度。当导管底端位于盘位附近时，应有意识地上下抽拉几次导管，利用混凝土的和易性使盘位附近的混凝土密实。

（3）桩顶混凝土的超灌高度一般应达到 1m 以上。

总之，挤扩支盘灌注桩施工的成盘质量直接关系到单桩承载力的高低，施工必须认真对待。

11. 挤扩支盘灌注桩常见问题及处理对策

（1）支盘达不到设计要求，支盘不够，可以采取重新支盘。

（2）支盘时间较长，孔壁缩颈或塌孔，采用重新扫孔处理。

（3）桩端沉渣，二次清孔不干净，可以重新清孔。这是挤扩支盘灌注桩的缺点，必须重视，可以采用桩后注浆技术处理。

第二节　大直径现浇薄壁筒（管）桩

一、概述

大直径现浇混凝土薄壁筒（管）桩，吸收了预应力混凝土管桩、振动沉管桩和振动沉模薄壁防渗墙等技术的一些优点。海洋二所谢庆道（1998）提出了现浇混凝土薄壁筒桩的一次成孔器的专利技术（桩尖采用混凝土预制环形桩尖）。河海大学刘汉龙等（2003）提出了振动沉模大直径现浇薄壁管桩的施工技术及应用并申请了专利。该方法采取自动排土振动灌注而成管桩，它依靠管腔上部锤头的振动力将内外双层套管所形成的环形腔体在活瓣的保护下打入预定的设计深度，在腔体内浇注混凝土，之后振动拔管，从而形成沉管、浇注、振动提拔一次性直接成管桩的新工艺，保证了混凝土在槽孔内良好的充盈性和稳定性。

图 24-2-1　现浇混凝土薄壁筒桩施工（浙江地矿）

大直径筒（管）桩属部分挤土桩，它严格意义上讲是沉管灌注桩的一种，只不过沉管灌注桩是单一外管下沉边灌注边沉桩（采用圆型预制桩尖），而大直径筒桩是外管和内管同时下沉（采用环形预制桩尖或活瓣桩尖）。大直径筒桩比相同外桩径的钻孔桩或沉管灌注桩要节省混凝土方量，所以相对较经济，但由于是环形现场灌注桩，容易产生桩身质量问题且单桩承载力相对较低。因此适用于桩径大如堤坝桩、路基桩等但对单桩承载力要求不高的工程。这种桩型适合于软土地基中使用，因为如果地层很硬则沉管很困难。图 24-2-1 为现浇混凝土薄壁筒桩施工。

二、大直径现浇薄壁筒桩施工

大直径现浇薄壁筒桩是指外径 800～2000mm、壁厚 100～250mm，中心充满地基土，现浇灌注而形成的混凝土筒形桩体。它施工时利用高频液压振动锤将双层钢护筒沉入地下，向夹层中灌入混凝土，启动振动锤拔出双层钢护筒，形成一根现浇薄壁筒桩。

海洋二所谢庆道（1998）提出了现浇混凝土薄壁筒桩的一次成孔器的专利技术（桩尖采用混凝土预制环形桩尖）。下面主要介绍其施工工艺。

1. 施工设备

筒桩施工机具由桩架、振动锤、上料斗、桩管、桩靴以及辅助设备等组成。桩架以及辅助机具要求同沉管灌注桩。桩管由内外两层钢套管组合而成。加料口内设混凝土分流器，从而可以较好地避免混凝土浇注时的离析和厚薄不均。桩靴为环状结构，其大小必须与内外套管相匹配，且可根据不同的地质条件，分别采用相应的形状。

2. 施工工艺

如图 24-2-2 所示，筒桩的施工步骤如下：

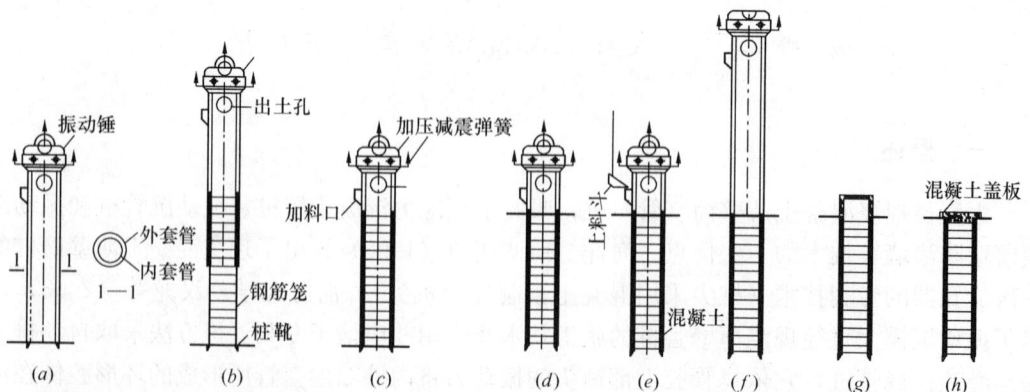

图 24-2-2　筒桩施工工艺

(a) 步骤（1）；(b) 步骤（2）；(c) 步骤（3）；(d) 步骤（4）；(e) 步骤（5）；
(f) 步骤（6）；(g) 步骤（7）；(h) 步骤（8）

（1）筒桩打桩机就位，把桩管对准预先埋设在桩位上的预制桩靴，放松卷扬机钢丝绳，利用桩机和桩管自重，把桩靴竖直地压入土中。

（2）开动卷扬机，将桩管吊起，用钢丝绳把钢筋笼吊起套入桩管内。

（3）将桩管放下，钢筋笼全部套入桩管内，把桩管和桩靴连接，用胶泥或石膏水泥密封防水。

（4）开动振动锤，同时放松滑轮组，使桩管逐渐下沉，当桩管下沉达到要求后停止振动锤振动。

（5）利用上料斗向桩管内灌入混凝土。

（6）当混凝土灌满后，再次开动振动锤和卷扬机，一面振动，一面拔管，在拔管过程中要向桩管内继续加灌混凝土，以满足灌注量的要求。

（7）拔管完毕后，将挤出地面以上的内芯土外运。

（8）过两周后，将桩顶原地面以上凿平，挖出部分土芯，浇注混凝土盖板。如土芯高度低于地面高度，则用混凝土补实。

三、振动沉模大直径现浇薄壁管桩施工

振动沉模现浇大直径混凝土薄壁管桩（下文简称薄壁管桩）的软土地基加固技术主要优点是造价相对较低、施工速度快、加固处理深度不受限制，可明显增加路基的稳定性，提高桩土地基的抗水平力。

振动沉模现浇大直径混凝土薄壁管桩技术适用于各种结构物的大面积地基处理。如多层及小高层建筑物地基处理；高速公路、市政道路的路基处理；大型油罐及煤气柜地基处理；污水处理厂大型曝气池、沉淀池基础处理；江河堤防的地基加固等。

河海大学刘汉龙等（2003）提出了振动沉模大直径现浇薄壁管桩的施工技术及应用并申请了国家专利，下面主要介绍其施工设备及施工工艺。

1. 振动沉模现浇薄壁管桩施工机具设备

振动套管成模大直径现浇管桩机具主要包括：底盘（含卷扬机等）、龙门支架、振动头、钢质内外套管空腔结构、活瓣桩尖、成模造浆器、混凝土分流器等部分，如图 24-2-3 所示。

主要机械构成及作用：

（1）底盘：用 I20 工字钢焊接而成 5000mm×9000mm 的矩形框架，用于支撑和摆放所有装置。

（2）龙门塔架：与普通沉管桩和深层搅拌桩相比，振动沉摸筒桩在提升过程中，因环形腔体模板受到管壁内双向摩阻力作用，需要较大提升力。因此，塔架在施工过程中除满足稳定性外，还要求满足较大的纵向压力的要求。

（3）提升装置：由于沉管直径大，提升力较普通沉管桩提升力要大。

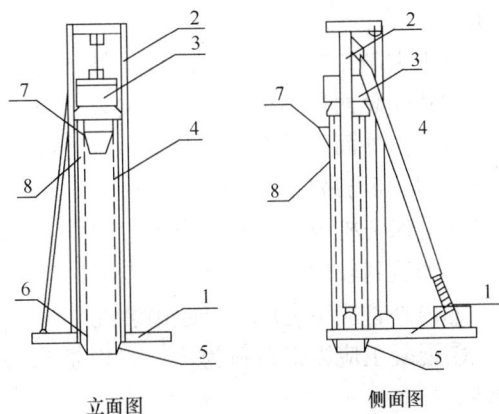

图 24-2-3　振动沉模现浇薄壁筒桩设备
1—底盘（含卷扬机等）；2—龙门支架；3—振动头；
4—钢质内外套管空腔结构；5—活瓣桩靴结构；
6—成模造浆器；7—进料口；8—混凝土分流器

（4）加压措施：在桩头满足强度要求的前提下，考虑现场提供动力且在振动力不能满足沉桩要求时，可通过附加压力，即依靠设备自重，使沉管带动桩头在边振动边加压下迅速沉桩。

（5）环形沉腔模板：由两种不同直径的钢管组合而成的同心环腔。在桩体不要求配置钢筋情况下可以将内、外管焊接固定，这样可以大大简化施工工艺。如图 24-2-3 所示。桩尖采用环形混凝土桩尖。

2. 振动沉模现浇薄壁筒桩施工工艺及要点

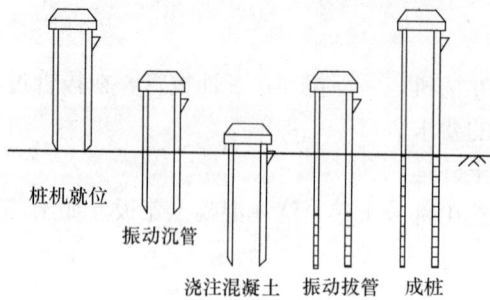

桩机就位

振动沉管

浇注混凝土   振动拔管   成桩

图 24-2-4   施工流程示意

（1）施工流程

施工进场→现场装配→桩机就位→振动沉入双套管→灌注混凝土→振动拔管→移机，施工流程见图 24-2-4。

在设备底盘和龙门支架的支撑下，依靠振动头的振动力将双层钢管组成的空腔结构及焊接成一体的下部活瓣桩靴或环形混凝土桩尖沉入预定的设计深度，形成地基中空的环形域，在腔体内均匀灌注混凝土，之后，振动拔管，灌注于内管中土体与外部的土体之间便形成混凝土筒桩。成模造浆器在沉管和拔管过程中，通过压入润滑泥浆保证套管顺利工作。活瓣桩靴在沉管下沉时闭合，在拔桩时自动分开。混凝土分流器的作用使得沉管中的混凝土均匀密实。

（2）施工要点

振动沉模现浇薄壁管桩在施工中要注意以下要点：

①管桩工程施工前应作沉管、成桩试验，以检验设备和工艺是否符合要求，数量不得少于 2 根。

②为保证在含地下水地层中应用现浇管桩的质量，保证在成桩过程中地下水、流砂、淤泥不从桩靴处进入管腔，灌注混凝土时宜采用二步法工艺，即在成桩管下到地下水位以上即进行第一次灌注，将桩靴完全封闭，然后继续下到设计深度后再进行第二次灌注成桩。

③桩尖制作时桩尖的表面应平整、密实，掉角的深度不应超过 20mm，且局部蜂窝和掉角的缺损总面积不得超过该桩尖表面全部面积的 1%，并不得过分集中。

桩尖内外面圆度偏差不得大于桩尖直径的 1%，桩尖上端内外支承面平整度不超过 10mm（最高与最低值之差）。

④为保证桩与桩之间在成桩过程中不互相影响，施工顺序应采用隔孔隔排施工工序。

⑤如遇到较硬夹层，可利用专门设计的成模润滑造浆器在沉桩过程中注入泥浆。

⑥内外管应锁定后方可起吊装配。

⑦混凝土应以细石料为主，可以适当掺入减水剂，以利于混凝土在腔体中有较好流动性。

⑧在遇到砂性土层时，宜放慢上提的速度。

⑨邻近有建筑物（构筑物）打筒桩时，筒桩施工应采取适当的隔振措施，如开挖减振沟、打隔离板及砂井排水等，或采用预钻进取土、高频振动锤。在邻近岸或斜坡上打桩时，应观测对边坡的影响。

第三节　咬　合　桩

钻孔咬合桩是指平面布置的排桩间相邻桩相互咬合（桩圆周相嵌）而形成的钢筋混凝土"桩墙"，它用作构筑物的深基坑支护结构。钻孔咬合桩在国内已成为一项较成熟的支护结构施工技术，在地铁、道路下穿线、高层建筑物等城市构筑物的深基坑工程中已广泛应用，特别适用于有淤泥、流砂、地下水富集等不良条件的地层。

一、钻孔咬合桩的特点

钻孔咬合桩是采用全套管钻机钻孔施工，在桩与桩之间形成相互咬合排列的一种基坑支护结构（图 24-3-1）。

钻孔咬合桩主要有以下一些特点：

（1）配筋率较低。咬合桩通常是采用钢筋混凝土桩和素混凝土桩间隔布置的排列方式，降低了支护结构的配筋率。

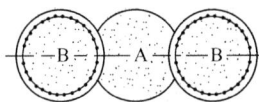

图 24-3-1　钻孔咬合桩平面示意图

（2）抗渗能力强。钻孔咬合桩是连续施工的，桩间不存在施工缝，较地下连续墙分幅接头处施工缝的防渗控制往往更加容易。

（3）施工灵活，由于钻孔咬合桩施工时可以根据需要转折变线，所以更适合于施工一些平面多变的几何图形或呈各种弧形的基坑。

（4）采用全套管钻机，在施工过程中，始终有超前钢套管护壁，所以无需泥浆护壁，从而节约了泥浆制作、使用和废浆处理的费用，并且污染小。

（5）扩孔（充盈）系数较小，因为在施工过程中始终有钢套管护壁，完全避免了孔壁坍塌，从而减小了扩孔（充盈）系数，减少了混凝土灌注量。

（6）工程造价低且施工速度快，施工质量宜保证。

二、咬合桩施工工艺及要点

1. 咬合桩排桩施工工艺流程

钻孔咬合桩的混凝土终凝出现在桩的咬合以后，桩的排列方式一般为素混凝土桩 A 和钢筋混凝土桩 B 间隔布置，施工时先施工 A 桩后施工 B 桩，A 桩混凝土采用超缓凝混凝土，要求必须在 A 桩混凝土初凝之前完成 B 桩的施工。B 桩施工时采用全套管钻机切割掉相邻 A 桩相交部分的混凝土，实现咬合，咬合桩排桩施工总的原则是先施工 A 桩，后施工 B 桩，其施工工艺流程是：

$$A_1 \rightarrow A_2 \rightarrow B_1 \rightarrow A_3 \rightarrow B_2 \rightarrow A_4 \rightarrow B_3 \cdots \rightarrow A_n \rightarrow B_{n-1}$$

如图 24-3-2 所示。

2. 咬合桩施工工序

图 24-3-3 为钻孔咬合桩施工原理图，施工工序如下：

平整场地→测放桩位→施工混凝土导墙→套管钻机就位→吊装安放第一节→测控垂直度→压入第一节套管→校对垂直度→抓斗

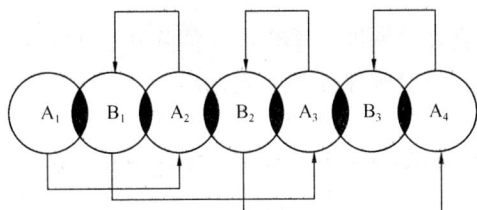

图 24-3-2　孔咬合桩的施工工艺流程图

取土→测量孔深→清除虚土，检查→B桩吊放钢筋笼→放入混凝土灌注导管→灌注混凝土逐次拔套→测定混凝土面→桩机移位。

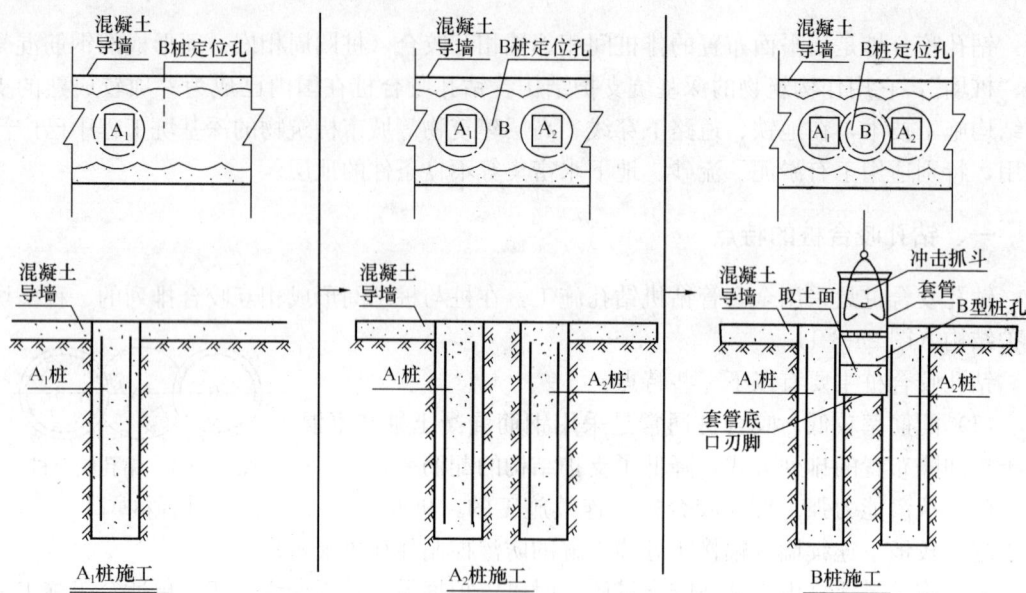

图 24-3-3　钻孔咬合桩施工原理图（引自沈保汉）

（1）平整场地

在施工导墙前，首先要清除地表杂物，进行填平碾压等平整工作。

（2）导墙的施工

为了提高钻孔咬合桩孔口的定位精度并提高就位效率，应在桩顶上部施工混凝土导墙。

（3）钻机就位对中

待导墙有足够的强度后，移动套管钻机，使套管钻机抱管器中心对应定位在导墙孔位中心。定位后，在导墙与钢套管之间用木塞固定，防止钢套管端头在施压时移位。

（4）取土成孔

先压入第一节套管（每节套管长度约 7～8m），压入深度约 2.5～3.0m，然后用抓斗从套管内取土，一边抓土，一边下压套管，要始终保持套管底口超前于取土面且深度不小于 2.5m；第一节套管全部压入土中后（地面以上要留着 1.2～1.5m，以便于接管）检测成孔垂直度，如不合格则进行纠偏调整，如合格则安装第二节套管下压取压⋯⋯直到设计孔底标高。

（5）吊放钢筋笼

如为钢筋混凝土桩，成孔至设计标高后，检查孔的深度、垂直度、清除孔底虚土，检查合格后吊车吊放钢筋笼。安装钢筋笼时应采取有效措施保证钢筋笼标高。

（6）灌注混凝土

如孔内有水时需采用水下混凝土灌注法施工；如孔内无水时则采用干孔灌注法施工。

（7）拔管成桩

一边浇注混凝土一边拔管，应注意始终保持套管底低于混凝土面 2.5m 以上。

3. 咬合桩施工要点

（1）孔口定位误差的控制

为了保证钻孔咬合桩底部有足够的咬合量，应对其孔口的定位误差进行严格的控制，孔口定位误差的允许值可按表 24-3-1 来进行选择。

孔口定位误差允许值　　　　　　　　　　　　表 24-3-1

咬合厚度（mm）＼桩长	10m 以下	10～15m	15m 以上
100	±10	±10	±10
150	±15	±10	±10
200	±10	±15	±10

注：表中孔口定位误差允许值单位以 mm 计。

（2）桩的垂直度的控制

为了保证钻孔咬合桩底部有足够厚度的咬合量，除对其孔口定位误差严格控制外，还应对其垂直度进行严格的控制，根据我国《地下铁道工程施工及验收规范》规定，桩的垂直度标准为 3‰。

钻孔咬合桩施工前在平整地面上进行套管顺直度的检查和校正，首先检查和校正单节套管的顺直度，然后将按照桩长配置的套管全部连接起来，套管顺直度偏差控制在 1‰～2‰。另外，在成孔过程中桩的垂直度监测和检查。

（3）咬合厚度的确定

相邻桩之间的咬合厚度 d 根据桩长来选取，桩越短咬合厚度越小（但最小不宜小于 100mm），桩越长咬合厚度越大，按下式进行计算：

$$d - 2(kl + q) \geqslant 50\text{mm}（即保证桩底的最小咬合厚度不小于 50mm）$$

式中　　l——桩长；

　　　　k——桩的垂直度；

　　　　q——孔口定位误差容许值，见表 24-3-1；

　　　　d——钻孔咬合桩的设计咬合厚度。

三、咬合桩施工过程中存在的问题及解决办法

咬合桩由于其应用及施工上的特点，在施工过程中可能会出现一些常见的问题，沈保汉（2006）对咬合桩施工过程中容易发生的问题及解决的方法进行了系统性的总结，这里主要介绍其常见的几种施工问题和解决方法。

1. 防止邻桩混凝土"塌落"

如图 24-3-4 所示，在 B 桩成孔过程中，由于 A 桩混凝土未凝固，还处于流动状态，A 桩混凝土有可能从 A、B 桩相交处涌入 B 桩孔内，称之为"塌落"，克服"塌落"有以下几个方法：

（1）A 桩混凝土的坍落度应尽量小一些，不宜超过 18cm，以便于降低混凝土的流动性，增加阻力。

（2）套管底口应始终保持超前于开挖面一定距离，即依据全套管钻机的最大切割下压

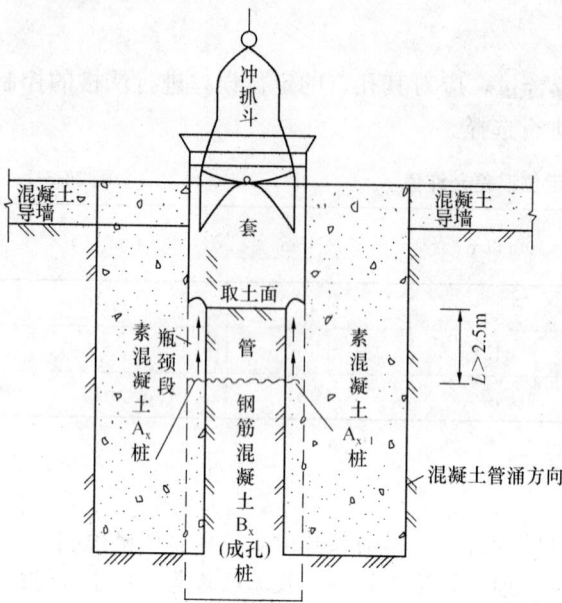

图 24-3-4 B型桩施工过程中的混凝土管涌
现象示意图（引自沈保汉）

（图中 L 为套管底口超前套管内取土面距离）

能力，做到套管始终超前，抓土在后，以便于造成一段"瓶颈"，阻止混凝土的流动，如果钻机能力许可，这个距离越大越好，不应小于 2.5m。

（3）如果有必要（例如遇地下障碍物套管底无法超前时）可向套管内注入一定量的水，使其保持一定的反压力来平衡 A 桩混凝土的压力，阻止"塌落"的发生。

（4）B桩成孔过程中应注意观察相邻两侧 A 桩混凝土顶面是否下陷，如果发现 A 桩混凝土下陷，应立即停止 B 桩开挖，并一边将套管尽量下压，一边向 B 桩内填混凝土土或注水，直到完全制止住"塌落"为止。

（5）掌握施作 B 桩的最佳时间，避免 A 桩刚灌注完不久就马上被切割的情况。

总之，B 桩宜在 A 桩坍落度较小时至初凝之间灌注混凝土并拔套管，这样可保证 A 桩的混凝土既不会涌到 B 桩，又保证 A、B 桩混凝土凝结成为一整体并且顺利拔出套管。

2. 遇地下障碍物的处理方法

由于施工钻孔咬合桩要受时间的限制，因此在进行钻孔咬合桩施工前必须对地质情况进行认真分析，制定详细施工方案，做好造孔试验。对一些比较小的障碍物，如卵石层、体积较小的孤石等，可以先抽干套管内积水，然后再吊放作业人员下去将其清除即可。

遇到较大障碍物不能正常施工时可以将锤式抓斗换成十字冲锤击碎障碍物将其清除。

3. 克服钢筋笼上浮的方法

由于套管内壁与钢筋笼外缘之间的空隙较小，因此在上拔套管的时候，钢筋笼将有可能被套管带着一起上浮。其预防措施主要有：

（1）B桩混凝土的骨料粒径应尽量小一些，不宜大于 20mm。

（2）在钢筋笼底部焊上一块比钢筋笼直径略小的薄钢板以增加其抗浮能力。

（3）在钢筋笼外侧加焊定位耳形钢筋，一是利于定位，二是保证保护层厚度，减小钢筋笼与套管内壁的摩擦阻力，有效控制钢筋笼上浮。

4. 事故桩的处理方法

在钻孔咬合桩施工过程中，因 A 桩超缓混凝土的质量不稳定出现早凝现象或机械设备故障等原因，造成钻孔咬合桩的施工未能按正常要求进行而形成事故桩。事故桩的处理主要分以下几种情况：

（1）平移桩位单侧咬合

如图 24-3-5 所示，B 桩成孔施工时，其一侧 A_1 桩的混凝土已经凝固，另一侧 A_2 桩的混凝土还未初凝，这样全套管钻机不能按正常要求切割咬合 A_1、A_2 桩。在这种情况下，宜向 A_2 桩方向平移 B 桩桩位，使套管钻机单侧切割 A_2 桩施工 B 桩，并在 A_1 桩和 B 桩外侧另增加一根旋喷桩作为防水处理。

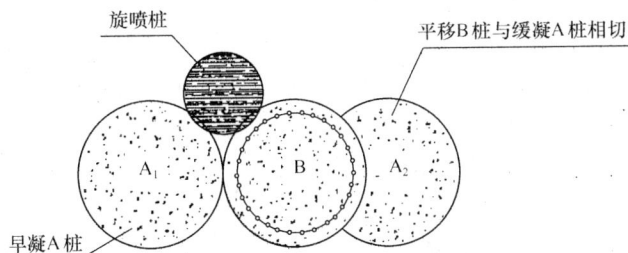

图 24-3-5　平移桩位单侧咬合示意图（引自沈保汉）

（2）背桩补强

如图 24-3-6 所示，B_1 桩成孔施工时，其两侧 A_1、A_2 桩的混凝土均已凝固，在这种情况下，则放弃 B_1 桩的施工，调整桩序继续后面咬合桩的施工，以后在 B_1 桩外侧增加三根咬合桩及两根旋喷桩作为补强、防水处理。在基坑开挖过程中将 A_1 和 A_2 桩之间的夹土清除喷上混凝土即可。

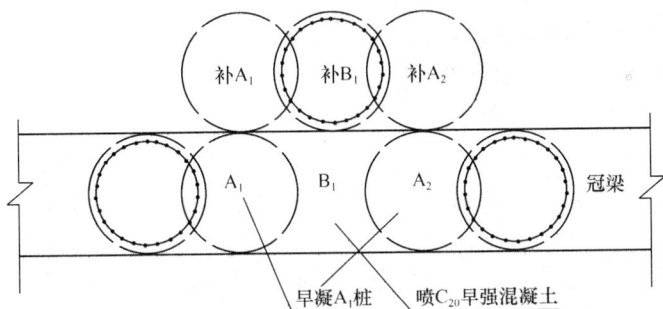

图 24-3-6　咬合桩背桩补强示意图（引自沈保汉）

（3）预留咬合锲口

如图 24-3-7 所示，在 B_1 桩成孔施工中发现 A_1 桩混凝土已有早凝倾向但还未完全凝固时，此时为避免继续按正常顺序施工造成事故桩，可及时在 A_1 桩右侧施工一砂桩以预留出咬合企口，待调整完成后再继续后面桩的施工。

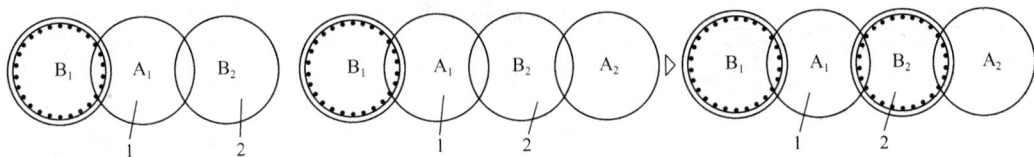

图 24-3-7　预留咬合企口示意图（引自沈保汉）
1—早凝桩；2—砂桩

第四节 预应力竹节管桩

一、概述

随着建筑业蓬勃发展，预应力混凝土管桩以工厂化生产、产品质量稳定、施工速度快、施工中无泥浆污染、施工周期短及经济性价比好等优点，在国内房屋基础工程（尤其在沿海软土地区）中得到广泛应用。预应力竹节管桩是在普通管桩基础上发展起来的一种新桩型，最先在日本使用。竹节管桩的构造是在普通管桩桩身上设计每 2m 有一条宽 5cm 的凸出的混凝土肋环，用于增加侧表面积并增大侧阻力。应该注意竹节状预应力管桩基础设计既要满足承载力和变形要求，也要满足稳定性和耐久性要求。

竹节状预应力管桩施工方法同普通管桩一样，采用打入或压入式。竹节状预应力管桩适用于软土层。

温州建筑设计院金国平等在吸收国外经验基础上于 2004 年首先在普通管桩上焊接铁板形成扩大肋成为竹节管桩。在沉桩时，扩大头和肋形成的桩侧空隙用砂充填，这样就形成了桩头扩大桩侧灌砂的预应力管桩。现在国内已开发出现浇预应力竹节管桩并已推广应用。但必须注意预应力管桩竹节桩的接桩应采用端头板焊接以满足耐久性要求。

温州试验的竹节管桩是在原普通管桩的闭口或开口桩尖上，加焊宽度 10～12cm、厚度 1cm 的钢质扩大头，并在各节管桩端板接合处，以及管桩中间适当位置加焊宽度 8～10cm、厚度 6mm 的环形钢质翼板，或在管桩成型时浇注出宽度为 10～12cm 的混凝土肋（用钢板作肋称翼板或肋板）。在沉桩时，扩大头和肋（翼板）形成的桩侧空隙用砂充填，这样就形成了桩头扩大桩侧灌砂的预应力管桩（图 24-4-1）。

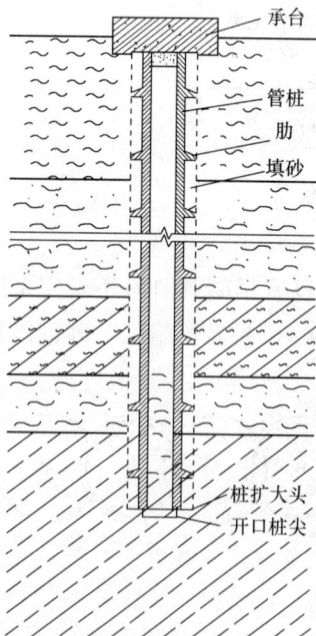

图 24-4-1 扩大头管桩剖面示意图

在沉桩时桩侧形成的空隙用砂填充，其优点是可以缩短排水通道，加快超孔隙水压力消散和外侧淤泥质软土层的固结，提高软土侧阻力值；置换原桩侧土体，填砂的侧阻力值较高；由于肋（翼板）的约束作用，填充的砂在某种程度上与桩整体工作，相应的增大了桩径及侧表面积，增大桩的侧阻力。试验表明扩大头带肋竹节管桩比同直径的普通管桩竖向抗压极限承载力提高约 30%，它最适用于淤质土等软土地层。后来出现了整根工厂化预制的预应力竹节管桩。

扩大头管桩的施工类同于普通预应力管桩的施工，主要差别在于填砂和焊接钢翼板（采用钢翼板情况下）。

二、施工设备、工具

（1）打桩机：采用锤击式柴油打桩机，由于翼板存在，同时也为了更好的填砂，采用静压施工比较困难；

（2）吊装机械：轮式吊车；

（3）测量设备：经纬仪、水准仪；

（4）填砂设备：斗车、铁锹；

（5）焊接设备：500 型电焊机。

三、施工程序

（1）放样

先在不受压桩影响的地段设置 2 个安全的永久性控制点，然后测放建筑物各轴线、点，桩位放样误差＜2cm。

（2）探桩

桩位放样后，先人工探桩，清除桩位的地下障碍物。

（3）吊桩

先将管桩从堆放点用吊车短驳，水平吊运到桩架附近，用桩机的起桩钩及卷扬机吊桩就位，注意不要让翼板与地面碰撞。

（4）插桩

先将桩扩大头置于桩位上，并对中，吊第一节管桩立于桩扩大头上，用两台分别立于桩架前与桩架侧面的各距桩架 20m 左右的经纬仪同时测量桩的垂直度，待垂直度合格后，焊接管桩和桩扩大头，当桩压入土 1.5m 位置时，再检测一次桩的垂直度。

（5）沉桩与填砂

沉桩前，先量测斗车载砂量，并在管桩周边堆放足够数量的砂，柴油锤击打桩顶使之下沉，由于桩大头与翼板直径比管桩直径大 20cm，在管桩与土层间形成 10cm 宽的空隙带，填砂便沿着空隙下沉，边打桩边不断加砂。在沉桩时桩大头或翼板一方面扩孔，另一方面则将砂带入土层。当翼板间隔为 2～3m，填砂能均匀连续充填在管桩与淤泥之间，当沉桩接近上翼板时更应填足砂，保证填砂量。

（6）焊接翼板

如果是采用钢翼板，当桩扩大头或下端的翼板沉至离地面 1～1.5m 时，需要焊接上一级的翼板，先用 60mm 宽、4mm 厚的钢条在翼板位置处绕圈，并用螺栓肋紧，再将翼板焊于其上，稍待冷却才能继续施打。

（7）接桩

当第一节桩沉至离地面 1m 时，吊第二节管桩置于其上，套好击桩帽，测好桩的垂直度，对称点焊 4 点连接固定，再检查桩身垂直度，确认无误后由两人同时进行焊接端头板，施焊结束后，冷却 5min 才能继续打桩。

（8）送桩

工程设计桩顶标高低于地面标高时，采用送桩器送至设计标高。送桩完毕，采用块石堵住管口，并回填夯实，以防桩机移动时发生下陷及其他安全事故。

四、施工注意事项

（1）由于沉桩前，在管桩周边预先堆放一定填砂，不方便桩定位，所以要采取一定措施，确保定位准确。

（2）填砂注意前面所提的事项，而且施工中，要注意灌砂量的记录，出现灌砂异常应及时与设计部门联系。

（3）如果采用钢翼板，焊接宜双面焊，焊缝高度应同时考虑施工时受力和承受上部结构荷载时的力。焊停时间应尽量短，避免继续打桩时出现进桩困难现象。

（4）如果采用带混凝土肋的预应力管桩，施工时应注意不要损伤混凝土肋环。

（5）对于有深厚软土层的摩擦桩，且桩距较小时，宜采用跳桩施工。

（6）为了保证桩基的耐久性，预应力管桩连接应采用端头板焊接。

第二十五章 微型桩施工

第一节 微型桩施工的一般方法

一、微型桩常规施工方法

微型桩可应用于既有建筑物或构筑物基础下地基加固或托换、支承新建建筑物、边坡抗滑加固、基坑支护等。

早期的微型桩直径很小，一般在 5~10cm，承载力较低。典型的微型桩通常是打入或者在钻好的孔中置入钢管，在钢管中注满水泥浆，或采用压力注浆、高压喷射注浆技术，既可对钢管进行填充，又可对钢管周围土体进行加固。随着钻孔设备的发展，微型桩直径已超过 25cm，承载力可达数百千牛，并可在施工条件受到严格限制、普通打桩设备难以接近的条件下施工。

微型桩桩体主要由压力灌注之水泥（砂）浆或细石混凝土与加筋材所组成，依据其受力需求加筋材可为钢筋、钢棒、钢管或型钢等。

微型柱基本上采用钻孔压浆或挤土成孔两种方法施工。钻孔施工步骤一般大致如下[1、2]：

1. 钻孔

以钻机钻孔，并视需要及时下钢套管，以保证孔壁稳定。微型桩的成孔采用工程地质钻机，分段钻进成孔，钻头可选用合金肋骨式钻头、合金钻头或钢粒钻头。

对于钻机成孔施工的微型桩，根据工程土质条件、水文地质条件和其他环境条件的要求，其施工工艺可有所变化。当成孔时如土质疏松或存在丰富的地下水，已出现塌孔，或担心成孔过程中对环境造成不利影响时，可采用套管跟进、保护孔壁的办法；而当土质条件良好、无地下水流动可能产生的塌孔时，也可不设置套管。

2. 清孔

如钻孔干燥，用钻机配带的高压风清孔；有水微桩可以不清孔；而在压浆时用砂浆将泥浆压出地面，直至压出新鲜的浆液。

3. 安装钢管

（1）当钻孔达到规定深度后，用吊车吊放钢管。

（2）如有多节钢管，可分节用管卡将其固定在孔口；接着吊装下一节，并用连接器将两根钢管连接在一起。钢管入孔时接 2m 左右间隔在钢管外焊耳环定位器，保证钢管位于孔的中央。

（3）然后用管卡将钢管固定在孔口，并露出垫层 30cm。

编写人：郑刚（天津大学建筑工程学院）

图 25-1-1 微型桩压浆示意图

为保证钢管的垂直度及保护层厚度，预先在钢管上按 50cm 的间隔焊接定位器。

4. 置入钢筋等加筋材

5. 压浆

通过压浆管在套管内伸至孔底，以压力灌注水泥（砂）浆或细石混凝土，如图 25-1-1 所示[1]，混凝土浆的水灰比常取 0.4～0.5。边灌边拔钢套管直至成桩，有时也将套管留在钻孔中作为微型桩系统的组成部分。或向钢管内投入石子骨料，然后压入水泥浆。当水泥浆或混凝土初凝后再进行二次注浆。借助混凝土泵或压缩空气灌浆与加压使形成的桩径大于原套管钻孔直径，从而保证了桩与土的接触。

当采用有套管的微型桩时，压浆按下述工艺进行：

（1）首先从钢管内压浆，先把压浆管接到钢管顶端，通过钢管进行压浆至钢管外侧的砂浆面上升至止浆塞底，钢管内砂浆从钢管顶溢出，孔内不能容纳砂浆时停止。

（2）用管帽封闭钢管，在钢管外的桩孔内安装止浆塞。可采用带压力的橡胶止浆塞[2]，长度为 50cm，可充气使之膨胀封闭钢管与孔壁间的空隙，使桩内砂浆与外部空气隔断。然后利用止浆塞从钢管外对孔道进行反压浆，并以一定的压力（根据现场条件试验确定）持压，以达到浆液对周围土壤缝隙的充分渗透。

（3）拔出止浆塞，用砂浆灌满止浆塞处的空缺部分。

6. 安装桩帽

当微型桩用于承重时，其与基础通过桩帽连接传力。可砂浆达到一定强度后在钢管顶安装带连接器的钢板桩帽。

二、投石压浆微型桩施工[3]

当采用钻机成孔、投石压浆施工钢筋混凝土小直径微型桩时，其施工工艺可参照如下：

1. 钻孔

钻孔可采用工程地质钻机，分段钻进成孔，钻头可选用合金肋骨式钻头、合金钻头或钢粒钻头。

当采用正循环钻进时，采用水作为循环冷却钻头和除渣方法，同时在钻进过程中水和泥土搅拌混合在一起变成泥浆状，起到护孔壁的作用。

2. 清孔

当钻到设计深度后，利用钻杆进行洗孔，以达到溢出较清的水为止。洗孔完成后，起重系统将钻杆上提，将各节分段拆卸。

3. 钢筋笼、注浆管制作及安装

钢筋笼的制作和下沉可参照灌注桩施工的相关规范进行。加劲箍设在主筋外侧，主筋不设弯钩，用圆形可转动的砂浆块作保护层。当施工的空间较小时，可以把钢筋笼分段制作，在沉放时进行焊接。二次注浆管选用可选用直径小于 48mm 的 PVC 高抗压劈裂注浆管，二次注浆管每隔 50cm 设置 1 个注浆孔，以橡皮套封闭，管底密封，绑扎在钢筋笼内，与钢筋笼一起沉放到钻孔内。钢筋笼吊放完毕，向孔内下初次注浆管。初次注浆管采用直径小于 30mm 镀锌钢管，每节长度宜为 2m。在初次注浆管接头处采用内缩节，使外管壁光滑，以方便初次注浆管从混凝土中拔出。

4. 填灌碎石骨料

钢筋笼、注浆管沉放结束后用初次注浆管供水对孔底进行冲洗排渣，符合要求后填灌碎石骨料至钻孔顶部，碎石骨料填入的同时，通过初次注浆管继续向钻孔内注入高压清水进行清孔，防止泥土随石子的填入而混入钻孔内。

水泥浆的水灰比控制在 0.4～0.5，水灰比过小则水泥浆流动性小，注浆困难；水灰比过大则水泥浆黏聚性和保水性不良，会产生流浆和离析现象，从而使水泥浆固结体强度降低，无法满足设计要求。

5. 初次注浆

清孔至孔口冒出的水中不含泥砂时（注浆前不能中止清孔），方可开始注浆。初次注浆时注浆泵正常工作压力控制在 0.3MPa 左右。注浆时，注浆液应均匀上冒，直至灌满，孔口冒出浓浆，压浆才告结束；注浆完毕，立即拔初次注浆管，每拔 2m 补注 1 次，直至拔出为止。注浆应连续进行，不得中断，如发生堵管，应及时采取适当处理措施。在整个注浆过程中，由于拔管过程引起振动，使钻孔顶部石子有一定程度沉落，故需逐步灌入石子至顶部。严格控制终浇顶面标高（设计桩顶标高以上加灌长度应≥500mm）。

6. 二次注浆

待初次注浆液达到初凝，一般是 5～7h 后开始二次注浆。下双向密封注浆芯管至二次注浆管管底，由注浆泵往连接注浆芯管的小于 20mm 的镀锌钢管内压入浆液，并从注浆芯管的开孔处溢出，在注浆压力的作用下顶开橡皮套，冲破初凝的水泥浆，挤压在桩体和土壁之间，以提高桩的承载力。二次注浆的挤压效果受注浆压力、初凝时间、水灰比、土层特征等因素影响。二次注浆的注浆压力为 0.8～1.0MPa。一般从底部向上分层注浆，注浆时边注边徐徐上拔，上拔速度可控制在 15s/m 左右。上拔速度太快则水泥浆不能充分溢出，甚至不能顶开橡皮套，达不到挤压效果；上拔速度太慢则大量的水泥浆沿桩体向上溢出，造成材料的浪费。

此外，在加拿大某铁路路基加固过程中，还使用了一种微型桩。采用外径 178mm、壁厚 9.2mm 的钢管，微型桩设计桩径 250mm，桩长 13～15m。利用钢管本身作为成孔工具，在桩下端焊接鱼尾形钻头，并在桩下端 3～5m 范围内焊接一些螺旋叶片，桩尖设置孔径 50mm 的压浆孔，采用大功率液压电机把钢管旋入土中。边下沉边在管内注浆，使浆液始终充满管内外，直至桩端进入持力层设计深度。

第二节　微型桩施工质量控制

当采用钻孔法成孔施工微型桩时，其质量的关键主要在于成孔质量和桩身质量。由于我国尚无微型桩的有关规范或标准，故目前微型桩成孔施工、成孔质量要求一般参照钻孔灌注桩的要求，并已形成一定的工程经验[3,4]。

一、提高成孔时质量措施

(1) 钻机钻杆中心（桩位）偏差在 20mm 以内，桩垂直偏差不大于 1%。斜桩成孔采用钻机脚板垫高到要求的方法，钻杆的倾斜度偏差不大于 1%，施工中应保持钻机的稳定和牢固。泥浆护壁采用正循环法（成孔泥浆指标：相对密度 1.1～1.3，黏度 18～22s，含砂率<5%）。

(2) 可采用跳孔施工、间歇施工或增加速凝剂等措施来防止出现穿孔和浆液沿砂层大量流失的现象。

(3) 钻进过程中要加强检查，发现偏斜及时纠正，方法是将钻杆提升至开始偏斜处慢速扫孔削正。

(4) 随时注意钻机操作有无异常情况，如发现摇晃、跳动或钻进困难，可能遇到硬层或一边软一边硬土层碰撞摇动所致，此时要放慢进度，待穿过硬层或不均匀土层后方可钻进。

(5) 钻孔过程中应严格控制护筒内外水位差，必须使孔内水位高于地下水位，以防坍孔。

二、确保桩身的质量措施

(1) 钢筋笼规格须符合设计和施工规范要求，需分段制作时，分段长度不大于 2 倍钻机支架高度，分段接头纵筋错开，接头位置≥500mm，同一断面内不超过 50%，主筋接头焊接环向并列，焊缝长度不小于 10d（单面焊）或 5d（双面焊），螺旋箍和加强箍均与主筋点焊。

(2) 骨料采用粒径 15～30mm 的碎石料，碎石应坚硬、洁净，含泥量应<2%。

(3) 确保注浆管的孔内深度，注浆管下端管口距离钻孔底部不大于 200mm。

(4) 起杆与下钢筋笼的间隔时间不能太长，否则将因孔中泥渣的沉淀而导致孔底的沉渣很厚，以至于钢筋笼无法下到设计位置，为接下来的施工带来困难。

第三节　微型桩不同应用条件下的施工工程实例

一、用于既有建筑物地基基础加固与托换工程实例

1. 实例 1[5]

微型桩用于既有建筑地基基础加固与托换，特别是需要在室内施工时，需要适应施工场地狭窄、施工高度净空小的特点，设备尺寸也要小、重量轻，满足进入通过既有建筑物门洞进入室内及移动方便的要求。例如，Bauer 开发了特殊的钻孔机械以满足特殊环境的需要，微型钻机构造极其紧凑、轻盈，甚至可在口门只有 75cm 的地下室中操作和移位的设备，例如 LBG3 型钻机重量仅 0.16t，总高度 2～3m，可提供 1500N·m 的扭矩；而有小型履带车的 UBW085 型钻机则重 10t，高 2.6m，可提供 1216kN·m 的扭矩。

某 6 层砖混住宅楼建筑物长 77.54m，宽 10.9m，沿长度方向在建筑物中部偏东设沉降变形缝分为两个结构单元。钢筋混凝土现浇楼、屋面，天然地基钢筋混凝土整板基础，

板厚 300mm。于 2005 年 9 月上旬开工建造，2006 年 6 月中旬结构封顶。结构封顶后至 2006 年 8 月 15 日，平均沉降累计值为 67.36mm。西端平均沉降 6.05mm，向南倾斜率为 1.95‰；东端平均沉降 103.2mm；向南倾斜率为 3.56‰；纵向倾斜率为 1.0‰。最大沉降点仍在东南角，该点沉降 122.6mm。持续沉降无收敛趋势，平均沉降速率为 0.251mm/d，房屋达不到竣工验收标准。

因此，需要进行治理以抑制沉降发展和抑制差异沉降进一步扩大。由于基础埋深达 5.4m，基础外挑，板上开孔压锚杆无法实施，只能在室内地下室内操作施工。该层层高仅 2.5m，且内墙较多，空间狭小，采用钢筋混凝土预制方桩，穿越 3.8m 以下基础底板处需要开大孔亦难于实施，最终选择壁厚 6mm 的 ϕ108 钢管作为微型桩予以加固。用经改装的工程勘察取岩芯钻机，下钻至基础底板成 ϕ150 孔，以保证 ϕ108 锚杆桩穿越。2006 年 8 月 15 日开始对钢筋混凝土底板钻孔并压桩，第一批压入 58 根桩，于 8 月 31 日完成。其后由东南角开始向西逐一封桩，完成加固施工。

2. 实例 2[4]

某招待所始建于 20 世纪 70 年代，4 层砖混结构，总高度约 15m。主楼东西长 103m，南北宽 13m；两侧裙房长 14.4m，宽 7.2m。原基础均为毛石基础，埋深 1.4m，高 0.6m，宽 1.0m。由于建筑物内部的部分房间的拓宽、合并，需将部分砖混结构加固改造为框架结构，因此对紧靠墙的新增柱采用墙下掏洞做承台梁与柱相连接的方法，另外建筑物外墙新设柱需要设置基础，采取了部分基础加固托换措施。

该场区地形平坦，地基土自上而下分为七层：①层杂填土，杂色，松散，稍湿，含建筑垃圾，平均厚度 0.93m；②层、③层、④层粉质黏土，黄褐色，可塑，湿，中等干强度，平均厚度 1.7m 左右，其中③层含少量粗砂夹层；⑤层粗砂，黄褐色，松散—稍密，饱和，平均厚度 1.65m；⑥层黏土，黄褐色，可塑—硬塑，湿，高干强度，平均厚度 2.05m；⑦层粗砂同⑤层，该层厚度未揭穿。

进行了三根微型桩的单桩载荷试验，确定了单桩力特征值。本工程共设计微型桩 176 根，其中 70% 的桩布置在室内，且边桩中心距外墙皮仅 525mm，微型桩布置平面示意图见图 25-3-1。设计桩径 220mm，桩型为摩擦型桩，直型桩，有效桩长不小于 8m。设计单桩竖向承载力特征值为 120kN。注浆材料用 1∶0.3 水泥砂浆，砂浆强度等级 M20，注浆压力为 0.5~1.0MPa，桩身配筋：主筋为 3Φ16，箍筋为 Φ6@150（100）。

施工设备采用 XY-1 型工程钻机，由于是室施工，房间净高仅 3.0m，所以原钻机塔架经改造后才能满足施工要求，主钻杆和钻杆均加工成 1~2m 长，注浆泵采用单缸柱塞式砂浆泵，钻头开孔选用金刚石钻头，开孔后换为合金钻头。其他机具配置有电焊机、水泥砂浆搅拌机、0.5m³ 贮浆桶（上覆滤网），高压注浆管 ϕ20，洗孔管 ϕ48。主要材料：钢筋笼主筋为 3Φ16；箍筋为 Φ6@150（100）；42.5 级普通硅酸盐水泥及细砂。

工艺流程为：施工准备→测放桩位→钻机就位对中→钻孔→一次清孔→钢筋笼制作及吊放→安放注浆管→二次清孔→注浆成桩→二次注浆。要点如下：

（1）施工准备：现场量测，进行工作面的布置及材料的堆放，对钻机、钻头进行改装。

（2）测放桩位：用钢卷尺根据轴线尺寸按设计要求沿纵横墙测放桩位，弹墨线并用钢钉标识。

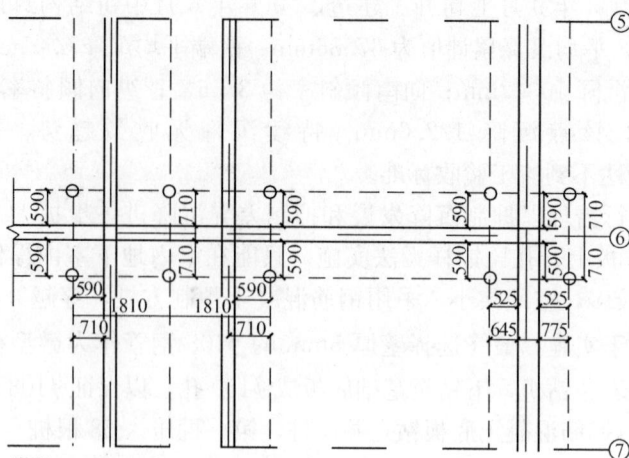

说明:
1. 点划线为轴线,实线为墙线,虚线为桩位线;
2. 桩位放样均以mm为单位;
3. 依据轴线及外墙皮定位;
4. 结构墙体外部抹灰厚度为20mm。

图 25-3-1　微型桩布置平面示意图

（3）钻孔：机械就位、对中，校正水平，就位时桩位误差不大于20mm。用正循环方法泥浆护壁成孔，钻到设计孔深。

（4）一次清孔：当钻至设计深度后，提升出钻头，安放洗孔管，压力注水循环进行排渣。

（5）钢筋笼制作安放：按设计和规范要求制作钢筋笼。成孔后垂直下放钢筋笼，在孔口固定好。

（6）安放注浆管：钢筋笼下放后安放注浆管，注浆管距离孔底部不大于200mm，注浆管末端临时封好。

（7）二次清孔：注清水调整泥浆相对密度进行洗孔，直至孔口溢出清水为止。

（8）注浆成桩：用压力注入1∶0.3水泥砂浆，水灰比1∶0.5，浆液搅拌均匀，用砂浆泵压入孔内，直至灌满桩孔为止。注浆要连续进行，不得间歇。

（9）二次注浆：注浆成桩后间隔1h（在水泥砂浆初凝之后终凝之前），将高压注浆管重新插入桩孔中，再次注浆补强。

二、用于提高边坡稳定性工程实例

鹰厦铁路 K113＋344～K113＋440 段路基以路堑形式通过，堑坡最大高度达46m。既有边坡结构为：下部为浆砌片石重力式挡墙，墙高4～5m，胸坡坡率1∶0.2，墙顶以上为浆砌片石护墙，高约14.0m，坡率为1∶1.25，护墙以上为二级拱型骨架护坡，每级高10～13m，坡率1∶1.25～1∶1.4。堑顶以上为低山陡坡，自然山坡25°～55°。

该边坡自修建以来，多次发生坍塌、错动，通过采用刷方、挡墙拆除重建、坡面封闭等多种处理措施，边坡病害有所缓解，但并未得到根治。2002年6月受特大暴雨影响，边坡发生滑动变形，导致下部挡墙部分开裂、外倾、错位，边坡防护工程出现变形、裂纹等病害。

从调查资料分析，堑坡上部出现张拉裂缝及后缘垂直陡壁，下部挡墙及护坡可见横向张拉或鼓胀裂缝，边坡骨架、平台、截水沟及踏步等均有变形开裂现象，整个边坡滑移特征明显。结合勘探成果研究分析，边坡地层岩性主要为侏罗系灰绿、紫灰色流纹熔岩，间夹火山角砾岩，其中坡面下约 4.8~14.35m 为强风化层，多处夹有软塑的泥化黏性土薄层，在地表水下渗的情况下，该层已形成了一个贯通的软弱面，边坡体在重力作用下，已经沿软弱面缓慢整体向下滑移。随着地下水的作用，软弱面的岩土强度降低，在不利外营力的作用下，边坡滑体可能急剧变形，将形成约 4 万 m³ 的滑坡体，直接威胁铁路的运营安全。既有铁路路基病害的整治原则是综合整治、一次根治、不留隐患。根据工点实际情况，设计单位提出了明洞、抗滑桩、预应力锚索及微型桩等整治方案，并进行了经济技术比较。通过组织专家对设计方案进行可行性论证，经综合分析比较后选用微型桩群为主，辅以预应力锚索对滑坡进行综合整治方案（图 25-3-2）。

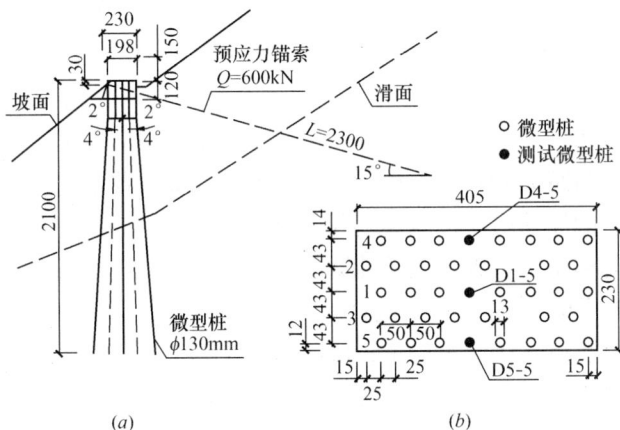

图 25-3-2　边坡微型桩加固
(a) 断面；(b) D 桩压顶梁下微型桩平面布置

该工程中微型桩作为一个复合受力结构，需要承受抗拉、抗压、抗剪等应力，桩长穿过软弱面深入下部稳定地层，如桩长不足将达不到预期的效果。为控制钻进深度，钻架就位后及时复核钻具的总长度并作好记录，以便在成孔后根据钻杆在钻机上的余长来校验成孔达到的深度。如孔壁稳定情况较差，提钻过程中碰撞了孔壁，将发生坍孔现象，并在孔底形成沉渣，则在下钢筋笼前应对钻孔进行清孔，以保证桩长。

为此，吊放钢筋笼时应对正孔位小心轻放，不要碰撞孔壁，避免造成坍孔、钢筋笼变形等现象，如不能顺利下放，或下放不到位，则应查找原因，如属孔内缩孔、沉碴较厚时，则应提出钢筋笼，进行清孔后重新吊放。另外，钢筋笼不应直接落于孔底，其上部应设置安装吊环，吊环高度视钢筋笼下放位置与孔口固定杆距离而定，以保证钢筋笼的垂直度及安装位置。

为确保成桩质量，除严格检查进场原材料（如水泥、砂等）的质量外，应控制孔内注浆的工艺。微型桩注浆采用孔底返浆法，每孔的注浆过程应连续一次完成。将注浆管连同钢筋笼下放至孔底，在孔底进行注浆排水灌注，一般注浆压力不低于 0.6~0.8MPa，并应控制浆液的水灰比，以保证注浆饱满、密实。为防止发生断桩、夹泥、堵管等现象，要控制好灌注工艺及操作，有序地拔管和连续注浆是保证成桩质量的关键，灌浆速度应适宜，速度太快孔内水及灰浆不易排出，形成断桩；提拔注浆管时速度和力度均应适中，如注浆速度过快、提升幅度过大，水泥砂浆直接冲刷孔壁，形成孔壁土体坍落，导致桩身夹泥，这种现象在砂质地层尤其容易发生。

三、用于基坑支护工程实例

1. 工程实例 1[6]

刚性微型桩在解放军艺术学院综合食堂基坑工程中应用。场地位于北京市海淀区中关村南大街，基坑深度 6.6m，由于场地周边紧邻行车道路、管线和建筑物，且人员密集，所以采用 200mm 微型桩和二道锚杆支护，微型桩内中置 104mm 钢管，壁厚 8mm。桩顶冠梁 0.2m×0.3m，4Φ18，第一道锚杆设置深度距离地面 2.0m，总长 9m，自由段 5m，锚杆孔径 150mm，1 根Φ22 钢筋，倾角 15°，锁定载荷 150kN；第二道锚杆设置深度距离地面 4m，总长 9m，自由段 5m，锚杆孔径 150mm，1 根Φ22 钢筋，倾角 15°，锁定载荷 150kN。

2. 工程实例 2[7]

PSP 基坑支护技术[7]是由超前微型桩、常规土钉墙、预应力锚杆这三者组成的三元复合土钉墙支护形式，简写为 PSP。这种三元复合土钉墙支护技术对一些岩土性状较差或对侧壁变形需严格控制的深基坑支护能够起到有效的作用。

PSP 支护技术总体施工步骤依据超前微型桩的施设方式一般可以分为以下两种形式：

（1）在基坑开挖前，于地面首先施打具有适当嵌固深度（相对于基坑的整体深度而言）的超前微型桩，然后再按照常规土钉墙的施工工艺分层、分步开挖土方和施工土钉，并按照设计要求的位置增设相应的预应力锚杆，见图 25-3-3。

（2）按照常规土钉墙的施工工艺分层、分步开挖土方和基坑支护的原理进行，只是在每一步土方开挖前先施设该步的、具有适当嵌固深度（相对于该步基坑土方的开挖深度而言）的短超前微型桩，以控制该步土方开挖后、但未做支护前这段时间内坑壁的侧向变形，并按照设计要求的位置增设相应的预应力锚杆，见图 25-3-4。

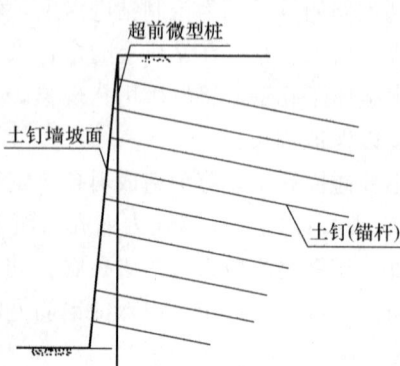

图 25-3-3　超前微型桩联合支护方法 1　　　图 25-3-4　微型桩土钉联合支护方法 2

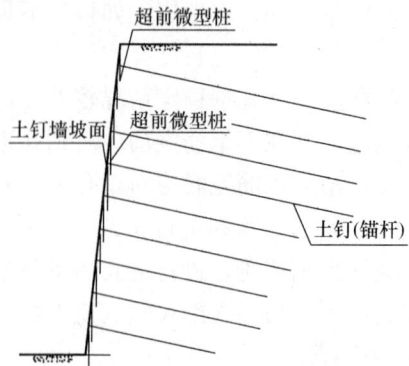

北京某 5～8 层框架结构综合楼位于西直门南小街，设二层地下室，基坑占地范围约为 100m×50m。基坑北侧全长 106m，西段深 14m，东段深 12m，街道马路（施工材料进

场及混凝土罐车必经之路，不允许产生裂缝）紧贴场地围墙，而地下室基础外墙临接围墙（不允许拆除），使得基坑开挖线距结构外墙为 150mm，施工空间异常狭小，所以基坑北侧的开挖和支护是该工程的核心内容。基坑东侧、南侧及西侧具有一定的施工空间，可按常规支护方案考虑。

场地地基土层自上而下分别为：

（1）黏质粉土、粉质黏土填土①层：厚 3m 左右。

（2）砂质粉土、黏质粉土②层：层厚 4m 左右，局部分布有粉质黏土、重粉质黏土、粉细砂。

（3）粉质黏土、重粉质黏土③层：厚 3m 左右。

（4）粉细砂④层：厚 3m 左右，局部分布有粉质黏土，混卵石。

（5）卵石⑤层：局部分布有细砂，砂质粉土、黏质粉土，本层未揭穿。

基坑北侧全长 106m 的支护范围内采取垂直锚喷，并兼作外墙模板，以满足施工空间异常狭小的要求。在土钉支护的基础上，增设超前微型钢管桩及预应力锚杆，以满足坡顶侧向位移不大于 20mm 和紧靠基坑的马路不产生裂缝的要求。

超前微型桩设计参数：桩孔直径 133mm，桩孔内置 $\phi89mm$、壁厚 3.5mm 的无缝钢管，桩的嵌固深度 3.0m，桩间距 0.7m；桩孔、无缝钢管内注水灰比为 0.5 的水泥浆，采用 32.5 级普通硅酸盐水泥，桩位线距土钉墙喷射混凝土面层 20cm。

当建筑物十分密集，建筑空间十分宝贵，需最大限度地利用环境的情况下，微型桩挡土墙作为基坑挡土结构尽量贴紧原有建筑物是最适合不过的选择。但是，此时施工密集的微型桩也要考虑对紧贴建筑的影响。此时采用全套筒钻进微型桩工艺技术可确保施工时原有建筑物的安全。例如，慕尼黑市中心一座商业大楼的地下室就是采用了 300 根直径 406mm，入土深度 15m 的微型连续多级螺旋钻孔桩形成十分节省建筑空间，紧贴而又确保邻近原有建筑物安全。

四、微型桩用于既有铁路公路路基加固工程实例[8]

某段铁路路堤靠近加拿大安大略湖多伦多北部 30km 的一个小镇凡德福（Vandorf）。铁路钢轨铺放在填土上，土直接填在低洼沼泽地段的淤泥上，根据加拿大国铁（CN）的记录，75m 长的一段路堤每年约下沉 250～350mm，这要求加拿大国铁线路养护部门每 2～3 个月须抬高一次线路，补充更多的石碴。

该现场位于美国以橡树岭著称的自然区北部边界和 Schomberg 黏土平原南部边界。该边界地区的特点是有许多沼泽盆地，其下广泛分布着粉砂沉积层，它们与冰湖有关。在钻孔的过程中遇见的地层状况，一般由广泛分布淤泥/泥炭层和有机粉土，覆盖在砾石沉积层上，依次覆盖着黏土质粉砂层，黏土层粉砂层覆盖在粉质黏土上。铁路路堤附近的矿渣/石渣（铁路路堤填充物）及砾石直接覆盖在淤泥/泥炭上。在调查地，通过测量得到地下水位低于地面大约 1.2～1.4m。

根据微型桩不同密度和布置进行分析，沿着路基的长度设计五排桩：中心一行是垂直桩，靠近中间的两行桩倾斜与垂直方向成 10°，两边倾斜于垂直方向成 14°。桩顶端行间距在 1～1.5m 之间变化，沿路基长度桩间距为 0.8m。

在这个项目中，插入在微型桩包括一个外径为 178mm（7″）及壁厚为 9.2mm

（0.362″）用过的钢气管，管的内外均填入水泥砂混合浆液。灌注桩的设计直径是250mm，在桩底部3～5m处焊接一些螺旋叶片，在桩的尖头焊一个钢切削头（鱼尾形），使桩更容易旋入。桩尖头钻一下50mm直径的灌浆眼。

插入微型桩时，钢管嵌入地下，同时用大功率液压电机旋转。当注浆孔低于地表，注浆时将浆液通过桩泵至注浆口，桩向前旋时连续灌浆，使浆液填充满桩的内外。安装时要控制并监测灌注量。桩的旋转和浆的灌注要连续进行，直至桩进入冰积漂石层3m。截去桩上端多余部分，使其低于轨枕表面1m。283根微型桩全部打入，桩的长度在13～15m之间变化。

五、用于支承新建建筑物工程实例[9]

某小区居民住宅楼，由5幢6层砖混结构住宅楼组成，采用投石压浆无砂混凝土小桩复合地基进行地基加固处理，小桩布置方式采用梅花形或方格形布置。设计桩径为300mm和350mm两种，采用洛阳探铲成孔。成孔后放入注浆管（采用ϕ25钢管），注浆管有效长度为9m。然后在孔中投入5～15mm级配碎石，每次投石厚度≤500mm，采用插入式振动棒振捣。然后通过压浆管自下而上注浆，注浆分2次进行。第一次注浆不封口，注浆压力为0.0～0.5MPa，待冒浆为止。然后用素土封口，深度为500mm，分2层夯实。然后实施二次补浆，以增大桩侧阻力并弥补桩顶部因浆液下沉引起的强度降低，可在桩身混凝土初凝时，用1～2MPa压力措施进行二次补浆，待冒浆为止。

本工程微型桩采用洛阳探铲成孔。成孔前基础底面以上宜预留不少于500mm的覆盖土层，设计桩顶宜高出基底300～500mm，因此，取成孔桩长＝设计桩长＋800mm。在基坑开挖时，将上部覆盖土层及桩顶质量较差段人工凿去。成孔垂直度允许偏差为1‰桩长，桩位水平位移≤50mm，标高允许偏差50mm。

注浆管采用ϕ25钢管，注浆孔径及位置可根据土层、注浆压力及注浆部位现场确定。工程小区用注浆管在台钻上钻孔，孔径为ϕ5mm，采用200～250mm交叉布置，以便浆液输入。根据设计要求，注浆管有效长度为9m，高出孔口约20cm，以便注浆。在注浆管的管口放入塞子，以免碎石掉入管内，并用居中器使注浆管居中。

施工碎石采用5～15mm级配振实，每次投石厚度≤500mm，采用插入式振动棒振捣，振捣方法按规范要求进行。

水泥采用32.5级普通硅酸盐水泥，常用水灰比为0.6～1.0。工程小区复合地基水灰比采用0.8：1.0。施工中水泥用量约为100kg/m³，ϕ350桩水泥用量≥80kg/m³，ϕ300桩水泥用量≥70kg/m。施工过程中严格控制水灰比。采用散装水泥时，应过磅称量，用专用定量容器加水。水泥浆制备时，搅拌不得小于3min，连续制备水泥浆时应控制好水泥及水的添加量按水灰比进行，制备好的浆液不得离析，泵送必须连续。注浆过程中宜用流量泵根据冒浆情况控制输浆速度，使注浆泵出口压力保持在0.4～0.6MPa，控制浆液的罐数、固化剂和外掺剂用量及泵送浆液的时间，应有专人记录。注浆体积不宜小于桩的2倍，注浆分2次进行。第一次注浆不封口，注浆压力为0.0～0.5MPa，待冒浆为止。然后采用用素土封口，深度为500mm，分2层夯实，夯实后素土干密度应≥1.55g/cm³。

为了增大桩侧阻力并弥补桩顶部因浆液下沉引起的强度降低，可在桩身混凝土初凝时，用1～2MPa压力措施补浆，本工程在素土封孔60min后，进行二次补浆，补浆压力为 1.2MPa，待冒浆为止。二次补浆 10d 后，用人工开挖清理成桩上部土层及桩头，防止桩头破损，将桩头混凝土清理至设计标高 -2.200m。

六、用于既有建筑物地基抗震加固[10]

山东荷泽电厂 1 机组电除尘改造工程基础为 4 条埋深 3.3m 的独立基础。厂区地基主要由分值黏土组成，地表以下 5~11m 范围内为饱和粉土。在地震烈度Ⅶ度时，此层土属中等液化土。为保证在Ⅶ度地震时基础下的可液化土不发生液化变形，需对地基进行抗震加固处理。根据设计需要，加固处理后的地基承载力要达到 250kPa。由于场地条件限制，无法安装大型设备施工。采用微型桩结合二次压浆形成复合地基的成功经验对该电厂 1 机组电除尘改造工程地基进行抗震加固处理。为达到这一要求，本工程各桩均采用二次高压注浆，微型桩直径也相应增大为 150mm，同时考虑到提高桩体的抗压抗剪性能，桩内下设 Φ12 钢筋和 Φ15 钢管作主筋。该工程在基础范围内布置压浆桩 278 根，桩径 150mm，桩长 9.7m，桩中心距 1.0m，呈梅花形布置，各桩均进行二次高压注浆，其二次压浆量各桩不少于 0.3m。

微型桩施工时，首先用地质钻机成孔，成孔完毕后，插入初次注浆管（作初次注浆使用），吊放绑扎有二次注浆管的钢筋笼，同时利用初次注浆管进行清孔，清孔完毕后倒入粗骨料，继续用清水清孔，直至孔口出来的水中不含泥砂为止。然后用初次注浆管注浆，注浆压力为 0.3~0.5MPa，浆液的水灰比为 0.5，至孔口溢出浓浆为止。间隔 4~6h 用二次注浆管注浆，注浆压力为 0.8~1.0MPa。

参 考 文 献

[1] 徐化轩. 微型钢管压浆桩的设计、检验与施工 [J]. 西部探矿工程，2002 增刊（001）：357-359
[2] 毛建林. 微型钢管桩施工及试验研究 [J]. 西部探矿工程，2002，（2）：37-38
[3] 龚健，杨建明，程光明. 微型桩基础的施工技术 [J]. 施工技术，2004，33（1）：29-30，39
[4] 王术江，徐健胜，高述刚，周学军. 微型桩施工工法在基础托换中的应用实例 [J]. 土工基础，2007，21（5）：10-13
[5] 柯海峰. 微型钢管桩治理多层住宅天然地基持续沉降的工程应用 [J]. 江苏建筑，2007，第 4 期（总第 114 期）：61-62，68
[6] 白晨光，贾立宏，马金普，程金明. 抗弯功能微型桩在基坑支护中的应用 [J]，岩土工程学报，2006，28（增刊）：1656-1658
[7] 冯秀苓，李怀奇，许忠永. PSP 支护技术在深基坑工程中的应用 [J]. 北华航天工业学院学报，2007，17（4）：27-29
[8] KaisinHO. 微型桩加固铁路路基 [J]. 路基工程，1997，75：87-90
[9] 刘保卫. 投石压浆无砂混凝土小桩复合地基技术分析 [J]. 华北水利水电学院学报，2002，23（2）：63-65
[10] 索鹏. 二次压浆微型桩在地基抗震加固处理中的应用 [J]. 岩土工程界，2007，11（2）：47-49

第二十六章 组合桩施工

第一节 概 述

一、组合桩施工技术要点

如前所述，根据目前的组合桩形式，根据不同的组合方式，可以分为同一桩身截面上由不同材料进行组合和沿桩长在不同段分别采用不同材料的组合两种形式的组合桩；此外，还采用刚性桩与水泥土桩组合、水泥土桩与散体柔性桩组合、刚性桩与散体柔性桩组合形成组合桩。组合桩中各桩体均是传统的桩型，通过适当的组合，发挥各自的优势，取得更好的效果。

因此，组合桩的施工主要在于如何把组成组合桩的两部分桩的施工有机地结合起来，保证组合桩的施工质量。

二、水泥土桩-预制混凝土芯桩组合桩

先在原位土中施打桩径为 500~700mm（如用湿喷，桩径可达 900mm）水泥搅拌桩，在水泥未硬凝时压入预制劲芯（预制混凝土桩方桩、预制管桩、型钢、钢管等），其技术关键在于一定要掌握好水泥搅拌桩施工与劲芯施工的时间间隔，在水泥土搅拌桩硬凝前插入劲芯，否则会造成水泥土外芯开裂或劲芯偏斜，在上海其他地区使用的湿喷桩中压入预制桩芯易发生浆体外溢，对桩间软土则不起挤密挤扩作用，且预制桩芯配筋较高，造价也高于现浇素混凝土桩芯。

三、水泥土桩-现浇混凝土芯桩组合桩

与采用预制芯桩的组合桩相类似，先在原位地基中施工水泥搅拌桩，然后在水泥未硬凝时，采用沉管灌注方式在水泥土桩中心施打素混凝土芯桩，水泥土桩－现浇混凝土芯桩组合桩（也可加钢筋笼或插钢筋、钢管形成钢筋混凝土芯桩）。

施工完成的水泥土桩-现浇混凝土芯桩组合桩见图 26-1-1。

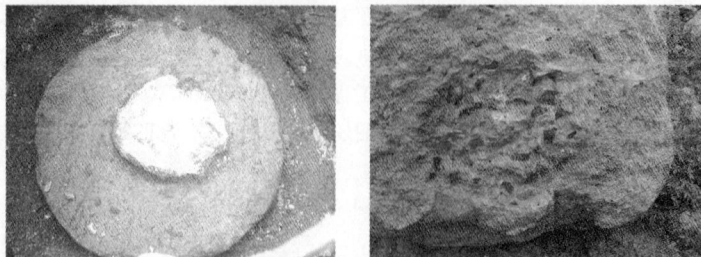

图 26-1-1 水泥土桩-现浇混凝土芯桩组合桩

编写人：郑刚（天津大学建筑工程学院）

第二节　组合桩施工方法

一、水泥土桩施工设备

可采用常规的单轴水泥搅拌桩（干法、湿法）设备施工水泥土桩，当桩长较大时还可采用 SMW 工法设备。天津地区目前常采用水泥土桩—预制混凝土芯桩的组合桩，搅拌桩采用 SJB-1 型双头探层搅拌机，成桩时仅用一个钻头。当采用常规深层搅拌施工设备受到限制时，也可采用高压喷射注浆法施工旋喷桩。

二、预制混凝土桩芯制作

当采用水泥土桩-预制混凝土芯桩组合桩时，涉及混凝土桩芯的预制问题。目前一般采用 C30 混凝土，采用截面 150mm×150mm～350mm×350mm 的等截面方桩或圆形截面桩，也可采用上大下小的锥形桩，桩芯截面为 220/50 或 250/150 的变截面钢筋混凝土预制桩，用定型钢模浇制后用蒸汽养护，然后运至现场。制作完成的预制钢筋混凝土芯桩见图 26-2-1。

图 26-2-1　制作好的钢筋混凝土预制芯桩

图 26-2-2　水泥搅拌桩施工

三、水泥搅拌桩施工

搅拌桩施工的情况见图 26-2-2。组合桩在天津地区有较多的应用。在天津地区水泥土桩-预制混凝土芯桩组合桩施工时，一般采用 15% 左右水泥掺入量，并采用 0.5～0.6 偏低的水灰比。由于水灰比低，即使没有刻意增加水泥用量，仍能使搅拌桩能够获得较高的桩身强度，从而满足组合桩的荷载传递要求。但由于低水灰比水泥浆在黏土中与土体搅拌后形成的黏性大的水泥土使芯桩插入时较为困难，因此，研制了专用的插入设备。国内其他一些地区在施工组合桩时，也有采用较大水泥掺入量和较高的水灰比，水泥浆液注入量大，例如上海地区水泥掺入比可达 20%[5]，水灰比一般在 0.8～1.2 之间，搅拌桩机采用 4 层以上刀排，并应做到以下几点：

(1) 要确保水泥掺入量和搅拌均匀；

(2) 要保证搅拌桩垂直度在 1/200 以内；

(3) 要确保在高水灰比情况下水泥土搅拌桩的无侧限抗压强度大于 MPa。

取高水灰比的原因主要是使土体经切割搅拌后，形成流态的水泥土，使芯桩易与压入。

四、预制桩的插入

水泥土桩-预制混凝土芯桩组合桩施工的关键技术在于劲性桩芯的插入，要求混凝土桩芯插入位置要准确，同时，要严格保证桩芯的垂直度。水泥搅拌桩施工完成后，应马上施压混凝土桩芯。一般有如下要求：

(1) 预制桩垂直度控制在 1/200 以内；

(2) 搅拌桩和预制桩的偏心≤3cm；

芯桩插入的情况见图 26-2-3。

图 26-2-3   预制芯桩的插入

天津市的地区经验表明，当搅拌桩施工采用较小的水灰比时，插桩芯所需要的压入力较大，因此，当桩芯垂直度控制不好时，在较大的压桩力作用下，易出现桩芯因受弯而断裂。

为此，工程实践中，应强调工艺性试桩，根据最初几根混凝土芯桩的插入情况，确定利于芯桩压入的合理水灰比，并相应确定水泥掺入量。例如，天津市区浅层常常存在一层高塑性黏土，其天然含水量较低，此时若水灰比采用低值，在这层黏土中进行切削搅拌时，常常出现电机电流值较大，桩芯插入时，穿越这层黏土时就较困难。可通过增大水灰比并增加水泥掺入量，降低黏土层搅拌后形成的水泥土的黏稠度，以使搅拌桩施工和桩芯的插入难度减小。

当桩顶位于地面以下时，还需采用专门送桩器将芯桩压至设计标高。

五、桩顶处理及桩顶构造

组合桩仍然主要用于复合地基，但也可作为桩基来应用。为了避免桩顶处芯桩与水泥土的工作不协调，可在基础开槽后，在设计桩顶标高处，把水泥搅拌桩顶凿去 50cm，将桩芯的桩顶露出，在搅拌桩桩顶浇筑≥50cm 厚的双层双向配筋的 C40 混凝土桩帽。这样，通过桩锚的作用，可避免在芯桩桩顶出现过大的应力集中（作为桩基使用时）或桩顶处芯桩分担荷载过小（作为复合地基，当桩顶以上设置褥垫层时）而水泥土分担荷载过大而导致水泥土压碎的情形发生。

第三节　工程实例——天津金达园住宅小区 5 号楼[5]

一、工程概况

该小区位于天津河北区金钟河路，小区内 5 号楼为 6 层底框砖房，首层层高 3.9m，为框架砖剪力墙结构，外柱间距 2.7～4.5m，内柱隔开间抽柱，2 层及以上为砖混结构，层高 2.8m，坡屋顶，开间 3.3～5.1m，2001 年 6 月开工，同年 11 月封顶。

二、工程地质条件

该场地原为仓库、化验室等砖砌平房，拆除后地势平坦，揭露地层为第四系全新统及上更新统上段，勘察期间地下水位埋深 1.5m，各土层分布、岩性及主要物理力学指标见表 26-3-1 和图 26-3-1。

各土层物理力学性质指标　　　　　　　　　　表 26-3-1

层序	土层名称	厚度 (m)	状态	含水量 w (%)	孔隙比 e	液性指数 I_L	塑性指数 I_P	E_a (MPa)	标准贯入击数 $N_{63.5}$	承载力 f_0 (kPa)	钻孔灌注桩 q_{sik} (kPa)	钻孔灌注桩 q_{Pb} (kPa)
I₁	杂填土黏性土	0.6～1.6	松散									
I₂	素填土黏性土	0.5～0.6										
II₁	粉质黏土	1.4～2.5	软塑	26.3	0.73	0.67	12.3	6.28		95	18	
II₂	黏土	0.8～0.9	可塑～软塑	30.4	0.85	0.53	18.2	4.71		110	20	
III₁	粉质黏土	1.4～2.0	可塑	30.5	0.80	0.73	14.8	4.80		120	40	
III₂	粉土	0.8～1.8	稍密	24.1	0.63	0.76	5.5	15.87	15	130	64	
IV₁	粉土	1.3～2.7	稍密～中密	27.6	0.77	0.79	6.1	13.17	26	130	64	
IV₂	粉质黏土	1.1～1.9	软塑	33.8	0.85	1.46	11.0	4.62	3	100	30	
IV₃	粉土	0.4～1.3	中密	27.5	0.74	1.36	4.4	10.68	33	140	64	
IV₄	粉质黏土	4.0～4.5	软塑	30.1	0.82	0.97	10.7	6.11		100	32	
V	粉质黏土	2.2～3.6	可塑	26.6	0.70	0.70	11.3	4.47			46	50
VI₁	粉土	2.5	密实	21.4	0.59	0.76	9.4	13.66	25		62	650
VI₂	粉土	3.6～5.0	密实	20.1	0.59	0.54	6.1	12.90	50		66	700

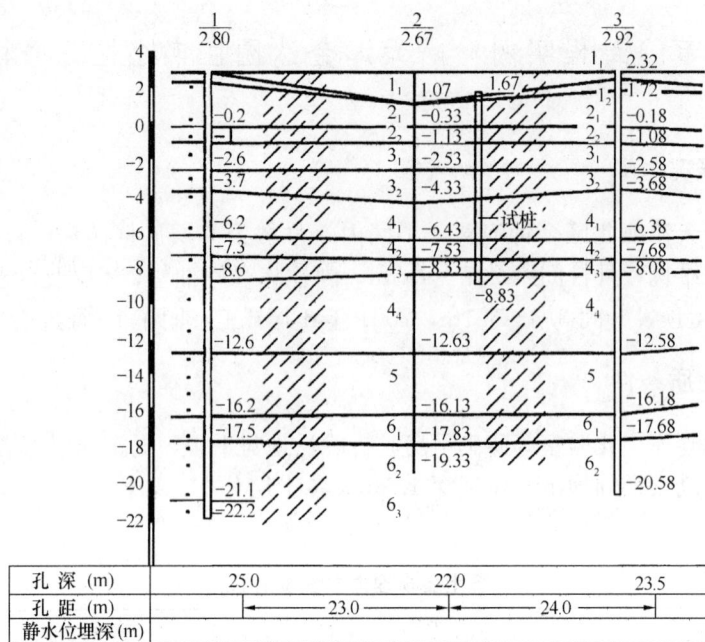

图 26-3-1   工程地质剖面图

三、组合桩设计概况

根据建筑物场地工程地质资料，决定采用加劲水泥搅拌桩组合桩，其中搅拌桩长 10.5m，直径 500mm，采用 32.5 级矿渣硅酸盐水泥，自桩顶以下 5.0m 长度范围内水泥掺入量为 12%，其下部桩段为 18%，水灰比为 0.65。芯桩采用正方形截面预制混凝土楔形桩，上端截面 226mm×233mm，下端 100mm×100mm，芯长 9.0m，混凝土强度等级 C20。

单桩竖向承载力按《建筑桩基技术规范》（JGJ 94—94）的有关规定由静载试验确定，试桩共三根。在水泥土龄期达到 30d 进行单桩静载试验。Q-s 曲线见图 26-3-2。

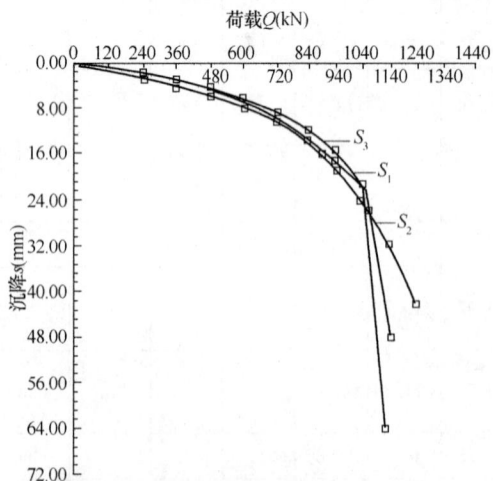

图 26-3-2   组合桩静载试验 Q-s 曲线

根据试验得到的单桩承载力，在内、外砖剪力墙下沿墙单排布桩，桩距 1300～1570mm，柱下设 3～6 桩独立承台。

四、施工

水泥搅拌桩采用 GPP-6 型粉喷搅拌机改装的钻机施工，芯桩压桩机采用河北沧州机械施工公司自行研制的步履式多功能压桩机，靠液压驱动机架可沿两个方向平移，并可绕竖轴回转，送桩帽上装有 5kW 小振锤，在静压桩沉桩困难时启动，并架顶部设有臂杆、滑轮供近距离拖拽芯桩和喂桩。

搅拌后 30min 内开始沉桩时，一般靠卷扬机钢丝绳拉拽即可顺利将芯桩沉到位，当搅拌桩成桩时间过长后才压入芯桩时，需开动小振锤。如能在钢管送桩器两端加减振垫，并注意在送桩帽压紧桩顶后再启动振锤，则振动很小，不致扰民。正常条件下每组设备每天可完成 22～26 根桩。该工程桩基 233 根，工期为 15 个工作日。

五、质量检验

28d 抽芯检验结果表明，黏土层中水泥土桩芯样水泥含量较少，强度也明显低于附近土层，手指按压可见凹坑，说明在穿越塑性指数较高的黏土层时，应增加喷浆搅拌次数，也表明劲性搅拌桩在芯桩长度范围内搅拌桩局部的质量缺陷并不影响其单桩承载力。

该工程封顶后最大沉降量 22mm，未发现沉降裂缝。

参 考 文 献

[1] 桂业砚，宣嘉伦. 混凝土劲芯水泥土复合桩 [A]. 21 世纪高层建筑基础工程学术讨论会论文集 [C]. 北京：中国建筑工业出版社，2000，424-429

[2] 凌光容，安海玉，谢岱宗，王恩远. 劲性搅拌桩的试验研究 [J]. 建筑结构学报，2001，22 (2)，92-96

[3] 吴迈，赵欣，窦远明，王恩远. 水泥土组合桩室内试验研究 [J]. 工业建筑，2004，34 (11)：45-48

[4] 邹宗煊，林峰. 钢筋混凝土劲芯水泥土复合桩的设计与施工原理—软土地基中使用的新桩型 [A]. 第六届全国地基处理学术讨论会暨第二届全国基坑工程学术讨论会论文集 [C]. 西安：西安出版社，2000，43-46

[5] 史佩煊. 深基础中的若干热点技术问题 [M]. 北京：人民交通出版社，2004

[6] 建筑桩基技术规范（JGJ 94—94）[S]

[7] 建筑地基处理技术规范（JGJ 79—2002）[S]

[8] 张振，李广智，窦远明，韩红霞，韩宝铎. 劲芯水泥土组合桩施工工艺及质量控制 [J]. 施工技术，2003，32 (5)：33-35

[9] 李俊才，邓亚光，宋桂华，凌国华. 素混凝土劲性水泥土复合桩（MC桩）承载机理分析. 岩土力学，2009，30 (1)：181-185

第六篇 桩基检测

第二十七章　桩的现场静载试验

第一节　概　　述

桩的现场足尺静载试验是获得桩的轴向抗压、抗拔以及横向承载力的最基本而且可靠的方法。在工程实践中，以承受竖向荷载为主的桩居多。横向荷载试验更集中的是探讨桩顶浅层地基的力学性能，其目的是通过试验确定单桩的横向承载力和地基土的横向抗力系数，在有内埋元件的桩中，尚可求得桩身弯矩分布。抗拔荷载试验以斜向拉拔、斜桩竖拔、竖桩竖拔为其试验的技术特点。有关的试验方法有些类同抗压静载试验，施加荷载的方向以抗压改为抗拔。随着高科技测试手段的应用，如高精度的数据采集仪现场测试，防水绝缘工艺的进步，桩身内埋测试技术日臻成熟，已为进一步探索桩的作用机理提供了条件。

桩在外荷载作用下的破坏包含桩本身的材料强度破坏和地基土的强度破坏。

一、桩身结构强度破坏

灌注桩在轴向抗压试验中，桩体的破坏包括：混凝土强度不足形成的破坏，如水泥用量不足、不密实、漏浆、离析等；成桩畸形引起的破坏，如缩颈、错位、断桩、夹泥等。大直径冲钻孔灌注桩在轴向静载试验中，曾遇到因顶部发生混凝土棱柱强度破坏而终止试验。预制桩试验中，当地基浅部为厚层淤泥时，曾遇到 51m 长 400mm×400mm 钢筋混凝土桩和35m 长 30.48mm×30.48mmH 型钢桩在地基浅部出现屈曲而终止试验。在砍桩后的钢筋混凝土方桩上做静载试验也曾出现因桩顶部没有网筋和箍筋间距大，加载不大即出现沿主筋位置的竖向裂缝，最终桩头沿裂缝压碎而终止试验。钢管桩曾出现外露部分压屈破坏。

在单桩横向静载试验中，当混凝土桩最大弯矩断面受拉区混凝土全部退出工作，钢筋发生屈服时或钢桩该断面最大应力达到屈服应力时，桩体材料强度达到极限状态而破坏。

二、地基土强度破坏

对于承受侧向荷载的桩，随着横向荷载的增加，桩侧土塑性区也在逐渐扩大加深。而一般单桩的横向承载力是受泥面横向位移所制约。

单桩竖向抗压极限承载力，就土对桩的抗力而言，一般分为桩侧阻力和桩端阻力（两者既有区别又相互影响）。试验研究认为，当静载试验加荷、桩尖沉降＞10mm 时（桩顶因桩身弹塑性压缩量的累计，其沉降比桩尖大），桩侧各层土的桩—土相对位移均大于10mm，这时各层桩侧阻力一般均已被充分动员（发挥）。整根桩的总侧阻达到峰值后，如继续加载，其值将有所减小或大体保持不变。单桩轴向抗压承载力的极限状态（除纯摩擦桩外），一般由桩端阻力所制约。要充分动员桩端承载力所需要的桩端沉降量比侧阻力

编写人：刘松玉（东南大学交通学院）陈凡（国家建筑工程质量监督检验中心）龚维明（东南大学土木学院）（第二节）

的要大得多，且它不仅与土类有关，同时还是桩径的函数。这个极限沉降值，一般黏性土约为 $0.25D$；硬黏土约为 $0.1D$；砂类土约为 $(0.08\sim0.10)D$，D 为桩端直径。

利用卸荷回弹值，可近似得到桩身的弹性压缩量，由于受到残余应力等的影响，其值偏小。对于长桩扣除回弹值后，可推算试验桩的侧阻力是否充分发挥。

桩周围地基土破坏时，在桩身周围土体将形成一个近似圆柱形的剪切破坏面，桩端下滑动土体的滑动线一般不会延伸至地面。对于黏性土层中的桩，由于土体的压缩，剪切塑性变形的发展，即可为桩顶的较大沉降腾出空间，此时表示荷载 Q 与沉降关系的 Q-s 曲线出现陡降，相应于曲线拐点处的荷载即为桩的极限荷载。对于持力层为砂土或粉土的打入桩，欲求得极限荷载，一般试验加载量很大，这时桩尖平面下的平均法向应力大，砂土呈剪缩破坏，就是密砂在剪切过程中，也会使其体积显著减小，但剪缩体应变是随应力逐渐地发展，由于它属于加工硬化型土，Q-s 曲线后段呈缓变型，从 Q-s 曲线上难以确定单桩的极限荷载。在这种情况下，一般根据上层建筑物的允许沉降来确定桩的极限承载力。按沉降值确定桩的承载力，在各部门的规程中都有明确规定，一般规定桩顶沉降值为 $40\sim60\text{mm}$ 时的相应荷载为桩的极限荷载。

桩在极限荷载下，其总侧阻力基本已充分发挥，总端阻力则可能已充分发挥（陡降型 Q-s 曲线），或仅部分得到发挥（缓变型 Q-s 曲线）。

第二节　竖向抗压静载试验

一、试验的目的和意义

通过现场试验确定单桩的轴向受压承载力。荷载作用桩顶，桩将产生位移（沉降），可得到每根试桩的 Q-s 曲线，它是桩破坏机理和破坏模式的宏观反映。此外，静载试验过程，还可获得每级荷载下桩顶沉降随时间的变化曲线，它也有助于对试验成果的分析。

对单桩荷载较大的重要建筑物和重要的交通能源工程以及成片建造的标准厂房和住宅进行静载试桩时，宜埋设应变测量元件以直接测定桩侧各土层的极限侧阻力和端阻力，以及桩端的残余变形等参数，从而能对桩土体系的荷载传递机理作较全面的了解和分析。

二、试验装置、仪表和测试元件

1. 试验加载装置

一般使用单台或多台同型号千斤顶并联加载，千斤顶的加载反力装置可根据现有条件选取下述三种形式之一：

（1）锚桩主次梁（或主次钢桁架）反力装置。一般采用锚桩四根，如用灌注桩作锚桩，其钢筋笼要通长配置；如用预制长桩，要加强接头的连接。锚桩按抗拔桩的有关规定计算确定，并应在试验过程中对锚桩上拔量进行监测。除了工程桩当锚桩外，也可用地锚的办法。主次梁强度刚度与锚接拉筋总断面在试验前要进行验算。试验布置见图 27-2-1（a）和（b）。在高承载力桩试验中，主次梁的安装，自重有时可达 400kN 左右，需要以其他工程桩作支承点，且基准梁亦以放在其他工程桩上较为稳妥。该方案不足之处是进行高承载力灌注桩试验时无法随机抽样，但对预制桩试验抽样仍无影响。

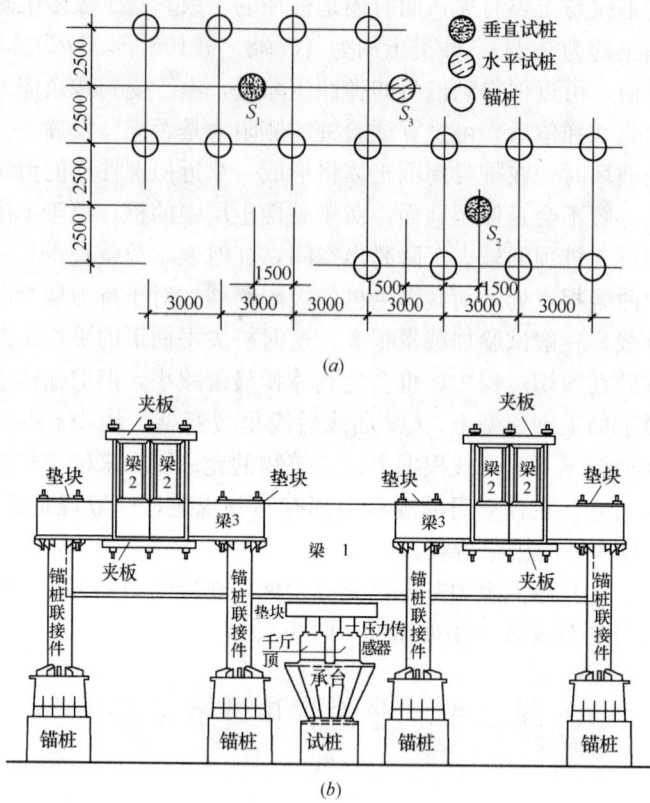

图 27-2-1   试验布置示意图

(a) 试验场地平面布置；(b) 试验场地立面布置

（2）堆重平台反力装置

堆重量不得少于预估试桩破坏荷载的 1.2 倍。堆载最好在试验开始前一次加上，并均匀稳固放置于平台上。堆重材料一般为铁锭、混凝土块或砂袋，见图 27-2-2。在软土地基上的大量堆载将引起地面的大量下沉，基准梁要支承在其他工程桩上，并远离沉降影响范围。作为基准梁的工字钢，应该长一些好，但不能太柔，高跨比宜大于 1/40。堆载的优点是能随机抽样（香港地区多用之），并适合于不配或少配筋的桩基工程。

图 27-2-2   堆重平台反力装置

（3）锚桩堆重联合反力装置

当试桩最大加载重量超过锚桩的抗拔能力时，可在锚桩上或主次梁上配重，由锚桩与堆重共同承受，千斤顶加载反力由于锚桩上拔受拉，采用适当的堆重，有利于控制桩体混凝土裂缝的开展，缺点是由于桁架或梁上挂重堆重，使由桩的突发性破坏所引起的振动、反弹对安全产生不利。

千斤顶应严格进行物理对中，当采用多台千斤顶并联同步工作时，其上下部尚需设置有足够刚度的钢垫箱，并使千斤顶的合力通过试桩中心。

试桩、锚桩（或压重平台支墩边）和基准桩之间的中心距离应符合表 27-2-1 的规定。

试桩、锚桩（或压重平台支墩边）和基准桩之间的中心距离　　　表 27-2-1

反力装置	试桩中心与锚桩中心 （或压重平台支墩边）	试桩中心与基准桩中心	基准桩中心与锚桩中心 （或压重平台支墩边）
锚桩横梁	≥4（3）D 且 >2.0m	≥4（3）D 且 >2.0m	≥4（3）D 且 >2.0m
压重平台	≥4D 且 >2.0m	≥4（3）D 且 >2.0m	≥4D 且 >2.0m
地锚装置	≥4D 且 >2.0m	≥4（3）D 且 >2.0m	≥4D 且 >2.0m

注：1. D 为试桩、锚桩或地锚的设计直径或边宽，取其较大者；

　　2. 如试桩或锚桩为扩底桩或多支盘桩时，试桩与锚桩的中心距尚不应小于 2 倍扩大端直径；

　　3. 括号内数值可用于工程桩验收检测时多排桩基础设计桩中心距离小于 4D 的情况；

　　4. 软土场地堆载重量较大时，宜增大支墩边与基准桩中心和试桩中心之间的距离，并在试验过程中观测基准桩的竖向位移。

2. 仪表和测试元件

荷载测量可用放置在千斤顶上的荷重传感器直接测定，或采用并联于千斤顶油路的压力表或压力传感器测定油压，根据千斤顶率定曲线换算荷载。传感器的测量误差不应大于 1%，压力表精度应优于或等于 0.4 级。试验用千斤顶、油泵、油管在最大加载时的压力不应超过规定工作压力的 80%。重要的桩基试验尚需在千斤顶上放置应力环或荷重传感器实行双控校正。

沉降测量一般采用 30～50mm 标距的百分表或位移传感器，测量误差不大于 0.1% FS，分辨力优于或等于 0.01mm。直径或边宽大于 500mm 的桩，应在其两个方向对称安置 4 个位移测试仪表，直径或边宽小于等于 500mm 的桩可对称安置 2 个位移测试仪表。沉降测定平面离桩顶距离宜在桩顶 200mm 以下位置，且不小于 0.5 倍桩径，测点应牢固地固定于桩身。固定和支承百分表的夹具和横梁在构造上应确保不受气温影响而发生竖向变位。基准梁应具有一定的刚度，梁的一端应固定在基准桩上，另一端应简支于基准桩上。当采用堆载反力装置时，为了防止堆载引起的地面下沉影响测读精度，其基准梁系统尚需用水准仪进行监控。为确保试验安全，特别当试验加载临近破坏时，最好采用遥控沉降读数，一是采用电测位移计；一是采用摄像头对准位移测试仪表读数。

基桩内力测试适用于混凝土预制桩、钢桩、组合型桩，也可用于桩身断面尺寸基本恒定或已知的混凝土灌注桩。对竖向抗压静载试验桩，可得到桩侧各土层的分层侧阻力和桩端阻力；对竖向抗拔静载试验桩，可得到桩侧土的分层抗拔侧阻力；对水平力试验桩，可求得桩身弯矩分布、最大弯矩位置等；对打入式预制混凝土桩和钢桩，可得到打桩过程中桩身各部位的锤击压应力和锤击拉应力。

基桩内力测试宜采用应变式传感器或钢弦式传感器。根据测试目的及要求，宜按表 27-2-2 中的传感器技术、环境特性，选择适合的传感器，也可采用滑动测微计。需要检测桩身某断面或桩底位移时，可在需检测断面设置沉降杆。

传感器技术、环境特性一览表　　　　　　　　　表 27-2-2

类型 特性	钢弦式传感器	应变式传感器	类型 特性	钢弦式传感器	应变式传感器
传感器体积	大	较小	长导线影响	不影响测试结果	需进行长导线电阻影响的修正
蠕变	较小，适宜于长期观测	较大，需提高制作技术、工艺解决	自身补偿能力	补偿能力弱	对自身的弯曲、扭曲可以自补偿
测量灵敏度	较低	较高	对绝缘的要求	要求不高	要求高
温度变化的影响	温度变化范围较大时需要修正	可以实现温度变化的自补偿	动态响应	差	好

传感器宜放在两种不同性质土层的界面处，以测量桩在不同土层中的分层侧阻力。在试验桩桩顶下（不小于 1 倍桩径）应设置一个测量断面作为传感器标定断面。传感器埋设断面距桩顶和桩底的距离不应小于 1 倍桩径。在同一断面处可对称设置 2～4 个传感器，当桩径较大或试验要求较高时取高值。

应变式传感器可视情况采用不同制作方法，对钢桩可采用以下两种方法之一：（1）将应变计用特殊的粘贴剂直接贴在钢桩的桩身，应变计宜采用标距 3～6mm 的 350Ω 胶基箔式应变计，不得使用纸基应变计。粘贴前应将贴片区表面除锈磨平，用有机溶剂去污清洗，待干燥后粘贴应变计。粘贴好的应变计应采取可靠的防水防潮密封防护措施。（2）将应变式传感器直接固定在测量位置。

对混凝土预制桩和灌注桩，应变式传感器的制作和埋设可视具体情况采用以下三种方法之一：（1）在 600～1000mm 长的钢筋上，轴向、横向粘贴四个（二个）应变计组成全桥（半桥），经防水绝缘处理后，到材料试验机上进行应力-应变关系标定。标定时的最大拉力宜控制在钢筋抗拉强度设计值的 60% 以内，经三次重复标定，应力-应变曲线的线性、滞后和重复性满足要求后，方可采用。传感器应在浇筑混凝土前按指定位置焊接或绑扎（泥浆护壁灌注桩应焊接）在主筋上，并满足规范对钢筋锚固长度的要求。固定后带应变计的钢筋不得弯曲变形或有附加应力产生。（2）直接将电阻应变计粘贴在桩身指定断面的主筋上，其制作方法及要求与钢桩上粘贴应变计的方法及要求相同。（3）将应变计或埋入式混凝土应变测量传感器按产品使用要求预埋在预制桩的桩身指定位置。

应变式传感器可按全桥或半桥方式制作，宜优先采用全桥方式。传感器的测量片和补偿片应选用同一规格同一批号的产品，按轴向、横向准确地粘贴在钢筋同一断面上。测点的连接应采用屏蔽电缆，导线的对地绝缘电阻值应在 500MΩ 以上，使用前应将整卷电缆除两端外全部浸入水中 1h，测量芯线与水的绝缘；电缆屏蔽线应与钢筋绝缘；测量和补偿所用连接电缆的长度和线径应相同。电阻应变计及其连接电缆均应有可靠的防潮绝缘防护措施；正式试验前电阻应变计及电缆的系统绝缘电阻不应低于 200MΩ。

不同材质的电阻应变计粘贴时应使用不同的粘贴剂。在选用电阻应变计、粘贴剂和导线时，应充分考虑试验桩在制作、养护和施工过程中的环境条件。对采用蒸汽养护或高压养护的混凝土预制桩，应选用耐高温的电阻应变计、粘贴剂和导线。

电阻应变测量所用的电阻应变仪宜具有多点自动测量功能，仪器的分辨力应优于或等于 $1\mu\varepsilon$，并有存储和打印功能。弦式钢筋计应按主筋直径大小选择。仪器的可测频率范围应大于桩在最大加载时的频率的 1.2 倍。使用前应对钢筋计逐个标定，得出压力（推力）与频率之间的关系。带有接长杆弦式钢筋计可焊接在主筋上，不宜采用螺纹连接。弦式钢筋计通过与之匹配的频率仪进行测量，频率仪的分辨力应优于或等于 1Hz。

当同时进行桩身位移测量时，桩身内力和位移测试应同步。

采用应变式传感器测量时，按下列公式对实测应变值进行导线电阻修正：

采用半桥测量时：$\varepsilon = \varepsilon'\left(1 + \dfrac{r}{R}\right)$

采用全桥测量时：$\varepsilon = \varepsilon'\left(1 + \dfrac{2r}{R}\right)$

式中　ε——修正后的应变值；

　　　ε'——修正前的应变值；

　　　r——导线电阻（Ω）；

　　　R——应变计电阻（Ω）。

采用弦式传感器测量时，将钢筋计实测频率通过率定系数换算成力，再计算成与钢筋计断面处的混凝土应变相等的钢筋应变量。

在数据整理过程中，应将零漂大、变化无规律的测点删除，求出同一断面有效测点的应变平均值，并按下式计算该断面处桩身轴力：

$$Q_i = \overline{\varepsilon_i} \cdot E_i \cdot A_i$$

式中　Q_i——桩身第 i 断面处轴力（kN）；

　　　$\overline{\varepsilon_i}$——第 i 断面处应变平均值；

　　　E_i——第 i 断面处桩身材料弹性模量（kPa），当桩身断面、配筋一致时，宜按标定断面处的应力与应变的比值确定；

　　　A_i——第 i 断面处桩身截面面积（m^2）。

按每级试验荷载下桩身不同断面处的轴力值制成表格，并绘制轴力分布图。再由桩顶极限荷载下对应的各断面轴力值计算桩侧土的分层极限侧阻力和极限端阻力：

$$q_{si} = \frac{Q_i - Q_{i+1}}{u \cdot l_i}$$

$$q_p = \frac{Q_n}{A_0}$$

式中　q_{si}——桩第 i 断面与 $i+1$ 断面间侧阻力（kPa）；

　　　q_p——桩的端阻力（kPa）；

　　　i——桩检测断面顺序号，$i=1, 2, \cdots, n$，并自桩顶以下从小到大排列；

　　　u——桩身周长（m）；

　　　l_i——第 i 断面与第 $i+1$ 断面之间的桩长（m）；

　　　Q_n——桩端的轴力（kN）；

　　　A_0——桩端面积（m^2）。

桩身第 i 断面处的钢筋应力可按下式计算：

$$\sigma_{si} = E_s \cdot \varepsilon_{si}$$

式中　σ_{si}——桩身第 i 断面处的钢筋应力（kPa）；

　　　E_s——钢筋弹性模量（kPa）；

　　　ε_{si}——桩身第 i 断面处的钢筋应变。

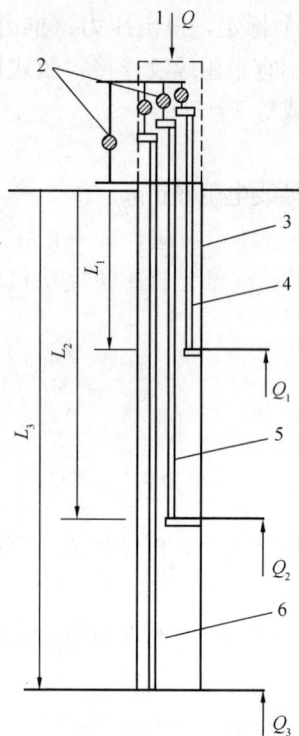

图 27-2-3 测杆式应变计
1—荷载；2—量测测杆趾部相对于桩头处的下沉量时用的千分表；3—空心钢管桩或空心箱形钢柱；4—测桩 1；5—测杆 2；6—测杆 3

沉降杆宜采用内外管形式：外管固定在桩身，内管下端固定在需测试断面，顶端高出外管 100～200mm，并可与固定断面同步位移。沉降杆应具有一定的刚度；沉降杆外径与外管内径之差不宜小于 10mm，沉降杆接头处应光滑。测量沉降杆位移的检测仪器应与前述桩顶沉降的技术要求一致，数据的测读应与桩顶位移测量同步。

当沉降杆底端固定断面处桩身埋设有内力测试传感器时，可得到该断面处桩身轴力 Q_i 和位移 Δ_i，经计算而求应变与荷载。这种方法也是美国材料及试验学会（ASTM）所推荐的。示意图如图 27-2-3 所示。

$$Q_3 = \frac{2AE\Delta_3}{L_3} - Q$$

$$Q_2 = \frac{2AE\Delta_2}{L_2} - Q$$

$$Q_1 = \frac{2AE\Delta_1}{L_1} - Q$$

在桩身端部轴力量测中，也可用扁千斤顶。

法国在桩身内埋元件中，曾采用在试验桩桩体内预留孔洞中安置多点串式应变计，试验后可整串回收，成桩后安装比灌注混凝土时预埋操作简便，尚可回收，试验费用较省。

应变等数据可自动采集打印，为了使整个测试系统量测精度满足试验要求，要防止阳光直照，宜将整个试验装置遮蔽起来。

三、试桩制备、加载与测试

1. 试桩制备

试桩的成桩工艺和质量控制标准应与工程桩一致。试桩的倾斜度不应大于 1%。如属于工程检验性质而做静载试桩，则一定要随机抽样。灌注桩的试桩，应先凿掉桩顶部的破碎层和软弱混凝土，桩头顶面应平整，桩头中轴线与桩身上部的中轴线应重合，桩头主筋应全部直通至桩顶混凝土保护层之下，各主筋应在同一高度上。距桩顶 1 倍桩径范围内，宜用厚度为 3～5mm 的钢板围裹或距桩顶 1.5 倍桩径范围内设置箍筋，间距不宜大于 100mm。桩顶应设置钢筋网片 2～3 层，间距 60～100mm，桩头混凝土强度等级宜比桩身混凝土提高 1～2 级，且不得低于 C30，或以薄钢板圆筒作成加强箍与桩顶混凝土浇成整体，桩顶面用砂浆抹平。对于预制桩的试桩，如因沉桩困难需在砍桩后的桩头上做试验，其顶部要外加封闭箍后浇捣高强细石混凝土予以加强。为安置沉降测点和仪表，试桩顶部露出试坑地面的高度不宜小于 60cm，试坑地面应与桩承台底设计标高一致。

试桩间歇时间，在满足混凝土设计强度的情况下，应满足表 27-2-3 的规定。对于黏土

休止时间　　　　　　　表 27-2-3

土的类别		休止时间 (d)
砂土		7
粉土		10
黏性土	非饱和	15
	饱和	25

注：对于泥浆护壁灌注桩，宜适当延长休止时间。不考虑桩在今后使用中因桩周土沉陷、液化引起的承载力降低问题。

与砂交互层地基可取中间值；对于淤泥或淤泥质土，不应少于 25d。在试验桩间歇期间还应注意试桩区 30m 范围内，不要进行如打桩一类的能造成地下孔隙水压力增高的环境干扰。

2. 加载卸载方法

一般采用慢速维持荷载法，即逐级加载，每级荷载达到相对稳定后，再加下一级荷载，直到试验破坏，然后按每级加荷量的 2 倍卸荷到零。快速维持荷载法，即一般采用 1h 加一级荷载。经与慢速维持荷载法试验对比，上海地区已作了定量分析：快速法极限荷载定值提高的幅度大致为一级或不足一级加荷增量。快速维持荷载法所得极限荷载所对应的沉降值比慢速法的偏小百分之十几。但软土地基中摩擦桩所得的桩顶沉降值，不论用什么试桩方法取得的，通常都不能作为建筑物桩基沉降计算的依据。所以快速维持荷载法仍然可以推荐应用，该法在沿海软土地区已在推广。

当考虑结合实际工程桩的荷载特征，也可采用多循环加、卸载法（每级荷载达到相对稳定后卸荷到零或用等速率贯入法（CRP 法））。此法的加荷速率通常取 0.5mm/min，每 2min 读数一次并记下荷载值，一般加载至总贯入量，即桩顶位移为 50～70mm，或荷载不再增大时为终止。

3. 慢速维持荷载法

（1）试验步骤应符合下列规定：

①每级荷载施加后按第 5min、15min、30min、45min、60min 测读桩顶沉降量，以后每隔 30min 测读一次。

②试桩沉降相对稳定标准：每一小时内的桩顶沉降量不超过 0.1mm，并连续出现两次（从每级荷载施加后第 30min 开始，由三次或三次以上每 30min 的沉降观测值计算）。

③当桩顶沉降速率达到相对稳定标准时，再施加下一级荷载。

④卸载时，每级荷载维持 1h，按第 5min、15min、30min、60min 测读桩顶沉降量；卸载至零后，应测读桩顶残余沉降量，维持时间为 3h，测读时间为 5min、15min、30min，以后每隔 30min 测读一次。

（2）终止加载条件

为了便于应用，提出当出现下列情况之一时，即可终止加载：

①某级荷载作用下，桩顶沉降量大于前一级荷载作用下沉降量的 5 倍。

注：当桩顶沉降能稳定且总沉降量小于 40mm 时，宜加载至桩顶总沉降量超过 40mm。

②某级荷载作用下，桩顶沉降量大于前一级荷载作用下沉降量的 2 倍，且经 24h 尚未达到稳定标准。

③已达加载反力装置的最大加载量。

④已达到设计要求的最大加载量。

⑤当工程桩作锚桩时，锚桩上拔量已达到允许值。

⑥当荷载-沉降曲线呈缓变型时，可加载至桩顶总沉降量 60～80mm；在特殊情况下，可根据具体要求加载至桩顶累计沉降量超过 80mm。

四、试验成果整理

（1）单桩垂直静载试验成果，为了便于应用与统计，宜整理成表格形式。除表格外，还应对成桩和试验过程中出现的异常现象作补充说明。

表 27-2-4 为单桩垂直（水平）静载试验概况表；表 27-2-5 为单桩垂直静载试验记录表；表 27-2-6 为单桩垂直静载试验结果汇总表。

（2）绘制有关试验成果曲线。为了确定单桩的极限荷载，一般绘制 $Q \cdot s$（按整个图形比例横：竖＝2：3，取 Q、s 的坐标比例）、s-$\lg t$、s-$\lg Q$ 曲线以及其他辅助分析所需曲线。

（3）当进行桩身应力、应变和桩端反力测定时，应整理出有关数据的记录表和绘制桩身轴力分布、侧阻力分布、桩端阻力等与各级荷载关系曲线。

单桩垂直（水平）静载试验概况表　　　　表 27-2-4

工程名称		地点				试验单位		
试桩编号		试验起止时间				混凝土浇灌时间		
成桩工艺								
设计尺寸		混凝土	设计			配筋	规格	
实际尺寸		标　号	实际				长度	
加载方式		稳定标准						
		综　合　桩　状　图				试桩平面布置示意图		
层次	土层名称	描述	地质符号		相对标高	桩身剖面		
1								
2								
3								

					土的物理力学指标							
层次	深度 (m)	γ (g/cm³)	w (%)	e	S_r (%)	w_p (%)	I_P	I_L	a_{1-2}	E_s (kPa)	c (kPa)	φ (°)	$[R]$ (kPa)
1												
2												

试验：　　　　　　　　　资料整理：　　　　　　　　　校核：

单桩垂直静载试验记录表　　　　表 27-2-5

试桩号：

荷载 (kN)	观测时间 日/月时分	间隔时间 (min)	读　数					沉降（mm）		备注
			表	表	表	表	平均	本次	累计	

试验：　　　　　　　　　资料整理：　　　　　　　　　校核：

单桩垂直静载试验结果汇总表　　　　表 27-2-6

试桩号：

序　号	荷载（kN）	历时（min）		沉降（mm）	
		本　级	累　计	本　级	累　计

（4）根据单桩轴向受压极限荷载，划分桩侧总极限侧阻力和总极限端阻力，并由此求出桩侧平均极限侧阻力（当进行分层测试时，应求出各层土的极限侧阻力）和极限端阻力。

（5）单桩轴向承压试验的典型 Q-s 曲线见图 27-2-4。

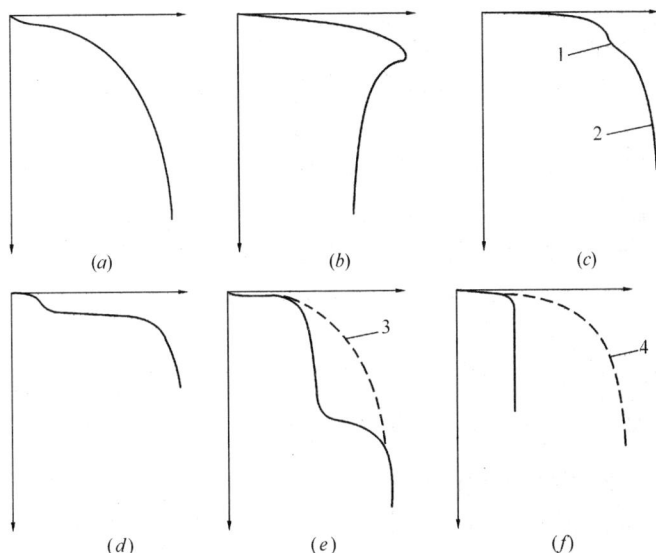

图 27-2-4　Q-s 典型曲线

（a）在软至半硬黏土中或松砂中的摩擦桩；（b）在硬黏土中的摩擦桩；（c）桩端支承在软弱而有孔隙的岩石上，上部曲线—柱底端（趾）下岩石的结构破损；下部曲线—岩体的总剪切破坏；（d）由于地基土隆起，桩端离开了坚硬岩石上的桩座，当被试验荷载压下后，桩又重新支承在岩石上；（e）桩身的裂缝被静载试验下的压荷载闭合；（f）桩身的混凝土被试验荷载完全剪断

1—桩底端（趾）下岩石结构的破损；2—岩体的总剪切破坏；3—正常静载荷试验曲线；4—正常静载荷试验曲线

五、单桩轴向极限荷载的确定

1. 确定极限荷载的准则

确定极限荷载的准则很多，现介绍常用的几种如下：

（1）从荷载-沉降曲线中相互关系来探讨。如出现"陡降段"、"$s_{i+1}/s_i \geqslant 5$"、"$s_{i+1}/s_i \geqslant 2$，24h 后沉降仍未稳定"等。此外，还有 s-$\lg t$、s-$\lg Q$ 曲线等各种关系曲线。

（2）从 Q-s 曲线上的坡度限值来确定极限荷载，如"$\geqslant 0.1\text{mm/kN}$"、"$\geqslant 0.025\text{mm/kN}$"等。

（3）Davisson 极限分析法，将极限荷载定义为 $s_{总} = \dfrac{QL}{EA} + 0.15\text{英寸} + \dfrac{D}{120}$ 所对应的荷载。该法明确提出要计算桩身弹性压缩和考虑桩径的影响概念。

（4）上海地区在长桩和超长桩（$L/D > 100$）使用中提出 $s = s_e + 20\text{mm}$ 相应的荷载作为极限荷载。式中 s_e 为试验桩卸载后桩顶的回弹量。应该说，s 值基本上反映了桩身的弹性压缩量和桩端下土的弹性压缩量（s_e 值系回弹实测得到的）。

2. 单桩极限承载力的确定

工程实践中，单桩静载试验时，可采用下面的规定标准确定极限承载力：

(1) 当 Q-s 曲线的陡降段明显时，取相应于陡降段起点的荷载值。

(2) 对于缓变型 Q-s 曲线一般可取 $s=40\sim60$mm 对应的荷载。

(3) 对于细长桩（$L/D>80$）和超长桩（$L/D>100$）一般可取桩顶总沉降 $s=\dfrac{2QL}{3EA}+20$mm 所对应的荷载或取 $s=60\sim80$mm 对应的荷载。

(4) 根据沉降随时间的变化特征确定极限承载力：取 s-$\lg t$ 曲线尾部出现明显向下弯曲的前一级荷载值。

(5) 对于摩擦型灌注桩取 s-$\lg Q$ 曲线出现陡降直线段的起始点所对应的荷载值。

(6) 对于大直径冲钻孔灌注桩，当桩端压强一样时，桩端直径愈大，其沉降也愈大。DeBeer 曾提出取 $s_b=2.5\%D$ 所对应的荷载为极限荷载。国内也曾提出取 $s=0.03\sim0.06D$（大桩径取低值，小桩径取高值）所对应的荷载为极限荷载，二者的规定，实际上是一致的。

(7) 当抗压静载试验桩顶沉降量尚小时，因受加荷条件限制而提前终止试验，其极限荷载一般仅取最大加荷值。在桩身材料破坏的情况下，其极限承载力可取前一级荷载值。

六、大直径桩钻孔灌注桩测试实例

1. 概况

江苏广电城上部结构为 36 层框筒结构，下部采用大直径 1500mm 钻孔灌注桩。江苏省建筑工程质量检测中心有限公司对施工试桩 S1、S2、S4 三根桩进行单桩静载荷试验，要求最大加载量为 32000kN，三根试桩概况见表 27-2-7。

试 验 桩 概 况 表　　　　　　　　　表 27-2-7

试桩编号	桩长 （m）	桩底标高 （m）	桩顶标高 （m）	混凝土灌注量 （m³）	充盈系数	桩径 （mm）	混凝土 强度等级
S1	28.0	−20.0	9.0	55.9	1.13	1500	C40
S2	30.6	−21.8	8.8	62.2	1.15	1500	C40
S4	34.7	−26.0	8.7	69.9	1.14	1500	C40

2. 试验简介

桩周土层主要情况：

第①₁ 层　杂填土：灰褐色，松散，以碎石、碎砖块为主，夹 20% 的可塑黏性土，该层厚 0.10～3.30m，填龄大于 10 年，整个场区均有分布。

第①₂ 层　素填土：黄褐色—灰褐色，可塑状态，局部软塑状态，主要为填筑粉质黏土，夹有 5%～10% 的碎石、碎砖块及瓦片，层厚 0.40～4.10m，填龄大于 10 年，该层土质不均匀，整个场区均有分布，其层顶标高介于 9.11～11.44m 之间。

第①₃ 层　淤泥：灰黑色，软塑—流塑状态，夹有 10% 的碎石及碎瓦片和腐植物，该层厚 1.00～3.60m，其层顶标高介于 7.91～10.72m。

第②₁ 层　粉质黏土：黄褐色，硬塑状态，无摇振反应，稍有光泽，干强度中等、韧性中等。含有 Fe、Mn 结核及其氧化物，局部含灰白色的黏土条带，偶见虫孔，该层厚 0.00～4.80m，其层顶标高介于 6.98～10.66m。

第②₂层　粉质黏土：黄褐色，可塑状态，局部呈硬塑状态，无摇振反应，稍有光泽，干强度中等，韧性中等。含有少量的 Fe、Mn 结核及其氧化物团块，局部具铁锈浸染，夹有灰白色黏土条带。该层厚 1.10～17.10m，整个场区有分布，其层顶标高介于 3.71～10.84m。

第②₃层　粉土：灰黄色，中密状态，摇振反应迅速，无光泽，干强度低、韧性低。夹有可塑粉质黏土，含白云母碎片。该层呈透镜体状，层厚 0.60～2.60m，其层顶标高介于 -7.08～4.31m。

第②₄层　粉质黏土：黄褐色，硬塑状态，无摇振反应，稍有光泽，干强度中等，韧性中等，含有 Fe、Mn 结核及其氧化物，局部夹有灰白色的黏土条带，底部夹有少量的卵砾石，砾径 3～25mm，该层厚 0.50～6.30m，整个场区均有分布，其层顶标高介于 -8.67～11.92m。

第③层　残积土：砖红色，可塑—硬塑，原岩完全风化成砂土状，夹有未风化的基岩岩屑及少量碎石，砾石径 3～20mm 不等，含量约 5% 左右，该层厚 0.50～10.20m，整个场区均有分布，其层顶标高介于 -8.67～11.92m。

第④₁ₐ层　强风化砾岩、细砂岩：砖红色，岩性以赤山组底砾岩和粉细砂岩，细粒～砾状结构，块状构造，原岩经强烈风化后组织结构已大部分破坏，矿物中的长石经风化呈砂土状，岩芯手捏易碎，岩石为极破碎的极软岩，岩体基本质量等级为 V 级。该层厚 0.50～5.90m，整个场区均有分布，其层顶标高介于 -12.15～1.39m。

第④₁ᵦ层　破碎带（软弱带）：砖红色，松散状态，破碎带主要以粉细砂为主，局部以黏性土为主，含有砾石、粗砂，无胶结，砾石成分主要为石英质、砂岩、长石等，磨圆度较好，少量长石矿物风化后呈砂土状，粒径 2～100mm 不等。该层厚 0.3～14.3m，经钻探揭示及浅层地震成果分析，场区共分布三条，一条近东西向，倾向南西；其余两条为北西向，呈带状向北东倾斜，其层厚为 0.3～14.30m，其层顶标高介于 -36.37～-3.21m。

第④₂ₐ层　中风化细砂岩：砖红色，岩性以白垩系赤山组砂岩为主，局部夹有砾岩。细粒结构，块状构造，裂隙发育，岩石为较破碎-较完整极软岩，岩体质量等级为 V 级。该层厚 0.5～16.80m，其层顶标高介于 -35.75～-4.51m。

第④₂ᵦ层　中风化砾岩夹砂岩：砖红色，岩性以白垩系赤山组底砾岩为主夹薄层粉砂岩，砾状结构，有少量的裂隙，岩石为较完整的软岩，岩体质量等级为 IV 级。砾石成分主要为石英、灰岩及安山岩等，钙质胶结的砾岩中，局部有溶蚀现象，呈孔洞状，洞内附有 $CaCO_3$ 沉淀结晶体，局部砾径可见最大 140m，砾石呈次棱角—次圆状，无分选性，略呈定向排列，倾角约 25°。该层整个场区均有分布，层厚>10m，其层顶标高介于 -45.07～-0.88m。

本试验按《建筑基桩检测技术规范》（JGJ 106—2003）的有关规定进行。本次试验采用压重平台反力装置，主要包括加压部分和桩顶沉降观测部分，静载荷由安装在桩顶的油压千斤顶提供，千斤顶反力由压重平台平衡，桩顶沉降由百分表测量，桩顶设置相应沉降观测点。

试验采用慢速维持荷载法。每级加载值为预估极限承载力 32000kN 的 1/10，即 3200kN，第一级为 1/5。三根试桩加载至试验要求最大加载量即终止加载。

3. 试验结果

试桩 S1、S2 和 S4 的 Q-s 曲线和 s-lg$t$ 曲线分别见图 27-2-5、图 27-2-6 和图 27-2-7。三根试桩的 Q-s 曲线均属于缓变型，实测单桩竖向抗压极限承载力均不小于 32000kN。

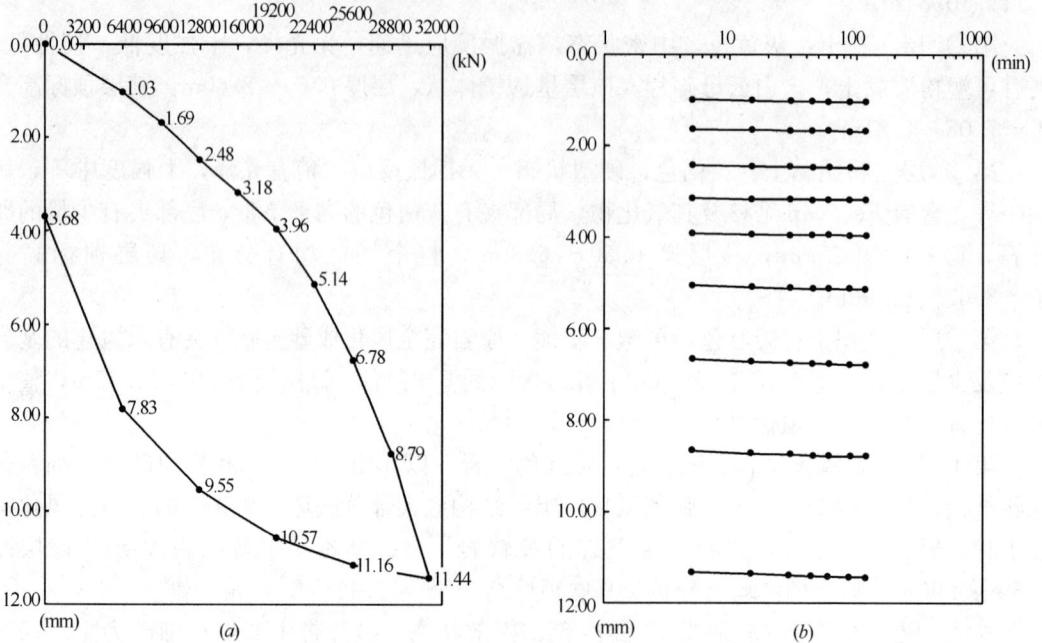

图 27-2-5 试桩 S1 的 Q-s 曲线和 s-lg$t$ 曲线

(a) Q-s 曲线；(b) s-lg$t$ 曲线

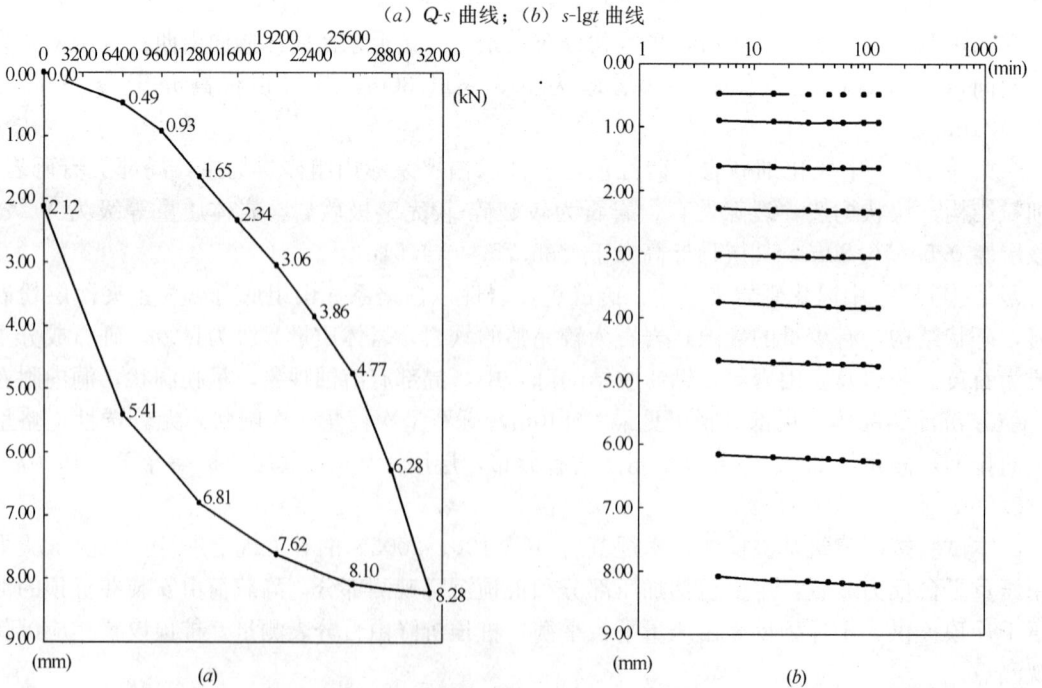

图 27-2-6 试桩 S2 的 Q-s 曲线和 s-lg$t$ 曲线

(a) 桩 Q-s 曲线；(b) 桩 s-lg$t$ 曲线

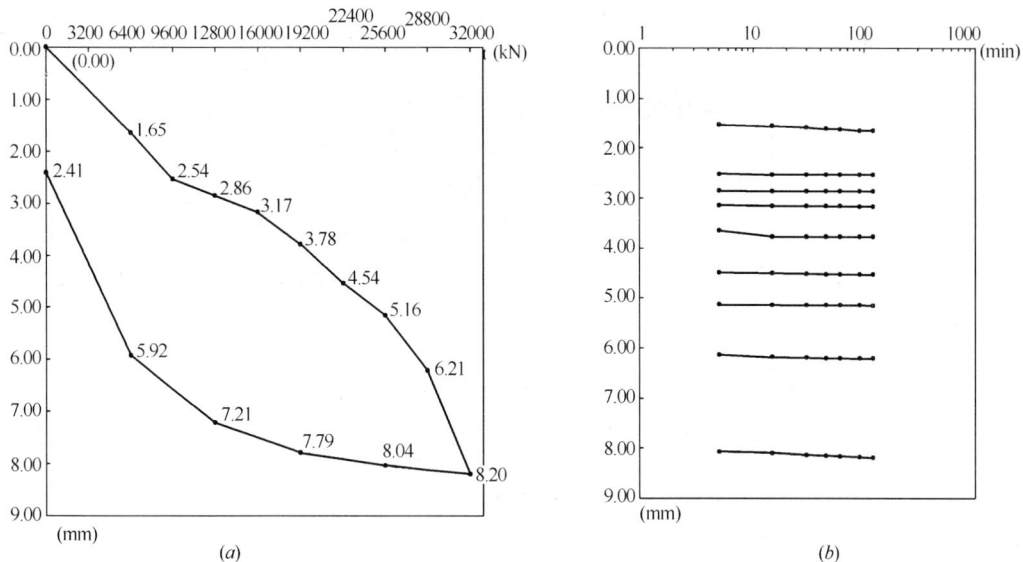

图 27-2-7 试桩 S4 的 Q-s 曲线和 s-$\lg t$ 曲线

（a）桩 Q-s 曲线；（b）桩 s-$\lg t$ 曲线

第三节 特大型桩试桩技术（自平衡法静载试验）

大量高层建筑、特大桥梁的建设对基桩单桩承载力提出很高要求，单桩承载力达到 100000kN，堆载法、锚桩法显然难以满足需要，同时在一些特殊场地，堆载法、锚桩法也无法施展。

用桩侧阻力作为桩端阻力的反力测试桩承载力的概念早在 1969 年就被日本的中山（Nakayama）和藤关（Fujiseki）所提出，称为桩端加载试桩法。20 世纪 80 年代中期类似的技术也为 Cernac 和 Osterberg 等人所发展，其中 Osterberg 将此技术用于工程实践，并推广到世界各地，所以一般称这种方法为 Osterberg-Cell 载荷试验或 O-cell 载荷试验。

在国内，清华大学李广信教授在 1993 年首先将此方法介绍到国内，史佩栋从 1996 年来相继介绍了该方法在国外的应用和发展情况。但是该技术在国外属专利产品，没有相关技术资料报道。东南大学土木工程学院经过努力于 1996 年率先开始工程应用，于 1999 年制定江苏省地方标准《桩承载力自平衡测试技术规程》（DB32/T 291—1999），并获两项国家专利。目前该法在 28 个省市应用，并用于印尼、新加坡、马来西亚、越南等多个国家和地区工程。

迄今为止，国内外上万吨大吨位试桩如表 27-3-1 所示。

国内外上万吨试桩工程表 表 27-3-1

年 份	地 点	试验荷载	年 份	地 点	试验荷载
2005	Incheon Bridge，Seoul	279MN	2004	西堠门大桥，舟山	130MN
2001	Tucson，AZ	151MN	2000	润扬长江大桥，镇江	120MN
2002	San Francisco，CA	146MN			
2002	San Francisco，CA	137MN	2006	荆岳长江公路大桥，岳阳	120MN
1997	Apalachicola River，FL	135MN	2003	苏通长江大桥，南通	100MN

一、测试原理

自平衡试桩法的主要装置是经特别设计的液压千斤顶，也称荷载箱。当千斤顶在灌注桩的底部以上时，可以将几个千斤顶布置在钢筋笼四周，以便导管通过中间浇筑混凝土。连接千斤顶和油泵的油管事先埋设在预制混凝土桩中，或者事先沿着钢筋笼布置固定。

试验时，在地面上通过油泵加压，随着压力增加，荷载箱将同时向上、向下发生变位，促使桩侧阻力及桩端阻力的发挥，见图27-3-1。由于加载装置简单，可同时进行多根桩测试。

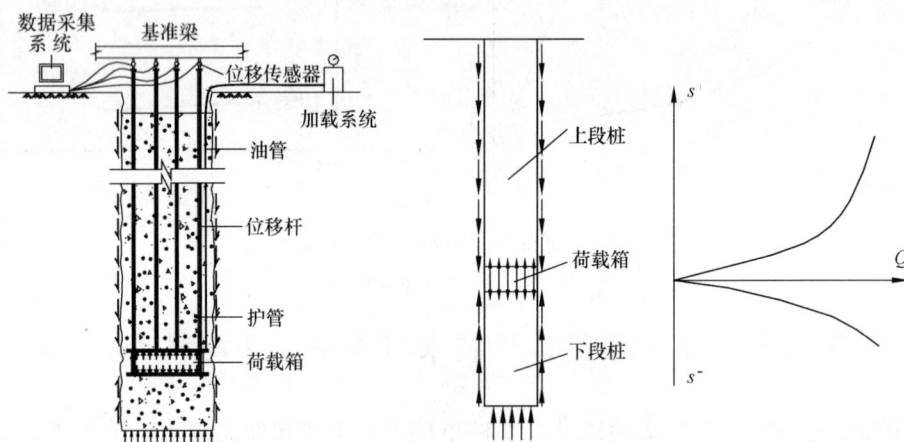

图 27-3-1 桩承载力自平衡试验示意图

采用并联于荷载箱的压力表或压力环测定油压，根据荷载箱率定曲线换算荷载。试桩位移一般布置 4 个百分表或电子位移计测量。采用专用装置分别测定荷载箱向上位移和向下位移。对于直径很大及有特殊要求的桩型，可对称增加各一组位移测试仪表。固定和支承百分表的夹具和基准梁在构造上应确保不受气温、振动及其他外界因素的影响以防止发生竖向变位。因此，根据读数绘出相应的"向上的力与位移图"及"向下的力与位移图"（图27-3-1）及相应的 s-$\lg t$、s-$\lg Q$ 曲线，判断桩承载力、桩基沉降、桩弹性压缩和岩土塑性变形。

桩承载力自平衡法无需笨重的反力架和大量的堆载，装置简单，特点如下：

（1）该法利用桩的侧阻与端阻互为反力，因而可以直接测得侧阻力与端阻力以及各自的荷载-位移曲线。其加载机理与桩的实际工作状态有所不同，加载时，荷载箱上部的桩身向上移动，亦即产生的摩擦力是负摩擦力，检测成果需将其换算成正摩擦力，Q-s 曲线也需作等效转换，但其检测成果信息详细，可分别测得桩侧阻力和端阻力。

（2）该法几乎不受试桩荷载吨位的限制，可以测得大吨位桩基的承载力，使桩基潜力得以合理发挥。其试验能力取决于具体地质条件，只要桩侧阻力足够大，则其最大试验能力几乎不受其他因素限制，目前该方法最大试验荷载达到 279000kN（工程地点：Incheon Bridge，Seoul），我国的舟山西堠门大桥基桩最大试验荷载也已达到 130000kN。

（3）该法对试桩场地条件要求较低。试桩点处只需放置测量沉降的基准梁，占用场地很小，几乎不受场地条件的限制，故该法适用范围广，不但可以在传统堆载法无法进行的水上、坡地、基坑底、狭窄场地等恶劣情况下实现试桩，也可对用传统试桩法难以进行的斜桩、嵌岩桩、抗拔桩等进行测试。

（4）该法装置较简单，试桩过程省力、省钱、省时。测试不需运入数百吨或数千吨物料，不需构筑笨重的反力架，其加载装置主要就是一个特制的荷载箱，没有大量的堆载，也不用专门修建道路、制作加强桩头及平整加固场地；即使荷载箱为一次性投入器件，但其检测费用仍比传统静载试桩法节省 30%～60%，节约比例具体视桩与地质条件而定，一般承载力越高，其优势越明显；其试桩过程尚能与基桩施工基本同步，即在进行基桩混凝土浇筑时可将荷载箱一并埋设，待桩身混凝土达到一定强度（一般混凝土龄期 15d 可达设计强度的 70% 左右），且土体稳定后开始测试；测试时只需几台高压油泵，就可实现多根桩同时测试，加之荷载箱埋入后基本不受天气影响，故总工期可以大大缩短。

（5）该法操作安全可靠。由于其加载装置埋入基桩混凝土内部，地面部分基本没有受力点，故几乎不可能发生安全事故；试验后试桩仍可作为工程桩使用，必要时还可利用预埋管对荷载箱进行压力灌浆。

（6）该法还可应用于基桩研究领域。自平衡静载试桩法的独有特点使下列研究成为可能：

①分别测量桩侧阻力和桩端阻力；

②可测得土阻力的静蠕变和恢复效果，试验荷载能保持任意长时间段，因此可实测桩侧和桩端阻力的蠕变行为的数据，沉桩结束后土阻力的恢复也可在任何时候方便地得到；

③能无限地循环加载；

④能测试任意角度的斜桩；

⑤单独测试嵌岩段，而不包括覆盖层；

⑥荷载能施加在任一指定的区段，如高层建筑常有一至数层地下室，其桩基的有效长度应从地下室地板的底面算起；自平衡法可以克服传统静载试验只能在地面上进行的缺陷，能在基坑挖到设计标高后再做静载试验，从而直接测得有效桩长的承载力。

（7）该法方便重复试验。可在不同的桩端深度（双荷载箱或多荷载箱技术）和同一桩端深度的不同时间（后压浆试桩效果对比），在同一根桩上方便地进行试验。

综上所述，自平衡静载试桩方法与传统静载试桩方法相比至少在下述几个方面具有明显的优势：

（1）实现超大吨位试桩，满足目前大量高层建筑和特大公路桥梁工程基桩很高的单桩承载力的要求；

（2）实现恶劣场地试桩，特别适用于传统静载试桩法难以甚至无法实施的水上试桩、斜坡试桩、深基坑底试桩及狭窄场地试桩等情况；

（3）省力、省钱、省时；

（4）具有强大的研究功能。

二、适用范围

自平衡测桩法适用于淤泥质土、黏性土、粉土、砂土、岩层以及黄土、冻土、岩溶特殊土中的钻孔灌注桩、人工挖孔桩、沉管灌注桩、管桩及地下连续墙基础，包括摩擦桩和端承桩。特别适用于传统静载试桩相当困难的大吨位试桩、水上试桩、坡地试桩、基坑底试桩、狭窄场地试桩等情况。

三、基本过程

试验方法一般采用慢速维持荷载法，即逐级加载，每级荷载作用下，上、下两段桩均达到相对稳定后方可加下一级荷载，直到试桩破坏。当一段桩已达破坏，而另一段桩未破坏时，应继续加至两段桩均破坏，然后分级卸载到零。也可根据实际工程特征，采用多循环加、卸载法。当考虑缩短试验时间，对工程桩作验收试验时，可采用快速维持荷载法，即一般每隔一小时加一级荷载。具体采用哪种加载方式应视设计要求而定。试验的荷载分级、相对稳定标准、位移观测、终止加载条件等与传统试验方法相同。试验中应测读在各级荷载作用下，桩底的向上位移 $s_上$ 和桩底的向下位移 $s_下$，需要时，也可测读桩顶的向上位移 $s_顶$。

以钻孔灌注桩为例，荷载箱焊接于钢筋笼底部，做好输压竖管与顶盖、芯棒与活塞之间的连接工作，然后下放至孔底。荷载箱摆放处一般宜有加强措施，然后灌注混凝土，待混凝土强度等级达到设计要求后进行试桩。

试验中，可能是桩侧土阻力发生破坏，也可能是桩端土阻力发生破坏。一般说来，荷载箱摆放位置应根据地质报告进行估算，当端阻力小于侧阻力时，荷载箱放在桩身平衡点处，使上、下段桩的承载力相等以维持加载；当端阻力大于侧阻力时，可适当增加桩长、桩顶提供一定量的配重或减小桩径。

测试准则、成果整理可按《建筑基桩检测技术规范》(JGJ 106—2003) 有关规定执行。

四、承载机理和极限承载力

自平衡试桩方法的条件与桩的实际工作状态不同，尤其是它的桩身是向上移动的，亦即产生的摩擦力是负摩阻力，那么这种方法所测定的桩的承载力与工作桩的承载力的关系如何？

关于正负摩阻力的问题，一般认为，单桩在抗拔时的负摩阻力是小于在受压时的正摩阻力的。其比值是受地基土的种类、饱和度、加载速度和其他边界条件影响的。在粒状土中，负摩阻力与正摩阻力之比为 0.4～0.5，黏性土可达 0.6～0.8。我国的地基基础规范大体上也是这样规定的。例如，《港工桩基工程规范》(JTJ 222—83) 规定，对于混凝土打入桩，此比值取 0.8，入土较浅时适当降低；《工业与民用建筑灌注桩基础设计与施工规范》(JGJ 4—80) 规定采用 0.4～0.7；《公路桥涵地基与基础设计规范》(JTJ 024—85) 规定取 0.6，《铁路桥涵设计规范》(TBJ 2—85) 规定为 0.6，《送电线路基础设计与施工》规定为 0.6～0.8；《建筑桩基技术规范》(JGJ 94—2008) 规定，对于砂土比值为 0.5～0.7，对于黏性土和粉土为 0.7～0.8 等。

这些研究和规范都表明，抗拔桩的负摩阻力总是小于正摩阻力的。但是，在自平衡试桩法中，桩身受到从下而上的顶压的荷载，这与抗拔桩的负摩阻力还是不同的；而且，桩的实际工作状态一般是侧阻力先发挥一部分，随后是侧阻力与端阻力协调发挥，侧阻力与端阻力一般不会同时达到极限状态，在许多情况下，端阻力较晚发挥到极限；若桩端阻力发挥到极限，桩顶沉降量必定很大，也就是说桩土相对位移很大，这时桩侧阻力已从最大阻力降至"残余阻力"。桩身的上下移动不同，使桩周土中的应力发生变化。数值计算结果表明，在压桩时，接近于垂直方向的最大主应力是增加的，平均主应力也是增加的，其二维应力路径非常接近于三轴压缩试验的应力路径，这必然导致桩的摩擦力增加。在拔桩和顶桩时，接近于垂直方向的主应力是减小的（甚至不一定仍然是大主应力），平均主应力也是减小的，其二维应力路径接近于三轴伸长试验的应力路径，所以摩阻力减小。这个因素可能是造成这种方法测定的承载力不同于实际工作桩的承载力的主要原因。

加载机理不同对试验结果的影响有待进一步研究。国内外对此已做了大量的对比试验。其中日本建筑研究促进会简化试桩方法研究委员会发表了 16 组用自平衡法和用传统静载试验法进行比较研究的结果。它们表明，用两种方法所得桩顶荷载-桩顶位移曲线及桩端荷载-桩端位移曲线均十分接近。我国则将向上、向下摩阻力根据土性划分。对于黏土层，向下摩阻力为（0.6～0.8）倍向上摩阻力；对于砂土层，向下摩阻力为（0.5～0.7）倍向上摩阻力。笔者在同一场地做了 60 多根静载与自平衡法的对比试验，表明黏土中其系数为 0.73～0.90。

因此，参考国内外有关规范，桩的抗压极限承载力 Q_u 取值为：

$$Q_u = \frac{Q_u^+ - G_p}{\gamma} + Q_u^-$$
(27-3-1)

式中　G_p——荷载箱上部桩自重；

γ——系数，对于黏土、粉土，$\gamma = 0.8$，对于砂土，$\gamma = 0.7$；

Q_u^+、Q_u^-——荷载箱上、下段桩极限承载力。

上段桩抗拔极限承载力 Q_u 取值为：

$$Q_u = Q_u^+$$
(27-3-2)

对于工程应用而言，这样的计算已具有足够的精度。

极限承载力对应的桩顶位移应由等效转换方法来确定。

五、荷载箱埋设技术

荷载箱的埋设位置选择是一项关键技术。根据工程实例及试桩经验，归纳出了荷载箱在桩中合理的埋设位置，如图 27-3-2 所示。

图 27-3-2（a）是一般常用位置，即当桩身成孔后先在孔底稍作找平，然后放置荷载箱。此法适用于桩侧阻力与桩端阻力大致相等的情况，或端阻大于侧阻而试桩目的在于测定侧阻极限值的情况。如镇江电厂高炉基础采用钻孔灌注桩，桩预估端阻力略大于侧阻力，荷载箱摆放在桩端进行测试。

图 27-3-2（b）是将荷载箱放置于桩身中某一位置，此时如位置适当，则当荷载箱以下的桩侧阻力与桩端阻力之和达到极限值时，荷载箱以上的桩侧阻力同时达到极限值。如云南阿墨江大桥，荷载箱摆放在桩端上部 25m 处，这样上、下段桩的承载力大致相等，确保测试中顺利加载。值得指出的是，目前美国测试均是将荷载箱放置于桩端，而我国则拓宽了其摆放位置。

图 27-3-2（c）为钻孔桩抗拔试验的情况。由于抗拔桩需测出整个桩身的侧阻力，故荷载箱必须摆在桩端，而桩端处无法提供需要的反力，故将该桩钻深，加大桩侧阻力。如上海吴淞口输电塔大跨越工程，桩长 44m，荷载箱下部再钻深 7m 提供反力。

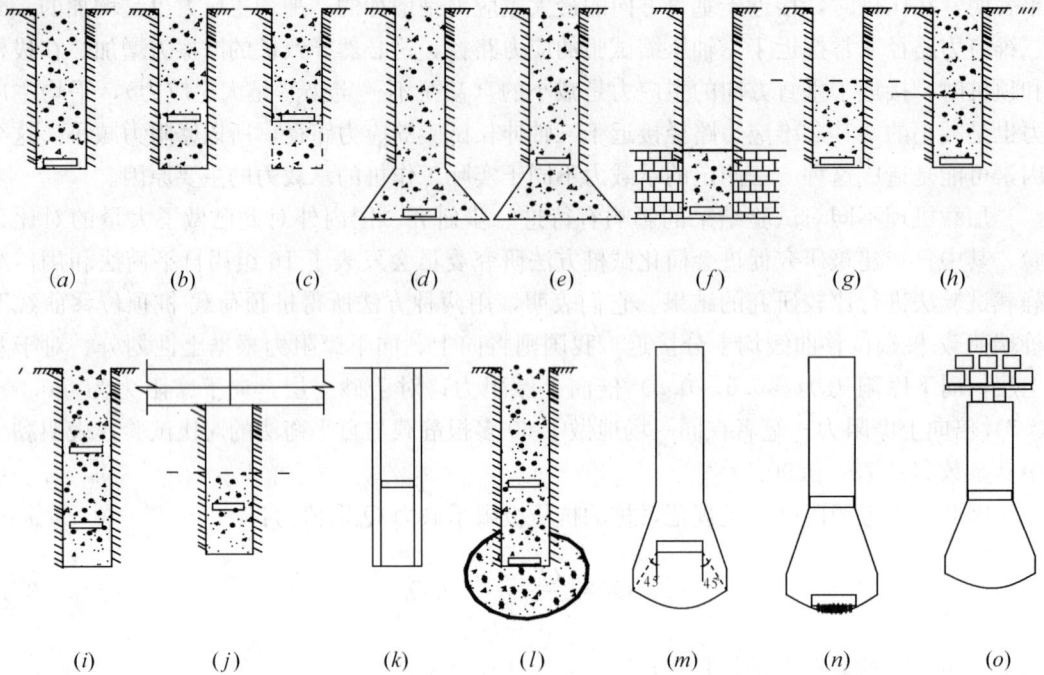

图 27-3-2　荷载箱埋设位置

图 27-3-2 (d) 为挖孔扩底桩抗拔试验的情况。如江苏省电网调度中心基础工程，抗拔桩为挖孔扩底桩，荷载箱摆在扩大头底部进行抗拔试验。

图 27-3-2 (e) 适用于大头桩或当预估桩端阻力小于桩侧阻力而要求测定桩侧阻力极限值时的情况，此时是将桩底扩大，将荷载箱置于扩大头上。如南京北京西路军区安居房工程。该场地地表 5m 下面软、硬岩相交替，挖孔桩侧阻力相当大，故荷载箱置于扩大头上进行测试。南京江浦农行综合楼采用夯扩桩，荷载箱摆在夯扩头上进行测试。

图 27-3-2 (f) 适用于测定嵌岩段的侧阻力与桩端阻力之和。此法所测结果不致于与覆盖土层侧阻力相混。如仍需测定覆盖土层的极限侧阻力，则可在嵌岩段侧阻力与端阻力测试完毕后浇灌桩身上段混凝土，然后再进行试桩。如南京世纪塔挖孔桩工程，设计要求测出嵌岩段侧阻力与端阻力，荷载箱埋在桩端，混凝土浇灌至岩层顶部，设计部门根据测试结果进行扩大头设计。

图 27-3-2 (g) 适用于当有效桩顶标高位于地面以下有一定距离时（如高层建筑有多层地下室情况），此时可将输压管及位移棒引至地面方便地进行测试。如南京电信局多媒体大厦，采用冲击钻孔灌注桩，三层地下室底板距地面 14m，预估该段桩承载力达 8MN，而整桩预估承载力高达 40MN。南京地铁新街口站，底板距地面 23m，有效桩长 27m。浇捣桩身混凝土至底板下部，两工程试桩分别形成 14m、23m 空头桩，测试结果消除了多余上部桩身侧阻力的影响。

图 27-3-2 (h) 适用于需测定两个或以上土层的侧阻极限值的情况。可先将混凝土浇灌至下层土的顶面进行测试而获得下层土的数据，然后再浇灌至上一层土，进行测试，依次类推，从而获得整个桩身全长的侧阻极限值。如江苏省电网调度中心挖孔桩工程。荷载箱摆在桩端，上部先浇 2.5m 混凝土，测出岩石极限侧阻力后，上部再浇混凝土，测桩端

承载力及后浇桩段的承载力。

图 27-3-2（i）采用两只荷载箱，一只放在桩下部，一只放在桩身上部，便可分别测出三段桩极限承载力。如润扬大桥世业洲高架桥钻孔桩，桩径 1.5m，桩长 75m，一只荷载箱距桩顶 63m，另一只荷载箱摆在 20m 处。由于地震液化的影响，上部 20m 的砂土层侧阻力必须扣除。故首先用下面一只荷载箱测出整个桩承载力，间隔 15d 后再用上面一只荷载箱测出上部 20m 桩侧阻力，扣除该部分侧阻力即为该桩实际应用承载力。

图 27-3-2（j）适用于在地下室中进行试桩工程。如 8 层南京下关商厦，该建筑已使用多年，根据需要该楼准备扩建成 28 层，因此在二层地下室内补了多桩钻孔灌注桩，并在地下室内进行了承载力测试，该桩承载力达 18000kN，满足了建筑加层需要。

图 27-3-2（k）为管桩测试示意图，如南京长阳公寓，静压管桩长 36m，直径 0.4m，由三节 12m 桩段组成，首先施工一节管段，待桩压至地面后与荷载箱焊接再施工上二节管段，荷载箱做为桩段的连接件埋入到预定位置处，位移护管则从孔洞中引出地面。

图 27-3-2（l）为双荷载箱或单荷载箱压浆桩测试示意图。下荷载箱摆在桩端首先进行压浆前两个荷载箱测试，求得桩端承载力，然后进行桩端高压注浆再进行两个荷载箱测试，这样就可求得压浆对端阻力，桩承载力提高作用。

图 27-3-2（m）将荷载箱埋设在扩大头里面，使得荷载箱底板两边成 45°扩散覆盖整个扩大头桩端平面，直接测量扩大头桩端全截面端阻力。北京西直门某工程桩径 1.2m，桩端扩大头 1.8m，荷载箱底面距扩大头底面 300mm，荷载箱直接得到桩端承载力 14000kN。

图 27-3-2（n）在人工挖孔扩大头桩中埋设两个荷载箱，上荷载箱用于测量直身桩桩侧阻力，下荷载箱用于测量单位桩端阻力，再换算成整桩端阻力，最后得到整桩承载力。

图 27-3-2（o）在人工挖孔扩大头桩中由于桩侧阻力较小，无法测出上段扩大头端部承载力，这时可在桩顶施加配载提供反力。如云南某工程桩径 1m，扩大头 1.6m，预估极限承载力 7900kN，而上段桩仅能提供 2200kN，这时在上部堆载 200 吨反力进行检测。

总之，荷载箱的位置应根据土质情况、试验目的和要求等予以确定，这不仅有寻找平衡点的理论问题，还有相当重要的实践经验问题。

六、等效转换法

自平衡测试法属于静载试验方法的范畴，虽与传统的静载试验比较在施工方面具有显著的优越性，但传统静载桩在荷载传递、桩土作用机理上与单桩的实际受荷情况基本一致，是目前国内外应用最多，也是最基本可靠的测试方法。

自平衡法测试结果有荷载箱向上、向下两个方向的荷载-位移曲线，而传统静载桩只有桩顶向下的荷载-位移曲线。一般认为自平衡向上的荷载位移曲线反映了桩侧土的受力特性，向下的荷载位移曲线反映了桩端土的受力特性。而静载桩的 Q-s 曲线是桩侧与桩端土受力特性的综合体现。因此分析自平衡法桩上、下桩段的受力特性，将自平衡法测试结果转换成传统静载结果，是该项技术得以推广应用的一个重要问题，而解决这一问题的关键只能是进行足够数量的对比试验。

1. 简化转换方法

竖向受压桩（图 27-3-3a），桩顶受轴向荷载 Q，桩顶荷载由桩侧阻力和桩端阻力共同承担。传统的抗拔桩则有图 27-3-3 (b) 所示的受力机理,即桩顶拉拔力仅由负摩阻力与桩自重来平衡。而自平衡桩(图 27-3-3c),由一对自平衡荷载($Q^+ = Q^-$)施加于自平衡点的下段桩顶和上段桩底,其荷载传递分上、下段桩分析。下段桩,由于荷载箱通常靠近桩端,桩身较短,桩顶荷载由桩端阻力和小部分的桩侧阻力提供;而上段桩桩底的托力由桩侧负摩阻力与桩自重来平衡。虽类似于抗拔桩,但应注意的是由于上托力作用点在上段桩桩底,其桩侧负摩阻力的分布是很不相同的,在极限状态下的负摩阻力要大些。如果以自平衡桩的平衡点作分界,将下段桩视为端承桩,则由自平衡桩承载力等效为静载受压桩(以下简称受压桩)承载力的转换问题,可简化成仅将自平衡桩的上段桩侧负摩阻力转换为相同条件下受压桩的正摩阻力的问题,对此,定义为简化转换法。

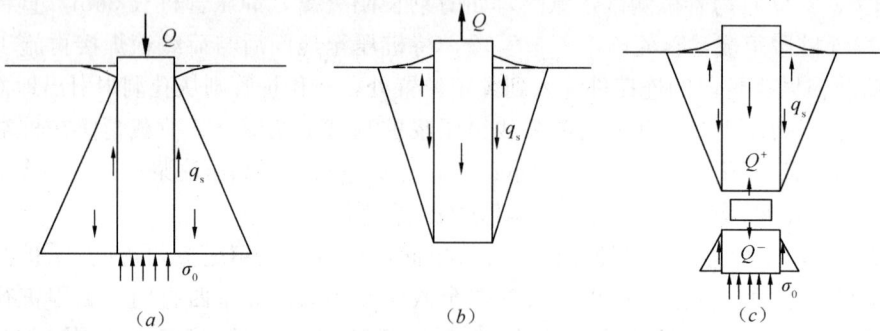

图 27-3-3 荷载传递简图

(a) 受压桩;(b) 抗拔桩;(c) 自平衡桩

根据受压桩受力简图(图 27-3-4),经过一系列理论推导,可以将自平衡法测得的向上、向下两条 Q-s 曲线(图 27-3-5a)转换为受压桩的一条等效桩顶 Q-s 曲线(图 27-3-5b)。此时,受压桩桩顶等效荷载按式(27-3-3)计算,即:

$$Q = K(Q^+ - G_p) + Q^- \qquad (27\text{-}3\text{-}3)$$

与等效桩顶荷载 Q 对应的桩顶位移为 s,则有:

$$s = s^- + \Delta s \qquad (27\text{-}3\text{-}4)$$

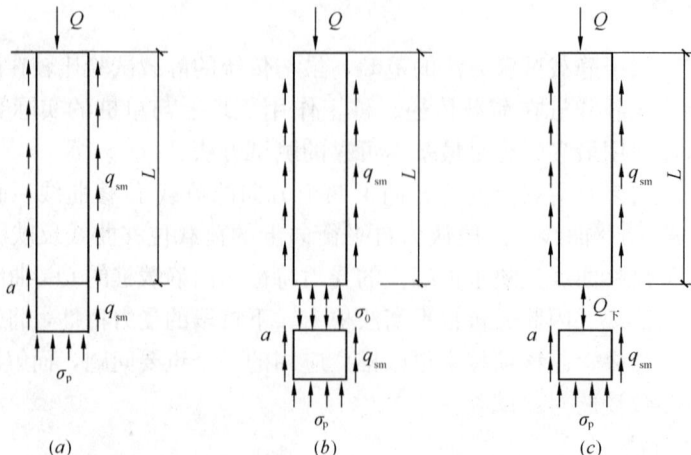

图 27-3-4 受压桩受力简图

$$\Delta s = \frac{\left[K(Q^+ - G_\mathrm{p}) + 2Q^-\right]L}{2E_\mathrm{p}A_\mathrm{p}} \tag{27-3-5}$$

式中　K——自平衡加载桩向静载受压桩的转换系数；

Q^+、Q^-——分别为平衡点处向上及向下的荷载；

　　G_p——上段桩的自重；

　　L——上段桩长度；

　　E_p——为桩身弹性模量；

　　A_p——为桩身截面面积。

根据自平衡测试的 Q-s 曲线的特点：每施加一级荷载，上、下段桩的位移值不同，而与传统静载是一一对应的，根据向上与向下位移相等的原则，由式（27-3-3）和式（27-3-5）对结果进行叠加。根据 $s = s^- + \Delta s = s^+ + \Delta s$ 及算出的阻力 Q 得到传统静载试验桩的一系列数据点（s_i、Q_i，$i = 1, 2, \cdots, n$），从而得到等效的桩顶荷载-位移曲线（图 27-3-5）。

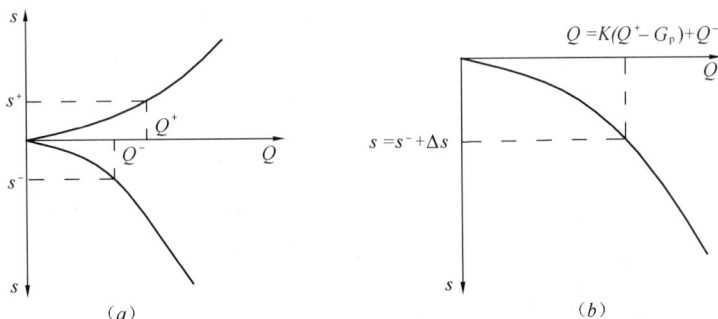

图 27-3-5　Q-s 曲线转换
(a) 自平衡曲线；(b) 等效桩顶加载曲线

在式（27-3-4）和式（27-3-5）中，Q^-、s^- 可直接测定，G_p、Δs 可通过计算求得。对自平衡法而言，每一加载等级由荷载箱产生的向上、向下的力是相等的，但所产生的位移量是不相等的。因此，Q^+ 应该是对应于自平衡法 Q^+-s^+ 曲线中上段桩桩顶位移绝对值等于 s^- 时的上段桩荷载，亦即在自平衡法向上的 Q^+-s^+ 曲线上使 $s^+ = s^-$ 时所对应的荷载（图 27-3-5a）。

东南大学做过 60 多根静载与自平衡试桩对比试验，在此基础上，对 K 的取值进行了分析统计，K 值范围在 0.9～1.5 左右，建议黏土和粉土取 $K = 1.25$，砂土取 $K = 1.4$。

2. 精确转换方法

在桩承载力自平衡测试中，当在桩身埋设测试元件如应变计、应力计时，可以测定荷载箱向上、向下的变位量，桩在不同深度的应变或轴力。通过桩的应变和断面刚度，可以计算出轴向力分布，进而求出不同深度的桩侧阻力，利用桩侧阻力与变位量的关系、荷载箱加载力与向下变位量的关系，通过荷载传递解析方法，可求得桩头荷载对应的荷载-沉降关系。但应该指出的是，即使采用上述方法可得到相对较为精确的结果，但由于自平衡测试中，其桩土发挥机理与传统静载试验时还是存在不同程度的差异，所以通过上述方法获得的还只是相对精确值。

七、工程应用实例

(一) 东南大学江宁九龙湖校区预应力管桩应用实例

1. 工程概况

东南大学江宁九龙湖校区 23 幢学生宿舍楼为底框架、上部砖混结构。工程采用 $\phi500mm$ 预应力混凝土管桩，锤击法沉桩。14 根试桩的规格为 PHC-500（100）AB-C80，4 号、10 号和 11 号试桩采用自平衡测试法，其余试桩采用传统堆载法，部分试桩相关参数见表 27-3-2，试桩主要土层情况见表 27-3-3。

试桩参数一览表　　　　　　　　　　　　表 27-3-2

试桩编号	桩型规格	对应桩孔	桩顶标高 (m)	桩长 (m)	总击数	各节长度 (m)		荷载箱距桩端距离 (m)	预估加载值 (kN)
						下	上		
YSZ3	PHC-500（100）AB	C85	9.75	15.75	736	7	8	—	4000
＊YSZ4	PHC-500（100）AB	C77	9.75	15.75	332	7	8	7	2×1820
YSZ9	PHC-500（100）AB	J53	11.3	18.75	410	7	11	—	4000
＊YSZ10	PHC-500（100）AB	C48	10.0	15.75	225	7	8	7	2×1820
＊YSZ11	PHC-500（100）AB	J43	10.1	18.75	510	7	11	7	2×1820
YSZ12	PHC-500（100）AB	J38	9.7	15.75	346	7	8	—	4000

＊：自平衡法试桩。

试桩主要土层情况　　　　　　　　　　　表 27-3-3

层号	土层名称	天然密度 ρ (g/cm³)	天然含水量 w (%)	黏聚力 c (kPa)	内摩擦角 φ (°)	岩石天然单轴抗压强度标准值 f_{rk} (MPa)	承载力特征值 f_{ak} (kPa)
①	素填土	—	—	—	—	—	—
②-1	粉质黏土	1.90	28.4	54	8.7	—	130
②-2	淤泥质粉质黏土	1.72	46.0	23	3.4	—	60
②-3	粉质黏土	1.90	26.9	46	7.5	—	150
③	粉质黏土	1.94	25.0	92	14.8	—	220
④	残积土	—	—	—	—	—	250
⑤-1	强风化粉砂岩	—	—	—	—	0.5	350
⑤-2	中风化粉砂岩	—	—	—	—	1.9	1400

选取研究生公寓传统堆载试桩 3 根，与自平衡试桩进行对比分析，分别为 YSZ3 和 ＊YSZ4、YSZ9 和 ＊YSZ11、＊YSZ10 和 YSZ12，各组试桩土层分布对比情况见表 27-3-4。

研究生公寓土层相似试桩土层分布情况　　　　　　　　表 27-3-4

试桩编号	分布土层厚度（m）							
	①	②-1	②-2	②-3	③	④	⑤-1	⑤-2
	素填土	粉质黏土	淤泥质粉质黏土	粉质黏土	粉质黏土	残积土	强风化粉砂岩	中风化粉砂岩
YSZ3	—	—	—	—	7.2	2.7	0.8	5.05
*YSZ4	1.45	—	—	2.3	5.4	1.4	1.4	3.8
YSZ9	1.86	—	—	—	13.20	—	3.69	—
*YSZ11	2.10	—	—	—	13.20	2.00	1.45	—
*YSZ10	2.09	0.6	5.00	—	6.20	—	1.86	—
YSZ12	2.98	0.4	4.00	—	5.50	—	2.87	—

*：自平衡法试桩。

2. 荷载箱放置

根据此次试验的土质情况、试验目的和要求，将此次试验的平衡点定在第一节桩与第二节桩结合处，虽然各试桩桩长不同，但从试验结果看，此次试验达到了试验目的，试桩极限承载力满足要求。

3. 测试概况

根据试桩加载情况及相应位移量，可绘制出各试桩的 Q-s 曲线，详见图 27-3-6（仅列出 *YSZ4 和 *YSZ11）。

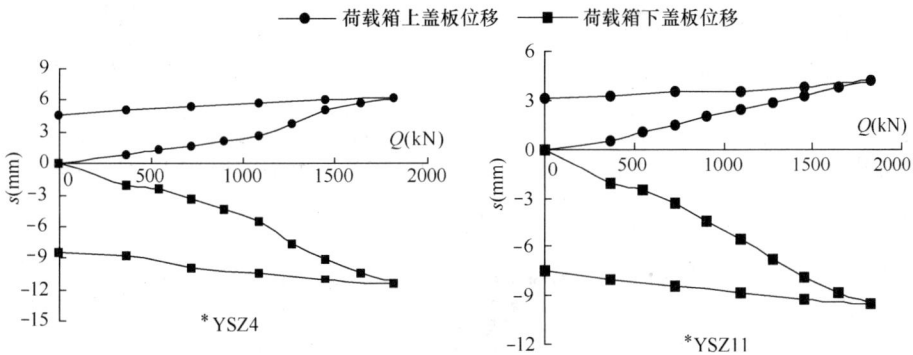

图 27-3-6　测试 Q-s 曲线

4. 测试结果分析

（1）确定极限承载力

按《桩承载力自平衡测试技术规程》（DB32/T 291—1999）确定自平衡试桩的极限承载力：

试桩 *YSZ4 和 *YSZ10，$Q_{ul} = K(Q_u^+ - G_p) + Q_u^- = 1.25 \times [1820 - \pi \times (0.25^2 - 0.15^2) \times 8 \times 24.5] + 1820 = 4064\text{kN}$

试桩 *YSZ11，$Q_{ul} = 1.25 \times [1820 - \pi \times (0.25^2 - 0.15^2) \times 11 \times 24.5] + 1820 = 4053\text{kN}$

由计算结果可知，试桩承载力均大于 4000kN，满足设计要求。

（2）向传统静载荷试验结果的等效转换

按规程 $K = 1.25$ 转换得试桩 *YSZ4、*YSZ10 和 *YSZ11 的等效转换桩顶 Q-s 曲线，

同 YSZ3、YSZ12 和 YSZ9 的堆载测试桩顶曲线同时列入图 27-3-7。

通过计算发现，堆载试桩 YSZ3、YSZ12 和 YSZ9 实测桩顶沉降量只是稍大于这几根桩按加载极限值计算的桩身弹性压缩变形量，这说明桩端位移量较小、桩端阻力发挥较少。而自平衡测试法荷载箱位于桩身下段，可使桩端位移充分发挥，由此可测得下段桩的侧阻力和桩端阻力。自平衡试桩* YSZ4、* YSZ10 和* YSZ11 等效转换的桩顶 Q-s 曲线上，每级荷载下的位移将大于堆载试桩的桩顶 Q-s 曲线相应每级荷载下的位移。虽然传统静载试桩与自平衡法试桩在加荷前期桩的侧阻力和端阻力比例不一致，但在接近于桩承载力极限状态时，桩的荷载传递性状会比较吻合，由此测得的自平衡试桩的等效转换曲线会与传统堆载曲线较一致。利用数值计算软件 Mathematica 编制程序对试桩进行拟合，对* YSZ4和 YSZ3 试验结果进行最小二乘法拟合，反推 K，得到 $K=1.39$，对* YSZ11 和 YSZ9 的试验结果进行拟合，得到 $K=1.45$，对 YSZ12 和* YSZ10 的试验结果进行拟合，得到 $K=1.49$。以此拟合系数按上述方法转换得试桩* YSZ4、* YSZ10 和* YSZ11 的等效转换的桩顶 Q-s 曲线亦列入图 27-3-7。

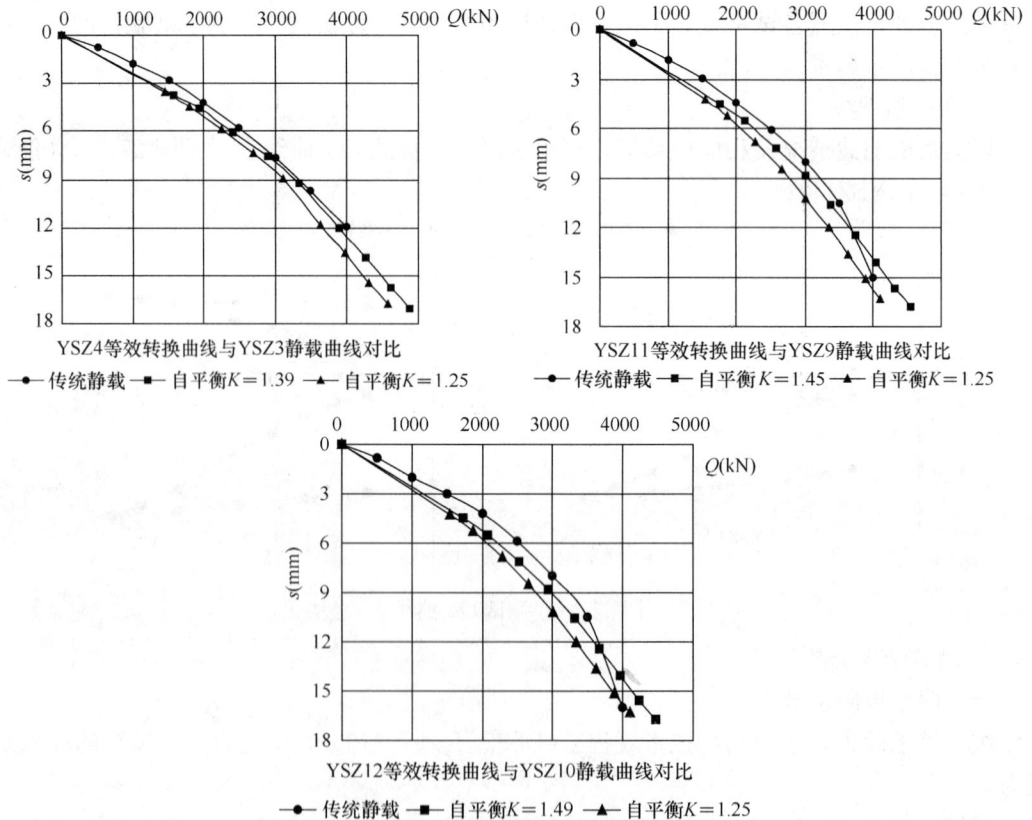

图 27-3-7 自平衡与传统静载测试结果对比

从图 27-3-7 中等效转换曲线与静载曲线的对比可以看出，6 根桩的 Q-s 线性相似，均呈缓变型，当加载到 3800~4000kN 时，没有出现明显的向下转折段，也没有出现第二拐点，这说明承载力未达到极限状态。由图 27-3-7 可知，用自平衡方法等效转换得到的桩顶 Q-s 曲线能得出管桩使用过程中的沉降，如测试未达到桩的极限承载力，则转换曲线的沉降结果偏于安全。

（3）极限承载力分析

按拟合等效转换系数确定自平衡部分试桩的极限承载力如下：

试桩* YSZ4，$Q_{u2} = 1.39 \times [1820 - \pi \times (0.25^2 - 0.15^2) \times 8 \times 24.5] + 1820$
$$= 4303\text{kN}$$

试桩* YSZ10，$Q_{u2} = 1.45 \times [1820 - \pi \times (0.25^2 - 0.15^2) \times 8 \times 24.5] + 1820$
$$= 4423\text{kN}$$

试桩* YSZ11，$Q_{u2} = 1.49 \times [1820 - \pi \times (0.25^2 - 0.15^2) \times 11 \times 24.5] + 1820$
$$= 4481\text{kN}$$

由此可得，在此试桩场地按拟合等效转换系数确定的试桩极限承载力大于《规程》所得的极限承载力，误差分别为 5.55%、8.12%、9.55%，因此按《规程》（DB32/T 291—1999）确定的极限承载力安全可靠，误差也相对较小，满足工程实际需要。

（二）钻孔灌注桩应用——上海长江大桥

1. 工程概况

上海长江大桥全长 16.55km（跨江部分约长 8.5km），长兴岛大堤至崇明岛大堤之间水域全长 8.5km，非通航孔总长约 6.62km，占全部水上段的 78%，二侧引桥陆上段总长约 1.1km，全桥设一个主通航孔和一个辅通航孔。

本次试验采用自平衡静载试桩法，选取了主桥的 F 组 61 号试桩、62 号试桩，为得到试桩的极限承载力、桩端阻力以及桩侧各土层的极限侧阻力，本次试验每根试桩均采用双荷载箱，且在各土层截面位置埋设了钢筋计。各试桩主要参数见表 27-3-5。

试桩场地各土层性质依次如下：①$_1$ 层填土；①$_2$ 层江底淤泥；②$_3$ 层灰黄—灰色砂质粉土批；④层，灰色淤泥质黏土；⑤$_{1-1}$ 层，灰色黏土；⑤$_{1-2}$ 层，灰色粉质黏土夹粉土；⑤$_2$ 层，灰色黏质粉土；⑦$_1$ 层，灰色砂质粉土；⑦$_t$ 层，灰色粉质黏土夹粉土；⑦$_2$ 层，灰色粉砂；⑨$_1$ 层灰色砂质粉土与粉质黏土互层；⑨$_2$ 层，灰黄—灰色含砾粉细砂；⑨$_{2t}$ 层，灰—灰绿色粉质黏土；⑩层，灰褐—兰灰色粉质黏土；⑪层，灰色含砾粉砂；⑪$_t$ 层，灰褐色粉质黏土；⑫层灰绿—草黄色粉质黏土。

自平衡试桩有关参数　　　　　　　　　　　　　表 27-3-5

试桩编号	桩径（m）	桩顶标高（m）	桩底标高（m）	桩长（m）	荷载箱标高（m）	
					上荷载箱	下荷载箱
F 组 61 号试桩	2.5～3.2	−2.00	−109.85	107.85	−78.0	−106.85
F 组 62 号试桩	2.5～3.2	−2.00	−106.85	104.85	−76.0	−103.85

各试桩桩顶和桩底标高，上、下荷载箱及钢筋计的埋设位置如图 27-3-8～图27-3-9 所示。

在压浆前的测试进行完毕后，采用声测管进行直管压浆，压浆工艺施工正常，压浆时最大压浆压力和压浆量如表 27-3-6 所示。

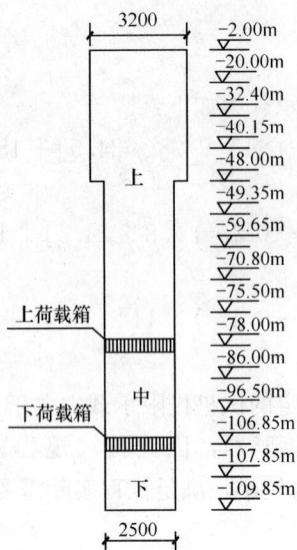

图 27-3-8 F 组 61 号试桩各位置标高

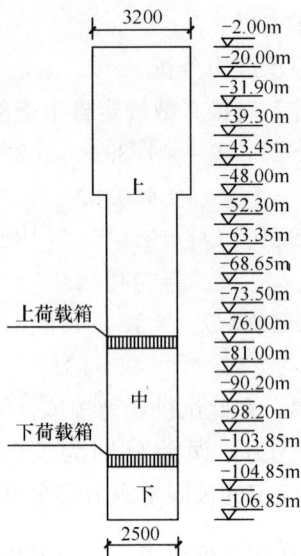

图 27-3-9 F 组 62 号试桩各位置标高

2. 测试状况

（1）F 组 61 号试桩（压浆前）

下荷载箱测试于 2005 年 12 月 10 日进行，加载至第 3 级荷载（2×5400kN），向下位移出现突变，位移迅速增加至 89.69mm，停止加载。下段桩极限承载力取第 2 级荷载值 4050kN。

各试桩压浆情况汇总表

表 27-3-6

试桩编号	最大压力（MPa）	压浆量（m³）
F 组 61 号试桩	7.5	8.00
F 组 62 号试桩	3.7	8.20

上荷载箱测试于 2005 年 12 月 11 日进行，此时下荷载箱打开，加载至第 9 级荷载（2×27000kN），向下出现陡变，位移达 33.70mm，关闭下荷载箱继续加载。加载至第 13 级荷载（2×37800kN），上段桩（a 段）向上位移增大出现陡变，上段桩被抬起来，向上位移达到 45.80mm，向下位移达到 119.70mm，停止加载。中段桩极限承载力取第 8 级荷载值 24300kN，上段桩极限承载力取第 12 级荷载值 35100kN。

（2）F 组 61 号桩（压浆后）

下荷载箱测试于 2006 年 1 月 6 日进行，上荷载箱打开，加载至第 15 级荷载（2×43200kN），向下位移达到 51.29mm。继续加载至第 16 级荷载（2×45900kN），位移为 89.57mm，停止加载。下段桩极限承载力取第 14 级荷载值 43200kN。

上荷载箱测试于 2006 年 1 月 8 日进行，加载至第 14 级荷载（2×40500kN），向上位移出现陡变，位移达到 54.35mm，向下位移 24.74mm，上段桩被抬起，故停止加载。上段桩极限承载力取第 13 级荷载值 37800kN，中段桩极限承载力取第 14 级荷载值 40500kN。

（3）F 组 62 号试桩（压浆前）

下荷载箱测试于 2006 年 1 月 11 日进行。加载至第 9 级荷载（2×13500kN），向下位移达到 46.42mm，且压力无法稳定，为了便于进行中段桩测试，继续加载至第 11 级荷载

（2×16200kN），向下位移 90.69mm，停止加载。下段桩极限承载力取第 8 级荷载值 12150kN。

上荷载箱测试于 2006 年 1 月 12 日进行，此时下荷载箱打开，加载至第 9 级荷载（2×27000kN），向下出现陡变，位移 60.28mm，关闭下荷载箱继续加载至第 10 级荷载（2×29700kN），上段桩（a 段）向上位移增大出现陡变，上段桩被抬起，向上位移达到 58.24mm，向下位移达到 63.51mm，停止加载。中段桩极限承载力取第 8 级荷载值 24300kN，上段桩极限承载力取第 9 级荷载值 27000kN。

（4）F 组 62 号试桩（压浆后）

根据压浆前的测试结果，对压浆后测试顺序进行了调整，先进行上荷载箱测试，后进行下荷载箱测试。

上荷载箱测试于 2006 年 2 月 8 日进行，加载至第 11 级荷载（2×32400kN），向上位移出现陡变位移达到 75.38mm，向下位移 9.25mm，上段桩被抬起，停止加载。上段桩极限承载力取第 10 级荷载值 29700kN。

下荷载箱测试于 2006 年 2 月 9 日进行，上荷载箱打开，加载至第 14 级荷载（2×40500kN），向下位移 145.50mm，向上位移达到 36.56mm，停止加载。中段桩极限承载力取第 14 级荷载值 40500kN，下段桩极限承载力取第 13 级荷载值 37800kN。

3. 压浆效果分析

（1）等效转换对比分析

等效转换法是通过桩的应变和断面刚度计算出轴向力分布，进而求出不同深度的桩侧阻力，利用荷载传递解析方法，将桩侧阻力与变位量的关系、荷载箱荷载与向下变位量的关系，换算成桩顶荷载对应的荷载-沉降关系，按精确等效转换方法计算，等效转换总承载力、桩侧阻力和桩端阻力的构成及其分布关系如表 27-3-7～表 27-3-8、图 27-3-10～图 27-3-15 所示。

61 号试桩承载力及构成比例　　　　　　　　　　　表 27-3-7

工　况	压　浆　前		压　浆　后	
	数　值	比　例	数　值	比　例
桩侧阻力（kN）	50535	91.4%	66737	60.7%
桩端阻力（kN）	4725	8.6%	43200	39.3%
桩顶荷载（kN）	55260	—	109937	—

62 号试桩承载力及构成比例　　　　　　　　　　　表 27-3-8

工　况	压　浆　前		压　浆　后	
	数　值	比　例	数　值	比　例
桩侧阻力（kN）	42320	74.0%	61119	61.8%
桩端阻力（kN）	14850	26.0%	37800	38.2%
桩顶荷载（kN）	57170	—	98919	—

由图 27-3-10 和图 27-3-12 可知，F 组 61 号试桩压浆后总承载力提高了 98.9%，F 组

62号试桩压浆后总承载力提高了73.0％，且压浆后等效转换曲线比压浆前等效转换曲线平缓，后压浆工艺对提高桩承载力及桩身荷载传递性状效果显著。

（2）桩端阻力对比分析

各试桩压浆前、后桩端阻力-位移对比曲线如图27-3-12～图27-3-13所示。

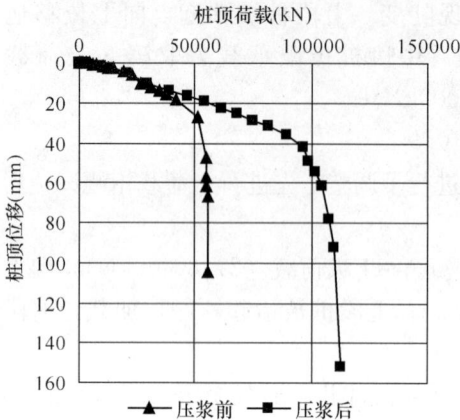

图 27-3-10　61号试桩压浆前后
等效转换对比曲线

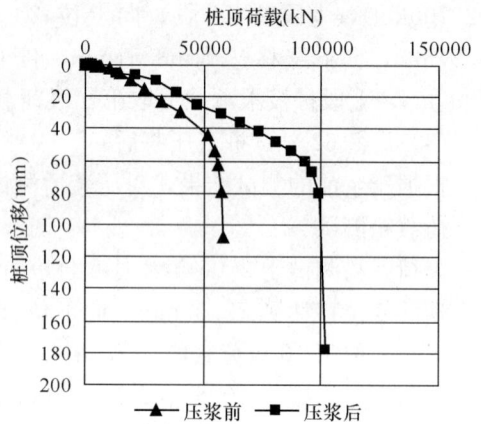

图 27-3-11　62号试桩压浆前后
等效转换对比曲线

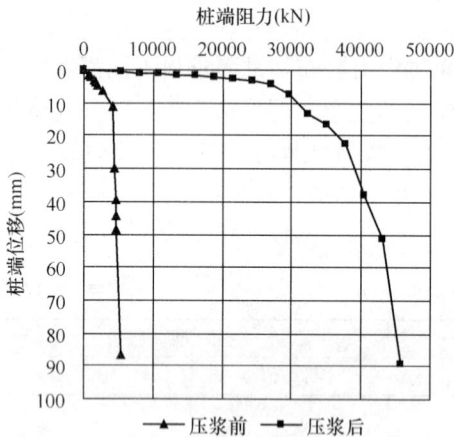

图 27-3-12　61号试桩压浆前后桩端阻力-
位移对比曲线

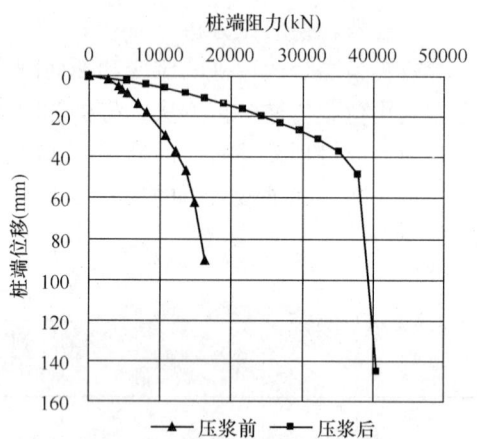

图 27-3-13　62号试桩压浆前后桩端阻力-
位移对比曲线

　　F组61号试桩压浆后桩端阻力比压浆前提高了814.3％，F组62号试桩压浆后桩端阻力比压浆前提高了154.5％。在F组61号试桩压浆前下荷载箱的测试中，当加载到第3级荷载2×5400kN时，向下位移较大，且无法稳定，这是由于这根试桩在成孔完毕后70多个小时才开始浇筑混凝土，泥浆的长时间浸泡致使桩底沉渣过厚，从而导致桩端阻力很小。桩端压浆后水泥浆与各试桩桩底沉渣及桩周土发生物理化学作用，形成强度较高的水泥土，在一定程度上减小沉渣的影响，桩身荷载传递性状得到改善，且随着水泥土强度的逐步提高，可以推断桩端阻力还会得到进一步的提高。

　　（3）桩侧摩阻力对比分析

　　各试桩压浆前、后平均桩侧阻力-位移曲线如图27-3-14～图27-3-15所示。

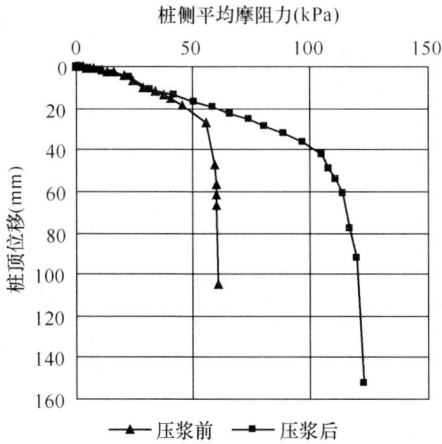

图 27-3-14　61 号试桩压浆前后桩侧平均
极限摩阻力-桩顶位移对比曲线

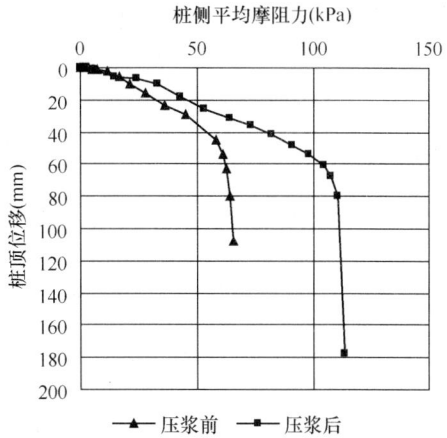

图 27-3-15　62 号试桩压浆前后桩侧平均
极限摩阻力-桩顶位移对比曲线

由上述各图可见，各试桩压浆后桩身平均侧阻力较压浆前也有了很大提高，这是由于水泥浆沿着桩身向上渗透，对桩侧泥皮及桩周土进行了置换、劈裂、挤密等作用，消除了一定范围内泥皮的影响，提高了桩周土性状，且根据预埋钢筋计读数可计算出各土层极限侧阻力，桩端以上附近土层压浆前、后极限侧阻力如表 27-3-9 所示。

各试桩压浆前、后桩端处各土层极限侧阻力　　　　　　　　　　表 27-3-9

试桩编号	土（岩）层名称	标高（m）	压浆前实测最大侧阻力（kPa）	压浆后实测最大侧阻力（kPa）
F 组 61 号试桩	灰-灰绿色粉质黏土	−75.5～−78.0m	97.85	103.75
	灰-灰绿色粉质黏土	−78.0～−86.0m	103.75	165.22
	灰-灰绿色粉质黏土	−86.0～−96.5m	102.85	161.42
	灰色含砾粉砂	−96.5～−106.85m	114.41	171.31
F 组 62 号试桩	灰褐-兰灰色粉质黏土	−76.0～−81m	109.64	180.58
	灰褐色粉质黏土	−81～−90.2m	106.75	182.01
	灰褐色粉质黏土	−90.2～−98.2m	110.54	188.00
	灰褐色粉质黏土	−98.2～−103.85m	120.24	190.30

由于水泥浆上渗作用，桩土接触界面性状得到改善，在水泥土上渗范围内，桩侧土体极限侧阻力均有提高，但在桩端后压浆工艺的效果中，在总承载力提高值中端阻提高还是占主要部分的，由最后等效转换结果可知：压浆后，F 组 61 号试桩总承载力提高了54676kN，其中端阻提高了 38475kN，占总承载力提高值的 70.4%，桩侧阻力提高了16201kN，占总承载力提高值的 29.6%；F 组 62 号试桩总承载力提高了 41749kN，其中端阻提高了 22950kN，占总承载力提高值的 55.0%，桩侧阻力提高了 18799kN，占总承载力提高值的 45.0%。

第四节　单桩竖向抗拔静载试验

一、概述

在上拔荷载作用下，桩身将荷载以侧阻力的形式传递到周围土中，初始阶段，上拔阻力主要由浅部土层提供，桩身的拉应力主要分布在桩的上部；随着上拔位移量的增加，桩身应力逐渐向下扩展，桩的中、下部的上拔土阻力逐渐发挥。当桩端位移量超过某一数值（通常为 6~10mm）时，就可以认为整个桩身的土层抗拔阻力达到极限，其后就会下降。此时，如果继续增加上拔荷载，就会产生破坏。

承受上拔荷载单桩的破坏形态可归纳为图 27-4-1 所示的几种形态。

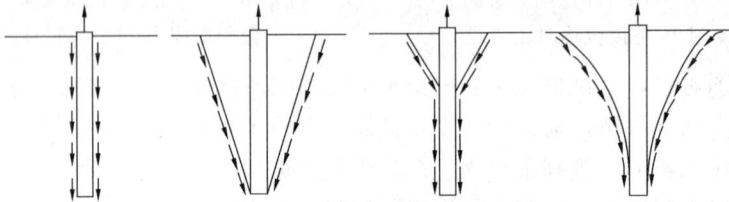

图 27-4-1　竖向抗拔荷载作用下单桩的破坏形态

一般认为，桩的最大抗拔土阻力与桩顶位移之间的关系比较固定，基本上与桩径无关。

影响单桩竖向抗拔承载力的因素主要有以下几个方面：

（1）桩周围土体的影响

桩周土的性质、抗剪强度、侧压力系数和应力历史等都会对抗拔承载力产生一定的影响。一般说来，在黏土中，桩的极限侧阻力与土的不排水抗剪强度接近；在砂土中，极限侧阻力可用有效应力法来估计，抗剪强度越大，极限侧阻力也就越大。

（2）桩自身因素的影响

桩侧表面的粗糙程度越大，则桩的抗拔承载力就越大，且这种影响在砂土中比在黏土中更明显；此外，桩截面形状、桩长、桩的刚度和桩材的泊松比等都会对单桩竖向抗拔承载力产生不同程度的影响。有试验证明，粗糙侧表面桩的抗拔极限承载力是光滑表面桩的1.7 倍。

（3）施工因素的影响

在施工过程中，桩周土体的扰动、打入桩中的残余应力、桩身完整性、桩的倾斜角度等也将影响单桩竖向抗拔承载力的大小。

（4）休止时间的影响

另外，桩顶的加载方式、荷载维持时间、加卸载过程等都对抗拔承载力有影响。

二、仪器设备

单桩竖向抗拔静载试验设备主要由主梁、次梁（适用时）、反力桩或反力支承墩等反力装置，千斤顶、油泵加载装置，压力表、压力传感器或荷重传感器等荷载测量装置，百分表或位移传感器等位移测量装置组成，下面分别进行介绍。

1. 反力装置

抗拔试验反力装置宜采用反力桩（或工程桩）提供支座反力，也可根据现场情况采用天然地基提供支座反力；反力架系统应具有不小于 1.2 倍的安全系数。

采用反力桩（或工程桩）提供支座反力时，反力桩顶面应平整并具有一定的强度。为保证反力梁的稳定性，应注意反力桩顶面直径（或边长）不宜小于反力梁的梁宽，否则，应加垫钢板以确保试验设备的稳定性。

采用天然地基提供反力时，两边支座处的地基强度应相近，且两边支座与地面的接触面积宜相同，施加于地基的压应力不宜超过地基承载力特征值的 1.5 倍，避免加载过程中两边沉降不均造成试桩偏心受拉，反力梁的支点重心应与支座中心重合。

用于加载的油压千斤顶的安装有两种方式：一种是千斤顶放在试桩的上方、主梁的上面，适用于一个千斤顶的情况，特别是穿心张拉千斤顶，如图 27-4-2（a）所示；当采用二台以上千斤顶加载时，应采取一定的安全措施，防止千斤顶倾倒或其他意外事故发生。另一种是将两个千斤顶分别放在反力桩或支承墩的上面，如图 27-4-2（b）所示，通过"抬"的形式对试桩施加上拔荷载。对于大直径、高承载力的桩，宜采用后一种形式。

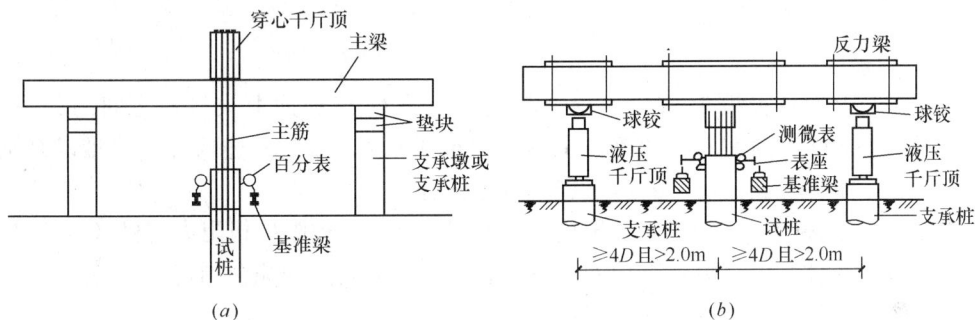

图 27-4-2　抗拔试验装置示意图

2. 荷载测量

荷载测量一是通过放置在千斤顶上的荷重传感器直接测定，二是通过并联于千斤顶油路的压力表或压力传感器测定油压，根据千斤顶率定曲线换算荷载。在选择千斤顶和压力表时，应注意量程问题，特别是对试验荷载较小的试验桩，当采用"抬"的形式时，应选择相适应的小吨位千斤顶，避免"大秤称轻物"。对于大直径、高承载力的试桩，可采用两台及两台以上千斤顶加载，但为了避免受检桩偏心受荷，千斤顶型号、规格应相同，且应并联同步工作。

3. 上拔量测量

桩顶上拔量测量平面必须在桩顶或桩身位置，安装在桩顶时应尽可能远离主筋，严禁在混凝土桩的受拉钢筋上设置位移观测点。为防止支座处地基沉降对基准梁的影响，一是应使基准桩与反力支座、试桩各自之间的间距满足有关规定（与单桩抗压静载试验相同），二是基准桩需打入试坑地面以下一定深度（一般不小于 1m）。

4. 检测技术

单桩竖向抗拔静载试验宜采用慢速维持荷载法。需要时，也可采用多循环加、卸载方法。

（1）慢速维持荷载法的加卸载分级、上拔量的测量及变形相对稳定标准与竖向抗压静载试验基本相同。需要注意的是，加、卸载时应使荷载传递均匀、连续、无冲击，每级荷载在维持过程中的变化幅度不得超过分级荷载的±10％。试验时应注意观察桩身混凝土开裂情况。

（2）终止加载条件

当出现下列情况之一时，可终止加载：

①在某级荷载作用下，桩顶上拔量大于前一级上拔荷载作用下的上拔量的5倍。

②按桩顶上拔量控制，当累计桩顶上拔量超过100mm时。

③按钢筋抗拉强度控制，钢筋应力达到钢筋强度标准值的0.9倍。

④对于验收抽样检测的工程桩，达到设计要求的最大上拔荷载值。

如果在较小荷载下出现某级荷载的桩顶上拔量大于前一级荷载下的5倍时，应综合分析原因。若是试验桩，必要时可继续加载。当桩身混凝土出现多条环向裂缝后，其桩顶位移会出现小的突变，而此时并非达到桩侧土的极限抗拔力。

（3）试验资料的收集与记录可参照竖向抗压试验的有关规定执行。

三、检测数据分析

1. 抗拔极限承载力

判定单桩竖向抗拔极限承载力应绘制上拔荷载 U 与桩顶上拔量 δ 之间的关系曲线（U-δ）和上拔量 δ 与时间对数之间的曲线（δ-$\lg t$ 曲线）。但当上述两种曲线难以判别时，可辅以 δ-$\lg U$ 曲线或 $\lg U$-$\lg \delta$ 曲线，以确定拐点位置。

单桩竖向抗拔静载试验确定的抗拔极限承载力是土的极限抗拔阻力与桩（包括桩向上运动所带动的土体）的自重标准值两部分之和，可按下列方法综合判定：

（1）根据上拔量随荷载变化的特征确定

对陡变型 U-δ 曲线，取陡升起始点对应的荷载值，如图 27-4-3 所示。大量试验结果表明，U-δ 曲线大致上可划分为三段：第Ⅰ段为直线段，U-δ 按比例增加；第Ⅱ段为曲线段，随着桩土相对位移的增大，上拔位移量比侧阻力增加的速率快；第Ⅲ段又呈直线段，此时即使上拔荷载增加很小，桩的位移量仍急剧上升，同时桩周地面往往出现环向裂缝；第Ⅲ段起始点所对应的荷载值即为桩的竖向抗拔极限承载力 U_u。

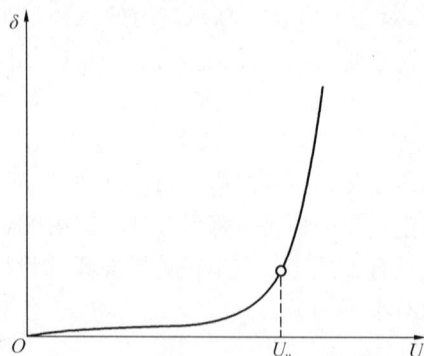

图 27-4-3　陡变型 U-δ 曲线确定单桩竖向 抗拔极限承载力	图 27-4-4　根据 δ-$\lg t$ 曲线确定单桩竖向 抗拔极限承载力

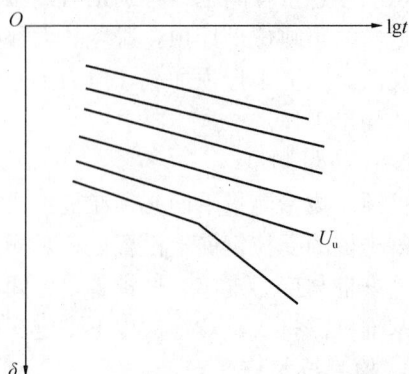

（2）根据上拔量随时间变化的特征确定

取 δ-$\lg t$ 曲线斜率明显变陡或曲线尾部明显弯曲的前一级荷载值，如图 27-4-4 所示。

（3）当在某级荷载下抗拔钢筋断裂时，取其前一级荷载为该桩的抗拔极限承载力值。这里所指的"断裂"，是指因钢筋强度不足情况下的断裂。如果因抗拔钢筋受力不均匀，部分钢筋因受力太大而断裂时，应视为该桩试验失效，并进行补充试验，此时不能将钢筋断裂前一级荷载作为极限荷载。

（4）根据 $\lg U$-$\lg \delta$ 曲线来确定单桩竖向抗拔极限承载力时，可取 $\lg U$-$\lg \delta$ 双对数曲线第二拐点所对应的荷载为极限荷载。

（5）当根据 δ-$\lg U$ 曲线来确定单桩竖向抗拔极限承载力时，可取 δ-$\lg U$ 曲线的直线段的起始点所对应的荷载值作为极限荷载。

工程桩验收检测时，混凝土桩抗拔承载力可能受抗裂或钢筋强度制约，而土的抗拔阻力尚未发挥到极限，若未出现陡变型 U-δ 曲线、δ-$\lg t$ 曲线斜率明显变陡或曲线尾部明显弯曲等情况时，应综合分析判定，一般取最大荷载或取上拔量控制值对应的荷载作为极限荷载，不能轻易外推。

2. 抗拔承载力特征值

单桩竖向抗拔极限承载力统计值按以下方法确定：成桩工艺、桩径和单桩竖向抗拔承载力设计值相同的受检桩数不小于 3 根时，可进行单位工程单桩竖向抗拔极限承载力统计值计算；参加统计的受检桩试验结果，当极差不超过平均值的 30％时，取其平均值为单桩竖向抗拔极限承载力；当极差超过平均值的 30％时，应分析极差过大的原因，结合工程具体情况综合确定，必要时可增加受检桩数量；对桩数为 3 根或 3 根以下的柱下承台，应取最小值。

单位工程同一条件下的单桩竖向抗拔承载力特征值应按单桩竖向抗拔极限承载力统计值的一半取值。当工程桩不允许带裂缝工作时，取桩身开裂的前一级荷载作为单桩竖向抗拔承载力特征值，并与按极限荷载一半取值确定的承载力特征值相比取小值。

第五节　单桩水平静载试验

一、概述

水平承载桩的工作性能主要体现在桩与土的相互作用上，即利用桩周土的抗力来承担水平荷载。按桩土相对刚度的不同，水平荷载作用下的桩-土体系有二类工作状态和破坏机理，一类是刚性短桩，因转动或平移而破坏，相当于 $\alpha h < 2.5$ 时的情况（α 为桩的水平变异系数，h 为桩的入土深度）；一类是工程中常见的弹性长桩，桩身产生挠曲变形，桩下段嵌固于土中不能转动，相当于 $\alpha h > 4.0$ 的情况。对 $2.5 < \alpha h < 4.0$ 范围的桩称为有限长度的中长桩。

单桩水平静载试验采用接近于水平受荷桩实际工作条件的试验方法，确定单桩水平临界荷载和极限荷载，推定土抗力参数，或对工程桩的水平承载力进行检验和评价。当桩身埋设有应变测量传感器时，可测量相应水平荷载作用下的桩身应力，并由此计算得出桩身弯矩分布情况，可为检验桩身强度、推求不同深度弹性地基系数提供依据。

桩顶实际工作条件包括桩顶自由状态、桩顶受不同约束而不能自由转动及桩顶受垂直荷载作用等等。试验条件与桩的实际工作条件接近，试验结果才能真实反映工程桩的实际工作过程。但在通常情况下，试验条件很难做到和工程桩的情况完全一致。此时应通过试验桩测得桩周土的地基反力特性，即地基土的水平抗力系数，它反映了桩在不同深度处桩侧土抗力和水平位移的关系，可视为土的固有特性，然后根据实际工程桩的情况（如不同桩顶约束、不同自由长度），用它确定土抗力大小，进而计算单桩的水平承载力和弯矩。

水平静载试验一般按设计要求的水平位移允许值控制加载，为设计提供依据的试验桩宜加载至桩顶出现较大的水平位移或桩身结构破坏。

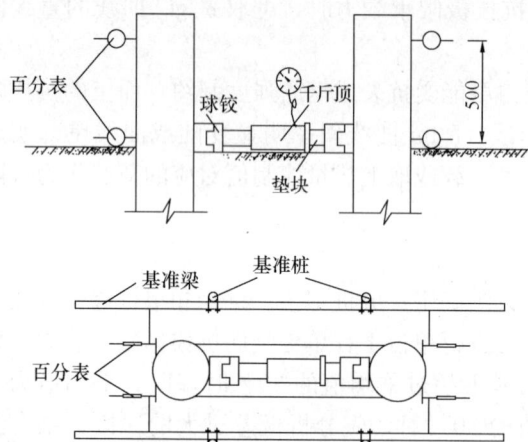

图 27-5-1 水平静载试验装置

二、仪器设备及安装

试验装置与仪器设备见图 27-5-1。

（一）加载与反力装置

水平推力加载装置宜采用油压千斤顶（卧式），加载能力不得小于最大试验荷载的 1.2 倍。采用荷重传感器直接测定荷载大小，或用并联油路的油压表或油压传感器测量油压，根据千斤顶率定曲线换算荷载。

水平力作用点宜与实际工程的桩基承台底面标高一致，如果高于承台底标高，试验时在相对承台底面处会产生附加弯矩，会影响测试结果，也不利于将试验成果根据桩顶的约束予以修正。千斤顶与试桩接触处需安置一球形支座，使水平作用力方向始终水平和通过桩身轴线，不随桩的倾斜和扭转而改变，同时可以保证千斤顶对试桩的施力点位置在试验过程中保持不变。

试验时，为防止力作用点受局部挤压破坏，千斤顶与试桩的接触处宜适当补强。

反力装置应根据现场具体条件选用，最常见的方法是利用相邻桩提供反力，即两根试桩对顶，如图 27-5-1 所示；也可利用周围现有的结构物作为反力装置或专门设置反力结构，但其承载能力和作用方向上刚度应大于试验桩的 1.2 倍。

（二）量测装置

桩的水平位移测量宜采用大量程位移计。在水平力作用平面的受检桩两侧应对称安装两个位移计，以测量地面处的桩水平位移；当需测量桩顶转角时，尚应在水平力作用平面以上 50cm 的受检桩两侧对称安装两个位移计。

固定位移计的基准点宜设置在试验影响范围之外（影响区见图 27-5-2），与作用力方向垂直且与位移方向相反的试桩侧面，基准点与试桩净距不小于 1 倍桩径。在陆上试桩可用入土 1.5m 的钢钎或型钢作为基准点，在港口码头工程设置基准点时，因水深较大，可

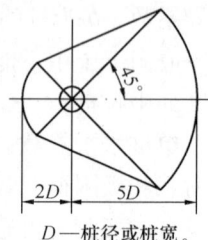

D—桩径或桩宽。

图 27-5-2 试桩影响区

采用专门设置的桩作为基准点，同组试桩的基准点一般不少于 2 个。搁置在基准点上的基准梁要有一定的刚度，以减少晃动，整个基准装置系统应保持相对独立。为减少温度对测量的影响，基准梁应采取简支的形式，顶上有篷布遮阳。

当对灌注桩或预制桩测量桩身应力或应变时，各测试断面的测量传感器应沿受力方向对称布置在远离中性轴的受拉和受压主筋上，埋设传感器的纵剖面与受力方向之间的夹角不得大于 10°，以保证各测试断面的应力最大值及相应弯矩的量测精度（桩身弯矩并不能直接测到，只能通过桩身应变值进行推算）。对承受水平荷载的桩，桩的破坏是由于桩身弯矩引起的结构破坏；对中长桩，浅层土对限制桩的变形起到重要作用，而弯矩在此范围里变化也最大，为找出最大弯矩及其位置，应加密测试断面。

（三）检测技术

单桩水平静载试验宜根据工程桩实际受力特性，选用单向多循环加载法或慢速维持荷载法。单向多循环加载法主要是模拟实际结构的受力形式，但由于结构物承受的实际荷载异常复杂，很难达到预期目的。对于长期承受水平荷载作用的工程桩，加载方式宜采用慢速维持荷载法。对需测量桩身应力或应变的试验桩不宜采取单向多循环加载法，因为它会对桩身内力的测试带来不稳定因素，此时应采用慢速或快速维持荷载法。水平试验桩通常以结构破坏为主，为缩短试验时间，可采用更短时间的快速维持荷载法，例如《港口工程桩基规范》（JTJ 254—98）（桩的水平承载力设计）规定每级荷载维持 20min。

1. 加卸载方式和水平位移测量

单向多循环加载法的分级荷载应小于预估水平极限承载力或最大试验荷载的 1/10，每级荷载施加后，恒载 4min 后可测读水平位移，然后卸载为零，停 2min 测读残余水平位移。至此完成一个加卸载循环，如此循环 5 次，完成一级荷载的位移观测。试验不得中间停顿。

慢速维持荷载法的加卸载分级、试验方法及稳定标准应按"单桩竖向抗压静载试验"一章的相关规定进行。测量桩身应力或应变时，测试数据的测读宜与水平位移测量同步。

2. 终止加载条件

当出现下列情况之一时，可终止加载：

（1）桩身折断。对长桩和中长桩，水平承载力作用下的破坏特征是桩身弯曲破坏，即桩发生折断，此时试验自然终止。

（2）水平位移超过 30～40mm（软土取 40mm）。

（3）水平位移达到设计要求的水平位移允许值。本条主要针对水平承载力验收检测。

3. 检测数据可按表 27-5-1 的格式记录。

单桩水平静载试验记录表 表 27-5-1

工程名称				桩号		日期		上下表距		
油压 (MPa)	荷载 (kN)	观测时间	循环数	加载		卸载		水平位移 (mm)		加载上下表读数差	转角	备注
				上表	下表	上表	下表	加载	卸载			

检测单位：　　　　　　　　　校核：　　　　　　　　　记录：

(四) 检测数据的分析与判定

1. 绘制有关试验成果曲线

(1) 采用单向多循环加载法，应绘制水平力-时间-作用点位移（H-t-Y_0）关系曲线和水平力-位移梯度（H-$\Delta Y_0/\Delta H$）关系曲线。

(2) 采用慢速维持荷载法，应绘制水平力-力作用点位移（H-t-Y_0）关系曲线、水平力-位移梯度（H-$\Delta Y_0/\Delta H$）关系曲线、力作用点位移-时间对数（Y_0-$\lg t$）关系曲线和水平力-力作用点位移双对数（$\lg H$-$\lg Y_0$）关系曲线。

(3) 绘制水平力、水平力作用点位移-地基土水平抗力系数的比例系数的关系曲线（H-m、Y_0-m）。当桩顶自由且水平力作用位置位于地面处时，m 值可根据试验结果按下列公式确定：

$$m = \frac{(\nu_y \cdot H)^{\frac{5}{3}}}{b_0 Y_0^{\frac{5}{3}} (EI)^{\frac{2}{3}}} \qquad (27\text{-}5\text{-}1)$$

$$\alpha = \left(\frac{mb_0}{EI}\right)^{\frac{1}{5}} \qquad (27\text{-}5\text{-}2)$$

式中　m——地基土水平土抗力系数的比例系数（kN/m^4）；

　　　α——桩的水平变形系数（m^{-1}）；

　　　ν_y——桩顶水平位移系数；

　　　H——作用于地面的水平力（kN）；

　　　Y_0——水平力作用点的水平位移（m）；

　　　EI——桩身抗弯刚度（$kN \cdot m^2$）；

　　　b_0——桩身计算宽度（m）；对于圆形桩：当桩径 $D \leqslant 1m$ 时，$b_0 = 0.9$ $(1.5D + 0.5)$；当桩径 $D > 1m$ 时，$b_0 = 0.9$ $(D+1)$。对于矩形桩：当边宽 $B \leqslant 1m$ 时，$b_0 = 1.5B + 0.5$；当边宽 $B > 1m$ 时，$b_0 = B + 1$。

对 $\alpha h > 4.0$ 的弹性长桩（h 为桩的入土深度），可取 $\alpha h = 4.0$，$\nu_y = 2.441$；对 $2.5 < \alpha h < 4.0$ 的有限长度中长桩，应根据表 27-5-2 调整 ν_y 重新计算 m 值。

桩顶水平位移系数 ν_y　　　　　　　　　　　　　表 27-5-2

桩的换算埋深 αh	4.0	3.5	3.0	2.8	2.6	2.4
桩顶自由或铰接时的 ν_y 值	2.441	2.502	2.727	2.905	3.163	3.526

注：当 $\alpha h > 4.0$ 时取 $\alpha h = 4.0$。

试验得到的地基土水平抗力系数的比例系数 m 不是一个常量，而是随地面水平位移及荷载变化的曲线。

(4) 当桩身埋设有应力或应变测量传感器时，应绘制下列曲线并列表给出相应的数据：

①各级水平力作用下的桩身弯矩图；

②水平力-最大桩身弯矩截面钢筋拉应力曲线。

2. 单桩水平临界荷载（桩身受拉区混凝土明显退出工作前的最大荷载）的确定

对中长桩而言，桩在水平荷载作用下，桩侧土体随着荷载的增加，其塑性区自上而下逐渐开展扩大，最大弯矩断面下移，最后形成桩身结构的破坏。水平临界荷载 H_{cr} 即当桩身产生开裂时所对应的水平荷载。因为只有混凝土桩才会产生开裂，故只有混凝土桩才有临界荷载。

（1）取单向多循环加载法时的 H-t-Y_0 曲线或慢速维持荷载法时的 H-Y_0 曲线出现拐点的前一级水平荷载值。

（2）取 H-$\Delta Y_0/\Delta H$ 曲线或 $\lg H$-$\lg Y_0$ 曲线上第一拐点对应的水平荷载值。

（3）取 H-σ_s 曲线第一拐点对应的水平荷载值。

3. 单桩水平极限承载力的确定

（1）取单向多循环加载法时的 H-t-Y_0 曲线或慢速维持荷载法时的 H-Y_0 曲线产生明显陡降的起始点对应的水平荷载值。

（2）取慢速维持荷载法时的 Y_0-$\lg t$ 曲线尾部出现明显弯曲的前一级水平荷载值。

（3）取 H-$\Delta Y_0/\Delta H$ 曲线或 $\lg H$-$\lg Y_0$ 曲线上第二拐点对应的水平荷载值。

（4）取桩身折断或受拉钢筋屈服时的前一级水平荷载值。

对于单向多循环加载法中利用 H-t-Y_0 曲线确定水平临界荷载和极限荷载，可参照图27-5-3。

4. 单桩水平承载力特征值的确定

（1）当按桩身强度控制时，取水平临界荷载统计值为单桩水平承载力特征值。

（2）当桩受长期水平荷载作用且不允许开裂时，取水平临界荷载统计值的 0.8 倍作为单桩水平承载力的特征值。

（3）当水平承载力按设计要求的水平允许位移控制时，可取水平允许位移对应的荷载作为单桩水平承载力特征值，但应满足有关规范抗裂设计的要求。

单桩水平承载力特征值除与桩的材料强度、截面刚度、入土深度、土质条件、桩顶水平位移允许值有关外，还与桩顶边界条件（嵌固情况和

图 27-5-3　单向多循环加载法 H-t-Y_0 曲线

桩顶竖向荷载大小）有关。由于建筑工程的基桩桩顶嵌入承台长度通常较短，其与承台连接的实际约束条件介于固接与铰接之间，这种连接相对于桩顶完全自由时可减少桩顶位移，相对于桩顶完全固接时可降低桩顶约束弯矩并重新分配桩身弯矩。如果桩顶完全固接，水平承载力按位移控制时，是桩顶自由时的 2.60 倍；对较低配筋率的灌注桩按桩身强度（开裂）控制时，由于桩顶弯矩的增加，水平临界承载力是桩顶自由时的 0.83 倍。如果考虑桩顶竖向荷载作用，混凝土桩的水平承载力将会产生变化，桩顶荷载是压力，其水平承载力增加，反之减小。

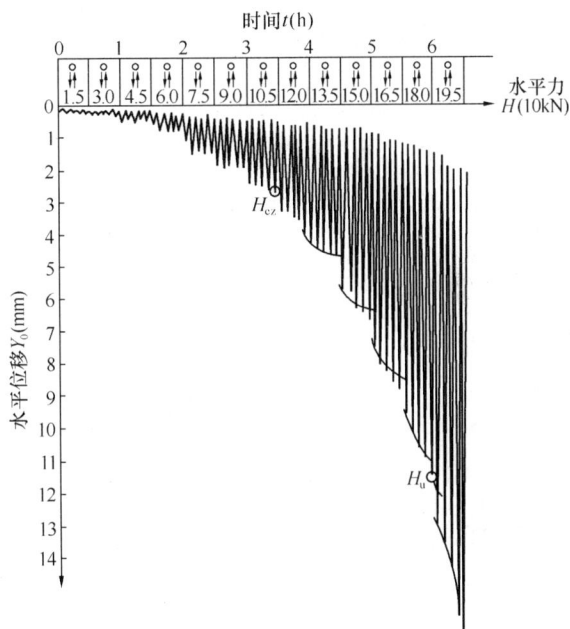

5. m 值的确定

桩顶自由的单桩水平试验得到的承载力和弯矩仅代表试桩条件的情况，要得到符合实际工程桩嵌固条件的受力特性，需将试桩结果转化，而求得地基土水平抗力系数是实现这一转化的关键。考虑到水平荷载-位移关系曲线的非线性且 m 值随荷载或位移增加而减小，有必要给出 H-m 和 Y_0-m 曲线并按以下考虑确定 m 值：

（1）可按设计给出的实际荷载或桩顶位移确定 m 值；

（2）设计未做具体规定的，可取水平承载力特征值对应的 m 值；对由桩身强度控制的低配筋率灌注桩，按试验得到的 H-m 曲线取水平临界荷载所对应的 m 值；对由水平允许位移控制的高配筋率混凝土桩或钢桩，可按设计要求的水平允许位移选取 m 值。

第二十八章 动测技术

目前，国内外普遍采用的桩的动测方法有三种：低应变法、高应变法和声波透射法。低应变法是采用低能量瞬态或稳态激振方式在桩顶激振，实测桩顶部的速度时程曲线或速度导纳曲线，通过波动理论分析或频域分析，对桩身完整性进行判定的检测方法。高应变法是采用重锤冲击桩顶，实测桩顶部的速度和力时程曲线，通过波动理论分析，对单桩竖向抗压承载力和桩身完整性进行判定的检测方法。声波透射法是在桩身预埋声测管之间发射并接收声波，通过实测声波在混凝土介质中传播的声时、频率和波幅衰减等声学参数的相对变化，对桩身完整性进行检测的方法。虽然上述三种动测法属于半直接法，但与静载荷试验、钻芯、开挖检查等直接法相比，动测法具有检测速度快、费用低和抽检率高的优点，因此它已成为桩基工程施工质量检测中应用最为普及的方法。

第一节 一维波动方程及其解答

一、一维波动方程

考虑一材质均匀、截面恒定的弹性杆，长度为 L，截面积为 A，弹性模量为 E，质量密度为 ρ。取杆轴为 x 轴。若杆变形时平截面假设成立，受轴向力 F 作用，将沿杆轴向产生位移 u、质点运动速度 $V = \dfrac{\partial u}{\partial t}$ 和应变 $\varepsilon = \dfrac{\partial u}{\partial x}$，这些动力学和运动学量只是 x 和时间 t 的函数。由于杆具有无穷多的振型，则每一振型各自对应的运动量分布形式都不相同。

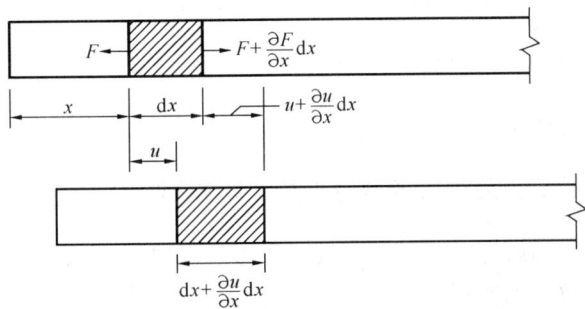

图 28-1-1 杆单元的位移

由图 28-1-1，杆 x 处的单元 $\mathrm{d}x$，如果 u 为 x 处的位移，则在 $x + \mathrm{d}x$ 处的位移为 $u + \dfrac{\partial u}{\partial x}\mathrm{d}x$，显然单元 $\mathrm{d}x$ 在新位置上的长度变化量为 $\dfrac{\partial u}{\partial x}\mathrm{d}x$，而 $\dfrac{\partial u}{\partial x}$ 即为该单元的平均应变。根据胡克定律可写出：

$$\frac{\partial u}{\partial x} = \frac{\sigma}{E} = \frac{F}{AE} \tag{28-1-1}$$

编写人：陈凡（国家建筑工程质量监督检验中心）
　　　　施峰（福建省建筑科学研究院）（第五节）

式中 σ——杆 x 截面处的应力。

将式（28-1-1）两边对 x 微分，得：

$$AE \frac{\partial^2 u}{\partial x^2} = \frac{\partial F}{\partial x} \tag{28-1-2}$$

利用牛顿定律，考虑该单元的不平衡力（惯性力）列出平衡方程：

$$\frac{\partial F}{\partial x}\mathrm{d}x = \rho A \mathrm{d}x \frac{\partial^2 u}{\partial t^2} \tag{28-1-3}$$

合并式（28-1-2）和式（28-1-3），得：

$$\frac{\partial^2 u}{\partial t^2} = \left(\frac{E}{\rho}\right) \frac{\partial^2 u}{\partial x^2} \tag{28-1-4}$$

定义 $c = \sqrt{\dfrac{E}{\rho}}$ 为位移、速度、应变或应力波在杆中的纵向传播速度，得到如下一维波动方程：

$$\frac{\partial^2 u}{\partial t^2} - c^2 \frac{\partial^2 u}{\partial x^2} = 0 \tag{28-1-5}$$

以下有两点需要说明：

（1）对于实际桩而言，平衡方程（28-1-3）左边的不平衡力中既包含了惯性力的影响，也可计入了单元的土阻力影响，只是考虑微元 $\mathrm{d}x$ 的平衡时没有显含土阻力罢了。另外，当采用数值求解实际桩的波动问题时，一般假设土阻力的产生有赖于其相邻桩段的运动位移和质点运动速度，也就是说，土阻力的产生是被动的，只有先计算出桩段的运动量值，才有可能算出与桩段相邻的土阻力值，通过静力平衡，扣除该单元的土阻力后，再将该桩段力值传递给下一个桩段。

（2）一维杆的纵波传播速度与三维介质中的纵波（压缩波）传播速度不同。三维纵波波速的表达式为 $c_P = \sqrt{\dfrac{1-\nu}{(1-2\nu)(1+\nu)}} \cdot c$（式中 ν 为介质材料的泊松比），相当于声波透射法中定义的声速，当 $\nu = 0.20$ 时，$c_P = 1.054c$；$\nu = 0.30$ 时，$c_P = 1.160c$。

二、采用行波理论求解波动方程

当沿杆 x 方向的弹性模量 E，截面积 A，波速 c 和质量密度 ρ 不变时，采用行波理论求解波动方程（28-1-5），不难验证下式为波动方程的通解：

$$u(x,t) = W(x \mp ct) = W_\mathrm{d}(x-ct) + W_\mathrm{u}(x+ct) \tag{28-1-6}$$

式中 W_d 和 W_u——任意函数。

考虑 $u = W_\mathrm{d}(x-ct)$ 位移波形分量，其值可由变量 $x-ct$ 即 x 和 t 的变化范围确定。如果设 $c = 5000$，则方程 $u = W_\mathrm{d}(100)$ 满足下列条件：

$t = 0$ 时 $x = 100$，$t = 0.002$ 时 $x = 110$，$t = 0.004$ 时 $x = 120$，……。

可见，波形函数 W_d 以波速 c 沿 x 轴正向传播；同样可证明波形函数 W_u 以波速 c 沿 x 轴负向传播。我们把 W_d 和 W_u 分别称为下行波和上行波。W_d 和 W_u 形状不变、且各自独立地以波速 c 分别沿 x 轴正向和负向传播的特性是解释应力波传播规律的最直观方法，见图 28-1-2。同时，因方程（28-1-5）的线性性质，我们可单独研究上、下行波的特性，利用叠加原理求出杆在 t 时刻 x 位置处的合力、速度、位移。

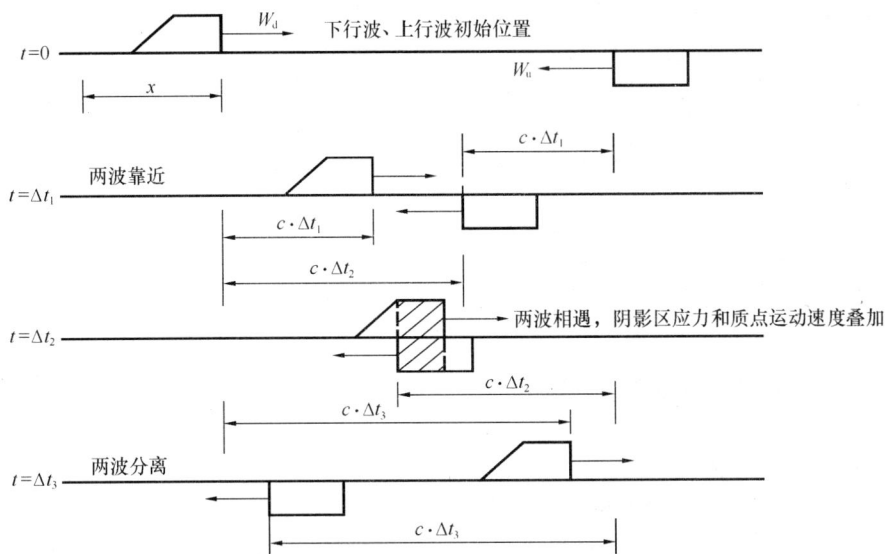

图 28-1-2 下（右）行波和上（左）行波的传播

作变换 $\xi=x\mp ct$，分别求 $W(x\mp ct)$ 对 x 和 t 的偏导数，即

$$\varepsilon=\frac{\partial W(x\mp ct)}{\partial x}=\frac{\partial W(\xi)}{\partial \xi}\frac{\partial \xi}{\partial x}=W'(x\mp ct) \tag{28-1-7}$$

$$V=\frac{\partial W(x\mp ct)}{\partial t}=\frac{\partial W(\xi)}{\partial \xi}\frac{\partial \xi}{\partial t}=\mp cW'(x\mp ct) \tag{28-1-8}$$

为了将一维杆波动理论方便地用于桩的动力检测，本篇考虑在实际桩的动力检测时，施加于桩顶的荷载为压力，故按习惯定义位移 u，质点运动速度 V 和加速度 a 以向下为正（即 x 轴正向），桩身轴力 F，应力 σ 和应变 ε 以受压为正。则由式（28-1-7）和式（28-1-8）并改变符号有：

$$V=\pm c\cdot\varepsilon \tag{28-1-9}$$

这一简洁形式的方程是我们今后讨论应力波问题的最基本公式，它表明弹性杆中的应力波引起的质点运动速度与应变成正比。对于低碳钢，$c=5120\text{m/s}$，屈服限对应的变形约为 1‰即 $\varepsilon=1000\mu\varepsilon$，则质点运动速度 $V=5.12\text{m/s}$。

利用式（28-1-9），根据 $\varepsilon=\dfrac{\sigma}{E}=\dfrac{F}{EA}$，不难导出以下两个重要公式：

$$\sigma=\pm\rho c\cdot V \tag{28-1-10}$$

$$F=\pm\rho cA\cdot V=\frac{EA}{c}\cdot V=\pm Z\cdot V \tag{28-1-11}$$

上式中，ρc 和 ρcA 称为弹性杆的波（声）阻抗或简称阻抗，当杆为等截面时，阻抗 $Z=\dfrac{mc}{L}$（式中 m 为杆的质量）。另外，采用到以下恒等式对轴力 F 进行分解

$$F\equiv\frac{F+Z\cdot V}{2}+\frac{F-Z\cdot V}{2} \tag{28-1-12a}$$

式中等号右边第一项称为下行力波 F_d（也简称为下行波），第二项称为上行力波 F_u（也简称为上行波）。如果类似地将质点运动速度进行分解，即

$$V = V_d + V_u \tag{28-1-12b}$$

式中
$$\begin{cases} V_d = \dfrac{1}{Z} \cdot \dfrac{F + Z \cdot V}{2} \\ V_u = -\dfrac{1}{Z} \cdot \dfrac{F - Z \cdot V}{2} \end{cases}$$

显然有
$$\begin{cases} F_d = Z \cdot V_d \\ F_u = -Z \cdot V_u \\ F = Z \cdot V_d - Z \cdot V_u \end{cases} \tag{28-1-12c}$$

三、采用特征线法求解波动方程

1. 特征线关系推导

两个自变量的标准二阶偏微分方程的一般形式为:

$$a_{11} \frac{\partial^2 u}{\partial t^2} - 2a_{12} \frac{\partial^2 u}{\partial t \partial x} + a_{22} \frac{\partial^2 u}{\partial x^2} + \xi\left(t, x, u, \frac{\partial u}{\partial t}, \frac{\partial u}{\partial x}\right) = 0 \tag{28-1-13}$$

式中 a_{11}、a_{12} 和 a_{22} 不同时为零。称

$$a_{11} dx^2 - 2a_{12} dt dx + a_{22} dt^2 = 0 \tag{28-1-14}$$

为方程 (28-1-13) 的特征方程,特征方程的积分为此方程的特征曲线。根据 $\Delta = a_{12}^2 - a_{11}a_{22}$ 的符号将波动方程 (28-1-5) 分类,显然有 $\Delta = c^2 > 0$,即波动方程 (28-1-5) 为双曲型偏微分方程,则在自变量 x-t 平面内,存在两族实特征线 $\varphi_1(x, t) = c_1$,$\varphi_2(x, t) = c_2$。将波动方程 (28-1-5) 与特征方程 (28-1-14) 对比可得:

$$\left(\frac{dx}{dt}\right)^2 = c^2$$

即
$$dx = \pm c \cdot dt \tag{28-1-15}$$

这就是波动方程 (28-1-5) 的两族实特征线的微分形式,与式 (28-1-15) 中右边的正号、负号分别对应的特征线称为右行特征线和左行特征线,代表了波 (亦称扰动或波阵面) 在 x-t 平面上沿右行、左行特征线的传播轨迹,这两个波也分别称为右行波和左行波 (对桩而言分别就是下行波、上行波),dx/dt 即为特征曲线的切线斜率或特征方向。下面来验证能满足实特征曲线族 (28-1-15) 上的 ε 和 V 之间的相容关系。假设 ε 和 V 是特征线 (28-1-15) 上的全微分,则有:

$$d\varepsilon = \frac{\partial \varepsilon}{\partial x} dx + \frac{\partial \varepsilon}{\partial t} dt \tag{28-1-16}$$

$$dV = \frac{\partial V}{\partial x} dx + \frac{\partial V}{\partial t} dt \tag{28-1-17}$$

参照式 (28-1-9) 的形式,令

$$dV = \pm c \cdot d\varepsilon \tag{28-1-18}$$

如果方程 (28-1-18) 是满足 $dx = \pm c \cdot dt$ 两条特征线的相容方程,则应使下式:

$$dV \mp c \cdot d\varepsilon = \frac{\partial V}{\partial x} dx + \frac{\partial V}{\partial t} dt \mp c\left(\frac{\partial \varepsilon}{\partial x} dx + \frac{\partial \varepsilon}{\partial t} dt\right) \tag{28-1-19}$$

等号右边恒等于零。分别利用连续方程以及波动方程 (28-1-5) 的另一种变换形式:

$$\begin{cases} \dfrac{\partial V}{\partial x} = \dfrac{\partial \epsilon}{\partial t} \\[2mm] \dfrac{\partial V}{\partial t} = c^2 \dfrac{\partial \epsilon}{\partial x} \end{cases}$$

并代入式（28-1-19），不难验证式（28-1-19）等号右边确实恒等于零。可将式（28-1-18）按习惯改写成如下形式：

$$d\sigma = \pm \rho c \cdot dV \qquad (28\text{-}1\text{-}20a)$$

或

$$dF = \pm Z \cdot dV \qquad (28\text{-}1\text{-}20b)$$

不难看出，式（28-1-20）是以 dt 或 dx 为步长的一种差分格式，只要 dx 长度范围内的波速 c、弹性模量 E、质量密度 ρ、截面积 A、亦即阻抗 Z 恒定即可。这样，求解二阶偏微分波动方程（28-1-5）的问题就等价地转化为求解特征线方程组（28-1-15）和满足特征线关系的相容方程组（28-1-20），共两组 4 个一阶常微分方程的问题，使求解得以简化。注意到，当采用特征线差分数值解法时，由于避免了对二阶偏微分波动方程直接差分求解时的 dt^2 和 dx^2 高阶项，使计算精度和解的稳定性大大提高。目前的波形拟合程序基本都采用特征线法的求解模式，至少不会采用带有高阶项的差分格式。

2. 初值与边值问题

虽然特征线法为求解双曲型偏微分方程提供了一个简便手段，但波动方程的最终定解问题必须通过初始条件和边界条件确定。设长度为 L 的杆在端部 $x = 0$ 处受到冲击，杆端力 $F_0(\tau)$ 随时间变化是已知的，于是问题归结为在初始条件

$$V(x,0) = F(x,0) = 0 \qquad (0 < x \leqslant L) \qquad (28\text{-}1\text{-}21)$$

及边界条件

$$F(0,t) = F_0(\tau) \qquad (t \geqslant 0) \qquad (28\text{-}1\text{-}22)$$

下求解特征线方程组（28-1-15）和相容方程组(28-1-20)。

由图 28-1-3 可见，从 Aox 区域任一点 $B(x, t)$ 出发的两条特征线分别交 ox 轴于 B_1 和 B_2。由式（28-1-20b）有：

沿 BB_1（$dx = c \cdot dt$ 右行方向）：$F(x,t) - Z \cdot V(x,t) = F(x_{B_1}, t_{B_1}) - Z \cdot V(x_{B_1}, t_{B_1})$

沿 BB_2（$dx = -c \cdot dt$ 左行方向）：$F(x,t) + Z \cdot V(x,t) = F(x_{B_2}, t_{B_2}) + Z \cdot V(x_{B_2}, t_{B_2})$

由初始条件（28-1-21）可解出

$$F(x_B, t_B) = V(x_B, t_B) = 0$$

类似有

$$F(x_M, t_M) = V(x_M, t_M) = 0$$

$$F(x_N, t_N) = V(x_N, t_N) = 0$$

即在 Aox 区域中的任一点 (x, t) 都能使

$$F(x,t) = V(x,t) = 0$$

显然，在 oA 特征线（即 $x = c \cdot t$）所覆盖的 Aox 区域中，解的数值由区间 $[0, L]$ 上的

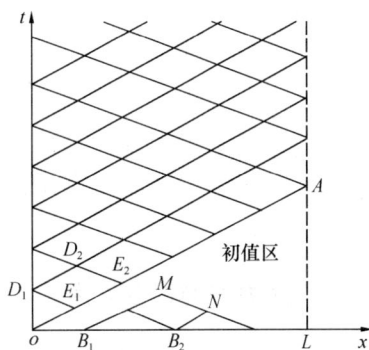

图 28-1-3 x-t 平面特征线

初始条件完全决定，任意改变 Aox 区域外的数值，解在该区域中不会受任何影响。即在 $t=x/c$ 时刻之前，杆的 x 截面将一直保持静止。

对于 Aot 区域，最初始的边界扰动沿 oA 右行特征线传播，而 oA 线下方 Aox 区域的值仅受 $t=0$ 初始条件影响且是已知的，即该区域内任意一点都有 $F=V\equiv0$，且在 o 点有 $F(0,0)=Z \cdot V(0,0)$，则 oA 线上 E_1 点的值可由 o 点处的 F 和 V 值以及 Aox 区域中的任意一点、比如 B_1 点计算，不难验证

$$F = V \mid_{\text{沿}oA\text{线}} = 0$$

于是，D_1 点的 V 值可由下式计算：

$$V(0,t_{D_1}) = V(x_{E_1},t_{E_1}) - \frac{1}{Z}\left[F(0,t_{D_1}) - F(x_{E_1},t_{E_1})\right]$$

而内点 D_2 的 V 和 F 值可根据边值点 D_1 和初值点 E_2 的两个已知值，通过以下两个方程联立求解计算：

$$Z \cdot V(x_{D_2},t_{D_2}) - F(x_{D_2},t_{D_2}) = Z \cdot V(x_{D_1},t_{D_1}) - F(x_{D_1},t_{D_1})$$

$$Z \cdot V(x_{D_2},t_{D_2}) + F(x_{D_2},t_{D_2}) = Z \cdot V(x_{E_2},t_{E_2}) + F(x_{E_2},t_{E_2})$$

可见，Aot 区域中的 F 和 V 值可由 oA 线上的初值和 ot 轴上的边值共同决定。

这样，求解杆端受冲击的单值解问题，就归结为求解 Aox 区域中的初值问题和 Aot 区域中初值与边值的混合问题。

通过以上特征线法求解波动方程的初值和边值问题，可以清晰地看出这个方法的优越性——简洁、明了、实用。避免了解析解和数值解可能引起的概念抽象化而难于结合工程桩检测实际，也告诉了读者如何利用特征线的图解方法和特征线上的相容方程进行计算。在以后的章节将多次用到这一方法，以便使读者既能感觉到"解析解"的存在，又有量的概念。

第二节　应力波的相互作用和在不同阻抗界面上的反射和透射

一、应力波的相互作用

考虑一根长为 L 的等阻抗杆，在杆 $x=0$ 和 $x=L$ 的两端同时作用两个矩形压力脉冲：

$$\begin{cases} F(0,t) = F_0(\tau) \\ F(L,t) = F_L(\tau) \end{cases} \quad (0 \leqslant t \leqslant \tau)$$

$$F(0,t) = F(L,t) = 0 \quad (t > \tau)$$

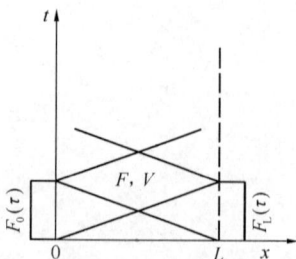

图 28-2-1　两迎头相遇的压力波

由图 28-2-1，在 $t_1 < \dfrac{L}{2c}$ 时，两相对行进的压力波尚未相遇。下面分析 $t \geqslant \dfrac{L}{2c}$ 时的情况：

根据式（28-1-20b），$x=L/2$ 处的力值 F 和速度值 V 可由下面两式求解：

$$\begin{cases} F - F(0,0) = -Z \cdot [V - V(0,0)] \\ F - F(L,0) = Z \cdot [V - V(L,0)] \end{cases}$$

注意到 $V(0,0) = F(0,0)/Z = F_0(\tau)/Z$，$V(L,0) = -F_L(\tau)/Z$，解出：

$$\begin{cases} F = F_0 + F_L \\ V = (F_0 - F_L)/Z \end{cases}$$

当 $F_0(\tau) = F_L(\tau)$ 时，两相对传播并迎头相遇的压力波在杆区间 $[L/2 - c \cdot \tau/2, L/2 + c \cdot \tau/2]$ 范围内叠加，使力加倍、速度为零。我们发现，当考虑波的相互作用时，所得结果与牛顿第三定律的结果完全不同。

如果其他条件不变，设

$$F_0(\tau) = -F_L(\tau)$$

可得到：

$$\begin{cases} F = 0 \\ V = 2F_0/Z \end{cases}$$

即两相向行进相遇的同幅异号波在上述杆段内叠加结果使速度加倍、力为零。

二、应力波在杆不同阻抗界面处的反射和透射

在第一节的讨论中，尚未涉及杆阻抗变化对波传播性状的影响，阻抗变化与杆的截面尺寸、质量密度、波速、弹性模量等因素或某一因素变化有关。假设图 28-2-2 所示的杆由两种不同阻抗材料（或截面面积）组成，当应力从波阻抗 Z_1 的介质入射至阻抗 Z_2 的介质时，在两种不同阻抗的界面上将产生反射波和透射波，用脚标 I、R 和 T 分别代表入射、反射和透射。假设入射压力波 F_I 是已知的，显然有 $V_I = F_I/Z_1$。根据式（28-1-20b），界面处的力 F 和速度 V 满足：

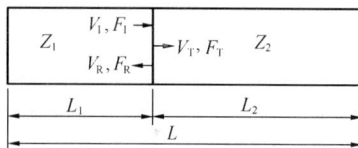

图 28-2-2 两种阻抗材料的杆件

$$F - F_I = -Z_1 \cdot (V - V_I)$$
$$F = Z_2 \cdot V$$

求解上述二式，得：

$$F = \frac{2Z_2}{Z_1 + Z_2} F_I = \frac{2Z_1 Z_2}{Z_1 + Z_2} V_I$$

$$V = \frac{2}{Z_1 + Z_2} F_I = \frac{2Z_1}{Z_1 + Z_2} V_I$$

按习惯将界面处的力波和速度波分解为入射、反射和透射三种波。因界面上力 F 和速度 V 应分别满足牛顿第三定律

$$F_I + F_R = F_T = F$$

和连续条件

$$V_I + V_R = V_T = V$$

记完整性系数 $\beta = Z_2/Z_1$，反射系数 $\zeta_R = (\beta - 1)/(1 + \beta)$，透射系数 $\zeta_T = 2\beta/(1 + \beta)$，可得下列公式：

$$F_R = \zeta_R \cdot F_I \qquad\qquad (28\text{-}2\text{-}1)$$

$$V_R = -\zeta_R \cdot V_I \tag{28-2-2}$$
$$F_T = \zeta_T \cdot F_I \tag{28-2-3}$$
$$V_T = (1/\beta) \cdot \zeta_T \cdot V_I \tag{28-2-4}$$
$$1 + \zeta_R = \zeta_T \tag{28-2-5}$$

下面对式 (28-2-1)～式(28-2-5) 进行讨论:

(1) 由于 $\zeta_T \geqslant 0$, 所以透射波总是与入射波同号。

(2) $\beta = 1$, 即 $Z_2/Z_1 = 1$, 反射系数 $\zeta_R = 0$, 透射系数 $\zeta_T = 1$, $F_T = F_I$, 入射力波波形除随时间改变位置外, 其他不变, 相当于应力波不受任何阻碍地沿杆正向传播。

(3) $\beta > 1$, 即波从小阻抗介质传入大阻抗介质。因 $\zeta_R \geqslant 0$, 故反射力波与入射力波同号, 若入射波为下行压力波, 则反射的仍是上行压力波, 与后继到来的入射压力波叠加起增强作用; 因反射波与入射波运行方向相反, 则反射力波引起的质点运动速度 V_R 与入射波的 V_I 异号, 显然与后继到来的入射下行压力波引起的正向运动速度叠加有抵消作用; 又因 $\zeta_T \geqslant 1$, 则透射力波的幅度总是大于或等于入射力波。特别地, 当 $\beta \to \infty$ 即 $Z_2 \to \infty$ 时, 相当于刚性固端反射, 此时有 $\zeta_R = 1$ 和 $\zeta_T = 2$, 在该界面处入射波和反射波叠加使力幅度增加一倍, 而入射波和反射波分别引起的质点运动速度在界面的叠加结果使速度为零。按对图 28-2-1 的讨论, 将固定端作为一面镜子, 反射波是入射波的正像。

(4) $\beta < 1$, 即波从大阻抗介质传入小阻抗介质。因 $\zeta_R \leqslant 0$, 故反射力波与入射力波异号, 若入射波为下行压力波, 则反射的是上行拉力波, 与后继到来的入射压力波叠加起卸载作用; 因反射波与入射波运行方向也相反, 则反射力波引起的质点运动速度 V_R 与入射波的 V_I 同号, 显然与后继到来的入射下行压力波引起的正向运动速度叠加有增强作用; 又因 $\zeta_T \leqslant 1$, 则透射力波的幅度总是小于或等于入射力波。特别地, 当 $\beta \to 0$ 即 $Z_2 = 0$ 时, 相当于自由端反射, 此时有 $\zeta_R = -1$ 和 $\zeta_T = 0$, 在该界面处入射波和反射波叠加使力幅度变为零, 而入射波和反射波分别引起的质点运动速度在界面的叠加结果使速度加倍。这时, 自由端也相当于一面镜子, 只是反射波是入射波的倒像。

第三节　低应变法测试与分析

一、桩身完整性判定的理论方法

1. 应力波通过具有一次截面阻抗变化的自由桩时桩顶接收到的速度响应

研究波在仅有一次截面阻抗变化的桩中传播问题是很简单的, 实际工程桩除完全断裂外, 阻抗变化在长度方向上均有一定尺寸, 比如说只产生一次缩颈或扩径的桩, 它至少具有两个阻抗变化截面。图 28-3-1 是一根总长度为 L 的自由桩, 其上段长度为 L_1, 阻抗为 Z_1; 下段长度为 L_2, 阻抗为 Z_2; 并设 L_1 和 L_2 中的一维纵波波速均为 c。$t = 0$ 时, 在桩顶面 $x = 0$ 处施加一幅值为 F_0 的半正弦激励脉冲, 其宽度为 τ, 激励引起的起始速度峰值为 V_0 ($= F_0/Z_1$)。

在图 28-3-1 中, 用特征线表示 x-t 平面波传播的轨迹, 其中实线为脉冲波起升沿的特征线传播轨迹, 虚线为脉冲波作用结束时刻发出的卸载波传播轨迹 (在以后的叙述中, 我们将省略虚线不画)。下面通过计算说明。

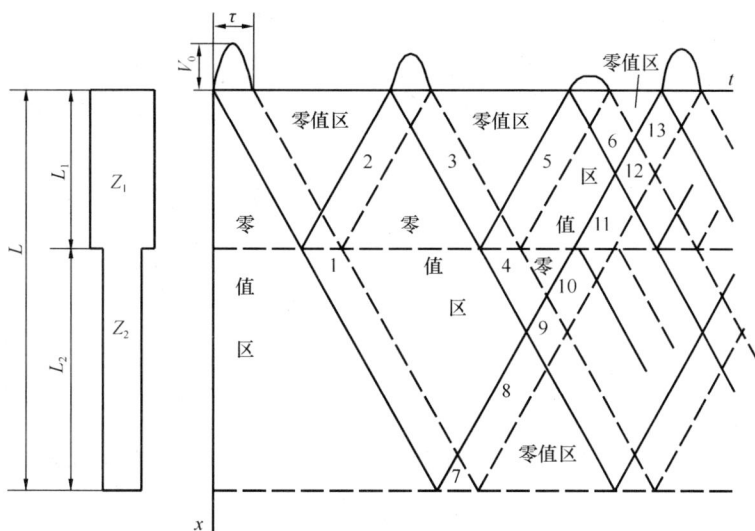

图 28-3-1　波在具有一个阻抗变化截面的自由桩中的特征线传播图示

（1）计算 $2L/c$ 桩底反射到达桩顶前阻抗变化截面引起的多次反射

设 $L_1+c\cdot\tau\leqslant L_2$，意味着阻抗变化的二次反射出现在 $2L/c$ 之前。计算过程如下：

①1 区：$L_1/c\leqslant t\leqslant L_1/c_{+}\tau$，在 $x=L_1$ 阻抗变化截面处，力和速度幅值由下列方程组联立求解：

$$\begin{cases} F_1-F_0=-Z_1(V_1-V_0)\\ F_1-F(x>L_1,t<L_1/c)=Z_2[V_1-V(x>L_1,t<L_1/c)] \end{cases}$$

注意扰动尚未到达时（初始条件），$F(x>L_1,t<L_1/c)=V(x>L_1,t<L_1/c)=0$

得到

$$\begin{cases} V_1=\dfrac{2Z_1}{Z_1+Z_2}\cdot V_0\\[2mm] F_1=\dfrac{2Z_1Z_2}{Z_1+Z_2}\cdot V_0 \end{cases}$$

这里 V_1 和 F_1 实际是阻抗变化截面处的入射波的速度幅和力幅，并将沿杆 L_2 向下传播。

②2 区：$L_1/c+\tau\leqslant t\leqslant 2L_1/c$，沿 L_1 向上的反射波波幅由下列两式计算：

$$\begin{cases} F_2-F_1=Z_1(V_2-V_1)\\ F_2=-Z_1V_2 \end{cases}$$

解得

$$\begin{cases} V_2=\dfrac{Z_1-Z_2}{Z_1+Z_2}\cdot V_0\\[2mm] F_2=-\dfrac{Z_1-Z_2}{Z_1+Z_2}\cdot Z_1V_0 \end{cases}$$

显然，$Z_1=Z_2$ 时，反射波的幅值均为零。

③$t=2L_1/c$ 时，阻抗变化截面第一次反射到达桩顶，则

$$V_{2L_1/c}=2V_2=2\frac{Z_1-Z_2}{Z_1+Z_2}\cdot V_0$$

④$t>2L_1/c$ 后，第一次反射回桩顶的应力波将产生第二次入射，即 4 区的应力波幅值由下列方程组，并注意 $F_{2L_1/c}=0$，

$$\begin{cases} F_3 - F_{2L_1/c} = -Z_1(V_3 - V_{2L_1/c}) \\ F_3 = Z_1 V_3 \end{cases}$$

解得

$$\begin{cases} V_3 = \dfrac{Z_1 - Z_2}{Z_1 + Z_2} \cdot V_0 \\ F_3 = \dfrac{Z_1 - Z_2}{Z_1 + Z_2} \cdot Z_1 V_0 \end{cases}$$

⑤按上述①～③步骤，可求得 $t = 4L_1/c$ 时阻抗变化截面二次反射引起的桩顶速度幅值为

$$V_{4L_1/c} = \frac{2(Z_1 - Z_2)^2}{(Z_1 + Z_2)^2} \cdot V_0$$

可见，由于 $4L_1/c < 2L/c$，所以可单独计算阻抗变化截面处的二次反射而不去顾及 $2L/c$ 桩底反射的影响。类似地，如果阻抗变化截面的深度很浅，则在桩底反射到达前，桩顶接收到的第 n 次阻抗变化截面处反射速度响应幅值为：

$$V_{2nL_1/c} = 2\left(\frac{Z_1 - Z_2}{Z_1 + Z_2}\right)^n \cdot V_0 \qquad (n = 1, 2, 3, \cdots)$$

注意：当 $Z_1 < Z_2$ 时，上式右边括号内的值小于零。所以在桩顶接收到的阻抗变化截面的第一次反射为负，则第二次为正，莫将二次正向反射误认为是缺陷反射（图 28-3-1）。

（2）计算阻抗变化截面对 $2L/c$ 桩底反射的影响

①7 区：$L/c \leqslant t \leqslant L/c + \tau$，因为 $x = L$ 处为自由端，

$$\begin{cases} V_7 = V_{L/c} = \dfrac{4Z_1}{Z_1 + Z_2} \cdot V_0 \\ F_7 = F_{L/c} = 0 \end{cases}$$

②8 区：$L/c + \tau \leqslant t \leqslant L/c + L_2/c$，沿 L_2 向上的反射波波幅由下列方程组联立求解：

$$\begin{cases} F_8 - F_7 = Z_2(V_8 - V_7) \\ F_8 = -Z_2 V_8 \end{cases}$$

解得

$$\begin{cases} V_8 = \dfrac{2Z_1}{Z_1 + Z_2} \cdot V_0 \\ F_8 = -\dfrac{2Z_2}{Z_1 + Z_2} \cdot Z_1 V_0 \end{cases}$$

③9 区为桩顶第二次通过阻抗变化截面的下行入射波与桩底反射的上行波的相互作用区，由于上、下行波将各自独立地且幅值不变地沿桩身传播，所以桩底反射波运行至 10 区时，其幅值与 8 区相同。

④$L/c + L_2/c \leqslant t \leqslant L/c + L_2/c + \tau$ 时，桩底反射波在 $x = L_1$ 遇到阻抗变化截面，此时 11 区的应力波幅值由下列方程组联立求解：

$$\begin{cases} F_{11} - F_{10} = Z_2(V_{11} - V_{10}) \\ F_{11} = -Z_1 V_{11} \end{cases}$$

解得

$$\begin{cases} V_{11} = \dfrac{4Z_1 Z_2}{(Z_1 + Z_2)^2} \cdot V_0 \\ F_{11} = -\dfrac{Z_1^2 Z_2}{(Z_1 + Z_2)^2} \cdot V_0 \end{cases}$$

⑤12 区为上、下行波相互作用区，则 13 区的应力波幅值与 11 区相同。

⑥注意到 $F_{2L/c}=0$，则 $t=2L/c$ 时在桩顶接收到的桩底反射速度幅值为：

$$V_{2L/c} = \frac{4Z_1 Z_2}{(Z_1 + Z_2)^2} \cdot 2V_0$$

可见，$Z_1=Z_2$ 相当于阻抗变化截面不存在，在桩顶接收到的桩底反射速度峰值就等于 $2V_0$。当 $Z_1 \neq Z_2$ 时，上式右边第一项恒小于 1，且 Z_1 与 Z_2 差别愈大，$V_{2L/c}$ 的数值就愈小，说明桩身只要存在阻抗变化截面，桩顶接收到的桩底反射幅值就会减小。因此，实际测桩时，尽管扩径不算缺陷，但扩径的存在同样将使桩底反射幅值下降。另外扩径的多次反射可能会与桩底反射重合。

类似地，如果阻抗变化截面的多次反射与桩底的反射不同时到达桩顶，则在桩顶接收到的第 n 次桩底反射速度响应幅值为：

$$V_{2nL/c} = 2\frac{(4Z_1 Z_2)^n}{(Z_1 + Z_2)^{2n}} \cdot V_0 \quad (n=1,2,3,\cdots)$$

2. 实际桩受土阻力作用和具有多个阻抗变化截面时桩顶接收到的速度响应数值解

从上述计算过程可以感到，虽然是极简单的实例，计算却已比较烦琐了，如果再给出一个理想的自由扩径（或缩颈）桩，用特征线表示的波传播轨迹已经相当复杂了。图 28-3-2 给出的是一根自由扩径桩的特例，即上段桩体长度与中部扩径段桩体长度之比恰好为 1/2。当然，实际工程桩动测波形受诸多因素的耦合影响，如桩身材料阻尼、频散、尺寸效应、波形畸变，特别是土阻力以及地层与成桩工艺交互作用，使波形的"精确"解释更具复杂性。

因此，为满足反射波法的工程实用性，当然不可能要求都去采用上面介绍的特征线法进行图解和计算，但仅知道"缺陷处有同向反射且反射波幅愈高缺陷就愈严重"或"强土阻力将引起负向反射"又可能过于粗浅了。

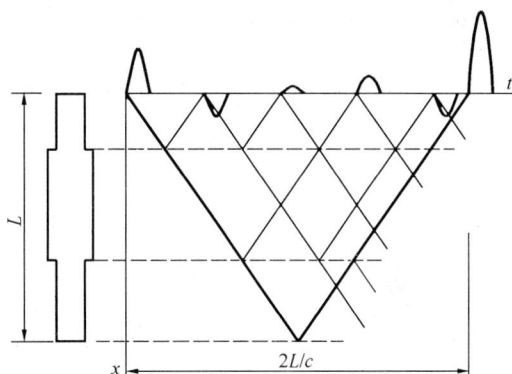

图 28-3-2 波在两个阻抗变化截面（扩径）

因为，与高应变法不同，低应变法虽然不必考虑反射波与入射波的相互作用（牵扯到桩身强度控制问题）以及桩-土相互作用使土产生的非线性或塑性变形，但只会考虑阻抗变化对应力波产生孤立的一次作用，则说明对基本理论掌握有欠缺。

为了更好地从理论上说明不同桩身阻抗变化条件对桩顶速度响应波形的影响，下面将采用特征线波动分析计算（波形拟合）软件，同时考虑土的阻尼和线弹性阶段土的阻力共同作用，计算比较一些典型的实例并由图 28-3-3 给出计算的波形。在所有列出的计算实例中，除改变桩的横截面尺寸外，桩的物理常数、冲击力脉冲的宽度和幅值、土的阻尼和阻力均不变。

虽然图 28-3-3 中这 32 组计算结果是在理想化情况下得到的，只能大致给读者一个粗线条轮廓，但已表明，在某些情况下，通过低应变反射波法判断桩身阻抗变化还是相当复杂的。比如一般测桩时不测锤击力，浅部阻抗变化的正确判断与激励脉冲宽窄有关。又如：

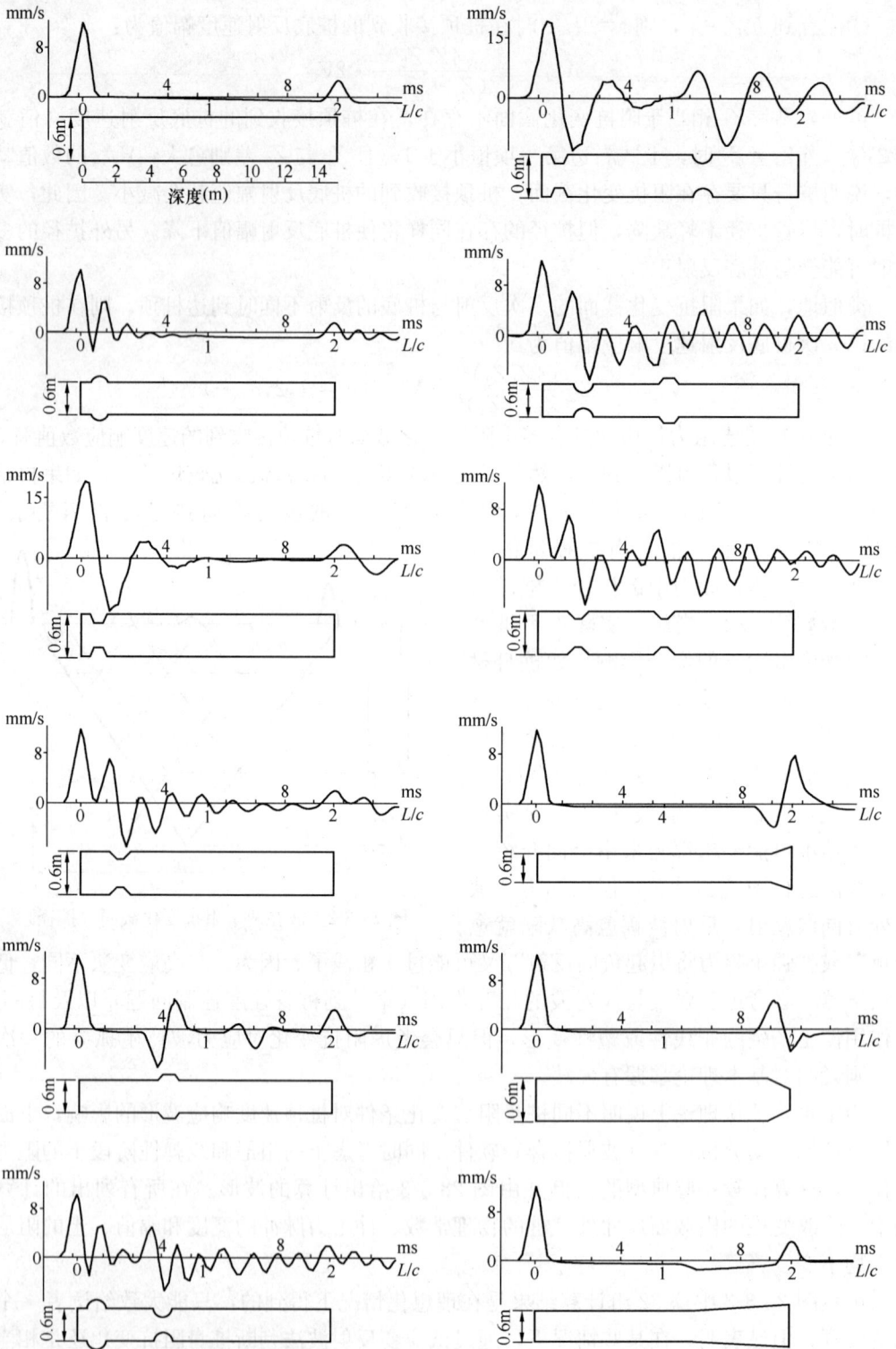

(1)~(6)   (7)~(12)

图 28-3-3　不同桩身阻抗变化情况时的桩顶速度响应波形（一）

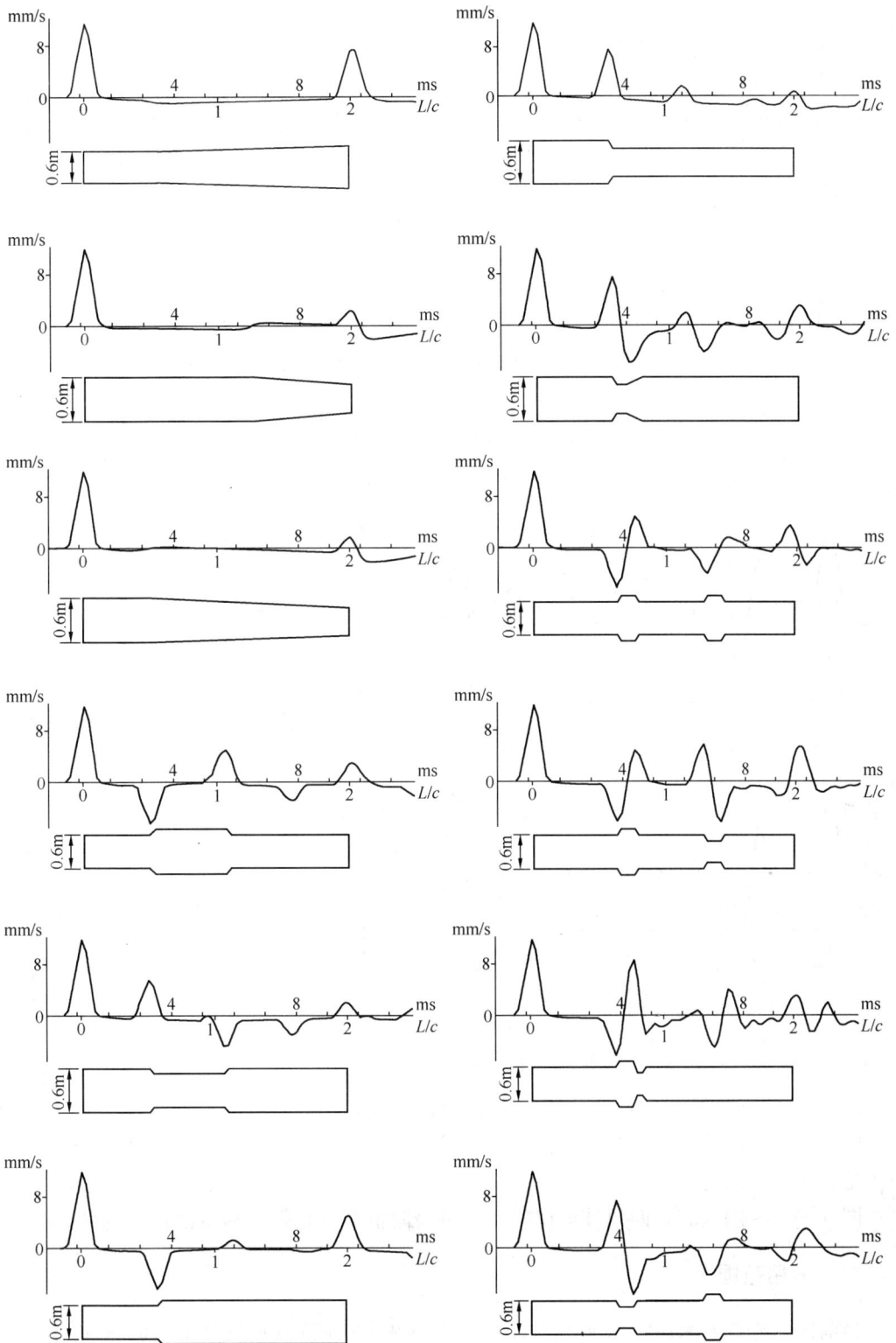

(13)~(18)   (19)~(24)

图 28-3-3 不同桩身阻抗变化情况时的桩顶速度响应波形（二）

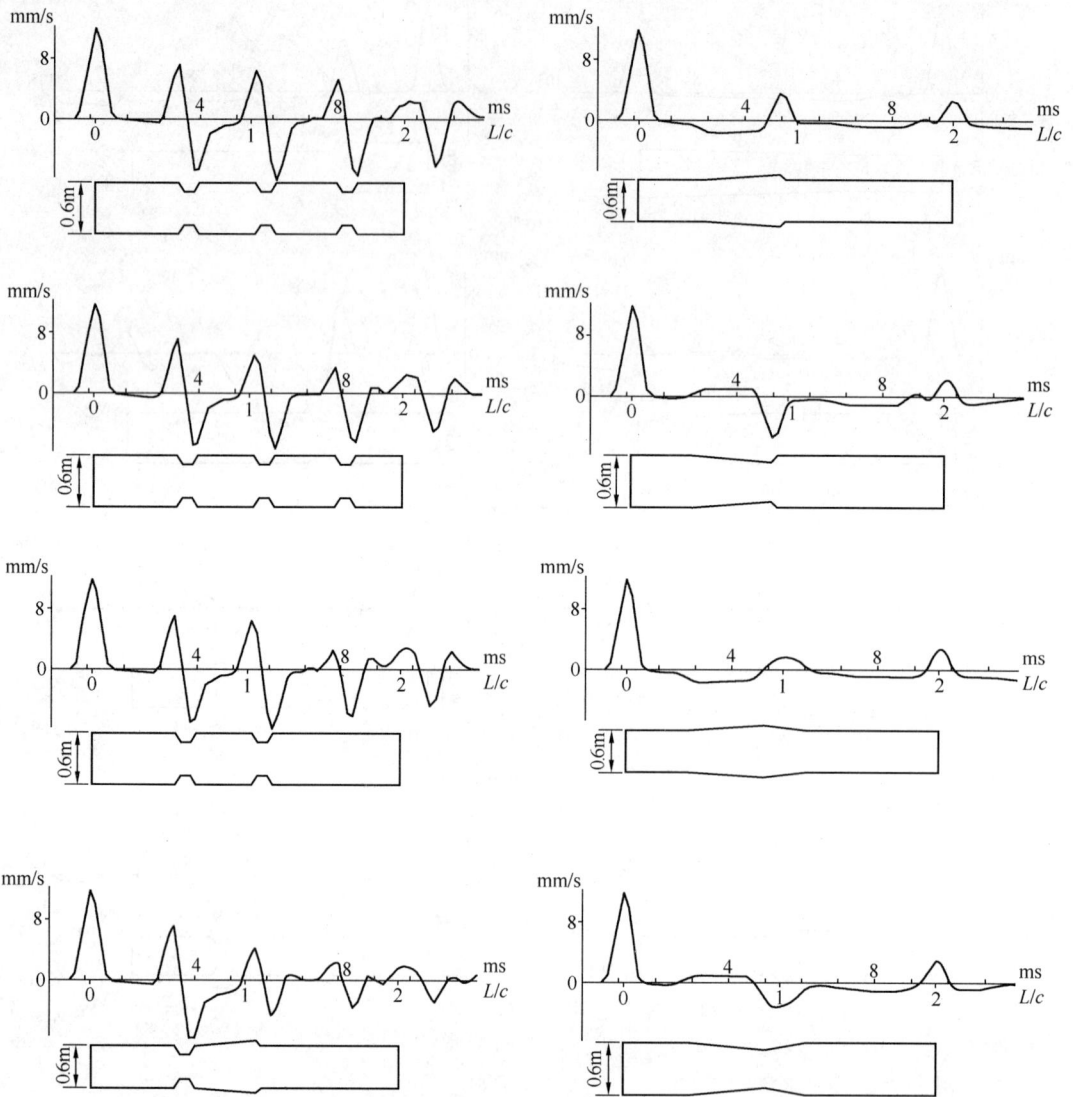

(25)～(28)   (29)～(32)

图 28-3-3   不同桩身阻抗变化情况时的桩顶速度响应波形（三）

图（2）～图（3）两幅波形比较——浅部阻抗变化的波形特征是否容易弄反？

图（25）～图（28）四幅波形比较——桩身有三个不同程度缩颈、两个缩颈甚至一缩一扩是否很难辨认？

图（29）～图（32）四幅波形比较——桩身阻抗渐变是否容易得出相反的结论？

二、适用范围

目前国内外普遍采用瞬态冲击方式，通过实测桩顶加速度或速度响应时域曲线，借一维波动理论分析来判定基桩的桩身完整性，这种方法称之为反射波法（或瞬态时域分析法）。目前国内外绝大多数的检测机构采用反射波法，即以速度时域曲线分析、判断桩身完整性为主；因所用动测仪器一般都具有傅立叶变换功能，则也可通过速度频域曲线辅助分析、判断桩身完整性，即所谓瞬态频域分析法；也有些动测仪器还具备实测锤击力并对其进行傅立叶变换的功能，进而得到导纳曲线，这称之为瞬态机械阻抗法。当然，为保证每条谱线上的力值分配均匀，提高导纳曲线测试准确性，也有用稳态激振方式直接测得导纳曲线，则称之为稳态机械阻抗法。

无论瞬态激振的时域分析还是瞬态或稳态激振的频域分析，只是习惯上从波动理论或振动理论两个不同角度去分析，数学上忽略截断和泄漏误差时，时域信号和频域信号可通过傅立叶变换建立对应关系。所以，对于同一根桩，只要边界和初始条件相同，时域和频域分析结果理应殊途同归。综上所述，考虑到目前国内外使用方法的普遍程度和可操作性，《建筑基桩检测技术规范》（JGJ 106—2003）将上述方法合并编写并统称为低应变（动测）法。

1. 与波长相关的桩几何尺寸限制

低应变法的理论基础是一维线弹性杆波动理论。因为尺寸效应，一维理论要求应力波在桩身中传播时平截面假设成立，因此受检桩的长细比、瞬态激励脉冲有效高频分量的波长与桩的横向尺寸之比均宜大于 5；对薄壁钢管桩和类似于 H 型钢桩的异形桩，桩顶激励所引起的桩顶附近各部位的响应极其复杂，低应变方法不适用。这里顺便指出，对于薄壁钢管桩，桩身完整性可以通过在桩顶施加扭矩产生扭转波的办法进行测试。扭转波的基本的方程和一维杆纵波的波动方程具有相同的形式，只需将波动方程中的纵向位移 u 换成桩截面的水平转角位移 θ，将一维纵波波速 $c=\sqrt{E/\rho}$ 换成扭转波波速（即剪切波波速）$c_S=\sqrt{G/\rho}=c\cdot\sqrt{\dfrac{1}{2}\dfrac{1}{(1+\nu)}}$（式中 G 为剪切模量）。所以，采用扭转波方法有以下两个显著特点：凡对一维纵波传播特性的讨论完全适用于扭转波传播现象的分析；扭转波不存在一维纵波由于尺寸效应所产生的频散问题。但是，目前还未找到在桩顶水平同步施加纯力偶的有效方法。

对于设计桩身截面多变的灌注桩，需要考虑多截面变化时的应力波多次反射的交互影响，所以应慎重使用。

2. 缺陷的定量与类型区分

基于一维理论，检测结论给出桩身纵向裂缝、较深部缺陷方位的依据是不充分的。

如前述，低应变法对桩身缺陷程度只作定性判定，尽管利用实测曲线拟合法分析能给出定量的结果，但由于桩的尺寸效应、测试系统的幅频相频响应、高频波的弥散、滤波等造成的实测波形畸变，以及桩侧土阻尼、土阻力和桩身阻尼的耦合影响，曲线拟合法还不能达到精确定量的程度，但它对复杂桩顶响应波形判断、增强对应力波在桩身中传播的复杂现象了解是有帮助的。

对于桩身不同类型的缺陷，只有少数情况可能判断缺陷的具体类型：如预制桩桩身的裂隙，使用挖土机械大面积开槽将中小直径灌注桩浅部碰断，带护壁灌注桩有地下水影响时措施不利造成局部混凝土松散，施工中已发现并被确认的异常情况。多数情况下，在有缺陷的灌注桩低应变测试信号中主要反映出桩身阻抗减小的信息，缺陷性质往往较难区分。例如，混凝土灌注桩出现的缩颈与局部松散或低强度区、夹泥、空洞等，只凭测试信号区分缺陷类型尚无理论依据。将低应变方法"神化"成无所不能，如指出桩身两个以上的严重缺陷及其各自对应的深度、某一深部缺陷的方位，检测出钢筋笼长度、桩底沉渣厚度等，可能会使这一方法成为伪科学。因此，规范 JGJ 106 对检测结果的判定没有要求区分缺陷类型，如果需要，应结合地质、施工情况综合分析，或采取钻芯、声波透射等其他方法。

3. 最大有效检测深度

由于受桩周土约束、激振能量、桩身材料阻尼和桩身截面阻抗变化等因素的影响，应力波从桩顶传至桩底、再从桩底反射回桩顶的传播过程为一能量和幅值逐渐衰减过程。若桩过长（或长径比较大，桩土刚度比过小）或桩身截面阻抗多变或变幅较大，往往应力波尚未反射回桩顶甚至尚未传到桩底，其能量已完全耗散或提前反射；另外还有一种特殊情况，桩的阻抗与桩端持力层阻抗匹配。上述情况均可能使仪器测不到桩底反射信号，而无法判定整根桩的完整性。在我国，若排除其他条件差异而只考虑各地区地质条件的差异时，桩的有效检测长度主要受桩土刚度比大小的制约。因各地提出的有效检测范围变化很大，如长径比 30～50、桩长 30～50m 不等，故规范 JGJ 106 未规定有效检测长度的控制范围。具体工程的有效检测桩长，应通过现场试验，依据能否识别桩底反射信号，确定该方法是否适用。

对于最大有效检测深度小于实际桩长的超长桩检测，尽管测不到桩底反射信号，但若有效检测长度范围内存在缺陷，则实测信号中必有缺陷反射信号。此时，低应变方法只可用于查明有效检测长度范围内是否存在缺陷。

4. 关于"用一维纵波波速推定桩身混凝土强度等级和校核桩长"的误区澄清

用一维波速推定桩身混凝土强度在我国存在了相当长时间，文献记载可追溯到 1984年第二届国际应力波在桩基工程中应用会议论文集的一篇文章，该文在无充分试验数据支持的情况下，提出了混凝土质量从很差到很好的波速范围是 1920～4120m/s；在我国又将混凝土质量进一步演变成混凝土强度等级。

（1）工程桩验收时，桩身混凝土强度是否满足设计要求是依据桩身混凝土标养立方体试块或同条件养护试块强度来评定的。采用一维波速评定桩身混凝土强度等级和声波透射法检测不同，因为声透法可直接将试件声速与强度建立关系，而低应变法通过测试得到的是桩的平均纵波波速，因而推定的强度是全桩长范围内的平均强度。由于桩的结构强度受桩身局部的混凝土强度（或缺陷）控制，所以从桩保证身混凝土抗压承载力的角度讲，用平均波速推定桩身平均强度的实用意义不大。

（2）根据尺寸效应研究提出的"波速测不准原理"，一维波速的确定还受以下两种因素的影响：激励与传感器安装点之间的时间滞后；截面尺寸变化引起波绕行距离的增加。

（3）波速除与桩身混凝土强度有关外，还与混凝土的骨料品种、粒径级配、密度、水灰比、成桩工艺（导管灌注、振捣、离心）等因素有关。波速与桩身混凝土强度整体趋势上呈正相关关系，即强度高波速高，这是毫无疑义的。但二者并不为一一对应关系。在影响混凝土波速的诸多因素中，强度对波速的影响并非首位。中国建筑科学研究院的试验资料表明：采用普通硅酸盐水泥，粗骨料相同，不同试配强度及龄期强度相差 1 倍时，声速变化仅为 10% 左右；根据辽宁省建设科学研究院的试验结果：采用矿渣水泥，28d 强度为3d 强度的 4～5 倍，一维波速增加 20%～30%；分别采用碎石和卵石并按相同强度等级试配，发现以碎石为粗骨料的混凝土一维波速比卵石高约 13%。天津市政研究院也得到了类似辽宁院的规律，但有一定离散性，即同一组（粗骨料相同）混凝土试配强度不同的杆件或试块，同龄期强度低约 $10\%\sim15\%$，但波速或声速略有提高。也有资料报导正好相反，例如福建省建筑科学研究院的试验资料表明：采用普通硅酸盐水泥，按相同强度等级试配，骨料为卵石的混凝土声速略高于骨料为碎石的混凝土声速。南京某动测考核基地的模型桩（预制方桩）的一维纵波波速接近 5000m/s。因此，不能依据波速去评定混凝土强度等级，反之亦然。

（4）波速测量还存在定位读数误差，施工和凿桩头标高控制等误差，再附加上述多种原因引起的误差，波速测量不确定度引起的估算桩长误差超过 1m 是可能的。若桩长20m，波速测量误差为 5%，推定桩长误差为 1.0m。另外是关于偷工减料的事实认定问题。"校核"桩长与实际书面记载的施工桩长不符通常被怀疑为桩短，遇到争议时，从法律角度认定事实时就会出现令人尴尬的局面。因此，一般是大致估算桩长，当根据当地经验估算的桩长与记录的桩长确实差别很大时，首先应综合施工工艺、地质条件和施工记录等开展有关调查，然后提出是否采用其他方法验证的建议。

5. 复合地基中的竖向增强体的检测问题

复合地基竖向增强体分为柔性桩（砂桩、碎石桩）、半刚性桩即水泥土桩（搅拌桩、旋喷桩、夯实水泥土桩）、刚性桩（水泥粉煤灰碎石桩即 CFG 桩）。因为 CFG 桩实际为素混凝土桩，常见的设计桩体混凝土抗压强度为 $20\sim25$MPa（过去也有用 15MPa 或更低的）。采用低应变动测法对 CFG 桩桩身完整性检验是《建筑地基处理技术规范》（JGJ79—2002）和《建筑地基基础工程施工质量验收规范》（GB 50202—2002）明确规定的项目。而对于水泥土桩，桩身施工质量离散性较大，水泥土强度从零点几兆帕到几兆帕变化范围大，虽有用低应变法检测桩身完整性的报导，但可靠性和成熟性还有待进一步探究，考虑到国内使用的普遍适用性，规范 JGJ 106 尚未规定对水泥土桩的桩身完整性检测。此外，《建筑地基基础设计规范》（GB 50007—2002）规定的桩身混凝土强度等级最低不小于 C20，规范 JGJ 106 对低应变受检桩的桩身混凝土强度的最低要求是 15MPa，这主要是考虑到工期紧和便于信息化施工的原因，而放宽了对混凝土龄期的限制。因此从基桩检测的角度上讲，一般要求设计的桩身混凝土强度等级不低于 C20。

三、低应变法现场检测技术

1. 测试仪器和激振设备的选择

（1）测量响应系统

建议低应变动力检测采用的测量响应传感器为压电式加速度传感器。根据压电式加速度计的结构特点和动态性能，当传感器的可用上限频率在其安装谐振频率的 1/5 以下时，可保证较高的冲击测量精度，且在此范围内，相位误差完全可以忽略。所以应尽量选用自振频率较高的加速度传感器。

对于桩顶瞬态响应测量，习惯上是将加速度计的实测信号积分成速度曲线，并据此进行判读。实践表明：除采用小锤硬碰硬敲击外，速度信号中的有效高频成分一般在2000Hz 以内。但这并不等于说，加速度计的频响线性段达到 2000Hz 就足够了。这是因为，加速度原始信号比积分后的速度波形中要包含更多和更尖的毛刺，高频尖峰毛刺的宽窄和多寡决定了它们在频谱上占据的频带宽窄和能量大小。事实上，对加速度信号的积分相当于低通滤波，这种滤波作用对尖峰毛刺特别明显。当加速度计的频响线性段较窄时，就会造成信号失真。所以，在±10％幅频误差内，加速度计幅频线性段的高限不宜小于5000Hz，同时也应避免在桩顶敲击处表面凹凸不平时用硬质材料锤（或不加锤垫）直接敲击。

对磁电式速度传感器的稳态和冲击响应性能的研究表明，高频窄脉冲冲击响应测量不宜使用速度传感器。此外由于速度传感器的体积和质量均较大，其安装谐振频率受安装条件影响很大，安装不良时的安装谐频会大幅下降并产生自身振荡，虽然可通过低通滤波将自振信号滤除，但由于安装谐振频率与信号的有用频率成分重叠，则安装谐振频率附近的有用信息也将随之滤除。

（2）激振设备

瞬态激振操作应通过现场试验选择不同材质的锤头或锤垫，以获得低频宽脉冲或高频窄脉冲。除大直径桩外，冲击脉冲中的有效高频分量可选择不超过2000Hz（钟形力脉冲宽度为1ms，对应的高频截止分量约为2000Hz）。桩直径小时脉冲可稍窄一些。选择激振设备没有过多的限制，如力锤、力棒等。锤头的软硬或锤垫的厚薄和锤的质量都能起到控制脉冲宽窄的作用，通常前者起主要作用；而后者（包括手锤轻敲或加力锤击）主要是控制力脉冲幅值。因为不同的测量系统灵敏度和增益设置不同，灵敏度和增益都较低时，加速度或速度响应弱，相对而言降低了测量系统的信噪比或动态范围；两者均较高时又容易产生过载和削波。通常手锤即使在一定锤重和加力条件下，由于桩顶敲击点处凹凸不平、软硬不一，冲击加速度幅值变化范围很大（脉冲宽窄也发生较明显变化），有些仪器没有加速度超载报警功能，而削波的加速度波形积分成速度波形后可能不容易被察觉。所以，锤头及锤体质量选择并不需要拘泥某一种固定形式，可选用工程塑料、尼龙、铝、铜、铁、硬橡胶等材料制成的锤头，或用橡皮垫作为缓冲垫层，锤的质量也可几百克至几十千克不等，主要目的是以下两点：

①控制激励脉冲的宽窄以获得清晰的桩身阻抗变化的反射或桩底反射（图28-3-4），同时又不产生明显的波形失真或高频干扰；

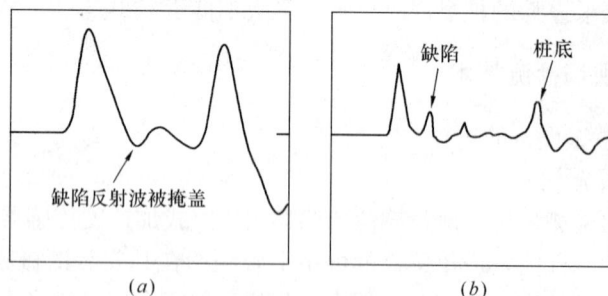

图 28-3-4　不同激励脉冲宽度

(a) 脉冲过宽；(b) 脉冲宽度合适

②获得较大的信号动态范围而不超载。

稳态激振设备包括扫频信号发生器、功率放大器及电磁式激振器。由扫频信号发生器输出等幅值、频率可调的正弦信号，通过功率放大器放大至电磁激振器，输出与信号频率相同且幅值恒定的正弦激振力作用于桩顶。

2. 桩头处理

桩顶条件和桩头处理好坏直接影响测试信号的质量。对低应变动测而言，判断桩身阻抗相对变化的基准是桩头部位的阻抗。因此，要求受检桩桩顶的混凝土质量、截面尺寸应与桩身设计条件基本等同。灌注桩应凿去桩顶浮浆或松散、破损部分，并露出坚硬的混凝土表面；桩顶表面应平整干净且无积水；应将敲击点和响应测量传感器安装点部位磨平，多次锤击信号重复性较差时，多与敲击或安装部位不平整有关；妨碍正常测试的桩顶外露主筋应割掉。对于预应力管桩，当法兰盘与桩身混凝土之间结合紧密时，可不进行处理，否则，应采用电锯将桩头锯平。

当桩头与承台或垫层相连时，相当于桩头处存在很大的截面阻抗变化，对测试信号会产生影响。因此，测试时桩头应与混凝土承台断开；当桩头侧面与垫层相连时，除非对测试信号没有影响，否则应断开。

3. 测试参数设定

从时域波形中找到桩底反射位置，仅仅是确定了桩底反射的时间，根据 $\Delta T = 2L/c$，只有已知桩长 L 才能计算波速 c，或已知波速 c 计算桩长 L。因此，桩长参数应以实际记录的施工桩长为依据，按测点至桩底的距离设定。测试前桩身波速可根据本地区同类桩型的测试值初步设定。根据前面测试的若干根桩的真实波速的平均值，对初步设定的波速调整。

对于时域信号，采样频率越高，则采集的数字信号越接近模拟信号，越有利于缺陷位置的准确判断。一般应在保证测得完整信号（时段 $2L/c+5\mathrm{ms}$，1024 个采样点）的前提下，选用较高的采样频率或较小的采样时间间隔。但是，若要兼顾频域分辨率，则应按采样定理适当降低采样频率或增加采样点数。如采样时间间隔为 $50\mu s$，采样点数 1024，FFT 频域分辨率仅为 $19.5\mathrm{Hz}$。

稳态激振是按一定频率间隔逐个频率激振，要求在每一频率下激振持续一段时间，以达到稳态振动状态。频率间隔的选择决定了速度幅频曲线和导纳曲线的频率分辨率，它影响桩身缺陷位置的判定精度；间隔越小，精度越高，但检测时间很长，降低工作效率。一般频率间隔设置为 3Hz、5Hz 或 10Hz。每一频率下激振持续时间的选择，理论上越长越好，这样有利于消除信号中的随机噪声和传感器阻尼自振项的影响。实际测试过程中，为提高工作效率，只要保证获得稳定的激振力和响应信号即可。

4. 传感器安装和激振操作

（1）传感器用耦合剂粘结时，粘结层应尽可能薄；必要时可采用冲击钻打孔安装方式，但传感器底安装面应与桩顶面紧密接触。激振以及传感器安装应沿桩的轴线方向。

（2）激振点与传感器安装点应远离钢筋笼的主筋，其目的是减少外露主筋振动对测试产生干扰信号。若外露主筋过长而影响正常测试时，应将其割短。

（3）测桩之目的是激励桩的纵向振动振型，但相对桩顶横截面尺寸而言，激振点处为集中力作用，在桩顶部位难免出现与桩的径向振型相对应的高频干扰。当锤击脉冲变窄或桩径增加时，这种由三维尺寸效应引起的干扰加剧。传感器安装点与激振点距离和位置不同，所受干扰的程度各异。实心桩和管桩尺寸效应研究成果表明：实心桩安装点在距桩中心约 2/3 半径 R 时，所受干扰相对较小；空心桩安装点与激振点平面夹角等于或略大于 $90°$ 时也有类似效果，该处相当于径向耦合低阶振型的驻点。另外应注意，加大安装与激振两点间距离或平面夹角，将增大锤击点与安装点响应信号的时间差，造成波速或缺陷定位误差。

（4）当预制桩、预应力管桩等桩顶高于地面很多，或灌注桩桩顶部分桩身截面很不规则，或桩顶与承台等其他结构相连而不具备传感器安装条件时，可将两支测量响应传感器对称安装在桩顶以下的桩侧表面，且宜远离桩顶。

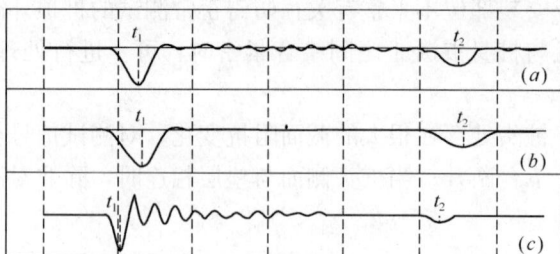

图 28-3-5 不同的锤击工具引起的不同的动力响应

（40cm×40cm 方桩，摘引自黄理兴等）

（a）手锤；（b）带尼龙头力锤；（c）细金属杆

（5）瞬态激振通过改变锤的重量及锤头材料，可改变冲击入射波的脉冲宽度及频率成分。锤头质量较大或刚度较小时，冲击入射波脉冲较宽，低频成分为主；当冲击力大小相同时，其能量较大，应力波衰减较慢，适合于获得长桩桩底信号或下部缺陷的识别（图 28-3-5）。锤头较轻或刚度较大时，冲击入射波脉冲较窄，含高频成分较多；冲击力大小相同时，虽其能量较小并加剧大直径桩的尺寸效应影响，但较适宜于桩身浅部缺陷的识别及定位。

（6）稳态激振在每个设定的频率下激振时，为避免频率变换过程产生失真信号，应具有足够的稳定激振时间，以获得稳定的激振力和响应信号，并根据桩径、桩长及桩周土约束情况调整激振力。稳态激振器的安装方式及好坏对测试结果起着很大的作用。为保证激振系统本身在测试频率范围内不出现谐振，激振器的安装宜采用柔性悬挂装置，同时在测试过程中应避免激振器出现横向振动。

（7）为了能对室内信号分析发现的异常提供必要的比较或解释依据，检测过程中，同一工程的同一批试桩的试验操作宜保持同条件，不仅要对激振操作、传感器和激振点布置等某一条件改变进行记录，也要记录桩头外观尺寸和混凝土质量的异常情况。

（8）桩径增大时，桩截面各部位的运动不均匀性也会增加，桩浅部的阻抗变化往往表现出明显的方向性。故应增加检测点数量，通过各接收点的波形差异，大致判断浅部缺陷是否存在方向性。每个检测点有效信号数不宜少于 3 个，而且应具有良好的重复性，通过叠加平均提高信噪比。

四、检测数据分析与判定

1. 通过统计确定桩身波速平均值

为分析不同时段或频段信号所反映的桩身阻抗信息、核验桩底信号并确定桩身缺陷位置，需要确定桩身波速及其平均值。

当桩长已知、桩底反射信号明确时，在地质条件、设计桩型、成桩工艺相同的基桩中，选取不少于 5 根 I 类桩的桩身波速值按下列三式计算其平均值：

$$c_m = \frac{1}{n}\sum_{i=1}^{n} c_i \qquad (28\text{-}3\text{-}1)$$

$$c_i = \frac{2L}{\Delta T} \qquad (28\text{-}3\text{-}2)$$

$$c_i = 2L \cdot \Delta f \tag{28-3-3}$$

式中　c_m——桩身波速的平均值；

　　　c_i——第 i 根受检桩的桩身波速值，规范 JGJ 106 要求 c_i 取值的离散性不能太大，即 $|c_i - c_m| / c_m \leqslant 5\%$；

　　　L——测点下桩长；

　　　ΔT——速度波第一峰与桩底反射波峰间的时间差，见图 28-3-6；

　　　Δf——幅频曲线上桩底相邻谐振峰间的频差，见图 28-3-7；

　　　n——参加波速平均值计算的基桩数量（$n \geqslant 5$）。

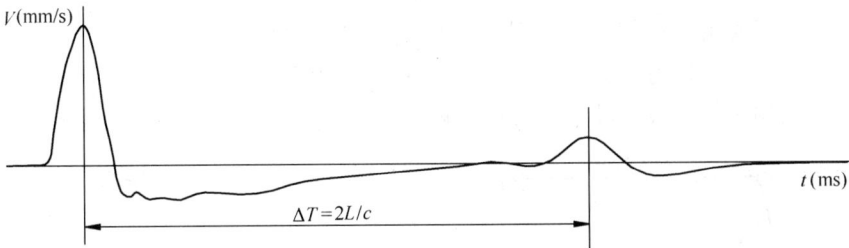

图 28-3-6　完整桩典型时域信号特征

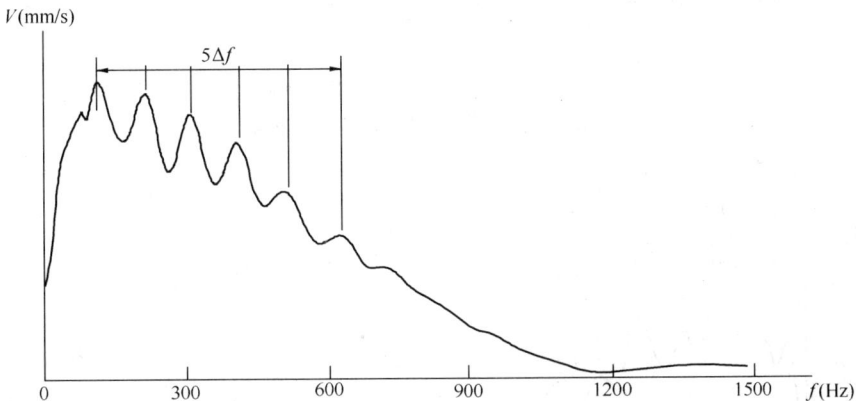

图 28-3-7　完整桩典型速度幅频信号特征

需要指出，桩身平均波速确定时，要求 $|c_i - c_m| / c_m \leqslant 5\%$ 的规定在具体执行中并不宽松，因为如前所述，影响单根桩波速确定准确性的因素很多。如果被检工程桩桩数量较多，尚应考虑尺寸效应问题，即参加平均波速统计的被检桩的测试条件应尽可能一致，桩身也不应有明显扩径。

当无法按上述方法确定时，波速平均值可根据本地区相同桩型及成桩工艺的其他桩基工程的实测值，结合桩身混凝土的骨料品种和强度等级综合确定。虽然波速与混凝土强度二者并不呈一一对应关系，但考虑到二者整体趋势上呈正相关关系，且强度等级是现场最易得到的参考数据，故对于超长桩或无法明确找出桩底反射信号的桩，可根据本地区经验并结合混凝土强度等级，综合确定波速平均值，或利用成桩工艺、桩型相同且桩长相对较短并能够找出桩底反射信号的桩确定的波速，作为波速平均值。

此外，当某根桩露出地面且有一定的高度时，可沿桩长方向间隔一可测量的距离段安置两个测振传感器，通过测量两个传感器的响应时差，计算该桩段的波速值，以该值代表整根桩的波速值。

2. 桩身缺陷位置计算

桩身缺陷位置计算采用以下两式之一：

$$x = \frac{1}{2} \cdot \Delta t_{\mathrm{x}} \cdot c \tag{28-3-4}$$

$$x = \frac{1}{2} \cdot \frac{c}{\Delta f'} \tag{28-3-5}$$

式中　x——桩身缺陷至传感器安装点的距离；

　　Δt_{x}——速度波第一峰与缺陷反射波峰间的时间差，见图 28-3-8；

　　c——受检桩的桩身波速，无法确定时用 c_{m} 值替代；

　　$\Delta f'$——幅频信号曲线上缺陷相邻谐振峰间的频差，见图 28-3-9。

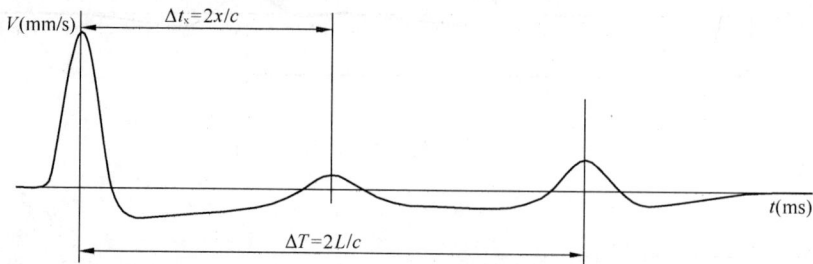

图 28-3-8　缺陷桩典型时域信号特征

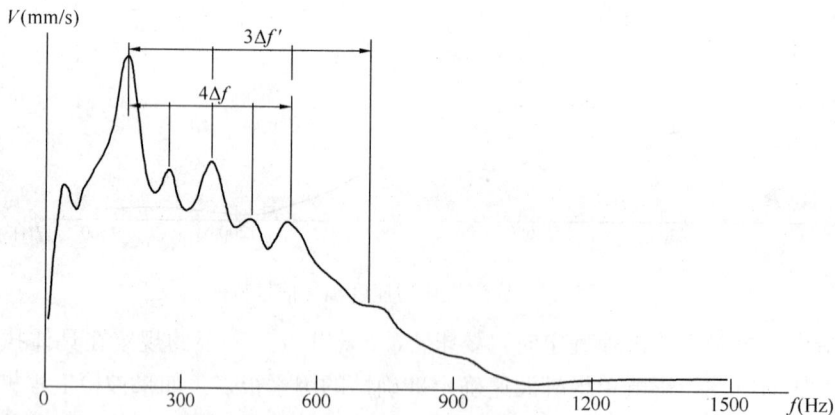

图 28-3-9　缺陷桩典型速度幅频信号特征

本方法确定桩身缺陷的位置是有误差的，原因是：

（1）缺陷位置处 Δt_{x} 和 $\Delta f'$ 存在读数误差；采样点数不变时，提高时域采样频率降低了频域分辨率；波速确定的方式及用抽样所得平均值 c_{m} 替代某具体桩身段波速带来的误差。

（2）前面述及的尺寸效应问题分为横向尺寸效应和纵向尺寸效应。

横向尺寸效应表现为传感器接收点测到的入射峰总比锤击点处滞后，考虑到表面波或剪切波的传播速度比纵波低得多，特别对大直径桩或直径较大的管桩，这种从锤击点起由近及远的时间线性滞后将明显增加。而波从缺陷或桩底以一维平面应力波反射回桩顶时，引起的桩顶面径向各点的质点运动却在同一时刻都是相同的，即不存在由近及远的时间滞后问题。所以严格地讲，按入射峰-桩底反射峰确定的波速将比实际的高，若按"正确"的桩身波速确定缺陷位置将比实际的浅。因此，时域采样时宜适当兼顾频域分辨率，用速度频谱分析确定的 Δf 计算波速；若能测到 $4L/c$ 的二次桩底反射，则由 $2L/c$ 至 $4L/c$ 时段确定的波速是正确的。

纵向尺寸效应表现为浅部缺陷定位准确性上。以下三个信号来自某省的动测考试桩，波速为 4200m/s，见图 28-3-10。这是一根典型的浅部严重缺陷桩。作者认为，三种锤敲击所得波形以图（a）和（b）较为理想，而图（c）可能由于测试方法不同而导致部分结果失真。事实上，这三个波形都反映了浅部缺陷的低频大摆动的共性，从测振传感器原理上讲，容易失真的倒是高频激励产生的响应信号。如果缺陷再浅一些，恐怕图（a）和（b）也未必能测出应力波在缺陷段的来回反射。由于这根桩属于现场低应变考核模型桩测试，能够尽量准确给出浅部缺陷的深度固然重要，但是一定要将缺陷定位误差控制在一个很小的范围内的要求似乎未必现实，从工程实用角度讲，浅部缺陷最容易处理，而从测试原理上讲，浅部严重缺陷的发觉比深部缺陷容易，所以能够找到浅部缺陷才是解决桩质量问题的关键。

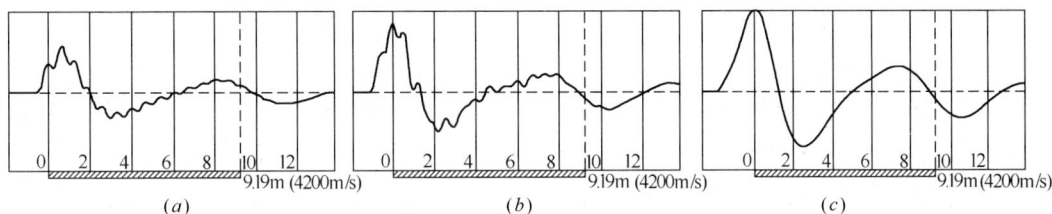

图 28-3-10　40cm×40cm 模拟桩典型反射波曲线
（a）铁锤，润滑脂粘贴；（b）力棒，润滑脂粘贴；（c）橡皮锤，橡皮泥

3. 桩身完整性类别判定

由于桩身完整性检测不仅是低应变动测法的功能，钻芯法、高应变法和声波透射法也有此项功能，故规范 JGJ 106 在基本规定的表 3.5.3 中规定了桩身完整性分类的统一四类划分标准，以便于检测结果的采纳。

（1）建议采用时域和频域波形分析相结合的方法进行桩身完整性判定，也可根据单独的时域或频域波形进行完整性判定。一般在实际应用中是以时域分析为主、频域分析为辅。

依据实测时域或幅频信号特征进行桩身完整性判定的分类标准见表 28-3-1，显然缺陷类别的判定是定性的。这里需特别强调，仅依据信号特征判定桩身完整性是不够的，需要检测分析人员结合缺陷出现的深度、测试信号衰减特性以及设计桩型、成桩工艺、地质条件、施工情况等综合分析判定。

表 28-3-1 没有列出桩身无缺陷或有轻微缺陷但无桩底反射这种信号特征的类别划分。事实上，低应变法测不到桩底反射信号这类情形受多种因素影响，例如：

桩身完整性判定 表 28-3-1

类别	时域信号特征	幅频信号特征
Ⅰ	$2L/c$ 时刻前无缺陷反射波，有桩底反射波	桩底谐振峰排列基本等间距，其相邻频差 $\Delta f \approx c/2L$
Ⅱ	$2L/c$ 时刻前出现轻微缺陷反射波，有桩底反射波	桩底谐振峰排列基本等间距，其相邻频差 $\Delta f \approx c/2L$，轻微缺陷产生的谐振峰与桩底谐振峰之间的频差 $\Delta f' > c/2L$
Ⅲ	有明显缺陷反射波，其他特征介于Ⅱ类和Ⅳ类之间	
Ⅳ	$2L/c$ 时刻前出现严重缺陷反射波或周期性反射波，无桩底反射波； 或因桩身浅部严重缺陷使波形呈现低频大振幅衰减振动，无桩底反射波	缺陷谐振峰排列基本等间距，相邻频差 $\Delta f' > c/2L$，无桩底谐振峰； 或因桩身浅部严重缺陷只出现单一谐振峰，无桩底谐振峰

①软土地区的超长桩，长径比很大；

②桩周土约束很大，应力波衰减很快；

③桩身阻抗与持力层阻抗匹配良好；

④桩身截面阻抗显著突变或沿桩长渐变；

⑤预制桩接头缝隙影响。

其实，当桩侧和桩端阻力很强时，高应变法同样也测不出桩底反射。所以，上述原因造成无桩底反射也属正常。此时的桩身完整性判定，只能结合经验、参照本场地和本地区的同类型桩综合分析或采用其他方法进一步检测。所以，绝对要求同一工程所有的Ⅰ、Ⅱ类桩都有清晰的桩底反射也不现实。对同一场地、地质条件相近、桩型和成桩工艺相同的基桩，因桩端部分桩身阻抗与持力层阻抗相匹配而导致实测信号无桩底反射波时，只能按本场地同条件下有桩底反射波的其他桩实测信号判定桩身完整性类别。常理上讲，当两根桩的桩型、施工工艺、桩长以及地质条件相同且都不存在桩身缺陷反射时，有明显桩底正向反射信号的桩的竖向承载力理应低于没有清晰桩底正向反射信号的桩，但是，不能忽视动测法的这种局限性。例如，图 28-3-11 是人工挖孔桩的实测波形，桩长 38.4m，从波形上很难判断桩身存在缺陷，但钻芯和声波透射法检测均反映在 28～31m 范围存在缺陷。因为缺陷出现部位较深，桩侧土阻力较强，此时，低应变法无能为力。另外，钻芯和声波透射法也只能检测桩身横截面局部缺陷。

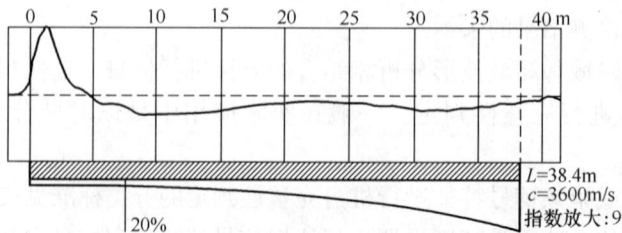

图 28-3-11　无法测到深部缺陷反射的实测信号

桩身完整性为Ⅰ类的信号分析判定，从时域信号或频域曲线特征表现的信息判定相对来说较简单直观，而分析缺陷桩信号则复杂些。有的信号的确是因施工质量缺陷产生的，但也有是因设计构造或成桩工艺本身局限性导致的不连续（断面）而产生的，例如预制打入桩的接缝、灌注桩的逐渐扩径再缩回原桩径的变截面、地层硬夹层影响等。因此，在分析测试信号时，应仔细分清哪些是缺陷波或缺陷谐振峰，哪些是因桩身构造、成桩工艺、土层影响造成的类似缺陷信号特征。另外，根据测试信号幅值大小判定缺陷程度，除受缺陷程度影响外，还受桩周土阻尼大小及缺陷所处深度的影响。相同程度的缺陷因桩周土性不同或缺陷埋深不同，在测试信号中其幅值大小各异。因此，如何正确判定缺陷程度，特别是缺陷十分明显时，如何区分是Ⅲ类桩还是Ⅳ类桩，应仔细对照桩型、地质条件、施工情况结合当地经验综合分析判断。不仅如此，还应结合基础和上部结构形式对桩的承载安全性要求，考虑桩身承载力不足引发桩身结构破坏的可能性，进行缺陷类别划分，不宜单凭测试信号定论。

（2）时域信号曲线拟合法

将桩划分为若干单元，以实测或模拟的力信号作为已知边界条件，设定并调整桩身阻抗及土参数，通过一维波动方程数值计算，计算出速度时域波形并与实测的波形进行反复比较，直到两者吻合程度达到满意为止，从而得出桩身阻抗的变化位置及变化量大小。该计算方法类似于高应变的曲线拟合法，只是拟合所用的桩-土模型没有高应变拟合法那么复杂。

（3）根据速度幅频曲线或导纳曲线中基频位置（如理论上的刚性支承桩的基频为$\Delta f/2$），利用实测导纳值与计算导纳值相对高低、实测动刚度的相对高低进行判断。此外，还可对速度幅频信号曲线进行二次谱分析。

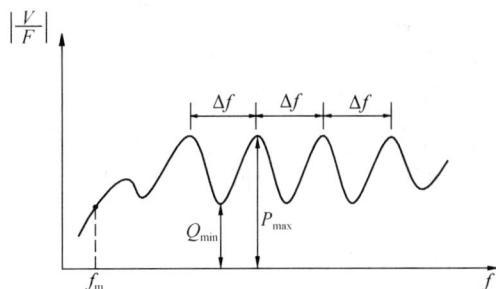

图 28-3-12　均匀完整桩的速度导纳曲线

图 28-3-12 为完整桩的导纳曲线。计算导纳值 N_c、实测导纳几何平均值 N_m 和动刚度 K_d 分别按下列公式计算：

导纳理论计算值：
$$N_c = \frac{1}{\rho c_m A} \tag{28-3-6}$$

实测导纳几何平均值：
$$N_m = \sqrt{P_{max} \cdot Q_{min}} \tag{28-3-7}$$

动刚度：
$$K_d = \frac{2\pi f_m}{\left|\dfrac{V}{F}\right|_m} \tag{28-3-8}$$

式中　ρ——桩材质量密度（kg/m³）；

　　　c_m——桩身波速平均值（m/s）；

　　　A——设计桩身截面积（m²）；

　　　P_{max}——导纳曲线上谐振波峰的最大值（m/s·N⁻¹）；

　　　Q_{min}——导纳曲线上谐振波谷的最小值（m/s·N⁻¹）；

　　　f_m——导纳曲线上起始近似直线段上任一频率值（Hz）；

　　$\left|\dfrac{V}{F}\right|_m$——与 f_m 对应的导纳幅值（m/s·N⁻¹）。

理论上，实测导纳值 N_m、计算导纳值 N_c 和动刚度 K_d 就桩身质量好坏而言存在一定的相对关系：完整桩，N_m 约等于 N_c，K_d 值正常；缺陷桩，N_m 大于 N_c，K_d 值低，且随缺陷程度的增加其差值增大；扩径桩，N_m 小于 N_c，K_d 值高。

值得说明，由于稳态激振过程在某窄小频带上激振，其能量集中、信噪比高、抗干扰能力强等特点，所测的导纳曲线、导纳值及动刚度比采用瞬态激振方式重复性好、可信度较高。

4. 桩身阻抗多变或渐变

低应变法的误判高发区中主要包含了桩身出现阻抗多变或渐变的情况。规范 JGJ 106 建议，对以下两种情况的桩身完整性判定宜结合其他检测方法进行：

①实测信号复杂，无规律，无法对其进行准确评价；

②桩身截面渐变或多变，且变化幅度较大的混凝土灌注桩。

(1) 桩身阻抗多变

首先用一个实测波形反映出多缺陷特征的实例说明：一根直径 $\phi1350mm$、$L=19.1m$ 的钻孔灌注桩，设计为嵌岩桩。如图 28-3-13（a）低应变测试波形所示，取 $c=3700m/s$，在 4m、8m 和 18m 处出现三个明显的同向反射。其中 8m 处的反射不排除是 4m 处缺陷的二次反射；18m 处的反射可能是缺陷（或桩偏短），也可能是桩底沉渣过厚，但也不排除是桩底反射（但这时波速取值为 3900m/s）。继而用高应变法进行验证，试验时没有采用大能量冲击，仅用 50kN 重锤，锤的落距 1m，所测波形见图 28-3-13（b）。虽然混凝土的非线性可使高应变波速低于低应变波速，但波速的取值为 3200m/s 时才能与 18m 处缺陷对应，若要与 19.1m 的桩底反射对应，则波速取值要降至 3000m/s 左右。由于该桩设计为嵌岩桩，因此，可以下结论说 18m 处存在缺陷。另一个现象是力和速度曲线在起升沿

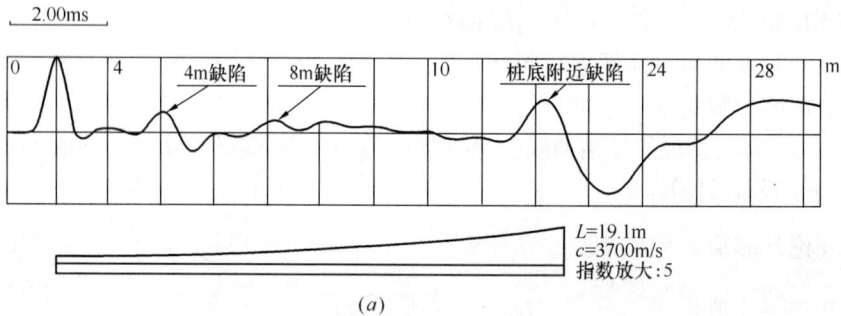

(a)

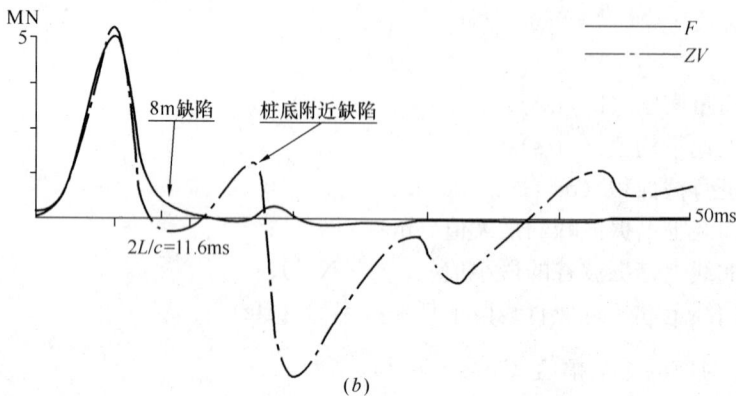

图 28-3-13　高、低应变桩身完整性测试波形对比

(a) 低应变波形；(b) 高应变波形

基本成比例，4m 处的缺陷在高应变波形上没有明显反映，而在 8m 处显示出轻微缺陷。所以，通过高应变试验对比，该桩在 18m 以上不可能存在明显或严重的桩身缺陷。这个实例也表明，如果能测到明显的桩底或桩深部缺陷反射，则桩身上部的缺陷一般不可能属于很明显或严重的缺陷。

当桩身存在不止一个阻抗变化截面（包括在桩身某一范围内阻抗渐变的情况）时，由于各阻抗变化截面的一次和多次反射波相互叠加，除距桩顶第一阻抗变化截面的一次反射能辨认外，其后的反射信号可能变得十分复杂，难于分析判断。此时，首先要查找测试各环节是否有疏漏，然后再根据施工和地质情况分析原因，并与同一场地、同一测试条件下的其他桩测试波形进行比较，有条件时可采用实测曲线拟合法试算。确实无把握且疑问桩对基础与上部结构的安全或正常使用可能有较大影响时，应提出验证检测的建议。

（2）桩身阻抗渐变

对于混凝土灌注桩，采用时域信号分析时应区分桩身截面渐变后恢复至原桩径并在该阻抗突变处的一次反射，或扩径突变处的二次反射。当灌注桩桩身截面（阻抗）渐变或突变，在阻抗突变处的一次或二次反射常表现为类似明显扩径、严重缺陷或断桩的相反情形，从而造成误判。因此，可结合成桩工艺和地质条件综合分析，加以区分；无法区分时，应结合其他检测方法综合判定。必要时，可采用实测曲线拟合法辅助判定桩身完整性或借助实测导纳值、动刚度的相对高低辅助判定桩身完整性。采用实测曲线拟合法进行辅助分析时，宜符合下列规定：

①信号不得因尺寸效应、测试系统频响等影响产生畸变。

②桩顶横截面尺寸应按现场实际测量结果确定。

③通过同条件下、截面基本均匀的相邻桩曲线拟合，确定引起应力波衰减的桩土参数取值。

④宜采用实测力波形作为边界条件输入。

图 28-3-14 是一根桩长 16.4m，桩径 600mm 的钻孔扩底灌注桩实测曲线拟合法的实例。可以看出，约在 9.5m 处的同向反射属先扩后缩的反射，拟合计算"缩颈"处的直径不小于设计桩径。该场地在深度 7～9m（扩径处）为砂层，几乎所有被测的桩均在砂层有扩径反射。

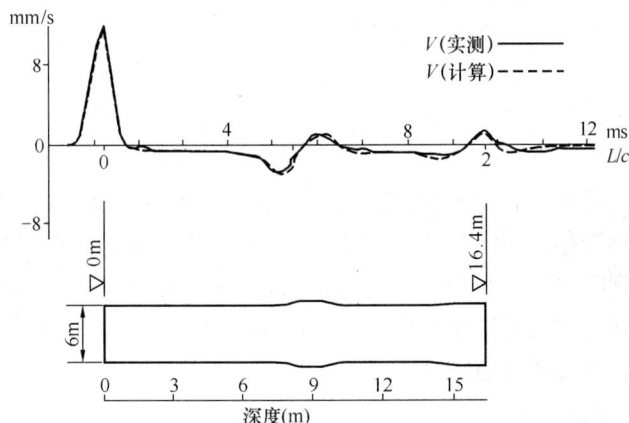

图 28-3-14 扩径桩曲线拟合法分析实例

5. 关于嵌岩桩

对于嵌岩桩，桩底沉渣和桩端持力层是否为软弱层、溶洞等是直接关系到该桩能否安全使用的关键因素。虽然低应变动测法不能确定桩底情况，但理论上可以将嵌岩桩桩端视为杆件的固定端，并根据桩底反射波的方向判断桩端端承效果。当桩底时域反射信号为单一反射波且与锤击脉冲信号同向时，或频域辅助分析时的导纳值相对偏高，动刚度相对偏低时，理论上表明桩底有沉渣存在或桩端嵌固效果较差。注意，虽然沉渣较薄时对桩的承载能力影响不大，但低应变法很难回答桩底沉渣厚度到底能否影响桩的承载力和沉降性状，并且确实出现过有些嵌入坚硬基岩的灌注桩的桩底同向反射较明显，而钻芯却未发现桩端与基岩存在明显胶结不良的情况。所以，出于安全和控制基础沉降考虑，若怀疑桩端嵌固效果差时，应采用静载试验或钻芯法等其他检测方法核验桩端嵌岩情况，确保基桩使用安全。

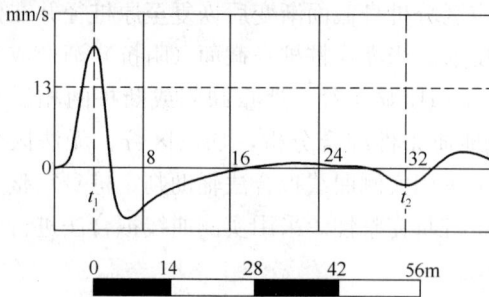

图 28-3-15　嵌岩桩实测波形

下面列举了一根桩长 53.3m，桩径 1000mm，桩端嵌入基岩的钻孔灌注桩的低应变法检测实例。试验采用质量为 100kg 的铁球激振，实测波形曲线见图 28-3-15。取波速 $c = 3700m/s$，尽管没有用任何线性或指数放大，却得到十分清晰的桩底（或附近）负向反射。静载试验加荷至 14000kN，桩顶沉降量仅为 20mm 左右。保守估算桩身平均轴力约为 10000kN，除以桩身竖向抗压刚度 EA/L 得到的桩身弹性压缩量已达 20mm，因此，可得出桩端为刚性嵌固的结论。注意：由于负向反射后又出现正向反射，则将负向反射判定为嵌岩段侧阻反射，而将正向反射确认为桩底反射也属正常，此时波速小于 3200m/s。所以，如何确定正确的桩底反射位置，往往需要结合钻机性能及其钻岩能力综合判断，当采用回转钻机成孔时，桩底出现正向反射较符合实际。

6. 信号分析中一些没有涉及的问题

（1）关于数字滤波问题

对于低应变法动力试桩而言，除了随机噪声应该滤外，数字滤波是不得已而为之的信号处理方式。大直径桩的尺寸效应是桩所固有的，如果桩的径向干扰振型被明显激励出来，即使将桩顶接收到的干扰信号滤除，但应力波沿桩身传播背离一维纵波理论，由此引起的误差将无法滤除。所以，只能通过控制激励脉冲宽度，将干扰减小。对传感器动态特性不良引起的安装谐振和低频漂移，可以在选择测量系统中慎重考虑，并根据其频响范围控制激励脉冲宽度。通常，我们希望滤除的尺寸效应和测量系统频响特性不良所引起的干扰波频段大都落在响应信号的有效频段范围内，干扰被滤除了，有用的信息也随之被滤除。如果你知道回到室内要进行数字滤波，为什么不能在检测时就在现场获得理想的测试波形呢？通过改变锤头材料或锤垫厚度来调整激励脉冲宽度就可以做到这一点，即机械滤波。这对测试系统的模拟滤波也同样适用。

（2）有用信息的提取

在确保测试质量的前提下，我们希望通过信号分析得到更多的有用信息。由于信号分析处理方法以及对响应信号的更多有用信息的认知仍在不断深化，如频域分析中的细化、变时基、倒频谱等方法已经渗入到低应变测桩这一领域，对促进低应变信号分析技术的发展将是有益的。

由于地质条件以及与此相关的桩型和施工工艺在我国各地差别很大，而桩侧、桩端土条件是控制响应信号中有用信息量多寡的最主要因素。因此，岩土工程条件的诸多影响因素很难在本书中全面反映，需要检测人员在实践中不断摸索和积累经验。

（3）关于Ⅲ类桩的判定标准

过去，对Ⅲ类桩的解释分为以下两种：一是属于"不合格"桩；二是认为有缺陷，能否使用有待进一步验证。根据《建筑基桩检测技术规范》JGJ 106 的桩身完整性分类表 3.5.1 的定义——"桩身有明显缺陷，对桩身结构承载力有影响"，可以看出，被确认的Ⅲ类桩属于过去所谓"不合格"类。这是因为，桩身结构承载力不仅指竖向抗压承载力，尽管建筑工程基桩大都以竖向承载为主，比如有水平整合型裂缝的桩，竖向抗压承载力可能不受影响，但是水平承载力以及桩的耐久性会受影响。更主要的是从技术能力上分析，低应变法判断桩身完整性的准确程度十分有限，客观地说，某些情况下的判断有很多经验成分，只有结合其他更可靠、更适用的方法才能做出准确判断，因此不能对该法期望过高。这和医学检查内脏器官是否有病变一样，一般先是采用如 X 光、B 超、彩超、CT 等非直接方法，可能还要经过专家会诊；不能确诊时，就要采用直接法，如内窥镜甚至是开刀活体检验。所以，通过低应变检测虽然不一定能肯定Ⅲ类桩，但至少应找出可能影响桩结构承载力的疑问桩。另外，桩合格与否的评定项目不仅仅是桩身完整性一项，桩基验收时还可采取验证、设计复核、直接或间接补强等多种手段，进行重新或让步验收。故《建筑基桩检测技术规范》JGJ 106 未要求做出"合格"或"不合格"的评定。由于没有涉及"合格"评定的责任，也许有人会误解为这是一种回避责任的做法，其实不然，上述提法只是想为检测人员在充分体现自身技术水平、经验的情况下提供灵活判断的可能性。从职业道德上讲，对质量问题的小题大做或视而不见，是检测人员之大忌。

第四节　高应变法测试与分析

一、土阻力测量

尽管低应变反射波法和高应变法均采用一维应力波理论分析计算桩-土系统响应，但前者由于桩-土体系变形很小，一般不考虑土弹簧和土阻尼的非线性问题；而后者除与低应变反射波法的计算原理、方法一致外，还要着重考虑土弹簧、甚至是土阻尼的非线性。因此，本节先介绍利用波动理论计算桩-土相互作用的土阻力问题。

实际检测时，测量激励和响应的传感器一般安装在桩顶附近，习惯上将传感器安装截面视为桩顶（$x=0$ 边界），传感器安装截面至桩底的距离称为测点下桩长 L。对于等截面均匀桩，桩顶实测到的力和速度包含了桩侧和桩端土阻力的影响。下面来分析一下深度 x 处的土阻力 R_x 在冲击过程中对桩顶的力和速度的影响。下行入射波通过 x 界面时，将在界面处分别产生幅值各为 $R_x/2$ 的向上反射压力波和向下传播的拉力波，见图 28-4-1。即 t

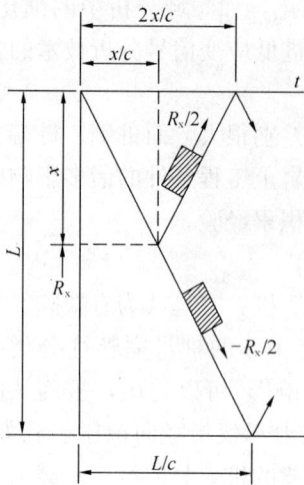

图 28-4-1　土阻力波传播示

$= x/c$ 时刻 R_x 被激发，$R_x/2$ 的压力波影响于 $2x/c$ 时刻反射回桩顶，它将使桩顶力曲线上升 $R_x/2$，同时使速度曲线下降 $R_x/(2Z)$。如果将速度曲线以力的单位归一化，即将速度乘以阻抗 Z 与力曲线同时显示，这样 R_x 对桩顶力和速度曲线的影响将使两曲线的差值增加为：

$$\frac{R_x}{2} - \left(-\frac{R_x}{2Z}\right) \cdot Z = R_x$$

由于 x 是完全任意的，于是可以得出如下结论：在桩顶力和速度时程曲线的 $2x/c$（$x \leqslant L$）时刻，力曲线与速度曲线之间的差值代表了应力波从桩顶下行至 x 深度的过程中所受到的所有土阻力之和（图 28-4-2），即

$$R_x = F(0, 2x/c) - Z \cdot V(0, 2x/c) \qquad (28\text{-}4\text{-}1)$$

这里除假定等截面均匀桩外，再没有做其他假定，所以打桩过程中的土阻力是直接测量得到的。R_x 越大，则 x 界面以上桩段的土阻力就越强。图 28-4-2 中，$R(x_1)$ 和 $R(x_2)$ 分别代表锤击时所测量到的桩顶以下 x_1 和 x_2 桩段的打桩土阻力。

打桩土阻力的大小显然与桩的竖向承载力高低有关，桩承载力愈高，打桩土阻力愈强。尽管土阻力是直接测量的，但土阻力中所包含的静阻力的具体量值是未知的。因此，通过实测力与实测速度曲线之差反映的土阻力大小只是桩的竖向承载力高低的定性表达。

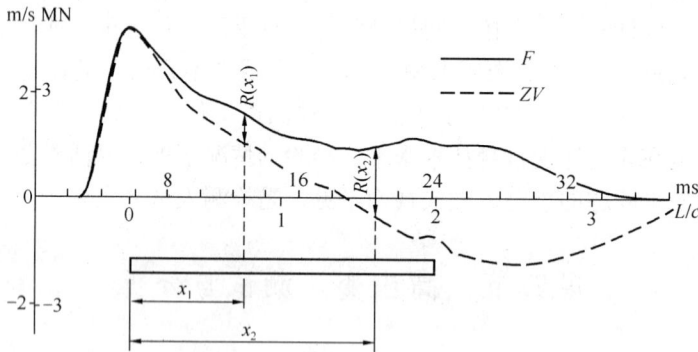

图 28-4-2　打桩过程的土阻力测量

二、承载力计算方法——凯司法

凯司法是美国凯司技术学院（CASE Institute of Technology）Goble 教授等人经十余年努力，逐步形成的一套以行波理论为基础的桩动力测量和分析方法。这个方法从行波理论出发，导出了一套简洁的分析计算公式并改善了相应的测量仪器，使之能在打桩现场立即得到关于桩的承载力、桩身完整性、桩身应力和锤击能量传递等分析结果，其优点是具有很强的实时测量分析功能。

凯司法的承载力计算公式在推导过程中采用了不少简化，从数学上看是不够严格的，故通常将它的计算公式称为一维波动方程的准封闭解。尽管如此，凯司法的承载力基本计算公式及其修正方法，在概念上可视为高应变法的理论基础。

1. 利用叠加原理的打桩总阻力估算公式

设桩端阻力为 R_{toe}，在 $t=L/c$ 时刻，应力波到达桩端，将产生一个大小为 R_{toe} 的上行压力波，同时引起质点的速度增量为 $\Delta V_{toe}=-R_{toe}/Z$，该压力波于 $2L/c$ 时刻到达桩顶。

如果在整个深度 L 的桩段上连续作用有侧阻力以及端阻力，且土阻力是自上而下依次激发的，记初始速度曲线第一峰的时刻为 t_1，则在 $t_2=t_1+2L/c$ 时刻，桩顶实测的力和速度记录中将包含以下四种影响：

（1）由侧阻力产生的全部上行压缩土阻力波的总和 $R_{SKN}/2$；

（2）由初始的下行压力波经桩底反射产生的上行拉力波，其大小即为 $F_d(t_1)$，但符号为负；

（3）由侧阻力产生的下行拉力波经桩底反射后以及桩端阻力均以压缩波的形式上行，并与第（2）项的上行波同时到达桩顶，其大小分别为 $R_{SKN}/2$ 和 R_{toe}；

（4）全部的上行波在桩顶反射而形成的下行波 $F_d(t_2)$。

在 $t_2=t_1+2L/c$ 时刻，上述四项影响并非同时到达桩顶，比如第（1）项陆续到达桩顶，对桩顶力产生的影响将先于其他三项。假设桩顶力是以上四项影响的总和：

$$F(t_2) = F_d(t_2) + F_u(t_2) = \frac{R_{SKN}}{2} - F_d(t_1) + \frac{R_{SKN}}{2} + R_{toe} + F_d(t_2)$$

即

$$F_u(t_2) = R_T - F_d(t_1) \tag{28-4-2}$$

式（28-4-2）中 R_T 中包含了 $2L/c$ 时段内全部侧阻力 R_{SKN} 和端阻力 R_{toe}。所以，t_2 时刻全部上行波的总和将包括土阻力波和 t_1 时刻入射波在桩底的反射波（负号）。将上行力波和下行力波的表达式代入式（28-4-2）得：

$$R_T = \frac{1}{2}\big[F(t_1) + F(t_2)\big] + \frac{Z}{2}\big[V(t_1) - V(t_2)\big] \tag{28-4-3}$$

式中 R_T 就是应力波在一个完整的 $2L/c$ 历程所遇到的土阻力。

对于均匀等截面桩，其总质量 $m=\rho AL$，阻抗 $Z=mc/L$，注意到 $2L/c=t_2-t_1$，代入式（28-4-3），得到如下形式的表达式：

$$R_T = \frac{1}{2}\big[F(t_1) + F(t_2)\big] - m \cdot \frac{V(t_2) - V(t_1)}{t_2 - t_1}$$

上式右边第二项中的分式即为 t_2-t_1 时段桩顶的实测加速度平均值。由此很容易看出式（28-4-2）与刚体力学理论的差别：以 t_1 和 t_2 时刻受力的算术平均值和该时段的惯性力平均值分别取代了刚体力学的瞬时受力和瞬时惯性力。

2. 凯司承载力计算方法

根据式（28-4-3），已经得到了应力波在 $2L/c$ 一个完整行程中所遇到的总的土阻力计算公式。但是，式（28-4-3）并不能回答总阻力 R_T 与桩的极限承载力之间的关系。因为 R_T 中包含有土阻尼的影响，也即土的动阻力 R_d 的影响，是需要扣除的；而根据桩的荷载传递机理，桩的承载力是与竖向位移有关的，位移的大小决定了桩周土的静阻力发挥程度。显然，R_T 中所包含的静阻力的发挥程度也需要探究。所以，需要更具体地考虑以下几方面问题：

①去除土阻尼的影响。

②对给定的 F 和 V 曲线，正确选择 t_1 时刻，使 R_T 中所包含的静阻力充分发挥。

③对于桩先于 $2L/c$ 回弹（速度为负），造成桩中上部土阻力 R_x 卸载，需对此做出修正。

④在试验过程中，桩周土应出现塑性变形，即桩出现永久贯入度，以证实打桩时土的极限阻力充分发挥；否则不可能得到桩的极限承载力。

⑤考虑桩的承载力随时间变化的因素。因为动测法得到的土阻力是试验当时的，而土的强度是随时间变化的。打桩收锤时（初打）的承载力并不等于休止一定时间后桩的承载力，则应有一个合理的休止时间使土体强度恢复，即通过复打确定桩的承载力。

(1) 去除土阻尼的影响

凯司法也将打桩总阻力 R_T 分为静阻力 R_s 和动阻力 R_d 两个不相关项。为了从 R_T 中将静阻力部分提取出来，凯司法采用以下四个假定：

①桩身阻抗恒定，即除了截面不变外，桩身材质均匀且无明显缺陷。

②只考虑桩端阻尼，忽略桩侧阻尼的影响。

③应力波在沿桩身传播时，除土阻力影响外，再没有其他因素造成的能量耗散和波形畸变。

④土阻力的本构关系隐含采用了刚-塑性模型，即土体对桩的静阻力大小与桩土之间的位移大小无关，而仅与桩土之间是否存在相对位移有关。具体地讲：桩土之间一旦产生运动（应力波一旦到达），此时土的阻力立即达到极限静阻力 R_u，且随位移增加不再改变。

由假定②可知，土阻尼存在于桩端，只与桩端运动速度有关。利用下面恒等式：

$$V(\text{toe},t) = \frac{F_d(\text{toe},t) - F_u(\text{toe},t)}{Z} \qquad (28\text{-}4\text{-}4)$$

式中的 F_d (toe, t) 和 F_u (toe, t) 都是无法直接测量的，但可根据行波理论由桩顶的实测力和速度（或下行波）表出：在 $t-L/c$ 时刻由桩顶下行的力波将于 t 时刻到达桩底。假设在 L/c 时程段上遇到的阻力之和为 R，则运行至桩端后下行力波的量值为：

$$F_d(\text{toe},t) = F_d(0, t-L/c) - \frac{R}{2} \qquad (28\text{-}4\text{-}5)$$

在同样的假设下，从时刻 t 由桩端上行的力波将于 $t+L/c$ 到达桩顶，在同样的阻力作用下其量值变为：

$$F_u(\text{toe},t) = F_u(0, t+L/c) - \frac{R}{2} \qquad (28\text{-}4\text{-}6)$$

将式（28-4-5）和式（28-4-6）代入式（28-3-4），得到桩端运动速度计算公式：

$$V(\text{toe},t) = \frac{F_d(0, t-L/c) - F_u(0, t+L/c)}{Z} \qquad (28\text{-}4\text{-}7)$$

假设由阻尼引起的桩端土的动阻力 R_d 与桩端运动速度 V (toe, t) 成正比，即

$$R_d = J_c ZV(\text{toe},t) = J_c[F_d(0, t-L/c) - F_u(0, t+L/c)]$$

式中　J_c——凯司法无量纲阻尼系数。

若将上式中的时间 $t-L/c$ 和 $t+L/c$ 分别替换为 t_1 和 t_2，利用式（28-4-2）得：

$$R_d = J_c[2F_d(t_1) - R_T] = J_c[F(t_1) + ZV(t_1) - R_T]$$

将总阻力视为独立的静阻力和动阻力之和，则静阻力可由下式求出：

$$R_s = R_T - R_d = R_T - J_c[F(t_1) + ZV(t_1) - R_T]$$

最后利用式（28-4-3），将 R_s 用 R_c 代替，得到：

$$R_c = \frac{1}{2}(1 - J_c) \cdot [F(t_1) + Z \cdot V(t_1)] + \frac{1}{2}(1 + J_c)$$

$$\cdot \left[F\left(t_1 + \frac{2L}{c}\right) - Z \cdot V\left(t_1 + \frac{2L}{c}\right) \right] \tag{28-4-8}$$

这就是标准形式的凯司法计算桩承载力公式，较适宜于长度适中且截面规则的中、小型桩。以后的分析还可说明，它较适宜于摩擦型桩。

（2）关于极限承载力

当单击锤击贯入度大于 2.5mm 时，一般认为公式（28-4-8）可给出桩的极限承载力。阻尼系数与桩端土层的性质有关，它是通过静动对比试验得到的。由于世界各国的静载试验破坏标准或判定极限承载力标准的差异，加之与地质条件相关的桩型、施工工艺不同，因此具体应用到某一国家甚至是该国家某一地区时，该系数都应结合地区特点进行调整。表 28-4-1 是美国 PDI 公司早期通过预制桩的静动对比试验推荐的阻尼系数取值。对比时采用的静载试验相当于我国的快速维持荷载法，极限承载力判定标准采用 Davisson 准则。该准则根据桩的竖向抗压刚度和桩径大小，按桩顶沉降量来确定单桩极限承载力，通常比用我国规范确定的承载力保守。

美国 PDI 公司凯司法阻尼系数经验取值　　　　　　　　　　表 28-4-1

桩端土质	砂土	粉砂	粉土	粉质黏土	黏土
J_c	0.1~0.15	0.15~0.25	0.25~0.4	0.4~0.7	0.7~1.0

根据我国 20 世纪 80 年代后期至 90 年代初期的静动对比结果以及对静动对比条件的仔细考察，发现表 28-4-1 给出的 J_c 取值的离散性较大，而且有些静动对比的试验条件本身并不具有可比性。所以，1997 年发布的《基桩高应变动力检测规程》就已不再推荐 J_c 的取值，而是要求采用波形拟合法确定 J_c。在《建筑基桩检测技术规范》JGJ 106 中，则突出了静载试验校核，即尽可能进行同条件静载试验校核，或在积累相近条件静动对比资料后，再用波形拟合法校核。

（3）最大阻力修正法

如前所述，公式（28-4-8）的推导是建立在土阻力的刚-塑性模型基础之上的，此时 t_1 选择在速度曲线初始第一峰处，见图 28-4-3。事实上，被激发的静阻力是位移的函数，而 t_1，虽是桩顶速度的最大值，但非桩顶位移的最大值，出现位移最大值的滞后时间为 $t_{u,0}$。

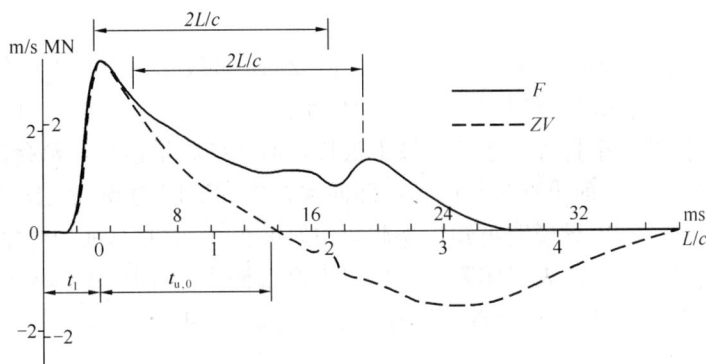

图 28-4-3　最大阻力修正法

如果桩的承载力以侧摩阻力为主，当桩侧土极限阻力 R_u 发挥所需最大弹性变形值 s_q 较大时，则土阻力-位移关系与刚-塑性模型相差甚远，按 $t_1 \sim t_2$ 时段确定的承载力不可能包含整个桩段的桩侧土阻力充分发挥的信息。同样道理，假设应力波在桩身中传播（包括桩底反射）只引起波形幅值的变化，而不改变波形的形状，则桩端最大位移出现的时刻也要滞后 t_2 点 $t_{u,0}$。显然，当端阻力所占桩的总承载力比重较大（端承型桩），或桩端阻力的充分发挥所需的桩端位移较大时（如大直径桩），按式（28-4-8）承载力计算公式得出的承载力也不可能包含全部端阻力充分发挥的信息。不少情况下，桩侧土阻力和桩端土阻力的发挥是相互影响和相互制约的，因此桩周土的 s_q 值较大时，刚-塑性假定与实际情况之间的差异便暴露出来。于是将 t_1 向右移动找出 R_s 的最大值 $R_{s,max}$；或者当毗邻第一峰 t_1 还有明显的第二峰时，将 t_1 对准第二峰。这就是凯司法的最大阻力修正法，也称 RMX 法。

这种修正法主要适于端承型桩且端阻力发挥所需位移较大的情况，也称为大 Quake 值情况。图 28-4-4 给出了一个典型的端承型桩的实测波形，桩上部土层主要为淤泥质土，桩端土层为全风化、强风化泥岩，虽然桩端阻力似乎尚未充分发挥，但用该方法修正，延时 2.7ms，用公式（28-4-8）计算出的 R_c 值比不延时的高 1.32 倍。显然，静载试验 Q-s 曲线为陡降型且桩长适中或较短的摩擦型桩，从机理上讲就不属于该修正方法的范畴，图 28-4-5 给出了桩侧土层条件为粉质黏土、粉土、黏土及夹砂层，桩端持力层为粉质黏土的典型摩擦型灌注桩实测波形，该波形的特点是土阻力的反射主要在 $2L/c$ 之前，超过 $2L/c$ 后的摩阻力和端阻力反射均不明显。

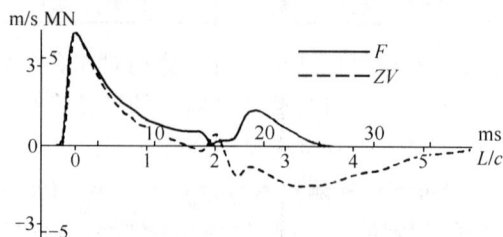

图 28-4-4 适合最大阻力法修正的摩擦端承型桩　　图 28-4-5 不适合最大阻力法修正的摩擦型桩

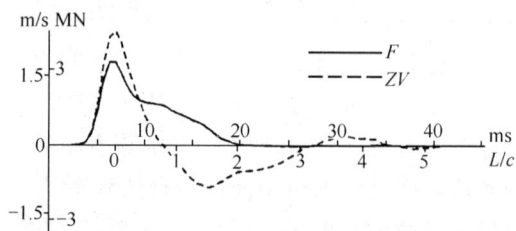

另外，这种修正方法在不少情况下也未必奏效，比如力脉冲有效持续时间不可能很长，桩顶以下部分甚至较大部分桩段在 $2L/c$ 之前已出现明显回弹（速度为负）使土阻力卸载，从而无法产生修正效果。

（4）卸载修正法

公式（28-4-8）计算的承载力只代表 $t_1 \sim t_1 + 2L/c$ 时段作用于桩上的静阻力。当较高荷载水平的激励脉冲有效持续时间与 $2L/c$ 相比小于 1 时，例如：长桩的大部分阻力来自于桩侧摩阻力而使桩难于打入，或者桩虽不很长，但激励能量偏小，都会使桩上部一小段或较大一段范围在 $2L/c$ 前出现过早回弹，即回弹桩段的摩阻力卸载，使凯司法低估了承载力。由式（28-4-1）推导说明可知，等截面均匀桩在 $2L/c$ 时刻前的任意时刻 $2x/c$ 处的桩顶力与速度曲线之差，代表了实测 x 桩段以上全部激发的土阻力影响之和 R_x，而 x 桩段的土阻力又包含了 x_u 以上桩段部分卸载土阻力的影响（图 28-4-6）。x_u 可按下式估算：

$$x_u = \frac{c}{2}(t_{u,x} - t_{u,0}) = x - \frac{c}{2}t_u, 0 \tag{28-4-9}$$

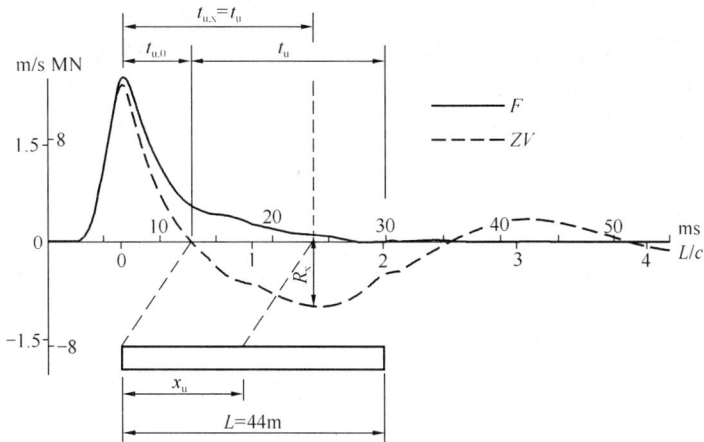

图 28-4-6　卸载修正法

（信号采自天津经济技术开发区，钻孔灌注桩桩径 800mm，锤重 120kN，落距 1.7m）

x_u 段的卸载位移由桩顶向下依次渐弱。从图 28-4-6 中发现，卸载起始时刻 $t_1 + t_{u,0} < t_1 + L/c$，可以想见，桩身下部随压力波的下行而向下运动，但其上部由于回弹将向上运动。尤其对于长桩，这种极不均匀的桩身运动状态实际就是明显的波传播现象，与桩受静荷载作用时的运动状态完全相悖，主观上讲，这不是我们希望的；从机理上讲，这也是制约高应变法检测桩承载力准确性提高的主要因素之一。

凯司法给出了一种近似的卸载修正方法。不过，与式（28-4-9）不同的是，它要考虑在 $2L/c$ 时段内卸载的全部土阻力，所以卸载时间和卸载段长度分别按下两式计算：

$$t_u = t_1 + \frac{2L}{c} - t_{u,0}$$

$$x_u = \frac{c}{2} \cdot t_u$$

为了估计卸载土阻力 R_{UN}，令 $t_1 + t_u$ 时刻力与速度曲线之差为 x_u 段激发的总阻力 R_x，取 $R_{UN} = R_x/2$，将 R_{UN} 加到总阻力 R_T 上，以补偿由于提前卸载所造成的 R_T 减小，然后从其中减去阻尼分量而得到修正后的静阻力 R_s。这个方法也称为 RSU 法。

（5）其他方法

①自动法：在桩尖质点运动速度为零时，动阻力也为零，此时有两种计算承载力与 J_c 无关的"自动"法，即 RAU 法和 RA2 法。

前者适用于桩侧阻力很小的情况。正如（3）中最大阻力修正法所指出的，桩顶位移的最大值滞后于速度最大值的时间为 $t_{u,0}$，同理可推知桩端位移最大值也会滞后于桩端最大速度。在桩端速度变为零的时刻，RAU 法计算出的土阻力显然包含了端阻力的全部信息。所以，该法较适宜于端承型桩。

后者适用于桩侧阻力适中的场合。如果桩侧阻力较强，当桩端速度为零时，用 RAU 法确定的土阻力实际包含了桩上部或大部卸载的土阻力。所以要采用类似于（4）中卸载修正原理，对提前卸去的部分桩侧阻力进行补偿。

②通过延时求出承载力最小值的最小阻力法（RMN 法）。但做法与 RMX 法有所差别，它不是固定 $2L/c$ 不动，而是固定 t_1，左右变化 $2L/c$ 值用公式（28-4-8）寻找承载力

的最小值。这个方法主要用于桩底反射不明显、桩身缺陷存在使桩底反射滞后或桩极易被打动等情况，以避免出现高估承载力的危险。它的原理是不清晰的。

（6）凯司计算承载力方法小结

上面介绍的凯司法及其各种子方法在使用中或多或少地带有经验性。各种子方法中，最有代表性的是上述（3）和（4）中介绍的 RMX 和 RSU 修正方法。其实，两种修正方法的具体的修正步骤和计算结果并不重要，重要的是它们体现了高应变法检测、分析、计算承载力的最基本概念——应充分考虑与位移相关的土阻力发挥性状和波传播效应，使土阻力的发挥程度与位移建立联系。当然，从这两个修正方法本身，也客观地揭示了高应变法在检测承载力方面存在的局限性。

三、桩身完整性和打桩拉应力测量

1. 桩身完整性测量

对于等截面均匀桩，只有桩底反射能形成上行拉力波，且一定是 $2L/c$ 时刻到达桩顶。如果动测实测信号中于 $2L/c$ 之前看到上行的拉力波，那么一定是由桩身阻抗的减小所引起。假定应力波沿阻抗为 Z_1 的桩身传播途中，在 x 深度处遇到阻抗减小（设阻抗为 Z_2），且无土阻力的影响，x 界面处的反射波为：

$$F_R = \frac{Z_2 - Z_1}{Z_1 + Z_2} F_I$$

定义桩身完整性系数 $\beta = Z_2/Z_1$，根据上式得到：

$$\beta = \frac{F_I + F_R}{F_I - F_R} \tag{28-4-10}$$

由于 F_I 和 F_R 不能直接测量，而只能通过桩顶所测的信号进行换算。如果不计土阻力的影响，则 x 位置处的入射波（下行波）与桩顶 $x=0$ 处的实测力波有以下对应关系

$$F_I = F_d(t_1)$$
$$F_R = F_u(t_x)$$

式中　$t_x = t_1 + 2x/c$。

所以，无土阻力影响的桩身完整性计算公式为：

$$\beta = \frac{F_d(t_1) + F_u(t_x)}{F_d(t_1) - F_u(t_x)} \tag{28-4-11}$$

当考虑土阻力影响时（图 28-4-7），桩顶处 t_x 时刻的上行波 $F_u(t_x)$ 不仅包括了由于阻抗变化所产生的 F_R 作用，同时也受到了 x 界面以上桩段所发挥的总阻力 R_x 影响，即

$$F_u(t_x) = F_R + \frac{R_x}{2}$$

或

$$F_R = F_u(t_x) - \frac{R_x}{2}$$

同样对于 x 位置处的入射波 F_I，可以通过把桩顶初始下行波 $F_d(t_1)$ 与 x 桩段全部土阻力所产生的下行拉力波叠加求得：

$$F_I = F_d(t_1) - \frac{R_x}{2}$$

将上两式代入式（28-4-10），得：

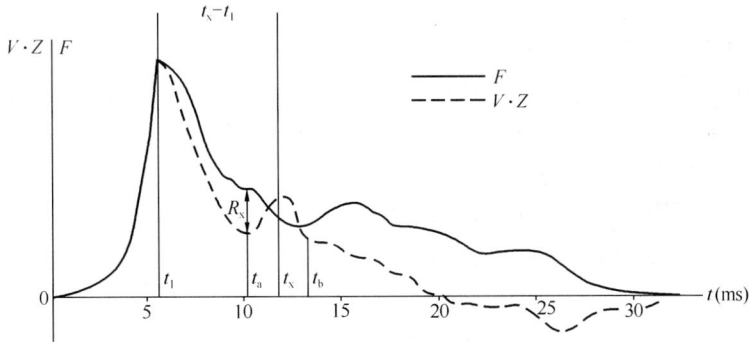

图 28-4-7　桩身完整性系数计算

$$\beta = \frac{F_d(t_1) - R_x + F_u(t_x)}{F_d(t_1) - F_u(t_x)} \tag{28-4-12}$$

用桩顶实测力和速度表示为：

$$\beta = \frac{F(t_1) + F(t_x) - 2R_x + Z \cdot [V(t_1) - V(t_x)]}{F(t_1) - F(t_x) + Z \cdot [V(t_1) + V(t_x)]} \tag{28-4-13}$$

这里，Z 为传感器安装点处的桩身阻抗，相当于等截面均匀桩缺陷以上桩段的桩身阻抗。显然式（28-4-13）对等截面桩桩顶下的第一个缺陷程度计算才严格成立。缺陷位置按下式计算：

$$x = c \cdot \frac{t_x - t_1}{2} \tag{28-4-14}$$

上两式中　x——桩身缺陷至传感器安装点的距离；

　　　　　t_x——缺陷反射峰对应的时刻；

　　　　　R_x——缺陷以上部位土阻力的估计值，等于缺陷反射波起始点的力与速度乘以
　　　　　　　　桩身截面力学阻抗之差值，取值方法见图 28-4-7。

根据公式（28-4-1），对于均匀截面桩，显然有 $F_u(t_x) = R_x/2$。所以，式（28-4-12）的意义是：只要 $F_u(t_x)$ 在 $2L/c$ 以前是单调不减的（除由于位移减小引起的土阻力卸载外，加载引起的土阻力反射只能是上行压力波），也就是不存在因为桩身阻抗减小产生上行的拉力波，则 $\beta = 1$。根据式（28-4-13）计算的 β 值，我国及世界各国普遍认可的桩身完整性分类见表 28-4-2。注意：长桩提前卸载愈强，深部缺陷的 β 值就愈大，偏于不安全。

桩身完整性判定　　　　　　　　　　　　　　　　　　　　　　　表 **28-4-2**

类　别	β 值	类　别	β 值
Ⅰ	$\beta = 1.0$	Ⅲ	$0.6 \leqslant \beta < 0.8$
Ⅱ	$0.8 \leqslant \beta < 1.0$	Ⅳ	$\beta < 0.6$

此外，由图 28-4-7，对于预制桩的接头缝隙或桩身水平裂缝的宽度，可采用下式估算：

$$\delta_w = \frac{1}{2} \int_{t_a}^{t_b} \left(V - \frac{F - R_x}{Z} \right) \cdot dt$$

2. 打桩拉应力测量

打桩引起的桩身破坏有几种形式：

(1) 锤击压应力过大、锤击偏心造成桩头破坏。

(2) 桩端碰到基岩、密实卵砾石层使桩端反射的压应力与下行的压力波在桩端附近叠加，使锤击压应力过大造成桩身下部破坏。

(3) 混凝土的抗拉强度一般在其抗压强度的 1/10 以下，而且抗拉强度并不随抗压强度的增加而正比增加（增加缓慢）。所以，对混凝土桩，拉应力引起的桩身破坏是不容忽视的。

利用上、下行波分析，很容易查明是否出现拉应力。锤击时的桩顶压力波以下行波的形式沿桩身向下传播，在 L/c 时刻到达桩底并产生反射，假如桩侧、桩端土阻力很小，则反射波是拉力波，其值等于

$$F_u(t_1 + 2L/c) = \frac{F(t_1 + 2L/c) - Z \cdot V(t_1 + 2L/c)}{2}$$

并于 $2L/c$ 返回桩顶。为方便起见，图 28-4-8 示意的波形在 $2L/c$ 前的很大部分时间段，力与速度曲线重合，意味着桩侧阻力可以忽略，实线所示的桩顶力波形就是下行波曲线，它是随时间增加渐弱的。当反射的拉力波在上行途中与渐弱的下行压力波尾部叠加，就会

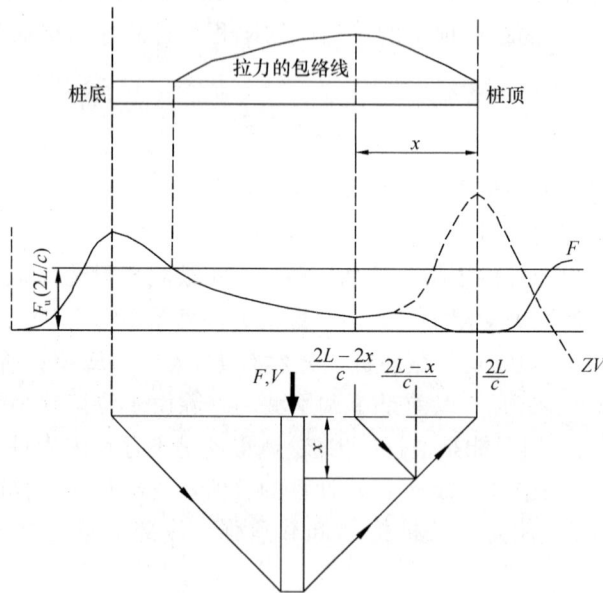

图 28-4-8　桩身拉应力计算示意图

在桩身某一部位出现净的拉应力，显然桩身最大的拉应力的搜寻就是下面的表达式

$$\sigma_t = \min_{t_1 < t < t_1 + 2L/c} \left[F_u(t_1 + 2L/c) + F_d\left(t_1 + \frac{2L - 2x}{c}\right) \right] \cdot \frac{1}{A} \leqslant 0$$

或将上式取负号表示为：

$$\sigma_t = \frac{-1}{2A} \cdot \left[F\left(t_1 + \frac{2L}{c}\right) - Z \cdot V\left(t_1 + \frac{2L}{c}\right) \right.$$
$$\left. + F\left(t_1 + \frac{2L - 2x}{2}\right) + Z \cdot V\left(t_1 + \frac{2L - 2x}{2}\right) \right] \tag{28-4-15}$$

式中 x——传感器安装点至计算点的距离；

A——桩身截面面积。

拉应力引起的桩身破坏一般先在桩身产生细微的水平环状裂缝。在拉应力较大部位，这种环状裂缝可能不只一条，最初出现的裂缝是能闭合的，而且能传递锤击压应力。但当桩受反复锤击时，在裂缝边缘的最小曲率半径处，应力集中现象最显著，于是在此应力集中处先产生局部抗压破坏，最后导致桩身断裂。所以有些被打断的桩，表面上看是抗压破坏。为证实桩是否是因拉应力引起的破坏，可观察断裂处附近是否还存在其他水平裂缝。

从本节桩身完整性系数 β 和最大拉应力 σ_t 的计算公式推导过程可以看出，由于没有采用任何假定，桩身完整性系数和桩身拉应力完全可以由桩顶的实测力和速度曲线测量直接确定。所以，对于等截面均匀桩，β 和 σ_t 的测量与打桩土阻力测量一样，属于直接法的范畴。

四、适用范围

1. 高应变法的主要功能

高应变法的主要功能是判定单桩竖向抗压承载力是否满足设计要求。这里所说的承载力是指在桩身强度满足桩身结构承载力的前提下，得到的桩周岩土对桩的抗力（静阻力）。所以要得到极限承载力，应使桩侧和桩端岩土阻力充分发挥，否则不能得到承载力的极限值，只能得到承载力检测值。

与低应变法检测桩身完整性的快捷、廉价相比，高应变法检测桩身完整性存在设备笨重、效率低及其费用高等缺点，但由于激励能量和检测有效深度大的优点，特别在判定桩身水平整合型缝隙、预制桩接头等缺陷时，能够在查明这些"缺陷"是否影响竖向抗压承载力的基础上，合理判定缺陷程度，因而可作为低应变检测这类缺陷桩的一种补充验证手段。另外，对于等截面桩的桩身完整性检测，从原理上讲，它属于一种直接定量的测试方法。当然，带有普查性的完整性检测，采用低应变法更为恰当。

高应变检测技术是从打入式预制桩发展起来的，试打桩和打桩监控属于其特有的功能。它能监测预制桩打入时的桩身应力、锤击能量的传递、桩身完整性变化，为沉桩工艺参数及桩长选择提供依据，是静载试验无法做到的。

2. 限制条件

高应变法在检测桩承载力方面属于半直接法，因为它只能通过应力波直接测量得到打桩时的土阻力，与桩的承载力并无直接对应关系。我们关心的承载力——也就是静阻力信息，需从打桩土阻力中提取，同时还需要将静阻力与桩的沉降建立关系。于是要假设桩-土力学模型及其参数，而模型及其参数的建立和选择只能是近似的、甚至是经验性的，它们是否合理、准确，需通过大量工程实践经验积累和特定桩型和地质条件下的静动对比来不断完善。

灌注桩的截面尺寸和材质的非均匀性、施工的隐蔽性（干作业成孔桩除外）及由此引起的承载力变异性普遍高于打入式预制桩；混凝土材料应力-应变关系的非线性、桩头加固措施不当、传感器安装条件差及安装处混凝土质量的不均匀，导致灌注桩检测采集的波形质量低于预制桩，波形分析中的不确定性和复杂性又明显高于预制桩。与静载试验结果对比，灌注桩高应变检测判定的承载力误差也如此。因此，积累灌注桩现场测试、分析经验和相近条件下的可靠对比验证资料，提高检测人员素质，对确保检测质量尤其重要。

除嵌入基岩的大直径桩和纯摩擦型大直径桩外，大直径灌注桩、扩底桩（墩）由于尺寸效应，通常其静载的 Q-s 曲线表现为缓变型，端阻力发挥所需的位移很大。另外，在土阻力相同条件下，桩身直径的增加使桩身截面阻抗（或桩的惯性）与直径成平方的关系增加，造成锤与桩的匹配能力下降。而多数情况下高应变检测所用锤的重量有限，很难在桩顶产生较长持续时间的高水平作用荷载，达不到使土阻力充分发挥所需的位移量。根据以往测试经验，能使桩顶产生 10mm 的动位移已很困难了，这与静载试验产生的沉降相比，明显偏低。因此，规范 JGJ 106 既不主张用高应变法检测静载 Q-s 曲线表现为缓变型的大直径灌注桩，也未限制高应变法用于嵌岩桩（非位移桩）的检测。

五、高应变法现场检测技术

1. 测试仪器

检测仪器的主要技术性能指标不应低于建筑工业行业标准《基桩动测仪》JG/T 3055 中表 1 规定的 2 级标准，且应具有保存、显示实测力与速度信号和信号处理与分析的功能。

《建筑基桩检测技术规范》JGJ 106 对仪器的主要技术性能指标要求是按《基桩动测仪》JG/T 3055 提出的，比较适中，大部分型号的国产和进口仪器能满足。由于动测仪器的使用环境恶劣，所以仪器的环境性能指标和可靠性也很重要。

规范 JGJ 106 对加速度计的量程未做具体规定，原因是对不同类型的桩，各种因素影响使最大冲击加速度变化很大。建议根据实测经验来合理选择，一般原则是选择的量程大于预估最大冲击加速度值的一倍以上。如对钢桩，宜选择 20000～30000m/s² 量程的加速度计。因为加速度计的量程愈大，其自振频率愈高，故在其他任何情况下，如采用自制自由落锤，加速度计的量程也不应小于 10000m/s²。这也包括锤体上安装加速度计的测试，但根据重锤低击原则，锤体上的加速度峰值不应超过 1500～2000m/s²。

对于应变式力传感器，虽然实测轴向平均应变一般在 ±1000με 以内，但考虑到锤击偏心、传感器安装初变形以及钢桩测试等极端情况，一般可测最大轴向应变范围不宜小于 ±2500～±3000με，而相应的应变适调仪应具有较大的电阻平衡范围。

2. 锤击设备

对于锤击设备类型的选择，规范 JGJ 106 除对导杆式柴油锤进行了限制外（荷载上升时间过于缓慢，容易造成速度响应信号失真），并无过多的限制。

在规范 JGJ 106 第 9 章高应变法中有五条强制性条文，而且都不是针对分析计算方法的规定。其目的是很明显的：如果没有实测信号质量的保证或者信号反映的桩-土相互作用信息不充分，再好的计算分析方法也不可能得出可靠的承载力结果。《建筑基桩检测技术规范》对锤击设备有以下两条强制性规定：

（1）高应变检测用重锤应材质均匀、形状对称、锤底平整，高径（宽）比不得小于 1，并采用铸铁或铸钢制作。当采取自由落锤安装加速度传感器的方式实测锤击力时，重锤应整体铸造，且高径（宽）比应在 1.0～1.5 范围内。

（2）进行高应变承载力检测时，锤的重量应大于预估单桩极限承载力的 1.0％～1.5％，混凝土桩的桩径大于 600mm 或桩长大于 30m 时取高值。

下面分别解释如下：

（1）第一条是对自制自由落锤形状的规定。

分片组装式锤的单片或强夯锤，下落时平稳性差且不易导向，更易造成严重锤击偏心并影响测试质量。因此规定锤体的高径（宽）比不得小于 1。

自由落锤安装加速度计测量桩顶锤击力的依据是牛顿第二和第三定律。其成立条件是同一时刻锤体内各质点的运动和受力无差异，也就是说，虽然锤为弹性体，只要锤体内部不存在波传播的不均匀性，就可视锤为一刚体或具有一定质量的质点。波动理论分析结果表明：当沿正弦波传播方向的介质尺寸小于正弦波波长的 1/10 时，可认为在该尺寸范围内无波传播效应，即同一时刻锤的受力和运动状态均匀。除钢桩外，软垫缓冲条件下较重的自由落锤在桩身产生的力信号中有效频率分量（占能量的 90% 以上）在 200Hz 以内，超过 300Hz 后可忽略不计。按最不利估计，对力信号有贡献的高频分量波长也超过 15m。所以，在大多数采用自由落锤的场合，牛顿第二定律能较严格地成立。规定锤体需整体铸造且高径（宽）比不大于 1.5 正是为了避免分片锤体在内部相互碰撞和波传播效应造成的锤内部运动状态不均匀。与在桩头附近的桩侧表面安装应变式力传感器的测力方式相比，在锤体上安装加速度计的直接测力方式有以下优缺点：

①避免了桩头损伤和安装部位混凝土差导致的测力失败以及应变式传感器的经常损坏。即使桩头开裂，力信号的形态仍完好，只是锤击力幅值明显下降，也就是锤击能量因混凝土开裂被吸收了。

②避免了因混凝土非线性造成的力信号失真（混凝土受压时，理论上讲是对实测力值的放大，是不安全的）。

③直接测定锤击力，即使混凝土波速、弹性模量改变，也无需修正。

④测量响应的加速度计只能安装在距桩顶较近的桩侧表面，尤其不能安装在桩头变阻抗截面以下的桩身上，因为要使牛顿第三定律成立，不仅在锤底面与桩顶的接触面，而且还在桩顶下的响应测量传感器安装水平断面上，所感受到的锤击力被假设为一致。严格地讲，桩顶面与测量响应传感器的安装面所感受到的锤击力不可能相等，原因是桩顶至安装面距离范围内的桩体惯性质量一般不能忽略，也即存在惯性力，应予以修正。

⑤桩顶只能放置薄层桩垫，不能放置尺寸和质量较大的桩帽（替打），因为厚垫和大尺寸桩帽（替打）将引起较大的锤击力与桩顶速度响应的时间差，桩帽（替打）质量较大时的惯性力不能忽略，也即牛顿第三定律不成立。

⑥需采用重锤或软锤垫以减少锤上的高频分量。但因锤高度一般不大于 1.5m，则最大适宜锤重可能受到限制，如直径 1.0m、高 1.5m 的圆柱形锤的重量仅为 92kN。另外，若不设法避免锤与导架间的硬碰硬撞击，也会引起高频纵波和剪切波的干扰。

⑦由于基线修正方式的不同，锤体加速度测量可能有 1g（g 为重力加速度）的误差。由于锤体内部的运动和受力状态多少会存在不均匀性，大锤上的测试效果可能比小锤差。

（2）第二条是对锤重选择的规定。

与原《基桩高应变动力检测规程》不同，锤重选择给出的是一个范围。主要理由如下：

①桩较长或桩径较大时，一般使侧阻、端阻充分发挥所需位移大。

②桩是否容易被"打动"取决于桩身"广义阻抗"的大小。广义阻抗与桩周土阻力大小和桩身截面波阻抗大小两个因素有关。随着桩直径增加，波阻抗的增加通常快于土阻力，仍按预估极限承载力的1‰选取锤重，将使锤对桩的匹配能力下降。因此，不仅从土阻力（承载力）大小、而且从多方面考虑，提高锤重是更科学的做法。规范JGJ 106规定的锤重选择为最低限值。

3. 贯入度测量

桩的贯入度可采用精密水准仪等仪器测定。利用打桩机作为锤击设备时，可根据一阵锤（10锤）的锤击下桩的总下沉量确定单击贯入度。

重锤对桩冲击使桩周土产生振动，采用在受检桩附近架设基准梁的办法，由于基准桩受振动的影响，导致桩的贯入度测量结果不可靠。也有采用加速度信号两次积分得到的最终位移作为实测贯入度，虽然最方便，但可能存在下列问题：

（1）由于信号采集时段短，信号采集结束时桩的运动尚未停止，以柴油锤打长桩时为甚。一般情况下，只有位移曲线尾部有一水平线，即位移不再随时间变化时，所测的贯入度才是可信的。

（2）加速度计的质量优劣影响积分（速度）曲线的趋势，零漂大和低频响应差（时间常数小）时极为明显。

所以，对贯入度测量精度要求较高时，宜采用精密水准仪等光学仪器测定。

4. 休止时间

试验时桩身混凝土强度（包括加固后的混凝土桩头强度）应达到设计强度值。

承载力时间效应因地而异，以沿海软土地区最显著。成桩后，若桩周岩土无隆起、侧挤、沉陷、软化等影响，承载力随时间增长。工期紧、休止时间不够时，除非承载力检测值已满足设计要求，否则应休止到规定的时间为止。

预制桩承载力的时间效应应通过复打确定，因打桩结束时测到的初打承载力和休止一定时间后的复打承载力主要依土性的不同有较大或很大的差异，静载试验结果也是如此。国外报道的统计结果表明：受超孔隙水压力消散速率的影响，砂土中桩的承载力恢复随时间增加较快且增幅较小，黏性土中则较慢或很慢且增幅很大。桩承载力的增长和时间的对数基本成线性关系。除此之外，承载力的歇后效应可能还和桩型和几何尺寸稍有关系。根据国外统计206根预制桩初打承载力的时间效应（直接用静载做到破坏后或复打后再做静载试验）的比较数据，发现初打动测承载力与复打或静载结果离散很大，主要趋势是明显偏低。虽然我国不主张利用初打进行承载力验收检测，但是对黏性土中的摩擦桩，应引起足够的重视。

5. 检测前的现场准备工作

1）桩头加固处理

对不能承受锤击的桩头应加固处理，混凝土桩的桩头处理按下列步骤进行：

（1）混凝土桩应先凿掉桩顶部的破碎层和软弱混凝土。

（2）桩头顶面应平整，桩头中轴线与桩身上部的中轴线应重合。

（3）桩头主筋应全部直通至桩顶混凝土保护层之下，各主筋应在同一高度上。

（4）距桩顶1倍桩径范围内，宜用厚度为3～5mm的钢板围裹或距桩顶1.5倍桩径范围内设置箍筋，间距不宜大于100mm。桩顶应设置钢筋网片2～3层，间距60～100mm。

（5）桩头混凝土强度等级宜比桩身混凝土提高 1～2 级，且不得低于 C30。

（6）桩头测点处截面尺寸应与原桩身截面尺寸相同。

（7）施工缝应凿毛并清洗干净。

2）锤击装置安装

为了减小锤击偏心和避免击碎桩头，锤击装置应垂直，锤击应平稳对中。这些措施对保证测试信号质量很重要。对于自制的自由落锤装置，锤架底盘与其下的地基土应有足够的接触面积，以确保锤架承重后不会发生倾斜以及锤体反弹对导向架横向撞击使锤架倾覆。

3）传感器安装

为了减小锤击在桩顶产生的应力集中和对锤击偏心进行补偿，应在距桩顶规定的距离下的合适部位对称安装传感器。检测时至少应对称安装冲击力和冲击响应（质点运动速度）测量传感器各两个，传感器安装见图 28-4-9。

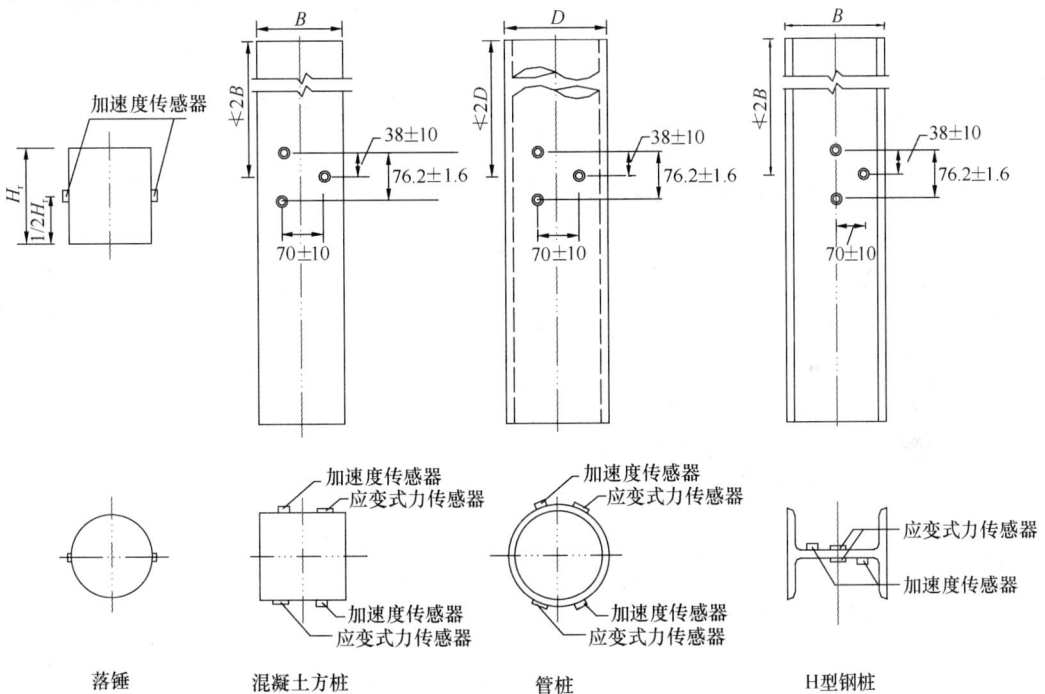

图 28-4-9　传感器安装示意图（单位：mm）

冲击力和响应测量可采取以下方式和步骤：

（1）在桩顶下的桩侧表面分别对称安装加速度传感器和应变式力传感器，直接测量桩身测点处的响应和应变，并将应变换算成冲击力。在此条件下，传感器宜分别对称安装在距桩顶不小于 $2D$ 的桩侧表面处（D 为试桩的直径或边宽），如条件允许，应尽量往下安装。对于大直径桩（特别是大直径灌注桩），桩顶在地面标高以下，下挖深度受到限制，允许传感器与桩顶之间的距离适当减小，但不得小于 $1D$。安装面处的材质和截面尺寸应与原桩身相同，传感器不得安装在截面突变处附近。

（2）在桩顶下的桩侧表面对称安装加速传感器直接测量响应，在自由落锤锤体 $0.5H_r$ 处（H_r 为锤体高度）对称安装加速度传感器直接测量冲击力。在此条件下，对称安装在桩侧表面的加速度传感器距桩顶的距离不得小于 $0.4H_r$ 或 $1D$，并取两者高值（对大直径桩该距离可适当减小）。对于混凝土桩，其波速一般为钢材的 $0.65\sim0.8$ 倍，使桩侧表面安装的加速度计距桩顶 $0.4H_r$ 是为了消除锤击力和响应信号间的时间差。

（3）采用应变式力传感器测力时，传感器安装尚应符合下列规定：

①应变传感器与加速度传感器的中心应位于同一水平线上；同侧的应变传感器和加速度传感器间的水平距离不宜大于 80mm。安装完毕后，传感器的中心轴应与桩中心轴保持平行。

②各传感器的安装面材质应均匀、密实、平整，并与桩轴线平行，否则应采用磨光机将其磨平。

③安装螺栓的钻孔应与桩侧表面垂直；安装完毕后的传感器应紧贴桩身表面，锤击时传感器不得产生滑动。安装应变式传感器时应对其初始应变值进行监视。由于锤击偏心不可避免，所以安装后的传感器初始应变值应能保证锤击时的可测轴向变形余量为：

混凝土桩应大于 $\pm1000\mu\varepsilon$；

钢桩应大于 $\pm1500\mu\varepsilon$。

（4）当连续锤击监测时，应将传感器连接电缆包括电缆接头有效固定。

4）桩垫或锤垫

对于自制自由落锤装置，桩头顶部应设置桩垫，桩垫可采用 $10\sim30$mm 厚的木板或胶合板等材料。

6. 测试参数设定

（1）采样时间间隔宜为 $50\sim200\mu s$，信号采样点数不宜少于 1024 点。

采样时间间隔为 $100\mu s$，对常见的工业与民用建筑的桩是合适的。但对于超长桩，例如桩长超过 60m，采样时间间隔可放宽为 $200\mu s$，当然也可增加采样点数。

（2）传感器的设定值应按计量检定结果设定。

应变式力传感器直接测到的是其安装面上的应变，并按下式换算成冲击力：

$$F = A \cdot E \cdot \varepsilon$$

式中　F——锤击力；

A——测点处桩截面积；

E——桩材弹性模量；

ε——实测应变值。

显然，锤击力的正确换算依赖于测点处设定的桩参数是否符合实际，如混凝土的 E 值随应变增加而递减，用低应变时的 E 值将放大换算力值。另外，计算测点以下原桩身的阻抗变化，包括计算的桩身运动及受力大小，都是以测点处桩头单元为相对"基准"的。

（3）自由落锤安装加速度传感器测力时，力的设定值由加速度传感器设定值与重锤质量的乘积确定。例如，自由落锤的质量为 10t，加速度计的灵敏度为 2.5mV/g（g 为重力加速度，其值等于 9.8m/s^2），则锤体测力的设定值为 39200kN/V。

（4）测点处的桩截面尺寸应按实际测量确定，波速、质量密度和弹性模量应按实际情况设定。锤体安装加速度计测力时，应考虑测点以上桩头质量的惯性力修正。

（5）测点以下桩长和截面积可采用设计文件或施工记录提供的数据作为设定值。

测点下桩长是指桩头传感器安装点至桩底的距离，一般不包括桩尖部分。

（6）桩身材料质量密度应按表 28-4-3 取值。

桩身材料质量密度（t/m³）　　　　　　　　表 28-4-3

钢　　桩	混凝土预制桩	离心管桩	混凝土灌注桩
7.85	2.45～2.50	2.55～2.60	2.40

（7）桩身波速可结合本地经验或按同场地同类型已检桩的平均波速初步设定，现场检测完成后再根据实测信号确定的波速进行调整。

对于普通钢桩，桩身波速可直接设定为 5120m/s。对于混凝土桩，桩身波速取决于混凝土的骨料品种、粒径级配、成桩工艺（导管灌注、振捣、离心）及龄期，其值变化范围大多为 3000～4500m/s。混凝土预制桩可以沉桩前实测无缺陷桩的桩身平均波速作为设定值；混凝土灌注桩应结合本地区混凝土波速的经验值或同场地已知值初步设定，但回到室内计算分析前，应根据实测信号进行修正。

（8）初次设定或纵波波速修正后，都应按下式计算或调整桩身材料弹性模量。

$$E = \rho \cdot c^2 \tag{28-4-16}$$

7. 检查和确认仪器的工作状态

对于高应变检测，一般不可能像低应变检测那样，可以通过反复调整锤击点和接收点位置、锤垫的软硬和施力大小，最终测到满意的响应波形。高应变检测虽非破坏性试验，但有时也不具备重复多次的锤击条件。比如，需要开挖试桩桩头以暴露传感器安装部位，此时地下水位较高、地基土松软，锤架受力后倾斜，试坑周边塌陷，使锤架倾斜或传感器被掩埋；桩头过早开裂或桩身缺陷进一步发展。这些都有可能使试验暂时或永远终止。因此，每一锤的高应变测试信号都非常宝贵，这就要求检测人员在锤击前能检查和识别仪器的工作状态。

传感器外壳与仪器外壳共地，测试现场潮湿，传感器对地未绝缘，交流供电时常出现 50Hz 干扰，解决办法是一点接地或改用直流供电。利用仪器内置标准的模拟信号触发所有测试通道进行自检，以确认包括传感器、连接电缆在内的仪器系统是否处于正常工作状态。

8. 重锤低击

采用自由落锤为锤击设备时，应重锤低击，最大锤击落距不宜大于 2.5m。根据波动理论分析，若视锤为一刚体，则桩顶的最大锤击应力只与锤冲击桩顶时的初速度有关，锤撞击桩顶的初速度与落距的平方根成正比。落距越高，锤击应力和偏心越大，越容易击碎桩头。轻锤高击并不能有效提高桩锤传递给桩的能量和增大桩顶位移，因为力脉冲作用持续时间不仅与锤垫有关，还主要与锤重有关；锤击脉冲越窄，波传播的不均匀性，即桩身受力和运动的不均匀性（惯性效应）越明显，实测波形中土的动阻力影响加剧，而与位移相关的静土阻力呈明显的分段发挥态势，使承载力的测试分析误差增加。事实上，若将锤重增加到预估单桩极限承载力的 5%～10% 以上，则可得到与静动法（STATNAMIC 法）相似的长持续力脉冲作用。此时，由于桩身中的波传播效应大大减弱，桩侧、桩端岩土阻力的发挥更接近静载作用时桩的荷载传递性状。因此，"重锤低击"是保障高应变法检测承载力准确性的基本原则，这与低应变法充分利用波传播效应（窄脉冲）准确探测缺陷位置有着概念上的区别。

9. 试打桩与打桩过程监控

为确定预制桩打桩过程中的桩身应力、沉桩设备匹配能力和选择桩长，应进行试打桩与打桩过程监控。试打桩与打桩过程监控是信息化施工不可缺少的重要环节，它可以减少打桩时的破损率和选择合理的桩入土深度（或收锤标准），实际起到了控制沉桩质量进而提高沉桩效率的作用。在我国陆地锤击沉桩施工中，特别对软土地区长桩、超长桩施工中，过去对此没有足够的重视，等到事后检测发现质量问题再回头处理时，大大增加了工程造价和拖延了工期。

打桩全过程监测是指预制桩施打开始后，从桩锤正常爆发起跳直到收锤为止的全部过程测试。

1）试打桩

（1）为选择工程桩的桩型、桩长和桩端持力层进行试打桩时，应符合下列规定：

①试打桩位置的工程地质条件应具有代表性。

②试打桩过程中，应按桩端进入的土层逐一进行测试；当持力层较厚时，应在同一土层中进行多次测试。

（2）桩端持力层应根据试打桩的承载力与贯入度的关系，结合场地岩土工程勘察报告综合判定。

（3）采用试打桩判定桩的承载力时，应符合下列规定：

①判定的承载力值应小于或等于试打桩时测得的桩侧和桩端静土阻力值之和与桩在地基土中的时间效应系数的乘积，也就是说，对承载力随休止时间增加而增长的估计不应过高，并应进行复打校核。

②复打至初打的休止时间应符合规范 JGJ 106 的规定。

2）桩身锤击应力监测

（1）桩身锤击应力监测应符合下列规定：

①被监测桩的桩型、材质应与工程桩相同；施打机械的锤型、落距和垫层材料及状况应与工程桩施工时相同。

②监测内容应包括桩身锤击拉应力和锤击压应力两部分。

（2）为测得桩身锤击应力最大值，监测时应符合下列规定：

①桩身锤击拉应力宜在预计桩端进入软土层或桩端穿过硬土层进入软夹层时测试。一般桩较长，锤击数小，桩底反射强，但桩锤能正常爆发起跳时，打桩拉应力很强。

②桩身锤击压应力宜在桩端进入硬土层或桩周土阻力较大时测试。

（3）最大桩身锤击拉应力可按式（28-4-16）计算。对于预应力桩，桩身的净拉应力估计时，应扣除制桩时桩身已经存在的预压应力。

图 28-4-10 给出了上海某码头一根单节预制长度为 57m、600mm×600mm 预应力方桩的水上打桩锤击拉应力监测实例。被测试验桩在预制时施加了 9MPa 的预应力，为了测试桩体吊运和从平放到吊直过程中桩身各最大弯矩截面的拉应力以及打桩时桩身的最大拉应力，在桩身不同断面埋设了电阻应变式钢筋计。采用 MH80B 柴油锤施打，动测时传感器安装在桩顶下 8.2m 处。图 28-4-10 所测的信号是在桩端未到设计标高、平均单击贯入度约 100mm 时的信号。而由实测波形可见，100ms 采样结束时桩的运动尚未停止，记录

到的测点处最大动位移不到 60mm。此间钢筋计测到的最大拉应力为 8.7MPa，高应变动测得到的最大桩身拉应力约为 8~10MPa。本例计算为 9.0MPa。由图 28-4-10 还可看出，虽然测点离桩顶为 8.2m，但直接感受到的拉应力已接近 3MPa（$t_2 = t_1 + 2L/c$ 时刻的拉力值为 1020kN）。直观判断最大拉应力出现位置应在距测点以下不远处，钢筋计测试结果为桩顶下 16m。显然，如果该桩不施加预应力的话，如此大的锤击拉应力极有可能引起桩身混凝土开裂。

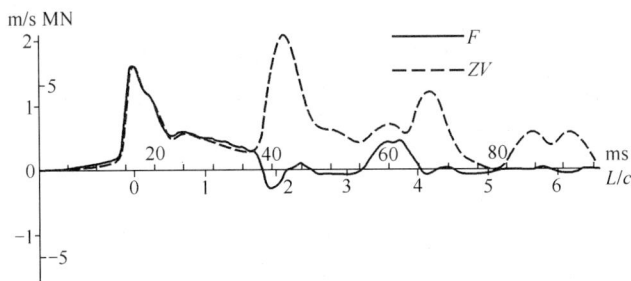

图 28-4-10　打桩拉应力测试实例

（4）桩在正常打入时，最大桩身锤击压应力一般发生在桩顶处，即可按下式计算桩身最大锤击压应力：

$$\sigma_p = \frac{F_{max}}{A}$$

式中　　F_{max}——实测的最大锤击力。

但是，当打桩过程中突然出现贯入度骤减甚至拒锤时，应考虑与桩端接触的硬层对桩身锤击压应力的放大作用。打桩过程中出现的打烂桩尖的情况，时常和桩端碰到硬层或基岩有关，由于硬层或基岩顶板埋深有起伏，设计和施工一般采取标高和贯入度双控，但收锤标准可能死板地制定为：①当出现桩未打到设计标高而贯入度骤减时，要求控制最后 1~2m 的总锤击数，也许是为确保桩端进入持力层的深度，而未立即停打，分析原因；②采用很严格的贯入度控制。例如在珠江三角洲，桩上部土层主要是淤泥和淤泥质土等软土，下部岩土层依次是残积土、全风化和强风化花岗岩。当残积土或全风化层较薄时，沉桩时总锤击数很少，桩端就已接触到基岩，如果继续施打很可能造成桩端附近的桩身破坏。下面给出 ϕ550mm×100mm 锤击预应力管桩的实例。施工场地的典型岩土工程条件为：上部为淤泥质黏土，下部为硬塑残积土，桩端持力层为强风化花岗岩。图 28-4-11（a）是该场地大部分受检桩的代表性高应变动测波形；但有这样一根桩在沉桩过程中没有出现贯入度渐变（总锤击数很少），

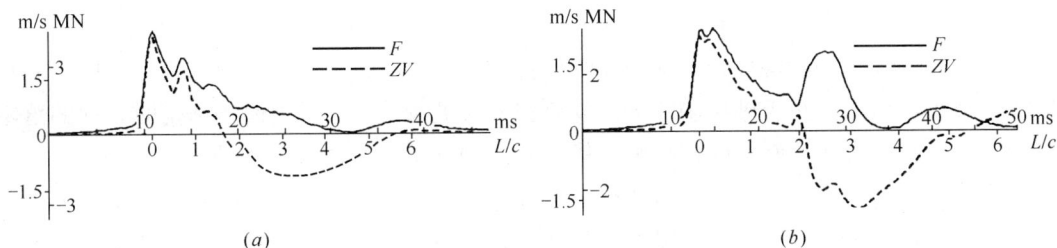

图 28-4-11　最大锤击压应力

（a）正常情况下波形；（b）遇孤石情况下的波形

而是突然出现拒锤并伴有桩的强烈反弹，仅从图 28-4-11 (*b*) 的动测波形就直观反映出 $2L/c$ 后强烈的端阻力反射情况，可以看出桩端部位的桩身压应力已超过初始 t_1 时刻的入射力波幅值，原因分析的结论为桩端遇到了孤石。

（5）桩身最大锤击应力控制值应符合有关标准规范的要求。但必须认识到，混凝土的动态抗压、抗拉强度一般比其相应的静态强度高，而且动态强度还和加荷速率以及反复锤击的疲劳强度有直接关系。目前不少资料提供的锤击最大拉应力幅值及其位置的控制值或估算公式多数带有地方经验色彩，一般不具普遍适用性。

事实上，最大拉应力幅值及其位置的主要影响因素包括：锤击力波幅值低和持续时间长，拉应力就低；打桩时土阻力弱拉应力就强；桩愈长且锤击力波持续时间愈短，最大拉应力位置就愈往下移。但有些因素是交织影响的：沉桩阻力小时桩锤对桩的作用压力也会减小，从而降低了拉应力幅值；桩变长了以后，尽管打桩土阻力很小，但惯性力平衡作用可使柴油锤正常爆发起跳，又增大了锤对桩作用的压应力，从而使拉应力相对增强。所以，控制打桩应力的最好办法是通过现场试打桩高应变实测后，再有针对性地提出控制参数。

3）锤击能量监测

（1）桩锤实际传递给桩的能量不仅对各种锤型、不同锤重不同，而且即使锤型和锤重相同时，但对不同桩的几何尺寸和承载力，当桩-锤系统不匹配时，也会下降。另外，锤下落过程中遇到的摩擦力，锤垫、桩垫产生塑性变形和发热，都会消耗锤击能量。所以应通过实测并按下式计算桩锤实际传递给桩的能量：

$$E_n = \int_0^{t_e} F \cdot V \cdot dt \qquad (28\text{-}4\text{-}17)$$

式中 E_n——桩锤实际传递给桩的能量（kJ）；

　　　　t_e——采样结束的时刻（s）。

（2）桩锤最大动能宜通过测定锤芯最大运动速度确定，当为自由落锤时，锤芯最大运动速度 $V_0 = \sqrt{2gH}$（式中 g 为重力加速度，H 为锤的落高）。

（3）桩锤传递比应按桩锤实际传递给桩的能量与桩锤额定能量的比值确定；桩锤效率应按实测的桩锤最大动能与桩锤额定能量的比值确定。

10. 检查采集数据质量

检测时应及时检查采集数据的质量；每根受检桩记录的有效锤击信号应根据桩顶最大动位移、贯入度以及桩身最大拉、压应力和缺陷程度及其发展情况综合确定。

高应变试验成功的关键是信号质量以及信号中的桩-土相互作用信息是否充分。信号质量不好首先要检查测试各个环节，如动位移、贯入度小可能预示着土阻力发挥不充分，据此初步判别采集到的信号是否满足检测目的的要求；检查混凝土桩锤击拉、压应力和缺陷程度大小，以决定是否进一步锤击，以免桩头或桩身受损。自由落锤锤击时，锤的落距应由低到高；打入式预制桩则按每次采集一阵（10 击）的波形进行判别。

现场测试波形紊乱，应分析原因；桩身有明显缺陷或缺陷程度加剧，应停止检测。

检测工作现场情况复杂，经常产生各种不利影响。为确保采集到可靠的数据，检测人员应能正确判断波形质量，熟练地诊断测量系统的各类故障，排除干扰因素。

11. 关于贯入度的合适范围

承载力检测时宜实测桩的贯入度，单击贯入度宜在 2～6mm 之间，这是规范 JGJ 106 给出的建议值范围，比过去提出的 2.5～10mm 有所减少。

贯入度的大小与桩尖刺入或桩端压密塑性变形量相对应，是反映桩侧、桩端土阻力是否充分发挥的一个重要信息。贯入度小，即通常所说的"打不动"，使检测得到的承载力低于极限值。《建筑基桩检测技术规范》JGJ 106 是从保证承载力分析计算结果的可靠性出发，给出的贯入度合适范围，不能片面地理解成在检测中应减小锤重使单击贯入度不超过 6mm。贯入度大且桩身无缺陷的波形特征是 $2L/c$ 处桩底反射强烈，其后的土阻力反射或桩的回弹不明显。贯入度过大造成的桩周土扰动大，高应变承载力分析所用的土的力学模型对真实的桩-土相互作用模拟的接近程度变差。据国内发现的一些实例和国外的统计资料：贯入度较大时，采用常规的理想弹-塑性土阻力模型进行实测曲线拟合分析，不少情况下预示的承载力明显低于静载试验结果，统计结果离散性很大！而贯入度较小、甚至桩几乎未被打动时，静动对比的误差相对较小，且统计结果的离散性也不大。此外，上述现象的趋势也和我国在测桩实践中的一些失败实例的原因有相近之处，例如：单击贯入度大的所谓"大位移桩"，也包括一些设计以端承为主的大直径灌注桩（虽然高应变检测时贯入度并不大），它们的共性是试测波形桩底正向反射强，桩侧阻、端阻反射弱。所以取 6mm 贯入度这一统计值作为参考。

六、检测数据分析与判定

1. 分析前的信号选取

1）一般要求

对以检测承载力为目的的试桩，从一阵锤击信号中选取分析用信号时，宜取锤击能量较大的击次。除要考虑有足够的锤击能量使桩周岩土阻力充分发挥这一主因外，还应注意下列问题：

（1）连续打桩时桩周土的扰动及残余应力。

（2）锤击使缺陷进一步发展或拉应力使桩身混凝土产生裂隙。

（3）在桩易打或难打以及长桩情况下，速度基线修正带来的误差。

（4）对桩垫过厚和柴油锤冷锤信号，加速度测量系统的低频特性所造成的速度信号误差或严重失真。

2）强制性规定

可靠的信号是得出正确分析计算结果的基础，对劣质信号的分析计算只能是垃圾进、垃圾出。除柴油锤打桩信号外，力的时程曲线应最终归零。对于混凝土桩，高应变测试信号质量不但受传感器安装好坏、锤击偏心程度和传感器安装面处混凝土是否开裂的影响，也受混凝土的不均匀性和非线性的影响。

应变式传感器测得的力信号对上述影响尤其敏感：环式应变传感器某一固定螺栓松动可引起略大于 1kHz 的振荡；传感器安装面未与桩侧表面紧贴或悬挑、附近混凝土出现微裂可使实测力曲线基线突变甚至出现巨大的正、负过冲。混凝土的非线性一般表现为：随应变的增加，弹性模量减小，并出现塑性变形，使根据应变换算到的力值偏大且力曲线尾部不归零。规范 JGJ 106 所指的锤击偏心相当于两侧力信号之一与力平均值之差的绝对值超过平均值的 33%。通常锤击偏心很难避免，因此严禁用单侧力信号代替平均力信号。

据此，规范 JGJ 106 以强制性条文做出如下规定：

当出现下列情况之一时，高应变锤击信号不得作为承载力分析计算的依据：

(1) 传感器安装处混凝土开裂或出现严重塑性变形使力曲线最终未归零。

(2) 严重锤击偏心，两侧力信号幅值相差超过 1 倍。

(3) 触变效应的影响，预制桩在多次锤击下承载力下降。

(4) 四通道测试数据不全。

2. 桩身平均波速的确定以及相应的应变力信号调整

桩身波速可根据下行波波形起升沿的起点到上行波下降沿的起点之间的时差与已知桩长值确定（图 28-4-12）；桩底反射明显时，桩身平均波速也可根据速度波形第一峰起升沿的起点和桩底反射峰的起点之间的时差与已知桩长值确定。桩底反射信号不明显时，可根据桩长、混凝土波速的合理取值范围以及邻近桩的桩身波速值综合确定。

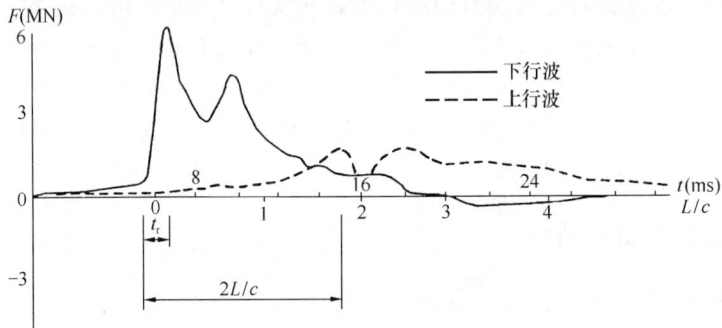

图 28-4-12　桩身波速的确定

对桩底反射峰变宽或有水平裂缝的桩，不应根据峰与峰间的时差来确定平均波速。对于桩身存在缺陷或水平裂缝桩，桩身平均波速一般低于无缺陷段桩身波速是可以想见的，如水平裂缝处的质点运动速度是 1m/s，则 1mm 宽的裂缝闭合所需时间为 1ms。桩较短且锤击力波上升缓慢时，反射峰与起始入射峰发生重叠，以致难于确定波速，可采用低应变法确定平均波速。

当测点处原设定波速随调整后的桩身平均波速改变时，桩身弹性模量应按式（28-4-16）重新计算。当采用应变式传感器测力时，应对原实测力值校正，除非原实测力信号是直接以实测应变值保存的。这里需特做解释以引起读者的注意：

通常，当平均波速按实测波形改变后，测点处的原设定波速也按比例线性改变，模量则应按平方的比例关系改变。当采用应变式传感器测力时，多数仪器并非直接保存实测应变值，如有些是以速度（$V = c \cdot \varepsilon$）的单位存储。若模量随波速改变后，仪器不能自动修正以速度为单位存储的力值，则应对原始实测力值校正。由

$$F = Z \cdot V = Z \cdot c \cdot \varepsilon = \rho \cdot c^2 A \cdot \varepsilon$$

可见，如果波速调整变化幅度为 5%，则对力曲线幅值的影响约为 10%。因此，测试人员应了解所用仪器的"力"信号存储单位。

3. 实测力和速度信号第一峰比例失调

可进行信号幅值调整的情况只有以下两种：上述因波速改变需调整通过实测应变换算得到的力值；传感器设定值或仪器增益的输入错误。在多数情况下，正常施打的预制桩，

由于锤击力波上升沿非常陡峭，力和速度信号第一峰应基本成比例。但在以下几种情况下，比例失调属于正常：

（1）桩浅部阻抗变化和土阻力影响。

（2）采用应变式传感器测力时，测点处混凝土的非线性造成力值明显偏高。

（3）锤击力波上升缓慢或桩很短时，土阻力波或桩底反射波的影响。

除第（2）种情况当减小力值时，可避免计算的承载力过高外，其他情况的随意比例调整均是对实测信号的歪曲，并产生虚假的结果，因为这种比例调整往往是对整个信号乘以一个标定常数。因此，禁止将实测力或速度信号重新标定。这一点必须引起重视，因为有些仪器具有比例自动调整功能。高应变法最初传入我国时，曾把力和速度信号第一峰比例是否失调作为判断信号优劣（漂亮）的一个标准，但我国现实情况与国外不同，由于高应变法主要用于验收阶段的检测，采用打桩机械检测的机会不多，而且被测桩型有相当数量的灌注桩，即采用自制自由落锤的机会较多。此外，曲线拟合法更强调土阻力响应区的拟合质量，而该区一般在信号第一峰以后。所以，规范 JGJ 106 做出如下强制性规定：

高应变实测的力和速度信号第一峰起始比例失调时，不得进行比例调整。

4. 对波形直观判断的重要性

对波形的直观正确判断是指导计算分析过程并最终产生合理结果的关键。

高应变分析计算结果的可靠性高低取决于动测仪器、分析软件和人员素质三个要素。其中起决定作用的是具有坚实理论基础和丰富实践经验的高素质检测人员。高应变法之所以有生命力，表现在高应变信号具有不同于随机信号的可解释性——即使不采用复杂的数学计算和提炼，只要检测波形质量有保证，就能定性地反映桩的承载性状及其他相关的动力学问题。在建设部工程桩动测资质复查换证过程中，发现不少检测报告中对波形的解释与分析计算已达到盲目甚至是滥用的地步。对此，如果不从提高人员素质入手加以解决，这种状况的改观显然仅靠技术规范以及仪器和软件功能的增强是无法做到的。事实上，在通过计算分析确定单桩承载力时，不仅是凯司法，就是实测曲线拟合法往往也是在人的主观意念干预下进行的，否则很多情况下会得到不合理的结果，当然也不能排斥用高应变检测结果去与设计要求的承载力值"凑大数"。波形拟合法的解不是唯一的，其变异程度与地质条件、桩的尺寸、桩型等很多因素有关。所以，承载力分析计算前，应结合地质条件、设计参数，对实测波形特征进行定性检查：

（1）实测曲线特征反映出的桩承载性状；

（2）观察桩身缺陷程度和位置，连续锤击时缺陷的扩大或逐步闭合情况。

这一工作应由高素质和具有丰富经验的检测人员完成。

5. 实测曲线拟合法判定单桩承载力

实测曲线拟合法是通过波动问题数值计算，反演确定桩和土的力学模型及其参数值。其过程为：假定各桩单元的桩和土力学模型及其模型参数，利用实测的速度（或力、上行波、下行波）曲线作为输入边界条件，数值求解波动方程，反算桩顶的力（或速度、下行波、上行波）曲线。若计算的曲线与实测曲线不吻合，说明假设的模型或其参数不合理，有针对性地调整模型及参数再行计算，直至计算曲线与实测曲线（以及贯入度的计算值与实测值）的吻合程度良好且不易进一步改善为止。虽然从原理上讲，这种方法是客观唯一的，但由于桩、土以及它们之间的相互作用等力学行为的复杂性，实际运用时还不能对各种桩型、成桩工艺、地质条件，都能达到十分准确地求解桩的动力学和承载力问题的效果。所以，规范 JGJ 106 针对实测曲线拟合法判定桩承载力应用中的关键技术问题，做了具体阐述和规定：

（1）所采用的力学模型应明确合理，桩和土的力学模型应能分别反映桩和土的实际力学性状，模型参数的取值范围应能限定。

（2）拟合分析选用的参数应在岩土工程的合理范围内。

（3）曲线拟合时间段长度在 t_1+2L/c 时刻后延续时间不应小于 20ms；对于柴油锤打桩信号，在 t_1+2L/c 时刻后延续时间不应小于 30ms。

（4）各单元所选用的土的最大弹性位移值不应超过相应桩单元的最大计算位移值。

（5）拟合完成时，土阻力响应区段的计算曲线与实测曲线应吻合，其他区段的曲线应基本吻合。

（6）贯入度的计算值应与实测值接近。

下面对以上六项规定依次解释如下：

（1）关于桩与土模型：①目前已有成熟使用经验的土的静阻力模型为理想弹-塑性或考虑土体硬化或软化的双线性模型；模型中有两个重要参数——土的极限静阻力 R_u 和土的最大弹性位移 s_q，可以通过静载试验（包括桩身内力测试）来验证。在加载阶段，土体变形小于或等于 s_q 时，土体在弹性范围内工作；变形超过 s_q 后，进入塑性变形阶段（理想弹-塑性时，静阻力达到 R_u 后不再随位移增加而变化）。对于卸载阶段，同样要规定卸载路径的斜率和弹性位移限值。②土的动阻力模型一般习惯采用与桩身运动速度成正比的线性黏滞阻尼，带有一定的经验性，且不易直接验证。③桩的力学模型一般为一维杆模型，单元划分应采用等时单元（实际为连续模型或特征线法求解的单元划分模式），即应力波通过每个桩单元的时间相等，由于没有高阶项的影响，计算精度高。④桩单元除考虑 A、E、c 等参数外，也可考虑桩身阻尼和裂隙。另外，也可考虑桩底的缝隙、开口桩或异形桩的土塞、残余应力影响和其他阻尼形式。⑤所用模型的物理力学概念应明确，参数取值应能限定；避免采用可使承载力计算结果产生较大变异的桩-土模型及参数。

（2）拟合时应根据波形特征，结合施工和地质条件合理确定桩土参数取值。因为拟合所用的桩土参数的数量和类型繁多，参数各自和相互间耦合的影响非常复杂，而拟合结果并非唯一解，需通过综合比较判断进行取舍。正确判断取舍条件的要点是参数取值应在岩土工程的合理范围内。

（3）拟合时间段长短的考虑基于以下两点：一是自由落锤产生的力脉冲持续时间通常不超过 20ms（除非采用很重的落锤），但柴油锤信号在主峰过后的尾部仍能产生较长的低力幅延续；二是与位移相关的总静阻力一般会不同程度地滞后于 $2L/c$ 发挥，当端承型桩的端阻力发挥所需位移很大时，土阻力发挥将产生严重滞后，故规定 $2L/c$ 后应延时足够的时间，使曲线拟合能包含土阻力响应区段的全部土阻力信息。

（4）为防止土阻力未充分发挥时的承载力外推，设定的 s_q 值不应超过对应单元的最大计算位移值。若桩、土间相对位移不足以使桩周岩土阻力充分发挥，则给出的承载力结果只能验证岩土阻力发挥的最低程度。

（5）土阻力响应区是指波形上呈现的静土阻力信息较为突出的时间段。所以应特别强调此区段的拟合质量，避免只重波形头尾，忽视中间土阻力响应区段拟合质量的错误做法，并通过合理的加权方式计算总的拟合质量系数，突出其影响。不同的实测曲线拟合程序对土阻力响应区段的划分方式和各拟合时间段加权系数大小的考虑都不尽相同，所以用拟合质量系数衡量波形拟合好坏的标准是不同的。

（6）贯入度的计算值与实测值是否接近，是判断拟合选用参数、特别是 s_q 值是否合理的辅助指标。

6. 凯司法判定单桩承载力

凯司法与实测曲线拟合法在计算承载力上的本质区别是：前者在计算极限承载力时，单击贯入度与最大位移是参考值，计算过程与它们无关。另外，凯司法承载力计算公式 (28-4-8) 是基于以下三个假定推导出的：

（1）桩身阻抗基本恒定；

（2）动阻力只与桩底质点运动速度成正比，即全部动阻力集中于桩端；

（3）土阻力在时刻 $t_2 = t_1 + 2L/c$ 已充分发挥。

这与规范 JGJ 106 规定的"凯司法只限于中、小直径且桩身材质、截面基本均匀的桩"是一致的。显然，它较适用于摩擦型的中、小直径预制桩和截面较均匀的灌注桩。

公式 (28-4-8) 中的唯一未知数——凯司法无量纲阻尼系数 J_c 定义为仅与桩端土性有关，一般遵循随土中细粒含量增加阻尼系数增大的规律。J_c 的取值是否合理在很大程度上决定了计算承载力的准确性。所以，缺乏同条件下的静动对比校核或大量相近条件下的对比资料时，将使其使用范围受到限制。当贯入度达不到规定值或不满足上述三个假定时，J_c 值实际上变成了一个无明确意义的综合调整系数。特别值得一提的是灌注桩，也会在同一工程、相同桩型及持力层时，可能出现 J_c 取值变异过大的情况。为防止凯司法的不合理应用，阻尼系数 J_c 宜根据同条件下静载试验结果校核；或应在已取得相近条件下可靠对比资料后，采用实测曲线拟合法确定 J_c 值，拟合计算的桩数不应少于检测总桩数的 30%，且不应少于 3 根。在同一场地、地质条件相近和桩型及其几何尺寸相同情况下，J_c 值的极差不宜大于平均值的 30%。

正如前面关于"凯司法"的叙述：①由于式 (28-4-8) 给出的 R_c 值与位移无关，仅包含 $t_2 = t_1 + 2L/c$ 时刻之前所发挥的土阻力信息，通常除桩长较短的摩擦型桩外，土阻力在 $2L/c$ 时刻不会充分发挥，尤以端承型桩显著。所以，需要采用将 t_1 延时求出承载力最大值的最大阻力法（RMX 法），对与位移相关的土阻力滞后 $2L/c$ 发挥的情况进行提高修正。②桩身在 $2L/c$ 之前产生较强的向上回弹，使桩身从顶部逐渐向下产生土阻力卸载（此时桩的中下部土阻力属于加载）。这对于桩较长、摩阻力较大而荷载作用持续时间相对较短的桩较为明显。因此，需要采用将桩中上部卸载的土阻力进行补偿提高修正的卸载法（RSU 法）。

于是，对土阻力滞后于 $t_1 + 2L/c$ 时刻明显发挥或先于 $t_1 + 2L/c$ 时刻发挥并造成桩中上部强烈反弹这两种情况，建议分别采用以下两种方法对 R_c 值进行提高修正：

（1）适当将 t_1 延时，确定 R_c 的最大值；

（2）考虑卸载回弹部分土阻力对 R_c 值进行修正。

另外，还有几种凯司法的子方法可在积累了成熟经验后采用。它们是：

（1）在桩尖质点运动速度为零时，动阻力也为零，此时有两种计算承载力与 J_c 无关的"自动"法，即 RAU 法和 RA2 法。前者适用于桩侧阻力很小的情况，后者适用于桩侧阻力适中的场合。

（2）通过延时求出承载力最小值的最小阻力法（RMN 法）。

7. 动测承载力的统计和单桩竖向抗压承载力的确定

高应变法动测承载力检测值多数情况下不会与静载试验桩的明显破坏特征或产生较大的桩顶沉降相对应，总趋势是沉降量偏小。为了与静载的极限承载力相区别，称为"动测法得到的承载力或动测承载力"。这里需要强调指出：验收检测中，单桩数竖向抗压静载试验常因加荷量或设备能力限制，而做不出真正的试桩极限承载力。于是一组试桩往往因某一根桩的极限承载力达不到设计要求的特征值 2 倍，使一组试桩的承载力统计平均值不满足设计要求。动测承载力则不同，可能出现部分桩的承载力远高于承载力特征值的 2 倍。所以，即使个别桩的承载力不满足设计要求，但"高"和"低"取平均后仍能满足设计要求。为了避免可能高估承载力的危险，不得将极差过大的"高值"参与统计平均。

参照静载试验关于单桩竖向抗压承载力特征值的确定方法，规范 JGJ 106 对动测单桩承载力的统计和单桩竖向抗压承载力特征值的确定规定如下：

（1）参加统计的试桩结果，当满足其极差不超过平均值的 30% 时，取其平均值为单桩承载力统计值。

（2）当极差超过 30% 时，应分析极差过大的原因，结合工程具体情况综合确定。必要时可增加试桩数量。

（3）单位工程同一条件下的单桩竖向抗压承载力特征值 R_a 应按本方法得到的单桩承载力统计值的一半取值。

8. 桩身完整性判定

高应变法检测桩身完整性具有锤击能量大，可对缺陷程度直接定量计算，连续锤击可观察缺陷的扩大和逐步闭合情况等优点。但和低应变法一样，检测的仍是桩身阻抗变化，一般不宜判定缺陷性质。在桩身情况复杂或存在多处阻抗变化时，可优先考虑用实测曲线拟合法判定桩身完整性。桩身完整性判定可采用以下方法进行：

（1）采用实测曲线拟合法判定时，拟合所选用的桩土参数应按承载力拟合时的有关规定；根据桩的成桩工艺，拟合时可采用桩身阻抗拟合或桩身裂隙（包括混凝土预制桩的接桩缝隙）拟合。

（2）对于等截面桩，可按表 28-4-2 并结合经验判定；桩身完整性系数 β 和桩身缺陷位置 x 应分别按式（28-4-13）和式（28-4-14）计算。注意：式（28-4-13）仅适用于截面基本均匀桩的桩顶下第一个缺陷的程度定量计算。

（3）出现下列情况之一时，桩身完整性判定宜按工程地质条件和施工工艺，结合实测曲线拟合法或其他检测方法综合进行：

①桩身有扩径的桩。

②桩身截面渐变或多变的混凝土灌注桩。

③力和速度曲线在峰值附近比例失调，桩身浅部有缺陷的桩。

④锤击力波上升缓慢，力与速度曲线比例失调的桩。

具体采用实测曲线拟合法分析桩身扩径、桩身截面渐变或多变的情况时，应注意合理选择土参数，因为土阻力（土弹簧刚度和土阻尼）取值过大或过小，一定程度上会产生掩盖或放大作用。

高应变法锤击的荷载上升时间一般不小于2ms，因此对桩身浅部缺陷位置的判定存在盲区，也无法根据公式（28-4-13）来判定缺陷程度。只能根据力和速度曲线的比例失调程度来估计浅部缺陷程度，不能定量给出缺陷的具体部位，尤其是锤击力波上升非常缓慢时，还大量耦合有土阻力的影响。对浅部缺陷桩，宜用低应变法检测并进行缺陷定位。

9. 桩身最大锤击拉、压应力

桩身锤击拉应力是混凝土预制桩施打抗裂控制的重要指标。在深厚软土地区，打桩时侧阻和端阻虽小，但桩很长，桩锤能正常爆发起跳，桩底反射回来的上行拉力波的头部（拉应力幅值最大）与下行传播的锤击压力波尾部叠加，在桩身某一部位产生净的拉应力。当拉应力强度超过混凝土抗拉强度时，引起桩身拉裂。开裂部位一般发生在桩的中上部，且桩愈长或锤击力持续时间短，最大拉应力部位就愈往下移。

有时，打桩过程中会突然出现贯入度骤减或拒锤，一般是碰上硬层（基岩，孤石，漂石、卵石等碎石土层）。继续施打会造成桩身压应力过大而破坏。此时，最大压应力部位不一定出现在桩顶，而是接近桩端的部位。

对于桩基施工和设计人员，由于所从事专业的不同，往往不像专业的动测人员那样，对打桩拉应力的产生和桩端碰到硬层出现的压应力放大机理十分熟悉。作者遇到一些打桩质量事故引起的争议，从原因分析上看，有些确实不该是打桩或制桩单位承担的责任，却被他们承担了。

七、工程实例

1. 设计条件为端承型桩

$\phi 800mm$钻孔灌注桩，桩端持力层为全风化花岗片麻岩，测点下桩长16m。试验采用60kN重锤，先做高应变检测，后做静载验证检测。图28-4-13（a）为实测波形。采用波形拟合法分析承载力时，承载力比按地质报告估算的低很多。静载验证试验尚未压至破坏，满足设计要求。静、动试验得出的荷载-沉降曲线对比见图28-4-13（b），差异很大，但高应变测试的锤重、贯入度却"符合"要求。

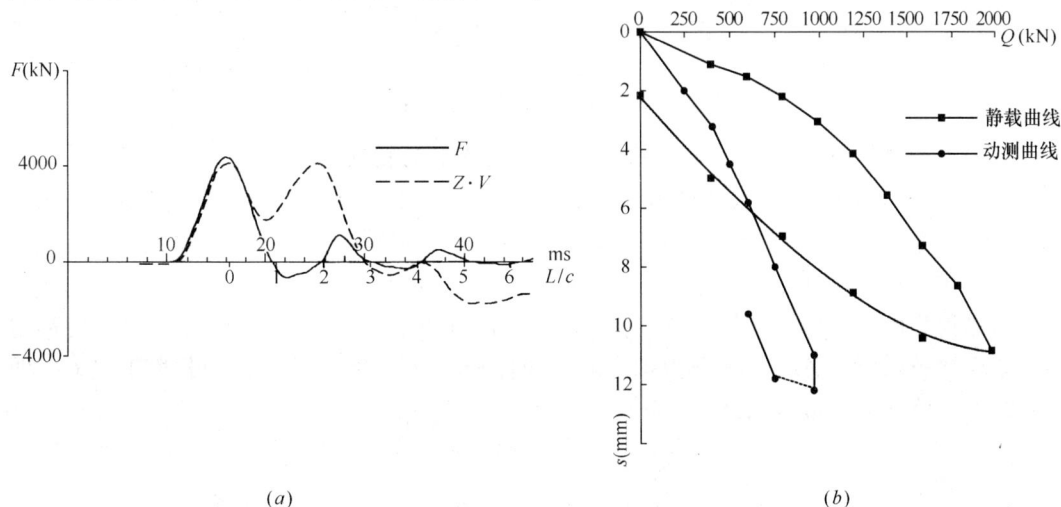

图 28-4-13 实测波形和 Q-s 曲线

(a) 高应变实测波形；(b) 静载和动载模拟的 Q-s 曲线比较

这个例子有以下特点：

（1）桩低反射波宽而强烈，采用常规的黏-弹-塑土阻力模型拟合效果差，若考虑桩端附加质量引起的能量耗散机制不当，由于桩端运动强烈，可能引起计算承载力的成倍变异。

（2）静载 Q-s 曲线具有缓变型特征。

2. 摩擦型桩

（1）1994 年全国第一次桩动测资质考试北京基地的 3 号桩为 $\phi800mm$ 人工挖孔灌注桩，桩侧土层为粉质黏土、粉砂，桩端持力层为密实粉细砂，桩长 12.4m，桩上部 3m 无护壁，桩底放置了 0.5m 厚稻草笼，但对所有参考单位是保密的。3 号桩静载试验曲线表现为典型的摩擦型桩特性，出现陡降时的沉降为 6.9mm，对应的极限荷载为 1800kN。作为比较，同一场地的另一根 $\phi800mm$ 人工挖孔桩，桩长仅为 6.0m，桩端持力层为粉质黏土，Q-s 曲线也为陡降型，极限承载力为 1500kN。3 号桩高应变试验采用 60kN 重锤，落距超过 1.5m，实测波形见图 28-4-14。根据波形直观判断，桩底反射速度峰宽度 T_2 明显宽于初始峰宽度 T_1（根据弹性波理论 T_2 应等于 T_1），波形中反映出的土阻力信息很少，正常波形拟合得到的承载力很低，甚至无法拟合；桩端采用附加土质量后，曲线拟合质量和计算的承载力均可大幅改善（但针对这根桩的具体设置条件，在桩端附加土质量的做法显然在机理上是错误的）。无论是波形拟合法还是凯司法，各参考单位给出的动测承载力离散甚大，不少单位给出的承载力甚至超过静载承载力的几倍。估计是在无奈的情况下根据地质条件"猜出"的结果。所以，既不能主观臆断，也不宜采用能使拟合结果产生很大变异的桩-土模型及其参数。

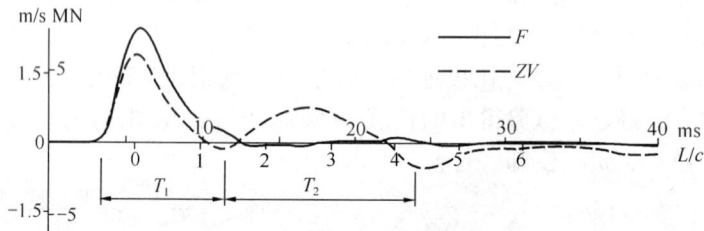

图 28-4-14　3 号桩的高应变实测波形

（2）河南某地的 $\phi800mm$ 灌注桩，桩侧土层依次为粉质黏土、粉土、粉质黏土、黏土、粉质黏土、粉土、细砂、粉质黏土，桩端为粉质黏土，桩长 21.8m。高应变动测采用 41.5kN 重锤，实测波形见图 28-4-15（a）。根据波形直观判断，该桩属于摩擦型桩，土阻力前期发挥很快，没有承载力滞后 $2L/c$ 发挥的现象，如果阻尼系数取值得当，凯司法同样可得到理想的承载力结果。采用实测曲线拟合法分析承载力时，拟合波形的变化对静阻力的改变比较敏感，意味着承载力拟合的变异性较小（图 28-4-15b）；动载模拟的 Q-s 曲线与静载试验十分接近（图 28-4-15c）。

八、限制条件

通过总结近些年高应变检测技术的现状，结合搜集到的一些高应变动测不成功实例，《建筑基桩检测技术规范》（JGJ 106—2003）与 1997 年版的《基桩高应变动力检测规程》

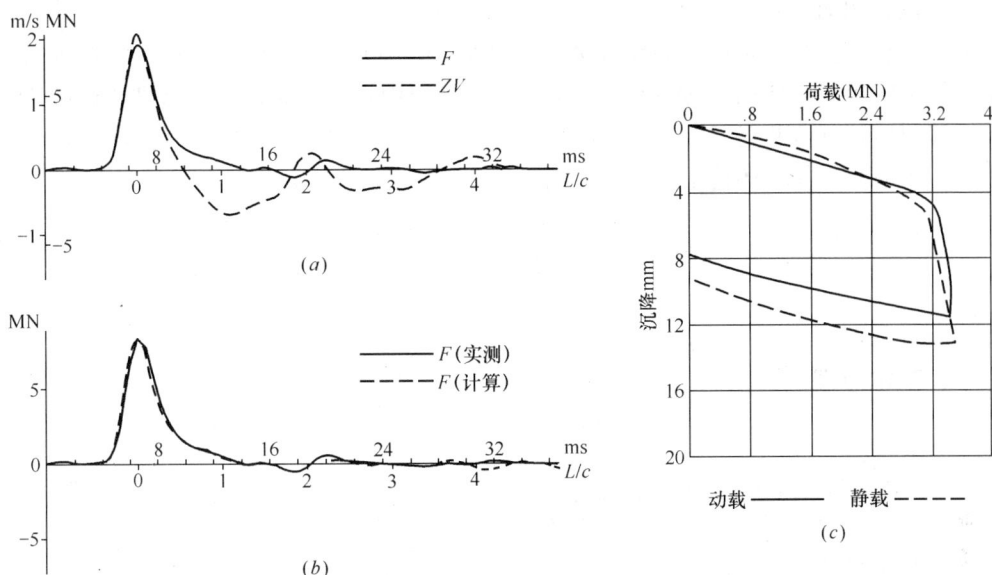

图 28-4-15 实测波形、拟合曲线和静动对比 Q-s 曲线

(*a*) 高应变实测曲线；(*b*) 拟合曲线；(*c*) 静载与动载模拟的 Q-s 曲线

相比，最突出的变化是提出了大直径灌注桩的应用限制条件；对可能出现误差过大或无法定论的情况提出了采用静载试验方法进一步验证的建议。这四种情况是：

(1) 桩身存在缺陷，无法判定桩的竖向承载力。

(2) 桩身缺陷对水平承载力有影响。

(3) 单击贯入度大，桩底同向反射强烈且反射峰较宽，侧阻力波、端阻力波反射弱，即波形表现出竖向承载性状明显与勘察报告中的地质条件不符合。

(4) 嵌岩桩桩底同向反射强烈，且在时间 $2L/c$ 后无明显端阻力反射；也可采用钻芯法核验。

前两种情况很容易理解，因高应变法难于分析判定承载力和预示桩身结构破坏的可能性，只能采取静载验证检测。

第 (3) 和第 (4) 种情况其实都具有桩底反射强烈——桩端运动很强的共性，对于中、小直径桩，高应变测试的最明显现象是桩顶的位移和贯入度均很大；对于大直径桩，因为锤击能量有限，虽然桩顶位移和贯入度不会很大，但就其波形特征而言，也反映出明显缺乏土阻力。对于具有一定或较大端承作用的桩，高应变拟合分析时，如果按部就班地去分析，时常得到的承载力结果低得令人难以置信——总的极限阻力甚至比预估的极限侧阻还低，于是根据当地经验（或设计要求）按地质报告去估，可能又得出比真实极限承载力高出很多的结果。这种情况不仅在我国的动测资质考试中出现了，也在国际间的多家比对试验中发生。动测承载力成倍地低于或高于静载试验得到的承载力值，说明高应变法在桩-土相互作用机理或力学模型方面尚待进一步研究。

传统的桩的设计理论认为：桩侧阻力与桩端阻力是各自独立互不影响的，即桩的承载力是桩侧和桩端阻力的算术叠加。事实上，这一传统观念正面临着挑战，相继有不少试验证实：桩端土强度或刚度的高低直接影响着桩侧阻力发挥的强弱，桩侧阻力、桩端阻力并非简单的代数相加。

基桩承载力检测结果的可靠性直接关系到上部结构的安全或正常使用，尽管我们目前尚不能完全解决高应变动测方法在某些方面存在的局限性，但是，只要通过认真总结积累经验，客观地评价这些局限性对动测承载力可能产生的后果，找出其中规律性的东西，扬长避短。相信高应变动测技术仍有广阔的应用前景。

第五节 声波透射法

一、基本原理及方法

1. 基本原理

灌注桩的主要组成部分混凝土是由多种材料组成的多相非匀质体，对于正常的混凝土，声波在其中传播的速度是有一定范围的，而当传播路径中的混凝土有缺陷（如断裂、裂缝、夹泥和密实度差等）时，声波要绕过缺陷或在传播速度较慢的介质中通过，声波将发生衰减，造成传播时间延长，从而使声时增大，计算声速降低，波幅减小，波形畸变。利用超声波在桩身混凝土中传播时所反映出的声学参数变化，来分析判断桩身混凝土质量，就是声波透法的基本原理。

2. 基本方法

声波透射法检测桩身混凝土质量，是在灌注桩成孔后，灌注混凝土之前，在桩身中预埋 2～4 根声测管。将超声波发射、接收探头分别置于其中若干根声测管中，进行声波发射和接收，使超声波在桩身混凝土中传播，用超声仪测出超声波的传播时间 t、波幅 A 及频率 f 等物理量，就可判断桩身结构完整性（包括：桩身混凝土质量的变异及内部缺陷的性质、程度和位置）。

二、适用范围

声波透射法适用于检测已预埋声测管的、桩径大于 0.6m 混凝土灌注桩的完整性。桩径大小的限制条件是因为桩径较小时，声波换能器与检测管的声耦合会引起较大的相对测试误差。其能够检测的长度仅取决于试验设备的导线长度，而不受桩长限制。

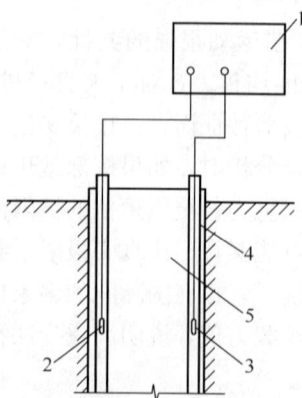

三、仪器设备

1. 试验装置

声波透射法检测装置包括非金属超声检测仪、超声波发射及接收换能器（亦称探头）、预埋测管等，也有的设备加上换能器标高控制绞车和数据处理计算机。其装置见图 28-5-1。

图 28-5-1 声波透射法试验装置
1—超声检测仪；2—发射换能器；3—接收换能器；4—声测管；5—灌注桩

2. 超声检测仪的技术性能应符合下列规定

（1）系统应能同时显示接收波形和声波传播时间；

（2）显示时间范围宜大于 $3000\mu s$，声时测量分辨力优

于或等于 $0.5\mu s$，声波幅值测量相对误差小于 5%；

（3）接收放大系统的频带宽度宜为 $5\sim50kHz$，增益应大于 $100dB$，并带有 $0\sim60$（或 80）dB 的衰减器，其分辨率应为 $1dB$，衰减器的误差应小于 $1dB$，其挡间误差应小于 1%；

（4）反射系统应输出 $250\sim1000V$ 的脉冲电压，其波形可为阶跃脉冲或矩形脉冲。

3. 声波发射与接收换能器的技术性能应符合下列规定

（1）采用圆柱状径向振动的换能器，沿径向无指向性；

（2）将超声仪发出的电脉冲信号转换成机械振动信号，其谐振频率宜为 $30\sim50kHz$，外形为圆柱形。换能器宜装有前置放大器，前置放大器的频带宽度宜为 $5\sim50kHz$。绝缘电阻应达 $5M\Omega$，其水密性应满足在 $1MPa$ 水压下不漏水。桩径较大时，宜采用增压式柱状探头。

4. 声测管的技术性能要求

声测管是声波透射法检测装置的重要组成部分，宜采用钢管、塑料管或钢质波纹管，其内径宜为 $50\sim60mm$。

由于大直径灌注桩在地下灌注后，水化热不易散发，而塑料管的热膨胀系数与混凝土相差悬殊，混凝土硬化凝固后，塑料管因温度下降而产生径向及纵向收缩，有可能使声测管与混凝土脱开而造成空气或水的夹缝，在声波通路上又增加了 4 个界面，声能通过率将大幅度下降，从而容易造成判读困难。与此同时，就施工中安装定位的难易程度而言，钢管可直接焊接在钢筋笼上，接头处可用焊接或螺纹连接，较为方便，钢管的刚度较大也并于保持管间距的一致。而且，钢管可以代替部分钢筋参与受力，还可以作为桩底压浆的管道，因此选用钢管作为声测管较为适宜。

四、测试技术

1. 预埋声测管应符合下列规定

（1）桩径 $D\leqslant0.8m$，应埋设 2 根声测管；

（2）桩径 $0.8m<D\leqslant2.0m$，应埋设 3 根以上的声测管；

（3）桩径 $D>2.0m$，声测管埋设数量不少于 4 根。

（4）声测管应沿桩截面外侧呈对称形状布置，宜按图 28-5-2 所示的箭头方向顺时针旋转依次编号。

（5）声测管底端及接头应严格密封，保证管外泥浆在 $1MPa$ 压力下不会渗入管内。上端应加盖，管内无异物；声测管连接处应光滑过渡，管口应高出桩顶 $100mm$ 以上，且各声测管管口高度宜一致。

（6）声测管可焊接或绑扎在钢筋笼的内侧，检测管之间应互相平行。

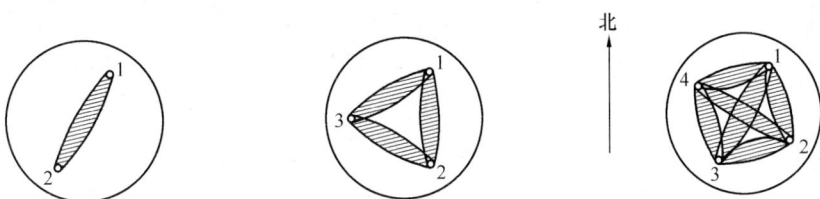

图 28-5-2 声测管布置图

2. 现场检测前准备工作应符合下列规定

(1) 采用标定法确定仪器系统延迟时间

现场检测前应测定声波检测仪发射至接收系统的延迟时间 t_0。这是因为无论采用何种超声仪、采用哪种测读方式，仪器上显示的时间都是由发射到接收这两个电信号之间的声时测量值 t，$t > t_c$。t 除包含超声波在被测物中的传播时间 t_c 外，还包含：电延迟时间、电声转换时间、声延迟。其中，声延迟所占比例最大。延迟所造成的声时上的差异统称为仪器零读数，记为 t_0，仪器零读数随仪器换能器系统而异，也随环境温度有所改变，所以为了测得桩身混凝土的真实声时，在检测前首先要对检测装置进行零读数进行校正。

其方法是：将发、收换能器平行置于清水中，间距 0.5m 左右，逐次改变点源距离并测量相应声时，记录若干点（一般取 6~8 点）的声时数据并作出回归的时距曲线：

$$t = t_0 + b \cdot l \tag{28-5-1}$$

式中　b——直线斜率（$\mu s/mm$）；

　　　l——换能器表面净距离（mm）；

　　　t——声时（μs）；

　　　t_0——仪器系统延迟时间（μs）。

(2) 计算计算声测管及耦合水层声时修正值

按下式计算声测管及耦合水层声时修正值 t'：

$$t' = \frac{D-d}{v_t} + \frac{d-d'}{v_w} \tag{28-5-2}$$

式中　D——检测管外径（mm）；

　　　d——检测管内径（mm）；

　　　d'——换能器外径（mm）；

　　　v_t——声测管壁厚度方向声速（km/s）；

　　　v_w——水的声速（km/s）；

　　　t'——声测管及耦合水层声时修正值（μs）。

最后，以 $t_0 + t'$ 作为检测系统的零读数，在数据处理时予以扣除。

(3) 在桩顶测量相应声测管外壁间净距离

(4) 将各声测管内注满清水，检查声测管畅通情况；换能器应能在全程范围内正常升降。

3. 检测步骤应符合下列要求

(1) 将发射与接收声波换能器通过深度标志分别置于两根声测管中的测点处。

(2) 发射与接收声波换能器应以相同标高（图 28-5-3a）或保持固定高差（图 28-5-3b）同步升降，其水平测角可取 30°~40°，测点间距不宜大于 250mm。保持一定高差时更有利于发现平面状裂缝等缺陷。

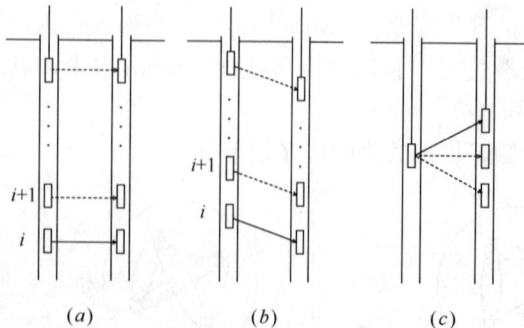

图 28-5-3　平测、斜测和扇形扫测示意图

（a）平测；（b）斜测；（c）扇形扫测

（3）实时显示和记录接收信号的时程曲线，读取声时、首波峰值和周期值，宜同时显示频谱曲线及主频值。

（4）将多根声测管以两根为一个检测剖面进行全组合，分别对所有检测剖面完成检测。

（5）在桩身质量可疑的测点周围，应采用加密测点、斜测、扇形扫测（图 28-5-3c）进行复测，进一步确定桩身缺陷的位置和范围。

（6）在同一检测剖面的检测过程中，声波发射电压和仪器设置参数应保持不变。

五、检测数据的处理与判定

1. 用于判断缺陷的基本物理参量

结构混凝土在施工过程中常因各种原因产生缺陷，尤其是混凝土灌注桩，由于施工难度大、工艺复杂、隐蔽性强，混凝土硬化环境及成型条件复杂，更易产生空洞、裂缝、夹杂物、局部疏松、缩颈等各种桩身缺陷，对建筑物的安全和耐久性构成严重威胁。

声波透射法是检测混凝土灌注桩桩身缺陷、评价其完整性的一种有效方法，当声波经混凝土传播后，它将携带有关混凝土材料性质、内部结构与组成的信息，准确测定声波经混凝土传播后各种声学参数的量值及变化，就可以推断混凝土的性能、内部结构与组成情况。目前，在混凝土质量检测中常用的声学参数为声速（声时）、波幅、频率以及波形。

（1）声时：即超声波穿过混凝土所需的时间。如果超声波传播距离不变，则当混凝土质量均匀，没有内部缺陷时，灌注桩各剖面所测得的声时基本相同。当存在缺陷时，由于缺陷的水、泥、空气等的声速远小于完好混凝土的声速，使穿过时间明显延长。而且，如果声波发生绕射时，传播路径、声时增大。所以，声时是判断缺陷的重要参数之一。

声时值可由仪器精确测量，单位为 μs。

为观察声时值随深度的变化情况，常常绘制"声时-深度"曲线。

（2）声速：超声波传播单位声时所经过的路程即为声速。

声速值是由声时值换算而来的，单位为 m/s，因此也常常将声时值换成声速值作为一种判断的依据。

声波在混凝土中的传播速度是混凝土声学检测中的一个主要参数。混凝土的声速与混凝土的弹性性质有关，也与混凝土内部结构（是否存在缺陷及缺陷程度）有关。这是用声速进行混凝土测强和测缺的理论依据。

声波波速与混凝土强度有一定的关系。声波在混凝土中的传播波速反映了混凝土的弹性性质，而混凝土的弹性性质与混凝土的强度具有相关性，因此混凝土声速与强度之间存住相关性。另一方面，对组成材料相同的构件（混凝土），其内部越致密，孔隙率越低，则声波波速越高，强度也越高。因此构件（混凝土）强度与声速之间亦应该有相关性。但是，混凝土材料是一种多相复合体，其强度与声速的关系不是完全稳定的，受到多种因素的影响，归纳起来有四大类：

①混凝土原材料性质及配合比的影响；

②龄期影响；

③温、湿度等混凝土硬化环境的影响；

④施工工艺。

对同一工程的同类型构件（比如混凝土灌注桩），上述四类影响因素是相近的，因此，在这种情况下，构件的声速高低基本上可以反映其强度的高低。

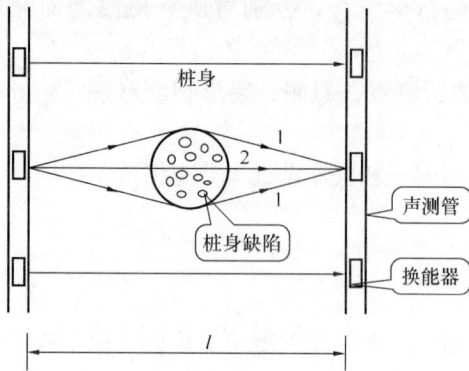

图 28-5-4　声波在有缺陷介质中的传播路径
1—声波绕过桩身缺陷传播；
2—声波穿越桩身缺陷的传播

同时，混凝土内部缺陷对声波波速的影响。如图 28-5-4 所示，当声波在传播路径上遇到缺陷时，若该缺陷是空洞，则其中必填充空气或水。由于混凝土与空气的特性阻抗相差悬殊，界面的声能反射系数近于 1，因此，声波难以通过混凝土/空气界面。但由于低频超声波绕射的特点，声波又将沿缺陷边缘而传播（图 28-5-4 传播路径 1）。这样，因为绕射传播的路径比直线传播的路径长，所测得的声时也就比正常混凝土要长。在计算测点声速时，我们总是以换能器间的直线距离 z 作为传播距离，结果有缺陷处的计算声速（视声速）就减小。

有时混凝土内缺陷是由较为松散的材料构成（例如漏振等情况形成的蜂窝状结构或配料错误形成的低密实性区）。由于这些部位的材料的声速比正常混凝土小，也会使这些部位测点的声时增大。在这种情况下，超声波分两条路径传播：一是绕过缺陷分界面传播；二是直接穿过低声速材料。不论那种情况，在该处测得的声时都将比正常部位长。因为我们是以首先到达的波（首波）为准来读取声时值，所以哪条路径所需声时相对短一些，则测读到的便是哪条路径传来的声信号时间。总之，在有缺陷部位测得的声速要比正常部位小。

（3）波幅：接收声波波幅是表征声波穿过混凝土后能量衰减程度的指标之一。混凝土越密实，对超声波的衰减越小，则波幅越高，反之，当混凝土中存在低强度区、离析区以及存在夹泥、蜂窝等缺陷时，吸收衰减和散射衰减增大，接收波波幅就会明显下降。幅值可直接在接收波上观察测量，也可用仪器中的衰减器测量，测量时通常以首波（即接收信号的前面半个周期）的波幅为准。后续的波往往受其他叠加波的干扰，影响测量结果。幅值的测量受换能器与试体耦合条件的影响较大，在灌注桩检测中，换能器在声测管中通过水进行耦合，一般比较稳定，但要注意使换能器在管中处于居中位置，为此应在换能器上安装定位器。接收声波幅值与混凝土质量紧密相关，它对缺陷区的反应比声时值更为敏感，所以它也是缺陷判断的重要参数之一。

（4）接收波频率：发射端发射的超声脉冲是复频波，具有多种频率成分。当它们穿过混凝土后，各频率成分的衰减程度不同，高频部分比低频部分衰减严重，接收到的信号主频率降低。当遇到缺陷时，由于衰减加剧，接收波主频率明显降低。接收波频率的量测一般以首波第一个周期为准，可直接在接收波的示波图形上作简易量测。近年来，为了更准确地测量频率的变化规律，已开始采用频谱分析的方法。所获得的频谱中包含的信息更为丰富，更为准确。

（5）接收波波形：由于超声脉冲在缺陷界面的反射和折射，形成方向杂乱的波束，这些波束由于传播路径不同，或由于界面上产生波型转换而形成横波等原因，使得它们到达接收换能器的时间不同，因而使得接收波成为许多同相位或不同相位波束的叠加波，导致波形畸变。所以波形的畸变程度可作为判断缺陷的参考依据。但导致波形畸变的原因很多，包括一些非缺陷因素也可能导致波形畸变，同时，波形畸变没有定量指标，是一种经验判断，运用时应当谨慎。

以上几个参数中，声速的测试值较为稳定，结果的重复性较好，受非缺陷因素的影响小，在同一桩的不同剖面以及同一工程的不同桩之间可以比较，是判定混凝土质量的主要参数，但声速对缺陷的敏感性不及波幅。接收波波幅（首波幅值）对混凝土缺陷很敏感，它是判定混凝土质量的另一个重要参数。但波幅的测试值受仪器系统性能、换能器耦合状况、测距等诸多非缺陷因素的影响，它的测试值没有声速稳定，目前只能用于相对比较，在同一桩的不同剖面或不同桩之间往往无可比性。接收波主频的变化虽然能反映声波在混凝土中的衰减状况，从而间接反映混凝土质量的好坏，但声波主频的变化也受测距、仪器设备状态等非缺陷因素的影响，因此在不同剖面以及不同桩之间的可比性不强，只用于同一剖面内各测点的相对比较，其测试值也没有声速稳定。因此，目前主频漂移指标仅作为声速的辅助判据。而接收波波形对混凝土内部缺陷也较敏感，在现场检测时，除逐点读取首波的声时、波幅外，还应该注意观察整个接收波形态的变化，因为接收波形是透过两声测管间混凝土的声波能量的一个总体反映，它反映了发、收换能器之间声波在混凝土各种声传播路径上的总体能量，其影响区域大于直达波（首波）。

2. 常用的分析判定方法

声透法最简易的判断方法是采用"声时-深度"曲线。在这个曲线上，当桩身存在缺陷时，就会在曲线相应的位置出现峰值等突变点，因而可以非常直观地进行初步判断。但这种曲线仅是定性地判断存在缺陷，而不能对缺陷的程度、性质进行判断。要实现定量分析，就要采用数值判据。

1）概率法

声速、波幅和主频都是反映桩身质量的声学参数测量值。大量实测经验表明：声速的变化规律性较强，而波幅的变化较灵敏，主频在保持测试条件一致的前提下也有一定规律。

声速异常临界值判据中的临界值 v_c 是参考数理统计学判断异常值的方法，经过多次试算而得出的。其基本原理如下：

在 n 次测量所得的数据中，去掉 k 个较小值，得到容量为（$n-k$）的样本，取异常测点数据不可能出现数为 1，则对于标准正态分布假设，可得异常测点数据不可能出现的概率为：

$$P(u \geqslant \lambda) = \frac{1}{\sqrt{2\pi}} \int_{\lambda}^{\infty} \exp\left(\frac{-x^2}{2}\right) \cdot \mathrm{d}x = \frac{1}{n-k} \qquad (28\text{-}5\text{-}3)$$

由 $\Phi(\lambda) = 1/(n-k)$，在标准正态分布表可得与不同的（$n-k$）相对应的 λ 值。

每次去掉样本中的最小数据，计算剩余数据的平均值、标准差，再根据对应的 λ 值。由式 $v_0 = v_m - \lambda \cdot s_x$ 计算异常判断值并将样本中当时的最小值与之比较；当 v_{n-k} 仍为异常值时，继续去掉最小值重复计算和比较，直至剩余数据中不存在异常值为止。此时，v_0 则为异常判断的临界值 v_c。

具体步骤如下：

（1）将同一检测面各测点的声速值 v_i 由大到小依次排序，即

$$v_1 \geqslant v_2 \geqslant \cdots \geqslant v_i \geqslant \cdots \geqslant v_{n-k} \geqslant \cdots v_{n-1} \geqslant v_n \quad (28\text{-}5\text{-}4)$$

式中　v_i——按序列排列后的第 i 个测点的声速测量值；

　　　n——某检测剖面的测点数；

　　　k——逐一去掉 v_i 序列尾部最小数值的数据个数。

（2）对逐一去掉 v_i 序列中最小值后余下的数据进行统计计算，当去掉最小数值的数据个数为 k 时，对包括 v_{n-k} 在内的余下数据 $v_1 \sim v_{n-k}$ 按下列公式进行统计计算：

$$v_0 = v_{\mathrm{m}} - \lambda_1 S_{\mathrm{v}} \quad (28\text{-}5\text{-}5)$$

$$v_{\mathrm{m}} = \frac{1}{n-k} \sum_{i=1}^{n-k} v_i \quad (28\text{-}5\text{-}6)$$

$$S_{\mathrm{v}} = \sqrt{\frac{1}{n-k-1} \sum_{i=1}^{n-k} (v_i - v_{\mathrm{m}})^2} \quad (28\text{-}5\text{-}7)$$

式中　v_0——异常判断值；

　　　v_{m}——（$n-k$）个数据的平均值；

　　　S_{v}——（$n-k$）个数据的标准差；

　　　λ_1——由表 28-5-1 查得的与（$n-k$）相对应的系数。

统计数据个数（$n-k$）与对应的 λ_1 值　　　　　　表 28-5-1

$n-k$	20	22	24	26	28	30	32	34	36	38
λ_1	1.64	1.69	1.73	1.77	1.80	1.83	1.86	1.89	1.91	1.94
$n-k$	40	42	44	46	48	50	52	54	56	58
λ_1	1.96	1.98	2.00	2.02	2.04	2.05	2.07	2.09	2.10	2.11
$n-k$	60	62	64	66	68	70	72	74	76	78
λ_1	2.13	2.14	2.15	2.17	2.18	2.19	2.20	2.21	2.22	2.23
$n-k$	80	82	84	86	88	90	92	94	96	98
λ_1	2.24	2.25	2.26	2.27	2.28	2.29	2.29	2.30	2.31	2.32
$n-k$	100	105	110	115	120	125	130	135	140	145
λ_1	2.33	2.34	2.36	2.38	2.39	2.41	2.42	2.43	2.45	2.46
$n-k$	150	160	170	180	190	200	220	240	260	280
λ_1	2.47	2.50	2.52	2.54	2.56	2.58	2.61	2.64	2.67	2.69

（3）将 v_{n-k} 与异常判断值 v_0 进行比较，当 $v_{n-k} \leqslant v_0$ 时，v_{n-k} 及其以后的数据均为异常，去掉 v_{n-k} 及其以后的异常数据；再用数据 $v_1 \sim v_{n-k-1}$ 并重复式（28-5-5）至式（28-5-7）的计算步骤，直到 v_i 序列中余下的全部数据满足：

$$v_i > v_0 \quad (28\text{-}5\text{-}8)$$

此时，v_0 为声速的异常判断临界值 v_{c0}。

（4）声速异常时的临界值判据为：

$$v_i \leqslant v_{c0} \quad (28\text{-}5\text{-}9)$$

当式（28-5-9）成立时，声速可判定为异常。

当检测剖面 n 个测点的声速值普遍偏低且离散性很小时，宜采用声速低限值判据：

$$v_i < v_{\mathrm{L}} \quad (28\text{-}5\text{-}10)$$

式中　v_i——第 i 测点的声速；

　　　v_L——声速低限值，由预留同条件混凝土试件的抗压强度与声速对比试验结果，结合本地区实际经验确定。

当式（28-5-10）成立时，可直接判定为声速低于低限值异常。

因为概率法的统计计算工作量很大，通常要进行多次反复计算。同时，在灌注桩的施工进程中，声测管经常会发生倾斜、扭曲等情况，导致声测管间距发生变化，这样，所测得的声时、推算的声速产生波动，并使数据偏离正态分布。如果不对这些数据加以修正，直接采用概率法进行判断，则容易造成误判。所以，概率法基本上也只能用于判断缺陷是否存在，而定量的描述还是不能进行。

2）PSD 判据（斜率判据）

PSD 判据即："声时-深度曲线相邻两点之间的斜率与差值之积"（英文是 Product of Slope and Difference）。

此方法，很大程度上解决了声测管不平行对判断的影响，而且，此方法能够以定量的形式对缺陷的程度进行判断。

PSD 判据的基本原理如下：

根据桩身某一检测剖面各测点的实测声时 $t_c(\mu s)$，及测点高程 $z(mm)$，可得到一个以 t_c 为因变量，z 为自变量的函数。

$$t_c = f(z) \tag{28-5-11}$$

当该桩桩身完好时，$f(z)$ 应是连续可导函数。

当该剖面桩身存在缺陷时，在缺陷与正常混凝土的分界面处，声介质性质发生突变，声时 t_c 也发生突变，当 Δz 趋于 0 时，Δt_c 不趋于 0，即 $f(z)$ 在此处不可导。因此函数 $f(z)$ 不可导点就是缺陷界面位置，如图 28-5-5 所示。在实际检测时，测点有一定间距，Δz 不可能趋于零，而且由于缺陷表面凸凹不平，以及孔洞等缺陷是由于声波绕行导致声时变化的，所以 $f(z)$ 的实测曲线在缺陷界面只为斜率的变化。

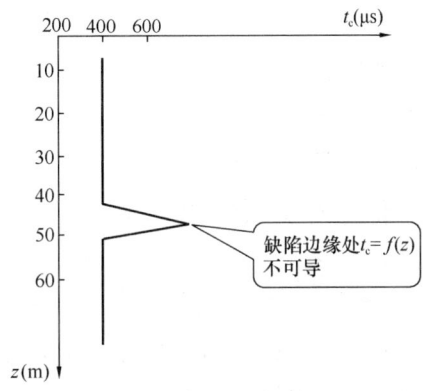

图 28-5-5　PSD 法原理

PSD 判据的应用方法如下：

$$K_i = \frac{(t_{ci} - t_{ci-1})^2}{z_i - z_{i-1}} \tag{28-5-12}$$

$$\Delta t = t_{ci} - t_{ci-1}$$

式中　K_i——第 i 测点的 PSD 判据；

t_{ci}、t_{ci-1}——分别为第 i 测点和第 $i-1$ 测点声时；

z_i、z_{i-1}——分别为第 i 测点和第 $i-1$ 测点深度。

根据实测声时计算某一剖面各测点的 PSD 判据，绘制"判据值-深度"曲线，然后根据 PSD 值在某深度处的突变，结合波幅变化情况，进行异常点判定。采用 PSD 法突出了声时的变化，对缺陷较敏感，同时，也减小了因声测管不平行或混凝土不均匀等非缺陷因素造成的测试误差对数据分析判断的影响。

采用 PSD 法应注意的是当桩身缺陷为缓变型时，声时值也呈缓变，PSD 判据并不敏感。在实际应用时，可先假定缺陷的性质（如夹层、空洞、蜂窝）和尺寸，来计算临界状态的 PSD 值，作为临界值判据，但必须对缺陷区的声波波速作假定。

桩身混凝土缺陷性质、程度、范围与 PSD 判据的关系如下：

PSD 判据实际上反映了测点间距、声波穿透距离、混凝土质量等因素之间的综合关系，这一关系随缺陷的性质和范围的不同而不同。

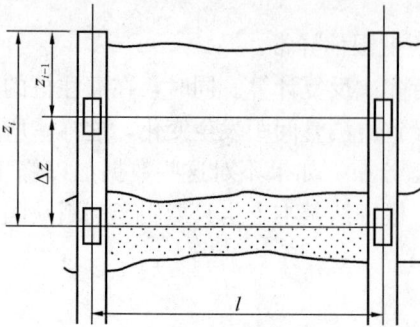

图 28-5-6　桩身缺陷为夹层

（1）假定缺陷为夹层（图 28-5-6）。设混凝土的声速为 v_1，夹层中夹杂物的声速为 v_2，声程为 l，测点间距为 Δz（即 $z_i - z_{i-1}$）。若在正常混凝土中的声时值为 t_{i-1}，夹层中的声时值为 t_i，即两测点介于夹层边缘的两侧，则

$$t_{i-1} = \frac{l}{v_1} \tag{28-5-13}$$

$$t_i = \frac{l}{v_2} \tag{28-5-14}$$

所以，

$$t_i - t_{i-1} = \frac{l}{v_2} - \frac{l}{v_1} \tag{28-5-15}$$

将式（28-5-15）代入式（28-5-12）得到：

$$K_i = \frac{l^2 (v_1 - v_2)^2}{v_1^2 v_2^2 \Delta z} \tag{28-5-16}$$

（2）假定缺陷为空洞（图 28-5-7）。如果缺陷是半径为 R 的空洞，以 t_{i-1} 代表声波在正常混凝土中直线传播时的声时值，t_i 代表声波遇到空洞时绕过缺陷其波线呈折线状传播时的声时值，则

$$t_{i-1} = \frac{l}{v_1} \tag{28-5-17}$$

$$t_i = \frac{2\sqrt{R^2 + \left(\frac{l}{2}\right)^2}}{v_1} \tag{28-5-18}$$

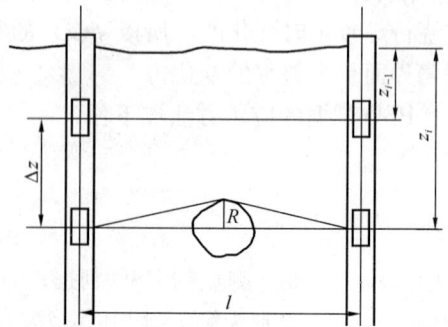

图 28-5-7　空洞

将式（28-5-17）、式（28-5-18）代入式（28-5-12）得到：

$$K_i = \frac{4R^2 + 2l^2 - 2l\sqrt{4R^2 + l^2}}{\Delta z \cdot v_1^2} \tag{28-5-19}$$

式（28-5-19）反映了 K_i 值与空洞半径 R 之间的关系。

（3）假定缺陷为"蜂窝"或被其他介质填塞的孔洞（图 28-5-8）。这时声波脉冲在缺陷区的传播有两条途径：一部分声脉冲穿过缺陷到达接收换能器，另一部分沿缺陷绕行后到达接收换能器。当绕行声时小于穿行声时时，可按空洞算式处理。反之，缺陷半径 R 与判据的关系可按相同的方法求出：

$$K_i = \frac{4R^2(v_1 - v_3)^2}{\Delta z \cdot v_1^2 v_3^2} \qquad (28\text{-}5\text{-}20)$$

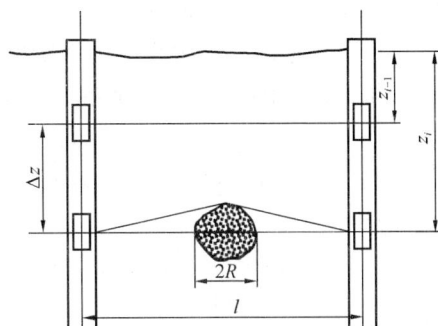

图 28-5-8 "蜂窝"或被泥砂等物填塞的孔洞

式中 v_3——孔洞中填塞物的声速；

其余各项含义同前。

通过上述临界判据值以及各种缺陷大小与判据值关系的公式，用它们与各点的实测值与所计算的判据值作比较，即可估算缺陷的位置、性质和大小。

实践证明，用以上判据判断缺陷的存在与否是可靠的。但由于以上公式中的 v_2、v_3 均为估计值或间接测量值，所以，所计算的缺陷大小也是估算值，最终应采用各种细测的方法，并综合各种声参数进行判定。

3）综合判定的方法

灌注桩的声透法检测中，混凝土作为一种多种材料的集结体，声波在其中传播过程复杂，另一方面，混凝土灌注桩的施工工艺复杂、难度大，混凝土的硬化环境和条件以及影响混凝土质量的其他各种因素远比上部结构复杂和难以预见，因此桩身混凝土质量的离散性和不确定性明显高于上部结构混凝土。另外，从测试角度看，在桩内进行声测时，各测点的测距及声耦合状况的不确定性也高于上部结构混凝土的声学测试，因此一般情况下桩的声测测量误差高于上部结构混凝土。

用于判断桩身混凝土缺陷的多个声学指标——声速、PSD 判据、波幅、主频、实测波形，各有特点，但均有不足，采用以声速、波幅判据为主的综合判定法对全面反映混凝土这种黏弹塑性材料的质量是合理的、科学的处理方法。

相对于其他判据来说声速的测试值是最稳定的，可靠性也最高，而且测试值是有明确物理意义的量，与混凝土强度有一定的相关性，是进行综合判定的主要参数；波幅的测试值是一个相对比较量，本身没有明确的物理意义，其测试值受许多非缺陷因素的影响，测试值没有声速稳定，但它对桩身混凝土缺陷很敏感，是进行综合判定的另一重要参数。

综合分析往往贯穿于检测过程的始终，因为检测过程中本身就包含了综合分析的内容（例如对平测普查结果进行综合分析找出异常测点进行细测），而不是说在现场检测完成后才进行综合分析。

现场检测与综合分析可按以下步骤：

（1）采用平测法对桩的各检测剖面进行全面普查。

（2）对各检测剖面的测试结果进行综合分析确定异常测点。

①采用概率法确定各检测剖面的声速临界值。

②如果某一检测剖面的声速临界值与其他剖面或同一工程的其他桩的临界值相差较大，则应分析原因，如果是因为该剖面的缺陷点很多声速离散太大则应参考其他桩的临界值；如果是因声测管的倾斜所至，则应进行管距修正，再重新计算声速临界值；如果声速的离散性不大，但临界值明显偏低，则应参考声速低限值判据。

③对低于临界值的测点或 PSD 判据中的可疑测点，如果其波幅值也明显偏低，则这样的测点可确定为异常点。

（3）对各剖面的异常测点进行细测（加密测试）。

①采用加密平测和交叉斜测等方法验证平测普查对异常点的判断并确定桩身缺陷在该剖面的范围和投影边界。

②细测的主要目的是确定缺陷的边界，在加密平测和交叉斜测时，在缺陷的边界处，波幅较为敏感，会发生突变；声速和接收波形也会发生变化，应注意综合运用这些指标。

（4）综合各个检测剖面细测的结果推断桩身缺陷的范围和程度。

①缺陷范围的推断

考察各剖面是否存在同一高程的缺陷。

如果不存在同一高程的缺陷，则该缺陷在桩身横截面的分布范围不大，该缺陷的纵向尺寸将由缺陷在该剖面的投影的纵向尺寸确定。

如果存在同一高程的缺陷，则依据该缺陷在各个检测剖面的投影大致推断该缺陷的纵向尺寸和在桩身横截面上的位置和范围。

对桩身缺陷几何范围的推断是判定桩身完整性类别的一个重要依据，也是声波透射法检测混凝土灌注桩完整性的优点。

②缺陷程度的推断

对缺陷程度的推断主要依据以下四个方面：

缺陷处实测声速与正常混凝土声速（或平均声速）的偏离程度。

缺陷处实测波幅与同一剖面内正常混凝土波幅（或平均波幅）的偏离程度。

缺陷处的实测波形与正常混凝土测点处实测波形相比的畸变程度。

缺陷处 PSD 判据的突变程度。

（5）在对缺陷的几何范围和程度做出推断后，对桩身完整性类别的判定可按表 28-5-2 描述的各种类别桩的特征进行，但还需综合考察下列因素：桩的承载机理（摩擦型或端承型），桩的设计荷载要求，受荷状况（抗压、抗拔、抗水平力等），基础类型（单桩承台或群桩承台），缺陷出现的部位（桩上部、中部还是桩底）等。

桩身完整性类别判定   表 28-5-2

类　别	特　征
Ⅰ	各检测剖面的声学参数均无异常，无声速低于低限值异常
Ⅱ	某一检测剖面个别测点的声学参数出现异常，无声速低于低限值异常
Ⅲ	某一检测剖面连续多个测点的声学参数出现异常；两个或两个以上检测剖面在同一深度测点的声学参数出现异常；局部混凝土声速出现低于低限值异常
Ⅳ	某一检测剖面连续多个测点的声学参数出现明显异常； 两个或两个以上检测剖面在同一深度测点的声学参数出现明显异常； 桩身混凝土声速出现普遍低于低限值异常或无法检测首波或声波接收信号严重畸变

六、工程实例——莆田某高压线路塔基础声波透射法检测

拟建场地位于莆田湄洲湾，塔基础采用冲孔灌注桩，被测桩编号 Z16-C1 号，桩径 1400mm，桩长 19.40m，桩身混凝土强度等级 C25，桩端持力层为强风化花岗岩，土层从上往下依次为：淤泥、粉质黏土、残积砂质黏性土、全风化花岗岩、强风化花岗岩、中风化花岗岩。

声波透射法按《建筑基桩检测技术规范》JGJ 106 有关规定进行，桩内埋设 4 根测管，通过测量整个桩身检测区域内的超声波传播时间，观察接收到的信号幅度变化。该基桩某一检测剖面的声时-深度、波幅-深度、PSD-深度曲线见图 28-5-9。

该桩同时采用低应变反射波法进行检测，实测时域曲线见图 28-5-10。

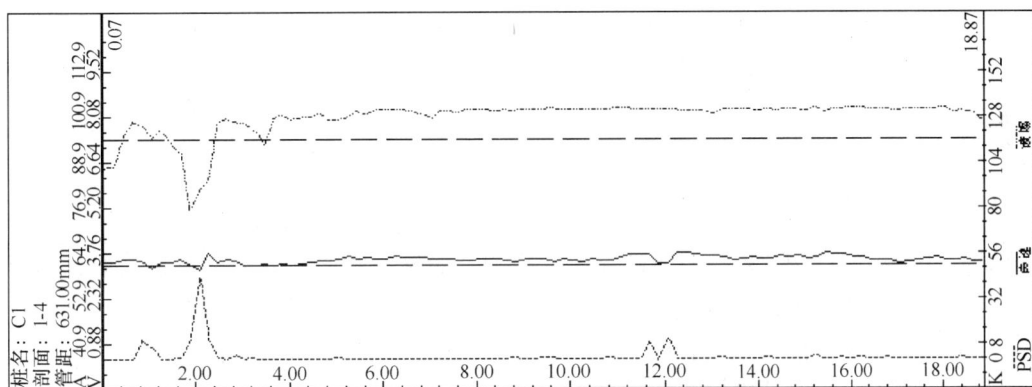

图 28-5-9　Z16-C1 号桩声时-深度、波幅-深度、PSD-深度曲线

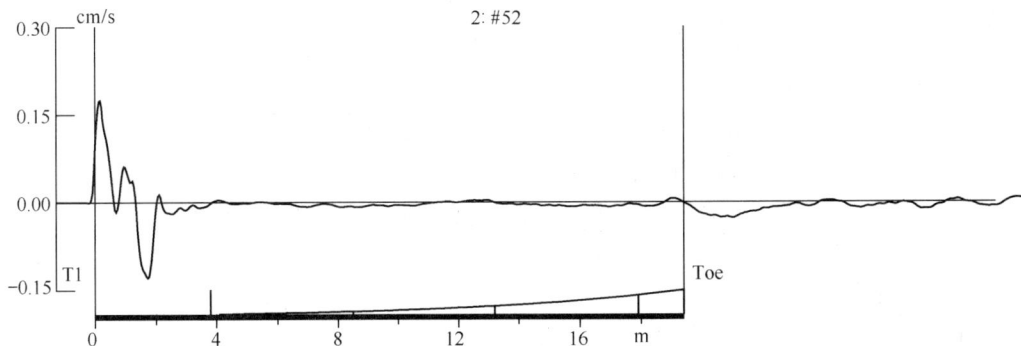

图 28-5-10　Z16-C1 号桩采用低应变反射波法检测的时域曲线

根据声波透射法检测结果分析，此测面在桩顶下 1.87～2.27m 处波幅-深度曲线有明显波峰，波峰顶端波幅值仅有 76dB，该点附近其他若干点位无法采集正常曲线，而且六个检测剖面均出现明显波峰，综合各测面缺陷深度判断该桩 1.77～2.47m 处桩身混凝土严重离析。

由反射波法测得的时域曲线图 28-5-10 可看出，该桩桩顶下 2m 附近有与入射波同相位的明显反射波，判断为该处桩身明显缺陷，与声波透射法检测结果基本吻合。

第二十九章　桩基现场监测

第一节　基桩孔内摄像

一、工作原理

沿空心桩或钻有竖向孔的灌注桩的孔道，采用摄像技术对孔壁进行拍摄及观察，识别桩身缺陷及其位置、形式、程度。

二、适用范围及检测数量

（一）适用范围

基桩孔内摄像检测适用空心桩的完整性检测及对钻有竖向孔的灌注桩进行验证检测。识别桩身缺陷形式，确定其位置、程度和范围。

基桩孔内摄像检测技术具有以下优点：

（1）检测直观、可精确检测缺陷位置；

（2）可对多重缺陷进行检测；

（3）可对竖向缺陷进行检测；

（4）可进行缺陷进行定量分析；

（5）可对采用快速机械螺纹接头施工的管桩进行检测；

（6）可进行超长桩的检测；

（7）可对灌注桩钻芯孔进行复核检测。

它既可以单独进行基桩的检测，也可对低应变（如：反射波法）进行复核检测。

（二）抽样要求

抽样检测的受检桩选择宜符合下列规定：

（1）打桩过程中异常的空心桩；

（2）内壁渗水的闭口空心桩；

（3）施工过程中引起水平位移或上浮的空心桩；

（4）深厚软土中的弯曲或受锤击拉应力影响较大的空心桩；

（5）经低应变（如：反射波法）检测，难以定性的空心桩；

（6）已发现缺陷，需确定缺陷的位置、范围及程度的空心桩；

编写人：施峰（福建省建筑科学研究院）（第一节）
　　　　刘松玉（东南大学交通学院）（第二节）
　　　　陈凡（国家建筑工程质量监督检验中心）（第三节）

（7）设计方认为重要的空心桩；

（8）钻芯法检测结果出现争议的灌注桩；

（9）除上述规定外，同类型桩检测宜均匀分布随机抽取。

（三）检测数量

（1）采用本方法作为复核性检测时，检测桩数量应根据工程具体情况，经有关各方确认后进行选取。

（2）采用本方法结合其他检测方法的检测结果作为验收性检测时，总检测数量不应少于《建筑基桩检测技术规范》JGJ 106 有关完整性检测中规定的检测数量。

三、检测仪器

（1）采用的仪器成像分辨率不应低于 720×756 像素，应具有深度记录装置和摄像头定位装置。

（2）检测前应对仪器设备检查调试。

（3）检测用仪器必须在有效的校准周期内。

四、现场检测

（一）检测前准备工作

1. 定量表述缺陷时，应事先确定缺陷尺寸大小换算值（标定值）。

2. 孔内清理

对要检测的桩，要先进行孔内清理，清理的深度应当超过所要求检测的范围。孔内清理一般要去除其中的堵塞物，积水尽量清除。

（二）现场检测

1. 设备的安装、连接

设备一般按图 29-1-1 方式安装、连接。

2. 孔内摄像的检测过程

（1）当采用单镜头多次成像检测仪进行检测时：

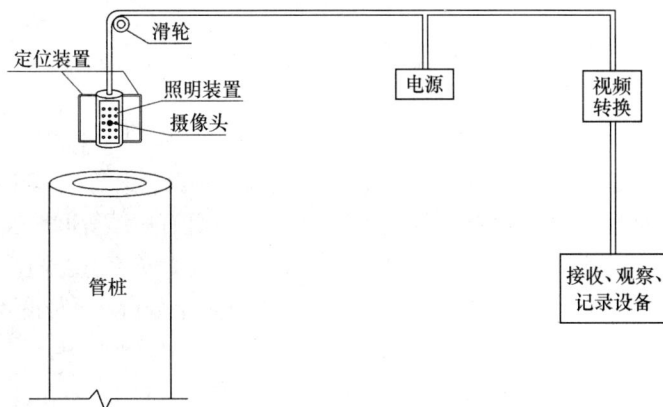

图 29-1-1 设备连接示意图

应合理安排检测次数、速度、角度，保证对孔壁进行全面检测。

（2）当采用多镜头一次成像检测仪进行检测时：

应针对可能的缺陷位置放慢行进速度进行重点拍摄。

五、数据处理

（一）数据的格式转换

以磁带记录的录像应以适当的方式转换为数字信号，以便在计算机上进行处理。

以计算机格式记录的文件，应以适当的方式压缩，以便在储存媒体上存储，提供给委托方。

（二）数据的分析

1. 根据摄像的视频、图像确定桩身缺陷。

2. 数据定量

缺陷的宽度、倾斜角度等应按标定值确定。

六、工程实例

（一）工程实例1（紧靠焊接位置的缺陷）

福清市某工业区标准厂房 B1-9 号桩，静压 PHC 桩，设计混凝土强度 C80，外径 500mm，壁厚 100mm，桩长 33.00m，配桩长度自下而上为 14m＋13m＋6m，持力层为强风化凝灰岩（砂土状），表层素填土（厚度 0.50～1.40m），以下是淤泥质土（厚度 4.40～11.50m）。由于场地软弱土层较厚，表面垫层承载力不足，而静压桩机本身较重（有数百吨左右）。静压桩机移机时，容易发生在土层软硬变化处被推断，桩身被压裂的问题，后经分析本桩缺陷就是移机不慎引起的。

先进行的是低应变动力检测，其实测时域曲线见图 29-1-2，频域曲线见图 29-1-3。

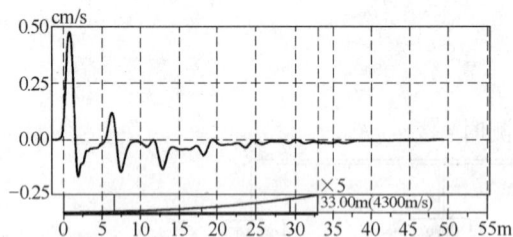

图 29-1-2　工程实例 1 实测时域曲线

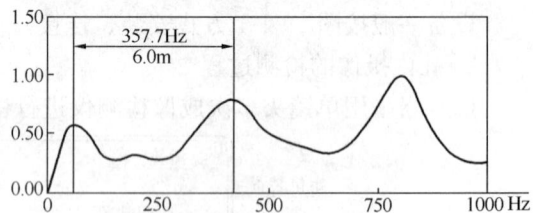

图 29-1-3　工程实例 1 实测频域曲线

在实测时域曲线中，在 2.7ms 附近有一个和入射波同相位（上凸，为阻抗减少缺陷）的反射，计算缺陷位置为 $l'=t'c/2=0.0027\times4300/2=5.81\text{m}$，且有后续等间距反射。频域曲线中，连续出现均匀频峰，缺陷位置为 $l'=c/(2f)=4300/(2\times357.7)=6.01\text{m}$。而接桩位置在 6.0m 位置，考虑到接桩位置本身就可能有一定的阻抗变化，综合以上分析，低应变检测结果为：6.0m 附近明显缺陷，Ⅲ类桩。若本例中幅值再低一些，也可能定为Ⅱ类桩。

为查明真实情况，进行孔内摄像检测，现场检测中，按内径 300mm 将定位支架调节好，以规定要求的速度进行拍摄并记录。后期分析中，发现该桩主要的缺陷位置其实不在接桩位置 6.0m，而是在 5.9m（图 29-1-4），从照片中测出缺陷宽度，按所测定的折算系数计算出实际缺陷宽度为 2.2mm，缺陷宽度中等，且贯穿。通过 360°的摄像还了解到缺陷的开裂方向是基本水平的，且没有错位发生。

图 29-1-4 工程实例 1 缺陷照片（缺陷位置并非在焊接位置）

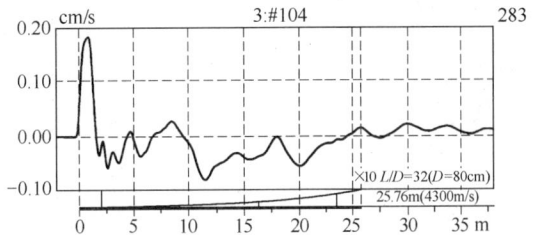

图 29-1-5 工程实例 2 实测时域曲线

由工程实例 1 可见，低应变检测法毕竟有一定的精度范围，从而在接桩位置附近的缺陷常无法判断是否果真是焊接不良，这影响到后期补强方案的制订。所以，低应变检测时在接桩位置附近的较明显缺陷时，应当用孔内摄像检测法进行精确的位置确定及查明缺陷形式，若确实为焊接不良，或水平向宽度较小的缺陷，且没有发生缺陷上下段错位，同时，设计上对此桩的水平承载力要求不高，可采用插筋及高压注浆的方法进行补强。

（二）工程实例 2（多重缺陷）

晋江某电厂锅炉桩基 283 号桩，PHC 桩，设计混凝土强度 C80，外径 500mm，壁厚 100mm，检测时桩长 25.76m，配桩长度自下而上为 10m＋9m＋6.76m（最上节锯去一部分），持力层为强风化花岗岩，表层下也有软土层。此工程因工艺需要，进行了场地开挖，开挖深度不大，没有采用支护，但软土地质的影响超过预计，造成开挖后大面积桩身倾斜。

先进行的是低应变动力检测，其实测波形见图 29-1-5。

在实测时域曲线中，曲线较为复杂，只能按最明显的缺陷，计算位置在 7.96m，检测结论为：8.0m 附近有明显缺陷，为Ⅲ类桩。

接下来，进行了孔内摄像检测，发现该桩存在多个缺陷，最大的缺陷位置在 8.3m（图 29-1-6）。通过 360°拍摄，得见缺陷开裂倾斜角度约为 20°，缺陷贯穿。折算后，计算出实际缺陷宽度为 8mm，同时也测得其他多个缺陷的位置及宽度（表 29-1-1，图 29-1-7 和图 29-1-8）。

工程实例 2 多重缺陷分布情况

表 29-1-1

缺陷位置(m)	缺陷形式
7.6	微裂，基本水平
7.9	微裂，角度 45°
8.0	通裂，宽度中等，基本水平
8.2	微裂，角度 30°
8.3	通裂，宽度较大，角度 20°与 8.2m 裂缝相交
8.9	微裂，基本水平

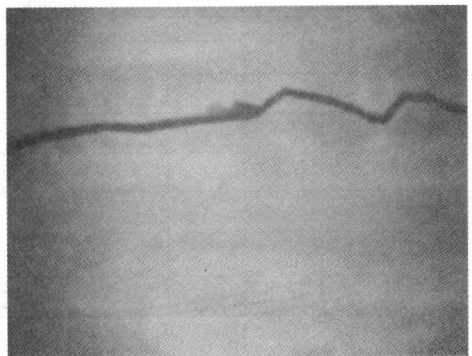

图 29-1-6 工程实例 2 中 283 号桩 8.0m 缺陷照片

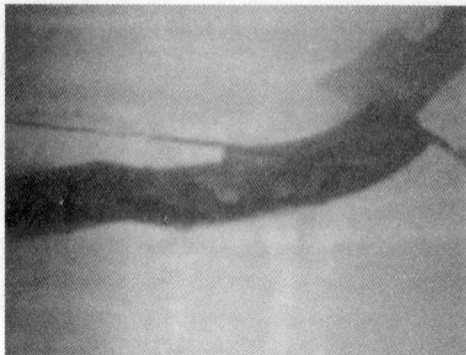

图 29-1-7 工程实例 2 中 283 号桩
8.3m 缺陷照片

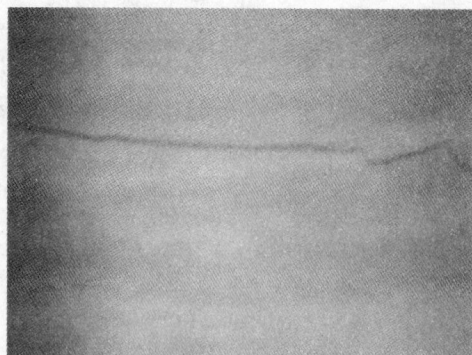

图 29-1-8 工程实例 2 中 283 号桩
8.9m 缺陷照片

从本例中可看到：如果存在多个缺陷，低应变反射波法检测时，若严重的缺陷出现在前面，一般只能检测到第一个较严重的缺陷，以下的缺陷就被这个较大的反射掩盖了。若轻微的缺陷出现在前面，很可能对曲线造成影响，对后面的缺陷造成判断困难，甚至误判。基桩孔内摄像检测技术就能很好地检测到多重的缺陷。

篇幅所限，这里只是列举了众多例子中的两个代表性的实例，从中我们可以清楚地看到基桩孔内摄像检测的优点。

第二节 挤 土 效 应

一、挤土影响及防护

在不敏感的饱和软黏土地基中沉桩时，由于土的不排水抗剪强度很低，具有弱渗透性和不排水时压缩性低的特点。桩沉入地基后桩周土体受到强烈扰动，主要表现为径向位移，桩尖和桩周一定范围内的土体受到不排水剪切以及很大的水平挤压，桩周土体接近于"非压缩性"，并产生较大的剪切变形，此时地基扰动重塑土的体积基本上不会产生变化。土体颗粒间孔隙内的自由水被挤压而形成较大的超静孔隙水压力 Δu，从而降低了土的不排水抗剪强度，促使桩周邻近土体因不排水剪切而破坏，与桩体积等量的土体在沉桩过程中向桩周发生较大的侧向位移和隆起。由于孔隙水向四周消散、地基土体低压缩性的影响，以及群桩施工中的叠加因素，进一步扩大位移和隆起的影响范围，这也会使已打入的邻桩和邻近建筑物产生侧向位移和上浮，见图 29-2-1

桩种类	a	b	c	d	e
	钢	钢	钢	RC	PC
尺寸	φ609	φ518	H304	φ300	φ500
桩尖	开	开	开	闭	闭
打入深度	18	18	18	18	15
排土量(m³)	0.13	0.36	0.27	1.39	3.53

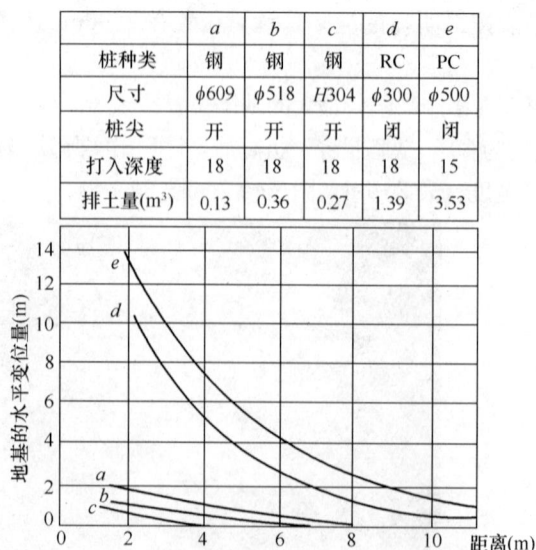

图 29-2-1 各种桩的排土量和地基位移

和图 29-2-2。

在敏感黏性土中沉桩时，土体受挤动的特征不同于不敏感的饱和软黏土，因为沉桩时对地基土的扰动会使地下水位以上的桩周敏感黏土产生"触变"现象，"触变"土被挤到桩周地表上，相应地减少了桩周土体的侧向位移，也减少了桩周范围外地表土的隆起，且沉桩将促使敏感黏土产生重新固结，从而减少了地基土体的隆起，其隆起量也往往小于桩的入土体积。

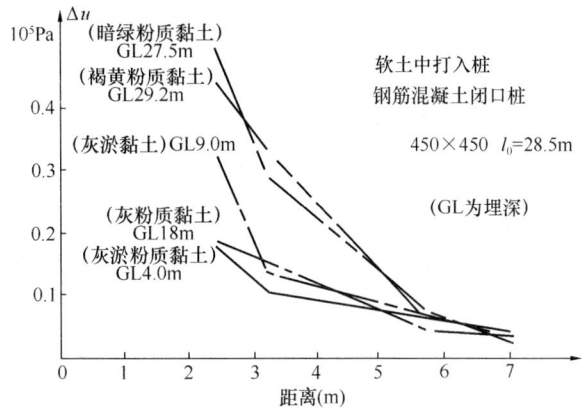

在沉桩完毕后，重塑扰动土体中

图 29-2-2　Δu 与距离和埋深的关系

的超静孔隙水压力将随时间而消散，土体固结，并在新的条件下重新达到应力平衡。地基土体的固结度与超静孔隙水压力的水力梯度 $\Delta\mu/\Delta\gamma_b$ 和消散速率 $\Delta\mu/\Delta t$ 的变化成反比。在固结期内，土体的垂直应力基本保持不变，而侧向有效应力则有所增大，并逐渐恢复到初始值。靠近桩周处地基土的含水量也趋向于恢复，而且地基土体在重塑固结时的沉降量往往大于沉桩时的隆起量，从而使沉桩后的地面反而产生沉降和使已打入的桩产生回沉，并扩大了固结沉降的影响范围。软土地基中，由于超静孔隙水压力的消散作用，地基土体沉降影响范围有时可达隆起范围的 1.7 倍左右。

但是，在沉桩区范围内地基土体不可能完全恢复至初始位置，尤其是桩尖支承在硬持力层中的摩擦支承桩。因为在地基土体重塑固结的回沉过程中，土体与桩之间将存在相对位移，使桩在下部正摩阻力和桩尖阻力及上部的负摩阻力共同作用下并产生回沉，减小了桩随土体固结下沉时的沉降量，此时桩的回沉量小于地面土体的沉降量。由于桩对地基土体的约束作用，因而也减小了土体的总的固结沉降量。这一约束作用的影响程度与桩的支承状态、桩的长度、地基土成层状态的相互位置、桩的密度等有关。当桩尖处土质较好、桩较长较密时，约束作用十分明显。

在坚硬黏土地基中沉桩时，地表土层的上拱现象较小，以侧向位移为主。因为地基土体抗剪强度较高，受挤压后常易产生裂隙，有利于孔隙水的消散，从而减少了超静孔隙水压力的影响程度和范围，使邻近土体不易受沉桩时的挤土影响而产生排水剪切破坏，所以邻近土体对桩周土体的变位将起着约束作用。尤其是地基土的强度较高时，对深层土体的变位也有较大的约束作用，土体仅在桩周较小范围内受到挤密压实，沉桩时地基土只产生较小范围的侧向位移和很小的隆起量。

在密实砂土地基中，也可看到沉桩时的排土所造成的土体的较大侧向位移及较显著的上拱隆起现象。沉桩时，除了桩周邻近的薄层砂土颗粒被挤压破碎，使这部分土获得进一步挤密而附着在桩身上外（在黏性土和松散砂质土地基中一般均存在），桩周其他土体主要表现为侧向位移和隆起。尤其是在沉桩振动影响的作用下，密实砂土不仅会产生松弛效应，而且将使砂土强度显著降低；从而减小了邻近土体对变位的约束作用；尤其是上层土体的约束作用。这都将进一步增大地基的侧向位移和隆起，地表土的上拱隆起现象也更为显著。

在松散及中密砂质地基中，沉桩时的排土量使地基被挤密而产生的土体的侧向位移和沉降是常见的，特别是地表土的沉陷现象。因为沉桩时产生的对地基土的挤压力和振动影响可使地下水位以下的桩周砂土产生液化现象，从而使土体强度遭受显著破坏，导致液化部分的土体固结下沉和侧向位移。同时沉桩振动的影响也降低了邻近土体的强度，减小了对土体位移的约束作用，进一步扩大了地基土下沉和侧向位移的范围和影响程度，地面沉陷现象将更为显著。

另外，在黏性土和密实砂质土地基中，土体的侧向位移和隆起在沉桩区及邻近 10～15 倍桩径范围内常达到较大值，并将随距离的增大而逐渐减小，影响范围约为一倍桩长。但对软土地基，其影响范围可达 50m 外。在松散和中密的砂质土中，地基土体的沉降和位移的影响情况也基本相同，较大的沉降影响区为沉桩区及邻近 4～5 倍左右桩径范围，较显著的位移影响区为沉桩区及邻近 2 倍桩径左右处。总之，地基土的特性对沉桩区地基土的重塑固结程度，即对地基土的侧向位移和隆起、沉陷的数值及影响范围有明显影响。

沉桩施工时，相邻建筑物的存在也会对地基变位产生反影响。反影响的程度不仅与相邻建筑物离沉桩区的距离有关，而且还与建筑物的刚度、面积、自重、基础埋深和形式有关。当相邻建筑物为深基础时，由于其挡土作用，地基浅层和深层土体的侧向变位都会明显减小，而地基土体的隆起却明显增大，有时会使建筑物基础产生上拱现象。当相邻建筑物为浅基础时，由于相邻建筑物的约束作用，也会减小地基浅层土体的侧向位移和相应地增大土体的隆起，但对深层土体的变位将无显著作用，且将使建筑物基础产生较明显的上拱现象。仅当建筑物十分庞大，且地基土压缩层较厚时，才会对深层土体的变位起约束作用，但同时也增大了地基土体的隆起量。在砂质土地基中，也会减小地基土体的侧向变位。

相邻建筑物对沉桩引起的地基土体变位的有效约束作用，与其离沉桩区的距离有关，在黏性土地基中，一般为 1～2 倍桩长范围；在砂性土地基中，一般接近于 1 倍桩长，不论地基特性如何，当距离小于 10m 时约束作用将是十分明显的。相邻建筑物对地基土体变位的影响还与桩的排土量、密度、数量、长度、沉桩顺序、进度、振动能量，以及地基土层排列状况等因素有关。因此在设计施工中，应预先考虑这一影响特性并采取相应的技术措施。

由于地基土的变位特性受多种因素的影响，目前要正确地预估沉桩造成的地基土的侧向位移、沉降、隆起等变化值及影响范围尚很困难，一般只能参考相应条件下的实测值进行判断。

为了减小沉桩引起的地基变位的影响，必须减少沉桩施工中的挤土量和超静孔隙水压力，或加快超静孔隙水压力的消散，减小地基变位和超静孔隙水压力的影响范围，采取相应的防护措施。可供选择的常用的防护措施分述如下：

（一）设计

合理选择桩型，采用大口径空心管桩，以及承载力高的长桩以扩大桩距、减少桩数，利用桩内土芯减小桩的挤土率，从而降低沉桩引起的超静孔隙水压力值和地基变位值，缩小其影响范围，尽可能加大沉桩区与邻近建筑物之间的距离等。

（二）施工

（1）采用掘削、水冲、预钻孔辅助沉桩法来减少桩的排土量以减小沉桩对地基土体的挤土影响，并达到降低超静孔隙水压力的目的。

在空心管桩施工中采用边沉桩边掘削的施工工艺可明显增大桩内土芯量、提高桩的排土量，显著减小沉桩挤土对地基变位和超静孔隙水压力的影响程度和范围。若同时采用预钻孔施工工艺效果更佳。当采用边钻孔边沉桩的预钻孔施工工艺时，一般预钻孔的直径宜为桩径的 70％左右，预钻孔的深度宜为 1/3～1/2 的桩长。通常预钻孔深度范围内地基土体内的超静孔隙水压力值可减小 40％～50％，地基变位值可减小 30％～50％，其影响深度可达钻孔深度以下 2～3m 的范围。并可明显减小地基表面的隆起值，减小对已打入桩的挤拔和挤压影响，也有利于防止和减少对邻近建筑物的损伤。

（2）合理安排沉桩施工顺序、进度

在软黏土地基中，沉桩施工进度过快，不但显著增加超静孔隙水压力值，并促使邻近土体剪切破坏，显著地增加地基土体的变位值，而且扩大了超静孔隙水压力和地基变位的影响范围。沉桩施工顺序对超静孔隙水压力的形成及其水力梯度的大小和方向也有明显关系，且直接影响沉桩区及其邻近地区地基变位的分布规律。实践表明，地基变位的方向基本上与沉桩施工顺序方向是一致的。在砂性土地基中，由于砂性土的挤密沉降程度不仅与振动强度成正比，而且与振动作用的持续时间成正比。沉桩区中的已打入桩对振动传播的阻尼作用，将会显著减小作用于另一侧地基中的振动强度和振动有效作用的次数，明显减弱了砂性土地基的挤密效应，使地基土体的沉降值减少。但在沉桩前进方向一侧，随着沉桩作业的邻近，不仅作用于地基土的振动强度将愈大，振动的有效作用次数也愈多，这都将加剧砂性土的振密效应，显著增加地基土体的沉降量。在沉桩起始处方向的地基土体的变位和超静孔隙水压力较小，影响范围也较小。而在沉桩终止处方向的地基土体的变位和超静孔隙水压力因受已沉入桩的约束作用而明显增大，影响范围也将最大。当沉桩顺序采用由中间向四周的形式时，对沉桩区邻近的影响程度和范围将会明显减小，且对沉桩区周围影响的差异也较小。但沉桩区中心处的超静孔隙水压力和地基变位值将会显著增大，已打入桩的下陷或上浮值也将会明显增大。在黏性土地基中，地基变位和已打入桩的变位取决于挤土方向和超静孔隙水压力值及其持续作用时间，且超静孔隙水压力的消散方向也会对地基变位产生显著影响。所以实际施工中宜尽可能采用先长桩后短桩、先中心后外围或对称式的施工顺序。

（3）采用先开挖基坑后沉桩的施工工艺，可减小地基浅层软土的侧向位移和隆起，有利于降低沉桩所引起的超静孔隙水压力，从而减小地基深层土体变位。

（4）采用降低地基中地下水位或改善地基土的排水特性，减小和加快消散沉桩引起的超静孔隙水压力，防止砂土液化或提高邻近地基土体的强度以增大其对地基变位的约束作用，从而减小地基变位及其影响范围。通常在沉桩区及其邻近范围，沿软土层埋深预先钻孔构筑砂桩。砂井、碎石桩、砂石桩、塑料排水带等一些行之有效的排水措施。在含水量较高的地层，可沿桩长粘结排水带。在地下水位较高的地区，也可采用井点或集水井抽水等降低地下水位的措施。

（5）采用防渗防挤壁，可适当控制超静孔隙水压力的影响范围，并加强对沉桩邻近地区地基变位的约束作用，有效地防护邻近建筑物免受损害。通常可在沉桩区邻近沿软土层埋深预先设置构筑混凝土地下连续壁、水泥搅拌桩加固壁、旋喷加固壁、抗渗板桩以及桩排式砂桩、石灰桩、碎石桩等防护措施。

（6）设置防挤土槽，以减小地基浅层土体的侧向位移和隆起影响，并减小邻近浅埋式基础的建筑物和地下管线的差异变位影响。通常在沉桩区邻近防护建筑物和地下管线前3m左右处设置深度大于邻近建筑物基础和地下管线埋深的防挤土槽。当槽深较大时可在土槽内灌水或护壁泥浆以防止发生坍塌。

（7）设置防挤孔，以减小地基土体的变位值及其影响范围，并减小对邻近建筑物的变位影响。通常在沉桩区及其靠近邻近建筑物的一侧处，沿软土层埋深于沉桩施工前按梅花形设置单排直径为30cm左右的深孔，并向深孔内灌注护壁泥浆，以利于地基土体释放沉桩施工所引起的有效应力和超静孔隙水压力的消散，并减小地基土体中的超静孔隙水压力和地基土体变位的影响范围和程度。

另外，在沉桩期内切忌在沉桩区及其邻近范围随意开挖基坑。即使沉桩完毕后。沉桩区的基坑开挖也应对称分层均匀地进行，这将有利于减小基坑开挖对已打入桩的变位影响程度。

地基变位的影响是由错综复杂的因素造成的，但只要认真考虑采取合理的防护措施，是可以把影响控制在较小影响值内的。上述防护措施往往具有综合防治的效果，可结合实际工程的应用经验进行选用。

（三）监测

为了防护沉桩区邻近建筑物免受沉桩施工影响，宜在沉桩施工期间采取监测措施，密切观测沉桩区及其邻近地区和邻近建筑物的变化状况，通过对地基土体的超静孔隙水压力、深层土体侧向位移、地面的侧向位移和隆起、邻近建筑物的变位和开裂状况的监测，有效地控制沉桩施工进度和及时地调整沉桩施工顺序和施工进度，以减小对邻近建筑物的危害影响。必要时可对邻近建筑物采取托换加固措施，以免发生塌房事故。为此，预先应对邻近建筑物和地下管线进行仔细调查，并确定其允许变位值是十分必要的。

二、工程实例1—单桩试验研究

江苏省宁常高速公路汤庄分离式立交桥 K62＋401 作为预应力管桩试验段，选用直径600mm，壁厚110mm预应力管桩（PHC）。桩长 15m，桥墩桩距为 1.5m，桥台桩距为1.6m×2.1m，混凝土强度等级C80，以上PHC管桩均采用静压法施工。这里主要分析单桩施工影响范围。

（一）试验段的地质情况

场地所在区域主要为长荡湖（及钱资荡）至鬲湖之间的宽广平原地区，属于长江三角洲太湖堆积平原区，次级地貌单元为冲湖积平原分区。第四系覆盖层厚度较大，为冲积、湖积相成因；其中全新统厚度较薄，多为表土层，局部河塘沟谷处分布有浅薄层软土；上更新统厚度较大，分布稳定，层状软土发育，多冲海相沉积，局部厚度较大。道路两侧主要为房屋、农田和小河沟等，地面标高一般为 6.55～6.80m。根据野外钻孔资料，揭露深度内地层均为第四系堆积层，本场地土层自上而下可分为：耕植土（粉质黏土）、黏土、粉砂、黏土等层组成。现分层描述如下：

①层填土：灰褐色，土质松散，主要成分为粉质黏土，含植物根茎等，为高压缩性，低强度地基土，场地普遍分布。厚度 0.70m，层底标高 5.85～6.10m。

②层粉质黏土：黄褐—灰褐色，硬塑，含 Fe、Mn 氧化物，少量云母碎片，底部见薄层状软—流塑粉质黏土，干强度中高，为中压缩性，中等强度地基土。厚度 6.00～6.10m，层底标高−0.25～0.10m。

③层粉砂：灰色，饱和，松散，成分为石英、长石，见少量云母碎片，摇震反应迅速，干强度低，为中高压缩性，中等强度地基土。层厚 4.30～4.40m，层底标高为−4.65～−4.20m。

④层黏土：褐黄色，稍湿，硬塑，含有铁锰质氧化物结核及灰白色铝土氧化物团块，无摇震反应，切面较光滑，韧性中等—高，干强度中等—高，为中等压缩性，中等强度地基土。层厚 7.40～8.20m，层底标高−12.85～−11.60m。

⑤粉质黏土夹粉细砂：灰色，软—流塑，以粉质黏土为主，含石英、云母等，局部为粉砂夹薄层粉质黏土或呈互层状分布。压缩性偏高，强度低，未完全揭穿，最大揭露深度为 1.60m。

各土层主要物理力学指标见表 29-2-1。

试验段土层的主要物理力学指标 表 29-2-1

层号	w (%)	γ (kN/m³)	e	I_L	a_{1-2} (MPa⁻¹)	E_S (MPa)	直剪快剪	
							c (kPa)	φ (°)
②	23.5	19.6	0.699	0.13	0.18	9.47	53	15.3
③	28.5	19.1	0.813		0.14	13.75	5	29.4
④	22.7	19.7	0.666	0.04	0.16	10.68	60	15.5

(二) 单桩孔压分析

分别进行两组平行试验。选择 1 个桥台承台、1 个桥墩承台测试打桩过程中孔压随深度、时间的变化规律，以及孔压的影响范围。布置如图 29-2-3、图 29-2-4 所示。并期望得出桩周土随桩周距离变化的定量变化规律。

打桩前，分别在离桩 1m、2m、3m 沿深度方向 5m、8m、11m、14m、17m 处布置孔压计 15 个，以观测在打桩过程中以及打桩结束后孔压的消散情况和发展规律。

(三) 现场测试

0-2 号桥台 1、2、4、5 号桩施工日期为 2005 年 11 月 9 日，0 号桥台 3、6 号桩施工日期为 2005 年 11 月 10 日。1-1 号桥墩 1、2、3、4 号桩施工日期为 2005 年 11 月 11 日。

各孔产生的超静孔压消散曲线如图 29-2-5 和图 29-2-6 所示，结合孔压计埋设图可知，超静孔压较高的部位发生在深度 14～17m 的土层范围，其中孔 D 峰值较大为 142kPa（17m 处），在 11 月 12 日取得；孔 E 和孔 A 峰值也有 99 和 107kPa（17m 处），在 11 月 12 日和 11 月 11 日取得；孔 C 和孔 F 峰值较小，仅有 23kPa 和 17kPa（17m 处）。至 2005

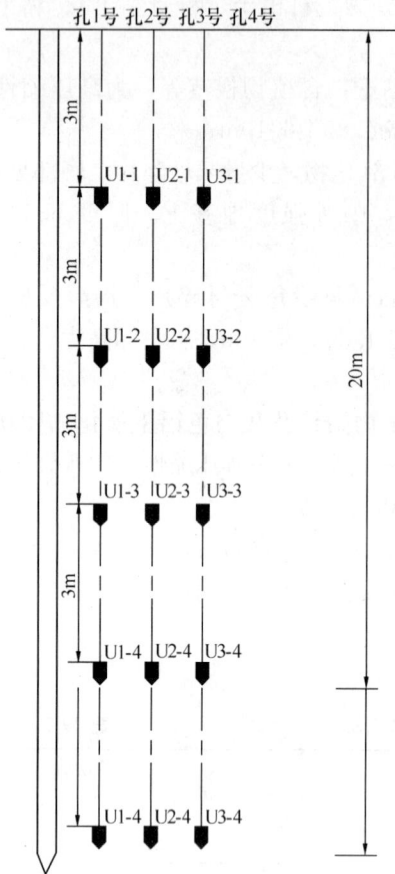

图 29-2-3　孔压计测试剖面布置图

年 1 月 12 日，各孔地基土的超静孔压就基本得到了消散，并达到稳定状态。且打桩水平影响范围大约为 2m，超过这个范围，打桩对超静孔隙水压力的影响较小。

图 29-2-5 为相同距离、不同深度处的超静孔隙水压力消散曲线。由图可以看出：打桩时所产生的超孔隙水压力较高的部位主要发生在 14～17m 的深度范围内（C孔为 9～12m），1-1 号桥墩单桩施工刚结束，各孔的超静孔隙水压力即达到峰值，其中孔 A 为 107kPa（17m 处），孔 B 为 38kPa，孔 C 为 23kPa（17m 处），孔 D 较大为 142kPa（17m 处），孔 E 峰值有 99kPa（17m 处），孔 F 峰值较小，为 17kPa（17m 处）。由此可见，PHC 预应力管桩的打桩过程对桩周土可产生较大的扰动影响，这主要是由于管桩的下沉可使地基土瞬时排水固结，体积压缩变形小，引起超孔隙水压力显著增长，使地基土原有结构部分被破坏，强度降低。

图 29-2-6 为相同深度处各孔的超静孔隙水压力消散曲线。由图可知，同一深度下，距离 PHC 桩较近的桩周土受打桩影响较大，从而产生较大的超静孔隙水压力。打桩的水平影响范围大约为 2m，约为桩径的 2.5～3 倍。

由图 29-2-5 和图 29-2-6 可以看出单桩产生的超静孔压消散情况。单桩施工结束后，超静孔隙水压力可以得到较快的消散，尤其孔 C 和孔 F，消散较快。这可能是因为距离管桩近的孔超静孔压消散较慢，且同一孔号，超静孔压消散速度随深度的增长逐渐缓慢。而且我们还可以得到，在地质资料中的粉砂层中，由于其透水性较好，其超静孔压消散的速度较快。

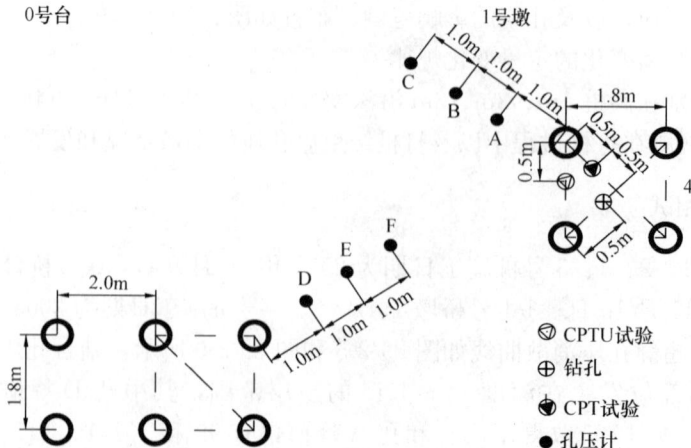

图 29-2-4　桥墩、桥台预应力管桩试桩后测试布置图

孔A超静孔隙水压力(11.6~1.12)

(a)

孔B超静孔隙水压力(11.6~1.12)

(b)

孔C超静孔隙水压力(11.6~1.12)

(c)

孔D超静孔隙水压力(11.6~1.12)

(d)

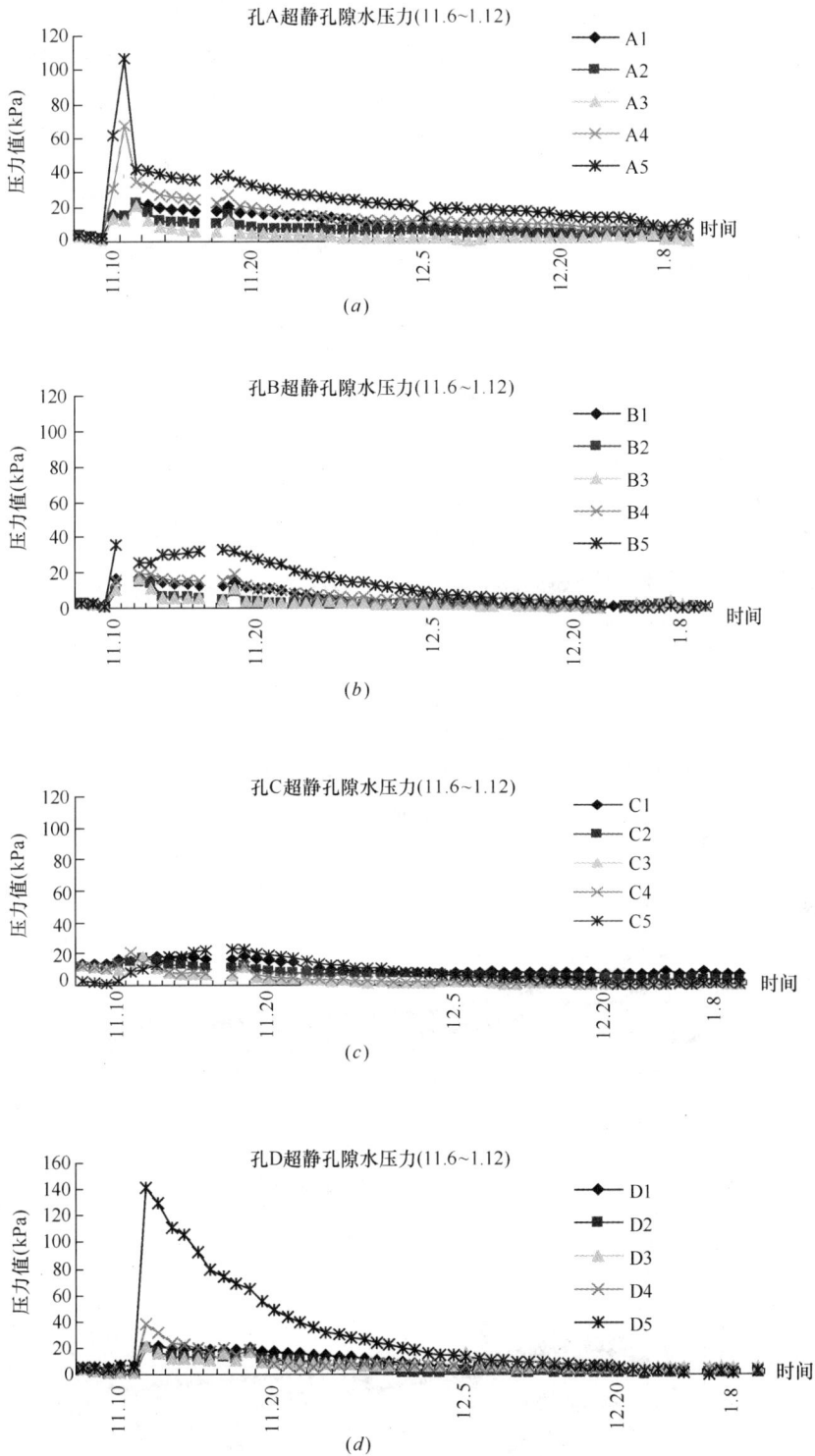

图 29-2-5 各孔超静孔隙水压力消散曲线（一）

(a) 孔 A 超静孔隙水压力消散曲线；(b) 孔 B 超静孔隙水压力消散曲线；(c) 孔 C 超静孔隙水压力消散曲线；
(d) 孔 D 超静孔隙水压力消散曲线

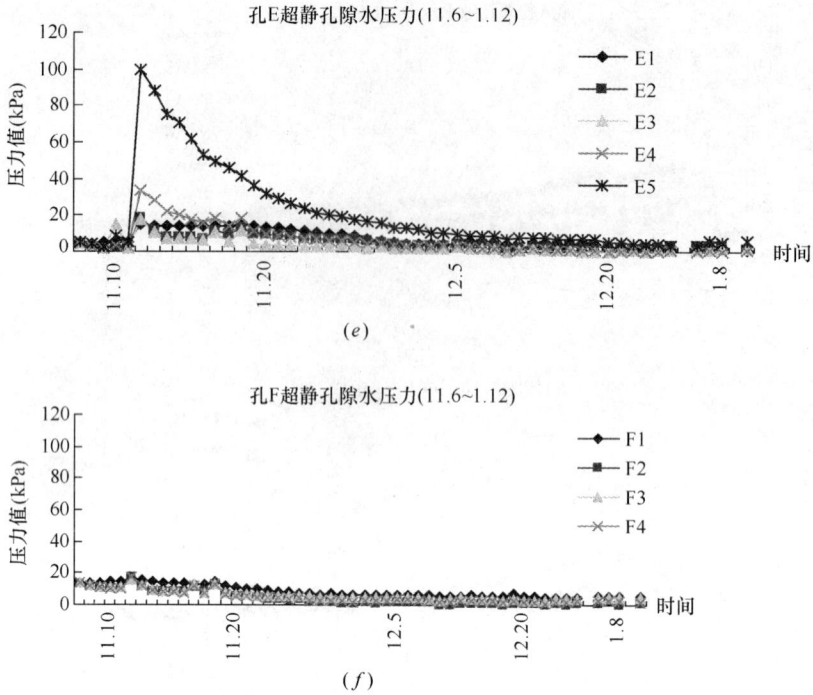

图 29-2-5   各孔超静孔隙水压力消散曲线（二）

(e) 孔 E 超静孔隙水压力消散曲线；(f) 孔 F 超静孔隙水压力消散曲线

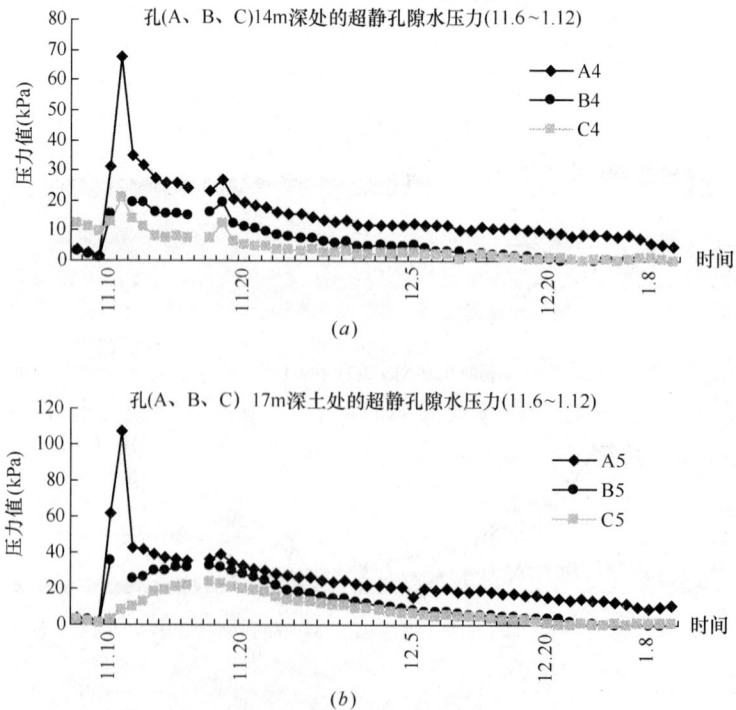

图 29-2-6   超静孔隙水压力消散曲线（一）

(a) 孔 (A、B、C) 14m 深度处超静孔隙水压力消散曲线；

(b) 孔 (A、B、C) 17m 深度处超静孔隙水压力消散曲线

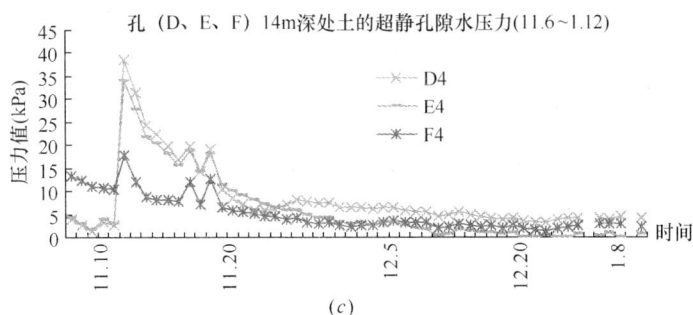

孔（D、E、F）14m深处土的超静孔隙水压力(11.6~1.12)

(c)

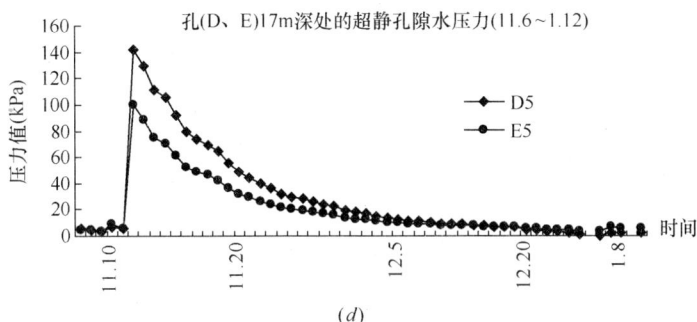

孔(D、E)17m深处的超静孔隙水压力(11.6~1.12)

(d)

图 29-2-6　超静孔隙水压力消散曲线（二）

(c) 孔（D、E、F）14m 深度处超静孔隙水压力消散曲线；

(d) 孔（D、E）17m 深度处超静孔隙水压力消散曲线

三、工程实例 2—群桩试验研究

连盐高速公路软基处理中共采用了两种直径的预应力薄壁（PTC）管桩，分 2 个试验段实施。在 K32＋759.6～K32＋933.55 试验段Ⅲ，设计采用的 PTC 管桩直径为 ϕ400，壁厚 70mm，桩长 24m，桩距为 2.0m、2.5m、3.0m，混凝土强度等级 C60，每一根 PTC 管桩分上、下两节施工，上、下节长度均为 12m，两节接头采用端板焊接，底部开口。在 K10＋396.3～K10＋446 试验段Ⅰ，设计采用的 PTC 管桩直径为 ϕ500，壁厚 80mm，桩长 14m，桩距为 2.0m、2.5m，混凝土强度等级 C60，也分上、下两节施工，上、下节长度有 2m、6m、8m 和 12m，端板焊接接头，并设置了预制钢筋混凝土桩靴。以上两种 PTC 管桩均采用锤击法施工。

（一）试验概况

本次试验分别在上述两个试验段地基土中埋设了孔压计，以测定打桩时桩间土产生的孔隙水压力变化。此外，在施工前，对场地进行了现场静力触探（CPT）和十字板剪切试验，得到了原状土的力学参数。施工后，对不同龄期，离桩心不同距离的土体进行 CPT、十字板剪切试验，以得到打桩对桩周土体强度的影响及其变化规律。

试验段Ⅲ孔压计的布置如图 29-2-7 和图 29-2-8，共埋设了 24 只孔压计（分 4 孔，6 只/孔），埋设的深度分别为 3m、6m、9m、12m、16m 和 20m，孔距为 1m，该试验段孔

压计于 2004 年 3 月 30 日全部埋设完毕。结合工程施工，该试验段群桩施工前后，进行了距桩心 0.5m、1.0m 和 1.5m 处土体 CPT 和十字板剪切测试，其测试布置如图 29-2-9 所示。试验段 I 孔压计布置如图 29-2-10 和图 29-2-11，共埋设了 16 只孔压计（分 4 孔，4只/孔），埋设深度分别为 3m、6m、9m 和 12m，孔距为 1m，孔压计于 2004 年 5 月 20 日埋设完毕。在该试验段还进行了原状土、单桩和群桩施工后不同龄期，离桩心不同距离土的 CPT 和十字板剪切原位测试试验。群桩测试的布置如图 29-2-12 所示。

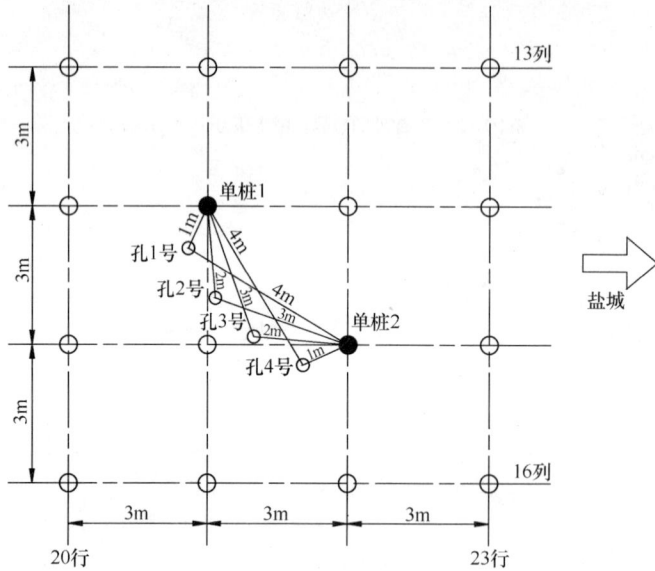

图 29-2-7 φ400PTC 管桩孔压计埋设平面布置图（试验段Ⅲ）

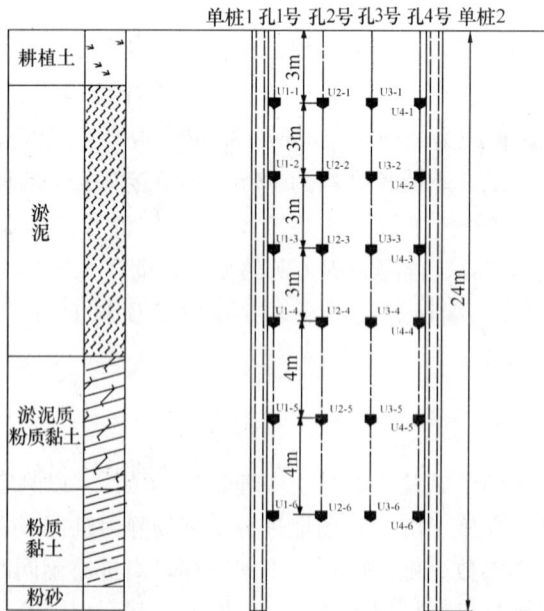

图 29-2-8 φ400PTC 管桩孔压计埋设剖面图（试验段Ⅲ）

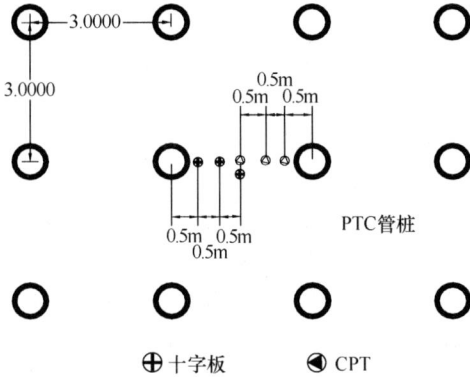

图 29-2-9 ϕ400PTC 预应力
管桩群桩测试布置图（试验段Ⅲ）

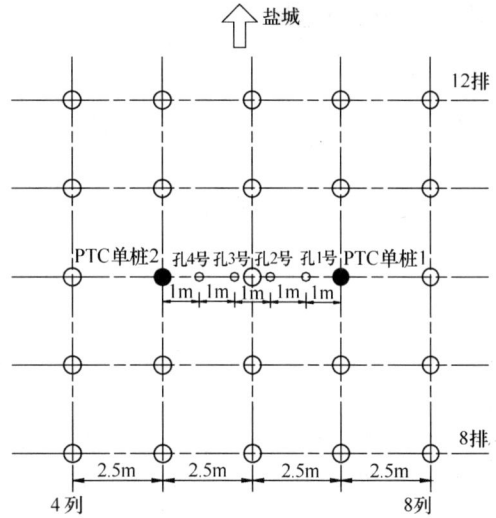

图 29-2-10 ϕ500PTC 管桩
孔压计埋设平面布置图（试验段Ⅰ）

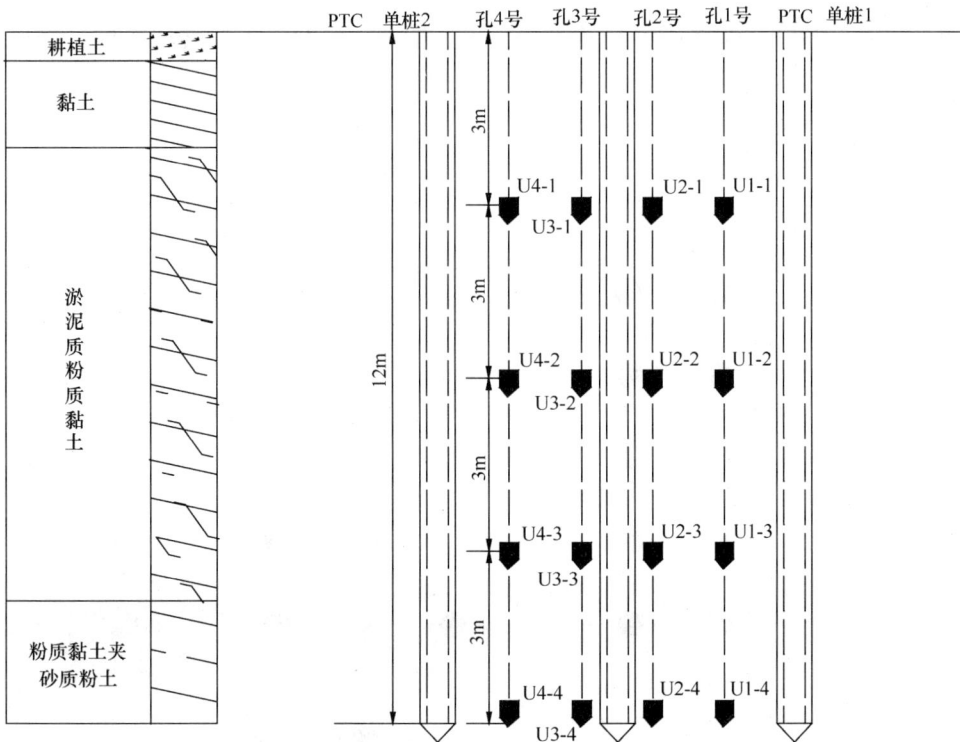

图 29-2-11 ϕ500PTC 管桩孔压计埋设剖面图（试验段Ⅰ）

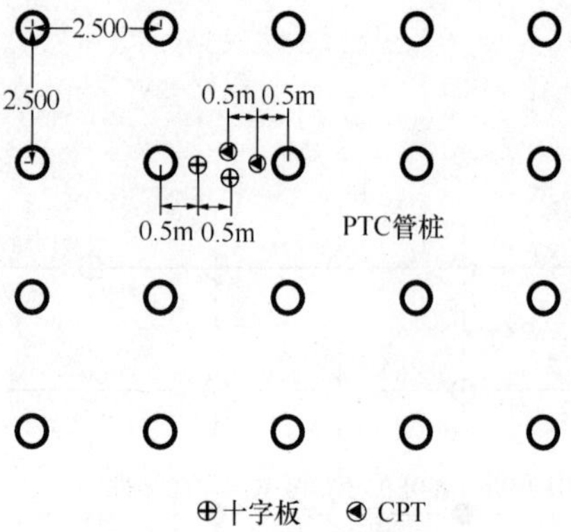

图 29-2-12 φ500PTC
管桩群桩测试布置图 (试验段 I)

⊕十字板　◖ CPT

(二) 群桩孔压观测

1. φ400PTC 群桩孔压观测

φ400PTC 群桩施工于 2004 年 5 月 30 日上午开始, 5 月 31 日下午结束, 历时大约 1 天多。群桩的施工顺序如图 29-2-13 所示, 先施打试验区 (孔压计埋设区域) 的 4～5 根 PTC 管桩, 然后逐渐远离试验区, 施打外侧的一些 PTC 管桩, 最后又从试验区外侧转回, 连续施打靠近试验区的最后几根 PTC 管桩。

φ400PTC 群桩施工过程测得的各监测孔超静孔隙水压力变化曲线如图 29-2-14 所示。由图 29-2-14 可知, 试验区的几根 PTC 管桩开始施工后, 地基土的超静孔隙水压力逐步上升。经过约 4h, 群桩施打第 3、4 根 PTC 管桩时, 超静孔隙水压力先达到较高的峰值, 其中孔 4 为 33kPa (20m 处), 孔 3 为 19kPa (9m 处), 孔 2 为 12kPa (12m 处), 孔 1 为 12kPa (9m 处), 群桩超静孔隙水压力较高的部位在管桩中下部的淤泥质土层范围, 离群桩较近的监测孔超静孔压要高些。随后群桩施工逐渐远离试验区, 施打外侧 PTC 管桩, 此时超静孔隙水压力逐步下降。当群桩施工到第 10 根, 超静孔隙水压力又开始增长, 第 11 根结束后 (约 11 小时), 超静孔隙水压力出现了第 1 个小峰值, 随后施工夜间停顿约 12h, 超静孔隙水压力又逐步下降。群桩第 2 天施工继续, 各孔超静孔隙水压力又开始增长。当施工从试验区外侧转回, 施打最后 3 根

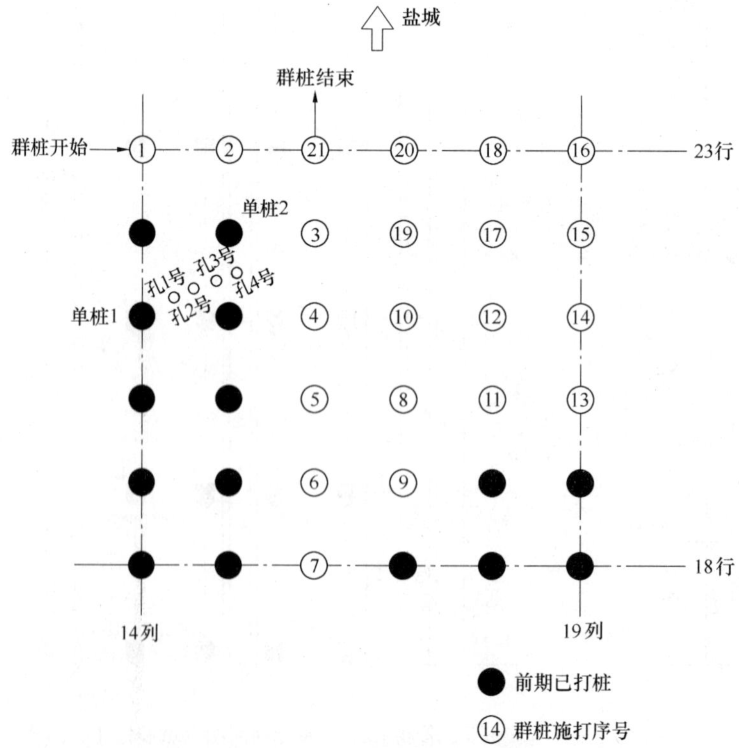

图 29-2-13 φ400PTC 群桩施工顺序

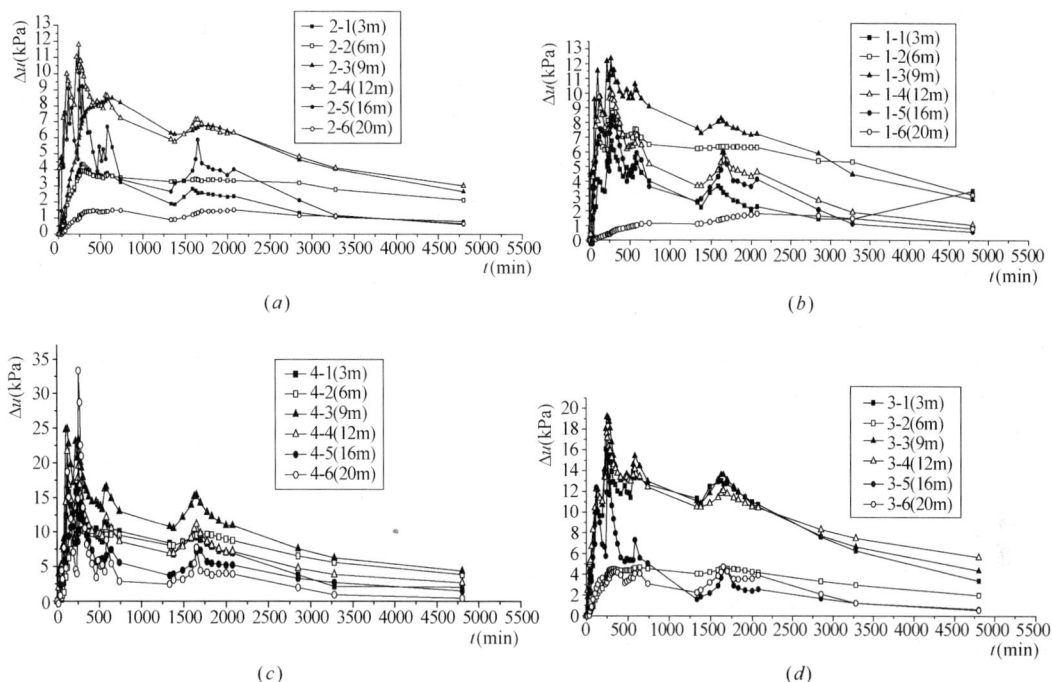

图 29-2-14 φ400PTC 群桩施工过程超静孔隙水压力变化曲线
(a) 孔 1；(b) 孔 2；(c) 孔 3；(d) 孔 4

PTC 管桩（第 19、20、21 根）时（约 27h），超静孔隙水压力出现了第 2 个小峰值。此后群桩施工全部结束，超静孔隙水压力也逐步得到消散而降低。

从以上施工过程及所观测的超静孔隙水压力变化可以看出，φ400PTC 管桩群桩施工对桩间土的影响是明显的。相比单桩试验结果，群桩所测得的最大超静孔隙水压力以及初期超静孔隙水压力的增长速度都比较小，但孔压较高的区域与单桩试验的情况基本类似，也处于管桩中下部的淤泥质土层范围。

群桩全部施工结束后各孔的超静孔隙水压力消散曲线如图 29-2-15 所示。由图 29-2-15 可见，桩间土的超静孔压逐步渐消散，后期超静孔压消散速度比单桩试验缓慢，需要两周左右的时间才基本得到消散。因此在群桩的施工影响下，桩间土的固结时间相对较长，其强度的恢复有一定的时间。

由以上分析可知，φ400PTC 群桩超静孔隙水压力的变化规律与单桩有所不同，主要为：

（1）PTC 群桩超静孔隙水压力初期的超静孔隙水压力增长速度相对较慢，而单桩的超静孔隙水压力的增长速度也较快；

（2）PTC 群桩施工产生的超静孔隙水压力在各孔地基土中都有一定程度的增长，但最大超静孔隙水压力要比单桩产生的小，桩间土超静孔隙水压力与距离的关系没有单桩那样密切；

（3）PTC 群桩施工结束后，所产生的超静孔隙水压力消散速度比单桩要缓慢，但也能基本得到消散。

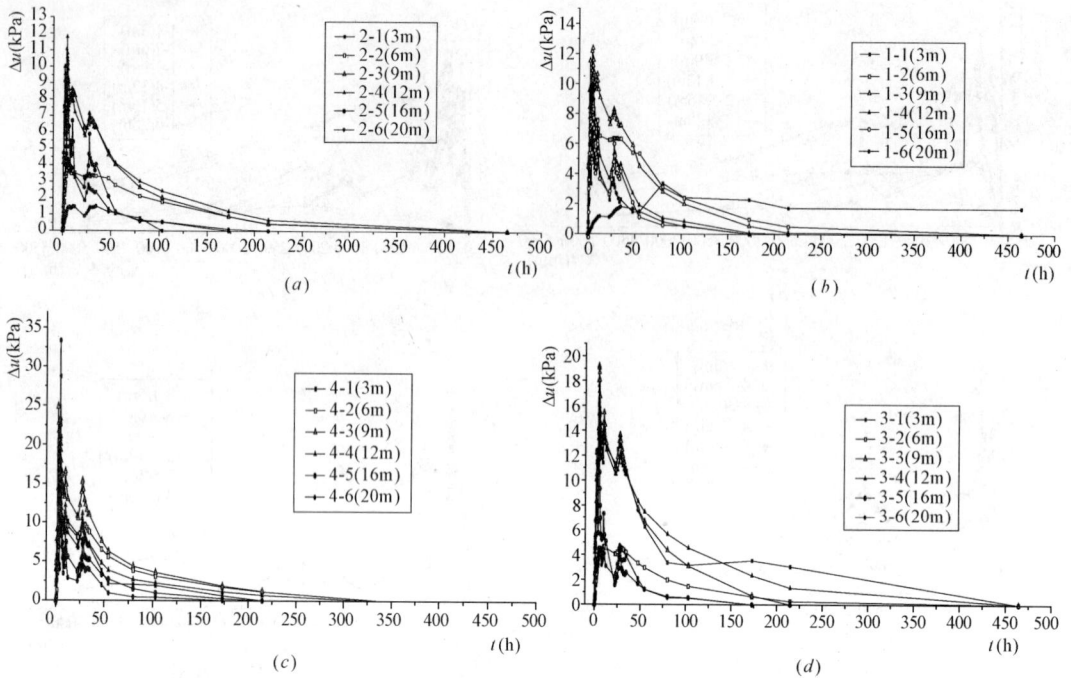

图 29-2-15 φ400PTC 群桩超静孔隙水压力消散曲线

(a) 孔 1；(b) 孔 2；(c) 孔 3；(d) 孔 4

φ400PTC 管桩群桩施工时，每一根管桩的施工都可对试验区范围内地基土体产生一定的影响，使其超静孔隙水压力得到增长又部分消散，因此与单桩不同，群桩施工产生的超静孔隙水压力在试验区各孔地基土中都可以得到一定程度的增长，虽然与群桩距离有一定关系，但没有单桩那么密切。φ400PTC 群桩施工后超静孔隙水压力消散速度较慢，原因可能是由于 PTC 管桩群桩施工对桩间土产生的挤压、振动等影响，使地基淤泥质土层的渗透性降低，或淤泥质土层中可能夹有的薄层砂质粉土、粉砂等透水性较好的土层排水作用受到一定程度的影响，群桩施工产生的超静孔隙水压力需要一段时间得到彻底消散。

2. φ500PTC 群桩孔压观测

φ500PTC 群桩施工于 2004 年 8 月 26 日上午开始，8 月 27 日下午结束，历时不到 2 天，群桩施工顺序如图 29-2-16 所示，先施打试验区（孔压计埋设区域）外侧一排管桩，再靠近单桩 1 附近施打，之后逐渐远离试验区施打外侧的管桩，最后进入孔压计埋设的试验区，连续施打中间几根管桩。

φ500PTC 群桩施工过程测得的各监测孔超静孔隙水压力变化曲线如图 29-2-17 所示。由图 29-2-17 可知，群桩开始施工试验区外侧 1 排 PTC 管桩（12 排）时，地基土的超静孔隙水压力逐步开始上升。经过约 10h，群桩施打邻近单桩 1 的第 9 根 PTC 管桩刚结束，各孔超静孔隙水压力达到一个小峰值，其中孔 1 为 50kPa，其余各孔为 20kPa 左右。随后群桩施工又逐渐远离孔压计埋设区，施打外侧一些 PTC 管桩，此时超静孔隙水压力逐步下降。当群桩施工到第 19 根 PTC 管桩时，开始进入孔压计埋设试验区，此后各孔的超静孔隙水压力都得到了快速增长。经过约 33h，群桩施工第 23 根结束，各孔地基土的超静

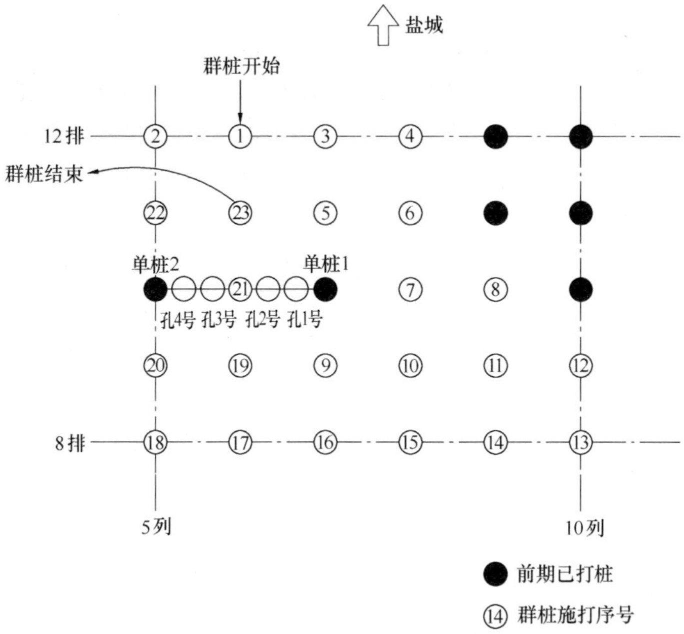

图 29-2-16　φ500PTC 群桩施工顺序

孔隙水压力又达到较高的峰值，其中孔 2 较大为 80kPa，孔 1 为 69kPa，孔 3 为 62kPa，孔 4 为 38kPa，超静孔压较高的部位在深 6～12m 的范围。

　　从以上施工过程及所观测的超静孔隙水压力变化可以看出，φ500PTC 管桩群桩的施工对桩间土的影响也是显著的。群桩所测得的最大超静孔隙水压力比单桩 1 的要小，但比单桩 2 的要大，孔压较高的区域与单桩试验的情况相类似，也处于深度 9m 上下的淤泥质

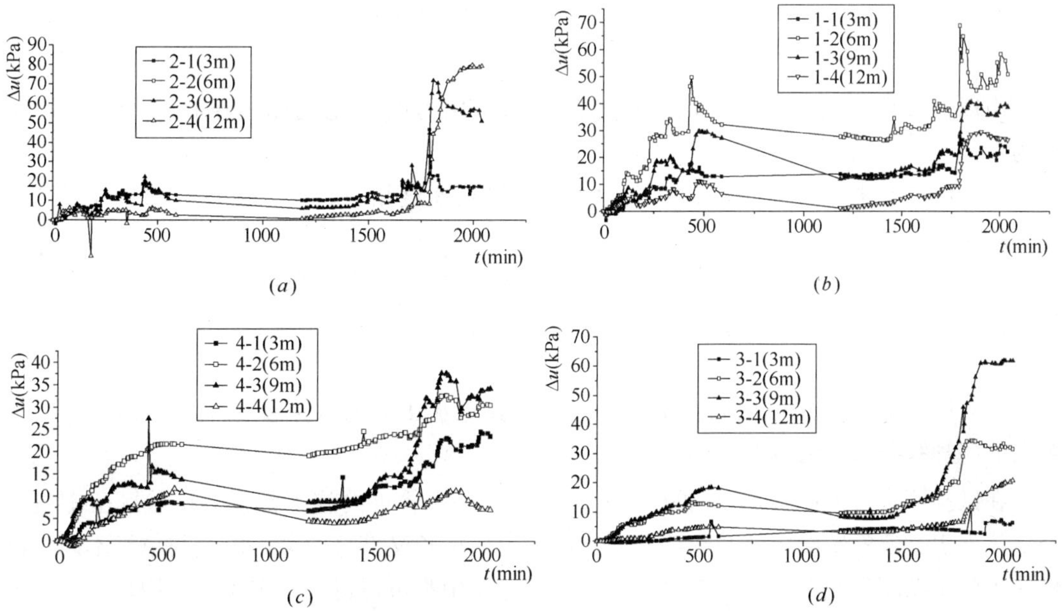

图 29-2-17　φ500PTC 群桩施工过程超静孔隙水压力变化曲线

(a) 孔 1；(b) 孔 2；(c) 孔 3；(d) 孔 4

土层。

群桩施工结束后各孔超静孔隙水压力消散曲线如图 29-2-18 所示。由图 29-2-18 可见，桩间土的超静孔压逐渐减小，但消散的速度要比单桩试验明显缓慢。在群桩施工后的 1 个多月时间内，桩间土超静孔隙水压力尚未能彻底消散，剩余的最大超静孔隙水压力还有 10～20kPa，这就可能使得桩间土的强度在短时间内不能完全地恢复。

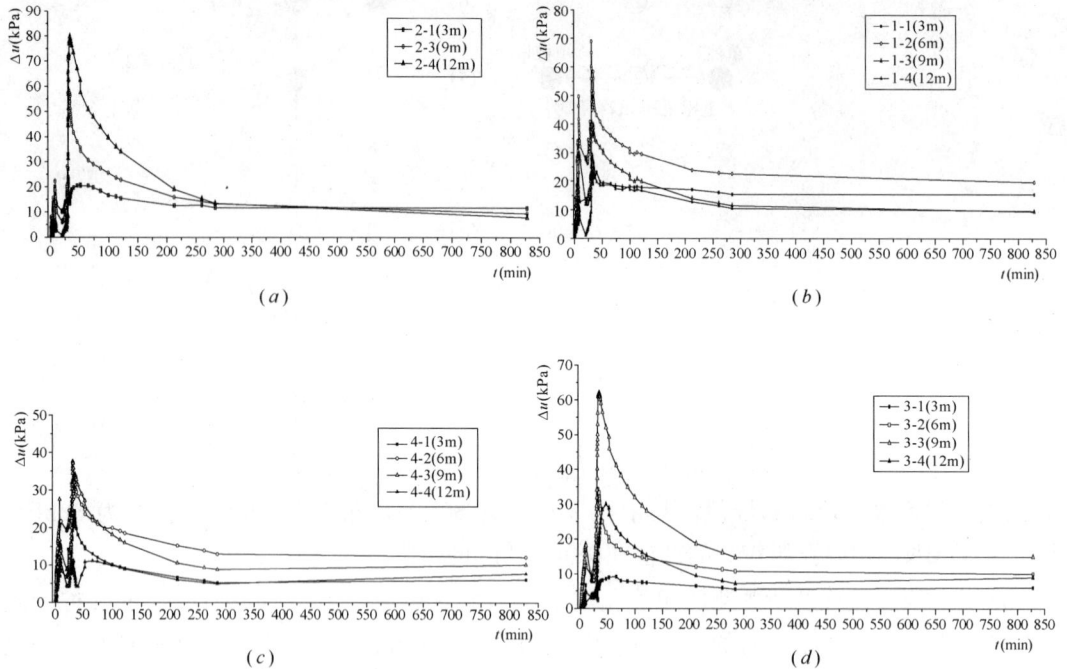

图 29-2-18 ϕ500PTC 群桩超静孔隙水压力消散曲线
(*a*) 孔 1；(*b*) 孔 2；(*c*) 孔 3；(*d*) 孔 4

由以上分析可知，ϕ500PTC 群桩超静孔隙水压力的变化规律与单桩有所不同，主要为：

（1）PTC 群桩前期产生的超静孔隙水压力增长速度相对较慢，而单桩的超静孔隙水压力增长速度很快；

（2）PTC 群桩施工产生的超静孔隙水压力在各孔地基土中都可以得到一定程度的增长，而单桩产生的超静孔隙水压力与其距离密切有关，距离单桩越近，地基土的超静孔压增长幅度越大；

（3）PTC 群桩施工结束后，所产生的超静孔隙水压力消散速度比单桩要缓慢，后期剩余的超静孔隙水压力也较大。

在试验区进行 ϕ500PTC 管桩群桩施工时，每一根管桩的施工都可对试验区范围内地基土体产生一定的影响，使其超静孔隙水压力得到增长又部分消散，因此与单桩不同，群桩施工产生的超静孔隙水压力在试验区各孔地基土中都可以得到一定程度的增长，而与某一单桩的距离关系就不那么密切了。ϕ500PTC 群桩施工后超静孔隙水压力消散速度较慢，以致后期剩余超静孔隙水压力较大，其原因可能是由于 PTC 管桩群桩施工对桩间土产生的挤压、振动等影响，使地基淤泥质土层的渗透性进一步降低，或淤泥质土层中可能夹有的薄层砂质粉土、粉砂等透水性较好的土层被淤泥质土阻隔而排水不畅，因而群桩施工产生的超静孔隙水压力一时难以得到彻底的消散。

（三）桩周土静力触探强度变化规律

1. 试验段Ⅰ：忆帆河中桥桥头 PTC 预应力管桩试验段

试验段概况和地质条件如前所述，本试验段的现场测试工作结合工程施工同步进行，分别进行了原状土和群桩施工后不同龄期，离桩心不同距离土体的静力触探和十字板剪切原位测试试验。群桩测试的布置图如图 29-2-19 所示。

为了分析群桩施工对周围土体的影响，在该试验段群桩施工结束后，对打桩后 1d、7d、28d 和 60d 分别进行了静力触探测试。

图 29-2-20 为群桩中离某根中心桩桩心距 0.5m 处土体沿深度随不同龄期的变化曲线，图 29-2-21 为离桩心 1.0m 处的强度变化曲线。软土层所受的影响和单桩相比，反应了相同的强度变化规律，只是群桩的施工扰动影响更大，强度恢复所需时间更长。

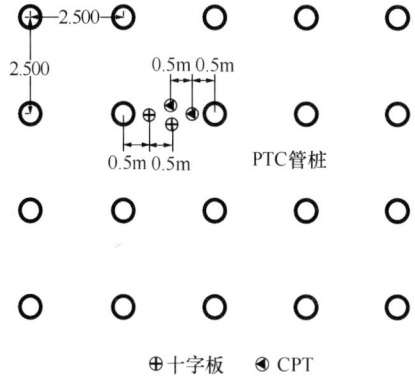

图 29-2-19　试验段Ⅰ（PTC）管桩群桩测试布置图

浅层杂填土强度变化大。而对于地表以下 10m 处的土体为粉质黏土夹砂质粉土，地质报告为 4-1 层，在施工后强度始终有一定的增强。值得注意的是该层土体强度增加并没有单桩的明显，这是因为该段管桩群桩施工后，挤土作用明显，地表普遍隆起 0.5m 左右，所以该深度的土体与原状土不能很好地对应起来。

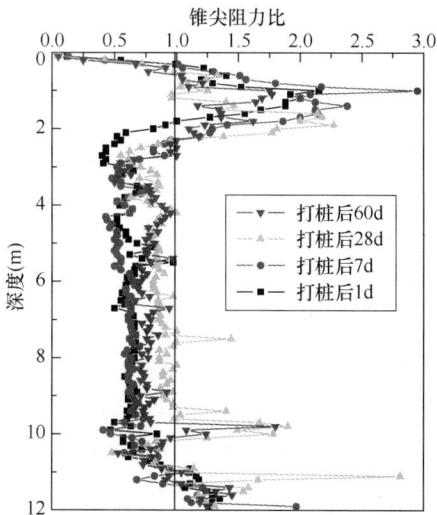

图 29-2-20　群桩桩周 0.5m 土体锥尖阻力变化曲线

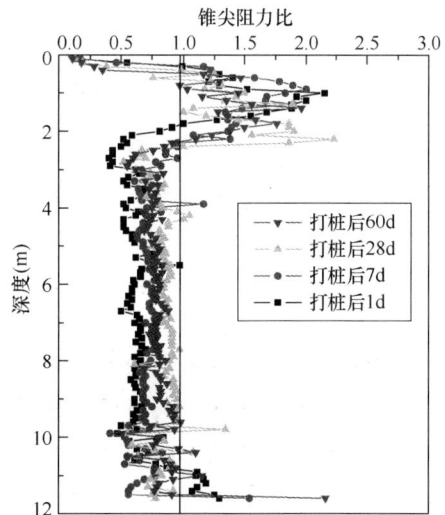

图 29-2-21　群桩桩周 1.0m 土体锥尖阻力变化曲线

2. 试验段Ⅲ：新沂河特大桥北桥头 PTC 管桩试验段

新沂河特大桥位于灌南县图河乡马屯南，桥位区地貌上隶属于滨海平原区，地势平坦。该标段所经区域主要为海陆交互沉积的滨海平原区，新沂河为季节性泄洪通道，其中常年河流主要为新沂河北偏泓、新沂河中泓、新沂河南偏泓。除两岸大堤外，地势低平，地面标高一般为 2～3m。浅部新近沉积的软土分布较为普遍。图 29-2-22 为典型的土层剖面。主要土层分布如下所述。

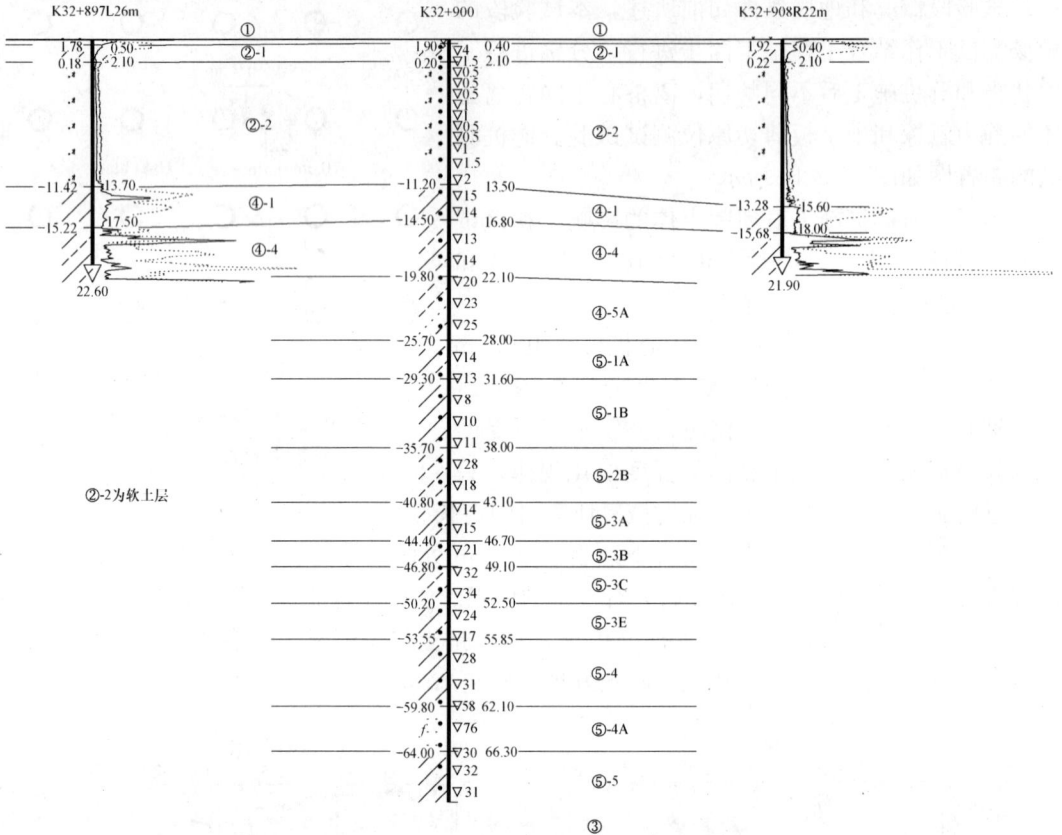

图 29-2-22　试验段Ⅲ试验段土层分布

1 层素填土：黄灰色，松软，夹大量植物根茎。层厚 1.00m。

2-1 层粉质黏土：灰黄—黄灰色，流塑，见浅灰色斑快，层厚 0.70m。

2-2 层淤泥：灰色，饱和，流塑，偶夹层面砂质粉土、粉砂，见少量腐植物，层厚 7.10～7.90m。。

2-3 层淤泥质黏土：灰色，饱和，流塑，含少量腐殖物，层厚 12.80m。

4-2 层粉质黏土：灰绿—灰黄色，软塑，层厚 2.50m。

4-4 层粉质黏土：灰黄色，硬塑，局部流塑，夹砂质粉土、粉砂，局部含量高，呈互层状，见少量砂礓结核、贝壳碎屑。层厚 7.00～8.00m。

选择新沂河特大桥北桥头 K32＋760～K32＋933.6 作为 PTC 预应力管桩试验段。该试验段采用的 PTC 预应力管桩桩长 24m，由两节 12m 的焊接而成，底部开口，采用锤击法施工。

对该标段群桩施工前后进行了十字板剪切和静力触探测试。该试验段 PTC 管桩桩间距为 3m，分别对距桩心 0.5m 和 1.0m 处土体进行了十字板剪切和静力触探现场测试。现场测试布置如图 29-2-23 所示。

该试验段桩长为 24m，但是由于采用的是 3 吨型的静力触探设备，施工后静力触探进行到 14m 左右的深度，探头锥尖阻力普遍达到 3～4MPa，甚至 8MPa，难以进入到更深的土层，所以只能得到 14m 深度的测试数据。

图 29-2-24 和图 29-2-25 分别为群桩离桩心 0.5m 和 1.0m 施工完后 1d、33d、55d 和 90d 的锥尖阻力变化曲线。图 29-2-24 可以看出锥尖阻力比

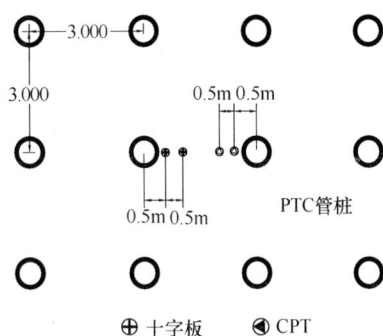

图 29-2-23 试验段Ⅲ PTC 预应力管桩群桩测试布置图

主要在 0.7～1.5 的范围内变化，硬壳层和软土层的土体强度都有所降低，其中 1d 的强度最低，而 12m 以下的土体强度有所增加。图 29-2-25 可以看出 1.0m 处的土体所受的影响要小，锥尖阻力比在 0.7～1.2 之间变化。由于是开口的 PTC 管桩，其影响作用要小得多。

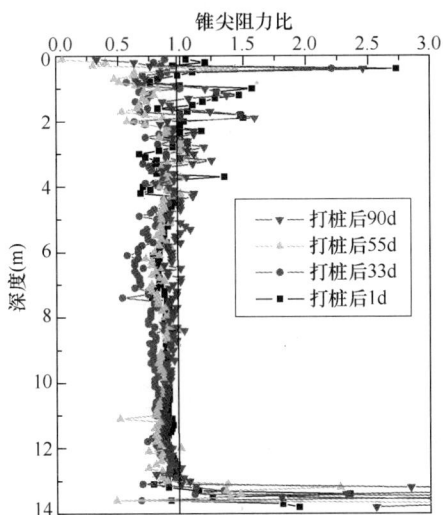

图 29-2-24 群桩桩周 0.5m 锥尖强度变化曲线

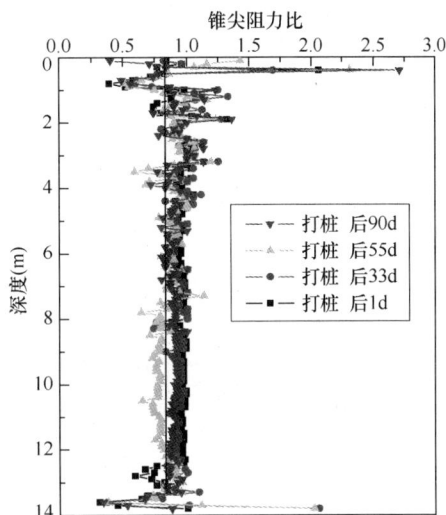

图 29-2-25 群桩桩周 1.0m 锥尖强度变化曲线

(四) 桩周土十字板剪切强度变化规律

1. 试验段Ⅰ：忆帆河中桥桥头 PTC 预应力管桩试验段

群桩施工结束后，也分别进行了 7d、28d 和 60d 的十字板剪切测试，布置如图 29-2-19 所示。图 29-2-26、图 29-2-27 分别为群桩 0.5m 和 1.0m 处强度的变化曲线。图 29-2-26 和图 29-2-27 反映出 1d 强度最低，其后得到恢复，而桩周 1m 处土体的强度变化程度要弱。

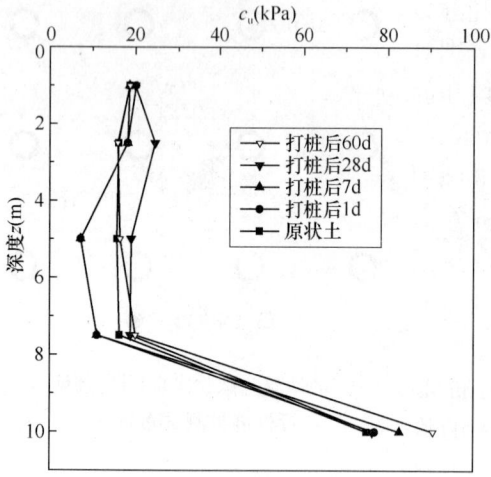

图 29-2-26　群桩桩周 0.5m 处
强度变化曲线

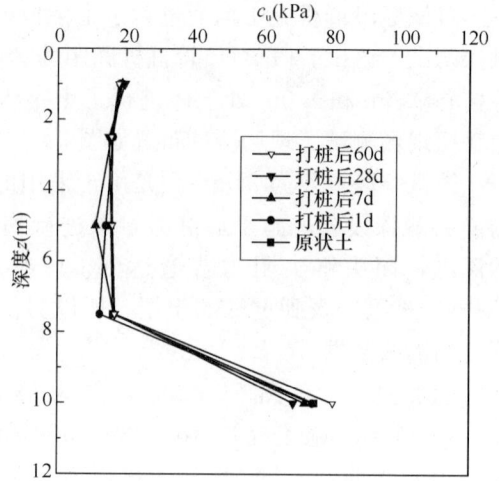

图 29-2-27　群桩桩周 1.0m 处
强度变化曲线

2. 试验段Ⅲ：新沂河特大桥北桥头 PTC 管桩试验段

配合群桩的施工，分别对施工完后 1d、33d、55d 和 90d 的软土层进行了十字板剪切试验。测试布置如图 29-2-23 所示。从图 29-2-28 和图 29-2-29 中可以看出 1d 的强度最低，随后强度得到增长。

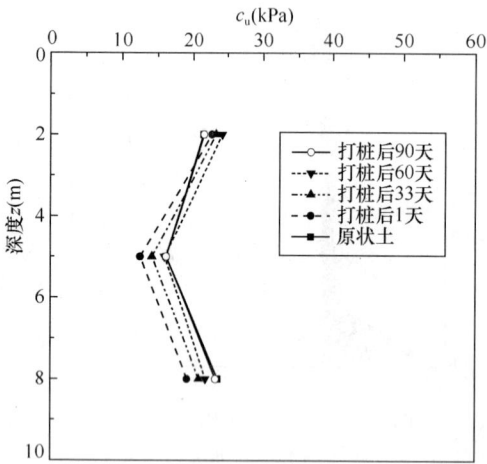

图 29-2-28　群桩桩周 0.5m 处
强度变化曲线

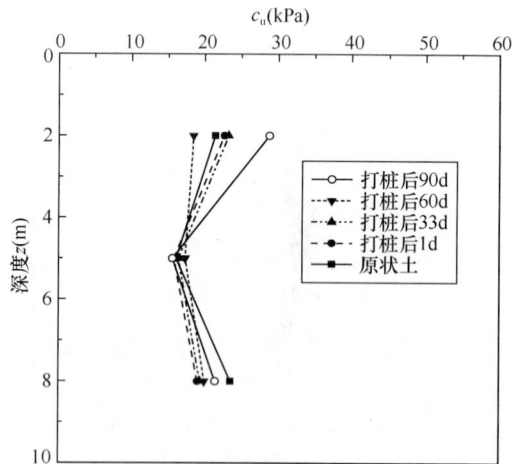

图 29-2-29　群桩桩周 1.0m 处
强度变化曲线

得到的规律与静力触探测试结果类似。只是由于十字板剪切试验测试点数较少，且受人工操作因素影响较大，其规律性不如静力触探结果明显。

3. 锥尖阻力比和不排水强度关系

施工后桩周土的十字板剪切强度 c_u 与锥尖阻力 q_c 的关系见图 29-2-30、图 29-2-31。两者有较好的线性相关关系，基本在 $q_c = 14c_u$ 直线附近。

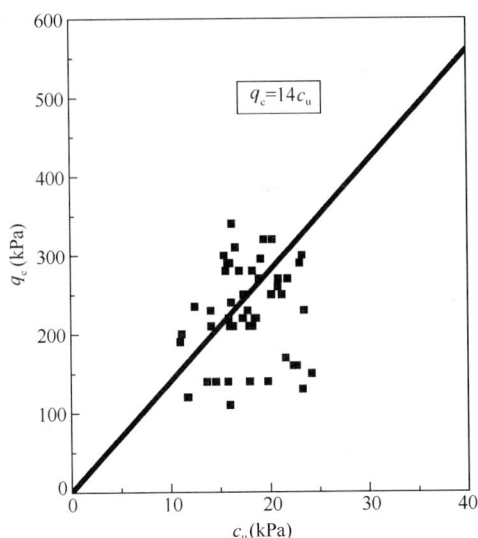

图 29-2-30　锥尖阻力和不排水强度关系曲线

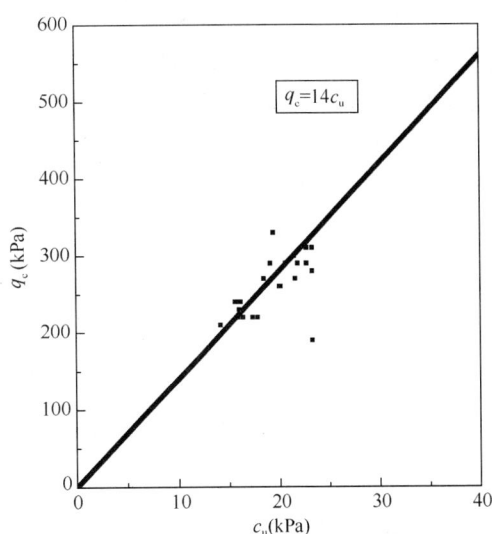

图 29-2-31　锥尖阻力和不排水强度关系曲线

（五）小结

（1）PTC 预应力管桩采用锤击法处理海相软土路基，其成桩过程对桩周土会产生较大的影响。沉管过程对地基土体有明显的挤土效应，使桩周附近土的超静孔隙水压力得到显著的增长，从而导致短时间内桩周土的强度下降。

（2）通过两组不同型号的 PTC 单桩施工产生的超静孔隙水压力的观测结果，直径 400mm 的单桩（桩长 24m）其峰值可达 195kPa（深 20m 处），水平向的影响范围大致为 4m，而且距离桩越近，桩周土的超静孔隙水压力越大，影响越显著；直径 500mm 的单桩（桩长 14.5m）孔压峰值 72kPa，施工第 1 天就有 70%以上的超静孔压得到了消散，此后孔压消散较慢，但施工后一周左右的时间内超静孔隙水压力就基本得到消散。桩周土体固结短时间内难以彻底完成，这将影响其强度的恢复。

（3）PTC 群桩施工过程中，前期超静孔隙水压力增长速度较慢，在整个试验区几乎同步增长，施打试验区后才取得峰值。

（4）PTC 群桩施工结束后，桩间土超静孔隙水压力消散缓慢，后期还有较大的剩余超静孔隙水压力（可达 80kPa，500mm 直径的管桩；可达 69kPa，400mm 直径的管桩），说明在海相软土地基中，由于 CFG 群桩施工影响，桩间土的固结在较长的时间内难以彻底完成，强度恢复较慢。

（5）开口 PTC 预应力薄壁管桩（PTC 管桩）采用锤击法群桩施工，在桩间距为 2.5m 和 3.0m（6D 和 7.5D）的情况下，现场施工结束后从地表看无明显的隆起，挤土效应不明显。

（6）群桩施工后导致桩周具有强结构性的连云港天然沉积土的结构破坏，从而导致桩周土强度的降低，而且该土层强度很难恢复。径向影响范围与闭口管桩相比不超过 1.0m，且影响程度也要小。

（7）在同一深度，施工后桩周土的锥尖阻力与施工前天然沉积土的锥尖阻力之比随着离桩边的距离增大而增大，并趋向于 1.0。

（8）施工后桩周土的锥尖阻力与施工前天然沉积土的锥尖阻力比主要在 0.7~1.5 范围内变化，在浅层的锥尖阻力比变化较大；对典型软土层，锥尖阻力比主要在 0.7~0.9 范围内变化；到了 12m 以下的土层，锥尖阻力比主要在 1.0~1.5 范围内变化。

（9）施工后 1 天土体强度降低最多，其后强度逐渐得到恢复，但是对软土层土体短期很难恢复到原状土的强度水平。

（10）施工后桩周土十字板剪切强度 C_u 与锥尖阻力 q_c 有较好的线性相关关系，可用 $q_c = 14C_u$ 表示。

（11）静力触探原位测试具有连续性和试验数据多的优势，而且操作也易控制，比现场十字板剪切测试更能反应施工前后桩周土强度的变化规律。

第三节 湿陷性黄土中桩的浸水试验

一、试验和地质特点

（1）试验场地位于陕西省渭北黄土高原，地基土为黄土与古土壤成层交互分布，上部 6m 为马兰黄土（Q_3），下部为离石黄土，总厚度 60m。

（2）浸水规模大，试坑直径 40m，坑深 1m，总注水量 80000m³。

（3）试验桩直径 1.0~1.2m，桩端扩底直径 2.2~2.5m，桩长 32~40m。

二、试验方案

（1）试坑底铺设 30cm 小卵石，坑内设注水孔 140 个。地基土的湿陷量由预先埋设的地面标点、浅标点、机械式深标点和磁性分层深标孔测定。

（2）试桩位置

为便于静载试验时安装设备，又尽量不影响坑中心湿陷量测试结果，经多种方案比较后，决定把试桩布置在试坑北半部的中间位置，离坑中心 10m。试桩间距和锚桩间距为 6.0~6.4m，见图 29-3-1。

（3）试、锚桩设计

设计方案为 4 根试桩（A_1 和 B_1，A_2 和 B_2），10 根锚桩（C_1~C_{10}），主要参数见表 29-3-1。

试桩、锚桩设计参数表　　　　　　　　　　　　　　　　　表 29-3-1

序号	桩号	数量	桩长 (m)	桩 径		主筋	混凝土强度等级
				桩身 d_s (m)	扩大端 d_b (m)		
1	A_1、A_2	2	40	1.2	2.5	8Φ25+8Φ22	C30
2	B_1、B_2	2	32	1.0	2.2	16Φ18	C30
3	C_1、C_2、C_3 C_6、C_7、C_8	6	40	1.0	2.2	24Φ25	C20
4	C_4、C_6	2	32	1.0	2.2	36Φ25	C20
5	C_5、C_{10}	2	32	1.0	2.2	20Φ25	C20

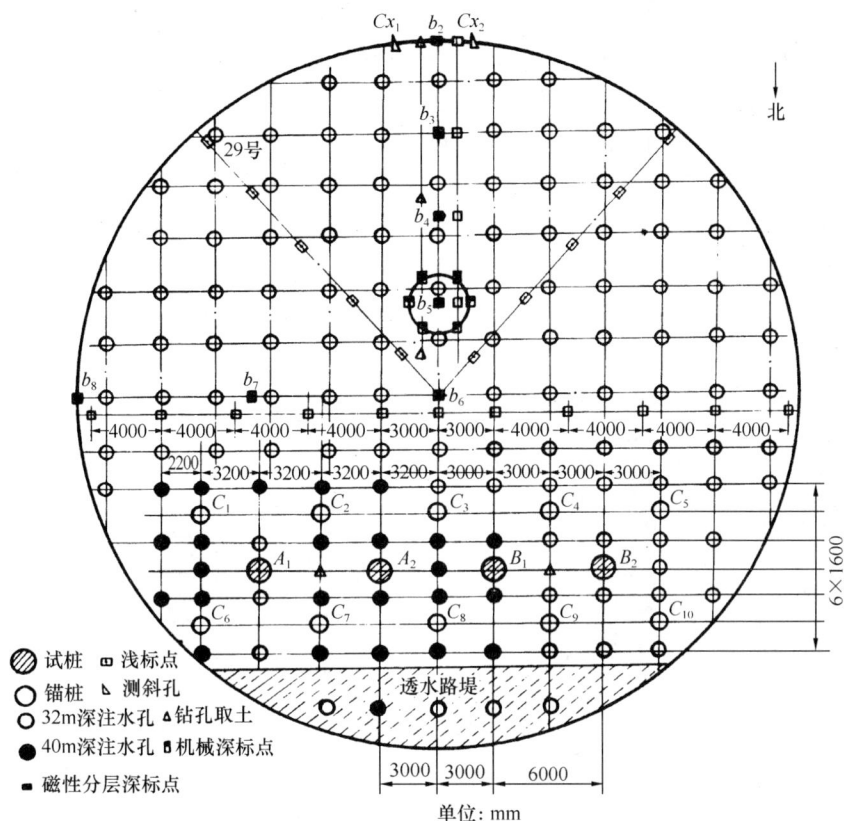

图 29-3-1　试桩位置示意图

（4）测试元件埋设

桩身应变采用滑动式测微计测量，在每根试桩桩身内埋设 2 根测线管（图 29-3-2），供滑动式测微计测量用。桩端阻力采用单膜式钢弦式压力盒（量程 1.5MPa），每根试桩桩底埋设 5 个，4 根桩共 20 个，布置方法见图 29-3-3。

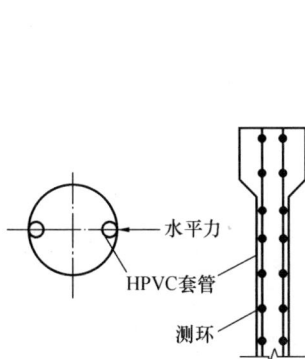

图 29-3-2　侧线布置示意图

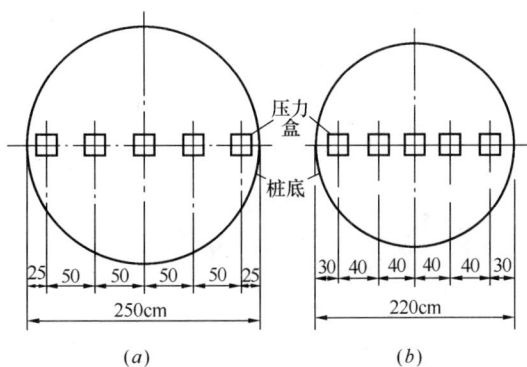

图 29-3-3　压力盒布置示意图

（a）A_1、A_2 桩；（b）B_1、B_2 桩

三、浸水对桩的垂直承载力的影响

浸水前选取 40m 长桩（A_1）和 32m 长桩（B_1），静载加荷至设计荷载的 1.2 倍（分别为 6000kN 和 4800kN），然后在浸水过程中持载，以求得浸水期间桩的附加沉降量。

作为对比，A_2 和 B_2 桩浸水前和浸水期间不加载，在地基土饱和后再做静载试验直至破坏，以研究在先浸水后加载情况下桩承载力和负摩阻力的变化情况。

浸水前、浸水期间和浸水后 A_1 和 B_1 桩静载试验的 Q-s 曲线如图 29-3-4 和图 29-3-5 所示，浸水期间和浸水后 A_2 和 B_2 桩静载试验的 Q-s 曲线如图 29-3-6 和图 29-3-7 所示，结果如下：

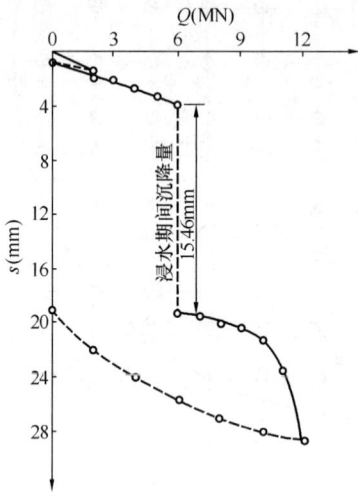

图 29-3-4　A_1 桩 Q-s 曲线

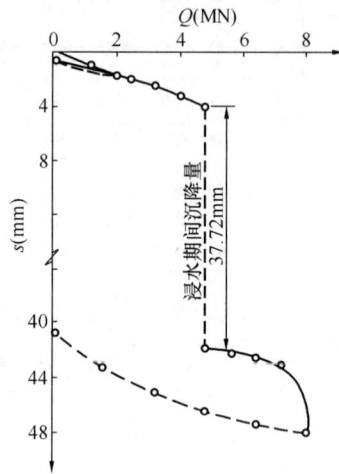

图 29-3-5　B_1 桩 Q-s 曲线

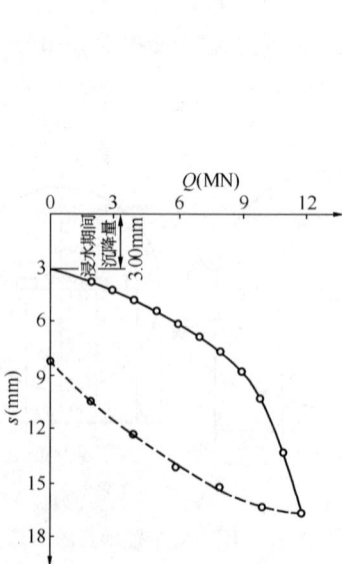

图 29-3-6　A_2 桩 Q-s 曲线

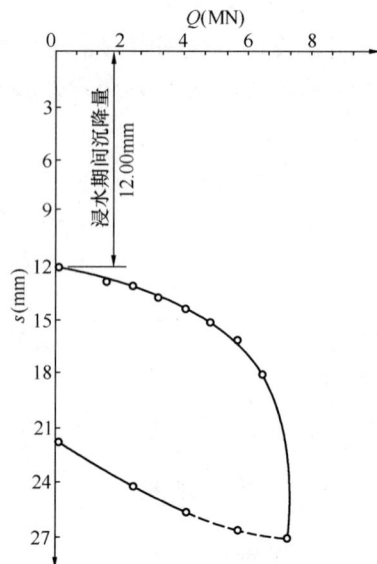

图 29-3-7　B_2 桩 Q-s 曲线

（1）浸水期间 A_1 和 B_1 桩在垂直荷载（分别为 6000kN 和 4800kN）与负摩阻力的共同作用下，相对稳定时的累计沉降量分别为 19.47mm 和 41.81mm。A_2 和 B_2 桩在负摩阻力的作用下，相对稳定时的累计沉降量分别为 3mm 和 12mm。说明浸水期间桩的沉降与桩顶有无垂直荷载有关，也与桩端持力层性质有关。

（2）A_1 和 B_1 桩静载试验 $Q\text{-}s$ 曲线起始段（分别从 6000kN 和 4800kN 开始）斜率小于浸水前静载试验 $Q\text{-}s$ 曲线的斜率；A_2 和 B_2 桩浸水后静载试验表明，在相同荷载下，其产生的沉降量小于浸水前的相应值。说明本场地桩的承载力有"浸水增强效应"，至少说明浸水对桩的垂直承载力影响不大。

（3）浸水恒压过程中，A_1 和 B_1 桩的沉降随时间变化曲线如图 29-3-8 所示，可见桩的大部分沉降是停水后土层固结下沉产生的较大负摩阻力所致。

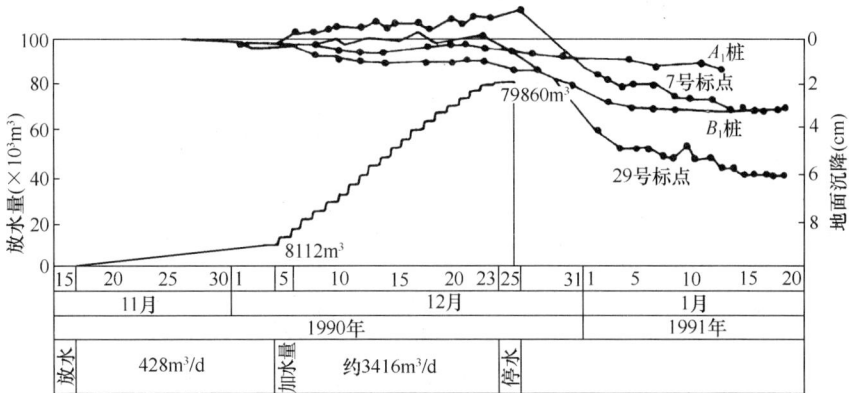

图 29-3-8　桩沉降量与浸水时间的关系

四、浸水过程中桩的负摩阻力变化规律

由滑动式测微计实测的 A_1 试桩在浸水全过程中桩身轴力发展情况如图 29-3-9 所示。从轴力曲线可以看出，桩的负摩阻力是在停水后（12 月 26 日）发生的，与地面沉降一样是由土层固结沉降引起的。由各个阶段轴向力最大点可求得中性点位置和负摩阻力值，由图 29-3-9 可以看出，中性点位置在浸水过程中经历了由浅变深，然后随着地层沉降稳定而趋稳定的过程。最后稳定时中性点位置见表 29-3-2。

桩的中性点位置和负摩阻力值　　　　　　　　表 29-3-2

桩号	垂直荷载（MN）	桩顶沉降（mm）	中性点位置（m）	与桩长的比例	负摩阻力		桩侧（正）摩阻力		端阻力	
					总值（kN）	平均单位值 kPa	总值（kN）	平均单位值 kPa	总值（kN）	单位值 kPa
A_1	6.0	19.47	17.5	0.44	1810	27.4	3970	46.8	3840	784
B_1	4.8	41.81	12.0	0.38	1030	27.3	3630	57.8	2200	579
A_2	0	3.00	25.0	0.63	4110	43.6	2640	46.7	1470	300
B_2	0	12.00	21.0	0.66	2960	44.9	1460	42.0	1500	394

由图 29-3-9 还可以看出，在浸水后的静载试验中，随着荷载的增加，中性点逐渐上移，负摩阻力随之减少，以致最终消失。因此，对于黄土地基中的摩擦桩（包括端承摩擦桩），负摩阻力首先是一个附加沉降的问题，其次才是承载力问题。在桩身材料强度满足要求的情况下，应着重考虑由负摩阻力引起的沉降量和差异沉降量对建筑物的影响。

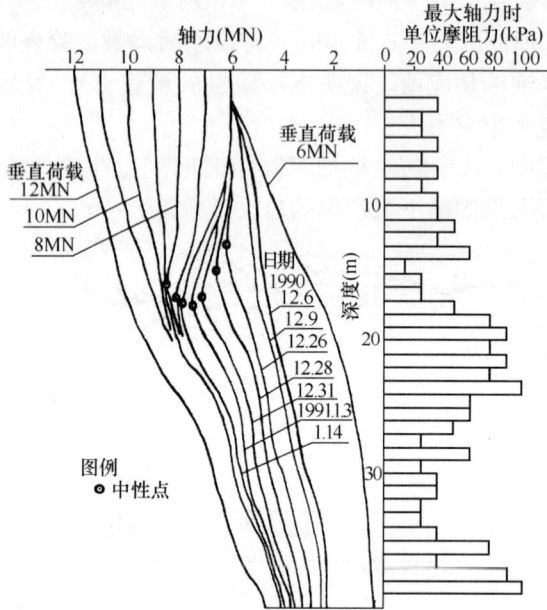

图 29-3-9　A_1 桩荷载传递过程

第三十章 桩基设置与工作时的原型观测

第一节 概 述

桩基础在现代的建筑工程中得到了广泛的应用，由于建筑、结构的理念在不断更新和发展，对桩基础的设计和施工提出了更高的要求。工程实践的各种迹象表明，地质情况、桩的类型、桩身的材料、作用在桩上的荷载等因素的变化与差异，都会对桩基的性状产生影响。具体来说，这些影响包括地质剖面及土的类别与性能、荷载水平与性质、桩的设置方式与施工工艺等各个方面。因此愈来愈多的人意识到，桩基的承载与沉降的性状比预料的要复杂得多。尽管国内外对桩基已进行了不少理论与模型试验研究，但是现有的研究结果还有明显的局限性。这些理论未能充分考虑桩基施工引起的桩—土相互作用对桩基性状的影响，而桩基施工对桩基性状的影响不仅同桩的类型有关，还在相当程度上取决于地质剖面及土的类别与性能。因此，现有理论既不能明确区别不同类型的桩基（如打入桩与钻孔桩）在性状上的差异，也不能合理地分析地质情况的真实作用，因而无法解释在实际的桩基工程中出现变异性较大的结果。

研究还表明，传统的模型桩试验（除离心模型桩试验外）由于不能模拟地基土的自重应力条件，在相当多的情况下模型试验往往夸大了土的剪胀性的影响，因而会得出与实际不符的结果。为了进一步理解桩基的承载与沉降性状及其影响因素，对桩基进行原型观测无疑是一种重要的研究途径。同时，由于问题的复杂性和涉及因素较多，一方面必须积累在地质条件和桩型等方面具有代表性的大量的原型观测资料作为判断规律性的基本依据，另一方面必须结合桩基性状的特性与所探索问题的特殊性，在桩上和土中埋设必要的量测元件，并通过长期观测获得可靠的第一手资料。这两方面的工作相互补充与验证，并且同时进行必要的室内外土工试验（包括进行必要的非常规试验），才能进一步获得桩基性状的具体规律性。

但是桩基的原型观测试验工作，特别是长期观测，技术复杂，费用昂贵，条件变化大，因此进行此项试验时必须周密计划，妥善安排，认真对待，要对每一环节认真进行检查。

第二节 原型观测的目的和方法

一、原型观测的主要目的

（1）监测桩基设置和工作时对周围环境的影响；

编写人：施峰（福建省建筑科学研究院）

（2）通过观测资料的信息反馈验证设计方法和相应的土工参数的可靠性；

（3）提高对桩基性状的理解，以改进设计方法。

二、原型观测的方法

（1）为及时了解打桩对周围环境的影响程度，通常可用压力法或钻孔法埋入孔隙水压力计来量测打桩时孔隙水压力的变化规律，用精密水准仪监测地面及附近建筑物的沉降，也可在地面钻孔埋入测斜管以监测土体水平变位，还可在地下管线两边用经纬仪量测水平位移以指导和调整打桩顺序、打桩速率、打桩方式或者提供其他所需采取的技术措施。

（2）一般地，桩的静载试验仅能提供桩顶竖向受压、抗拔和水平向承载力或变形。为了解桩周每一层土的受力情况或桩端土的受力和变形情况，可沿桩身轴线每隔一定间距埋设一系列钢筋计或荷载盒来考察桩侧阻力和桩端阻力的发展，研究桩顶荷载沿桩身各土层的传递规律。也可在桩身不同深度处埋设管子，从中插入应变杆来量测不同深度桩截面的位移。为了研究桩土共同作用，可在桩头埋设载荷计，在承台底面的土中埋设土压力盒来研究桩与土分担荷载的变化规律。在研究扩底桩桩端持力层受力分布情况时可在扩大头土层的中心或边缘离中心一定距离处埋设土压力盒或载荷计来研究桩端土的受力规律。广义上说，基桩的静载试验及动力试验也是原型观测的一部分，由于前面的章节已有详述，这里就不涉及了。

三、原型观测的仪器、设备

通常用于桩基原型试验的仪器有应变计、钢筋计、土压力盒、载荷计、孔隙水压力计、测斜仪、滑动测微计、三向位移计、测胀仪等。用于动力原型试验还有加速度计、速度计、力传感器以及其他如 PDA 打桩分析仪、P. I. T 基桩完整性测试仪等仪器。原则上用于土工测试的仪器均可用于桩的原型观测。

用于桩基原型观测的仪器，要求其牢固可靠，能真实地反映桩基受力和变形状态。以下对几种常用的仪器设备及其应用范围进行一些说明：

（1）在研究灌注桩的荷载传递机理时，较常用的测试仪器为应变计，可将应变计绑扎或焊接在钢筋笼上。若应变计是电阻式的可将电阻应变片粘贴在加工过的钢筋上，将钢筋绑扎或电焊连接主筋；若应变计是钢弦式的，可用同直径的钢弦式应变计焊接成为主筋的一部分，代替主筋工作。一般认为电阻式应变计比钢弦式应变计寿命短，电阻式应变计制作时对地绝缘电阻和防水性能要求较高，施工过程的保护要求较严格。钢弦式应变计的长期稳定性要优于电阻式的，由于使用频率作为输出信号，而不是电压，频率信号可以传送较远的距离，而不致因水分渗入、湿度变化、接触电阻或泄漏电阻等所引起的电阻值变化而使信号有明显的衰退，导线电阻和绝缘电阻也不影响其信号。钢弦式仪器的缺点是仪器输出信号的自动记录比较困难，但目前已经有很大改善。

（2）在研究桩土共同作用中土所分担的应力以及灌注扩底桩的桩端阻力，通常使用土压力盒或土压力计。土压力盒有单膜和双膜之分。当所要测试的桩端或桩周土的局部刚度不是很均匀时，一般以采用双膜土压力盒较好，它具有性能稳定，不受导线长度限制，适用于长期观测等优点。土压力计是由膜盒式接管与钢弦组成，压力通过膜盒式接管将应力传给钢弦，钢弦因应力的变化而使固有自振频率发生变化，由频率变化测得压力值。由于土的局部刚度的影响，一般认为土压力的测试结果主要用于定性分析，用于定量分析需结合具体情况慎重考虑。

（3）在研究群桩的桩土共同作用时，为了测定桩间土的竖向变形，可在桩间土中埋设分层沉降管，用分层沉降仪测定桩间土的分层沉降。在研究桩土共同作用时，桩所承担的荷载往往比土大很多，通常用载荷计测试桩顶荷载。生产载荷计品种较多的厂家有丹东市电器仪表厂等。

（4）当桩作为深基坑的支挡结构时，常在桩身或其附近土层用预埋法或钻孔法埋设测斜管来量测深基坑的水平位移，埋设钢筋计来量测围护桩受力并计算弯矩和挠曲变形，用插板直接埋入法或挂布法，在桩侧埋设土压力盒来量测主动和被动土压力。此外，可在桩顶设置观测点用水准仪来量测桩顶的竖向位移，用经纬仪量测桩顶水平位移。采用进口的 N_3 精密水准仪和 T_2 经纬仪量测精度较高。

第三节　原型观测工程实例

除以下实例外，尚可参阅第二十七章、第二十九章的相关章节内容。

为了解打桩对土体引起的影响及桩作为围护结构在承担水平力和弯矩时的性状，对某围护结构及其周围环境进行了监测。

一、工程概况

该工程位于福州繁华的地段，为地上 30 层、地下 3 层的写字楼。其基坑开挖深度达 13.20m，呈长方形，尺寸约 100m×80m。基坑边缘西侧距离主干道约 6.0m，南侧距离一座已建高楼约 4.0m，北侧距离内河约 6.0m。围护结构采用 ϕ800@1000 混凝土灌注桩、长 24.0m，圈梁尺寸为 1000mm×700mm，设二道混凝土内支撑，位于 -4.0m 及 -9.0m，主支撑梁截面为 1400mm×700mm，斜撑截面为 500mm×700mm。

二、地质情况

坑底座落于流塑性的淤泥层，在基坑开挖影响范围内的土层从上到下依次为：

（1）杂填土：灰黄色，褐灰色等，湿，稍密，厚度 0.40～4.70m；

（2）（粉质）黏土：灰黄、浅黄色，湿，可塑，局部软塑，厚度 0.30～1.20m；

（3）淤泥（质土）：深灰色，饱和，流塑，厚度 11.20～16.60m；

（4）粉质黏土：灰黄、绿灰、浅灰色，湿—饱和，可塑，含氧化铁，高岭土，少量粉细砂等。厚度 0.90～4.10m。

（5）粗中砂：浅灰、浅黄色，中密为主，局部密实或稍密，以中砂、粗砂为主，含细砂、粉砂等，级配较好，厚度 0.10～1.10m。

（6）圆角砾砾砂：灰黄、褐黄、浅灰色，稍密—中密，饱和，厚度 0.30～3.90m。

（7）淤泥质土：深灰、浅灰色，饱和，流塑，厚度 1.70～5.30m。

（8）粉（砂）质黏土：绿灰、浅灰色，湿—饱和，可塑，含氧化铁，高岭土，含中细砂、粉砂等 5%～30%，厚度 0.50～1.90m。

三、监测内容及仪器

因为周边管道密布，对变形要求非常严格，基坑开挖深度深，为确保基坑安全，本次的监测内容包括：基坑变形、沉降、水平位移、围护桩侧压力、地下水位、深层土体水平位移、内支撑内力等。

(1) 监测在基坑开挖过程中支护结构和基坑周边土体沿深度方向变化的水平位移。根据设计图纸的要求，先沿基坑周边布置 11 个测斜孔，采用美国 Sinco 公司生产的测斜仪定期对基坑开挖过程中土体沿深度变化的水平位移进行观测和分析。

(2) 监测基坑顶、立柱、邻近建筑物及道路沉降。沿坑顶四周布置 17 个、立柱布置 10 个、邻近建筑物及道路上布置 7 个沉降观测点，采用高精度水准仪定期进行观测和分析。

(3) 监测基坑顶水平位移。沿坑顶四周共布置 17 个水平位移观测点，采用高精度全站仪定期进行观测和分析。

(4) 监测在基坑开挖过程中分层土体沉降的变化情况。在基坑周边共布置 4 个分层土体沉降观测孔，采用磁感应式分层沉降仪定期进行观测和分析。

(5) 监测在基坑开挖过程中水位的变化情况。在基坑周边共布置 8 个水位观测孔，采用水位计定期进行观测和分析。

(6) 监测在基坑开挖过程中围护桩及内支撑的应力变化情况。在围护桩及两道内支撑上共布置 18 个应力观测点，采用 SS-2 型数字钢弦频率接收仪定期进行观测和分析。

(7) 监测在基坑开挖过程中深层土压力变化情况。在基坑东、西两侧沿深度方向共布置 8 个土压力盒，采用 SS-2 型数字钢弦频率接收仪定期进行观测和分析。

为节省篇幅，本文只取部分监测数据进行分析。部分监测元件布置见图 30-3-1。

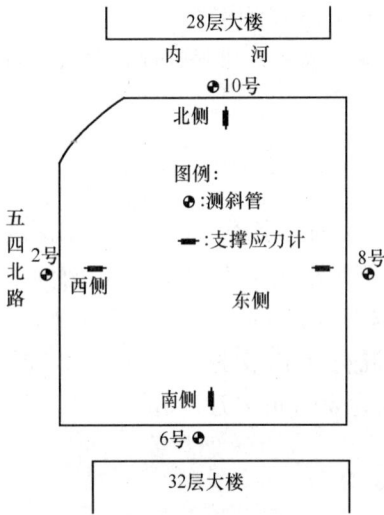

图 30-3-1 基坑平面及监测元件布置图

四、监测结果与分析

1. 深层土体水平位移分析

深层土体水平位移是通过预埋在基坑周边测斜管来监测的，为保证测斜管最下端为不动点，测斜管埋置深度为 24.0m，与围护桩同长。采用的仪器为美国 SINCO 测斜仪，其精度可达 0.01mm。在基坑周边共埋设 11 根测斜管，为节省篇幅，本文只取其中具有代表性的 4 根测斜管进行分析，分别为西边 2 号管、南边 6 号管、东边 8 号管及北边 10 号管。

(1) 深层土体水平位移沿深度变化分析

上述 4 根管在基坑施工结束后的深度-位移曲线如图 30-3-2 所示。通过图形分析，可

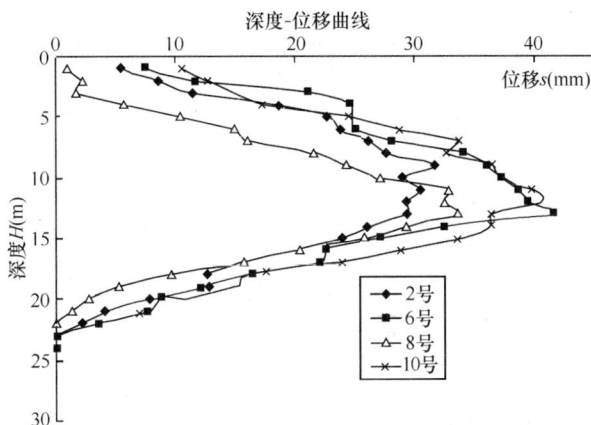

图 30-3-2 深层土体水平位移沿深度变化

得出下面结论：

曲线基本可分成三个部分：第一部分为 0.0～5.0m 处，该处是第一道支撑面以上，位移呈线性发展，是一个三角形区域；第二部分是从 4.0～15.0m 处，呈梯形状，该处范围内有二道支撑和底板土体，土体位移整体鼓出来；第三部分从 15.0m～坑底，是个三角形区，在坑底土体的被动土压力作用下，位移急剧减小。

基坑最大土体水平位移出现在 11.0～13.0m 之间，约 40.00mm 左右，而坑顶水平位移仅为 10.00mm 左右，呈大肚子状。这与土钉墙、重力式挡墙或悬臂式围护结构的深度位移曲线是不同的，它们的最大位移均出现在坑顶。

从土体的影响深度范围内来看，在 22.0m 以下，位移基本归于零，土体未受影响，这说明围护灌注桩的长度只要 22.0m 就够了，22.0～24.0m 属多余部分，造成一定的浪费。

分析 2 号测斜管与 6 号测斜管的最大位移可发现两者相差为 11.20mm，这主要是 2 号管靠近繁华道路，开挖完马上浇筑底板，位移较小。所以，合理地安排基坑施工工期意义重大，有时，它关系到一个基坑的成败。

（2）深层土体水平位移沿时间变化分析

为了便于观察施工的不同段位移变化发展情况，以 2 号测斜管为例，分别画出该管在 1.0m、4.0m、9.0m 及 13.0m 处土体水平位移随时间发展情况，见图 30-3-3。

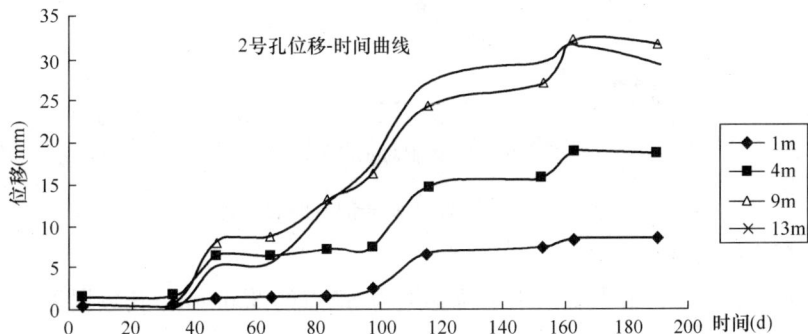

图 30-3-3 深层土体水平位移沿时间变化

该曲线按图基本可分为 7 个阶段：

从 0～30d 为第一道支撑（－4.0m）施工并开挖到第一道支撑面处，因为开挖才 4.0m，位移很小。

从 30～48d 处为第一道支撑面（－4.0m）往下开挖到第二道支撑面处（－9.0m）处，1m 处位移未受影响，－4.0m、－9.0m 及－13.0m 处的位移均较大发展。

从 48～70d 处为开始施工第二道支撑，随着开挖的完成，变形基本同时结束，曲线平缓。

从 70～100d 为第二道支撑（－9.0m）往下开挖到基坑底（－13.20m）处，4 条曲线可分成 2 组，9m 及 13m 处位移大发展；相反地，1m 及 4m 处位移基本没变，这说明上部土体的变形基本完成，且未受下部土体开挖的影响。

从 100～120d 为基坑开挖到底板处但未浇灌底板前，4 条曲线位移均呈跳跃发展，基坑处于最危险阶段。

从 120～150d 为底板施工到第二道支撑爆炸前，底板相当于一个大支撑，位移发展明显减慢。

从 150～160d 为第二道支撑爆破时，4m 及 9m 处位移变化较大，1m 处位移变化较小，13m 处因为底板已离工，位移基本没受影响，从 150d 往后，曲线平稳。

一个很明显的总体规律是：土方开挖，位移发展；土方停止，位移也停止。若土方开挖停止，但位移仍继续发展，如图中的 100～120d 段曲线，表明该基坑已接近极限状态，随时有失稳的危险。

2. 基坑顶、立柱、邻近建筑沉降及道路沉降观测

采用高精度水准仪定期进行观测和分析。仅举地面沉降最大的 23 号点为例进行说明（图 30-3-4）。从图中可以看出，地面沉降的发展曲线比较平稳，从 0.0mm 缓慢地增加到 31.7mm，只有在中间段土方从第二道支撑往下开挖时，沉降速率稍微加大，但不明显。这主要是由于基坑坐落在软土层，土体固结变形较慢，从土方开挖直到基坑结束时都在缓慢地下沉。另外也说明基坑一直处于安全状态，没有出现土体大面积外涌，它的沉降是由于部分水平位移＋水土流失而引起的重新固结。

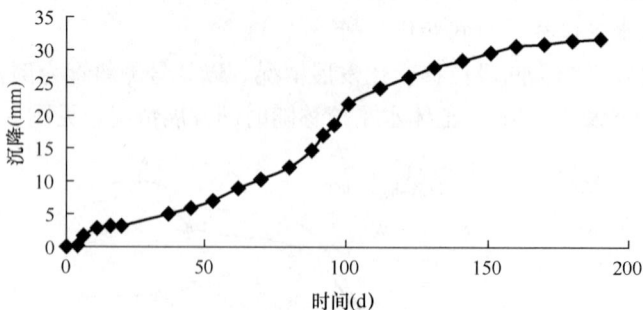

图 30-3-4　23 号点地面沉降-时间曲线

3. 基坑顶水平位移

在基坑施工过程中，最大坑顶水平位移点为 S7 点的 3.6mm，其数据见图 30-3-5（以三个测点为例）。

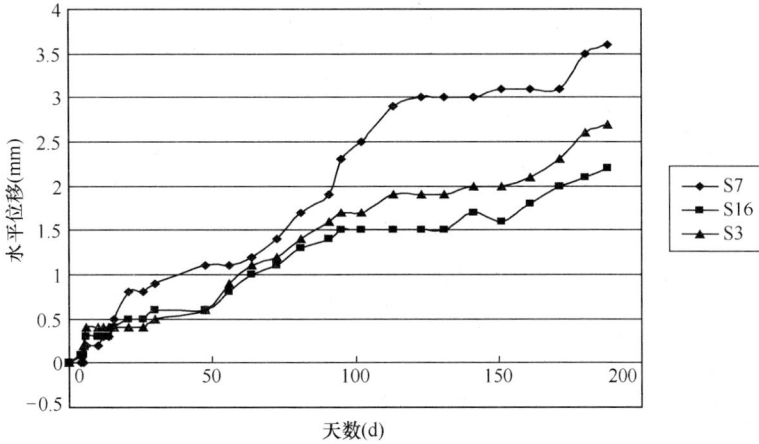

图 30-3-5 基坑顶水平位移

4. 分层土体沉降

对基坑的分层土体沉降，采用磁感应式分层沉降仪定期进行观测和分析。在基坑周边共布置 4 个分层土体沉降观测孔，每个观测孔在土体分层的位置设置测点。例如在 4 号孔在 4.503m、6.893m、9.927m、12.158m、16.154m、20.508m 及 22.837m 处设置七个测点。基坑施工过程中，分层土体最大沉降为 4 号孔 2 号测点的 124mm，其数据见图 30-3-6（仅以 4 号孔为例）。

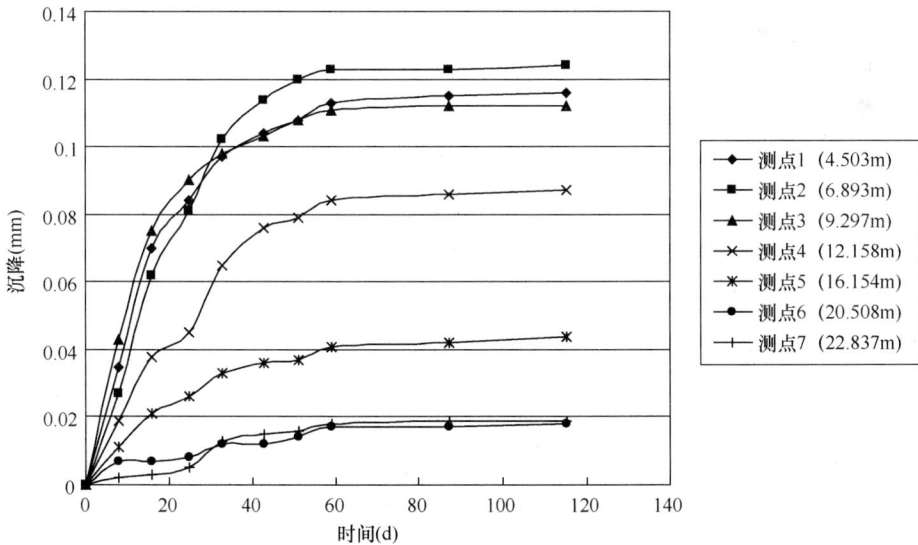

图 30-3-6 分层土体沉降

5. 监测在基坑开挖过程中水位的变化情况

在基坑施工过程中，采用水位计定期进行观测和分析。监测期间：1 号孔最低水位 －2.3m、最高水位－1.6m，2 号孔最低水位－2.5m、最高水位－1.7m，3 号孔最低水位 －2.2m、最高水位－1.7m，4 号孔最低水位－3.1m、最高水位－2.1m，5 号孔最低水位

−1.9m、最高水位−1.5m，6 号孔最低水位−2.7m、最高水位−2.1m，7 号孔最低水位−2.8m、最高水位−2.1m，8 号孔最低水位−2.5m、最高水位−2.0m。总体上，在基坑开挖期间场地内地下水位变化不大。

6. 围护桩及内支撑的应力

在基坑施工过程中，在围护桩及两道内支撑上共布置 18 个应力观测点，采用钢弦式数字频率仪定期进行观测和分析。共设置 8 个应力观测点于围护桩，其中 108 号桩 18m 处、162 号桩 14m 处和 23 号桩 18m 处的观测点由于被破坏而未能使用，通过监测表明：在围护桩使用期间，各测点的弯矩值均在允许范围内。在两层内支撑上各分别设置 5 个应力观测点，监测结果显示：随工序的进行，支撑内力呈有规律的变化，且其数值均在允许范围内，无异常。

为了节省篇幅，这里只分析西面第一、二道支撑应力计。

（1）第一道支撑、第二道支撑内力沿时间变化分析

图 30-3-7 是第一道支撑、第二道支撑内力随时间的变化曲线，从图中可得出下列规律：

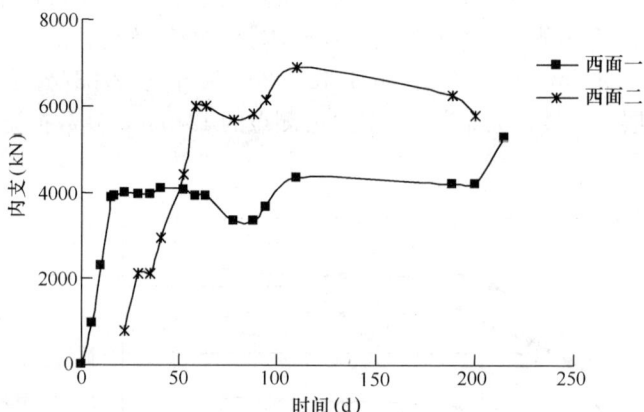

图 30-3-7　西面内支撑应力随时间变化曲线

①在第一道支撑施工完后往下开挖到第二道支撑施工前，第一道支撑内力急剧增大，基本呈线性增加到 4000kN 附近。

②在第二道支撑施工并开始受力后，其内力也基本呈线性增加到 6000kN 左右；同时，在第二道支撑内力增加时第一道支撑受力基本不变。

③当第二道支撑内力达到 6000kN 时，两道支撑内力开始逐渐回落，第一道回落到 3500kN，第二道回落到 5500kN。这一阶段由于土体的挤压引起的土压力基本被围护系统平衡，土体变形进入稳定期。

④从第二道支撑往下开挖到坑底时，两道支撑内力同时增加，说明在新的主动土压力作用下，原有平衡被打破，内支撑变形再继续。到底板施工完后，二道支撑内力维持不变，呈一水平线。

⑤在第二道支撑爆破后，第一道支撑内力明显增加，曲线上升。

⑥第一道支撑的内力明显小于第二道支撑，这反映了支撑设计不合理，若将第一

道支撑位置从−4.0m往下降到−5.0m，这样二道支撑受力会更均衡，有利于围护结构的稳定。

（2）二道支撑内力总和沿时间变化分析

另外，为了研究二道支撑内力总和变化规律，将东面第一、二道支撑内力相加及西面第一、二道支撑内力相加与时间的变化曲线如图30-3-8所示。

从图中可得出两条曲线变化非常类似，上升、下降、再上升及再下降，分别对应于基坑开挖内力上升、土体第一阶段主动土压力充分发挥后，内力回落、土体第二阶段变形开始，内力又上升、变形稳定后又回落，最后第二道支撑爆破，内力急剧下降。

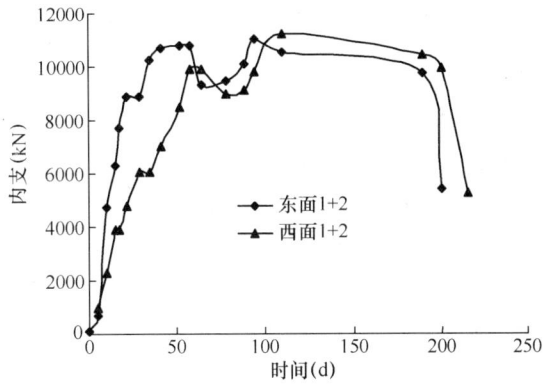

图 30-3-8　二道支撑内力总和变化规律

7. 监测在基坑开挖过程中深层土压力变化情况

在基坑东、西两侧沿深度方向共布置8个土压力盒，采用钢弦式数字频率仪定期进行观测和分析。围护桩后的土压力大小反映了围护桩是否能达到阻止桩后土体朝坑内侧移的趋势，通过监测表明：（1）主动土压力在开挖深度范围内，随着深度的增加而呈线性增长，而开挖面下的主动土压力由于受坑内被动土压力影响而增长较慢。（2）各个埋深处土压力盒的主动土压力大小随着开挖深度的增大而增大，例如，基坑东侧12.0m处的土压力盒，起初土压力为23.7kPa，在基坑开挖至坑底后，其值为57kPa。（3）在基坑挖至基底标高，底板垫层混凝土浇筑至围护桩内边线、地下室承台、底板施工完毕后，土压力的数值得到收敛，在所提供的数据中表现为后期的各次土压力大小无明显的变化。各数据如图30-3-9所示。图中可见：除部分数据"异常"外总体趋势是有规律的，具有很高的统

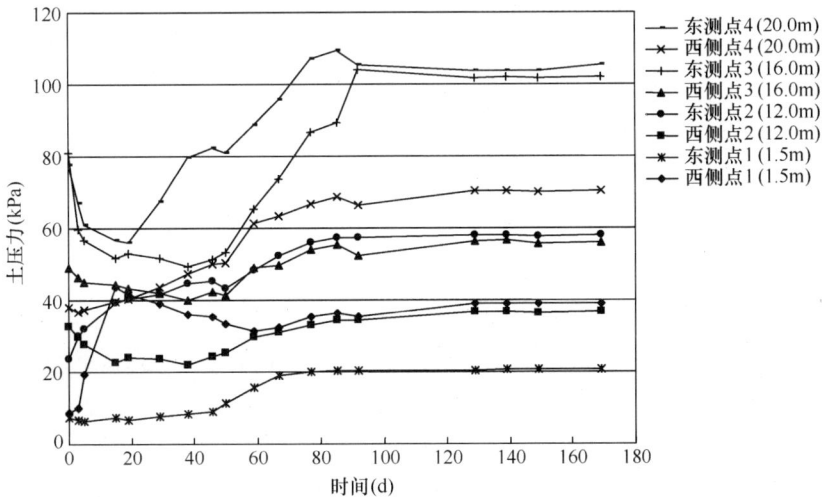

图 30-3-9　深层土压力变化

计价值。此类"异常"数据应当分析和观察现场的情况，有无扰动，工况是否特殊。比如：图中菱形标示的西侧点 1，埋深仅 1.5m，此处先进行开挖就造成了土压力的前期突变。

参 考 文 献

［1］　桩基工程手册编写委员会．桩基工程手册．北京：中国建筑工业出版社，1995
［2］　林宗元主编．岩土工程试验监测手册．北京：中国建筑工业出版社，2005

第七篇 | 港口工程桩基技术规定

第三十一章 港口工程桩基设计

第一节 前 言

半个世纪以来，我国的港口、大型桥梁以及海上固定平台的建设都取得了长足的发展和进步。施工能力已经从有掩护水域走向了开敞、深水的大洋中。海工结构中桩基占有非常重要的位置。在海工结构建设中，桩型多样化，大截面、长桩发展迅速。引进开发的预应力混凝土大管桩，桩径已达 1400mm；PHC 桩，桩径达 1200mm；钢管桩桩径达 1500mm，桩长达 80m；海上嵌岩灌注桩桩径达 2800mm，桩长达 40m；传统的预应力方桩截面也已达到 650mm×650mm，桩长达到 60m。海工结构的桩基都处于恶劣的环境、复杂的地质构造、严酷的使用要求和苛刻的施工条件中。所以这些特殊条件下的桩基设计与施工和陆上条件下的桩基设计施工必然也有很大区别。本篇主要介绍港口工程桩基设计与施工技术规定。

第二节 钢 桩

一、钢管桩

1. 材料

1) 钢管桩所用钢材，应根据建筑物的重要性、自然条件、受力状况和抗腐蚀要求等，在满足设计对其机械性能和化学组成要求的前提下，考虑材料的加工和可焊性，并通过技术经济比较后确定。钢管桩所用钢材，应取用同一型号的钢种。

对一般工程，钢管桩所用钢材可采用 Q235 钢、16Mn 钢、15MnV 钢。使用 Q235 钢时应根据工程需要选用合适的质量等级的镇静钢。对重要海港工程，经技术经济论证后，也可采用耐腐蚀钢种。

钢材的质量应符合现行国家标准《碳素结构钢》（GB/T 700—2006）和《低合金高强度结构钢》（GB/T 1591—2008）的规定。

2) 焊接材料的机械性能应与钢管桩主材相适应，对海港工程尚应考虑防腐蚀要求。

当钢管桩主材为普通碳素钢或低合金结构钢时，焊接材料按下列规定采用：

（1）手工焊接：应选用与主材相适应的结构钢焊条。

① 一般工程采用：

Q235 钢：应采用 E4301、E4303 型等 E43XX 系列焊条。

低合金钢：应采用 E5010、E5011 型等 E50XX 系列焊条。

编写人：周国然（中交第三航务工程局设计研究院）

②重要工程或需要在低温下焊接时，应采用低氢焊条。

（2）自动焊接：应采用与主体金属强度相适应的焊接用钢丝和焊剂。

Q235 钢：应采用焊丝 H08、H08A、H08Mn、H08MnA 等，并配合相应焊剂。

低合金钢：应采用焊丝 H08MnA、H10MnSi、H10Mn$_2$ 等，并配合相应焊剂。

（3）焊接材料应符合现行国家标准《碳钢焊条》（GB/T 5117—1995）、《低合金焊条》（GB/T 5118—1995）和《埋弧焊用碳钢焊丝和焊剂》（GB/T 5293—1999）等标准的规定。

3）材料的强度设计值符合下列规定：

（1）碳素钢的强度设计值应根据钢材厚度或直径分组取值。钢材分组方法应按表 31-2-1采用。

钢材分组尺寸（mm）　　　　　表 31-2-1

组　　别	角钢、工字钢和槽钢的厚度	钢板的厚度
第 1 组	≤15	≤20
第 2 组	>15～20	>20～40

注：工字钢和槽钢的厚度系指腹板的厚度。

（2）钢材的强度设计值应按表 31-2-2 确定。

钢材的强度设计值（MPa）　　　　　表 31-2-2

钢　　材			抗拉、抗压和抗弯 f	抗剪 f_v	端面承压（刨平顶紧）f_{ce}
钢　号	组　别	厚度或直径（mm）			
Q235	第 1 组	—	215	125	320
	第 2 组	—	200	115	320
16Mn 16Mnq		≤16	315	185	445
	—	17～25	300	175	425
		26～36	290	170	410
15MnV 15MnVq		≤16	350	205	450
		17～25	335	195	435
		26～36	320	185	415

注：Q235 镇静钢钢材的抗压、抗弯和抗剪强度设计值，可按表中的数值增加 5%。

（3）焊接材料的强度设计值应按表 31-2-3 确定。

焊缝的强度设计值（MPa）　　　　　表 31-2-3

焊接方法和焊条型号	构件钢材			对接焊接				角焊缝
	钢号	组别	厚度或直径（mm）	抗压 f_c^w	焊缝质量为下列级别时，抗拉和抗弯 f_t^w		抗剪 f_v^w	抗拉、抗压和抗剪 f_f^w
					一级、二级	三级		
自动焊、半自动焊和 E43XX 系列焊条的手工焊	Q235	第 1 组 第 2 组	—	215 200	215 200	105 170	125 115	160 160
自动焊、半自动焊和 E50XX 系列焊条的手工焊	16Mn 16Mnq	—	≤16 17～25 26～36	315 300 290	315 300 290	270 255 245	185 175 170	200 200 200

续表

焊接方法和焊条型号	构件钢材			对接焊接				角焊缝
	钢号	组别	厚度或直径（mm）	抗压 f_c^w	焊缝质量为下列级别时，抗拉和抗弯 f_t^w		抗剪 f_v^w	抗拉、抗压和抗剪 f_f^w
					一级、二级	三级		
自动焊、半自动焊和E55XX 系列焊条的手工焊	15MnV 15MnVq	—	≤16	350	350	300	205	220
			17～25	335	335	285	195	220
			26～36	320	320	270	185	220

注：自动焊和半自动焊所采用的焊丝和焊剂，应保证其熔敷金属抗拉强度不低于相应手工焊条的数值。

2. 计算和构造

1）钢管桩在使用时期和施工时期应分别进行强度计算和稳定性计算。计算方法应按现行行业标准《钢结构设计规范》（GB 50017—2003）执行。

2）钢管桩管壁的厚度由两部分组成：

（1）有效厚度：管壁在外力作用下所需要的厚度，应按第 2.1 条确定；

（2）预留腐蚀厚度：为建筑物在使用年限内管壁腐蚀所需要的厚度，应按第 3.6 条确定。

3）钢管桩管壁的计算厚度：使用时期，应取有效厚度；施工时期，可根据施工期限、防腐蚀效果，在计算厚度内计入全部或部分的腐蚀厚度。

4）当钢管桩打入良好持力层，且沉桩困难时，桩外径与壁厚之比不宜大于 70。

5）在钢管桩内灌注混凝土所形成的钢管混凝土桩，其桩身结构承载力可按《钢管混凝土结构设计与施工规程》（CECS 28—1990）或其他可靠方法计算。

6）钢管桩宜采用两点吊。钢管桩在吊运时应将桩重乘以动力系数 α。水平吊运 α 宜取 1.3，吊立过程 α 宜取 1.1。

在吊桩过程中，如采用吊耳板时，为便于桩纳入龙口，必要时可在上吊点位置对称的一侧多设一个吊耳板。

7）桩顶锚固形式应满足下列要求：

（1）钢管桩与桩帽（或横梁）之间应采用固接连接。

固接连接有桩顶直接伸入桩帽（或横梁）内和桩顶通过锚固铁件或钢筋伸入桩帽（或横梁）内两种形式（图 31-2-1）。

（2）桩顶固接连接时，应能承受桩顶弯矩、剪力和轴向力等作用，并应按表 31-2-4 规定验算。

桩顶锚固验算项目　　　　　　　　　　　　　　表 31-2-4

固接形式 荷载情况	桩顶直接伸入桩帽（或横梁）	桩顶通过锚固铁件伸入桩帽（或横梁）
轴向压力	桩顶混凝土的挤压和冲切	
轴向拉力	桩顶锚固深度	锚固铁件的截面积、锚固长度和焊缝长度
水平剪力、弯矩	桩侧混凝土的挤压应力	桩侧混凝土的挤压和铁件应力

注：1. 桩顶直接伸入桩帽（或横梁）内时，桩顶伸入的最小深度不应小于 1 倍桩径；
　　2. 桩顶通过锚固铁件或钢筋伸入桩帽（或横梁）内时，桩顶伸入的深度不应小于 100mm；
　　3. 当桩受轴向拉力时，桩顶直接伸入桩帽（或横梁）的部分必要时可加焊锚固铁件。

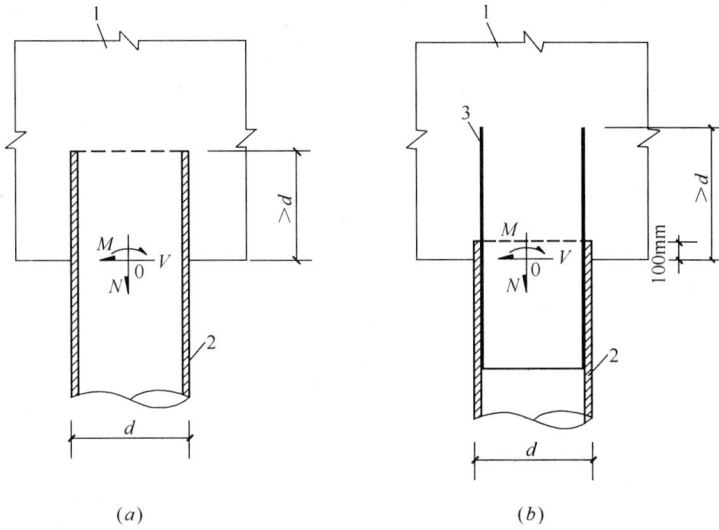

图 31-2-1 钢管桩与桩帽（或横梁）连接

1—桩帽或横梁；2—钢管桩；3—锚固铁件

8）钢管桩顶和桩端可不采取加固措施。但当桩端需穿越障碍物，或打入坚硬土层时，可对桩顶或桩端进行加固，必要时可设置桩靴。

9）宜避免在水上接桩。如必须在水上接桩时，在同一根桩上接桩不宜多于一处，并满足下列要求：

（1）接桩位置满足下列要求：

①应设在内力较小处；

②应避免在浪花飞溅区和潮差区；

③应避免在桩身壁厚变化处；

④接桩设计不宜使桩端处于软弱土层上，避免溜桩。

（2）接桩的构造形式可按图 31-2-2 选用。

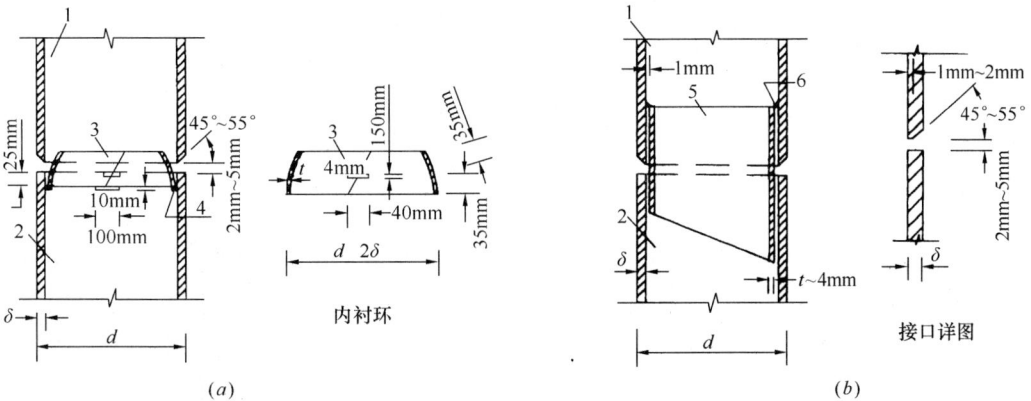

图 31-2-2 钢管桩接桩

1—上节桩；2—下节桩；3—内衬环；4—托块；5—内衬套；6—电焊

10) 焊缝形式和尺寸符合下列规定：

(1) 钢管桩组装时应采用对接焊缝，不得用搭接或侧面有覆板的焊接形式。

(2) 工厂预制时宜采用平焊。纵缝或环缝宜采用 V 形或 X 形坡口进行双面施焊。如双面施焊有困难时，可采用带内衬板的 V 形坡口单面焊，内衬板的厚度不宜小于 4mm，宽度可取 30～50mm。当焊接工艺有保证时，也可采用其他焊缝坡口形式。

焊缝坡口的尺寸及代号，应按现行国家标准《气焊、焊条电弧焊、气体保护焊和高能束焊的推荐坡口》（GB/T 985.1—2008）和《埋弧焊的推荐坡口》（GB/T 985.2—2008）规定执行。

(3) 水上接桩的焊缝形式，宜采用单边 V 形坡口。上节桩的坡口角度采用 45°～55°，下节桩不开坡口。在钢管桩的内壁应设有内衬套或内衬环（图 31-2-2）。

11) 纵向焊缝和管节组装符合下列规定：

(1) 钢管桩任一横截面内，宜采用一条纵向焊缝，不得超过两条。

(2) 同一横截面内两条纵缝的间距应大于 300mm，管节组装时，相邻管节纵缝距离也应大于 1/8 周长。

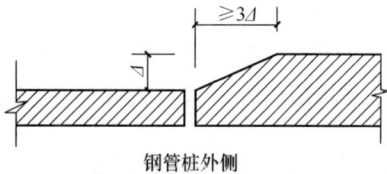

(3) 为减少桩的环缝对接数量，管节预制长度宜加大。

(4) 管壁厚度不等的环缝对接，当板厚差超过表 31-2-5 规定时，应在较厚的板上作出单面斜边（图 31-2-3）。斜边坡度不大于 1∶3。

钢管桩外侧

图 31-2-3　管壁厚度不等对接

焊缝坡口尺寸应根据较薄板的厚度按上面 10）条规定确定。

环缝对接最大允许板厚差（mm）　　　　　　　　表 31-2-5

较薄板的厚度	>9～12	>12
最大允许板厚差 △	3	4

12) 角焊缝的最大焊缝高度，不宜大于较薄板厚的 1.2 倍。最小焊缝高度应符合表 31-2-6 的规定。

主要受力构件，如吊耳板等的焊缝不得采用断续焊缝。

角焊缝的最小焊缝高度（mm）　　　　　　　　表 31-2-6

较薄板的厚度	角焊缝的最小焊缝高度	较薄板的厚度	角焊缝的最小焊缝高度
≤10	6	17～25	10
11～16	8	26～40	12

13) 在设计钢管桩时，应根据工程的重要性、荷载特征等，对钢管桩焊缝的检查方法和数量作出规定。

14) 当预计打桩有可能出现管涌现象，可在桩身的适当部位开设排水孔，孔径可取 50mm 左右。

15) 外海工程或沉桩困难的工程，对需要水上接桩的下节钢管桩、桩与桩帽（或横梁）采用如图 31-2-2（b）形式连接的钢管桩，在沉桩完成后，宜将桩顶以下 200～300mm 割除，以保证桩的强度和防腐要求。

3. 防腐蚀

1）在海港工程中，根据环境对钢管桩的腐蚀程度，沿桩身可划分为五个腐蚀区。对有掩护海港，大气区和浪溅区的分界线为设计高水位加 1.5m；浪溅区和水位变动区的分界线为设计高水位减 1.0m；水位变动区和水下区的分界线为设计低水位减 1.0m；水下区与泥下区的分界线为泥面。

河港工程中，钢管桩可参照海港工程划分腐蚀区。

2）钢管桩必须进行防腐蚀处理。防腐蚀措施有：

（1）外壁加覆防腐涂层或其他覆盖层；

（2）增加管壁预留腐蚀余量厚度；

（3）水下采用阴极保护，如外加电流或牺牲阳极；

（4）选用耐腐蚀钢种。

3）防腐蚀措施的选择，应根据建筑物的重要性、使用年限、当地腐蚀环境、结构部位、施工可能性、维护方法以及防腐材料来源等，经技术经济比较后确定。

对海港工程，可按表 31-2-7 综合采用，或采取其他有效措施进行保护；对河港工程，可参照海港工程选用。

海港工程钢管桩的防腐措施 表 31-2-7

部位 方法	大气区	浪溅区	水位变动区	水下区	泥下区
涂 层	必 须	必 须	必 须	可 用	不 需
包覆层	可 用	可 用	可 用	不 需	不 需
预留腐蚀厚度	可 用	必 须	必 须	可 用	可 用
阴极保护	无 效	无 效	可 用	可 用	可 用

4）钢管桩的内壁与外界空间密闭隔绝时，可不考虑内壁腐蚀。

5）设计时，应考虑钢管桩在施工时期的防腐蚀措施。

6）钢管桩的预留腐蚀厚度可参照类似环境下钢结构的腐蚀实测数据确定。亦可按下式计算：

$$\Delta\delta = V\left[(1 - P_t)t_1 + (t - t_1)\right] \tag{31-2-1}$$

式中　$\Delta\delta$——在建筑物使用年限 t 年内，钢管桩所需要的管壁预留单面腐蚀厚度（mm）；

V——钢材的单面年平均腐蚀速度（mm/年）；

P_t——采用涂层保护或阴极保护，或采用阴极保护与涂层联合防腐措施时的保护效率（%）；

t_1——采用涂层保护或阴极保护，或采用阴极保护与涂层联合防护措施时的使用年限（年）；

t——被保护的钢结构设计使用年限（年）。

采用防腐措施的海港工程，如使用年限超过 10 年，其水下区以上部位的预留腐蚀厚度不应小于 2mm。

7）海港工程，碳素钢的单面年平均腐蚀速度（V）可按表 31-2-8 取值，有条件时也可根据现场实测确定；河港工程，在平均低水位以上，年平均腐蚀速度可取 0.06mm/年，平均低水位以下，年平均腐蚀速度可取 0.03mm/年。

海港工程碳素钢的单面年平均腐蚀速度 表 31-2-8

部　位	V（mm/年）	部　位	V（mm/年）
大气区	0.05～0.10	水位变动区、水下区	0.12～0.20
浪溅区	0.20～0.50	泥下区	0.05

注：1. 表中年平均腐蚀速度适用于 pH＝4～10 的环境条件，对有严重污染的环境，应适当增大；

2. 当采用低合金钢时，可参照表中数值取值，但大气区应适当减小；

3. 对水质含盐量层次分明的河口或年平均气温高、波浪大和流速大的环境，其对应部位的年平均腐蚀速度应适当增大。

8）当采用涂层保护时，在涂层的设计使用年限内其保护率可取 80％～95％；当采用阴极保护时，其保护效率 P 可按表 31-2-9 取值；当采用涂层与阴极保护联合防护措施时，其保护效率在平均潮位以下可取 85％～95％；平均潮位以上仅按涂层的保护效率取值。

阴极保护效率 P 表 31-2-9

部　位	P（％）
平均潮位以上	$0 \leqslant P < 40$
平均潮位至设计低水位	$40 \leqslant P < 90$
设计低水位以下	$P \geqslant 90$

9）涂层的涂刷范围和材料满足下列要求。

（1）涂刷范围：在桩顶处，涂层应伸入桩帽（或横梁）底标高以上 50～100mm；在水位变动区，应至设计低水位以下 1.5m；在水下区，应至泥面以下 1.5m。

如沉桩困难，预计桩端可能达不到设计标高时，涂刷范围应适当加大。

（2）涂层前的除锈及底漆的质量要求应按国家现行标准《海港工程钢结构防腐蚀技术规范》（JTS 153—3—2007）和《钢结构工程施工质量验收规范》（GB 50205—2001）等规范规定。

（3）采取阴极保护时，涂层宜与阴极保护联合作用，但涂层材料应具有耐电压和耐碱等良好性能。

（4）阴极保护和涂层的各项技术要求均应符合有关规定。

10）采用阴极保护的工程，所需保护的每根钢管桩之间应进行导电连接。型钢或钢筋等导电体与钢管桩必须采用焊接，不得采用钢丝绑扎等方法。

11）工程投产使用后，对钢管桩的防腐设施，应按设计要求进行不间断的维护和管理。

12）钢管桩防腐蚀未作规定部分应按现行行业标准《海港工程钢结构防腐蚀技术规范》中有关规定执行。

二、钢板桩

1. 概述

钢板桩截面有 U 形、Z 形、H 形、平型等多种形式，当板桩墙弯矩较大时，也可采用圆管型、组合型。钢板桩墙主要用在挡土、挡土挡水的永久（如板桩码头、船坞）和临时工程（如挡水围堰；挖沟、槽和基坑围护）结构上。在水运工程中，采用 U 型（拉森型锁口）钢板桩为多，见图 31-2-4。在大型船坞工程中常采用组合型钢板桩，如 CAZ 型等，见图 31-2-5。

(a)　　　　　　　　　　　　　　　　　(b)

图 31-2-4　钢板桩码头施工（U 形钢板桩）

(a) 实例一；(b) 实例二

(a)　　　　　　　　　　　　　　　　　(b)

图 31-2-5　船坞坞墙钢板桩（CAZ36 型）

(a) 坞墙钢板桩在施工中；(b) 船坞竣工时的坞墙钢板桩

2. 常用钢板桩

1）U 形（在我国俗称"拉森型"，实际上具有拉森锁口的钢板桩才是真正意义上的"拉森钢板桩"）　断面模量较大（$W=600\sim3200\mathrm{cm^3/m}$），能适用于承受较小土（水）压力的中小型工程（图 31-2-6），尤其是临时工程的应用。针对各种不同的地质条件，往往选用相应功率的振动锤进行施工。在 2002 年之后，世界上单根 U 形钢板桩的宽度可达750mm，其施工速度进一步加快。

2）Z 形和组合钢板桩

（1）Z 形　断面模量很大（$W=1200\sim5015\mathrm{cm^3/m}$），适用于承受较大土（水）压力的

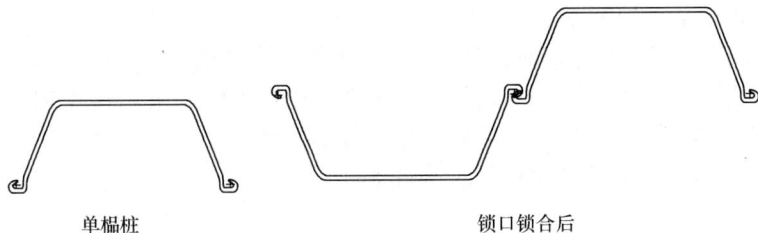

单榀桩　　　　　　　　　　　　　　锁口锁合后

图 31-2-6　U 形钢板桩断面示意图

大、中、小型工程。根据 Z 形钢板桩自身的特点，总是将 2 块连成 1 组后进行插打；尽管其施工步骤比 U 形钢板桩略多，技术难度略大，但是由于 2 根 1 组的 Z 形钢板桩宽度可达 1160～1400mm，几乎是 U 形钢板桩单宽的 2～3 倍，其总体施工速度反而快，所以大量应用在有形成陆域要求的码头工程中。一般采用"先振动插桩，后锤击沉桩"的施工方法。

（2）组合钢板桩 断面模量非常大（$W=3086\sim12741cm^3/m$），适用于承受很大土（水）压力的大、中型工程。因为该结构形式具有刚度大、承载能力强（不仅可承受水平力，而且能承受垂直力）、对施工设备没有特殊要求等特点，所以这类结构目前已广泛用于大型船坞坞壁上（图 31-2-7），同时也已经开始应用到国内一些 5～10 万吨级的码头工程，但是应用本结构形式需要一个拼装焊接的环节。

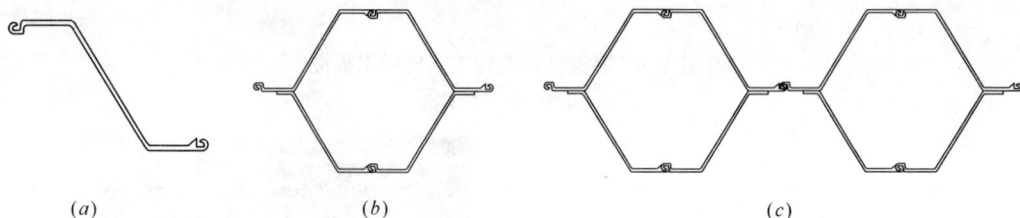

图 31-2-7　Z 形钢板桩断面示意图
（*a*）单榀桩；（*b*）组合桩由四榀桩组合而成（图中轴线下的两桩各被割去一
锁口后与上两桩焊接拼接组成）；（*c*）两组合桩锁口锁合后

3）平型（又称直型） 虽然断面模量很小，但这种钢板桩的锁口具有很大的水平抗拉能力，最大可达 5500kN/m；适用于承受水平方向有横向拉力的大型圆形筑岛围堰和格型钢板桩重力式码头工程，施工很方便（图 31-2-8）。20 世纪 90 年代已经成功地在深圳蛇口港和广州新沙港的码头工程中应用。

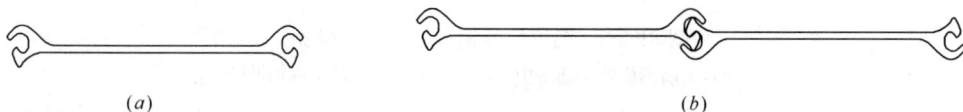

图 31-2-8　平型钢板桩断面示意图
（*a*）单榀桩；（*b*）锁口锁合后

4）H 形 断面模量极大（$W=3275\sim15000cm^3/m$），连接处由供应商另外配有专门的锁口；适用于承受很大土（水）压力的大型深水泊位。因为该结构形式具有刚度极大、承载能力极强（不仅可承受水平力，承担垂直力的能力比箱形钢板桩更为出色）、对施工设备没有特殊要求等特点，所以这类结构目前已广泛用于欧美大量 50000～150000t 级码头工程上，同时从 2006 年开始已经应用到国内的 100000t 级的码头工程中。但是应用本结构形式对沉桩的偏差控制要求较高（图 31-2-9）。

5）圆管型钢管板桩 这类钢管板桩（图 31-2-10）常用在围堰、码头、护岸等工程中。其刚度极大，受力性能很好，又有止水功能。在日本国有采用这类钢管板桩（1.0～1.2m）组成双排大围堰，使用在－20m 水深的工程中。

3. 常用（组合）钢板桩的规格与力学性能

1）Z 形钢板桩

Z 形钢板桩最本质的力学特性在于：腹板的连续性和锁口对称分布在中和轴两侧特定

的位置，这两方面都增大了钢板桩的截面抵抗矩。

AZ 系列钢板桩见表 31-2-10。

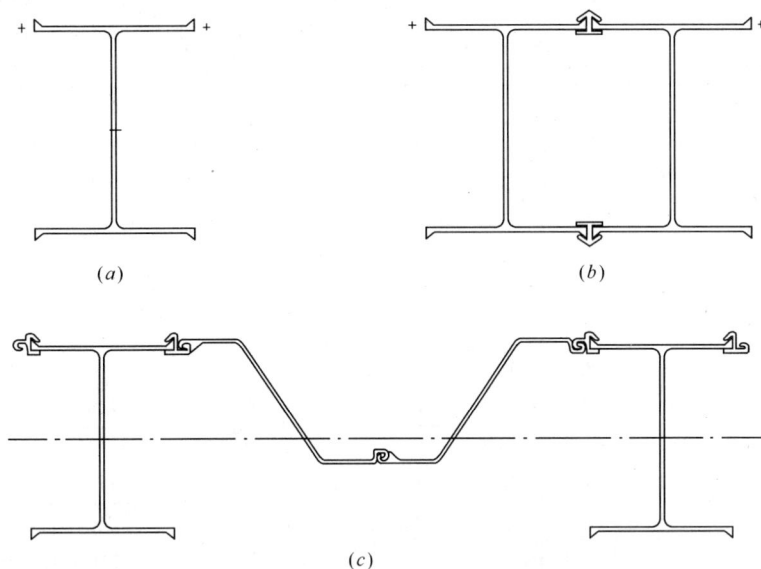

图 31-2-9 H 形钢板桩断面示意图

(a) 单榀桩；(b) 锁口锁合后；(c) 与 Z 形钢板桩的锁合情况

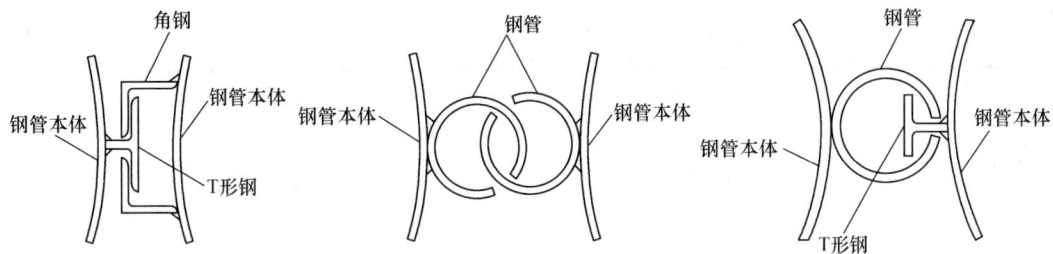

图 31-2-10 圆管型钢管板桩锁口示意图

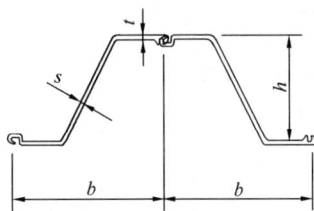

表 **31-2-10**

型 号	宽 度	高 度	厚 度		截面积	用钢量		惯性矩	弹性截面抵抗矩	可承受极限弯矩*
	b	h	t	s	A	每根每米	每单位面积	I	W_e	M_{max}
	mm	mm	mm	mm	cm²	kg/m	kg/m²	cm⁴/m	cm³/m	kN·m/m
AZ12	670	302	8.5	8.5	126	66.1	99	18140	1200	516
AZ13	670	303	9.5	9.5	137	72.0	107	19700	1300	559
AZ14	670	304	10.5	10.5	149	78.3	117	21300	1400	602

续表

型 号	宽 度	高 度	厚 度		截面积	用钢量		惯性矩	弹性截面抵抗矩	可承受极限弯矩*
	b	h	t	s	A	每根每米	每单位面积	I	W_e	M_{max}
	mm	mm	mm	mm	cm^2	kg/m	kg/m^2	cm^4/m	cm^3/m	kN·m/m
AZ17	630	379	8.5	8.5	138	68.4	109	31580	1665	716
AZ18	630	380	9.5	9.5	150	74.4	118	34200	1800	774
AZ19	630	381	10.5	10.5	164	81.0	129	36980	1940	834
AZ25	630	426	12.0	11.2	185	91.5	145	52250	2455	1055
AZ26	630	427	13.0	12.2	198	97.8	155	55510	2600	1118
AZ28	630	428	14.0	13.2	211	104.4	166	58940	2755	1184
AZ34	630	459	17.0	13.0	234	115.5	183	78700	3430	1475
AZ36	630	460	18.0	14.0	247	122.2	194	82800	3600	1548
AZ38	630	461	19.0	15.0	261	129.1	205	87080	3780	1625
AZ46	580	481	18.0	14.0	291	132.6	229	110450	4595	1976
AZ48	580	482	19.0	15.0	307	139.6	241	115670	4800	2064
AZ50	580	483	20.0	16.0	322	146.7	253	121060	5015	2156
AZ13 10/10	670	304	10.0	10.0	143	75.2	112	20480	1350	580
AZ18 10/10	630	381	10.0	10.0	157	77.8	123	35540	1870	804
AZ36−700	700	499	17.0	11.2	216	118.5	169	89740	3600	1548
AZ38−700	700	500	18.0	12.2	230	126.2	180	94840	3800	1634
AZ40−700	700	501	19.0	13.2	244	133.8	191	99930	4000	1720

* 本表中的"可承受极限弯矩"值均按照 S430GP 强度等级考虑。

2）U 形钢板桩

U 形钢板桩见表 31-2-11。

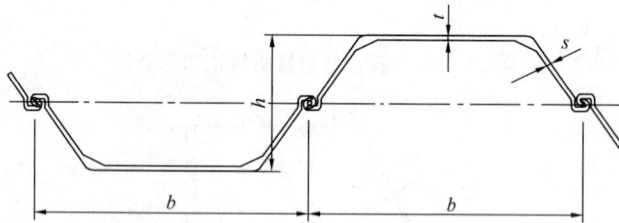

表 31-2-11

型 号	宽 度	高 度	厚 度		截面积	用钢量		惯性矩	弹性截面抵抗矩	可承受极限弯矩*
	b	h	t	s	A	每根每米	每单位面积	I	W_e	M_{max}
	mm	mm	mm	mm	cm^2	kg/m	kg/m^2	cm^4/m	cm^3/m	kN·m/m
AU14	750	408	10.0	8.3	132	77.9	104	28710	1410	606
AU16	750	411	11.5	9.3	147	86.3	115	32850	1600	688
AU17	750	412	12.0	9.7	151	89.0	119	34270	1665	716
AU18	750	441	10.5	9.1	150	88.5	118	39300	1780	765
AU20	750	444	12.0	10.0	165	96.9	129	44440	2000	860

续表

型 号	宽 度	高 度	厚 度		截面积	用钢量		惯性矩	弹性截面抵抗矩	可承受极限弯矩*
	b	h	t	s	A	每根每米	每单位面积	I	W_e	M_{max}
	mm	mm	mm	mm	cm²	kg/m	kg/m²	cm⁴/m	cm³/m	kN·m/m
AU21	750	445	12.5	10.3	169	99.7	133	46180	2075	892
AU23	750	447	13.0	9.5	173	102.1	136	50700	2270	976
AU25	750	450	14.5	10.2	188	110.4	147	56240	2500	1075
AU26	750	451	15.0	10.5	192	113.2	151	58140	2580	1109
PU6	600	226	7.5	6.4	97	45.6	76	6780	600	258
PU8	600	280	8.0	8.0	116	54.5	91	11620	830	357
PU12	600	360	9.8	9.0	140	66.1	110	21600	1200	516
PU12 10/10	600	360	10.0	10.0	148	69.9	116	22580	1255	540
PU18	600	430	11.2	9.0	163	76.9	128	38650	1800	774
PU22	600	450	12.1	9.5	183	86.1	144	49460	2200	946
PU25	600	452	14.2	10.0	199	93.6	156	56490	2500	1075
PU32	600	452	19.5	11.0	242	114.1	190	72320	3200	1376
L3S	500	400	14.1	10.0	201	78.9	158	40010	2000	860
L4S	500	440	15.5	10.0	219	86.2	172	55010	2500	1075

* 本表中的"可承受极限弯矩"值均按照 S430GP 强度等级考虑；

所有 PU 系列断面均可按照 0.5mm 或 1.0mm 的幅度增减其壁厚。

3）AZ 系列 BOX 钢板桩见表 31-2-12。

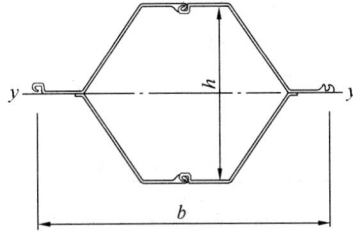

表 31-2-12

型 号	宽 度	高 度	钢材截面积	总截面积	用钢量	惯性矩	弹性截面抵抗矩	可承受极限弯矩*
	b	h	A	A_0	每根每米	I_{y-y}	W_e	M_{max}
	mm	mm	cm²	cm²	kg/m	cm⁴	cm³	kN·m/根
CAZ 12	1340	604	293	4166	230	125610	4135	1778
CAZ 13	1340	606	320	4191	251	136850	4490	1930
CAZ 14	1340	608	348	4217	273	148770	4865	2092
CAZ 17	1260	758	305	4900	239	205040	5385	2315
CAZ 18	1260	760	333	4925	261	222930	5840	2511
CAZ 19	1260	762	362	4951	284	242210	6330	2722
CAZ 25	1260	852	411	5540	323	343000	8020	3448

续表

型　号	宽　度	高　度	钢材截面积	总截面积	用钢量	惯性矩	弹性截面抵抗矩	可承受极限弯矩*
	b	h	A	A_0	每根每米	I_{y-y}	W_e	M_{max}
	mm	mm	cm²	cm²	kg/m	cm⁴	cm³	kN·m/根
CAZ 26	1260	854	440	5566	346	366820	8555	3678
CAZ 28	1260	856	471	5592	370	392170	9125	3923
CAZ 34	1260	918	516	5999	405	507890	11020	4738
CAZ 36	1260	920	547	6026	430	537860	11645	5007
CAZ 38	1260	922	579	6053	455	568840	12290	5284
CAZ 46	1160	962	595	5831	467	645940	13380	5753
CAZ 48	1160	964	628	5858	493	681190	14080	6054
CAZ 50	1160	966	661	5884	519	716620	14780	6355
CAZ 36—700	1400	998	528	7209	414	627090	12520	5383
CAZ 38—700	1400	1000	563	7239	442	667260	13295	5716
CAZ 40—700	1400	1002	599	7269	470	707630	14070	6050

* 本表中的"可承受极限弯矩"值均按照 S430GP 强度等级考虑。

4）HZ 系列钢板桩见表 31-2-13。

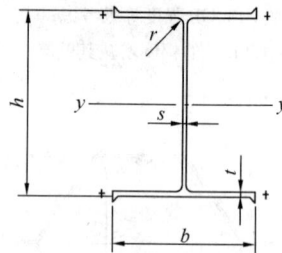

表 31-2-13

型　号	高　度	宽　度	壁　厚		截面积	用钢量	惯性矩	弹性截面抵抗矩	可承受极限弯矩*	匹配的锁口型号
			翼缘	腹板						
	h	b	t	s	A	每根每米	I_{y-y}	W_e	M_{max}	
	mm	mm	mm	mm	cm²	kg/m	cm⁴	cm³	kN·m/根	
HZ575A	575	460	14	11	200.5	157.4	125830	4375	1881	RH16-RZDU16
HZ575B	579	460	16	11	218.9	171.8	141240	4880	2098	RH16-RZDU16
HZ575C	583	461	18	12	243.4	191.1	158800	5450	2343	RH16-RZDU16
HZ575D	587	461	20	12	261.9	205.5	174680	5950	2558	RH20-RZDU18
HZ775A	775	460	17	12.5	257.9	202.4	280070	7230	3108	RH16-RZDU16
HZ775B	779	460	19	12.5	276.3	216.9	307930	7905	3399	RH16-RZDU16
HZ775C	783	461.5	21	14	306.8	240.8	342680	8755	3764	RH20-RZDU18
HZ775D	787	461.5	23	14	325.3	255.3	371220	9435	4057	RH20-RZDU18
HZ975A	975	460	17	14	297	233.1	280070	9780	4205	RH16-RZDU16
HZ975B	979	460	19	14	315.4	247.6	307930	10635	4573	RH16-RZDU16
HZ975C	983	462	21	16	353.9	277.8	342680	11845	5093	RH20-RZDU18

续表

型　号	高　度	宽　度	壁　厚		截面积	用钢量	惯性矩	弹性截面抵抗矩	可承受极限弯矩*	匹配的锁口型号
			翼缘	腹板						
	h	b	t	s	A	每根每米	I_{y-y}	W_e	M_{max}	
	mm	mm	mm	mm	cm²	kg/m	cm⁴	cm³	kN·m/根	
HZ975D	987	462	23	16	372.4	292.3	371220	12710	5465	RH20-RZDU18
锁口连接件										
RH16	62	68		12.2	20.4	16	83	26		
RH20	67	79		14.2	25.5	20	123	34		
RZU16	62	80			20.6	16.1	70	18		
RZU18	67	84			22.9	17.9	95	23		
RZD16	62	80			20.6	16.2	58	19		
RZD18	67	84			22.9	18.1	80	22		

＊ 本表中的"可承受极限弯矩"值均按照 S430GP 强度等级考虑。

5）HZ/AZ 系列组合钢板桩见表 31-2-14。

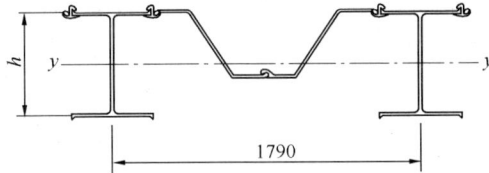

表 31-2-14

型　号	高度	系统宽度	截面积	惯性矩	弹性截面抵抗矩	用钢量 $L_{AZ}=60\%L_{HZ}$	可承受极限弯矩* $L_{AZ}=100\%L_{HZ}$
	h	b	A	I_{y-y}	W_e	M_{ass}	M_{max}
	mm	mm	cm²	cm⁴/m	cm³/m	kg/m²	kN·m/m
HZ575A-12/AZ18	575	1790	240.9	110100	3275	149　189	1408
HZ575B-12/AZ18	579	1790	251.2	119050	3555	157　197	1528
HZ575C-12/AZ18	583	1790	264.9	129350	3880	167　208	1668
HZ575D-12/AZ18	587	1790	277.8	139820	4155	177　218	1786
HZ775A-12/AZ18	775	1790	273.0	210000	4765	174　214	2049
HZ775B-12/AZ18	779	1790	283.3	225980	5140	182　222	2210
HZ775C-12/AZ18	783	1790	303.0	248530	5630	197　238	2421
HZ775D-12/AZ18	787	1790	313.3	264810	6005	205　246	2582
HZ975A-12/AZ18	975	1790	294.8	337840	6180	191　231	2657
HZ975B-12/AZ18	979	1790	305.1	363060	6655	199　240	2861
HZ975C-12/AZ18	983	1790	329.3	402610	7360	217　258	3164
HZ975D-12/AZ18	987	1790	339.6	428250	7835	225　267	3369

＊ 本表中的"可承受极限弯矩"值均按照 S430GP 强度等级考虑；

＊＊ 本表中列出的所有数据仅指在用 AZ18 钢板桩作为辅桩的条件下；实际上任意一种 Z 形桩都可作为辅桩，从而构成不同的 HZ/AZ 组合钢板桩体系。

6）AS 系列钢板桩见表 31-2-15。

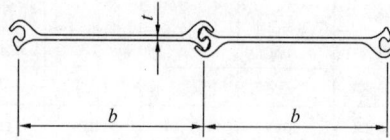

表 31-2-15

型　号	宽　度	腹板厚度	单根桩截面积		用钢量	每米锁口最大抗拉能力（材质为 S355GP）
	b	h		每根每米	每单位面积	R_{max}
	mm	mm	cm^2	kg/m	kg/m^2	kN/m
AS 500-9.5	500	9.5	81.6	64.0	128	3000
AS 500-11.0	500	11.0	90.0	70.6	141	3500
AS 500-12.0	500	12.0	94.6	74.3	149	5000
AS 500-12.5	500	12.5	97.2	76.3	153	5500
AS 500-12.7	500	12.7	98.2	77.1	154	5500

7）钢板桩的强度等级、相应的力学性能及化学成分见表 31-2-16。

（欧洲标准 EN10248） **表 31-2-16**

强度等级	最小屈服强度	最小抗拉强度	最小延伸率 $L_0 = 5.65\sqrt{S_0}$	化学成分（%max）						对应国标
	(N/mm^2)	(N/mm^2)	(%)	C	Mn	Si	P	S	N	
S 240 GP	240	340	26	0.25			0.055	0.055	0.011	Q235
S 270 GP	270	410	24	0.27			0.055	0.055	0.011	
S 330 GP	320	440	23	0.27	1.70	0.60	0.055	0.055	0.011	
S 355 GP	355	480	22	0.27	1.70	0.60	0.055	0.055	0.011	Q345
S 390 GP	390	490	20	0.27	1.70	0.60	0.050	0.050	0.011	
S 430 GP	430	510	19	0.27	1.70	0.60	0.050	0.050	0.011	
S 460 AP	460	550	17	0.27	1.70	0.60	0.050	0.050	0.011	

第三节　预应力混凝土大直径管桩

一、管桩设计

1. 型号和规格

（1）根据大管桩直径、每孔钢绞线股数、预留孔数量、钢绞线强度值的不同，定义不同规格的大管桩型号。大管桩的型号应采用以下形式：

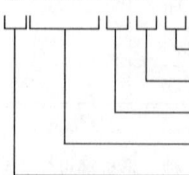

D □□□□ □ □ □

钢绞线强度标准值，1 表示 1570MPa，2 表示 1860MPa，3 表示 2000MPa
大管桩截面预留孔数目，1 表示 16 孔，2 表示 18 孔，3 表示 20 孔
每个预留孔中钢绞线股数，A 表示单股，B 表示双股，C 表示 3 股
大管桩外径，单位为 mm
表示后张法预应力混凝土大直径管桩

（2）大管桩的混凝土强度等级应不小于C60。

（3）大管桩的主筋应采用高强度低松弛钢绞线。

（4）常用大管桩的规格、型号、和力学指标见表31-3-1。

（5）当大管桩同时受轴力和弯矩作用时，常用大管桩正截面开裂弯矩设计值和破坏弯矩设计值可按表31-3-1取用。

常用大管桩规格、型号和力学指标表　　　　　　表31-3-1

序号	大管桩型号	D1200 A3-1*	D1200 A3-2	D1200 B1-1*	D1200 B1-2*	D1200 B2-1	D1200 B2-2	D1200 C1-1*	D1400 B3-1*	D1400 B3-2	D1400 C3-1*
1	大管桩外径 D（mm）	1200	1200	1200	1200	1200	1200	1200	1400	1400	1400
2	大管桩内径 d（mm）	940	940	910	910	910	910	910	1100	1100	1100
3	桩截面积 A（m²）	0.437	0.437	0.481	0.481	0.481	0.481	0.481	0.589	0.589	0.589
4	单位长度重量 T（kN/m）	11.36	11.36	12.50	12.50	12.53	12.53	12.62	15.32	15.32	15.47
5	桩截面惯性矩 J（m⁴）	0.0651	0.0651	0.0706	0.0706	0.0709	0.0709	0.0718	0.1210	0.1210	0.1232
6	预留孔数	20	20	16	16	18	18	16	20	20	20
7	预留孔直径（mm）	32	32	40	40	40	40	40	40	40	40
8	钢绞线股数	1	1	2	2	2	2	3	2	2	3
9	单股钢绞线直径（mm）	15.2	15.2	15.2	15.2	15.2	15.2	15.2	15.2	15.2	15.2
10	钢绞线抗拉强度标准值 f_{ptk}（MPa）	1570	1860	1570	1860	1570	1860	1570	1570	1860	1570
11	混凝土有效应力 σ_{pc}（MPa）	5.96	7.18	8.64	10.41	9.74	11.73	12.80	8.81	10.62	13.05
12	不含混凝土抗拉强度的开裂弯矩设计值（kN·m）	646	778	1017	1224	1151	1386	1532	1524	1836	2298
13	含混凝土抗拉强度的开裂弯矩设计值（kN·m）	1032	1164	1436	1644	1572	1807	1959	2139	2450	2923
14	破坏弯矩设计值（kN·m）	2300	2300	2598	2597	2639	2638	2760	3783	3781	4022

注：1. 不含混凝土抗拉强度的开裂弯矩设计值、含混凝土抗拉强度的开裂弯矩设计值分别是指混凝土拉应力限制系数 a_{ct} 为 0.00、1.00 时的开裂弯矩设计值；

　　2. * 表示常用型号。

作用于管桩上的荷载及其效应组合，应按现行行业标准《港口工程荷载规范》（JTJ 215—1998）和《高桩码头设计与施工规范》（JTJ 291—1998）及相关规范的有关规定执行。

2. 承载力计算

1) 大管桩（图 31-3-1）的单桩承载力应按静载荷试验确定，对下列情况可不进行静载荷试验：

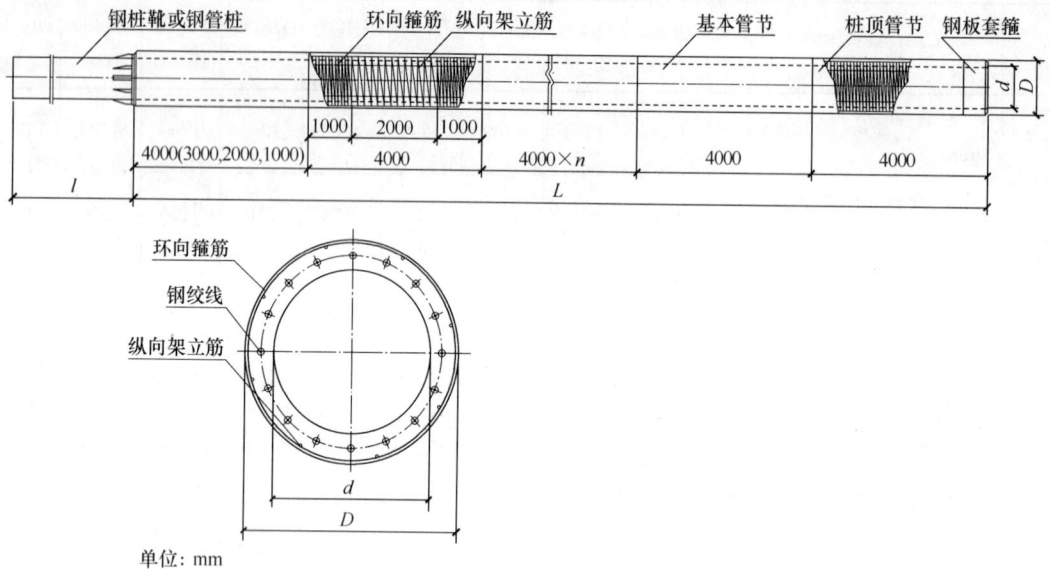

单位: mm

图 31-3-1 后张法预应力混凝土大直径管桩结构、截面图

（1）当附近工程有试桩资料，且沉桩工艺相同，地质条件相近时，按附近工程的试桩资料确定单桩承载力；

（2）重要工程中的附属建筑物；

（3）桩数较少，经技术论证后可不做试桩；

（4）小型港口中的建筑物。

2) 当进行静载荷试验时，单桩垂直承载力设计值应按下式计算：

$$Q_d = \frac{Q_k}{\gamma_R} \tag{31-3-1}$$

式中 Q_d——单桩垂直承载力设计值（kN）；

Q_k——单桩垂直承载力标准值（kN），当试桩数量大于 2 根，且各桩的承载力最大值和最小值之比小于或等于 1.3 时，应取其平均值作为单桩垂直承载力标准值；其比值大于 1.3 时，应分析确定；

γ_R——单桩垂直承载力分项系数，γ_R 取 1.30，当地质状况复杂时可适当提高，但不得大于 1.40。

3) 凡可不进行静载荷试桩的工程，可采用承载力经验参数法确定单桩垂直承载力，按下计算：

$$Q_d = \frac{1}{\gamma_R}(U\Sigma q_{fi} l_i + q_R A) \tag{31-3-2}$$

式中　Q_d——单桩垂直承载力设计值（kN）；

　　　γ_R——单桩垂直承载力分项系数，γ_R 取 1.45，当地质条件复杂或永久作用所占比重较大时，γ_R 可取 1.55；

　　　U——桩身截面周长（m）；

　　　q_{fi}——单桩第 i 层土的侧摩阻力标准值（kPa），如无当地经验值时，可按表 31-7-1 取值；

　　　l_i——桩身穿过第 i 层土的长度（m）；

　　　q_R——单桩桩端阻力标准值（kPa），如无当地经验值时，可按表 31-7-2 取值；

　　　A——桩端计算面积（m²），桩端计算面积可取全面积乘以折减系数确定。折减系数取值应根据桩径、地质条件和入土深度等因素综合考虑。

4）受水平力作用的单桩，其入土深度宜满足弹性长桩的条件。单桩在水平力作用下的桩身内力和变形可采用 m 法计算。

5）当桩同时承载垂直力和水平作用时，应考虑轴力对桩的水平承载力的影响。

3. 吊桩内力及沉桩应力验算

（1）大管桩应进行搬运和吊立阶段的抗裂验算。抗裂验算应按现行行业标准《港口工程混凝土结构设计规范》（JTJ 267—1998）的有关规定执行。

（2）在进行吊运阶段抗裂验算时，应将大管桩重力乘以动力系数 α。搬运时 α 宜取 1.3。吊立时 α 宜取 1.1。

（3）大管桩应进行锤击沉桩拉应力和锤击沉桩压应力的验算。

（4）大管桩锤击拉应力验算时应满足下式要求：

$$\gamma_{sk}\sigma_k \leqslant f_t + \sigma_{pc} \tag{31-3-3}$$

式中　γ_{sk}——锤击拉应力分项系数，γ_{sk} 取 1.15；

　　　σ_k——锤击拉应力的标准值（MPa）；

　　　f_t——管桩混凝土轴心抗拉强度设计值（MPa）；

　　　σ_{pc}——管桩混凝土有效预应力值（MPa）。

（5）大管桩锤击拉应力的标准值由锤能、锤击速度大小、桩垫软硬程度、桩长、组合钢管桩长度和地质条件等综合确定。

（6）大管桩锤击压应力验算时应满足下式要求：

$$\gamma_{sp}\sigma_p \leqslant f_c - \sigma_{pc} \tag{31-3-4}$$

式中　γ_{sp}——锤击压应力分项系数，γ_{sp} 取 1.1；

　　　σ_p——锤击压应力的标准值（MPa）；

　　　f_c——管桩混凝土轴心抗压强度设计值（MPa）。

（7）大管桩锤击压应力的标准应根据管桩桩型、桩端支承性质、桩长、选用的桩锤锤击能量和地质条件等综合考虑。

（8）为了防止沉桩过程中出现冲击疲劳现象，应对管桩沉桩总锤击数加以限制。总锤击数可根据打桩机类型、桩的成型工艺、地质条件、锤击能量、桩身混凝土强度、桩的截面积和桩垫材料等综合考虑确定。

4. 使用阶段强度计算及抗裂验算

1）大管桩在使用阶段应进行强度计算和抗裂验算，计算项目见表 31-3-2。

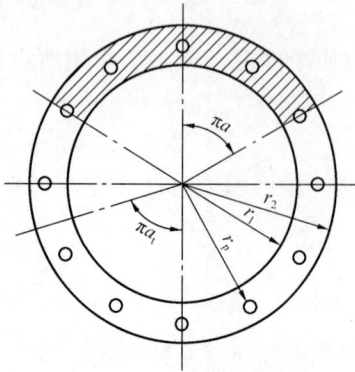

图 31-3-2 沿周边均匀配筋
的环形截面

大管桩正截面承载力计算和抗裂验算项目表　**表 31-3-2**

序　号	作用状态	计算内容
1	轴向受压	正截面承载力计算
2	轴向受拉	正截面承载力计算
3	压弯组合	正截面承载力计算、抗裂验算
4	拉弯组合	正截面承载力计算、抗裂验算

2）在进行大管桩顶部的正截面承载力计算及抗裂验算时，应考虑钢绞线的应力传递长度对实际预应力值的影响。预应力值在管桩顶部取零，在距管桩顶部 1.2m 处可取有效预应力值，其间可按线性分布。

3）大管桩正截面受压承载力可按下列公式计算，并应符合下列规定（图 31-3-2）：

$$N_{\mathrm{u}} = \frac{1}{\gamma_{\mathrm{d}}} \left[\alpha f_{\mathrm{c}} A - \sigma_{\mathrm{p0}} A_{\mathrm{p}} + \alpha f'_{\mathrm{py}} A_{\mathrm{p}} - \alpha_{\mathrm{t}} (f_{\mathrm{py}} - \sigma_{\mathrm{p0}}) A_{\mathrm{p}} \right] \tag{31-3-5}$$

$$N_{\mathrm{u}} \eta e_0 = \frac{1}{\gamma_{\mathrm{d}}} \left[f_0 A \left(\frac{r_1 + r_2}{2} \right) \frac{\sin\pi\alpha}{\pi} + f'_{\mathrm{py}} A_{\mathrm{p}} r_{\mathrm{p}} \frac{\sin\pi\alpha}{\pi} + (f_{\mathrm{py}} - \sigma_{\mathrm{p0}}) A_{\mathrm{p}} r_{\mathrm{p}} \frac{\sin\pi\alpha_{\mathrm{t}}}{\pi} \right] \tag{31-3-6}$$

$$\alpha_{\mathrm{t}} = 1 - 1.5\alpha \tag{31-3-7}$$

式中　α——受压区混凝土截面面积 A' 与混凝土全部截面面积 A 的比值；

α_{t}——受拉区纵向预应力钢筋截面面积与全部纵向预应力钢筋截面面积的比值，按式（31-3-7）计算，当 $\alpha > 2/3$ 时，取 $\alpha_{\mathrm{t}} = 0$；

r_1、r_2——环形截面的内、外半径（mm）；

r_{p}——纵向预应力钢筋所在圆周的半径（mm）；

e_0——轴向力对截面重心的偏心距（mm）；

η——偏心距增大系数，$\eta = 1 + \dfrac{1}{5600 e_0 / h_0} \left(\dfrac{l_0}{r_2} \right)^2 \xi_1 \xi_2$；

$\quad\quad \xi_1 = \dfrac{0.5 f_{\mathrm{c}} A}{N_{\mathrm{u}}}$，当 $\xi_1 > 1$ 时，取 $\xi_1 = 1$；

$\quad\quad \xi_2 = 1.15 - 0.005 \dfrac{l_0}{r_2}$，当 $l_0 / r_2 \leqslant 30$ 时，取 $\xi_2 = 1$；

$\quad\quad h_0 = r_1 + r_{\mathrm{p}}$；

l_0——管桩的计算长度。

注：本条适用于截面内纵向预应力钢筋数量不少于 6 根，纵向钢筋间距不大于 300mm，$r_1 / r_2 \geqslant 0.5$ 的情况。

（1）预应力主筋应采用高强度低松弛钢绞线，钢绞线的强度指标应符合现行国家标准《预应力混凝土用钢绞线》（GB/T 5224—2003）的规定。其张拉控制应力宜按下式计算：

$$\sigma_{\mathrm{con}} \leqslant 0.70 f_{\mathrm{ptk}} \tag{31-3-8}$$

式中　σ_{con}——张拉控制应力值（MPa）；

f_{ptk}——钢绞线强度标准值（MPa）。

考虑钢绞线松弛、摩擦阻力等各项预应力损失，σ_{con} 可提高 $0.05 f_{\mathrm{ptk}}$。

（2）在计算结构截面应力和钢绞线控制应力时，钢绞线在施工阶段的预应力损失值宜根据试验确定。如无试验资料时可按下式计算：

$$\sigma_{\mathrm{L}} = \sigma_{l1} + \sigma_{l2} + \sigma_{l3} + \sigma_{l4} + \sigma_{l5} + \sigma_{l6} \tag{31-3-9}$$

式中　σ_{L}——钢绞线在施工阶段总预应力损失值（MPa）；

σ_{l1}——锚具变形和钢绞线内缩引起的预应力损失值（MPa）；

σ_{l2}——钢绞线与预留孔道壁之间摩阻力引起的预应力损失值（MPa）；

σ_{l3}——拼接缝胶粘剂弹性压缩变形引起的预应力损失值（MPa），σ_{l3} 可取 0；

σ_{l4}——钢绞线松弛引起的预应力损失值（MPa）；

σ_{l5}——混凝土收缩徐变引起的预应力损失值（MPa）；

σ_{l6}——分批张拉钢绞线时，后批张拉钢绞线所产生的混凝土弹性压缩变形对先批张拉钢绞线引起的预应力损失值（MPa）。

σ_{l1}、σ_{l2}、σ_{l3}、σ_{l4}、σ_{l5}、σ_{l6} 各项预应力损失值按现行行业标准《港口工程混凝土结构设计规范》（JTJ 267—1998）的规定计算。当计算所得的预应力总损失值 σ_L 小于 100MPa 时，则按 100MPa 取用。

5. 构造

1）大管桩主筋应采用在每个预留孔道中设置单股或多股高强度低松弛钢绞线。

2）管节纵向架立钢筋和箍筋应采用 Q235 钢筋，其材质应符合现行国家标准《低碳钢热轧圆盘条》（GB/T 701—2008）的有关规定。

3）管节纵向架立钢筋直径不应小于 7mm；箍筋直径不应小于 6mm。箍筋除两端圈为平圈外，其余可做成螺旋环向式，桩顶管节环向筋螺距为 50mm，基本管节两端 1m 范围螺距为 50mm，中间范围为 100mm。

4）当大管桩有耐久性、抗冻性等方面的要求时，应根据大管桩的具体工作条件，按国家现行有关标准的规定执行。

5）管节壁厚不得小于 130mm。

6）大管桩预应力钢筋保护层厚度不应小于 50mm。

7）预应力钢筋的预留孔应符合下列规定：

（1）预留孔应沿周边均匀布置，不得少于 16 孔。

（2）钢绞线预留孔孔径宜按钢绞线截面积的 2～2.5 倍控制。

（3）两股或三股钢绞线预留孔孔径不应小于 40mm。

（4）预留孔中心间距不应小于 160mm。

8）大管桩拼接必须采用胶粘剂。粘结材料应满足抗锤击、防腐蚀和耐久性的要求。

9）桩顶管节宜设置钢套箍或采用纤维混凝土。

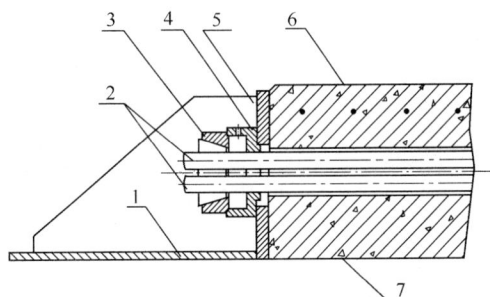

图 31-3-3　组合桩或混凝土管桩与钢桩靴连接图
1—钢管桩或钢桩靴；2—钢绞线；3—钢绞线锚具；
4—锚垫板；5—加筋板；6—管桩外壁；7—管桩内壁

10）根据工程的需要，在大管桩桩端可采用钢桩靴或组合桩形式（图 31-3-3）。钢桩靴或组合桩应符合下列规定：

（1）当采用钢桩靴时，钢桩靴的长度宜为 500mm。

（2）当采用组合桩时，组合桩的直径、长度、钢板厚度与材质、桩尖结构形式以及锚具保留数量应根据施工和地质条件确定。

二、常用大管桩正截面开裂弯矩设计值和破坏弯矩设计值

常用大管桩正截面开裂弯矩设计值和破坏弯矩设计值见表 31-3-3。

常用大管桩正截面开裂弯矩设计值和破坏弯矩设计值 (kN)

表 31-3-3

轴　力　值　(kN)

大管桩型号	力学指标 (kN·m)	−8000	−7000	−6000	−5000	−4000	−3000	−2000	−1000	0	1000	2000	3000	4000	5000	6000	7000	8000	9000	10000	11000	12000	13000
D1200A3-1	不含混凝土抗拉强度的开裂弯矩设计值	—	—	—	—	—	—	131	389	646	904	1161	1419	1676	1934	—	—	—	—	—	—	—	—
	含混凝土抗拉强度的开裂弯矩设计值	—	—	—	—	—	—	516	774	1032	1289	1547	1804	2062	—	—	—	—	—	—	—	—	—
	破坏弯矩设计值	—	—	—	—	—	−2975/0	515	1018	1463	1831	2100	2256	2296	2208	2014	1711	1325	855	344	10645/0	—	—
D1200A3-2	不含混凝土抗拉强度的开裂弯矩设计值	—	—	—	—	—	6	263	521	778	1036	1293	1551	1809	2066	—	—	—	—	—	—	—	—
	含混凝土抗拉强度的开裂弯矩设计值	—	—	—	—	—	—	649	906	1164	1421	1679	1937	2194	—	—	—	—	—	—	—	—	—
	破坏弯矩设计值	—	—	—	−4759/0	−3503/0	268	786	1261	1671	1985	2202	2289	2266	2117	1865	1515	1083	588	62	10116/0	—	—
D1200B1-1	不含混凝土抗拉强度的开裂弯矩设计值	—	—	—	—	—	251	506	761	1017	1272	1528	1783	2039	2294	—	—	—	—	—	—	—	—
	含混凝土抗拉强度的开裂弯矩设计值	—	—	—	—	—	670	925	1180	1436	1691	1947	2202	2458	—	—	—	—	—	—	—	—	—
	破坏弯矩设计值	—	—	—	—	331	869	1362	1791	2137	2384	2541	2584	2521	2357	2097	1830	1430	967	464	10887/0	—	—
D1200B1-2	不含混凝土抗拉强度的开裂弯矩设计值	—	—	—	—	202	458	713	969	1224	1480	1736	1991	2247	—	—	—	—	—	—	—	—	—
	含混凝土抗拉强度的开裂弯矩设计值	—	—	—	—	621	877	1132	1388	1644	1899	2155	2410	—	—	—	—	—	—	—	—	—	—
	破坏弯矩设计值	—	—	−5604/0	317	831	1307	1729	2084	2355	2522	2590	2558	2424	2190	1880	1495	1039	540	18	10034/0	—	—

大管桩型号	力学指标 (kN·m)	轴力值 (kN)																						
		-9000	-8000	-7000	-6000	-5000	-4000	-3000	-2000	-1000	0	1000	2000	3000	4000	5000	6000	7000	8000	9000	10000	11000	12000	13000	14000
D1200B2-1	不含混凝土抗拉强度的开裂弯矩设计值	—	—	—	—	—	119	377	635	893	1151	1409	1667	1925	2183	—	—	—	—	—	—	—	—	—	—
	含混凝土抗拉强度的开裂弯矩设计值	—	—	—	—	186	540	798	1056	1314	1572	1830	2088	2346	—	—	—	—	—	—	—	—	—	—	—
	破坏弯矩设计值	—	—	—	-5354/0	—	704	1195	1636	2010	2306	2515	2624	2624	2526	2335	2065	1713	1296	827	298	10554/0	—	—	—
D1200B2-2	不含混凝土抗拉强度的开裂弯矩设计值	—	—	—	—	96	354	612	870	1128	1386	1644	1902	2161	—	—	—	—	—	—	—	—	—	—	—
	含混凝土抗拉强度的开裂弯矩设计值	—	—	—	—	517	775	1033	1291	1549	1807	2065	2323	—	—	—	—	—	—	—	—	—	—	—	—
	破坏弯矩设计值	—	—	-6305/0	160	679	1171	1617	1994	2293	2505	2622	2625	2531	2343	2077	1723	1300	824	311	9592/0	—	—	—	—
D1200C1-1	不含混凝土抗拉强度的开裂弯矩设计值	—	—	—	—	232	492	752	1012	1272	1532	1792	2052	2312	—	—	—	—	—	—	—	—	—	—	—
	含混凝土抗拉强度的开裂弯矩设计值	—	—	—	399	—	298	604	911	1218	1524	1831	2137	2444	2751	—	—	—	—	—	—	—	—	—	—
	破坏弯矩设计值	—	-7139/0	73	594	1093	1553	1958	2293	2538	2693	2754	2719	2592	2374	2079	1712	1281	799	283	9539/0	—	—	—	—
D1400B3-1	不含混凝土抗拉强度的开裂弯矩设计值	—	—	—	—	—	912	1219	1526	1832	2139	2446	2752	3059	3365	3057	—	—	—	—	—	—	—	—	—
	含混凝土抗拉强度的开裂弯矩设计值	—	—	—	—	—	—	—	—	—	—	—	—	—	—	3672	3364	—	—	—	—	—	—	—	—
	破坏弯矩设计值	—	—	—	-5949/0	591	1197	1770	2295	2756	3143	3444	3652	3762	3772	3681	3495	3220	2868	2438	1940	1385	791	174	13280/0

续表

大管桩型号	力学指标 (kN·m)	轴 力 值 (kN)																					
		-8000	-7000	-6000	-5000	-4000	-3000	-2000	-1000	0	1000	2000	3000	4000	5000	6000	7000	8000	9000	10000	11000	12000	13000
D1400B3-2	不含混凝土抗拉强度的开裂弯矩设计值	—	—	—	—	302	609	916	1222	1529	1836	2142	2449	2756	3062	3369	—	—	—	—	—	—	—
	含混凝土抗拉强度的开裂弯矩设计值	—	—	—	611	917	1224	1530	1837	2144	2450	2757	3064	3370	3677	—	—	—	—	—	—	—	—
	破坏弯矩设计值	$\frac{-7006}{0}$	3	625	1230	1800	2321	2778	3160	3455	3658	3762	3766	3670	3477	3197	2841	2407	1904	1347	751	133	$\frac{12213}{0}$
D1400C3-1	不含混凝土抗拉强度的开裂弯矩设计值	—	—	113	425	737	1049	1361	1673	1986	2298	2610	2922	3234	3546	—	—	—	—	—	—	—	—
	含混凝土抗拉强度的开裂弯矩设计值	—	427	739	1051	1363	1675	1987	2299	2611	2923	3235	3548	3860	—	—	—	—	—	—	—	—	—
	破坏弯矩设计值	$\frac{-8924}{0}$	575	1182	1761	2296	2776	3189	3526	3778	3941	4012	3989	3873	3669	3386	3033	2608	2116	1568	981	368	$\frac{11591}{0}$

注：1. 不考虑混凝土抗拉强度弯矩设计值、含混凝土抗拉强度弯矩设计值分别是指混凝土拉应力限制系数 α_{ct} 为 0.00、1.00 时的开裂弯矩设计值，当混凝土拉应力限制系数 α_{ct} 取为不同值时，可在不考虑混凝土抗拉强度的开裂弯矩设计值和含混凝土抗拉强度的开裂弯矩设计值之间线性插值；

2. 当轴力值为其他值时，不考虑混凝土抗拉强度的开裂弯矩设计值、含混凝土抗拉强度的开裂弯矩设计值、破坏弯矩设计值按比例线性插值；

3. 破坏弯矩设计值两端上部的数值为弯矩为零时管桩的最大轴向拉力和压力设计值。

第四节　PHC　桩

一、PHC桩设计

预应力高强混凝土管桩的代号为 PHC。

1. 产品规格、型号

港工 PHC 管桩按外径分为 600mm、800mm 和 1000mm 等规格，按管桩的抗弯性能或混凝土有效预压应力值分为 A 型、AB 型、B 型和 C 型。A 型、AB 型、B 型和 C 型管桩的混凝土有效预压应力值分别为 4.0N/mm^2、6.0N/mm^2、8.0N/mm^2 和 10.0N/mm^2，其计算值应在各自规定值的 $\pm5\%$ 范围内。

2. 结构尺寸

（1）管桩的结构形状和基本尺寸应符合图 31-4-1 和表 31-4-1 的规定。

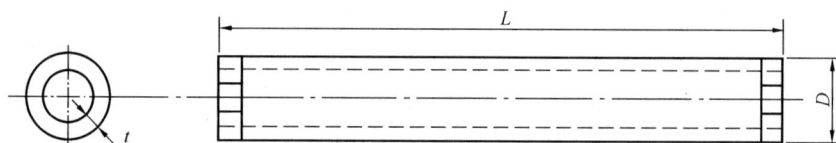

图 31-4-1　管桩的结构形状

t—壁厚；L—长度；D—外径

管桩的基本尺寸　　　　　表 31-4-1

外径 D (mm)	最小壁厚 t_{min} (mm)	型　号	长度 L (m)								
			7	8	9	10	11	12	13	14	15
600	90	A	○	○	○	○	○	○	○	○	○
		AB	○	○	○	○	○	○	○	○	○
		B	○	○	○	○	○	○	○	○	○
		C	○	○	○	○	○	○	○	○	○
800	110	A	○	○	○	○	○	○	○	○	○
		AB	○	○	○	○	○	○	○	○	○
		B	○	○	○	○	○	○	○	○	○
		C	○	○	○	○	○	○	○	○	○
1000	130	A	○	○	○	○	○	○	○	○	○
		AB	○	○	○	○	○	○	○	○	○
		B	○	○	○	○	○	○	○	○	○
		C	○	○	○	○	○	○	○	○	○

注：根据供需双方协议，也可生产其他规格、型号的管桩。

（2）管桩的长度应包括桩身和接头，不包括附加配件。

3. 原材料及构造要求

1）原材料

（1）水泥

应采用强度等级不低于 42.5 级的硅酸盐水泥、普通硅酸盐水泥、矿渣硅酸盐水泥、粉煤灰硅酸盐水泥，其质量应分别符合 GB 175—2007 的规定。

（2）骨料

①细骨料宜采用洁净的天然硬质中粗砂，细度模数为 2.3～3.4，其质量应符合 GB/T 14684—2001 的规定。

②粗骨料应采用碎石，其最大粒径应不大于 25mm，且应不超过钢筋净距的 3/4，其质量应符合 GB/T 14685—2001 的规定。

（3）钢材

①预应力钢筋应采用预应力混凝土用钢棒、预应力混凝土用钢丝，其质量应分别符合 GB/T 5223.3—2005、GB/T 5223—2002 的规定。

②螺旋筋宜采用冷拔低碳钢丝、低碳钢热轧圆盘条，其质量应分别符合 JC/T 540—2006、GB/T 701—2008 的规定。

③端部锚固钢筋、架立圈宜采用低碳钢热轧圆盘条或钢筋混凝土用热轧带肋钢筋，其质量应分别符合 GB/T 701—2008、GB 1499 的规定。

④端板、桩套箍宜采用 Q 235，其质量应符合 GB/T 700—2006 的规定。

（4）水

混凝土拌合用水的质量应符合 JGJ 63—2006 的规定。

（5）外加剂

外加剂的质量应符合 GB 8076—2008 的规定，严禁使用氯盐类外加剂。

（6）掺合料

掺合料不得对管桩产生有害影响，使用前必须进行试验验证。

2）构造要求

（1）预应力钢筋的加工

①钢筋应清除油污，不应有局部弯曲，端面应平整，单根管桩同束钢筋中，下料长度的相对差值应不大于 $L/5000$。

②钢筋和螺旋筋的焊接点的强度损失不得大于该材料标准强度的 5%。

③钢筋墩头强度不得低于该材料标准强度的 90%。

（2）钢筋骨架

①预应力钢筋沿其分布圆周均匀配置，最小配筋率不低于 0.4%，并不得少于 6 根。

②螺旋筋的直径应根据管桩规格而确定，外径 600mm，螺旋筋的直径不应小于 5mm；外径 800～1000mm，螺旋筋直径不应小于 6mm。管桩螺距最大不超过 110mm。管桩两端螺旋筋的长度范围 1000～1500mm，螺距范围在 40～60mm。

③端部锚固钢筋、架立圈应按设计图纸确定。

④骨架成型后，各部分尺寸应符合如下要求：

A. 预应力钢筋间距偏差不得超过 ±5mm；

B. 螺旋筋的螺距偏差不得超过 ±10mm；

C. 架立圈间距偏差不得超过 ±20mm，垂直度偏差不得超过架立圈直径的 1/40。

（3）接头

①管桩接头宜采用端板焊接。

②管桩接头端板的宽度不得小于管桩的壁厚。

③接头的端面必须与桩身的轴线垂直。

④接头的焊接坡口尺寸应按设计图纸确定。

4. 技术要求

1）混凝土

（1）混凝土质量控制应符合 GB 50164—1992 的规定。

（2）预应力高强混凝土管桩用混凝土强度等级不得低于 C80。

（3）放张预应力筋时，预应力高强混凝土管桩的混凝土抗压强度不得低于 40MPa。

2）混凝土保护层

预应力筋的混凝土保护层厚度不得小于 25mm。

3）外观质量

外观质量应符合表 31-4-2 的规定。

管桩的外观质量　　　　　　　　　　　　　　表 31-4-2

项　目		产品质量等级		
		优等品	一等品	合格品
粘皮和麻面		不允许	局部粘皮和麻面累计面积不大于桩总外表面积的 0.2%；每处粘皮和麻面的深度不大于 5mm，且应修补	局部粘皮和麻面累计面积不大于桩总外表面积的 0.5%；每处粘皮和麻面的深度不大于 10mm，且应修补
桩身合缝漏浆		不允许	漏浆深度不大于 5mm，每处漏浆长度不大于 100mm，累计长度不大于管桩长度的 5%，且应修补	漏浆深度不大于 10mm，每处漏浆长度不大于 300mm，累计长度不大于管桩长度的 10%，或对称漏浆的搭接长度不大于 100mm，且应修补
局部磕损		不允许	磕损深度不大于 5mm，每处面积不大于 20cm²，且应修补	磕损深度不大于 10mm，每处面积不大于 50cm²，且应修补
内外表面露筋		不允许		
表面裂缝		不得出现环向和纵向裂缝，但龟裂、水纹和内壁浮浆层中的收缩裂纹不在此限		
桩端面平整度		管桩端面混凝土和预应力钢筋镦头不得高出端板平面		
断筋、脱头		不允许		
桩套箍凹陷		不允许	凹陷深度不大于 5mm	凹陷深度不大于 10mm
内表面混凝土塌落		不允许		
接头和桩套箍与桩身结合面	漏浆	不允许	漏浆深度不大于 5mm，漏浆长度不大于周长的 1/8，且应修补	漏浆深度不大于 10mm，漏浆长度不大于周长的 1/4，且应修补
	空洞和蜂窝	不允许		

4）寸允许偏差

管桩各部位的尺寸允许偏差应符合表 31-4-3 的规定。

管桩的尺寸允许偏差（mm）   表 31-4-3

项　　目		允　许　偏　差		
		优等品	一等品	合格品
L		±0.3%L	+0.5%L −0.4%L	+0.7%L −0.5%L
端部倾斜		≤0.3%D	≤0.4%D	≤0.5%D
D	≤600	±2	+4 −2	+5 −4
	>600	+3 −2	+5 −2	+7 −4
t		+10 0	+15 0	正偏差不限 0
保护层厚度		+5 0	+7 −3	+10 −5
桩身弯曲度		≤L/1500	≤L/1200	≤L/1000
桩端板	外侧平面度	0.2		
	外径	0 −1		
	内径	0 −2		
	厚度	正偏差不限 0		

注：表内尺寸以设计图纸为基准。

二、PHC 桩的抗弯性能

（1）管桩应按本节三、款进行抗弯试验，当加载至表 31-4-4 中的抗裂弯矩时，管桩不得出现裂缝。

管桩的抗弯性能   表 31-4-4

外径（mm）	型号	抗裂弯矩（kN·m）	极限弯矩（kN·m）
600	A	164	246
	AB	201	332
	B	239	430
	C	276	552
800	A	367	550
	AB	451	743
	B	535	962
	C	619	1238
1000	A	689	1030
	AB	845	1394
	B	1003	1805
	C	1161	2322

（2）当加载至表 31-4-4 中的极限弯矩时，管桩不得出现下列任何一种情况：

①受拉区混凝土裂缝宽度达到 1.5mm；

②受拉钢筋被拉断；

③受压区混凝土破坏。

（3）管桩接头处极限弯矩不得低于管桩极限弯矩。

三、PHC 桩的抗弯试验

1）管桩的抗弯试验采用简支梁对称加载装置，如图 31-4-2 所示，其中，P 的方向可垂直于地面，也可平行于地面（管桩的轴线均与地面平行）。

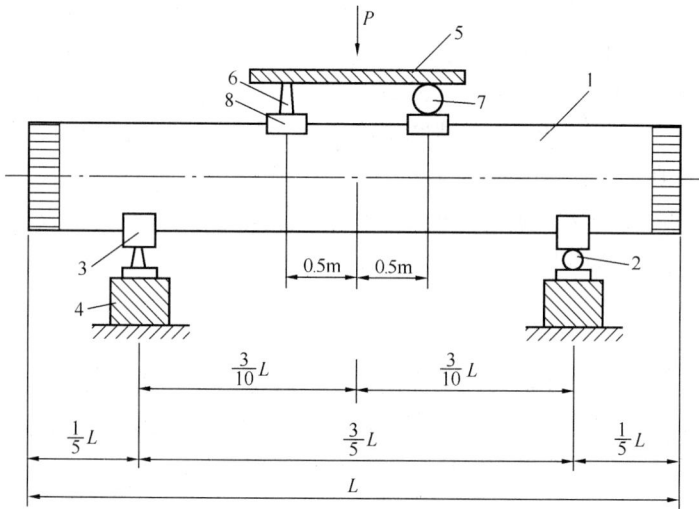

图 31-4-2　管桩的抗弯试验示意图

1—管桩；2—滚动铰支座；3—固定铰支座；4—支墩；5—分配梁；

6—分配梁固定铰支座；7—分配梁滚动铰支座；8—U 形垫板

2）管桩接头处抗弯试验方法与 1）相同，应使接头位于最大弯矩处。

3）加载程序

第一步：按抗裂弯矩的 20% 的级差由零加载至抗裂弯矩的 80%，每级荷载的持续时间不少于 3min；然后按抗裂弯矩的 10% 的级差继续加载至抗裂弯矩的 100%。每级荷载的持续时间不少于 3min，观察是否有裂缝出现，并测定和记录裂缝宽度。

第二步：如果在抗裂弯矩的 100% 时未出现裂缝，则按抗裂弯矩的 5% 的级差继续加载至裂缝出现。每级荷载的持续时间不少于 3min，测定和记录裂缝宽度。

第三步：按极限弯矩的 5% 的级差继续加载至出现 5）中（2）所列极限状态的检验标志之一为止。每级荷载的持续时间不少于 3min，观测并记录各项读数。

4）弯矩计算公式

实测弯矩按式（31-4-1）～式（31-4-3）计算：

（1）垂直向下加载时

$$M = \frac{P}{4}\left(\frac{3}{5}L - 1\right) + \frac{1}{40}WL \qquad (31\text{-}4\text{-}1)$$

（2）垂直向上加载时

$$M = \frac{P}{4}\left(\frac{3}{5}L - 1\right) - \frac{1}{40}WL \tag{31-4-2}$$

（3）水平加载时

$$M = \frac{P}{4}\left(\frac{3}{5}L - 1\right) \tag{31-4-3}$$

式中　M——抗弯弯矩（kN·m）；

　　　W——管桩重量（kN）；

　　　L——管桩长度（m）；

　　　P——荷载（垂直加载时，应考虑加载设备的重量）（kN）。

5）抗裂荷载和极限荷载的确定

（1）当在加载过程中第一次出现裂缝时，应取前一级荷载值作为抗裂荷载实测值；当在规定的荷载持续时间内第一次出现裂缝时，应取本级荷载值与前一级荷载值的平均值作为抗裂荷载实测值；当在规定的荷载持续时间结束后第一次出现裂缝时，应取本级荷载值作为抗裂荷载实测值。

（2）当在规定的荷载持续时间结束后出现下列情况之一时：

①受拉区混凝土裂缝宽度达到1.5mm；

②受拉钢筋被拉断；

③受压区混凝土破坏。

应取此时的荷载值作为极限荷载实测值；当在加载过程中出现上述情况之一时，应取前一级荷载值作为极限荷载实测值；当在规定的荷载持续时间内出现上述情况之一时，应取本级荷载值与前一级荷载的平均值作为极限荷载实测值。

第五节　嵌　岩　桩

一、承载力

1. 一般规定

（1）嵌岩桩桩基中，桩的中心距不宜小于2倍桩径。

（2）嵌岩桩桩端宜嵌入新鲜基岩或微风化岩中。经论证后，也可嵌入中等风化岩。

（3）桩的嵌岩深度应同时满足承受轴向力和水平力的要求。

（4）当桩端下一定深度范围内存在溶洞、溶沟和溶槽等不利因素时，应采取有效的技术措施。

（5）在同一工程结构中，同时采用嵌岩桩和非嵌岩桩时，应考虑不均匀沉降等对结构的不利影响。

2. 桩的轴向承载力

1）嵌入中等风化岩的单桩轴向抗压承载力，宜根据静载荷试验确定。

2）对进行静载荷试验的工程，其单桩轴向抗压承载力设计值应按下式计算：

$$Q_{cd} = \frac{Q_{ck}}{\gamma_c} \tag{31-5-1}$$

式中　Q_{cd}——单桩轴向抗压承载力设计值（kN）；

　　　Q_{ck}——单桩轴向抗压极限承载力标准值（kN）；

　　　γ_c——单桩轴向抗压承载力分项系数，根据地质情况取 1.6～1.7。

3）不做静载荷抗压试验的工程，其单桩轴向抗压承载力设计值，可按下式计算：

$$Q_{cd} = \frac{\mu_1 \Sigma \xi_{fi} q_{fi} l_i}{\gamma_{cs}} + \frac{\mu_2 \xi_s f_{rc} h_r + \xi_p f_{rc} A}{\gamma_{cR}} \tag{31-5-2}$$

式中　μ_1——覆盖层桩身周长（m）；

　　　μ_2——嵌岩段桩身周长（m）；

　　　ξ_{fi}——桩周第 i 层土的侧阻力计算系数，当 $D \leqslant 1.0\text{m}$ 时，岩面以上 $10D$ 范围内的覆盖层，取 0.5～0.7，$10D$ 以上覆盖层取 1；当 $D > 1.0\text{m}$ 时，岩面以上 10m 范围内的覆盖层，取 0.5～0.7，10m 以上覆盖层取 1，D 为覆盖层中桩的外径；

　　　q_{fi}——桩周第 i 层土的极限侧阻力标准值（kPa），打入桩按现行行业标准《港口工程桩基规范》取值，灌注桩按港口工程灌注桩设计与施工的有关规定取值；

　　　l_i——桩穿过第 i 层土的厚度（m）；

　　　f_{rc}——岩石饱和单轴抗压强度标准值（kPa），f_{rc} 的取值应根据工程勘察报告提供的数据确定，各种基岩的工程性质可参照附录 A；对黏土质岩石取天然湿度单轴抗压强度标准值；当 f_{rc} 值大于桩身混凝土轴心抗压强度标准值 f_{ck} 时，应取 f_{ck} 值；

　　　A——嵌岩段桩端面积（m²）；

　　　h_r——桩身嵌入基岩的深度（m），当 h_r 超过 $5d$ 时，h_r 取 $5d$；当岩层表面倾斜时，应以岩面最低处计算嵌岩深度，d 为嵌岩段桩径；

　　　γ_{cs}——覆盖层单桩轴向受压承载力分项系数，预制桩取 1.45～1.55，灌注桩取 1.65；

　　　γ_{cR}——嵌岩段单桩轴向受压承载力分项系数，取 1.7～1.8；

　　ξ_s、ξ_p——分别为嵌岩段侧阻力和端阻力计算系数，与嵌岩深径比 h_r/d 有关，按表 31-5-1 采用。

嵌岩段侧阻力和端阻力计算系数（ξ_s、ξ_p）　　　　表 31-5-1

嵌岩深径比 h_r/d	1.0	2.0	3.0	4.0	5.0
ξ_s	0.070	0.096	0.093	0.083	0.070
ξ_p	0.72	0.54	0.36	0.18	0.12

注：1. 当嵌入中等风化岩时，按表中数值乘以 0.7～0.8 计算；

　　2. 对预制型嵌岩桩，可适当计入预制桩端部阻力，桩端阻力系数按现行行业标准《港口工程桩基规范》（JTJ 254—1998）的有关规定取下限值。

4）嵌岩桩的单桩轴向抗拔承载力宜通过抗拔试验确定。

5）进行抗拔试验时，单桩轴向抗拔承载力设计值应按下式计算：

$$Q_{td} = \frac{Q_{tk}}{\gamma_t} \tag{31-5-3}$$

式中　Q_{td}——单桩轴向抗拔承载力设计值（kN）；

Q_{tk}——单桩轴向抗拔极限承载力标准值（kN）；

γ_t——单桩轴向抗拔承载力分项系数，取 1.8～2.0。

6）不进行抗拔试验时，若嵌岩深度不小于 3 倍桩径，单桩轴向抗拔承载力设计值可按下式计算：

$$Q_{td} = \frac{\mu_1 \Sigma \xi'_{fi} q_{fi} l_i + G\cos\alpha}{\gamma_{ts}} + \frac{\mu_2 \xi'_s f_{rc} h_r}{\gamma_{tR}} \qquad (31\text{-}5\text{-}4)$$

式中　ξ'_{fi}——第 i 层覆盖土的侧阻抗拔折减系数，取 $(0.7～0.8)\xi_{fi}$；

ξ'_s——嵌岩段侧阻力抗拔计算系数，取 0.045；

G——桩重力（kN），水下部分按浮重力计；

α——桩轴线与铅垂线夹角（°）；

γ_{ts}——覆盖层单桩轴向抗拔承载力分项系数，预制桩取 1.45～1.55，灌注桩取 1.65；

γ_{tR}——嵌岩段单桩轴向抗拔承载力分项系数，取 2.0～2.2。

7）对承受拉力的桩，可设置锚杆增加桩的抗拔能力。锚杆的锚固长度不宜小于 3m。

8）锚杆嵌岩桩中锚杆总的抗拔力设计值应按下式计算：

$$P_d = \frac{\Sigma P_{di}}{\gamma_p} \qquad (31\text{-}5\text{-}5)$$

式中　P_d——嵌岩桩中锚杆总的抗拔力设计值（kN）；

P_{di}——单根锚杆抗拔力设计值（kN）；

γ_p——抗拔力综合系数，取 1.1。

9）锚杆嵌岩桩中单根锚杆的极限抗拔力标准值，宜通过现场试验确定。

10）进行现场试验时，单根锚杆抗拔力设计值应按下式计算：

$$P_{di} = \frac{P_{ki}}{\gamma_k} \qquad (31\text{-}5\text{-}6)$$

式中　P_{di}——单根锚杆抗拔力设计值（kN）；

P_{ki}——单根锚杆极限抗拔力标准值（kN）；

γ_k——抗拔力分项系数，取 1.5～1.7；对硬质岩节理不发育、裂隙小或临时建筑物，取较小值；反之取大值。

11）不进行现场试验时，锚杆嵌岩桩中单根锚杆应按下列规定设计：

（1）锚杆钢筋截面积应按下式计算：

$$A_s = \frac{P_{di}}{f_y} \times 10^3 \qquad (31\text{-}5\text{-}7)$$

式中　A_s——单根锚杆钢筋截面积（mm²）；

P_{di}——单根锚杆抗拔力设计值（kN）；

f_y——锚杆钢筋抗拉强度设计值（MPa）。

（2）单根锚杆有效锚固长度可按式（31-5-8）和式（31-5-9）分别计算，并取其大值。

①考虑水泥浆体或混凝土对钢筋的握裹力：

$$L_e = \frac{\gamma_d P_{di}}{\pi d q_{fk}} \qquad (31\text{-}5\text{-}8)$$

式中　L_e——锚杆有效锚固长度（m）；

d——锚杆钢筋直径（mm）；

q_{fk}——锚杆钢筋与水泥砂浆或混凝土的粘结强度标准值（MPa），宜通过试验确定；当无经验或缺乏试验资料时，可取浆体或混凝土抗压强度标准值的10%；

γ_d——握裹力分项系数，取1.7～1.9，变形钢筋取小值；光面钢筋取大值。

②考虑水泥浆体或混凝土与岩体的粘结抗拔力：

$$L_e = \frac{\gamma_d P_{di}}{\pi D q'_{fk}}$$ （31-5-9）

式中 L_e——锚杆有效锚固长度（m），不计基岩面上强风化岩；

D——锚孔直径（mm）；

q'_{fk}——水泥砂浆与岩石间的粘结强度标准值（MPa），q'_{fk}的取值宜根据具体工程，通过钻取锚固基岩岩芯经试验确定；当无试验资料时，可取灌浆体抗压强度标准值的10%和锚孔岩体的抗剪强度标准值两者之较小值，岩石的抗剪强度标准值可参照附录A并结合工程经验选取；

γ_d——抗拔力分项系数，取1.7～1.9，对硬质岩、岩体完整的取小值；反之取大值。

3. 水平力作用下桩的计算

（1）水平力作用下桩的计算参数宜通过静载荷试验确定。

（2）不做水平静载荷试验的工程，当嵌岩端按固接考虑时，嵌岩深度不应小于h'_r，且不小于1.5倍嵌岩段桩径。h'_r应按式（31-5-10）计算；当桩身混凝土轴心抗压强度标准值f_{ck}小于βf_{rc}时，宜将f_{ck}代换公式中的βf_{rc}进行计算。

$$h'_r = \frac{4.23V_d + \sqrt{17.92V_d^2 + 12.7\beta f_{rc} M_d d}}{\beta f_{rc} d}$$ （31-5-10）

式中 h'_r——计算所需嵌岩深度（m）；

V_d——基岩顶面处桩身剪力设计值（kN）；

β——系数，取0.5～1.0，根据岩层侧面构造而定，节理发育的取小值，反之取大值；

f_{rc}——岩石饱和单轴抗压强度标准值（kPa）；

M_d——基岩顶面处桩身弯矩设计值（kN·m）；

d——嵌岩段桩身直径（m）。

（3）覆盖层土对桩的水平抗力，当覆盖层较薄且强度较低时，不宜考虑覆盖层土的作用；当覆盖层较厚或有一定厚度且强度较高时，可计入覆盖层土的作用。计算可按现行行业标准《港口工程桩基规范》（JTJ 254—1998）的有关规定进行。

二、结构设计

1. 一般规定

1）嵌岩桩的设计应具备下列资料：

（1）使用要求；

（2）水文、气象、地形、环境和水深资料；

（3）地质条件及工程地质评价；

（4）必要的载荷试验和站立稳定试验情况；

（5）影响施工的障碍物的探摸情况；

（6）主要施工机具性能等。

2）嵌岩桩桩型应根据使用要求和基岩埋藏深度等地质条件，通过技术经济论证确定。嵌岩桩可采用灌注型嵌岩桩、灌注型锚杆嵌岩桩、预制型植入嵌岩桩、预制型芯柱嵌岩桩、预制型锚杆嵌岩桩或组合式嵌岩桩等。嵌岩桩可为直桩或斜桩。嵌岩桩的嵌岩形式见图 31-5-1～图 31-5-7。

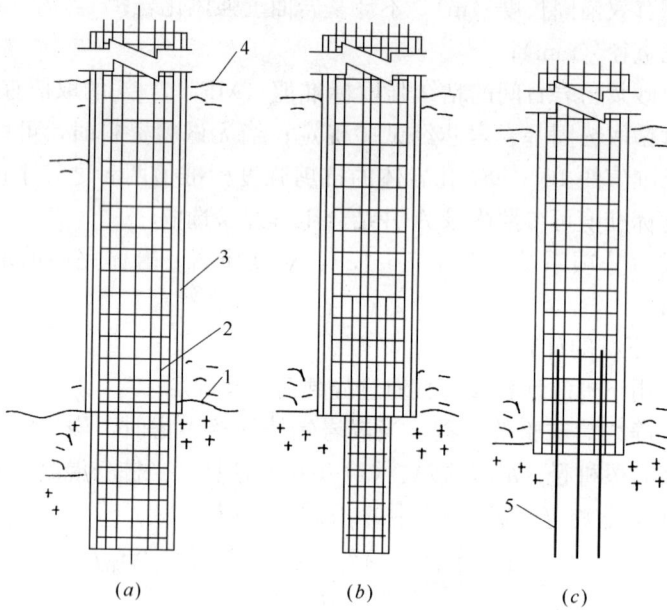

(a)　　　　　　(b)　　　　　　(c)

图 31-5-1　灌注型嵌岩桩和灌注型锚杆嵌岩桩嵌岩形式示意图

（a）等于桩径的嵌岩桩；（b）小于桩径的嵌岩桩；（c）锚杆嵌岩桩

1—岩层面；2—钢筋笼；3—钢护筒；4—覆盖层顶面；5—锚杆

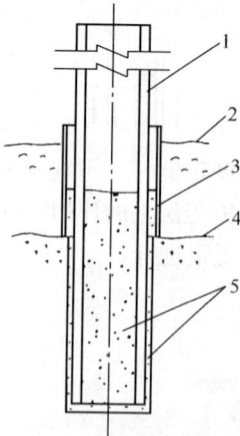

图 31-5-2　预制型植入嵌岩桩嵌
岩形式示意图

1—预制桩；2—覆盖层顶面；3—钢护筒；
4—岩层面；5—水下混凝土

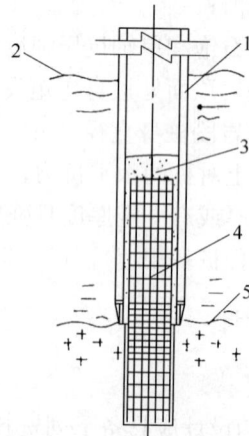

图 31-5-3　预制型芯柱嵌岩
桩嵌岩形式示意图

1—预制桩；2—覆盖层或混凝土套箱砂层顶面；
3—桩芯柱混凝土；4—钢筋笼；5—岩层面

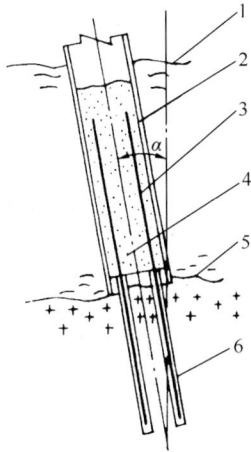

图 31-5-4　预制型锚杆嵌岩
桩下段锚固形式示意图

1—覆盖层顶面；2—预制桩；3—锚杆；
4—桩芯混凝土；5—岩层面；
6—锚固水泥浆

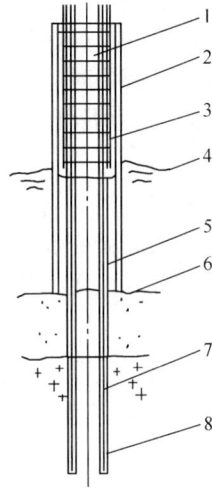

图 31-5-5　预制型锚杆嵌岩
桩上段锚固形式示意图

1—桩芯混凝土；2—预制桩；3—钢筋笼；
4—覆盖层顶面；5—钻锚孔导管；6—岩
层面；7—锚杆；8—锚固水泥浆体

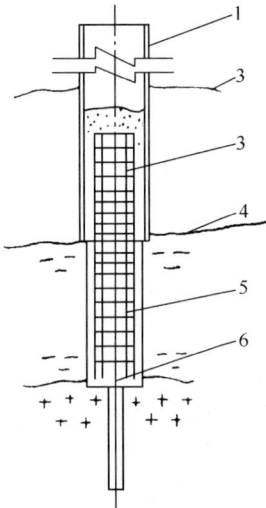

图 31-5-6　组合式嵌岩桩锚固
形式示意图

1—灌注桩或预制桩；2—覆盖层顶面；3—钢筋笼；
4—岩层面；5—嵌岩柱；6—锚杆

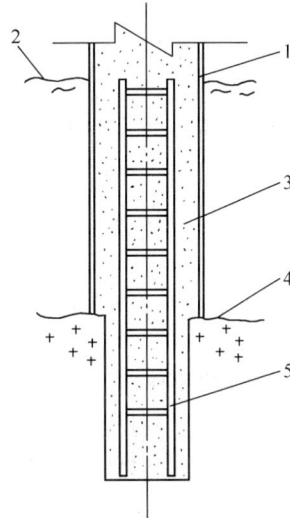

图 31-5-7　预制型芯柱嵌岩桩
型钢笼嵌固形式示意图

1—预制桩；2—覆盖层顶面；3—桩芯混凝土；
4—岩层面；5—型钢笼

3）嵌岩桩的承载力应根据不同受力情况，分别按桩身结构强度和地基对桩的支承能力进行计算。

4）嵌岩桩设计，应按不同的设计状况和设计极限状态进行计算。

5）嵌岩桩设计，应根据不同情况进行下列承载能力极限状态计算：

（1）桩基的轴向承载力和水平承载力计算；

（2）桩身受压、受弯、受拉、受剪和受扭的承载力计算；

（3）桩身的自由长度较大时，桩的压屈稳定验算。

6）嵌岩桩设计，必要时应进行下列正常使用极限状态计算：

（1）混凝土和预应力混凝土嵌岩桩的限裂或抗裂验算；

（2）水平变形计算。

7）灌注型嵌岩桩的钢护筒和预制型桩的桩端宜下沉至岩面。

8）嵌岩桩与桩帽或横梁的连接形式和要求，应符合现行行业标准《港口工程桩基规范》（JTJ 254—1998）和港口工程灌注桩设计与施工的有关规定。

2. 桩身结构计算

1）嵌岩桩桩身结构计算或验算应符合现行行业标准《港口工程混凝土结构设计规范》（JTJ 267—1998）、《港口工程桩基规范》（JTJ 254—1998）和港口工程灌注桩设计与施工的有关规定。

2）在计算使用期内力时，应考虑施工时产生的并在使用期仍然存在的内力。

3）施工期应按短暂状况对桩的内力进行验算，并应符合下列规定：

（1）验算时，应考虑下列状况：

①预制桩吊运和沉桩；

②尚未夹围图的悬臂单桩；

③桩在整体结构形成前的其他状况。

（2）验算时，应根据实际情况考虑下列荷载：

①桩的自重力和浮托力；

②施工时可能出现的水流力和波浪力；

③上部结构安装过程中可能出现的偏心荷载；

④当借助工程桩搭设施工平台时，应考虑平台自重力和钻岩机具等的重力及施工中机械产生的振动荷载。

4）对嵌岩桩在成孔嵌岩结构形成前的预制型桩或钢护筒，应采取必要的稳桩措施并进行验算。

3. 灌注型嵌岩桩的构造

1）灌注型嵌岩桩桩身构造应符合港口工程灌注桩设计与施工的有关规定。

2）灌注型嵌岩桩嵌岩段的直径和配筋，应根据桩的受力状况确定，并应符合下列规定：

（1）主筋宜采用带肋钢筋，直径不小于 14mm，截面积应计算确定，且配筋率不宜小于 0.4%，根数不宜少于 12 根，应沿周长均匀通长布置。当嵌岩孔径小于桩径时，嵌岩段主筋伸入上部桩内的长度不应小于 35 倍主筋直径。

（2）箍筋宜采用 HPB235 级钢筋，直径不应小于 6mm，间距应为 200～300mm，在岩面上下 1000mm 范围内箍筋间距不应大于 60mm，宜采用螺旋箍筋或焊接环式箍筋，并宜每隔 2m 左右焊接一道加强箍筋，其直径不宜小于 16mm。

3）桩的混凝土强度等级不应低于 C30。

4）主筋的混凝土保护层厚度，海水港工程不应小于 70mm；淡水港工程不应小于 50mm。

5）灌注型锚杆嵌岩桩的锚杆直径不宜小于 25mm，必要时也可采用型钢。锚杆伸入岩面以上桩身内的长度不宜小于锚固深度。

6）锚孔内灌注水泥浆的立方体抗压强度标准值不应小于 35MPa，且应压浆密实，并掺加适量的膨胀剂。

4. 预制型嵌岩桩的结构选型及构造

1）预制型嵌岩桩的嵌岩形式，可根据桩的使用要求、地质条件和施工条件确定，并可按下列情况选用：

（1）桩承受较大的水平力或力矩时，可采用预制型植入嵌岩桩。

（2）桩主要承受轴向压力及较小水平力或上拔力时，可采用预制型芯柱嵌岩桩。

（3）桩主要承受轴向上拔力时，可采用预制型锚杆嵌岩桩。

（4）桩承受水平力或力矩并受较大上拔力时，可采用预制型芯柱、锚杆组合式嵌岩桩。

（5）承受较大扭矩的桩宜采用钢管桩或预应力混凝土管桩。

2）桩身结构应符合下列规定：

（1）钢管桩应符合现行行业标准《港口工程桩基规范》（JTJ 254—1998）的有关规定。

（2）预应力混凝土大直径管桩应符合现行行业标准《港口工程预应力混凝土大直径管桩设计与施工规程》（JTJ 261—1997）的有关规定。

（3）其他预制桩应符合国家现行有关标准的规定。

（4）对锤击沉桩的钢管桩、钢护筒和预应力混凝土管桩，必要时应根据地质和施工条件，对桩端口采取局部加强措施。停锤贯入度的确定，应考虑防止桩端钢板卷边。

3）预制桩内灌注混凝土芯柱的高度，应满足主筋或锚杆的锚固长度要求，且不应小于 1.5 倍嵌岩深度。

4）植入嵌岩桩的锚固结构应符合下列规定：

（1）钢管桩植入嵌岩时，桩内应灌注强度等级不低于 C20 的混凝土，灌注高度宜达到岩面以上 1.0 倍桩径处。

（2）预应力混凝土管桩植入嵌岩时，应根据桩在岩面处的弯矩和剪力，设置钢筋混凝土桩芯，其强度等级不应低于 C30。当计算不需设置钢筋混凝土桩芯时，宜灌注强度等级不低于 C20 的混凝土，灌注高度宜达到岩面以上 1.0 倍桩径处。

5）芯柱嵌岩桩的锚固结构应符合下列规定：

（1）嵌岩段钢筋笼的主筋和箍筋应符合本小节 3（2）的规定，并应满足下列要求：

①岩面处桩芯主筋混凝土的保护层厚度不应小于 35mm；

②钢筋笼的布置，应便于安装和灌注水下混凝土。

（2）根据使用要求，钢筋笼可采用工字钢、钢管等型钢制作。

（3）芯柱混凝土的强度等级不应低于 C30。

6）锚杆嵌岩桩的锚固结构应符合下列规定：

（1）锚杆构造应满足下列要求：

①锚杆材料可采用 HRB335 级钢筋或精轧螺纹钢筋等，当使用预应力锚杆时可采用钢绞线；

②根据锚杆根数，可做成一束或多束，组合式嵌岩桩的锚杆宜采用一束；

③锚杆束应设置间距2m左右的定位隔板，锚杆束内各根锚杆的净距不应小于5mm。

（2）锚孔构造应满足下列要求：

①锚孔应沿周长均匀布置，孔的中心距不宜小于4倍锚孔直径，锚孔中心与桩内径边缘的距离不宜小于100mm；

②锚孔直径不应小于3倍锚杆直径；当采用锚杆束时，杆束外径与锚孔壁的间距不得小于30mm。

（3）锚孔内灌注水泥浆的立方体抗压强度标准值不应小于35MPa，且应压浆密实，并掺加适量的膨胀剂。

（4）锚杆在桩芯内的锚固可采用下列方式：

①锚杆在桩内仅伸入桩的下段与桩芯柱混凝土锚固；

②锚杆在桩芯内伸至桩的上段与桩芯柱混凝土锚固；

③组合式嵌岩桩锚杆在芯柱嵌岩段混凝土中直接锚固。

三、载荷试验

1. 单桩轴向静载荷试验

1）单桩轴向静载荷试验的加载宜采用油压千斤顶。加载反力可采用锚桩法和堆载法。锚桩法的反力系统承载能力不应小于预估最大试验荷载的1.3～1.5倍，堆载法不应小于1.2倍。当试验最大加载量超过锚桩抗拔能力时，可采用锚桩加载重的联合反力系统。

2）根据工程具体情况，单桩轴向抗压静载荷试验可分为验证性试验与破坏性试验。试验应符合下列规定：

（1）验证性试验可在工程桩上进行，应加载至单桩轴向承载力设计值的1.1～1.2倍；

（2）破坏性试验应在非工程桩上进行，加载至桩的破坏荷载为止。

3）单桩轴向抗拔静载荷试验应在非工程桩上进行。特殊条件下，也可在工程桩上进行。

4）单桩轴向静载荷试验方法，宜采用快速维持荷载法。

5）单桩轴向静载荷试验的加载分级、观测时间和稳定标准等应按现行行业标准《港口工程桩基规范》（JTJ 254—1998）的有关规定执行。

6）试验终止条件应符合下列规定：

（1）验证性试验应加载至试验要求的荷载为止。

（2）破坏性试验、抗拔静载荷试验应进行到可判定极限承载力时为止。

7）极限承载力应取荷载-位移曲线发生陡变的起始点荷载。

2. 单桩水平静载荷试验

（1）单桩水平静载荷试验可按现行行业标准《港口工程桩基规范》（JTJ 254—1998）的有关规定执行。

（2）水平静载荷试验的加载宜采用千斤顶进行顶推，用力传感器控制荷载大小。

（3）加载反力系统应牢固可靠，具有足够的刚度。

（4）试验方法宜采用单向单循环水平维持荷载法，根据试验要求也可采用单向多循环水平维持荷载法。

3. 锚杆嵌岩桩的锚杆抗拔静载荷试验

1）锚杆嵌岩桩的锚杆抗拔静载荷试验条件应与实际工程锚杆的使用条件相同。

2）锚杆抗拔试验加载宜采用穿心式油压千斤顶，加载反力系统可利用嵌岩桩桩身或已浇筑的混凝土平台。

3）锚杆抗拔静载荷试验可分为破坏性试验与验证性试验，试验应符合下列规定：

（1）破坏性试验用于确定锚杆的极限抗拔力，试验应在非工程桩上进行。

（2）验证性试验用于检查锚杆承受设计抗拔力性能，试验可在工程桩上进行。

4）任何一种新型锚杆或未曾使用过锚杆的岩层，应进行破坏性试验，破坏性试验锚杆的数量不宜少于 2 根。锚杆嵌岩桩应进行验证性试验，验证性试验锚杆的数量，根据桩的使用要求和基岩状况，宜控制在锚杆总数的 20%～40%。

5）锚杆试验应满足下列要求：

（1）锚杆试验用的加载系统的额定荷载为试验荷载的 1.2～1.5 倍；

（2）锚杆试验用的反力系统在最大试验荷载作用下，有足够的强度和刚度；

（3）检测仪器应进行标定，并满足使用精度的要求；

（4）在锚固体抗压强度达到 70% 标准值时进行锚杆试验。

6）锚杆的破坏性试验应符合下列规定：

（1）试验应满足下列要求：

①采用多循环加载，每级加载荷载按下式计算确定：

$$\Delta Q = m \cdot A_s \cdot f_{yk} \times 10^{-4} \tag{31-5-11}$$

式中　m——加载系数；

　　　ΔQ——每级加载荷载（kN）；

　　　A_s——锚杆截面面积（mm^2）；

　　　f_{yk}——锚杆钢筋屈服强度标准值（MPa）。

②加载荷载与观测时间应符合表 31-5-2 的规定。

加载荷载与观测时间　　　　　　　　　　表 31-5-2

加载系数 m	初始荷载	—	—	—	1	—	—	—
	第一循环	1	—	—	2	—	—	1
	第二循环	1	—	2	3	2	—	1
	第三循环	1	2	3	4	3	2	1
	第四循环	1	3	4	5	4	3	1
	第五循环	1	4	5	6	5	4	1
	…							
	第 $n-1$ 循环	1	$n-2$	$n-1$	n	$n-1$	$n-2$	1
	第 n 循环	1	$n-1$	n	$n+1$	n	$n-1$	1
观测时间（min）		5	5	5	10	5	5	5

③在每个加载荷载观测时间内，测读位移量不应少于 3 次。

④在每个加载荷载观测时间内，当位移量不大于 0.1mm 时，可施加下一级荷载；当位移量大于 0.1mm 时，应延长观测时间，直至在 2h 内位移量小于 2.0mm 时，再施加下一级荷载。

（2）当出现下列条件之一时，应停止加载：

①后一级荷载产生的位移增量达到或超过前一级荷载产生的位移增量的 2 倍；

②位移量不收敛；

③总位移量超过设计允许位移值。

（3）试验结果的整理与判定应满足下列要求：

①根据试验数据绘制荷载-位移（Q-s）曲线、荷载-弹性位移（Q-s_e）曲线和荷载-塑性位移（Q-s_p）曲线；

②锚杆的总弹性位移量，超过自由段长度理论弹性伸长量的 80%，且小于自由段长度与 1/2 锚固段长度之和的理论弹性伸长量，应判定试验结果有效；

③锚杆极限抗拔力，按第（2）款的规定，取前一级荷载为极限抗拔力。

7）锚杆的验证性试验应满足下列规定：

（1）试验荷载应控制在锚杆抗拔力设计值的 1.1~1.2 倍，最大试验荷载不应超过锚杆截面积（A_s）与锚杆钢筋屈服极限强度标准值（f_{yk}）乘积的 0.8 倍。

（2）试验应满足下列要求：

①每级加载荷载按锚杆抗拔力设计值（P_d）与加载系数（m）的乘积确定；

②各级加载荷载与观测时间要求应符合表 31-5-3 的规定；

③在每级加载观测时间内，测读位移量不应少于 3 次；

④在最大试验荷载作用下，观测 15min 之后，卸载至初始荷载。

加载荷载与观测时间							表 31-5-3
系数 m	0.1	0.25	0.5	0.75	1.0	1.1	1.2	0.1
观测时间（min）	5	5	5	10	10	15	15	5

（3）试验结果的整理与锚杆合格的判定应满足下列要求：

①根据试验数据绘制荷载-位移（Q-s）曲线；

②锚杆的总弹性位移量超过自由段长度理论伸长量的 80%，且小于自由段长度与 1/2 锚固段长度之和的理论伸长量，同时锚杆在最大试验荷载作用下，位移达到稳定状态，应判定锚杆试验合格。

第六节 灌 注 桩

一、承载力

1. 垂直承载力计算

1）单桩垂直承载力计算应满足下式要求：

$$\gamma_0 Q \leqslant Q_d \tag{31-6-1}$$

式中　γ_0——结构重要性系数，取 1.0；

Q——作用于桩顶的垂直荷载（kN），当采用经验参数法计算 Q_d 时，Q 应计入桩重力，泥面线以上取桩重力的 100%，泥面线以下取桩重力的 50%，水下部分取浮重力；当由试桩结果求得 Q_d 时，Q 可不计入桩重力；

Q_d——单桩垂直极限承载力设计值（kN）。

2）单桩垂直极限承载力设计值可采用经验参数法按下式计算：

$$Q_d = (U\Sigma q_{fi}L_i + q_R A)/\gamma_R \tag{31-6-2}$$

$$q_R = 2m_0\lambda \left[[q_0] + k_2\gamma_2 (L_t - 3) \right] \tag{31-6-3}$$

式中 Q_d——单桩垂直极限承载力设计值（kN）；

U——桩身截面周长（m）；

q_{fi}——单桩第 i 层土的极限侧摩阻力标准值（kPa），无当地经验值时，可按表 31-6-1 取值；

L_i——桩身穿过第 i 层土的长度（m）；

q_R——单桩极限端阻力标准值（kPa）；

A——桩身截面面积（m²）；

γ_R——单桩垂直承载力分项系数，根据工程具体情况分析确定，当无试桩资料时，可取 1.60～1.65，当有试桩资料时可取 1.60；

m_0——清底系数，挖孔灌注桩取 1.0，钻孔灌注桩取 0.65～0.90，沉渣厚度小取大值，反之取小值，且沉渣厚度不得大于 300mm；

λ——修正系数，根据表 31-6-2 选取；

$[q_0]$——地基容许承载力（kPa），按本章附录 A 中表 A.1-1～表 A.1-6 采用；

k_2——地基容许承载力深度修正系数，根据桩端持力层土的类别按本章附录 A 中表 A.2 选用；

γ_2——桩端以上土的天然重度（kN/m³），当土层多于两层时应取加权平均值；

L_t——桩的入土深度（m），自冲刷线起算，当 L_t 大于 40m 时，按 40m 计算。

钻孔灌注桩桩周土的极限侧摩阻力标准值 q_{fi} 表 31-6-1

土　类	极限侧摩阻力标准值 q_{fi}（kPa）	土　类	极限侧摩阻力标准值 q_{fi}（kPa）
回填的中密炉渣、粉煤灰	40～60	硬塑粉质黏土、砂质粉土	55～85
流塑黏土、粉质黏土、砂质粉土	20～30	粉砂、细砂	35～55
软塑黏土	30～50	中　砂	40～60
硬塑黏土	50～80	粗砂、砾砂	60～140
硬黏土	80～120	圆砾、角砾	120～180
软塑粉质黏土、砂质粉土	35～55	碎石、卵石	160～400

注：1. 土层中粒径为 300～400mm 的漂石、块石，含量占 40%～50% 时，q_{fi} 可取 600kPa；

　　2. 砂土可根据密实度选用其大值或小值；

　　3. 圆砾、角砾、碎石和卵石可根据密实度和填充料选用其大值或小值；

　　4. 挖孔灌注桩的极限摩阻力标准值可参照本表采用。

修正系数 λ 表 31-6-2

L_t/d ＼ 桩端土情况	4～20	20～25	＞25
透水性土	0.70	0.70～0.85	0.85
不透水性土	0.65	0.65～0.72	0.72

注：表中 d 为桩的设计直径（m）。

3）根据式（31-6-2）计算的单桩垂直极限承载力设计值，必要时还应进行载荷试验验证。载荷试验可采用静载荷试验法或高应变动力检测法，也可采用其他新型试桩法。验证性试验可在工程桩上进行。

4）单桩垂直极限承载力设计值应满足桩身承载力计算的要求。

5）单桩抗拔极限承载力设计值可按下式计算：

$$T_d = (U\Sigma \varepsilon_i q_{fi} L_i + G\cos\alpha_0)/\gamma_R \qquad (31\text{-}6\text{-}4)$$

式中　T_d——单桩抗拔极限承载力设计值（kN）；

　　　U——桩身截面周长（m）；

　　　ε_i——折减系数，黏性土取 0.7～0.8，砂土取 0.5～0.6，桩的入土深度大时取大值，反之取小值；

　　　q_{fi}——单桩第 i 层土的极限侧摩阻力标准值（kPa），可按表 31-6-1 取值；

　　　L_i——桩身穿过第 i 层土的长度（m）；

　　　G——桩重力（kN），水下部分按浮重力计；

　　　α_0——桩轴线与垂线的夹角（°）；

　　　γ_R——单桩抗拔承载力分项系数，取 1.65。

6）当桩周土体因下列因素而产生的竖向变形大于桩的沉降时，应考虑桩侧负摩擦力的作用：

（1）桩身穿过人工填土和在自重作用下尚未固结的软土等新近沉积的土层时；

（2）桩周土体承受大面积堆载时；

（3）其他因素引起桩入土范围内土层产生压缩时。

7）按群桩设计的灌注桩，其单桩垂直极限承载力设计值，尚应考虑群桩效应影响，其群桩折减系数应按现行行业标准《港口工程桩基规范》（JTJ 254—1998）的有关规定执行。

2. 水平力作用下桩的计算

1）承受水平力和力矩的灌注桩，其入土深度宜满足下列弹性长桩条件：

$$L_t \geqslant 4T \qquad (31\text{-}6\text{-}5)$$

$$T = \sqrt[5]{\dfrac{E_p I_p}{mb_0}} \qquad (31\text{-}6\text{-}6)$$

$$E_p I_p = 0.85 E_c I_0 \qquad (31\text{-}6\text{-}7)$$

$$I_0 = W_0 d/2 \qquad (31\text{-}6\text{-}8)$$

$$W_0 = \pi d [d^2 + 2(\alpha_E - 1)\rho d_0^2]/32 \qquad (31\text{-}6\text{-}9)$$

式中　L_t——桩的入土深度（m）；

　　　T——桩的相对刚度系数（m）；

　　　E_p——桩的弹性模量（kN/m²）；

　　　I_p——桩的截面惯性矩（m⁴）；

　　　m——桩侧地基土水平抗力系数随深度增加的比例系数（kN/m⁴）；当无试桩资料时，可按表 31-6-3 取值；

　　　b_0——桩的换算宽度（m），取 $2d$；

　　　E_c——混凝土的弹性模量（kN/m²）；

I_0——桩身换算截面惯性矩（m⁴）；

W_0——桩身换算截面受拉边缘的弹性抵抗矩（m³）；

d——桩的设计直径（m）；

α_E——桩身钢筋弹性模量与混凝土弹性模量的比值；

ρ——桩身截面配筋率（%）；

d_0——桩身纵向钢筋中心所在圆的直径（m）。

土的 m 值 表 31-6-3

序　号	土　的　名　称	m（kN/m⁴）
1	流塑黏性土 $I_L \geqslant 1.0$，淤泥	3000～5000
2	软塑黏性土 $1.0 > I_L \geqslant 0.5$，粉砂	5000～10000
3	硬塑黏性土 $0.5 > I_L \geqslant 0$，细砂，中砂	10000～20000
4	坚硬，半坚硬黏性土 $I_L < 0$，粗砂	20000～30000
5	砾砂，角砾，圆砾，碎石，卵石	30000～80000
6	密实卵石夹粗砂，密实漂卵石	80000～120000

注：1. 本表用于桩身在地面处的水平位移最大值不超过 6mm，位移较大时，m 值应适当降低；

　　2. 当桩侧为几种不同土层时，应将地面或局部冲刷线以下 $h_m = 2(d+1)$m 深度内土层的 m 值求加权平均值作为计算值；

　　3. 当桩基侧面设有斜坡或台阶，且其坡度或台阶总宽与总深之比超过 1：20 时，表中 m 值应减少 50%。

2）承受水平力和力矩作用的灌注桩在泥面以下的桩身内力和变形，可采用 m 法计算；条件具备时也可采用 P-Y 曲线法计算。采用 m 法计算时，应符合下列规定：

(1) 对部分埋置土中的单桩，桩身变形和内力应按现行行业标准《港口工程桩基规范》（JTJ 254—1998）的有关规定计算，也可按下列简化公式计算：

①桩在泥面处的水平变化 Y_0：

桩顶转动自由、平动自由时，见图 31-6-1（a）：

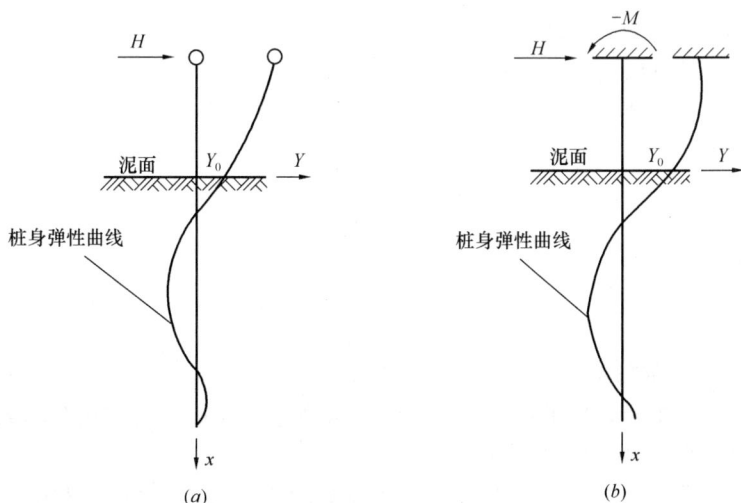

图 31-6-1　弹性长桩工作示意图

（a）桩顶转动自由、平动自由时；（b）桩顶转动固定、平动自由时

$$Y_0 = \frac{1 + 0.67\alpha L_0}{0.41\alpha^3 E_p I_p} H \tag{31-6-10}$$

$$\alpha = 1/T \tag{31-6-11}$$

桩顶转动固定、平动自由时，见图 31-6-1 (b)：

$$Y_0 = \frac{1 + 0.67(1 - \xi)\alpha L_0}{0.41\alpha^3 E_p I_p} H \tag{31-6-12}$$

$$\xi = \left| \frac{M}{HL_0} \right| \tag{31-6-13}$$

式中 Y_0——桩在泥面处的水平变位 (m)；

   α——桩的变形系数 (m^{-1})；

   L_0——桩在泥面以上的自由长度 (m)；

   E_p——桩的弹性模量 (kN/m^2)；

   I_p——桩的截面惯性矩 (m^4)；

   H——作用于桩顶的水平力 (kN)；

   T——桩的相对刚度系数 (m)；

   ξ——系数；

   M——作用于桩顶的力矩 (kN·m)。

②泥面距桩身最大弯矩点的深度 Z_m：

$$Z_m = \bar{h} T \tag{31-6-14}$$

式中 Z_m——泥面距桩身最大弯矩点的深度 (m)；

   $\bar{h}$——换算深度系数，当桩顶转动自由、平动自由时，根据 $C_1 = \alpha L_0$ 或 $D_1 = \dfrac{1}{\alpha h_0}$ 按表 31-6-4 查得；当桩顶转动固定、平动自由时根据 $C_1 = (1 - \xi)\alpha L_0$ 或 $D_1 = \dfrac{1}{(1 - \xi)\alpha L_0}$ 按表 31-6-4 查得，其中 C_1、D_1 为无量纲系数；

   T——桩的相对刚度系数 (m)。

③桩身最大弯矩 M_{max}：

当桩顶转动自由、平动自由时：

$$M_{max} = HL_0 C_2 \tag{31-6-15}$$

或 $$M_{max} = HTD_2 \tag{31-6-16}$$

当桩顶转动固定、平动自由时：

$$M_{max} = HL_0(1 - \xi)C_2 \tag{31-6-17}$$

或 $$M_{max} = HTD_2 \tag{31-6-18}$$

式中 C_2、D_2——无量纲系数，根据 $\bar{h}$ 值由表 31-6-4 查得。

④设计中应将由水平力标准值产生的桩身最大弯矩，乘以综合作用分项系数 1.4 作为最大弯矩设计值，水平力应计入土抗力。

(2) 对承受水平荷载的全直桩群桩，在非往复水平力作用下，当采用 m 法时，可采用折减后的 m 值按单桩设计。m 值的折减系数，桩距不大于 3 倍桩径时，取 0.25；桩距不小于 6～8 倍桩径时取 1.0；桩距大于 3 倍桩径且小于 6～8 倍桩径时，可采用线性插入法取值。

m 法简化计算用无量纲系数表   表 31-6-4

换算深度系数 $\bar{h}=Z/T$	C_1	D_1	C_2	D_2
0.0	∞	0	1	∞
0.1	131.252	0.008	1.001	131.318
0.2	34.186	0.029	1.004	34.317
0.3	15.544	0.064	1.012	15.738
0.4	8.781	0.114	1.029	9.037
0.5	5.539	0.181	1.057	5.856
0.6	3.710	0.270	1.101	4.138
0.7	2.566	0.390	1.169	2.999
0.8	1.791	0.558	1.274	2.282
0.9	1.238	0.808	1.441	1.784
1.0	0.824	1.213	1.728	1.424
1.1	0.503	1.988	2.299	1.157
1.2	0.246	4.071	3.876	0.952
1.3	0.034	29.58	23.438	0.792
1.4	-0.145	-6.906	-4.596	0.666
1.6	-0.434	-2.305	-1.128	0.480
1.8	-0.665	-1.503	-0.530	0.353
2.0	-0.865	-1.156	-0.304	0.263
3.0	-1.893	-0.528	-0.026	0.049
4.0	-0.045	-22.500	0.011	0

注：1. 本表适用于桩端置于非岩石土中或支立于岩石面上的弹性长桩；

　　2. Z——桩身截面距泥面的深度；

　　3. T——桩的相对刚度系数。

　　3）当采用假想嵌固点法计算上部结构时，弹性长桩的受弯嵌固点深度，可按下式确定：

$$t = \eta T \tag{31-6-19}$$

式中　t——桩的受弯嵌固点距泥面深度（m）；

　　　η——系数，取 1.8～2.2，桩顶铰接或桩的自由长度较大时取小值，桩顶转角无转动或桩的自由长度较小时取大值；

　　　T——桩的相对刚度系数，按式（31-6-6）计算。

　　4）弹性长桩在泥面处的水平变位验算应满足下列条件：

$$Y_0 \leqslant [Y_0] \tag{31-6-20}$$

式中　Y_0——桩在泥面处的水平变位（mm）；

　　　$[Y_0]$——桩在泥面处的水平变位限值（mm），应根据上部结构可接受的水平变位或工程使用经验来确定；当采用 m 法计算时，宜采用 6mm。

　　3. 桩身承载力计算和最大裂缝宽度验算

　　1）桩身承载力计算，应符合现行行业标准《港口工程混凝土结构设计规范》（JTJ 267—1998）和《水运工程抗震设计规范》（JTJ 225—1998）的有关规定。

2）计算桩在轴心受压荷载和偏心受压荷载作用下的桩身承载力时，应将混凝土的轴心抗压强度设计值和弯曲抗压强度设计值分别乘以施工工艺系数。施工工艺系数，钻孔灌注桩宜取 0.8。

3）高桩承台桩的压屈计算应假定桩在泥面以下一定深度处为嵌固支承。桩的压屈计算长度和桩的压屈稳定系数可采用下列方法确定：

（1）桩的压屈计算长度可按下式计算：

$$L_p = K(L_0 + t') \qquad (31\text{-}6\text{-}21)$$

式中 L_p——桩的压屈计算长度（m）；

　　 K——桩的有效长度系数，应根据桩端部的约束条件按表 31-6-5 采用；

　　 L_0——桩在泥面以上的自由长度（m）；

　　 t'——桩在泥面以下至假定嵌固点的埋置深度（m），对正常固结黏土和砂土，并假定地基土水平抗力系数随深度线性增加，可取 $1.8T$，T 为桩的相对刚度系数。

桩的有效长度系数 K　　　　　　　　　　　表 31-6-5

桩的压屈形状	一端转动自由、平动自由 一端转动固定、平动固定	一端转动固定、平动自由 一端转动固定、平动固定
K	2.1	1.2

（2）桩的压屈稳定系数 ϕ 可根据桩的压屈计算长度 L_p 和桩的设计直径 d 按表 31-6-6 取值。

桩的压屈稳定系数 φ　　　　　　　　　　　表 31-6-6

L_p/d	≤7	8.5	10.5	12	14	15.5	17	19	21	22.5
ϕ	1.00	0.98	0.95	0.92	0.87	0.81	0.75	0.70	0.65	0.60
L_p/d	24	26	28	29.5	31	33	34.5	36.5	38	40
ϕ	0.56	0.52	0.48	0.44	0.40	0.36	0.32	0.29	0.26	0.23

4）当进行桩身承载力的抗震验算时，应根据现行行业标准《水运工程抗震设计规范》（JTJ 225—1998）的有关规定，选取抗震调整系数。

5）当有适当的措施足以保证灌注桩的钢护筒能够与混凝土桩共同作用时，桩的截面抗力计算方可计入钢护筒的作用。

6）灌注桩使用阶段需要控制裂缝宽度时，应验算荷载的长期效应组合下桩身最大裂缝宽度。最大裂缝宽度应满足下式要求：

$$W_{\max} \leqslant [W_{\max}] \tag{31-6-22}$$

式中　$W_{\max}$——最大裂缝宽度（mm），验算方法见本章附录 B；

$[W_{\max}]$——最大裂缝宽度限值（mm），按表 31-6-7 取值。

最大裂缝宽度限值 $[W_{\max}]$　　　　　　　表 31-6-7

裂缝控制等级	淡水港			海水（含河口）港			
	水上区	水位变动区	水下区	大气区	浪溅区	水位变动区	水下区
C 级	0.25	0.30	0.40	0.20	0.20	0.25	0.30

二、结构设计

1. 一般规定

1）在桩基中，桩与桩的中心矩不小于 6 倍桩径，或中心矩为 3～6 倍桩径且桩端进入良好持力层时的垂直承载桩，可按单桩设计；沿水平力方向桩与桩的中心矩不小于 6～8 倍桩径的水平承载桩，也可按单桩设计。其他情况可按群桩设计。

2）桩身最小设计直径，钻孔桩不宜小于 600mm；挖孔桩不宜小于 1000mm。

3）桩的中心矩不宜小于 2.5 倍桩的设计直径。

4）桩端持力层，宜选择中等密实或密实砂层、硬黏土层、碎石类土层或风化岩层等良好土层。

5）桩端进入持力层的最小深度应符合下列规定：

(1) 硬黏性土层，不宜小于 2.0 倍桩径。

(2) 中等密实或密实砂层，不宜小于 1.5 倍桩径。

(3) 碎石类土层，不宜小于 1.0 倍桩径。

(4) 强风化岩层，根据其力学性能，可取 1.0～2.0 倍桩径；中、微风化岩层，不宜小于 0.5m，进入岩层的深度应从桩端岩面最低处起算。

6）当桩端以下 4 倍桩径范围内存在软弱土层时，应验算桩端土层冲剪破坏的可能性。

7）同一结构分段中的桩宜进入同一持力层，且桩端标高不宜相差过大。

2. 桩的构造

1）桩身截面配筋率应根据计算确定。最小配筋率不得小于 0.4%。

2）桩身配筋长度应符合下列规定：

(1) 端承桩、抗拔桩和承受负摩擦力的桩应通长配筋。位于坡地或岸边的桩，当坡地或岸坡的地层存在软土层，或由于其他因素使岸坡稳定性不足时，宜通长配筋。

(2) 端承摩擦桩宜通长配筋，桩长较大时，也可根据内力大小沿深度分段变截面配筋。

(3) 受水平力作用的抗弯桩和偏心受压桩，地面以下的配筋长度不宜小于 4 倍桩的相对刚度系数。

3）桩的主筋应采用变形钢筋，数量不宜少于 12 根，直径不宜小于 16mm。采用束筋时，每束不宜多于 2 根钢筋。纵向钢筋应沿桩身周边均匀布置，其净距不应小于 80mm。钢筋笼底部主筋宜稍向内弯折。

4) 箍筋直径不宜小于 8mm，箍筋间距宜为 200～300mm，应采用螺旋式箍筋；受水平力作用的桩，在承台底面以下 3～5 倍桩径范围内箍筋应加密。当钢筋笼长度超过 5m 时，应每隔 2.0～2.5m 设置一道加强箍筋；当钢筋笼长度超过 10m 时，应每隔 5.0～8.0m 在笼内设置一道焊接支撑架。

5) 主筋的混凝土保护层厚度，河港不应小于 50mm；海港不应小于 70mm。

6) 桩身混凝土强度等级不应低于 C25。

3. 桩与上部结构的连接

1) 桩帽或承台的构造要求应符合现行行业标准《高桩码头设计与施工规范》（JTJ 291—1998）的有关规定。

2) 桩与桩帽或承台的连接应符合下列规定：

(1) 桩嵌入桩帽或承台的长度不宜小于 100mm。

(2) 桩顶钢筋伸入桩帽或承台的长度，受压桩不宜小于 35 倍主筋直径，受拉桩不宜小于 40 倍主筋直径。

(3) 伸入桩帽或承台的桩顶钢筋宜做成喇叭形。

(4) 桩帽或承台的部分主筋宜通过桩顶与桩顶钢筋相交。

3) 桩帽或承台边缘与边桩外侧的距离，对直径不大于 1000mm 的桩，不宜小于 0.5 倍桩径并不应小于 300mm；对直径大于 1000mm 的桩，不宜小于 0.4 倍桩径并不应小于 500mm。

4) 当桩与上部结构横梁直接连接时，梁边与桩外侧的距离不宜小于 250mm。

第七节 预应力混凝土方桩

一、一般规定

1) 桩的承载力应根据不同受力情况，分别按桩身结构强度和地基土对桩的支承能力进行计算，并取其小值。

2) 对实际有可能同时在桩身出现的荷载，应按设计极限状态和设计状况进行组合。

3) 桩在下列情况应按承载能力极限状态设计：

(1) 根据桩的受力情况进行桩的垂直承载力和水平承载力计算；

(2) 当桩端平面以下存在软弱下卧层时，应验算软弱下卧层的承载力；

(3) 桩身受压、受弯、受拉和受扭承载力计算；

(4) 桩的自由长度较大时，应验算桩的压屈稳定等。

4) 桩在下列情况应按正常使用极限状态设计：

(1) 预应力混凝土方桩的抗裂或限裂；

(2) 柔性系靠船桩的水平变形等。

5) 桩基设计应考虑沉降和水平变形对使用的影响。

6) 桩基设计与施工应具有下列资料：

（1）使用要求；

（2）水文、气象、地形、环境和水深资料；

（3）地质资料及工程地质评价；

（4）桩的载荷试验或试沉桩资料；

（5）有碍沉桩的障碍物的探摸资料；

（6）主要施工机具设备资料等。

二、承载力

1. 一般要求

1）在桩基中，桩与桩的中心距等于、大于6倍桩径（或桩宽），以及中心距为3～6倍桩径，且桩端进入良好持力层时，可按单桩设计。其他情况可按群桩设计。

2）桩基宜选择中密或密实砂层、硬黏性土层、碎石类土或风化岩层等良好土层作为桩端持力层。

桩端进入持力层的深度（不包括桩尖部分长度），对黏性土和粉土不宜小于2倍桩径，密实砂土和碎石类土不宜小于1倍桩径。

如良好持力层较厚，施工条件和桩身强度许可时，桩端进入持力层的深度宜达到桩端阻力的临界深度。

在桩端以下4倍桩径范围内，如存在软弱土层时，应考虑冲剪破坏的可能性。

3）为减少码头沉降，采取以下措施：

（1）同一桩台下的基桩，宜打至同一土层，且桩端标高不宜相差太大；

（2）当桩端进入不同的土层时，各桩沉桩贯入度不宜相差过大；

（3）同一桩台基桩桩端不应打入软硬不同土层。

2. 垂直承载力

1）单桩承载力应根据静载荷试验确定。下列情况可不进行静载荷试验：

（1）当附近工程有试桩资料，且沉桩工艺相同，地质条件相近时；

（2）重要工程中的附属建筑物；

（3）桩数较少的重要建筑物，并经技术论证；

（4）小港口中的建筑物。

2）当进行静载荷试桩时，单桩垂直极限承载力设计值应按下式计算：

$$Q_d = \frac{Q_k}{\gamma_R} \qquad (31\text{-}7\text{-}1)$$

式中　Q_d——单桩垂直极限承载力设计值（kN）；

　　　Q_k——单桩垂直极限承载力标准值（kN）。当试桩数量 $n \geq 2$，且各桩的极限承载力最大值与最小值之比值小于或等于1.3时，应取其平均值作为单桩垂直极限承载力标准值；其比值大于1.3时，应经分析确定；

　　　γ_R——单桩垂直承载力分项系数，γ_R 取1.30，当地质情况复杂或永久作用所占比重较大时，γ_R 取1.40。

3）凡允许不做静载荷试桩的工程，可根据具体情况采用承载力经验参数法或静力触探等确定单桩垂直极限承载力。

4) 当按承载力经验参数法确定单桩垂直极限承载力设计值时,应按下式计算:

$$Q_d = \frac{1}{\gamma_R}(U\Sigma q_{fi}l_i + q_R A) \tag{31-7-2}$$

式中 Q_d——单桩垂直极限承载力设计值 (kN);

γ_R——单桩垂直承载力分项系数, γ_R 取 1.45, 当地质条件复杂或永久作用所占比重较大时, γ_R 可取 1.55;

U——桩身截面周长 (m);

q_{fi}——单桩第 i 层土的极限侧摩阻力标准值 (kPa)。如无当地经验值时, 对预制混凝土挤土桩可按表 31-7-1 采用;

l_i——桩身穿过第 i 层土的长度 (m);

q_R——单桩极限桩端阻力标准值 (kPa)。如无当地经验值时, 对预制混凝土挤土桩可按表 31-7-2 采用;

A——桩身截面面积 (m²)。

5) 凡允许不做静载荷试桩的工程, 其单桩抗拔极限承载力设计值可按下式计算:

$$T_d = \frac{1}{\gamma_R}(U\Sigma\xi_i q_{fi}l_i + G\cos\alpha) \tag{31-7-3}$$

式中 T_d——单桩抗拔极限承载力设计值 (kN);

γ_R——单桩抗拔承载力分项系数, γ_R 取 1.45, 当地质条件复杂时, γ_R 取 1.55;

ξ_i——折减系数。对黏性土取 0.7～0.8; 对砂土取 0.5～0.6。桩的入土深度大时取大值, 反之取小值;

G——桩重力 (kN), 水下部分按浮重力计;

α——桩轴线与垂线夹角 (°)。

6) 对重要工程和地质复杂的工程, 以及其他情况影响桩的垂直承载力的可靠性时, 宜采用高应变动力试验法对单桩垂直承载力进行检测。检测桩数可取总桩数的 2%～5%, 且不得少于 5 根。

采用动力试验法对桩承载力进行检查时, 应符合国家现行标准规定。

7) 当遇下列情况时, 在基桩设计中宜考虑负摩阻力的影响:

(1) 桩身穿过新近沉积或人工填筑的土层, 该土层在其自重力作用下仍未固结稳定;

(2) 桩台附近地面有大面积堆载时;

(3) 存在有其他会引起桩入土范围内的土层产生压缩的因素时。

预制混凝土挤土桩桩侧极限摩阻力标准值 q_f (kPa) 表 31-7-1

土的名称	土的状态	土 层 深 度 (m)						
		0～2	2～4	4～6	6～8	8～10	10～13	13～16
淤 泥	$I_L>1.0$ $1.5<e≤2.4$	2～4	4～6	6～8	8～10	10～12	12～14	—
黏土 $I_p>17$	$I_L>1.0$	4～7	7～9	9～11	11～13	13～15	15～17	17～19
	$0.75<I_L≤1.0$	11～14	14～17	17～20	20～23	23～26	26～29	29～32
	$0.50<I_L≤0.75$	20～23	23～26	26～29	29～32	32～35	35～38	38～41
	$0.25<I_L≤0.5$	27～31	31～35	35～39	39～43	43～47	47～51	51～55
	$0<I_L≤0.25$	34～38	38～42	42～46	46～50	50～54	54～58	58～62

续表

土的名称	土的状态	土 层 深 度（m）						
		0～2	2～4	4～6	6～8	8～10	10～13	13～16
粉质黏土 $10<I_p\leqslant17$	$I_L>1.0$	9～11	11～13	13～15	15～17	17～19	19～21	21～23
	$0.75<I_L\leqslant1.0$	20～22	22～24	24～26	26～28	28～30	30～32	32～34
	$0.50<I_L\leqslant0.75$	27～30	30～33	33～36	36～39	39～42	42～45	45～48
	$0.25<I_L\leqslant5.0$	35～39	39～43	43～47	47～51	51～55	55～59	59～63
	$0<I_L\leqslant0.25$	44～49	49～54	54～59	59～64	64～69	69～74	74～79
粉土 $0<I_p\leqslant10$	$0.75<I_L\leqslant1.0$	27～30	30～33	33～36	36～39	39～42	42～45	45～48
	$0.50<I_L\leqslant0.75$	35～39	39～43	43～47	47～51	51～55	55～59	59～63
	$0.25<I_L\leqslant5.0$	44～49	49～54	54～59	59～64	64～69	69～74	74～79
	$0<I_L\leqslant0.25$	54～60	60～66	66～72	72～78	78～84	84～90	90～96
粉砂 细砂	稍密	35～39	39～43	43～47	47～51	51～55	55～59	59～63
	中密	44～49	49～54	54～59	59～64	64～69	69～74	74～79
	密实	54～60	60～66	66～72	72～78	78～84	84～90	90～96
中粗砂	$N>30$	65～70	70～75	75～81	81～90	90～99	99～107	107～115

土的名称	土的状态	土 层 深 度（m）					
		16～19	19～22	22～26	26～30	30～35	35～40
淤泥	$I_L>1.0$ $1.5<e\leqslant2.4$	—	—	—	—	—	—
黏土 $I_p>17$	$I_L>1.0$	—	—	—	—	—	—
	$0.75<I_L\leqslant1.0$	32～34	34～36	36～38	38～40	40～42	42～44
	$0.50<I_L\leqslant0.75$	41～44	44～47	47～50	50～53	53～56	56～59
	$0.25<I_L\leqslant0.5$	55～59	59～63	63～67	67～71	71～75	75～79
	$0<I_L\leqslant0.25$	62～66	66～70	70～74	74～78	78～82	82～86
粉质黏土 $10<I_p\leqslant17$	$I_L>1.0$	—	—	—	—	—	—
	$0.75<I_L\leqslant1.0$	34～36	36～38	38～40	40～42	42～44	44～46
	$0.50<I_L\leqslant0.75$	48～51	51～54	54～57	57～60	60～63	63～66
	$0.25<I_L\leqslant5.0$	63～67	67～71	71～75	75～79	79～83	83～87
	$0<I_L\leqslant0.25$	79～84	84～89	89～94	94～99	99～104	104～109
粉土 $0<I_p\leqslant10$	$0.75<I_L\leqslant1.0$	48～51	51～54	54～57	57～60	60～63	63～66
	$0.50<I_L\leqslant0.75$	63～67	67～71	71～75	75～79	79～83	83～87
	$0.25<I_L\leqslant5.0$	79～84	84～89	89～94	94～99	99～104	104～109
	$0<I_L\leqslant0.25$	96～102	102～108	108～114	114～120	120～126	126～132
粉砂 细砂	稍密	63～67	67～71	71～75	75～79	79～93	83～97
	中密	79～84	84～89	89～94	94～99	99～104	104～109
	密实	96～102	102～108	108～114	114～120	120～126	126～132
中粗砂	$N>30$	115～123	123～130	130～137	137～144	144～150	150～156

注：I_p—土的塑性指数；I_L—土的液性指数；N—标准贯入击数；e—土的天然孔隙比。

预制混凝土挤土桩桩端极限摩阻力标准值 q_R（kPa）

表 31-7-2

土的名称	土的状态	土 层 深 度（m）						
		5～10	10～15	15～20	20～25	25～30	30～35	35～40
黏土 $I_p>17$	$0.75<I_L≤1.0$	100～300	300～500	500～700	700～900	900～1100	1100～1200	1200～1300
	$0.50<I_L≤0.75$	300～500	500～700	700～950	950～1200	1200～1400	1400～1500	1500～1600
	$0.25<I_L≤0.50$	500～700	700～950	950～1200	1200～1430	1430～1650	1650～1800	1800～1950
	$0<I_L≤0.25$	700～970	970～1250	1200～1500	1500～1750	1750～2000	2000～2200	2200～2300
粉质黏土 $10<I_p≤17$	$0.75<I_L≤1.0$	200～500	500～790	790～1000	1000～1200	1200～1450	1450～1600	1600～1750
	$0.50<I_L≤0.75$	400～700	700～1050	1050～1400	1400～1750	1750～2050	2050～2200	2250～2400
	$0.25<I_L≤0.50$	600～1000	1000～1400	1400～1800	1800～2150	2150～2400	2400～2650	2650～2750
	$0<I_L≤0.25$	800～1300	1300～1800	1800～2300	2300～2650	2650～3000	3000～3200	3200～3350
粉土 $0<I_p≤10$	$0.75<I_L≤1.0$	600～1000	1000～1400	1400～1800	1800～2150	2150～2400	2400～2650	2650～2750
	$0.50<I_L≤0.75$	800～1300	1300～1800	1800～2300	2300～2650	2650～3000	3000～3200	3200～3500
	$0.25<I_L≤0.50$	1000～1700	1700～2300	2300～2900	2900～3350	3350～3750	3750～4000	4000～4200
	$0<I_L≤0.25$	1500～2300	2300～3000	3000～3600	3600～4100	4100～4500	4500～4800	4800～5000
粉砂 细砂	稍密	1000～1700	1700～2300	2300～2900	2900～3350	3350～3750	3750～4000	4000～4200
	中密	1500～2300	2300～3000	3000～3600	3600～4100	4100～4500	4500～4800	4800～5000
	密实	2000～3000	3000～3900	3900～4750	4750～5500	5500～6100	6100～6600	6600～7000
中粗砂	$N>30$	2400～3800	3800～5200	5200～6250	6250～7200	7200～8000	8000～8650	8650～9100

8）按群桩设计的基桩，其单桩垂直极限承载力设计值除应按本节有关规定确定外，尚应考虑群桩效应影响：

（1）高桩承台中的单桩垂直极限承载力应乘以群桩折减系数；

（2）高桩码头中的排架基桩，可不考虑群桩折减系数；

（3）高桩码头起重机梁下的双桩，其间距一般小于 3 倍桩径，折减系数可取 0.90～0.95，桩距小或入土深度大时取小值；

（4）低桩承台中的单桩垂直极限承载力设计值可按有关规范确定。

3. 水平力作用下桩的计算

1）承受水平力或力矩作用的单桩，其入土深度宜满足弹性长桩条件。当采用 m 法时，弹性长桩、中长桩和刚性桩的划分标准可按表 31-7-3 确定。

弹性长桩、中长桩和刚性桩划分标准

表 31-7-3

弹性长桩	中长桩	刚性桩
$L_t≥4T$	$4T>L_t≥2.5T$	$L_t<2.5T$

注：L_t—桩的入土深度（m）；

T—桩的相对刚度系数（m）。

2）承受水平力或力矩作用的弹性长桩桩身内力和变形，按下列规定确定：

（1）重要港口建筑物在进行桩的水平力计算时，所采用 m 法的计算参数，应根据水平静载荷试桩确定。

（2）当桩身在泥面处水平变形≤10mm 时，也可采用 m 法计算。

3）当采用假想嵌固点法计算时，弹性长桩的受弯嵌固点深度可用 m 法并按下式确定：

$$t = \eta T \tag{31-7-4}$$

式中 t——受弯嵌固点距泥面深度（m）；

η——系数，取 1.8～2.2，桩顶铰接或桩的自由长度较大时取较小值，桩顶嵌固或桩的自由长度较小时取较大值；

T——桩的相对刚度系数（m），按附录 C 确定。

4）当按假想嵌固点法计算排架时，桩在泥面以下的内力和变形，可根据计算排架时求得的桩顶力矩和水平力，按本章附录 C 中的 m 法进行计算。

三、结构设计

1. 一般要求

1）在计算桩使用时期的内力时，应考虑施工时期产生的而在使用时期仍然存在的内力，如斜桩自重力产生的内力等。

2）施工时期应按短暂状况对桩的内力进行验算，并考虑下列情况：

（1）在进行施工时期内力验算时，可根据实际情况考虑下列荷载：

①桩吊运内力和锤击沉桩应力；

②桩的自重力和浮托力；

③施工时期可能出现的水流力和波浪力；

④上部结构安装过程中可能出现的偏心荷载等。

（2）对已经沉入地基中但桩顶尚未用夹桩木夹好的桩，应按悬臂结构进行验算。

3）预应力混凝土方桩在吊运时，应将桩重力乘以动力系数 α。起吊和水平吊运时 α 宜取 1.3，吊立过程中 α 宜取 1.1。

2. 吊桩内力和沉桩应力

1）预应力混凝土方桩在出槽、搬运和吊立等阶段均应进行内力计算。

2）在计算吊运内力时应考虑桩长、截面尺寸、吊点位置、桩架高度、下吊索长度、桩的实心段长度、桩的浸水长度以及吊立过程中桩轴线与水平面的夹角等。所选用的吊点位置及施工工艺宜使桩受力合理。

桩在水平吊运和吊立过程中可采用同一套吊点。

3）桩的吊运可采用二点吊或四点吊，也可根据具体情况采用六点吊或其他布点形式进行吊运。

4）锤击沉桩拉应力的标准值可按下列规定采用：

（1）预应力混凝土方桩拉应力标准值分为 5.0MPa、5.5MPa、6.0MPa 和 6.5MPa 四级。

（2）拉应力的取值应根据锤能、锤击速度大小、桩垫软硬程度、桩长及土质情况等综合考虑。凡符合下列情况之一时取较小值：

①锤能和锤击速度较小时；

②采用弹性较大的软桩垫，如 120mm 厚的水泥袋纸桩垫；

③桩长小于 30m；

④无较明显的硬、软土层相间情况。

（3）对有沉桩经验的地区且经过论证，拉应力标准值取值可酌情增减。

5）锤击沉桩压应力的标准值按下列规定采用：

（1）预应力混凝土方桩压应力标准值可取 12.0～20.0MPa。

（2）预应力混凝土方桩压应力标准的取值应根据桩端支承性质、桩截面大小、桩长、选用的桩锤及地基条件综合考虑。凡符合下列情况之一时，可取较小值：

①锤能和锤击速度较小时；

②采用刚度较小而弹性较大的软桩垫；

③桩长小于 30m；

③有不易造成偏心锤击的地质条件。

（3）对有沉桩经验的地区且经过论证，压应力标准值可酌情增减。

3. 预应力混凝土方桩的计算与构造

1）预应力混凝土方桩在下列情况下应进行正截面承载力计算及抗裂验算：

（1）预应力混凝土方桩在施工及使用时期均应进行正截面承载力计算；

（2）预应力混凝土方桩在施工和使用时期均应进行抗裂验算。

2）桩在进行正截面承载力计算和抗裂验算时，应根据实际受力情况，按表 31-7-4 规定计算。

桩的正截面承载力计算及抗裂度验算项目表　　　　　　　表 31-7-4

项　　目	作用和作用效应
轴向受压	受压桩轴向压力，锤击沉桩压应力
轴向受拉	锤击沉桩拉应力，受拉桩轴向拉力
弯　　曲	吊运及其他阶段产生的弯矩
偏心受压	受压桩轴向压力与弯矩的组合
偏心受拉	受拉桩轴向拉力与弯矩的组合

注：当承受较大扭矩作用时，尚应对受扭情况进行验算。

3）在进行预应力混凝土方桩顶部的正截面承载力计算及抗裂验算时，应考虑预应力钢筋在其传递长度范围内预应力值的降低。

4）预应力混凝土方桩正截面承载力计算和抗裂验算应按下列规定确定：

（1）使用时期应符合现行行业标准《港口工程混凝土结构设计规范》（JTJ 267—1998）规定。

（2）施工时期按下列规定计算：

①预应力混凝土方桩进行锤击沉桩拉应力验算时，应满足下式要求：

$$\gamma_s \sigma_s \leqslant \frac{\sigma_{pc}}{\gamma_{pc}} + f_t \tag{31-7-5}$$

式中　γ_s——锤击沉桩拉应力分项系数，取 1.10；

　　　σ_s——锤击沉桩拉应力标准值（MPa）；

　　　σ_{pc}——扣除全部预应力损失后桩边缘混凝土的预应力值（MPa）；

　　　γ_{pc}——混凝土预应力分项系数，取 1.0；

　　　f_t——混凝土轴心抗拉强度设计值（MPa）。

②除①项规定外，施工时期其他计算应符合现行行业标准《港口工程混凝土结构设计规范》（JTJ 267—1998）规定。

5）桩的主筋应符合下列规定：

（1）主筋宜优先采用带肋钢筋。

（2）主筋直径不应小于 14mm，主筋根数不宜少于 8 根，桩宽在 450mm 以下时，不得少于 4 根。

（3）主筋宜对称布置。当外力方向固定时，允许增加附加短筋，以抵抗局部内力，但所加短筋要有足够的锚固长度。加有短筋的桩，应做出明显标志或采取其他措施，以保证沉桩后所加短筋的位置符合受力要求。

（4）预应力混凝土方桩宜采用冷拉Ⅱ级、Ⅲ级和Ⅳ级钢筋作为主筋。配筋率均不得小于桩截面面积的1%。

6）桩的箍筋应符合下列规定：

（1）箍筋宜采用 HPB235 级钢筋或冷轧带肋钢筋，直径 6～8mm。箍筋应做成封闭式。

（2）预应力混凝土方桩的箍筋间距，宜取 400～500mm。对承受较大锤击压应力的桩，箍筋宜适当加密。

（3）当桩每边主筋根数等于或大于 3 根时，应设置附加箍筋。附加箍筋间距可适当放大。但采用胶囊抽芯工艺制作空心桩时，固定胶囊的附加箍筋间距不应大于 500mm。

（4）在桩顶 4 倍桩宽和桩端 3 倍桩宽范围内（图 31-7-1），箍筋间距应加密至50～100mm。

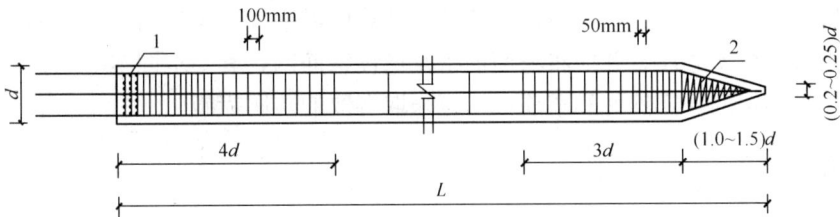

图 31-7-1　桩身构造图
1—钢筋网 3～5 层；2—螺旋钢筋

（5）桩顶应设置 3～5 层钢筋网，其钢筋直径为 5～6mm，两个方向的钢筋间距均为50～60mm。钢筋网应与桩顶箍筋相连。

7）桩尖部分钢筋不应少于 4 根。当桩尖部分钢筋为另加的短筋时，所加短筋的直径不应小于桩的主筋直径，且在桩身内应有足够的锚固长度，并应与主筋相连。桩尖部分宜设置间距为 50～100mm，直径为 6mm 的箍筋（图 31-7-1）。

8）预应力混凝土方桩的混凝土强度等级不宜低于C40。

9）空心桩的外保护层厚度应满足现行行业标准《港口工程混凝土结构设计规范》（JTJ 267—1998）要求，内壁保护厚度不宜小于 40mm。当采用胶囊抽芯制桩工艺时，尚应考虑胶囊上浮的影响。

对锤击下沉的空心桩，在桩顶 4 倍桩宽范围内应做成实心段。冰冻地区桩顶实心段长度应适当加长。

10）方桩桩尖可按图 31-7-1 设计。桩尖长度约为 1.0～1.5 倍桩宽，当桩需要穿过或进入硬土层时，桩尖长度宜取较大值。

11）当桩需要打入风化岩层、砾石层或打穿柴排等障碍物而沉桩困难时，宜设置穿透能力强的桩靴。

对打入风化岩的桩，也可在桩端设置 H 型钢，以增加打入风化岩层的深度。H 型钢伸出混凝土桩端长度根据具体情况确定，但不宜小于 1.0m。

12）桩头伸进桩台长度不应小于 5cm。外伸钢筋长度一般为 40～50cm，当需要充分利用桩顶外伸钢筋强度时，其外伸长度应符合表 31-7-5 规定。

纵向受拉钢筋的最小锚固长度 l_a（mm）   表 31-7-5

钢筋类型	混凝土强度等级			
	C20	C25	C30、C35	≥C40
Ⅰ级钢筋	30d	25d	20d	20d
Ⅱ级钢筋	40d	35d	30d	25d
Ⅲ级钢筋	45d	40d	35d	30d
冷轧带肋钢筋	40d	35d	30d	25d

注：1. 表中 d 为钢筋直径；2. 当月牙纹钢筋直径 $d>25$mm 时，锚固长度应按表中数值增加 5d；3. 纵向受拉Ⅰ、Ⅱ、Ⅲ级钢筋的锚固长度不应小于 250mm，纵向受拉冷轧钢筋的锚固长度不应小于 200mm。

13）港口工程基桩宜整根预制。当需要接桩时满足下列要求：

（1）每根桩的接头数量不宜多于一个，接桩位置宜设在泥面以下且内力和腐蚀性较小处，同时尚应考虑施工的可能。

（2）接桩处的结构设计，应按本节三、3.2）条规定设计。

（3）接桩结构的设计强度不应低于该截面计算所需强度的 1.5 倍。在接头上下各 2 倍桩宽范围内应做成实心段，并应将箍筋加密及增设钢筋网，其要求同本节三、3.6）条。

（4）接桩结构的外露铁件和钢筋，均应采取有效的防腐措施。

四、载荷试验

（一）垂直静载荷试验

1. 一般要求

1）本规定适用于以锚桩进行静载荷试验。用其他方法进行静载荷试验时可参照执行。

2）试验桩的位置应根据工程总体布置、工程进度、地址、地形、水文和设计要求等确定。试验桩的入土深度和进入持力层深度应具有代表性。

3）试验桩、锚桩和基准桩，在沉桩过程中应按试沉桩记录表要求记录。试验桩和锚桩的桩顶偏位不应大于 100mm，试验桩纵轴线倾斜度不应大于 1/200，锚桩纵轴线倾斜度不应大于 1/100。

4）试验桩的数量应根据地址条件、桩的材质、桩径、桩长、桩尖形式和工程总桩数等确定。总桩数在 500 根以下时，试桩不应少于 2 根。总桩数每增加 500 根，宜增加 1 根试桩。如地质条件复杂，桩的类型较多或其他原因，可按地区性经验酌情增减。

5）试验桩与锚桩宜对称布置，使其受力均匀。锚桩与试验桩的中心距不应小于 4 倍桩径或桩宽；基准桩与试验桩的中心距不应小于 4 倍桩径或桩宽；基准桩与锚桩的中心距不应小于 3 倍桩径或桩宽。

6）试验桩在沉桩后到进行加载的间歇时间，对黏性土不应少于 14d；对砂土不应少于 3d，对水冲沉桩不应少于 28d。

7）试验前应根据设计对试桩要求进行下列准备工作：

（1）收集工程总体布置的有关资料；

（2）收集工程地质、地形、水文和气象的有关资料；

（3）收集邻近工程已有的试桩资料；

（4）收集试验桩、锚桩和基准桩结构图及试打桩的沉桩记录和动测试验资料；

（5）编制试验大纲和进行试验设计；

（6）准备并标定好所需的测试仪器等。

8）在离试验桩 3～10m 范围内必须有钻孔。

9）试验不应在大风大浪等气象水文条件恶劣时进行。试验期间，距离试桩 50m 范围内不得进行打桩作业，并应避免各种振动影响，严禁船舶碰撞试验平台。

10）试验报告的主要内容应包括：概况、试验目的、项目内容、水文地质资料、试验布置、试验方法、沉桩情况、试验成果及分析、结论和建议等。

2. 试验设备

1）试验设备应符合下列要求：

（1）加载能力应取预计最大试验荷载的 1.3～1.5 倍；

（2）受力构件应满足强度和变形要求；

（3）便于安全安装和拆卸；

（4）锚桩及张锚体系必须具有足够的抗拔能力和安全储备，并应减少受力不均匀的影响；

（5）基准桩应稳固可靠，基准梁应具有足够的刚度，并应减少温度等因素的影响；

（6）加载设备、油压系统、量测系统和电气设施等事先应作必要的标定和安全的检查。沉降观测系统精度应达到 0.01mm。试验中应避免试验桩偏心受力或不稳定受力。

2）在水域进行静载荷试验必须搭设牢固的工作平台。平台不得与试验桩和基准桩相连接，平台标高应满足不受水位和风浪等影响。平台应设置必要的护栏、人行爬梯、安全标识和信号灯等。

3. 静载荷试验

1）试验方法可采用快速维持荷载法（快速法）或慢速维持荷载法（慢速法），有经验时也可采用其他方法。外海宜优先采用快速法。

在载荷试验中若需测定桩的轴向反力系数 k（单位轴向力作用下的桩顶下沉量）时，应在永久荷载标准值到永久荷载与可变荷载标准值的组合值之间，至少往复加卸载 3 次，取趋于稳定的一次循环的首尾点进行计算。

2）加卸载均应分级进行，宜采用等量分级。每级加载为预计最大试验荷载的 1/10～1/12，每级卸载为 2 倍加载级。

加卸载时应使荷载平稳、连续、无冲击和无超载。每级加卸载时间不宜少于 1min。

3）每一荷载级维持的时间应按表 31-7-6 的规定确定。

每一荷载级维持时间　　　　　　　　　　表 31-7-6

试验方法 荷载级	快速法	慢速法
新加载级	一般 1h	桩顶沉降速率达到稳定标准为止，且不大于 2h
卸载级	15min	1h
卸载为零	1h	3h
循环加、卸载的途径荷载级	5min	15min
循环加、卸载的首尾荷载级	15min	1h

4）慢速法试验的沉降稳定标准为：桩顶在某级荷载作用下，1h 内对应的沉降值小于 0.1mm 时可定为该级沉降达到稳定。

5）试验中各项观测数据应及时记录或打印，并当场做数据整理汇总。如遇异常情况应及时做详尽记录。汇总后，应绘制荷载-沉降（Q-s）曲线，沉降-时间对数（s-$1gt$）曲线等。

6）慢速法试验测读时间为 0min、5min、10min、15min 和 30min，以后每间隔 30min 测读一次，直至达到荷载维持时间的标准。

7）静载荷试验凡符合下列条件之一时可终止加载，并进行分级卸载：

（1）当 Q-s 曲线出现可判定极限承载力的陡降段，且桩顶总沉降量超过 40mm，对慢速法在 40mm 以下应有一个稳定荷载。

（2）采用慢速法试验，在某级荷载作用下，24h 未达到稳定。

8）桩的垂直极限承载力应按下列规定确定：

（1）当 Q-s 曲线上有可判定极限承载力的陡降段时，采用明显陡降段起始点相对应的荷载。陡降段的起始点可根据下列方法之一确定：

①当 $\dfrac{\Delta S_n}{\Delta Q_n} \leqslant f(L)$，而 $\dfrac{\Delta S_{n+1}}{\Delta Q_{n+1}} > f(L)$ 时，或 $\dfrac{\Delta S_{n+1}}{\Delta Q_{n+1}} / \dfrac{\Delta S_n}{\Delta Q_n} > 5$ 且 $S_{n+1} > 40$ mm 时，n 点

对应的荷载为极限承载力，见图 31-7-2（a）。其中 $f(L) = \dfrac{3.3}{L} - 0.04$。$L$ 为桩长，单位为 m，$f(L)$ 单位为 mm/kN。

②当 Q/Q_{max}-S/d 曲线有明显陡降，即曲线斜率开始演变为大于 0.3（对于一般挤土桩）时对应的荷载为极限承载力。其中 Q_{max} 为试验所加的最大荷载。

③在 s-$1gt$ 曲线中取曲线斜率明显变陡或曲线尾部明显向下曲折的前一级荷载为极限承载力。

（2）当慢速法试验时，在某级荷载作用下，24h 未达到稳定，但 Q-s 曲线上没有可判断极限承载力的陡降段时，取该不稳定荷载的前一级荷载为极限承载力。

（3）当 Q-s 曲线没有明显陡降时，在 Q-s 曲线上取桩顶总沉降量 $s = 40$mm 相对应的荷载作为极限承载力近似值，见图 31-7-2（b）。

注：极限承载力宜取初压值。

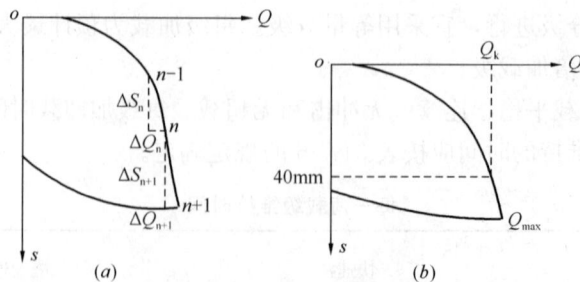

图 31-7-2 Q-s 曲线

9）当试桩需要进行复压或上拔试验时，已试验过的桩宜间歇 72h 以上，使桩周土体得以恢复。

10）上拔载荷试验可参照压载试验有关规定进行，上拔试验桩在试验荷载作用下必须满足结构承载力要求。不宜利用工程桩做上拔载荷试验。

（二）水平静载荷试验

1. 一般要求

（1）试验桩的位置应根据工程设计要求选择有代表性的地点，试验桩的周围地表面较平坦，应减少影响试验桩变形的其他因素。

（2）试验桩的数量应根据设计要求和工程地质条件等确定，但不宜少于 2 根。

（3）试验桩在沉桩后到进行加载的间歇时间，对黏性土不应少于 14d；对砂土不应少于 3d，对水冲沉桩不应少于 28d。在同一根试验桩上先进行垂直静载荷试验，再进行水平静载荷试验时，两次试验之间的间歇时间不宜少于 48h。

（4）试验前应按垂直静载荷试验的 1.7）条规定进行试验准备。

（5）在离试验桩 3～10m 范围内必须有钻孔。在地表以下 16 倍桩径以下深度范围内每隔 1m 均应有土样的物理力学试验，16 倍桩径以下深度间距可适当放大。有条件时可进行现场十字板、静力触探或旁压试验。

（6）试验桩桩顶一般以自由状态进行试验。

2. 试验设备

（1）根据试验要求预估能施加的最大荷载和最大位移，试验设备的加载能力应取预计最大试验荷载的 1.3～1.5 倍；试验桩周边至平台间预留的空档位置不应小于预计的最大位移。

（2）为防止试验桩的加力点处局部变形或损坏，应适当加强。

（3）反力结构的承载力及其刚度应取试验桩的 1.3～1.5 倍。采用对顶法时，其净距不应小于 5 倍桩径。

（4）基准桩应稳固可靠，不受试验和其他影响，其与试验桩或反力结构的净距不宜小于 5 倍桩径。

（5）试验设备应满足（一）2.1）条有关规定外，在试验中还应防止加载的偏心。测力装置应设球支座，位移测试精度不宜小于 0.02mm。

3. 静载荷试验

（1）试验方法宜采用单向单循环水平维持荷载法，根据设计要求也可采用多循环等其他水平荷载试验方法。

（2）加卸载均应分级进行，加载时每级级差可取预计最大荷载的 1/10，卸载时可取 2 倍加载级。

（3）加载每级维持 20min，卸载每级维持 10min。从 0 开始，每隔 5min 测读一次，直到到达维持时间止。测读数据应现场记录、整理和汇总。

（4）试验终止加载条件为：在某级荷载下，横向变形急剧增加、变形速率明显加快、地基土出现明显的斜裂缝、达到试验要求的最大荷载或最大位移。

（5）试验结束后应绘制荷载-变形（H-Y）曲线，荷载-时间-变形（H-t-Y）曲线或荷载-地基土水平向反力系数随深度增长的比例系数（H-m）曲线。对于埋设量测装置的试桩应绘制桩身弯矩分布曲线，桩顶或泥面处倾斜角度变化曲线等；根据实

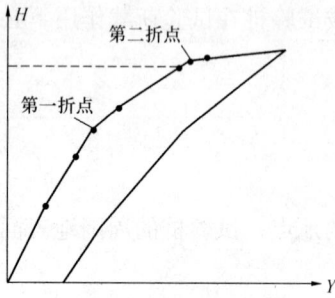

图 31-7-3　H-Y 曲线

测变形和桩身弯矩，计算并绘制桩身挠曲及桩侧土抗力与变形关系曲线簇（P-Y 曲线）。

（6）试桩水平极限承载力应根据 H-Y 曲线上第二折点前一级荷载（图 31-7-3）或 lgH-lgY 曲线上第二折点前一级荷载等方法综合确定。

（7）试验报告主要内容应包括：概况、试验目的、项目内容、水文地质资料、试验布置、试验方法、沉桩情况、试验成果及分析、结论和建议等。

附录 A　地基容许承载力及深度修正系数

A.1　当基础宽度 $b \leqslant 2m$，入土深度 $L_t \leqslant 3m$ 时，地基容许承载力 $[q_0]$ 可按表 A.1-1～表 A.1-6 选用。

老黏性土的容许承载力 $[q_0]$　　　　　表 A.1-1

E_s（MPa）	10	15	20	25	30	35	40
$[q_0]$（kPa）	380	430	470	510	550	580	620

注：1. 老黏性土是指第四纪晚更新世（Q_3）及其以前沉积的黏性土；

2. $E_s = (1 + e_1) / a_{1-2}$

式中　E_s——压缩模量，当老黏性土 $E_s < 10$MPa 时，容许承载力 $[q_0]$ 按一般黏性土表 A.1-2 确定；

　　　e_1——压力为 0.1MPa 时，土样的孔隙比；

　　　a_{1-2}——对应于 0.1～0.2MPa 压力段的压缩系数（MPa^{-1}）。

一般黏性土的容许承载力 $[q_0]$（kPa）　　　　　表 A.1-2

天然孔隙比 e ＼ 液性指数 I_L	0	0.1	0.2	0.3	0.4	0.5	0.6	0.7	0.8	0.9	1.0	1.1	1.2
0.5	450	440	430	420	400	380	350	310	270	240	220	—	—
0.6	420	410	400	380	360	340	310	280	250	220	200	180	—
0.7	400	370	350	330	310	290	270	240	220	190	170	160	150
0.8	380	330	300	280	260	240	230	210	180	160	150	140	130
0.9	320	280	260	240	220	210	190	180	160	140	130	120	100
1.0	250	230	220	210	190	170	160	150	140	120	110		
1.1	—	—	160	150	140	130	120	110	100	90			

注：1. 一般黏性土是指第四纪全新世（Q_4）沉积的黏性土；

2. 土中含有粒径大于 2mm 的颗粒重量超过全部重量 30% 以上的，$[q_0]$ 可适当提高；

3. 当 $e < 0.5$ 时，取 $e = 0.5$；当 $I_L < 0$ 时，取 $I_L = 0$。

残积黏性土的容许承载力 $[q_0]$　　　　　表 A.1-3

E_s（MPa）	4	6	8	10	12	14	16	18	20
$[q_0]$（kPa）	190	220	250	270	290	310	320	330	340

注：本表适用于我国西南地区碳酸盐类岩层的残积土，其他地区可参照使用。

砂土的容许承载力 $[q_0]$（kPa）　　表 A.1-4

土名	密实度　湿度	密实	中密	松散
砾砂、粗砂	与湿度无关	550	400	200
中砂	与湿度无关	450	350	150
细砂	水上	350	250	100
	水下	300	200	—
粉砂	水上	300	200	—
	水下	200	100	—

碎石土的容许承载力 $[q_0]$（kPa）　　表 A.1-5

土名　密实程度	密实	中密	松散
卵石	1200～1000	1000～600	500～300
碎石	1000～800	800～500	400～200
圆砾	800～600	600～400	300～200
角砾	700～500	500～300	300～200

注：1. 由硬质岩组成，填充砂土者取高值；由软质岩组成，填充黏性土者取低值；

　　2. 半胶结的碎石土，可按密实的同类土的 $[q_0]$ 值提高 10%～30%；

　　3. 松散的碎石土在天然河床中很少遇见，需特别注意鉴定；

　　4. 漂石、块石的 $[q_0]$ 值，可参照卵石、碎石适当提高。

岩石的容许承载力 $[q_0]$（kPa）　　表 A.1-6

岩石名称　岩石破碎程度	碎石状	碎块状	大块状
硬质岩（R_h^b＞30MPa）	1500～2000	2000～3000	＞4000
软质岩（R_h^b＝5～30MPa）	500～1200	1000～1500	1500～3000
极软岩（R_h^b＜5MPa）	400～800	600～1000	800～1200

注：1. 表中 R_h^b 为岩块单轴抗压强度，表中数值视岩块强度、厚度和裂隙发育程度等因素适当选用，易软化的岩石及极软岩受水浸泡时，宜用较低值；

　　2. 软质岩强度 R_h^b 高于 30MPa 的仍按软质岩计；

　　3. 岩石已风化成砾、砂和土状的风化残积物，可比照相应的土类确定其容许承载力，如颗粒间有一定的胶结力，可比照相应的土类适当提高。

A.2　地基容许承载力深度修正系数 k_2 可按表 A.2 选用。

地基容许承载力深度修正系数 k_2　　表 A.2

土的类别	黏性土				砂土								碎石土			
	老黏性土	一般黏性土		残积黏性土	粉砂		细砂		中砂		砂砾、粗砂		碎石圆砾角砾		卵石	
		$I_L \geqslant 0.5$	$I_L < 0.5$		中密	密实	中密	密实	中密	密实	中密	密实	中密	密实	中密	密实
系数 k_2	2.5	1.5	2.5	1.5	2.0	2.5	3.0	4.0	4.0	5.5	5.0	6.0	5.0	6.0	6.0	10.0

注：1. 对稍松状态的砂土和松散状态的碎石土，k_2 值可取表列中密值的 50%；

　　2. 节理不发育或较发育的岩石不作深度修正，节理发育或很发育的岩石，k_2 可参照碎石的系数，但对已风化成砂、土状者，则参照砂土、黏性土的系数。

附录 B 灌注桩最大裂缝宽度验算

B.1 灌注桩桩身混凝土的最大裂缝宽度可按下列公式计算：

$$W_{\max} = \alpha_1 \alpha_2 \alpha_3 \frac{\sigma_{sl}}{E_s} \left(\frac{30 + d_s}{0.28 + 10\rho} \right) \tag{B.1}$$

$$\rho = \frac{A_s}{\pi r^2} \tag{B.2}$$

式中 $W_{\max}$——最大裂缝宽度（mm）；

α_1——构件受力特征系数，受弯时取 1.0，大偏心受压时取 0.9，偏心受拉时取 1.1，轴心受拉时取 1.2；

α_2——钢筋表面形状的影响系数，光圆钢筋取 1.4，带肋钢筋去 1.0；

α_3——荷载长期效应组合或重复荷载影响的系数，取 1.5；

σ_{sl}——桩身受拉区边缘纵向钢筋应力（MPa）；

E_s——钢筋弹性模量（MPa）；

d_s——钢筋直径（mm），当用成束钢筋时，取用成束钢筋面积换算成一根钢筋面积的换算直径，当用不同直径钢筋时，取用换算直径 $4A_s/S$，S 为全部受拉钢筋周长总和；

ρ——桩身截面配筋率，按实际配筋率计算，当 ρ 小于 0.6% 时，取 0.6%；

A_s——钢筋截面面积（mm^2），取桩身截面全部纵向钢筋截面面积；

r——桩身圆截面半径（mm）。

B.2 在荷载的长期效应组合下桩身受拉区边缘纵向钢筋应力 σ_{sl} 可按下列公式计算，计算示意图见图 B.1。

（1）轴心受拉：

$$\sigma_{sl} = \frac{N}{A_s} \cdot 10^3 \tag{B.3}$$

（2）受弯：

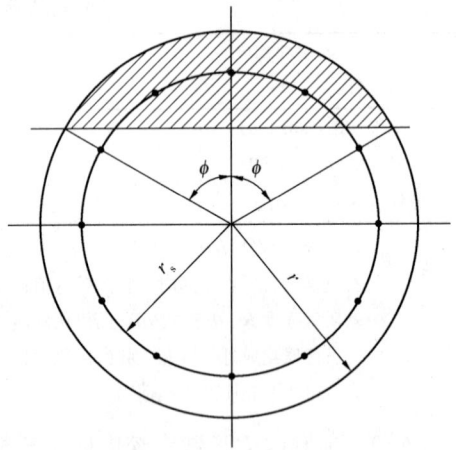

图 B.1 沿周边均匀配筋的圆形截面

$$\sigma_{sl} = \frac{130\alpha_E \left[(r_s/r) + \cos\phi \right]}{27.3\phi + 203.6 (r_s/r)^2 \alpha_E \rho - 24.4} \cdot \frac{M}{r^3} \cdot 10^3 \tag{B.4}$$

$$\phi = \frac{48.2 + 614\alpha_E \rho}{50 + 390\alpha_E \rho} \cdot 10^3 \tag{B.5}$$

（3）小偏心受拉：

$$\sigma_{sl} = \frac{N}{A_s} \left(1 + \frac{2e_0}{r_s} \right) \cdot 10^3 \tag{B.6}$$

（4）大偏心受拉：

$$\sigma_{sL} = \frac{N\left[(r_s/r) + \cos\phi\right]}{2A_s\cos\phi} \cdot 10^3 \tag{B.7}$$

$$\phi = \frac{(48.2 + 614\alpha_E\rho)(e_0/r)}{(50 + 390\alpha_E\rho)\dfrac{e_0}{r} + 14.46 + 184.2\alpha_E\rho} \cdot 10^3 \tag{B.8}$$

(5) 大偏心受压：

$$\sigma_{sL} = \frac{130\alpha_E\left[(r_s/r) + \cos\phi\right]}{27.3\phi + 203.6(r_s/r)^2\alpha_E\rho - 24.4}\left(\frac{N}{r^2}\right)\left(\frac{e_0}{r}\right) \cdot 10^3 \tag{B.9}$$

$$\phi = \frac{(48.2 + 614\alpha_E\rho)(e_0/r) + 203.6(r_s/r)^2\alpha_E\rho - 24.4}{(50 + 390\alpha_E\rho)(e_0/r) - 27.3} \cdot 10^3 \tag{B.10}$$

式中　σ_{sL}——桩身受拉区边缘纵向钢筋应力（MPa）；

　　　N——轴向力设计值（kN）；

　　　A_s——钢筋截面面积（mm^2），取桩身截面全部纵向钢筋截面面积；

　　　α_E——钢筋弹性模量与混凝土弹性模量的比值；

　　　r_s——纵向钢筋中心所在圆周的半径（mm）；

　　　r——桩身圆截面半径（mm）；

　　　ϕ——对应于受压区混凝土截面面积的圆心角之半（rad）；

　　　ρ——桩身截面配筋率，$\rho = A_s/\pi r^2$；

　　　M——弯矩设计值（kN·m）；

　　　e_0——轴向力的偏心距（mm）。

附录 C　m 法

C.1　m 法假设土的水平地基抗力系数随深度呈线性增加，即：

$$K = mz \tag{C.1}$$

式中　K——土的水平地基抗力系数（kN/m^3）；

　　　m——土的水平地基抗力系数随深度增长的比例系数（kN/m^4）；

　　　z——计算点的深度（m）。

m 值宜通过单桩水平静载试验确定，当无试桩资料时，可按表 C.1 采用。

C.2　在水平力和力矩作用下，弹性长桩的桩身变形和弯矩，可按下列规定确定。

C.2.1　桩顶可自由转动时，桩身变形和弯矩可按下列公式计算：

$$Y = \frac{H_0 T^3}{E_p I_p}A_y + \frac{M_0 T^2}{E_p I_p}B_y \tag{C.2}$$

$$M = H_0 T A_m + M_0 B_m \tag{C.3}$$

$$T = \sqrt[5]{\frac{E_p I_p}{mb_0}} \tag{C.4}$$

$$Z_m = \bar{h}T \tag{C.5}$$

$$M_{max} = M_0 C_2 \tag{C.6}$$

或

$$M_{max} = M_0 T D_2 \tag{C.7}$$

式中　　　　Y——桩身在泥面或泥面以下的变形（m）；

H_0——作用在泥面处的水平荷载（kN）；

T——桩的相对刚度系数（m）；

E_p——桩材料的弹性模量（kN/m²）；

I_p——桩截面的惯性矩（m⁴）；

A_y、B_y、A_m、B_m——分别为变形和弯矩的无量纲系数，按附表 C.2 确定；

M_0——作用在泥面处的弯矩（kN·m）；

m——桩侧地基土的水平抗力系数随深度增长的比例系数（kN/m⁴）；

b_0——桩的换算宽度（m），b_0 取 $2d$，d 为桩受力面的桩宽或桩径；

Z_m——桩身最大弯矩距泥面深度（m）；

$\overline{h}$——换算深度（m），根据 $C_1 = \dfrac{M_0}{H_0 T}$ 或 $D_1 = \dfrac{H_0 T}{M_0}$ 按表 C.2 查得；

M_{max}——桩身最大弯矩（kN·m）；

C_2、D_2——无量纲系数，根据 $\overline{h} = Z_m / T$ 按表 C.2 中查得。

C.2.2 桩顶嵌固而转角为零时，桩身变形和弯矩，可按下列公式计算：

$$Y = (A_y - 0.93 B_y) \frac{H_0 T^3}{E_p I_p} \tag{C.8}$$

$$M = (A_m - 0.93 B_m) H_0 T \tag{C.9}$$

C.3 当地基土成层时，m 采用地面以下 $1.8T$ 深度范围内各土层 m 的加权平均值。

土的 m 值   表 C.1

序号	地基土类别	混凝土桩、钢桩	
		m 值（kN/m⁴）	相应单桩在地面处水平位移（mm）
1	淤泥、淤泥质土	2000～4500	10
2	流塑（$I_L > 1$）、软塑（$0.75 < I_L \leqslant 1$）状黏性土、$e > 0.9$ 粉土、松散粉细砂、松散填土	4500～6000	10
3	可塑（$0.25 < I_L \leqslant 0.75$）状黏性土、$e = 0.7 \sim 0.9$ 粉土、稍密或中密填土、稍密细砂	6000～10000	10
4	硬塑（$0 < I_L \leqslant 0.25$）坚硬（$I_L \leqslant 0$）状黏性土、$e < 0.7$ 粉土、中密的中粗砂、密实老填土	10000～22000	10

注：当水平位移大于表列数值时，m 值应适当降低。

m 法计算用无量纲系数表   表 C.2

换算深度 $\overline{h} = Z/T$	A_y	B_y	A_m	B_m	A_Φ	B_Φ	C_1	D_1	C_2	D_2
0.0	2.441	1.621	0	1	−1.621	−1.751	∞	0	1	∞
0.1	2.279	1.451	0.100	1	−1.616	−1.651	131.252	0.008	1.001	131.318
0.2	2.118	1.291	0.197	0.998	−1.601	−1.551	34.186	0.029	1.004	34.317
0.3	1.959	1.141	0.290	0.994	−1.577	−1.451	15.544	0.064	1.012	15.738
0.4	1.803	1.001	0.377	0.986	−1.543	−1.352	8.781	0.114	1.029	9.037
0.5	1.650	0.870	0.458	0.975	−1.502	−1.254	5.539	0.181	1.057	5.856
0.6	1.503	0.750	0.529	0.959	−1.452	−1.157	3.710	0.270	1.101	4.138
0.7	1.360	0.639	0.592	0.938	−1.396	−1.062	2.566	0.390	1.169	2.999
0.8	1.224	0.537	0.646	0.913	−1.334	−0.970	1.791	0.558	1.274	2.282
0.9	1.094	0.445	0.689	0.884	−1.267	−0.880	1.238	0.808	1.441	1.784
1.0	0.970	0.361	0.723	0.851	−1.196	−0.793	0.824	1.213	1.728	1.424

换算深度 $\bar{h}=Z/T$	A_y	B_y	A_m	B_m	A_Φ	B_Φ	C_1	D_1	C_2	D_2
1.1	0.854	0.286	0.747	0.814	−1.123	−0.710	0.503	1.988	2.299	1.157
1.2	0.746	0.219	0.762	0.774	−1.047	−0.630	0.246	4.071	3.876	0.952
1.3	0.645	0.160	0.768	0.732	−0.971	−0.555	0.034	29.58	23.438	0.792
1.4	0.552	0.108	0.765	0.687	−0.894	−0.484	−0.145	−6.906	−4.596	0.666
1.6	0.388	0.024	0.737	0.594	−0.743	−0.356	−0.434	−2.305	−1.128	0.480
1.8	0.254	−0.036	0.685	0.499	−0.601	−0.247	−0.665	−1.503	−0.530	0.353
2.0	0.147	−0.076	0.614	0.407	−0.471	−0.158	−0.865	−1.156	−0.304	0.263
3.0	−0.087	−0.095	0.193	0.076	−0.070	0.063	−1.893	−0.528	−0.026	0.049
4.0	−0.108	−0.015	0	0	−0.0003	0.085	−0.045	−22.500	0.011	0

注：本表适用于桩端置于非岩石土中或支立于岩石面上的弹性长桩。

C.4 设计中应将由水平力（包括土坑力）标准值产生的桩身最大弯矩，乘以综合作用分项系数 1.4，作为最大弯矩设计值。

第三十二章　港口桩基施工

第一节　预应力混凝土方桩

一、预应力混凝土方桩的制作

1）预应力混凝土桩的制作工艺除按现行行业标准《水运工程混凝土施工规范》（JTJ 268—1996）执行外，尚应符合下列要求：

（1）在露天台座制作预应力混凝土方桩，应采取措施保证预加应力值，并减少钢筋张拉与混凝土浇筑两工序间温度差的影响，避免在浇筑混凝土时，由于气温升高而增加预应力损失，或由于气温降低使钢筋发生冷断事故；

（2）浇筑桩身混凝土必须连续进行，不得留有施工缝；

（3）利用充气胶囊制桩，在使用前应对胶囊进行检查，漏气或质量不合格者不得使用，并应采取有效措施，控制胶囊上浮及偏心。

2）预应力混凝土方桩的允许偏差应符合表 32-1-1 的规定。

预应力混凝土方桩允许偏差　　　　　　　　　　　　表 32-1-1

偏　差　名　称		允　许　偏　差
长度偏差		±50mm
横截面	边长偏差	±5mm
	空心桩空心（管芯）直径偏差	±10mm
	空心（管芯）中心与桩中心偏差	±20mm
桩尖对桩纵轴的偏差		<15mm
桩顶面与桩纵轴线垂直，其最大倾斜偏差不大于桩顶横截面边长		1%
桩顶外伸钢筋长度偏差		±20mm
桩纵轴线的弯曲矢高	不大于桩长	0.1%
	且不大于	20mm
混凝土保护层		<+5mm

3）预应力混凝土方桩的质量

桩身缺陷的允许值符合下列要求：

（1）在桩表面上的蜂窝、麻面和气孔的深度不超过 5mm，且在每个面上所占面积的总和不超过该面面积的 0.5%；

（2）沿边缘棱角破损的深度不超过 5mm，且每 10m 长的边棱角上只有一处破损，在一根桩上边棱破损总长度不超 500mm。

编写人：周国然（中交第三航务工程局设计研究院）

4）对不符合上述第3）条规定的桩，必须进行修补，在满足质量要求后，方可使用。

5）在预制桩桩顶附近应标明工程名称、类型、尺寸、混凝土浇筑日期及编号。

6）为避免施工过程中因基桩损坏而影响工程进度，根据锤型、沉桩方法、土质情况、基桩数量和运输条件等，应有一定数量的备用桩。

二、预应力混凝土管桩制作及拼接

（一）管节制作

1. 管节钢模

钢模应符合下列要求：

（1）钢模应满足成型混凝土管节的相应尺寸要求，制作简单、装拆方便和定位可靠，并能提高周转次数。

（2）结构应具有足够的强度和刚度，筒体应选用强度高、弹性好和焊接性能好的材料，模板应平整合光滑，筒体合缝口平顺严密，自然放松时能张开40～50mm。

（3）钢模端盖宜采用铸钢，且应有足够的刚度，表面应平整光滑；钢模锁紧端盖的拉杆，宜选用抗拉强度高且质轻的合金钢。

（4）钢模制作完毕后，必须进行静平衡力矩试验，不平衡力矩不应大于2N·m。

（5）钢模制作完毕，必须对各项技术要求进行检验，合格后方可投入使用。

（6）钢模生产达到400节管节后，必须进行维护整修，同时进行静平衡力矩试验，不平衡力矩不应大于2N·m。生产达到700节管节后，所用钢模必须报废。

（7）钢模允许偏差应符合表32-1-2的规定。

钢模允许偏差　　　　　　　　　　　　表 32-1-2

序　号	项　　目	允许偏差（mm）
1	钢模筒体长度（L）	±2
2	钢模内径（D）	+4 −1
3	钢模内径圆柱度	1
4	钢模外径各工作面（跑轮圈、振动圈）同轴度	ϕ0.5
5	合缝口间隙	0.3
6	钢模板面纵向直线度	3
7	钢模端盖端面平面度	0.15
8	钢模端盖面相对于钢模内径的垂直度	0.4

2. 原材料

管节混凝土所用水泥强度等级不得低于42.5级。水泥品种可采用Ⅱ型硅酸盐水泥、普通硅酸盐水泥等。水泥的质量应符合现行国家标准《通用硅酸盐水泥》（GB 175—2007）等的有关规定。熟料中铝酸三钙（C_3A）含量不应大于10％。

细骨料应采用质地坚硬的天然河砂。河砂采用细度模数为3.0～2.6的中砂。细骨料杂质含量应符合现行行业标准《水运工程混凝土施工规范》（JTJ 268—1996）的有关规定。

粗骨料应采用质地坚硬的碎石，石料的抗压强度应大于 2 倍所采用混凝土强度等级。碎石的粒径应为 5～20mm，碎石采用二级配，其中，5～16mm 与 10～20mm 粒径的比例应按混凝土配合比设计及试验确定。粗骨料的物理性能与杂质含量应符合现行行业标准《水运工程混凝土施工规范》（JTJ 268—1996）的规定，其中水锈石含量不应超过 10%，粒径 5mm 以下含量宜控制在 6%。

外加剂可经试验选定，外加剂的质量应符合现行行业标准《水运工程混凝土施工规范》（JTJ 268—1996）的有关规定。

拌合用水应符合现行行业标准《水运工程混凝土施工规范》（JTJ 268—1996）的有关规定。

管节构造用钢筋，应符合有关规定。

3. 混凝土

管节混凝土应符合下列条件：

（1）强度等级不小于 C60；

（2）胶凝材料用量 400～500kg/m³；

（3）水胶比不大于 0.35；

（4）混凝土拌合物维勃稠度控制在 25～35s；

（5）混凝土重力密度大于 2500kg/m³；

（6）吸水率不大于 3.5%；

（7）抗渗等级大于 P8；

（8）混凝土拌合物中氯离子含量不超过胶凝材料质量的 0.06%；

（9）抗冻等级不低于 F300。

4. 管节成型与养护

钢筋笼的制作应符合下列规定：

（1）应采用冷拔钢筋，用钢筋笼自动编织机按设计尺寸制作成型；

（2）每一管节长度的钢筋笼有 5 只脱焊点时应检查焊接头，并进行调整。如发现有两圈脱焊应停止生产，对设备进行维修，正常后再恢复生产。

钢筋笼的制作与安装应符合表 32-1-3 的要求。

钢筋笼制作与安装的允许偏差和检验方法　　　　　　　　　　表 32-1-3

序号	项　目	允许偏差（mm）	检验单位和数量	单元测点	检验方法
1	钢筋骨架长度	±5	每个构件抽查 10%，且不少于 3 件	2	用钢尺量直径两端处
2	钢筋笼直径			6	用钢尺量两端及中部垂直两直径
3	箍筋间距	±10		3	用钢尺量两端及中部连续三档各取大值
4	纵向钢筋间距				
5	钢筋保护层	±5		4	用钢尺量侧面
6	钢筋笼离端盖距离				用钢尺量两端各两点

管节所使用的钢筋笼垫块，宜采用高密度聚乙烯塑料压制成表面为凹凸形的卡式垫块，不得使用砂浆垫块。

管节预留孔道成型，应采用在拉杆上套壁厚为 4～4.5mm 的橡胶套管的工艺。橡胶套管的物理力学性能应符合下列要求：

（1）拉断强度不小于 17MPa；

（2）伸长量不小于 600％；

（3）硬度为 48 邵尔度左右；

（4）老化为 12％左右。

钢模组装应符合下列规定：

（1）装模前应清除合缝口杂物，间隙不得大于 0.3mm。应清除残留在钢模内侧、端盖内侧及内环面和橡胶套管外表面的混凝土和浮浆，脱模剂应涂刷均匀；

（2）端盖内侧与筒体外侧之间应紧密配合；

（3）塑料垫块必须与钢筋笼卡紧，钢筋笼纵向架立钢筋与制孔拉杆必须错开，严禁钢筋笼触及预留孔胶管；钢筋笼的端头与端盖应保持 20～30mm 的间距；

（4）拉杆螺母上紧扭矩应为 0.25～0.30kN·m。

管节的混凝土布料及成型应满足下列要求：

（1）管节成型应采用复合工艺专用设备——离心、振动、辊压成型机。

（2）管节成型工艺应按以下流程进行：

①成型机旋转钢模；

②皮带机在钢模内往复均匀布料；

③钢模外施加振动；

④管节内壁施加辊压，同时钢模外施加振动；

⑤撤除辊压与振动后高速离心，使钢模中混凝土产生不小于 73g 的离心加速度；

⑥钢模自然降速至停；

⑦钢模及成型管节吊运至蒸汽养护区。

（3）布料应要求分层往复，均匀连续进行，一次完成。

管节成型后，吊离成型机座时，应平稳、轻放，严禁碰撞，此时应对管节内壁面进行收面处理。

管节应采用蒸汽养护。选择立式方法养护时，采用钢模外套保温罩，在管节内通蒸汽养护；选择卧式方法养护时，采用坑池加盖通蒸汽的方法养护。蒸汽养护制度应根据各地区不同条件、不同季节经试验后确定。但应满足下列条件：

①30℃干燥温度环境下静定 2h；

②升温与降温梯度为 15℃/h；

③升温至额定温度后恒温 4h；

④65℃开始以 15℃/h 降温至室温。

脱模抽芯应符合下列规定：

（1）混凝土强度应达到设计值的 70％时方可进行脱模，脱模应在专用平台上进行。

（2）脱模抽芯顺序应按以下流程进行：

①放松拉杆螺母；

②抽去拉杆插销；

③卸除端盖；

④抽拔拉杆及橡胶套管；

⑤卸下合缝口螺栓；

⑥顶开合缝口；

⑦用 U 形钩使管节从模内移出。

管节成型后，应在适当的时间内将突出管节端面的超厚部分去除。端面的超厚部分应设置内倒角。

管节脱模后应将管节端面表层水泥浮浆磨除。

管节脱模后应根据各地区不同条件水养 7d 或潮湿养护 10d。水养池养护管节应使用淡水，水面距管节最高处应大于 20mm。

当不采用蒸汽养护时，应按现行行业标准《水运工程混凝土施工规范》（JTJ 268—1996）的有关规定养护。

5. 管节质量检查

管节成型过程中，必须取样制作试件，测定混凝土立方体的抗压强度。试件的取样和养护条件应与管节相同。

混凝土试件的取样每工班应取三组、每组三块，其中一组测定管节蒸养后拆模强度，一组测定 14d 管节强度，一组为龄期 28d 的强度。试验方法应按现行行业标准《水运工程混凝土试验规程》（JTJ 270—1998）的有关规定执行。混凝土强度的合格标准应按现行行业标准《水运工程混凝土施工规范》（JTJ 268—1996）的有关规定执行。

混凝土抗拉强度、吸水率和抗渗等级按每 $5000m^3$ 或每半年应进行一次抽样检测。试验方法应按现行行业标准《水运工程混凝土试验规程》（JTJ 270—1998）的有关规定执行。

外观质量应符合下列规定：

（1）外壁面严禁产生裂缝，内壁面由于干缩产生的细微裂缝，其缝宽不得超过 0.2mm，深度不得大于 10mm，长度不得超过管径的 0.5 倍。超过上述标准时必须进行修补。

（2）混凝土应密实，不得出现露筋、空洞和缝隙等缺陷。

混凝土管节的允许偏差应符合表 32-1-4 的规定。

混凝土管节的允许偏差和检验方法 表 32-1-4

序 号	项 目	允许偏差（mm）	检验单位和数量	单元测点	检验方法
1	外周长	±10			用钢尺量两端
2	长度	±3			用钢尺测量
3	壁厚	+10 0	每节	2	用钢尺量两端
4	管节端面倾斜	$D/1000$			用钢尺量两端
5	管壁端面倾斜	$\delta/100$			用角尺测量
6	预留孔直径	±3			用内卡钳测量取大值

注：δ 为壁厚，D 为管节外径，单位均为 mm。

6. 整桩质量检验

（1）质量要求

大管桩的质量应符合设计要求和现行行业标准《港口工程质量检验评定标准》

(JTJ 221—1998）的有关规定。

大管桩制作的允许偏差、检验数量和方法应符合表 32-1-5 的规定。

大管桩制作的允许偏差、检验数量和方法　　　　　　　　表 32-1-5

序　号	项　目	允许偏差（mm）	检验单元和数量	单元测点	检验方法
1	管桩长度	±100	每根桩检查		用钢尺测量
2	桩顶倾斜	≤5D/1000			用线锤与钢尺测量
3	拼缝处错牙	6	每根桩抽查 50％拼缝	1	用钢尺与塞尺测量
4	拼缝处弯曲矢高	8			在拼缝处两侧，沿管节各 4m 处拉线，用钢尺测量

注：D 为大管桩外径，单位为 mm。

（2）结构性能测定

大管桩的力学性能由抗弯试验测出抗裂弯矩进行检验。每 1000 根或每年应在产品中随机抽样 1 根进行抗裂性能检验。对重要工程，试验桩数可按需要确定。

试验应按现行国家标准《混凝土结构工程施工质量验收规范》（GB 50204—2002）的有关规定执行。

（二）管桩拼接

1. 钢绞线

钢绞线应符合现行国家标准《预应力混凝土用钢绞线》（GB/T 5224—2003）的有关规定。其表面不得带有降低钢绞线与混凝土粘结力的润滑剂、油渍等物质，不得有锈蚀成肉眼可见的麻坑。新产品及进口材料的质量应符合相应国家现行标准的有关规定。

钢绞线的验收除应对其质量证明书、包装、标志和规格等进行检查外，尚应符合下列要求：

（1）钢绞线进场时应分批验收，应从外观、直径逐盘检验合格的钢绞线中，每 60t 内任选 15％的盘数（但不少于 3 盘），在其任一端取一个试样进行表面质量、直径偏差和力学性能试验。如批量不足 3 盘，应逐盘取样作力学性能检验。试验结果如有一项不合格时，则不合格盘报废，并再从该批未试验过的钢绞线中取双倍数量的试样进行该不合格项的复验，如仍有一项不合格，则该批钢绞线应判为不合格。

（2）钢绞线的试验方法应按现行国家标准的规定执行。拉伸试验的试件不允许进行任何形式的加工。钢绞线的实际强度不得低于现行国家标准的规定。

钢绞线材料必须保持清洁，在存放和搬运过程中应避免机械损伤和有害的锈蚀。如进场后需长时间存放时，必须安排定期的外观检查。在仓库内保管时，仓库应干燥、防潮、通风良好、无腐蚀气体等介质；在室外存放时，时间不宜超过 180d，不得直接堆放在地面上，必须采取垫枕木并用油布覆盖等有效措施，防止雨露和各种腐蚀性介质的影响。

钢绞线的下料长度应通过计算确定，计算时应考虑管桩的孔道长度、锚夹具厚度、切割块长度、千斤顶长度和外露长度等因素。钢绞线的下料，应采用高速砂轮机切割，不得采用电弧或乙炔—氧气切割。严禁将扭曲或折弯的钢绞线调直后再进行使用。

2. 锚具、夹具和切割块

钢绞线锚具和夹具应具有可靠的锚固性能、足够的承载能力和良好的适用性，应符合现行国家标准《预应力筋用锚具、夹具和连接器》（GB/T 14370—2007）的要求，同时其结构形式应符合管桩设计构造要求。

钢绞线锚具应按设计要求采用。锚具应满足张拉、二次张拉以及放松预应力的操作要求。夹具应具有良好的自锚性能、松锚性能和重复使用性能。切割块应按设计图纸加工验收，应满足锚夹具放置的要求，同时应设置压浆孔或排气孔，压浆孔应有足够的截面面积，以保证浆体的畅通。

锚具和夹具除应按出厂合格证和质量证明书核查其锚固性能类别、型号、规格及数量外，还应按下列规定进行验收：

（1）外观检查：应从每批中抽取 10%且不少于 10 套的锚具，检查其外观和尺寸。当有一套表面有裂纹或超过产品标准及设计图纸规定尺寸的允许偏差时，应另取双倍数量的锚具重做检查。如仍有一套不符合要求，则应逐套检查，合格者方可使用。

（2）硬度检验：应从每批中抽取 5%且不少于 5 件的锚具，对其中有硬度要求的零件做硬度试验，对夹片式锚具的夹片，每套至少抽取 3 片。每个零件测试 3 点，其硬度应在设计要求范围内，如有一个零件不合格，应另取双倍数量的零件重做试验，如仍有一个零件不合格，则应逐个检查，合格者方可使用。

（3）首次使用的锚具或锚具的型号、规格有变化时，除经上述两项试验合格后，应从同批中取 6 套锚夹具组成 3 个钢绞线锚具组装件，进行静荷载锚固性能试验，如有一个试件不符合要求，应另取双倍数量的锚夹具重做试验，如仍有一套试件不合格，该批锚夹具应判为不合格品。在质量稳定的情况下，其静载锚固性能可参照锚具生产厂提供的试验报告。

（4）锚夹具验收批的划分，在同种材料和同一生产工艺条件下，锚具、夹具应以不超过 1000 套为一个验收批。

锚具、夹具均应设专人保管。存放、搬运均应妥善保护，避免锈蚀、玷污、遭受机械损伤或散失。临时性的防护措施应不影响安装操作的效果和永久性防锈措施的实施。

重复周转使用的锚具和夹具应按规定周转次数作定期检查。

3. 胶粘剂

胶粘剂的各项技术指标必须满足设计和施工的要求。

应根据气温的变化调整胶粘剂配比。初凝时间宜控制在 1.5～2h，终凝时间宜控制在 5h 左右。20～24h 抗压强度应达到 30MPa 以上。

胶粘剂固化后，龄期 14d 的物理力学性能应达到如下指标：

（1）抗压强度大于 70MPa。试验按现行国家标准《塑料　压缩性能的测定》（GB/T 1041—2008）的有关规定执行。

（2）抗拉强度大于 10MPa。试验按现行国家标准《塑料　拉伸性能的测定》（GB/T 1040—2006）的有关规定执行。

（3）弯曲抗拉强度大于 20MPa。试验按现行国家标准《塑料弯曲性能试验方法》（GB/T 9341—2000）的有关规定执行。

（4）湿热老化试验，各项技术指标的保留率大于 90％。试验按现行国家标准《漆膜湿热测定法》（GB 1740）的有关规定执行。

管桩拼接粘结固化后，其粘结处的轴心抗拉强度应大于管节混凝土本体轴心抗拉强度。试验方法应按现行行业标准《水运工程混凝土试验规程》（JTJ 270—1998）的有关规定执行。

4. 拼接张拉工艺

张拉所用拉伸机与油压表必须配套使用，并应定期维护和校验，以确定张拉力与油压表之间的关系曲线。油压表精度不宜低于 1.5 级，校验设备仪表精度允许偏差为±2％。校验时拉伸机活塞的运行方向应与实际张拉工作状态一致。张拉设备的校验期限，不应超过 6 个月或张拉次数 200 次。张拉设备出现不正常现象或拉伸机检修以后，必须重新校验。

管节拼接时混凝土抗压强度应达到设计要求，且龄期应大于 14d，管节应符合现行行业标准《港口工程质量检验评定标准》（JTJ 221—1998）的有关规定。

管节拼接时，管节端面应平整、无明显缺损和无油污。预留孔道洁净并畅通。

在管桩拼接前应对拼接台车进行检查及调整。在拼桩时管节的预留孔应按标识一一对应。管节的粘结面及外侧倒角应进行清洁处理，并在干燥的状态下涂刷胶粘剂。粘结面的胶粘剂应涂刷均匀饱满。管节合拢后，应将管节端面内外侧用胶粘剂补平，贴上胶带纸，以防胶粘剂流淌。

钢绞线张拉应符合下列规定：

（1）钢绞线应采用应力控制法张拉，同时校核钢绞线的伸长值。

（2）钢绞线的张拉控制应力应符合设计要求。钢绞线如需超张拉时，控制应力值 σ_{con} 应不大于 $0.75 f_{ptk}$。

（3）整个张拉过程采用单向双束张拉，张拉必须对称、同步并相互交错地缓慢进行。

（4）预应力钢绞线的张拉应分二次进行。管桩第一次张拉后，不得吊运或移动。

（5）第二次张拉时胶粘剂抗压强度值必须大于 30MPa，且第二次张拉控制力值与设计张拉力值的允许偏差不得大于 3％。

（6）在整个张拉过程中预应力钢绞线不得有断丝或滑丝出现，如发现应及时进行更换。

钢绞线伸长量应符合下列规定：

（1）理论伸长值 ΔL 与实际伸长值 $\Delta L'$ 的差值应符合设计要求，当设计无规定时，如实际伸长值比理论伸长值大 10％或小 5％，应暂停张拉，查明原因并采取措施予以调整后，方可继续张拉。

（2）预应力钢绞线的理论伸长值 ΔL（mm）可按下式计算：

$$\Delta L = \frac{P_P L}{A_P E_P} \tag{32-1-1}$$

式中　P_P——预应力钢绞线的张拉力（N）；

　　　L——预应力钢绞线的长度（mm）；

　　　A_P——预应力钢绞线的截面面积（mm²）；

　　　E_P——预应力钢绞线的弹性模量（N/mm²）。

（3）预应力钢绞线张拉的实际伸长量 $\Delta L'$（mm）可按下式计算：

$$\Delta L' = \Delta L'_1 + \Delta L'_2 + \Delta L'_3 \tag{32-1-2}$$

式中　$\Delta L'_1$——一次张拉时从初应力至一次张拉应力间的实测伸长值（mm）；

$\Delta L'_2$——二次张拉时从一次张拉应力至最大张拉应力间的实测伸长值（mm）；

$\Delta L'_3$——初应力以下的推算伸长值（mm），可根据初应力和产生 $\Delta L'_1$ 的张拉应力的比值推算得到。

（4）预应力钢绞线的锚固，应在张拉控制应力处于稳定状态下进行。锚固阶段张拉端预应力钢绞线的回缩值与锚具变形值不应大于 6mm。

锚具夹持钢绞线后，钢绞线张拉力的作用线应与孔道中心线重合。

5. 孔道压浆与钢绞线放张

预应力钢绞线张拉后，孔道应尽早压浆。

水泥浆体材料应符合下列规定：

（1）水泥质量应符合国家现行标准的有关规定。其强度等级不得低于 42.5 级。水泥品种可采用：Ⅱ型硅酸盐水泥、普通硅酸盐水泥等，其质量应符合现行国家标准《通用硅酸盐水泥》（GB 175—2007）等的有关规定。熟料中铝酸三钙（C_3A）含量不应大于 10%。

（2）经试验选定的外加剂、膨胀剂和拌合用水，应符合现行行业标准《水运工程混凝土施工规范》（JTJ 268—1996）的有关规定。

水泥浆体的制备应符合下列规定：

（1）水泥浆体在使用前和压浆过程中应连续搅拌，宜采用不低于 1000r/min 的高速搅拌机拌合，且采用不低于 100r/min 的低速拌合筒储备。对于因延迟使用所致的流动度降低的水泥浆，不得通过加水来增加其流动度。

（2）水灰比应不大于 0.35。

（3）水泥浆稠度宜控制在 16～20s 范围内。

（4）拌合后 3h 的泌水率应小于 2%，且泌水应在 24h 内重新全部被浆吸收。

（5）通过试验后，水泥浆中可掺入适量膨胀剂，但其自由膨胀率宜控制在 5%～10%。

（6）可使用时间应控制在 30min 内。

高温季节拌浆时应采用适当降温措施。管桩温度低于 5℃或以后 48h 内可能降至 5℃以下时，应对管桩加热，且拌浆应采取保温措施。

孔道压浆应符合下列规定：

（1）压浆前在管桩的预留孔道两端安装阀门，并采用 0.2MPa 压力水检查桩身与接缝是否漏水，同时清洁孔道。压水检查后，应用不含油的压缩空气将预留孔道内积水吹出。

（2）压浆顺序宜先压下层孔道逐渐向上孔道进行。水泥浆由桩的一端向桩的另一端压送，压浆应缓慢、均匀地进行，不得中断，待出浆口流出浓浆后关闭出浆口阀门，并应保持 0.4～0.6MPa 压力不少于 2min，以确保浆体密实性。

（3）水泥浆体初凝后，方可拆除保压阀门。

压浆后应从检查孔抽查压浆的密实情况，如有不实，应及时处理和纠正。压浆时，每一工作班应留取不少于 3 组的 70.7mm×70.7mm×70.7mm 立方体试件，其中一组标准养护 7d，其余标准养护 28d，检查其抗压强度，作为水泥浆质量验收的依据，其抗压强度分别应不小于 28MPa 和 40MPa。试验应按现行行业标准《水运工程混凝土试验规程》

（JTJ 270—1998）的有关规定执行。

在压浆结束一小时后不得以任何方式移动或吊运该管桩。待水泥浆抗压强度大于28MPa 或水泥浆体与钢绞线的粘结力大于 0.2kN/mm 时方可移动或切割放张钢绞线。

放松锚夹具可采用乙炔-氧气切割的方法，但其切割点应距锚具 50mm 以上，并应采取措施防止锚具产生退火或回火现象。退火或回火的锚夹具不得再次使用。

切割放张的顺序应按对称、相互交错的原则进行。

为保证打桩的施工要求，桩顶节切割后的钢绞线不得高于管桩端面，并用环氧胶泥补平。

三、场内吊运、堆存、运输

1. 预应力方桩的吊运、堆存、运输

（1）桩吊运时，桩身混凝土强度应符合设计要求。如需提前吊运，应经验算。

（2）吊桩时桩身可采用绳扣捆绑或夹具夹持，其吊点位置距离设计位置允许偏差为±200mm。为防止绳扣和桩角破坏，吊点处宜用麻袋或木块等衬垫。

（3）吊桩时应使各吊点同时受力，徐徐起落，减少振动，防止桩身裂损。

（4）场内宜采用钢桁架吊运，钢桁架应具有必要的刚度，防止吊桩时产生过大变形，吊索应与桩纵轴线垂直。当采用起重船（机）吊运时，吊索与桩纵轴线夹角不应小于 45°。

（5）当采用其他形式吊运时，应按桩身实际受力情况进行验算。对按多点吊设计的桩，应采取措施，拖运时保持全部支点在同一平面上。

（6）桩的堆存应符合下列规定：

①存放场地应平整、坚实，减少产生不均匀沉降；

②按二点吊设计的桩，可用二点支垫堆存，支垫位置按设计吊点位置确定，偏差不宜超过 200mm；当桩长期堆存时，为避免桩身挠曲，宜采用多点支垫；

③按四点吊或四个吊点以上设计的桩，可采用多支点堆存；堆存时垫木应均匀放置；桩两端悬臂长度不得大于设计规定；

④桩多层堆存时，堆放层数应按地基承载力、垫木强度和堆垛稳定性等确定；各层垫木应位于同一垂直面上，堆放层数不宜超过三层；

⑤用岸坡坡顶作为临时堆存场地时，应考虑岸坡的稳定性，防止岸坡发生滑移。

（7）驳船装运基桩时，应符合下列规定：

①根据施工时的沉桩顺序和吊桩的可能性，按装桩图要求分层装驳；

②驳船装桩应采用多支垫堆放，垫木均匀放置，并适当布置通楞，垫木顶面应在同一平面上；

③装桩堆放形式应使驳船在装桩、运输和吊起时保持平稳。

（8）装驳后需做长途运输时应符合下列规定：

①对船体进行严格检查，采取必要的加固措施；

②如有风浪影响，应水密封舱；

③应采用加撑和系绑等措施，防止因风浪影响发生基桩倾倒。

2. 管桩的吊运、堆存、运输

（1）管节堆存、起吊和运输

管节堆存场地应平整和坚实，避免不均匀沉降。

为防止碰撞，在管节间应有橡胶管或垫楞保护。

管节多层堆存时，堆存层数应根据地基承载力、垫楞强度和堆垛稳定性确定，D1200mm 的管节堆存层数不宜超过 4 层，D1400mm 的管节堆存层数不宜超过 3 层。各层的垫木应位于同一垂直面。

管节起吊宜采用管节起吊专用工具，吊运过程中应徐徐起落，减少振动，避免碰撞。

当管节需要装船或装车运输时，应在船舶或车辆底层设置垫楞，多层运输各层间应设置垫木，支垫应上下对齐，各层垫木材质应相同。如遇长途运输，各层之间须用柔软材料支垫，堆与堆之间用垫楞分隔，同时进行整体加固，以防窜动。船舶运输管节堆放层数，管径 ϕ1200mm 不宜超过 4 层，管径 ϕ1400mm 不宜超过 3 层，汽车运输均不宜超过 2 层。

（2）整桩吊运、堆存和装运

①场内吊运

吊运宜采用钢桁架多点起吊，钢桁架应具有足够的刚度，防止吊桩时产生过大变形。吊索应与桩纵轴线垂直；当不采用钢桁架吊运时，吊索与桩纵轴线夹角应大于 45°。

吊运时桩身可采用钢丝绳扣捆绑，其吊点位置应符合设计要求，允许偏差为 ±200mm。

吊运时各吊点应同时受力，徐徐起落，避免振动，严禁抛掷、碰撞，防止桩身损坏。

②场内堆存

堆存地应平整和坚实，避免不均匀沉降。

大管桩应采用多点支垫，支垫间距不宜大于 4m。

多层堆存时，堆放层数应根据地基承载力、垫楞强度和堆垛稳定性等确定，并定期检测垫楞的水平度。堆放层数不宜超过 3 层，各层垫木应位于同一垂直面上。

③装运

大管桩装船，应采取间距为 4m 的多支点大方木垫楞搁置。底楞顶面应在同一平面上。桩身两侧应垫置楔形垫木，用以稳定底层管桩和受力良好。楔形垫木支点位置应满足与管桩截面垂直线夹角不小于 40°。

对于甲板面为弧形的驳船，底层管桩不便使用多支点大方木底楞，可沿桩身两侧间断垫置楔形垫木，垫木应平整和垫紧，并固定牢靠。

底层以上各层管桩采用木方支垫，各层支垫应在同一垂直面上。

短途运输时应按沉桩顺序装船。当出现短桩在下位，长桩在上位，管桩搁置的悬臂长度超过规定时，应作高位支撑，支撑必须坚实牢固。

长途运输选用的驳船吨位较大时，可按驳船的平面尺寸合理布置装船。大管桩桩驳高度应以 3 层为限，各层之间必须支垫牢固，并作可靠加固，以防风浪。

大管桩的装运，有关部门应绘制装驳图和加固图。

装、卸船时应按序从船的两侧对称吊桩，保持驳船的稳定性。

四、沉桩

1. 预应力混凝土方桩沉桩

（1）水上沉桩应根据地形、水深、风向、水流和船舶性能等具体情况，充分利用有利条件，使沉桩工作能正常进行。

（2）沉桩船的锚缆布置应满足下列要求：

①一般在船两侧分别抛八字锚，前后设中心锚缆，以保持船身平稳，并使操作方便；

②沉桩时应防止走锚，斜桩沉放应加强前后中心锚缆，必要时可采用双缆；

③根据抛锚区的土质、水深、水流、风向及锚重确定合适的抛锚距离；

④近岸沉桩可在陆上设置地笼，地笼的结构及大小按缆索的拉力确定，必要时可设置各地笼的通缆；

不宜在受潮水淹没土层中埋设地笼，陆上建筑物未经验算，严禁带缆；

⑤桩船锚缆拉力可按绞锚机拉力的 $2\sim3$ 倍采用。

（3）在开阔水域施工，当抛锚和埋设地笼有困难时，可按风向和水流等情况设置锚碇浮筒，锚碇重量和浮筒大小可按有关规定或经验确定。

（4）驳船停泊及锚缆布置，应便于沉桩船正常作业，避免各船锚缆互相干扰，并应与沉完的桩保持一定距离，不得碰桩。

（5）船只抛锚应考虑对通航的影响。各锚缆布置点应设置明显标志，或采用其他安全措施。

（6）预应力混凝土桩在锤击沉桩前应符合下列要求：

①桩身混凝土强度达到设计强度；

②自然养护龄期不得少于 28d，当采取早强措施时，经论证自然养护龄期可适当减少。

（7）沉桩船吊桩时，其吊点应按设计规定布置。

采用四点吊（图 32-1-1）时，下吊索长度可取 $0.5L\sim0.3L$，桩较长时不宜小于 $0.5L$。吊桩高度 H' 不宜小于 $0.8L$。

（8）当驳船使用溜缆协助沉桩船吊桩时，应配合作业，注意保持桩身平稳起吊。

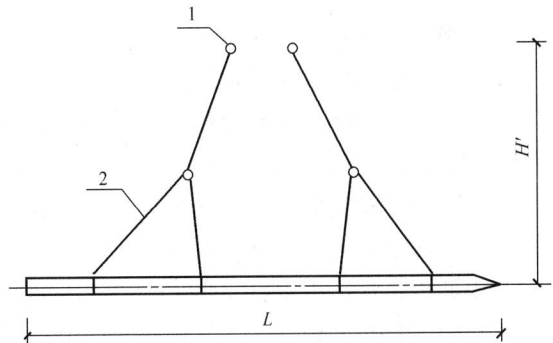

图 32-1-1　四点吊示意图
1—顶滑轮；2—下吊桩索

（9）沉桩船吊起桩身至适当高度后再立桩入龙口。沉桩船就位时，应掌握水深情况，防止桩尖触及泥面，使桩身折裂。

（10）直桩下桩过程中，桩架应保持垂直。斜桩下桩过程中，桩架宜与桩的设计倾斜度保持一致。

（11）锤击沉桩过程中应满足下列要求：

①锤击沉桩时，桩锤、替打、送桩和桩宜保持在同一轴线上。替打应保持平整，避免产生偏心锤击；

②当船行波影响沉桩船稳定时，宜暂停锤击；

③防止背板蹩桩，对斜桩尤应注意；

④如出现贯入度反常、桩身突然下降、过大倾斜、移位、桩身出现严重裂缝和破碎掉块，均应立即停止锤击，及时查明原因，采取有效措施；

⑤不得用移船方法纠正桩位；

⑥沉桩船进退作业，应注意锚缆位置，防止缆索绊桩；如桩顶被水淹没，应设置标志。

（12）斜坡上沉桩，应掌握桩外移的规律，并根据土质、坡度、水深、水流、挖泥以及船舶平衡等情况，斜桩尚应考虑自重的影响，结合施工实践经验，桩身宜向岸移一定距离下桩，以使沉桩后桩位符合设计要求。

（13）锤击沉桩，应考虑锤击振动和挤土等对岸坡稳定或临近建筑物的影响，可根据具体情况采取下列措施：

①采取有利边坡和临近建筑物稳定的施工方法和程序；

②应控制打桩速率，对于灵敏度高的土，尤应注意；

③当坡脚挖泥超深大于允许值时，应采取措施；

④当岸坡稳定性较差时，应采取削坡减载、间隔跳打、停停打打和高潮位施打等措施；

⑤应对岸坡和邻近建筑物位移和沉降等进行观察，及时记录。如有异常变化，应停止沉桩并研究处理措施。

（14）为防止在风浪、水流、土坡变化及斜桩自重作用下发生桩倾斜、偏位和折裂，可采取下列措施：

①沉桩后，宜及时采用夹桩木夹住，斜桩应用拉条固定，叉桩宜用方木顶撑；

②当预计出现台风或大浪时，必须检查夹桩木是否夹紧，并采取必要的加固措施；

③当土坡变形影响桩稳定时，必须进行分析，采取有效措施防止基桩倾倒或折裂。

（15）锤击沉桩，应考虑锤击振动对新浇筑混凝土的影响；当混凝土强度未达到5MPa时，距新浇筑的混凝土30m范围内，不得进行沉桩。

（16）在砂土地基锤击沉桩困难时，可采用水冲锤击沉桩。水冲沉桩宜采用内冲内排法或内冲外排法，并符合下列要求：

①内冲内排法，由水管喷咀向桩端土层射水，泥砂用压缩空气辅助沿桩内空腔从桩顶排出。喷咀内留长度视桩径、管径和腔径确定。

②内冲外排法，由水管喷咀向桩端土层射水，泥砂沿桩周围空隙排水。喷咀宜伸出桩尖200mm左右。

③水冲锤击沉桩所需冲水、排泥设备应视土质、入土深度、锤型和桩型等确定。

（17）水冲锤击沉桩，应根据土质情况随时调节冲水压力，控制沉桩速度。

（18）为保证桩的承载力，当桩端沉至距设计标高为下列距离时，应停止冲水，将水压减至0～0.1MPa，并改用锤击。

①桩径或边长≤600mm时，为1.5倍桩径或边长；

②桩径或边长＞600mm时，为1.0倍桩径或边长。

（19）用水冲锤击沉桩后，应及时与邻桩或固定结构夹紧，防止倾斜位移。

（20）严禁在已沉放的桩上系缆。在已沉放桩区两端应设置标志，夜间设置红灯。

（21）桩顶标高与设计标高不符或桩顶破损时，应按下列要求进行处理：

①桩顶标高高于设计标高或桩顶混凝土裂损部分应予凿除。凿除时应防止桩顶混凝土掉角、松动及开裂。

②桩顶凿毛后的标高允许偏差为＋10mm或－30mm。现场浇筑桩帽或墩式码头的桩顶凿毛后的标高允许偏差，可根据结构要求确定。

③桩顶低于设计标高时，可采用局部降低桩帽标高，或接桩进行处理，但接高部分应满足设计要求。

2. 预应力混凝土管桩沉桩

（1）沉桩工艺选择

沉桩工艺应根据地质条件、单桩极限承载力和桩身强度确定。

沉桩工艺分为锤击沉桩和水冲锤击沉桩。黏性土地基宜用锤击沉桩，砂性土地基当沉桩有困难时，宜用内冲排法水冲锤击沉桩。

对于岩基覆盖层较薄不足以嵌固管桩时，可采用嵌岩桩的施工工艺。

水冲锤击沉桩当桩端距设计标高 1.0～1.5 倍桩径时，应停止冲水改用锤击，以保证基桩的承载力。水冲锤击沉桩后，应及时与邻近桩或固定结构夹紧，防止桩身倾斜和位移。

锤击沉桩应根据地质条件和单桩极限承载力等情况，选择合适的锤型，使沉桩既能满足设计要求的承载力，且锤击过程中桩身产生的锤击拉、压应力又不超出桩体混凝土的控制值。

锤击沉桩所用的替打、桩垫和锤垫应满足下列要求：

①替打制作应保证加工质量，用钢板焊接加工的替打应作回火处理。

②桩垫宜采用纸板箱垫、棕绳或麻绳盘根垫，或其他经试验后确认为合适的桩垫。

③锤垫宜采用具有一定弹性及刚度的材料，如钢丝绳垫。

大管桩沉桩工程应安排试打桩及高应变动测，用以验证所选桩锤系统是否符合工程要求，并取得与设计要求承载力相应的沉桩控制值，作为停锤标准的依据。

试打桩及高应变动测试验可利用工程桩。对动测桩，其桩长可根据测试要求适当加长，以满足测试要求。对需要进行复打的动测桩，必须考虑间歇期及复打的可能性。

大管桩起吊时，其吊点位置应符合设计要求，并应采用必要措施避免钢丝扣滑动。

（2）沉桩控制及质量标准

沉桩前应对大管桩进行逐根检查，核实出厂合格证与施工用桩是否相符，检查管桩外观质量及运输中有否损伤。

锤击沉桩的控制应根据地质条件、设计承载力、锤系统、桩长及试桩高应变动测结果综合考虑，其停锤标准应按下列要求执行：

①设计桩端持力层为一般黏性土时，应以标高控制。

②设计桩端持力层为硬塑状的黏性土、粉细砂和砾砂土时应以标高控制为主，当沉桩贯入度比较小而达不到设计桩端标高时，应以贯入度控制，并按最后一阵 10 击平均贯入度达到 5～10mm 时即可停锤。当桩端标高仍超过设计标高 2m 时，应与设计部门研究解决。

③设计桩端持力层为风化岩时，应以贯入度控制，当最后一阵 10 击平均贯入度不大于控制贯入度时，即可停锤。当桩端打到设计标高，而贯入度仍较大，则应继续锤击，直至最后一阵 10 击平均贯入度达到或接近控制贯入度为止。但当继续锤击有困难，影响施

工时，应会同设计部门协商解决。

水冲锤击沉桩，停锤标准应以设计桩端标高控制。若桩端持力层为风化岩地基时，则应以贯入度控制。

锤击沉桩时应保持桩锤、替打和桩三者的中心线在同一轴线上。

依据桩制作工艺的不同，分别限制沉桩锤击总数。沉桩采用 D100 型锤 1 档或 2 档施打，其最大锤击总数，桩顶管节加钢板套箍的宜控制在 2000 击以内，顶桩管节为钢纤维混凝土的宜控制在 2500 击以内。

锤击沉桩允许偏差应符合表 32-1-6 的规定。

锤击沉桩允许偏差

表 32-1-6

区　域	排架桩	
	直　桩	斜　桩
有掩护水域	150	200
无掩护近岸水域	200	250
无掩护离岸水域	250	300

注：1. 沉桩允许偏位是指设计的平面位置与夹桩铺底板后，所测桩位置数值之差，在夹桩时严禁拉桩；

2. 近岸指距岸≤500m，离岸指距岸>500m；

3. 长江和掩护条件较差的河口港沉桩可按"无掩护近岸水域"标准执行；

4. 墩台中间桩可按表中规定放宽 50mm；

5. 当遇有障碍物时，其允许偏位可会同设计单位研究处理；

6. 水冲锤击沉桩的允许偏位可由设计、施工单位协商确定。

桩的纵轴线倾斜度偏差不宜大于 1%。桩的纵轴线倾斜度偏差超过 1%，但不大于 2% 的直桩不应超过 10%。

锤击沉桩时，桩身外壁不得出现裂缝，当发现桩身有裂缝时，应会同设计单位研究处理。

锤击沉桩时应采取有效措施，防止断桩发生。如果出现断桩，应会同设计单位研究处理。

沉桩后对于超过设计标高的桩应截除。截桩可采用机械截桩或人工截桩。

在沉桩期间，可分期分批进行高应变动测和低应变桩身质量检测。高应变动测以检验桩的承载力为主，其数量宜取总沉桩数的 2%～5%，并不得少于 5 根。低应变检测用以检验桩得完整性，其数量不宜少于总桩数的 10%，并不得少于 10 根。高应变动测和低应变检测应符合现行行业标准《港口工程桩基动力检测规程》（JTJ 249—2001）的有关规定。

（3）沉桩注意事项

锤击沉桩时，为消除打桩过程中水锤现象，必须在管桩适当部位预留排水孔，进行排气、排水措施及涌土处理，同时替打也须开孔排气；在高潮位时，如果有水从孔中喷出，应立即停锤，等桩内的压力与桩外的压力相等后再继续沉桩，以防桩身产生纵向裂缝。

水冲锤击沉桩过程要保持水冲管的位置不得超过桩端，以防止桩端土体掏空而使桩身产生过大锤击拉应力。

沉桩时严禁边锤击边纠正桩位，以免造成断桩事故。

正位下桩而沉桩工程发现有规律性偏移时，应取得监理工程师认同采取"保桩不保位"的措施，避免引起断桩。

桩垫必须及时更换，宜做到一桩一垫，并在更换时应将残留物清除干净。

为保证锤击有足够的缓冲，并防止沉桩时的偏心锤击，锤垫必须及时更换。

对抛砂且需振冲的基床，宜采用先打桩再振冲的方法。

沉桩应选择在较好的海况、水文和气象条件下进行，以免因波浪、流速过大而产生偏心锤击或走锚而将桩整断的情景。在航道附近沉桩时，应注意过往船只所产生的船行波对打桩船的影响，必要时可暂停锤击。

在已沉桩完的区域周边，应设明显标志，夜间应设置红灯，以策安全。

五、沉桩控制标准及检测

（1）锤击沉桩控制应根据地质情况、设计承载力、锤型、桩型和桩长综合考虑，并满足下列要求：

①设计桩端土层为一般黏性土时，应以标高控制。桩沉放后，桩顶标高允许偏差为 +100mm，-0.0mm。

②设计桩端土层为砾石、密实砂土或风化岩时，应以贯入度控制。当沉桩贯入度已达到控制贯入度，而桩端末达到设计标高时，应继续锤击贯入 100mm 或锤击 30～50 击。其平均贯入度不应大于控制贯入度，且桩端距设计标高不宜超过 1～3m（硬土层顶面标高相差不大时取小值）。超过上述规定由有关单位研究解决。

③设计桩端土层为硬塑状的黏性土或粉细砂时，应以标高控制为主，当桩端达不到设计标高时应用贯入度作为校核。

当桩端已达到设计标高而贯入度仍较大时，应继续锤击使其贯入度接近控制贯入度，但继续下沉的深度应考虑施工水位的影响。

当桩端距离设计标高尚较大，而贯入度小于控制贯入度时，可按（2）项执行。

（2）沉桩后允许偏差符合下列规定：

①水上沉桩桩顶偏位应符合表 32-1-7 的规定。

水上沉桩允许偏差（mm）　　　　　　表 32-1-7

桩 型　　　　沉桩区域	混凝土方桩		预应力混凝土大直径管桩		钢管桩	
	直 桩	斜 桩	直 桩	斜 桩	直 桩	斜 桩
内河和有掩护近岸水域	100	150	150	200	100	150
近岸无掩护水域	150	200	200	250	150	200
离岸无掩护水域	200	250	250	300	250	300

注：1. 近岸指距岸≤500m，离岸指距岸>500m；

2. 直径≤600mm 的管桩按方桩允许偏差执行；

3. 墩台中间桩可按表中规定放宽 50mm；

4. 表列允许偏差不包括由锤击振动等所引起的岸坡变形产生的基桩位移。

②桩沉完后，应及时测定处于自由状态的桩顶偏位，并记录，如偏位值较大应及时与设计联系。在夹桩铺底板后，应再次测定桩顶偏位，并以此作为竣工偏位的最终数值。在夹桩时严禁拉桩。

③沉桩区有柴排、木笼、抛石棱体、浅层风化岩，以及采用长替打沉桩、水冲沉桩或其他特殊地区的桩位允许偏差值，可会同有关单位研究确定。

④桩的纵轴线倾斜度偏差不宜大于 1%。桩的纵轴线倾斜度偏差超过 1%，但不大于 2%的直桩不应超过 10%。

(3) 锤击沉桩时，预应力混凝土桩不得出现裂缝，如出现裂缝，应根据具体情况研究处理。

(4) 下列情况采用动力试验法对桩进行检测：

①当桩端标高不符合第 (1) 条件规定，影响桩的垂直承载力时，宜采用高应变动力试验法对单桩垂直承载力进行检测。

②对预应力混凝土桩，在沉桩中发生贯入度过大等异常情况，或其他影响桩身结构可靠性时，宜采用低应变动力试验法对桩身质量进行检测。检测桩数可取总桩数的 5%～10%，并不得少于 10 根。

③采用动力试验法对桩进行检测时，应符合国家现行标准规定。

第二节 钢 桩

一、钢桩制作

(1) 制作钢管桩所用的钢材应符合设计要求，并应有出厂合格证。材质不符合质量标准的不得使用。

(2) 钢管桩的制作有卷制直焊缝和螺旋焊缝两种形式，可根据使用要求和生产条件选用。

(3) 钢板放样下料时，应根据工艺要求预放切割、磨削刨边和焊接收缩等的加工余量。钢板卷制前，应清除坡口处有碍焊接的毛刺和氧化物。

(4) 螺旋焊缝钢管所需钢带宽度，可按所制钢管的直径和螺旋成形的角度确定。钢带对接焊缝与管端的距离不得小于 100mm。

(5) 管节外形尺寸允许偏差应符合表 32-2-1 规定。

表 32-2-1

管节外形尺寸允许偏差

偏差名称	允许偏差	说 明
钢管外周长	±0.5%周长，且不大于 10mm	测量外周长
管端椭圆度	±0.5%d，且不大于 5mm	两相互垂直的直径之差
管端平整度	2mm	
管端平面倾斜	小于 0.5%d，并不得大于 4mm	多管节拼接时，以整桩质量要求为准
桩管壁厚度	按所用钢材的相应标准规定	

(6) 钢管桩宜在工厂整根制作或工厂分段制作后在现场陆上拼接。钢管桩分段长度可按最大运输能力考虑，以减少现场拼接数量。

(7) 管节拼装定位，应在专门台架上进行。台架应平整、稳定。管节对口应保持在同一轴线上进行。多管节拼接应减少累积误差。

(8) 管节对口拼装时，相邻管节的焊缝必须错开 1/8 周长以上。相邻管节的管径差应符合表 32-2-2 的规定。

相邻管节的管径差 表 32-2-2

管径（mm）	相邻管节的管径差（mm）	说　　明
≤700	≤2	用两管节外周长之差表示，此差应≤2π（mm）
＞700	≤3	用两管节外周长之差表示，此差应≤3π（mm）

（9）管节对口拼接时，如管端椭圆度较大，可采用夹具和楔子等辅助工具校正。相邻管节对口的板边高差 Δ（图 32-2-1）应符合下列规定：

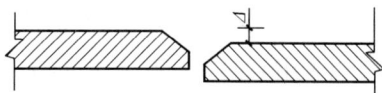

图 32-2-1　管节对口拼接

①板厚 δ≤10mm 时，Δ 不超过 1mm；

②10mm＜δ≤20mm 时，Δ 不超过 2mm；

③δ＞20mm 时，Δ 不超过 $\delta/10$，且不大于 3mm。

（10）管节对口拼装检查合格后，应进行定位点焊。点焊高度应小于设计焊缝高度的 2/3，点焊长度宜取 40～60mm。点焊时所用的焊接材料和工艺均应与正式施焊相同。点焊处的缺陷应及时铲除，不得将其留在正式焊缝中。

（11）管节拼装所用的夹具等辅助工具，不应妨碍管节焊接时的自由伸缩。

（12）钢管桩成品的外形尺寸允许偏差应符合表 32-2-3 的规定。

钢管桩外形尺寸允许偏差 表 32-2-3

偏差名称	允许偏差（mm）
桩长偏差	+300 −0.0
桩纵轴线的弯曲矢高	不大于桩长的 0.1%，并不得大于 30

（13）钢管桩成品外观表面不得有明显缺陷，当缺陷深度超过公称壁厚 1/8 时，应予修补。

（14）整桩或管节出厂（场）均应有产品合格书。

二、焊接

（1）焊接材料的型号和质量应符合设计要求，并附有出厂合格证明书。必要时应按有关规定进行检验。

（2）焊条、焊丝和焊剂应存放在干燥处。焊前应按产品说明书要求进行烘焙，并在规定时间内使用。

（3）焊接前应将焊接坡口及其附近 20～30mm 范围内的铁锈、油污、水气和杂物清除干净。

（4）焊接应按焊接工艺所规定的方法、程序、参数和技术措施进行，以减少焊接变形和内应力，保证质量。

焊接必须由具有资质证书的焊工担任。施工前应进行焊接试验，焊接试验所采用的工艺、方法和材料，应与正式焊接时相同。

（5）管节对接宜采用多层焊。封底焊时宜用小直径的焊条或焊丝施焊。每层焊缝焊完后，应清除熔渣并进行外观检查，如有缺陷应及时铲除，多层焊的接头应错开。

（6）为减少变形和内应力，管节对口焊接时宜对称施焊。

（7）焊接宜在室内进行。现场拼装焊接应采取防晒、防雨、防风和防寒等措施。

（8）普通低合金钢在环境温度 0℃焊接时，应对焊接两侧各 100mm 范围内预热到手感温度。手工焊时，应采用碱性低氢型焊条。

环境温度低于−10℃时，不宜进行焊接。当采取有效技术措施，确能防止冷裂缝产生时，可不受此限。

（9）对接焊缝应有一定的加强面，加强面高度和遮盖宽度应符合表 32-2-4 的规定。

当采用双面焊或单面焊双面成型工艺时，管内亦应有一定的加强高度，可取 1mm 左右。

当采用带有内衬板的 V 形剖面单面焊时，应保证衬板与母材融合。

对接焊缝加强尺寸（mm）　　　　　　　　　表 32-2-4

项　目 ＼ 管壁厚度	＜10	10～20	＞20
高度 C	1.5～2.5	2～3	2～4
宽度 e	1～2	2～3	2～3
示意图			

（10）角焊缝高度的允许偏差应为＋2mm，−0.0mm。

（11）采用对接双面焊时，反面焊接前应对正面焊缝根部进行清理，铲除焊根处的熔渣和未焊透等缺陷，清理后的焊接面应露出金属光泽，再行施焊。

（12）焊接工作完成后，所有拼装辅助装置、残留的焊瘤和熔渣等均应除去。

（13）对所有焊缝均应进行外观检查。焊缝金属应紧密，焊道应均匀，焊缝金属与母材的过渡应平顺，不得有裂缝、未融合、未焊透、焊瘤和烧穿等缺陷。对焊缝应进行无损探伤检查。

（14）焊缝无损探伤的检测方法和数量应按设计要求确定。当设计未作规定时，可按表 32-2-5 的规定选用。

焊缝探伤的方法和数量　　　　　　　　　表 32-2-5

探伤数量 ＼ 探伤方法 ＼ 焊缝种类	超声波	射线照相
环　缝	10%	1%～2%
纵　缝	5%	超声波有疑问时，增加射线照相检查

注：1. T 形焊缝、十字形焊缝、焊接时的起弧点及近桩顶环缝应做重点检查；

2. 探伤数量可视工程的重要性、荷载特性、工厂焊接质量、焊接工艺、材料和技术熟练程度作适当增减；

3. 现场拼装焊缝的探伤数量应适当增加；

4. 柔性靠船桩等孤立建筑物，探伤数量应增加，增加数量根据实际情况确定；

5. 表中检测数量以每根的焊缝总长度计算。

（15）焊缝外观缺陷的允许范围和处理方法应按表 32-2-6 的规定采用。

焊缝外观缺陷的允许范围和处理方法 表 32-2-6

缺陷名称	允许范围	超过允许的处理方法
咬边	深度不超过 0.5mm，累计总长度不超过焊缝长度的 10%	补焊
超高	2~3mm	进行修正
表面裂缝未融合、未焊透	不允许	铲除缺陷后重新焊接
表面气孔、弧坑、夹渣	不允许	铲除缺陷后重新补焊

（16）超声波和射线照相探伤的结果应符合现行国家标准《钢结构工程施工质量验收规范》（GB 50205—2001）及《金属熔化焊焊接接头射线照相》（GB/T 3323—2005）的等级标准。

（17）当探伤结果不符合 GB 50205 和 GB/T 3323 的规定时，应对不合格焊缝段的两端分别向外做与该段长度相等的延伸补充探伤检查，并按下列规定修补：

①当补充检查的焊缝合格后，应对原不合格的焊缝段进行修补；

②当补充检查的焊缝仍不符合规定时，应进行研究，采取有效措施，确保焊缝质量；

③对修补后的焊缝仍进行探伤检查，不合格焊缝的修补次数不宜超过两次。

（18）对钢管桩的焊缝应进行焊接接头的机械性能试验，试验要求应符合表 32-2-7 的规定。试件可在钢管上取样，也可采用试板进行。在钢管上取样时，试样应垂直于焊缝截取。采用试板时，试板的焊接材料和焊接工艺与正式焊接时相同。

焊接接头的试验项目及要求 表 32-2-7

试验项目	试验要求	试件数量
抗拉强度	不低于母材的下限	不少于 2 个
冷弯角度 a，弯心直径 d	低碳钢 $a \geqslant 120°$，$d = 2\delta$	不少于 2 个
	低合金钢 $a \geqslant 120°$，$d = 3\delta$	
冲击韧性	不低于母材的下限	不少于 3 个

焊接接头机械性能试验取样及试验方法应按现行国家标准《焊接接头机械性能试验取样方法》（GB 2649—1989）等规范执行。

三、涂层

（1）钢管桩防护层所用涂料的品种和质量均应符合设计要求。

（2）涂层施工应在陆上进行。涂刷前应根据涂料的性质和涂层厚度确定合适的施工工艺。涂刷时应符合下列规定：

①涂底前应将钢管桩表面的铁锈、氧化层、油污、水气及杂物清理干净。钢管桩宜采用喷丸、喷砂和酸洗等工艺除锈，除锈应符合有关规范规定。

②钢管桩的涂底应在工厂进行。现场拼接的焊缝两侧各 100mm 范围内，在焊接前不涂底，待拼装焊接后再行补涂。桩顶埋入混凝土时，涂层的涂刷范围应符合设计要求。

③各层涂料的厚度或涂刷层数，应符合设计规定，必要时应采用测厚仪检查。各涂层应厚薄均匀，并有足够的固化时间。各层涂刷的间隔时间可按产品说明书的要求或通过试

验确定。

④在运输和吊运过程中，涂层有破损时应及时修补。修补时采用的涂料应与原涂层材料相同。

（3）施工场地应具有干燥和良好的通风条件，并避免直接受烈日暴晒。在低温和阴雨条件下施工，应采取必要的措施，确保施工质量。当桩身表面潮湿时，不得进行喷涂。

（4）对已沉完的钢管桩进行涂层修补时，应考虑潮水的影响。修补前应做好除锈和干燥等工作，并铲除已松动的旧涂层。修补所用的涂料应具有厚浆及快干的特点。平均潮位以下的涂层修补，应采取有效措施，确保涂层固化及具有良好的附着力。

四、堆存和运输

（1）钢管桩应按不同的规格分别堆存。堆放形式和层数应安全可靠，避免产生纵向变形和局部压曲变形。长期堆存时应采取防腐蚀等保护措施。

（2）钢管桩在起吊、运输和堆存过程中，应避免由于碰撞、摩擦等原因造成涂料破损、管端变形和损伤。

（3）水上运输钢管桩宜采用驳船运输，亦可采用密封浮运或其他方式运输。

采用驳船运输时，驳船必须具备足够的长度和稳定性。钢管桩宜放置在半圆形专用支架上，必要时可用缆索紧固。

当采用密封浮运时，应满足水密要求，并考虑风浪的影响，密封装置应便于安装和拆卸。

五、沉桩

（1）锤击沉放钢管桩时，锤的选择除应考虑地质、桩身结构强度、桩的承载力、锤的性能、施工经验或试桩情况外，尚应考虑钢管桩桩尖形式的影响。

（2）钢管桩锤击沉桩宜采用钓钟式替打（图 32-2-2a）。对于小口径钢管桩可采用锅盖式替打（图 32-2-2b）或其他形式替打。替打的导向板宜插入钢管桩内 300～500mm。

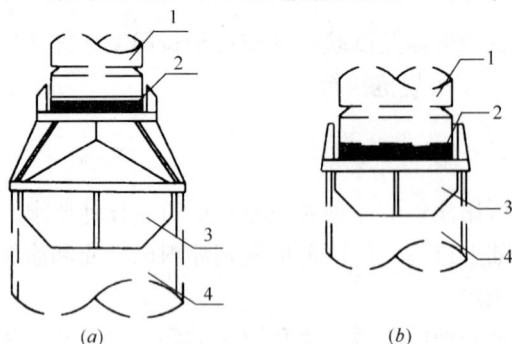

图 32-2-2　钢管桩锤击沉桩替打形式示意图
（a）钓钟式替打；（b）锅盖式替打
1—桩锤；2—锤垫；3—导向板；4—钢管桩

（3）环境温度在－10℃以下时，应避免进行钢管桩锤击沉桩。

（4）沉放封闭式桩尖的钢管桩时，应采取必要措施防止上浮。在砂土中沉放开口或半封闭桩尖的钢管桩时应防止管涌。

（5）水上接桩应符合下列规定：

①沉桩船应保持平稳，上、下节应保持在同一轴线上；

②焊接工作平台应牢固，避免受潮水及波浪的影响；

③下节桩锤击后如有变形和破损时，接桩前应将变形和破损部分割除，并用砂轮机磨平，同时符合表 32-2-1 的规定；

④对口定位点焊应对称进行；

⑤接桩前应做好充分准备，避免接桩时间过长。

（6）沉桩时，如桩顶有损坏或局部压屈，应予割除，并接长至设计标高。

（7）钢管桩的沉桩工作除应符合上述规定外，尚应符合混凝土桩施工部分的有关规定。

第八篇 铁路工程钢筋混凝土桩板结构技术规定

第三十三章 钢筋混凝土桩板结构技术规定

第一节 一 般 规 定

(1) 桩板结构一般由钢筋混凝土桩、桩周土体、托梁和承台板四部分组成，钢筋混凝土桩，可选用机械成孔灌注桩或预制打入（压入）桩。

(2) 钢筋混凝土桩板结构适用于基础变形控制严格的低矮路堤和路堑软弱地基加固，尤其是受施工机械设备和成桩质量影响，难以采用其他复合地基的过渡段软弱地基和岔区高填路基加固处理。

第二节 设 计

一、结构形式

桩板结构的构造形式可采用独立墩柱式、托梁式以及复合式三种，见图 33-2-1。独立墩柱式为桩基与承台板直接相连的结构。托梁式则首先通过托梁横向连接桩基，其上再与承台板相连。复合式则为独立墩柱式、托梁式的组合结构，其中跨采用独立墩柱式，边跨为托梁式。

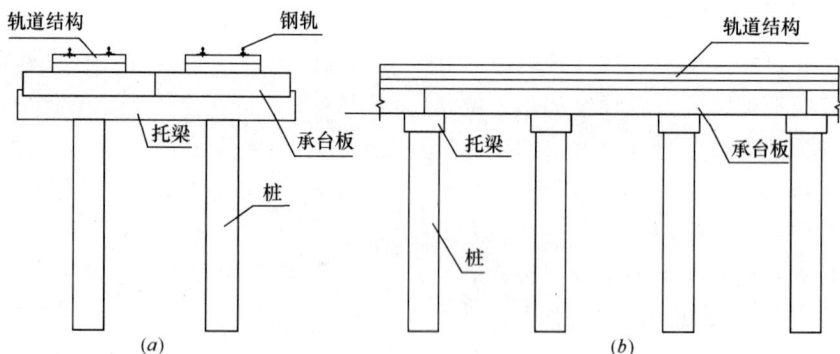

图 33-2-1 桩板结构形式示意图
（a）横断面；（b）纵断面

二、设计荷载

(1) 桩板结构设计应根据结构的特性，按表 33-2-1 所列的荷载，就其可能的最不利组合情况进行计算。

编写人：罗照新 魏永幸 李安洪（中铁二院工程集团有限责任公司）

桩板结构设计荷载 表 33-2-1

荷 载 分 类		荷 载 名 称
主力	恒 载	结构构件及上部结构自重
		混凝土收缩和徐变的影响
		桩基基础变位的影响
	活 载	竖向静活载
		竖向动力作用
		纵向水平力（伸缩力和挠曲力）
		离心力
		横向摇摆力
附加力		制动力或牵引力
		温度变化的影响
特殊力		地震作用
		施工临时荷载
		断轨力（无缝线路）

注：1. 地震作用与其他荷载的组合见国家现行《铁路工程抗震设计规范》（GB 50111—2006）的规定；

2. 长钢轨断轨力只考虑与主力相组合，不与其他附加力组合。

（2）桩板结构设计仅考虑主力与一个方向（平行或垂直于线路方面）的附加力组合。

（3）对于超静定桩板结构，应考虑混凝土收缩的影响，混凝土收缩的影响可按降低温度的方法来计算。对于整体灌注的钢筋混凝土结构相当于降低温度 15℃；对于分段灌注的钢筋混凝土结构相当于降低温度 10℃。

（4）位于湿陷性黄土和软土地基中的桩基础，当土壤可能出现湿陷或固结下沉时，应考虑桩侧土的负摩阻力的作用。

三、结构计算

（1）超静定桩板结构应按弹性理论计算（可不计法向力及剪力对变形的影响），同时应考虑桩基础不均匀变位（线位移和角位移）、温度变化及混凝土收缩、徐变的影响。

（2）桩板结构采用容许应力法设计；计算强度时，不应考虑混凝土承受拉力（除主拉应力检算外），拉力应完全由钢筋承受。

（3）对桩板结构各构件应进行正截面抗弯承载力、斜截面抗剪承载力验算。

（4）对承台板和托梁还应进行裂缝最大宽度进行验算。混凝土结构构件的计算裂缝宽度不应超过表 33-2-2 规定的容许值。

裂缝宽度容许值 $[w_f]$（mm） 表 33-2-2

结构构件所处环境			$[w_f]$
水下或地下构件	长期处于水下或潮湿的土壤中	无侵蚀介质	0.25
		有侵蚀介质	0.20
	处于水位经常反复变动的条件下	无侵蚀介质	0.20
		有侵蚀介质	0.15
一般大气条件下的地面构件	有防护措施	—	0.25
	无防护措施	—	0.20

（5）构件变形计算

在竖向静活载作用下，承台板体的竖向挠度不应大于表 33-2-3 的规定。

承台板体的竖向挠度限值　表 33-2-3

速度目标值（km/h）	<160	200～350
跨度 L（m）	$L \leqslant 24$	$L \leqslant 24$
单跨	$L/800$	$L/1300$
多跨	边跨 $L/800$，中跨	$L/1800$

（6）温度应力

①伸缩温度应力应按下式计算：

$$\sigma_0 = E_c T_0 \alpha \tag{33-2-1}$$

式中　σ_0——混凝土伸缩应力（MPa）；

　　　α——膨胀系数，取为 0.00001；

　　　T_0——外界气温温差，即桩板结构所在地区一月份、七月份平均气温与全年平均气温之差；

　　　E_c——混凝土弹性模量（MPa）。

②梯度温度应力应按下式计算：

$$\sigma_0 = \alpha T_0 E_c \left[\frac{K_1}{\delta} + \frac{12K_2}{\delta^3} \left(\frac{\delta}{2} - y \right) - e^{-ay} \right] \tag{33-2-2}$$

式中　σ_0——混凝土伸缩应力（MPa）；

　　　α——膨胀系数，取为 0.00001；

　　　E_c——混凝土变形模量（MPa）；

　　　δ——板厚（m）；

　　　y——计算点距板顶面的距离（m）；

　　　a——指数值，14 时取为 10，负温差时取为 14；

　　　T_0——板顶面与底面温差，14 时取为 20，负温差时取为 -10；

K_1、K_2——系数，可按下式计算：

$$K_1 = \frac{1 - e^{-a\delta}}{a}; \ K_2 = K_1 \cdot \delta/2 - \frac{1 - e^{-a\delta}(1 + a\delta)}{a^2} \tag{33-2-3}$$

（7）桩板结构在曲线上时，应考虑竖向静活载产生的离心力。

（8）空车时应考虑横向摇摆力，铺设无缝线路的桩板结构设计时应考虑无缝线路长钢轨纵向力作用。

（9）应进行单桩竖向承载力验算和桩基沉降分析，承台板配筋设计时应考虑相邻桩基差异沉降的影响，相邻桩差异沉降应控制在 5mm 以内。

四、桩板结构的承载力和沉降

可根据现行《铁路桥涵地基和基础设计规范》（TB 10002.5—2005）进行计算。

五、单桩承载力验算

钢筋混凝土桩长应根据承载力、沉降和稳定性验算确定，桩板结构的单桩承载力验算应符合以下要求：

（1）单桩承载力 R_a 应满足下式要求：

$$R_a \geqslant P_0 \qquad\qquad (33\text{-}3\text{-}4)$$

式中　R_a——单桩竖向容许承载力（kN）；

P_0——作用在单桩顶面的桩板结构恒载、轨道结构和列车荷载（kN）。

（2）单桩竖向容许承载力 R_a 的取值，可采用单桩静载荷试验资料，取单桩竖向极限承载力除以安全系数 2 的值；无单桩载荷试验资料时，可按式（33-3-4）估算确定。

六、构造要求

（1）承台板及托梁的混凝土强度等级不宜低于 C35，桩基的混凝土强度等级不宜低于 C30。当地下水有侵蚀性时，水泥应符合有关规定，且结构耐久性设计应满足铁路混凝土结构耐久性设计的有关要求。

（2）承台板及托梁宜采用带肋钢筋，受拉区域的钢筋可以单根或两至三根成束布置，钢筋的净距不得小于钢筋的直径（对带肋钢筋为计算直径），并不得小于 30mm。当钢筋（包括成束钢筋）层数等于或多于三层时，其净距横向不得小于 1.5 倍的钢筋直径并不得小于 45mm，竖向仍不得小于钢筋直径并不得小于 30mm。钻孔灌注桩宜采用光面钢筋，必要时也可以用带肋钢筋，带肋钢筋采用束筋布置时，每束不宜多于两根钢筋。

（3）托梁内箍筋采用封闭式，且在桩中心两侧各相当梁高 1/2 的长度范围内，箍筋间距不应大于 100mm。每一箍筋一行上所箍的受拉钢筋不应多于 5 根，受压钢筋不应多于 3 根。钻孔灌注桩箍筋宜采用螺旋箍筋，箍筋直径不宜小于 8mm，其间距不宜大于 400mm。

（4）桩基桩顶与托梁或承台板连接时，桩身伸入承台板或托梁内的长度不宜小于 100mm，此时桩主筋锚入承台板或托梁的锚固长度应满足设计要求。

（5）同一桩基中，不应同时采用摩擦桩和柱桩，且不宜采用不同直径、不同材料的桩，亦不宜采用长度相差过大的桩。

第三节　施　工

一、一般要求

（1）施工前应根据结构形式、截面尺寸、桩长、构件标高、水文、地质条件、环保要求，结合现场具体情况，编制实施性施工组织设计和施工工艺细则。

（2）施工前应平整场地，并准确进行桩位放线测量，桩位平面点位中误差不应大于 5cm。

（3）桩施工前应进行成桩工艺试验和单桩载荷试验，以确定施工工艺参数。

（4）托梁及承台板应在无水条件下施工，施工中应采取必要的防排水措施。

（5）模板及支架、钢筋、混凝土的施工应符合铁道现行有关规定、规范及设计要求。

（6）钢筋混凝土桩可根据地基土性质和设备情况，选择机械成孔灌注桩或预制打入（压入）桩，当地基土容易缩孔时，一般宜采用预制打入（压入）桩。

二、桩基

（1）钻孔灌注桩施工工艺流程按图 33-3-1 执行。

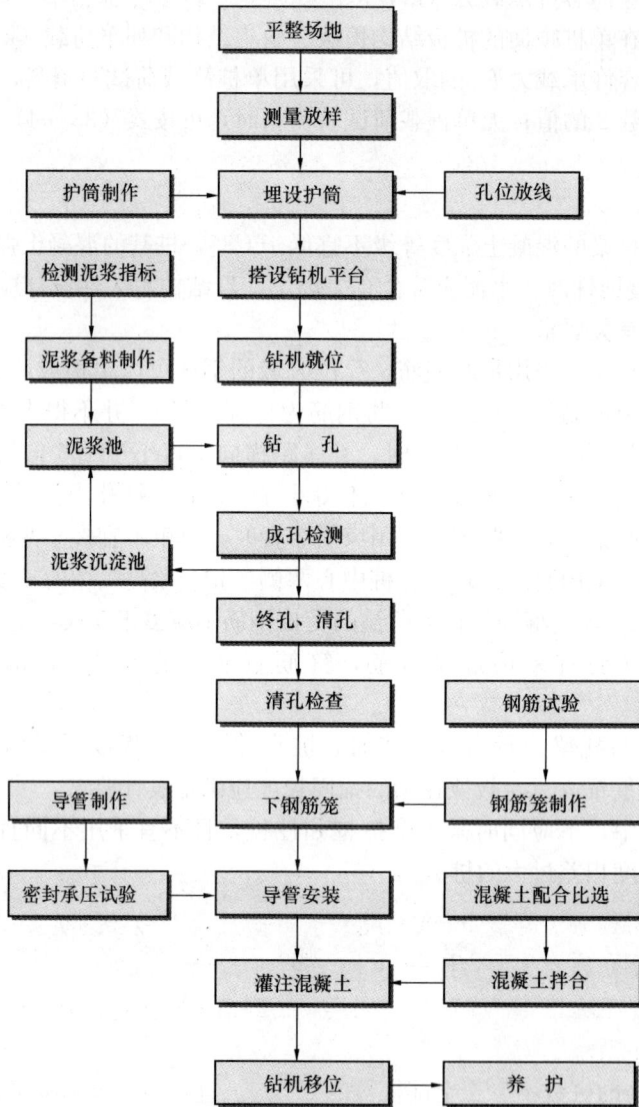

```
                        ┌──────────┐
                        │ 平整场地 │
                        └────┬─────┘
                             │
                        ┌────▼─────┐
                        │ 测量放样 │
                        └────┬─────┘
                             │
  ┌──────────┐         ┌─────▼────┐         ┌──────────┐
  │ 护筒制作 │────────▶│ 埋设护筒 │◀────────│ 孔位放线 │
  └──────────┘         └────┬─────┘         └──────────┘
                             │
  ┌──────────┐         ┌─────▼──────┐
  │检测泥浆指标│        │搭设钻机平台│
  └────┬─────┘         └────┬───────┘
       │                     │
  ┌────▼─────┐         ┌─────▼────┐
  │泥浆备料制作│        │ 钻机就位 │
  └────┬─────┘         └────┬─────┘
       │                     │
  ┌────▼─────┐         ┌─────▼────┐
  │  泥浆池  │◀────────│   钻孔   │
  └────┬─────┘         └────┬─────┘
       │                     │
  ┌────▼─────┐         ┌─────▼────┐
  │泥浆沉淀池│◀────────│ 成孔检测 │
  └──────────┘         └────┬─────┘
                             │
                        ┌────▼─────┐
                        │终孔、清孔│
                        └────┬─────┘
                             │
                        ┌────▼─────┐         ┌──────────┐
                        │ 清孔检查 │         │ 钢筋试验 │
                        └────┬─────┘         └────┬─────┘
                             │                     │
  ┌──────────┐         ┌─────▼────┐         ┌─────▼──────┐
  │ 导管制作 │────────▶│ 下钢筋笼 │◀────────│ 钢筋笼制作 │
  └────┬─────┘         └────┬─────┘         └────────────┘
       │                     │
  ┌────▼──────┐        ┌─────▼────┐         ┌────────────┐
  │密封承压试验│───────▶│ 导管安装 │         │混凝土配合比选│
  └───────────┘        └────┬─────┘         └─────┬──────┘
                             │                     │
                        ┌────▼─────┐         ┌─────▼────┐
                        │灌注混凝土│◀────────│混凝土拌合│
                        └────┬─────┘         └──────────┘
                             │
                        ┌────▼─────┐         ┌──────────┐
                        │ 钻机移位 │────────▶│  养 护   │
                        └──────────┘         └──────────┘
```

图 33-3-1　钻孔灌注桩施工工艺流程图

（2）施工各环节的规定及注意事项应按铁路有关规范、规程及标准执行。

（3）在覆盖层施工可采用旋挖钻机成桩亦称回转斗成桩，具有成孔质量好、速度快、无噪声、无污染或小污染等优势，对于干硬性黏土，可不用静态泥浆稳定液护壁；对于一般覆盖层，可采用泥浆护壁。

（4）旋挖钻机施工中成孔工艺的制定要有针对性，严格控制钻进尺度、回转斗提升速度和静态泥浆的配比，以防止发生埋钻、坍塌等施工事故。

（5）桩身钢筋笼的下放应采用吊车起吊，竖直、稳步放入桩孔内，避免碰撞孔壁造成泥皮或孔壁的破坏，从而引起桩孔的坍塌及出现断桩、废桩等事故。

三、托梁

（1）托梁施工工艺流程为：基坑开挖、凿除桩头、桩基无损检测、钢筋绑扎、立模、灌注混凝土、拆模养护、基坑回填。

（2）凿除桩头时应符合以下规定：

①当桩身混凝土强度达到80％以上时，方可凿除桩头多余部分。

②采用风镐凿除桩头时，禁止猛烈冲击，防止损伤桩身。

③距桩顶面20cm范围内的桩头采用人工凿除，以确保桩头质量，最后将桩头冲洗干净。为保证桩头质量，本条对凿除距桩顶面20cm范围内的桩头采用人工凿除，以确保桩头质量，最后将桩头冲洗干净。

④应确保桩体埋入托梁长度及桩顶主筋锚入托梁的长度符合设计要求。

四、承台板

（1）承台板施工工艺流程为：基坑开挖、托梁无损检测、钢筋绑扎、立模、灌注混凝土、拆模养护、基坑回填。

（2）托梁与承台板采用刚接时，对托梁顶面作凿毛处理，并清洗干净，桩主筋穿过托梁锚入承台板，锚入长度应符合设计要求。托梁与承台板采用搭接时，托梁与承台板间宜设置聚酯长丝复合聚乙烯土工膜滑动层，以减小混凝土收缩徐变及温度应力的影响。

（3）承台板与桩直接连接时，必须将灌注桩桩头浮浆部分或锤击面破坏部分去除，应确保桩体埋入承台板长度及桩顶主筋锚入承台板的长度符合设计要求。

第四节 质 量 检 测

（1）钢筋混凝土钻孔灌注桩施工完成28d后应采用低应变反射波法对全部基桩进行成桩质量检测，对于桩径大于等于2m或长度大于40m或复杂地质条件下的桩，应采用声波透射法进行检测，不允许出现不合格桩。

（2）钢筋混凝土桩施工完成28d后应采用单桩载荷试验进行地基加固效果检测。单桩载荷试验应符合以下要求：

①单桩载荷试验的桩数不少于全部桩数的0.5％，且每一工点不少于3根。

②单桩竖向承载力应不小于设计值。

（3）托梁和承台板施工完成28d后，应采用无破损检测方法对托梁和承台板的质量进行检测和评价。对每一片托梁和每一联承台板都应采用经监理工程师同意的无破损法进行检测，质量检测合格后，方可进行下道工序的施工。

尊敬的读者：

感谢您选购我社图书！建工版图书按图书销售分类在卖场上架，共设22个一级分类及43个二级分类，根据图书销售分类选购建筑类图书会节省您的大量时间。现将建工版图书销售分类及与我社联系方式介绍给您，欢迎随时与我们联系。

★建工版图书销售分类表（详见下表）。

★欢迎登陆中国建筑工业出版社网站www.cabp.com.cn，本网站为您提供建工版图书信息查询，网上留言、购书服务，并邀请您加入网上读者俱乐部。

★中国建筑工业出版社总编室　电　话：010—58934845
　　　　　　　　　　　　　　　传　真：010—68321361

★中国建筑工业出版社发行部　电　话：010—58933865
　　　　　　　　　　　　　　　传　真：010—68325420
　　　　　　　　　　　　　　　E-mail：hbw@cabp.com.cn

建工版图书销售分类表

一级分类名称（代码）	二级分类名称（代码）	一级分类名称（代码）	二级分类名称（代码）
建筑学（A）	建筑历史与理论（A10）	园林景观（G）	园林史与园林景观理论（G10）
	建筑设计（A20）		园林景观规划与设计（G20）
	建筑技术（A30）		环境艺术设计（G30）
	建筑表现·建筑制图（A40）		园林景观施工（G40）
	建筑艺术（A50）		园林植物与应用（G50）
建筑设备·建筑材料（F）	暖通空调（F10）	城乡建设·市政工程·环境工程（B）	城镇与乡（村）建设（B10）
	建筑给水排水（F20）		道路桥梁工程（B20）
	建筑电气与建筑智能化技术（F30）		市政给水排水工程（B30）
	建筑节能·建筑防火（F40）		市政供热、供燃气工程（B40）
	建筑材料（F50）		环境工程（B50）
城市规划·城市设计（P）	城市史与城市规划理论（P10）	建筑结构与岩土工程（S）	建筑结构（S10）
	城市规划与城市设计（P20）		岩土工程（S20）
室内设计·装饰装修（D）	室内设计与表现（D10）	建筑施工·设备安装技术（C）	施工技术（C10）
	家具与装饰（D20）		设备安装技术（C20）
	装修材料与施工（D30）		工程质量与安全（C30）
建筑工程经济与管理（M）	施工管理（M10）	房地产开发管理（E）	房地产开发与经营（E10）
	工程管理（M20）		物业管理（E20）
	工程监理（M30）	辞典·连续出版物（Z）	辞典（Z10）
	工程经济与造价（M40）		连续出版物（Z20）
艺术·设计（K）	艺术（K10）	旅游·其他（Q）	旅游（Q10）
	工业设计（K20）		其他（Q20）
	平面设计（K30）	土木建筑计算机应用系列（J）	
执业资格考试用书（R）		法律法规与标准规范单行本（T）	
高校教材（V）		法律法规与标准规范汇编/大全（U）	
高职高专教材（X）		培训教材（Y）	
中职中专教材（W）		电子出版物（H）	

注：建工版图书销售分类已标注于图书封底。